中国林业和草原年鉴

China Forestry and Grassland
YEARBOOK

国家林业和草原局　编纂

中国林业出版社
·北京·

图书在版编目（CIP）数据

中国林业和草原年鉴.2020 / 国家林业和草原局编纂. -- 北京：中国林业出版社，2020.11
ISBN 978-7-5219-0906-7

Ⅰ.①中… Ⅱ.①国… Ⅲ.①林业－中国－2020－年鉴 Ⅳ.①F326.2-54

中国版本图书馆CIP数据核字(2020)第213613号

责任编辑：何 蕊 许 凯 杨 洋
特约审稿：刘 慧
图片提供：吴兆喆

出　版：中国林业出版社（100009 北京市西城区德内大街刘海胡同7号）
网　址：https://www.forestry.gov.cn/lycb.html
E-mail：cfybook@163.com　　电　话：010-83143666
发　行：中国林业出版社
印　刷：北京中科印刷有限公司
版　次：2020年12月第1版
印　次：2020年12月第1次
开　本：880mm×1230mm　1/16
印　张：43
彩　插：76P
字　数：2000千字
定　价：450.00元

编辑委员会

主　任　彭有冬　　国家林业和草原局（国家公园管理局）副局长、党组成员

副主任　谭光明　　国家林业和草原局（国家公园管理局）党组成员、人事司司长
　　　　　李金华　　国家林业和草原局办公室主任
　　　　　闫　振　　国家林业和草原局规划财务司司长
　　　　　黄采艺　　国家林业和草原局宣传中心主任
　　　　　刘东黎　　中国林业出版社有限公司党委书记、董事长、总编辑

委　员　张　炜　　国家林业和草原局生态保护修复司（全国绿化委员会办公室）司长
　　　　　徐济德　　国家林业和草原局森林资源管理司司长
　　　　　唐芳林　　国家林业和草原局草原管理司司长
　　　　　吴志民　　国家林业和草原局湿地管理司（中华人民共和国国际湿地公约履约办公室）司长
　　　　　孙国吉　　国家林业和草原局荒漠化防治司（中华人民共和国联合国防治荒漠化公约履约办公室）司长
　　　　　张志忠　　国家林业和草原局野生动植物保护司（中华人民共和国濒危物种进出口管理办公室）司长（常务副主任）
　　　　　王志高　　国家林业和草原局自然保护地管理司司长
　　　　　杜纪山　　国家林业和草原局林业和草原改革发展司一级巡视员
　　　　　程　红　　国家林业和草原局国有林场和种苗管理司司长
　　　　　周鸿升　　国家林业和草原局森林草原防火司司长
　　　　　郝育军　　国家林业和草原局科学技术司司长
　　　　　孟宪林　　国家林业和草原局国际合作司（港澳台办公室）司长
　　　　　高红电　　国家林业和草原局机关党委常务副书记
　　　　　薛全福　　国家林业和草原局离退休干部局党委书记、局长
　　　　　田勇臣　　国家林业和草原局国家公园管理办公室副主任
　　　　　周　瑄　　国家林业和草原局机关服务局党委书记、局长

刘树人	国家林业和草原局信息中心主任
潘世学	国家林业和草原局林业工作站管理总站总站长
张艳红	国家林业和草原局林业和草原基金管理总站总站长
金　旻	国家林业和草原局天然林保护工程管理中心主任
冯德乾	国家林业和草原局西北华北东北防护林建设局党组书记、副局长
李世东	国家林业和草原局退耕还林（草）工程管理中心主任
马国青	国家林业和草原局世界银行贷款项目管理中心主任
王永海	国家林业和草原局科技发展中心（植物新品种保护办公室）主任
李　冰	国家林业和草原局经济发展研究中心主任
樊　华	国家林业和草原局人才开发交流中心主任
王春峰	国家林业和草原局对外合作项目中心常务副主任
刘世荣	中国林业科学研究院院长、分党组副书记
刘国强	国家林业和草原局调查规划设计院院长、党委副书记
周　岩	国家林业和草原局林产工业规划设计院院长、党委副书记
张利明	国家林业和草原局管理干部学院党委书记
张连友	中国绿色时报社社长、总编辑
费本华	国际竹藤中心常务副主任、党委副书记
鲁　德	国家林业和草原局亚太森林网络管理中心主任
陈幸良	中国林学会秘书长
李青文	中国野生动物保护协会秘书长
张引潮	中国花卉协会秘书长
陈　蓬	中国绿化基金会办公室主任
王　满	中国林业产业联合会秘书长
刘家顺	中国绿色碳汇基金会秘书长
李国臣	国家林业和草原局驻内蒙古自治区森林资源监督专员办事处（中华人民共和国濒危物种进出口管理办公室内蒙古自治区办事处）党组书记、专员（主任）
赵　利	国家林业和草原局驻长春森林资源监督专员办事处（中华人民共和国濒危物种进出口管理办公室长春办事处、东北虎豹国家公园管理局）党组书记、专员（主任、局长）
袁少青	国家林业和草原局驻黑龙江省森林资源监督专员办事处（中华人民共和国濒危物种进出口管理办公室黑龙江省办事处）党组书记、专员（主任）
陈　彤	国家林业和草原局驻大兴安岭森林资源监督专员办事处党组书记、专员

向可文	国家林业和草原局驻成都森林资源监督专员办事处（中华人民共和国濒危物种进出口管理办公室成都办事处、大熊猫国家公园管理局）党组书记、专员（主任、局长）
史永林	国家林业和草原局驻云南省森林资源监督专员办事处（中华人民共和国濒危物种进出口管理办公室云南省办事处）党组书记、专员（主任）
王剑波	国家林业和草原局驻福州森林资源监督专员办事处（中华人民共和国濒危物种进出口管理办公室福州办事处）党组书记、专员（主任）
王洪波	国家林业和草原局驻西安森林资源监督专员办事处（中华人民共和国濒危物种进出口管理办公室西安办事处、祁连山国家公园管理局）党组书记、专员（主任、局长）
周少舟	国家林业和草原局驻武汉森林资源监督专员办事处（中华人民共和国濒危物种进出口管理办公室武汉办事处）党组书记、专员（主任）
李天送	国家林业和草原局驻贵阳森林资源监督专员办事处（中华人民共和国濒危物种进出口管理办公室贵阳办事处）党组书记、专员（主任）
关进敏	国家林业和草原局驻广州森林资源监督专员办事处（中华人民共和国濒危物种进出口管理办公室广州办事处）党组书记、专员（主任）
李　军	国家林业和草原局驻合肥森林资源监督专员办事处（中华人民共和国濒危物种进出口管理办公室合肥办事处）党组书记、专员（主任）
郑　重	国家林业和草原局驻乌鲁木齐森林资源监督专员办事处（中华人民共和国濒危物种进出口管理办公室乌鲁木齐办事处）党组副书记、副专员（副主任）
苏宗海	国家林业和草原局驻上海森林资源监督专员办事处（中华人民共和国濒危物种进出口管理办公室上海办事处）党组书记、专员（主任）
苏祖云	国家林业和草原局驻北京森林资源监督专员办事处（中华人民共和国濒危物种进出口管理办公室北京办事处）党组书记、专员（主任）
张克江	国家林业和草原局森林和草原病虫害防治总站党委书记、副总站长
吴海平	国家林业和草原局华东调查规划设计院党委书记、副院长
彭长清	国家林业和草原局中南调查规划设计院院长、党委副书记
李谭宝	国家林业和草原局西北调查规划设计院院长、党委副书记
周红斌	国家林业和草原局昆明勘察设计院党委书记、副院长
路永斌	中国大熊猫保护研究中心党委书记、副主任
段兆刚	四川卧龙国家级自然保护区管理局党委书记

特约委员

邓乃平	北京市园林绿化局（首都绿化办）党组书记、局长（主任）	次成甲措	西藏自治区林业和草原局党组书记、副局长
高明兴	天津市规划和自然资源局副局长	党双忍	陕西省林业局党组书记、局长
刘凤庭	河北省林业和草原局局长	田葆华	甘肃省林业和草原局副局长
张云龙	山西省林业和草原局党组书记、局长	李晓南	青海省林业和草原局党组书记、局长
郝　影	内蒙古自治区林业和草原局党组书记、局长	徐　忠	宁夏回族自治区林业和草原局党组成员、总工程师
金东海	辽宁省林业和草原局党组书记、局长	姜晓龙	新疆维吾尔自治区林业和草原局党委书记、副局长
金喜双	吉林省林业和草原局党组书记、局长		
王东旭	黑龙江省林业和草原局党组书记、局长	陈佰山	中国内蒙古森林工业集团有限责任公司党委书记
邓建平	上海市绿化和市容管理局（上海市林业局）党组书记、局长	王树平	中国吉林森林工业集团有限责任公司董事长
沈建辉	江苏省林业局党组书记、局长		
胡　侠	浙江省林业局党组书记、局长	许　江	中国龙江森林工业集团有限公司党委委员、副总经理
牛向阳	安徽省林业局党组书记、局长		
陈照瑜	福建省林业局党组书记、局长	于　辉	大兴安岭林业集团公司党委书记、总经理
邱水文	江西省林业局党组书记、局长		
宇向东	山东省自然资源厅（省林业局）党组书记、厅长（局长）	李忠培	黑龙江伊春森工集团有限责任公司党委书记、董事长
原永胜	河南省林业局党组书记、局长	杨　勇	新疆生产建设兵团林业和草原局党组成员、副局长
刘新池	湖北省林业局党组书记、局长		
胡长清	湖南省林业局党组书记、局长	安黎哲	北京林业大学校长
王华接	广东省林业局党组成员、副局长	李　斌	东北林业大学校长
黄显阳	广西壮族自治区林业局党组书记、局长	王　浩	南京林业大学校长
夏　斐	海南省林业局（海南热带雨林国家公园管理局）党组书记	廖小平	中南林业科技大学校长
		郭辉军	西南林业大学校长
沈晓钟	重庆市林业局党组书记、局长	王玉杰	中国水土保持学会秘书长
刘宏葆	四川省林业和草原局党组书记、局长	骆有庆	中国林业教育学会秘书长
傅　强	贵州省林业局党组成员、副局长	尹刚强	中国生态文化协会秘书长
任治忠	云南省林业和草原局党组书记、局长	李　鹏	中国林业工程建设协会监事长

特约编辑

国家林业和草原局办公室	张　禹
国家林业和草原局生态保护修复司	
（全国绿化委员会办公室）	彭继平
国家林业和草原局森林资源管理司	郑思洁
国家林业和草原局草原管理司	颜国强
国家林业和草原局湿地管理司（中华人民	
共和国国际湿地公约履约办公室）	俞　楠
国家林业和草原局荒漠化防治司	江天法
国家林业和草原局野生动植物保护司（中华人民	
共和国濒危物种进出口管理办公室）	罗春涛
国家林业和草原局自然保护地管理司	李　焰
国家林业和草原局林业和草原改革发展司	孙　友
国家林业和草原局国有林场和种苗管理司	李世峰
国家林业和草原局森林草原防火司	李新华
国家林业和草原局规划财务司	刘建杰　黄祥云
国家林业和草原局科学技术司	吴红军
国家林业和草原局国际合作司（港澳台办公室）	
	毛　锋
国家林业和草原局人事司	李建锋
国家林业和草原局机关党委	周　戡
国家林业和草原局国家公园管理办公室	王　楠
国家林业和草原局机关服务局	陈　鹏
国家林业和草原局信息中心	张会华　罗俊强
国家林业和草原局林业工作站管理总站	曹国强
国家林业和草原局林业和草原基金	
管理总站	张雅鸽
国家林业和草原局宣传中心	郑　杨　李茜诺
国家林业和草原局天然林保护工程	
管理中心	徐　鹏
国家林业和草原局西北华北东北防	
护林建设局	刘　冰
国家林业和草原局退耕还林（草）	
工程管理中心	高立鹏
国家林业和草原局世界银行贷款	
项目管理中心	刘文礸
国家林业和草原局科技发展中心	
（植物新品种保护办公室）	杨玉林
国家林业和草原局经济发展研究中心	王亚明
国家林业和草原局人才开发交流中心	姜　嫄
国家林业和草原局对外合作项目中心	汪国中
中国林业科学研究院	林泽攀
国家林业和草原局调查规划设计院	赵有贤
国家林业和草原局林产工业规划设计院	孙　靖
国家林业和草原局管理干部学院	李米龙
中国绿色时报社	杜艳玲
中国林业出版社	张　锴
国际竹藤中心	夏恩龙
中国林学会	郭丽萍
中国野生动物保护协会	于永福
中国花卉协会	马　虹
中国绿化基金会	张桂梅
中国林业产业联合会	白会学

单位	姓名	单位	姓名
中国绿色碳汇基金会	何　宇	浙江省林业局	钱卫军
国家林业和草原局驻内蒙古自治区专员办（濒管办）	夏宗林	安徽省林业局	吴　菊
		福建省林业局	谢乐婢
国家林业和草原局驻长春专员办（濒管办）	陈晓才	江西省林业局	卢建红　饶利军
国家林业和草原局驻黑龙江省专员办（濒管办）	沈庆宇	山东省自然资源厅（省林业局）	张彩霞
		河南省林业局	柴明清　瞿　潇
国家林业和草原局驻大兴安岭专员办	赵树森	湖北省林业局	彭锦云
国家林业和草原局驻成都专员办（濒管办）	曹小其	湖南省林业局	李邵平
国家林业和草原局驻云南专员办（濒管办）	王子义	广东省林业局	余坤炎
国家林业和草原局驻福州专员办（濒管办）	罗春茂	广西壮族自治区林业局	李巧玉
国家林业和草原局驻西安专员办（濒管办）	朱志文	海南省林业局	李豪洋
国家林业和草原局驻武汉专员办（濒管办）	李建军	重庆市林业局	周登祥
国家林业和草原局驻贵阳专员办（濒管办）	陈学锋	四川省林业和草原局	田延方
国家林业和草原局驻广州专员办（濒管办）	李金鑫	贵州省林业局	吴晓悦
国家林业和草原局驻合肥专员办（濒管办）	夏　倩	云南省林业和草原局	王　骞
国家林业和草原局驻乌鲁木齐专员办（濒管办）	祁金山	西藏自治区林业和草原局	熊艳阳
		陕西省林业局	吕旭东
国家林业和草原局驻上海专员办（濒管办）	叶　英	甘肃省林业和草原局	甘在福
国家林业和草原局驻北京专员办（濒管办）	于伯康	青海省林业和草原局	宋晓英
国家林业和草原局森林和草原病虫害防治总站	赵瑞兴	宁夏回族自治区林业和草原局	马永福
		新疆维吾尔自治区林业和草原局	主海峰
国家林业和草原局华东调查规划设计院	王　涛	中国内蒙古森林工业集团有限责任公司	杨建飞
国家林业和草原局中南调查规划设计院	肖　微		
国家林业和草原局西北调查规划设计院	王孝康	中国吉林森林工业集团有限责任公司	吴在军
国家林业和草原局昆明勘察设计院	佘丽华	中国龙江森林工业集团有限公司	丁　郁
中国大熊猫保护研究中心	李德生	大兴安岭林业集团公司	赵晓辉
四川卧龙国家级自然保护区管理局	王　华	黑龙江伊春森工集团有限责任公司	杨玉梅
北京市园林绿化局	齐庆栓	新疆生产建设兵团林业和草原局	杨　阳
天津市规划和自然资源局	邢　政	北京林业大学	焦　隆
河北省林业和草原局	袁　媛	东北林业大学	尹剑锋
山西省林业和草原局	李翠红　李　颖	南京林业大学	钱一群
内蒙古自治区林业和草原局	武国庆	中南林业科技大学	易　锦
辽宁省林业和草原局	何东阳	西南林业大学	王　欢
吉林省林业和草原局	耿伟刚	中国水土保持学会	张东宇
黑龙江省林业和草原局	李艳秀	中国林业教育学会	田　阳
上海市林业局（上海市绿化和市容管理局）	王永文	中国生态文化协会	付佳琳
江苏省林业局	仲志勤	中国林业工程建设协会	周　奇

编辑说明

一、《中国林业和草原年鉴》（原《中国林业年鉴》，自2019卷起更名）创刊于1986年，是一部综合反映中国林草业建设重要活动、发展水平、基本成就与经验教训的大型资料性工具书。每年出版一卷，反映上年度情况。2020卷为第三十四卷，收录限2019年的资料，宣传彩页部分收录2019年和2020年资料。

二、《中国林业和草原年鉴》的基本任务是为全国林草战线和有关部门的各级生产和管理人员、科技工作者、林业院校师生和广大社会读者全面、系统地提供中国森林资源消长、森林培育、森林资源保护、草原资源管理、生态建设、森林资源管理与监督、森林防火、林业产业、林业经济、科学技术、专业理论研究、院校教育以及体制改革等方面的年度信息和相关资料。

三、第三十四卷编纂内容设30个栏目。统计资料除另有说明外，均不含香港特别行政区、澳门特别行政区、台湾省数据。

四、年鉴编写实行条目化，条目标题力求简洁、规范。长条目设黑体和楷体两级层次标题。全卷编排按内容分类。条头设【】。按分类栏目设书眉。

五、年鉴撰稿及资料收集由国家林业和草原局机关各司（局）、各派出机构、各直属单位以及各省（区、市）林业（和草原）主管部门承担。

六、释文中的计量单位执行GB 3100—93《国际单位制及其应用》的规定。数字用法按GB/T 15835—2011《出版物上数字用法》的规定执行。

七、条目、文章一律署名。

中国林业和草原年鉴编辑部
2020年12月

︽ 2019年1月10日，全国林业和草原工作会议在安徽省合肥市召开
　/宋峥　摄/

︾ 2019年7月27日，在东北虎豹国家公园
　体制试点区拍摄到的东北虎和东北豹
　/东北虎豹国家公园管理局　供图/

≪ 2019年8月25日，全国林业和草原宣传工作会议在甘肃省武威市召开
/宋峥 摄/

≫ 2019年6月12日，大熊猫"和和""美美"作为"首例圈养大熊猫野外引种产下并存活的大熊猫双胞胎"获吉尼斯世界纪录认证
/中国大熊猫保护研究中心 供图/

◈ 2019年4月17日，在法国巴黎召开的联合国教科文组织执行局第206次会议通过决议，正式批准沂蒙山、九华山地质公园成为联合国教科文世界地质公园。中国世界地质公园达到39处（图为九华山世界地质公园）
/张志光　供图/

◈ 2019年10月18日，2019中国森林旅游节开幕
　　/林场种苗司　供图/

2019年10月9日，为期162天的北京世界园艺博览会闭幕 /新华社记者王毓国 摄/

2019年3月26日，在甘肃省古浪县境内的黑岗沙风沙口，八步沙第二代治沙人贺中强（左一）、郭万刚（左二）、石银山（左三）、罗兴全（右三）、程生学（右二）、王志鹏（右一）接过父辈治沙的铁锹，薪火相传，在沙地播撒绿意 /新华社记者范培珅 摄/

2019年，首批20个自然教育学校（基地）获授牌（图为自然教育学校组织的观鸟活动） /华侨城湿地自然学校 供图/

≫ 鄱阳湖

/江西省林业局 供图/

≫ 白鹤

/周海燕 摄/

云南省大山包国际重要湿地
/沈良启 摄/

黑龙江扎龙国家级自然保护区
/王珊 摄/

滇金丝猴
/马晓锋 摄/

贵州省毕节市威宁彝族回族苗族自治县盐仓镇兴发村退耕还林
/阿铺索卡 摄/

≫ 辽宁省阜新市阜新蒙古族自治县化石戈草原

/辽宁省林草局 供图/

≫ 河北省塞罕坝机械林场

/孙阁 摄/

≫ 长株潭城市群绿心地区

/湖南省林业局 供图/

践行"两山"理念　汇聚绿色人才

——国家林业和草原局人才开发交流中心

国家林业和草原局人才开发交流中心（以下简称人才中心）是国家林业和草原局直属事业单位，于1999年6月由中央编办批准成立，内设综合处、人事代理处、培训处、职业技能鉴定处和人才开发处。国家林业和草原局职业技能鉴定指导中心、国家林业和草原局专业技术资格评定办公室、国家林业和草原局大中专毕业生就业创业指导办公室3个机构挂靠在人才中心。

人才中心始终以"支持机关，服务行业"为主线，坚持创新发展，以汇聚林草人才、服务林业现代化建设为己任，努力践行"绿水青山就是金山银山"理念。

※ 工程系列评审条件修订

◎ **科学评价，释放技术人才活力**

持续加强职称评审管理，坚持实行以业绩贡献为主，兼顾学历、资历、论著等的评价标准。根据林业工作实践性强的特点，3次修订工程系列专业技术资格评审条件等工作，共组织评审和认定技术人才累计达4032人次。严格毕业生接收和招聘流程控制，较早开发公开招聘报名系统，契合事业单位特点并兼具林业特色的试题库，发挥了人才评价"指挥棒"作用，共办理局属单位接收毕业生手续4712名。

◎ **精准发力，聚焦人才素质提升**

重点围绕林业改革、资源管理、林业产业等领域举办各类培训班800多期，培训7.1万多人次；参与组织乡（镇）林业工作站站长等能力测试，累计测试4.9万多人次。申报公派留学和留学回国项目381项，获得资助202项。组建森林资源资产评估试题库，出版了《森林资源资产评估基础》和

※ 人事档案管理培训

※ 世界遗产和自然保护地国际人才研培班

《森林资源资产评估实务》教材，组织专家编写讲义和课件近600项。遴选确定12家培训基地，推进人才培训的规范化。

◎ 打造工匠人才，提升技能人才水平

组织编制林草行业职业分类目录，编制了19项国家职业标准，建成林业职业技能鉴定站63个、指导站4个，形成了高技能人才培养示范基地引领、职业院校主体推动、职业技能鉴定一体化的人才培养体系。编制技能鉴定培训教材和技能考核试题库，组织鉴定了40多万名基层技能人才。组织了6届林业行业"全国技术能手"和"中华技能大奖"评选表彰活动，先后有25人获奖。

◎ 创新平台，推动人才持续发展

搭建林科大学生就业创业平台，强化林草后备人才建设。举办全国林科十佳毕业生评选和全国林业创新创业大赛等活动，参与活动的毕业生累计达60多万人次，激励和引导林科学生学林爱林、积极投身林业现代化建设，促进林科毕业生就业创业。通过全国林业教学名师遴选，组织名师深入基层调研林改等活动，促进产教融合、协同育人。建立高层次人才库，组织开展林草系统人才信息统计分析，为林业人才持续发展提供源动力。

筑梦未来，人才中心蓄势而行，主动适应林业改革发展新形势、新任务，在认真调研、不断探索和学习借鉴的基础上，形成了新时期的发展思路：即一条主线，两个平台，三个方面，四支队伍，五大板块。同时将不断加强"四个融入""三位一体"理念，促进党建工作和业务工作深度融合。以过硬的专业素养、饱满的工作热情、昂扬的精神状态迎接新挑战，再创林业人才工作新辉煌。

※ 2020届全国林科十佳毕业生评选活动启动

※ 世界技能大赛上海选拔赛木工项目

勇担时代重任　开创竹藤事业发展新局面

—— 国际竹藤中心

国际竹藤中心是2000年经中央编办、科技部、财政部批准成立的非营利性科研事业单位。宗旨是为了全面支持和配合第一个总部设在中国的政府间国际组织——国际竹藤组织（INBAR）履行其使命和宗旨。2009年依托中心成立了"生物资源利用科学研究院"。

◎ 科学研究

作为立足国内、面向世界的竹藤领域国家级研究机构，中心主要开展竹藤等生物资源的保存、培育、加工利用等方面的科学研究。成立以来，累计承担科研项目300余项，发表科技论文2049篇，出版著作68部，获授权专利138件，制定标准78项。先后获国家科学技术进步奖一等奖1项、二等奖3项，梁希林业科学技术奖一等奖5项、二等奖8项，省级科技进步奖3项。2006年"竹质工程材料制造关键技术研究与示范"获国家科技进步一等奖；2019年"植物细胞壁力学

※ 2011年2月18日，时任中共中央政治局委员、国务院副总理刘延东在全国科技工作会议上为国际竹藤中心主任江泽慧颁奖

※ 2019年，"植物细胞壁力学表征技术体系构建及应用"项目荣获国家科学技术进步奖二等奖

表征技术体系构建及应用"获国家科学技术进步奖二等奖；2013年成功破解世界首个竹子全基因组信息获得"毛竹全基因组草图"，2018年成功破解两种棕榈藤全基因组数据，并发起全球竹藤基因组计划；2019年参建的国际竹藤组织园展馆"竹之眼"惊艳亮相北京世园会，获组委会大奖。

◎ 条件平台

中心基础条件平台建设不断完善。竹藤科学与技术重点实验室已成为设备先进、管理规范、开放高效的国内外科研合作与交流平台。国家竹藤工程技术研究中心，安徽黄山、海南三亚、山东青岛3个"国家林业和草原长期科研基地"，亚热带、热带竹类与花卉国家林木种质资源库，以及8个竹林生态定位站的建设都取得重大进展，为竹藤科技创新和产业发展奠定了良好基础。

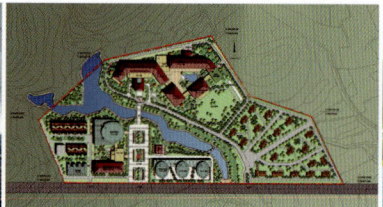

※ 国家竹藤工程技术研究中心竹质工程材料生产线　　※ 青岛创新研究院　　※ 安徽太平试验中心　　※ 热带森林植物种质资源保存与研究基地

◎ 国际合作

中心广泛开展国际合作交流，与国际竹藤组织、联合国防治荒漠化公约秘书处以及加拿大、美国、德国等国家的相关高校和科研机构签署了20多个合作协议和备忘录；2016年牵头成立了国际标准化组织竹藤技术委员会（ISO/TC 296）；2017年与国际竹藤组织联合筹办国际竹藤组织20周年志庆系列活动，习近平主席致贺信。成功承办首届"2018世界竹藤大会"；联合举办2019北京世园会国际竹藤组织荣誉日活动。

◎ 产业服务

中心积极开展科技成果转化，与地方和企业广泛开展竹藤产业合作和技术服务。2018年9月，牵头组建林业系统首个品牌集群——中国竹藤品牌集群。与相关企业合作研发的竹缠绕复合材料技术被列入"国家重点推广的低碳技术目录"，并推广到"一带一路"沿线国家。联合相关单位在全国主要竹产区举办了十届中国竹文化节，展示了中国竹藤科技创新、产业发展以及竹文化的传承。

◎ 技术培训

中心充分利用联合国防治荒漠化公约国际培训中心的平台和自身科研力量组织开展各类技术培训。自2005年起，共承办援外培训班52期，培训了以国际竹藤组织成员国为主体的84个国家的1803名政府官员和专家；为浙江、安徽等13个省（区、市）举办培训班共95期，培训林业基层管理、技术人员及贫困林农等共计7800余人次。有效推动世界竹藤产业发展和全球荒漠化防治，助力国家精准扶贫和乡村振兴。

◎ 人才培养

中心拥有一支年富力强、精干高效的优秀科研团队，职工队伍中45岁以下和具有博士学位职工分别占72%和52%；国际木材科学院院士2人，新世纪百千万工程国家级人选2人、省部级人选10人，国家级跨世纪学术技术带头人1人，享受国务院政府特殊津贴6人。与中国林科院共建研究生院，设有16个学科专业、30余个研究方向，每年招收硕士博士研究生近50名。

◎ 展望未来

展望未来，中心将紧密团结在以习近平同志为核心的党中央周围，在国家林草局党组领导下，紧扣建设国际一流科研院所、打造世界竹藤创新高地目标，大力推进科技创新，为推动世界竹藤事业快速发展和中国生态文明建设作出重大贡献。

※ 2018年3月23日，国际竹藤中心主任江泽慧、国家林业局副局长彭有冬陪同喀麦隆总统保罗·比亚参观国际竹藤展厅

※ 2018年9月20日，江泽慧出席首届中国集群品牌论坛暨中国竹藤品牌集群成立仪式

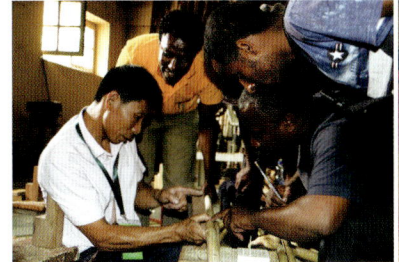 

※ 2017年埃塞俄比亚竹子手工艺加工技术海外培训班上，中国专家传授竹家具制作技术　※ 2018年3月，竹编培训班学员、全国人大代表杨昌芹在"代表通道"展示瓷胎竹编

※ 中心领导与茅以升教育奖学金获奖者合影

擘画生态蓝图　绘就国土丹青

——国家林业和草原局华东调查规划设计院

国家林业和草原局华东调查规划设计院（简称华东院），1952年创建于辽宁营口，2011年搬迁至杭州，加挂华东森林资源监测中心、华东林业碳汇计量监测中心、华东生态监测评估中心、长三角现代林业评测协同创新中心、自然保护地评估中心五块牌子，实行六块牌子、一套人马、统一领导，是国家林业和草原局直属从事森林资源监测和调查规划设计的正厅（局）级公益型事业单位。此外，华东院还负责中国林业工程建设协会湿地保护和恢复专委会日常工作。现有编制210名，内设8个管理处室9个业务处室。持有工程咨询单位甲级资信、工程设计甲级、林业调查规划设计甲A级、测绘资质乙级、水土保持方案编制二级、ISO9001：2015质量管理体系等多个资质证书。

华东院坚持项目促团队、成果搭平台、典型做示范，持续推动技术创新，有效促进成果转化，形成"人无我有、人有我优、人优我精"的良好发展局面。近年来开发研究了"森林资源管理'一张图'信息平台"（"云臻森林"手机APP）、"基于激光雷达等多源数据的森林资源年度监测""森林资源'天地一体化'监测技术应用""构建森林资源智慧监测体系""森林和湿地生态系统综合效益评估"等多项成果并应用于实践。

※ 院领导班子（从左至右为：刘强、何时珍、于辉、吴海平、刘道平、马鸿伟）

华东院坚定不移以习近平生态文明思想为指导，坚持"党建统院、文化立院、人才强院、开放兴院"发展理念，立足华东，放眼全国，为全面推进我国生态文明和美丽中国建设，实现"两个一百年"奋斗目标和中华民族伟大复兴的中国梦贡献力量。

（王涛　供稿）

※ 2019年3月7日，华东院在杭州举办中国林业工程建设协会湿地保护和恢复专业委员会成立大会暨学术研讨会

※ 应用无人机技术开展资源监测工作

国家林业和草原局中南调查规划设计院

国家林业和草原局中南调查规划设计院（以下简称中南院）是国家林业和草原局直属事业单位，成立于1962年。建院以来，中南院坚持走以林业调查规划设计为主业的发展道路，现已发展成为集林业资源调查与监测、林业工程咨询与设计、林业信息化建设于一体的大型林业调查规划设计院。国家林业和草原局中南森林资源监测中心、石漠化监测中心、森林城市监测评估中心、中南生态监测评估中心、中南林业碳汇计量监测中心、红树林监测评估中心与中南院实行一套人员、七块牌子、统一领导。

※ 办公大楼

中南院具有林业调查规划设计甲A级、工程咨询单位甲级资信、工程设计甲级等资质证书，通过了ISO9001质量管理体系认证、湖南省高新技术企业认证、环境管理体系认证和职业健康安全管理体系认证。主要业务范围：森林资源、野生动物资源、湿地资源、荒漠化土地、草原修复和保护等调查监测和评价；森林资源规划设计调查与经营方案编制；林业作业设计调查；林业专项核查与检查；林业数表编制；国家、林草行业和地方标准编制；林业、农业、市政公用工程、生态建设和环境工程咨询；农林行业（营造林工程、森林资源环境工程）工程设计等。业务立足中南、服务全国，为国家制定林业方针政策和森林资源保护发展目标责任制考核评价等提供科学依据。

※ 全国五一劳动奖状

近年来，中南院荣获了全国五一劳动奖状、全国厂务公开民主管理先进单位、全国模范职工之家、全国巾帼文明岗、湖南省文明单位、国家林业和草原局优秀党组织、湖南省直单位模范集体、湖南省级文明卫生单位等50多项国家级、省部级荣誉。同时，中南院承担完成的以林业和生态环境建设工程为主的生产科研项目，荣获了国家和省部级科技进步奖、梁希林业科学技术奖、全国优秀工程勘察设计奖、全国优秀工程咨询成果奖、全国林业优秀工程咨询成果奖、全国林业优秀工程勘察设计奖、全国优秀测绘工程奖等荣誉100多项。

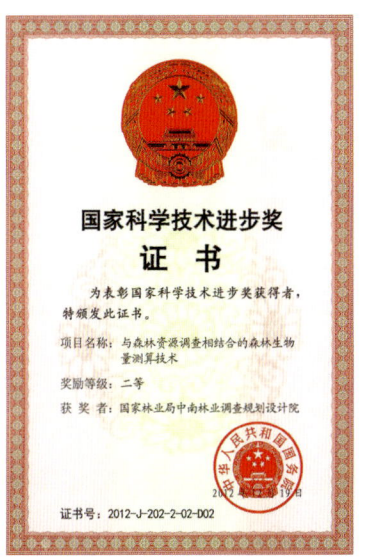

※ 国家科学技术进步奖（二等奖）证书

笃志生态建设　推进西部大开发

——国家林业和草原局西北调查规划设计院建院65周年

※ 中国林业工程建设协会草原生态专业委员会成立大会，委员会挂靠在西北院

在挑战中不断淬火，在创新中不断前行，在奋进中书写精彩。翻开新中国生态建设的历史画卷，国家林业和草原局西北调查规划设计院（以下简称西北院）留下的笔墨浓重、色彩绚丽。

65年前扎根大西北的西北院，担负着我国西部地区的森林资源监测、荒漠化和草原监测评估、湿地和野生动植物监测评估、碳汇监测及重要自然保护地生物多样性监测等重要任务。先后取得了甲级林业调查规划设计、甲级林业工程咨询、甲级测绘等一系列资质及林业碳汇计量与监测资格，先后获得国家科学技术进步奖、全国优秀工程咨询成果奖、全国优秀工程设计奖等数百项荣誉。

65年砥砺前行，65年春华秋实。65年来，特别是党的十八大以来，西北院始终坚持以习近平新时代中国特色社会主义思想为指导，认真践行习近平生态文明思想，牢固树立"绿水青山就是金山银山"理念，按照党中央、国务院的决策部署，统筹推进山水林田湖草沙系统治理，为黄河流域生态保护和高质量发展、新时代推进西部大开发形成新格局提供了强有力的技术支撑。

◎ **提高站位：突出政治引领，坚持党建先行**

西北院始终坚持把党的政治建设摆在首位，认真学习贯彻习近平新时代中国特色社会主义思想，不断提升用习近平新时代中国特色社会主义思想统领实践的思想自觉和行动自觉；紧紧围绕国家林业和草原局党组的决策部署，创建学习型、服务型、创新型党支部，支部书记牵头抓总，建立党建引领发展"一张清单"，以制度建设为抓手提升管理效能，以科技创新为引领提升发展质量，助推业务发展和技术创新双高双赢，被国家林草局表彰为2019年度党建考核优秀单位。

※ 西北院赴贵州独山县紫林山村开展精准扶贫工作

理论学习锤炼党性。西北院加强对党员干部理想信念教育，经常展开集中学习和专题研讨，通过举办领导班子讲党课等活动，全院党员干部坚定政治信仰，统一思想认识，提高工作站位，做习近平生态文明思想的推动者、宣传者、实践者。

主题教育强化担当。西北院在"不忘初心、牢记使命"主题教育中，抓"关键少数"的引领示范作用，创新学习方式，把学习教育、调查研究、检视问题、整改落实四项重点措施贯通起来，有机融合、统筹推进，保证主题教育扎实有效进行。

从严治党落实责任。西北院认真贯彻落实习近平总书记关于林业和草原工作的重要指示批示精神和党中央决策部署，提高政治站位，增强责任意识，切实做到两个维护。坚持从严治党，全面落实党风廉政建设，持续推进反腐倡廉工作。加强教育防控和执纪监督，运用好监督执纪"四种形态"，使党员干部知敬畏、守底线、存戒惧，营造风清气正的良好政治生态。

◎ 聚焦主业：提升监测能力，服务顶层设计

西北院始终以"以质量求生存，以创新求发展"为宗旨，坚持"安全、和谐、高效"发展理念，实施"项目带动、科技兴院、人才强院"发展战略，紧紧围绕国家生态文明建设大局，聚焦林草生态建设领域，不断提升自身技术水平和服务能力，为顶层设计提供了智力支持，是我国森林资源监测事业和林草高质量发展名副其实的先锋队。

※ 西北荒漠化沙化实验监测基地项目效果图

国家林草局西北院是集行政、生产、科研为一体的综合性单位，业务范围涉及森林资源监测、荒漠化沙化监测、生态工程建设核（检）查、生态工程调查规划设计、旅游规划设计、湿地景观规划设计、园林工程设计施工、工程监理等方面，主要承担山西、重庆、陕西、甘肃、青海、宁夏、新疆7个省（区、市）和新疆生产建设兵团的森林资源监测、营造林工程核查、征占用林地检查、采伐限额执行情况检查以及全国荒漠化沙化监测、全国天然林保护工程核查和生态建设技术服务工作，监测区域面积达331.51万平方千米，占国土总面积的34.62%。

※ 守望林草云平台系统

65年来，国家林草局西北院根据党中央、国务院决策部署，紧紧围绕国家林草事业核心职能，秣马厉兵、冲锋在前，牵头完成了全国森林督查、国家级公益林监测的技术方案编制及汇总等一系列重要工作，为我国探索建立分级负责、上下联动、齐抓共管的"天地空"一体化常态化森林资源监测监管机制、督促各地落实森林资源保护发展目标责任制提供技术支撑。

——按期完成了九次全国森林资源连续清查技术指导、检查验收和数据汇总等工作，为森林资源管理

及宏观决策提供了翔实数据。高效完成了全国森林资源动态监测工作，完成了国家级公益林成效监测工作方案和技术方案的调研、评审，编制了《全国国家级公益林监测评价方案》。特别是在全国森林资源管理"一张图"建设工作中，参与了200多个县的林地落界，内业检查图斑700多万个，检查数据3000多万组，外业核实图斑50多万个，调查数据200多万组，工作量占西北监测区的40%以上。

——森林督查工作开展以来，西北院共投入300余人次，完成1334个县级单位14.11万个图斑的遥感判读工作，共发现破坏森林资源案

※ 新疆维吾尔自治区自然保护地调查评估外业工作

件数2.52万起，面积5.31万公顷，蓄积量22.08万立方米。现地核实104个县级单位1756个图斑，发现破坏森林资源案件数563起，面积1.13万公顷，蓄积量3.02万立方米。有效地推动了地方森林资源监督管理工作，为监督执法提供了依据。

据统计，2000年以来，西北院已完成国家林草局（国家林业局）下达或各司局委托任务200余项，为服务国家战略，切实加强自然资源保护管理提供了技术支撑。特别是在全国森林资源连续清查、全国荒漠化、沙化土地监测、全国天然林保护工程核查以及促进西部地区营造林质量和森林资源管理水平的提高等方面，发挥了独特作用，为促进林草业高质量发展、建设美丽中国发挥了重要作用。

◎ 锐意改革："自选动作"精彩，创新成果丰硕

惟改革者进，惟创新者强，惟改革创新者胜。近年来，国家林草局西北院紧紧抓住改革与创新这一对"孪生词"，在高标准、高质量完成国家林草局"规定动作"的基础上，高起点谋划、高效率实施"自选动作"，强弱项，补短板，促发展，认真履行监测职责，全面提升发展水平，形成了一批可圈可点的做法，为国家重点战略实施、林草资源监测和地方生态建设提供技术支撑服务，切实发挥了超高"技"林业战队的作用。

西北院紧密结合我国林草改革发展和地方生态建设需要，充分发挥技术、人才、设备、信息等多方面优势，积极探索适合自身发展需要的新模式，不断寻求新的增长点和驱动力，全院上下拧成一股绳，干部

※ 可可西里国家重要湿地调查地

※ 西北院在重庆永新镇三溪村对2019年度退耕还林工程外业图纸勾绘修正和造林成活率验收

职工干事创业激情澎湃，业务范围不断拓展，市场影响力稳步提升。

科技创新提升技术水平。近两年来，西北院先后筹资1500万元，设立自主创新课题和项目30余项，鼓励全院职工结合西北地区实际，开展实用技术研究和创新，并引入多尺度遥感影像应用、激光雷达、无人机等新技术，目前部分项目已取得阶段性成果，工作效率和监测成果均有明显提升。同时，还免费为监测区基层部门开展技术培训，进行人员交流、技术合作和新技术推广应用。两年来，累计组织开展各类技术培训30余次，培训人员5000多人次，双向选派挂职交流技术干部30余人，有效提高了基层林草部门的管理能力和技术水平。其中，"3S"技术应用、信息化建设管理、大数据应用和云计算等高新技术普及推广成效尤为明显。

※ 西北院在大荔举办第26个世界防治荒漠化与干旱日主题纪念活动

机制创新激发内生动力。西北院逐步形成了较完善的收入分配机制、对外合作机制、人才培养及干部任用机制、内部管理机制和重大事项决策机制，催生内在动力，激发工作热情，营造了干事创业的良好氛围。不断探索和加强质量管理，从开展质量年、质量效益年，到引入ISO9000族质量管理体系，对质量把控更加主动、严格，成果优良率和用户满意率大幅提高；不断活化用人方式，创新多渠道用人模式，并借助抓项目发挥其载体作用，推动人才培养，在高层次人才建设方面取得长足进步。西

※ 西北院无人机大队

北院有享受国务院特殊津贴专家13人、百千万人才工程省部级人选4人、全国生态建设先进个人2人、中国林业工程建设领域资深专家3人。

制度创新实现良法善治。西北院以加强和创新管理为主线，结合新形势新要求，及时制定修订各方面管理制度。出台了《西北院技创新发展纲要》《激励科技创新人才实施办法》，构建了人才培养使用和激励新机制。认真贯彻落实"六稳"要求，创新用人机制，科学培养和引进专业人才。强化干部队伍建设，坚持能者上庸者下的原则，树立正确用人导向。初步建立形成了一整套完备、稳定、管用的制度体系。

"乔木亭亭倚盖苍，栉风沐雨自担当。"65年来，西北院干部职工不惧风雨、不畏艰险，脚踏实地、砥砺前行，不断提高政治站位、认真贯彻落实习近平生态文明思想；加强自身能力建设、服务国家林草局发展大局；坚持创新引领发展，为地方生态建设提供技术支撑……取得了令人瞩目的优异成绩。

今天，站在新的历史节点，面对新形势新要求，西北院将坚持稳中求进工作总基调，保持锐意进取、永不懈怠的精神状态和敢闯敢干、一往无前的奋斗姿态，脚踏实地、苦干实干，用新的目标承载新的梦想，用新的思维创造新的辉煌。

新起点初心不改　新征程砥砺前行

——国家林业和草原局昆明勘察设计院建院55周年

◎ 基本情况

国家林业和草原局昆明勘察设计院（以下简称昆明院）成立于1965年，是国家林业和草原局直属的事业单位，主要从事自然资源调查、监测、评价及监测区森林资源的各项核（检）查；以国家公园为主体的自然保护地体系规划咨询；林草生态建设工程区域规划及专项规划、咨询、评价、设计等工作。建院55年以来，先后成立了国家林业和草原局西南

※ "国家林业和草原局国家公园规划研究中心"在昆明院揭牌成立

林业碳汇计量监测中心、国家林业和草原局西南生态监测评估中心、国家林业和草原局自然保护区及野生动植物西南监测中心、国家林业和草原局国家公园规划研究中心以及国家林业和草原局亚洲象研究中心。

2020年昆明院迎来了55年诞辰，历经半个多世纪的风雨，也历经院址的数次迁回变迁，2020年9月，昆明院又迁回至出发地一二一大街71号，通过院址的升级改造，办公环境焕然一新，宽敞明亮、整洁干净的院区给广大职工提供了舒适的办公环境。

◎ 主要业绩

昆明院充分发挥多专业、多资质综合设计院的特色和优势，业务涵盖全国农林、生态环境、旅游、公路、建筑、市政、水利等行业。

从20世纪80年代开始，昆明院在林区总体设计、森林资源调查、林产工业和林业规划设计等领域逐渐发展、壮大，涌现出甘肃小陇山林业实验局总体设计、中港合资云南泛洋木

※ 办公楼新貌

业有限公司年产50万平方米复合地板厂设计等一系列优秀项目。

近年来昆明院公益职能日益凸显，完成了监测区云南、四川两省的森林资源督查、第九次森林资源清查、西藏林业有害生物普查等工作。核（检）查工作得到了国家林草局及当地林草部门的高度认可，形成了一支技术力量雄厚的林草资源调查队伍。同时在规划设计工作中充分发挥昆明院工程与生态技术融合的优势，引进生态理念，完成工程勘察设计项目，形成了昆明院的品牌优势。

※ 甘肃小陇山林业实验局总体设计

※ 昆明院党委书记周红斌、副总工程师朱丽艳指导外业工作

2018年，昆明院以国家公园规划研究中心为研发团队，开创了国家公园调查规划和实践探索研究，形成了以国家公园为主体的自然保护地体系建设研究成果和技术，积累了丰富的经验，锻炼了队伍，为形成中国特色国家公园理论作出了重大贡献。完成的《国家公园项目建设标准》《国家公园资源调查与评价规范》等行业标准已发布实施；完成的"中国特色国家公园建设技术及模式项目"获得第十届梁希林业科技进步奖；昆明院"国家公园理论与实践创新团队"入选第一批"全国林草科技创新人才计划创新团队"。

◎ 获得的荣誉

昆明院建院以来已连续30年荣获"云南省文明单位"；共获得国家级奖项15项，省部级奖项118项。其中"苏里南油棕综合开发项目商业计划书"等11个项目获得全国优秀工程咨询成果奖；"云南金沙江中游河段阿海水电站施工区绿化工程设计""昭通中汇沃尔玛商业项目岩土工程详细勘察"两个项目获得全国优秀勘察设计奖。参与的"西藏羌塘生物多样性研究""西藏藏羚羊生物生态学研究"获得国家科学技术进步奖。

※ 获奖证书

全新起航　引领大熊猫保护新发展

—— 中国大熊猫保护研究中心

中国大熊猫保护研究中心（以下简称熊猫中心）是根据2013年中央机构编制委员会办公室批复，在2015年12月28日挂牌成立的国家林业和草原局直属事业单位。以"开展大熊猫野外生态及种群动态研究，负责大熊猫人工饲养、繁育、遗传、疾病防控以及圈养大熊猫野化培训与放归，协助开展大熊猫国内外合作交流，推动大熊猫文化建设、科普教育和宣传工作"为主要职责。

熊猫中心行政总部位于成都市都江堰市通江路98号，下辖4个基地。其中，卧龙神树坪基地位于阿坝藏族羌族自治州卧龙国家级自然保护区耿达镇幸福村，占地150公顷，饲养管理大熊猫71只。都江堰青城山基地位于成都市都江堰市青城山镇石桥村，总面积50.67公顷，饲养管理大熊猫38只。雅安碧峰峡基地位于雅安市雨城区碧峰峡镇碧峰峡景区内，占地71.6公顷，饲养管理大熊猫35只。卧龙核桃坪基地位于阿坝藏族羌族自治州汶川卧龙特别行政区内，占地20余公顷，饲养管理大熊猫15只。

※ 2015年12月28日，中国大熊猫保护研究中心在卧龙神树坪基地挂牌

在国家林业和草原局党组的坚强领导下，熊猫中心开拓创新、砥砺奋进，取得了举世瞩目的新成就。

◎ 圈养大熊猫种群数量创新高

截至2019年底，熊猫中心圈养大熊猫种群数量达到313只，占全球圈养总数的50%以上，创建了世界最大的人工圈养种群，实现圈养种群从数量优先到质量优先的转变和可持续发展。

※ 2018年大熊猫宝宝集中亮相

※ 2018年大熊猫"琴心"在龙溪虹口国家级自然保护区放归野外

◎ 大熊猫野化放归研究取得关键性突破

熊猫中心先后放归人工繁育大熊猫11只,存活9只,存活率81.82%。7只成功融入有灭绝风险的小相岭山系野生种群,2只成功融入岷山山系野生种群,首次实现圈养大熊猫自然栖息地生存和繁衍并复壮区域濒危小种群的重要目标,对大型哺乳动物放归具有指导和借鉴意义。该项研究于2019年获第十届梁希林业科学技术奖科技进步奖一等奖,并入选中国科协发布的"2019年度中国生态环境十大科技进展"。

◎ 大熊猫对外合作交流影响广泛

与境外16个国家和地区的17家动物园开展大熊猫科研合作与交流,搭建了全球最大的大熊猫国际合作交流平台,掀起一阵又一阵"熊猫热潮"。在旅居比利时大熊猫"好好"顺利诞下两只大熊猫幼仔(2019年)及旅居荷兰的大熊猫"武雯"喜诞幼仔(2020年)后,国家主席习近平分别与两国元首互致贺电、贺信;习近平还出席了俄罗斯莫斯科动物园、比利时天堂公园大熊猫馆开馆仪式。

◎ 打造熊猫文化"国家名片"成效显著

实施"熊猫中国"文化品牌战略,成功举办2018年首届中国大熊猫国际文化周活动,有力展示了中国大熊猫保护研究成果,有效促进了大熊猫国际国内合作交流,进一步推动大熊猫文化走向国际舞台,引起各界广泛关注,社会反响良好。

◎ 拓展生物多样性保护研究领域

成功申报建立大熊猫国家公园珍稀动物保护生物学国家林业和草原局重点实验室、邛崃山濒危野生动植物保护生物学国家长期科研基地和岷山濒危野生动植物保护生物学国家长期科研基地,搭建了珍稀动植物研究重要科研平台,有效促进以大熊猫为代表的珍稀野生动植物的保护研究。

◎ 培养了一支行业领先的专业人才队伍

※ 奥地利总统、总理到访熊猫中心都江堰青城山基地

※ 首届中国大熊猫国际文化周开幕

※ 国家林业和草原局党组成员、副局长李春良和中国野生动物保护协会会长陈凤学为重点实验室揭牌

熊猫中心现有正高级工程师9人,其中专业技术二级2人、三级4人、四级3人,副高级职称21人,"百千万人才工程"国家级人选1人、省部级人选4人次。逐步形成一支结构合理、业务精湛、勇于创新的优秀人才队伍。

全新起航的熊猫中心大熊猫圈养种群数量明显增加,科研水平进一步提升,大熊猫对外合作交流影响巨大,打造熊猫文化"国家名片"成效显著,推动了大熊猫保护研究、文化宣教工作再上新台阶。目前,熊猫中心已成为大熊猫保护事业的行业旗舰和中坚力量。

精益求精　铸就辉煌

——国家林业和草原局北京林业机械研究所

国家林业和草原局北京林业机械研究所成立于1958年，现隶属于中国林科院，是服务于林业和草原装备发展，专业从事林业和草原机械基础研究、应用技术研究、标准化及情报信息工作的国家级科研机构。

建有中国林科院竹工机械研发中心、林草装备信息中心、治沙装备研发中心。牵头林业装备产业国家创新联盟、中国林学会林草智能技术和机器人分会、中国林机协会人造板分会、中国林机协会竹工机械分会、全国人造板机械标准化委员会、全国人造板设备和木工机械情报中心等行业机构，编辑出版林业和草原装备领域科技期刊《林业和草原机械》。作为中国林科院"林业装备与信息化"学科博（硕）士点，主要研究方向有林草机器人、林草生态建设设备、人造板机械、木工机械、竹业机械、木质及非木质复合材料技术装备、林业检测设备、沙漠化防治机械等。

目前，北京林机所与近20个省、市、县政府及40多家科研单位、协会、企业等，建立了长期科研合作关系，开展了多形式、多层次的政产学研合作，取得了丰硕的成果。

◎ **重大科研成果**

1. 便携式多功能采摘设备制造技术
2. 结构用锯材分等关键技术与装备
3. 木材加工高速电主轴制造技术
4. 结构用足尺锯材弹性模量快速评价体系与模型构建
5. 木材加工数控双摆角铣头
6. 煤矸石山生态治理一机多用泥浆喷播机
7. 四头电动主轴及制造技术
8. 竹材OSB刨片机
9. 竹材定段破竹粗铣连续化加工关键技术及装备
10. 竹材原态多方重组材料制造技术

◎ **科研平台建设**

1. 创新平台

中国林科院竹工机械研发中心

2. 挂靠机构

（1）中国林学会林草智能技术和机器人分会
（2）林业装备产业国家创新联盟
（3）全国人造板机械标准化技术委员会
（4）中国林业机械协会人造板机械分会

※ 主题党日参观延安宝塔山

※ 林业和草原装备网

（5）中国林业机械协会竹工机械分会

（6）中国林业产业联合会林业新技术创新分会

（7）全国人造板设备和木工机械情报中心

3．研发基地

中国林科院林业装备制造开放试验基地（在建）

◎ **科研团队建设**

1．木材加工装备及自动化创新团队

2．现代竹业技术装备创新团队

3．林业和草原机器人技术创新团队

4．草原（业）装备与智能化团队

5．智能化林草抚育及采收利用装备团队

6．城市林业智能装备技术团队

7．人造板装备及木质材料增材制造技术团队

8．沙漠化防治装备创新团队

9．林草装备政策研究创新团队

※ 北京林业机械研究所官网

◎ **核心期刊**

《林业和草原机械》前身为《木材加工机械》，于1989年创刊，2020年1月经国家新闻出版署正式批复更名为《林业和草原机械》。本刊由国家林业和草原局主管、国家林业和草原局北京林业机械研究所主办，是国内唯一涵盖林业和草原机械全学科领域的国家级专业科技期刊。

《林业和草原机械》期刊办刊宗旨为：刊载林业和草原机械领域设计新理念、生产新工艺和技术新成果，促进学术交流，推动成果转化，提高林草机械装备水平，服务生态文明建设；主要刊登：林草装备共性技术、林业生态建设装备、林业产业装备和草原（业）装备等最新研究和设计成果、生产经营管理经验、国内外技术发展趋势、技术经营信息、标准和检测等。本刊在继续保持木材加工机械和人造板机械领域优势的基础上，全面服务于林业草原装备各领域先进技术发展、科研成果推广以及学术交流。

主要栏目：

研究与设计：林业机械、草原机械、林草生态建设机械、木材加工机械、人造板机械等行业技术研究论文，设计成果，制造工艺以及引进技术的消化吸收，检测手段与方法等。

※ 《林业和草原机械》杂志

实用技术：林业机械、草原机械、林草生态建设机械、木材加工机械、人造板机械等生产中的技术革新成果，使用维护经验及标准化的宣传贯彻等。

综述：林业机械、草原机械、林草生态建设机械、木材加工机械、人造板机械等行业的政策论述、管理经验、行业发展建议等。

专题约稿和人物访谈：针对林业和草原机械行业发展热点，开展专题约稿和人物访谈。

践行"两山"发展理念 书写改革转型新篇章

——中国龙江森林工业集团有限公司

中国龙江森林工业集团有限公司于2018年6月30日由原中国龙江森林工业（集团）总公司改组成立，定位为大型国有生态公益性企业，承担着生态建设、产业发展、林业投资三项功能。

集团所辖重点国有林区包括小兴安岭和完达山、老爷岭、张广才岭等山脉，森林经营总面积658.51万公顷〔跨黑龙江省8个地市、18个县（区）分布〕，占黑龙江全省国土面积的14.47%，活立木总蓄积量6.33亿立方米，森林覆盖率84.7%，是东北亚陆地自然生态系统主体

※ 集团党委书记、董事长张旭东在庆祝新中国成立70周年暨龙江森工最美奋斗者颁奖大会上致辞

之一，是东北"大粮仓"天然生态屏障，是国家重要的木材战略储备基地和森林工业基地。林区资源富集，有天然林树种296种，其中红松、水曲柳、黄檗、胡桃楸等珍贵树种30余种；有野生动物408种；野生植物近2000余种；有2A级以上景区20家，其中4A级11家；已探明储量的矿产资源30多个矿种、总储量6.42亿吨。

集团公司注册资本16.8亿元，总资产234.2亿元。集团在岗职工12.48万人，林区人口83.9万人。

2019年以来，龙江森工集团以生态建设为己任，以深化改革为主线，以转型发展为要务，深入实施"1234567"发展方略，即坚持习近平生态文明思想、践行"两山"发展理念、布局"三大"核心任务、构建"四个"发展模式、打造"五大"产业体系、加强"六个"机制建设、推进"七项"重点工程，重塑生态建设新模式，重建林业产业新体系，重聚产业发展新动能，重构公司治理新机制，在保障国家生态安全、国土安全、粮食安全、能源安全以及促进绿色增长中发挥着重要作用，作出了重要贡献，体现了森工人的政治站位、大局意识、国家情怀和责任担当。

◎ 全力构筑国家重要生态安全屏障

立足功能定位，高举生态建设大旗，把天保工程作为森工改革发展的压舱石，加大生态保护与修复力

度。投入资金14亿元，相继开展更新造林、森林抚育、湿地保护、种苗培育、病虫害防治、野生动植物保护等工作，促进了森林资源数量增加、质量提高和功能提升。完成后备资源培育3.83万公顷、森林抚育32.20万公顷、抚育补植6913.33公顷、退耕还林83.93公顷、退耕还湿1353.33公顷、病虫鼠害防治面积14.65万公顷（其中，飞机防治面积5.63万公顷），连续11年无重大森林火灾，为黑龙江粮食"十六连丰"、建设"美丽中国"作出了重要贡献。据有关部门监测统计，目前，东北虎豹国家公园试点森工区域内东北虎约10只左右，仅2019年以来，林区就通过远红外自动相机拍摄到东北虎活动踪迹59次、东北豹72次。

◎ 全力构建"五大"产业新体系

聚焦人民对美好生活的向往，对天然、绿色、有机等森林健康食品的需求，充分发挥林区生态、资源、规模三大优势和林业产业投融资平台功能，瞄准千亿产业目标，加快建设营林、种植养殖、森林食品、旅游康养、林产工业五大绿色产业体系，全力打造国家重要的木材资源战略储备基地、森林旅游康养胜地、森林食品基地和龙江经济发展重要增长级。2019年集团实现营业收入30.1亿元。推进重点产业项目建设41个，完成年度投资5.28亿元。积极开展对外合作，与东北林业大学、东北农业大学、黑龙江省中医药大学等院校建立企校联盟，与保利集团、中林集团等签署战略合作协议，加快推进森林旅游、森林食品、北药、海外合作等项目。

——抓结构重调整，打造营林产业体系。立足增强林业的生态功能、实现林业可持续发展的目标，树立科学的经营理念，统筹兼顾中短期效益和长远发展，按照产业发展的模式，加快建设红松果林、沙棘、核桃、榛子、蓝莓、蓝靛果等经济林基地，提高林地生产力，增加经济效益，实现营林生产与价值转换同步完成、生态效益与经济效益同步生成。营造红松果林9333.33公顷，种植沙棘7333.33公顷、蓝莓树莓906.67公顷、榛子913.33公顷。

※ 中国雪乡

——抓龙头重精品，打造森林旅游康养产业体系。森工林区山水林田湖得天独厚的资源禀赋是黑龙江全域旅游的主体，也是黑龙江生态旅游康养亮丽的名片。集团公司发挥绿水青山和冰天雪地优势，强化"冰爽""凉爽"品牌的建设，以"中国雪乡"冰雪旅游为龙头，推进山河屯

※ 国家森林康养基地——绥阳林业局双桥子林场

※ "国家工业遗产"——桦南林业局森林小火车,吸引众多国外摄影爱好者慕名而来

※ 过去,森林小火车是木材运输的主要工具;全面停伐后,森林小火车成为林区旅游的亮丽风景线

凤凰山、亚布力滑雪、柴河小九寨、东京城镜泊湖、平山鹿苑、方正罗勒密等优势资源整合,积极构建森林康养度假旅游集聚区。2019年累计接待游客525.7万人次,实现收入1.99亿元。"中国雪乡"成为黑龙江冰雪旅游重要名片;桦南林业局"森林铁路"被国家工信部授予"国家工业遗产"荣誉称号;清河局旅游风景区被评为"2019中国森林旅游美景推广地""森林健康养生50佳";鹤北、方正、绥阳局被命名为国家森林康养基地;凤凰山国家森林公园被誉为龙江旅游"大观园"、哈尔滨"后花园"。

※ 以黑木耳为代表的食用菌产业,已进入工厂化制菌、立体化栽培、标准化生产新阶段

——抓品质重市场,打造森林食品产业体系。围绕引导消费、创新品类、重塑认知和打造森林级食品标准,探索制定森工统一的原料生产基地标准、采集技术规范和生产加工标准。发挥森林食品集团的龙头作用,形成"专业公司+基地+职工"的合作模式,提高产品的品质和价值。坚持线上与线下、品牌销售与大宗交易,打造"统一大品牌、多元系列产品、集中大营销"的营销模式。目前,已经形成食用菌、坚果、浆果、山野菜、蜂蜜等12个大类、300余种单品,其中,有机食品认证26个品类,绿色食品认证42个品类,无公害认证33个品类。

——抓经营重集约,打造种植养殖产业体系。以绿色有机为方向,加大种植结构调整力度,强化基地建设,建立生产环节质量管控体系和产品全程可溯源体系,使之成为森林食品的重要原料端。与黑龙江省中医药大学合作,建设"北药产业园",打造北药全产业链。推进亚布力局"猪菜同生"循环种养项目,探索一、二、三产融合发展模式。农业播种面积36.17万公顷,食用菌年栽培6亿袋、产量3万吨,北药种植面积2.13万公顷,鹿、蜂、森林猪等特色养殖达到一定规模。

——抓当前重长远,加快恢复林产工业体系。依托"两种资源、两个市场",统筹考虑境外与境内、

※ 桦南林业局紫苏种植近6666.67公顷，研发生产紫苏油为主13个大系列118余款产品，2019年，被中国林业产业协会授予"中国紫苏小镇"荣誉称号。图为桦南紫苏产业园

当前与长远，提前做好产能布局，为推进林产工业复苏埋下战略性的种子打下坚实的基础。积极开展对俄罗斯等境外森林资源战略性投资开发，加大招商引资力度，布局建设林产工业园区，形成产业聚集区。2019年以来，加工利用进口木材52.38万立方米。

◎ 全力推进森工体制机制改革

森工改革是习近平总书记关注的黑龙江省三大国企改革之一。集团公司认真贯彻中央6号文件精神和国家林草局的部署，按照"三个有利于"原则，攻坚克难，强力推进，完成体制性改革，实现了政企、政事、事企、管办分开，全部完成政府行政职能移交、办社会职能分离移交和事业单位分类改革。同时，加快推进集团内部机制改革，建立健全集团法人治理结构，构建"三级管控"模式，完成23个

※ 桦南紫苏系列产品展示

林业局公益类公司化改革，组建了投资集团、食品集团、众创集团参与市场竞争，深化三项制度改革，建立市场化选人用人机制，探索推进混合所有制改革，完成黑森药业公司混改，实现了历史性突破，进一步激发了集团发展的动力与活力。

站在新起点　展现新作为　迈步新征程

—— 大兴安岭林业集团公司

黑龙江大兴安岭林区地处祖国北部边陲，是国家重点生态功能区和天然林主要分布区之一，也是我国唯一的寒温带明亮针叶林区和国内仅存的寒温带生物基因库，担负着维护生态安全、国防安全、粮食安全的使命。林业施业区面积802.8万公顷，林业用地面积787.7万公顷，有林地面积687.5万公顷，活立木总蓄积量6.019亿立方米，森林覆盖率85.64%，适生着各类野生植物1000余种，野生动物400余种。

◎ **重点国有林区改革**

1964年党中央、国务院决定以会战的方式开发大兴安岭林区。1965年，林业部和国家经委批准成立大兴安岭林业管理局，

※ 2020年4月2日，国家林草局副局长李树铭、黑龙江省委副书记陈海波为大兴安岭林业集团公司揭牌

与特区人民委员会实行政企合一。自1964年开发建设以来，大兴安岭累计生产商品材1.3亿立方米，上缴利税84.2亿元。2020年4月2日，集团新一届领导班子正式组建，结束了与地方合署办公33年的历史。集团公司下辖10个林业局、100个林场（管护区），在职职工5.2万人。组建以来，集团公司全面贯彻落实习近平生态文明思想特别是关于林草工作的重要讲话、指示批示精神，贯彻落实国家林业和草原局各项工作部署，始终将国有林区改革作为最紧迫、最重要的政治任务，

※ 2020年6月，集团公司党委书记、总经理于辉（左二）深入阿木尔林业局检查调研森林防火、生态建设

成立改革验收、地方协调、企业改制等工作专班，积极谋划和推进改革。集团总部机构由33个压缩至22个，编制由739人调整为362人；林业局内设机构由22~24个统一调整为18个，五年内机关人员控制在200人以内，牢固树立"一片林、一家人、一体化、一条心"理念，巩固林地深厚友谊，建立良好合作关系，实现"1+1＞2"的效果。不断健全完善制度体系，制定出台了集团议事规则、工作规则、领导干部双重组织生活实施办法等制度十余项。不断提升精细化管理水平，减少各类公用经费支出1258万元，同比减少37%。积极探索建立现代

企业制度，初步构建起以公司章程为核心、其他制度为配套的制度体系框架。

◎ **森林防火**

大兴安岭林区全境为国家一类火险区，也是全国雷击火高发区。大兴安岭林业集团公司坚持以习近平关于生态文明建设的重要指示精神为指导，把森林防火工作作为第一件大事、第一位任务、第一项职责来抓，坚持林地联动、防扑一体、协同作战，树牢"小火用重兵、首战即决战"思维，突出重点时段、盯住重点人群、看住重点区域，全面落实落靠森防责任，2020年56起雷击火平均扑灭时间2.56小时，平均过火面积1.47公顷，连续三年实现了"人为火不发生，雷击火不过夜"的目标。在做好常规森防工作的同时，积极探索智慧森防，打造林草生态网络感知系统，现已实施远程智能视频监控系统、智能预警巡护系统、三维雷电监测系统、运-5飞机图像传输系统等信息化现代森防新模式。实施技防项目6个，与华东调查规划设计院签署战略合作协议，共同打造信息化现代森防新模式。

※ 塔河林业局大苗造林成果

※ 多台灭火机组合扑打火线

◎ **生态修复建设**

大兴安岭林业集团公司认真践行习近平生态文明思想，牢固树立"山水林田湖草生命共同体"理念，全方位、全地域、全过程开展生态系统保护修复。筑牢国家生态安全屏障，创新森林资源管护机制，合理调整区划布局，建立了木材检查站、管护站和专业人员机动巡逻三级管护体系，落实管护面积780万公顷，安排管护人员1.78万人，新建、改扩建管护站373座，形成了点线面结合、全方位、全覆盖的森林管护网络。2020年累计完成造林2133.33公顷、补植补造2.53万公顷、森林抚育23.06万公顷。认真落实国家《森林法》，深入开展保护森林资源"十三五"行动，查处资源林政案件72起，上级移交的286个疑似图斑全部办结，同比下降70.5%。在全国率先完成湿地落界，自然湿地保护率达到46.67%。新发

※ 西林吉林业局西伯利亚红松育苗

现鸟类分布23种，野生动物偶见率明显提升。各林业局全部完成森林经营方案编制，2个林业局方案已通过国家评审。目前有各类型自然保护地45个，其中国家级自然保护区8个，总面积243.37万公顷，占集团公司经营总面积的30.5%。

扎根北陲林草事业　守候生态绿色家园

——国家林业和草原局大兴安岭规划院

国家林业和草原局大兴安岭调查规划设计院，是国家林草原局直属公益二类事业单位，具有林业调查规划设计甲级资质和工程咨询乙级资质，主要承担森林资源动态监测及林地年度变更、林地区划调整，国家级地方公益林区划、监测和界定，森林植物生物量调查及碳汇资源监测，泥炭库资源调查，林地保护利用规划编制、林地一张图建设，森林资源资产评估及湿地资源调查，更新造林普查、新成林核查、天然林保护抚育核查，各类总体规划、科考、可研编制，生态环境评价评估，野生动植物资源、冻土资源调查，天保工程各类检查、核查等工作。

※ 全体人员

40年来，大兴安岭规划院坚守祖国边陲，在国家林草局和集团公司领导下，院党政班子带领全院职工坚持以"质量立院、科技兴院、人才强院、项目富院，打造和谐规划院"为指导，紧紧抓住森林资源调查规划设计建设这一主线，积极推进技术能力建设，促进总体技术水平和综合发展能力不断迈上新台阶。充分发挥自身人才、技术和设施设备优势，实现了资源调查、规划设计、资源监测和林业工程咨询四大专业同步发展、专业和职能逐步拓宽，确保高质量地完成各项生产任务，努力推动规划院各项工作持续快速健康发展。

※ 年轻职工培训

多年来，大兴安岭规划院根据工作发展需要，大力调整科室结构、人才结构、知识结构，将现有科室及人员整合细分，调整部分科室职能，不断拓宽业务领域。在干部使用上坚持选好人用好人，按照德才兼备、以德为先、人岗相适、业绩突出的原则选拔任用干部，树立正确的用人导向，营造风清气正的政治生态。

近年来，大兴安岭规划院下大力气在人才的引进和培养上下工夫，引进硕士研究生28人、大学毕业生9人。有计划地培养专业技术骨干和各专业领域的学科带头人，切实提高了职工队伍整体素质和服务水平。

※ 制图员制图

大兴安岭规划院将秉承森调初心，为祖国生态建设和经济社会协调发展作出重要贡献。

国宝基地　熊猫摇篮

——成都大熊猫繁育研究基地

成都大熊猫繁育研究基地建于1987年，位于四川省成都市，占地100公顷，是世界闻名的大熊猫迁地保护、科研繁育、公众教育和教育旅游基地，2021年完成扩建后总面积将达到235公顷。

※ 1994年，熊猫基地与日本和歌山白浜野生动物园开展国际合作建立起海外最大的大熊猫圈养种群（白浜野生动物园　供图）

基地以20世纪80年代野外救治的6只病、饿大熊猫为基础，在未从野外捕获一只大熊猫的情况下，通过创新性科研工作，攻克关键技术难题，截至2020年11月，大熊猫种群数量达到216只。建成种群遗传质量、个体行为健康状况均良好的全球最大圈养大熊猫种群；同时取得14项国家专利，70余个科研项目分获国家、省、市级技术发明奖和科技进步奖，被国内外公认为科技实力最强、成果最多、应用推广最好的大熊猫保护单位，被国家授予"全国技术人才先进集体"称号。

基地坚持"产、学、研、游"一体的可持续发展模式，通过营造大熊猫野外生境的方式打造饲养场馆，兼顾大熊猫饲养、行为需要以及科普教育效果，2006年被评为国家4A旅游景区。引入先进保护教育理念和方式，基地于2000年在全国动物保护系统率先开展一系列公众保护教育，获得"全球500佳""全国青少年科技教育基地""国家科普教育基地""国家环保科普基地"等荣誉称号。

为实现圈养大熊猫放归自然的目标，基地在都江堰建立了熊猫谷，于2015年正式开放。这里自然条件优越，建有大熊猫野化过渡训练场，常年有10余只大熊猫开展野放适应性训练。

※ 中国动物园协会大熊猫繁育技术委员会2019年年会开幕式
（崔凯　摄）

※ 熊猫基地吸引了络绎不绝的中外游客前来参观
（崔凯　摄）

凝心聚力　奋发图强

——广东省岭南综合勘察设计院成果丰硕

广东省岭南综合勘察设计院成立于1994年4月，是集森林资源监测、建设工程勘察、林业工程规划设计为一体的综合性甲级设计院，业务范围主要包括林业基础调查、林业专项报告、林业项目总体规划设计、林业产业规划设计、生态建设咨询服务、林业信息化服务等。

自成立以来，岭南院不断充实专业技术力量，完成了1000多项林业调查规划设计项目工作，50多项技术成果获得国家级和省级奖项，得到了各级林业主管部门和市场的高度认可。

2019年，《粤港澳大湾区佛山市域高品质森林城市建设规划（2018—2022年）》荣获2018年度全国优秀工程咨询成果奖二等奖、2017~2018年度全国林业优秀工程咨询成果二等奖。《规划》按照"一心、三屏、六核、七廊、百村、千园、万林"的自然生态安全格局，力争到2022年，初步建成粤港澳大湾区高品质森林城市，为提升佛山市域森林城市建设质量、优化粤港澳大湾区生态环境提供了科学的建设蓝图。

2020年，《粤港澳大湾区水鸟生态廊道建设规划（2020—2025年）》荣获由广东省动物学会颁发的2020年度广东省动物科学技术奖二等奖。《规划》应用"3S"廊道理论，创新性提出了"三级廊道"构建的理念、方法及标准，规划出具有"两横四纵多支多点"布局、立体化、网络化、功能异质的粤港澳大湾区水鸟廊道体系，被广东省委、省政府列为省重点项目。

※《粤港澳大湾区佛山市域高品质森林城市建设规划（2018—2022年）》

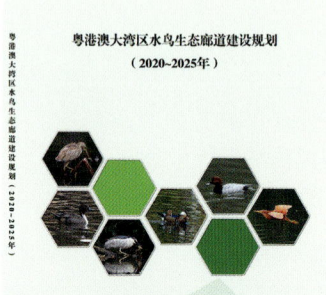

※《粤港澳大湾区水鸟生态廊道建设规划（2020—2025年）》

※ 获2018年度全国优秀工程咨询成果奖二等奖

※ 获2020年度广东省动物科学技术奖二等奖

河南省林业生态建设迈上新台阶

◎ 国土绿化

2019年,河南全省各地、各部门深入贯彻习近平生态文明思想,认真落实党中央、国务院关于国土绿化工作的决策部署和习近平总书记考察调研河南时重要讲话精神,大力实施《森林河南生态建设规划(2018~2027年)》和省委、省政府关于实施国土绿化提速行动建设森林河南的重大部署,组织动员全社会力量开展大规模国土绿化行动,国土绿化事业取得新成绩。全省共完成造林19.65万公顷、森林抚育30.29万公顷,建设各级森林乡村1278个、省级森林特色小镇20个。

※ 河南省委书记王国生参加义务植树活动

全省统筹安排,全面启动了大规模国土绿化工程,按照森林河南规划"三增四转五统六化"的总体要求,突出抓好廊道绿化、山区生态林工程,并以点带面,整体推进森林河南建设。

各地加大机制创新力度,通过政府流转、租赁土地、以奖代补、返租倒包、招标承包、规模经营等形式吸引造林大户、农民林业专业合作社等造林主体开展造林绿化。

※ 济源太行山绿化成效

※ 淅川丹江口库区造林成效

◎ 自然保护

河南省2019年有5类290处自然保护地，总面积248万公顷。分别是自然保护区30处，其中国家级13处，省级17处；森林公园121处，其中国家级32处，省级89处；湿地公园71处，其中国家级35处，省级36处；风景名胜区35处，其中国家级11处，省级24处；地质公园33处，其中国家级15处，省级18处。保护全省重要地质遗迹335处，其中世界级22处、国家级138处、省级175处。通过各自然保护区的有效保护，截至2019年底，太行山猕猴由1997年的近1300只增加到3000余只；三门峡黄河湿地已由原来大小天鹅的迁徙停歇地变为越冬地，数量也由建保护区前的几百只增加到1万余只；郑州黄河湿地

※ 河南黄河湿地国家级自然保护区——三门峡大天鹅

※ 焦作神龙山风景名胜区龙脊长城

每年越冬的候鸟总数达到近100万只，国家Ⅰ级保护动物大鸨已成为稳定的越冬种群；太行山保护区修武管理局连续3年监测到金钱豹活动；董寨国家级鸟类保护区已成为中国除原产地陕西洋县之外的第二个朱鹮人工繁殖野化放归地，成功繁育朱鹮179只，野外放飞60只，并野外成功繁育16只，为中国乃至世界成功保护繁育珍稀物种提供典范。

2019年河南全面完成国有林场改革任务，河南省的国有林场改革工作被国家国有林场和国有林区改革工作小组评为优。改革后，全省93个国有林场整合为84个，其中82个定性为公益一类事业单位，2个为公益性企业，机构级别方面增加5个处级国有林场和5个正科级林场，经费实行同级财政全额拨款。通过科学营林，严格保护，国有林场森林面积较改革前增加1.93万公顷，森林蓄积量增长356.03万立方米，有效保护了森林生态系统，保护了生物多样性，维护了生态安全。

※ 云上天路——云台山国家森林公园叠彩洞

※ 洛阳白云山国家森林公园

盛世兴林促民生　绿满八桂谱华章

——2019年广西林业绿色发展建设生态文明

◎ "荒山"变"青山"—— 森林面积和森林蓄积量双增

世界人工林看中国，中国人工林看广西。行走在八桂大地，城乡处处绿意盎然。据年度广西区级林地变更报告结果显示，广西人工林面积达855.66万公顷，人工林面积位居全国第一。

2019年以来，全区林业系统深入实施珠江防护林、沿海防护林、退耕还林、石漠化综合治理等国家重点造林工程，不断培育优质森林资源。全区森林覆盖率达62.45%，草原综合植被盖度达81.8%。

值得称道的是，广西木材加工业快速发展，林木采伐量一增再增，并没有带来森林资源的退化萎缩，反而同时实现森林资源持续增长。截至2019年底，全区森林面积从1950年的379万公顷增长到1486.67万公顷，位居全国第六。广西以约占全国5%的林地，生产出了超过全国40%以上的木材，是全国最重要的木材生产基地，为保障国家木材安全作出了重要贡献。

※ 凭祥市伏波林相新貌（孙文胜　摄）

※ 广西国有林场在林区实施机械化伐木（李捷　摄）

◎ "青山"变"金山"—— 生态改善与产业发展双赢

石山长"秀发"，荒漠变绿洲——石漠化这一顽固的"地球癌症"，遭遇了全区林业人最顽强的阻击。一片片荒山披上"绿衣"，一户户农民挣脱贫困。在与石漠化进行的战略性对决中，广西林业生态建设用脚踏实地又一次换来了"山清水秀生态美"。

党的十八大以来，广西壮族自治区各级林业部门将石漠化综合治理作

※ 桂林平乐县石山披绿装（陈秀玲　摄）

为林业重点生态工程着力推进。通过实施新一轮退耕还林、珠江防护林、森林生态效益补偿等林业重点生态工程项目，岩溶地区生态环境显著改善。2019年初，全国岩溶地区第三次石漠化监测结果显示，与2011年第二次石漠化监测结果相比，广西石漠化土地净减38.72万公顷，减少率20.2%，净减面积超过1/5，治理成效继续稳居全国第一。

大规模造林绿化在改善生态的同时，也为绿色产业发展提供了资源优势。作为全国最大的木材生产基地，广西丰富的木材资源为打造"千亿元产业"造纸与木材加工业创造了得天独厚的条件。2019年，全区林业产业总产值达7042亿元，全区林下经济产值达到1144亿元，成为新的千亿元产业。

◎ "扬长"加"补短"——稳步增长与结构优化同步

2019年以来，在自治区党委、政府的决策部署下，自治区林业主管部门继续加快木材精深加工产业项目建设，深入推进以提升森林资源质量效益为核心的林业供给侧结构性改革，实现产业稳步增长与结构优化"同步"。全区林业增加值增速在实现自治区下达4.5%的年度目标任务的基础上，实现"保6%争7%"的目标，超额完成目标任务1.5～2.5个百分点。

人造板产业是全区木材加工业的核心产业。2019年以来，广西人造板行业加快结构调整，兼并重组正在有序进行，落后产能不断淘汰，绿色环保产品逐步增加。2019年12月26日，由广西国有高峰林场和广西南宁树木园联合发起设立的广西森工集团股份有限公司在广西南宁市揭牌成立，注册资本10亿元，其中首期注册资本5.2亿元。

全区林业第三产业加快发展森林旅游等新产业新业态，全区继续加快环绿城南宁森

※ 广西森工集团人造板生产线（谢新高 摄）

林旅游圈建设，把生态优势转化为产业优势和经济优势，与广西建设旅游大区战略有机衔接、融为一体。2019年，全区林业旅游、康养与休闲产业收入达到1272亿元。全区共评定森林康养基地3个、星级"森林人家"13个、森林体验基地4个、花卉苗木观光基地1个；新建的高峰森林公园累计接待游客超过25万人次。

※ 大瑶山森林公园风光（雷超铭 摄）

精心呵护热带雨林　奋力建设国家公园

◎ 海南热带雨林基本情况

海南热带雨林是世界热带雨林的重要组成部分，是热带雨林和季风常绿阔叶林交错带上唯一的"大陆性岛屿型"热带雨林，是我国分布最集中、保存最完好、连片面积最大的热带雨林，拥有众多海南特有的动植物种类，是全球重要的种质资源基因库，是我国热带生物多样性保护的重要地区，也是全球生物多样性保护的热点地区之一。海南热带雨林气候类型为热带海洋性季风气候，年均气温22.5～26.0℃，多年平均降雨量为1759毫米，是南渡江、昌化江、万泉河等海南主要水系的发源地。

※ 2020年8月29日，海南长臂猿第五群新生幼崽（李文永 摄）

◎ 海南热带雨林国家公园体制试点取得显著成绩

建设海南热带雨林国家公园是习近平总书记和党中央赋予海南的重大任务和光荣使命。习近平总书记亲自谋划、亲自部署、亲自推动海南热带雨林国家公园体制试点。习近平总书记在庆祝海南建省办经济特区30周年大会、党的十九届四中全会等场合多次强调海南热带雨林国家公园体制试点工作，并亲自主持中央深改委第六次会议审议通过了《海南热带雨林国家公园体制试点方案》。

海南热带雨林国家公园体制试点区域位于我国海南岛中南部的热带雨林集中分布区，尖峰岭、霸王岭、鹦哥岭、五指山、黎母山、吊罗山等主要山体均在其范围内，南渡江、昌化江、万泉河等主要河流均由其发源，总面积4403平方千米（约占海南岛总面积的1/7），范围涉及五指山、琼中、白沙、东方、陵

※ 海南热带雨林国家公园黎母山（刘洋 摄）

※ 海南热带雨林国家公园毛瑞分局（刘洋 摄）

※ 红花天料木

※ 伯乐树

水、昌江、乐东、保亭、万宁9个市县。

海南省委、省政府深入学习贯彻习近平生态文明思想和习近平总书记关于海南热带雨林国家公园的重要讲话精神，将开展海南热带雨林国家公园体制试点作为一项重大政治任务，将其确定为海南全面深化改革开放的第一批12个先导性项目之一和建设国家生态文明试验区的三大标志性工程之首，举全省之力、强力推进。省委书记沈晓明多次召开会议研究部署，20多次作出具体指示批示并多次到国家公园调研指导，省委副书记、代省长冯飞到国家公园五指山分局调研并召开座谈会提出具体指示要求。省委、省政府还专门成立海南热带雨林国家公园建设工作推进领导小组，由省委副书记李军担任领导小组组长，国家林草局副局长李春良和海南省副省长冯忠华担任副组长，召开11次领导小组会议具体推进海南热带雨林国家公园体制试点工作。

※ 海南热带雨林国家公园吊罗山枫果山瀑布

国家林草局一直大力支持海南热带雨林国家公园体制试点工作，与海南省建立了省部协同机制，在范围论证、总规编制、试点内容和试点方向上悉心指导，在资金保障、人才交流上大力支持。2020年9月3日和2020年11月9日，国家林草局局长关志鸥在北京分别会见省委副书记李军和副省长冯忠华，对海南热带雨林国家公园体制试点和海南林业工作给予大力支持并印发备忘录，国家林草局其他领导先后十多次来琼调研指导具体工作。

在国家林草局等中央部委大力支持下和海南省委、省政府的强力推进下，海南热带雨林国家公园体制试点取得了显著成绩。两年多来，理顺了管理体制，设置了两级管理机构，整合了原有保护地，试点方案和总体规划获得批复，初步建立了综合执法体制和协同管理机制；加强了生态保护和支撑保障，成立了海南国家公园研究院，建立全球科研合作平台，开展了生态搬迁、生态修复和自然资源统一确权登记，并着重加强了海南长臂猿等珍稀动植物的保护研究；颁布了《海南热带雨林国家公园条例（试行）》和《海南热带雨林国家公园特许经营管理办法》，制定实施了一批规章制度，国家公园管理纳入法治化轨道；推进社区协调发展，强化社区参与，增强了民众参与感和获得感；多途径加强科普宣教，国家公园理念深入人心，社会关注度不断提升；试点成效初显，发现科学新种19个，海南长臂猿、坡鹿等重要保护物种种群数量稳中有升。

※ 海南坡鹿

※ 海南热带雨林国家公园鹦哥岭山顶矮林（卢刚　摄）

2020年9月5~11日，国家公园体制试点评估验收专家组和实地核查组到琼开展实地核查工作，专家组和实地核查组对海南热带雨林国家公园体制试点成绩给予充分肯定，同时提出意见建议。9月15~20日，海南省十三届全国人大代表开展海南热带雨林国家公园体制试点专题调研活动，充分肯定了海南热带雨林国家公园体制试点工作所取得的成绩。2020年12月中旬，"创建管理体制扁平化、土地置换规范化、科研

※ 海南热带雨林国家公园五指山主峰

合作国际化的国家公园新模式"成功入选第十批海南自由贸易港制度创新案例。

◎ 海南长臂猿保护研究成效全球关注

海南热带雨林国家公园试点区是海南长臂猿在全球的唯一分布地。海南长臂猿是海南热带雨林旗舰物种，被列为国家Ⅰ级重点保护野生动物，被世界自然保护联盟物种生存委员会与国际灵长类协会认定为当今全球最濒危的25种灵长类物种之一，它是反映热带雨林生态功能完好的最有力证据。

党中央、国务院和海南省委、省政府高度重视海南长臂猿保护工作。习近平总书记等中央领导同志对海南长臂猿保护专门作出指示。省委书记沈晓明高度重视海南国家公园研究院的组建设立工作，不仅亲自圈阅审定了理事名单，还会见了全体出席第一届理事会暨专家研讨会的海南国家公园研究院理事和专家并座谈。2020年1月5日，由海南热带雨林国家公园管理局、海南大学、中国热带农业科学院、中国林业科学研究院、北京林业大学共同组建海南国家公园研究院，并召开第一届理事会暨专家研讨会。同日，国家林草局副局长李春良在海口市主持召开海南长臂猿保护座谈会，传达中央指示，研究落实措施，省委副书记李军等省领导以及国内外相关专家参加座谈，达成了多项保护共识。7月3日，国家

※ 海南热带雨林国家公园尖峰岭主峰（陆丽香 摄）

林草局批复同意依托海南国家公园研究院设立国家林草局海南长臂猿保护研究中心。"海南长臂猿保护国家长期科研基地"入选第二批国家林业和草原长期科研基地名单。海南国家公园研究院召开7次海南长臂猿保护国际研讨会，达成全球协同攻关保护海南长臂猿共识。

2020年8月18日，科研人员在海南白沙黎族自治县青松乡打炳村东崩岭监测拍摄到一雄一雌两只成年海南长臂猿，经辨认证实是新形成的E群（第5群），并确定海南长臂猿栖息地实现扩散。8月29日，监测队员发现E群的母猿怀抱一只幼崽，至此，海南长臂猿种群数量已恢复到5群共33只，充分体现了国家公园体制试点、海南长臂猿保护研究卓有成效。

※ 海南热带雨林国家公园霸王岭龙山

华中屋脊上的国家公园

—— 神农架国家公园

神农架国家公园位于湖北省西北部，涵盖了联合国教科文组织世界自然遗产地、世界生物圈保护区、世界地质公园、国际重要湿地等多种类型的自然保护地，是中国首个获得联合国教科文组织世界生物圈保护区、世界地质公园、世界遗产三大保护制度共同录入的多头衔国际保护地。2016年5月14日，国家发改委批准《神农架国家公园体制试点实施方案》，神农架成为全国首批10个国家公园体制试点之一。

神农架是全球14个具有国际意义的生物多样性保护与研究关键地区之一，是世界生物活化石聚集地和古老、珍稀、特有物种避难所。公园生态系统类型多样，拥有被称为"地球之肺"的亚热带森林生态系统、被称为"地球之肾"的泥碳藓湿地生态系统，拥有全球中纬度地区保存最完好的北亚热带原始森林。

※ 神农架旗舰物种——金丝猴

※ 珙桐

※ 板壁岩石林

※ 大九湖

亚热带常绿阔叶林之窗

—— 钱江源国家公园

钱江源国家公园位于浙江省开化县，是目前长三角地区唯一的国家公园体制试点区，总面积252平方千米。这里是浙江母亲河钱塘江的发源地，也是浙江乃至华东地区的重要生态屏障和水源涵养地；这里至今保存着全球稀有的大面积低海拔原生常绿阔叶林地带性植被，野生动物植物资源极其丰富，是我国东部重要的生物基因库。

最新科考结果表明，钱江源国家公园共有苔藓植物392种、蕨类植物175种、种子植物1677种、大型菌物449种、昆虫2013种、鸟类264种、兽类44种、两栖类动物26种、爬行类动物38种、鱼类42种。其中有省级及省级以上的野生珍稀濒危植物84种；国家Ⅰ级重点保护动物3种——黑麂、白颈长尾雉、中国穿山甲，国家Ⅱ级重点保护动物40种。

亚热带常绿阔叶林是世界主要植被类型，是中国最具优势的生态系统。钱江源国家公园至今保存着大面积、全球稀有的中亚热带低海拔典型的原生常绿阔叶林地带性植被，仍然保持着生态系统的原真性和完整性，在全球极具保护和科学研究价值。

※ 山水一色

※ 水光潋滟

2019鄱阳湖国际观鸟周

※ 12月7日上午,"2019鄱阳湖国际观鸟周"开幕式在南昌市举行。刘奇(左三),张建龙(右二),易炼红(左二),陈凤学(右一),斯派克·米林顿(左一)共同启动观鸟周活动

2019年12月7日上午,"2019鄱阳湖国际观鸟周"开幕式在南昌市举行。

国家林业和草原局党组书记、局长张建龙,江西省委书记刘奇,江西省委副书记、省长易炼红,中国野生动物保护协会会长陈凤学,国际鹤类基金会全球副总裁斯派克·米林顿共同启动开幕仪式。

易炼红代表江西省委、省政府致辞,副省长陈小平主持开幕式。省领导姚增科、毛伟明、周萌、田云鹏,俄罗斯联邦萨哈(雅库特)共和国驻中国全权代表、副部长安德烈耶夫·斯捷潘,美国驻武汉总领事馆总领事傅杰明,新加坡驻厦门总领事池兆森,日本岐阜县林政部次长高井峰好,湿地公约前秘书长彼得·布里奇沃特,保护国际基金会亚太项目高级副总裁理查德·乔,国家林业和草原局副局长李春良,以及中国工程院院士沈国舫、彭永臻、印遇龙、康振生、武强、吴丰昌,中国科学院院士丁林、舒红兵等出席。

"2019鄱阳湖国际观鸟周"由国家林业和草原局指导,江西省人民政府、中国野生动物保护协会主办,江西省林业局、江西省文化和旅游厅、南昌市人民政府、九江市人民政府、上饶市人民政府承办,联合国粮农组织、北京林业大学、世界自然基金会、国际鹤类基金会协办,活动于南昌、九江、上饶三地举行。活动于12月6日起至10日止,持续5天,共设置13处观鸟点,组织开展12项丰富多彩的观鸟活动。

近年来,江西省委、省政府深入贯彻习近平生态文明思想,牢固树立"绿水青山就是金山银山"理念,扎实推进国家生态文明试验区建设,加快打造美丽中国"江西样板",着力厚植生态优势、发展生态产业、完善生态制度、弘扬生态文化,取得了显著成效,成为中国"最绿的省份"之一。举办"2019鄱阳湖国际观鸟周",既是向全世界展示江西的秀美风光和无穷魅力,更是向全世界传递"崇尚绿色就是崇尚文明、关注生态就是关注未来"的价值,让"尊重自然、顺应自然、保护自然"的理念深入人心、形成共识。

※ 12月7日上午,"2019鄱阳湖国际观鸟周"开幕式志愿者和小学生代表共同宣读《鄱阳湖爱鸟宣言》

※ 12月7日下午,举行鄱阳湖湿地候鸟保护国际论坛

恩施，北纬30°崛起的国家森林城市

武陵山水似画，清江蜿蜒如歌。

恩施市，地处北纬30°的一方神秘土地，位于湖北省西南部，武陵山区腹地，是恩施土家族苗族自治州的首府和政治、经济、文化、交通枢纽中心。恩施土家族苗族自治州是全国最年轻的少数民族自治州，被联合国教科文组织评为"最适合人类居住的地方"。

恩施市境内自然资源丰富，是湖北省重要的生态屏障、重要的生物多样性维护区和森林生态保护区，素有"鄂西林海""华中药库""天然氧吧""世界硒都"等美誉。长期以来，市委、市政府高度重视城市绿化和林业生态建设，先后获得中国优秀旅游城市、国家园林城市、国家森林城市、省级卫生城市、省级生态文明建设示范市、省级文明城市等荣誉。

※ 山水林城恩施

2017年，恩施市启动国家森林城市创建工作，全面贯彻落实习近平总书记关于生态文明建设的重要指示精神，紧紧围绕"武陵生态明珠，秀美森林恩施"的建设理念，坚持以绿为先，高位推动，绘制森林城市蓝图；以植为行，因地制宜，密织森林城市网络；以质为效，发展产业，厚植森林城市优势；以法为本，精心管护，牢筑森林城市屏障；以众为媒，共建共享，传播森林城市美誉，高质量开展创建活动。

历经3年辛苦努力，恩施市于2019年11月被国家林业和草原局授予"国家森林城市"称号，是湖北省唯一一个获此殊荣的县级市。至此，全市森林覆盖率达65.78%，城区绿化覆盖率达42.1%，道路绿化率达86%，水岸绿化率达86.6%，人均公园绿地面积达12.2平方米，城区街道绿化覆盖率40%以上，树种丰富，景观多彩，300米见绿、500米入园，形成了绿廊映江城、林水伴城乡的森林城市建设格局。

随着创森工作的不断深入，恩施市森林文化建设硕果满枝。截至2019年底，已建成国家森林乡村2个，省级森林城镇2个，省级绿色示范乡村64个，省级生态文化教育基地2个。

恩施市因绿色底蕴而生，因绿色发展而强，因绿色引领而永葆生机，成功创建国家森林城市只是恩施市在践行"绿水青山就是金山银山"理念道路上一个新的起点。生态文明建设任重而道远，恩施市将力度不减，脚步不停，以更高的标准、更实的举措，努力把森林城市建设推向新的高度，让恩施的天更蓝，山更青，水更绿。

千里海疆　植绿不止

—— 国家森林城市盐城

※ 盐渎公园

盐城市位于江苏省东部沿海，拥有江苏省最长的海岸线，最大的沿海滩涂，最广袤的海域面积，享有"东方湿地之都，仙鹤神鹿故里"的美誉，是国家发展和长三角一体化两大战略的交汇点。

近年来，盐城市牢固树立"绿水青山就是金山银山"理念，始终坚持"生态立市"战略，强化责任担当，积极主动作为，推动造林绿化不断取得新成效，加快形成布局合理、功能完备、点线面结合的国土绿化体系。

2016年底，盐城以沿海百万亩生态防护林工程为抓手，高起点推进国家森林城市创建，越来越多的盐城人已享受到推窗见绿、出门见林的生态福利，生态绿色品牌得到进一步彰显。创建期间，盐城市累计实施重点绿化工程509项，新造成片林2.93万公顷、改造提升现有成片林3.53万公顷，新增城镇绿地4110公顷，造林面积连续三年位居全省第一，城乡绿化建设水平得到全面提升。同时，盐城市坚持林地、绿地、湿地"三地"同建，积极构建沿海生态屏障，新建8个万亩新林场；全面提升城镇绿化水平，建成各类公园、街旁绿地228处，建成森林小镇40个；持续扩大农村绿化规模，在农民集中居住点，随形就势建设小游园，累计建成森林村庄330个；加快推进林业产业转型升级，新建林业专业村90个；加强湿地遗产保护，黄（渤）海候鸟栖息地成功列入《世界遗产名录》，填补了中国滨海湿地类世界自然遗产的空白，启动盐城市湿地科普馆建设，推动《鹤魂》等剧目演遍全国、唱响世界；强化林业立法工作，《盐城市黄海湿地保护条例》自2019年9月1日起施行，这也是继盐城市首部地方性法规《盐城市绿化条例》之后的第二部林业地方法规。

※ 江苏大丰麋鹿国家级自然保护区

2019年11月，在河南信阳召开的全国森林城市建设座谈会上，盐城市被正式授予"国家森林城市"称号，这是盐城市坚持"开放沿海、接轨上海，绿色转型、绿色跨越"新路径的丰硕成果，也是盐城继荣获国家园林城市、全国绿化模范城市等众多称号之后的又一绿色荣誉。

※ 鹤舞翩翩

打造粤东生态屏障
陆地绿色长廊 海上绿色长城

——汕头市创建国家森林城市

汕头市高度重视林业生态建设，坚定不移走绿色发展之路，以创建国家森林城市为抓手，通过加强森林城市规划建设、实施重点生态工程和加快建设湿地生态系统，努力打造粤东生态屏障、陆地绿色长廊和海上绿色长城，为汕头市建设省域副中心城市、打造现代化沿海经济带重要发展极注入新的生态活力。

◎ 工作成效

创建国家森林城市推动了城市品质提升 汕头市以山地造林绿化和中心城区绿化美化为核心，织密织牢山体森林、道路林网、水网湿地、绿美乡村、公园广场等生态空间网络，推动城区园林化、城郊森林化、道路林荫化、水系林带化、村镇林果化。大力实施城乡增绿工程，新建改建森林公园、湿地公园，打造各具特色的公园绿地，有效提升城市绿化休闲空间。持续推进生态景观林带建设，形成一大批色彩丰富、景观优美的绿色通道。通过城乡一体推进绿化美化生态化，逐步构筑起宜居宜业宜游的环境，城市品质得到了明显提升。

※ 濠江礐石风景区

※ 时代广场（左）和开放广场（右）

创建国家森林城市有效治理了区域生态环境 南澳县近年来开展了海湾生态环境整治、基本岸线保护和修复、污水处理站建设、河溪入海整治等蓝色海湾整治项目，修复了岸线生态环境，取得显著成效。汕头市重点对采石废弃地、采沙废弃地、废弃港口、废弃厂房、公路边坡、退化山体六类生态破坏区域进行修复，有效改善了区域生态环境。生态修复抚慰了城市"伤疤"，为生态死角重新注入生机活力。

创建国家森林城市焕发了经济发展新动能 南澳县按照"海蓝、沙净、湾美、岛丽"目标，修复完成了金澳湾这个热门旅游休闲场所。汕头市有序有效的生态修复改善了区域生态环境，也为乡村休闲旅游提供了场地和资源。实践表明，生态修复不仅直接为当地群众提供就业岗位，由此形成的增量环境资源更为生态友好型产业搭建了发展平台，形成了一个良好的绿色生态产业发展闭环。

创建国家森林城市让群众分享了"绿色福利" 汕头市以创建"国家森林城市"为平台和抓手，不断增加森林绿地面积，城乡生态环境持续优化，实现了市民推窗见绿、开门享绿的愿望。由政府财政投资建设的森林公园、湿地公园以及各类城市公园、绿地、绿道均免费向公众开放，最大限度地让公众享受森林城市建设成果。

2019年，汕头市荣获全国绿化委员会、国家林业和草原局授予的"国家森林城市"称号，再添城市新名片。

◎ 主要举措

加强森林城市规划建设，打造"粤东生态屏障" 全面启动国家森林城市创建工作，加快推进以造林绿化为主体的林业生态建设，使汕头成为粤东生态屏障。把创建国家森林城市工作作为党政"一把手"工程来抓，先后出台《汕头市实施"绿色家园"三年行动方案》《汕头森林进城森林围城规划》等规划方案，将绿化上升到城市发展的战略高度，为汕头市确立绿色发展指明方向。着力抓好森林资源的培育和保护，通过改善优化林分结构和树种结构，不断提升森林生态功能和森林景观功能。创建国家森林城市以来，全市共投入各类造林绿化资金超过50亿元，林地面积达6.48万公顷，市域森林覆盖率超过35%、城区人均公园绿地15.2平方米，40项指标均达到《国家森林城市评价指标》。

※ 南澳黄花山国家森林公园

全力实施重点生态工程，建设"陆地绿色长廊" 实施四大林业重点生态工程建设，建设城市到乡村，山体到海岛的绿色生态长廊。实施"造林绿化"工程，加快人工造林、林分改造和森林抚育步伐，提升森林生态功能，全市共完成造林工程面积1.57万公顷、森林抚育面积2.09万公顷。实施"乡村绿化美化"工程，结合"乡村振兴"战略和新农村建设，打造一批各具特色的乡村绿化美化示范村落，至2019年末共建设完成乡村绿化美化村居691个。实施"公园绿地建设"工程，增加城市绿色空间、生态空间，全市共新建、改造提升绿化文体公园（广场）超过400个，建设主题景观、赏花点、赏花线路10余处，新增绿地面积约30万平方米。实施"道路绿化"工程，加大道路景观绿化力度，结合道路改造完成主干道绿化提升项目72个。加强生态景观林带建设，结合实地多树种配置，营造多样化的森林景观，进一步提升森林景观水平，全市共完成生态景观林带建设447千米。

加快建设湿地生态系统，构筑"海上绿色长城" 启动实施湿地国际示范区建设工程，加强湿地红树林和鸟类栖息地的保护和恢复，建设湿地生态系统。大力推进森林进城围城项目建设，至2019年末已建成湿地和自然保护区4个，面积1.27万公顷，占国土面积6.1%。实施"向大海要森林"计划，进一步加大牛田洋湿地红树林种植力度，先后引进海桑、木榄等20多个树种，共种植桐花、秋茄等红树林树苗约17.8万株，面积约23.5万平方米。加强红树林规划保护，并逐步建设类型齐全、功能稳定、效益显著、布局合理、管护到位的湿地保护体系。

※ 龙湖区双阓红树林

净土阿坝

—— 生态保护修复扮靓全州大地

阿坝藏族羌族自治州位于青藏高原东南缘，四川省西北部，幅员面积8.42万平方千米。森林面积218.98万公顷，森林覆盖率26.58%；草原面积452.19万公顷，综合植被盖度85.22%。境内分布着脊椎动物557种，国家重点保护野生动物104种；野生植物4000余种，国家重点保护植物70种，古树名木1199株。建立自然保护地62个（其中：自然保护区25个，森林公园10个，湿地公园6个，风景名胜区10个，地质公园5个，自然遗产6个），面积360万公顷，约占全州国土面积的42.87%，是全国乃至全世界少有的遗产资源富集区，在自然遗产保护中，被国家林业和草原局定义为"关键中的关键，宝贝中的宝贝"。

※ 全民参与义务植树

阿坝藏族羌族自治州是国家重点生态功能区，是川滇森林及生物多样性生态功能区；是长江、黄河上游地区最大的"绿色生态天然屏障""珍贵的生物基因宝库"。若尔盖湿地是世界上面积最大、保存最完好的高原泥炭沼泽湿地，是最大的"高原固体水库"和"中华水塔"的重要组成部分，素有黄河"蓄水池"之称。全州40 053平方千米被划入生态保护红线，占全州面积的48%，肩负着建设长江黄河上游生态屏障的重任，在全国生态安全大局中占有举足轻重的地位。

※ 湿地生态功能提升，成为候鸟天堂

近年来，州委、州政府贯彻落实习近平生态文明思想，树牢"绿水青山就是金山银山"绿色发展理念，常年有效管护森林面积372.03万公顷，巩固退耕还林还草成果5.11万公顷，绿化国土面积3.36万公顷，生态脆弱区治理5.55万公顷，森林经营6.94万公顷，封育管护6.18万公顷，草原禁牧133.33万公顷，草畜平衡251万公顷，还湿补偿2.39万公顷，湿地管护26.67万公顷，新建干果基地0.56万公顷，取得了连续33年无重特大森林草原火灾的优异成绩，累计开发生态公益性岗位74429个，预计2020年全州林草总产值63亿元。

※ 人工造林成效显著

山海奇观七百弄

——广西大化七百弄国家地质公园

广西大化七百弄国家地质公园位于广西河池市大化瑶族自治县东北部，距离大化县城64千米，是国内唯一一处以高峰丛、深洼地为主导景观的大型岩溶国家地质公园，面积323.4平方千米。公园主要地质遗迹为高峰丛、深洼地，次要地质遗迹为岩溶谷地、峡谷、洞穴、地下暗河、地质剖面和水体景观等。公园由千山万弄景区、板兰峡谷景区、石国天都景区、十里幽谷景区组成，已形成地质公园博物馆、八里九弯、千山万弄、天街别墅、弄耳山、天下第一弄、龙卷地、天上人间、百隘峡、龙岭峡、板兰峡等著名景点。2009年8月，被国土资源部授予国家地质公园资格；2012年11月，获得"国家地质公园"命名；2013年8月，被国土资源部批准为第三批"国土资源科普基地"；2015年12月，被评为国家4A级旅游景区；2017年7月，被评为"良好"等级国土资源科普基地。

七百弄国家地质公园是世界上最典型的高峰丛、深洼地发育区、世界上密度最大的岩溶峰丛发育区、世界上深度最大的岩溶洼地发育区、世界上容积最大的岩溶洼地发育区、世界上洼体形态变化最多样的岩溶洼地发育区、世界上洼底形态最丰富的岩溶洼地发育区；中国唯一的高峰丛、深洼地国家地质公园、中国最美的"峰海"景观地。

七百弄国家地质公园内的地质遗迹资源在溶岩地貌学、地质构造学、水文地质学、地势环境演化等方面均具有重要的地学意义，是国家主要的地学科研、国土资源科普基地。随着七百弄国家地质公园的不断建设发展，在不远的将来，地质公园将逐步建设成为地质观光、科普科考、休闲度假、生态旅游为一体的大型精品地质公园。

※ 阳光照耀下的天下第一弄（卞谦裔 摄）

※ 山海奇观（杨国星 摄）

※ 岩滩湖光山色（黄文丰 摄）

寒武金钉　岩溶奇观

—— 湘西世界地质公园

2020年7月7日，在法国巴黎召开的联合国教科文组织执行局第209次会议通过决议，正式批准湘西地质公园为联合国教科文组织世界地质公园，成为我国第40个世界地质公园。

湘西世界地质公园位于湖南省湘西土家族苗族自治州，涉及吉首、凤凰、花垣、保靖、古丈、永顺和龙山7个县（市），总面积2710平方千米。

湘西世界地质公园地处云贵岩溶高原东部边缘斜坡地带，酉水中游和武陵山脉中部，地质遗迹以岩溶地貌景观为主体，以举世闻名的寒武系"金钉子"（全球界线层型剖面和点位）、红石林和切割高原型峡谷群景观为主要特色，兼有典型的地质构造事件、古冰川气候事件与古生物遗迹等诸多典型地质现象，完整记录了扬子地台地质演化以及云贵高原边缘切割破碎的历史。

※ 湘西世界地质公园——矮寨大桥

湘西是我国具有全球意义的17个生物多样性关键地区之一。湘西世界地质公园森林覆盖率高达67%，是大自然碳排放的天然调节器。拥有许多国家级保护动植物，素有"华中生物基因库"的美誉。

湘西世界地质公园展现了少数民族文化与地质遗迹相融合过程中沉淀的深厚文化遗产，是地球惠赠给人类的最珍贵的遗产，具有广泛而深远的科学内涵、科普美学价值和全球对比意义。

※ 民族服饰

※ 湘西世界地质公园——十八洞

※ 湘西世界地质公园——红石林

践行"两山"理论　做足"绿色"文章

——湖北省巴东县林业生态建设

※ 野三关森林花海

※ 巴山林场万亩林海

巴东位于湖北省西南部，长江中上游三峡库区，隶属于恩施土家族苗族自治州，被誉为"川鄂咽喉，鄂西门户"。巴东县域地形狭长，有"八百里巴东"之称，大巴山、巫山、武陵山"三山"纵横于此，长江、清江"两江"横贯其中。八百里巴东，八百里画廊。在神秘北纬30度的秘境深处，森林资源十分丰富，全县森林覆盖率达64.44%。

巴东县林业局认真践行习近平总书记的"两山"理论，始终贯彻习近平总书记"绿水青山就是金山银山""百姓富，生态美"的绿色发展理念，大力实施县域"生态优先、文化引领、产业兴县、开放包容"发展战略。认真落实习近平总书记考察长江提出的"共抓大保护，不搞大开发"的战略指引，实施长江两岸造林绿化工程，使长江两岸绿起来，让老百姓富起来，增强人民的获得感、幸福感。

巴东县林业局先后申报创建"湖北巴东金丝猴国家级自然保护区""湖北巴东国家森林公园"，使自然保护地的面积达18%。成功创建了"湖北省森林城市"，并从2018年起开始申请创建"国家森林城市"。截至2019年，共创建"国家森林乡村"7个、"湖北省森林城镇"5个、"湖北省绿色示范乡村"82个。

巴东县林业局大力发展林业产业，2019年，核桃产业规模3333.33公顷，木瓜产业规模2000公顷，"三木"药材基地面积1500公顷，银杏基地面积6666.66公顷，新建晟美康药业银杏叶加工厂，大力发展生物医药产业。全年林业总产值达到33.9亿元。

加强森林资源保护，发展全域森林旅游，2020年，县境内有5A级景区1个、4A级景区2个、3A级景区3个。充分利用森林资源优势，新建"巫峡口景区""野三关森林花海景区"。打造野三关康养小镇、绿葱坡高山滑雪度假小镇，以"绿野仙踪、仙泉胜景、无源洞天、雪地运动"为品牌形象，打造康养基地。积极探索"林旅融合""林康融合"，助推生活方式由传统的医疗模式向"防、治、养"模式转变，开启林业服务大健康产业的新模式，为践行"两山"理论谱写新篇章。

（撰稿人：谭昱、彭学林、杨布朗）

※ 平阳坝湿地白鹤（吴以红　摄）

※ 保护区内的国家Ⅰ级保护动物金丝猴（吴以红　摄）

竹溪"领头雁" 绿色"守卫者"

——湖北省竹溪县委书记余世明

地处鄂渝陕交界的湖北省竹溪县，森林覆盖率80.43%，林木绿化率84.81%，是国家南水北调中线工程的重要水源区。全县人民在县委书记余世明的带领下，努力践行"绿水青山就是金山银山"理念，高举生态文明建设大旗，抢抓国家林业生态重点工程建设机遇，科学规划，超前谋篇，创新载体，精心实施，采取"退、还、封、抚、育、管"多种营林措施，立足"百里绿廊""百里果廊"和"百里景廊"项目实施，全面推行"政府主导、市场运作、社会参与"多元投入机制，发扬敢啃硬骨头的"竹溪人"精神，不断加大对林业生态建设力度，促进国土覆绿、绿色资源增长，形成了以生漆、山桐子、茶叶、油茶等为主的绿色产业，使昔日深度贫困且幅员3310平方千米的山区县建成了绿满山川的新乐园。全县先后获得"全国造林绿化百佳县""全国营造林先进单位""全国资源林政管理先进县""全国珍贵树种培育示范县""全国绿化模范县""湖北省森林城市""绿满荆楚行动先进县""中国森林旅游示范县""中国候鸟旅居县""2019年全国森林康养基地试点建设县""全国生态建设突出贡献先进集体"等殊荣。县委书记余世明本人也于2011年被湖北省政府评为湖北省社会消防先进个人，于2012年被国务院授予全国新型农村养老保险先进工作者称号，于2019年9月被全国绿化委员会授予全国绿化奖章。这些金灿灿、沉甸甸的奖章，凝结着余世明爱绿的情怀，折射出他护绿的执着，也彰显着他助推竹溪绿色发展的耀眼风采。

※ 2019年3月8日，竹溪县委书记余世明在水坪镇向家汇村桃花岛参加义务植树活动

巍巍秦巴、绵延万里，悠悠汉水、奔腾不息，在建设美丽中国的崭新征程上，余世明继续带领着38万勤劳朴实的竹溪儿女，扬帆起航，用智慧和担当谱写着绿色崛起的传奇诗篇，用辛劳和汗水浇灌出竹溪生态美的崭新画卷！

※ 2019年2月15日，余世明（右一）与县直部门相关负责人专题调研绿满荆楚行动"百里三廊"建设工作

※ 2019年12月3日，余世明（右前一）在竹溪县林业局局长李善平（左前一）陪同下深入标湖林场调研脱贫攻坚工作

探索体制机制
提高创新活力　服务林产工业

——中国林业科学研究院林产化学工业研究所

※ 中国林科院林产化学工业研究所全景

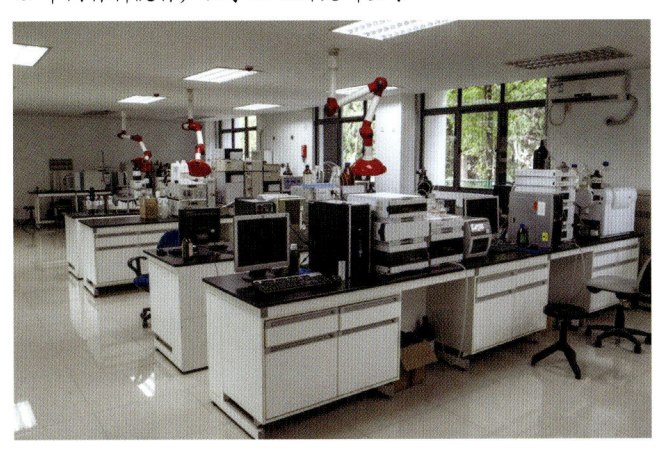

※ 仪器分析中心

中国林业科学研究院林产化学工业研究所（以下简称林化所），坐落于江苏省南京市，是国家林草局直属综合性科学研究机构。设有林产化学加工工程、生物质能源与材料博士学位授权点，轻工技术与工程一级学科、林产化学加工工程二级学科硕士学位授权点和林业工程博士后流动站，截至2020年，累计毕业博士生148人，硕士生288人，博士后进站29人。在职职工198人。拥有中国工程院院士2人，国际木材科学院院士4人，国家青年拔尖人才等部省级人才8名。附设及挂靠在林化所的学术机构有：生物质化学利用国家工程实验室（国家发改委）、国家林产化学工程技术研究中心（科技部）、国家林业和草原局生物质能源工程技术研究中心、国家林业和草原局活性炭工程技术研究中心、国家林业和草原局林产化学工程重点实验室、国家林业和草原局林化产品质量检验检测中心（南京）、国家林业和草原局科技扶贫中心等。

先后承担国家、部、省级课题943项，成果鉴定（验收）641项，其中获得国家级奖励31项，省部级奖励89项；专利授权447项；成果推广到全国27个省（区、市）200多个企业；与国际上20多个国家50多个机构开展了技术交流与合作。获得全国科学大会奖8项，国家科学技术进步奖一等奖1项、二等奖11项、三等奖4项，梁希科技进步一等奖3项、二等奖三等奖12项，各类省部级奖72项，中国专利优秀奖4项。

林化所主办的《林产化学与工业》《生物质化学工程》科技期刊，均为双月刊。《林产化学与工业》（1981年创刊）现被"中国科学引文数据库（CSCD）"核心库、"北大中文核心期刊""中国科技核心期刊""RCCSE中国权威学术期刊（A+）"、美国《化学文摘》（CA核心）、荷兰《文摘与引文数据库》（Scopus）、EBSCO等国内外核心数据库收录；在CNKI的影响因子1.021，学科排序为12/171，影响力指数

※ 林化所2019届研究生毕业典礼

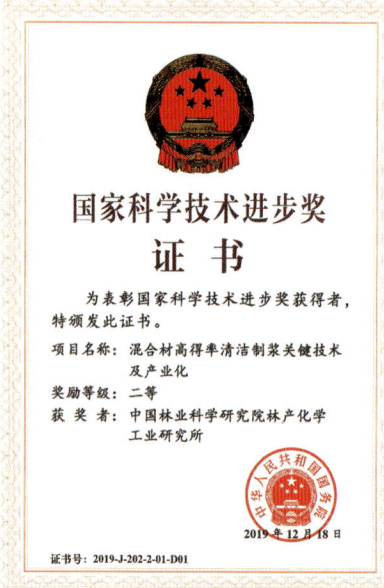

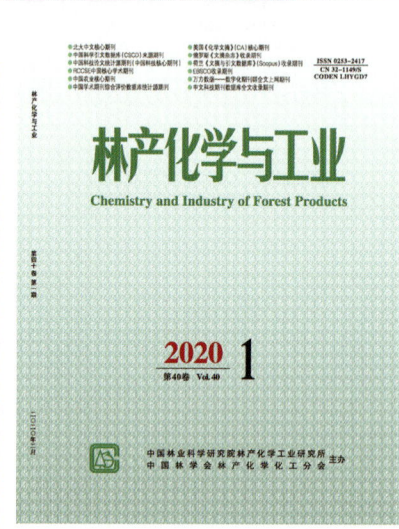

※ "农林生物质定向转化制备液体燃料多联产关键技术"项目获国家科学技术进步奖二等奖

※ "混合材高得率清洁制浆关键技术及产业化"项目获国家科学技术进步奖二等奖

※《林产化学与工业》2020年第1期封面

（CI）学科排序13/171。《生物质化学工程》（1961年创刊）被美国《化学文摘》（CA）、北大中文核心期刊、RCCSE中国核心学术期刊（A）、中国农业核心期刊等国内外数据库收录；在CNKI的影响因子0.952，学科排序为15/171，影响力指数（CI）学科排序29/171。

在国家林业和草原局、中国林业科学研究院的正确领导下，林化所将科学部署重点工作，以求真务实、努力拼搏的精神，努力完成各项工作目标，持续推动我国林产化工和林业生物质转化行业的科技进步。

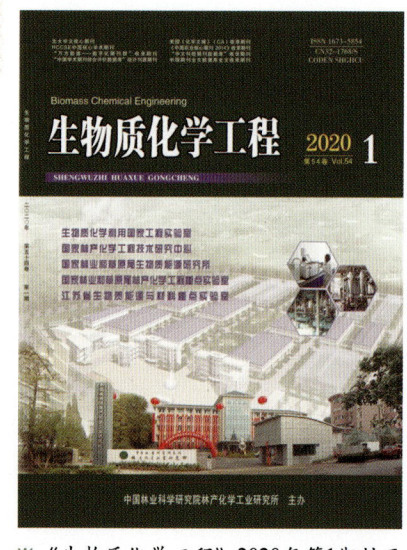

※《生物质化学工程》2020年第1期封面

创新求实谋发展　与时俱进开新篇

—— 吉林省林业科学研究院

2019年，吉林省林科院全年新立科研、推广及横向委托、合作各级各类科技项目等71项，合同经费总额达到2448万元；现有在研项目110项，合同经费总额4800万元。

全年获批中央财政林业科技推广示范项目7项，经费450万元；转让科技成果9项（次），获得成果转让费88万元；5项成果转化项目通过验收。获得吉林省科技进步奖7项（其中二等奖2项，三等奖5项），获梁希林业科技进步一等奖1项（为第二完成单位），获得长白山林业科技进步奖5项；获吉林省标准创新贡献奖4项。获授权专利12项；制定并发布标准5项；发表论文30余篇。

※ 与韩国江原道林业同仁签署合作交流协议

完成了吉林省森林和湿地生态系统服务功能评估、林产品质量检验检测、长白山保护开发区森林病虫害防治与监测、长白山自然保护区珍稀野生动物栖息地调查等技术服务工作。国家林草局东北林蛙工程技术研究中心成立技术委员会，吉林长白山森林生态系统国家定位观测研究站完成一期建设，国家林草局林木种苗质量检验检测中心（长春）通过现场考核。与俄罗斯科学院西伯利亚分院中心植物园、韩国江原道山林科学研究院签订科技合作协议。

（撰稿人：孙伟）

※ 吉林省林科院实验楼

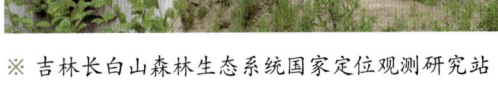

※ 吉林长白山森林生态系统国家定位观测研究站

强化技术推广　助推脱贫解困

——山西省林业技术推广和经济林管理总站

2020年5月15日，山西省十三届人大常委会第十八次会议表决通过了《山西省经济林发展条例》，并从2020年7月1日起开始施行，这是山西省乃至全国首部经济林发展地方性法规，标志着山西省经济林发展迈入了有法可依的新征程。

※ 仁用杏提质增效管理示范

近年来，山西省干果经济林发展迅速，每年新发展面积都在6.67万公顷以上，截至2020年7月，全省干果经济林面积达到120多万公顷，产量24.32亿千克，产值175亿元。形成了适生区域标准化、规模化的核桃基地，特色红枣基地，高效花椒、柿子、山楂基地，晋西北仁用杏以及高寒地区沙棘、太行山腹地连翘等野生灌木经济林基地，成为繁荣区域经济、增加农民收入的重要来源，干果经济林也已经成为广大山区百姓脱贫致富的"铁杆庄稼"。

2016年底，山西省机构编制委员会整合山西省林业技术推广总站、山西省林业产业管理中心、山西省林业国有资产管理中心3个公益一类事业单位，组建成立了山西省林业技术推广和经济林管理总站（以下简称"总站"）。2017年1月，总站正式挂牌成立，内设9个科室，并承担起全省林业技术推广和经济林发展规划编制、组织实施、技术推广、项目实施等职责。

※ 双季槐提质增效管理示范

总站组建以来，在总站党支部的正确领导下，全站干部职工不忘初心、牢记使命，先后承担完成了国家、省部级重点林业新技术、新品种引进示范推广项目等120多项、国家科技支撑项目4项、引智项目1项、"948"项目1项。通过各级科技主管部门验收或鉴定的技术推广、技术承包、星火计划成果共50项，其中20项先后获得了省部级科学技术进步奖、技术推广奖。其中部级科技进步特等奖1项，三等奖2项；省级科技进步二等奖2项，三等奖5项，技术承包奖二等奖10项，在推进山西林草业高质量发展进程中贡献了技术推广力量。

与此同时，总站坚持以习近平生态文明思想为指导，贯彻山西省委"四为四高两同步"的总体思路和

※ 核桃提质增效管理示范

※ 经济林提质增效综合管理技术示范项目培训

要求，围绕生态建设产业化、产业建设生态化的目标，大力实施干果经济林提质增效项目，从2017年至2020年通过政府购买服务和PPP模式融资8亿元，在全省实施干果经济林提质增效26.67万公顷，其中58个贫困县实施20万公顷次，惠及贫困人口35.3万人。

下一步，总站将深刻把握践行"绿水青山就是金山银山"的理念，系统领会山水林田湖草治理，加快制度创新，强化制度执行，按照"栽培品种化、生产规模化、管理标准化、果农合作化、产品品牌化"同向发力的发展思路，以服务乡村振兴为主攻方向，把好源头品种关、过程管理关、收益保障关，巩固提升经济林发展质量效益，实现资源总量稳步增加、生态红线全面筑牢、经济效益有效提升，给广大山区群众培育长期稳定增收、持续保障收益的富民产业，为实现"绿化彩化财化"同步推进、"增绿增收增效"有机统一而努力奋斗。

※ 吕梁红枣

※ 闻喜县新型良种杜仲产业基地

浙江农林大学南方特色干果产业科技创新团队

南方特色干果产业科技创新团队隶属浙江农林大学亚热带森林培育国家重点实验室，拥有国家林业和草原局香榧工程技术研究中心和国家香榧产业联盟等平台，是学校重点建设的一流（高峰）学科团队；拥有国家级人才1人，省万人计划杰出人才2人，国家林业和草原局科技创新人才2人，国家林业和草原局教学名师1人，中国科协青年托举人才工程1人；团队紧密围绕产业发展的共性关键技术，致力于南方特色干果的良种选育、高效栽培、健康功能因子挖掘与综合利用等领域基础研究和技术研发工作。承担主持国家重点研发计划项目1项、"863"课题1项、国家自然科学基金25项、省自然科学基金杰出青年项目2项、重点项目3项、省重点研发计划项目4项，其他省部级项目100多项；发表SCI论文170余篇；参编教材10多部，选育山核桃、香榧良种12个、发明专利20多件，成果获国家科学技术进步奖二等奖1项，省部级科学技术奖一等奖2项、二等奖4项。科研成果在浙江、安徽、江苏、四川、云南、贵州等南方10个省应用推广，新增造林面积8.1万公顷，高效培育技术辐射推广应用7.33万公顷，增加产值57.7亿元。团队获"中国最美科技人员"荣誉称号，入选第一批国家林业和草原局创新团队，团队荣获"2019年中国全面小康十大杰出贡献人物"，为乡村振兴和脱贫攻坚贡献了浙江农林力量。

※ 干果团队被中宣部授予"最美科技人员"荣誉称号

※ 浙江农大副校长、香榧专家吴家胜在调研现场

※ 干果团队现场指导云南薄壳山核桃产业

培养林草技术人才　助力林草事业发展

—— 新疆林业学校

新疆林业学校成立于1955年。目前实行三块牌子（新疆林业学校、新疆林业技工学校、自治区林业厅培训中心），一套班子的领导体制，集林业中职、林业技工、林业干部培训教育为一体。2008年被评定为国家级重点中等职业学校，2014年成为国家中等职业教育改革发展示范学校。2019年，学校纳入新疆农业大学托管，同年被评为全国教育系统先进集体。建校以来，学校向自治区林草行业输送了3.2万余名技术技能人才，为自治区林草事业发展和生态建设作出了重要贡献。

※ 新疆林业学校主教学楼

林草相关学科专业建设　学校坚持面向服务"三农"的发展定位，着力打造特色林果产业提质增效和林草行业发展技术技能型人才培养的专业群。目前已形成以现代林业、园林绿化、果蔬花卉生产、植物保护等为骨干，以森林旅游服务、城镇绿化、计算机应用等为辐射的专业格局，其中的现代林业、园林技术和建筑装饰已成为新疆维吾尔自治区精品专业，现代林业专业被国家林业和草原局列为重点建设专业。

师资队伍建设　目前，学校专任教师115人，其中高级讲师28人，讲师48人、助理讲师53人，具有研究生学位者达40人。通过实施"人才强校"战略，在形成以班主任为核心的教师捆绑教学团队绩效考核评比的基础上，推行"双随机背靠背"听评课教学评分机制和视频日巡查班级教学状态的督学管理机制，坚持教案评审、考教分离，实施按月考评、年底积分评优考核办法，让教学团队形成合力，共同担负起教书育人的责任，建设起了一支结构合理、水平一流的"双师型"教学团队。

实训、实验、实习基地建设　职业教育办学条件逐年改善。学校有48个校内实验室，12间云机房，4间语音实训室，16个林草类专业实训室，可以实现74个实训项目的实践性教学。校外建设有3处教科研实习基地70.2公顷。拥有紧

※ 新疆农业大学托管新疆林业学校签字仪式

密合作的校外实训基地12个。2017年以来，以"一中心两平台"为核心的信息化智慧校园建设加速实现，具有高水平示范性的林草行业公共实训基地项目正在积极筹建中。

校企合作、产教融合发展　覆盖林草行业、企业的产教融合校企合作联盟逐年发挥重要作用。与34家企业开展了现代学徒制办学试点合作，建成涵盖5个专业的实训与就业"双基地"。常年使用"新疆林草网络学堂"开展林草行业专业技术继续教育等各类培训。每年组织专家、骨干教师深入南疆等地，为贫困村的农民现场培训特色林果技术，助力南疆林农脱贫致富。

一个专业特色鲜明、行业融合度高的生态类中等职业院校正朝"双高"目标阔步迈进。

大数据洞悉生态脉息　新基建赋能智慧公园

——祁连山国家公园（青海片区）大数据平台建设初见成效

为了利用现代科技和大数据手段建设智慧国家公园，祁连山国家公园青海省管理局联合安徽天立泰科技股份有限公司高标准建设祁连山国家公园（青海片区）大数据平台。通过系统运用大数据、物联网、人工智能等新一代信息技术手段，对现有各类数据资源进行整合、开展数据标准化建设，构建祁连山国家公园（青海片区）高效运行机制，支撑祁连山生态保护、生态文化、生态科研三大高地建设。

在安徽天立泰科技股份有限公司的协助下，祁连山国家公园（青海片区）目前已建设基于国家公园本底资源的一张图资源管护机制，构建了基于人工智能的野生动物在线识别与预警体系，探索日常管护与社区共管相结合的生态执法创新模式，初步建成了科研管理及合作服务、成果转化模式，突出了祁连生态文化表现人与自然和谐统一的内在关联，建立了基于自然空间场景下的生态感知与网络通信体系。逐步实现物联网多维感知、大数据智慧赋能、云平台精细管理的闭环应用，在国家公园的生态监测、园区管理、日常巡检等工作中初见成效。

※ 祁连山国家公园（青海片区）大数据业务平台

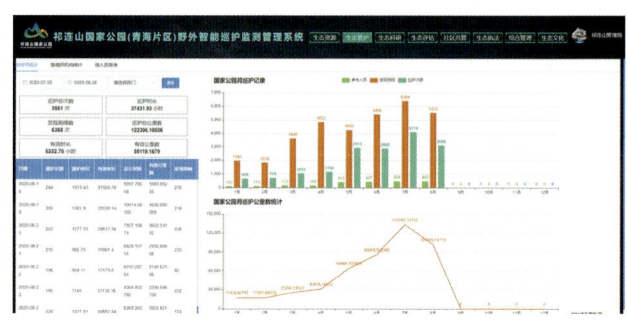

※ 祁连山国家公园（青海片区）野外智能巡护监测管理系统

作为一家智慧林业等领域的信息化综合解决方案提供商，安徽天立泰科技股份有限公司将以国家政策为指导，从业务、数据、应用、技术、终端等多个角度，进一步完善国家公园大数据中心平台建设，促进国家公园保护体系和管理能力现代化，助力国家公园体系化、标准化建设，提升国家公园管理效能，助力美丽中国建设，为实现人与自然和谐共生贡献一份力量。

※ 祁连山国家公园（青海片区）生态资源监测管理系统

※ 祁连山国家公园（青海片区）生态科研监测管理系统

郧阳油橄榄助力生态保护和乡村振兴

※ 鑫榄源"金色阳光"产品系列

油橄榄树既是生态林，可用于汉江两岸生态林建设、精准灭荒适种，增强水土保持，又是经济林，可有效增加就业岗位、助力精准扶贫。通过引进人才、吸引投资，油橄榄产业带动地方经济发展，保护生态环境，助力一江清水送北京。郧阳油橄榄产业已纳入湖北省乡村振兴战略规划，2020年8月，郧阳区获批"第二批国家产业融合发展示范园"。

位于第二批国家农村一、二、三产业融合发展示范园——十堰市郧阳高新技术开发区内的湖北鑫榄源油橄榄科技有限公司，成立于2015年6月，是一家以油橄榄元素为主体，集种苗培育、种植、加工、销售、旅游于一体的省级林业产业化龙头企业。公司致力于"一棵树、一滴油、一群人、一件事、一片情"，形成了"多基地一示范区一厂一园一馆"，探索出了一条"油橄榄+"的农村产业融合发展路子，使油橄榄成为当地农民致富的"金果子"，成为乡村振兴的"好路子"。以科学技术为支撑、以现代农业为方向、以三产融合为目标、以扶贫兴农为己任，延伸产业链，提升价值链，打造供应链，鑫榄源公司已进入全向运营发展，形成了"生态农业+健康食品+生物科技"的发展模式。

公司已成为中国橄榄油新国标的制定起草单位，也是"中国好粮油"示范企业，国家粮食局指定的橄榄油加工基地。鑫榄源橄榄油已通过绿色认证、有机转换认证、ISO质量管理体系认证、食品安全管理体系认证，并已成为中国地理标识产品。曾获得武汉绿色产品交易会金奖、中国森林食品交易博览会金奖、省级重点龙头企业等奖项和荣誉称号，建立了院士专家工作站、油橄榄精深加工技术研发中心、武汉轻工大学教学科研基地。

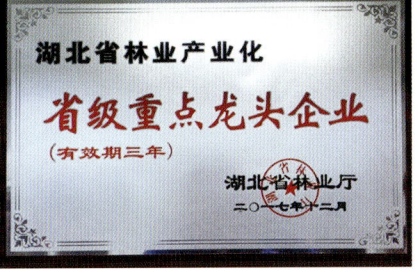

巾帼绿化英雄：宋六英

湖北省赤壁市鹏利油茶有限公司董事长宋六英，从1990年开始承包工厂到2010年任该公司董事长，三十年如一日，围绕绿色发展、建设美丽乡村这一主题，精耕细作油茶产业，已完成投资3600多万元，建成近1万亩的油茶产业基地，该基地全部栽种上了以"湘油系列"和"长林系列"为主的油茶新品种产业经济林。同时，为提高基地的产出效率，在宋六英的倡导下，林下间作起了绿化苗木，此外，还在基地开办养猪场、油茶加工厂，开挖精养鱼池，经营生态旅游与花卉观赏产业，走上了一条以短养长的循环发展绿色富民之路。她所经营的企业，2010年获评文明诚信私营企业和感恩行动优秀企业、2011年获评巾帼创业示范岗、2012年获评咸宁市第六届消费者满意单位、2013年获评赤壁市文明诚信先进企业、2017年获评市级龙头企业与省级重点龙头企业。她个人也于2014年获得优秀女企业家称号、2019年获得全国绿化委员会授予的"全国绿化奖章获得者"荣誉称号。

※ 2019年1月，宋六英陪同市县部门领导一行调研油茶产业基地

※ 宋六英陪同国家林业和草原局及湖北省木本油料专家调研油茶产业基地

※ 鹏利油茶有限公司油茶产业基地概貌

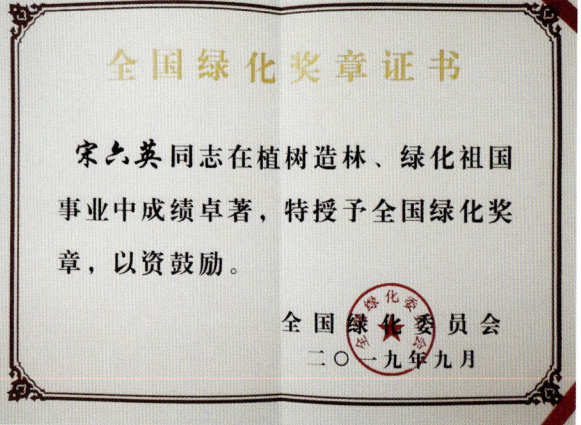

※ 宋六英获得全国绿化奖章

油茶创新研发　助推绿色产业发展

湖北黄袍山绿色产品有限公司成立于2007年8月，位于湖北省通城县，现有总资产6亿元，是一家专业从事油茶产业化开发的民营高科技公司，先后获评国家林业重点龙头企业，全国油茶产业重点企业，全国放心粮油加工示范企业，湖北省农业产业化重点龙头企业，湖北省高新技术企业。

公司秉承"绿色、健康、低碳、可持续"的经营理念，坚持以"培育优质油茶基地为依托，进行创新性研发和生产，提高油茶附加值，增加农民收入，带动通城县乃至湖北省油茶产业的发展，加快油茶产业化开发进程"为宗旨，围绕基地种植、精深加工、产品研发、市场开拓等环节与多所大专院校建立了产学研合作关系，取得了较大突破，特别是"油茶籽脱壳冷榨生产纯天然油茶籽油"技术，荣获国家发明专利。

※ 2014年，公司荣获"国家林业重点龙头企业"

公司整体通过了ISO22000食品安全管理体系认证和湖北省出口食品卫生注册备案，产品先后通过了"绿色食品""有机产品"认证，"本草天香"商标被原国家工商总局认定为"中国驰名商标"，"黄袍山油茶"被授予"中国地理标志"商标。至2019年，公司已经形成"本草天香"牌中高端油茶籽油和"上古之水"牌洗涤护理用品两大系列产品。

※ 冷压榨500毫升礼盒装产品

公司率先在全省推广无纺轻基质育苗技术，建成了1000平方米的全自动温控育苗试验中心和8公顷的省油茶良种定点繁育基地，每年为社会提供良种油茶苗500万～800万株。采用"公司+合作社+基地+农户"的模式，按GAP栽植技术要求，规范建设了6000余公顷的高标准示范基地，带动周边6万余公顷高产油茶基地种植及6万余户农民家庭投入油茶相关产业，年户均增收8000元以上。

2019年，公司集精深加工、高产栽培示范、科研教学培训、鄂南茶油储备及生态文化旅游于一体的"黄袍山油茶产业示范园"一期工程建设完工，完成投资1.82亿元，征地21.33公顷，建成了2.4万平方米的现代化加工车间、3600平方米的全国首座油茶文化博物馆、万吨油罐储备设施、5.33公顷油茶良种品系园以及8公顷品种繁育基地。通过产品的深度研发、品牌的拓展、油茶体验式生态旅游开发，加快油茶产业化开发进程，提升油茶品牌的竞争力，打造油茶行业领导品牌。

※ 油茶良种定点繁育基地的油茶树

彩色珍稀植物——彩红杨

彩红杨是大型乔木，属黑杨派无性系，杨柳科杨属，是美洲黑杨2025杨的基因诱导芽变新品种；全年生长期枝条叶片颜色从上到下分别呈现鲜红—浅黄—橘黄—黄绿色。一树三色，三季彩色，从发芽至落叶，有长达10个月的观赏期。在景观彩化、生态治理、资本运营方面均可得到深度广泛应用。

彩红杨于2015年取得了国家林草局植物新品种保护权证，品种权号为20150163。

2019年彩红杨获得第二届全国林业草原创新创业大赛社会组金奖。

中环达集团控股产权方合资子公司——绿士达（厦门）农林科技有限公司专门从事彩红杨的基地种植和市场推广，拥有彩红杨全球独家运营权。2020年已在全国各地成立了15家合作公司与生产基地，在江西建设了133公顷的苗木基地。公司经营的其他优良树种还有春季开花、秋季变色的杂交鹅掌楸，四季开花、香气四溢的香妃树等。

中环达（厦门）生态科技集团有限公司定位是做中国彩色珍稀植物的集成运营商。公司致力于与有关单位和地区共创美丽家园、建设多彩中国，为生态文明建设增色添彩！

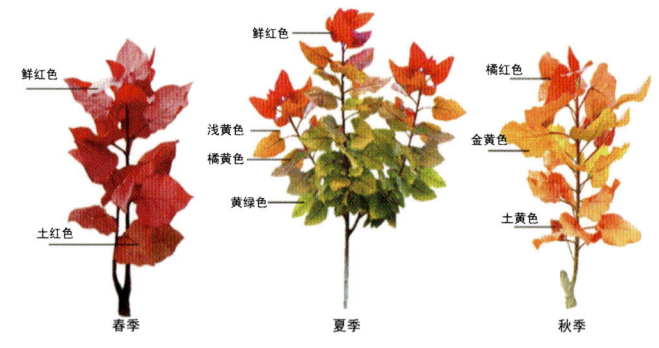

※ 彩红杨的色彩变化

※ 中环达集团厦门总部（刘青华 摄）

※ 黄河国家湿地公园内种植的彩红杨
（赵自成 摄）

※ 厦门市同安区褒美村彩红杨基地
（刘青华 摄）

※ 杂交鹅掌楸
（北京市黄垡苗圃 供图）

库博农业：新时代的"愚公移山"
荒坡荒山变成绿水青山，变成金山银山

◎ **企业概况** 云南省红河县库博农业发展有限公司成立于2014年8月，注册资金1.5亿元，是红河县招商引资开发绿色热区水果产业的重要项目，是省级林业、农业产业化双龙头企业，注册商标"云库博®"。

公司自成立至今，已累计投资2.6亿余元，完成土地流转2733.33公顷，修建水池47个60万立方米，建设高效节能灌溉滴管管网452.49千米，新修公路主道、次主道，其他运输、工作道路115千米，建成办公、宿舍、管理用房、仓储、圈舍等基础设施约4万平方米，配电线路9.1千米，相关基础设施已完成90%以上。完成土地改造、坡改梯并完成芒果、冰糖橙、柠檬、香蕉、柚木等作物种植1573.33公顷。

※ 云雾中的库博果园

◎ **企业目标** 公司以红河谷果蔬种植、特色养殖、加工、销售为主业，形成规模化种养基地为依托、龙头企业带动、现代生产要素聚集的现代农业产业集群，促进农业生产、加工、物流、研发、示范、服务等相互融合和全产业链开发，创新农民利益共享机制，带动农民持续稳定增收，实现精准可持续扶贫，打造集农业规模化生产，观光休闲，生态保水涵养林木育苗种植，农产品加工、贮藏、物流于一体的现代大型农业产业园，并使之成为中国面向东南亚、南亚地区的重要热区果蔬种植基地、中国西南部地区重要的热区果蔬加工物流基地和红河谷区域最大的农业观光休闲养生旅游项目，主动融入和服务"一带一路"建设，积极配合政府，将荒坡荒山变成绿水青山，变成金山银山，助力于全新的热区特色田园综合体形成。

◎ **企业愿景** 未来我们的田园将是宜业、宜商、宜居的友好环境，人民乐业安居的和谐社区，每个人都体面地工作，怡然地生活，并热情好客，由衷地期望远方的客人都能留下来。我们深知只有红河县县域经济的发展才能有企业的发展，我们作为龙头企业，要积极担负起应有的带动作用和社会责任，与居民和旅游者在理想的田园安居乐业。

未来，正如我们的彝族名字"库博"，是大年初一，是蒸蒸日上的开始，一年更比一年好！

※ 库博柑橘

※ 水果分拣仓库

※ 库博芒果

栏目目录

1 特辑 1
2 中国林业和草原概述 103
3 林草重点工程 107
4 林草培育 119
5 森林资源管理与监督 129
6 森林资源保护 139
7 草原资源管理 147
8 湿地保护管理 151
9 荒漠化防治 155
10 自然保护地管理 161
11 林业生态建设 173
12 林草改革 181
13 林草产业 187
14 森林公安与防火 193
15 林草法制建设 195
16 林草科学技术 199
17 林草对外开放 227
18 国有林场与林业工作站建设 241
19 林草规划财务 249
20 林草财务会计 285
21 林草资金审计稽查 289
22 林草信息化 293
23 林草教育与培训 299
24 林草精神文明建设 331
25 各省、自治区、直辖市林（草）业 341
26 林业（和草原）人事劳动 489
27 国家林业和草原局直属单位 519
28 国家林业和草原局驻各地森林资源监督专员办事处工作 571
29 林草社会团体 607
30 林草大事记与重要会议 635

目 录

特 辑

林业和草原专论 … 2
在2019森林城市建设座谈会上的讲话 … 2
认真贯彻习近平生态文明思想 全力推动林业草原事业高质量发展——在全国林业和草原工作会议上的讲话 … 4
坚持生态优先 加强保护修复 全面提升新时代草原事业发展水平——在全国草原工作会议上的讲话 … 10
在全国林业草原宣传工作会议上的讲话 … 14
完善政策 精准发力 持续推进退耕还林还草工程建设——在全国退耕还林还草工作会议上的讲话 … 16
扎实做好生态扶贫工作 为全面打赢脱贫攻坚战作出更大贡献——在全国生态扶贫工作会议上的讲话 … 20
完善制度体系 提升治理效能 推进林草治理体系和治理能力现代化——在全国林业和草原工作会议上的讲话 … 23

重要法律和文件 … 28
中华人民共和国森林法 … 28
中共中央办公厅、国务院办公厅关于建立以国家公园为主体的自然保护地体系的指导意见 … 34
国家林业和草原局关于促进林草产业高质量发展的指导意见 … 37
国家林业和草原局 民政部 国家卫生健康委员会 国家中医药管理局关于促进森林康养产业发展的意见 … 39
市场监管总局 国家林草局关于联合开展野生动物保护专项整治行动的通知 … 41
国家林业和草原局办公室关于印发《国家林业和草原局重点学科建设管理暂行办法》的通知 … 42
自然资源部 财政部 生态环境部 水利部 国家林业和草原局关于印发《自然资源统一确权登记暂行办法》的通知 … 43
天然林保护修复制度方案（中共中央办公厅、国务院办公厅 2019年7月） … 49
国家林业和草原局关于印发修订后的《国家级森林公园总体规划审批管理办法》的通知 … 51
国家林业和草原局关于推进种苗事业高质量发展的意见 … 52
国家林业和草原局关于印发《引进林草种子、苗木检疫审批与监管办法》的通知 … 54

国家林业和草原局公告 … 57
国家林业和草原局公告（2019年第1号） … 57
国家林业和草原局 中华人民共和国濒危物种进出口管理办公室公告（2019年第2号） … 58
国家林业和草原局公告（2019年第3号） … 59
国家林业和草原局公告（2019年第4号） … 59
国家林业和草原局公告（2019年第5号） … 61
国家林业和草原局公告（2019年第6号） … 61
国家林业和草原局公告（2019年第7号） … 61
国家林业和草原局公告（2019年第8号） … 62
国家林业和草原局公告（2019年第9号） … 63
国家林业和草原局公告（2019年第10号） … 64
国家林业和草原局公告（2019年第11号） … 65
国家林业和草原局公告（2019年第12号） … 72
国家林业和草原局公告（2019年第13号） … 75
国家林业和草原局公告（2019年第14号） … 88
国家林业和草原局公告（2019年第15号） … 88
国家林业和草原局公告（2019年第16号） … 89
国家林业和草原局公告（2019年第17号） … 89
国家林业和草原局公告（2019年第18号） … 92
国家林业和草原局公告（2019年第19号） … 96
国家林业和草原局公告（2019年第20号） … 98
国家林业和草原局公告（2019年第21号） … 100

中国林业和草原概述

2019年的中国林业和草原 … 104

林草重点工程

天然林资源保护工程 … 108
综 述 … 108
天然林保护各项工作 … 108
天然林保护成效 … 109
全国天保办主任会议 … 109
天然林保护核查创新技术手段 … 109

退耕还林工程 … 110
综 述 … 110
扩大退耕还林还草范围和规模 … 110
全国退耕还林还草工作会议 … 111
退耕还林高质量发展调研和讨论 … 111
全国"两会"重点建议办理调研 … 111

签订 2019 年度退耕还林工程责任书 ……… 111
通报 2018 年退耕还林工程责任书执行情况 ……… 111
通报 2018 年度退耕还林工程群众举报办理情况 … 111
中央主流媒体集中报道退耕还林还草 ……… 111
编辑出版《退耕还林在中国——回望 20 年》……… 111
出版《退耕还林工程综合效益监测国家报告（2017）》
 ……………………………………………………… 111
退耕还林效益监测技术培训班 ……………… 112
通报 2018 年度新一轮退耕还林国家实地核查结果
 ……………………………………………………… 112
2019 年度新一轮退耕还林国家级检查验收 ……… 112
2019 年度退耕还林工程管理实绩核查 …………… 112
编辑出版《退耕还林工程经济林发展报告 2018》 … 112

京津风沙源治理工程 ……………………………… 112
京津风沙源治理二期工程 …………………… 112

三北防护林体系工程 ……………………………… 112
综　述 …………………………………………… 112
三北工程总体规划修编领导小组 …………… 114
2019 年三北防护林站（局）长会议 ………… 114
全面从严治党工作会议 ………………………… 114
应邀参加联合国 2019 年度国际森林日庆祝活动 … 114
三北工程退化林修复改造现场会 …………… 114
三北地区生态扶贫现场会 …………………… 114
"三北工程建设水资源承载力与林草资源优化配置
　研究"实施方案论证会 …………………… 114
"三北"防护林工程·中国防沙治沙博物馆入选全国
　爱国主义教育示范基地 …………………… 114
三北工程总体规划修编领导小组第一次会议 …… 114
《绿色长城》荣获了 32 届中国电影金鸡奖最佳科教
　片奖 ………………………………………… 115
自然资源部部长、党组书记陆昊到三北局调研指导
　工作 ………………………………………… 115
《三北工程总体规划修编技术方案》论证会 ……… 115
《三北六期工程规划技术方案》论证会 …………… 115
"三北防护林体系建设发展战略研究"等 5 个课题通
　过专家验收 ………………………………… 115

长江流域等防护林工程 …………………………… 115
综　述 …………………………………………… 115
退化防护林修复技术规程 …………………… 115
河北省张家口市及承德市坝上地区植树造林项目
 ……………………………………………………… 116
重点防护林工程建设宣传 …………………… 116
长江流域等防护林工程建设技术培训班 ……… 116
全国生态保护修复工程综合管理培训班 ……… 116
中国水土保持学会林草生态修复工程专业委员会成立
 ……………………………………………………… 116

国家储备林基地建设工程 ………………………… 116
国家储备林基地建设情况 …………………… 116
国家储备林制度建设情况 …………………… 116

退牧还草工程 ……………………………………… 117
综　述 …………………………………………… 117

林业血防工程 ……………………………………… 117
林业血防建设进展 …………………………… 117

林草培育

林草种苗生产 ……………………………………… 120
综　述 …………………………………………… 120
全国林木种苗质量抽查 ……………………… 120
全国林草种苗质量监管培训班 ……………… 121
种苗生产统计与供需培训班 ………………… 121
2019 中国·合肥苗木花卉交易大会 ………… 121
国家林业和草原局打击侵犯知识产权和制售假冒伪
　劣商品工作领导小组 ……………………… 121
全国林草种苗工作会议 ……………………… 121
《国家林业和草原局关于推进种苗事业高质量发展
　的意见》 …………………………………… 121
启动第一次全国林草种质资源普查 ………… 121
国家林业和草原局林草种质资源工作领导小组和专
　家技术委员会 ……………………………… 122
《国家林业和草原局关于开展第一批国家草品种区
　域试验站确定工作的通知》 ……………… 122
主要林木品种审定 …………………………… 122
国家林木种质资源库技术管理培训班 ……… 122
国际林联林木种子园学术大会 ……………… 122
"林草种质资源普查与保护"引智培训团 ……… 122
良种基地技术协作组工作 …………………… 122
2019 年度国家重点林木良种基地主任挂职工作 … 123
"中国林草种苗"专用标识 …………………… 123
行政许可 ………………………………………… 123
林草种苗行政许可随机抽查 ………………… 123

森林培育 …………………………………………… 123
综　述 …………………………………………… 123
部署推进大规模国土绿化 …………………… 124
乡村绿化美化行动方案 ……………………… 124
创建国家森林乡村 …………………………… 124
国家森林乡村标识标语 ……………………… 124
全国乡村绿化美化高级研修班 ……………… 124
"绿美乡村"系列宣传活动 …………………… 125
村庄绿化覆盖率调查 ………………………… 125
中央财政补助造林 …………………………… 125
生态保护修复国际合作 ……………………… 125
全国营造林管理高级研修班 ………………… 125

森林经营 …………………………………………… 125

谋划全国森林经营工作总体思路……………… 125
森林经营方案制度建设 ……………………… 125
森林抚育成效监测评估 ……………………… 126
国际合作和履约工作 ………………………… 126

林业生物质能源 …………………………… 126
综　述 ………………………………………… 126
林业生物质能源发展年度报告（2019）……… 126
林业生物质能源建设培训班 ………………… 126
生物质能源与材料专业委员会 ……………… 127

森林资源管理与监督

森林资源保护管理 ………………………… 130
综　述 ………………………………………… 130
多项改革任务 ………………………………… 130
资源管理手段 ………………………………… 130
资源保护成效 ………………………………… 131

林地管理 …………………………………… 132
下发《国家林业和草原局关于规范风电场项目建设
　使用林地的通知》…………………………… 132
全国建设项目使用林地审核审批情况 ……… 132
建设项目使用林地及在森林和野生动物类型国家级
　自然保护区建设行政许可被许可人监督检查 … 134

采伐管理 …………………………………… 135
创新林木采伐"放管服"改革 ……………… 135
全国"十四五"采伐限额编制工作 ………… 135
全国林木采伐和木材运输管理信息系统 …… 135
重点林区林木采伐审批与监管 ……………… 135

森林资源监测 ……………………………… 136
森林资源监测 ………………………………… 136
国家级公益林管理 …………………………… 136

林政执法 …………………………………… 136
林业行政执法情况 …………………………… 136
保护森林资源开展的打击专项行动 ………… 136
全国森林督查 ………………………………… 137

森林资源监督 ……………………………… 137
林长制改革 …………………………………… 137
森林资源监督机构成立30周年总结 ………… 138
各派出机构督查督办案件 …………………… 138

森林资源保护

林业有害生物防治 ………………………… 140
综　述 ………………………………………… 140
松材线虫病防治工作 ………………………… 140

重大林业有害生物防治责任落实 …………… 140
重大林业有害生物治理 ……………………… 140
有害生物监测预报 …………………………… 140
防治检疫制度建设 …………………………… 140

野生动植物保护 …………………………… 141
综　述 ………………………………………… 141
2019联合国第六个"世界野生动植物日"中国宣传
　活动 ………………………………………… 142
野猪非洲猪瘟防控 …………………………… 142
行政许可随机抽查 …………………………… 142
专项督导检查 ………………………………… 142
全国依法打击破坏野生动物资源违法犯罪专项行动
　……………………………………………… 142
国际联合打非行动 …………………………… 142
中丹启动大熊猫保护合作研究项目 ………… 143
全国野生动植物科普进校园活动 …………… 143
全国陆生野生动物疫源疫病监测技术培训 … 143
执法查没象牙等濒危野生动植物制品移交仪式 … 143
大熊猫"园园"与奥地利公众见面 ………… 143
野外放归扬子鳄 ……………………………… 143
"友谊使者"中国大熊猫入住莫斯科新家 … 143
2019年虎豹跨境保护国际研讨会 …………… 143
穿山甲救护野放专家座谈会 ………………… 143
中国退出象牙国家行动计划 ………………… 143
参加《公约》第18届缔约方大会 …………… 144
重要濒危珍稀树种野外回归行动 …………… 144
爱丁堡动物园大熊猫新馆开馆 ……………… 144
4.9万志愿者加入"护飞行动"……………… 144
全国野生植物保护普法宣传活动 …………… 144
习近平同比利时国王菲利普就旅比大熊猫诞下幼崽
　互致贺电 …………………………………… 144
第六届海峡两岸暨香港、澳门大熊猫保育教育研讨会
　……………………………………………… 144
获"亚洲环境执法奖"……………………… 144
提升监测防控科技支撑体系 ………………… 144
全国野生动植物保护培训班 ………………… 144
2019年全国暨广东省"保护野生动物宣传月"活动
　……………………………………………… 144
主动预警总结会和趋势会商会 ……………… 145
亚洲象研究中心落户云南 …………………… 145
持续开展候鸟保护 …………………………… 145
讲好野生动植物保护故事 …………………… 145
中国基本实现10年植物保护战略目标，居全球前列
　……………………………………………… 145

草原资源管理

草原监测 …………………………………… 148
综　述 ………………………………………… 148
草原重要指标统计制度 ……………………… 148

草原生态监测评价 …………………… 148
成立草原资源监测中心 ………………… 148

草原资源保护 …………………………… **148**
草原有害生物防治 ……………………… 148
三江源野生动物与家畜争夺草场问题调研 … 148
推动出台完善草原承包经营制度意见 …… 148

草原执法监督 …………………………… **149**
编印《2018年草原违法案件统计分析报告》… 149
"绿卫2019"森林草原执法专项行动 …… 149
草原违法案件查处 ……………………… 149
2019年草原普法宣传月活动 …………… 149
草原执法监督信息化建设 ……………… 149

草原修复 ………………………………… **149**
草原生态保护修复工程 ………………… 149
退化草原人工种草生态修复 …………… 149

草原法制建设 …………………………… **150**
草原法修改 …………………………… 150

草原征占用审核审批 …………………… **150**
完成草原征占用审核审批行政许可工作 … 150
全国草原工作会议 ……………………… 150

湿地保护管理

湿地保护 ………………………………… **152**
湿地保护修复制度 ……………………… 152
湿地立法 ……………………………… 152
湿地保护重点工程建设 ………………… 152
湿地调查监测 ………………………… 152
国家湿地公园建设管理 ………………… 152
湿地名录发布 ………………………… 152
湿地保护宣传 ………………………… 152
中国国际重要湿地生态状况 …………… 152
湿地科技支撑和标准体系建设 ………… 152
生态扶贫及湿地保护与修复工程扶贫 …… 153
湿地公约履约 ………………………… 153
湿地国际合作与交流 …………………… 153

荒漠化防治

防沙治沙 ………………………………… **156**
综　述 ………………………………… 156
沙化土地封禁保护区试点建设情况 ……… 156
岩溶地区石漠化综合治理工程 ………… 156
生态扶贫和产业扶贫 …………………… 157
国家沙漠（石漠）公园进展情况 ………… 157
第六次全国荒漠化和沙化监测 ………… 157

沙尘暴灾害及应急处置 ………………… 157
荒漠化生态文件及宣传 ………………… 158
荒漠化公约履约和国际合作 …………… 158
省级政府"十三五"防沙治沙目标责任中期督促检查
　………………………………………… 159
第七届库布其国际沙漠论坛 …………… 159

自然保护地管理

建设发展 ………………………………… **162**
印发《关于建立以国家公园为主体的自然保护地体系
　的指导意见》 ………………………… 162
各地完成自然保护地转隶工作 ………… 162
全面部署自然保护地整合优化调查评估 … 162
广东、天津、宁夏、张家界自然保护地整合优化试点
　………………………………………… 162
自然保护地专家委员会、国家级自然公园评审委员会
　成立 ………………………………… 162
第一届国家级自然保护区评审委员会成立 … 162
全国自然保护地体系规划研究 ………… 162
国家级自然保护区总体规划批复 ……… 162
编制《全国海洋自然保护地发展规划（2020~2035年）》
　………………………………………… 163
全国自然保护地处长培训班 …………… 163

立法监督 ………………………………… **163**
自然保护地监督管理 …………………… 163
启动自然保护区监督管理平台 ………… 163
国家级自然保护区土地利用状况变化核查常态化 … 163
启动海洋保护地人类活动监测工作 …… 164

生物多样性保护与监测 ………………… **164**
生物多样性监测及体系建设 …………… 164
红外相机监测网络试点 ………………… 164

合作交流 ………………………………… **164**
第一届中国自然保护国际论坛 ………… 164
中法签订自然保护领域合作谅解备忘录 … 164
中俄跨境自然保护区合作纳入两国领导联合声明 … 164
海峡两岸国家公园、自然保护区研讨 …… 164
赴日本参加"自然保护地管理培训" …… 164
双多边国际合作 ……………………… 165
管理全球环境基金等国际项目 ………… 165

宣传教育 ………………………………… **165**
央视"秘境之眼"栏目开播 …………… 165
红外相机精彩影像评选 ………………… 165
首届中国地质公园主题宣传活动 ……… 165
世界海洋日系列宣传活动 ……………… 166
中国第三个"文化和自然遗产日"活动 … 166

国家公园管理 **166**
第一届国家公园论坛 166
国家公园共建会议 166
青海以国家公园为主体的自然保护地体系示范省
　启动会 166

国家公园体制试点 **167**
综　述 167
管理体制 167
运行机制 167
政策保障 167
总体规划及专项规划 167
资金保障 167
生态保护修复 168
自然资源监管 168
社区协调发展 168
国家公园体制试点评估 168
会议论坛 168
交流合作 168
科技支撑 169
科普工作 169
宣传培训 169

自然保护区管理 **169**
全国自然保护区数量和面积 169
国家级自然保护区可行性研究报告审查 169
长江经济带国家级自然保护区管理评估 169
自然保护区等自然保护地勘界立标规范印发 169
印发《关于推进大水面生态渔业发展的指导意见》 169

自然公园管理 **169**
国家级自然公园统一评审 169
新增8处国家地质公园 170
海洋珍稀物种保护空缺分析 170
海洋自然保护地信息数据库 170
《海洋保护地动态》季刊 170

自然遗产/双遗产 **170**
中国黄(渤)海候鸟栖息地(第一期)申遗成功 170
中国黄(渤)海候鸟栖息地(第二期)申遗工作启动 170
第43届世界遗产委员会会议 170
《世界遗产公约》缔约国大会第22次会议 170
中国三处提名地列入世界遗产预备清单 170

世界地质公园 **171**
新增2处世界地质公园 171
世界地质公园申报 171
世界地质公园评估检查 171
世界地质公园推荐评审 171
第六届亚太世界地质公园大会 171

2019中国世界地质公园年会 171
世界地质公园网络活动 171

林业生态建设

国土绿化 **174**
重大义务植树活动 174
部门绿化工作 174
全国绿化模范单位和全国绿化奖章 175
第四届中国绿化博览会筹备工作 175

古树名木保护 **175**
古树名木保护 175

森林公园建设与管理 **175**
综　述 175
国家级森林公园总体规划审批管理办法 175
国家级森林公园勘界立标等基础性工作 175
国家级森林公园设立和改变经营范围审批 175
全国森林公园和森林旅游在线学习培训系统 175
"十三五"国家森林公园保护利用设施建设项目检查 176
自然教育培训班 176
国家级森林公园"双随机"抽查 176
开展全国中小学生研学实践教育基地绩效评估 176

森林城市建设 **176**
综　述 176
提升森林城市建设工作水平 176
建立完善森林城市建设制度体系 176
宣传引导 177

林草应对气候变化 **177**
综　述 177
推进应对气候变化工作 177
增加林草碳汇 177
减少碳排放 177
应对气候变化研究和成果应用 178
碳汇计量监测体系建设 178
培养林业碳汇人才 179
应对气候变化国际合作交流 179
林草应对气候变化宣传 179

林草改革

重点国有林区改革 **182**
综　述 182
森林资源监管体制改革 182
政企分开后林区民生得到极大改善 182
推动大兴安岭林业集团公司直管改革 182

国有林场改革

综述 183
国有林场改革国家重点抽查验收 183
国有林场金融机构债务化解 183
国有林场和林区改革工作小组会议 183
国有林场管护用房建设试点 184
国有林场GEF项目正式启动 184
全球景观恢复倡议项目年度会议 184
国有林场GEF项目生态服务价值评估和补偿机制国际培训班 184
国有林场GEF项目培训班 185

集体林权制度改革 185
综　述 185
集体林业综合改革试验区 185
集体林地承包经营纠纷调处 185
培育新型经营主体 185
公共资源交易 185

草原改革 185
起草《关于加强草原保护和修复的若干意见》 185
起草《国有草原资源有偿使用制度改革方案》 185

林草产业

林业产业发展 188
综　述 188
经济林建设 188
出台促进林草产业高质量发展指导意见 188
成立国家林业和草原局产业工作领导小组 188
第四届全国林业产业大会 188
第四批国家林下经济示范基地 188
四部门合力推动森林康养产业发展 188
评定公布第四批国家林业重点龙头企业 188
第十六届中国林产品交易会 188
第十二届中国义乌国际森林产品博览会 188
第二届中国新疆特色林果产品博览会 189
与阿里巴巴集团联合推进经济林发展 189
竹藤产业发展 189
花卉产业发展 189

森林旅游 189
综　述 189
2019中国森林旅游节 190
国家森林步道 190
2019全国森林旅游推介会 190
第十三届生态旅游论坛 190
2019全国森林疗养论坛 190
2019全国自然教育论坛 190
森林体验和森林养生国家重点建设基地 190
推动研学实践和自然教育发展 191
推动森林旅游与户外运动融合发展 191
全国特色森林旅游线路 191
全国新兴森林旅游地品牌 191
全国精品自然教育基地 191
森林旅游助推精准扶贫 191
森林旅游标准制定和基础研究 191
森林旅游、森林步道、科普设施写入新修订的《森林法》 191

草原旅游 191
草原旅游产业扶贫工作 191
草原旅游资源调查评价试点 192

森林公安与防火

森林公安 194
综　述 194

森林防火 194
综　述 194

林草法制建设

林草立法 196
《森林法》 196
《湿地保护法》 196
《国家公园法》 196
《长江保护法》 196
《草原法》 196

林草政策法规 196
林草规范性文件管理 196

林草行政执法 197
"三项制度"落实工作 197
林草行政复议应诉 197
加强与"两高"（最高人民法院、最高人民检察院）工作沟通 197

林草普法宣传 197
制定印发《关于完善国家林业和草原局工作人员学法用法制度的实施意见》 197
主题普法宣传 197
参加征集展示活动 197

林草科学技术

林草科技发展 200
林草科技综合情况 200
4项成果获得国家科技进步二等奖 200
6项成果获得梁希奖一等奖 200

林草科技机构情况 …………………………… 200

林草科技创新 201
全国林业和草原科技工作会议 ………………… 201
林草重大课题启动 ……………………………… 201
林草"十四五"科技创新发展规划编制启动 …… 201
林草科技创新人才培养 ………………………… 201
创新人才推进计划和"万人计划"青年拔尖人才推荐
………………………………………………… 201
长期科研基地建设 ……………………………… 201
生态站建设 ……………………………………… 201
林业和草原创新联盟建设 ……………………… 202
林产化学与材料国际创新高地建立 …………… 202
中国油茶科创谷建立 …………………………… 202
国家重点研发项目管理 ………………………… 202
编写首部高分卫星林草应用国家报告 ………… 202

林草科技推广 209
2019年重点推广林草科技成果 ………………… 209
林业科技推广示范项目 ………………………… 209
推进林草科技扶贫行动 ………………………… 209
林业科技成果转化平台 ………………………… 209
完善林草科技推广APP ………………………… 210
推广体系建设 …………………………………… 210
科技成果转化调研 ……………………………… 210
科技服务 ………………………………………… 210
"最美推广员"典型宣传 ………………………… 210

林草科学普及 211
强化科学普及 …………………………………… 211
全国林草科技活动周 …………………………… 211

林草标准质量 211
批准成立国家林业和草原局国家公园和自然保护地
  标准化技术委员会、草原标准化技术委员会 … 211
2019年林业国家标准 …………………………… 211
2019年林业行业标准 …………………………… 212
2019年林业国家标准计划项目 ………………… 215
2019年林业行业标准计划项目 ………………… 215
食用林产品质量安全监管工作 ………………… 220
2019年林产品质量安全监测工作 ……………… 220
深化林业质检机构"放管服"改革 ……………… 220
2019年国家林业和草原局林产品检验检测技能比武
  大赛 ………………………………………… 220
2019年林业和草原标准质量品牌培训班 ……… 220
2019年国际标准化工作 ………………………… 220
林草标准质量宣传工作 ………………………… 220

林草知识产权保护 220
林业和草原知识产权"十四五"规划前期研究 … 220
贯彻落实《关于强化知识产权保护的意见》 …… 220

实施《2019年加快建设知识产权强国林业推进计划》
………………………………………………… 221
林业专利荣获中国专利优秀奖 ………………… 221
林业知识产权联盟建设 ………………………… 221
实施林业知识产权转化运用项目 ……………… 221
知识产权科技扶贫 ……………………………… 221
林草知识产权宣传培训 ………………………… 221
出版《2018中国林业知识产权年度报告》 …… 221
编印《林业知识产权动态》 ……………………… 221
出版《木地板行业核心专利分析与汇编》 …… 222

林草植物新品种保护 222
林业植物新品种申请和授权 …………………… 222
完善林业植物新品种保护制度与政策 ………… 222
完善林业植物新品种审查管理制度 …………… 222
林业植物新品种权行政执法 …………………… 222
林业植物新品种测试指南标准 ………………… 222
林业植物新品种测试 …………………………… 222
林业授权植物新品种转化应用 ………………… 223
林业植物新品种保护培训班 …………………… 223
植物新品种行政执法培训班 …………………… 223

林草生物安全管理 223
生物安全立法工作 ……………………………… 223
林木转基因工程活动行政许可 ………………… 223

林草遗传资源保护与管理 223
全国油茶、核桃遗传资源调查编目 …………… 223
生物安全与遗传资源管理培训班 ……………… 223
林业遗传资源科技扶贫 ………………………… 224
林业和草原遗传资源及传统知识调查研究 …… 224

森林认证 224
森林认证实践 …………………………………… 224
原料林认证 ……………………………………… 224
竹林认证 ………………………………………… 224
自然保护地认证 ………………………………… 224
森林认证科技扶贫 ……………………………… 224
森林认证规范化 ………………………………… 224
森林认证标准体系 ……………………………… 224
森林认证标准化技术委员会 …………………… 224
森林认证国际互认 ……………………………… 225
森林认证调研 …………………………………… 225
森林认证宣传推广 ……………………………… 225
森林认证能力建设 ……………………………… 225
森林认证信息平台 ……………………………… 225

林草智力引进 225
外国专家引进 …………………………………… 225
因公出国(境)培训项目 ………………………… 225
项目示范带动 …………………………………… 225

能力建设	225
修订管理办法	225
业务培训	225

林草科技国际交流合作与履约 225
- 中国加入国际植物新品种保护公约20周年座谈会 ………… 225
- 植物新品种保护国际研讨会 ………… 226
- 中欧植物新品种保护研讨会 ………… 226
- 参加世界知识产权大会 ………… 226
- 中欧植物新品种保护交流 ………… 226
- 林业植物新品种履约 ………… 226
- 参加世界地理标志大会 ………… 226
- 林业生物安全国际履约 ………… 226
- PEFC 2019年年会暨森林认证周活动 ………… 226

林草对外开放

重要外事活动 228
- 彭有冬访问肯尼亚、博茨瓦纳 ………… 228
- 谭光明访问丹麦、比利时 ………… 228
- 张鸿文率团出席联合国森林论坛第十四届会议 ………… 228
- 张建龙访问新西兰、斐济 ………… 228
- 张永利访问印度尼西亚、新加坡 ………… 228
- 彭有冬访问奥地利 ………… 228
- 刘东生访问瑞典、法国 ………… 228
- 张建龙访问俄罗斯 ………… 228
- 胡章翠访问加蓬、埃塞俄比亚 ………… 228
- 张建龙访问印度、越南 ………… 229
- 李树铭访问尼日利亚、纳米比亚 ………… 229
- 李春良访问英国 ………… 229
- 芬兰农林部常务秘书卡利奥访华 ………… 229
- 纳米比亚环境与旅游部执行理事奈提拉访华 ………… 229
- 缅甸自然资源和环境保护部部长吴翁温访华 ………… 229
- 比利时国务大臣多雷阿访华 ………… 229
- 捷克农业部副部长弗尔卡访华 ………… 229
- 亚美尼亚自然资源部部长格里戈良访华 ………… 229
- 日本自由民主党干事长二阶俊博来访 ………… 229
- 斯洛文尼亚农林食品部国务秘书波特克士克访华 … 229
- 新西兰初级产业部常务副部长史密斯访华 ………… 229
- 秘鲁马德雷德迪奥斯大区主席伊达尔戈访华 ………… 229
- 法国环境事务大使维尔林访华 ………… 230
- 新加坡贸工部兼教育部高级政务部长徐芳达访华 … 230
- 秘鲁农业和灌溉部部长穆尼奥斯访华 ………… 230
- 苏格兰贸易、投资和创新大臣麦基访华 ………… 230
- 上海合作组织秘书长诺罗夫访华 ………… 230
- 智利农业部部长沃克访华 ………… 230
- 美国副助理国务卿柏妮卡访华 ………… 230
- 卡塔尔市政环境大臣苏拜伊访华 ………… 230
- 加蓬林业、海洋、环境和气候变化部部长怀特访华 ………… 230
- 马来西亚水务、土地、自然资源部部长贾亚库马尔访华 ………… 230
- 联合国环境署新任执行主任安德森访华 ………… 230
- 斐济林业部部长奈克姆访华 ………… 230
- 乌拉圭牧农渔业部部长贝内奇访华 ………… 230
- 喀麦隆林业和野生动植物部部长恩东戈访华 ………… 230
- 厄瓜多尔农牧业部部长拉索访华 ………… 231
- 国家林草局外事工作领导小组会议 ………… 231
- 林草国际合作与外语应用能力培训班 ………… 231

对外交流与合作 231
- 与奥地利签署中奥大熊猫保护和研究合作谅解备忘录 ………… 231
- 与俄罗斯签署关于共同推进大熊猫保护合作的谅解备忘录 ………… 231
- 与加蓬签署关于林业合作的谅解备忘录 ………… 231
- 与法国签署关于自然保护合作的谅解备忘录 ………… 231
- 蒙古戈壁熊技术援助项目取得阶段性成果 ………… 231
- 林草援外人力资源开发合作项目顺利实施 ………… 231
- 2019年"一带一路"林业产业可持续发展部级研讨班 ………… 231
- 国际热带木材组织（ITTO）成员国木材生产贸易消费部级研讨班 ………… 231
- 中德合作"山西森林可持续经营技术示范林场建设"项目正式启动 ………… 231
- 亚太经合组织悉尼林业目标终期评估倡议获批 ……… 232
- 德国环境、自然保护和核安全部部长实地考察中德合作林业项目 ………… 232
- 中德合作"山西森林可持续经营技术示范林场建设"项目指导委员会第一次会议 ………… 232
- 中英合作国际林业投资与贸易项目二期项目指导委员会第一次会议 ………… 232
- 国家林草局主管GEF项目有序开展 ………… 232
- 刚果共和国加入国际竹藤组织 ………… 232
- 柬埔寨加入国际竹藤组织 ………… 232
- ITTO成员国研讨木材生产贸易和消费 ………… 232
- 亚太森林组织多功能森林体验基地启动 ………… 233
- 中国-巴基斯坦林业工作组第一次会议 ………… 233
- 中国-澳大利亚林业工作组会间会 ………… 233
- 中国-老挝林业工作组第一次会议 ………… 233
- 中国-越南林业工作组第一次会议 ………… 233
- 中国-缅甸林业工作组第一次会议 ………… 233
- 中美温室气体清单中遥感与森林资源调查技术研讨会 ………… 233
- 中奥林业工作组第四次会议 ………… 233
- 中法自然保护合作双边研讨会 ………… 233
- 中欧林业生物经济研讨会 ………… 233
- 中新木材及木制品贸易政策对话会 ………… 233
- 中国国际新闻交流中心2019年项目非洲、亚太中心记者林草座谈会 ………… 234
- 2019年世界湿地日中国主场宣传活动 ………… 234
- 2019年世界野生动植物日主题宣传活动 ………… 234

驻华使节和国际组织代表考察内蒙古生态建设 …… 234

重要国际会议 …… 234
CITES 第 18 次缔约方大会 …… 234
第 43 届世界遗产大会 …… 234
《联合国气候变化公约》及《巴黎协定》下林业相关议题谈判 …… 234
成功申办《湿地公约》第 14 届缔约方大会在华举办 …… 234
"迈向《世界环境公约》"特设工作组工作 …… 234
UNCCD 第十三次缔约方大会第二次主席团会议 …… 234
2019 虎豹跨境保护国际研讨会 …… 235
共建全球绿色供应链国际论坛 …… 235
"一带一路"亚太区域林业合作研讨会 …… 235
巴布亚新几内亚林业峰会 …… 235
2019 全球植物保护战略国际研讨会 …… 235
中日韩朱鹮保护研讨会 …… 235
2019 澜湄流域林业合作澜湄周活动 …… 235
澜沧江-湄公河流域湿地保护与管理合作高级研讨班 …… 235
第 22 届东盟林业高官会 …… 235
东北亚大型猫科动物跨境保护研讨会 …… 236
东北亚环境合作机制秘书处第 23 次高官会 …… 236
2019 年中央政府和港澳特区政府 CITES 管理机构履约协调会 …… 236
亚太经合组织（APEC）打击非法采伐及相关贸易专家组第 15 次会议 …… 236
中欧森林执法与行政管理双边协调机制（BCM）第十次会议 …… 236
中国-中东欧国家林业合作协调机制联络小组第三次会议 …… 236
亚太经合组织（APEC）打击非法采伐及相关贸易专家组第 16 次会议 …… 236

民间国际合作与交流 …… 236
综述 …… 236
日本农林水产省派员来华交流 …… 237
"中国园"项目可行性调研 …… 237
联合国 2019 年国际森林日庆祝活动 …… 237
与德国复兴银行合作交流座谈会 …… 237
张建龙会见保尔森基金会主席亨利·保尔森 …… 237
梶谷辰哉一行来华检查指导中日民间绿化项目 …… 237
日本自民党代表访问中日民间绿化合作纪念林 …… 237
联合国森林论坛第十四届会议 …… 237
发展中国家履行《联合国森林文书》（UNFI）及森林可持续经营援外培训班 …… 238
境外非政府组织林草合作培训班 …… 238
2019 年第一批中日绿化合作林业青年代表团 …… 238
履行《联合国森林文书》示范单位建设研修班 …… 238
"一带一路"林业草原国际合作交流研讨会 …… 238

国家林业和草原局与世界自然基金会（WWF）2019 年合作年会 …… 238
沙特阿拉伯王国利雅得皇家委员会来华交流 …… 238
2019 年第二批中日绿化合作林业青年代表团 …… 238
履行《联合国森林文书》示范单位建设工作会议 …… 238
中德生物多样性与气候变化对话论坛 …… 238
国家林业和草原局与野生生物保护学会（WCS）及自然资源保护协会（NRDC）2019 年合作年会 …… 239
张建龙会见世界自然保护联盟官员 …… 239
国家林业和草原局与大自然保护协会（TNC）2019 年合作年会 …… 239
2019 年度林业和草原援外培训工作会议 …… 239
中日民间绿化合作委员会第二十次会议 …… 239
国家林业和草原局与境外非政府组织 2019 年度合作座谈会 …… 239

国际金融组织贷款项目 …… 239
"长江经济带珍稀树种保护与发展项目"进展 …… 239
亚行贷款西北三省（区）林业生态发展项目 …… 240
亚行丝绸之路沿线地区生态治理与保护项目 …… 240
欧洲投资银行贷款林业打捆项目 …… 240
全球环境基金"中国林业可持续管理提高森林应对气候变化能力项目" …… 240

国有林场与林业工作站建设

国有林场建设与管理 …… 242
综述 …… 242
《国有林场管理办法》 …… 242
《国有林场中长期发展规划（2020~2035 年）》 …… 242
国有林场扶贫 …… 242
2019 全国国有林场职工主题演讲大赛 …… 242
国有林场培训班 …… 242
国有林场备案 …… 242

林业工作站建设 …… 242
综述 …… 242
全国林业工作站站（处）长座谈会 …… 243
林业工作站管理总站成立 30 周年 …… 243
省级林业工作站重点工作质量效果跟踪调查 …… 244
全国林业工作站基本情况 …… 244
全国林业工作站本底调查相关工作 …… 244
标准化林业工作站建设 …… 244
林业站服务乡村振兴工作 …… 245
2019 年乡镇林业工作站站长能力测试工作 …… 245
创新推进"全国乡镇林业工作站岗位培训在线学习平台"工作 …… 245
案件稽查 …… 245
出台《林业和草原行政案件类型规定》 …… 245
组织行政执法资格考试 …… 246
生态护林员调研 …… 246

生态护林员政策成效宣传 ……………………… 246
修订《建档立卡贫困人口生态护林员管理办法》…… 246
示范培训 ………………………………………… 246
森林保险工作 …………………………………… 246

林草规划财务

全国林业和草原统计分析 …………………… **250**
 国土绿化 ………………………………………… 250
 林业草原投资 …………………………………… 250
 林业草原产业 …………………………………… 250
 主要林产品产量 ………………………………… 250
 林草系统在岗职工收入 ………………………… 250
 林草产品贸易 …………………………………… 250

林业和草原固定资产投资建设项目批复统计
…………………………………………………… **251**
 林业和草原基础设施建设项目批复情况 ……… 251
 森林防火项目 …………………………………… 251
 草原防火建设项目 ……………………………… 253
 国家级自然保护区建设项目 …………………… 254
 局直属单位自身能力建设项目 ………………… 255
 国有林区社会性公益性基础设施建设项目 …… 256
 林草科技类基础设施建设项目 ………………… 257
 东北虎豹国家公园建设项目 …………………… 258
 其他基础设施建设项目 ………………………… 260

林业和草原基本建设投资 …………………… **260**
 林业和草原基本建设投资 ……………………… 260

林业和草原区域发展 ………………………… **260**
 援疆援藏 ………………………………………… 260
 西部大开发 ……………………………………… 260
 中部地区崛起 …………………………………… 261

林业和草原对外经济贸易合作 ……………… **261**
 林草对外贸易 …………………………………… 261
 林草对外投资 …………………………………… 262
 "一带一路"林业合作 …………………………… 262

林业和草原扶贫 ……………………………… **262**
 林草扶贫 ………………………………………… 262

林业和草原生产统计 ………………………… **263**

固定资产投资统计 …………………………… **274**

劳动工资统计 ………………………………… **283**

林草财务会计

财务和会计 …………………………………… **286**
 中央财政投入 …………………………………… 286
 林草预算 ………………………………………… 286
 金融创新 ………………………………………… 286
 资金监管 ………………………………………… 286

林草资金审计稽查

基金总站(审计稽查办)建设与管理 ………… **290**
 综　述 …………………………………………… 290

审计稽查 ……………………………………… **290**
 制度建设和机制创新 …………………………… 290
 经济责任审计 …………………………………… 290
 预算执行审计 …………………………………… 290
 重大项目日常监管 ……………………………… 290
 财政专项资金审计稽查 ………………………… 290
 重大政策执行审计 ……………………………… 290
 扶贫资金审计 …………………………………… 291

林草贷款贴息 ………………………………… **291**
 林业贴息贷款管理 ……………………………… 291
 林业政策性贷款贴息资金落实情况调研 ……… 291
 全国林业贴息贷款业务培训班 ………………… 291
 林业发展基金创新 ……………………………… 291

林草信息化

林草信息化建设 ……………………………… **294**
 综　述 …………………………………………… 294
 总体进展 ………………………………………… 294

网站建设 ……………………………………… **295**
 网站优化和整改 ………………………………… 295
 内容维护 ………………………………………… 295
 网站管理 ………………………………………… 295
 网络文化 ………………………………………… 295

应用建设 ……………………………………… **295**
 "金林工程" ……………………………………… 295
 政务服务平台对接 ……………………………… 296
 "互联网+监管" ………………………………… 296

安全保障 ……………………………………… **296**
 重点基础设施建设 ……………………………… 296
 网络和信息系统运维 …………………………… 296
 网络安全管理 …………………………………… 296

科技合作 ……………………………………… **297**
 标准建设 ………………………………………… 297
 战略研究 ………………………………………… 297
 技术培训 ………………………………………… 297

办公自动化 — **297**
综合办公系统 — 297
公文传输系统 — 297
林信通 — 297
身份认证系统升级 — 297

大数据 — **297**
政务信息资源整合 — 297
数据采集 — 297
编制林草大数据报告 — 297
首届全国生态大数据创新应用大赛 — 298

林草教育与培训

林草教育与培训工作 — **300**
培训制度建设 — 300
重点培训 — 300
公务员法定培训 — 300
行业示范培训 — 300
干部培训教材建设 — 300
远程教育和基地建设 — 300
林草教育顶层设计 — 300
林草学科专业建设 — 300
林草教育组织指导 — 300
林草教育品牌活动 — 300
林草教育宣传引导 — 301

林草教材管理 — **301**
综述 — 301
2019年全国生态文明信息化教学成果遴选 — 301
教材建设培训班 — 301

林草教育信息统计 — **301**

北京林业大学 — **318**
概述 — 318
"不忘初心、牢记使命"主题教育 — 318
参与新中国成立70周年庆典活动 — 318
牵头组织编写出版《高校基层党组织书记工作案例》 — 318
基层党组织获批全国党建标杆院系和样板支部 — 319
北京林业大学发展战略咨询委员会成立 — 319
"雁阵式"学科体系基本形成 — 319
黄河流域生态保护和高质量发展研究院成立 — 319
两山理论与可持续发展研究中心成立 — 319
北京林业大学社区卫生服务中心(校医院)启用 — 319
定点帮扶的科尔沁右翼前旗成功脱贫摘帽 — 319
第二次青藏高原综合科考 — 319
美丽中国"江西样板"院士论坛 — 319
获第六届首都大学生思想政治工作实效奖特等奖 — 319

受邀加入"全球挑战大学联盟" — 319
首届"北林榜样" — 320
原创话剧《梁希》首演 — 320

东北林业大学 — **320**
概述 — 320
领导班子调整 — 320
领导考察 — 320
主题教育 — 320
基层组织建设 — 321
中共东北林业大学第十三次代表大会 — 321
综合改革 — 321
教育教学 — 321
学科建设 — 321
师资队伍建设 — 321
奥林学院获批招生 — 322
成立全国首个野生动物与自然保护地学院 — 322
科学研究 — 322
新增9个国家创新联盟 — 322
定点扶贫工作 — 322
国际学术研讨会 — 322
国际交流与合作 — 322
思政育人 — 322
教师获奖 — 323
学生获奖 — 323

南京林业大学 — **323**
概述 — 323
18个专业入选一流本科专业建设点 — 323
1项目获教育部科学技术进步一等奖 — 324
2个学科ESI国际学科全球前1% — 324
启动林产化学与材料国际创新高地 — 324
低碳江苏活动启动仪式 — 324
中国林学会家具与集成家居分会成立 — 324
参加中国·海峡项目成果交易会 — 324
亚太森林组织教学科研基地揭牌 — 324
入选国家林业和草原科技创新人才和团队 — 324
国际林联林木种子园学术大会 — 324
首批来华留学质量认证高校 — 324
日本木材应用与木结构技术培训中心(南京)成立 — 325
第二批林业和草原国家创新联盟 — 325
第七届中国林业学术大会 — 325
陈植先生诞辰120周年国际研讨会 — 325
第四届亚洲生存圈科学学术大会 — 325

中南林业科技大学 — **325**
概述 — 325
"双一流"建设 — 326
人才培养 — 326
科学研究 — 326

人才队伍建设 326
国际合作与交流 327
校地合作与社会服务 327
党建和思想政治工作 327
民生服务 327

西南林业大学 328
概　述 328
双一流建设 328
科学研究 328
师资队伍 328
条件保障 328
对外交流合作 328
获得国家科技进步二等奖1项 328
"两中心一基地"正式授牌 328
获得"全国五四红旗团委"称号 329
中外合作办学机构获批筹建 329
入选教育部第二届省属高校精准扶贫精准脱贫典型
　项目推选名单 329

林草精神文明建设

国家林业和草原局直属机关党的建设 332
综　述 332

林草宣传 333
综　述 333
主题宣传活动 333
意识形态工作 334
媒体融合发展 334
生态文化建设 334
品牌宣传实践 334
强化宣传指导 335

林草出版 335
综　述 335
党员干部生态文明建设读本(生态文明建设文库)
　 336
新中国林业经济思想史略：1949~2000 336
中国南海诸岛植物志(中、英文)("十三五"国家重点
　出版物出版规划项目) 336
中国非粮生物柴油植物("十二五"国家重点出版物
　出版规划项目) 336
国家支持林业民营经济发展政策摘编 336
林木种苗典型案例分析 337
长江经济带林业支持政策汇编：地方篇(长江经济带
　"共抓大保护"系列) 337
林信十年——中国林业信息化十年足迹 337
草原知识读本(国家林业和草原局干部学习培训系列
　教材) 337
湘南木雕(国家科学技术学术著作出版基金项目)
　 337
大果榛子栽培实用技术(第2版) 337
中国人造板发展史 337
工业设计艺术全集 337
在体验自然中成长——八达岭自然体验教育实践
　 337
植物的智慧：自然教育家的探索与发现随笔(全国
　自然教育总校推荐用书) 338
今日宜逛园——图解皇家园林美学与生活 338
月季文化 338
养兰那些事 338
测树学(第4版)(国家林业和草原局普通高等教育
　"十三五"规划教材) 338
木材学(第2版)(普通高等教育"十一五"国家级规
　划教材、国家林业和草原局普通高等教育"十三五"
　规划教材) 338

林草报刊 338
综　述 338

各省、自治区、直辖市林(草)业

北京市林业 342
概　述 342
机构改革 342
全市园林绿化工作会 342
迎春年宵花展 342
国际森林日植树活动 342
第七届北京森林文化节 342
中央军委领导参加义务植树活动 342
共和国部长义务植树活动 343
第37届"爱鸟周"宣传活动 343
第十届北京郁金香文化节 343
首都全民义务植树日 343
党和国家领导人参加义务植树活动 343
全国人大常委会领导参加义务植树活动 343
全国政协领导参加义务植树活动 343
北京园林绿化科学普及系列活动 343
党和国家领导人习近平和夫人彭丽媛在北京延庆
　出席2019年中国北京世界园艺博览会 343
首届北京牡丹文化节 343
第十一届月季文化节 343
第五届北京百合文化节 344
第十一届北京菊花文化节 344
庆祝中华人民共和国成立70周年环境布置 344
2019年中国北京世界园艺博览会闭幕 344
参加南宁园博会 344
"绿卫2019"森林执法专项行动 344
新一轮百万亩造林工程 344
京津风沙源治理工程 344
太行山绿化工程 344

山区森林健康经营	344
彩叶树种造林	345
北京城市副中心绿化建设	345
绿化隔离地区公园环建设	345
永定河综合治理工程	345
果树发展	345
花卉产业	345
森林火灾防控	345
森林火灾防控基础设施建设	345
森林公安执法	345
参展2019南阳世界月季大会	345
2019世界花卉大会	345
世界园艺博览会北京室外展区建设	345
世界园艺博览会百果园建设	345
世界园艺博览会中国馆建设	345
森林病虫害防治	346
森林城市创建	346
古树名木管理	346
花卉业	346
蜂产业	346
养蜂精准扶贫工程继续实施	346
湿地建设	346
北京市极度濒危野生动植物保护	346
大事记	346

天津市林业 347
概　述	347
造林绿化	347
森林资源管理	347
湿地资源保护	348
自然保护地管理	348
林业有害生物防治	349
森林防火	349
野生动物保护	350
科技兴林	350
林业改革	350
林业生态建设	350
大事记	351

河北省林草业 352
概　述	352
《河北省人民代表大会常务委员会关于加强张家口承德地区草原生态建设和保护的决定》出台	353
《河北省人民代表大会常务委员会关于加强太行山燕山绿化建设的决定》出台	353
《京雄京张高铁生态廊道绿化实施方案》印发	354
《河北省国土绿化规划（2018~2035年）》印发	354
《河北省乡村绿化美化行动方案》印发	354
省领导参加义务植树活动	355
北京世园会参展工作创佳绩	355
北京世园会"河北省日"活动举办	355

退耕还林20年	355
生态护林员政策实施四年见成效	355
塞罕坝机械林场先进事迹报告会	355
塞罕坝精神学习报告会	356
河北省两办对涞源火灾进行通报	356
503个村成为河北首批森林乡村	356
大事记	356

山西省林草业 357
概　述	357
省直林区建设	359
市县林草工作	359
全省林业和草原暨党风廉政建设工作会议	359
沁源两场森林和草原火灾处置情况	359
山西林业生态扶贫PPP项目	360
森林资源年度清查工作	360
历山混沟原始森林第二次科考	360
全省国土绿化右玉现场推进会	360
世界园艺博览会山西展园	360
大事记	360

内蒙古自治区林草业 362
概　述	362
内蒙古浑善达克规模化林场组建	362
内蒙古国有林场改革	362
已垦林地退耕还林还草试点	362
内蒙古自治区湿地公园管理办法	363
新巴尔虎黄羊自治区级自然保护区野生动物保护方案编制	363
草原鼠害防控	363
第25个世界防治荒漠化与干旱日纪念大会暨荒漠化防治国际研讨会	363
驻华使节走近中国林业和草原	363
亚太森林组织多功能森林体验基地启动仪式	363
"一带一路"亚太区域林业合作研讨会	363
第七届库布其国际沙漠论坛	363
林业英雄林	363
党政军义务植树	363
全区林业和草原局长会议	363
荣誉	364
大事记	364

内蒙古大兴安岭重点国有林管理局林业 365
概　述	365
国有林区改革	365
生态建设	365
强化管理	365
产业发展	366
民生改善	366
党的建设	366
大事记	366

辽宁省林草业 ... 367
概　述 ... 367
全省林业和草原工作会议 ... 368
省领导参加义务植树活动 ... 368
全省森林草原防灭火业务培训 ... 368
大事记 ... 368

吉林省林草业 ... 369
概　述 ... 369
林业草原机构改革 ... 369
林草改革 ... 369
生态建设 ... 369
资源管理 ... 369
森林草原防火 ... 369
林草有害生物防治 ... 369
林政执法 ... 370
野生动植物保护 ... 370
湿地保护管理 ... 370
自然保护地建设管理 ... 370
林草重点生态工程 ... 370
林草种苗 ... 370
林草产业 ... 370
智慧林草 ... 370
生态扶贫 ... 370
林草法治 ... 371
林草投资 ... 371
林草经济 ... 371
林草科研与技术推广 ... 371
大事记 ... 371

吉林森工集团林业 ... 372
概　述 ... 372
大事记 ... 373

黑龙江省林草业 ... 373
概　述 ... 373
林草改革 ... 374
国土绿化 ... 374
生态修复 ... 374
资源保护管理 ... 374
林草灾害防治 ... 374
科技兴林 ... 375
林草规划 ... 375
林草信息化 ... 375
林业产业 ... 375
生态扶贫 ... 375
营商环境优化 ... 375
大事记 ... 375

黑龙江森林工业 ... 376
概　述 ... 376
资源状况 ... 376
组织架构 ... 377
森工改革 ... 377
生态建设 ... 377
森林防火 ... 377
产业转型 ... 377
项目建设 ... 378
企业管理 ... 378
党的建设 ... 378
大事记 ... 378

大兴安岭林业集团公司 ... 379
概　述 ... 379
森林防火 ... 380
森林培育 ... 380
依法治林 ... 380
重点国有林区改革 ... 380
天然林资源保护工程 ... 380
森林经营管理 ... 380
林地管理 ... 380
管护区经济 ... 380
生态监测研究 ... 381
林业碳汇 ... 381
林地"一张图"调查 ... 381
自然保护区建设 ... 381
湿地管理 ... 381
野生动物保护 ... 381
航空护林作业 ... 382
林业有害生物防治 ... 382
农林科学研究 ... 382
林业勘察设计 ... 382
神州北极木业有限公司经营 ... 382
大事记 ... 382

伊春森林工业 ... 383
概　述 ... 383
动植物保护 ... 383
产业发展 ... 383
《森工集团党组织设置方案》 ... 383
小兴安岭国家森林步道伊春段 ... 383
中国野生动物保护影像作品展 ... 383
重要会议 ... 383
大事记 ... 384

上海市林业 ... 384
概　述 ... 384
生态环境建设 ... 384
绿地建设 ... 384
绿道建设 ... 384
街心花园建设 ... 384
绿化"四化"建设 ... 384

郊野公园建设	384
林荫道创建	384
绿化特色道路	385
申城落叶景观道路	386
花卉景观布置	386
老公园改造	386
新增城市公园52座	386
公园延长开放	386
公园主题活动	386
国庆期间公园游客量	386
古树名木管理	386
树木工程中心建设	386
立体绿化建设	386
市民绿化节	386
森林资源管理	386
种苗"四化"	386
有害生物监控	386
"安全优质信得过果园"创建	387
湿地保护修复	387
常规专项监测	387
野生动植物进出口许可	387
野生动植物执法监督	387
动物繁育与展示	387
2019年上海(国际)花展	387
第38届"爱鸟周"	387
第十三届中国菊花展览会	387
大事记	387

江苏省林业 388

概　述	388
造林绿化	388
湿地资源保护	388
森林资源保护	389
自然保护地监管	389
林业有害生物防治	389
森林火灾预防	389
林业产业	389
森林生态文化	390
野生动植物及其制品经营利用	390
2019年江苏省暨南京市"爱鸟周"活动启动仪式	390
2019中国森林旅游节	390
全国绿化委员会办公室举办的全民义务植树机制创新研修班	390
东滩论坛—长三角地区生态文化与乡村振兴专题研讨会	390
大事记	390

浙江省林业 391

概　述	391
林业生态建设	391
林业产业	392
林业资源保护	392
大事记	393

安徽省林业 396

概　述	396
营林生产	396
林长制改革	396
林业法治	396
生态资源保护	396
森林防火	396
林业有害生物防治	397
林业产业	397
林产品产量	397
林业科技	397
林业对外合作	398
信息化建设	398
省领导参加义务植树活动	398
大事记	398

福建省林业 399

概　述	399
林业改革	399
造林绿化	400
资源保护	400
产业升级	400
南平市林业	400
三明市林业	401
龙岩市林业	401
武平县出台紫灵芝产业发展扶持政策	402
长汀推行林长制	402
建宁县发现金缕梅原生群落	402
林农点单专家送餐	402
福建省湿地保护专家委员会成立	402
宣判妨害动植物防疫、检疫刑事案件	402
加快林下经济发展措施出台	402
"洋林精神"先进事迹报告会举行	402
多部门联合打击破坏武夷山国家公园森林资源和生态环境违法行为	402
30个花卉品种获得植物新品种权	402
首次举办全省林业执法技能竞赛	402
永泰县为古树名木上"保险"	403
中国北京世界园艺博览会福建获多个奖项	403
第十五届海峡两岸林业博览会	403
森林城市实现两个全覆盖	403
三明市发展全域森林康养产业	403
三明市发行林票	403
大事记	403

江西省林业 404

| 概　述 | 404 |
| 首届鄱阳湖国际观鸟周 | 407 |

首届江西森林旅游节	407
美丽中国"江西样板"院士论坛	408
首获第45届世界技能大赛金牌	408
推行林长制	408
森林城乡、城市创建	408
重点区域森林"四化"建设	408
自然保护地建设	408
全省造林绿化、松材线虫病防控、湿地候鸟保护工作电视电话会议	409
鄱阳湖区越冬候鸟和湿地保护工作会议	409
鄱阳湖湿地和候鸟保护国际论坛	409
公众自然教育系列活动启动仪式暨揭牌仪式	409
2019鄱阳湖国际观鸟赛	409
松材线虫病疫木清理"百日攻坚"行动	409
大事记	409

山东省林业 · 411

概述	411
造林绿化	411
国有林场改革	411
集体林权制度改革	411
公益林保险共保体统保试点	411
林草资源保护管理	411
森林防灭火	412
林业有害生物防控	412
湿地保护与修复	412
林业产业提质增效	412
自然保护地管理与野生动植物保护	412
森林公园与地质公园建设	413
北京世园会参展取得优异成绩和丰硕成果	413
第十六届中国林产品交易会	413
2019世界牡丹大会	413
北京世园会"山东日"活动	414
2019北方(昌邑)绿化苗木博览会、第二十四届中国园林花木信息交流会	414
参加2019中国森林旅游节	414
大事记	414

河南省林业 · 416

概述	416
河南省省级林业产业"龙头"增至419家	417
河南省森林资源发展和生态服务项目	418
全省营造林技术和作业设计培训班	418
国家林业和草原长期科研基地	418
河南省组织开展大规模全民义务植树活动	418
督查森林防火工作	418
"爱鸟周"放归活动	418
河南省及郑州"爱鸟周"	418
伏牛山世界地质公园扩园获批	418
河南省森林抚育工作现场会	418
皂荚产业国家创新联盟成立大会	418
谭光明调研督导森林防火工作	418
河南省国家储备林建设规划	418
2019世界月季洲际大会暨第九届中国月季展	419
2019年北京世园会河南省参展工作	419
珍鸟苑揭牌	419
2019北京世园会"河南日"启动	419
省"四优四化"优质花木专项彩叶苗木专题观摩暨"花木产业与乡村振兴"研讨会	419
第三批国家森林步道公布河南段309千米	419
河南郑州城市生态系统定位观测研究站获批	419
获2018年度全省依法行政考核优秀等次	419
第19届中国·中原花木交易博览会	419
省林业系统获国家林草局表彰	419
太行山国家森林步道济源段正式向全社会开放	419
2019年全省省级森林城市建设工作会议	419
国家联合工作组高度评价国有林场改革	420
省政府周密安排部署冬春森林防灭火工作	420
2019森林城市建设座谈会	420
3个国家创新联盟获国家林草局批准成立	420
全省冬季大规模义务植树活动	420
纪念河南省飞播造林40周年会议	420
河长制湖长制省级考核组充分肯定全省林业"净水"工作	420
新增12处国家湿地公园	420
省级湿地公园试点增至36处	421
省林业局命名首批森林特色小镇	421
吉豫两省开展林业工作交流	421
河南气象连续监测数据显示近二十年来全省"明显变绿"	421
大事记	421

湖北省林业 · 422

概述	422
林业生态建设	422
林地占用和林木采伐	422
天然林和生态公益林保护工程	422
草地资源管理	422
自然保护地管理	422
国家公园建设	423
湿地保护管理	423
森林防火	423
林业有害生物防治	423
野生动物疫源疫病防控	423
林业监管执法	423
林业改革发展	423
林业科技推广	423
林业教育培训	423
林业信息化建设	424
林业勘察设计	424
林产工业	424
主要经济林产品	424
木本油料产业	424

森林公园和森林旅游 …………………………… 424
林木种苗花卉产业 ……………………………… 424
林业投融资 ……………………………………… 424
林业扶贫和对口帮扶 …………………………… 424
第六届湖北生态文化论坛 ……………………… 424
大事记 …………………………………………… 425

湖南省林业 425
概　述 …………………………………………… 425
参展2019年北京世园会 ………………………… 426
油茶产业 ………………………………………… 426
科技支撑林业发展 ……………………………… 427
洞庭湖湿地生态保护修复 ……………………… 427
长株潭生态绿心地区保护修复 ………………… 427
自然保护地突出生态环境问题整改 …………… 427
生态廊道建设 …………………………………… 427
"绿卫2019"森林草原执法专项行动 ………… 427
打击破坏野生动物资源犯罪专项行动 ………… 428
油茶源库特性研究成果获梁希林业科学技术奖一等奖
　　………………………………………………… 428
第十九届中国湖南张家界国际森林保护节 …… 428
互联网+全民义务植树 ………………………… 428
物种保护 ………………………………………… 428
湖南省林业局"放管服改革" ………………… 428
认定公布古树名木保护名录 …………………… 428
欧洲投资银行贷款湖南森林提质增效示范项目正式
　　启动 ………………………………………… 428
《湖南省实施〈中华人民共和国种子法〉办法》出台
　　………………………………………………… 428
湖南省植物园实行"省市共建、免费开放" … 429
集体林权流转纳入公共资源交易目录 ………… 429

广东省林业 429
概　述 …………………………………………… 429
国土绿化 ………………………………………… 429
森林资源管理 …………………………………… 430
自然保护地建设管理 …………………………… 430
野生动植物保护 ………………………………… 430
湿地资源保护 …………………………………… 431
森林城市建设 …………………………………… 431
林业改革 ………………………………………… 431
林业产业 ………………………………………… 432
森林灾害防治 …………………………………… 432
林业科技和交流合作 …………………………… 433
自然教育 ………………………………………… 433
参加2019年世界园艺博览会 …………………… 433
第二届中国新疆特色林果产品博览会 ………… 433
广东省林学会成立90周年纪念暨学术研讨会 … 433
大事记 …………………………………………… 433

广西壮族自治区林业 434
概　述 …………………………………………… 434
林业生态建设 …………………………………… 435
国土绿化 ………………………………………… 436
森林资源管理 …………………………………… 436
国有林场 ………………………………………… 437
林业产业 ………………………………………… 438
森林防火 ………………………………………… 438
野生动植物保护 ………………………………… 439
森林病虫害防治 ………………………………… 439
林木种苗建设 …………………………………… 439
林业利用外资项目 ……………………………… 440
大事记 …………………………………………… 440

海南省林业 442
概　述 …………………………………………… 442
林业机构改革 …………………………………… 442
海南热带雨林国家公园体制试点 ……………… 442
天然林管护 ……………………………………… 443
公益林管护 ……………………………………… 443
苗木产业 ………………………………………… 443
国家储备林建设 ………………………………… 443
湿地保护 ………………………………………… 443
自然保护地建设 ………………………………… 443
造林绿化 ………………………………………… 443
森林城市建设 …………………………………… 443
乡土珍稀树种 …………………………………… 444
花卉产业 ………………………………………… 444
油茶产业 ………………………………………… 444
椰子产业 ………………………………………… 444
森林经营先行先试 ……………………………… 444
木材经营加工 …………………………………… 444
林下经济 ………………………………………… 444
森林旅游 ………………………………………… 444
林长制落实 ……………………………………… 444
野生动植物保护 ………………………………… 445
野生动物人工繁育 ……………………………… 445
野生动物疫源疫病监测 ………………………… 445
森林防火 ………………………………………… 445
林业有害生物防治 ……………………………… 445
海南省"绿盾2019" …………………………… 445
林业行政审批 …………………………………… 445
集体林权制度改革 ……………………………… 446
国有林场改革 …………………………………… 446
林业脱贫攻坚 …………………………………… 446
会展工作 ………………………………………… 446
龙头企业认定 …………………………………… 446
大事记 …………………………………………… 446

重庆市林业 447
概　述 …………………………………………… 447
生态保护修复 …………………………………… 447

林业生态扶贫	447
推动林业高质量发展	448
打造林业对外开放平台	448
保障和改善民生	448
防范化解重大风险	448
重庆市风景名胜区和世界自然遗产	448
大事记	448

四川省林草业 — 449
概 述	449
绿化全川行动	449
生态治理修复	449
保护地体系建设	449
林草产业发展	450
资源保护管理	450
林草脱贫攻坚	450
林草重点改革	450
林草支撑保障	450
特别重大森林火灾	451
2019 中国（四川）大熊猫国际生态旅游节	451
大事记	451

贵州省林业 — 452
概 述	452
五级干部义务植树活动	453
《联合国防治荒漠化公约》第十三届缔约方大会第二次主席团会议在贵阳召开	453
参展 2019 中国北京世界园艺博览会	453
森林生态产业资源大普查	454
林下经济	454
林业特色产业	454
菌材林供保	454
大事记	454

云南省林草业 — 456
概 述	456
云南发布"世界野生动植物日"倡议书	457
省林草局机构改革主要任务基本完成	457
全省林业和草原工作会议	457
云南启动"美丽公路"建设	458
云南核桃科研成果获省科技进步特等奖	458
第六届中国昆明国际观赏苗木展览会	458
2019 南亚东南亚国家商品展首次设立森林生态产品馆	458
澜湄流域湿地保护与管理合作高级研讨班在昆明开班	458
高黎贡山发现极度濒危的比氏鼯鼠属新物种	458
云南出台促进林草产业高质量发展的实施意见	458
北京世园会举办"云南日"活动	458
北京世园会云南勇夺双金	458
参加 2019 中国森林旅游节	458
2019 云南森林生态产品助力脱贫上海推介会	458
2019 云南森林生态产品北京推介会	458
2019 云南核桃全产业链关键技术创新与应用研讨会	458
大事记	459

西藏自治区林草业 — 460
概 述	460
国土绿化	460
资源管护	460
灾害防控	461
生态扶贫	461
林草基础	461
党建工作	462
大事记	462

陕西省林业 — 463
概 述	463
国土绿化	463
资源保护	463
保护地建设	463
生态脱贫	463
生态文化	463
机构改革	463
集体林权制度改革	464
保障体系	464
党建工作	464
生态空间治理	464
秦岭生态空间治理十大行动	464
陕西林业十大成就	464
大事记	464

甘肃省林草业 — 465
概 述	465
草原生态建设	466
林地林权管理	466
"绿卫 2019"专项行动	466
林草法治建设	467
林草"放管服"改革	467
退耕还林	467
退耕还草和退牧还草	467
天然林保护	467
三北工程	467
防沙治沙	467
自然保护地体系建设	468
国家公园体制试点	468
国有林场改革与林木种苗培育	468
完善集体林权制度	468
生态扶贫	468
秦安县帮扶工作	468
林果产业发展	468

林下经济发展	468
草产业发展	469
沙产业培育	469
林草科技和宣传工作	469
安全生产和森林草原火灾预防	469
野生动植物保护	469
湿地保护与生态修复	469
林业有害生物防治	469
林草干部队伍建设	470
参加2019北京世界园艺博览会	470
表彰奖励	470
大事记	470

青海省林草业 471
概述	471
国土绿化	471
国家公园建设	471
重点生态工程	472
资源保护与管理	472
林草改革	472
林草产业	472
林草保障能力	473
生态扶贫	473
林草宣传	473
大事记	473

宁夏回族自治区林草业 474
概述	474
林草改革	474
资金规划	474
生态修复	474
资源管护	475
自然保护	475
森林公安	475
森林草原管理	476
科技支撑	476
天保工程	476
湿地保护	476
产业发展	477
枸杞产业	477
退耕还林	477
林业宣传	477
机关党建	478
林业调查规划	478
林业技术推广	478
林业有害生物	479
国有林场和林木种苗管理	479
国家级自然保护区	479
全区林业和草原工作会议	480
大事记	481

新疆维吾尔自治区林草业 482
概述	482
生态建设	482
生态保护	482
资源管理	482
产业发展	483
林草改革	483
林草科技	483
林草扶贫	484
林草援疆	484
林草宣传	484
"访惠聚"驻村	484
民族团结	484
自身建设	485
大事记	485

新疆生产建设兵团林草业 486
概述	486
野生动植物保护	486
森林资源管理	486
植树造林	486
退耕还林工程建设20周年回望	486
苗木生产情况	486
参加第八届中国(新疆)苗木花卉博览会	486
林业有害生物防治	487
驼铃梦坡沙漠景区入选中国最美沙漠	487
授予全国绿化模范单位和全国绿化奖章	487
授予全国生态建设突出贡献先进集体和先进个人	487
草原生态修复治理	487
草原有害生物防治	487
草原承包管理	487
林业草原征占用审批	487
人工防护林改革	487
森林督察	487
森林草原防火	487

林业(和草原)人事劳动

国家林业和草原局(国家公园管理局)领导成员 490

新任总经济师 490

新任森林草原防火督查专员 490

国家林业和草原局机关各司(局)负责人 490

国家林业和草原局派出机构负责人 492

国家林业和草原局直属单位负责人 493

各省（区、市）林业（和草原）主管部门负责人 ………………………………………………… **495**

干部人事工作 …………………………………… **499**
综　述 ……………………………………………… 499

人才劳资 ………………………………………… **501**
第六批"百千万人才工程"省部级人选 …………… 501
2019年国家百千万人才工程人选 ………………… 501
印发《国家林业和草原局所属国有企业工资总额管理办法》………………………………………… 501
全国林业系统先进工作者——于海俊 …………… 501
保护森林和野生动植物资源先进集体、先进个人和优秀组织奖 …………………………………… 501
全国生态建设突出贡献先进集体、先进个人 …… 508

国家林业和草原局直属单位

国家林业和草原局机关服务局 ………………… **520**
综　述 ……………………………………………… 520
完成新中国成立70周年机关事务工作 …………… 521
完成重大政务活动服务保障 ……………………… 521
后勤服务讲习堂 …………………………………… 521
节能减排系统建设 ………………………………… 521

国家林业和草原局经济发展研究中心 ………… **521**
综　述 ……………………………………………… 521
重大理论与政策问题研究 ………………………… 522
成果运用与品牌建设 ……………………………… 523
党建与机关建设 …………………………………… 524

国家林业和草原局人才开发交流中心 ………… **524**
综　述 ……………………………………………… 524
林业工程专业技术资格评审条件修订 …………… 525
工程系列高级职称评审委员会备案 ……………… 525
职称评定 …………………………………………… 525
公开招聘毕业生 …………………………………… 525
局属单位毕业生接收 ……………………………… 525
干部档案管理 ……………………………………… 525
因公出国（境）备案 ………………………………… 525
人事代理 …………………………………………… 525
第四期市县林草局长培训示范班 ………………… 525
2019年国家公派出国留学选派 …………………… 525
百千万人才工程省部级人选"弘扬爱国奋斗精神、服务林草事业发展"主题活动 ……………… 525
首期世界遗产和自然保护地国际人才研培班 …… 526
组织颁布国家职业技能标准 ……………………… 526
职业技能鉴定 ……………………………………… 526
"扎根基层工作、献身林草事业"优秀毕业生遴选 … 526
第二批全国林业和草原教学名师遴选 …………… 526
第二届全国林业和草原创新创业大赛 …………… 526

2020届全国林科十佳毕业生评选 ………………… 526
双创成果展示及双创团队下基层 ………………… 526
林业草原行业全国工程勘察设计大师推荐评审 … 526
国家林业和草原局审计稽查专家库建设 ………… 527
国家林业和草原局所属单位人事人才统计 ……… 527

中国林业科学研究院 ……………………………… **527**
综　述 ……………………………………………… 527
中国林科院党建工作考核和民主生活会 ………… 528
中国林科院2019年工作会议 ……………………… 528
领导班子调整 ……………………………………… 528
中国林科院神农架国家公园研究院 ……………… 528
中国林科院代表团赴比利时、德国交流 ………… 529
与新西兰林业研究院签署林业科技合作谅解备忘录 ………………………………………………… 529
对外开放和科普惠民活动 ………………………… 529
中国林科院林业新技术所办公新址揭牌仪式 …… 529
中国林科院代表团赴印度尼西亚交流 …………… 529
中国林科院宣化实验基地揭牌 …………………… 529
中国林科院与武汉市园林和林业局合作框架协议 … 529
第九届学位评定委员会第一次会议 ……………… 530
2019届研究生毕业典礼暨学位授予仪式 ………… 530
国家林草局重组材工程技术研究中心揭牌仪式 … 530
中国林科院2019年国际合作工作会议 …………… 530
大学生夏令营 ……………………………………… 530
与意大利农业和经济研究委员会签署合作协议 … 530
中国林科院与兰州大学全面框架合作协议 ……… 530
与加拿大不列颠哥伦比亚大学林学院签署合作谅解备忘录 ………………………………………… 530
《中国大百科全书》第三版林业卷第四次编委会工作会议 ………………………………………… 531
2019级研究生开学典礼 …………………………… 531
国家林草局滨海林业研究中心实验基地揭牌仪式 … 531
浙江援卢竹业研发科技合作示范基地揭牌 ……… 531
2019年"一带一路"林业产业可持续发展部级研讨班 ………………………………………………… 531
中国林科院代表团出席国际林联第25届世界大会 ………………………………………………… 531
与辽宁省农科院签订战略合作框架协议 ………… 531
中国林科院实验中心改革发展战略研讨会暨成立40周年纪念会 …………………………………… 532
刘东生到中国林科院资源昆虫研究所调研 ……… 532
彭有冬到普洱森林生态站调研 …………………… 532
2019年研究生指导教师培训班 …………………… 532
中国林科院与中国园林博物馆联合共建研究生教学实践基地挂牌 ………………………………… 532
中国林科院第四期青年管理人才培训班 ………… 532
湿地科学发展报告会 ……………………………… 532
长江经济带生态保护科技协同创新中心和"一带一路"生态互联互惠科技协同创新中心工作推进会 … 532
全国政协副主席李斌到中国林科院调研林草科技创新工作 ………………………………………… 532

中国林科院与成都市人民政府合作框架协议 …… 533
签署5项所(中心)合作协议 …… 533
混合材高得率清洁制浆关键技术及产业化获国家科技进步二等奖 …… 533
获梁希林业科学技术奖14项 …… 533
荣获8项科普奖励 …… 533

国家林业和草原局调查规划设计院 533

综　述 …… 533
春季沙尘天气趋势预测会商 …… 535
《国有林场中长期发展规划(2020~2035年)》编制研讨会 …… 535
《祁连山国家公园总体规划》专家评审会 …… 535
《国家公园空间布局方案》专家论证会 …… 535
全国巾帼建功先进集体 …… 535
全国林业碳汇计量监测体系建设启动会 …… 535
《2020年全球森林资源评估中国国家报告》专家评审会 …… 535
《南山国家公园智慧管理平台总体设计方案》评审会 …… 535
国家林业和草原局国家公园监测评估研究中心 …… 535
《合肥市林长制实施规划(2018~2020年)》评审会 …… 535
《大熊猫国家公园总体规划》通过专家论证 …… 535
2019年全国森林资源标准化技术委员会年会 …… 536
2019年全球可持续旅游发展大会 …… 536
国家林业和草原局"百千万人才工程"省部级人选 …… 536
草原标准体系和2020年标准计划讨论会 …… 536
与伊金霍洛旗人民政府签署战略合作框架协议 …… 536
第一届国家公园论坛 …… 536
国家林业和草原局草原资源监测中心 …… 536
荣获"保护森林和野生动植物资源先进集体"称号 …… 536
"庆祝中华人民共和国成立70周年"纪念章 …… 536
草原碳汇计量试点 …… 536
"一带一路"自然资源监测边会 …… 536
"全国生态建设突出贡献奖" …… 536
东北监测区森林资源管理"一张图"更新与应用技术交流会 …… 536
"问道自然"杯技能大赛 …… 536
中国林学会森林经理分会2019年学术研讨会 …… 536
与华为公司签署战略合作协议 …… 536
全国村庄绿化状况调查技术培训班 …… 536
无人机遥感助力自然保护地建设利用和保护管理 …… 536
"沙尘暴灾害应急体系建设项目" …… 537
"林业自然保护区监督管理平台——国家林业局平台建设项目" …… 537
中美国家温室气体清单中遥感与森林资源调查技术融合研讨会 …… 537
中国湿地保护协会专家委员会工作例会暨巢湖保护恢复研讨会 …… 537
2019年草原监测督导调研 …… 537
中国林业工程建设协会工程标准化专业委员会年度工作会议暨团体标准编制研讨会 …… 537
中国林业工程建设协会工程标准化专业委员会标准专家审查会 …… 537
全国森林资源管理会议 …… 537
《三北工程总体规划修编技术方案》专家论证会 …… 537
国家公园和自然保护地、草原标准化技术委员会成立大会 …… 537
国家林业和草原局草原标准化技术委员会第一届委员会工作会议 …… 538
国家公园和自然保护地标准化技术委员会第一届委员会工作会议 …… 538
荣获2019年度行业优秀勘察设计奖 …… 538
在自然资源部主题征文活动中获殊荣 …… 538
全国森林资源管理"一张图"年度更新汇总工作会议 …… 538
海南三亚城市生态系统定位观测研究站获批复 …… 538

国家林业和草原局林产工业规划设计院 538

综　述 …… 538
党建工作 …… 538
党风廉政建设 …… 538
经营状况平稳向好 …… 539
质量管理 …… 539
信息化提升 …… 539
人才队伍梯队化建设 …… 539
2019年工作会议 …… 539
与苏州昆仑绿建木结构科技股份有限公司合作 …… 539
正式承接天津市和山东省森林资源调查监测业务 …… 539
中国工程咨询协会林业专委会成立大会 …… 539
质量工作会议 …… 540
青年员工参加"亚洲文化嘉年华"活动 …… 540
赴欧洲进行人造板生产工业4.0调研交流 …… 540
全体干部大会 …… 540
设计院《院志》(1958~2018)首发式 …… 540
《中国人造板产业报告2019》正式发布 …… 540
纤维板异地搬迁技改项目首板下线 …… 540
获颁"庆祝中华人民共和国成立70周年"纪念章 …… 540
设计的世园会陕西园、山西园获金奖 …… 540
监测区2019年森林督查暨森林资源管理"一张图"年度更新工作国家级检查验收地复核 …… 540
《宜宾市竹生态旅游专项规划》荣获"2019全国人居规划景观杰出奖" …… 540
中国林产工业30周年突出贡献奖和创新奖 …… 540
与中国林业出版社签订战略合作协议 …… 540
与北京林业大学签订战略合作协议 …… 541
"2018年度全国优秀工程咨询成果奖" …… 541
2019年度行业优秀勘察设计奖 …… 541
大事记 …… 541

国家林业和草原局管理干部学院 542

综　述 …… 542

干部教育培训工作 …………………………… 542
党校教育 ……………………………………… 542
研究咨询 ……………………………………… 542
事业空间拓宽 ………………………………… 543
精准扶贫 ……………………………………… 543
合作办学 ……………………………………… 543
党建工作 ……………………………………… 543
2019年学院工作会议暨全面从严治党工作会议 … 544
国家林业和草原局2019年公务员在职培训班 …… 544
国家林业和草原局第二十三期处级领导干部任职培训班 …………………………………………… 544
与河北省秦皇岛市共建系列现场教学基地 …… 544
学院举行团委、青联成立大会暨青年论坛 …… 544
学院召开第六届工会会员代表大会 …………… 544
首期国家林业和草原局年轻干部培训班 ……… 544
2019年"一带一路"国家林业项目开发官员研修班
  ……………………………………………… 544
年中工作会议暨教育培训改革创新研讨会 …… 544
2019年县(市)林业和草原局长培训班 ……… 544
特种经济林产业发展政策与技术培训班 ……… 545
与亚太森林恢复与可持续管理组织、内蒙古喀喇沁旗共建森林多功能现场教学基地 …………… 545
国家林业和草原局第十期新录用人员初任培训班 … 545
自然资源部2019年处级干部能力提升培训班 … 545
国际热带木材组织成员国木材生产贸易消费部级研讨班
  ……………………………………………… 545
与福建省三明市共建三明培训基地 …………… 545
国家林业和草原局司局长理论研修班 ………… 545

国际竹藤中心 …………………………………… 546
综　述 ………………………………………… 546
江泽慧陪同洪森出席2019北京世园会柬埔寨展园开园仪式 ………………………………… 547
国际竹藤组织园展馆亮相2019北京世园会 …… 548
竹藤花卉航天育种合作研究工作启动 ………… 548
"植物细胞壁力学表征技术体系构建及应用"荣获国家科技进步二等奖 ……………………… 548
"建筑与交通用竹纤维复合材料轻量化增值制造关键技术"荣获第十届梁希林业科技进步奖一等奖 … 548
科学研究 ……………………………………… 549
国际合作交流 ………………………………… 549
"竹产业发展指导意见"研讨会 ……………… 550
国际培训 ……………………………………… 550
技术扶贫 ……………………………………… 552
竹藤标准化 …………………………………… 553
创新平台建设 ………………………………… 553
重要会议和活动 ……………………………… 553
大事记 ………………………………………… 553

国家林业和草原局森林和草原病虫害防治总站
  …………………………………………… 554
综　述 ………………………………………… 554
林业有害生物发生 …………………………… 555
林业有害生物防治 …………………………… 556
草原有害生物防治 …………………………… 556
疫源疫病监测 ………………………………… 556
大事记 ………………………………………… 557

国家林业和草原局华东调查规划设计院 …… 557
综　述 ………………………………………… 557
资源监测 ……………………………………… 557
服务地方林业建设 …………………………… 558
技术创新工作 ………………………………… 558
思想政治建设 ………………………………… 558
定点扶贫 ……………………………………… 558
制度管理 ……………………………………… 558
人才队伍建设 ………………………………… 559
对外合作 ……………………………………… 559
获奖成果 ……………………………………… 559
大事记 ………………………………………… 559

国家林业和草原局中南调查规划设计院 …… 559
综　述 ………………………………………… 559
资源监测 ……………………………………… 559
服务地方林业建设 …………………………… 560
科技创新技术进步 …………………………… 560
政治思想和党风廉政建设 …………………… 560
精神文明建设 ………………………………… 560
深化改革和人才队伍建设 …………………… 560
内部管理和基础建设 ………………………… 560
大事记 ………………………………………… 560

国家林业和草原局西北调查规划设计院 …… 561
综　述 ………………………………………… 561
资源监测 ……………………………………… 561
服务地方林草建设 …………………………… 561
党风廉政建设 ………………………………… 562
扶贫工作 ……………………………………… 562
人才培养和队伍建设 ………………………… 562
科技创新 ……………………………………… 562
大事记 ………………………………………… 562

国家林业和草原局昆明勘察设计院 ………… 563
综　述 ………………………………………… 563
森林资源管理 ………………………………… 563
森林资源监测(调查、验收、核查、检查) …… 563
国家公园规划与研究 ………………………… 563
湿地生态系统监测等工作 …………………… 563
树种生物量建模数据采集 …………………… 563
林业碳汇计量与监测 ………………………… 563
林业工程标准编制 …………………………… 563
《林业建设》期刊编辑出版发行 ……………… 564

服务林业生态建设	564
服务社会	564
职工队伍建设	564
质量技术管理	564
学术交流及科研	564
思想政治工作	564
精神文明建设	564
大事记	564

中国大熊猫保护研究中心 … 565

综述	565
大熊猫"园园"启程前往奥地利	566
大熊猫"如意""丁丁"启程前往俄罗斯	566
旅美大熊猫"白云""小礼物"回国	566
芬兰政府及芬兰水务协会代表团到访	566
野外引种项目首例产下并成功存活的大熊猫双胞胎获吉尼斯世界纪录认证	566
"三九大"文化旅游联盟品牌战略合作发布会	566
近40年研究成果在国际期刊《Science》(《科学》杂志)上发表	566
旅居比利时大熊猫"好好"诞下2019年海外首对大熊猫龙凤胎幼仔	566
积极应对滑坡泥石流灾害	566
野外引种大熊猫"草草"在8·20泥石流灾害中产下双胞胎	566
2017~2018年度中央和国家机关"青年文明号"称号	566
大熊猫野化培训方法成功申请国家发明专利	566
大熊猫转运笼获实用新型专利	566
第三届中国大熊猫关爱文化国际交流会	567
李德生、张明春入选2019年百千万人才工程国家级、省部级人选	567
首届饲养管理岗位技能比武大赛	567
参加第六届海峡两岸暨香港、澳门大熊猫保育教育研讨会	567
卢森堡副首相到访	567
第一届大熊猫公众教育培训班	567
大熊猫野化放归关键技术研究项目获第十届梁希林业科学技术奖一等奖	567
旅美大熊猫"贝贝"回国	567
大熊猫野外引种项目取得新成绩	567

四川卧龙国家级自然保护区管理局 … 567

综述	567
生态建设	567
科学研究	568
社区经济	568
生态旅游	568
社会保障	568
社会治理	568
宣传交流	568

脱贫攻坚	568
抗洪救灾	568
第一届大熊猫动漫设计与制作创新大赛	569
发布全球首张白色大熊猫照片	569
雪豹野外监测	569
第三届四川卧龙国家级自然保护区青年实习计划结业典礼	569
长江经济带国家级自然保护区管理状况评估	569
大事记	569

国家林业和草原局驻各地森林资源监督专员办事处工作

内蒙古专员办(濒管办)工作 … 572

综述	572
森林督查整改"回头看"	572
重点国有林区森林督查	572
地方森林督查	572
重点抽查	572
案件抽查	572
高层推动整改	572
督查督办案件	572
重点区域专项整治	572
林木采伐监管	573
造林质量监管	573
林地监管	573
野生动植物保护监管	573
濒危物种进出口管理和履约工作	573
草原和荒漠资源监管	573
自然保护区监管	573
湿地监管	573
大事记	573

长春专员办(濒管办)工作 … 574

综述	574
完善协调联络工作机制	574
健全自然资源资产管理体制	574
生态系统保护	575
项目和资金监管	575
履行林草资源监督职责	575
濒危物种进出口管理	575
交流合作与宣传培训	575
大事记	575

黑龙江专员办(濒管办)工作 … 577

综述	577
督查督办毁林案件	577
森林督查和目标责任制检查	578
征占用林地行政许可检查	578
森林抚育两项1%核查	578
自然保护地监督检查	578

检查整改结果"回头看" 578
行政许可证书办理 578
濒危物种履约管理 578
森林资源监督报告 578
党风廉政建设和作风建设 578
大事记 578

大兴安岭专员办工作 579
综　述 579
林业案件督办 579
林地利用监管 579
森林资源督查 579
专项监管督查 579
森林防火督查 579
林地许可和自然保护地检查 579
林木采伐审批 579
野生动物保护监督 579
伐区设计作业查验 580
资源监督报告和通报 580
森林资源网格管理 580
调查研究 580
党的建设工作 580
大事记 580

成都专员办（濒管办）工作 581
综　述 581
森林资源监督 581
濒危物种进出口管理和履约执法 581
大熊猫国家公园体制试点 582
全面从严治党 582
大事记 582

云南专员办（濒管办）工作 583
综　述 583
督查督办涉林案件 583
森林资源监督机制 583
森林资源监督报告 583
森林督查整改工作"回头看" 583
森林督查及检查 584
专项行动 584
行政许可证书办理 584
濒危物种国际履约监管 584
履约宣传和培训 584
部门间履约执法协调 584
基层党建及其他 584
大事记 585

福州专员办（濒管办）工作 586
综　述 586
督查督办涉林违法案件 586
保护发展森林资源目标责任制检查 586

建设项目使用林地行政许可监督检查 586
重点督办2018年森林督查问题整改 586
濒危物种进出口行政许可 586
协调履约执法 587
宣传培训工作 587
人才队伍建设 587
调查研究掌握闽赣两省林业实情 587
制度建设 587
大事记 587

西安专员办（濒管办）工作 588
综　述 588
祁连山国家公园试点 588
森林资源监督 589
CITES履约工作 589
干部队伍建设 589
脱贫攻坚 589
大事记 590

武汉专员办（濒管办）工作 590
综　述 590
机构人事 590
案件督查督办 591
森林资源监督网格化管理 591
专项检查 591
专题调研 591
森林督查 591
编制森林资源监督报告 591
野生动植物保护监督管理工作 591
野生动物保护督查 591
进出口行政许可及监督服务工作 591
CITES履约执法 591
宣传教育及调研检查 592
从严治党 592
大事记 592

贵阳专员办（濒管办）工作 592
综　述 592
机构改革 592
2018年度监督报告 593
案件督查督办 593
专项检查督查 593
自然保护地监督检查 593
濒危物种进出口管理 593
野生动植物保护监督 593
森林、湿地及野生动植物保护宣传 593
监督方法创新 594
总结和交流成立15年以来的工作 594
大事记 594

广州专员办（濒管办）工作 595

综　述	595
森林督查	595
涉林违法案件督查督办	595
案件整改"回头看"	595
抓案件整改落实	595
工作调研	595
濒危物种进出口行政许可证书核发	596
履约监管执法	596
履约宣传培训	596
野生动植物保护管理监督检查	596
机关党建工作	596
大事记	596

合肥专员办（濒管办）工作　597
综　述	597
森林资源监督管理	597
濒危物种进出口管理	597
机关党建	598
大事记	598

乌鲁木齐专员办（濒管办）工作　599
综　述	599
全面从严治党	599
参与维护新疆社会稳定和长治久安工作	599
督查督办林草案件	599
约谈和打击弄虚作假	599
林草资源监督机制	600
森林督查及检查	600
违建清理专项行动	600
野生动植物保护	600
举办新疆森林草原资源监督培训班	600
大事记	600

上海专员办（濒管办）工作　601
综　述	601
机关党的建设	601
森林资源监督管理	601
濒危物种进出口管理	601
大事记	602

北京专员办（濒管办）工作　603
综　述	603
加强机关党建	603
强化监督作用	603
森林资源监督	603
濒危物种进出口管理	603
野生动物保护专项督导检查	603
荒漠资源督查	604
大事记	604

林草社会团体

中国林学会　608
综　述	608
中国林学会第十二次全国会员代表大会	610
第七届中国林业学术大会	610
第十四届中国林业青年学术年会	611
中国自然教育大会第六届全国自然教育论坛	611
第三届国际银杏峰会	611
第七届中国（郯城）银杏节	611
2019'现代林草业发展高层论坛	611

中国野生动物保护协会　612
综　述	612
"世界野生动植物日"系列公益宣传活动	613
全国"爱鸟周"系列宣传活动	613
栗战书出席大熊猫"园园"与公众见面仪式	613
北京大兴国际机场停车楼公益插画	613
中国野生动物保护协会志愿者护飞行动	613
中国野生动物保护成果展	614
中国野生动物保护协会第五届理事会第四次会议	614

中国花卉协会　614
综　述	614
发布《2019全国花卉产销形势分析报告》	614
首次编写《2018年我国花卉进出口数据分析报告》	614
编印《中国花卉产业发展报告》	614
助力脱贫攻坚	614
推进花卉标准化工作	614
国花评选民意征求工作	614
树立典型示范	614
国家重点花文化基地建设	614
指导中国特色花卉小镇建设	615
遴选首批国家重点花卉市场	615
国家花卉种质资源库建设	615
现代园艺聚集区建设	615
2019北京世园会期间获奖	615
2019世界花艺大赛	615
首次创办世界花卉大会	615
第33届全国荷花展览	615
第十届中国花卉博览会	615
第21届中国国际花卉园艺展览会	615
2019中国（萧山）花木节	615
2019年世界月季洲际大会暨第九届中国月季展	615
第十九届中国·中原花木交易博览会	615
2019世界牡丹大会	615
2019广州国际盆栽植物及花园花店用品展览会	615
2021扬州世界园艺博览会	616

组织开展2024年世界园艺博览会（B类）申办工作 …… 616
分支机构展会活动 …… 616
信息化建设 …… 616
国际交流 …… 616
自身建设 …… 616
协会工作会议 …… 616
分支机构管理 …… 616

中国绿化基金会 …… 616
综　述 …… 616
出席《联合国防治荒漠化公约》执行情况评审委员会第十七次会议 …… 616
出席第四届联合国环境大会 …… 617
"肯德基草原保护与生态修复"项目启动 …… 617
"百万森林计划"十周年公益庆典 …… 617
全民义务植树系列宣传山西站活动 …… 617
"蚂蚁森林"项目开展专家评审工作 …… 617
中国绿化基金会累计组织植树15亿株，公众参与达5亿人次 …… 617
"一带一路"生态修复罗云熙基金专项成立 …… 617
中国绿化基金会2019年"蚂蚁森林"项目管理培训班 …… 617
"中国好森林行动——红松林保育计划"项目启动 …… 617
"蚂蚁森林"项目获联合国环保荣誉 …… 617
"中国生态公益网"平台启动 …… 618
荣膺民政部全国性社会组织评估4A等级 …… 618
"湿地守护计划"公益平台启动 …… 618
荣获水滴筹·水滴公益"向善公益伙伴奖" …… 618
亚洲象及其栖息地保护项目启动 …… 618
生态扶贫公益项目 …… 618
专项基金活动 …… 618
系列宣传推广活动 …… 618

中国林业产业联合会 …… 619
综　述 …… 619
国家森林生态标志产品团体标准编制工作启动 …… 621
第二十一届中国国际地面材料及铺装技术展览会 …… 621
中国国际定制家居暨门业展 …… 621
第五届世界地板大会暨第22届中国地板行业高峰论坛 …… 621
林业企业科技发展交流会 …… 621
国家森林生态标志产品森林生态食品发展研讨会 …… 621
红木家具产业国家创新联盟 …… 622
冻干果品产业国家创新联盟 …… 622
2018年度中国林业企业社会责任报告发布会 …… 622
首届中国森林旅游国际峰会 …… 622
2019汉麻产业国际会议 …… 622
中国林产品交易中心战略合作协议 …… 622
全国油茶产业创新发展大会 …… 622
第12届中国义乌国际森林产品博览会 …… 623
第十四届中国木雕竹编工艺美术博览会 …… 623
第十五届海峡两岸林业博览会暨投资贸易洽谈会 …… 623
第四届全国林业产业大会 …… 623
中国–新西兰林业经贸合作座谈会 …… 623
第二届中国天麻展销会暨天麻产业分会年度颁奖仪式 …… 623
第十届中国红木家具品牌峰会 …… 623

中国林业工程建设协会 …… 624
综　述 …… 624
党建工作 …… 624
资质管理 …… 624
加大创优力度，宣传行业优秀成果 …… 624
管理人员和技术人员培训 …… 624
发挥专业委员会的作用 …… 624
四届四次理事会 …… 624
推荐林业行业单位和个人参加全国勘察设计行业迎接新中国成立70周年先进单位和优秀人物评选 …… 624

中国绿色碳汇基金会 …… 625
综　述 …… 625
营建"蚂蚁森林" …… 626
参加2019联合国气候大会 …… 626
获4A级全国性社会组织 …… 626
多个公益项目获奖 …… 626
气候变化专题片《碳索之路》发布 …… 626

中国水土保持学会 …… 627
综　述 …… 627
党建工作 …… 627
学会建设 …… 627
学术交流 …… 627
学术期刊 …… 627
科普工作 …… 627
服务创新型国家和社会建设 …… 627
评优表彰与举荐人才 …… 628

中国林业教育学会 …… 628
综　述 …… 628
组织工作 …… 628
课题研究 …… 628
创新创业教育实践 …… 628
第三届全国林业院校校长论坛 …… 628
学术大师绿色讲堂计划 …… 628
科普教育示范行动 …… 629
出版刊物 …… 629
分会特色工作 …… 629

全国林科十佳毕业生评选 ……………………… 629

中国林场协会 630
综　述 …………………………………………… 630

中国生态文化协会 630
综　述 …………………………………………… 630
理论研究 ………………………………………… 631
品牌创建 ………………………………………… 631
自身建设 ………………………………………… 632
其他工作 ………………………………………… 632

林草大事记与重要会议

2019 年中国林草大事记 636

2019 年林草重要会议 642
2019 年全国林业和草原工作会议 ……………… 642
2019 年全国草原工作会议 ……………………… 644
2020 年全国林业和草原工作会议 ……………… 645

附　录

国家林业和草原局各司（局）和直属单位等全称
简称对照 ………………………………………… 648

书中部分单位、词汇全称简称对照 ………… 649

书中部分国际组织中英文对照 ………………… 649

附表索引

索　引

CONTENTS

Specials ········ 1
Important Expositions of Forestry and Grassland ········ 2
Important Laws and Documents ········ 28
Announcement of the National Forestry and Grassland Administration ········ 57

Overview of China's Forestry and Grassland Sector ········ 103
China's Forestry and Grassland Sector in 2019 ········ 104

Key Forestry and Grassland Programs ········ 107
The Natural Forest Resources Conservation Program ········ 108
The Program for Conversion of Slope Farmland to Forests ········ 110
The Program on Sandification Control for Areas in the Vicinity of Beijing and Tianjin ········ 112
The Three Key North Shelterbelt Development Program ········ 112
Shelterbelt Development Program in the Yangtze River Basin and Other River Basins ········ 115
National Reserve Forest Base Construction Program ········ 115
Returning Grazing to Grassland Program ········ 117
Forestry Schistosomiasis Control Program ········ 117

Forest and Grassland Cultivation ········ 119
Forest and Grassland Seed and Seedling Production ········ 120
Forest Tending Work ········ 123
Forest Management ········ 125
Forestry Biomass Energy ········ 126

Forest Resource Management and Supervision ········ 129
Forest Resource Protection Management ········ 130
Forestland Management ········ 132
Forest Harvest Management ········ 135
Forest Resource Monitoring ········ 136
Forest Administrative Enforcement ········ 136
Forest Resource Supervision ········ 137

Forest Resource Conservation ········ 139
Forest Pest Prevention and Treatment ········ 140
Wildlife Conservation ········ 141

Grassland Resource Management ········ 147
Grassland Monitoring ········ 148
Grassland Resource Protection ········ 148
Grassland Law Enforcement Supervision ········ 149
Grassland Restoration ········ 149

Construction of Legal System in Grassland ········· 150
Review and Approval of Grassland Acquisition and Occupation ········· 150

Wetland Conservation and Management ········· 151
Wetland Conservation ········· 152

Desertification Prevention and Control ········· 155
Sandification Prevention and Control ········· 156

Nature Reserve Management ········· 161
Construction and Development ········· 162
Legislative Supervision ········· 163
Biodiversity Protection and Monitoring ········· 164
Cooperation and Exchange ········· 164
Publicity and Education ········· 165
National Park Management ········· 166
Pilot Establishment of National Park System ········· 167
Management of Nature Reserves ········· 169
Management of Nature Parks ········· 169
World Natural Heritage / World Cultural and Natural Heritage ········· 170
Global Geoparks ········· 171

Forestry Ecological Development ········· 173
Land Greening ········· 174
Protection of Ancient and Famous Trees ········· 175
Construction and Management of Forest Parks ········· 175
Forest City Construction ········· 176
Response of Forestry and Grassland to Climatic Change ········· 177

Forestry and Grassland Reform ········· 181
Reform of Key State-owned Forest Regions ········· 182
Reform of State-owned Forest Farms ········· 183
Collective Forest Tenure Reform ········· 185
Reform of Grassland ········· 185

Forestry and Grassland Industry ········· 187
Development of Forestry Industry ········· 188
Forest Tourism ········· 189
Grassland Tourism ········· 191

Forest Public Security and Forest Fire Prevention ········· 193
Forest Public Security Work ········· 194
Forest Fire Prevention Work ········· 194

Improvement of Forestry and Grassland Laws and Systems ········· 195
Forestry and Grassland Legislation ········· 196
Forestry and Grassland Policies and Laws ········· 196

Forestry and Grassland Law Enforcement ······ 197
Forestry and Grassland Law Popularization and Publicity ······ 197

Forestry and Grassland Science and Technology ······ 199

Forestry and Grassland Sci-tech Development ······ 200
Forestry and Grassland Sci-tech Innovation ······ 201
Forestry and Grassland Sci-tech Extension ······ 209
Popularization of Forestry and Grassland Scientific Knowledge ······ 211
Standardization of Forestry and Grassland ······ 211
Forestry and Grassland Intellectual Property Protection ······ 220
Protection of New Varieties of Plants ······ 222
Forestry and Grassland Bio-safety Management ······ 223
Protection and Management of Forestry and Grassland Genetic Resources ······ 223
Forest Certification ······ 224
Introduction of Forestry and Grassland Intelligence ······ 225
International Exchanges and Cooperation and Contractual Compliance ······ 225

Forestry and Grassland Opening-up ······ 227

Important Foreign Affair Events ······ 228
International Exchanges and Cooperation of Economy and Trade ······ 231
Important International Conferences ······ 234
Non-governmental International Cooperation and Exchanges ······ 236
Loan Programs from International Financial Organizations ······ 239

Development of State-owned Forest Farms and Forestry Workstations ······ 241

Construction and Management of State-owned Forest Farms ······ 242
Forestry Workstations Construction ······ 242

Forestry and Grassland Planning and Finance ······ 249

National Statistical Analysis in Forestry and Grassland Sector ······ 250
Statistics on Official Approval of Forestry and Grassland Fixed Assets Investment Construction Programs ······ 251
Investment in Forestry and Grassland Basic Construction ······ 260
Regional Forestry and Grassland Development ······ 260
Forestry and Grassland Foreign Economic and Trade Cooperation ······ 261
Forestry and Grassland for Poverty Alleviation ······ 262
Statistics of Forestry and Grassland Production ······ 263
Statistics of Fixed Assets Investment ······ 274
Statistics of Labor Wages ······ 283

Forestry and Grassland Finance and Accounting ······ 285

Forestry and Grassland Finance and Accounting Work ······ 286

Forestry and Grassland Funds Auditing ······ 289

Building and Management of Forestry Funds Center ······ 290
Forestry and Grassland Funds Auditing Work ······ 290
Forestry and Grassland Discount Loan ······ 291

Forestry and Grassland Informatization ... 293
Forestry and Grassland Informatization Building ... 294
Website Building ... 295
Operating System ... 295
Safety Assurance ... 296
Science and Technology Cooperation ... 297
Office Automation ... 297
Big Data ... 297

Forestry and Grassland Education and Training ... 299
Forestry and Grassland Education and Training Work ... 300
Management of Forestry and Grassland Educational Materials ... 301
Statistic Information on Forestry and Grassland Education ... 301
Beijing Forestry University ... 318
Northeast Forestry University ... 320
Nanjing Forestry University ... 323
Central South University of Forestry and Technology ... 325
Southwest Forestry University ... 328

Forestry and Grassland Spiritual Civilization Improvement ... 331
Construction of the CPC of the National Forestry and Grassland Administration ... 332
Forestry and Grassland Publicity ... 333
Forestry and Grassland Publications ... 335
Forestry and Grassland Newspaper and Magazines ... 338

Forestry and Grassland Development in Provinces, Autonomous Regions and Municipalities ... 341
Beijing Municipality ... 342
Tianjin Municipality ... 347
Hebei Province ... 352
Shanxi Province ... 357
Inner Mongolia Autonomous Region ... 362
Inner Mongolia Daxing'Anling Key National Forest Management Bureau ... 365
Liaoning Province ... 367
Jilin Province ... 369
Jilin Forest Industry Group Corporation ... 372
Heilongjiang Province ... 373
Heilongjiang Forest Industry (Group) Corporation ... 376
Daxing'Anling Forestry Group Corporation ... 379
Yichun Forest Industry (Group) Corporation ... 383
Shanghai Municipality ... 384
Jiangsu Province ... 388
Zhejiang Province ... 391
Anhui Province ... 396
Fujian Province ... 399
Jiangxi Province ... 404
Shandong Province ... 411
Henan Province ... 416

Hubei Province	422
Hunan Province	425
Guangdong Province	429
Guangxi Zhuang Autonomous Region	434
Hainan Province	442
Chongqing Municipality	447
Sichuan Province	449
Guizhou Province	452
Yunnan Province	456
Tibet Autonomous Region	460
Shaanxi Province	463
Gansu Province	465
Qinghai Province	471
Ningxia Hui Autonomous Region	474
Xinjiang Uyghur Autonomous Region	482
Xinjiang Production and Construction Corps	486

Forestry and Grassland Human Resources — 489

Leadership Members of the National Forestry and Grassland Administration (National Park Administration)	490
New Chief Economist of the National Forestry and Grassland Administration	490
New Supervision Commissioner for Forest and Grassland Fire Prevention of the National Forestry and Grassland Administration	490
People in Charge of Departments (Bureaus) of the National Forestry and Grassland Administration	490
People in Charge of Dispatched Agencies of the National Forestry and Grassland Administration	492
People in Charge of Institutions Directly under the National Forestry and Grassland Administration	493
People in Charge of Forestry (and Grassland) Departments of Provinces, Autonomous Regions and Municipalities	495
Human Resource Work	499
Talent Labor	501

Institutions Directly under the National Forestry and Grassland Administration — 519

Bureau of Departments Service	520
Forestry Economics and Development Research Center	521
The Center for Talent Development and Exchange	524
Chinese Academy of Forestry	527
Academy of Forest Inventory and Planning	533
Planning and Design Institute of Forest Product Industry	538
State Academy of Forestry Administration	542
International Center for Bamboo and Rattan	546
General Station of Forest and Grassland Pests Management	554
Institute of Forest Inventory Planning and Design for East China	557
Institute of Forest Inventory Planning and Design for Central & South China	559
Institute of Forestry Inventory Planning and Design for Northwest China	561
China Forest Exploration & Design Institute in Kunming	563
China Conservation and Research Center for the Giant Panda	565
Sichuan Wolong National Nature Reserve Administration	567

Commissioner's Offices for Forest Resources Supervision of NFGA ... 571

Commissioner's Office (Inner Mongolia Autonomous Region) for Forest Resources Supervision of NFGA ... 572
Commissioner's Office (Changchun) for Forest Resources Supervision of NFGA ... 574
Commissioner's Office (Heilongjiang) for Forest Resources Supervision of NFGA ... 577
Commissioner's Office (Daxing'Anling) for Forest Resources Supervision of NFGA ... 579
Commissioner's Office (Chengdu) for Forest Resources Supervision of NFGA ... 581
Commissioner's Office (Yunnan) for Forest Resources Supervision of NFGA ... 583
Commissioner's Office (Fuzhou) for Forest Resources Supervision of NFGA ... 586
Commissioner's Office (Xi'an) for Forest Resources Supervision of NFGA ... 588
Commissioner's Office (Wuhan) for Forest Resources Supervision of NFGA ... 590
Commissioner's Office (Guiyang) for Forest Resources Supervision of NFGA ... 592
Commissioner's Office (Guangzhou) for Forest Resources Supervision of NFGA ... 595
Commissioner's Office (Hefei) for Forest Resources Supervision of NFGA ... 597
Commissioner's Office (Urumqi) for Forest Resources Supervision of NFGA ... 599
Commissioner's Office (Shanghai) for Forest Resources Supervision of NFGA ... 601
Commissioner's Office (Beijing) for Forest Resources Supervision of NFGA ... 603

Forestry and Grassland Social Organizations ... 607

China Forestry Association ... 608
China Wildlife Conservation Association ... 612
China Flower Association ... 614
China Green Foundation ... 616
China Forestry Industry Federation ... 619
China Forestry Engineering Association ... 624
China Green Carbon Foundation ... 625
Chinese Soil and Water Conservation Society ... 627
China Education Association of Forestry ... 628
China National Forest Farm Association ... 630
China Ecological Culture Association ... 630

Forestry and Grassland Memorabilia and Important Meetings ... 635

China Forestry and Grassland Memorabilia in 2019 ... 636
Important Meetings on Forestry and Grassland in 2019 ... 642

Appendixes ... 648

Full Names and Abbreviations Referred to the Departments (Bureaus) of the NFGA and to the Institutions Directly under the NFGA ... 648
Full Names and Abbreviations Referred to Some Institutions and Terms ... 649
Chinese and English Names Referred to Some International Organizations ... 649
Schedule Index ... 650
Index ... 651

特 辑

01

林业和草原专论

在2019森林城市建设座谈会上的讲话

李 斌

（2019年11月15日）

今年9月，习近平总书记在河南信阳、郑州等地考察调研时就加强生态保护作出一系列重要指示，强调"要坚持绿水青山就是金山银山的理念，坚持生态优先、绿色发展"。今天，我们在信阳市召开2019森林城市建设座谈会，就是要深入学习贯彻习近平生态文明思想，认真领会落实习近平总书记关于加强生态保护和森林城市建设的重要指示精神，总结部署关注森林活动和森林城市建设工作，为建设生态文明和美丽中国、全面建成小康社会贡献智慧和力量。首先，我代表关注森林活动组委会，向出席会议的各位嘉宾和代表致以亲切的问候！向荣获"国家森林城市"称号的城市表示热烈的祝贺！向长期以来关心关注森林活动的各有关方面和为本次会议筹办提供大力支持的河南省及信阳市表示衷心的感谢！

今年恰逢开展森林城市建设15周年。15年来，各级林业和草原部门和地方党委政府始终秉持"让森林走进城市、让城市拥抱森林"的理念，努力恢复和扩大林草植被，增加城市森林绿地面积，拓展城市绿色空间，着力改善城乡生态面貌和人居环境，逐步实现人们对天蓝、地绿、水清美丽家园的美好愿景。同时，深入开展生态宣传教育，普及森林和生态知识，传播生态文明理念，着力提升城乡居民的生态意识，推动形成植绿护绿爱绿的社会风尚，取得了令人瞩目的可喜成绩，得到了人民群众的广泛欢迎，也得到了党中央、国务院的充分肯定。15年的实践证明，森林城市建设顺应了人民群众对优美生态环境的新需求，契合了我国城镇化发展的新趋势，符合建设生态文明和美丽中国的新部署，为加快我国城乡生态建设、促进经济社会可持续发展作出了重要贡献。

刚才，张建龙同志作了森林城市建设开展15周年工作情况的报告，我完全赞成。6名同志的交流发言都很好，生动展示了各地大力推进森林城市建设的成功经验和好的做法，值得借鉴推广。下面，我就做好今后森林城市建设和关注森林活动有关工作，讲几点意见。

一、深入践行习近平生态文明思想，准确把握推进森林城市建设的正确方向

着力开展森林城市建设，是党中央、国务院在新时代赋予林草部门的重大任务。2016年1月26日，习近平总书记作出"要着力开展森林城市建设"的重要指示，为森林城市建设指明了方向。今年4月8日，习近平总书记参加首都义务植树活动时，再次强调要"持续推进森林城市、森林乡村建设，着力改善人居环境"，这既是对森林城市建设工作的充分肯定，也对我们深入开展森林城市建设提出了更高要求。

面对新任务新要求，我们必须坚持以习近平生态文明思想为指导，深入贯彻落实习近平总书记关于森林城市建设的系列重要指示精神，牢固树立和切实践行"绿水青山就是金山银山"的理念，准确把握森林城市建设的着力点，加快城乡绿化步伐，增加森林资源总量，扩大城市生态空间，丰富生态产品供给，弘扬优秀生态文化，高质量推进森林城市建设，为推动城乡绿色发展、促进人与自然和谐共生作出新的更大贡献。

（一）要坚持把以人民为中心作为森林城市建设的根本宗旨。习近平总书记指出，新型城镇化建设要以人的城镇化为核心，更加注重城乡基本公共服务均等化，更加注重环境宜居，更加注重提升人民群众获得感和幸福感。他多次强调，良好生态环境是最公平的公共产品，是最普惠的民生福祉。植树造林是实现天蓝、地绿、水净的重要途径，是最普惠的民生工程。我们持续推进森林城市建设，必须以最大限度地满足人民群众的生态需求为出发点和落脚点，想人民所想、急人民所急，倾听人民的呼声和意见，聚焦广大群众普遍关心的生产生活环境、身边增绿、生态服务、增收致富等实际问题，逐件逐条梳理研究解决，切实用森林城市建设看得见的变化和成效，回应人民群众的关切和期盼。

（二）要坚持把维护城乡生态安全作为森林城市建设的主攻方向。习近平总书记明确指出，森林关系国家生态安全，要着力开展森林城市建设，搞好城市内绿化，使城市适宜绿化的地方都绿起来；搞好城市周边绿化，充分利用不适宜耕作的土地开展绿化造林；搞好城市群绿化，扩大城市之间的生态空间。他还强调，要紧紧围绕提高城镇化发展质量，高度重视生态安全，扩大森林、湖泊、湿地等绿色生态空间比重。我们持续推进森林城市建设，必须紧紧围绕维护城乡生态安全，坚持问题导向，既要把增绿作为首要任务，让城市的森林多起来好起来，又要坚持城市绿化与乡村绿化同步推进，消除城乡人居环境差距，使城乡居民都能"看得见山，望得见水，记得住乡愁"。同时，加快推进森林城市群建设，强化城市之间的"生态联系"，构建区域生态安全屏障，更好维护国家生态安全。

(三)要坚持把系统治理作为森林城市建设的鲜明理念。习近平总书记强调，山水林田湖草是生命共同体，人的命脉在田，田的命脉在水，水的命脉在山，山的命脉在土，土的命脉在树和草。这一重要论述，科学阐述了自然生态系统的内在关系，凸显了林草在生态保护修复中的主体地位。我们持续推进森林城市建设，必须坚持系统工程的思路，统筹考虑自然生态各要素，既要将发展森林作为中心任务，摆在最为重要的位置，又要统筹兼顾湿地和草原保护修复、河流治理、防沙治沙和野生动植物保护等，特别是要建立起部门协调、各负其责的工作机制，真正将跨区域、跨部门系统修复、综合治理的要求落到实处。

(四)要坚持把走科学生态节俭之路作为森林城市建设的基本遵循。习近平总书记强调，要坚持科学绿化、规划引领、因地制宜，走科学、生态、节俭的绿化发展之路。他还指出，城镇建设要体现尊重自然、顺应自然、天人合一的理念，让城市融入大自然。有的城市在建设生态城市中，盲目地搞大树进城，甚至开山造地、填湖填海等，偏离了森林城市建设的初衷。我们持续推进森林城市建设，必须要严格遵循自然规律和经济规律，坚持因地制宜、经济节俭、科学绿化，坚决杜绝形式主义、铺张浪费、劳民伤财的不当做法，不搞高耗水绿化，不搞奇花异草，不追求一夜成景、一夜成林，确保森林城市建设科学健康发展。

(五)要坚持把全社会参与作为森林城市建设的动力之源。习近平总书记强调，绿化祖国，改善生态，人人有责。坚持全国动员、全民动手植树造林，努力把建设美丽中国化为人民的自觉行动。众人拾柴火焰高，众人植树树成林，要全国动员、全民动手、全社会共同参与。我们持续推进森林城市建设，必须凝聚起社会各方面的思想共识和建设力量，既要坚持党委政府主导，通过创新机制、政策扶持，引导和汇聚各方建设力量，又要坚持依靠群众，广泛开展生态宣传教育，不断增强城乡居民的生态文明意识，让建设森林城市成为广大群众的共同意愿和自觉行动。特别是关注森林活动，要深入贯彻落实好习近平总书记的重要指示精神和党中央、国务院的决策部署，坚持把森林城市建设作为重要工作内容，充分发挥公益活动组织的特殊优势，组织政协委员、专家学者积极建言献策，帮助解决森林城市建设的重大问题；组织媒体单位开展主题宣传，不断扩大森林城市的社会影响；组织搭建平台渠道，引导社会各界支持参与森林城市建设，进一步推动兴起森林城市建设的新高潮。

二、突出活动主题、服务工作大局，关注森林活动展现出新作为新局面

今年5月，我们召开了关注森林活动20周年总结表彰大会。会议站在历史新方位、时代新变化、实践新要求的战略高度，分析了形势，总结了经验，明确了任务。会前，中共中央政治局常委、全国政协主席汪洋同志亲切接见了与会代表，并发表重要讲话，对深入持久开展好关注森林活动提出明确要求。半年来，组委会各成员单位、各地各部门认真贯彻落实汪洋主席的重要指示和会议精神，扎实开展了一系列卓有成效的关注森林活动，新一届组委会的工作开局良好。

(一)贯彻落实大会精神取得实效。从强化组织领导入手，调整明确了关注森林活动组委会的10家成员单位，增设了媒体和企业等15家支持单位，组建了联络员队伍。下发了《关于贯彻落实关注森林活动20周年表彰大会精神的通知》，采取召开会议、检查督导等方式对大会做出的工作部署进行跟踪督促。各地各部门认真落实《关注森林活动工作规划(2019—2021年)》和《关注森林活动工作规则》，因地制宜制订具体方案，进一步明确了新时代关注森林活动的发展方向。省级关注森林活动组织机构建设逐步推进，各省区市都在启动换届工作或筹备建立关注森林活动组委会，组织保障基础得到进一步夯实。

(二)议政建言活动深入开展。紧紧围绕党和国家重大决策部署，开展了"建立生态补偿机制中存在的问题和建议""贯彻落实习近平生态文明思想，学习塞罕坝精神""加快国家生态文明试验区建设""川藏铁路建设中的生态环境保护问题"等考察调研和议政建言活动，形成一批针对性强的建言成果。参与了"长江经济带省区市政协'共抓生态环境保护、共推长江经济带发展'研讨会""沿黄九省(区)政协黄河生态带建设协商研讨第二次会议""2019年中国赤水河流域生态保护治理发展协作推进会"，积极支持地方政协组织围绕生态建设和林业草原发展等问题开展研讨，为推动生态建设献计献策。

(三)主题宣传活动多点突破。通过举办"绿色中国行"大型系列主题公益活动，唱响生态文明建设主旋律，打造了一支宣传习近平生态文明思想的"文艺轻骑兵"。组织"绿色生态工匠""光彩事业国土绿化贡献奖"典型选树宣传，营造仰仰英模、学习英模的浓厚氛围。围绕林草生态建设重点任务，组织开展了"关注森林走基层""退耕还林·生态富民""走进森林城市"等系列新闻采访活动，大力宣传林草生态建设成就。半年来，共有40多家新闻单位参与到活动中，主流媒体网站刊播发新闻近1000多条次，新浪微博相关话题阅读量达1000多万。

(四)生态文明教育创新推进。启动了"全国三亿青少年进森林研学教育活动"和"童眼观生态"活动，全国30多个省区市、港澳台地区和国外青少年参与到活动中。开展了"绿水青山看中国"生态文化采风活动，创作生态文学作品20余篇17万字、摄影作品千余幅。组织开设了《绿色中国十人谈："两山"路上看变迁》和"绿色中国自然大课堂"等系列生态教育电视访谈节目，传播生态知识、讲好生态故事。依托各类自然保护地，规划了一批自然教育绿色营地，全面推动生态文明教育载体建设。

(五)森林城市建设持续推进。启动了雄安新区全国森林城市示范区、长株潭国家级森林城市群示范、金义都市区国家森林城市群试点建设。发布了《国家森林城市评价指标》国家标准，制订了《国家森林城市建设管理办法》等规范性文件。对38个国家森林城市开展了监测评估工作，进一步巩固和提升森林城市建设成果。目前，全国已有194个城市建成国家森林城市，有19个省还开展了省级森林城市建设活动。

三、强化组织领导和责任担当，全面提升关注森林活动工作水平

明年是落实"十三五"规划最后一年，也是谋划"十四五"发展的重要一年。刚刚召开的中共十九届四中全会作出坚持和完善中国特色社会主义制度、推进国家治理体系和治理能力现代化若干重大问题的决定，我们必须把思想和行动统一到党的十九届四中全会精神上来，把智慧和力量集中到贯彻落实党中央的决策部署上来，主动作为，抓住新机遇、积聚新优势、拓展新途径，推动关注森林活动各项工作再上新台阶。

一是加快推进组织机构建设。昨天，来自全国各省区市政协人资环委的同志专门进行工作座谈，就进一步推动省级关注森林活动开展及组织机构建设进行了研究部署。刚才李伟同志作了介绍，会议开得很有成效。希望还没有建立关注森林活动组织机构的省份，抓紧建立健全关注森林活动省级组织机构。已建立起组织机构的省份，要切实担负起主体责任，将关注森林活动相关工作摆上重要位置，扎实开展形式多样、内容丰富的关注森林活动。明年，我们还要召开地方开展关注森林活动经验交流会，继续推动和强化这项工作。

二是科学制定"十四五"活动规划。要立足国家"十四五"决策部署，在三年规划的基础上，编制关注森林活动"十四五"规划。要深入开展调查研究，组织专家研讨，广泛听取各方面意见和建议，认真总结经验和分析形势，确定工作目标任务。要突出重点，谋划一批有影响的重大活动品牌，努力在服务党和国家中心任务、加快生态文明建设、推进美丽中国建设方面取得新突破。

三是提早谋划明年重点任务。要全面做好"十三五"工作总结，做到有新经验、新进展、新认识。要围绕"十四五"林草生态建设重点，深入开展调研活动，为党和国家提供决策依据。要继续抓好几个影响大、效果好、示范性强的品牌活动，包括开展"全国三亿青少年进森林研学教育活动""绿色中国行——走进森林城市公益宣传活动""绿色中国榜样人物"和绿色中国公益大使典型选树等宣传实践活动。要加强生态文明教育载体平台建设，制定出台自然教育绿色营地建设标准和管理办法。要加强新媒体融媒体、网络电视等宣传平台建设，不断扩大关注森林活动的吸引力和影响力。

四是充分发挥组委会工作合力。组委会各成员单位要认真执行《关注森林活动工作规则》，强化统筹协调和协作配合，形成工作合力。要积极推进志愿者队伍建设，发挥好社会团体、企事业单位以及各方人士作用，组建关注森林活动智库，提高活动支撑保障能力。要深入生态建设基层一线，找准短板弱项，出真招、出实招，在解决生态文明建设和林草生态建设重大问题上建言献策，积极为生态文明建设凝智力、添助力、增合力。

同志们！开展关注森林活动意义重大，使命光荣。让我们更加紧密地团结在以习近平同志为核心的党中央周围，以习近平新时代中国特色社会主义思想为指导，切实贯彻落实习近平生态文明思想，不忘初心、牢记使命，埋头苦干、锐意进取，全力开创关注森林活动新局面，为把我国建设成为富强民主文明和谐美丽的社会主义现代化强国、为实现中华民族伟大复兴的中国梦不懈奋斗！

认真贯彻习近平生态文明思想 全力推动林业草原事业高质量发展
——在全国林业和草原工作会议上的讲话

张建龙

（2019年1月10日）

这次全国林业和草原工作会议是经国务院批准召开的重要会议。会议的主要任务是，以习近平新时代中国特色社会主义思想为指导，全面贯彻党的十九大和十九届二中、三中全会精神，以及中央经济工作会议、中央农村工作会议和三北工程建设40周年总结表彰大会精神，按照韩正副总理在国家林业和草原局调研时的重要讲话要求，认真总结2018年工作，深入分析当前形势与任务，安排部署2019年工作，全力推动林业草原事业高质量发展，为决胜全面建成小康社会、建设生态文明和美丽中国作出更大的贡献。

党中央、国务院对林业草原工作和这次会议高度重视。韩正副总理亲自批准会议计划，1月4日又专程到国家林业和草原局调研，看望干部职工，主持召开座谈会，听取工作汇报，并发表重要讲话。他明确要求，机构改革后林草系统要有新气象新作为，坚持改革创新，勇于担当负责，全力推动林业草原事业高质量发展。这为我们开好这次会议，进一步统一思想认识，切实增强信心和决心，扎实做好新时代林业草原工作，具有重大

而深远的意义。刚才，永利同志传达了韩正副总理的重要讲话精神，大家一定要深入学习领会，全面抓好贯彻落实。

这次会议选择在安徽省召开，就是要学习他们建立林长制的做法和经验，更好地推动全国林业草原工作。近年来，安徽省委、省政府高度重视林业改革发展，国土绿化、资源保护、国有林场改革等取得了明显成效。特别是在全国率先建立林长制，由省委书记、省长牵头，各级党政领导担任总林长，构建了以党政领导负责制为核心的森林资源保护发展责任体系，切实强化和落实了党委政府的主体责任，从根本上解决了资源保护发展的动力问题和责任问题。各地通过建立林长制，抓重点、补短板、强弱项，办成了许多过去想办而没有办成的大事难事，解决了一批群众反映强烈的现实问题，形成了加快林业改革发展的长效机制和强大合力，成为贯彻落实习近平生态文明思想的制度创新和成功实践，对全国林业草原工作具有很好的示范意义。上午，大家参观了现场，感受了林长制带来的巨大变化和可喜业绩。刚才，信长星副书记作了讲话，为我们介绍了建立林长制，保护绿水青山、打造生态文明建设安徽样板的成功实践；安徽、内蒙古、江苏、广西、新疆5个省（区）作了交流发言，听了深受启发，很有收获。下面，我讲几点意见，供大家讨论。

一、服务大局，主动作为，过去一年的林业草原工作取得明显成效

2018年，是我国林业草原发展史上十分重要、非常特殊的一年，也是最为牵动广大干部职工心弦的一年。一年来，我们认真学习贯彻习近平生态文明思想，坚决落实党中央、国务院决策部署，坚持机构改革和业务工作协调推进，服务国家大局，认真履职尽责，积极主动作为，林业草原工作开局良好，迈上了融合发展的新征程。

（一）顺利完成机构改革任务。各级林业草原部门牢固树立"四个意识"，认真践行"两个维护"，坚决贯彻落实机构改革方案，基本理顺了林业草原管理体制，为山水林田湖系统治理提供了制度保障。在这个过程中，我们坚持未雨绸缪，充分表达意见，克服各种困难，整个机构改革平稳有序、顺畅协调，体现了很好的大局意识和担当精神。

（二）自然保护地实现统一监管。国家公园体制试点和自然保护地管理职能全部划转林草部门。开展了自然保护地大检查和国家公园体制试点督查调研，摸清了基本情况和突出问题。牵头起草了《关于建立以国家公园为主体的自然保护地体系指导意见》，已上报中央深改委。全面加强国家公园体制试点工作指导和生态保护修复，东北虎豹、大熊猫、祁连山国家公园管理局挂牌成立，三江源、武夷山、神农架国家公园保护条例颁布实施。各试点区总体规划和专项规划编制工作稳步推进。海南热带雨林国家公园试点方案已上报中央深改委。

（三）国土绿化取得明显成效。成功召开三北工程建设40周年总结表彰大会，习近平总书记作出重要指示，李克强总理作出重要批示，韩正副总理出席会议并发表重要讲话。会议规格之高、效果之好，前所未有，既总结了成绩、表彰了先进，又凝聚了人心、鼓舞了士气。提出了扩大新一轮退耕还林还草建议方案，退耕地范围有望扩大。全国共完成造林1.06亿亩*、森林抚育1.28亿亩，完成草原建设任务1.16亿亩，完成沙化土地治理任务249万公顷、石漠化综合治理26.26万公顷，均超额完成年度计划任务。

（四）草原保护管理更加重视。围绕加强草原保护管理，多次开展深入调研和学习咨询活动，积极完善工作思路，推动林业草原融合发展。各级草原管理机构和职能基本理顺，草原保护管理逐步加强。草原禁牧和草畜平衡面积分别稳定在12亿亩和26亿亩。严厉打击破坏草原违法犯罪行为，依法查处了一批未批先建占用、私挖滥采草原等案件。不断增强草原和草业科研教育力量，2018年有3所高校新设立草业和草原学院，全国共有8所高校设立草业和草原学院。

（五）生态资源得到有效保护。认真贯彻中央领导同志关于秦岭北麓违规建别墅，以及重庆缙云山、内蒙古图牧吉、安徽扬子鳄等自然保护区生态破坏问题的重要指示精神，推动相关问题整改落实。深入开展野生动植物非法贸易、重点国有林区毁林开垦、洞庭湖下塞湖非法矮围等专项打击行动，严惩相关违法犯罪行为。天然林得到有效保护，《天然林保护修复制度方案》已上报中央深改委。认真落实国务院印发的《关于加强滨海湿地保护严格管控围填海的通知》，着力加强湿地保护修复，全年恢复退化湿地107万亩。"国土三调"将湿地明确为一级地类，为湿地管理和立法奠定了基础。认真做好森林草原防火工作，灾害损失为近年来较低水平。

（六）林业改革全面深化。启动了新一轮集体林业综合改革试验区工作，印发了《关于进一步放活集体林经营权的意见》，着力推动集体林地三权分置，积极培育新型经营主体，吸引社会资本有序进山入林，不断提高集体林经营水平。天然林停伐成果不断巩固，富余职工得到妥善安置，国有林区政事企分开、森林资源管理机构组建等工作稳步推进。4612个国有林场基本完成改革任务，占国有林场总数4855个的95%，29个省份完成省级自验收工作。各地在林长制、绿色金融、国土绿化、"放管服"等方面的改革创新也富有成效，林业草原发展活力继续提升。

（七）生态惠民能力稳步增强。林业产业发展稳中向好，2018年全国林业产业总产值达7.33万亿元，林产品进出口贸易额达1600亿美元。各类经济林产品产量达1.57亿吨，林产品生产能力稳步增强。森林旅游游客量突破16亿人次，社会综合产值达1.15万亿元。积极履行生态扶贫职能，印发了《生态扶贫工作方案》《林业草原生态扶贫三年行动方案》，生态护林员达50

---

* 注：1亩≈0.067公顷。

万人，2020年有望达到80万人。国家森林城市达166个，人均公园绿地面积达13.7平方米，人居生态环境明显改善。

（八）支撑保障水平继续提升。森林法、国家公园法、草原法、湿地保护法纳入第十三届全国人大常委会立法规划，其中森林法修改为一类立法项目，推进力度明显加大。中央林业和草原投入稳定增长，林区道路、住房等基础设施逐步改善。开展了山水林田湖草系统治理重大战略研究。推出了一批影响力强的宣传报道活动，全社会生态文明理念不断增强。成功举办世界竹藤大会、世界人工林大会等国际会议，积极落实第13次荒漠化公约缔约方大会决议。

（九）党的建设不断加强。认真落实新时代党的建设总要求，制订了新时代全面从严治党实施方案，党建工作考核实现全覆盖，管党治党政治责任逐级压实。基层党组织标准化建设明显加强，组织力不断提高。开展了巡视整改"回头看"、廉政警示教育以及形式主义、官僚主义问题集中整治。坚决贯彻党的组织路线，大力加强忠诚干净担当的干部队伍建设，激励干部担当作为，为林业草原改革发展提供了强有力组织保障。认真学习《关于深化中央纪委国家监委派驻机构改革的意见》，自觉接受监督、主动配合监督的意识增强。对各类督查检查考核事项进行了集中清理和大幅压缩。

这些成绩来之不易，凝聚了干部职工的心血和汗水，体现了行业上下的智慧和能力。实践证明，各级林业草原部门是讲政治、顾大局的，是能担当、善作为的，是可以让党中央放心、让人民群众满意的。韩正副总理在国家林业和草原局调研时，专门对此提出了肯定和表扬。我们深受鼓舞，倍感振奋，必须再接再厉，再创佳绩。

二、增强信心，砥砺前行，牢牢把握林业草原发展的重要战略机遇期

当前，林业草原工作的内外部环境、各方面条件都发生了深刻变化。面对新起点新征程，各级林业草原部门要有新气象新作为，必须科学分析新形势新任务，认真履行新职责新使命，继续发扬优良传统，始终保持高昂斗志，以勇于担当的精神和锲而不舍的执着，增强信心，砥砺前行，主动作为，不断提升林业草原改革发展水平，为建设生态文明和美丽中国奠定更加坚实的基础。

习近平总书记在去年底召开的中央经济工作会议上指出，我国发展仍处于并将长期处于重要战略机遇期，呈现长期向好的发展前景。这是党中央在国内外形势发生深刻变化的情况下，全面分析形势和任务得出的重要结论。各级林业草原部门要切实把思想和行动统一到党中央的重大判断上来，紧紧抓住国家发展的重要战略机遇期，用足用好各种有利条件，全力推动林业草原事业不断向前发展。

第一，学习贯彻习近平生态文明思想，为做好林业草原工作提供了根本遵循。党的十八大以来，习近平总书记对林业和草原工作作出一系列重要指示批示，成为习近平生态文明思想的重要内容，为我们做好工作提供了根本遵循。这既是林草行业的最大优势，更是改革发展的最大动力。在习近平生态文明思想引领下，我国生态文明体制改革不断深入，生态环境保护方面的约束机制和责任追究制度越来越完善、越来越严格，地方各级党委政府推动生态文明建设的主动性和自觉性不断增强，对林业草原工作更加重视。各地推动生态文明建设，无不从提高森林覆盖率、强化生态保护修复入手，对这方面的支持力度越来越大，国土绿化、资源保护等工作明显加强。实践永将证明，领导重视比什么都重要，这是我们做好工作、推动发展的有力保障。

第二，实施国家重大发展战略，为推动林业草原发展搭建了重要平台。当前，我国正在实施一系列重大发展战略。无论是"一带一路"建设、京津冀协同发展、长江经济带发展，还是打赢"三大攻坚战"、实施乡村振兴、推动绿色发展，都与林业草原工作密切相关，我们责无旁贷且大有可为。从实施这些重大战略的职责分工来看，林草部门承担着繁重任务，许多还是议事协调机构的成员单位。实施好这些国家战略，既是林业草原部门的重大责任，需要积极参与、全力推动，进一步加大生态保护修复力度，提供良好的资源和生态支撑；又是林业草原发展的重大机遇，需要科学谋划、牢牢把握，在服务国家大局的同时推动林草事业发展。从这几年的实际情况看，林草事业既为实施这些国家战略作出了积极贡献，又有力地促进了自身发展。比如：聘请生态护林员，赋予林草部门生态扶贫职责，实施乡村绿化美化工程，开展森林乡村建设和污染耕地退耕还林，加强长江流域生态保护修复，等等。这些都得益于国家重大战略的实施。这方面的潜力还很大，需要大家认真研究思考，找准服务国家大局的切入点和结合点，借助这些重要平台，发挥更大的作用，实现更大的发展。

第三，推进山水林田湖草系统治理，为增强林业草原发展合力创造了体制优势。这次机构改革，将林业草原融为一体，各类自然保护地实行统一监管，林草资源归口自然资源部门，生态保护修复职责实现了集中统一，习近平总书记山水林田湖草系统治理的思想得到全面落实。这种体制优势，有利于解决原来条块分割、各自为战的问题，形成生态保护修复和监督管理的强大合力，增强生态保护管理的科学性、有效性和权威性。去年以来，我们充分发挥这种优势，加强了自然保护地监管，提出了新一轮扩大退耕还林还草的建议方案，建立了泥炭湿地合作调查机制。随着"国土三调"的开展，林地、草地重叠的问题，草原底数不清的问题，湿地管理与其他部门职能交叉的问题，都将得到有效解决。同时，林业草原生态保护红线划定、国家公园落界、生态资源监管等工作也将大幅度提高效能和水平。

第四，满足人民对优质生态产品的巨大需求，为加快林业草原发展增添了强大动力。当前，我国社会主要矛盾已经转化为人民日益增长的美好生活需要和不平衡不充分的发展之间的矛盾。工农业产品的缺口可以通过进口来解决，但良好的生态没办法进口，更没办法替代，只能主要依靠林业草原部门来提供，努力为人民创

造更多的绿水、青山和蓝天。市场的需求就是发展的动力，近14亿人对优质生态产品的巨大需求，一定会产生强大的拉动力，吸引各种生产要素向林草行业聚集，推动林草事业不断转型升级、高质量发展。近年来，我们积极开展森林城市建设，大规模推进国土绿化，加快培育国家储备林，实施森林质量精准提升工程，大力发展木本油料、森林康养等产业，都是为了满足人民对良好生态和优质林产品的需要。在这个过程中，除国家增加投资外，还吸引了大量金融资本和社会资本进入，有力地推动了林业发展。只要我们解放思想，勇于创新，充分发挥市场在资源配置中的决定性作用，林草事业就一定能够实现更大的发展。此外，当前生态文明理念深入人心，全社会对生态更加关注，参与意识和监督意识明显增强，一定会为林草事业发展增添更多的正能量。

第五，初心不改的干部职工队伍，为林业草原发展奠定了坚实基础。任何事业发展，人是决定性因素，是推动事业发展的重要保障。新中国成立以来，无论是国家层面，还是省级层面，林业机构都几经变迁，但几代务林人始终不忘初心，牢记使命，矢志不渝地为林业事业奉献智慧和汗水，用实际行动传承和发扬着不朽的林业精神，推动林业改革发展不断迈上新的台阶。河北省塞罕坝林场、甘肃省八步沙林场就是其中的优秀代表。我们这一代林业草原工作者也都有这份情结和担当。正像韩正副总理指出的那样，我们不只是把从事的工作当成一种职业，更当成了一种追求和责任，都深深地热爱着这份事业。只要大家坚守初心使命，增强信心决心，就一定能够把我们的事业继续发扬光大。

做好林业草原工作，虽然有许多有利条件，但也面临严峻挑战。这次机构改革后，林业草原部门的职责任务更加繁重，负责管理的林地、草地、湿地、沙地等自然生态系统面积超过100亿亩，各类自然保护地达1.18万处，工作任务越来越重，其中许多还是全新的职能，需要我们付出更多的努力。比如：建立国家公园体制没有现成的模式可供借鉴；草原资源的底数还不清楚，保护管理政策需要进一步研究；各类自然保护地原来分散管理的政策需要有所突破、加快融合。特别是面对自然保护地建设和管理中多年积累的问题，既需要加强顶层设计、系统谋划，又需要善于立足当前、循序渐进，不能急也不能等，必须逐步妥善解决。此外，在国家经济下行压力加大、财政投入难以增加、基层林业草原机构整合的情况下，如何创新体制机制和政策措施，更多依靠社会力量和人民群众推动林业草原改革发展，加强林草资源保护，都是需要我们积极面对并认真研究解决的重大问题。

面对机遇和挑战，各级林业草原部门必须抢抓发展机遇，保持战略定力，善于化挑战为机遇，变压力为动力，奋力爬坡过坎，努力攻坚克难，才能不断提升林业草原改革发展水平。

三、问题导向，精准发力，全力做好林业草原重点工作

2019年，是新中国成立70周年，也是决胜全面建成小康社会的关键之年，做好林业草原工作，意义特别重大。各级林业草原部门要以习近平新时代中国特色社会主义思想为指导，坚持稳中求进工作总基调，认真践行新发展理念和绿水青山就是金山银山理念，按照山水林田湖草系统治理的要求，全面深化林业草原改革，切实加强森林、草原、湿地、荒漠生态系统保护修复和野生动植物保护，加快构建以国家公园为主体的自然保护地体系，积极推动建立草原保护修复制度，大力发展绿色富民产业，不断增强基础保障能力，全力推动林业草原事业高质量发展，为决胜全面建成小康社会、建设生态文明和美丽中国作出更大的贡献。全年计划完成造林1.01亿亩，森林抚育1.2亿亩，治理退化草原1亿亩以上；实现林业产业总产值7.8万亿元，林产品进出口贸易额1650亿美元。

关于今年的具体工作，会议已经印发工作要点，这里不再重复，我着重讲一讲当前和今后一个时期需要突出抓好的重点工作。讲的这些工作，有的是需要认真研究的全新领域，有的是需要切实加强的薄弱环节，有的是需要尽快解决的当务之急，都事关林草事业长远发展，必须举全行业之力加以推动，为林业草原改革发展创造更好的条件。

（一）关于推进大规模国土绿化问题。开展大规模国土绿化是习近平总书记的重要指示，也是林业草原部门的核心任务。韩正副总理对这项工作高度重视，亲自担任全国绿化委员会主任，专门到生态保护修复司调研指导。去年，我们印发了指导意见，召开了专门会议，对国土绿化工作进行了安排部署。各地高度重视，积极推进，已经取得明显成效。但是根据测算，到2035年美丽中国目标基本实现，森林覆盖率应达到26%。我们离这样的目标还有很大差距，必须持续开展大规模国土绿化行动，每年完成造林1亿亩左右，确保森林资源稳步增长。宜林地多的地区，要把增加林草面积作为主攻方向，保持一定规模的造林速度；宜林地少的地区，要"见缝插绿"，尽可能增加绿量，并加强森林抚育和退化林修复，提高森林资源质量。要深入实施三北等防护林体系建设、京津风沙源治理、防沙治沙等重点生态工程，继续扩大退耕还林还草，建设一批规模化林场。要结合实施乡村振兴战略，开展乡村绿化美化行动，发动农民自己动手搞绿化、搞管护，推进森林城市和森林乡村建设，提升城乡绿化水平。要尊重自然规律，坚持科学绿化，做到以水定绿、量水而行、乔灌草结合、封飞造并举，推广使用良种壮苗和乡土树种，增加国土绿化树种草种多样性。要拓展义务植树内涵，创新义务植树机制，扩大"互联网+全民义务植树"试点，提高义务植树尽责率。探索实行先造后补、以奖代补、赎买租赁、购买服务、以地换绿等多种方式，吸引更多市场主体和社会资本参与国土绿化项目。

（二）关于建立以国家公园为主体的自然保护地体系问题。这次机构改革，各类自然保护地统一由林草部门负责监督管理，任务很重，责任很大，必须发挥统一监管的体制优势，全面提升自然保护地建设管理水平。

关键要认真落实即将出台的《关于建立以国家公园为主体的自然保护地体系指导意见》，推动顶层设计落地见效。要深化全国自然保护地大检查，进一步摸清家底，并实事求是、分门别类地处理好检查发现的问题。启动自然保护地整合优化试点，对交叉重叠、相邻相近的自然保护地进行归并整合。合理调整保护地边界范围和功能分区，尽快完成国家级自然保护区勘界立标工作，这项工作要与划定生态保护红线搞好衔接。积极推动解决保护地内存在的工矿企业、居民生产生活、基本农田保护等历史遗留问题。积极利用卫星遥感技术，定期开展监督检查，及时发现和制止生态破坏行为，坚决防止发生新的问题。加强国家公园体制试点指导，重点抓好中央深改委批准的4处国家公园和海南热带雨林国家公园试点，制定国家公园设立标准，编制总体发展规划，推进国家公园立法，开展试点综合评估，为2020年基本完成试点任务奠定基础。

（三）关于生态资源保护问题。天然林、湿地、野生动植物是我国重要的生态资源，在维护生态安全等方面发挥着不可替代的作用，必须严格保护。要认真落实即将出台的《天然林保护修复制度方案》，细化任务，明确分工，推动天然林管护、用途管制等各项制度尽快落地，建立起天然林保护长效机制。深入实施天保工程二期，在总结评估的基础上，抓紧研究工程到期后的长效保护政策，编制天然林保护中长期规划，推动天然林保护立法，使天然林更好地恢复发展。要以贯彻落实《湿地保护修复制度方案》为抓手，完善湿地补助政策，深入实施湿地保护与修复工程，加强乡村小微湿地保护。配合做好"国土三调"中的湿地落地定界，完善湿地分级管理体系，推进湿地保护立法，强化湿地开发利用监管。同时，要严格保护野生动植物，持续推进国家重点保护物种野化放归，加大候鸟保护力度，严厉打击象牙走私、乱捕滥猎滥食、非法经营利用野生动植物的违法行为。加强野猪非洲猪瘟等野生动物疫情监测防控。

（四）关于草原保护管理问题。加强草原保护管理，事关生态安全、边疆稳定和精准脱贫。经过长期努力，我国草原生态持续恶化的局面已经得到遏制，但草原保护历史欠账较多，监管薄弱、超载放牧等问题仍然突出。这次机构改革，党中央决定组建国家林业和草原局，把草原摆在了更加突出的位置，对草原保护管理提出了新的更高要求。实现中央机构改革的战略意图，统筹推进山水林田湖草系统治理，就要切实加强草原保护管理，全面提升草原生态系统功能。要结合"国土三调"，尽快摸清草原资源底数，强化草原动态监测，为加强保护管理、完善政策措施提供科学依据。认真落实草原禁牧、草畜平衡制度，抓紧研究相关政策的调整优化办法，推动出台《关于加强草原资源保护和生态修复的意见》。推进退牧还草等工程建设，谋划启动草原生态修复工程，加大退化草原治理力度。健全基层草原管理机构和队伍，创新管护措施和监管机制，加强执法监督，提高草原保护水平。加快制修订《草原法》及配套法规规章，完善草原保护法律体系。启动草原重大科技研发计划，加强草原学科建设和人才培养，抓好科研成果转化应用，强化草原保护管理科技支撑。

（五）关于深化改革问题。改革永远在路上，只有进行时，没有完成时。要不折不扣地推动中央确定的各项重大改革任务落地，着力解决制约林业草原事业发展的深层次问题。在重大原则问题上，要蹄疾步稳、保持定力，始终坚持正确的改革方向。既要积极作为，不拖改革的后腿，也不能操之过急，避免犯方向性错误。目前，国有林区改革已进入攻坚期，要把这项改革作为一项政治任务，积极推动组建国有森林资源管理机构，彻底实现政事企和管办"四分开"。为确保2020年如期完成改革任务，国家林业和草原局将抓紧研究推动国有林区管理体制改革，加大改革协调推进力度，建立改革定期报告制度和约谈工作机制，进一步压实地方政府主体责任。国有林场改革要全力完成国家验收，抓紧制定森林资源分级监管、森林管护购买服务、职工绩效考核等管理制度，着力增强国有林场发展动力和活力。集体林权制度改革要积极推进三权分置，进一步放活经营权，培育新型经营主体，引导社会资本有序进山入林，促进适度规模经营，不断提升集体林业发展水平。要推动出台完善草原承包经营制度的意见。同时，要深化林业草原"放管服"改革，强化行政审批事项事中事后监管，提高审批效率和服务水平。

（六）关于森林草原防火和松材线虫病防治问题。这次机构改革，森林草原防火职责发生了很大变化，扑火职能划归应急管理部门，林业草原部门主要负责落实行业管理责任和森林经营单位主体责任。目前，行业公安管理体制改革正在进行，森林防火的机构、编制和人员又会出现新的变化。不管机构职能、人员编制怎么划转，我们作为林草资源的主管部门，保护林草资源是义不容辞的职责。一旦发生森林草原火灾，遭受损失的都是宝贵的林草资源。特别是森林草原火灾的预防和扑救很难分开，而且关键在预防、关键在日常。各级林业草原部门要高度重视森林草原防火工作，决不能因为职责调整而放松警惕。要把森林草原火灾预防工作抓细抓实，健全防火机构，充实专业力量，加强基础设施建设。广泛开展森林草原防火宣传教育，严格管控火源，落实好生态护林员和草管员的防火职责。要加强与应急管理部门的配合，抓紧研究建立良好的工作协调机制。此外，目前松材线虫病防治形势十分严峻，已扩散到18个省份、589个县级行政区，并入侵黄山、泰山、张家界等重要风景区，直接威胁着我国近9亿亩松树的安全。专家研判，如果不采取有力措施，疫情极可能全面爆发。要针对地方政府防治主体责任落实不到位、疫情处置不力等突出问题，抓紧建立松材线虫病生态灾害督办问责机制，加大责任追究力度。要认真落实以疫木清理为核心、以严格疫木源头管理为根本的防治思路，加强疫木疫情监测、检疫封锁、疫情除治，严防疫木流失，严厉制止漏报瞒报行为，坚决遏制疫情快速扩散的态势。

（七）关于生态扶贫问题。我国农村贫困人口主要分布在山区、林区、沙区、牧区，这些地区林草资源比较丰富，是农牧民脱贫致富的希望所在。近年来，生态扶贫工作取得了明显成效，但是任务仍然艰巨，潜力还是很大。做好生态扶贫工作，既是中央交给我们的一项政治任务，又是推动林草事业发展的重要机遇。各级林业草原部门要对标决胜全面建成小康社会的硬任务，聚焦深度贫困地区和特殊贫困群众，着力推进生态补偿脱贫、国土绿化扶贫、生态产业扶贫，助力打赢脱贫攻坚战。要尽快完成新增30万生态护林员、草管员选聘工作，将符合政策且有退耕意愿的贫困地区耕地全部纳入退耕范围，加大贫困地区生态建设投入力度，推广组建一批造林种草专业合作社，带动贫困人口稳定增收不返贫。要完善生态产业扶贫政策，结合实施乡村振兴战略，依托资源优势和良好生态，积极发展绿色富民产业。鼓励引导企业到贫困县投资创业，支持贫困人口通过流转林地、劳务就业、收益分红持续稳定增收。着力加强科技和金融扶贫，为贫困地区提供优质科技信息服务，增加信贷资金投入。认真落实定点扶贫责任，通过多种方式全方位支持，帮助定点县如期脱贫摘帽。

（八）关于林草资源合理开发利用问题。林草资源既是生态之基，也是财富之源。近年来，我国林业产业规模不断扩大，产业结构逐步优化，林产品生产能力稳步提升。但是，资源开发利用水平不高，许多资源没有得到有效利用；一些地方的绿水青山尚未真正变成金山银山；木材对外依存度居高不下，优质林产品供不应求。这些问题，既表明林业产业发展存在差距和不足，也意味着发展空间和潜力很大。要认真践行绿水青山就是金山银山理念，在严格保护的同时，科学合理利用林草资源，增加绿色优质林产品供给，推动林业产业提质增效、转型升级。要加强以国家储备林为主的人工用材林建设，增强木材自给能力，维护国家木材安全。调整经济林品种结构，进一步突出特色，提高产品质量和市场竞争力。大力发展油茶等木本粮油、森林生态旅游、森林康养、林下经济等绿色产业，减少林草资源直接消耗。加快推动林产品精深加工和生物制药、生物质能源等产业发展，提高林草资源综合利用水平。积极推进国家森林生态标志产品等品牌建设，建立健全林产品标准和质量检测认证体系。大力实施"互联网+"林产品、生态产品进城工程，畅通林产品销售和流通渠道。完善林业产业扶持政策，统筹用好造林、森林抚育、贷款贴息等补助资金，积极争取涉农资金、扶贫资金用于发展林业产业，推动林业产业投资基金加快落地，落实国家税收优惠政策，增强林业产业发展能力。

（九）关于创新投融资体制机制问题。林业草原改革发展任务繁重，资金需求量很大。近年来，林业投融资工作取得明显成效，政府投入保持较高水平，社会资本加快流入，有力地促进了林业草原事业发展。但是，资金不足的问题仍然非常突出。目前，全国经济下行，大幅增加财政投入的难度非常大。破解资金不足的问题，必须依靠创新林业草原投融资体制机制，吸引社会资本特别是金融资本进入林业草原领域。要发挥财政资金的引领带动作用，创新林业草原融资模式，用好用足开发性政策性金融贷款，并积极争取商业性金融机构增加信贷，提升金融服务水平。要着力培育专业合作社、家庭林场、专业大户、林草企业等新型经营主体，着力解决林草项目缺乏融资主体的难题。要推进生态保护修复领域市场化改革，降低市场准入门槛，营造平等投资环境，加快建立普惠的林业草原财政投入政策，尽可能采用购买服务、承包运营等项目建设方式，让更多社会力量平等参与林业草原生态保护修复。要针对林业草原投入大、周期长、收益低的特点，完善林木采伐和政府补贴政策，稳定投资者收益预期，吸引社会资本增加投资。对利用荒山荒地集中连片修复生态的，可允许利用一定比例的土地发展林下经济、森林康养、生态旅游等产业，并依法办理建设用地手续。在吸引社会投资的同时，林业草原财政资金要优化投资结构，突出重点，压缩一般，提高效率。

（十）关于全面从严治党问题。党的十八大以来，我们认真落实全面从严治党两个责任，持之以恒正风肃纪，全面从严治党取得明显成效。但从近年来的巡视、审计、专项督查以及受理的信访举报情况看，党风廉政建设和反腐败工作还存在不少问题。林业草原系统各级党组织和党员干部对此要有清醒认识，推动全面从严治党向纵深发展。要切实加强行业党建工作，教育引导党员干部自觉用习近平新时代中国特色社会主义思想武装头脑，强化"四个意识"，增强"四个自信"，做到"两个维护"。坚持把党的政治建设摆在首位，严明政治纪律和政治规矩，营造风清气正的政治生态。严格执行中央八项规定实施细则精神，坚决破除形式主义、官僚主义，着力整治不作为、假作为、慢作为、乱作为问题。继续加强资金项目监管，确保资金安全有效。坚持把深入一线调查研究作为基本功，大力弘扬求真务实、开拓创新、狠抓落实的优良作风。认真落实新时代党的组织路线，坚持正确用人导向，着力打造信念坚定、素质过硬、特别能吃苦、特别能奉献的高素质专业化干部人才队伍。用好责任追究这个制度利器，做到有责必问、问责必严，问责一个、警醒一片。综合运用监督执纪"四种形态"，坚决惩治各类腐败问题，推动林业草原系统党风政风行风持续改善。

同志们，推进新时代林业草原改革发展，使命光荣，责任重大，任务艰巨。让我们紧密团结在以习近平同志为核心的党中央周围，高举中国特色社会主义伟大旗帜，以习近平新时代中国特色社会主义思想为指导，按照党中央、国务院的决策部署，坚持改革创新，勇于担当负责，全力推动林业草原事业高质量发展，以优异成绩向新中国成立70周年献礼。

坚持生态优先　加强保护修复
全面提升新时代草原事业发展水平
——在全国草原工作会议上的讲话

张建龙

（2019年7月25日）

这次全国草原工作会议，是机构改革后国家林业和草原局决定召开的一次重要会议。会议的主要任务是：以习近平新时代中国特色社会主义思想为指导，认真贯彻落实习近平生态文明思想，回顾总结全国草原工作，分析形势任务，创新发展思路，系统谋划当前和今后一个时期草原工作，着力提升新时代草原事业发展水平，更好地推动生态文明和美丽中国建设。同时，对下半年林业草原工作进行安排部署，确保全面完成今年各项工作任务，以优异成绩向新中国成立70周年献礼。

党中央、国务院高度重视草原工作。习近平总书记多次对草原生态保护修复作出重要指示，为推动草原改革发展提供了根本遵循。前几天，他在内蒙古考察时强调，要坚持生态优先、绿色发展，在集中集聚集约上找出路，加强草原保护，强化土地沙化荒漠化防治工作，保护好生态环境，筑牢我国北方重要生态安全屏障。李克强总理对草原工作十分关心，多次对森林草原防火、退耕还林还草、退牧还草提出明确要求。韩正副总理对这次会议高度重视，认真听取筹备工作情况的汇报，明确要求科学谋划部署新时代草原工作；会前，他专门对草原工作作出重要批示，刚才已经全文传达。韩正副总理的批示充分肯定了机构改革以来各级林草部门的工作，对切实加强草原保护修复提出了具体要求。这既是对我们的极大鼓舞和鞭策，更是对我们的有力指导和支持。大家一定要认真学习领会，全面贯彻落实，用实际行动进一步做好新时代草原工作。

近年来，内蒙古自治区党委、政府认真贯彻落实习近平生态文明思想和习近平总书记的重要讲话精神，始终保持生态文明建设战略定力，全力守护祖国北疆这道亮丽风景线，加快构筑祖国北方重要生态安全屏障，在生态文明建设方面取得了明显成效。特别是对草原保护管理尤为重视，相继采取一系列重大举措，积极推进草原改革发展，不断完善政策措施，切实加强生态保护修复，草原工作始终走在全国前列。在这里召开现场会，推广学习他们的做法和经验，很有意义，也很有必要。一是草原类型多样。内蒙古草原是欧亚大陆草原的重要组成部分，是世界上保存较为完整的原生态草原。全区复杂的地形地貌和多样的气候条件，发育形成了各具特色的草原类型，在全国很有代表性。二是生态区位重要。内蒙古地处祖国北疆，全区草原面积超过全国的20%，是北方重要的生态安全屏障。保护好内蒙古草原，不仅关系到内蒙古生态安全，也关系到东北、华北、西北地区乃至全国的生态安全。前几天，习近平总书记再次强调，要把祖国北部边疆这道风景线打造得更加亮丽。三是典型经验宝贵。内蒙古在全国率先实施草原承包经营、禁牧休牧、划区轮牧、草畜平衡等制度，率先推进地方草原立法，率先建立草原监督管理体系，在草原改革、草原监理和草原生态修复等方面进行了有益探索、积累了宝贵经验。其中，锡林郭勒盟就是这方面的典型代表。明天，我们将要进行现场参观，相信有许多经验值得学习借鉴，大家一定会很有收获。

今天上午，我们邀请3位国内外知名专家，就草原保护修复进行了专题讲座，听了很受教育和启发。刚才，内蒙古自治区政府李秉荣副主席为大家介绍了全区经济社会发展，特别是草原保护管理方面的成效和经验，听了很鼓舞、很振奋；6个单位作了典型发言，讲得都很好，大家要认真学习借鉴，共同提高草原保护管理水平。下面，我讲几点意见。

一、深入学习领会习近平总书记重要指示精神，充分认识全面加强草原保护管理的重大意义

党的十八大以来，习近平总书记对草原工作高度重视，多次到草原和牧区考察调研，就草原生态保护修复、牧区经济社会发展提出一系列重大战略思想，成为习近平生态文明思想的重要内容。各级林业草原部门一定要从增强"四个意识"、坚定"四个自信"、做到"两个维护"的高度，认真学习领会习近平总书记关于草原工作的重要指示精神，充分认识全面加强草原保护管理的重大意义。

（一）全面加强草原保护管理，是维护国家生态安全的战略抉择。草原是我国面积最大的陆地生态系统，主要分布在生态脆弱地区，是干旱半干旱和高寒高海拔地区的主要植被，与森林共同构成了我国生态安全屏障的主体。在从青藏高原往北，沿祁连山、贺兰山、阴山至大兴安岭的万里风沙线上，草原和森林是阻止荒漠蔓延的天然屏障。研究表明，我国每年新增的荒漠化土地，80%是因草原退化造成的。草原还是重要的水源涵养区和生物基因库、储碳库，具有保持水土、涵养水源、固碳释氧、维护生物多样性等功能。据专家测算，草原涵养水源的能力是农田的40~100倍，是森林的0.5~3倍。我国长江、黄河、澜沧江、雅鲁藏布江、黑龙江等大江大河的源头都在草原，黄河水量的80%、长江水量的30%来源于草原。我国草原拥有1.7万多种动植物，还是很多特有物种的主要分布区。我国草地总碳储量约占全球草地碳储量的8%。习近平总书记在内蒙古考察时反复强调，保护好草原、森林是生态系统保护的首要任务；要加强草原保护修复，筑牢祖国北疆生态安全屏障。这些重要指示精神，充分体现了对草原生态保护修复的高度重视，更是对各级林草部门提出的最新要求。要通过全面加强草原保护管理，进一步改善草原生态状况，不断增强草原生态功能，为维护国家生态安全、实现中华民族伟大复兴创造良好的生态条件。

（二）全面加强草原保护管理，是统筹山水林田湖草系统治理的重要内容。山水林田湖草都是重要的生态资源，它们之间相互依存、紧密联系、缺一不可，构成了复杂的生命共同体，有效维护着地球陆地生态系统平衡。我国草原类型多、分布广，北方有草原草甸，南方有草山草坡，总面积均大于森林、湿地和农田面积，在各类自然生态系统中具有重要位置。长期以来，草原被视为重要的生产资料，草原生态保护修复重视不够，导致草原超载过牧，生态系统退化，成为生态文明建设的短板。习近平总书记多次强调，山水林田湖草是生命共同体，要统筹兼顾、系统治理；如果种树的只管种树、治水的只管治水、护田的单纯护田，很容易顾此失彼，最终造成生态的系统性破坏。这一重要论述，深刻揭示了自然生态系统各个要素协调统一、不可或缺的客观规律。特别是从"山水林田湖"到"山水林田湖草"，充分说明了草原在自然生态系统中的重要地位与作用。统筹山水林田湖草系统治理，必须把草原作为重要的生态资源来保护，作为生命共同体的重要组成部分来对待，高度重视并切实加强草原生态保护修复，全面提升山水林田湖草自然生态系统的整体功能。

（三）全面加强草原保护管理，是促进草原地区经济社会发展的有效途径。草原既是重要的生态资源，也是宝贵的生产资料，在保障牧民生产生活和促进牧区经济社会发展方面发挥着不可替代的作用。特别是我国草原呈"四区"叠加特点，既是生态屏障区和偏远边疆区，也是少数民族聚居区和贫困人口集中分布区。我国少数民族人口的70%生活在草原地区，草原边境线占全国陆地边境线的60%，268个牧区和半牧区县很多是贫困县，牧民90%的收入来自草原。目前，这些地区经济社会发展相对落后，牧民人均可支配收入不到全国农民人均水平的70%，如期打赢脱贫攻坚战、维护祖国边疆团结稳定的任务十分繁重。习近平总书记在青海、内蒙古牧区考察时多次强调，要切实解决好民生问题，让各族群众共享改革发展成果。他对三江源地区牧民通过保护生态实现增收脱贫表示充分肯定，对野生动物争食牧民草场的问题十分关心，要求切实维护好牧民的切身利益。贯彻落实好习近平总书记的重要指示精神，必须坚持走绿色发展之路，既保护好草原生态，又利用好草原资源，让绿水青山更好地转化为金山银山，让草原更好地造福牧民群众，努力实现生态美与百姓富的有机统一。

（四）全面加强草原保护管理，是传承和弘扬优秀草原文化的重要基础。习近平总书记强调，中华优秀传统文化是中华民族的根和魂，是中国特色社会主义植根的文化沃土；实现中华民族伟大复兴，必须结合新的时代条件传承和弘扬中华优秀传统文化。草原文化是中华优秀传统文化的重要组成部分，它以草原自然生态为基础，崇尚敬畏自然、尊重自然、顺应自然，追求人与自然和谐共生。这些生态理念和价值追求可以为生态文明建设提供智慧与启迪，激发人们自觉保护草原的内生动力。草原是草原文化孕育、传承和发展的沃土，如果草原遭受破坏甚至消失，就会动摇甚至丧失草原文化的根基。历史上，具有灿烂文明的楼兰古国的消失，河西走廊敦煌古城、大夏统万城的破败，塔克拉玛干丝绸之路的湮没，以及美丽富饶的蒙古草原遭到沙漠的蚕食，草原生态系统遭到破坏是重要原因。只有保护修复好草原生态，优秀草原文化才会始终有肥沃的土壤扎根和滋养。在大力推动中华优秀传统文化创造性转化、创新性发展的新时代，草原文化的繁荣发展离不开草原生态的全面改善，传承和弘扬优秀草原文化又有利于促进草原生态保护修复。

（五）全面加强草原保护管理，是推进林草融合发展的迫切需要。与林业改革发展相比，我国草原保护管理明显滞后，无论是发展理念、工作举措，还是基础保障、扶持政策，都与建设生态文明的要求不相适应。这次机构改革，党中央决定自上而下对林业草原实行统一管理。这是推进生态文明和美丽中国建设的重大决策，是草原工作重心发生转变的重要标志，就是要把草原放到更加重要的位置，从体制机制和政策扶持上采取更加有力的措施，全方位推进林草融合发展，加快补齐草原生态保护修复这块短板。各级林草部门要进一步统一思想认识，提高政治站位，真正在思想和行动上做到草原工作与林业工作同谋划、同部署、同落实。要着力在顶层制度设计、政策体系构建、人才队伍建设、科技支撑保障等方面下功夫，加快推动草原改革发展。特别要结合当前正在开展的"不忘初心、牢记使命"主题教育，全面查找草原工作中存在的差距和不足，着力补齐短板、做强弱项，尽快改变草原基础工作薄弱、扶持政策乏力、草原生态退化的局面，切实把草原事业发展提升到新的水平，确保全面实现党和国家机构改革的战略意图。在我国迈向社会主义生态文明新时代的伟大征程中，决不让草原保护管理成为生态复兴的制约因素。

二、认真分析新时代草原工作面临的形势任务，切实增强推动草原改革发展的责任感紧迫感

新中国成立以来，我国草原事业实现了长足发展，为维护生态安全、促进农牧民增收、保障畜牧产品供给等发挥了重要作用。党的十八大以来，以习近平同志为核心的党中央将草原工作放在前所未有的重要位置，全面加强草原保护管理，推动草原事业发展取得了新的成效。2018年，全国草原综合植被盖度达到55.7%，比2011年增加6.7个百分点；天然草原鲜草总产量达到11亿吨，比2011年增加近1亿吨，连续8年保持在10

亿吨以上；草原承包经营面积达到43亿亩，占草原总面积的73%，有效调动了广大牧民保护建设草原的积极性，我国草原事业进入了全新的发展阶段。

（一）草原保护管理制度体系基本建立。经过长期的探索实践，我国草原保护管理形成了较为完善的制度体系。1985年颁布施行《草原法》，随后相继出台《草原防火条例》《草原征占用审核审批管理办法》《草种管理办法》等法规，形成了由1部法律、1部司法解释、1部行政法规、4部部门规章和13部地方性法规组成的草原法律法规体系，为依法保护管理草原提供了法制保障。同时，草原承包经营制度全面落实，基本草原保护制度积极探索，草原禁牧休牧、草畜平衡制度有序推进，草原产权制度和保护管理制度逐步完善，构建了我国草原事业的基本制度框架。

（二）草原生态保护修复积极推进。在积极完善制度体系的同时，逐步开展草原生态保护修复。1978年开始实施草原保护建设项目，1995年启动牧区开发示范工程项目。2000年以来，草原投资明显增加，2013~2018年，中央累计安排草原生态建设项目投资400多亿元。今年又启动了退化草原人工种草生态保护修复试点。目前，已经形成以退牧还草、退耕还林还草、京津风沙源治理、石漠化综合治理等为主体，草原防火防灾、监测预警、草种基地建设等为支撑的草原工程体系，有力促进了草原生态保护修复。与非工程区相比，工程区草原植被盖度平均高10个百分点以上，鲜草年产量高50%以上。2018年，全国草原鼠害、虫害面积比2011年分别减少33%和30%。

（三）草原资源利用水平逐步提高。多年来，牧区通过推行以"草畜双承包"为内容的家庭承包经营责任制，对承包经营牧民给予政策扶持，引导科学利用草原资源。近年来又通过实施草原生态保护补奖政策，激励牧民以草定畜，合理利用草原，禁牧休牧和草畜平衡制度得到落实，两者实施面积已达到38亿亩，占全国草原面积的63%，惠及1200多万户牧民。2018年，全国重点天然草原牲畜超载率为10.2%，比2011年下降17.8个百分点，草原利用更趋合理。同时，着力推行草原资源节约集约利用，广泛使用先进适用技术，积极改良天然草原，不断推进割草场建设，大力发展人工种草，其中苜蓿种植面积达到7950万亩，缓解了天然草原的保护压力。

（四）草原支撑保障能力持续增强。多年来，国家大力扶持草原基础建设，初步建立了包括各级草原管理、执法、防火、科技推广的机构队伍体系，人员队伍保持基本稳定，管理、执法和服务能力水平逐步提升。2013~2018年，全国共查处各类草原违法案件9万余起，向司法机关移送涉嫌犯罪案件2700余起，有效遏制了草原违法行为上升的势头。近年来，国家持续加大对人工草地建设、草产品加工、草品种培育等方面的科技支持，大力加强草原和草业学科建设。目前，全国共有31所农林院校、研究机构或综合性大学设立草业科学本科专业，其中9所高校设有独立的草业与草原学院，草原科技支撑水平逐步提高。

在肯定成绩的同时，也要清醒地看到，我国草原保护管理还存在不少问题。全国草原退化依然严重，已经修复的草原也亟需巩固成果；草原超载过牧问题突出，实现草畜平衡的压力很大，部分地区家畜超载严重；违法违规征占用草原、开垦草原、破坏草原植被的现象屡禁不止，有的草原被不断蚕食；草原资源底数不清，相关数据仍是上世纪80年代的调查结果，难以支撑草原精细化管理；草原政策法规有待完善，一些制度规定比较陈旧，明显不适应当前草原保护管理工作的需要；草原监管能力十分薄弱，多数地方乡镇草原监管机构和执法队伍仍是空白；科技人才缺乏，科技贡献率不足30%，远远低于草业发达国家。这些问题必须引起高度重视，抓紧采取措施，逐步加以解决，为草原事业长远发展奠定基础。

总的来看，经过70年的不断发展，我国草原事业已经取得很大成就，但仍然存在许多差距和不足。面对成绩，需要保持清醒头脑；面对不足，更要敢于迎难而上。目前，全国已自上而下完成林草职能整合，新时代草原事业发展站在了新的历史起点上。各级林草部门要以这次机构改革为契机，坚定信心，勇于担当，通过创新发展思路、完善政策措施，加快推进草原治理体系和治理能力现代化，全面开创草原保护管理工作新局面，决不辜负党中央、国务院和人民群众的殷切期望。

三、准确把握新时代草原工作的总体要求，全力推动草原保护管理迈上新台阶

去年机构改革以来，我们坚持把草原工作作为全局工作的重中之重来谋划来推动，积极协调落实草原生态保护补奖政策，认真实施草原保护修复工程，稳步推进草原法治建设，着力提升草原科研、监测等支撑保障能力，全国草原保护管理工作平稳有序开展。同时，我们立足大局、着眼长远，对新时代草原工作进行了深入研究和系统谋划，重点围绕完善草原保护修复制度、加强草原保护管理，组织开展了一系列专题学习和调研活动，广泛听取基层一线和院士专家的意见建议，初步明确了加强草原保护管理的总体思路、目标任务和重点举措，正在根据中央的安排部署，研究起草《关于加强草原保护修复的意见》《国有草原资源有偿使用制度改革方案》，加快完善指导新时代草原改革发展的顶层设计。

根据当前草原改革发展面临的形势任务，新时代草原工作要以习近平新时代中国特色社会主义思想为指导，深入学习贯彻习近平生态文明思想，认真践行新发展理念，坚持生态优先、综合治理、科学利用，创新发展思路，完善政策措施，增强支撑保障能力，切实加强草原保护修复，着力改善草原生态状况，持续提升草原多种功能，为建设生态文明和美丽中国作出新的更大贡献。力争到2025年，全国草原退化趋势总体得到遏制，草原综合植被盖度提高到57%以上，草原生态持续改善，草原质量稳步提升；到2035年，退化草原基本得到治理，草原综合植被盖度稳定在60%以上，草原生态功能和生产功能显著提升。按照这样的总体思路和目标任务，具体工作中，要始终做到"五个坚持"。

第一，坚持生态优先。这次机构改革，党中央决定组建国家林业和草原局，就是要强化和提升草原的生态功能。各级林草部门要把发挥草原生态功能放在更加突出的位置，将生态保护修复作为草原工作的核心任务。要推动建立草原保护修复长效机制，真正做到要素配置优先、资金保障优先、项目立项优先。工作出发点和落脚点都要有利于改善草原生态状况，有利于提升草原生态功能，有利于促进草原休养生息。

第二，坚持综合治理。草原与森林、湿地等自然生态系统彼此影响、交互共生，要善于从整个自然生态系统出发，用山水林田湖草系统治理的理念指导草原生态保护修复。要准确把握草原生态系统的特点，尊重自然、因地制宜，坚持自然修复为主、自然修复与人工治理相结合，统筹生物措施与工程措施，增强草原生态保护修复的针对性和有效性，推动形成健康稳定的草原生态系统。

第三，坚持科学利用。在生态优先的前提下，要支持草原资源科学利用，这既有利于保护草原生态，也有利于改善牧区民生。要正确处理保护与利用的关系，坚持在保护中发展、在发展中保护，严格落实草畜平衡和禁牧休牧制度，利用草原资源决不能破坏生态环境。要统筹规划草原开发利用，科学指导牧区产业发展，避免掠夺式经营，防止过度开发，促进草原资源永续利用。

第四，坚持牧民主体。广大牧民世代代生活在牧区，最明白保护草原的道理，最懂得破坏草原的后果。要坚持发展为了人民、发展依靠人民、发展成果由人民共享，充分尊重牧民意愿，保护好牧民合法权益，注重调动牧民保护修复草原的积极性。要完善落实草原生态补奖政策，让保护草原的牧民有实实在在收益，不断提升牧民的获得感和幸福感。

第五，坚持多方联动。加强草原生态保护修复需要各方面的积极参与和大力支持。各级林草部门要加强与发展改革、财政、金融、自然资源、农业农村等部门的协调沟通，注重增强政策的协同性和有效性，做到同向发力、同频共振，形成合力。要通过建立联合工作机制、联合开展专项行动等方式，构建草原保护管理的良好工作格局。在发挥政府主导作用的同时，要注重运用市场机制，调动社会力量参与草原保护修复的积极性。

对于各级林草部门来说，草原保护管理既是一项重要职责，也是一项全新领域。各项工作千头万绪，改革发展任务十分繁重。当前，要着力抓好以下七项工作。

（一）全面深化草原改革。改革创新是事业发展的永恒动力，对于新时代草原工作来说尤为重要。要按照强化草原保护修复的需要，科学评估现有制度，符合实际的继续坚持，需要完善的加快推进，着力构建产权清晰、多元参与、激励约束并重的草原保护管理制度体系。要深化草原承包经营制度改革，加强草原承包经营和产权流转管理。要推动建立基本草原保护制度，科学划定基本草原，实施更加严格的保护措施，确保基本草原面积不减少、质量不下降、用途不改变。要继续完善草畜平衡和禁牧休牧制度，科学核定载畜量，强化核查监管，真正做到以草定畜，下大力气解决草原超载过牧和不合理利用问题。指导编制草原经营方案，推进草原科学经营利用。建立全民所有草资源有偿使用制度和分级行使全民所有草原资源所有权制度。全面落实地方党委政府保护修复草原的主体责任，继续完善草原生态保护红线、草原生态损害赔偿和责任追究等制度，进一步提升破坏草原的成本，推动形成不敢破坏、不能破坏、破坏不起的保护监管机制。

（二）加强草原保护修复。认真落实草原资源用途管制和草原征占用审核审批制度，严禁擅自改变草原用途。推动建立草原类型国家公园，加强草原生态系统完整性保护。加大草原执法监督力度，严厉查处非法开垦草原、非法占用草原、非法采挖草原野生植物等违法行为。强化草原生物灾害监测预警，综合采取多种防治措施，切实加强草原鼠虫病害和毒害草防治。认真落实行业管理责任和经营单位主体责任，继续加强草原防火基础设施和防火隔离带建设，扎实做好草原防灭火工作。科学编制并认真实施草原保护修复规划，对北方干旱半干旱草原区、青藏高寒草原区、东北华北湿润半湿润草原区和南方草地区，实行分类指导、精准施策。继续实施退牧还草、退耕还林还草、京津风沙源治理、石漠化综合治理等工程项目，加强监督检查，提高建设成效。启动实施退化草原人工种草试点，积极探索草原生态保护修复的模式和路径。加强草种资源收集保存和开发利用，加大优质草种特别是乡土草种繁育基地建设力度，提高草种自给率，满足生态修复用种需要。

（三）科学利用草原资源。科学利用草原资源，充分发挥草原多种功能，是将绿水青山转化为金山银山的有效途径，也是草原草业发达国家的成功经验。要充分挖掘草原生态景观资源和文化功能，打造一批精品草原旅游线路，加快发展以草原文化、草原风光、民族风情为特色的草原文化产业和旅游休闲业。要抓好草原生态扶贫，引导和支持贫困人口积极参与草原生态保护修复，为其提供稳定的就业增收平台。推动草原生态补偿脱贫，将有劳动能力的建档立卡贫困人员优先选聘为草原管护员，加强培训管理，帮助其通过草原管护实现精准脱贫。积极扶持发展草原专业合作社、家庭牧场和龙头企业等新型经营主体，带动更多农牧民增收致富。

（四）摸清草原资源底数。不掌握准确的草原资源情况，就难以科学制定政策、编制规划、实施工程项目。要结合开展第三次全国国土调查，全面摸清我国草原面积、类型、生态状况等基本情况，有效解决林地草地、草地湿地重合的问题，提升草原精细化管理水平。要加强草原资源监测评价体系和监测网络建设，采取遥感监测与地面调查相结合的方式，强化草原监测，及时掌握草原生态承载力等动态变化情况，及时发布动态监测信息，为科学制定草原保护政策、开展草原保护修复和合理利用提供科学依据。

（五）完善草原扶持政策。要根据新形势下加强草原保护管理的需要，积极协调有关部门尽快完善草原保护修复政策，建立和完善草原生态补偿长效机制，为草原改革发展提供有力支撑。抓紧完善草原生态保护补奖政策，科学评估草原网围栏建设成效，建立健全补奖资金发放与减畜禁牧任务落实挂钩的工作机制，争取逐步提高补奖标准，并将所有草原纳入政策实施范围。积极完善草原保护修复财政支持政策，争取各级财政加大投入力度。深化草原投融资改革，鼓励开发性政策性金融机构研发适合草原特点的信贷产品，引入基金、证券等多种金融工具，多渠道筹措草原保护修复资金。完善相关政策，吸引社会资本参与草原保护修复。

（六）加强机构队伍建设。强有力的机构队伍是履行好草原保护管理职责的根本保证。各地要积极争取党委、政府和编制部门的支持，在稳定基层草原机构、增加人员编制和理顺管理职能等方面多汇报、多协调。要重点加强基层草原行政管理和技术推广服务的队伍建设，建立一支权责统一、权威高效的基层草原管理机构队伍，提升基层草原部门公共服务管理能力。重点草原地区要结合推进林草融合发展，组建专业执法队伍，改善执法装备条件，提升执法能力水平。要积极支持草原社会化服务组织发展，充分发挥草原专业学会协会在政策咨询、信息服务、科技推广、行业自律等方面的作用。

（七）强化科技法制支撑。科技和法制是提升草原生态保护修复水平的决定性因素。要积极争取国家设立草原重大科技研发计划，尽快在草原退化机理、退化草原修复治理技术、草原生态服务价值评估研究等方面取得突破。加强草品种选育、草种生产、天然草原植被恢复、人工草地建设、鼠虫病害防治等关键技术研发推广，支持草原学科建设和高素质专业人才培养。推动草原重点实验室、长期科研基地、定位观测站、工程技术研究中心、创新联盟等平台建设。广泛开展草原保护修复国际合作交流，注重学习借鉴发达国家的先进技术和理念，推动提升我国草原生态治理水平。同时，要坚持用严格的法律制度保护管理草原，加快推进《草原法》修订，积极推进《基本草原保护条例》和地方性法规的制修订工作，加快完善草原法律法规体系。

同志们，加强草原保护管理，加快林草融合发展，事关全局、影响深远、责任重大。让我们紧紧团结在以习近平同志为核心的党中央周围，坚持以习近平新时代中国特色社会主义思想为指导，认真贯彻落实习近平生态文明思想，提高政治站位，勇于担当负责，积极开拓创新，狠抓工作落实，切实加强草原保护管理，全面提升新时代草原事业发展水平，为建设生态文明和美丽中国作出新的更大贡献。

在全国林业草原宣传工作会议上的讲话

张建龙

（2019年8月25日）

这次全国林业草原宣传工作会议，是局党组决定召开的一次十分重要的会议。这样的全国性会议2007年曾经召开过，现在已经过去10多年了，我国经济社会发生了深刻变化，宣传工作的形势任务要求也与以往有了很大不同。特别是党的十八大以来，习近平总书记对宣传思想工作高度重视，先后发表一系列重要讲话，为做好新时代宣传思想工作提供了根本遵循。前不久，中央又专门出台了《中国共产党宣传工作条例》，进一步明确了宣传工作的基本原则和重点任务。面对新的形势和任务，很有必要及时召开全国林业草原宣传工作会议，认真贯彻落实习近平总书记关于宣传思想工作的重要论述和《中国共产党宣传工作条例》，进一步加强和改进林草宣传工作，为新时代林业草原改革发展营造良好氛围、凝聚强大力量。

这次会议在甘肃武威召开，恰逢其时。就在几天前，习近平总书记到甘肃考察，对甘肃的生态文明建设和林草工作特别是防沙治沙工作给予了高度的评价。这次总书记去看的八步沙"六老汉"治沙就是其中的突出代表。八步沙林场是1981年冬天开始造林，三北防护林工程是1978年5月启动、1979年正式实施的。1981年开始，整个三北地区就开始了家庭承包造林，也就在这个背景下，八步沙林场开始造林治沙。像八步沙"六老汉"三代人这样几十年坚持下来，久久为功，很不容易。习近平总书记高度评价说是新时代的愚公精神。我们要认真学习贯彻习近平总书记8月21日考察甘肃八步沙林场时的重要讲话精神，现场感受"六老汉"三代人治沙的英雄事迹，学习弘扬他们困难面前不低头、敢把沙漠变绿洲的奋斗精神，用当代愚公、时代楷模的榜样力量，激励大家进一步强化责任担当，切实增强责任感使命感，努力开创新时代林草宣传工作新局面。刚才，有冬同志代表局党组作了工作报告，讲得很好，我完全赞同，大家要认真学习领会，全力抓好落实。下面，我再强调几点意见：

宣传工作是党领导人民不断夺取革命、建设、改革胜利的优良传统和政治优势。我们党历来高度重视宣传工作，在各个不同历史时期，始终不断加强和改进宣传工作，为推进党的事业和社会主义建设奠定了共同思想基础、提供了强大精神动力。党的十八大以来，习近平总书记就加强和改进宣传思想工作作出一系列重要论述，深刻阐述了新形势下宣传思想工作的地位作用、目标任务、职责使命、实践要求，鲜明回答了许多事关方向性、全局性、战略性的重大问题。习近平总书记强调，党的新闻舆论工作是党的一项重要工作，是治国理政、安邦定国的大事；做好党的新闻舆论工作，事关旗帜和道路，事关贯彻落实党的理论和路线方针政策，事关顺利推进党和国家各项事业，事关全党全国各族人民凝聚力和向心力，事关党和国家前途命运；新形势下宣传思想工作，要自觉承担起举旗帜、聚民心、育新人、兴文化、展形象的使命任务；要在基础性、战略性工作上下功夫，在关键处、要害处下功夫，在工作质量和水平上下功夫，推动宣传思想工作不断强起来，提高新闻舆论传播力、引导力、影响力、公信力。这一系列重要论述，为做好新时代宣传思想工作提供了根本遵循、指明了前进方向。各级林草部门一定要认真学习领会，全面贯彻落实，不断提升林草宣传工作水平。

林草宣传工作是党的宣传工作的重要组成部分，是关系林草事业发展全局的重要工作。习近平总书记高度重视林草宣传工作。他多次强调，要加强宣传教育，创新活动形式，引导广大人民群众积极参加义务植树；要加大宣传力度，讲好我国防沙治沙故事。他先后为防治荒漠化公约第十三次缔约方大会、库布其国际沙漠论坛、生态文明贵阳国际论坛、国家公园论坛、国际植物学大会等会议和论坛致贺信，向国际社会积极宣传我国生态文明建设成就和林草改革发展成果。他多次对河北塞罕坝、山西右玉、内蒙古库布其、陕西延安、甘肃八步沙、新疆阿克苏等先进典型作出重要指示，号召全党全社会持之以恒推进生态文明建设，驰而不息，久久为功，把祖国建设得更加美丽，让绿色的长城坚不可摧。这些重要论述和重大举措，有力地推动了林草宣传工作和林草事业改革发展，为生态文明建设注入了强大动力。

近年来，各级林草部门认真贯彻落实习近平新时代中国特色社会主义思想，按照习近平总书记重要指示精神和党的宣传工作总要求，积极主动作为，不断开拓创新，坚持加强宣传主阵地建设，扎实开展主题宣传实践活动，着力打造宣传品牌，广泛选树重大典型，不断推出精品力作，全面唱响生态文明建设主旋律，各项工作取得了明显成效，有力推动了林业草原改革发展。当前，林草部门的职责使命更加繁重，宣传工作面临的形势更加复杂，迫切需要进一步加强和改进宣传工作，努力把大家的思想认识统一到党中央、国务院的决策部署上来，把大家的工作热情凝聚到加快林草事业发展大局上来，推动形成迎难而上、真抓实干、砥砺奋进的生动局面。

第一，要深入宣传贯彻习近平新时代中国特色社会主义思想。习近平新时代中国特色社会主义思想是马克思主义中国化的最新成果，是中国特色社会主义理论体系的重要组成部分，是全党全国人民为实现中华民族伟大复兴而奋斗的行动指南。林草系统要把宣传贯彻这一重要思想作为重要政治任务来抓，深刻把握这一重要思想贯穿的马克思主义立场观点方法，深入领会贯穿其中的坚定信仰信念、鲜明人民立场、强烈历史担当、求真务实作风、勇于创新精神和科学方法论，切实用这一重要思想武装头脑、指导实践、推动工作。要把宣传贯彻习近平生态文明思想作为林草宣传工作的重中之重，大力宣传各地贯彻落实习近平生态文明思想、推进生态文明建设的生动实践和重大成就。要通过广泛深入的学习宣传，教育引导林草系统广大干部职工切实增强"四个意识"，坚定"四个自信"，做到"两个维护"，更加自觉地在思想上政治上行动上同以习近平同志为核心的党中央保持高度一致，坚决贯彻落实党中央的各项方针政策和重大决策部署，切实增强做好林草工作的政治担当和行为自觉。要教育引导大家在学懂弄通做实上下功夫，更加自觉地运用党的最新理论成果，坚定理想信念，牢记初心使命，增强能力本领，更好地解决事关林草事业长远发展的重大问题，努力破除制约林草事业高质量发展的体制机制障碍。

第二，要牢牢把握正确舆论导向。习近平总书记指出，舆论导向正确，就能凝聚人心、汇聚力量，推动事业发展；舆论导向错误，就会动摇人心、瓦解斗志，危害党和人民事业；新闻舆论工作各个方面、各个环节都要坚持正确舆论导向，绝不能发表同党中央不一致的声音，绝不能为错误思想言论提供传播渠道。各级林草宣传部门要牢牢把握正确的政治方向和舆论导向，深刻认识到林草宣传绝不是单纯的业务宣传，必须善于从政治上考虑问题、把准方向。一切宣传工作都要体现党的主张和国家意志，都要服务党和国家战略大局，都要有利于促进改革发展稳定。要始终坚持正面宣传为主，大力弘扬生态文明理念，激励人们积极投身生态文明建设，自觉为建设美丽中国而奋斗。要切实加强对外宣传，主动讲好中国林草故事，让世界更好地了解中国林草事业，全面提升国际话语权和社会影响力，充分展示我国负责任大国形象。

第三，要继续加强重大典型宣传。宣传工作一定要以典型引路，不能蜻蜓点水，或者一般性宣传。要深入挖掘典型，这是我们今后宣传的一个非常重要的方式方法。习近平总书记指出，一个有希望的民族不能没有英雄，一个有前途的国家不能没有先锋；要崇尚英雄、学习英雄、捍卫英雄。在党的各个历史时期涌现出了无数先进模范，他们的优秀事迹和宝贵精神教育影响了一代又一代人奋勇向前。其中，许多是林草系统的先进典型，包括河北塞罕坝、甘肃八步沙、山西右玉、内蒙古库布其、陕西延安，以及林业英雄马永顺、余锦柱、孙建博，治沙英雄石光银、王有德、石述柱、牛玉琴，时代楷模杨善洲、苏和等一大批模范人物。他们的事迹感人至深，精神催人奋进，在全社会产生了广泛而深远的影响，具有很强的教育意义和带动作用。通过宣传推广这些重大典型，不仅有力推动了林草事业改革发展，而且有效提升了林草事业的地位、作用和影响，鼓舞了林草工作者的干劲和士气，吸引了更多社会力量参与支持林草事业。当前，我国生态文明建设任务十分繁重，更加需要大力弘扬先进模范人物艰苦奋斗、无私奉献、久久为功的精神，激励更多的力量投身生态文明建设伟大实践。各级林草宣传部门要继续挖掘和广泛宣传重大典型，用先进典型教育人、引导人、激励人，起到"点亮一盏灯，照亮一大片""竖起一杆旗，带动一帮人"的示范引领作用，凝聚起推进生态文明建设的磅礴力量。

第四，要及时回应社会舆论关切。随着经济社会的不断发展和人们生活的逐步改善，社会公众的生态意识日益增强，人民群众对良好生态的期待更加迫切，这方面的关注和诉求明显增多。各级林草部门要将及时回应社会关切作为一项重要任务，作为改进工作、解决问题的有利契机，提高思想认识，加大工作力度，切实维护好社会和谐稳定与人民群众根本利益。在重大政策出台前、重要工作推进中，要主动做好信息公开、新闻发布、政策解读等工作，传递权威声音，加强舆论引导。针对社会反映强烈的热点敏感问题，要主动做好解释说明和信息发布工作，主动澄清事实，及时表明立场，化解对立情绪，防止事态扩大。尤其要坚持问题导向，举一反三，加强相关问题整改落实，以实际行动和工作成效回应社会关切。要善于与媒体和网民打交道，注重加强与媒体的协调沟通，及时分享相关信息，争取理解和支持。今年是新中国成立70周年，大事多、要事多，各级林草部门要未雨绸缪、认真研判，提前做好各种预案，及时回应社会各种关切，防止信息不对称造成社会公众的不了解不理解，确保社会舆论平稳可控。

第五，要积极创新宣传工作方式方法。随着网络信息技术的快速发展，移动应用、社交媒体、网络直播、自媒体公众号等新应用、新业态不断涌现，在更广范围推动着思想、文化、信息的传播和共享，媒体格局和舆论生态正在重塑。习近平总书记强调，面对受众阅读习惯和信息需求的深刻变化，做好宣传思想工作，比以往任何时候都更加需要创新。各级林草宣传部门要主动适应这些重要变化，科学认识网络传播规律，积极推进宣传工作理念、方法手段、载体渠道、制度机制创新，着力提升宣传思想工作的传播力和影响力。要注重用好传统媒体，着力办好《中国绿色时报》《中国林业》等行业报刊，策划推出系列有力度、有声势、有影响的报道。要善于用好新媒体，积极适应人人都是自媒体、多向传播、海量传播等现代传播新特征，主动借助微信微博、移动客户端等新媒体传播优势，加快构架舆论引导新格局。既要用好新闻发布会、媒体吹风会等宣传平台，又要办好"关注森林""童眼观生态""绿色中国行""秘境之眼""绿水青山看中国"等活动和栏目，不断拓展林草宣传的平台和渠道，有效提升林草宣传的吸引力和感染力。要大力繁荣生态文化，通过组织调研采风、文艺创作、作品征集等活动，着力打造一批生态文化精品力作，用优秀的作品影响人感染人，让爱绿护绿植绿的理念深入人心。

第六，要切实加强宣传工作组织领导。各级林草部门要把宣传工作作为一项政治任务摆到重要位置，贯穿业务工作始终，坚持与业务工作同谋划、同部署、同推进。要认真落实领导责任制，形成一把手负总责、分管领导具体抓，一级抓一级、层层抓落实的宣传工作格局。要切实加强宣传干部队伍建设，选优配强宣传干部，着力打造政治过硬、业务精通、作风优良的高素质专业化干部队伍。要积极争取各级党委政府、人大政协和宣传主管部门的重视与支持，帮助解决各种困难和问题，为林草宣传工作创造更好的条件。要从报纸发行、图书出版等方面，进一步加大对中国绿色时报社、中国林业出版社的支持力度，帮助他们更好地发挥林草宣传主阵地作用。

同志们，加强和改进新时代林草宣传工作，意义重大，任务艰巨，使命光荣。让我们紧密团结在以习近平同志为核心的党中央周围，以习近平新时代中国特色社会主义思想为指导，认真贯彻落实习近平生态文明思想，提高政治站位，把牢政治方向，弘扬主旋律，传播正能量，全面开创林草宣传工作新局面，为推动林草事业高质量发展、建设生态文明和美丽中国作出新的更大贡献。

完善政策　精准发力
持续推进退耕还林还草工程建设
——在全国退耕还林还草工作会议上的讲话

张建龙

（2019年9月5日）

在全国退耕还林还草工程实施20周年之际，我们在陕西延安召开全国退耕还林还草工作会议，主要任务是以习近平新时代中国特色社会主义思想为指导，深入学习贯彻习近平生态文明思想，系统总结退耕还林还草工程建设20年的成就经验，研究分析退耕还林还草工作面临的新形势新要求，进一步统一思想认识、明确目标任务，安排部署当前和今后一个时期的重点工作，持续推进退耕还林还草工程建设，为建设生态文明和美丽中国作出更大贡献。

退耕还林还草工程是一项与人民群众利益息息相关的生态工程，也是一项重大的民心工程和德政工程。20年来，各地涌现出了一大批先进集体和先进个人，刚才表彰的先进集体和先进个人就是其中的典型代表。多年来，这些先进典型始终秉持"奉献担当、敬业为民、求实创新、攻坚克难"的精神，持续推进退耕还林还草工程建设，为工程顺利实施并取得巨大成效作出了重要贡献。在此，我代表国家林业和草原局，向受到表彰的集体和个人表示热烈的祝贺！

下面，我讲三点意见。

一、充分肯定退耕还林还草 20 年取得的巨大成效

实施退耕还林还草，是党中央、国务院为治理水土流失、改善生态环境作出的重大战略决策。1999 年以来，全国累计实施退耕还林还草 5.08 亿亩，其中退耕地还林还草 1.99 亿亩、荒山荒地造林 2.63 亿亩、封山育林 0.46 亿亩，中央累计投入 5112 亿元，相当于三峡工程动态总投资的两倍多。退耕还林还草工程已成为我国乃至世界上资金投入最多、建设规模最大、政策性最强、群众参与程度最高的重大生态工程，取得了巨大的综合效益。

（一）有效改善了工程区生态状况。退耕还林还草工程的一退一还，工程区生态修复明显加快，短时期内林草植被大幅度增加，森林覆盖率平均提高 4 个多百分点，一些地区提高十几个甚至几十个百分点，风沙危害和水土流失得到有效遏制，生态面貌大为改观，生态状况显著改善，党中央、国务院当年绘就的再造秀美山川的宏伟蓝图正在变为现实。20 年来，工程建设取得的巨大生态效益，为建设生态文明和美丽中国创造了良好的生态条件。据监测，退耕还林还草每年在保水固土、防风固沙、固碳释氧等方面产生的生态效益总价值达 1.38 万亿元，相当于中央投入的近 3 倍。退耕还林还草每年涵养的水源相当于三峡水库的最大蓄水量，减少的土壤氮、磷、钾和有机质流失量相当于我国年化肥施用量的四成多。近年来，全国荒漠化和沙化面积呈现"双减少"、程度呈现"双减轻"，退耕还林还草起到了重要作用。第三次全国石漠化监测结果显示，2011～2016 年，我国石漠化面积年均减缩 3.45%，以退耕还林还草为主的人工造林种草和植被保护贡献率达 65%。

（二）有力助推了农民脱贫致富。农民群众是退耕还林还草工程的建设者，也是最直接的受益者。全国 4100 万农户参与实施退耕还林，1.58 亿农民直接受益，经济收入明显增加。截至 2018 年，退耕农户户均累计获得国家补助资金近 9000 元。同时，退耕后农民增收渠道不断拓宽，后续产业增加了经营性收入，林地流转增加了财产性收入，外出务工增加了工资性收入，农民收入更加稳定多样。据国家统计局监测，2007～2016 年，退耕农户人均可支配收入年均增长 14.7%，比全国农村居民人均可支配收入增长水平高 1.8 个百分点。四川省丘陵、盆地周围地区有 400 多万个劳动力因实施退耕还林得以转移，外出务工年创收达 217 亿元。退耕还林还草工程区大多是贫困地区和民族地区，工程的扶贫作用日益显现。云南省对少数民族地区实行退耕还林全覆盖，贡山县独龙乡人均退耕还林 1.75 亩，2018 年农民人均可支配收入达 6122 元，是退耕前的 12 倍，整乡整民族实现脱贫，习近平总书记专门致信祝贺。

（三）极大促进了农村产业结构调整。实施退耕还林还草工程，退下的是贫瘠的低产耕地，增加的是绿色的金山银山，优化了土地利用结构，促进了农业结构由以粮为主向多种经营转变，粮食生产由广种薄收向精耕细作转变，许多地方走出了"越穷越垦，越垦越穷"的恶性循环，实现了地减粮增、林茂粮丰。国家统计局数据显示，与 1998 年相比，2017 年退耕还林工程区和非工程区谷物单产分别增长 26% 和 15%，工程区粮食作物播种面积和粮食产量分别增长 10% 和 40%，而非工程区分别下降 21% 和 7%。湖北秭归县通过退耕还林调整柑橘种植结构，出现了 3 个亿元村，全县柑橘年产值 30 亿元。同时，各地依托退耕还林培育的绿色资源，大力发展森林旅游、乡村旅游、休闲采摘等新型业态，绿水青山正在变成老百姓的金山银山。

（四）明显增强了全民生态意识。退耕还林还草任务分配到户、政策直补到户、工程管理到户，政策措施做到了家喻户晓。20 年的工程建设，已经成为生态文化的"宣传员"和生态意识的"播种机"，生态优先、绿色发展的理念深入人心，爱绿护绿、保护生态的行为蔚然成风。尤其是工程实施 20 年来取得的显著成效，让工程区老百姓深切感受到了生态环境的巨大变化和生产生活条件的明显改善，人们对生产发展、生活富裕、生态良好的文明发展道路有了更加深刻的认识，生态意识明显增强。有的基层干部说，退耕还林还草从某种意义上讲，退出的是广大农民传统保守的思想观念，还上的是文明绿色的发展理念；退出的是农村长期粗放落后的生产方式，还上的是集约高效的致富之路。

（五）成功树立了全球生态治理典范。20 年来，退耕还林还草工程造林面积占我国重点工程造林总面积的 40%，目前成林面积近 4 亿亩，超过全国人工林保存面积的三分之一，确保了我国人工林保存面积长期处于世界首位。实施大规模退耕还林还草在我国乃至世界上都是一项伟大创举，为增加森林碳汇、应对气候变化、参与全球环境治理作出了重要贡献。退耕还林还草工程已成为我国政府高度重视生态建设、积极履行国际公约的标志性工程，成为人类治理生态系统、建设生态文明、推动可持续发展的成功典范，得到全世界的高度赞誉。美国科学院院士、斯坦福大学教授格蕾琴·戴利通过长期深入研究后指出，退耕还林是一个极大的创新项目，解决了两个至关重要的问题：保护环境和引导产业转型、为农村极端贫困人口提供致富机遇。她认为，退耕还林已经在中国取得了显而易见的成效，其他国家应重视并学习中国的经验，将中国当成一面镜子。今年 2 月，美国《自然》杂志发表文章，对我国实施退耕还林、应对气候变化的举措作了详细介绍，呼吁全球学习中国的土地使用管理办法。美国航空航天局同一时间公布了一组研究数字，称世界绿色的增加四分之一来自中国，并且植树造林占到了 42%。毫无疑问，退耕还林还草工程功不可没。

总之，退耕还林还草 20 年，取得了显著的生态、经济和社会效益，积累了许多宝贵的经验，是我国生态文明建设的生动实践，是世界生态建设史上的伟大奇迹。回顾这20年，退耕还林还草工程之所以取得如此巨大的成功，是各方面共同努力的结果：一是得益于党中央、国务院的高度重视、高位推动。历届中央领导同志对实施退耕还林还草工程先后作出一系列重要指示批示，党中央、国务院多次会议进行安排部署，党的十九大报告明确要求扩大退耕还林还草，近年来的中央一号文件和《政府工作报告》都要求继续实施退耕还林还草，国务院先后下发5个关于退耕还林还草工作的文件，为工程顺利实施提供了强有力的保障。二是得益于地方各级党委政府以及各有关部门的通力协作、共同推进。各地坚持省级人民政府负总责，实行目标、任务、资金、责任"四到省"。各级党委政府始终把退耕还林还草作为农村工作的大事要事来抓，党政主要领导亲自抓；各级发展改革、财政、自然资源、生态环境、农业农村、林草、扶贫等部门坚持分工负责、互相配合，共同研究解决工程实施中的各种困难，形成了推动工程建设的合力。三是得益于广大农民的衷心拥护、积极参与。退耕还林还草政策措施含金量很高，而且创造性地实行个体承包、直补到户的方式，让农民真切感受到了退耕政策的实惠，也逐步体会到了实施退耕还林还草带来的好处，人民群众有了越来越多的获得感、幸福感，参与工程建设的积极性得到充分调动，为工程建设注入了强大动力。四是得益于工程建设管理的规范有序、开拓创新。工程实施以来，颁布实施了《退耕还林条例》，建立健全了一整套行之有效的制度体系，工程管理越来越规范、政策越来越完善。同时，工程实施过程中，各地不断探索创新生产组织、产业发展、品牌建设等模式，积极引导民间资本和社会资本参与，使退耕农户小生产与改革开放大市场有效衔接，实现优势互补、风险共担、利益共享，为实现"退得下、稳得住、不反弹、能致富"目标提供了重要支撑。五是得益于广大退耕还林还草工作者的辛勤工作、无私奉献。乡镇村组和基层林草主管部门干部职工和技术人员跋山涉水，走村串户，宣传政策、落实地块、核实任务、兑现补贴，付出了大量心血和汗水，为工程建设扎实推进筑牢了基础。在此，我代表国家林业和草原局，向多年来关心支持退耕还林工作的有关部门和社会各界表示衷心的感谢！向为退耕还林还草事业付出辛勤劳动的广大工作者和退耕农民表示衷心的感谢并致以崇高的敬意！

二、充分认识深入实施退耕还林还草工程的重大意义

党中央、国务院对退耕还林还草工作高度重视。习近平总书记几次回延安时都通过召开座谈会和深入退耕农户，了解农民退耕后的生计和还林还草的成效。他还多次强调，要做好退耕还林还草工作，扩大退耕还林、退牧还草，有序实现耕地、河湖休养生息，让河流恢复生命、让流域重现生机；实施好退耕还林还草、水土保持等工程，增强水源涵养、水土保持等生态功能。党的十八大以来，以习近平同志为核心的党中央站在新的历史方位和实现中华民族伟大复兴中国梦的全局高度，于2014年重新启动实施新一轮退耕还林还草工程。这些重要指示和重要举措，为深入实施退耕还林还草工程指明了方向、提供了遵循。各级林草主管部门要深刻领会党中央、国务院实施新一轮退耕还林还草工程的背景和战略意图，充分认识持续推进退耕还林还草工程建设的重大意义，切实把思想和行动统一到党中央、国务院的重大决策部署上来，扎实做好新时代的退耕还林还草工作。

（一）深入实施退耕还林还草工程是贯彻习近平生态文明思想的生动实践。长期以来，习近平总书记高度重视并多次为生态文明建设发现培育实践典型。延安的退耕还林为水土流失严重的黄土高原、为世界生态脆弱区提供了生态修复的成功样本。习近平总书记多次把延安的退耕还林作为典型案例教育激励我们。他指出，从这些案例看，只要朝着正确的方向，一年接着一年干，一代接着一代干，生态系统是完全可以修复的。退耕还林还草工程按照宜林则林、宜草则草的原则，着力营造以森林、草原为基础的自然生态系统，为构建山水林田湖草相互依存促进的生命共同体，探索了成功路径。深入实施退耕还林还草工程，就是要以习近平生态文明思想为指导，进一步增加林草面积、提高林草质量，不断扩大生态空间和生态承载力，让我们国家拥有更多的绿水青山和金山银山，为建设生态文明和美丽中国夯实资源生态基础。同时，深入实施退耕还林还草工程，必将培育更多的生态建设典型，为生态文明建设注入不竭动力。

（二）深入实施退耕还林还草工程是推进大规模国土绿化的迫切需要。党的十九大报告明确提出，到2035年要基本实现美丽中国目标，这就意味着原本到本世纪中叶的目标要在2035年实现。为适应这一变化，我们提出到2035年全国森林覆盖率要达到26%，为此必须加快推进大规模国土绿化行动，每年要完成营造林任务1.1亿亩，其中人工造林要保持较大比重。随着我国国土绿化不断深入和宜林地面积越来越少、条件越来越差，要实现上述目标，继续深入实施退耕还林还草工程至关重要。据调查，目前我国还有1.5亿多亩15度以上坡耕地、1000多万亩严重沙化耕地、3700多万亩石漠化耕地，以及大量严重污染耕地、易地扶贫搬迁腾退耕地、国家级自然保护区核心区耕地、重点国有林区已垦林地、主体草原区和农牧交错带开垦耕地、地下水超采和地面沉降区耕地等。这些耕地不仅粮食产量低，而且严重制约生态保护修复，危害国家生态安全。将这些地方纳入退耕范围，逐步还林还草，可以为大规模国土绿化拓展空间，实现一举多得。

（三）深入实施退耕还林还草工程是助力精准扶贫的有效途径。习近平总书记高度重视退耕还林还草在精准扶贫中的重要作用。他在中央扶贫开发工作会议上深刻指出，要加大贫困地区新一轮退耕还林还草力度，对贫困地区25度以上的基本农田，可以考虑纳入退耕还林范围，并合理调整基本农田保有指标。他当年插队的梁家河村，就是通过实施退耕还林工程实现脱贫的。正是由于实施退耕还林，延安市贫困发生率由2014年底的13.2%下降到2018年底的0.66%，693个贫困村全部退出，全市整体脱贫摘帽。从全国来看，退耕还林还草的主战场就在生态脆弱、贫困发生率高、贫困程度深的集中连片特困地区。近年来,新一轮退耕还林还草与精准扶贫紧密结合,近四分之三的任务安排在贫困地区,很多地方通过退耕还林还草,治山治水,修复生态,发展产业,改善环境,秀了山、美了水、富了百姓。当前,山区沙区扶贫任务仍然十分繁重,即使到2020年实现脱贫后,巩固成果的任务也非常艰巨。必须持续推进退耕还林还草工程建设,充分发挥退耕还林还草的独特优势,与精准扶贫更加紧密地结合起来,继续加大贫困地区的退耕还林还草力度,让这项德政工程、民生工程发挥更大的作用。

(四)深入实施退耕还林还草工程是巩固扩大工程建设成果的内在要求。对于生态工程建设,习近平总书记始终强调要坚持久久为功,驰而不息;要一年接着一年干,一代接着一代干;进则全胜,不进则退。退耕还林还草工程更是如此,如果不珍惜眼前的成果,不能保住来之不易的建设成果,必将前功尽弃。历史上生态建设初期成果很好,但最终成果巩固却出了问题的案例不在少数,必须引以为戒。从对前一轮退耕还林成果巩固情况的抽查结果看,保存率和管护率较之前均有所下降,有些地方下降幅度还比较大。目前,退耕政策补助陆续到期,如果我们连已有建设成果都巩固不住,势必影响党中央、国务院进一步扩大退耕还林还草规模的决心,势必影响广大干部群众持续推进工程建设的信心。要把巩固扩大工程建设成果,作为持续推进退耕还林还草工程建设的重要内容,通过挖掘林草资源的经济价值,大力发展后续产业,加快产业结构调整,促进农业农村发展,确保退耕还林还草成果得到巩固发展。

退耕还林还草工程已经实施20年,各方面的效益正在日益显现,为持续推进工程建设奠定了坚实基础。但是,随着现行补助政策的陆续到期和工程建设的不断深入,巩固成果与扩大规模的任务十分繁重,一些深层次的矛盾和问题也随之凸现出来。主要是缺乏总体规划,耕地保护与退耕政策不协同,建设任务落地困难,与前一轮相比补助标准偏低,巩固成果长效机制尚未真正建立,等等。这些问题严重制约退耕还林还草工程的深入实施,也一定程度上影响了工程实施成效。各级林草主管部门既要认真总结成效和经验,又要坚持问题导向,增强责任感和使命感,着力解决工程建设中的各种问题,推动退耕还林还草工程持续深入开展。

三、着力做好当前和今后一个时期的重点工作

历经20年,退耕还林还草已经进入一个新的发展阶段。近年来,我国经济实力和国家财力明显增强,退耕还林还草资金投入有了更大保障。全国粮食产量连年增加,粮食安全保障更为有力。农民收入稳步增加,在经济收入和粮食供给上,对坡耕地的依赖程度都大幅降低,继续实施退耕还林还草的条件完全具备。同时,第三次全国土地调查结果即将出炉,扩大退耕规模将有更加充分和准确的依据。特别是退耕还林还草工程实施20年来,各地积累了丰富的经验,探索形成了大量可复制可推广的模式。这些都为持续推进退耕还林还草工程建设奠定了良好的基础。下一步,各级林草主管部门要深入贯彻落实习近平生态文明思想,进一步提高政治站位,不断完善政策措施,巩固发展已有成果,科学谋划扩大规模,持续推进工程建设。当前和今后一个时期,要着力抓好以下几项重点工作。

(一)科学编制工程总体规划。退耕还林还草工程实施20年来,一直没有全国性的统一规划,给工程建设和管理带来了很多问题。国务院2017年和2019年两次批准扩大退耕还林还草规模。除此之外,各地实际上还有大量水土流失、风沙危害、土壤污染严重以及导致地下水超采的耕地依然在耕种,需要退耕还林还草。要依托第三次全国土地调查结果,全面查清需要退耕地类、面积、分布,确保数据真实准确。要依据国土空间规划和"三区三线"划定结果,科学编制退耕还林还草总体规划,做好顶层设计,谋划好退什么地、退多少、怎么退的问题。对退耕还林还草工作中存在的重大问题,要加强调查研究,提出符合客观实际、切实可行的意见建议,为加强顶层设计、完善政策措施提供决策参考。

(二)着力巩固工程建设成果。退耕还林还草工作是一项系统工程,巩固成果不能只靠老百姓的自觉行为或者政府的行政指令,要靠完善的政策和长效的机制。要用足用好多渠道的政策资金,探索将符合条件的退耕还林还草纳入森林生态效益补偿、草原生态保护补助奖励、森林抚育补贴、国家储备林建设、森林质量精准提升工程等范围。要依托已有的成果,大力发展休闲旅游、林下经济、森林康养等后续产业,确保退耕农民有持续可观的经济收入。要在落实退耕农户管护责任的基础上,逐步将退耕还林纳入生态护林员统一管护范围,继续搞好封山禁牧,加强对退耕还林还草成果的管护。要依法依规保护退耕后形成的林草资源,严肃查处毁林毁草、非法征占用、擅自复耕等行为。

(三)认真分解落实建设任务。国务院刚刚批准了扩大贫困地区退耕还林还草规模的方案,有关部门即将下达2019年的第二批任务。截至目前,仍有5个省区没有将第一批任务分解到县。2017年国务院批准核减3700万亩陡坡基本农田用于扩大退耕还林还草规模,各省区市工作很不平衡,仍有600多万亩没有落实。各级林草主管部门要准确领会中央精神,及时向当地党委、政府汇报,积极协调自然资源等部门,狠抓落实。对已批准核减的陡坡基本农田、陡坡梯田、重要水源地15~25度坡耕地、严重沙化耕地、严重污染耕地指标,要落实到土地利用现状图上,特别是要进一步摸清底数,全面掌握贫困农户的退耕需求,尽早组织实施。年度建设任务,要在充分尊重农民意愿的基础上,尽快落实到山头地块和具体农户。任务落实过程中,要优先向贫困地区和革命老区、向贫困人口倾斜,对符合退耕政策的贫困村、贫困户实现全覆盖。

(四)不断提升工程管理水平。实行精细化管理,严格把控工程建设全过程,是退耕还林还草工程健康推进的重要保障。要抓好良种壮苗培育与供应工作,严格管控施工过程、质量。坚持接受群众和社会监督,认真落实任务分配、检查验收、政策兑现等关键环节的乡村公示和群众举报办理制度。加强与自然资源部门的沟通衔接，用好第三次全国土地调查成果，推进新一轮退耕还林还草矢量化管理，提升工程管理水平。落实"放管服"改革要求，优化检查验收程序，加强对检查验收队伍的管理和廉政教育，提升检查验收效果，确保工程建设质量。特别是退耕还林还草工程补助资金总量很大，而且直接面对千家万户，管理难度和工作量很大，必须严格执行国家财经纪律和相关政策规定，健全完善制度办法，强化资金稽查审计，加快资金拨付进度，严防发生挤占挪用、虚报冒领、贪污克扣等违法违纪行为，确保资金安全。

（五）广泛开展宣传报道。退耕还林还草涉及面很广，政策性很强，推进工程建设高质量发展，必须有一个良好的舆论氛围，引导各有关方面积极参与支持。要旗帜鲜明、大张旗鼓地宣传退耕还林还草的重要地位、巨大成效、成功经验和先进典型，以及当前面临的新形势和新任务。要充分利用广播、电视、报纸等传统媒体和微信、微博、公众号等新媒体，开展形式多样的宣传，用实践中涌现出来的先进人物和先进事迹来教育人、感染人、鼓舞人，进一步增强广大退耕工作者和退耕农民的主动性、积极性和创造性，进一步提高全社会的生态保护意识。要大力宣传推广行之有效的经验做法和先进适用的退耕模式，不断提高工程建设成效。要继续加强对外宣传，向全世界讲好中国退耕还林还草故事，传播我国加强生态文明建设的声音。

（六）切实加强组织领导。退耕还林还草工作情况复杂、任务艰巨，必须强化组织领导。各级林草主管部门的主要负责人要把退耕还林还草工作放在更加突出的位置，切实把责任扛在肩上，把工作抓在手里，科学谋划，抓实抓细抓好。要当好参谋，积极争取同级党委政府特别是主要领导同志的重视。在机构改革过程中，要明确机构，理顺职能，保证编制，稳定队伍。要加强与发展改革、财政、自然资源等部门的沟通协调，争取更多理解和支持，积极推动解决影响工程进展和成效的突出问题，增强耕地保护与退耕还林还草政策的协同性，完善投资补助政策，确保符合条件的耕地能退尽退，建设成果能够切实得到巩固。

同志们，做好退耕还林还草工作事关全局，影响深远，责任重大。让我们紧密团结在以习近平同志为核心的党中央周围，高举习近平新时代中国特色社会主义思想的伟大旗帜，振奋精神，继往开来，开拓创新，持续推进退耕还林还草工程建设，为全面建成小康社会、建设生态文明和美丽中国作出新的更大贡献！

扎实做好生态扶贫工作
为全面打赢脱贫攻坚战作出更大贡献
——在全国生态扶贫工作会议上的讲话

张建龙
（2019年9月27日）

在脱贫攻坚进入决战决胜的关键时刻，我们召开全国生态扶贫工作会议，主要任务是以习近平新时代中国特色社会主义思想为指导，深入学习贯彻习近平总书记关于扶贫工作的重要论述和最新指示精神，认真落实《中共中央 国务院关于打赢脱贫攻坚战三年行动的指导意见》和《生态扶贫工作方案》，研究部署生态扶贫工作，扎实推动今明两年生态扶贫任务落地实施，为脱贫攻坚全面收官奠定坚实基础。

中央有关部门十分重视和支持生态扶贫工作。今天，国家发展改革委、财政部、自然资源部、生态环境部、水利部、农业农村部、国务院扶贫办等部门以及国开行、农发行、平安产险等金融机构参加这次会议。刚才，国家发展改革委农经司李明传副司长、国务院扶贫办开发指导司杨栋副司长作了讲话，对做好生态扶贫工作给予了指导，我们要准确把握，抓好贯彻落实。山西省、广西壮族自治区、云南省、国开行、罗城县等单位作了典型交流发言，下午大家还将实地考察，希望各地认真学习借鉴这些地方和单位开展的好的经验和做法。下面，我讲三点意见。

一、全面贯彻落实习近平总书记关于扶贫工作的重要论述

习近平总书记关于扶贫工作的重要论述，是习近平新时代中国特色社会主义思想的重要组成部分，是对马克思主义反贫困理论的丰富发展，为全球贫困治理贡献了中国智慧和中国方案。打赢脱贫攻坚战是全面建成小康社会最艰巨的任务，是一场必须打赢打好的硬仗。党的十八大以来，全党全国人民以习近平总书记关于扶贫工作的重要论述为根本遵循，取得了打赢脱贫攻坚战重大历史性成就，创造了人类历史上前所未有的脱贫奇迹。当前，脱贫攻坚只剩下一年多的时间，我们必须把全面贯彻落实习近平总书记关于扶贫工作的重要论述摆在首要位置，切实抓紧抓好。

（一）认真践行初心使命，坚决打赢脱贫攻坚战。以习近平同志为核心的党中央作出打赢脱贫攻坚战的决策部署，生动诠释了我们党为人民谋幸福的不变初心，全面彰显了社会主义制度的巨大优越性和习近平新时代中国特色社会主义事业的伟大追求。脱贫攻坚是实现第一个百年奋斗目标的标志性指标。习近平总书记多次强调，"小康不小康，关键看老乡""小康路上一个都不能掉队""解决好贫困人口生产生活问题，满足贫困人口追求幸福的基本要求，是我们的庄严承诺"。按照党中央的部署，当前全党上下正在深入开展"不忘初心、牢记使命"主题教育。习近平总书记在主题教育工作会议上和内蒙古等地考察指导时，对牢记初心使命、坚决打赢脱贫攻坚战、推动生态优先、绿色发展提出新的更高要求。我们要结合主题教育，深刻领会打赢脱贫攻坚战对于践行初心使命的重大意义，更加主动自觉地在脱贫攻坚中落实主题教育要求，更加有效地把主题教育成果转化为推动脱贫攻坚的动力和业绩，走出一条建设生态文明和发展经济相得益彰的脱贫路子。

（二）深入贯彻决策部署，着力提高生态扶贫贡献。我国森林草原区、生态脆弱区、深度贫困地区"三区"高度耦合。习近平总书记多次强调，在生存条件差、但生态系统重要、需要保护修复的地区，可以结合生态环境保护和治理，探索一条生态脱贫的新路子。他特别指出，生态扶贫要加大贫困地区生态保护修复力度，在山水上做文章，让绿水青山变金山银山。他明确要求，让有劳动能力的贫困人口转成护林员等生态保护人员，增加护林员等公益岗位，增加重点生态功能区转移支付，扩大政策实施范围，生态保护项目要提高贫困人口参与度和受益水平。今年7月，他在内蒙古考察时强调，要坚持因地制宜、因村施策，宜种则种、宜养则养、宜林则林，把产业发展落到促进农民增收上来。8月，他在甘肃考察时强调，要正确处理生产生活和生态环境的关系，积极发展生态环保、可持续的产业，保护好宝贵的草场资源。9月，他在河南考察时强调，利用荒山推广油茶种植，既促进了群众就近就业，带动了群众脱贫致富，又改善了生态环境，一举多得。要把农民组织起来，面向市场，推广"公司+农户"模式，建立利益联动机制，让各方共同受益。要坚持走绿色发展的路子，推广新技术，发展深加工，把油茶业做优做大，努力实现经济发展、农民增收、生态良好。这些年，我们坚持生态保护与脱贫攻坚同谋划、同部署、同落实，既丰富了脱贫攻坚的路径，又扩大了生态文明的内涵，实现了绿水青山就是金山银山、生态保护与脱贫攻坚"双赢"。实践证明，生态扶贫是新时代精准扶贫的重要模式，这一模式高度契合了欠发达地区消除贫困和保障生态安全的双重目标需要，在消除贫困的诸多路径中，不仅符合贫困地区老百姓的实际需要，而且彰显了巨大的发展潜力和时代精神。我们要深入贯彻习近平总书记关于生态扶贫的重要指示精神，加大生态扶贫工作力度，完善政策精准举措，不断提升生态扶贫的贡献率。

（三）充分发挥行业优势，切实履行生态扶贫职责。我国山区林区沙区牧区拥有丰富的土地、物种、景观等资源，既是生态扶贫的主战场，也是林草建设的重点区域。党中央、国务院高度重视林业草原工作，把发展林业草原作为全面建成小康社会和深度贫困地区脱贫攻坚的重要内容之一。习近平总书记对生态护林员扶贫、退耕还林还草扶贫、油茶扶贫、造林合作社扶贫等林草扶贫成效给予充分肯定，提出明确要求。在党和国家机构改革方案中，赋予了国家林草局"组织生态保护和修复、组织生态扶贫工作"等重要职责。林草部门在发展改革、财政、扶贫、自然资源、生态环境、水利、农业农村等部门的支持下，指导和协同推进各地加强林草生态扶贫工作，推出了深受基层欢迎的重大举措，成为脱贫攻坚的新亮点。林草部门要以强烈的政治意识和责任担当，深入贯彻落实习近平总书记的重要论述，努力将贫困地区林草生态资源转化为脱贫优势和发展资本，充分释放"生态红利"和"绿色红利"，让林草造福更多的贫困群众。

二、生态扶贫取得了积极成效

党的十八大以来，各级林草部门以习近平总书记关于扶贫工作的重要论述为行动指南，牢固树立"四个意识"，坚定"四个自信"，坚决做到"两个维护"，压实扶贫责任，加强作风整治，形成了统筹谋划、统一部署、统一行动的工作体系，确保生态扶贫始终按照中央脱贫攻坚部署贯彻落实。林草部门与有关部门密切配合，通过完善机制、明确责任、协同作战，出台了生态扶贫工作方案、专项规划、产业攻坚行动计划等一系列政策举措，建立了中央统筹、行业主推、地方主抓的生态扶贫格局。林草部门坚持上下联动，创新机制模式，积极完善选聘生态护林员政策、推广合作造林脱贫模式、助推深度贫困地区脱贫攻坚，这些可复制可推广的模式，得到了中央和地方的认可，受到了基层干部群众的欢迎。生态扶贫工作正呈现出全面突破、多点开花、持续推进的良好态势。

（一）选聘了百万生态护林员队伍。在财政部、扶贫办和有关省区的支持下，2016年以来，已累计安排中央资金140亿元，安排省级财政资金27亿元，在贫困地区选聘100万建档立卡贫困人口担任生态护林员，分享绿水青山金山银山带来的实惠。一方面，帮扶这些无门路就业、无技能增收的贫困群体通过劳动脱贫；另一方面，扩充了基层急需的生态保护队伍，织密织牢了生态脆弱区林草资源保护网。贫困地区涌现出了一批以生态护林员带动的林草大户、产业能手和致富带头人。同时，我局积极协调有关部门，财政部、国家发展改革委进一步完善森林生态效益补偿、野生动植物保护、草原和湿地保护政策措施，连续四年提高补偿补助标准，吸纳更多贫困人口参与生态管护，贫困人口的受益水平显著提升，各类破坏林草资源的案件明显减少，资源保护力度不断加大。2018年，林草局牵头的"选聘生态护林员工作"在国务院扶贫开发领导小组考核中获得"好"的成绩。

（二）组建了2万个生态扶贫专业合作社。按照中央要求和《生态扶贫工作方案》目标任务，坚持山水林田湖草综合治理、系统治理、源头治理，统筹推进各项工作。坚持因地制宜、分类施策，深入实施重大生态保护修复工程。坚持项目资金优先保障深度贫困地区，年度任务优先向深度贫困地区倾斜。2016年以来，在中西部22个省份实施了退耕还林还草、退牧还草、京津风沙源治理、天然林资源保护、三北等防护林体系建设、水土保持、石漠化综合治理、沙化土地封禁保护区建设、湿地保护与恢复、农牧交错带已垦草原综合治理、青海三江源生态保护和建设等重大生态工程，中央层面共安排贫困地区林草资金1500多亿元，全国新组建了2.1万个生态扶贫专业合作社，吸纳120万贫困人口参与生态保护工程建设。

（三）推动了特色产业健康发展。坚持政府引导、市场主体，积极推进供给侧结构性改革，指导贫困地区因地制宜发展特色优势惠民产业，大力培育新型经营主体和龙头企业，建立完善覆盖贫困人口的利益联结、收益分红、风险共担机制。通过重点扶持和积极推动木本油料、林下经济、森林旅游等产业项目，为贫困地区巩固生态扶贫成果、发挥特色资源优势打下了坚实基础。2018年，中西部22个省份林业产业总产值达到4.4万亿元，同比增长12.8%。贫困地区油茶种植面积扩大到5500万亩，建设林下经济示范基地370家，依托森林旅游实现增收的贫困户达35万户，年户均增收3500元。

（四）支撑保障能力持续提升。深入开展林草科技扶贫，通过推进"林草科技活动周""科技下乡""科技列车行"等活动，选派科技专家、特派员、指导员深入贫困地区，创建"科技+企业+贫困户"扶贫模式，建立各类示范基地1316个，举办培训班7000多期，培训乡土专家和林农80多万人次，发放各类实用技术手册38万册，实施科技扶贫项目626项。大力加强干部人才扶贫工作。我局共选派156名挂职干部到西藏、青海、新疆、云南、广西、贵州、江西等省区开展帮扶工作，累计接收贫困地区到我局挂职干部54人。在滇桂黔石漠化片区，实施四级干部挂派机制，形成省、市、县、村四级帮扶联动。我局挂职干部先后被评为中央和国家机关脱贫攻坚优秀个人，获得当地优秀共产党员、扶贫干部称号。

（五）助力重点地区加快脱贫攻坚步伐。聚焦深度脱贫攻坚区、滇桂黔石漠化片区和定点扶贫县，认真履行帮扶职责，加大工作力度，确保脱贫进度和脱贫质量。重点推进怒江州深度贫困地区林草生态脱贫，联合国务院扶贫办编制的《云南怒江傈僳族自治州林业生态脱贫攻坚区五行动方案》，得到了汪洋主席肯定批示。2018年怒江州林业总产值19.48亿元，农民人均林业收入2635元，占农民人均可支配收入的41%。与水利部连续五年联合召开滇桂黔石漠化片区区域发展与脱贫攻坚现场推进会，与部际联席会议成员单位共同推进片区脱贫攻坚。通过资金帮扶、金融支持、捐款捐物、人员培训、购买和帮助销售农产品、结对帮扶、支部共建、科技扶贫、产业扶贫等多项措施，超额完成了2018年度《中央单位定点扶贫责任书》各项任务。2019年，在中国绿色碳汇基金会设立"林业草原生态扶贫专项基金"，首批募集捐款共计1656万元，用于支持特色产业发展。支持打造紫林山村"甲定水乡"品牌，推进海花草产业化扶贫。协调平安保险公司通过"平安扶贫保"产业扶贫模式，为罗城县毛葡萄酒酿造企业提供流动资金免息贷款1000万元以上，通过约定保底价收购贫困户种植的毛葡萄、雇佣贫困户等方式，促进贫困户增收脱贫。我局2017年、2018年连续两年获得国务院扶贫开发领导小组对定点扶贫考核"好"的成绩。

生态扶贫工作取得了积极进展和成效，这是全面贯彻落实习近平总书记关于扶贫工作重要论述的结果，是党中央、国务院高度重视、高位推动的结果，是各地区、各部门和全体扶贫干部敢于担当、辛勤付出的结果。在看到成绩的同时，也要清醒地认识到，生态扶贫工作还面临着一些困难和不足。部分省区生态护林员选聘管理还存在薄弱环节；国土绿化要啃的硬骨头越来越多，劳动力成本与补助标准不相匹配，影响了脱贫增收成效；生态产业规模化水平不高、加工能力不足、带贫减贫机制不健全，这些都是我们要补齐的短板。对此，我们要以更大的力度、更精准的举措、更有效的对策，不断提高生态扶贫工作的质量和水平。

三、扎实做好今明两年生态扶贫工作

脱贫攻坚战进入最后攻坚阶段，只能打赢打好。各级林草部门要以习近平新时代中国特色社会主义思想为指导，深入学习贯彻习近平总书记关于扶贫工作的重要论述，将全面落实《中共中央 国务院关于打赢脱贫攻坚战三年行动的指导意见》《生态扶贫工作方案》目标任务作为当前和明年的重点工作，继续推进生态补偿扶贫、国土绿化扶贫、生态产业扶贫三项举措，全面提升生态扶贫政策成效，全面巩固生态脱贫成果，全面完成生态扶贫任务，为夺取打赢脱贫攻坚战全面胜利作出新的更大贡献。

（一）强化政治责任担当。脱贫攻坚是一项十分严肃的政治任务，是全面建成小康社会必须完成的硬任务，是新时代践行初心和使命的伟大实践。各级林草部门要切实增强"四个意识"、坚定"四个自信"、做到"两个维护"，提高政治站位，强化政治责任担当。党政一把手要准确把握肩负的责任使命，牢固树立"一盘棋"的思想，亲力亲为抓好生态扶贫。要按照一鼓作气、尽锐出战的要求，完善生态扶贫机制，加强扶贫队伍建设，把全面从严治党贯穿生态扶贫工作全过程、各方面，加强作风整治，力戒形式主义和官僚主义。

（二）全面完成生态扶贫目标任务。按照《中共中央 国务院关于打赢脱贫攻坚战三年行动的指导意见》《生态扶贫工作方案》确定的目标，生态扶贫各项任务已完成90%以上。为确保全面完成生态扶贫目标任务，我局将继续协调有关部门，提高生态扶贫的系统性、整体性、协同性，在扩大生态护林员选聘规模、加大新一轮退耕还林还草、石漠化治理、防护林等方面争取更大的支持。各地要将生态扶贫任务进一步向深度贫困地区倾斜，细化目标、细化任务、强化措施、攻坚克难，保质保量全面完成。近日，我局联合有关部门下达了2019年第二批退耕还林还草任务696.3万亩，全部安排在贫困地区。相关省区要尽快分解任务，要向深度贫困县、乡倾斜，对符合退耕政策的贫困村、贫困户全覆盖。

（三）建立健全生态扶贫长效机制。脱贫既要看数量，更要看质量，要把防止返贫摆在重要位置，更加注重帮扶的长期性、持续性，建立健全生态扶贫长效机制，不断提高贫困群众持续增收能力，切实巩固提升脱贫成果。各地要坚持问题导向，针对脱贫攻坚专项巡视、成效考核、审计检查中发现的一些地方出现的生态护林员选聘福利化倾向、履职不到位现象，认真制定整改措施，严肃整改，立行立改，确保整改到位。我局将会同财政部、国务院扶贫办委托第三方评估机构，组织开展生态护林员政策跟踪评价。各地要加强生态护林员选聘和日常管理，进一步强化队伍建设。要完善扶贫造林种草合作社扶持政策，健全合作社运行机制。要把产业扶贫作为巩固脱贫成效的根本措施，在深度开发利用上下功夫，在产品精深加工上下功夫，在拓宽乡村特色产业发展空间上下功夫，走出一条优质高效发展的生态产业扶贫路子。

（四）助力定点县脱贫摘帽。抓好定点扶贫工作是我们必须履行的责任和坚决完成的任务，国家林草局各司局、各单位要切实增强做好定点扶贫工作的责任感、使命感和紧迫感。按照我局与中央签订的《2019年度定点扶贫责任书》6项定点帮扶指标，我局将继续加大对定点县落实脱贫攻坚帮扶力度，督促地方政府认真查找"两不愁三保障"存在的薄弱环节，聚焦突出问题，进一步加大消费扶贫、结对帮扶、产业扶贫力度，确保全面完成责任书各项任务。做好支部共建工作，加大科技帮扶力度，提高脱贫质量。继续向深度贫困县增派挂职干部，帮助荔波、独山、罗城三县如期摘帽，做到摘帽不摘责任、摘帽不摘政策、摘帽不摘帮扶、摘帽不摘监管。广西、贵州两省区林草部门要继续协调省级有关部门加大对定点县的支持力度，推动定点县党委政府落实脱贫攻坚主体责任，督促加强资金使用管理。

（五）加强生态扶贫总结宣传。脱贫攻坚战以来，各地涌现出了一批生态脱贫的先进典型，要广泛宣传正面典型，激发社会正能量。各地要大力宣传党中央、国务院关于生态扶贫的决策部署和方针政策。全面总结党的十八大以来生态扶贫工作取得的显著成效，深入挖掘典型事迹和先进个人，广泛报道林业草原行业在精准扶贫精准脱贫方面的探索和实践，讲好林草生态扶贫故事，不断提升生态扶贫影响力和带动力。

同志们，打赢脱贫攻坚战是我们这一代人的政治责任和光荣使命。让我们紧密团结在以习近平同志为核心的党中央周围，不忘初心、牢记使命，推动生态扶贫工作再上新台阶、再创新业绩，为全面建成小康社会、实现第一个百年奋斗目标作出新的更大贡献，以优异成绩迎接新中国成立70周年！

完善制度体系　提升治理效能
推进林草治理体系和治理能力现代化
——在全国林业和草原工作会议上的讲话

张建龙
（2019年12月30日）

这次全国林业和草原工作会议，是经国务院批准召开的一次重要会议。会议的主要任务是，以习近平新时代中国特色社会主义思想为指导，认真贯彻落实党的十九大和十九届四中全会，以及中央经济工作会议、中央农村工作会议精神，总结2019年工作，部署2020年工作，对完善林草制度体系、推进林草治理体系和治理能力现代化进行安排部署，为实现林草事业高质量发展提供有力保障。刚才，永利同志代表局党组通报了2019年工作进展情况和2020年安排意见，大家要认真抓好贯彻落实。下面，我讲三个问题。

一、充分认识推进林草治理体系和治理能力现代化的重大意义

党的十八届三中全会明确指出，全面深化改革的总目标是完善和发展中国特色社会主义制度、推进国家治理体系和治理能力现代化。十九届四中全会专门对推进国家治理体系和治理能力现代化作出全面部署，对于推动各方面制度更加成熟更加定型、把我国制度优势转化为国家治理效能必将产生重大而深远的影响。林草治理体系是国家治理体系的组成部分，是建设生态文明和美丽中国的决定性因素。各级林草部门要从国家战略全局的高度，充分认识推进林草治理体系和治理能力现代化的重大意义，加快补齐制度短板，全面提升治理效能，把林草事业现代化建设不断推向前进，为国家现代化建设贡献力量。

（一）推进林草治理体系和治理能力现代化，是建设美丽中国的迫切需要。美丽中国是社会主义现代化强国的重要标志，也是几代林草工作者的不懈追求。通过多年努力，我国林草资源持续增长，城乡面貌和人居环境明显改善，人民群众的获得感幸福感普遍增强。但是，总体上我国仍然缺林少绿、生态脆弱、生态产品短缺，与美丽中国的目标和人民群众的期盼还有较大差距。特别是一些地方资源破坏和生态退化的现象依然突出，严重制约经济社会可持续发展和中华民族伟大复兴。出现这些问题，既有自然条件不利等限制性因素，也有林草治理体系和治理能力不强等深层次原因。建设美丽中国，实现生态良好，必须充分发挥我国社会主义制度优势和林草行业专业优势，加快推进林草治理体系和治理能力现代化，完善体制机制和政策措施，充分调动各方面积极性，形成推动林草事业改革发展的强大合力，实现全国生态状况根本好转，促进人与自然和谐共生，夯实中华民族永续发展的生态根基。

（二）推进林草治理体系和治理能力现代化，是完善生态文明制度体系的重要任务。近年来，我们认真贯彻落实习近平生态文明思想，不断加大改革力度，在一些重要领域和关键环节取得了突破，林草制度体系逐步完善，治理能力不断提升，极大推动了林草事业发展，也有力促进了生态文明制度建设。十九届四中全会通过的《决定》进一步指出，坚持和完善生态文明制度体系，促进人与自然和谐共生。其中明确要求，健全生态保护和修复制度，统筹山水林田湖草一体化保护和修复，加强森林、草原、湿地等自然生态保护；构建以国家公园为主体的自然保护地体系，健全国家公园保护制度；开展大规模国土绿化行动，筑牢生态安全屏障。这对全面深化林草改革，完善林草制度体系，提供了根本遵循，明确了重点任务。推进林草治理体系和治理能力现代化，就是要完善和发展好这些根本性基础性制度，切实将习近平生态文明思想全面转化为具体的林草制度，更好地指导和推动生态文明建设与林草事业发展。

（三）推进林草治理体系和治理能力现代化，是统筹山水林田湖草系统治理的根本要求。习近平总书记多次强调，要统筹山水林田湖草系统治理，注重生态保护和治理的整体性系统性协同性。去年机构改革，党中央把监督管理各类自然保护地和草原的职能统一到林草部门，基本形成了统筹山水林田湖草系统治理的组织体系。十九届四中全会进一步要求统筹山水林田湖草一体化保护和修复。落实好这些战略思想和决策部署，不仅要对组织体系进行全方位重构，而且要从思想观念、体制机制、政策措施等方面进行系统性变革。目前，国家公园体制很好地贯彻了山水林田湖草系统治理的要求，但是林草工作的其他方面还没有完全体现这一重要理念。有的重点生态工程建设任务比较单一，虽然治理重点突出，但是容易顾此失彼，影响治理成效。必须通过推进林草治理体系和治理能力现代化，着力构建统筹推进山水林田湖草系统治理的制度体系，真正统筹山水林田湖草一体化保护和修复，全面提升我国生态治理的能力和成效。

（四）推进林草治理体系和治理能力现代化，是实现林草事业高质量发展的必然选择。新中国成立70年来，我国林草事业在十分落后的基础上实现了长足发展，为维护国家生态安全、促进经济社会发展和保障农牧民就业增收发挥了重要作用。但是，与发达国家相比，与建设生态文明的要求相比，我国林草事业发展水平仍然落后，林地产出率、科技贡献率亟待提高。各种生态资源总量不足、质量不高、功能不强，自然生态系统的多种效益没有充分发挥，林地、草地、湿地、沙地和物种蕴藏的巨大潜力没有全面释放，绿水青山没有很好地转化为金山银山。特别是草原退化、湿地减少、物种灭绝、水土流失、风沙危害等生态问题严重，木材对外依存度超过50%，珍贵木材、木本油料等优质林产品供不应求。存在这些问题的主要原因是，现有的林草治理体系和治理能力不适应高质量发展的需要。补上林草事业发展这块现代化建设的短板，必须紧紧抓住当前有利时机，在制度建设和治理能力上下功夫，充分发挥制度管根本、利长远的作用，以治理体系和治理能力的现代化引领林草事业发展的高质量。

二、认真总结我国林草治理体系的显著优势

新中国成立以来，我国林草事业与祖国发展同频共振，取得了举世瞩目的伟大成就。森林覆盖率由新中国成立初期的8.6%提高到22.96%，森林资源持续增长，人工林保存面积稳居全球首位；全面停止了天然林商业性采伐，所有天然林实现休养生息；累计退耕还林还草5.15亿亩，惠及4100万农户、1.58亿农民；草原综合植被覆盖度达55.7%，湿地保护率达52.2%；荒漠化土地面积连续10多年净减少，成为全球防治荒漠化的典范；建立各类自然保护地1.18万处，占国土陆域面积18%、海域面积4.6%，大熊猫、朱鹮、藏羚羊、苏铁等珍稀濒危物种得到有效保护；林产品供给能力明显提升，成为世界上生产、贸易、消费第一大国。这些历史性成就，是党中央、国务院正确领导的结果，是几代林草工作者和全国人民共同努力的结果，充分证明我国林草治理体系具有强大生命力和巨大优越性，需要始终坚持并不断完善。

（一）坚持党的集中统一领导，具有科学理论指导的显著优势。我们党高度重视林草工作，始终将林草事业纳入党和国家工作全局来谋划与推动，及时调整功能定位、发展战略和政策措施，以适应不同时期国家战略大局的需要和林草事业发展的需要。早在1956年，毛主席就发出了"绿化祖国"的伟大号召，并要求在一切可能的地方，均按规格种起树来。改革开放后，国家更加注重发挥林草资源的生态功能，逐步加大生态保护修复投入力度。进入新世纪，又根据社会主导需求的变化，确立了以生态建设为主的林业发展战略。这些举措把握时代脉搏，紧跟时代步伐，有力推动了林草事业发展。党的十八大以来，党中央着眼建设生态文明和美丽中国的大局，把林草事业放在更加重要的位置，提出了一系列推动林草事业发展的新理念新思想新战略。习近平总书记深刻指出，林业建设是事关经济社会可持续发展的根本性问题；发展林业是全面建成小康社会的重要内容，是生态文明建设的重要举措；森林关系国家生态安全，要着力推进国土绿化，着力提高森林质量，着力开展森林城市建设，着力建设国家公园，让祖国大地不断绿起来、美起来。这些重大战略思想是习近平生态文明思想的重要内容，是指导林草事业改革发展的根本遵循，必将引领新时代林草事业实现更大的发展。

（二）坚持高位推动、政府主导，具有集中力量办大事的显著优势。长期以来，我国始终把林草事业作为公益事业和基础产业来对待，各级政府坚持集中财力物力，积极完善扶持政策，注重调动各方面力量发展林草事业，形成了全社会办林业、全民搞绿化的局面。20世纪50年代，在国家百废待兴和财力极为有限的情况下，主要依靠群众投工投劳，规划建设了一大批国有林场，大量荒山秃岭和不毛之地披上了绿装，成为维护国家生态安全的绿色屏障。1978年以来，在中央领导同志的亲自推动下，我国相继实施了三北防护林、天然林保护、退耕还林还草、退牧还草、京津风沙源治理等重大生态工程，累计投资超过1万亿元，极大地改善了全国生态状况。这些工程规划期限之长、覆盖范围之广、投资力度之大，在世界各国是非常罕见的，也是难以想象的，充分彰显了社会主义制度的优越性。经过70年的探索实践，我国已经成功走出一条具有中国特色的林草事业发展之路，保障生态保护修复取得了巨大成效，也必将有力地推动生态文明和美丽中国建设。

（三）坚持以人民为中心的发展思想，具有群众积极参与的显著优势。我们始终坚持发展为了人民、发展依靠人民、发展成果由人民共享，努力满足人民对良好生态环境和优质林草产品的多样化需求，充分调动人民参与林草事业建设的积极性。通过开展全民义务植树运动，创新产权模式，加强产权保护，动员各方面力量投身国土绿化事业。广泛开展森林城市创建活动，大力推进森林乡村建设，不断改善城乡人居环境。全面深化集体林权制度改革，完善落实草原承包经营制度，农牧民的财产和收入明显增加，发展林业、保护草原的积极性空前高涨。大力发展绿色富民产业，将绿水青山科学转化为金山银山，持续造福人民群众。累计选聘生态护林员近100万名，带动300多万贫困人口稳定增收和脱贫。以人民为中心发展思想的全面落实，让人民群众获得了实实在在的利益，有效激发了他们参与林草事业的热情，人民群众已经成为推动林草事业发展的中坚力量。

（四）坚持山水林田湖草系统治理，具有完整组织体系的显著优势。新中国成立70年来，在历次机构改革中虽然林业部门设置几经变化，但始终保持较为完整、独立的组织体系，人才培养、科学研究、规划设计、基层站所等支撑能力稳步提升，特别是资金投入大幅度增长，这是林业不断发展进步的根本保证。同时，林业部门承担的职能日益增加，实现了森林、湿地、荒漠、陆生野生动植物资源的统一保护管理，成为生态保护修复的主体部门。去年党和国家机构改革，党中央又将草原监督管理职责、各类自然保护地管理职责统一划转新组建的国家林草局，并加挂国家公园管理局的牌子，生态保护修复的职责更加集中统一，林草部门的任务更加艰巨繁重。这些重大改革举措，全面落实了习近平生态文明思想，充分彰显了建设美丽中国的信心和决心，为统筹山水林田湖草系统治理提供了坚实的组织保障。

（五）坚持严格保护林草资源，具有完善法治体系的显著优势。党和国家高度重视林草法治建设，坚持用严格的法律法规为林草事业发展保驾护航。1954年颁布的宪法就有关于森林的内容，1982年颁布的宪法对森林草原权属、自然资源合理利用、珍贵动植物保护作出了规定，为林草领域立法提供了宪法依据。上世纪80年代以来，先后颁布实施了《森林法》《草原法》《野生动物保护法》《防沙治沙法》《退耕还林条例》等法律法规，形成了较为完善的林草法律法规体系，为依法保护管理林草资源提供了有力保障。同时，全国建立了完整的林业执法和草原监理队伍，并始终坚持严格执法，严厉打击破坏林草资源的违法犯罪行为。特别是近年来严肃查处秦岭北麓西安境内违规建别墅、祁连山保护区生态破坏等大案要案，从严依法治理的力度不断加大，对违法犯罪行为形成了强有力震慑。目前，正在修订《草原法》，制订《湿地保护法》《自然保护地法》《国家公园法》等法律，积极完善林草执法体制机制，广泛开展林草法治宣传教育，用最严格的制度、最严密的法治保护林草资源的局面进一步巩固。

（六）坚持改革创新、与时俱进，具有强大发展活力的显著优势。在长期的林草事业发展中，我们从不故步自封、因循守旧，始终高举改革的大旗，坚持向改革要动力、用创新添活力，推动林草事业不断克服困难、始终向前发展。通过改革创新和探索实践，先后建立了森林分类经营、天然林保护、森林生态效益补偿、林木限额采伐、林地用途管制、基本草原保护、草畜平衡等一系列重要制度，并根据形势的发展变化，不断完善这些制度，使之始终保持旺盛的生命力。正是依靠深化改革、自我完善，我们克服了森工企业"两危"局面，激发了集体林业发展活力，缓解了草原超载过牧问题，为林草事业发展增添了不竭动力。党的十八大以来，我国林草事业改革进入了全面深化、系统设计、整体推进的新时代。集体林权、国有林区、国有林场、自然保护地、国家公园等改革全面推进，事关林草事业长远发展的重要制度逐步建立健全，林草事业的发展活力正在全面显现。

（七）坚持接续奋斗、久久为功，具有共同价值追求的显著优势。长期以来，几代林草工作者不忘初心、牢记使命，始终秉持"替山河妆成锦绣、把国土绘成丹青"的价值追求，常年扎根偏远落后的林区沙区牧区，克服各种难以想象的困难，用青春和汗水保护修复祖国的绿水青山，创造了无数将荒山变青山、把荒漠变绿洲的人间奇迹。70年来，山西右玉县持续不懈开展植树造林，森林覆盖率由0.26%提升到56%。河北塞罕坝林场三代人奋战50多年，累计营造人工林112万亩。甘肃八步沙林场"六老汉"三代人苦干38年，治沙造林21万多亩。林业英雄余锦柱41年驻守尖子岭瞭望台，精心守护大瑶山的森林。这样的模范人物和感人事迹全国还有很多，他们为了祖国的林草事业，献了青春献终生，献了终生献子孙，无怨无悔，默默奉献。这种功成不必在我的思想境界，功成必定有我的历史担当，一张蓝图绘到底的坚忍执着，已经成为林草行业始终不变的精神基因与文化传承，正激励着一代代林草工作者接续奋斗、奋勇向前。

（八）坚持引进来走出去相结合，具有务实开放合作的显著优势。改革开放以来，我们全面落实国家外交政策，注重运用世界眼光和全球视野审视与谋划我国林草事业，既坚持自主发展，又务实开放合作。主动融入和服务国家外交大局，全面开展多双边务实合作交流，广泛学习借鉴先进理念和技术模式，形成了全方位、多层次、宽领域的林草事业开放新格局。积极参与全球生态治理，共同维护全球生态安全。推动设立了国际竹藤组织和亚太森林恢复与可持续管理组织，促进森林和竹藤资源可持续发展。认真履行《联合国防治荒漠化公约》《湿地公约》《濒危野生动植物种国际贸易公约》《联合国森林文书》等国际公约和倡议，积极参与打击野生动植物走私犯罪国际联合执法行动，在森林保护与恢复、林业应对气候变化、防沙治沙、湿地保护与恢复等方面取得了明显成效，为全球生态治理贡献了中国智慧，彰显了负责任大国形象，为我国林草事业发展创造了良好国际环境。

我国林草制度的这些显著优势，既是长期探索实践的经验总结，也是推进林草治理体系和治理能力现代化的良好基础与前进方向。各级林草部门要进一步坚定制度自信，毫不动摇地坚持和巩固好这些制度，与时俱进地完善和发展这些制度，推动我国林草制度更加成熟更加定型，切实将社会主义制度优势全面转化为林草治理效能。

三、准确把握推进林草治理体系和治理能力现代化的总体要求

在70年的奋斗历程中，我们始终坚持以党的科学理论为指导，充分发挥社会主义制度优越性，不断探索实践和改革创新，建立健全林草制度体系，为林草事业改革发展提供了根本保证。特别是党的十八大以来，以习近平同志为核心的党中央高度重视林草工作，在国有林区、国有林场、集体林权制度改革，以及湿地保护、防沙治沙、天然林保护、自然保护地体系建设、国家公园试点等方面出台了一系列制度方案，基本完成了林草改革的顶层设计，全面搭建了林草制度的"四梁八柱"，为推进林草治理体系和治理能力现代化奠定了坚实基础。但是，将这些改革举措全部落实到位需要下更大的功夫，有的改革还需要进一步细化深化，改革过程中还会遇到许多新情况新问题。改革决不能停下脚步，有松口气、歇歇脚的想法，必须以更大的力度、更实的举措把改革不断推向前进，坚持用改革的办法推进林草治理体系和治理能力现代化。

根据十九届四中全会《决定》精神，结合林草工作实际，推进林草治理体系和治理能力现代化的总体思路是：以习近平新时代中国特色社会主义思想为指导，认真践行习近平生态文明思想，牢固树立绿水青山就是金山银山的理念，以全面深化改革为总抓手，以推动高质量发展为总要求，按照党中央、国务院的系列决策部署，着力构建系统完备、科学规范、运行有效的林草制度体系，全面提升系统治理、依法治理、综合治理、源头治理的能力，为林草事业现代化建设提供坚实保障，更好地推动生态文明和美丽中国建设。

推进林草治理体系和治理能力现代化是一项长期而艰巨的重大任务，各级林草部门要认真学习贯彻习近平生态文明思想，将总书记的重要理念和指示要求全面落实到林草工作的各个方面，进一步转化为具体的改革举措和林草制度，成为推动林草事业发展的不竭动力。在这方面，中央已经作出系列决策部署，并且取得明显成效，林草改革进入了新的发展阶段。新时代全面深化林草改革，必须以推进林草治理体系和治理能力现代化为主轴，更加注重解决深层次的体制机制性问题，加快建章立制，着力构建和完善林草制度体系。更加注重改革的系统性整体性协同性，通过创新体制机制，完善政策措施，全面推进山水林田湖草系统治理。更加注重推动林草事业高质量发展，通过完善制度体系，提升治理效能，增强自然生态系统功能，促进多种效益充分发挥。更加注重制度执行和落实，及时将行之有效的制度上升为法律法规，切实将制度优势转化为治理效能。

当前和今后一个时期，推进林草治理体系和治理能力现代化，要根据党中央、国务院关于林草改革的决策部署，以及十九届四中全会《决定》精神，紧密结合林草工作实际，着力完善和发展以下13个方面的制度。

（一）国土绿化制度。充分发挥全民绿化的制度优势，坚持数量和质量并重、质量优先，走科学、生态、节俭的绿化发展之路。尊重自然规律和经济规律，因地制宜、量水而行，宜林则林、宜草则草、宜湿则湿、宜荒则荒，乔灌草结合、封飞造并举。按照山水林田湖草系统治理的要求，深入实施重大生态工程，以治理流域和区域为基本单元，采取造林种草、退耕还林还草、封山育林、低效林改造、森林抚育等综合措施，建设稳定健康的以林草植被为主的自然生态系统。坚持森林分类经营，完善森林经营制度体系，建立健全以森林经营规划和方案为基础的资源管理机制。全面开展森林抚育和退化林分修复，完善国家储备林制度，着力提高森林资源质量和木材供给能力。加强林草种质资源保护利用，建立良种供需对接机制。落实部门绿化责任制，创新全民义务植树尽责形式，探索建立先造后补、以奖代补、购买服务、赎买租赁、以地换绿等机制，引导各方面参与国土绿化。建立城乡绿化美化一体化制度，统筹推进森林城市、森林城市群、森林乡村建设。

（二）森林资源保护制度。坚持用严格的制度、高效的手段保护发展森林和野生动植物资源。健全地方各级党委政府保护发展森林资源目标责任制，全面推行林长制，开展领导干部森林资源资产离任审计，强化对森林覆盖率、森林蓄积量、林地保有量等指标考核。坚持和完善林地分类分级管理制度，实行林地用途管制和定额管理，健全国家、省、县三级林地保护利用规划体系，严格限制重点区域的林地转为建设用地，确保林地保有量不减少。认真落实《天然林保护修复制度方案》，加快建立全面保护、系统恢复、用途管控、权责明确的天然林保护修复制度体系。全面停止天然林商业性采伐，实行天然林保护与公益林管理并轨，促进天然林休养生息。全面保护古树名木。稳定和扩大生态护林员队伍，壮大资源管护力量。完善森林督查制度，建立"天上看、地面查"的全覆盖督查体系。强化林草防火部门协作，落实行业管理责任和火灾防范措施，加强专业消防队伍和基础设施建设，提高火灾综合防控和早期处置能力，最大限度减少灾害损失。完善重大林业有害生物防治目标责任制，强化松材线虫病生态灾害督办追责，健全监测预报体系和防治检疫管理制度，推进联防联治、社会化防治和无公害防治。确定野生动物重要栖息地名录，调整国家重点保护野生动植物名录，完善野生动物收容救护制度，开展极小种群物种抢救性保护，健全野生动物疫源疫病监测防控体系，维护野生动植物及其栖息地安全。

（三）国有林管理制度。深化国有林区林场改革，建立健全保护生态和改善民生双赢的国有林管理体制机制。全面剥离森工企业和国有林场社会管理和公共服务职能，着力提升国有林区林场公共服务能力和水平。完善国有林区森林资源管理体制，明确森林资源所有者、经营者、监管者及各自职责，建立与履行所有者职责相关的森林资源及资产管理制度，明确森工企业受托经营保护森林资源的具体事项并强化考核评价。开展国有林场场长任期森林资源考核和离任审计，建立职工绩效考核激励机制。全面推行国有林区林场森林经营方案制度。支持发展绿色循环经济，增强林区林场发展内生动力。

（四）集体林权制度。继续完善集体林权制度，保持集体林地承包关系长久稳定。健全集体林地"三权"分置运行机制，放活集体林地经营权，鼓励各种社会主体通过租赁、入股、合作等形式参与林权流转，积极培育新型经营主体，促进集体林地适度规模经营。规范林权流转市场运行行为，创新林权流转交易监管方式，平等保护所有者、承包者、经营者的合法权益。完善集体林权保护制度，赋予商品林经营主体更多自主权，建立重要区域集体公益林政府赎买置换机制。完善林权抵质押贷款制度，推行集体林经营收益权和公益林、天然林保护补偿收益权市场化质押担保，支持林权收储机构开展市场化收储担保，引导金融资本和社会资本进山入林。

（五）草原保护修复制度。强化草原改革顶层设计，建立健全草原保护修复制度，缓解草原保护与利用的矛盾。健全草原产权制度，推进草原资源调查和确权登记，摸清草原资源底数，明确草原权属。完善草原承包经营制度，规范草原经营权流转。完善草原资源用途管制制度，加强征占用审核审批。落实基本草原保护制度，科学划定基本草原并严格保护管理。坚持规划引领、分区施策，采取围封禁牧、补播改良、鼠虫病害防控、植被重建等综合措施，加快退化草原治理，提升草原生态系统质量和功能。严格落实禁牧和草畜平衡制度，推行划区轮牧、返青期休牧以及打草场、采种场轮割轮采，促进草原资源可持续利用。

（六）湿地保护修复制度。认真落实《湿地保护修复制度方案》，加快建立系统完整的湿地保护修复制度。实施湿地保护修复工程，多措并举增加湿地面积，恢复湿地功能。完善湿地分级管理体系及相关管理办法，及时发布和更新国家重要湿地、地方重要湿地名录，健全以国家公园、湿地自然保护区、湿地公园为主的湿地保护体系。加强各级湿地保护管理机构能力建设。层层分解湿地面积管控目标，完善湿地保护成效奖惩机制，确保湿地面积不减少。制定湿地负面清单，建立完善湿地监测预警机制和评价体系，全面加强湿地监管。

（七）荒漠化综合治理制度。认真落实《沙化土地封禁保护修复制度方案》，加快防沙治沙步伐。健全沙地用途管制和沙区植被保护制度，加大沙化土地封禁保护力度，严格管控沙区开发建设活动。抓好京津风沙源治理和石漠化综合治理工程，规划实施工程固沙、盐碱地治理等项目。加强抗旱节水技术研究和应用，完善荒漠化沙化监测和重大沙尘暴灾害监测预警机制，全面提升防沙治沙科技水平。完善省级政府防沙治沙目标责任考核奖惩制度，优化考核指标，严格问责问效，切实把防沙治沙责任和任务落到实处。统筹治沙与致富，适度发展沙区特色产业。

（八）自然保护地保护管理制度。全面落实《关于建立以国家公园为主体的自然保护地体系的指导意见》，对各类自然保护地进行统一管理、全面保护、系统治理。明确各类自然保护地的功能，整合优化自然保护地，合理调整边界范围和功能分区，加快形成以国家公园为主体、自然保护区为基础、各类自然公园为补充的自然保护地体系。坚持一个保护地一套机构、一块牌子，划清保护地内各种自然资源资产的所有权、使用权边界，构建自然保护地分级分类分区管理体制。推行特许经营制度，制定产业准入负面清单，完善评估考核机制。加强自然保护地建设和管理，构建"天地空一体化"监测监管网络体系，强化生物多样性和自然资源监测，着力提升自然保护地生态功能。

（九）国家公园保护制度。坚持国家公园统一设立、规划和评估，推动建立统一规范高效的管理体制，实行中央政府直接管理或委托省级政府管理，组建统一管理机构，明确国家公园管理机构与地方政府相关职能部门的权责。完善国家公园设立标准、空间布局和发展规划，将具有全球价值、国家象征、国民认同度高的自然生态系统纳入国家公园体系，确保国家公园在自然保护地体系中处于主体地位。完善生态保护制度，科学划定核心保护区和一般控制区，实行差别化保护管理，有序推进生态移民搬迁、已设矿业权退出等，保护自然生态系统的原真性、完整性。合理划分中央与地方事权，探索成立国家公园公益性基金，建立以财政投入为主的多元化投入保障机制。建立健全国家公园自然资源资产管理、特许经营、访客管理、资源调查、生态监测等制度标准体系。明确园区内居民生产生活边界，设立生态管护公益岗位，建立志愿者队伍，引导各方面参与国家公园保护和建设。

（十）资源利用监管制度。牢固树立绿水青山就是金山银山理念，坚持集约节约、合理高效利用林草资源。完善森林采伐限额、林木采伐许可证制度，推广应用"互联网+采伐"管理模式，全面推行"一站式办理"。实行国有森林、草原资源资产有偿使用，明确有偿使用范围和方式，制定使用权转让和出租具体办法。完善野生动物特许猎捕证、狩猎证和野生植物采集证管理制度，严格执行国家重点保护野生动物人工繁育许可证、经营利用专用标识和进出口管理制度，坚决遏制非法经营利用野生动植物及其制品。鼓励利用非木质林草资源，大力发展生态旅游、森林康养、木本粮油、林下经济、花卉竹藤、森林食品等绿色富民产业。推进木竹材精深加工，用好林区"三剩物"和次小薪材，提高森林资源利用水平。健全林产品质量安全标准体系，加快实施森林生态标志产品建设工程。完善森林认证体系，推动森林认证产品纳入政府采购目录。

（十一）林草法治保障制度。完善的法治是林草治理体系和治理能力现代化的重要标志。要改进立法理念，按照统筹山水林田湖草系统治理的要求，推动林草领域立法由注重保护管理单一自然资源向注重保护管理整个自然生态系统转变，推动各类自然保护地由分散管理向统一管理转变，增强生态保护修复的系统性、整体性和有效性。坚持立废并举，加强自然保护地、国家公园、湿地、天然林保护等重要领域立法，完善已有法律法规，建立全面覆盖自然生态系统、野生动植物保护和自然保护地的林草法律法规体系。理顺行政执法体制，整合木材检查、草原监理、森林植物检疫、林草种苗等执法队伍，推动国家公园等自然保护地统一执法，建立森林督查与执法协作机制。完善多部门联合执法机制，发挥好森林公安作用，严厉打击各类破坏林草资源的违法犯罪行为。加强执法监督和宣传教育，增强法治观念和法治思维，促进各方面自觉尊法学法守法用法。建立健全林草资源损害赔偿和责任追究制度。

（十二）林草支持政策制度。建立以林草发展战略规划为统领、以专项规划为支撑的林草规划体系，构建反映林草事业高质量发展的统计指标体系。坚持林草公益事业属性定位，建立健全以全面保护资源、推动各项改革为重点的多元投入机制。创新投融资体制机制，充分发挥财政资金引导作用，运用开发性政策性金融贷款、绿色债券和地方政府专项债券、政策性森林保险等多种金融工具，吸引社会资本投入林草事业。完善森林生态效益补偿制度，建立健全草原、湿地、荒漠生态保护以及野生动物肇事补偿机制。鼓励各地探索建立跨地区、跨流域的横向生态保护补偿机制，加快推进林业碳汇交易。构建资金项目监督约束长效机制，完善预算绩效管理制度，确保林草资金项目高效安全。同时，统筹国际国内两个大局，用好国际国内两个市场、两种资源，不断完善林草国际合作制度，认真履行林草国际公约，积极参与全球生态治理，广泛开展务实交流合作，为我国林草事业高质量发展营造良好外部环境。

（十三）科技和人才支撑制度。加强林草科技创新体系建设，完善创新激励机制和政策制度，推进创新平台建设，优化运行机制。强化重大战略问题和基础研究，争取在生态保护修复、资源高效利用、重大灾害防控、林草装备发展上取得重大突破。抓好林草科技成果转移转化，形成产学研紧密结合、多主体协同推进的机制。加强科技创新组织保障，健全标准体系，强化知识产权保护。推动现代信息技术广泛应用于林草各领域和全过程，加快资源整合共享，强化网络平台和应用系统建设，以林草信息化促进林草治理现代化。坚持党管干部、党管人才，加强林草干部和人才队伍建设，完善人才引进、培养、使用机制，强化干部人才教育培训。完善林草院校省部共建机制，推进产教融合发展。健全基层专业技术人才职称评审、技能人才技能鉴定和岗位晋升激励制度，落实艰苦边远地区人才待遇，引导支持专业人才扎根基层。加强林业工作站等基层站所建设，稳定机构队伍，改善装备水平，提高综合服务保障能力。

同志们，推进林草治理体系和治理能力现代化是关系林草事业长远发展的根本性问题，使命光荣，责任重大，任务艰巨。让我们紧密团结在以习近平同志为核心的党中央周围，以习近平新时代中国特色社会主义思想为指导，勇于担当，与时俱进，开拓创新，坚定不移地深化林草改革，全力推进林草治理体系和治理能力现代化，为实现林草事业高质量发展、建设生态文明和美丽中国作出新的更大贡献。

重要法律和文件

中华人民共和国森林法

（1984年9月20日第六届全国人民代表大会常务委员会第七次会议通过　根据1998年4月29日第九届全国人民代表大会常务委员会第二次会议《关于修改〈中华人民共和国森林法〉的决定》第一次修正　根据2009年8月27日第十一届全国人民代表大会常务委员会第十次会议《关于修改部分法律的决定》第二次修正　2019年12月28日第十三届全国人民代表大会常务委员会第十五次会议修订）

目录

第一章　总则
第二章　森林权属
第三章　发展规划
第四章　森林保护
第五章　造林绿化
第六章　经营管理
第七章　监督检查
第八章　法律责任
第九章　附则

第一章　总则

第一条　为了践行绿水青山就是金山银山理念，保护、培育和合理利用森林资源，加快国土绿化，保障森林生态安全，建设生态文明，实现人与自然和谐共生，制定本法。

第二条　在中华人民共和国领域内从事森林、林木的保护、培育、利用和森林、林木、林地的经营管理活动，适用本法。

第三条　保护、培育、利用森林资源应当尊重自然、顺应自然，坚持生态优先、保护优先、保育结合、可持续发展的原则。

第四条　国家实行森林资源保护发展目标责任制和考核评价制度。上级人民政府对下级人民政府完成森林资源保护发展目标和森林防火、重大林业有害生物防治工作的情况进行考核，并公开考核结果。

地方人民政府可以根据本行政区域森林资源保护发展的需要，建立林长制。

第五条　国家采取财政、税收、金融等方面的措施，支持森林资源保护发展。各级人民政府应当保障森林生态保护修复的投入，促进林业发展。

第六条 国家以培育稳定、健康、优质、高效的森林生态系统为目标，对公益林和商品林实行分类经营管理，突出主导功能，发挥多种功能，实现森林资源永续利用。

第七条 国家建立森林生态效益补偿制度，加大公益林保护支持力度，完善重点生态功能区转移支付政策，指导受益地区和森林生态保护地区人民政府通过协商等方式进行生态效益补偿。

第八条 国务院和省、自治区、直辖市人民政府可以依照国家对民族自治地方自治权的规定，对民族自治地方的森林保护和林业发展实行更加优惠的政策。

第九条 国务院林业主管部门主管全国林业工作。县级以上地方人民政府林业主管部门，主管本行政区域的林业工作。

乡镇人民政府可以确定相关机构或者设置专职、兼职人员承担林业相关工作。

第十条 植树造林、保护森林，是公民应尽的义务。各级人民政府应当组织开展全民义务植树活动。

每年三月十二日为植树节。

第十一条 国家采取措施，鼓励和支持林业科学研究，推广先进适用的林业技术，提高林业科学技术水平。

第十二条 各级人民政府应当加强森林资源保护的宣传教育和知识普及工作，鼓励和支持基层群众性自治组织、新闻媒体、林业企业事业单位、志愿者等开展森林资源保护宣传活动。

教育行政部门、学校应当对学生进行森林资源保护教育。

第十三条 对在造林绿化、森林保护、森林经营管理以及林业科学研究等方面成绩显著的组织或者个人，按照国家有关规定给予表彰、奖励。

第二章 森林权属

第十四条 森林资源属于国家所有，由法律规定属于集体所有的除外。

国家所有的森林资源的所有权由国务院代表国家行使。国务院可以授权国务院自然资源主管部门统一履行国有森林资源所有者职责。

第十五条 林地和林地上的森林、林木的所有权、使用权，由不动产登记机构统一登记造册，核发证书。国务院确定的国家重点林区（以下简称重点林区）的森林、林木和林地，由国务院自然资源主管部门负责登记。

森林、林木、林地的所有者和使用者的合法权益受法律保护，任何组织和个人不得侵犯。

森林、林木、林地的所有者和使用者应当依法保护和合理利用森林、林木、林地，不得非法改变林地用途和毁坏森林、林木、林地。

第十六条 国家所有的林地和林地上的森林、林木可以依法确定给林业经营者使用。林业经营者依法取得的国有林地和林地上的森林、林木的使用权，经批准可以转让、出租、作价出资等。具体办法由国务院制定。

林业经营者应当履行保护、培育森林资源的义务，保证国有森林资源稳定增长，提高森林生态功能。

第十七条 集体所有和国家所有依法由农民集体使用的林地（以下简称集体林地）实行承包经营的，承包方享有林地承包经营权和承包林地上的林木所有权，合同另有约定的从其约定。承包方可以依法采取出租（转包）、入股、转让等方式流转林地经营权、林木所有权和使用权。

第十八条 未实行承包经营的集体林地以及林地上的林木，由农村集体经济组织统一经营。经本集体经济组织成员的村民会议三分之二以上成员或者三分之二以上村民代表同意并公示，可以通过招标、拍卖、公开协商等方式依法流转林地经营权、林木所有权和使用权。

第十九条 集体林地经营权流转应当签订书面合同。林地经营权流转合同一般包括流转双方的权利义务、流转期限、流转价款及支付方式、流转期限届满林地上的林木和固定生产设施的处置、违约责任等内容。

受让方违反法律规定或者合同约定造成森林、林木、林地严重毁坏的，发包方或者承包方有权收回林地经营权。

第二十条 国有企业事业单位、机关、团体、部队营造的林木，由营造单位管护并按照国家规定支配林木收益。

农村居民在房前屋后、自留地、自留山种植的林木，归个人所有。城镇居民在自有房屋的庭院内种植的林木，归个人所有。

集体或者个人承包国家所有和集体所有的宜林荒山荒地荒滩营造的林木，归承包的集体或者个人所有；合同另有约定的从其约定。

其他组织或者个人营造的林木，依法由营造者所有并享有林木收益；合同另有约定的从其约定。

第二十一条 为了生态保护、基础设施建设等公共利益的需要，确需征收、征用林地、林木的，应当依照《中华人民共和国土地管理法》等法律、行政法规的规定办理审批手续，并给予公平、合理的补偿。

第二十二条 单位之间发生的林木、林地所有权和使用权争议，由县级以上人民政府依法处理。

个人之间、个人与单位之间发生的林木所有权和林地使用权争议，由乡镇人民政府或者县级以上人民政府依法处理。

当事人对有关人民政府的处理决定不服的，可以自接到处理决定通知之日起三十日内，向人民法院起诉。

在林木、林地权属争议解决前，除因森林防火、林业有害生物防治、国家重大基础设施建设等需要外，当事人任何一方不得砍伐有争议的林木或者改变林地现状。

第三章 发展规划

第二十三条 县级以上人民政府应当将森林资源保护和林业发展纳入国民经济和社会发展规划。

第二十四条　县级以上人民政府应当落实国土空间开发保护要求，合理规划森林资源保护利用结构和布局，制定森林资源保护发展目标，提高森林覆盖率、森林蓄积量，提升森林生态系统质量和稳定性。

第二十五条　县级以上人民政府林业主管部门应当根据森林资源保护发展目标，编制林业发展规划。下级林业发展规划依据上级林业发展规划编制。

第二十六条　县级以上人民政府林业主管部门可以结合本地实际，编制林地保护利用、造林绿化、森林经营、天然林保护等相关专项规划。

第二十七条　国家建立森林资源调查监测制度，对全国森林资源现状及变化情况进行调查、监测和评价，并定期公布。

第四章　森林保护

第二十八条　国家加强森林资源保护，发挥森林蓄水保土、调节气候、改善环境、维护生物多样性和提供林产品等多种功能。

第二十九条　中央和地方财政分别安排资金，用于公益林的营造、抚育、保护、管理和非国有公益林权利人的经济补偿等，实行专款专用。具体办法由国务院财政部门会同林业主管部门制定。

第三十条　国家支持重点林区的转型发展和森林资源保护修复，改善生产生活条件，促进所在地区经济社会发展。重点林区按照规定享受国家重点生态功能区转移支付等政策。

第三十一条　国家在不同自然地带的典型森林生态地区、珍贵动物和植物生长繁殖的林区、天然热带雨林区和具有特殊保护价值的其他天然林区，建立以国家公园为主体的自然保护地体系，加强保护管理。

国家支持生态脆弱地区森林资源的保护修复。

县级以上人民政府应当采取措施对具有特殊价值的野生植物资源予以保护。

第三十二条　国家实行天然林全面保护制度，严格限制天然林采伐，加强天然林管护能力建设，保护和修复天然林资源，逐步提高天然林生态功能。具体办法由国务院规定。

第三十三条　地方各级人民政府应当组织有关部门建立护林组织，负责护林工作；根据实际需要建设护林设施，加强森林资源保护；督促相关组织订立护林公约、组织群众护林、划定护林责任区、配备专职或者兼职护林员。

县级或者乡镇人民政府可以聘用护林员，其主要职责是巡护森林，发现火情、林业有害生物以及破坏森林资源的行为，应当及时处理并向当地林业等有关部门报告。

第三十四条　地方各级人民政府负责本行政区域的森林防火工作，发挥群防作用；县级以上人民政府组织领导应急管理、林业、公安等部门按照职责分工密切配合做好森林火灾的科学预防、扑救和处置工作：

（一）组织开展森林防火宣传活动，普及森林防火知识；

（二）划定森林防火区，规定森林防火期；

（三）设置防火设施，配备防灭火装备和物资；

（四）建立森林火灾监测预警体系，及时消除隐患；

（五）制定森林火灾应急预案，发生森林火灾，立即组织扑救；

（六）保障预防和扑救森林火灾所需费用。

国家综合性消防救援队伍承担国家规定的森林火灾扑救任务和预防相关工作。

第三十五条　县级以上人民政府林业主管部门负责本行政区域的林业有害生物的监测、检疫和防治。

省级以上人民政府林业主管部门负责确定林业植物及其产品的检疫性有害生物，划定疫区和保护区。

重大林业有害生物灾害防治实行地方人民政府负责制。发生暴发性、危险性等重大林业有害生物灾害时，当地人民政府应当及时组织除治。

林业经营者在政府支持引导下，对其经营管理范围内的林业有害生物进行防治。

第三十六条　国家保护林地，严格控制林地转为非林地，实行占用林地总量控制，确保林地保有量不减少。各类建设项目占用林地不得超过本行政区域的占用林地总量控制指标。

第三十七条　矿藏勘查、开采以及其他各类工程建设，应当不占或者少占林地；确需占用林地的，应当经县级以上人民政府林业主管部门审核同意，依法办理建设用地审批手续。

占用林地的单位应当缴纳森林植被恢复费。森林植被恢复费征收使用管理办法由国务院财政部门会同林业主管部门制定。

县级以上人民政府林业主管部门应当按照规定安排植树造林，恢复森林植被，植树造林面积不得少于因占用林地而减少的森林植被面积。上级林业主管部门应当定期督促下级林业主管部门组织植树造林、恢复森林植被，并进行检查。

第三十八条　需要临时使用林地的，应当经县级以上人民政府林业主管部门批准；临时使用林地的期限一般不超过二年，并不得在临时使用的林地上修建永久性建筑物。

临时使用林地期满后一年内，用地单位或者个人应当恢复植被和林业生产条件。

第三十九条　禁止毁林开垦、采石、采砂、采土以及其他毁坏林木和林地的行为。

禁止向林地排放重金属或者其他有毒有害物质含量超标的污水、污泥，以及可能造成林地污染的清淤底泥、尾矿、矿渣等。

禁止在幼林地砍柴、毁苗、放牧。

禁止擅自移动或者损坏森林保护标志。

第四十条　国家保护古树名木和珍贵树木。禁止破坏古树名木和珍贵树木及其生存的自然环境。

第四十一条　各级人民政府应当加强林业基础设施建设，应用先进适用的科技手段，提高森林防火、林业有害生物防治等森林管护能力。

各有关单位应当加强森林管护。国有林业企业事业单位应当加大投入，加强森林防火、林业有害生物防治，预防和制止破坏森林资源的行为。

第五章 造林绿化

第四十二条 国家统筹城乡造林绿化，开展大规模国土绿化行动，绿化美化乡村，推动森林城市建设，促进乡村振兴，建设美丽家园。

第四十三条 各级人民政府应当组织各行各业和城乡居民造林绿化。

宜林荒山荒地荒滩，属于国家所有的，由县级以上人民政府林业主管部门和其他有关主管部门组织开展造林绿化；属于集体所有的，由集体经济组织组织开展造林绿化。

城市规划区内、铁路公路两侧、江河两侧、湖泊水库周围，由各有关主管部门按照有关规定因地制宜组织开展造林绿化；工矿区、工业园区、机关、学校用地、部队营区以及农场、牧场、渔场经营地区，由各该单位负责造林绿化。组织开展城市造林绿化的具体办法由国务院制定。

国家所有和集体所有的宜林荒山荒地荒滩可以由单位或者个人承包造林绿化。

第四十四条 国家鼓励公民通过植树造林、抚育管护、认建认养等方式参与造林绿化。

第四十五条 各级人民政府组织造林绿化，应当科学规划、因地制宜，优化林种、树种结构，鼓励使用乡土树种和林木良种、营造混交林，提高造林绿化质量。

国家投资或者以国家投资为主的造林绿化项目，应当按照国家规定使用林木良种。

第四十六条 各级人民政府应当采取以自然恢复为主、自然恢复和人工修复相结合的措施，科学保护修复森林生态系统。新造幼林地和其他应当封山育林的地方，由当地人民政府组织封山育林。

各级人民政府应当对国务院确定的坡耕地、严重沙化耕地、严重石漠化耕地、严重污染耕地等需要生态修复的耕地，有计划地组织实施退耕还林还草。

各级人民政府应当对自然因素等导致的荒废和受损山体、退化林地以及宜林荒山荒地荒滩，因地制宜实施森林生态修复工程，恢复植被。

第六章 经营管理

第四十七条 国家根据生态保护的需要，将森林生态区位重要或者生态状况脆弱，以发挥生态效益为主要目的的林地和林地上的森林划定为公益林。未划定为公益林的林地和林地上的森林属于商品林。

第四十八条 公益林由国务院和省、自治区、直辖市人民政府划定并公布。

下列区域的林地和林地上的森林，应当划定为公益林：

（一）重要江河源头汇水区域；

（二）重要江河干流及支流两岸、饮用水水源地保护区；

（三）重要湿地和重要水库周围；

（四）森林和陆生野生动物类型的自然保护区；

（五）荒漠化和水土流失严重地区的防风固沙林基干林带；

（六）沿海防护林基干林带；

（七）未开发利用的原始林地区；

（八）需要划定的其他区域。

公益林划定涉及非国有林地的，应当与权利人签订书面协议，并给予合理补偿。

公益林进行调整的，应当经原划定机关同意，并予以公布。

国家级公益林划定和管理的办法由国务院制定；地方级公益林划定和管理的办法由省、自治区、直辖市人民政府制定。

第四十九条 国家对公益林实施严格保护。

县级以上人民政府林业主管部门应当有计划地组织公益林经营者对公益林中生态功能低下的疏林、残次林等低质低效林，采取林分改造、森林抚育等措施，提高公益林的质量和生态保护功能。

在符合公益林生态区位保护要求和不影响公益林生态功能的前提下，经科学论证，可以合理利用公益林林地资源和森林景观资源，适度开展林下经济、森林旅游等。利用公益林开展上述活动应当严格遵守国家有关规定。

第五十条 国家鼓励发展下列商品林：

（一）以生产木材为主要目的的森林；

（二）以生产果品、油料、饮料、调料、工业原料和药材等林产品为主要目的的森林；

（三）以生产燃料和其他生物质能源为主要目的的森林；

（四）其他以发挥经济效益为主要目的的森林。

在保障生态安全的前提下，国家鼓励建设速生丰产、珍贵树种和大径级用材林，增加林木储备，保障木材供给安全。

第五十一条 商品林由林业经营者依法自主经营。在不破坏生态的前提下，可以采取集约化经营措施，合理利用森林、林木、林地，提高商品林经济效益。

第五十二条 在林地上修筑下列直接为林业生产经营服务的工程设施，符合国家有关部门规定的标准的，由县级以上人民政府林业主管部门批准，不需要办理建设用地审批手续；超出标准需要占用林地的，应当依法办理建设用地审批手续：

（一）培育、生产种子、苗木的设施；

（二）贮存种子、苗木、木材的设施；

（三）集材道、运材道、防火巡护道、森林步道；

（四）林业科研、科普教育设施；

（五）野生动植物保护、护林、林业有害生物防治、森林防火、木材检疫的设施；

（六）供水、供电、供热、供气、通讯基础设施；

(七)其他直接为林业生产服务的工程设施。

第五十三条 国有林业企业事业单位应当编制森林经营方案，明确森林培育和管护的经营措施，报县级以上人民政府林业主管部门批准后实施。重点林区的森林经营方案由国务院林业主管部门批准后实施。

国家支持、引导其他林业经营者编制森林经营方案。

编制森林经营方案的具体办法由国务院林业主管部门制定。

第五十四条 国家严格控制森林年采伐量。省、自治区、直辖市人民政府林业主管部门根据消耗量低于生长量和森林分类经营管理的原则，编制本行政区域的年采伐限额，经征求国务院林业主管部门意见，报本级人民政府批准后公布实施，并报国务院备案。重点林区的年采伐限额，由国务院林业主管部门编制，报国务院批准后公布实施。

第五十五条 采伐森林、林木应当遵守下列规定：

(一)公益林只能进行抚育、更新和低质低效林改造性质的采伐。但是，因科研或者实验、防治林业有害生物、建设护林防火设施、营造生物防火隔离带、遭受自然灾害等需要采伐的除外。

(二)商品林应当根据不同情况，采取不同采伐方式，严格控制皆伐面积，伐育同步规划实施。

(三)自然保护区的林木，禁止采伐。但是，因防治林业有害生物、森林防火、维护主要保护对象生存环境、遭受自然灾害等特殊情况必须采伐的和实验区的竹林除外。

省级以上人民政府林业主管部门应当根据前款规定，按照森林分类经营管理、保护优先、注重效率和效益等原则，制定相应的林木采伐技术规程。

第五十六条 采伐林地上的林木应当申请采伐许可证，并按照采伐许可证的规定进行采伐；采伐自然保护区以外的竹林，不需要申请采伐许可证，但应当符合林木采伐技术规程。

农村居民采伐自留地和房前屋后个人所有的零星林木，不需要申请采伐许可证。

非林地上的农田防护林、防风固沙林、护路林、护岸护堤林和城镇林木等的更新采伐，由有关主管部门按照有关规定管理。

采挖移植林木按照采伐林木管理。具体办法由国务院林业主管部门制定。

禁止伪造、变造、买卖、租借采伐许可证。

第五十七条 采伐许可证由县级以上人民政府林业主管部门核发。

县级以上人民政府林业主管部门应当采取措施，方便申请人办理采伐许可证。

农村居民采伐自留山和个人承包集体林地上的林木，由县级人民政府林业主管部门或者其委托的乡镇人民政府核发采伐许可证。

第五十八条 申请采伐许可证，应当提交有关采伐的地点、林种、树种、面积、蓄积、方式、更新措施和林木权属等内容的材料。超过省级以上人民政府林业主管部门规定面积或者蓄积量的，还应当提交伐区调查设计材料。

第五十九条 符合林木采伐技术规程的，审核发放采伐许可证的部门应当及时核发采伐许可证。但是，审核发放采伐许可证的部门不得超过年采伐限额发放采伐许可证。

第六十条 有下列情形之一的，不得核发采伐许可证：

(一)采伐封山育林期、封山育林区内的林木；

(二)上年度采伐后未按照规定完成更新造林任务；

(三)上年度发生重大滥伐案件、森林火灾或者林业有害生物灾害，未采取预防和改进措施；

(四)法律法规和国务院林业主管部门规定的禁止采伐的其他情形。

第六十一条 采伐林木的组织和个人应当按照有关规定完成更新造林。更新造林的面积不得少于采伐的面积，更新造林应当达到相关技术规程规定的标准。

第六十二条 国家通过贴息、林权收储担保补助等措施，鼓励和引导金融机构开展涉林抵押贷款、林农信用贷款等符合林业特点的信贷业务，扶持林权收储机构进行市场化收储担保。

第六十三条 国家支持发展森林保险。县级以上人民政府依法对森林保险提供保险费补贴。

第六十四条 林业经营者可以自愿申请森林认证，促进森林经营水平提高和可持续经营。

第六十五条 木材经营加工企业应当建立原料和产品出入库台账。任何单位和个人不得收购、加工、运输明知是盗伐、滥伐等非法来源的林木。

第七章　监督检查

第六十六条 县级以上人民政府林业主管部门依照本法规定，对森林资源的保护、修复、利用、更新等进行监督检查，依法查处破坏森林资源等违法行为。

第六十七条 县级以上人民政府林业主管部门履行森林资源保护监督检查职责，有权采取下列措施：

(一)进入生产经营场所进行现场检查；

(二)查阅、复制有关文件、资料，对可能被转移、销毁、隐匿或者篡改的文件、资料予以封存；

(三)查封、扣押有证据证明来源非法的林木以及从事破坏森林资源活动的工具、设备或者财物；

(四)查封与破坏森林资源活动有关的场所。

省级以上人民政府林业主管部门对森林资源保护发展工作不力、问题突出、群众反映强烈的地区，可以约谈所在地区县级以上地方人民政府及其有关部门主要负责人，要求其采取措施及时整改。约谈整改情况应当向社会公开。

第六十八条 破坏森林资源造成生态环境损害的，县级以上人民政府自然资源主管部门、林业主管部门可以依法向人民法院提起诉讼，对侵权人提出损害赔偿要求。

第六十九条　审计机关按照国家有关规定对国有森林资源资产进行审计监督。

第八章　法律责任

第七十条　县级以上人民政府林业主管部门或者其他有关国家机关未依照本法规定履行职责的，对直接负责的主管人员和其他直接责任人员依法给予处分。

依照本法规定应当作出行政处罚决定而未作出的，上级主管部门有权责令下级主管部门作出行政处罚决定或者直接给予行政处罚。

第七十一条　违反本法规定，侵害森林、林木、林地的所有者或者使用者的合法权益的，依法承担侵权责任。

第七十二条　违反本法规定，国有林业企业事业单位未履行保护培育森林资源义务、未编制森林经营方案或者未按照批准的森林经营方案开展森林经营活动的，由县级以上人民政府林业主管部门责令限期改正，对直接负责的主管人员和其他直接责任人员依法给予处分。

第七十三条　违反本法规定，未经县级以上人民政府林业主管部门审核同意，擅自改变林地用途的，由县级以上人民政府林业主管部门责令限期恢复植被和林业生产条件，可以处恢复植被和林业生产条件所需费用三倍以下的罚款。

虽经县级以上人民政府林业主管部门审核同意，但未办理建设用地审批手续擅自占用林地的，依照《中华人民共和国土地管理法》的有关规定处罚。

在临时使用的林地上修建永久性建筑物，或者临时使用林地期满后一年内未恢复植被或者林业生产条件的，依照本条第一款规定处罚。

第七十四条　违反本法规定，进行开垦、采石、采砂、采土或者其他活动，造成林木毁坏的，由县级以上人民政府林业主管部门责令停止违法行为，限期在原地或者异地补种毁坏株数一倍以上三倍以下的树木，可以处毁坏林木价值五倍以下的罚款；造成林地毁坏的，由县级以上人民政府林业主管部门责令停止违法行为，限期恢复植被和林业生产条件，可以处恢复植被和林业生产条件所需费用三倍以下的罚款。

违反本法规定，在幼林地砍柴、毁苗、放牧造成林木毁坏的，由县级以上人民政府林业主管部门责令停止违法行为，限期在原地或者异地补种毁坏株数一倍以上三倍以下的树木。

向林地排放重金属或者其他有毒有害物质含量超标的污水、污泥，以及可能造成林地污染的清淤底泥、尾矿、矿渣等的，依照《中华人民共和国土壤污染防治法》的有关规定处罚。

第七十五条　违反本法规定，擅自移动或者毁坏森林保护标志的，由县级以上人民政府林业主管部门恢复森林保护标志，所需费用由违法者承担。

第七十六条　盗伐林木的，由县级以上人民政府林业主管部门责令限期在原地或者异地补种盗伐株数一倍以上五倍以下的树木，并处盗伐林木价值五倍以上十倍以下的罚款。

滥伐林木的，由县级以上人民政府林业主管部门责令限期在原地或者异地补种滥伐株数一倍以上三倍以下的树木，可以处滥伐林木价值三倍以上五倍以下的罚款。

第七十七条　违反本法规定，伪造、变造、买卖、租借采伐许可证的，由县级以上人民政府林业主管部门没收证件和违法所得，并处违法所得一倍以上三倍以下的罚款；没有违法所得的，可以处二万元以下的罚款。

第七十八条　违反本法规定，收购、加工、运输明知是盗伐、滥伐等非法来源的林木的，由县级以上人民政府林业主管部门责令停止违法行为，没收违法收购、加工、运输的林木或者变卖所得，可以处违法收购、加工、运输林木价款三倍以下的罚款。

第七十九条　违反本法规定，未完成更新造林任务的，由县级以上人民政府林业主管部门责令限期完成；逾期未完成的，可以处未完成造林任务所需费用二倍以下的罚款；对直接负责的主管人员和其他直接责任人员，依法给予处分。

第八十条　违反本法规定，拒绝、阻碍县级以上人民政府林业主管部门依法实施监督检查的，可以处五万元以下的罚款，情节严重的，可以责令停产停业整顿。

第八十一条　违反本法规定，有下列情形之一的，由县级以上人民政府林业主管部门依法组织代为履行，代为履行所需费用由违法者承担：

（一）拒不恢复植被和林业生产条件，或者恢复植被和林业生产条件不符合国家有关规定；

（二）拒不补种树木，或者补种不符合国家有关规定。

恢复植被和林业生产条件、树木补种的标准，由省级以上人民政府林业主管部门制定。

第八十二条　公安机关按照国家有关规定，可以依法行使本法第七十四条第一款、第七十六条、第七十七条、第七十八条规定的行政处罚权。

违反本法规定，构成违反治安管理行为的，依法给予治安管理处罚；构成犯罪的，依法追究刑事责任。

第九章　附则

第八十三条　本法下列用语的含义是：

（一）森林，包括乔木林、竹林和国家特别规定的灌木林。按照用途可以分为防护林、特种用途林、用材林、经济林和能源林。

（二）林木，包括树木和竹子。

（三）林地，是指县级以上人民政府规划确定的用于发展林业的土地。包括郁闭度0.2以上的乔木林地以及竹林地、灌木林地、疏林地、采伐迹地、火烧迹地、未成林造林地、苗圃地等。

第八十四条　本法自2020年7月1日起施行。

中共中央办公厅、国务院办公厅关于建立以国家公园为主体的自然保护地体系的指导意见

（2019年6月）

建立以国家公园为主体的自然保护地体系，是贯彻习近平生态文明思想的重大举措，是党的十九大提出的重大改革任务。自然保护地是生态建设的核心载体、中华民族的宝贵财富、美丽中国的重要象征，在维护国家生态安全中居于首要地位。我国经过60多年的努力，已建立数量众多、类型丰富、功能多样的各级各类自然保护地，在保护生物多样性、保存自然遗产、改善生态环境质量和维护国家生态安全方面发挥了重要作用，但仍然存在重叠设置、多头管理、边界不清、权责不明、保护与发展矛盾突出等问题。为加快建立以国家公园为主体的自然保护地体系，提供高质量生态产品，推进美丽中国建设，现提出如下意见。

一、总体要求

（一）指导思想。以习近平新时代中国特色社会主义思想为指导，全面贯彻党的十九大和十九届二中、三中全会精神，贯彻落实习近平生态文明思想，认真落实党中央、国务院决策部署，紧紧围绕统筹推进"五位一体"总体布局和协调推进"四个全面"战略布局，牢固树立新发展理念，以保护自然、服务人民、永续发展为目标，加强顶层设计，理顺管理体制，创新运行机制，强化监督管理，完善政策支撑，建立分类科学、布局合理、保护有力、管理有效的以国家公园为主体的自然保护地体系，确保重要自然生态系统、自然遗迹、自然景观和生物多样性得到系统性保护，提升生态产品供给能力，维护国家生态安全，为建设美丽中国、实现中华民族永续发展提供生态支撑。

（二）基本原则

——坚持严格保护，世代传承。牢固树立尊重自然、顺应自然、保护自然的生态文明理念，把应该保护的地方都保护起来，做到应保尽保，让当代人享受到大自然的馈赠和天蓝地绿水净、鸟语花香的美好家园，给子孙后代留下宝贵自然遗产。

——坚持依法确权，分级管理。按照山水林田湖草是一个生命共同体的理念，改革以部门设置、以资源分类、以行政区划分设的旧体制，整合优化现有各类自然保护地，构建新型分类体系，实施自然保护地统一设置、分级管理、分区管控，实现依法有效保护。

——坚持生态为民，科学利用。践行绿水青山就是金山银山理念，探索自然保护和资源利用新模式，发展以生态产业化和产业生态化为主体的生态经济体系，不断满足人民群众对优美生态环境、优良生态产品、优质生态服务的需要。

——坚持政府主导，多方参与。突出自然保护地体系建设的社会公益性，发挥政府在自然保护地规划、建设、管理、监督、保护和投入等方面的主体作用。建立健全政府、企业、社会组织和公众参与自然保护的长效机制。

——坚持中国特色，国际接轨。立足国情，继承和发扬我国自然保护的探索和创新成果。借鉴国际经验，注重与国际自然保护体系对接，积极参与全球生态治理，共谋全球生态文明建设。

（三）总体目标。建成中国特色的以国家公园为主体的自然保护地体系，推动各类自然保护地科学设置，建立自然生态系统保护的新体制新机制新模式，建设健康稳定高效的自然生态系统，为维护国家生态安全和实现经济社会可持续发展筑牢基石，为建设富强民主文明和谐美丽的社会主义现代化强国奠定生态根基。

到2020年，提出国家公园及各类自然保护地总体布局和发展规划，完成国家公园体制试点，设立一批国家公园，完成自然保护地勘界立标并与生态保护红线衔接，制定自然保护地内建设项目负面清单，构建统一的自然保护地分类分级管理体制。到2025年，健全国家公园体制，完成自然保护地整合归并优化，完善自然保护地体系的法律法规、管理和监督制度，提升自然生态空间承载力，初步建成以国家公园为主体的自然保护地体系。到2035年，显著提高自然保护地管理效能和生态产品供给能力，自然保护地规模和管理达到世界先进水平，全面建成中国特色自然保护地体系。自然保护地占陆域国土面积18%以上。

二、构建科学合理的自然保护地体系

（四）明确自然保护地功能定位。自然保护地是由各级政府依法划定或确认，对重要的自然生态系统、自然遗迹、自然景观及其所承载的自然资源、生态功能和文化价值实施长期保护的陆域或海域。建立自然保护地目的是守护自然生态，保育自然资源，保护生物多样性与地质地貌景观多样性，维护自然生态系统健康稳定，提高生态系统服务功能；服务社会，为人民提供优质生态产品，为全社会提供科研、教育、体验、游憩等公共服务；维持人与自然和谐共生并永续发展。要将生态功能重要、生态环境敏感脆弱以及其他有必要严格保护的各类自然保护地纳入生态保护红线管控范围。

（五）科学划定自然保护地类型。按照自然生态系统原真性、整体性、系统性及其内在规律，依据管理目标与效能并借鉴国际经验，将自然保护地按生态价值和保护强度高低依次分为3类。

国家公园：是指以保护具有国家代表性的自然生态系统为主要目的，实现自然资源科学保护和合理利用的特定陆域或海域，是我国自然生态系统中最重要、自然

景观最独特、自然遗产最精华、生物多样性最富集的部分，保护范围大，生态过程完整，具有全球价值、国家象征，国民认同度高。

自然保护区：是指保护典型的自然生态系统、珍稀濒危野生动植物种的天然集中分布区、有特殊意义的自然遗迹的区域。具有较大面积，确保主要保护对象安全，维持和恢复珍稀濒危野生动植物种群数量及赖以生存的栖息环境。

自然公园：是指保护重要的自然生态系统、自然遗迹和自然景观，具有生态、观赏、文化和科学价值，可持续利用的区域。确保森林、海洋、湿地、水域、冰川、草原、生物等珍贵自然资源，以及所承载的景观、地质地貌和文化多样性得到有效保护。包括森林公园、地质公园、海洋公园、湿地公园等各类自然公园。

制定自然保护地分类划定标准，对现有的自然保护区、风景名胜区、地质公园、森林公园、海洋公园、湿地公园、冰川公园、草原公园、沙漠公园、草原风景区、水产种质资源保护区、野生植物原生境保护区（点）、自然保护小区、野生动物重要栖息地等各类自然保护地开展综合评价，按照保护区域的自然属性、生态价值和管理目标进行梳理调整和归类，逐步形成以国家公园为主体、自然保护区为基础、各类自然公园为补充的自然保护地分类系统。

（六）确立国家公园主体地位。做好顶层设计，科学合理确定国家公园建设数量和规模，在总结国家公园体制试点经验基础上，制定设立标准和程序，划建国家公园。确立国家公园在维护国家生态安全关键区域中的首要地位，确保国家公园在保护最珍贵、最重要生物多样性集中分布区中的主导地位，确定国家公园保护价值和生态功能在全国自然保护地体系中的主体地位。国家公园建立后，在相同区域一律不再保留或设立其他保护地类型。

（七）编制自然保护地规划。落实国家发展规划提出的国土空间开发保护要求，依据国土空间规划，编制自然保护地规划，明确自然保护地发展目标、规模和划定区域，将生态功能重要、生态系统脆弱、自然生态保护空缺的区域规划为重要的自然生态空间，纳入自然保护地体系。

（八）整合交叉重叠的自然保护地。以保持生态系统完整性为原则，遵从保护面积不减少、保护强度不降低、保护性质不改变的总体要求，整合各类自然保护地，解决自然保护地区域交叉、空间重叠的问题，将符合条件的优先整合设立国家公园，其他各类自然保护地按照同级别保护强度优先、不同级别低级别服从高级别的原则进行整合，做到一个保护地、一套机构、一块牌子。

（九）归并优化相邻自然保护地。制定自然保护地整合优化办法，明确整合归并规则，严格报批程序。对同一自然地理单元内相邻、相连的各类自然保护地，打破因行政区划、资源分类造成的条块割裂局面，按照自然生态系统完整、物种栖息地连通、保护管理统一的原则进行合并重组，合理确定归并后的自然保护地类型和功能定位，优化边界范围和功能分区，被归并的自然保护地名称和机构不再保留，解决保护管理分割、保护地破碎和孤岛化问题，实现对自然生态系统的整体保护。在上述整合和归并中，对涉及国际履约的自然保护地，可以暂时保留履行相关国际公约时的名称。

三、建立统一规范高效的管理体制

（十）统一管理自然保护地。理顺现有各类自然保护地管理职能，提出自然保护地设立、晋（降）级、调整和退出规则，制定自然保护地政策、制度和标准规范，实行全过程统一管理。建立统一调查监测体系，建设智慧自然保护地，制定以生态资产和生态服务价值为核心的考核评估指标体系和办法。各地区各部门不得自行设立新的自然保护地类型。

（十一）分级行使自然保护地管理职责。结合自然资源资产管理体制改革，构建自然保护地分级管理体制。按照生态系统重要程度，将国家公园等自然保护地分为中央直接管理、中央地方共同管理和地方管理3类，实行分级设立、分级管理。中央直接管理和中央地方共同管理的自然保护地由国家批准设立；地方管理的自然保护地由省级政府批准设立，管理主体由省级政府确定。探索公益治理、社区治理、共同治理等保护方式。

（十二）合理调整自然保护地范围并勘界立标。制定自然保护地范围和区划调整办法，依规开展调整工作。制定自然保护地边界勘定方案、确认程序和标识系统，开展自然保护地勘界定标并建立矢量数据库，与生态保护红线衔接，在重要地段、重要部位设立界桩和标识牌。确因技术原因引起的数据、图件与现地不符等问题可以按管理程序一次性纠正。

（十三）推进自然资源资产确权登记。进一步完善自然资源统一确权登记办法，每个自然保护地作为独立的登记单元，清晰界定区域内各类自然资源资产的产权主体，划清各类自然资源资产所有权、使用权的边界，明确各类自然资源资产的种类、面积和权属性质，逐步落实自然保护地内全民所有自然资源资产代行主体与权利内容，非全民所有自然资源资产实行协议管理。

（十四）实行自然保护地差别化管控。根据各类自然保护地功能定位，既严格保护又便于基层操作，合理分区，实行差别化管控。国家公园和自然保护区实行分区管控，原则上核心保护区内禁止人为活动，一般控制区内限制人为活动。自然公园原则上按一般控制区管理，限制人为活动。结合历史遗留问题处理，分类分区制定管理规范。

四、创新自然保护地建设发展机制

（十五）加强自然保护地建设。以自然恢复为主，辅以必要的人工措施，分区分类开展受损自然生态系统修复。建设生态廊道、开展重要栖息地恢复和废弃地修复。加强野外保护站点、巡护路网、监测监控、应急救灾、森林草原防火、有害生物防治和疫源疫病防控等保护管理设施建设，利用高科技手段和现代化设备促进自然保育、巡护和监测的信息化、智能化。配置管理队伍的技术装备，逐步实现规范化和标准化。

（十六）分类有序解决历史遗留问题。对自然保护地进行科学评估，将保护价值低的建制城镇、村屯或人口密集区域、社区民生设施等调整出自然保护地范围。结合精准扶贫、生态扶贫，核心保护区内原住居民应实施有序搬迁，对暂时不能搬迁的，可以设立过渡期，允许开展必要的、基本的生产活动，但不能再扩大发展。依法清理整治探矿采矿、水电开发、工业建设等项目，通过分类处置方式有序退出；根据历史沿革与保护需要，依法依规对自然保护地内的耕地实施退田还林还草还湖还湿。

（十七）创新自然资源使用制度。按照标准科学评估自然资源资产价值和资源利用的生态风险，明确自然保护地内自然资源利用方式，规范利用行为，全面实行自然资源有偿使用制度。依法界定各类自然资源资产产权主体的权利和义务，保护原住居民权益，实现各产权主体共建保护地、共享资源收益。制定自然保护地控制区经营性项目特许经营管理办法，建立健全特许经营制度，鼓励原住居民参与特许经营活动，探索自然资源所有者参与特许经营收益分配机制。对划入各类自然保护地内的集体所有土地及其附属资源，按照依法、自愿、有偿的原则，探索通过租赁、置换、赎买、合作等方式维护产权人权益，实现多元化保护。

（十八）探索全民共享机制。在保护的前提下，在自然保护地控制区内划定适当区域开展生态教育、自然体验、生态旅游等活动，构建高品质、多样化的生态产品体系。完善公共服务设施，提升公共服务功能。扶持和规范原住居民从事环境友好型经营活动，践行公民生态环境行为规范，支持和传承传统文化及人地和谐的生态产业模式。推行参与式社区管理，按照生态保护需求设立生态管护岗位并优先安排原住居民。建立志愿者服务体系，健全自然保护地社会捐赠制度，激励企业、社会组织和个人参与自然保护地生态保护、建设与发展。

五、加强自然保护地生态环境监督考核

实行最严格的生态环境保护制度，强化自然保护地监测、评估、考核、执法、监督等，形成一整套体系完善、监管有力的监督管理制度。

（十九）建立监测体系。建立国家公园等自然保护地生态环境监测制度，制定相关技术标准，建设各类各级自然保护地"天空地一体化"监测网络体系，充分发挥地面生态系统、环境、气象、水文水资源、水土保持、海洋等监测站点和卫星遥感的作用，开展生态环境监测。依托生态环境监管平台和大数据，运用云计算、物联网等信息化手段，加强自然保护地监测数据集成分析和综合应用，全面掌握自然保护地生态系统构成、分布与动态变化，及时评估和预警生态风险，并定期统一发布生态环境状况监测评估报告。对自然保护地内基础设施建设、矿产资源开发等人类活动实施全面监控。

（二十）加强评估考核。组织对自然保护地管理进行科学评估，及时掌握各类自然保护地管理和保护成效情况，发布评估结果。适时引入第三方评估制度。对国家公园等各类自然保护地管理进行评价考核，根据实际情况，适时将评价考核结果纳入生态文明建设目标评价考核体系，作为党政领导班子和领导干部综合评价及责任追究、离任审计的重要参考。

（二十一）严格执法监督。制定自然保护地生态环境监督办法，建立包括相关部门在内的统一执法机制，在自然保护地范围内实行生态环境保护综合执法，制定自然保护地生态环境保护综合执法指导意见。强化监督检查，定期开展"绿盾"自然保护地监督检查专项行动，及时发现涉及自然保护地的违法违规问题。对违反各类自然保护地法律法规等规定，造成自然保护地生态系统和资源环境受到损害的部门、地方、单位和有关责任人员，按照有关法律法规严肃追究责任，涉嫌犯罪的移送司法机关处理。建立督查机制，对自然保护地保护不力的责任人和责任单位进行问责，强化地方政府和管理机构的主体责任。

六、保障措施

（二十二）加强党的领导。地方各级党委和政府要增强"四个意识"，严格落实生态环境保护党政同责、一岗双责，担负起相关自然保护地建设管理的主体责任，建立统筹推进自然保护地体制改革的工作机制，将自然保护地发展和建设管理纳入地方经济社会发展规划。各相关部门要履行好自然保护职责，加强统筹协调，推动工作落实。重大问题及时报告党中央、国务院。

（二十三）完善法律法规体系。加快推进自然保护地相关法律法规和制度建设，加大法律法规立改废释工作力度。修改完善自然保护区条例，突出以国家公园保护为主要内容，推动制定出台自然保护地法，研究提出各类自然公园的相关管理规定。在自然保护地相关法律、行政法规制定或修订前，自然保护地改革措施需要突破现行法律、行政法规规定的，要按程序报批，取得授权后施行。

（二十四）建立以财政投入为主的多元化资金保障制度。统筹包括中央基建投资在内的各级财政资金，保障国家公园等各类自然保护地保护、运行和管理。国家公园体制试点结束后，结合试点情况完善国家公园等自然保护地经费保障模式；鼓励金融和社会资本出资设立自然保护地基金，对自然保护地建设管理项目提供融资支持。健全生态保护补偿制度，将自然保护地内的林木按规定纳入公益林管理，对集体和个人所有的商品林，地方可依法自主优先赎买；按自然保护地规模和管护成效加大财政转移支付力度，加大对生态移民的补偿扶持投入。建立完善野生动物肇事害赔偿制度和野生动物伤害保险制度。

（二十五）加强管理机构和队伍建设。自然保护地管理机构会同有关部门承担生态保护、自然资源资产管理、特许经营、社会参与和科研宣教等职责，当地政府承担自然保护地内经济发展、社会管理、公共服务、防灾减灾、市场监管等职责。按照优化协同高效的原则，制定自然保护地机构设置、职责配置、人员编制管理办法，探索自然保护地群的管理模式。适当放宽艰苦地区自然保护地专业技术职务评聘条件，建设高素质专业化队伍和科技人才团队。引进自然保护地建设和发展急需的管理和技术人才。通过互联网等现代化、高科技教学手段，积极开展岗位业务培训，实行自然保护地管理机构工作人员继续教育全覆盖。

（二十六）加强科技支撑和国际交流。设立重大科研课题，对自然保护地关键领域和技术问题进行系统研究。建立健全自然保护地科研平台和基地，促进成熟科技成果转化落地。加强自然保护地标准化技术支撑工作。自然保护地资源可持续经营管理、生态旅游、生态康养等活动可研究建立认证机制。充分借鉴国际先进技术和体制机制建设经验，积极参与全球自然生态系统保护，承担并履行好与发展中大国相适应的国际责任，为全球提供自然保护的中国方案。

国家林业和草原局关于促进林草产业高质量发展的指导意见

林改发〔2019〕14号

各省、自治区、直辖市林业和草原主管部门，内蒙古、大兴安岭森工（林业）集团公司，新疆生产建设兵团林业和草原主管部门，国家林业和草原局各司局、各派出机构、各直属单位：

森林和草原是重要的可再生资源。合理利用林草资源，是遵循自然规律、实现森林和草原生态系统良性循环与自然资产保值增值的内在要求，是推动产业兴旺、促进农牧民增收致富的有效途径，是深化供给侧结构性改革、满足社会对优质林草产品需求的重要举措，是激发社会力量参与林业和草原生态建设内生动力的必然要求。为合理利用林草资源，高质量发展林草产业，实现生态美百姓富有机统一，现提出如下意见。

一、指导思想

全面贯彻落实党的十九大和十九届二中、三中全会精神，以习近平新时代中国特色社会主义思想为指导，践行"绿水青山就是金山银山"理念，深化供给侧结构性改革，大力培育和合理利用林草资源，充分发挥森林和草原生态系统多种功能，促进资源可持续经营和产业高质量发展，有效增加优质林草产品供给，为实现精准脱贫、推动乡村振兴、建设生态文明和美丽中国做出更大贡献。

二、基本原则

（一）坚持生态优先，绿色发展。正确处理林草资源保护、培育与利用的关系，建立生态产业化、产业生态化的林草生态产业体系，筑牢发展新根基。

（二）坚持因地制宜，突出特色。根据林草资源禀赋，培育主导产业、特色产业和新兴产业，培植林草产品和服务品牌，形成资源支撑、产业带动、品牌拉动的发展新格局。

（三）坚持创新驱动，集约高效。加快产品创新、组织创新和科技创新，推动规模扩张向质量提升、要素驱动向创新驱动、分散布局向集聚发展转变，培育发展新动能。

（四）坚持市场主导，政府引导。充分发挥市场配置资源的决定性作用，积极培育市场主体，营造良好市场环境。加强政府引导和监督管理，完善服务体系，健全发展新机制。

三、发展目标

到2025年，林草资源合理利用体制机制基本形成，林草资源支撑能力显著增强，优质林草产品产量显著增加，林产品贸易进一步扩大，力争全国林业总产值在现有基础上提高50%以上，主要经济林产品产量达2.5亿吨，林产品进出口贸易额达2400亿美元；产业结构不断优化，新产业新业态大量涌现，森林和草原服务业加速发展，森林的非木质利用全面加强和优化，林业旅游、康养与休闲产业接待规模达50亿人次，一二三产业比例调整到25∶48∶27；资源开发利用监督管理进一步加强，资源利用效率和生产技术水平进一步提升，产业质量效益显著改善；有效增进国家生态安全、木材安全、粮油安全和能源安全，有力助推乡村振兴、脱贫攻坚和经济社会发展，服务国家战略能力全面增强。

到2035年，林草资源配置水平明显提高，林草产业规模进一步扩大，优质林草产品供给更加充足，产业结构更加优化，产品质量和服务水平全面提升，资源利用监管更加有效，服务国家战略能力持续增强，我国迈入林草产业强国行列。

四、重点工作

（一）增强木材供给能力。突出可持续经营和定向集约培育，加大人工用材林培育力度。以国家储备林为重点，加快大径级、珍贵树种用材林培育步伐。推进用材林中幼林抚育和低质低效林改造。支持林业重点龙头企业或有经营能力的其他社会投资主体参与原料林基地建设。加强竹藤资源培育，发展优质高产竹藤原料基地，增加用材供给。

（二）推动经济林和花卉产业提质增效。坚持规模适度、突出品质、注重特色，建设木本油料、特色果品、木本粮食、木本调料、木本饲料、森林药材等经济林基地和花卉基地，创建一批示范基地，培育特色优势产业集群。加强优良品种选育推广，健全标准体系，推行标准化生产，调整品种结构，培育主导产品。发展精深加工，搞好产销衔接，增强带动能力。

（三）巩固提升林下经济产业发展水平。完善林下经济规划布局和资源保护利用政策。支持小农户和规模经营主体发展林下经济。提升林下经济质量管理和品牌建设能力，完善技术和产品标准，出台林下药用植物种植等技术规程，规范林下经济发展。培育一批规模适度、特色鲜明、效益显著、环境友好、带动力强的林下经济示范基地。

（四）规范有序发展特种养殖。发挥林区生态环境和物种资源优势，以非重点保护动物为主攻方向，培育一批特种养殖基地和养殖大户，提升繁育能力，扩大种群规模，增加市场供给。鼓励社会资本参与种源繁育、扩繁和规模化养殖，发展野生动物驯养观赏和皮毛肉蛋药加工。完善野生动物繁育利用制度，加强行业管理和服务，推动保护、繁育与利用规范有序协调发展。

（五）促进产品加工业升级。优化原料基地和林草产品加工业布局，促进上下游衔接配套。支持农户和农民合作社改善林草产品储藏、保鲜、烘干、分级、包装条件，提升初加工水平。加大生物、工程、环保、信息等技术集成应用力度，加强节能环保和清洁生产，促进加工网络化、智能化、精细化。支持营养功能成分提取技术研究和开发，培育发展森林食品。开发林业生物质能源、生物质材料和生物质产品，挖掘林产工业潜力。鼓励龙头企业牵头组建集种养加服于一体、产学研用相结合的各类林草产业联盟。

（六）大力发展森林生态旅游。制定森林生态旅游与自然资源保护良性互动的政策机制。推动标准化建设，建立统一的信息统计与发布机制。积极培育森林生态旅游新业态新产品。开展服务质量等级评定。加强试点示范基地建设，打造国家森林步道、特色森林生态旅游线路、新兴森林生态旅游地品牌。加强森林生态旅游宣传推介。引导各地围绕森林生态旅游开展森林城镇、森林人家、森林村庄建设。

（七）积极发展森林康养。编制实施森林康养产业发展规划，以满足多层次市场需求为导向，科学利用森林生态环境、景观资源、食品药材和文化资源，大力兴办保健养生、康复疗养、健康养老等森林康养服务。建设森林浴场、森林氧吧、森林康复中心、森林疗养场馆、康养步道、导引系统等服务设施。加强林药材种植培育、森林食品和药材保健疗养功能研发。推动实施森林康养基地质量评定标准，创建国家森林康养基地。

（八）培育壮大草产业。继续实施退牧还草工程，启动草原生态修复工程，保护天然草原资源。加大人工种草投入力度，扩大草原改良建设规模，提高草原牧草供应能力。启动草业良种工程，加大优良草种繁育体系建设力度，逐步形成草品种集中生产区。加大牧草种植业投入，出台草产品加工业发展激励政策。重视发展草坪业，提高草坪应用水平。积极发展草原旅游，开展大美草原精品推介活动，打造草原旅游精品路线。

五、保障措施

（一）壮大经营主体。以林业专业大户、家庭林场、农民专业合作社、龙头企业和专业化服务组织为重点，加快新型林业经营体系建设。培育和壮大林业龙头企业，推动组建国家林业重点龙头企业联盟，加快推动产业园区建设，促进产业集群发展。引导发展以林草产品生产加工企业为龙头、专业合作组织为纽带、林农和种草农户为基础的"企业+合作组织+农户"的林草产业经营模式，打造现代林草业生产经营主体。积极营造林草行业企业家健康成长环境。

（二）完善投入机制。推动林草产权制度和经营管理制度创新。实施好《建立市场化、多元化生态保护补偿机制行动计划》，创新森林和草原生态效益市场化补偿机制。优化林业贷款贴息、科技推广项目等投入机制，重点支持珍贵树种、木本油料、木本饲料、特种经济树种栽培、优质苗木、森林（草原）生态旅游、森林康养等领域。运用政府和社会资本合作（PPP）等模式，引导社会资本进入林草产业。落实国家已确定的用地政策，激励各类经营主体投资林草产业基础设施和服务设施建设。

（三）拓展金融服务。积极争取扩大林权抵押贷款规模，争取金融机构开发林业全周期信贷产品，推广林权按揭贷款，推动林草业经营收益权质押贷款和生态补偿收益权质押贷款。积极协调金融机构拓宽支持林业产业的金融产品，鼓励各地建立林权收储担保服务制度，支持林业规模经营主体创办（领办）林权收储机构，支持其以自有林权抵押折资作为保证资金。鼓励金融机构开展林产品抵押、质押融资。争取保险机构扩大保险覆盖范围。完善林草资源资产评估制度和标准。

（四）加强市场建设。推广"互联网+"模式，建设林草产品电子商务体系，搭建电子商务平台，加强大数据应用，促进线上线下融合发展。大力推行订单生产，鼓励龙头企业与农民、专业合作组织建立长期稳定购销关系。积极推广木竹结构建筑和绿色建材，服务新型城镇化建设需要。深入实施森林生态标志产品建设工程，完善统一规范的产品标准、认定和标识制度。加强区域特色品牌、区域公用品牌、国内知名品牌和国际优良品牌建设。强化企业社会责任管理，健全评价体系和命名制度。实施林草碳汇市场化建设工程，完善碳汇计量监测体系，加快发展碳汇交易。

（五）强化科技支撑。加强用材林、经济林、林下经济、竹藤、花卉、特种养殖、牧草良种培育等关键技术研究，推广先进适用技术。集成创新木质非木质资源高效利用技术和草原资源高效利用技术。推动林区网络和信息基础设施基本全覆盖，加快促进智慧林业发展。推进国家级林草业先进装备生产基地建设，提升先进装备研发和制造能力。开展林业和草原科技特派员科技创业行动，鼓励企业与科研院所合作，培养科技领军人才、青年科技人才和高水平创新团队。

（六）深化"放管服"改革。精简和优化林草业行政许可事项，提升行政审批效率。推进行政许可随机抽查全覆盖，加强事中事后监管。深化林木采伐审批改革，逐步实现依据森林经营方案确定采伐限额，改进林木采伐管理服务。建设林业基础数据库、资源监管体系、林权管理系统和林区综合公共服务平台。强化乡镇林业工作站公共服务职能，全面推行"一站式、全程代理"服务。发挥好行业组织在促进林草产业发展方面的作用。

（七）维护质量安全。健全林草产品标准体系和质量管理体系，完善林草产品质量评价制度和追溯制度。加快推进标准化生产，大力推进产地标识管理、产地条形码制度。培育创建一批林草产品质量提升示范区。建立林草产业市场准入目录、市场负面清单及信用激励和约束机制。建立主要林草产品质量安全抽检机制，及时发布检测结果，引导企业落实产品质量及安全生产责任。

（八）扩大国际合作。实施林草产品引进来和走出去战略。鼓励和引导企业建立海外森林资源培育基地和林业投资合作示范园区。深化木材加工、林业机械制造等优势产能国际合作，推进林业调查规划、勘察设计等服务和技术输出。依托国内口岸，建立进口木材储备加工交易基地。健全林业贸易摩擦应对和境外投资预警协调机制。

国家林业和草原局
2019年2月14日

国家林业和草原局　民政部
国家卫生健康委员会　国家中医药管理局
关于促进森林康养产业发展的意见

林改发〔2019〕20号

各省、自治区、直辖市林业和草原主管部门、民政厅（局）、卫生健康委、中医药局，内蒙古、大兴安岭森工（林业）集团公司，新疆生产建设兵团林业和草原主管部门、民政局、卫生计生委，国家林业和草原局各司局、各派出机构、各直属单位：

森林康养是以森林生态环境为基础，以促进大众健康为目的，利用森林生态资源、景观资源、食药资源和文化资源并与医学、养生学有机融合，开展保健养生、康复疗养、健康养老的服务活动。发展森林康养产业，是科学、合理利用林草资源，践行绿水青山就是金山银山理念的有效途径，是实施健康中国战略、乡村振兴战略的重要措施，是林业供给侧结构性改革的必然要求，是满足人民美好生活需要的战略选择，意义十分重大。为促进森林康养产业健康有序发展，现提出如下意见。

一、总体要求

（一）指导思想。全面贯彻党的十九大和十九届二中、三中全会精神，以习近平新时代中国特色社会主义思想为指导，牢固树立新发展理念，以建设生态文明和美丽中国为统领，以服务健康中国和促进乡村振兴为目标，以优化森林康养环境、完善康养基础设施、丰富康养产品、建设康养基地、繁荣康养文化、提高康养服务水平为重点，向社会提供多层次、多种类、高质量的森林康养服务，不断满足人民群众日益增长的美好生活需要。

（二）基本原则。坚持生态优化，协调发展。严格执行林地保护利用规划，强化林地用途和森林主导功能管制，在严格保护的前提下，统筹考虑森林生态承载能力和发展潜力，科学确定康养利用方式和强度，实现生态得保护、康养得发展。

坚持因地制宜，突出特色。根据资源禀赋、地理区位、人文历史、区域经济水平等条件及大众康养实际需要，确定森林康养发展目标、重点任务和规划布局，突出地域文化和地方特色，实现布局合理、供需相宜。

坚持科学开发，集约利用。充分利用和发挥现有设施功能，适当填平补齐，不搞大拆大建，不搞重复建设，不搞脱离实际需要的超标准建设，避免急功近利、盲目发展，实现规模适度、物尽其用。

坚持创新引领，制度保障。运用多学科多领域的新成果，加快推进技术创新、产品创新、管理创新，建立健全相关制度规范，强化服务保障，实现规范有序、保障有力。

坚持市场主导，多方联动。立足市场需求，以产权为基础，以利益为纽带，推进全面开放，吸引各类投资主体和社会力量参与，实现部门联动、统筹推进。

（三）发展目标。培育一批功能显著、设施齐备、特色突出、服务优良的森林康养基地，构建产品丰富、标准完善、管理有序、融合发展的森林康养服务体系。到2022年，建成基础设施基本完善、产业布局较为合理的区域性森林康养服务体系，建设国家森林康养基地300处，建立森林康养骨干人才队伍。到2035年，建成覆盖全国的森林康养服务体系，建设国家森林康养基地1200处，建立一支高素质的森林康养专业人才队伍。到2050年，森林康养服务体系更加健全，森林康养理念深入人心，人民群众享有更加充分的森林康养服务。

二、主要任务

（四）优化森林康养环境。遵循森林生态系统健康理念，科学开展森林抚育、林相改造和景观提升，丰富植被的种类、色彩、层次和季相。结合功能布局，有针对性地营造、补植具有康养功能的树种、花卉等植物。着力打造生态优良、林相优美、景致宜人、功效明显的森林康养环境。

（五）完善森林康养基础设施。依托已有林间步道、护林防火道和生产性道路建设康养步道和导引系统等基础设施，充分利用现有房舍和建设用地，建设森林康复中心、森林疗养场所、森林浴、森林氧吧等服务设施，做好公共设施无障碍建设和改造。争取相关部门支持，将森林康养公共基础、健康养老等设施建设纳入当地基础设施建设规划。

（六）丰富森林康养产品。以满足多层次市场需求为导向，着力开展保健养生、康复疗养、健康养老、休闲游憩等森林康养服务。积极发展森林浴、森林食疗、药疗等服务项目。充分发挥中医药特色优势，大力开发中医药与森林康养服务相结合的产品。推动药用野生动植物资源的保护、繁育及利用。加强森林康养食材、中药材种植培育，森林食品、饮品、保健品等研发、加工和销售。依托森林生态标志产品建设工程，培育一批特色鲜明的优质森林康养品牌。

（七）建设森林康养基地。依据林业、健康、卫生、养老等法律法规和政策规定，建立健全森林康养基地建设标准，推进森林康养基地建设。基地建设要选址科学安全、功能分区合理、建设内容完整、特色优势突出。按照"环境优良、服务优质、管理完善、特色鲜明、效益明显"的要求，创建一批国家级和省级森林康养基地，发挥示范引领作用。建立森林康养基地质量评价和动态管理制度。

（八）繁荣森林康养文化。积极推进森林康养文化体系建设，深入挖掘中医药健康养生文化、森林文化、花卉文化、膳食文化、民俗文化以及乡土文化。鼓励创作森林康养文学、书法、摄影、音乐、影视等文化产品。强化自然教育，提高公众对森林康养功能的全面认识。推广森林康养文化，倡导健康生活理念。

（九）提高森林康养服务水平。完善服务标准和技术规范，加强标准实施和监督管理。引进先进经营理念，探索运用连锁式、托管式、共享式、职业经理制等现代经营管理模式，提升运营能力和管理水平。加强从业人员职业技能培训，提高服务品质。开展森林康养环境监测，实时发布生态及服务数据。加强安全防护和引导，强化应急处置，确保安全运营。

三、保障措施

（十）加强组织指导。林业和草原主管部门要强化森林康养服务质量和综合管理，民政、卫生健康、中医药等部门在职责范围内做好相关指导工作。按照"特色突出、符合实际、布局合理、可持续发展"的要求，衔接林业、健康、养老等发展规划，科学制定森林康养产业规划，明确发展重点和区域布局。规范森林康养市场行为，推进诚信体系建设。充分利用各类媒体平台大力宣传森林康养，推广品牌、基地和创新模式。鼓励各地举办以森林康养为主题的公益活动，提升森林康养的社会影响力。

（十一）加大政策扶持力度。各级林业草原主管部门要积极协调有关政府部门，各级民政、卫生健康、中医药等部门要加大对森林康养产业的支持力度，重点支持森林康养生态环境质量提升、森林康养数据监测、森林康养文化传播以及水、电、路、网络、通信、公厕、林间步道、全民健身等基础设施建设。对森林康养基地开展的林相改造、补植补造、森林抚育等按政策给予支持。创新机制模式，通过政府与社会资本合作（PPP）等方式支持引导经营主体投资发展森林康养产业。各地可探索建立政府引导基金，以融资担保、贷款贴息、项目奖补等方式，大力培育森林康养龙头企业，鼓励贫困地区发展森林康养产业，促进就业增收、脱贫致富，支持返乡下乡人员、林业专业合作社、家庭林场和小农户参与森林康养服务工作。

（十二）加强用地保障。依法依规满足森林康养产业用地需求。利用好现有法律和政策规定，对集中连片开展生态修复达到一定规模的经营主体，允许在符合土地管理法律法规和土地利用总体规划、依法办理建设用地审批手续、坚持节约集约用地的前提下，利用一定比例治理面积从事康养产业开发。在不破坏森林植被的前提下，可依据《国家级公益林管理办法》利用二级国家级公益林地开展森林康养活动。认真落实《老年人权益保障法》规定，合理利用农村未承包的集体所有的部分土地、山林、水面、滩涂发展养老产业。

（十三）拓宽投融资渠道。鼓励各类林业、健康、养老、中医药等产业基金进入森林康养产业。将森林康养产业项目纳入林业产业投资基金支持范围。积极争取和协调开发性政策性金融及有关商业金融机构长周期低成本资金支持。对符合政策规定的森林康养产业贷款项目纳入林业贷款贴息范围。促进投资主体多元化，鼓励社会资本以合资、合作、租赁、承包等形式依法合规进入森林康养产业，引导其与林场、合作社、农户等经营主体建立利益联结机制，实现资源优化配置和集约化、规模化经营。支持社会力量结合森林康养资源建设特色养老机构。

（十四）健全共建共享机制。加强部门沟通协调，建立健全协作机制。鼓励地方推进森林康养与医疗卫生、养老服务、中医药产业融合发展，实现互促共赢。鼓励地方探索依法将符合条件的以康复医疗为主的森林康养服务纳入医保范畴和职工疗养休养体系。积极协调相关部门，在森林康养发展要素保障、审批手续等方面给予支持。支持有相关资质的医师及专业人员在森林康养基地规范开展疾病预防、营养、中医调理养生、养老护理等非诊疗行为的健康服务。

（十五）强化科技支撑。鼓励森林康养基地与科研机构开展合作，加强科学研究、新技术新产品研发与应用推广。推进"互联网+森林康养"发展模式，打造森林康养大数据平台，与国家生态大数据平台实现对接和数据共享。推广运用人工智能、物联网和大数据等技术和装备，实现智慧森林康养。

（十六）加强人才培养。将森林康养专业人才培训纳入相关培训计划，支持高校和职业学校建设森林康养相关学科和专业，培养实用型、技能型专业人才。探索开展森林康养从业人员能力水平评价工作，培养一支懂康养业务、爱康养事业、会经营管理的经营型人才队伍和技术优良、服务意识强、职业操守好的康养技术人员。

国家林业和草原局
民政部
国家卫生健康委
国家中医药局
2019年3月6日

市场监管总局 国家林草局关于联合开展野生动物保护专项整治行动的通知

国市监网监〔2019〕107号

各省、自治区、直辖市及新疆生产建设兵团市场监管局(厅、委)、林草主管部门:

野生动物保护事关生态安全、民生福祉和国家形象。为进一步加强生态安全保护，推进生态文明建设，市场监管总局、国家林草局决定自即日起至10月，在全国范围内联合开展一次野生动物保护专项整治行动。现就有关事项通知如下:

一、高度重视，认真组织开展专项整治行动

各地市场监管部门、林草主管部门要深入学习贯彻习近平生态文明思想，提高政治站位，充分认识当前加强野生动物资源保护和执法打击工作的重要性、紧迫性，以强烈的政治担当、责任担当，全力组织开展好专项整治行动。要结合各地实际，研究制定切实可行的专项整治行动方案，着力加强濒危野生动物保护，有效维护国家生态安全，不断满足人民群众对良好生态环境的需求。

二、突出重点，严厉查处违法经营行为

各地市场监管部门、林草主管部门要密切合作，保持高压态势，按照野生动物保护相关法律法规的规定，在发挥"双随机、一公开"监管日常性、基础性作用的同时，根据监督检查、投诉举报、转办交办、媒体曝光等渠道发现的违法问题线索，举一反三，突出非法猎捕和经营野生动物易发、多发地区，突出城乡结合部、农村等区域，突出集贸、批发、农产品、花鸟、古玩市场等场所，突出非法销售野生动物及制品网站，依法严厉查处为出售、购买、利用野生动物或者禁止使用的猎捕工具发布广告和为出售、购买、利用野生动物制品发布广告的行为，依法严厉查处网络交易平台、商品交易市场等交易场所为违法出售、购买、利用野生动物及其制品或者禁止使用的猎捕工具提供交易服务的行为。对查获的重大案件，要依法加大处罚力度并及时予以曝光；对涉嫌犯罪的，要及时移送司法机关处理。有条件的地方市场监管部门、林草主管部门，要充分利用网监技术手段，开展对网络交易平台的定向监测。

三、密切协作，形成监管执法合力

各地市场监管部门、林草主管部门要在当地党委、政府的统一领导下，积极配合农业农村、公安、交通、海关、网信等部门的相关整治工作。要注重发挥打击野生动植物非法贸易部门联席会议等协调机制作用，在部门间、地区间及时互通监管执法信息，发挥整体优势，线上线下联动，强化对象牙、犀牛角、虎、穿山甲及其制品和以下违法行为的协同监管和联合检查、联合执法、联合惩戒:

(一)未经批准、未取得或者未按照规定使用专用标识，或者未持有、未附有人工繁育许可证、批准文件的副本或者专用标识出售、购买、利用、运输、携带、寄递国家重点保护野生动物及其制品的；

(二)未持有合法来源证明出售、利用、运输非国家重点保护野生动物的；

(三)生产、经营使用国家重点保护野生动物及其制品或者没有合法来源证明的非国家重点保护野生动物及其制品制作食品，或者为食用非法购买国家重点保护的野生动物及其制品的。

四、依法维权，强化宣传舆论引导

各地市场监管部门、林草主管部门要充分发挥12315热线及全国12315平台、各地林草主管部门公布的野生动物保护举报电话和行业协会、基层市场监管部门、林草主管部门的作用，及时受理投诉举报，对举报非法经营野生动物及其制品的，要迅速予以查实，依法处理。要研究采取多种有效形式宣传野生动物保护的法律法规以及野生动物保护工作取得的成效，增强全社会的法律意识和保护意识，为专项整治行动开展营造良好氛围。

五、及时总结，按时上报相关材料

各地市场监管部门、林草主管部门要及时总结经验，巩固成果。市场监管总局、国家林草局将对专项整治行动开展情况适时组织联合调研指导。请各省、自治区、直辖市及新疆生产建设兵团市场监管局(厅、委)、林草主管部门于今年7月15日前分别向市场监管总局(网监司)、国家林草局(动植物司)报送阶段性工作部署开展情况，11月15日前报送专项整治行动总结，包括典型案例、相关图片等，并附本部门专项整治行动情况统计表(以上材料须同时报送纸质件和电子版)。工作中的重大情况，应及时报告当地政府和市场监管总局、国家林草局。

工作联系人、联系方式(略)

附件:野生动物保护专项整治行动情况统计表(略)

市场监管总局
国家林草局
2019年5月24日

国家林业和草原局办公室关于印发《国家林业和草原局重点学科建设管理暂行办法》的通知

办人字〔2019〕110号

各省、自治区、直辖市林业和草原主管部门，内蒙古、大兴安岭森工（林业）集团公司，新疆生产建设兵团林业和草原主管部门，中国林科院、国际竹藤中心，各有关院校：

为进一步加强和规范国家林业和草原局重点学科建设管理，推进林业草原学科内涵建设，我局研究制定了《国家林业和草原局重点学科建设管理暂行办法》（见附件），现印发给你们，请认真贯彻执行。

特此通知。

附件：国家林业和草原局重点学科建设管理暂行办法

国家林业和草原局办公室
2019年6月3日

附件

国家林业和草原局重点学科建设管理暂行办法

第一章 总 则

第一条 为深入贯彻习近平新时代中国特色社会主义思想和党的十九大精神，加强和规范国家林业和草原局重点学科（以下简称"局重点学科"）的建设管理，推进林业草原学科内涵建设，引导林业草原相关高等学校和科研院所提升人才培养质量、科学研究水平、服务林业草原事业发展的能力，对接国家"双一流"战略，特制定本办法。

第二条 本办法所指的局重点学科是围绕国家发展战略和林业草原重大需求，在相关高等学校和科研院所择优遴选并支持建设的重点学科，包括局重点建设学科和局重点培育学科两类。

第三条 局重点学科的建设管理坚持扶特扶需扶新、优化布局，坚持开放竞争、择优遴选，坚持定期评估、动态调整的工作原则，推动若干林业草原学科达到国际同类学科先进水平，一批学科进入世界一流行列或者前列。

第二章 管理与职责

第四条 国家林业和草原局学科建设指导协调小组（以下简称"局学科建设指导协调小组"）负责局重点学科建设的统筹、组织与管理，主要包括局重点学科的宏观布局、管理办法制定、遴选、工作指导、动态调整、组织协调等，国家林业和草原局人事司（以下简称"局人事司"）承担局重点学科建设的日常管理工作。

第五条 高等学校和科研院所是局重点学科的建设主体，负责本单位局重点学科的建设管理工作，主要包括制定学科建设规划、学科申报、学科重点建设、学科工作考核、学科建设经费使用与管理等。

第六条 局重点学科实行学科负责人负责制，高等学校和科研院所应当明确学科负责人，落实学科建设任务，确保学科建设取得实效。

第三章 申请与遴选

第七条 遴选范围。以国务院学位委员会2018年4月更新的《学位授予和人才培养学科目录》为主要依据，包括林学、草学、林业工程、风景园林学、生态学、生物学、农业资源与环境、农林经济管理等面向林业草原领域的相关一级学科及学科方向。

第八条 申请基本条件

（一）局重点建设学科：

1. 学科方向设置科学合理，对推进林业草原现代化建设、促进科技进步具有十分重要的意义，学科的总体水平处于国内同类学科前列。其中，一级学科要有2个及以上特色优势学科方向；

2. 拥有结构合理的学术队伍，建有高水平的教学科研团队；

3. 人才培养质量高，研究生培养水平位于国内同类学位授权点前列；

4. 科学研究基础好，创新能力强，承担国家、省部级科研项目，取得较高水平的研究成果，形成明显的林业草原特色优势，对林业草原建设做出重大贡献；

5. 申请学科为国家或者省部级重点实验室（工程研究中心）等的主干学科；学科教学、科研平台居国内同类学科先进水平，对学科发展的支撑力强；

6. 学术气氛浓厚，国际国内学术交流活跃；

7. 申请学科近5年内，曾获得国家自然科学奖、国家技术发明奖、国家科技进步奖、国家教学成果奖等国家级教学科研奖励（单位排名前5名），或者获得不少于2项省部级二等奖以上（含二等奖）教学科研奖励（单位排名前3名）。

(二)局重点培育学科：

1. 学科方向设置科学合理，具有显著特色，符合林业草原发展战略需求，对推进林业草原现代化建设具有重要意义；
2. 拥有结构合理的学术队伍；
3. 人才培养质量较高；
4. 科学研究基础好，创新能力强，承担一定数量的教学科研项目，取得一定数量的研究成果；
5. 学科平台条件好，对学科发展的支撑力强；
6. 学术气氛浓厚，国际国内学术交流活跃。

第九条 局重点学科的遴选工作在局学科建设指导协调小组的领导下，按照自由申报、通讯评议、专家会议评审、国家林业和草原局审定的程序，由局人事司具体组织实施。

第四章 建设内容

第十条 制定学科建设方案。高等学校和科研院所应当根据国家、林业草原行业以及区域经济社会发展的需要，结合本学科优势特色，科学制定学科建设方案，并注重与国家、各省（区、市）一流学科建设的统筹衔接。建设期一般为5年，建设方案包括学科建设目标、建设任务、保障措施和预期成效等方面。

第十一条 凝练学科方向。局重点学科应当实时掌握本学科领域的前沿动态，紧密结合林业草原创新体系建设，根据本单位优势和特色，凝练学科方向，促进多学科交叉融合，培植新的学科增长点。

第十二条 夯实学术队伍。局重点学科须明确学科负责人的职责，加大学科优秀人才和团队培养和引进力度，建立有利于青年拔尖人才脱颖而出的竞争、激励和约束机制，打造结构合理、高水平学科团队和梯队。

第十三条 加强条件平台建设。局重点学科要切实加强仪器设备、图书文献、数据资源、信息化设备等条件建设，努力发挥重点实验室、野外台站、长期科研基地、工程研究中心等各类创新平台对学科的支撑作用。

第十四条 强化产学研协同创新。局重点学科应当主动对接国家生态文明建设和林业草原重大战略，加大高等学校、科研机构、行业龙头企业间的科技合作和协同创新，建立产学研创新联盟，实现学科建设与行业产业的深度融合，增强学科服务国家重大战略需求的能力。

第十五条 推进国际交流合作。加强与国外高水平大学、顶尖科研机构的实质性学术交流与科研合作，选派优秀人才赴境外访学交流，大力引进国际领军人才，提升学科的国际学术影响力。

第五章 评估与考核

第十六条 局重点学科实行年度自查、中期抽查和终期验收相结合的方式进行评估考核。

第十七条 年度自查。局重点学科年度自查以高等学校和科研院所自主考核为主，主要考核学科落实学科建设方案的年度进展情况。

第十八条 中期抽查。局重点学科建设中期，局人事司组织专家以抽查的方式对相关局重点学科建设情况进行中期评估，以及时跟踪指导、总结经验、发现问题、改进工作。

第十九条 终期验收。5年建设期满，局人事司统一组织终期验收，以学科建设方案为主要依据，重点考核建设任务完成、标志性成果产出、高层次人才培养等主要建设内容。终期验收结果分为优秀、合格、不合格。

第二十条 动态调整。打破身份固化，建立局重点学科有进有出动态调整机制，对终期验收为优秀的学科，国家林业和草原局在业务委托、人才培养、国际交流等方面给予倾斜性支持；对验收不合格的学科，将给予通报批评并限期2年整改，整改后再次验收不合格的，将取消局重点学科资格。

第六章 附则

第二十一条 本办法由局人事司负责解释。
第二十二条 本办法自公布之日起实施。

自然资源部 财政部 生态环境部 水利部 国家林业和草原局 关于印发《自然资源统一确权登记暂行办法》的通知

自然资发〔2019〕116号

各省、自治区、直辖市自然资源主管部门、财政主管部门、生态环境主管部门、水利行政主管部门、林业和草原主管部门，新疆生产建设兵团自然资源局、财政局、生态环境局、水利局、林业和草原局：

为贯彻落实党中央、国务院关于生态文明建设决策部署，建立和实施自然资源统一确权登记制度，推进自然资源确权登记法治化，推动建立归属清晰、权责明确、保护严格、流转顺畅、监管有效的自然资源资产产权制度，实现山水林田湖草整体保护、系统修复、综合治理，我们在试点工作的基础上，制定了《自然资源统一确权登记暂行办法》，现予以印发，请结合实际，认真贯彻落实。

自然资源部 财政部 生态环境部
水利部 国家林业和草原局
2019年7月11日

自然资源统一确权登记暂行办法

第一章 总 则

第一条 为贯彻落实党中央、国务院关于生态文明建设决策部署，建立和实施自然资源统一确权登记制度，推进自然资源确权登记法治化，推动建立归属清晰、权责明确、保护严格、流转顺畅、监管有效的自然资源资产产权制度，实现山水林田湖草整体保护、系统修复、综合治理，根据有关法律规定，制定本办法。

第二条 国家实行自然资源统一确权登记制度。

自然资源确权登记坚持资源公有、物权法定和统一确权登记的原则。

第三条 对水流、森林、山岭、草原、荒地、滩涂、海域、无居民海岛以及探明储量的矿产资源等自然资源的所有权和所有自然生态空间统一进行确权登记，适用本办法。

第四条 通过开展自然资源统一确权登记，清晰界定全部国土空间各类自然资源资产的所有权主体，划清全民所有和集体所有之间的边界，划清全民所有、不同层级政府行使所有权的边界，划清不同集体所有者的边界，划清不同类型自然资源之间的边界。

第五条 自然资源统一确权登记以不动产登记为基础，依据《不动产登记暂行条例》的规定办理登记的不动产权利，不再重复登记。

自然资源确权登记涉及调整或限制已登记的不动产权利的，应当符合法律法规规定，依法及时记载于不动产登记簿，并书面通知权利人。

第六条 自然资源主管部门作为承担自然资源统一确权登记工作的机构（以下简称登记机构），按照分级和属地相结合的方式进行登记管辖。

国务院自然资源主管部门负责指导、监督全国自然资源统一确权登记工作，会同省级人民政府负责组织开展由中央政府直接行使所有权的国家公园、自然保护区、自然公园等各类自然保护地以及大江大河大湖和跨境河流、生态功能重要的湿地和草原、国务院确定的重点国有林区、中央政府直接行使所有权的海域、无居民海岛、石油天然气、贵重稀有矿产资源等自然资源和生态空间的统一确权登记工作。具体登记工作由国家登记机构负责办理。

各省负责组织开展本行政区域内由中央委托地方政府代理行使所有权的自然资源和生态空间的统一确权登记工作。具体登记工作由省级及省级以下登记机构负责办理。

市县应按照要求，做好本行政区域范围内自然资源统一确权登记工作。

跨行政区域的自然资源确权登记由共同的上一级登记机构直接办理或者指定登记机构办理。

第七条 自然资源统一确权登记工作经费应纳入各级政府预算，不得向当事人收取登记费等相关费用。

第二章 自然资源登记簿

第八条 自然资源登记簿的样式由国务院自然资源主管部门统一规定。

已按照《不动产登记暂行条例》办理登记的不动产权利，通过不动产单元号、权利主体实现自然资源登记簿与不动产登记簿的关联。

第九条 自然资源登记簿应当载以下事项：

（一）自然资源的坐落、空间范围、面积、类型以及数量、质量等自然状况；

（二）自然资源所有权主体、所有权代表行使主体、所有权代理行使主体、行使方式及权利内容等权属状况；

（三）其他相关事项。

自然资源登记簿应当对地表、地上、地下空间范围内各类自然资源进行记载，并关联国土空间规划明确的用途、划定的生态保护红线等管制要求及其他特殊保护规定等信息。

第十条 全民所有自然资源所有权代表行使主体登记为国务院自然资源主管部门，所有权行使方式分为直接行使和代理行使。

中央委托相关部门、地方政府代理行使所有权的，所有权代理行使主体登记为相关部门、地方人民政府。

第十一条 自然资源登记簿附图内容包括自然资源空间范围界线、面积，所有权主体、所有权代表行使主体、所有权代理行使主体，以及已登记的不动产权利界线，不同类型自然资源的边界、面积等信息。

第十二条 自然资源登记簿由具体负责登记的各级登记机构进行管理，永久保存。

自然资源登记簿和附图应当采用电子介质，配备专门的自然资源登记电子存储设施，采取信息网络安全防护措施，保证电子数据安全，并定期进行异地备份。

第三章 自然资源登记单元

第十三条 自然资源统一确权登记以自然资源登记单元为基本单位。

自然资源登记单元应当由登记机构会同水利、林草、生态环境等部门在自然资源所有权范围的基础上，综合考虑不同自然资源种类和在生态、经济、国防等方面的重要程度以及相对完整的生态功能、集中连片等因素划定。

第十四条 国家批准的国家公园、自然保护区、自然公园等各类自然保护地应当优先作为独立登记单元划定。

登记单元划定以管理或保护审批范围界线为依据。同一区域内存在管理或保护审批范围界线交叉或重叠时，以最大的管理或保护范围界线划定登记单元。范围内存在集体所有自然资源的，应当一并划入登记单元，并在登记簿上对集体所有自然资源的主体、范围、面积等情况予以记载。

第十五条 水流可以单独划定自然资源登记单元。以水流作为独立自然资源登记单元的，依据全国国土调查成果和水资源专项调查成果，以河流、湖泊管理范围为基础，结合堤防、水域岸线划定登记单元。河流的干流、支流，可以分别划定登记单元。

湿地可以单独划定自然资源登记单元。以湿地作为独立自然资源登记单元的，依据全国国土调查成果和湿地专项调查成果，按照自然资源边界划定登记单元。在河流、湖泊、水库等水流范围内的，不再单独划分湿地登记单元。

第十六条 森林、草原、荒地登记单元原则上应当以土地所有权为基础，按照国家土地所有权权属界线封闭的空间划分登记单元，多个独立不相连的国家土地所有权权属界线封闭的空间，应分别划定登记单元。国务院确定的重点国有林区以国家批准的范围界线为依据单独划定自然资源登记单元。

在国家公园、自然保护区、自然公园等各类自然保护地登记单元内的森林、草原、荒地、水流、湿地等不再单独划定登记单元。

第十七条 海域可单独划定自然资源登记单元，范围为我国的内水和领海。以海域作为独立登记单元的，依据沿海县市行政管辖界线，自海岸线起至领海外部界线划定登记单元。无居民海岛按照"一岛一登"的原则，单独划定自然资源登记单元，进行整岛登记。

海域范围内的自然保护地、湿地、探明储量的矿产资源等，不再单独划定登记单元。

第十八条 探明储量的矿产资源，固体矿产以矿区，油气以油气田划分登记单元。若矿业权整合包含或跨越多个矿区的，以矿业权整合后的区域为一个登记单元。登记单元的边界，以现有的储量登记库及储量统计库导出的矿区范围，储量评审备案文件确定的矿产资源储量估算范围，以及国家出资探明矿产地清理结果认定的矿产地范围在空间上套合确定。登记单元内存在依法审批的探矿权、采矿权的，登记簿关联勘查、采矿许可证相关信息。

在国家公园、自然保护区、自然公园等各类自然保护地登记单元内的矿产资源不再单独划定登记单元，通过分层标注的方式在自然资源登记簿上记载探明储量矿产资源的范围、类型、储量等内容。

第十九条 自然资源登记单元具有唯一编码，编码规则由国家统一制定。

第四章 自然资源登记一般程序

第二十条 自然资源登记类型包括自然资源首次登记、变更登记、注销登记和更正登记。

首次登记是指在一定时间内对登记单元内全部国家所有的自然资源所有权进行的第一次登记。

变更登记是指因自然资源的类型、范围和权属边界等自然资源登记簿内容发生变化进行的登记。

注销登记是指因不可抗力等因素导致自然资源所有权灭失进行的登记。

更正登记是指登记机构对自然资源登记簿的错误记载事项进行更正的登记。

第二十一条 自然资源首次登记程序为通告、权籍调查、审核、公告、登簿。

第二十二条 自然资源首次登记应当由登记机构依职权启动。

登记机构会同水利、林草、生态环境等部门预划登记单元后，由自然资源所在地的县级以上地方人民政府向社会发布首次登记通告。通告的主要内容包括：

（一）自然资源登记单元的预划分；
（二）开展自然资源登记工作的时间；
（三）自然资源类型、范围；
（四）需要自然资源所有权代表行使主体、代理行使主体以及集体土地所有权人等相关主体配合的事项及其他需要通告的内容。

第二十三条 登记机构会同水利、林草、生态环境等部门，充分利用全国国土调查、自然资源专项调查等自然资源调查成果，获取自然资源登记单元内各类自然资源的坐落、空间范围、面积、类型、数量和质量等信息，划清自然资源类型边界。

第二十四条 登记机构会同水利、林草、生态环境等部门应充分利用全国国土调查、自然资源专项调查等自然资源调查成果，以及集体土地所有权确权登记发证、国有土地使用权确权登记发证等不动产登记成果，开展自然资源权籍调查，绘制自然资源权籍图和自然资源登记簿附图，划清全民所有和集体所有的边界以及不同集体所有者的边界；依据分级行使国家所有权体制改革成果，划清全民所有、不同层级政府行使所有权的边界。

自然资源登记单元的重要界址点应现场指界，必要时可设立明显界标。在国土调查、专项调查、权籍调查、土地勘测定界等工作中对重要界址点已经指界确认的，不需要重复指界。对涉及权属争议的，按有关法律法规规定处理。

第二十五条 登记机构依据自然资源权籍调查成果和相关审批文件，结合国土空间规划明确的用途、划定的生态保护红线等管制要求或政策性文件以及不动产登记结果资料等，会同相关部门对登记的内容进行审核。

第二十六条 自然资源登簿前应当由自然资源所在地市县配合具有登记管辖权的登记机构在政府门户网站及指定场所进行公告，涉及国家秘密的除外。公告期不少于15个工作日。公告期内，相关当事人对登记事项提出异议的，登记机构应当对提出的异议进行调查核实。

第二十七条 公告期满无异议或者异议不成立的，登记机构应当将登记事项记载于自然资源登记簿，可以向自然资源所有权代表行使主体或者代理行使主体颁发自然资源所有权证书。

第二十八条 登记单元内自然资源类型、面积等自然状况发生变化的，以全国国土调查和自然资源专项调查为依据，依职权开展变更登记。自然资源的登记单元边界、权属边界、权利主体和内容等自然资源登记簿主要内容发生变化的，自然资源所有权代表行使主体或者代理行使主体应当持相关资料及时嘱托登记机构办理变更登记或注销登记。

自然资源登记簿载事项存在错误的，登记机构可以依照自然资源所有权代表行使主体或者代理行使主体的嘱托办理更正登记，也可以依职权办理更正登记。

第五章 自然资源登记信息管理与应用

第二十九条 自然资源登记资料包括：

（一）自然资源登记簿等登记结果；

（二）自然资源权籍调查成果、权属来源材料、相关公共管制要求、登记机构审核材料等登记原始资料。

自然资源登记资料由具体负责的登记机构管理。各级登记机构应当建立登记资料管理制度及信息安全保密制度，建设符合自然资源登记资料安全保护标准的登记资料存放场所。

第三十条 在国家不动产登记信息管理基础平台上，拓展开发全国统一的自然资源登记信息系统，实现自然资源确权登记信息的统一管理；各级登记机构应当建立标准统一的自然资源确权登记数据库，确保自然资源确权登记信息日常更新。

自然资源确权登记信息纳入不动产登记信息管理基础平台，实现自然资源确权登记信息与不动产登记信息有效衔接和融合。

自然资源确权登记信息应当及时汇交国家不动产登记信息管理基础平台，确保国家、省、市、县四级自然资源确权登记信息的实时共享。

第三十一条 自然资源确权登记结果应当向社会公开，但涉及国家秘密以及《不动产登记暂行条例》规定的不动产登记的相关内容除外。

第三十二条 自然资源确权登记信息与水利、林草、生态环境、财税等相关部门管理信息应当互通共享，服务自然资源资产的有效监管和保护。

第六章 附则

第三十三条 军用土地范围内的自然资源暂不纳入确权登记。

第三十四条 本办法由自然资源部负责解释，自印发之日起施行。

附件：自然资源统一确权登记工作方案

附件：

自然资源统一确权登记工作方案

为贯彻党中央、国务院关于生态文明建设的决策部署，落实《生态文明体制改革总体方案》《深化党和国家机构改革方案》要求，在认真总结试点工作经验的基础上，现就全面铺开、分阶段推进全国自然资源统一确权登记制定以下工作方案。

一、总体要求

（一）指导思想。以习近平新时代中国特色社会主义思想为指导，全面贯彻党的十九大和十九届二中、三中全会精神，深入贯彻落实习近平生态文明思想和习近平总书记关于自然资源管理重要论述，牢固树立尊重自然、顺应自然、保护自然理念，按照建立系统完整的生态文明制度体系的要求，在总结前期试点工作经验的基础上，全面铺开、分阶段推进自然资源统一确权登记工作，推动建立归属清晰、权责明确、保护严格、流转顺畅、监管有效的自然资源资产产权制度，支撑自然资源合理开发、有效保护和严格监管。

（二）基本原则。坚持资源公有，坚持自然资源社会主义公有制，即全民所有和集体所有。坚持物权法定，依法依规确定自然资源的物权种类和权利内容、自然资源资产产权主体和行使代表。坚持统筹兼顾，在新的自然资源管理体制和格局基础上，与相关改革做好衔接。坚持以不动产登记为基础，构建自然资源统一确权登记制度体系，实现自然资源统一确权登记与不动产登记的有机融合。坚持发展和保护相统一，加快形成有利于节约资源和保护环境的新的空间格局。

（三）工作目标。按照《自然资源统一确权登记暂行办法》（以下简称《办法》），以不动产登记为基础，充分利用国土调查成果，首先对国家公园、自然保护区、自然公园等各类自然保护地，以及江河湖泊、生态功能重要的湿地和草原、重点国有林区等具有完整生态功能的自然生态空间和全民所有单项自然资源开展统一确权登记，逐步实现对水流、森林、山岭、草原、荒地、滩涂、海域、无居民海岛以及探明储量的矿产资源等全部国土空间内的自然资源登记全覆盖。清晰界定各类自然资源资产的产权主体，逐步划清全民所有和集体所有之间的边界，划清全民所有、不同层级政府行使所有权的边界，划清不同集体所有者的边界，划清不同类型自然资源的边界，推进确权登记法治化，为建立国土空间规划体系并监督实施，统一行使全民所有自然资源资产所有者职责，统一行使所有国土空间用途管制和生态保护修复职责，提供基础支撑和产权保障。

二、主要任务

（一）开展国家公园自然保护地确权登记。自然资源部在完善前期国家公园统一确权登记试点工作成果的基础上，对国家公园开展统一确权登记。由自然资源部会同国家公园所在的省级人民政府联合制定印发实施方案，组织技术力量依据国家公园建设、审批等资料划定登记单元界线，收集整理国土空间规划明确的用途、划定的生态保护红线等管制要求及其他特殊保护规定或者政策性文件，直接利用全国国土调查和自然资源专项调查成果确定资源类型、分布，并开展登记单元内各类自然资源的权籍调查。通过确权登记，明确国家公园内各类自然资源的数量、质量、种类、分布等自然状况，所有权主体、所有权代表行使主体、所有权代理行使主体以及权利内容等权属状况，并关联公共管制要求。自然资源部可以依据登记结果颁发自然资源所有权证书，并向社会公开。国家公园范围内的水流、森林、湿地、草原、滩涂等，不单独划分登记单元，作为国家公园登记单元内的资源类型予以调查、记载。

（二）开展自然保护区、自然公园等其他自然保护地确权登记。自然资源部对由中央政府直接行使所有权的自然保护区、自然公园（根据《关于建立以国家公园为主体的自然保护地体系的指导意见》，自然公园包括森林公园、地质公园、海洋公园、湿地公园等）等自然保护地开展统一确权登记。由自然资源部会同自然保护区、自然公园等自然保护地所在的省级人民政府联合制定印发实施方案,组织技术力量依据自然保护区、自然公园等各类自然保护地设立、审批等资料划定登记单元界线,收集整理国土空间规划明确的用途、划定的生态保护红线等管制要求及其他特殊保护规定或者政策性文件,直接利用全国国土调查和自然资源专项调查成果确定资源类型、分布,并开展登记单元内各类自然资源的权籍调查。通过确权登记,明确自然保护区、自然公园等自然保护地范围内各类自然资源的数量、质量、种类、分布等自然状况,所有权主体、所有权代表行使主体、所有权代理行使主体以及权利内容等权属状况,并关联公共管制要求。自然资源部可以依据登记结果颁发自然资源所有权证书,并向社会公开。

省级人民政府组织省级及省级以下自然资源主管部门依据《办法》,参照自然资源部开展自然保护区、自然公园等自然保护地自然资源确权登记的工作流程和要求,对本辖区内除自然资源部直接开展确权登记之外的自然保护区、自然公园等自然保护地开展确权登记,可以颁发自然资源所有权证书,并向社会公开。

自然保护区、自然公园等自然保护地范围内的水流、森林、湿地、草原、滩涂等,不单独划分登记单元,作为自然保护区、自然公园等自然保护地登记单元内的资源类型予以调查、记载。同一区域内存在多个自然保护地时,以自然保护地的最大范围划分登记单元。

(三)开展江河湖泊等水流自然资源确权登记。自然资源部对大江大河大湖和跨境河流进行统一确权登记。由自然资源部会同水利部、水流流经的省级人民政府制定印发实施方案,组织技术力量依据国土调查和水资源专项调查结果划定登记单元界线,收集整理国土空间规划明确的用途、划定的生态保护红线等管制要求及其他特殊保护规定或者政策性文件,并对承载水资源的土地开展权籍调查。探索建立水流自然资源三维登记模式,通过确权登记明确水流的范围、面积等自然状况,所有权主体、所有权代表行使主体、所有权代理行使主体以及权利内容等权属状况,并关联公共管制要求。自然资源部可以依据登记结果颁发自然资源所有权证书,并向社会公开。

省级人民政府组织省级及省级以下自然资源主管部门会同水行政主管部门,依据《办法》,参照自然资源部开展水流自然资源确权登记的工作流程和要求,对本辖区内除自然资源部直接开展确权登记之外的水流进行确权登记,可以颁发自然资源所有权证书,并向社会公开。

(四)开展湿地、草原自然资源确权登记。自然资源部对由中央政府直接行使所有权的、生态功能重要的湿地、草原等进行统一确权登记。由自然资源部会同湿地、草原所在的省级人民政府联合制定印发实施方案,组织技术力量依据国土调查和湿地、草原资源专项调查结果划定登记单元界线,收集整理国土空间规划明确的用途、划定的生态保护红线等管制要求及其他特殊保护规定或者政策性文件,并开展权籍调查。通过确权登记明确湿地、草原自然资源的范围、面积等自然状况,所有权主体、所有权代表行使主体、所有权代理行使主体以及权利内容等权属状况,并关联公共管制要求。自然资源部可以依据登记结果颁发自然资源所有权证书,并向社会公开。

省级人民政府组织省级及省级以下自然资源主管部门依据《办法》,参照自然资源部开展湿地、草原自然资源确权登记的工作流程和要求,对本辖区内除自然资源部直接开展确权登记之外的湿地、草原进行确权登记,可以颁发自然资源所有权证书,并向社会公开。

(五)开展海域、无居民海岛自然资源确权登记。自然资源部对由中央政府直接行使所有权的海域、无居民海岛进行统一确权登记。以海域作为独立自然资源登记单元的,由自然资源部会同沿海省级人民政府联合制定印发实施方案,组织技术力量充分利用国土调查和海域专项调查结果,依据海岸线和各沿海县市行政管辖界线划定登记单元界线,收集整理国土空间规划明确的用途、划定的生态保护红线等管制要求及其他特殊保护规定或者政策性文件,并开展权籍调查。探索采用三维登记模式,通过确权登记明确海域的范围、面积等自然状况,所有权主体、所有权代表行使主体、所有权代理行使主体以及权利内容等权属状况,并关联公共管制要求。

所有无居民海岛都单独划定自然资源登记单元,进行整岛登记。以无居民海岛作为独立登记单元的,由自然资源部制定印发实施方案,组织技术力量充分利用国土调查和无居民海岛专项调查结果,按照"一岛一登"的原则,划定登记单元界线,收集整理国土空间规划明确的用途、划定的生态保护红线等管制要求及其他特殊保护规定或者政策性文件,并开展权籍调查。通过确权登记明确无居民海岛的名称、位置、面积、高程(最高点高程和平均高程)、类型和空间范围等自然状况,所有权主体、所有权代表行使主体以及权利内容等权属状况,并关联公共管制要求。

省级人民政府组织省级及省级以下自然资源主管部门依据《办法》,参照自然资源部开展海域确权登记的工作流程和要求,对本辖区内除自然资源部直接开展确权登记之外的海域进行确权登记。

(六)开展探明储量的矿产资源确权登记。自然资源部对探明储量的石油天然气、贵重稀有矿产资源进行统一确权登记。由自然资源部会同相关省级人民政府制定印发实施方案,组织技术力量依据矿产资源储量登记库,结合矿产资源利用现状调查数据库和国家出资探明矿产地清理结果等划定登记单元界线,调查反映各类矿产资源的探明储量状况,收集整理国土空间规划明确的用途、划定的生态保护红线等管制要求及其他特殊保护规定或者政策性文件。对矿产资源的确权登记,探索采用三维登记模式,通过确权登记,明确矿产资源的数量、质量、范围、种类、面积等自然状况,所有权主体、所有权代表行使主体、所有权代理行使主体以及权利内容等权属状况,并关联勘查、采矿许可证号等相关信息和公共管制要求。自然资源部可以依据登记结果颁发自然资源所有权证书,并向社会公开。

省级人民政府组织省级及省级以下自然资源主管部门依据《办法》,参照自然资源部开展矿产资源确权登记的工作流程和要求,对本辖区内除自然资源部直接开展确权登记之外的矿产资源进行确权登记,可以颁发自然资源所有权证书,并向社会公开。

（七）开展森林自然资源确权登记。自然资源部对已登记发证的重点国有林区要做好林权权属证书与自然资源确权登记的衔接，进一步核实相关权属界线。在明确所有权代表行使主体和代理行使主体的基础上，对国务院确定的重点国有林区森林资源的代表行使主体和代理行使主体探索进行补充登记。

省级人民政府组织省级及省级以下自然资源主管部门依据《办法》，对本辖区内尚未颁发林权权属证书的森林资源，以所有权权属为界线单独划分登记单元，进行所有权确权登记，可以颁发自然资源所有权证书，并向社会公开。

（八）自然资源确权登记信息化建设。将自然资源确权登记信息纳入不动产登记信息管理基础平台。在不动产登记信息管理基础平台上，开发、扩展自然资源登记信息系统。全国自然资源登记工作采用统一的信息系统，按照统一的标准开展工作，实现自然资源登记信息的统一管理、实时共享，并实现与不动产登记信息、国土调查、专项调查信息的实时关联。自然资源部门与生态环境、水利、林草等相关部门要加强信息共享，服务于自然资源的确权登记和有效监管。

省级及省级以下自然资源主管部门不再单独建设自然资源登记信息系统，统一使用全国自然资源登记信息系统，加强自然资源确权登记成果的信息化管理，建立本级自然资源确权登记信息数据库，做好本级负责的自然资源确权登记工作。

三、时间安排

按照从2019年起，利用5年时间基本完成全国重点区域自然资源统一确权登记，2023年以后，通过补充完善的方式逐步实现全国覆盖的工作目标，制定总体工作方案和年度实施方案，分阶段推进自然资源确权登记工作。

（一）2019年。自然资源部修订出台《办法》、操作指南、数据库标准、登记单元编码和划定规则等，印发实施《自然资源统一确权登记工作方案》。根据工作安排，适时启动全国自然资源统一确权登记工作。重点对海南热带雨林、大熊猫、湖北神农架、浙江钱江源、云南普达措等国家公园体制试点区，长江干流，太湖等开展自然资源统一确权登记工作。开展由地方人民政府负责的自然保护区、自然公园等其他自然保护地自然资源确权登记的示范建设。探索开展矿产资源自然资源统一确权登记的路径方法。完成全国自然资源确权登记信息系统的开发，并部署全国使用。完善前期国家公园统一确权登记试点工作成果，纳入自然资源统一登记信息系统。对已完成确权登记的区域，适时颁发自然资源所有权证书。

省级人民政府要组织省级自然资源主管部门，制定本省自然资源统一确权登记总体工作方案，于2019年9月底前报自然资源部审核后，以省级人民政府名义予以印发。根据总体工作方案，省级自然资源主管部门分年度、分区域制定本省自然资源确权登记实施方案，启动本省自然资源确权登记工作。

（二）2020~2022年。自然资源部根据中央政府直接行使所有权的资源清单，从自然公园、自然保护区等自然保护地，黄河、淮河、松花江、辽河、海河、珠江等大江大河大湖，生态功能重要的湿地和草原，海域、无居民海岛，以及探明储量的石油天然气、贵重稀有矿产资源等全民所有自然资源中，每年选择一批重要自然生态空间和单项自然资源开展统一确权登记。

省级及省级以下自然资源部门根据本省自然资源统一确权登记总体工作方案，制定年度工作计划，基本完成本辖区内重点区域自然资源确权登记工作。

（三）2023年及以后。在基本完成全国重点区域的自然资源统一确权登记工作的基础上，适时启动非重点区域自然资源确权登记工作，最终实现全国自然资源确权登记全覆盖的目标。

四、保障措施

（一）加强组织领导。自然资源部和省级人民政府是组织实施自然资源确权登记工作的责任主体。要充分认识自然资源确权登记工作对支撑生态文明建设的重大意义，切实加强组织领导，建立多部门合作的协调机制，明确任务要求，保障工作经费，落实责任分工。自然资源部要加强对全国自然资源确权登记工作的指导监督，完善制度建设，会同有关部门及时协商解决工作中的重大问题，委托自然资源部不动产登记中心、中国国土勘测规划院、信息中心等单位承担由国家登记机构具体负责的自然资源统一确权登记组织实施工作。省级人民政府对本省行政区域内的自然资源确权登记工作负总责，要组织省级自然资源主管部门会同有关部门编制本省工作总体方案和年度工作计划，批准和指导监督省级及省级以下自然资源主管部门制定实施本级自然资源确权登记实施方案，创新工作机制，组织工作力量，落实工作责任，确保自然资源确权登记工作落到实处。

（二）强化统筹配合。各级自然资源主管部门要密切配合，形成合力，不折不扣完成自然资源确权登记工作任务。自然资源部要加强对各级登记机构开展自然资源确权登记工作的指导、监督，了解掌握各地工作推进情况并加强实时监管，及时叫停违法违规、损害所有者权益的登记行为，并追究有关单位和人员责任。县级以上地方人民政府和自然资源主管部门要配合、支持自然资源部做好自然资源权籍调查、界线核实、权属争议调处等相关工作。

（三）健全协调机制。各级自然资源主管部门要主动做好与生态环境、水利、林草等相关部门的沟通、协调，充分利用已有的自然资源统一确权登记基础资料，现有资料不能满足需要的，应该积极研究解决办法，必要时可开展补充性调查。加强数据质量审核评估和检查，确保基础数据真实可靠、准确客观。

（四）落实资金保障。自然资源确权登记和权籍调查，根据财政事权和支出责任划分，分别由中央财政和地方财政承担支出责任。

（五）做好宣传培训。各级自然资源主管部门要全面准确宣传自然资源统一确权登记的重要意义、工作进展与成效，加强全国自然资源统一确权登记工作经验交流，为自然资源统一确权登记工作营造良好舆论氛围。各级自然资源主管部门要加大培训力度，提升队伍素质，加强自然资源登记专业人才队伍建设。

天然林保护修复制度方案

(中共中央办公厅、国务院办公厅　2019年7月)

天然林是森林资源的主体和精华,是自然界中群落最稳定、生物多样性最丰富的陆地生态系统。全面保护天然林,对于建设生态文明和美丽中国、实现中华民族永续发展具有重大意义。1998年,党中央、国务院在长江上游、黄河上中游地区及东北、内蒙古等重点国有林区启动实施了天然林资源保护工程,标志着我国林业从以木材生产为主向以生态建设为主转变。20多年来特别是党的十八大以来,我国不断加大天然林保护力度,全面停止天然林商业性采伐,实现了全面保护天然林的历史性转折,取得了举世瞩目的成就。同时,我国天然林数量少、质量差、生态系统脆弱,保护制度不健全、管护水平低等问题仍然存在。为贯彻落实党中央、国务院关于完善天然林保护制度的重大决策部署,用最严格制度、最严密法治保护修复天然林,现提出如下方案。

一、总体要求

(一)指导思想。以习近平新时代中国特色社会主义思想为指导,全面贯彻党的十九大和十九届二中、三中全会精神,紧紧围绕统筹推进"五位一体"总体布局和协调推进"四个全面"战略布局,牢固树立"绿水青山就是金山银山"理念,建立全面保护、系统恢复、用途管控、权责明确的天然林保护修复制度体系,维护天然林生态系统的原真性、完整性,促进人与自然和谐共生,不断满足人民群众日益增长的优美生态环境需要,为建设社会主义现代化强国、实现中华民族伟大复兴的中国梦奠定良好生态基础。

(二)基本原则

——坚持全面保护,突出重点。采取严格科学的保护措施,把所有天然林都保护起来。根据生态区位重要性、物种珍稀性等多种因素,确定天然林保护重点区域。实行天然林保护与公益林管理并轨,加快构建以天然林为主体的健康稳定的森林生态系统。

——坚持尊重自然,科学修复。遵循天然林演替规律,以自然恢复为主、人工促进为辅,保育并举,改善天然林分结构,注重培育乡土树种,提高森林质量,统筹山水林田湖草治理,全面提升生态服务功能。

——坚持生态为民,保障民生。积极推进国有林区转型发展,保障护林员待遇,保障林权权利人和经营主体的合法权益,确保广大林区职工和林农与全国人民同步进入全面小康社会。

——坚持政府主导,社会参与。地方各级政府承担天然林保护修复主体责任,引导和鼓励社会主体积极参与,林权权利人和经营主体依法尽责,形成全社会共抓天然林保护的新格局。

(三)目标任务。加快完善天然林保护修复制度体系,确保天然林面积逐步增加、质量持续提高、功能稳步提升。

到2020年,13亿公顷天然乔木林和0.68亿公顷天然灌木林地、未成林封育地、疏林地得到有效管护,基本建立天然林保护修复法律制度体系、政策保障体系、技术标准体系和监督评价体系。

到2035年,天然林面积保有量稳定在2亿公顷左右,质量实现根本好转,天然林生态系统得到有效恢复、生物多样性得到科学保护、生态承载力显著提高,为美丽中国目标基本实现提供有力支撑。

到本世纪中叶,全面建成以天然林为主体的健康稳定、布局合理、功能完备的森林生态系统,满足人民群众对优质生态产品、优美生态环境和丰富林产品的需求,为建设社会主义现代化强国打下坚实生态基础。

二、完善天然林管护制度

(四)确定天然林保护重点区域。对全国所有天然林实行保护,禁止毁林开垦、将天然林改造为人工林以及其他破坏天然林及其生态环境的行为。依据国土空间规划划定的生态保护红线以及生态区位重要性、自然恢复能力、生态脆弱性、物种珍稀性等指标,确定天然林保护重点区域,分区施策,分别采取封禁管理,自然恢复为主、人工促进为辅或其他复合生态修复措施。

(五)全面落实天然林保护责任。省级政府负责落实国家天然林保护修复政策,将天然林保护和修复目标任务纳入经济社会发展规划,按目标、任务、资金、责任"四到省"要求认真组织实施。建立地方政府天然林保护行政首长负责制和目标责任考核制,通过制定天然林保护规划、实施方案,逐级分解落实天然林保护责任和修复任务。天然林保护修复实行管护责任协议书制度。森林经营单位和其他林权权利人、经营主体按协议具体落实其经营管护区域内的天然林保护修复任务。

(六)加强天然林管护能力建设。完善天然林管护体系,加强天然林管护站点等建设,提高管护效率和应急处理能力。充分运用高新技术,构建全方位、多角度、高效运转、天地一体的天然林管护网络,实现天然林保护相关信息获取全面、共享充分、更新及时。健全天然林防火监测预警体系,加强天然林有害生物监测、预报、防治工作。结合精准扶贫扩大天然林护林员队伍,建立天然林管护人员培训制度。加强天然林区居民和社区共同参与天然林管护机制建设。

三、建立天然林用途管制制度

(七)建立天然林休养生息制度。全面停止天然林商业性采伐。对纳入保护重点区域的天然林,除森林病虫害防治、森林防火等维护天然林生态系统健康的必要措施外,禁止其他一切生产经营活动。开展天然林抚育作业的,必须编制作业设计,经林业主管部门审查批准后实施。依托国家储备林基地建设,培育大径材和珍贵树种,维护国家木材安全。

(八)严管天然林地占用。严格控制天然林地转为其他用途,除国防建设、国家重大工程项目建设特殊需要外,禁止占用保护重点区域的天然林地。在不破坏地表植被、不影响生物多样性保护前提下,可在天然林地适度发展生态旅游、休闲康养、特色种植养殖等产业。

四、健全天然林修复制度

（九）建立退化天然林修复制度。根据天然林演替规律和发育阶段，科学实施修复措施，遏制天然林分继续退化。编制天然林修复作业设计，开展修复质量评价，规范天然林保护修复档案管理。对于稀疏退化的天然林，开展人工促进、天然更新等措施，加快森林正向演替，逐步使天然次生林、退化次生林等生态系统恢复到一定的功能水平，最终达到自我持续状态。强化天然中幼林抚育，调整林木竞争关系，促进形成地带性顶级群落。加强生态廊道建设。鼓励在废弃矿山、荒山荒地上逐步恢复天然植被。

（十）强化天然林修复科技支撑。组织开展天然林生长演替规律、退化天然林生态功能恢复、不同类型天然林保育和适应性经营、抚育性采伐等基础理论和关键技术科研攻关，加强对更替、择伐、渐进、封育尤其是促进复壮等天然林修复方式的研究和示范。加快天然林保护修复科技成果转移转化，开展技术集成与推广，加快天然林保护修复技术标准体系建设。大力开展天然林保护修复国际合作交流，积极引进国外先进理念和技术。

（十一）完善天然林保护修复效益监测评估制度。制定天然林保护修复效益监测评估技术规程，逐步完善骨干监测站建设，指导基础监测站提升监测能力。定期发布全国和地方天然林保护修复效益监测评估报告。建立全国天然林数据库。

五、落实天然林保护修复监管制度

（十二）完善天然林保护修复监管体制。加强天然林资源保护修复成效考核监督，加大天然林保护年度核查力度，实行绩效管理。将天然林保护修复成效列入领导干部自然资源资产离任审计事项，作为地方党委和政府及领导干部综合评价的重要参考。强化舆论监督，发动群众防控天然林灾害事件，设立险情举报专线和公众号，制定奖励措施。对破坏天然林、损害社会公共利益的行为，可以依法提起民事公益诉讼。

（十三）建立天然林保护修复责任追究制。强化天然林保护修复责任追究，建立天然林资源损害责任终身追究制。对落实天然林保护政策和部署不力、盲目决策，造成严重后果的；对天然林保护修复不担当、不作为，造成严重后果的；对破坏天然林资源事件处置不力、整改执行不到位，造成重大影响的，依规依纪依法严肃问责。

六、完善支持政策

（十四）加强天然林保护修复基础设施建设。统筹安排国有林区林场管护用房、供电、饮水、通信等基础设施建设，积极推进国有林区林场道路建设。加强森林管护、森林防火、有害生物防治等方面现代化基础设施和装备建设。加大对天然林保护公益林建设和后备资源培育的支持力度。

（十五）完善天然林保护修复财政支持等政策。统一天然林管护与国家级公益林补偿政策。对集体和个人所有的天然商品林，中央财政继续安排停伐管护补助。逐步加大对天然林抚育的财政支持力度。完善天然林资源保护工程社会保险、政策性社会性支出、停伐及相关改革奖励等补助政策。优化调整支出结构，强化预算绩效管理。推进重点国有林区改革，加快剥离办社会职能，落实重点国有林区金融机构债务处理政策。调整完善森林保险制度。

（十六）探索天然林保护修复多元化投入机制。探索通过森林认证、碳汇交易等方式，多渠道筹措天然林保护修复资金。鼓励社会公益组织参与天然林保护修复。鼓励公民、法人和其他组织通过捐赠、资助、认养、志愿服务等方式，从事天然林保护公益事业。鼓励地方探索重要生态区位天然商品林赎买制度。

七、强化实施保障

（十七）切实加强党对天然林保护修复工作的领导。天然林保护是生态文明建设中一项具有根本性、全局性、关键性的重大任务，地方各级党委和政府必须把天然林保护摆到突出位置，强化总体设计和组织领导。切实加强天然林保护修复机构队伍建设，保障天然林保护修复和管理经费。国务院林业主管部门牵头协调组织各有关部门研究解决天然林保护修复出现的新情况新问题，重大问题及时向党中央、国务院报告。

（十八）完善天然林保护法律制度。健全天然林保护修复法律法规，研究制定天然林保护条例。各地应当结合本地实际，制定天然林保护地方性法规、规章；已经出台天然林保护地方性法规、规章的，要根据本方案精神，做好修订工作，用最严格制度、最严密法治保护天然林资源。

（十九）编制天然林保护修复规划。继续实施好天然林资源保护二期工程，全面总结评估天然林资源保护二期工程实施方案执行情况。研究编制全国天然林保护修复中长期规划，提出天然林保护阶段性目标、任务，进一步完善天然林保护政策和措施。各省级政府组织编制天然林保护修复规划，市、县级政府组织编制天然林保护修复实施方案，明确本行政区域天然林保护范围、目标和举措。经批准的天然林保护修复规划、实施方案不得擅自变更。编制或者修订天然林保护修复规划、实施方案应当公示，必要时应当举行听证。

（二十）提高全社会天然林保护意识。天然林保护是广大人民群众共同参与、共同建设、共同受益的事业，是一项长期任务，要一代代抓下去。鼓励和引导群众通过订立乡规民约、开展公益活动等方式，培育爱林护林的生态道德和行为准则。加强天然林保护科普宣传教育，充分利用互联网等各种媒体，提高公众对天然林生态、社会、文化、经济价值的认识，形成全社会共同保护天然林的良好氛围。按照国家有关规定，对在天然林保护管理事业中做出显著成绩的单位和个人给予表彰奖励。

国家林业和草原局关于印发修订后的《国家级森林公园总体规划审批管理办法》的通知

林场规〔2019〕1号

各省、自治区、直辖市林业和草原主管部门，内蒙古、大兴安岭森工（林业）集团公司，新疆生产建设兵团林业和草原主管部门，国家林业和草原局各司局、各派出机构、各直属单位：

为进一步规范国家级森林公园总体规划审批工作，我局组织对《国家级森林公园总体规划审批管理办法》进行了修订，经国家林业和草原局局务会议审议通过，现将修订后的管理办法（见附件）印发给你们，请遵照执行。

特此通知。

附件：国家级森林公园总体规划审批管理办法

国家林业和草原局
2019年7月16日

附件

国家级森林公园总体规划审批管理办法

第一章 总 则

第一条 为了加强国家级森林公园总体规划（以下简称"总体规划"）的编制审批工作，推进规划管理的规范化、制度化，充分发挥总体规划指导国家级森林公园科学发展的重要作用，依据《国家级森林公园管理办法》等相关规定，制定本办法。

第二条 总体规划的编制（包括新编、修编，下同）、报送、审批，适用本办法。

第三条 国家林业和草原局国有林场和种苗管理司（以下简称"林场种苗司"）具体负责总体规划的批复办理工作。

第四条 总体规划是国家级森林公园建设经营和规范管理的重要依据。未按规定审批或者已超期的总体规划，不能作为工程立项、资金安排和办理使用林地的依据。

第二章 规划编制

第五条 国家级森林公园经营管理机构按照《国家级森林公园管理办法》《国家级森林公园总体规划规范》（LY/T2005）及相关规定，组织编制总体规划。

第六条 总体规划应当符合国土空间开发保护的有关要求，并与当地国土空间规划等相关规划相衔接。

第七条 总体规划应当广泛征求相关部门、公众及利益相关者意见，并进行公示。

第八条 总体规划应当由县级以上人民政府或者其林业和草原主管部门逐级行文报至省级林业和草原主管部门，省级林业和草原主管部门组织召开专家评审会并进行审核。专家评审会应当由多学科的专家参与，评审专家不少于5人，专家评审会应当形成书面专家评审意见。

审核通过的，进入报送环节；需要修改后通过的，完成修改后再进入报送环节；审核不予通过的，退回县级以上人民政府或者其林业和草原主管部门。

第三章 规划报送

第九条 总体规划审核通过后，应当由省级林业和草原主管部门报国家林业和草原局审批。

第十条 报送材料应当包括：

（一）省级林业和草原主管部门的上报文件（含审核情况说明）；

（二）总体规划文本及相关图件；

（三）专家评审意见及采纳情况说明；

（四）征求相关部门、公众、利益相关者意见及公示的情况说明。

报送材料（纸质材料1份及其电子文档）不得含有涉密内容。

第十一条 林场种苗司应当在收到报送材料7个工作日内，对材料齐全的进行登记。材料不全的，由林场种苗司告知省级林业和草原主管部门补全补正。

第四章 规划审批

第十二条 林场种苗司自登记之日起组织开展总体规划审查工作，必要时可组织专家论证或者实地考察。

通过审查的，国家林业和草原局原则上10个工作日内作出批复；未通过审查的，林场种苗司及时出具审查意见，退回省级林业和草原主管部门。

第十三条 总体规划批复后，应当在国家林业和草原局官方网站公开批复文件。

第十四条 对已批复的总体规划及相关文件，应当及时立卷归档。

第五章 规划实施监督

第十五条 总体规划批复后，国家级森林公园管理机构要严格按照批复的总体规划开展建设活动，严格控制开发强度，加强对森林、草原、湿地和野生动植物资源的保护。批准后的总体规划需要修订的，应当由省级林业和草原主管部门将修订后的总体规划报原审批机关批准。

第十六条 总体规划中的工程建设项目，要严格按照有关程序履行报批手续。

第十七条 林场种苗司（或委托第三方机构）对总体规划实施情况进行监督。

对于不按照总体规划进行开发和建设的国家级森林公园，责令进行限期整改。整改后仍不符合总体规划要求的，主管部门将依法处理。

第六章　附　则

第十八条 本办法由国家林业和草原局负责解释。

第十九条 本办法自2019年8月1日起施行。原国家林业局于2015年5月4日发布的《国家级森林公园总体规划审批管理办法》（林规发〔2015〕57号）同时废止。

国家林业和草原局关于推进种苗事业高质量发展的意见

林场发〔2019〕82号

各省、自治区、直辖市林业和草原主管部门，内蒙古、大兴安岭森工（林业）集团公司，新疆生产建设兵团林业和草原主管部门，国家林业和草原局各司局、各派出机构、各直属单位：

种苗是林业草原事业发展的重要基础，是提高林地草地经济、生态和社会效益的根本。在党中央、国务院高度重视下，我国种苗事业取得了长足发展，为实施大规模国土绿化行动提供了有力保障。同时，种苗发展不平衡不充分、总量供给严重过剩和结构性供给不足、自主创新能力不强、种苗工作基础薄弱等问题十分突出，成为林业草原现代化建设的一大短板。为推进种苗事业高质量发展，更好地满足林业草原事业发展的需求，现提出如下意见。

一、把握种苗高质量发展的方向，明确工作总体要求

（一）指导思想。以习近平新时代中国特色社会主义思想为指导，认真践行新发展理念，深入贯彻《种子法》《草原法》和《国务院办公厅关于加强林木种苗工作的意见》《国务院办公厅关于深化种业体制改革提高创新能力的意见》精神，以提高发展质量和效益为中心，以推进供给侧结构性改革为主线，以种苗使用优质化、种子生产基地化、苗木供应市场化、种苗管理法治化为总目标，充分发挥市场在资源配置中的决定性作用和更好发挥政府作用，突出抓好强基础、搭平台、重服务、严监管工作，推进种苗生产和管理现代化，开创种苗事业高质量发展新局面，为实施大规模国土绿化行动和推进林业草原现代化建设提供坚强有效的保障。

（二）基本原则。

——坚持因地制宜、精准施策。根据不同区域、不同造林绿化和生态修复保护形式对种苗的需求，科学确定生产布局、发展重点及其政策措施，统筹抓好种苗数量保障、结构优化和质量提升工作。

——坚持市场主导、强化服务。种苗是特殊商品，抓工作必须按市场规律办事，必须强化政府服务。苗木发展要坚决走市场化的路子，加强市场体系建设、市场主体培育和市场规则制定。种子生产要抓在政府手上，抓实良种的选育繁殖、推广使用和贮备调剂等工作。

——坚持改革创新、提质增效。加强制度创新，不断增强内生动力与发展活力，促进种苗更平衡更充分发展。加强科技创新，不断提高科技含量和水平，推进种苗高质量高效益发展。

——坚持依法治理、严格监管。完善种苗法律法规和标准建设，做到有法可依、有章可循。加强种苗质量抽查和市场监管，严厉打击制售假冒伪劣种苗行为，维护市场秩序。

（三）发展目标。到2025年，主要造林树种良种使用率达到75%，商品林全部实现良种化，草种自给率显著提升。扶持建设一批种质资源保存库、良种繁育基地、保障性苗圃、线上线下苗木交易市场，以及种苗龙头企业和种苗知名品牌。全国种质资源保护利用制度基本建立，种子生产供应体系进一步健全，苗木线上线下交易体系进一步完善，种苗市场监管水平进一步提升，种苗供求信息发布制度基本形成，制约种苗发展的突出问题得到解决，我国种苗事业迈入高质量发展的新阶段。

二、加强种质资源保护和利用，夯实种苗发展基础

（四）全面摸清种质资源家底。建立种质资源普查与收集的财政分级保障制度，中央主要支持重点区域野生种质资源调查，地方负责辖区内其他种质资源调查。推进第一次全国林草种质资源普查工作，力争用5年左右的时间基本摸清我国种质资源家底。结合种质资源普查工作，加强对珍稀、濒危、重要乡土乔灌木树种、古树名木、竹类、藤本植物、野生花卉及草类种质资源的收集。

（五）着力推进种质资源库建设。逐步建立起国家、省两级和原地库、异地库、设施库3种方式的种质资源保存体系，把国家库打造成为种质资源保存的核心场所和良种研发的骨干平台。大力推进国家林草种质资源设施保存主库、分库建设，科学贮藏我国丰富的林草种质资源。鼓励各类社会主体参与种质资源保护及种质资源保存库建设，并纳入到种质资源保存体系。公布全国和省级重点保护的天然种质资源目录，切实加强天然种质资源保护。

（六）积极开展种质资源鉴定与评价。以木本油料、特色林果、园林观赏等树种和重要生态修复草种、主要饲草为重点，组织制定种质资源鉴定评价技术标准，开展重要性状鉴定、评价和重要基因发掘等工作，为良种选育提供更多种质材料。公布可供利用的种质资源目录，建立惠益分享制度，依法推动种质资源开放共享。建立国家种质资源大数据平台，整合全国种质资源普查、收集、保护、鉴定、评价等基础数据，实现信息互通共享，提高种质资源利用效率。

三、加强良种选育和推广，推进良种化进程

（七）进一步加强良种选育。高水平推进商品林树种的良种选育，在注重速生丰产的同时，要更加注重材质、抗性等品质的改良与提高。大力选育一批耐瘠薄、耐盐碱、抗病虫害、抗干旱的乔灌木良种，满足干旱、半干旱地区和特殊立地条件造林绿化的需要。尽快选育一批抗逆、广适、高产的优良草品种，为草原修复和草牧业发展提供支持。支持各类社会主体参与园林观赏树种和木本油料等特色经济树种良种选育工作，鼓励规模企业向育繁推一体化方向发展。深入落实《主要林木育种科技创新规划（2016—2025年）》，持续推进良种选育攻关工程。

（八）切实完善品种审定工作。优化林木品种认定方法和程序，加快认定一批造林绿化和生态保护修复急需的乡土乔灌木良种。完善林木良种引种备案制度，确保良种跨区域推广更加科学、更加便捷、更有保障。积极开展品种分子鉴定，切实解决"同物异名"的问题。完善草品种审定制度，公布主要草种目录，建设一批国家草品种区域试验站，加快草原生态修复急需的优良乡土草品种的认定。建立良种审定信息化平台，实现在线申请、查询等多种功能，提升品种管理信息化水平。

（九）加大良种推广力度。建立良种推广使用制度，特别是国家投资等公益性造林种草项目和国有林业单位造林要大力推广使用良种，造林种草作业设计要明确良种使用和种苗质量要求，并将其作为检查验收和考核评价的重要内容，实行一票否决。积极营造良种示范林，大力宣传良种使用成效，提高社会对良种的认知程度，形成推广使用良种的良好社会氛围。

四、加强生产基地建设和管理，确保种苗供应

（十）加强种子生产基地建设。加快推进现有良种基地树种的结构调整，调减马尾松、杉木、樟子松、落叶松等明显过剩树种的面积，增加乡土、珍贵、濒危和抗病虫、抗逆性树种的良种生产能力。在优良种源区划定一批当前急需树种的采种林分，并通过去劣疏伐等措施，逐步改造成为母树林。在现有禁牧草场和打草场，确定一批国家和省级乡土草种采种基地。支持科研单位、大专院校和社会资本开展乡土草种生产基地建设，不断提高我国优质乡土草种供给能力。

（十一）强化种子生产基地管理。推进良种基地科研、生产和管理深度融合，建立健全科研、生产、管理紧密结合的良种繁育机制，形成各负其责、合作共赢的格局。加强子代测定，推进高世代种子园的建设，促进良种基地升级换代。积极推广种子园树体矮化、人工授粉、测土施肥等技术措施，提高良种生产能力。加强良种基地人员培训，不断提高基地的管理能力和技术水平。建立健全国家重点林木良种基地和国家草种生产基地考核和动态管理制度，确保基地建设质量和成效。

（十二）积极推进保障性苗圃建设。省级林业和草原主管部门要根据本辖区实施大规模国土绿化行动的用苗需求，采取政府招标等竞争性方式，合理确定一批保障性苗圃。明确保障的要求和方式，使保障性苗圃切实承担起新品种培育、新技术应用和市场紧缺的乡土、珍贵等特殊树种苗木生产，以及国家投资等公益性造林种草项目的种苗供应任务。加大政策支持和投资扶持力度，兑现按约定生产的苗木的良种补助资金，支持保障性苗圃基础设施建设。加强指导和监督，实行动态管理，确保保障性苗圃制度运行规范有效。

五、加强监管和法治建设，维护种苗市场秩序

（十三）完善种苗法规和标准。推进《种子法》配套规章和地方性法规的制修订。完善种苗规范和标准体系建设，推进种质资源管理、良种推广使用、生产经营许可、种苗质量管理、草种种苗监管等办法和标准的修订。加大种苗普法和宣传培训力度，提高种苗从业者依法生产、经营、管理的意识和能力。

（十四）强化种苗质量监管。改进种苗质量抽查方法，将抽查对象从系统内向系统外拓展、从苗圃地向造林地转变。完善种苗质量抽查内容，增加造林作业设计、招投标中对种苗来源及质量要求的抽查。加大种苗生产经营许可、检验检疫、标签、档案等制度的落实力度，探索建立质量认证制度，实现种苗质量的可追溯。

（十五）打击种苗违法行为。各级林业和草原主管部门要加强与同级公安、市场监管等部门的协作，组织开展种苗综合执法和专项打假活动，严厉打击制售假冒伪劣种苗、未审先推和无证生产经营，以及种苗采购使用中的违纪违法等行为，及时公开案件信息，将违法主体纳入黑名单，维护市场秩序。

六、加强引导和服务，促进种苗产业发展

（十六）加强政府宏观引导。建立苗木供需预测预报制度，及时发布市场供需信息，引导生产经营者合理安排生产。培育创立一批种苗产业示范基地、龙头企业和产业集群，打造一批种苗知名品牌，做大做强种苗产业。支持龙头企业加强与农民的合作，采取"企业+合作组织+农户"的产业发展模式，带动农民脱贫致富。支持种苗企业实施"引进来、走出去"战略，提升种苗企业、产品的国际竞争力和影响力，带动种苗产业大发展。

（十七）完善社会化服务体系。着力打造各级各类、线上线下种苗交易平台，为种苗现货交易和新品种展示提供场所。支持安徽合肥国家级交易市场举办种苗交易会，并将其打造成为国家苗木交易信息中心，适时向社会发布种苗交易信息。搭建网上服务平台，为企业和农民提供政策解读、技术咨询等服务，对企业和农民的困难，主动及时给予帮助。支持种苗社团组织的工作，发挥其桥梁纽带、技术咨询、信息服务、行业自律和权益维护等方面的作用。

（十八）营造良好的营商环境。精简种苗行政许可事项和条件，优化审批程序，提高种苗行政审批效率。对种苗生产经营许可证发放进行改革，逐步推行告知承诺制，为社会资本和各类经营主体进入种苗产业创造良好条件。构建统一开放、竞争有序的市场体系，建立健全公平、透明的市场规则，为各类市场主体自主经营、自我发展创造更加有利的条件。

七、完善政策措施，为种苗发展提供有力支撑

（十九）完善良种补助政策。积极争取扩大国家良种补助资金额度。省级林业和草原主管部门要积极争取省级财政的支持，建立健全省级良种补助制度。积极推动建立草种良种补助制度，扶持和推动草种业发展。严格落实《林业改革发展资金管理办法》的要求，确保良种补助资金使用安全高效。

（二十）加大资金投入力度。积极争取增加种质资源普查与收集专项资金，支持种质资源普查、收集、保护和评价。积极争取增加林木种质资源保护工程中央预算内投资，重点支持种质资源库建设，兼顾扶持良种基地、采种基地和保障性苗圃的建设。建立草种质资源保护中央预算内投入机制，支持种质资源库、种子生产基地、区域试验站建设以及质量监管等。各地林业和草原主管部门要加强与发展改革、财政等部门的沟通协调，建立长期稳定增长的种苗资金投入机制。

（二十一）加强造林种草与种苗衔接。各级林业和草原主管部门要根据本地造林绿化和生态保护修复、林草产业发展、国家储备林建设等需要，建立健全种苗生产和造林绿化之间的有效衔接机制。种苗部门要根据三年造林滚动计划和造林种草对树种、草种的需求趋势，提前安排好适销对路的种苗生产，真正落实"造林绿化种苗先行"的要求。造林绿化部门在编制年度造林种草计划和作业设计时，要根据当地种苗生产供应情况，科学合理确定林草品种及其质量要求，避免种苗使用上的随意性。造林种草施工单位要按照作业设计要求严格采购和使用种苗，真正落实"适地适树（草）适种源、就近购苗用苗"的要求。

各级林业和草原主管部门要切实加强对种苗工作的组织领导，科学编制种苗发展规划，抓紧出台种苗扶持政策，加强机构能力建设和经费保障，及时研究解决种苗发展中遇到的新问题，全力推进新时代种苗事业高质量发展，为实施大规模国土绿化行动和推进林业草原现代化建设作出新的更大贡献。

国家林业和草原局
2019 年 8 月 20 日

国家林业和草原局关于印发《引进林草种子、苗木检疫审批与监管办法》的通知

林生规〔2019〕5 号

各省、自治区、直辖市林业和草原主管部门，内蒙古、大兴安岭森工（林业）集团公司，新疆生产建设兵团林业和草原主管部门，国家林业和草原局各司局、各派出机构、各直属单位：

《引进林草种子、苗木检疫审批与监管办法》（见附件）已经我局局务会议审议通过，现予印发，请遵照执行。

特此通知。

附件：引进林草种子、苗木检疫审批与监管办法

国家林业和草原局
2019 年 12 月 2 日

附件

引进林草种子、苗木检疫审批与监管办法

第一章　总　则

第一条　为了规范从国外（含境外，下同）引进林草种子、苗木的检疫管理，有效防止外来有害生物入侵，保护国土生态安全、经济贸易安全，根据《行政许可法》《森林法》《种子法》《草原法》《植物检疫条例》《濒危野生动植物进出口管理条例》《植物检疫条例实施细则（林业部分）》《植物检疫条例实施细则（农业部分）》的相关规定，制定本办法。

第二条　凡从国外引进林草种子、苗木（以下简称"林草引种"）的检疫申请、受理、审批和监督管理，适用本办法。

第三条　本办法所称林草种子、苗木，是指林木和草的种植材料或者繁殖材料，包括苗、花、根、茎、叶、芽、籽粒、果实等。

第四条　国家林业和草原局负责全国林草引种的检疫管理，各省级林业和草原主管部门负责本辖区林草引种的检疫管理，其所属的植物检疫机构负责执行林草引种检疫管理任务。

国家林业和草原局及各省级林业和草原主管部门应当推行网上申报、审批管理，构建林草引种可追溯监管平台，建立和完善报检员制度、检疫备案制度，提高林草引种检疫审批工作效率和信息化水平。

第五条　林草引种检疫管理工作坚持公开透明、加强事中事后监管、落实责任主体、服务社会经济发展的原则，实行引种风险管理和种植地属地监管制度。

第六条　林草引种检疫管理工作应当加强与农业农村、海关等部门的沟通和协作；鼓励行业协会等社团组织参与有关工作，支持规范、诚信、创新型企业发展；服务国家和地方经济社会发展。

第二章 检疫申请

第七条 除草种和暂免隔离试种植物种类（见附1）以外，引进的其他种类均应当进行隔离试种。申请人应当具有国家认定的普及型国外引种试种苗圃资格的种植地，其中，属于科研引进或者政府、团体、科研、教学部门交换、交流引进但不具备上述种植条件的申请人，引进的林草种子、苗木应当种植在达到国家林业和草原局普及型国外引种试种苗圃认定条件的种植地。

第八条 国务院有关部门所属的在京单位向国家林业和草原局提出林草引种检疫申请。其他申请林草引种的单位或者个人（以下简称"申请人"）申请引进需要隔离试种的种类时，应当向隔离试种地的省级林业和草原主管部门所属的植物检疫机构提出林草引种检疫申请；引进不需要隔离试种的种类时，应当向申请人所在地省级林业和草原主管部门所属的植物检疫机构提出林草引种检疫申请。

第九条 林草引种实行"谁申请谁负责"的责任制度。申请人负责提交申请材料，并对其真实性负责。

第十条 申请人申请林草引种检疫时，除提交《引进林草种子、苗木检疫审批申请表》（式样见附2）以外，还应当根据以下情况，提交相应的材料。

（一）属于科研引进以及政府、团体、科研、教学部门交流、交换引进的，申请人应当提交科研项目任务书、合同、协议书、隔离措施等材料；

（二）属于展览引进的，申请人应当提交展会批准文件、展期间的管理措施、展览结束后的处理措施，以及展览区域安全性评定等材料；

（三）属于首次申请引进的和每年第一次申请引进的，申请人应当出示企业法人营业执照或者个人身份证并提交复印件；

（四）属于国内首次引进以及首次引种国家和地区的，为便于及时准确进行审批，申请人可提供拟引进种类在原产地的有害生物发生危害情况的材料；在首次引进隔离试种期满后，申请人应当提交首次引进种类的疫情监测情况的材料。隔离试种成功后，申请人方可再次引进同一种类。

第十一条 根据申请引进种类的不同，申请人还应当符合下列相应要求：

（一）属于经营性引进的，申请人应当为从事林草种子苗木进出口经营的企业和个人；

（二）引进需要隔离试种种类的，申请人申请引进的种类、数量应当与隔离试种地的试种条件、试种能力一致，严禁超试种条件、试种能力申请引进。

第十二条 申请人应当在签订的贸易合同、协议中订明中国法定的检疫要求，并订明输出国家或者地区政府植物检疫机关出具检疫证书，证明符合中国的检疫要求。

第三章 受理与审批

第十三条 负责审批的植物检疫机构应当根据行政许可有关法律法规规定和职权范围，对申请人提交的申请作出受理或者不予受理决定。对申请材料齐全、符合规定形式，或者申请人按照要求提交全部补正申请材料的，应当予以受理；对申请材料不齐全或者不符合有关规定要求的，应当当场或者在5日内一次性告知申请人需要补正的全部内容。

第十四条 负责审批的植物检疫机构应当对受理的检疫申请材料进行审查。

申请材料齐全、符合规定要求的，应当自受理申请之日起，在20个工作日内作出审批决定，并签发《国外引进林草种子、苗木检疫审批单》（以下简称"检疫审批单"）。检疫审批单批准的有效期限为3个月，特殊情况的可适当延长，但最长不得超过6个月。在20个工作日内不能作出决定的，经植物检疫机构负责人批准后，可延长10日；

需要对申请材料的实质内容进行现场核实的，应当出具现场核查通知书并指派2名以上工作人员进行核查；

植物检疫机构不受理和审批用于直接土壤种植草皮草种的引进申请。

第十五条 国家实行林草引种风险管理制度。属于以下一种或多种情况的，由国家林业和草原局组织开展专家评审（风险评估）或引种地检疫评审：

（一）国内首次引进或者首次引种国家和地区的；

（二）国内有关部门或者国际有关组织已发布相关疫情警示和林草引种要求的，或者已确定拟引种国家发生相关重大植物疫情的；

（三）科研以及政府、团体、科研、教学部门交流、交换引进的；

（四）国内无法确定风险但经实地调研确需引进的。属于此类情况的，应当实施国外引种地检疫评审。检疫评审的有关情况在国家林业和草原局网站上公布；

（五）需带土引进的。国家原则上禁止审批该类引进事项。确需带土引进的，应当经国外引种地检疫评审合格，通过专家全面评定，具备严格、可行的监管措施，并商海关总署后开展；

（六）除上述情况以外，引进超过附3中单次和年度引进数量的。

省级植物检疫机构审查到上述申请引进种类时，应当报国家林业和草原局进行专家评审（风险评估），并书面告知申请人。

国家和地方政府为经济社会发展需要确需引进经专家评审（风险评估）为风险特别大的种类，并且拟种植地县级以上地方政府作出负责监管和承担引进风险与疫情除治承诺、明确政府有关责任人的，可经国外引种地检疫评审合格，在普及型国外引种试种苗圃内进行全部试种的方式进行引种。

第十六条 属于国内已引进，但拟种植地所在省级行政区没有引进过的，由省级植物检疫机构组织开展专家评审（风险评估）。

第十七条 申请引进种类属于第十五条第一、二、四、第五项的，负责审批的植物检疫机构应当书面通知申请人，在申请人书面反馈需要专家评审（风险评估）或者引种地检疫评审意见后，组织开展专家评审（风险评估）或者引种地检疫评审。专家评审（风险评估）和引种地检疫评审的时间不计算在第十四条第二款规定的时间内。其中，专家评审（风险评估）时间一般控制在3个月以内；引种地检疫评审的时间一般控制在1年以内。

负责审批的植物检疫机构在确定可以引进第十五条第一、第二、第三项的种类后，首次审批时，审批数量一般为50株以内或者相当于50株以内的数量。

第十八条 负责审批的植物检疫机构应当根据引进种类的不同，确定每批次引进种类的隔离试种方式和时限、监管单位及其联系方式；根据隔离试种条件和试种能力确定引种种类和引种数量。其中，隔离试种方式和时限应当按照以下规定进行确定：

（一）属于引进第十五条第一、第二、第三项的和第十六条情况的，应当全部进行隔离试种。其中，一年生植物原则上不得少于1个生长周期，多年生植物原则上不得少于2年；

（二）引进乔木、灌木、竹、藤等种类的，应当全部进行隔离试种，时间不得少于6个月。其中，属于实施引种地检疫评审并用于经营性种植的种类，可在有害生物发生季节隔离试种期满3个月后，向所在地的省级植物检疫机构申请检疫，经检疫合格后可进行分散种植。分散种植时，申请人应当向所在省（区、市）的省级植物检疫机构提供分散种植地点，并负责在分散种植后一年内，每季度报告一次疫情监测情况。属于实施生产性种植的种类，不得进行分散种植；

（三）引进花卉、药用植物、种球、营养繁殖苗等种类的（暂免隔离试种种类除外），应当进行抽样隔离试种，时间不得少于1~4周，抽样比例为每批次引进数量的0.5%~5%，抽样数量最低不得少于100件，不足100件的应当全部隔离试种。

第十九条 申请人需要延续检疫审批单的，应当在有效期限届满前30日内提出延续申请。审批单有效期限届满没有进行延续的，审批单自动作废。已逾有效期限或者需要变更引进种类、类型、数量、用途、引种地、输出国、供货商、种植地点等审批信息的，申请人应当重新办理检疫审批手续。获批准而没有引进的，申请人应当在有效期届满后7天内将审批单退回受理申请的植物检疫机构。实际引进数量与审批数量不一致的，申请人应当在引进种类到达国内并通关后的7天内，向受理申请的植物检疫机构报告。

申请人引进不需要隔离试种种类的，除检验检疫的原因不能按时提交外，申请人应当在申请种类入境后30天内，向负责审批的植物检疫机构提交海关出具的入境货物检验检疫证明的材料。

申请人引进草种的，申请人在引进并确定种植地点后30天内，应当向负责审批的植物检疫机构提交种植地点、种植数量、种植类型、种植人及其联系方式等信息的材料，核销每批次引进种类的数量。每批次引进的草种应当在8个月内核销完。

申请人引进除草种以外的其他种类的，引进种类在到达国内并通关后7天内，申请人应当以书面等方式向负责审批的植物检疫机构提交引进回执（式样见附4），核销每批次引进种类的数量。

第二十条 省级植物检疫机构应当在每年1月31日前，将本省（区、市）上年度检疫审批情况及签发的检疫审批单据报送国家林业和草原局。

第二十一条 检疫审批单由国家林业和草原局统一印制。暂免隔离试种植物种类名单、风险管理表由国家林业和草原局根据经济社会发展水平、检疫监管能力、国内外有害生物发生危害情况，以及林草引种的实际情况进行调整和修订。

第四章 检疫监管

第二十二条 县级以上地方各级林业和草原主管部门所属植物检疫机构负责本辖区内引种种类的监管。

负责审批的省级林业和草原主管部门所属植物检疫机构不能对审批引进的种类实施监管时，应当及时确定委托监管单位，并发送委托监管通知书（式样见附5），杜绝无监管主体的情况发生。

国家林业和草原局采取定期和不定期抽查方式，对各地林草引种检疫审批和监管工作进行检查。

第二十三条 普及型国外引种试种苗圃除具备国家林业和草原局已规定的认定条件外，还应当具备以下条件：

（一）种植地为独立苗圃，周围环境和隔离设施设备建设情况达到防止有害生物自然传播和及时有效进行除害处理的隔离种植要求，并通过生产、管理、科研等单位专家的论证；

（二）具有监控设备、危险物品存放警示标志、苗圃进出入口车辆消毒池、温室进出入口缓冲隔离间和进出风口隔离控制装置等设施设备；

（三）从事经营性引种种植的，应当具有林草种子苗木进出口贸易资格。

普及型国外引种试种苗圃资格证书的有效期为3年。普及型国外引种试种苗圃应当建立和完善隔离试种档案。档案应当包括种植地基本情况、每批次引进种类的隔离试种情况（试种种类、数量和隔离时间等）、有害生物疫情监测和防治情况、出圃时的检疫情况，以及隔离试种种类的出圃批次、时间、数量、去向等。

第二十四条 负责审批的植物检疫机构在收到申请人提交的林草引种回执后，应当实施监管或者通知委托监管单位实施监管。

（一）监管单位应当定期对隔离试种地进行检查，发现未按规定进行隔离试种以及隔离试种地不符合规定条件的，应当立即向负责审批的植物检疫机构报告，并按照有关规定进行处理；

（二）隔离试种的种类需要分散种植时，申请人应当向种植地的县级以上植物检疫机构申请检疫，检疫合格并取得植物检疫证书后方可分散种植；

（三）省级植物检疫机构应当每年对隔离试种地有害生物发生情况、隔离试种条件、隔离后的分散种植情况等进行定期和不定期的调查和检查，并在每年1月31日前，将本省（区、市）上年度调查和检查情况报送国家林业和草原局。

第二十五条 申请人应当在每年12月31日前，将本年度引进种类的疫情监测情况报告给所在地省级植物检疫机构。

第二十六条 申请人在引种种植地发现疫情时，应当迅速报告给所在地省级植物检疫机构。申请人应当立即停止移植或者销售活动，并在植物检疫机构的指导和监督下，及时采取封锁、控制和扑灭等措施，严防疫情扩散。因申请人引种种植造成的疫情，实施疫情除治的费用和造成的损失由申请人承担和赔偿。在发现疫情前已经移植和销售的，应当在植物检疫机构的监督下，限期及时追回。

第五章 有关责任

第二十七条 林草引种检疫审批和监管人员违反本办法，有下列情形之一的，视情节由其上级行政机关或者监察机关责令改正，或者依法给予行政处分；构成犯罪的，依法追究刑事责任：

（一）违反本办法进行审批和监管的；

（二）审批国家禁止引进或者经专家评审（风险评估）确定不能引进的林草种子、苗木；

（三）索取或者收受他人财物或者谋取其他利益的；

（四）违反法律法规规定的其他行为。

第二十八条 申请人存在以下行为之一的，负责审批的植物检疫机构应当给予通报，并作为重点监管对象进行管理：

（一）获批准但没有引进的审批单，未在规定时间退回的；

（二）实际林草引种数量与审批数量相差大或者审批单延期、变更频次高的；

（三）引进后未按规定提交引进回执、入境货物检验检疫材料、核销材料的，或者未按规定进行核销和报告分散种植情况和疫情监测情况的。

第二十九条 申请人隐瞒有关情况或者提交虚假材料的，申请人在一年内不得再次申请引种。

第三十条 申请人以欺骗、贿赂等不正当手段取得林草引种审批许可的，申请人在3年内不得再次申请引种；构成犯罪的，依法追究刑事责任。

第六章 附 则

第三十一条 本办法由国家林业和草原局负责解释。

第三十二条 各省级林业和草原主管部门应当根据本办法，结合当地具体情况，制定实施办法，并报国家林业和草原局备案。

第三十三条 本办法中的《引进林草种子、苗木检疫审批申请表》《林草种子、苗木引进回执》《引进林草种子、苗木委托监管通知书》由省级林业和草原主管部门按照国家林业和草原局规定的式样自行印制。

第三十四条 本办法自2020年1月1日起执行。

附：1. 暂免隔离试种植物种类名单
2. 引进林草种子、苗木检疫审批申请表（式样）（略）
3. 引进林草种子、苗木风险管理表（略）
4. 林草种子、苗木引进回执（式样）（略）
5. 引进林草种子、苗木委托监管通知书（式样）（略）

附1

暂免隔离试种植物种类名单

蝴蝶兰 *Phalaenopsis* spp.
丽穗凤梨 *Vriesea carinata*
果子蔓 *Guzmania* spp.
大花蕙兰 *Cymbidium* spp.
康乃馨 *Dianthus caryophyllus*
红掌 *Anthurium andreanum*

注：1. 以上植物以拉丁学名为准。
2. 以上植物只限于人工培育的种类、品种。

国家林业和草原局公告

国家林业和草原局公告

2019年第1号

按照党中央关于废除文件中涉及条条干预条款的要求，现将国家林业和草原局废止和修改的文件予以公布。

一、对《全国绿化模范城市（区）检查评分标准》（全绿字〔2009〕12号）予以废止。

二、对《关于开展全国绿化模范单位、全国绿化奖章评选工作的通知》（全绿字〔2018〕3号）作如下修改：将附件2《全国绿化模范单位、全国绿化奖章评选条件》中"绿化委员会及其办公室机构健全，配备有适应工作需要的专职人员和专项经费，能有效地组织开展全民义务植树和国土绿化工作"修改为"配备有适应工作需要的人员、经费，能有效地组织开展全民义务植树和国土绿化工作。"

三、对《关于印发〈国家地质公园规划编制技术要求〉的通知》（国土资发〔2016〕83号）作如下修改：将附件《国家地质公园规划编制技术要求》中"（八）地质公园的管理体制与人才规划。地质公园应有专职的国家地质公园管理队伍，人员组成包括专职管理人员、地学专业等相关人员，必要时可聘请相关专业人员作为顾问。明确工作任务和职责,负责国家地质公园规划、建设、科学研究、科学普及、宣传推广及日常工作等"修改为"(八)地质公园的管理体制与人才规划。地质公园应有相应的管理队伍,人员组成包括管理人员、地学专业等相关人员,必要时可聘请相关专业人员作为顾问。明确工作任务和职责,负责国家地质公园规划、建设、科学研究、科学普及、宣传推广及日常工作等。"

四、对《关于进一步做好国家地质公园建设验收工作的通知》(国土资规〔2015〕8号)作如下修改:将附件《国家地质公园验收标准》中"四、地质公园管理与信息化建设(15分)1.公园管理(5分)对国家地质公园实施了专门管理。建立了专门的国家地质公园管理团队,有明确的工作职责、人员分工和管理制度。2.人员要求(5分)根据地质公园实际情况,安排了能满足需要的专职管理人员和管理经费,并配有或聘用(聘用期1年以上)3名以上的地学专业人员;建立了地学专(兼)职导游员队伍"修改为"四、地质公园管理与信息化建设(15分)1.公园管理(10分)根据实际情况,明确承担地质公园管理工作的机构、人员和经费。相关人员应满足地质工作的需要,具备开展地质公园导览活动的能力"。

特此公告。

国家林业和草原局
2019年1月3日

国家林业和草原局
中华人民共和国濒危物种进出口管理办公室
公告

2019年第2号

为支持中国(海南)自由贸易试验区(以下简称海南自贸试验区)建设,促进海南全岛贸易便利化,支持海南全面深化改革,根据《中华人民共和国濒危野生动植物进出口管理条例》和《野生动植物进出口证书管理办法》的有关规定,决定实施海南自贸试验区野生动植物进出口行政许可改革措施。现将有关事宜公告如下:

一、适用对象

适用对象应具备以下条件:

(一)在海南自贸试验区注册的企业;

(二)在海南自贸试验区内口岸以自理或代理方式进出口野生动植物或其产品的;

(三)货物进出海南自贸试验区的。

二、优化许可流程

(一)授权国家林业和草原局广州专员办办理国务院陆生野生动植物进出口行政许可的范围。

国家林业和草原局广州专员办办理国务院陆生野生动植物进出口行政许可范围为:进口、出口和再出口除象类、犀类、熊类、麝类、赛加羚羊、穿山甲、狮类、鸮类外的《濒危野生动植物种国际贸易公约》(CITES)附录Ⅱ、附录Ⅲ陆生野生动物物种的活体、部分及衍生物;出口人工培植所获的CITES附录所列陆生野生植物及其产品和《国家重点保护野生植物名录》(第一批)所列松茸及红松及其产品;进口或再出口CITES附录所列陆生野生植物及其产品。

(二)扩大国家濒管办广州办事处受理并核发允许进出口证明书行政许可的范围。

国家濒管办广州办事处受理并核发允许进出口证明书行政许可范围扩大为:进口、出口和再出口除象类、犀类、熊类、麝类、赛加羚羊、穿山甲、狮类、鸮类外的CITES附录Ⅱ、附录Ⅲ陆生野生动物物种的活体、部分及衍生物;出口人工培植所获的CITES附录所列野生植物及其产品和《国家重点保护野生植物名录》(第一批)所列松茸及红松及其产品;进口或再出口CITES附录所列野生植物及其产品。

(三)简化陆生野生动植物进出口申办审批流程。

符合本公告第一条条件的企业办理第二条第(一)款中所述物种范围内的野生动植物进出口和允许进出口证明书2项行政许可,直接向国家林业和草原局广州专员办(国家濒管办广州办事处)提出申请,由其一口受理、一口审批。对符合我国野生动植物保护法律法规和CITES规定的,由国家濒管办广州办事处同时核发国务院陆生野生动植物进出口审批文件和允许进出口证明书。

三、放宽许可条件

国家濒管办广州办事处在办理允许进出口证明书行政许可时,除存在疑问或者国家濒管办要求的情况外,不需要就境外CITES许可证或证明书进行核实确认。

四、缩短许可时限

对凡是符合本公告第一条条件的企业办理上述物种范围内的两项行政许可,受理时间上限分别由5个工作日缩短为2个工作日,审查决定时间上限分别由20个工作日缩短为10个工作日。

五、承办机关和办理机构

承办本公告所述行政许可业务的具体办理机构为:国家林业和草原局驻广州森林资源监督专员办事处(中华人民共和国濒危物种进出口管理办公室广州办事处)。

联系方式如下:

地址:海南省海口市海甸岛江南城52栋

邮编:570208

电话:0898-66166055

传真:0898-66166055

六、其他事宜

国家林业和草原局2018年第10号公告中委托海南

省林业局审批事项中未列入本公告中第二条第(一)款中所列授权广州专员办办理范围的事项,继续委托海南省林业局办理,委托时间至 2019 年 9 月 30 日。

本公告自发布之日起施行。

特此公告。

国家林业和草原局

中华人民共和国 濒危物种进出口管理办公室

2019 年 1 月 21 日

国家林业和草原局公告

2019 年第 3 号

根据《国家沙化土地封禁保护区管理办法》有关规定,现将甘肃省金塔县石梁子国家沙化土地封禁保护区等 10 个国家沙化土地封禁保护区(见附件)予以公布。

特此公告。

附件:国家沙化土地封禁保护区名单

国家林业和草原局

2019 年 1 月 23 日

附件

国家沙化土地封禁保护区名单

序号	名称	序号	名称
1	甘肃省金塔县石梁子国家沙化土地封禁保护区	7	新疆维吾尔自治区莎车县喀尔苏乡国家沙化土地封禁保护区
2	甘肃省高台县西沙窝国家沙化土地封禁保护区	8	新疆维吾尔自治区叶城县江格勒斯国家沙化土地封禁保护区
3	甘肃省阿克塞县库姆塔格国家沙化土地封禁保护区		
4	甘肃省民勤县上八浪井国家沙化土地封禁保护区	9	新疆维吾尔自治区阿克苏市乔吾克国家沙化土地封禁保护区
5	青海省玛沁县昌麻河国家沙化土地封禁保护区	10	新疆维吾尔自治区柯坪县齐格布隆国家沙化土地封禁保护区
6	青海省乌兰县灶火国家沙化土地封禁保护区		

国家林业和草原局公告

2019 年第 4 号

根据《植物检疫条例》以及《全国检疫性林业有害生物疫区管理办法》(林造发〔2018〕64 号)、《松材线虫病疫区和疫木管理办法》(林生发〔2018〕117 号)有关规定,现将我国 2019 年松材线虫病疫区公告如下:

天津市:蓟州区※(※表示 2018 年松材线虫病新发生县级行政区,下同)。

辽宁省:沈阳市浑南区,大连市中山区、西岗区、沙河口区、甘井子区、长海县,抚顺市东洲区、顺城区※、抚顺县、新宾满族自治县、清原满族自治县,本溪市溪湖区※、明山区※、南芬区、本溪满族自治县※,丹东市振兴区、宽甸满族自治县※、凤城市,辽阳市辽阳县※、灯塔市※,铁岭市铁岭县、开原市※。

江苏省:南京市玄武区、浦口区、栖霞区、雨花台区、江宁区、六合区、溧水区、高淳区,无锡市惠山区、滨湖区、宜兴市,常州市金坛区、溧阳市,连云港市连云区、海州区,淮安市盱眙县,扬州市仪征市,镇江市润州区、丹徒区、镇江高新技术产业开发区※、句容市。

浙江省:杭州市富阳区、临安区、桐庐县、淳安县※、建德市※,宁波市北仑区、鄞州区、奉化区、象山县、宁海县、余姚市、慈溪市,温州市永嘉县、平阳县、苍南县※、文成县※、泰顺县、瑞安市※、乐清市,湖州市吴兴区、德清县、长兴县,绍兴市越城区、柯桥区、上虞区、新昌县、诸暨市、嵊州市,金华市婺城区※、金东区※、武义县※、浦江县※、磐安县※、兰溪市、义乌市※、东阳市※、永康市※,衢州市常山县※、开化县※、龙游县※、江山市※,舟山市定海区,台州市黄岩区、三门县、天台县、仙居县※、温岭市、临海市,丽水市莲都区、青田县、缙云县、遂昌县※、松阳县※。

安徽省:合肥市肥东县、肥西县※、庐江县、巢湖市※,芜湖市无为县,马鞍山市花山区※、博望区、当涂县,铜陵市郊区※、枞阳县※,安庆市大观区※、宜秀区、怀宁县、太湖县※、宿松县※、望江县※、岳西县※、桐城市※、潜山市※,黄山市屯溪区※、黄山区、徽州区※、歙县※、休宁县※、黟县※、祁门县※,滁州市南谯区※、来安县、全椒县、定远县※、凤阳县※、明光市,六安市金安区※、裕安区※、叶集区

※、霍邱县、舒城县、金寨县※、霍山县，池州市贵池区※、东至县※、石台县※、青阳县※，宣城市宣州区、广德县、泾县※、绩溪县※、旌德县※、宁国市。

福建省：福州市马尾区、晋安区、闽侯县、连江县、罗源县、闽清县※、永泰县、福清市※、长乐区，厦门市海沧区、同安区、翔安区，莆田市城厢区※、涵江区、仙游县，三明市梅列区、三元区、清流县※、沙县、将乐县※、泰宁县，泉州市丰泽区、洛江区、台商投资区、惠安县、安溪县、永春县、晋江市、南安市，漳州市云霄县、漳浦县、诏安县、南靖县、平和县※，南平市延平区、建瓯市，宁德市蕉城区、霞浦县、寿宁县※、柘荣县※、福安市、福鼎市。

江西省：南昌市湾里区、新建区、安义县、进贤县，景德镇市昌江区※、浮梁县、乐平市※，九江市濂溪区、柴桑区※、武宁县、德安县、都昌县、共青城市、庐山市，新余市渝水区、分宜县，鹰潭市月湖区※、贵溪市，赣州市章贡区、南康区、信丰县※、大余县、上犹县※、崇义县※、龙南县、定南县※、全南县※、于都县、兴国县※、会昌县、寻乌县※，吉安市吉安县※、吉水县、峡江县、新干县、永丰县、泰和县、遂川县、万安县、安福县、永新县※、井冈山市※，宜春市奉新县、万载县※、上高县※、宜丰县※、靖安县※、丰城市、樟树市、高安市※，抚州市临川区※、东乡区、南城县、黎川县※、南丰县、崇仁县※、乐安县、宜黄县※、金溪县※、广昌县，上饶市信州区、广丰区※、上饶县※、玉山县※、铅山县※、婺源县、德兴市※。

山东省：青岛市西海岸新区、崂山区、李沧区、城阳区、即墨区，烟台市芝罘区、福山区、牟平区、莱山区、长岛县、栖霞市※、泰安市泰山区※、威海市环翠区、文登区、荣成市、乳山市，日照市东港区，临沂市临沭县※。

河南省：洛阳市栾川县，三门峡市卢氏县※，南阳市西峡县※、淅川县※，信阳市新县、固始县※。

湖北省：武汉市武昌区※、青山区※、洪山区、东湖高新区※、东湖风景区、经济技术开发区※、蔡甸区、江夏区※、黄陂区、新洲区※，黄石市下陆区※、黄石港区、铁山区、阳新县、大冶市，十堰市茅箭区※、张湾区、经济技术开发区※、武当山旅游经济特区※、郧阳区、郧西县、竹山县※、竹溪县※、房县※、丹江口市，宜昌市点军区※、猇亭区※、高新区※、夷陵区、远安县、兴山县※、秭归县、长阳土家族自治县、五峰土家族自治县、宜都市、当阳市、枝江市，襄阳市襄城区※、襄州区※、南漳县※、谷城县、保康县、枣阳市、宜城市，荆州市荆州区※、石首市、松滋市，鄂州市梁子湖区※、鄂城区※，荆门市东宝区※、掇刀区、钟祥市、京山市，孝感市孝昌县※、大悟县※、安陆市，黄冈市团风县※、红安县※、罗田县、英山县、浠水县、蕲春县※、麻城市、武穴市，咸宁市咸安区、嘉鱼县、通城县※、崇阳县、通山县※、赤壁市，随州市曾都区、随县※、广水市，恩施土家族苗族自治州建始县※、宣恩县※、咸丰县※、来凤县、恩施市、利川市※。

湖南省：长沙市岳麓区※、开福区※、雨花区※、长沙县、浏阳市※、宁乡市※，株洲市芦淞区※、攸县※、醴陵市，湘潭市昭山示范区※、雨湖区※、湘潭县※、湘乡市，衡阳市蒸湘区、珠晖区※、雁峰区※、衡阳县※、衡南县、衡东县、祁东县※、常宁市※，邵阳市大祥区※、邵东县、新邵县※、邵阳县、绥宁县、城步苗族自治县※、武冈市※，岳阳市云溪区、岳阳县※、平江县、临湘市，常德市鼎城区、桃源县，张家界市永定区※、武陵源区※、慈利县，益阳市赫山区、桃江县※、安化县，郴州市桂阳县、宜章县※、永兴县※、安仁县※、资兴市※，永州市零陵区※、冷水滩区※、东安县，怀化市芷江侗族自治县※，娄底市双峰县、涟源市，湘西土家族苗族自治州凤凰县※、保靖县、古丈县※、永顺县、龙山县※、吉首市※。

广东省：广州市白云区、黄埔区、花都区、从化区、增城区，韶关市武江区、浈江区※、曲江区、始兴县※、仁化县※、翁源县※、乳源瑶族自治县※、新丰县、乐昌市※、南雄市，珠海市香洲区※，汕头市濠江区、南澳县※，佛山市高明区※，肇庆市广宁县、怀集县※、封开县，惠州市惠城区、惠阳区、博罗县、惠东县、龙门县，梅州市梅江区、梅县区、大埔县、丰顺县、五华县、平远县、蕉岭县、兴宁市，汕尾市海丰县，河源市源城区、紫金县、龙川县、和平县、连平县※、东源县，阳江市阳春市※，清远市清城区、清新区、佛冈县※、阳山县※、英德市、连州市※，东莞市，潮州市饶平县※，揭阳市揭东区※。

广西壮族自治区：南宁市兴宁区※、江南区※、西乡塘区※，柳州市城中区、柳北区※、柳城县※，桂林市灵川县、兴安县，梧州市苍梧县、岑溪市※，贵港市桂平市，玉林市兴业县，百色市靖西市，贺州市八步区、平桂区、钟山县，来宾市金秀瑶族自治县※，崇左市大新县※。

重庆市：万州区、黔江区、涪陵区、大渡口区※、江北区※、沙坪坝区※、九龙坡区※、南岸区※、北碚区※、渝北区、巴南区、长寿区、江津区、合川区※、永川区※、南川区、綦江区、大足区、璧山区、铜梁区、潼南区※、荣昌区、开州区、梁平区、武隆区、丰都县、垫江县、忠县、云阳县、奉节县、巫山县、石柱土家族自治县※、秀山土家族苗族自治县※、酉阳土家族苗族自治县※、彭水苗族土家族自治县※、万盛经济技术开发区。

四川省：成都市天府新区成都直管区※，自贡市自流井区、贡井区※、富顺县，泸州市古蔺县※，绵阳市涪城区、平武县※、江油市，广元市剑阁县※，内江市资中县※、隆昌市※，乐山市市中区，南充市仪陇县※、阆中市，宜宾市翠屏区、南溪区、叙州区、长宁县※、高县、珙县※、筠连县※、屏山县，广安市邻水县，达州市通川区、达川区、宣汉县※、大竹县、渠县※、万源市※，雅安市名山区、石棉县※，巴中市巴州区※、恩阳区※、平昌县，资阳市安岳县，凉山彝族自治州喜德县※、西昌市。

贵州省：贵阳市息烽县※，遵义市红花岗区、播州区、习水县※、仁怀市，毕节市金沙县，铜仁市碧江区、万山区※，黔东南苗族侗族自治州从江县※。

云南省：昭通市水富市※。

陕西省：汉中市洋县、西乡县、勉县※、宁强县、略阳县、镇巴县、留坝县※、佛坪县，安康市汉滨区、汉阴县、石泉县、宁陕县、紫阳县、岚皋县、平利县、白河县，商洛市商南县、山阳县、镇安县、柞水县。

特此公告。

国家林业和草原局
2019 年 1 月 23 日

国家林业和草原局公告

2019 年第 5 号

根据《植物检疫条例》以及《全国检疫性林业有害生物疫区管理办法》（林造发〔2018〕64 号）《松材线虫病疫区和疫木管理办法》（林生发〔2018〕117 号）有关规定，现将我国 2019 年撤销的松材线虫病疫区公告如下：

江苏省： 苏州市常熟市。
浙江省： 杭州市西湖区，嘉兴市平湖市、海盐县，舟山市普陀区。
江西省： 九江市湖口县、彭泽县，赣州市赣县区，吉安市吉州区。
湖南省： 衡阳市石鼓区。
贵州省： 黔东南苗族侗族自治州凯里市。

特此公告。

国家林业和草原局
2019 年 1 月 23 日

国家林业和草原局公告

2019 年第 6 号

根据《植物检疫条例》和《全国检疫性林业有害生物疫区管理办法》（林造发〔2018〕64 号）的有关规定，现将我国 2019 年撤销的美国白蛾疫区公告如下：

湖北省： 襄阳市宜城市，潜江市。

特此公告。

国家林业和草原局
2019 年 1 月 29 日

国家林业和草原局公告

2019 年第 7 号

根据《植物检疫条例》和《全国检疫性林业有害生物疫区管理办法》（林造发〔2018〕64 号）有关规定，现将我国 2019 年美国白蛾疫区公告如下：

北京市： 东城区、西城区、朝阳区、丰台区、石景山区、海淀区、门头沟区、房山区、通州区、顺义区、昌平区、大兴区、怀柔区、平谷区、密云区。

天津市： 和平区、河东区、河西区、南开区、河北区、红桥区、东丽区、西青区、津南区、北辰区、武清区、宝坻区、滨海新区、宁河区、静海区、蓟州区。

河北省： 石家庄市长安区、桥西区、新华区、裕华区、藁城区、鹿泉区、井陉县、正定县、行唐县、灵寿县、高邑县、深泽县、无极县、平山县、元氏县、新乐市，唐山市路南区、路北区、古冶区、开平区、丰南区、丰润区、曹妃甸区、滦南县、乐亭县、迁西县、玉田县、滦州市、遵化市、迁安市，秦皇岛市海港区、山海关区、北戴河区、抚宁区、青龙县、昌黎县、卢龙县，邯郸市邯山区、丛台区、复兴区、肥乡区、永年区、临漳县、成安县、大名县、邱县、鸡泽县※（※表示 2018 年美国白蛾新发生县级行政区，下同）、广平县、馆陶县、魏县、曲周县，邢台市桥东区、邢台县、临城县、内丘县※、柏乡县、隆尧县、任县、南和县、宁晋县、巨鹿县※、广宗县、平乡县、威县、清河县、临西县、南宫市、沙河市，保定市竞秀区、莲池区、满城区、清苑区、徐水区、涞水县、定兴县、唐县、高阳县、望都县、易县、曲阳县、蠡县、顺平县、博野县、涿州市、安国市、高碑店市，承德市鹰手营子矿区※、兴隆县、宽城县、平泉市，沧州市新华区、运河区、沧县、青县、东光县、海兴县、盐山县、肃宁县、南皮县、吴桥县、献县、孟村县、泊头市、任丘市、黄骅市、河间市，廊坊市安次区、广阳区、固安县、永清县、香河县、大城县、文安县、大厂县、霸州市、三河市，衡水市桃城区、冀州区、枣强县、武邑县、武强县、饶阳县、安平县、故城县、景县、阜城县、深州市，雄安新区容城县、安新县、雄县，定州市，辛集市。

内蒙古自治区： 通辽市科尔沁左翼后旗、科尔沁左翼中旗※。

辽宁省： 沈阳市苏家屯区、浑南区、沈北新区、于洪区、辽中区、康平县、法库县、新民市，大连市甘井子区、旅顺口区、金普新区、普兰店区、长海县、瓦房店市、庄河市、鞍山市千山区、台安县、岫岩县、海城市、抚顺市顺城区、抚顺县、本溪市平山区、溪湖区、明山区、南芬区、本溪县、桓仁县、丹东市元宝区、振兴区、振安区、合作区、宽甸县、东港市、凤城市、锦州市太和区、黑山县、义县、凌海市、北镇市、营口市鲅鱼圈区、老边区、盖州市、大石桥市、阜新市清河门区、细河区、阜新县、彰武县、辽阳市文圣区、宏伟区、弓长岭区、太子河区、辽阳县、灯塔市、盘锦市大洼区、盘山县、铁岭市银州区、清河区、铁岭县、西丰县、昌图县、调兵山市、开原市、葫芦岛市连山区、龙港区、南票区、绥中县、兴城市。

吉林省：长春市双阳区、长春经济技术开发区、长春汽车经济技术开发区、长春高新技术开发区、吉林市吉林经济技术开发区、四平市铁西区、梨树县、公主岭市、双辽市、辽源市龙山区、西安区、东丰县、东辽县、通化市梅河口市、集安市。

上海市：浦东新区※、宝山区※、嘉定区※、青浦区※。

江苏省：南京市建邺区、鼓楼区、浦口区、栖霞区、江宁区、六合区、徐州市鼓楼区、云龙区、贾汪区、泉山区、铜山区、丰县、沛县、睢宁县、新沂市、邳州市、连云港市连云区、海州区、赣榆区、东海县、灌云县、灌南县、淮安市淮安区、淮阴区、清江浦区、洪泽区、涟水县、盱眙县、金湖县、盐城市亭湖区、盐都区、大丰区、响水县、滨海县、阜宁县、射阳县、建湖县、东台市、扬州市广陵区※、邗江区、江都区、宝应县、仪征市、高邮市、泰州市姜堰区、兴化市、宿迁市宿城区、宿豫区、沭阳县、泗阳县、泗洪县。

安徽省：合肥市瑶海区、庐阳区、蜀山区、包河区、长丰县、肥东县、巢湖市、芜湖市鸠江区、三山区、繁昌县、无为县、蚌埠市龙子湖区、蚌山区、禹会区、淮上区、怀远县、五河县、固镇县、淮南市大通区、田家庵区、谢家集区、八公山区、潘集区、毛集区、凤台县、寿县、马鞍山市当涂县、含山县、淮北市杜集区、相山区、烈山区、濉溪县、铜陵市义安区、郊区※、枞阳县、阜阳市颍州区、颍东区、颍泉区、临泉县、太和县、阜南县、颍上县、界首市、宿州市埇桥区、砀山县、萧县、灵璧县、泗县、滁州市南谯区、琅琊区、来安县、全椒县、定远县、凤阳县、天长市、明光市、六安市霍邱县、亳州市谯城区、涡阳县、蒙城县、利辛县、池州市贵池区。

山东省：济南市历下区、市中区、槐荫区、天桥区、历城区、长清区、章丘区、济阳县、平阴县、商河县、青岛市市南区、市北区、西海岸新区、崂山区、李沧区、城阳区、即墨区、胶州市、平度市、莱西市、淄博市淄川区、张店区、博山区、临淄区、周村区、桓台县、高青县、沂源县、枣庄市市中区、薛城区、峄城区、台儿庄区、山亭区、滕州市、东营市东营区、河口区、垦利区、利津县、广饶县、烟台市芝罘区、福山区、牟平区、莱山区、长岛县、龙口市、莱阳市、莱州市、蓬莱市、招远市、栖霞市、海阳市、潍坊市潍城区、寒亭区、坊子区、奎文区、临朐县、昌乐县、青州市、诸城市、寿光市、安丘市、高密市、昌邑市、济宁市任城区、兖州区、微山县、鱼台县、金乡县、嘉祥县、汶上县、泗水县、梁山县、曲阜市、邹城市、泰安市泰山区、岱岳区、宁阳县、东平县、新泰市、肥城市、威海市环翠区、文登区、荣成市、乳山市、日照市东港区、岚山区、五莲县、莒县、莱芜市莱城区、钢城区、临沂市兰山区、罗庄区、河东区、沂南县、郯城县、沂水县、兰陵县、费县、平邑县、莒南县、蒙阴县、临沭县、德州市德城区、陵城区、宁津县、庆云县、临邑县、齐河县、平原县、夏津县、武城县、乐陵市、禹城市、聊城市东昌府区、阳谷县、莘县、茌平县、东阿县、冠县、高唐县、临清市、滨州市滨城区、沾化区、惠民县、阳信县、无棣县、博兴县、邹平市、菏泽市牡丹区、定陶区、曹县、单县、成武县、巨野县、郓城县、鄄城县、东明县。

河南省：郑州市金水区、惠济区、郑东新区、中牟县、开封市龙亭区、顺河回族区、鼓楼区、祥符区、开封新区、通许县、尉氏县、安阳市文峰区、北关区、安阳县、汤阴县、内黄县、鹤壁市山城区、淇滨区、浚县、淇县、新乡市红旗区、卫滨区、新乡县、原阳县、延津县、封丘县、卫辉市、焦作市修武县※、武陟县※、濮阳市华龙区、濮阳经济开发区、清丰县、南乐县、范县、台前县、濮阳县、许昌市建安区、鄢陵县、漯河市源汇区※、郾城区※、召陵区※、舞阳县※、临颍县※、商丘市梁园区、睢阳区、民权县、虞城县、夏邑县、信阳市浉河区、平桥区、罗山县、光山县、潢川县、淮滨县、息县、商城县、周口市川汇区、扶沟县、西华县、商水县※、沈丘县、郸城县、淮阳县、项城市、驻马店市驿城区、西平县、上蔡县、平舆县、正阳县、确山县、泌阳县、汝南县、遂平县、滑县、兰考县、长垣县、固始县、永城市、新蔡县。

湖北省：襄阳市襄州区、枣阳市、孝感市孝南区、孝昌县、大悟县、云梦县、应城市、安陆市、随州市随县※、广水市。

陕西省：西安市西咸新区沣西新城※、高新区※。

特此公告。

国家林业和草原局
2019 年 1 月 29 日

国家林业和草原局公告

2019 年第 8 号

根据近期法律修改及机构改革职能调整情况，按照国务院对排除限制竞争政策措施的有关要求，我局对《国家林业局关于河道林木采伐有关问题的复函》（林策发〔2007〕159 号）《国家林业局关于印发〈国家农业综合开发林业生态示范和名优经济林等示范项目管理实施细则〉的通知》(林规发〔2012〕245号)予以废止。

特此公告。

国家林业和草原局
2019年3月15日

国家林业和草原局公告

2019年第9号

根据《中华人民共和国标准化法》《深化标准化工作改革方案》和《林业标准化管理办法》的相关要求，经研究，我局决定废止《速生丰产用材林检验方法》等30项林业行业标准(汇总表见附件)。

特此公告。

附件：废止林业行业标准汇总表

国家林业和草原局
2019年3月15日

附件

废止林业行业标准汇总表

序号	标准编号	标准名称
1	LY/T 1078-1992	速生丰产用材林检验方法
2	LY/T 1384-2007	杉木速生丰产用材林
3	LY/T 1385-1999	长白落叶松、兴安落叶松速生丰产林
4	LY/T 1435-1999	红松速生丰产林
5	LY/T 1495-1999	杨树人工速生丰产用材林
6	LY/T 1496-2009	马尾松速生丰产林
7	LY/T 1527-1999	水杉速生丰产用材林
8	LY/T 1559-1999	红皮云杉人工林速生丰产技术
9	LY/T 1560-1999	低产用材林改造技术规程
10	LY/T 1572-2000	东北、内蒙古天然次生林经营技术
11	LY/T 1607-2003	造林作业设计规程
12	LY/T 1629-2005	红松果林丰产技术规程
13	LY/T 1630-2005	樟子松速生丰产商品林
14	LY/T 1647-2005	速生丰产用材林建设导则
15	LY/T 1648-2005	速生丰产用材林建设规划设计通则
16	LY/T 1676-2006	燕山低山丘陵围山转造林技术规程
17	LY/T 1682-2006	绿洲防护林体系建设技术规程
18	LY/T 1706-2007	速生丰产用材林培育技术规程
19	LY/T 1714-2007	中国森林认证　森林经营
20	LY/T 1715-2007	中国森林认证　产销监管链
21	LY/T 1716-2007	杨树栽培技术规程
22	LY/T 1731-2008	桉树纸浆原料林造林技术规程
23	LY/T 1746-2008	荒漠绿洲区天然林保护技术规程
24	LY/T 1775-2008	桉树速生丰产林生产技术规程
25	LY/T 1844-2009	人工造林质量评价指标
26	LY/T 1896-2010	南方型杨树纤维用材林造林技术规程
27	LY/T 1898-2010	天然次生低产低效林改培技术规程
28	LY/T 2029-2012	北方引水灌溉区冬贮苗等水造林技术规程
29	LY/T 2207-2013	四倍体泡桐丰产栽培技术规程
30	LY/T 2310-2014	麻栎育苗和造林技术规程

国家林业和草原局公告

2019 年第 10 号

根据《中华人民共和国行政许可法》《中华人民共和国种子法》《林木种子生产、经营许可证管理办法》和《国家林业局林木种子经营行政许可监督检查办法》规定,我局决定对有效期届满未延续的罗斯柴尔德男爵中信酒业(山东)有限公司等 11 家公司的林木种子经营许可证予以注销(详见附件)。自有效期届满之日起,被注销的林木种子经营许可证(正本、副本)和其编号停止使用,由省级林木种苗管理机构将被注销的林木种子经营许可证(正本、副本)予以收回。

特此公告。

附件:注销林木种子经营许可证的企业名单

国家林业和草原局
2019 年 3 月 25 日

附件

注销林木种子经营许可证的企业名单

企业名称	经营范围	企业地址	许可证编号	注销原因	有效期届满时间
罗斯柴尔德男爵中信酒业(山东)有限公司	经济林苗木	山东省蓬莱市大辛店镇丘山山谷	国鲁营字 0166 号	有效期届满未延续	2018.10.26
烟台花中园艺有限公司	经济林苗木、花卉	烟台市莱山区盛泉西路 3 号	国鲁营字 0167 号	有效期届满未延续	2018.10.26
威海市松琳贸易有限公司	一般林木种子、花卉种子、草坪草种子、造林苗木、经济林苗木、城镇绿化苗木、花卉	山东省威海市环翠区桥头镇信河北村	国鲁营字 0169 号	有效期届满未延续	2018.10.26
山东绿圣兰业花卉科技股份有限公司	花卉	山东省青州市黄楼街道办事处东坝村	国鲁林种字 0279 号	有效期届满未延续	2018.10.30
山东东方花都花卉进出口有限公司	城镇绿化苗木、花卉	山东省青州市云门山北路 1458 号	国鲁营字 0280 号	有效期届满未延续	2018.10.30
广州大汉园景发展有限公司	花卉	广州市荔湾区龙溪大道广州花卉博览园科技示范区 1/2A25-28	国粤营字 0032 号	有效期届满未延续	2018.11.09
宁波市江北超艺花木专业合作社	城镇绿化苗木、花卉、花卉种球	宁波市江北区慈城镇新华村	国浙林种字 0285 号	有效期届满未延续	2018.11.30
盛世绿源科技有限公司	一般林木种子、城镇绿化苗木、花卉	大连市经济技术开发区新桥路 99 号	国辽营字 0287 号	有效期届满未延续	2018.12.01
四川自然本色贸易有限公司	造林苗木、城镇绿化苗木、花卉	成都市锦江区总统府路 2 号 1 栋 10 层 4 号	国川营字 0288 号	有效期届满未延续	2018.12.08
北京吉奥泰科技有限公司	一般林木种子、苗木、花卉、草坪草种子	北京市海淀区大柳树富海中心 2 号楼 17 层 B 座 2007 室	国京营字 0289 号	有效期届满未延续	2018.12.16
北京绿建高尔夫体育发展有限公司	一般林木种子、草坪草种子、城镇绿化苗木、花卉	北京市石景山区八大处高科技园区西井路 3 号 3 号楼 7080 房间	国京林种字 0171 号	有效期届满未延续	2018.12.18

国家林业和草原局公告

2019 年第 11 号

根据《中华人民共和国种子法》第十九条的规定，现将由国家林业和草原局林木品种审定委员会审定通过的红叶紫薇等 16 个品种和认定通过的金冠霞帔等 6 个品种作为林木良种（详见附件）予以公告。自公告发布之日起，这些品种在林业生产中可以作为林木良种使用，并在本公告规定的适宜种植范围内推广。

特此公告。

附件：林木良种名录（中英文）

国家林业和草原局
2019 年 5 月 5 日

附件

林木良种名录

审定通过品种

红叶紫薇

树种：紫薇
学名：*Lagerstroemia indica* 'Pink Velour'
类别：引种驯化品种
通过类别：审定
编号：国 S-ETS-LI-001-2018
申请人：湖南省林业科学院
选育人：王晓明、陈明皋、李永欣、曾慧杰、余格非、蔡能、乔中全

品种特性

湖南省林业科学院 2004 年从美国 Griffth 苗圃引进。生长势旺，树高可达 3.6 m，4 年生红叶紫薇树高和地径分别超出普通紫薇 15.7%、29.9%。新叶深紫色（RHS 61A），成熟叶深绿色略带紫红色，新枝红色，花芽圆柱形，花深粉红色（RHS 67A），瓣爪深粉红色（RHS 67A），花序长 12~45 cm，花径 3.9~4.5 cm。6 月中旬始花，花期长达 4 个月以上。极易形成花芽，花后短截枝顶，约 30 天后又可第二次开花。

主要用途

可用于园林绿化及景观应用。

栽培技术要点

春、晚秋两季栽植，耐盐碱能力一般，栽种于深厚肥沃的砂质壤土生长最好。栽植圃地选择排水良好的背风向阳处，株行距 2.0 m × 2.0 m。每年可各浇一次返青水和冻水，雨季做好排涝工作，秋天不宜浇水。冬季落叶后和春季萌动前施肥。一般在冬季进行一次强度修剪，春季新枝长至 15 cm 左右时摘心，开花后修剪可促多次开花。防治煤污病、蚜虫、紫薇绒蚧等病虫害。

适宜种植范围

湖南、四川、河南等紫薇适宜栽培区。

红火箭紫薇

树种：紫薇
学名：*Lagerstroemia indica* 'Red Rocket'
类别：引种驯化品种
通过类别：审定
编号：国 S-ETS-LI-002-2018
申请人：湖南省林业科学院
选育人：王晓明、陈明皋、李永欣、曾慧杰、余格非、蔡能、乔中全

品种特性

湖南省林业科学院 2004 年从美国 Griffth 苗圃引进。4 年生红火箭紫薇树高和地径分别超出普通紫薇 18.9%、23.2%。嫩芽深紫红色，新叶黄绿色（RHS 146C），成熟叶绿色，新梢酒红色，老枝褐色。6 月下旬始花，花期可达 4 个月。花芽圆柱形，顶端微突起，花为鲜红色（RHS 44A），多云或阴天时花色略淡，花瓣边缘偶尔有白色斑，圆锥花序，犹如火箭。花序长 15~35 cm，花径 4.1 cm。开花后进行修剪可多次开花。

主要用途

园林绿化、培植花篱，制作盆景和桩景。

栽培技术要点

春、晚秋两季栽植，耐盐碱能力一般，栽种于深厚肥沃的砂质壤土生长最好，栽植圃地选择排水良好的背风向阳处，株行距 2.0 m × 2.0 m。每年可各浇一次返青水和冻水，雨季做好排涝工作，秋天不宜浇水。冬季落叶后和春季萌动前施肥。一般在冬季进行一次强度修剪，春季新枝长至 15 cm 左右时摘心，开花后修剪可促多次开花。防治煤污病、蚜虫、紫薇绒蚧等病虫害。

适宜种植范围

湖南、四川、河南等紫薇适宜栽培区。

秦白杨 1 号

树种：杨树
学名：*Populus alba* × (*P. alba* × *P. glandulosa*) 'Qin-

baiyang 1'

类别：品种

通过类别：审定

编号：国 S-SV-PA-003-2018

申请人：樊军锋

选育人：樊军锋、高建社、周永学

品种特性

雄株，树体高大，主干通直圆满，树皮光滑。陕西周至渭河试验站 10 年生平均树高 17.72 m，胸径 20.25 cm，基本密度 0.348 g/cm³，材积 0.2424 m³，材积生长量超过毛白杨 30 号 131.7%。在新疆玛纳斯县年均降雨量 173 mm，1 月平均气温 -18.4 ℃条件下能正常生长。

主要用途

可作为速生用材林树种。

栽培技术要点

造林多使用 1～3 年生苗木植苗造林。苗木圃地越冬前要浇水，以防冬季失水而影响育苗和造林的成活率。苗木挖掘、运输、栽植过程中避免失水。栽植一年生苗要回剪苗梢 40～60 cm，剪口下留饱满芽，可提高成活率也可促进当年主梢生长。适当深栽，栽植深度 40～60 cm，栽时踩实，栽后立即浇水。

适宜种植范围

陕西、青海、新疆等杨树适宜栽培区域。

秦白杨 2 号

树种：杨树

学名：*Populus alba*×(*P. alba*×*P. glandulosa*)'Qinbaiyang 2'

类别：品种

通过类别：审定

编号：国 S-SV-PA-004-2018

申请人：樊军锋

选育人：樊军锋、高建社、周永学

品种特性

雄株，主干通直圆满，树皮光滑，树冠阔卵形。陕西周至渭河试验站 10 年生平均树高 15.96 m，胸径 20.82 cm，基本密度 0.286 g/cm³，材积 0.2344 m³，材积生长量超过毛白杨 30 号 124.1%。在新疆玛纳斯县年均降雨量 173 mm，1 月平均气温 -18.4 ℃条件下能正常生长。

主要用途

可作为用材和园林绿化兼用品种。

栽培技术要点

造林多使用 1～3 年生苗木植苗造林。苗木圃地越冬前要浇水，以防冬季失水而影响育苗和造林的成活率。苗木挖掘、运输、栽植过程中避免失水。栽植一年生苗要回剪苗梢 40～60 cm，剪口下留饱满芽，可提高成活率也可促进当年主梢生长。适当深栽，栽植深度 40～60 cm，栽时踩实，栽后立即浇水。

适宜种植范围

陕西、青海、新疆等杨树适宜栽培区域。

秦白杨 3 号

树种：杨树

学名：*Populus alba*×(*P. alba*×*P. glandulosa*)'Qinbaiyang 3'

类别：品种

通过类别：审定

编号：国 S-SV-PA-005-2018

申请人：樊军锋

选育人：樊军锋、高建社、周永学

品种特性

雄株，树体高大通直。树皮较光滑，树冠卵形，侧枝较少。陕西周至渭河试验站 10 年生平均树高 17.69 m，胸径 20.57 cm，基本密度 0.312 g/cm³，材积 0.2498 m³，材积生长量超过毛白杨 30 号 138.8%。在新疆玛纳斯县年均降雨量 173 mm，1 月平均气温 -18.4 ℃条件下能正常生长。

主要用途

可作为速生用材林品种。

栽培技术要点

造林多使用 1～3 年生苗木植苗造林。苗木圃地越冬前要浇水，以防冬季失水而影响育苗和造林的成活率。苗木挖掘、运输、栽植过程中避免失水。栽植一年生苗要回剪苗梢 40～60 cm，剪口下留饱满芽，可提高成活率也可促进当年主梢生长。适当深栽，栽植深度 40～60 cm，栽时踩实，栽后立即浇水。

适宜种植范围

陕西、青海、新疆等杨树适宜栽培区域。

晋欧 1 号

树种：欧李

学名：*Prunus humilis*'Jinou 1'

类别：品种

通过类别：审定

编号：国 S-SV-PH-006-2018

申请人：山西农业大学

选育人：杜俊杰、王鹏飞、申歌闻、穆霄鹏、张建成、张海平、王秦俊、曹琴、唐希明、程小爱

品种特性

中晚熟品种，植株高 0.5～0.8 m。果实扁圆形，平均单果重 5.5 g，果面红色至深红色，有光泽。果肉红色，离核。果实可溶性固形物含量 12%、可滴定酸含量 1.59%、单宁含量 0.35%、可溶性总糖含量 9.2%、Vc 含量 34.6 mg/100g、钙含量 125.7 mg/kg、总黄酮含量

507 mg/100g、氨基酸总量 480 mg/100g、花青苷含量 49.5 mg/100g。鲜果出汁率65%，清香，压榨果汁呈鲜红色。在山西太谷地区3月20日左右萌动，4月中旬开花，果实9月上旬成熟，栽植第4~6年平均亩产分别可达 1133 kg、1145 kg、1102 kg。

主要用途
加工果汁、果酒、果脯等。

栽培技术要点
土壤pH在6.8~8.5的平地、丘陵坡地均可栽植，配置授粉品种'农大3号'、'农大5号'按（3~4）：1比例配置。单行栽植株行距 0.8 m × 1.2 m；宽窄行带状栽植时栽植带（窄行）株行距 0.7 m × 0.7 m，每两个栽植带之间（宽行）留 1.4~1.6 m 方便田间管理。丰产期每株丛剪留3~4个健壮基生枝结果，结果基生枝距地面50cm短剪。结果多时易倒伏，需搭架。加强水肥管理。

适宜种植范围
山西、陕西、宁夏等欧李适宜栽培区域。

农大6号
树种：欧李
学名：*Prunus humilis* 'Nongda 6'
类别：品种
通过类别：审定
编号：国 S-SV-PH-007-2018
申请人：山西农业大学
选育人：杜俊杰、王鹏飞、张建成、白日军、王娟、穆霄鹏、韩红艳、呼凤兰、张海平、王秦俊、曹琴

品种特性
长势强，植株高 0.8~1.0 m。果实近圆形，平均单果重13.03 g，大小均匀，果皮深红色，中酸，微涩，果肉厚，黄色，可食率94.5%。果实可溶性固形物含量14.07%、总糖含量8.26%、Vc 含量 38.0 mg/100g、单宁含量0.23%、钙含量 130.35 mg/kg、氨基酸总量 460 mg/100g。栽植后第2~3年亩产量分别为 500 kg、1000 kg，第4年亩产 1100 kg 以上。

主要用途
加工或鲜食。

栽培技术要点
选择1年生单茎苗，低密度栽植为667株/亩，每年每株留基生结果枝7个，培育预备枝14个；中密度栽植为1333~1667株/亩，每年每株留基生结果枝5个，培育预备枝9个；高密度栽植为2667株/亩以上，每年每株留基生结果枝3个，培育预备枝6个。配置授粉品种'农大5号'、'农大7号'按（3~5）：1比例配置，丛状形整枝，栽后可对苗木平茬或留 15 cm 短剪，注意排涝。结果多时易倒伏，需搭架。

适宜种植范围
山西、陕西、宁夏等欧李适宜栽培区域。

农大7号
树种：欧李
学名：*Prunus humilis* 'Nongda 7'
类别：品种
通过类别：审定
编号：国 S-SV-PH-008-2018
申请人：山西农业大学
选育人：杜俊杰、王鹏飞、穆霄鹏、任海燕、张建成、张海平、王秦俊、薛晓芳、曹琴、程小爱

品种特性
生长势中庸，株高 0.5~0.8 m。果实呈扁圆形，果实外观颜色底色为橘黄色，阳光照射处片红，平均单果重14.3 g，果实可溶性固形物含量14.57%、总糖含量7.96%、Vc 含量 50.69 mg/100g、单宁含量 0.21 mg/100g、氨基酸总量 545 mg/100g、钙含量 115.3 mg/kg。果肉黄白色汁少，属硬肉形果品。果实成熟期8月下旬至9月初。山西太古地区栽植后3~5年平均亩产量分别为 980 kg、1000 kg、1040 kg。

主要用途
鲜食或加工。

栽培技术要点
选择1年生单茎苗，低密度栽植为667株/亩，每年每株留基生结果枝7个，培育预备枝14个；中密度栽植为1333~1667株/亩，每年每株留基生结果枝5个，培育预备枝9个；高密度栽植为2667株/亩以上，每年每株留基生结果枝3个，培育预备枝6个；配置授粉品种'农大3号'、'农大4号'和'农大5号'按（3~5）：1比例配置，丛状形整枝，栽后可对苗木平茬或留 15 cm 短剪，注意排涝。结果多时易倒伏，需搭架。

适宜种植范围
山西、陕西、宁夏等欧李适宜栽培区域。

瑞阳
树种：苹果
学名：*Malus domestica* 'Ruiyang'
类别：品种
通过类别：审定
编号：国 S-SV-MD-009-2018
申请人：西北农林科技大学
选育人：赵政阳、王雷存、高华、刘振中、武月妮、杨亚州、查养良、郭云忠等

品种特性
树势中庸，树姿半张开。果实圆锥形或短圆锥形，平均单果重273 g，果实底色黄绿，盖色为鲜红色，果肉乳白色，具香气。果实可溶性固形物含量15.3%、可滴定酸含量 0.28%、硬度 7.21 kg/cm^2、总糖含量

12.64%、Vc 含量 7.45 mg/100g。常温条件下贮藏 6 个月（保鲜袋）后，失水率 3.9%。在陕西白水地区，3 月下旬萌芽，4 月上旬开花，果实 9 月中旬开始着色，10 月中旬成熟，高接树第 2 年开始结果，平均亩产量 248.6 kg，第 4 年进入丰产期，第 4~6 年平均亩产量分别为 2033.6 kg、2980.6 kg、3539.7 kg。

主要用途

鲜食品种。

栽培技术要点

建园选择地势平坦、土壤较肥沃且有一定灌溉条件的地方。采用南北行向栽植，矮砧栽培时行距为 3.5~4.0 m，株距为 1.0~1.5 m；乔化栽培时行距为 5.0~6.0 m，株距为 3.0~3.5 m。可选用纺锤形树形，注意花前复剪，严格疏花、疏果。合理配置授粉树，'海棠'按照 10%配置，'富士'按照 15%~20%配置。防治黄蚜、白粉病、卷叶蛾等病虫害。

适宜种植范围

陕西、山西、甘肃等苹果适宜栽植区域。

瑞雪

树种：苹果

学名：*Malus domestica* 'Ruixue'

类别：品种

通过类别：审定

编号：国 S-SV-MD-010-2018

申请人：西北农林科技大学

选育人：赵政阳、高华、王雷存、刘振中、武月妮、杨亚州、张伯虎、梁俊等

品种特性

树势中庸偏旺，树姿较直立，干性强。果实圆柱形，平均单果重 256 g，果形端正，高桩，底色黄绿，阳面偶有少量红晕，果肉硬脆黄白色，硬度 8.33 kg/cm²。果实可溶性固形物含量 15.6%、可滴定酸含量 0.32%、总糖含量 12.10%、Vc 含量 6.82 mg/100g。室温下可贮藏 5 个月，冷藏条件下可存放 10 个月。陕西白水地区 3 月下旬开始萌芽，4 月中旬开花，10 月中下旬果实成熟，高接树第 2 年开始结果，平均亩产量 154.4 kg，第 4~6 年平均亩产量分别为 1562.4 kg、2437.1 kg、2978.3 kg。

主要用途

鲜食品种。

栽培技术要点

建园宜选择背风向阳、肥水条件较好的平原地或坡度较小的山地，土壤以黄绵土、沙壤土为宜。宜采用 M_{26}、T_{337} 等矮化自根砧或中间砧矮化栽培，株距 1.5~2.0 m，行距 3.5~4.0 m。自花授粉结实率低，可选'长富 2 号'、'新红星'、'嘎啦'、'秦冠'等品种按 15%~20%配置。宜选用细长纺锤形或高纺锤形，可套袋栽培，果实底色由绿转黄时及时采收，预冷可延长货架期。

适宜种植范围

陕西、山西、甘肃等苹果适宜栽植区域。

红棘 2 号

树种：沙棘

学名：*Hippohae rhamnoides* 'Hongji 2'

类别：品种

通过类别：审定

编号：国 S-SV-HR-011-2018

申请人：中国林业科学研究院林业研究所

选育人：张建国、段爱国、罗红梅、孙广树、何彩云、周闯、刘娟娟

品种特性

灌木状，生长势强，株高可达 3.0 m 以上，树冠椭圆形。定植 3~4 年进入结果期，在内蒙古磴口造林第 5 年开始连续 5 年单株产量分别为 3.5 kg、3.9 kg、2.9 kg、3.7 kg、4.1 kg。果实 7 月底成熟，深红色，近圆形，采收不破浆，百果重 23.6 g。刺少，果柄长 0.35 cm，果实 Vc 含量 317.29 mg/100g，种子不饱和脂肪酸含量 81.16%。

主要用途

可作为生态、经济兼用品种。

栽培技术要点

嫩枝扦插育苗，成活率可达 90%以上。选择 2 年生嫩枝扦插苗，于苗木萌动前 1~2 周，顶浆栽植，人工作业可选择 2.0 m × 3.0 m 或 1.5 m × 3.0 m，机械管理可选择 2.0 m × 4.0 m 或 2.0 m × 5.0 m；按雌雄比 8∶1 田字法配置，或 5 行中间 1 行栽植雄株的行状配置。不耐水涝。

适宜种植范围

内蒙古、辽宁、北京等沙棘适宜栽植区域。

中棘 25 号

树种：沙棘

学名：*Hippohae rhamnoides* 'Zhongji 25'

类别：品种

通过类别：审定

编号：国 S-SV-HR-012-2018

申请人：中国林业科学研究院林业研究所

选育人：张建国、段爱国、罗红梅、孙广树、何彩云、周闯、刘娟娟

品种特性

灌木状，生长势强，株高可达 4.0 m 以上。定植 3~4 年进入结果期，果实 7 月底成熟，在内蒙古磴口造林第 5 年开始连续 5 年单株产量分别为 5.5 kg、6.7 kg、4.3 kg、5.9 kg、4.0 kg。果实橙黄色，近圆形，刺少，

果柄长 0.4 cm，采收不破浆，百果重 29.8 g，果实 Vc 含量 305.7 mg/100g，种子不饱和脂肪酸含量 77.5%。

主要用途

可作为生态、经济兼用品种。

栽培技术要点

嫩枝扦插育苗，成活率可达 90% 以上。选择 2 年生嫩枝扦插苗，于苗木萌动前 1~2 周，顶浆栽植，人工作业可选择 2.0 m×3.0 m 或 1.5 m×3.0 m，机械管理的地块可选择 2.0 m×4.0 m 或 2.0 m×5.0 m；按雌雄比 8∶1 田字法配置，或 5 行中间 1 行栽植雄株的行状配置。不耐水涝。

适宜种植范围

内蒙古、辽宁、北京、甘肃等沙棘适宜栽植区域。

深秋红

树种：沙棘

学名：*Hippohae rhamnoides* 'Shenqiuhong'

类别：品种

通过类别：审定

编号：国 S-SV-HR-013-2018

申请人：中国林业科学研究院林业研究所

选育人：张建国、段爱国、罗红梅、孙广树、赵江、何彩云、周闯、刘娟娟

品种特性

灌木状，生长势强，株高可达 4.0 m 以上。定植 3~4 年进入结果期，黑龙江孙吴造林第 5 年开始连续 5 年单株产量分别为 0.92 kg、1.48 kg、6.82 kg、7.22 kg、9.73 kg。果实呈圆柱形，8 月中旬橘红色，9 月中旬变为红色，冬天不落果，采收不破浆，百果重可达 52 g，刺少，果柄长 0.4 cm，果实 Vc 含量 305.7 mg/100g，种子不饱和脂肪酸含量 74%。

主要用途

可作为生态经济兼用品种，还可做秋冬观赏树种。

栽培技术要点

嫩枝扦插育苗，成活率可达 90% 以上。选择 2 年生嫩枝扦插苗，于苗木萌动前 1~2 周，顶浆栽植，人工作业可选择 2.0 m×3.0 m 或 1.5 m×3.0 m，机械管理的地块可选择 2.0 m×4.0 m 或 2.0 m×5.0 m；按雌雄比 8∶1 田字法配置，或 5 行中间 1 行栽植雄株的行状配置。不耐水涝。

适宜种植范围

黑龙江、内蒙古、辽宁、北京等沙棘适宜栽植区域。

中宁盛

树种：核桃

学名：*Juglans hindsii×J. regia* 'Zhongningsheng'

类别：品种

通过类别：审定

编号：国 S-SV-JH-014-2018

申请人：中国林业科学研究院林业研究所

选育人：裴东、徐虎智、奚声珂、张建武、宋晓波、张俊佩、马庆华、周晔

品种特性

核桃砧木品种，嫁接亲和力与本砧嫁接无显著差异。'上宋-14'/'中宁盛'的光饱和点达 1630 μmol·$m^{-2}s^{-1}$，比'上宋-14'/'宁优'提高 16.98%，可增强核桃树体的生长势。作为用材林抗弯强度 98.4 MPa，硬度（径面）0.634N，硬度（端面）0.667N，硬度（弦面）0.447N。2~8 年胸径增长>2 cm，高生长量>0.8 m。9~15 片奇数羽状复叶，树姿优美。

主要用途

可作为核桃无性系砧木，速生用材林和园林绿化树种。

栽培技术要点

果园型用芽接法进行嫁接，早实品种株距 4.0~5.0 m，行距 5.0~6.0 m，晚实品种株距 6.0~8.0 m，行距 10.0~12.0 m；果材兼用型选 3 年以上无性系扦插苗作为砧木，1.5 m 以上高位嫁接，冬末春初定植，株距 3.0~4.0 m，行距 6.0~8.0 m。园林绿化型栽植密度为株距 4.0~5.0 m，行距 5.0~6.0 m。

适宜种植范围

河南、山东、湖北、福建、重庆、河北中南部等年平均气温 10~19 ℃核桃适宜栽培区。

京沧 1 号

树种：枣

学名：*Ziziphus jujube* 'jingcang 1'

类别：品种

通过类别：审定

编号：国 S-SV-ZJ-015-2018

申请人：北京林业大学、沧县国家枣树良种基地

选育人：庞晓明、孔德仓、曹明、薄文浩、李颖岳、杜增峰、续九如、王刚、黄涛、王爱华、王继贵、纪清巨、王瑞雪、李国松

品种特性

树姿开张，树势较弱。果实扁圆形，红色，果面光滑亮泽，果皮薄而脆，果肉厚，绿白色，汁多肉脆。平均单果重 25.5 g 以上，超对照'冬枣'59.38%，鲜果可溶性固形物含量 27%，Vc 含量 290.5 mg/100g。9 月上中旬进入脆熟期，成熟期比冬枣早 15 天以上。北京丰台区 2012 年高接当年少量结果，2014 年至 2017 年平均亩产量分别为 365.8 kg、420.2 kg、491.5 kg、589.5 kg，对照'冬枣'平均亩产量分别为 345.9 kg、409.9 kg、485.7 kg、548.5 kg。

主要用途

鲜食品种。

栽培技术要点

树形以开心型和小冠疏层型为宜。早春施用基肥，春夏秋适时追肥，结合浇水。初花期及时对新梢摘心，施用花前肥，白熟期前进行避雨栽培防治裂果。防治绿盲蝽、桃小食心虫、枣瘿蚊等病虫害。

适宜种植范围

山东、河北、北京等枣适宜栽培区域。

绿岭

树种：核桃

学名：*Juglans regia* 'Lvling'

类别：品种

通过类别：审定

编号：国 S-SV-JR-016-2018

申请人：河北农业大学、河北绿岭果业有限公司、河北绿岭康维食品有限公司

选育人：齐国辉、李保国、李群志、郭素萍、陈利英、张雪梅、贾志华、李寒、尚忠海、吴建功、孙龙飞、张志波、冯斌、董玉山

品种特性

树势强，树姿张开，雄先型，以中短果枝结果为主。青果卵圆形，平均重 51.0 g，坚果长圆形，果基扁圆形，平均单果重 12.8 g，壳厚 0.8 mm，均匀不露仁，种仁颜色浅黄色，饱满浓香，出仁率 66.5%，果实脂肪含量 68.1%、蛋白质含量 21.7%。栽植第 2 年结果，3~5 年树龄平均亩产量（坚果）分别为 59.04 kg、162.9 kg、262.6 kg，5 年进入盛果期。

主要用途

鲜食或加工品种。

栽培技术要点

园地选择土层深厚的山地梯田、缓坡地或平地栽植株。株距 3.0~4.0 m，行距 5.0~6.0 m。主栽品种与授粉品种'上宋 6 号'、'绿早'等配置比例 (6~9) : 1。树形以单层高位开心形为好，也可用主干疏层形、自然开心形等，正常肥水管理和病虫害防治。需水肥较多，连续结果 3~4 年后应及时更新小主枝。

适宜种植范围

河北、山西、河南等年均气温 8~15 ℃，无霜期 ≥ 150 天，极端最低气温 ≥ -25 ℃，日照时数 2000 小时以上，年降水量 500~800 mm 的核桃适宜栽培区。

认定通过品种

金冠霞帔

树种：文冠果

学名：*Xanthoceras sorbifolium* 'Jinguanxiapei'

类别：品种

通过类别：认定 3 年（2019 年 3 月 29 日—2022 年 3 月 28 日）

编号：国 R-SV-XS-001-2018

申请人：北京林业大学、辽宁思路文冠果业科技开发有限公司

选育人：关文彬、耿占礼、张文臣、王青、黄炎子

品种特性

小叶卷曲，北京花期 4 月 16~29 日，花蕾黄色，初花期花瓣上部浅绿黄色（RHS 3D），花瓣下部亮黄色（RHS 17C），盛花期上部紫红色（RHS 63C），花瓣下部深红色（RHS 60A）。

主要用途

可作为园林观赏品种。

栽培技术要点

大苗移植土坨径为地径 10~12 倍，修剪注意去弱留强，保持原冠，不能截冠。砧木除萌、秋初修剪、"黄板"防蚜虫、苦参碱防木虱（初发期，防两次），控制煤污病。肉质根不耐积水，不适合酸性土壤。

适宜种植范围

北京、辽宁、内蒙古等适宜文冠果栽培区域。

洋 020

树种：杉木

学名：*Cunninghamia lanceolata* 'Yang 020'

类别：无性系

通过类别：认定 8 年（2019 年 3 月 29 日—2027 年 3 月 28 日）

编号：国 R-SC-CL-002-2018

申请人：南京林业大学、福建省林业科学研究院、福建省洋口国有林场

选育人：施季森、郑仁华、边黎明、黄金华、苏顺德、叶代全、李勇、肖晖

品种特性

树干通直圆满，侧枝细短，窄冠。4 年林龄时平均树高、胸径、单株立木材积分别为 6.10 m、7.5 cm、0.01628 m^3，比当地主栽良种林分树高、胸径和单株材积值提高 48.0%、41.1% 和 174.1%；福建省示范林 11 年林龄时树高、胸径、单株立木材积分别为 11.19 m、13.7 cm、0.10136 m^3，分别超过第二代种子园良种林分 12.05%、6.90%、29.67%。木材基本密度 0.3131 g/cm^3。

主要用途

可用于营造速生丰产林。

栽培技术要点

12 月至翌年 3 月选择 Ⅰ、Ⅱ 类立地造林。初植密度 3300 株/hm^2，造林当年锄草培土 2 次，追复合肥（50 g/株）2 次；第 2 年和第 3 年，每年劈草 1 次，追复合肥

（100 g/株）1 次；第 4 年劈草 2 次，不施肥；第 8~10 年第一次抚育间伐，强度 20%~30%；第 12~15 年第二次抚育间伐，强度 30%，保留 40%~50%。

适宜种植范围

福建、江西、广东、广西等杉木适宜栽植区域。

洋 061

树种：杉木

学名：*Cunninghamia lanceolata* 'Yang 061'

类别：无性系

通过类别：认定 8 年（2019 年 3 月 29 日—2027 年 3 月 28 日）

编号：国 R-SC-CL-003-2018

申请人：南京林业大学、福建省林业科学研究院、福建省洋口国有林场

选育人：施季森、郑仁华、边黎明、黄金华、苏顺德、叶代全、李勇、肖晖

品种特性

树干通直圆满，4 年林龄时平均树高、胸径、单株立木材积分别为 5.43 m、8.2 cm、0.0175 m³，比主栽良种林分均值大 32.88%、51.87%、192.47%。福建省 11 年林龄时平均树高、胸径、单株立木材积分别为 11.72 m、15.2 cm、0.11414 m³，分别超过第二代种子园良种林分 8.83%、22.51% 和 45.57%。木材基本密度 0.3150 g/cm³。

主要用途

可用于营建速生丰产林或大径材用材林。

栽培技术要点

12 月至翌年 3 月选择Ⅰ、Ⅱ类立地造林。初植密度 2505 株/hm²。（株行距 2.0 m × 2.0 m）造林当年锄草培土 2 次，追复合肥（50g/株）2 次；第 2 年和第 3 年，每年劈草 1 次，追复合肥（100 g/株）1 次；第 4 年劈草 2 次，不施肥；第 10~12 年第一次抚育间伐，强度 20%~30%；第 16~18 年第二次抚育间伐，强度 30%。

适宜种植范围

福建、江西、广东、广西等杉木适宜栽植区域。

豆果

树种：油橄榄

学名：*Olea europaea* 'Arbequina'

类别：引种驯化品种

通过类别：认定 5 年（2019 年 3 月 29 日—2024 年 3 月 28 日）

编号：国 R-ETS-OE-004-2018

申请人：中国林业科学研究院林业研究所

选育人：张建国、李金花、王兆山、饶国栋、俞宁、林春福、邓煜、邹军、杨海文、张正武、李德荣、白小勇、杜晋城、肖剑、李庆华、王文雄、邓明全

品种特性

1976~1979 年由中国林科院林业所从西班牙引进。树体生长势弱，树姿开张，果实小，球形。定植 2~3 年进入结果期，5 年后进入盛产期。4 年生结果树鲜果平均亩产量分别为云南丽江 171.6 kg、四川冕宁 750.4 kg、陕西城固 555.8 kg；云南、四川等南部产地 10 月上中旬成熟，甘肃武都地区 10 月末至 11 月上旬成熟；鲜果含油量 20%，不饱和脂肪酸含量 80%，多酚氧化物含量为 25806 ng/ml，其中山楂酸含量达 17600 ng/ml。

主要用途

木本油料品种。

栽培技术要点

选择 pH 6.5~7.5 的钙质沙壤土和壤土，推荐高密度栽植，株行距 1.5 m×4.0 m、1.7 m×4.0 m 和 2.0 m×4.0 m；推荐 1.0 m × 1.0 m 盆栽高密度栽植模式。高密度栽培和盆栽修剪为矮化形，高度不超过 2.5 m，注意树体调控。进入丰产期每年进行一次深度中耕，及时沟施有机肥。

适宜种植范围

云南、甘肃、陕西等油橄榄适宜栽植区域。

科罗莱卡

树种：油橄榄

学名：*Olea europaea* 'Koroneiki'

类别：引种驯化品种

通过类别：认定 5 年（2019 年 3 月 29 日—2024 年 3 月 28 日）

编号：国 R-ETS-OE-005-2018

申请人：中国林业科学研究院林业研究所

选育人：张建国、李金花、王兆山、饶国栋、俞宁、林春福、邓煜、邹军、杨海文、白小勇、李德荣、杜晋城、李庆华、王文雄、邓明全

品种特性

1976~1979 年由中国林科院林业所从希腊引进。生长势中等，树姿开张，果实小，卵形。定植 2~3 年进入结果期，5 年后进入盛产期，每亩 98~111 株，亩产量可达 1200 kg。云南、四川 10 月上中旬成熟，甘肃武都地区 10 月末至 11 月上旬成熟；鲜果含油量 18%，不饱和脂肪酸含量 83%，多酚氧化物含量为 22 502 ng/ml，其中山楂酸含量 15 500 ng/ml。

主要用途

木本油料品种。

栽培技术要点

选择 pH 6.5~7.5 的钙质沙壤土和壤土，推荐高密度栽植，株行距 1.5 m×4.0 m、1.7 m×4.0 m 和 2.0 m×4.0 m；高密度栽培修剪为矮化形，高度不超过 3.0 m，注意树体调控。进入丰产期每年进行一次深度中耕，及时沟施有机肥。

适宜种植范围

云南、甘肃、陕西等油橄榄适宜栽植区域。

蓝美 1 号

树种：蓝莓

学名：*Vaccinium croymbosum* 'Lanmei 1'

类别：引种驯化品种

通过类别：认定 5 年（2019 年 3 月 29 日—2024 年 3 月 28 日）

编号：国 R-ETS-VC-006-2018

申请人：浙江蓝美农业有限公司

选育人：陈华江、毕晓颖、杨曙方、夏秀英、周伟东、安利佳

品种特性

2001 年毕晓颖由美国引进。树势强，树姿半开张，灌丛形，株高 1.2~2.0 m；果实圆形，平均单果重 1.38 g，硬度中等，果实可溶性固形物含量 12%、总糖含量 10.9 g/100 g、总酸含量 5.89 g/kg、锌含量 0.90 mg/kg、钾含量 940 mg/kg，Vc 含量 38.0 mg/kg，总花青苷含量 0.0698%（w/w），总花青素含量 0.000 216%（w/w）。浙江地区 2 月中旬叶芽萌动，果实 5 月下旬开始成熟，采收期持续 1 个月左右。2~5 年生单株平均产量分别为 0.5 kg、2.6 kg、3.2 kg、3.5 kg。

主要用途

鲜食和加工品种。

栽培技术要点

春季萌动前或秋季落叶后栽植，株行距 1.0 m×2.0 m。自交结实率高达 90%，但异交可以使果实增大，可按照 6∶1 比例配置授粉树'密斯梯'或'海岸'。栽植前进行株系修剪，栽后浇透水，适时除草、施肥、修剪，防治病虫害。进入丰产期，每年在开花前和采收后进行追肥，每次追肥结合浇水，也可追施叶面肥 2 次。应严格控制产量提高果实品质，疏花疏果，株产量控制在 5 kg 以内。

适宜种植范围

浙江、安徽、江西等酸性土地区。

注：通过认定的林木良种，认定期满后不得作为良种继续使用，应重新进行林木品种审定。

国家林业和草原局公告

2019 年第 12 号

为贯彻落实党中央、国务院关于减证便民、优化服务的决策部署，根据《国务院办公厅关于做好证明事项清理工作的通知》（国办发〔2018〕47 号）要求，现将我局决定取消的 19 项证明事项（见附件 1、2）予以公布。取消的证明事项自公布之日起停止执行，涉及的部门规章和规范性文件按程序修改后另行发布。

特此公告。

附件：1. 部门规章设定的证明事项取消目录
2. 规范性文件设定的证明事项取消目录

国家林业和草原局
2019 年 8 月 19 日

附件 1

部门规章设定的证明事项取消目录

序号	证明名称	证明用途	设定依据	取消后的办理方式
1	林木种子生产经营许可证复印件	申请普及型国外引种试种苗圃资格认定；林木种子生产经营者在林木种子生产经营许可证载明的有效区域设立分支机构的，专门经营不再分装的包装林木种子的，或者受具有林木种子生产经营许可证的生产经营者以书面委托生产、代销其林木种子的，办理备案	《普及型国外引种试种苗圃资格认定管理办法》（国家林业局令第 17 号，国家林业局令第 42 号修改）第五条申请普及型国外引种试种苗圃资格认定，应当提交以下材料：（二）从事主要林木种子生产和林木种子经营的，应当提供《林木种子生产经营许可证》复印件；《林木种子生产经营许可证管理办法》（国家林业局令第 40 号）第十七条第一款 林木种子生产经营许可证的有效区域由发证机关在其管辖范围内确定。生产经营者在林木种子生产经营许可证载明的有效区域设立分支机构的，专门经营不再分装的包装种子的，或者受具有林木种子生产经营许可证的生产经营者以书面委托生产、代销种子的，不需要办理林木种子生产经营许可证。但应当在变更营业执照或者获得书面委托后十五日内，将林木种子生产经营许可证复印件、营业执照复印件或者书面委托合同等证明材料报生产经营者所在地县级人民政府林业主管部门备案	书面告知承诺、政府部门内部核查

（续表）

序号	证明名称	证明用途	设定依据	取消后的办理方式
2	木材经营加工资格批准文件复印件	申请松材线虫病疫木加工板材定点加工企业资格	《松材线虫病疫木加工板材定点加工企业审批管理办法》(国家林业局令第18号，国家林业局令第42号修改)第五条 申请松材线虫病疫木加工板材定点加工企业资格，应当提交以下材料：(二)营业执照、木材经营加工资格批准文件的复印件	不再要求申请人提交该项证明
3	省级林业主管部门的初审意见	申请在国家级自然保护区修筑设施	《在国家级自然保护区修筑设施审批管理暂行办法》(国家林业局令第50号)第五条第一款 修筑设施的单位或者个人应当向国家林业局提出申请，并提交以下申请材料：(四)相关主体的意见材料。包括：省级人民政府林业主管部门的初审意见	如有需要，由审批部门征求地方林业主管部门意见
4	借展双方具有大熊猫物种的国家重点保护野生动物人工繁育许可证(驯养繁殖许可证)	申请借展大熊猫	《大熊猫国内借展管理规定》(国家林业局令第28号，国家林业局令第38号修改，国家林业局令第42号修改)第七条 申请借展大熊猫，应当提交下列书面材料：(三)借展双方具有大熊猫物种的国家重点保护野生动物驯养繁殖许可证	书面告知承诺、政府部门内部核查
5	国家林业局行政许可文书	办理大熊猫离开借出方、借入方的运输证件	《大熊猫国内借展管理规定》(国家林业局令第28号，国家林业局令第38号修改，国家林业局令第42号修改)第八条 申请借展大熊猫按照下列程序办理：(三)国家林业局作出行政许可决定后，借出、借入方所在地省级人民政府林业行政主管部门分别在借展开始前和结束后依据国家林业局行政许可文书核发大熊猫离开借出方、借入方的运输证件	不再办理运输证件，依据《野生动物保护法》第三十三条运输大熊猫
6	国务院陆生野生动物主管部门同意引进的批准文件	申请核发物种证明且进口的活体野生动物属于外来陆生野生动物的	《野生动植物进出口证书管理办法》(国家林业局 海关总署令第34号)第二十四条 申请核发物种证明的，申请人应当提交下列材料：(七)进口的活体野生动物属于外来陆生野生动物的，应当提交国务院陆生野生动物主管部门同意引进的批准文件	书面告知承诺、政府部门内部核查
7	加盖申请人印章并经海关签注的物种证明复印件或者海关进口货物报关单复印件	申请核发物种证明	《野生动植物进出口证书管理办法》(国家林业局 海关总署令第34号)第二十四条 申请核发物种证明的，申请人应当提交下列材料：(八)进口后再出口野生动植物及其产品的，应当提交加盖申请人印章并经海关签注的物种证明复印件或者海关进口货物报关单复印件	已通过海关联网实现信息核查
8	国务院林业主管部门品种权转让公告、强制许可决定	申请林木种子生产经营许可证且从事具有植物新品种权林木种子生产经营	《林木种子生产经营许可证管理办法》(国家林业局令第40号)第八条 申请林木种子生产经营许可证属于下列情形的，申请人还应当提交下列材料：(二)从事具有植物新品种权林木种子生产经营的，应当提供品种权人的书面同意或者国务院林业主管部门品种权转让公告、强制许可决定	书面告知承诺、政府部门内部核查
9	转基因林木安全证书	申请林木品种审定且申请审定的林木品种属转基因品种；申请林木种子生产经营许可证且从事转基因林木种子生产经营的	《主要林木品种审定办法》(国家林业局令第8号，国家林业局令第44号修订)第十条第二款 申请审定的林木品种属转基因品种的，还应当提供转基因林木安全证书。《林木种子生产经营许可证管理办法》(国家林业局令第40号)第八条 申请林木种子生产经营许可证属于下列情形的，申请人还应当提交下列材料：(七)从事转基因林木种子生产经营的，应当提供转基因林木安全证书	书面告知承诺、政府部门内部核查
10	品种权证书	申请审定的林木品种已经获得植物新品种权	《主要林木品种审定办法》(国家林业局令第8号，国家林业局令第44号修订)第十一条 申请审定的林木品种已经获得植物新品种权的，可以不提交本办法第十条第一款规定的第三项材料，但应当提交品种权证书材料	书面告知承诺、政府部门内部核查

（续表）

序号	证明名称	证明用途	设定依据	取消后的办理方式
11	引种林木良种的审定公告及林木良种证书复印件	申请审定的林木品种已通过省级审定又申请国家级或者其他省、自治区、直辖市省级审定；申请同一适宜生态区引种备案	《主要林木品种审定办法》（国家林业局令第8号，国家林业局令第44号修订）第十条第三款 申请审定的林木品种已通过省级审定又申请国家级或者其他省、自治区、直辖市省级审定的，还应当提供林木良种证书复印件。第三十八条第一款 引种者应当向引种所在地省、自治区、直辖市人民政府林业主管部门提交以下引种备案材料：（二）引种林木良种的审定公告及林木良种证书复印件	书面告知承诺、政府部门内部核查
12	森林、林木和林地的权属证明材料	申请设立国家级森林公园	《国家级森林公园设立、撤销、合并、改变经营范围或者变更隶属关系审批管理办法》（国家林业局令第16号）第四条 申请设立国家级森林公园的，应当提交以下材料：（三）森林、林木和林地的权属证明材料	书面告知承诺、政府部门内部核查
13	所在地省、自治区、直辖市林业主管部门的书面意见	申请设立、撤销、合并、改变国家级森林公园经营范围或者变更国家级森林公园隶属关系	《国家级森林公园设立、撤销、合并、改变经营范围或者变更隶属关系审批管理办法》（国家林业局令第16号）第四条 申请设立国家级森林公园的，应当提交以下材料：（六）所在地省、自治区、直辖市林业主管部门的书面意见。第六条 申请撤销国家级森林公园的，应当提交以下材料：（三）所在地省、自治区、直辖市林业主管部门的书面意见。第八条 申请合并或者改变国家级森林公园经营范围的，应当提交以下材料：（四）所在地省、自治区、直辖市林业主管部门的书面意见。第十条 申请变更国家级森林公园隶属关系的，应当提交以下材料：（三）所在地省、自治区、直辖市林业主管部门的书面意见	如有需要，由审批部门征求地方林业主管部门意见

附件2

规范性文件设定的证明事项取消目录

序号	证明名称	证明用途	设定依据	取消后的办理方式
1	河道、湖泊管理机构同意证明	办理林木采伐许可	《国家林业局关于河道林木采伐有关问题的复函》（林策发〔2007〕159号）一、根据《中华人民共和国森林法》的规定，采伐林木必须申请采伐许可证，按许可证的规定进行采伐。但是，采伐由河道、湖泊管理机构营造和管理的护堤护岸林木的，应当按照《中华人民共和国防洪法》（以下简称《防洪法》）第二十五条的规定，在征得河道、湖泊管理机构同意后，办理采伐许可手续	不再提交
2	申请临时占用林地的补偿协议或证明	申请建设项目临时占用林地	《国家林业局关于加强临时占用林地监督管理的通知》（林资发〔2015〕121号）三、切实加强对临时占用林地的审批管理 建设项目临时占用林地，申请人应当提交恢复林业生产条件方案或者与林地权利人签订的临时占用林地恢复林业生产条件的协议，包括选址合理性、期满后能否恢复林业生产条件、恢复措施、时间安排、资金投入等。对于依法设立安全保护区按临时用地办理手续的特殊占地（如石油、天然气管道建设项目），需要提供有关规定要求的补偿协议或证明。对于不可恢复林业生产条件的，用地单位或者个人要按永久使用林地补偿标准支付补偿	不再提交
3	国家药品生产主管部门审核意见	因生产重要药品需要利用库存的或人工繁育来源的天然麝香	《国家林业局关于进一步加强麝类资源保护管理工作的通知》（林护发〔2003〕30号）三、禁止将天然麝香用于除药用以外的其他商品的生产，加强对利用库存及人工繁育来源的天然麝香制药的管理。因生产重要药品需要利用库存的或人工繁育来源的天然麝香的，必须由生产企业提出申请，说明药品种类、生产计划和需要天然麝香的数量及来源，并附国家药品生产主管部门的审核意见，报我局审批	内部意见征询

(续表)

序号	证明名称	证明用途	设定依据	取消后的办理方式
4	举办展览展示活动批准文件复印件	办理允许进口证明书	《国家濒管办关于以参展为目的进口及再出口濒危野生植物的管理规定》(中华人民共和国濒危种进出口管理办公室公告 2013 年第 4 号) 第五条 申办本规定第二条所述事项的允许进口证明书的，应当提交下列材料：(三)有关部门批准举办展览展示活动的批准文件复印件	部门间意见征询
5	争议林地情况证明	办理建设项目使用林地审批	《建设项目使用林地审核审批规范》(林资发〔2015〕122 号) 二、建设项目申请材料 (二) 林地证明材料 2. 拟使用林地存在争议尚未依法解决的，应当提供县级以上人民政府出具的关于争议林地基本情况、争议林地补偿费用处置情况的证明材料	政府部门主动核查
6	原海关进口货物报关单原件	申请核发物种证明	《中华人民共和国濒危物种进出口管理办公室行政许可事项公示内容》(中华人民共和国濒危物种进出口管理办公室公告 2004 年第 2 号) 第二项 四、条件 (二) 申请人需提交的材料 4. 海关证明文件。再出口与我国《国家重点保护野生植物名录》、《国家重点保护野生动物名录》中同名物种的标本的，需提供加盖申请人公章(个人拥有所有权的情况除外)的原海关进口货物报关单原件	已通过海关联网实现信息核查

国家林业和草原局公告

2019 年第 13 号

根据《中华人民共和国植物新品种保护条例》《中华人民共和国植物新品种保护条例实施细则(林业部分)》规定，经国家林业和草原局植物新品种保护办公室审查，"王妃"等 214 项植物新品种权申请符合授权条件，现决定授予植物新品种权(名单见附件)，并颁发《植物新品种权证书》。

特此公告。

附件：国家林业和草原局 2019 年第一批授予植物新品种权名单

国家林业和草原局
2019 年 9 月 6 日

附件

国家林业和草原局2019年第一批授予植物新品种权名单

序号	品种名称	所属属（种）	品种权号	品种权人	申请号	申请日	培育人
1	王妃	蔷薇属	20190001	云南韶苑花卉产业股份有限公司	20120198	2012.12.01	倪功，曹荣根，田连通，白云评，乔丽婷，阳明祥
2	晨曦	润楠属	20190002	浙江森禾集团股份有限公司	20140194	2014.10.30	郑勇平、王春、余成龙
3	绿羽	润楠属	20190003	浙江森禾集团股份有限公司	20140195	2014.10.30	郑勇平、刘丹丹、陈慧芳
4	热恋	蔷薇属	20190004	云南韶苑花卉产业股份有限公司	20140234	2014.12.06	倪功，曹荣根，田连通，白云评，乔丽婷，何凉，阳明祥
5	锦艳	蔷薇属	20190005	云南韶苑花卉产业股份有限公司	20140236	2014.12.06	倪功，曹荣根，田连通，白云评，乔丽婷，何凉，阳明祥
6	岭南元宝	山茶属	20190006	棕榈生态城镇发展股份有限公司，广东省农业科学院环境园艺研究所，肇庆棕榈谷花园有限公司	20150054	2015.03.27	高继银、孙映波、周明顺、于波、陈娜娟、黄丽丽、黎艳玲、张佩霞
7	莱克思娜（Lexydnac）	蔷薇属	20190007	荷兰多盟集团公司（Dummen Group B. V. Holland）	20150060	2015.03.30	西尔万·坎斯特拉（Silvan Kamstra）
8	玫弗莱明戈（Meiflemingue）	蔷薇属	20190008	法国玫兰国际有限公司（Meilland International S. A）	20150137	2015.08.04	阿兰·安东尼·玫兰（Alain Antoine Meilland）
9	德瑞斯黑六（DrisBlackSix）	悬钩子属	20190009	德瑞斯克公司（Driscoll's, Inc.）	20150140	2015.08.04	加文·R·西尔斯（Gavin R. Sills）安德烈M. 加彭（Andrea M. Pabon）史蒂芬·B·莫伊尔（Stephen B. Moyles）
10	奥斯莱维堤（Auslevity）	蔷薇属	20190010	大卫奥斯汀月季公司（David Austin Roses Limited）	20150149	2015.08.18	大卫奥斯汀（David Austin）
11	德瑞斯红八（DrisRaspEight）	悬钩子属	20190011	德瑞斯克公司（Driscoll's, Inc.）	20150161	2015.08.28	布莱恩·K·汉密尔顿（Brian K. Hamilton）马提亚·维腾（Matthias Vitten）玛塔·K·巴蒂斯塔（Marta C. Baptista）
12	德瑞斯黑十三（DrisBlackThirteen）	悬钩子属	20190012	德瑞斯克公司（Driscoll's, Inc.）	20150162	2015.08.28	加文·R·西尔斯（Gavin R. Sills）安德烈·M·加彭（Andrea M. Pabon）马克·柯露莎（Mark Crusha）
13	艾维驰09（Everch09）	蔷薇属	20190013	丹麦永恒玫瑰公司（Roses Forever ApS）	20150203	2015.10.12	哈雷·艾克路德（Harley Eskelund）
14	艾维驰14（Everchi14）	蔷薇属	20190014	丹麦永恒玫瑰公司（Roses Forever ApS）	20150206	2015.10.12	哈雷·艾克路德（Harley Eskelund）
15	瑞普赫0102a（Ruiph0102a）	蔷薇属	20190015	迪瑞特知识产权公司（De Ruiter Intellectual Property B. V.）	20150222	2015.10.14	汉克·德·格罗特（H. C. A. de Groot）
16	斯普皮利（Spepenny）	蔷薇属	20190016	荷兰斯普克国际月季育种公司（Spek Rose Breeding International B. V.）	20160027	2016.02.01	艾瑞克罗纳德·斯普克（Erik Ronald Spek）
17	坦01642（Tan01642）	蔷薇属	20190017	德国坦涛月季育种公司（Rosen Tantau KG, Germany）	20160028	2016.02.01	克里斯汀安·埃维尔斯（Christian Evers）

(续表)

序号	品种名称	所属属（种）	品种权号	品种权人	申请号	申请日	培育人
18	坦06418（Tan06418）	蔷薇属	20190018	德国坦涛月季育种公司（Rosen Tantau KG, Germany）	20160029	2016.02.01	克里斯汀安·埃维尔斯（Christian Evers）
19	坦07413（Tan07413）	蔷薇属	20190019	德国坦涛月季育种公司（Rosen Tantau KG, Germany）	20160030	2016.02.01	克里斯汀安·埃维尔斯（Christian Evers）
20	坦08888（Tan08888）	蔷薇属	20190020	德国坦涛月季育种公司（Rosen Tantau KG, Germany）	20160031	2016.02.01	克里斯汀安·埃维尔斯（Christian Evers）
21	坦09112（Tan09112）	蔷薇属	20190021	德国坦涛月季育种公司（Rosen Tantau KG, Germany）	20160032	2016.02.01	克里斯汀安·埃维尔斯（Christian Evers）
22	坦10031（Tan10031）	蔷薇属	20190022	德国坦涛月季育种公司（Rosen Tantau KG, Germany）	20160033	2016.02.01	克里斯汀安·埃维尔斯（Christian Evers）
23	宝普058（POULPAR058）	蔷薇属	20190023	丹麦宝森玫瑰有限公司（Poulsen Roser A/S）	20160053	2016.02.16	芒斯·奈格特·奥乐森（Mogens N. Olesen）
24	宝缇019（POULTY019）	蔷薇属	20190024	丹麦宝森玫瑰有限公司（Poulsen Roser A/S）	20160055	2016.02.16	芒斯·奈格特·奥乐森（Mogens N. Olesen）
25	金玉满堂	紫金牛属	20190025	福建农林大学，福建省武平县盛金花场	20160096	2016.05.01	刘梓富、彭东辉、廖柏林、罗盛金、兰思仁、吴沙沙、谢亮秀
26	福株	紫金牛属	20190026	福建农林大学，福建省武平县盛金花场	20160097	2016.05.01	兰思仁、刘梓富、彭东辉、廖柏林、罗盛金、吴沙沙、谢亮秀
27	竹叶富贵	紫金牛属	20190027	福建农林大学，福建省武平县盛金花场	20160098	2016.05.01	王星乎、刘梓富、廖柏林、罗盛金、兰思仁、彭东辉、吴沙沙
28	瑞姆克0037（RUIMCO0037）	蔷薇属	20190028	迪瑞特知识产权公司（De Ruiter Intellectual Property B. V.）	20160121	2016.06.20	汉克·德·格罗特（H. C. A. de Groot）
29	瑞驰2700H（RUICH2700H）	蔷薇属	20190029	迪瑞特知识产权公司（De Ruiter Intellectual Property B. V.）	20160123	2016.06.20	汉克·德·格罗特（H. C. A. de Groot）
30	艾维驰102（EVERCH102）	蔷薇属	20190030	丹麦永恒月季公司（Roses Forever ApS, Denmark）	20160177	2016.07.21	洛萨·艾斯克伦德（Rosa Eskelund）
31	艾维驰134（EVERCH134）	蔷薇属	20190031	丹麦永恒月季公司（Roses Forever ApS, Denmark）	20160181	2016.07.24	洛萨·艾斯克伦德（Rosa Eskelund）
32	艾维驰129（EVERCH129）	蔷薇属	20190032	丹麦永恒月季公司（Roses Forever ApS, Denmark）	20160183	2016.07.24	洛萨·艾斯克伦德（Rosa Eskelund）
33	妙玉	蔷薇属	20190033	山东农业大学	20160185	2016.07.25	赵兰勇、于晓艳、徐宗大、邢树堂、启明远

（续表）

序号	品种名称	所属属（种）	品种权号	品种权人	申请号	申请日	培育人
34	粉蕴	含笑属	20190034	中南林业科技大学、广州市绿化公司	20160203	2016.08.03	胡希军、金晓玲、邢文、张受佰、孙凌霄、罗峰、黄颂谊、丰盈、张哲、刘彩贤
35	玫卡德瑞（MEICAUDRY）	蔷薇属	20190035	法国玫兰国际有限公司（Meilland International S.A）	20160204	2016.08.09	阿兰·安东尼·玫兰（Alain Antoine Meilland）
36	玫丽沃妮（MEILIVOINE）	蔷薇属	20190036	法国玫兰国际有限公司（Meilland International S.A）	20160205	2016.08.09	阿兰·安东尼·玫兰（Alain Antoine Meilland）
37	热嘉3号	金合欢属	20190037	中国林业科学研究院热带林业研究所、嘉汉林业（河源）有限公司	20160232	2016.09.03	曾炳山、裴珍飞、陈祖旭、陈考科、康汉华、刘英、李湘阳、罗锐
38	热嘉13号	金合欢属	20190038	中国林业科学研究院热带林业研究所、嘉汉林业（河源）有限公司	20160233	2016.09.03	曾炳山、裴珍飞、陈祖旭、陈考科、康汉华、刘英、李湘阳、罗锐
39	热嘉14号	金合欢属	20190039	中国林业科学研究院热带林业研究所、嘉汉林业（河源）有限公司	20160234	2016.09.03	曾炳山、裴珍飞、陈祖旭、陈考科、康汉华、刘英、李湘阳、罗锐
40	热嘉17号	金合欢属	20190040	中国林业科学研究院热带林业研究所、嘉汉林业（河源）有限公司	20160235	2016.09.03	曾炳山、裴珍飞、陈祖旭、陈考科、康汉华、刘英、李湘阳、罗锐
41	热嘉18号	金合欢属	20190041	中国林业科学研究院热带林业研究所、嘉汉林业（河源）有限公司	20160236	2016.09.03	曾炳山、裴珍飞、陈祖旭、陈考科、康汉华、刘英、李湘阳、罗锐
42	玫勒德文（MEILEODEVIN）	蔷薇属	20190042	法国玫兰国际有限公司（Meilland International S.A）	20160276	2016.10.11	阿兰·安东尼·玫兰（Alain Antoine Meilland）
43	西昌41710（SCH41710）	蔷薇属	20190043	荷兰彼得·西昌厄斯控股有限公司（Piet Schreurs Holding B.V）	20160282	2016.10.12	P.N.J.西昌厄斯（Petrus Nicolaas Johannes Schreurs）
44	西昌71560（SCH71560）	蔷薇属	20190044	荷兰彼得·西昌厄斯控股有限公司（Piet Schreurs Holding B.V）	20160285	2016.10.12	P.N.J.西昌厄斯（Petrus Nicolaas Johannes Schreurs）
45	小璇	木兰属	20190045	棕榈生态城镇发展股份有限公司、陕西省西安植物园	20160298	2016.11.04	王亚玲、赵珊珊、吴建军、王晶、严丹峰、叶卫
46	桂昌	木兰属	20190046	棕榈生态城镇发展股份有限公司、陕西省西安植物园	20160299	2016.11.04	王亚玲、吴建军、赵珊珊、王晶、严丹峰、叶卫
47	紫韵	木兰属	20190047	棕榈生态城镇发展股份有限公司、陕西省西安植物园有限公司	20160301	2016.11.04	王亚玲、马延康、叶卫、刘立成、樊璐、吴建军、赵强民、赵珊珊
48	紫辰	木兰属	20190048	陕西省西安植物园有限公司、棕榈生态城镇发展股份有限公司	20160302	2016.11.04	王亚玲、叶卫、刘立成、樊璐、吴建军、赵强民、赵珊珊、王晶

(续表)

序号	品种名称	所属属（种）	品种权号	品种权人	申请号	申请日	培育人
49	廷栋	木兰属	20190049	陕西省西安植物园、棕榈生态城镇发展股份有限公司	20160303	2016.11.04	王亚玲、樊璐、叶卫、刘立成、吴建军、赵强民、赵珊珊、王晶
50	甬之梅	杜鹃花属	20190050	浙江万里学院、宁波北仑亿润花卉有限公司	20160304	2016.11.04	谢晓鸿、吴月燕、沃科军、沃绢康
51	甬尚雪	杜鹃花属	20190051	浙江万里学院、宁波北仑亿润花卉有限公司	20160305	2016.11.04	谢晓鸿、吴月燕、沃科军、沃绢康
52	甬尚玫	杜鹃花属	20190052	浙江万里学院、宁波北仑亿润花卉有限公司	20160306	2016.11.04	吴月燕、谢晓鸿、沃科军、沃绢康
53	莱克苏 4（LEXU4）	蔷薇属	20190053	荷兰多盟集团公司（Dummen Group B. V. Holland）	20160312	2016.11.06	斯儿万·卡姆斯特拉（Silvan Kamstra）
54	西昌 51045（SCH51045）	蔷薇属	20190054	荷兰彼得·西昌厄斯控股公司（Piet Schreurs Holding B. V）	20160388	2016.12.02	P. N. J. 西昌厄斯（Petrus Nicolaas Johannes Schreurs）
55	莱克斯艾克米拉（LEXECNERALC）	蔷薇属	20190055	荷兰多盟集团公司（Dummen Group B. V. Holland）	20170020	2016.12.16	斯儿万·卡姆斯特拉（Silvan Kamstra）
56	瑞可吉 2004A（RUIC J2004A）	蔷薇属	20190056	迪瑞特知识产权公司（De Ruiter Intellectual Property B. V.）	20170051	2017.01.10	汉克·德·格罗特（H. C. A. de Groot）
57	冰星	蔷薇属	20190057	云南省农业科学院花卉研究所	20170076	2017.01.16	邱显钦、王其刚、唐开学、陈敏、蹇洪英、李淑斌、张颢、周宁
58	玫诺普鲁斯（MEINOPLIUS）	蔷薇属	20190058	法国玫兰国际有限公司（Meilland International S. A）	20170098	2017.02.08	阿兰·安东尼·玫兰（Alain Antoine Meilland）
59	玉笛银丝	桂花	20190059	杭州市园林绿化股份有限公司、浙江理工大学	20170123	2017.03.02	吴光洪、胡绍庆、沈柏春、张颢、陈敏、邱帅、郭娟、邱显钦
60	申银球	桂花	20190060	杭州市园林绿化股份有限公司、浙江理工大学	20170124	2017.03.02	沈柏春、胡绍庆、陈徐平、魏建芬、卢山、杨浩
61	彩云香水 1 号	蔷薇属	20190061	云南省农业科学院花卉研究所	20170142	2017.03.01	王其刚、唐开学、李淑斌、魏建芬、蹇洪英、周宁、陈敏、晏慧君、张婷、邱显钦
62	妍夏	文冠果	20190062	北京林业大学、胜利油田胜大生态林场（东营市试验场）	20170148	2017.04.05	敖妍、马履一、刘金凤、贾黎明、苏淑钗、张行杰、朱淑明
63	妍希	文冠果	20190063	北京林业大学、胜利油田胜大生态林场（东营市试验场）	20170149	2017.04.05	敖妍、马履一、刘金凤、贾黎明、苏淑钗、张行杰、朱淑明
64	秋苑国色	芍药属	20190064	中国农业科学院蔬菜花卉研究所	20170154	2017.04.06	张秀新、薛璟祺、王顺利、薛玉前、朱富勇、房桂霞
65	秋苑新秀	芍药属	20190065	中国农业科学院蔬菜花卉研究所	20170155	2017.04.06	张秀新、薛璟祺、王顺利、吴恣、张萍、薛玉前
66	秋苑骄阳	芍药属	20190066	中国农业科学院蔬菜花卉研究所	20170156	2017.04.06	张秀新、王顺利、薛璟祺、张萍、吴恣

(续表)

序号	品种名称	所属属(种)	品种权号	品种权人	申请号	申请日	培育人
67	秾李晓月	芍药属	20190067	中国农业科学院蔬菜花卉研究所	20170157	2017.04.06	张秀新、薛璟祺、王顺利、朱富勇、任秀霞
68	秾苑彩凤	芍药属	20190068	中国农业科学院蔬菜花卉研究所	20170158	2017.04.06	张秀新、薛璟祺、王顺利、任秀霞、杨若雯
69	秾苑英姿	芍药属	20190069	中国农业科学院蔬菜花卉研究所	20170159	2017.04.06	张秀新、王顺利、薛璟祺、薛玉前、吴蕊、张萍
70	瑞维7285A（RUIVI7285A）	蔷薇属	20190070	迪瑞特知识产权公司（De Ruiter Intellectual Property B.V.）	20170178	2017.04.12	汉克·德·格罗特（H.C.A. de Groot）
71	瑞维2230A（RUIVI2230A）	蔷薇属	20190071	迪瑞特知识产权公司（De Ruiter Intellectual Property B.V.）	20170179	2017.04.12	汉克·德·格罗特（H.C.A. de Groot）
72	玫斯提莉（MEISTILEY）	蔷薇属	20190072	法国玫兰国际有限公司（MEILLAND INTERNATIONAL S.A）	20170180	2017.04.12	阿兰·安东尼·玫兰（Alain Antoine Meilland）
73	淑女槐	槐属	20190073	王化堂	20170237	2017.05.15	王化堂
74	宁农杞7号	枸杞属	20190074	宁夏农林科学院枸杞工程技术研究所	20170424	2017.08.03	焦恩宁、秦垦、戴国礼、曹有龙、石志刚、何军、李彦龙、李云翔、闫亚美、黄婷、张波、周旋、何昕儒、米佳
75	彩虹	栾树属	20190075	江苏省林业科学研究院	20170297	2017.06.06	吕运舟、黄利斌、董利虎、梁珍海、孙荣楠
76	橙之梦	苹果属	20190076	南京林业大学	20170310	2017.06.12	张往祥、周璋、范俊俊、彭冶、时可心、浦静、杨祎凡、曹福亮
77	粉红霓裳	苹果属	20190077	南京林业大学	20170311	2017.06.12	张往祥、范俊俊、周璋、时可飞、李千惠、姜文龙、张丹丹、徐立安、曹福亮
78	羊脂玉	苹果属	20190078	南京林业大学	20170312	2017.06.12	仲磊、周道建、周璋、谢寅峰、储吴楣、沈星诚、陈永霞、曹福亮
79	云想容	苹果属	20190079	南京林业大学	20170313	2017.06.12	张往祥、周璋、范俊俊、时可心、沈星诚、穆茜、彭冶
80	洛可可女士	苹果属	20190080	南京林业大学	20170314	2017.06.12	张往祥、浦静、武启飞、王希、时可心、赵聪、张晶、曹福亮
81	紫蝶儿	苹果属	20190081	南京林业大学	20170316	2017.06.12	张往祥、张丽、王希、储吴楣、武启飞、浦静、赵聪、曹福亮
82	玫芙璐塔（MEIVOLUPTA）	蔷薇属	20190082	法国玫兰国际有限公司（MEILLAND INTERNATIONAL S.A）	20170328	2017.06.21	阿兰·安东尼·玫兰（Alain Antoine Meilland）
83	蒙冠1号	文冠果	20190083	赤峰市林业科学研究院、内蒙古文冠庄园农业科技发展有限公司	20170334	2017.06.27	段磊、乌志颜、杨素芝、张丽、李显玉、冯昭辉、白玉茹、苗迎春、郭庆、李晓宇
84	蒙冠2号	文冠果	20190084	赤峰市林业科学研究院、内蒙古文冠庄园农业科技发展有限公司	20170335	2017.06.27	段磊、乌志颜、杨素芝、李显玉、段磊、郭庆、李显玉、张丽、杨旭亮、于海蛟、立华
85	蒙冠3号	文冠果	20190085	赤峰市林业科学研究院、内蒙古文冠庄园农业科技发展有限公司	20170336	2017.06.27	杨素芝、乌志颜、段磊、张丽、郭庆、李显玉、韩立华、陆昕、冯绍辉

(续表)

序号	品种名称	所属属（种）	品种权号	品种权人	申请号	申请日	培育人
86	金太阳	卫矛属	20190086	淄博市川林彩叶卫矛新品种研究所，威海市园林建设集团有限公司，山东农业大学	20170337	2017.06.29	翟慎学、梁中贵、王华田
87	金公主1号	文冠果	20190087	北京林业大学，辽宁思路文冠果科技开发有限公司，北京思路文冠果科技开发有限公司	20170339	2017.06.30	王青、向秋虹、王馨蕊、李国军、刘会军、汪舟、王俊杰、周祎鸣、关文彬
88	金帝5号	文冠果	20190088	北京林业大学，辽宁思路文冠果科技开发有限公司，北京思路文冠果科技开发有限公司	20170340	2017.06.30	王青、向秋虹、王馨蕊、汪舟、于震、周祎鸣、王俊杰、关文彬
89	金公主3号	文冠果	20190089	内蒙古文冠庄园农业科技发展有限公司，北京林业大学，赤峰市林业科学研究院	20170341	2017.06.30	郭庆、郭强、段利明、李国军、王馨蕊、周祎鸣、向秋虹、杨素芝、关文彬、王磊、李显玉
90	金公主7号	文冠果	20190090	北京林业大学，赤峰市林业科学研究院，北京思路文冠果科技开发有限公司	20170345	2017.06.30	向秋虹、王青、王馨蕊、于震、周祎鸣、乌志颜、段磊、李显玉、杨素芝、关文彬
91	京1号	杜仲	20190091	北京林业大学	20170353	2017.07.11	康向阳、李赟、高鹏、张平冬、朱连君、李金忠、程武
92	京2号	杜仲	20190092	北京林业大学	20170354	2017.07.11	康向阳、李赟、高鹏、王君、朱连君、李金忠、程武
93	京3号	杜仲	20190093	北京林业大学	20170355	2017.07.11	康向阳、李赟、高鹏、张平冬、朱连君、李金忠
94	京4号	杜仲	20190094	北京林业大学	20170356	2017.07.11	康向阳、李赟、高鹏、王君、朱连君、李金忠
95	德瑞斯蓝十二（DrisBlueTwelve）	越橘属	20190095	德瑞斯克公司（Driscoll's，Inc.）	20170371	2017.07.14	布赖恩·K．卡斯特（Brian K. CASTER）珍妮弗·K．伊佐（Jennifer K. IZZO）阿伦·德雷珀（Arlen DRAPER）乔治·罗德里格斯·阿卡扎尔（Jorge Rodriguez ALCAZAR）
96	德瑞斯红五（DrisRaspFive）	悬钩子属	20190096	德瑞斯克公司（Driscoll's，Inc.）	20170373	2017.07.14	布莱恩·K．汉密尔顿（Brian K. HAMILTON）玛塔·巴皮蒂斯塔（Marta C. BAPTISTA）卡洛斯·D．费尔（Carlos D. FEAR）
97	冀榆3号	榆属	20190097	河北省林业科学研究院	20170377	2017.07.14	王玉忠、张全锋、刘承兴、王连洲、郑聪慧、张曼、张焕荣、黄印申、胡海珍
98	奥斯米克斯如（AUSMIXTURE）	蔷薇属	20190098	英国大卫奥斯汀月季有限公司（David Austin Roses Limited）	20170398	2017.07.21	大卫·奥斯汀（David J.C. Austin）
99	奥斯威尔（AUSWHIRL）	蔷薇属	20190099	英国大卫奥斯汀月季有限公司（David Austin Roses Limited）	20170399	2017.07.21	大卫·奥斯汀（David J.C. Austin）
100	德瑞斯黑十二（DrisBlackTwelve）	悬钩子属	20190100	德瑞斯克公司（Driscoll's，Inc.）	20170419	2017.07.28	加文·R．西尔斯（Gavin R. SILLS）安德烈·M．加彭（Andrea M. PABON）马克·克苏哈（Mark CRUSHA）
101	宁农杞6号	枸杞属	20190101	宁夏农林科学院枸杞工程技术研究所	20170423	2017.08.03	焦恩宁、蔡昱、戴国礼、曹有龙、石志刚、李彦龙、李云翔、闫亚美、黄婷、张波、周旋、何昕儒、米佳、何军、克苏哈

(续表)

序号	品种名称	所属属（种）	品种权号	品种权人	申请号	申请日	培育人
102	惜春	李属	20190102	福建丹樱生态农业发展有限公司，南京林业大学	20170430	2017.08.05	王珉，伊贤贵，林荣光，王贤荣，叶荣鑫，李蒙，林玮婕，段一凡，陈林，朱淑霞
103	甬之雪	杜鹃花属	20190103	宁波北仑亿润花卉有限公司	20170476	2017.09.03	沃科军
104	甬之韵	杜鹃花属	20190104	宁波北仑亿润花卉有限公司	20170479	2017.09.03	沃绵康，沃科军
105	甬绵百合	杜鹃花属	20190105	宁波北仑亿润花卉有限公司	20170481	2017.09.03	沃绵康，沃科军
106	甬绿神	杜鹃花属	20190106	宁波北仑亿润花卉有限公司	20170482	2017.09.03	沃绵康，沃科军
107	盐抗柳1号	柳属	20190107	山东省林业科学研究院	20170501	2017.09.12	秦光华，于振旭，宋玉民，乔玉玲，彭琳
108	黄皮柳1号	柳属	20190108	山东省林业科学研究院	20170502	2017.09.12	秦光华，于振旭，宋玉民，乔玉玲，彭琳
109	蛇天柳1号	柳属	20190109	山东省林业科学研究院	20170503	2017.09.12	秦光华，于振旭，宋玉民，乔玉玲，彭琳
110	桐林碧波	卫矛属	20190110	河南桐林雨露园林绿化工程有限公司	20170531	2017.09.28	朱孟杰
111	西昌71680（SCH71680）	蔷薇属	20190111	荷兰彼得·西昌厄斯控股有限公司（Piet Schreurs Holding B.V.）	20170533	2017.09.30	P.N.J.西昌厄斯（Petrus Nicolaas Johannes Schreurs）
112	素季	蔷薇属	20190112	云南省农业科学院花卉研究所	20170544	2017.10.23	王其刚，张颢，邱显钦，陈敏，晏慧君，张婷，蹇洪英，李淑斌，周宁宁
113	瑞克拉1865A（RUICL1865A）	蔷薇属	20190113	迪瑞特知识产权公司（De Ruiter Intellectual Property B.V.）	20170569	2017.11.03	汉克.德.格罗特（H.C.A. de Groot）
114	瑞克拉1309C（RUICL1309C）	蔷薇属	20190114	迪瑞特知识产权公司（De Ruiter Intellectual Property B.V.）	20170570	2017.11.03	汉克.德.格罗特（H.C.A. de Groot）
115	桂月昌华	山茶属	20190115	棕榈生态城镇发展股份有限公司，广州棕科园艺花园有限公司，肇庆棕榈谷花园有限公司	20170579	2017.11.13	吴桂昌，赵强民，陈炽争，严丹峰，钟乃盛，高继银，刘信凯，周明顺
116	夏日台阁	山茶属	20190116	棕榈生态城镇发展股份有限公司，广州棕科园艺花园有限公司，佛山市林业科学研究所	20170580	2017.11.13	严丹峰，柯欢，刘信凯，钟乃盛，赵鸿杰，高继银，赵珊珊，叶土生
117	夏梦岳婷	山茶属	20190117	棕榈生态城镇发展股份有限公司，广州棕科园艺花园有限公司，肇庆棕榈谷花园有限公司	20170581	2017.11.13	赵珊珊，高继银，赵强民，严丹峰，叶锦君，钟乃盛，岳婷，周明顺
118	瑰丽迎夏	山茶属	20190118	棕榈生态城镇发展股份有限公司，佛山市林业科学研究所，肇庆棕榈谷花园有限公司	20170582	2017.11.13	刘信凯，柯欢，钟乃盛，黎艳玲，赵鸿杰，高继银，周明顺，谢雨慧
119	园林之骄	山茶属	20190119	棕榈生态城镇发展股份有限公司，肇庆棕榈谷花园有限公司，广州棕科园艺花园有限公司	20170583	2017.11.13	钟乃盛，陈娜娟	叶士生，赵强民，刘信凯，谢雨慧，严丹峰，周明顺

(续表)

序号	品种名称	所属属（种）	品种权号	品种权人	申请号	申请日	培育人
120	瑞克拉1101A（RUICL1101A）	蔷薇属	20190120	迪瑞特知识产权公司（De Ruiter Intellectual Property B. V.）	20170584	2017.11.14	汉克．德．格罗特（H. C. A. de Groot）
121	可爱冰淇淋	蔷薇属	20190121	北京市园林科学研究院	20170586	2017.11.14	冯慧、吉乃喆、周燕、巢阳、李纳新、丛日晨、卜燕华、华莹
122	永福金彩	桂花	20190122	福建新发现农业发展有限公司	20180007	2017.12.20	陈日才、蔡志勇、吴启民、吴其超、王聪成、詹正钿、陈朝暖、陈小芳、陈菁菁
123	闽农桂冠	桂花	20190123	福建新发现农业发展有限公司	20180008	2017.12.20	陈日才、陈江海、吴启民、王聪成、詹正钿、陈朝暖、陈小芳、陈菁菁
124	永福粉彩	桂花	20190124	福建新发现农业发展有限公司	20180009	2017.12.20	陈日才、蔡志勇、吴启民、王聪成、詹正钿、陈朝暖、陈小芳、陈菁菁
125	闽彩10号	桂花	20190125	漳州新发现农业发展有限公司	20180010	2017.12.20	陈日才、吴启民、王聪成、詹正钿、陈朝暖、陈小芳、陈菁菁
126	闽彩12号	桂花	20190126	漳州新发现农业发展有限公司	20180011	2017.12.20	陈日才、吴启民、王聪成、詹正钿、陈朝暖、陈小芳、陈菁菁
127	闽彩13号	桂花	20190127	漳州新发现农业发展有限公司	20180012	2017.12.20	陈日才、吴启民、王聪成、詹正钿、陈朝暖、陈小芳、陈菁菁
128	闽彩25号	桂花	20190128	漳州新发现农业发展有限公司	20180015	2017.12.20	陈日才、吴启民、王聪成、詹正钿、陈朝暖、陈小芳、陈菁菁
129	闽彩28号	桂花	20190129	漳州新发现农业发展有限公司	20180017	2017.12.20	陈日才、赖文胜、吴启民、王聪成、詹正钿、陈朝暖、陈小芳、陈菁菁
130	润丰春锦	榆属	20190130	河北润丰林业科技有限公司、辛集市美人榆农副产品有限公司	20180048	2017.12.29	刘易超、陈丽英、樊彦聪、黄晓旭、黄印朋、冯树香、闫淑芳
131	傲雪	忍冬属	20190131	北京农业职业学院	20180051	2017.12.29	石进朝、郑志勇、陈兰芳、缪珊、邹原东、李彦侠
132	棕林仙子	山茶属	20190132	棕榈生态城镇发展股份有限公司、广州棕科园艺开发有限公司	20180094	2018.01.17	高继银、严丹峰、刘信凯、钟乃盛、陈炽争、唐春艳
133	秋风送霞	山茶属	20190133	棕榈生态城镇发展股份有限公司、广州棕科园艺开发有限公司、肇庆棕榈谷花园有限公司	20180095	2018.01.17	刘信凯、钟乃盛、周明顺、陈炽争、李州、高继银、严丹峰、陈娜娟
134	怀金拖紫	山茶属	20190134	棕榈生态城镇发展股份有限公司、广州棕科园艺开发有限公司、肇庆棕榈谷花园有限公司	20180096	2018.01.17	赵强民、周明顺、黎艳玲、叶崎君、钟乃盛、高继银、严丹峰
135	四季秀美	山茶属	20190135	棕榈生态城镇发展股份有限公司、广州棕科园艺开发有限公司、肇庆棕榈谷花园有限公司	20180097	2018.01.17	赵强民、高继银、周明顺、刘信凯、叶士生、赵珊珊、钟乃盛、叶崎君、高继银、严丹峰

(续表)

序号	品种名称	所属属（种）	品种权号	品种权人	申请号	申请日	培育人
136	帅哥领带	山茶属	20190136	棕榈生态城镇发展股份有限公司，广东省农业科学院环境园艺研究所，肇庆棕榈谷花园有限公司	20180098	2018.01.17	刘信凯、孙映波、周明顺、于波、黄丽丽、叶蔼君、张佩霞、高继银
137	曲院风荷	山茶属	20190137	棕榈生态城镇发展股份有限公司，广州棕科园艺开发有限公司	20180099	2018.01.17	钟乃盛、叶土生、赵强民、叶蔼君、高继银、严丹峰、刘信凯、陈炽争
138	小店佳粉	木兰属	20190138	中国农业大学，南召县林业科学规划研究院	20180105	2018.01.19	刘青林、贺姿、吕永钧、王伟、田彦、周庆、余洲、徐功沅、张浪、张冬梅、谷河、仝炎、朱涵筠、孙永幸
139	冬红	卫矛属	20190139	淄博市川林彩叶卫矛新品种研究所，威海市园林建设集团有限公司，王华田	20180108	2018.01.20	翟慎学、梁中贵、孟诗原、毕业、王延平
140	华盖	卫矛属	20190140	淄博市川林彩叶卫矛新品种研究所，威海市园林建设集团有限公司，王华田	20180110	2018.01.20	翟慎学、梁中贵、孟诗原、毕业、王延平
141	霞光	卫矛属	20190141	淄博市川林彩叶卫矛新品种研究所，威海市园林建设集团有限公司，王华田	20180112	2018.01.20	翟慎学、梁中贵、孟诗原、毕业、王延平
142	香雪	栀子属	20190142	嵊州市永根杜鹃香花木有限公司	20180113	2018.01.29	张军、胡绍庆、张长芬、钱亚南、吕超鹏
143	百日春	杜鹃花属	20190143	金华市永根杜鹃花培育有限公司	20180131	2018.02.07	方永根
144	春之恋	杜鹃花属	20190144	金华市永根杜鹃花培育有限公司	20180132	2018.02.07	方永根
145	春之语	杜鹃花属	20190145	金华市永根杜鹃花培育有限公司	20180133	2018.02.07	方永根、方新高
146	丹玉	杜鹃花属	20190146	金华市永根杜鹃花培育有限公司	20180134	2018.02.07	方永根、方新高
147	富春	杜鹃花属	20190147	金华市永根杜鹃花培育有限公司	20180135	2018.02.07	方永根
148	乔桎1号	桎柳属	20190148	中国林业科学研究院	20180143	2018.02.07	胡学军、张华新、武海雯、杨秀艳、朱建峰、王计平、蔚如平、刘正祥、陈军华、邓丞
149	抱朴1号	朴属	20190149	江苏省林业科学研究院	20180186	2018.03.29	董筱昀、黄利斌
150	华农游龙	悬铃木属	20190150	华中农业大学，济宁天缘花木种业有限公司	20180213	2018.04.25	包满珠、刘国锋、张佳琪、李卫东
151	华农云龙	悬铃木属	20190151	华中农业大学	20180214	2018.04.25	包满珠、刘国锋、张佳琪
152	华农白龙	悬铃木属	20190152	华中农业大学	20180215	2018.04.25	包满珠、刘国锋、张佳琪
153	元春	李属	20190153	南京林业大学，黄山职业技术学院，安徽润一生态建设有限公司	20180221	2018.05.09	王贤荣、伊贤贵、李蒙、王华辰、段一凡、汪小飞、赵昌恒、陈林
154	胭脂绯	李属	20190154	福建龙岩乔森林业发展有限公司，南京林业大学	20180223	2018.05.16	钟文峰、伊贤贵、王贤荣、段一凡、陈林、李雪霞、朱弘、朱淑霞、李蒙、马雪红、朱

（续表）

序号	品种名称	所属属(种)	品种权号	品种权人	申请号	申请日	培育人
155	出色	卫矛属	20190155	徐培利	20180234	2018.05.22	徐培利、冯献宾、詹伟、王法波
156	富丽	卫矛属	20190156	徐培利	20180235	2018.05.22	徐培利、冯献宾、詹伟
157	金秀	卫矛属	20190157	徐培利	20180236	2018.05.22	徐培利、冯献宾、詹伟
158	出彩	卫矛属	20190158	徐培利	20180237	2018.05.22	徐培利、冯献宾、詹伟
159	玉映	杜鹃花属	20190159	杭州植物园（杭州市园林科学研究院）	20180263	2018.05.31	朱春艳、余金良、邱帅军、周绍来、陈霞
160	映紫	杜鹃花属	20190160	杭州植物园（杭州市园林科学研究院）	20180264	2018.05.31	朱春艳、余金良、张帆、邱帅军、周绍来、陈霞
161	金玉	木兰属	20190161	江苏省中国科学慧植物研究所	20180266	2018.06.01	蔡小龙、陈红、陆小清、王传永、李云龙、张凡、周艳威
162	中杨1号	杨属	20190162	河南吉德智慧农林有限公司	20180267	2018.06.01	张继锋、邓华平、潘文
163	吉德3号杨	杨属	20190163	柘城县吉德智慧农林有限公司	20180268	2018.06.01	张继锋
164	星源花歌	山茶属	20190164	上海市园林科学规划研究院、上海星源农业实验场	20180284	2018.06.03	张冬梅、张浪、周和达、尹丽娟、罗玉兰、有祥亮、蔡军林、张斌、陈香波
165	星源晚秋	山茶属	20190165	上海市园林科学规划研究院、上海星源农业实验场	20180285	2018.06.03	张浪、张冬梅、周和达、尹丽娟、罗玉兰、有祥亮、蔡军林、张斌、陈香波
166	星源红霞	山茶属	20190166	上海市园林科学规划研究院、上海星源农业实验场	20180286	2018.06.03	周和达、张浪、张冬梅、尹丽娟、罗玉兰、蔡军林、有祥亮、张斌、陈香波
167	涟漪	苹果属	20190167	南京林业大学、扬州小苹果园艺有限公司	20180287	2018.06.05	张往祥、周婷、张龙、徐立安、谢寅峰、彭冶、汪贵斌、曹福亮
168	棱镜	苹果属	20190168	南京林业大学、扬州小苹果园艺有限公司	20180288	2018.06.04	张往祥、周婷、彭冶、张全全、谢寅峰、徐立安、汪贵斌、曹福亮
169	琉璃盏	苹果属	20190169	南京林业大学、扬州小苹果园艺有限公司	20180289	2018.06.05	张往祥、胡晓璇、周婷、张全、范俊俊、谢寅峰、彭冶、徐立安、汪贵斌、曹福亮
170	红乌黑	苹果属	20190170	南京林业大学、扬州小苹果园艺有限公司	20180290	2018.06.05	张往祥、张龙、范俊俊、江皓、徐立安、谢寅峰、彭冶、汪贵斌、曹福亮
171	影红秀	苹果属	20190171	南京林业大学、扬州小苹果园艺有限公司	20180291	2018.06.05	张往祥、范俊俊、江皓、徐立安、谢寅峰、彭冶、汪贵斌、曹福亮
172	疏红妆	苹果属	20190172	南京林业大学、扬州小苹果园艺有限公司	20180292	2018.06.05	张往祥、范俊俊、江皓、彭冶、徐立安、谢寅峰、汪贵斌、曹福亮
173	白羽扇	苹果属	20190173	南京林业大学、扬州小苹果园艺有限公司	20180293	2018.06.05	张往祥、范俊俊、江皓、彭冶、徐立安、谢寅峰、汪贵斌、曹福亮
174	雪缘	瑞香属	20190174	德兴市荣兴苗木有限责任公司	20180301	2018.06.07	王樟富、周建荣、余建国、方腾
175	罗彩1号	桂花	20190175	罗方亮、浙江理工大学	20180303	2018.06.09	罗方亮、胡绍庆、冯园园、黄均华

（续表）

序号	品种名称	所属属（种）	品种权号	品种权人	申请号	申请日	培育人
176	罗彩2号	桂花	20190176	罗方亮，浙江理工大学	20180304	2018.06.09	罗方亮，胡绍庆，冯园园，黄均华
177	罗彩16号	桂花	20190177	罗方亮，浙江理工大学	20180305	2018.06.09	罗方亮，胡绍庆，冯园园，黄均华
178	罗彩17号	桂花	20190178	罗方亮，浙江理工大学	20180306	2018.06.09	罗方亮，胡绍庆，冯园园，黄均华
179	罗彩18号	桂花	20190179	罗方亮，浙江理工大学	20180307	2018.06.09	罗方亮，胡绍庆，冯园园，黄均华
180	罗彩19号	桂花	20190180	罗方亮，浙江理工大学	20180308	2018.06.09	罗方亮，胡绍庆，冯园园，黄均华
181	丽紫	蚊母树属	20190181	丽水市林业科学研究院	20180316	2018.06.12	洪震，戴海英，练发良	洪震，戴海英，练发良，王军峰，吴爽，何小勇，曹建春
182	丽政	蚊母树属	20190182	丽水市林业科学研究院	20180317	2018.06.12	练发良，何小勇，洪震，陈艳，郑俞，曹建春
183	丽金	蚊母树属	20190183	丽水市林业科学研究院	20180319	2018.06.12	练发良，王军峰，雷珍，戴海英，邵康平，陈志伟，高樟贵
184	紫胭	蚊母树属	20190184	浙江森禾集团股份有限公司，杭州京可园林有限公司	20180328	2018.06.23	郑勇平，王春，周正宝，余成龙，陈岗
185	娇黄	蚊母树属	20190185	浙江森禾集团股份有限公司，杭州京可园林有限公司	20180329	2018.06.23	周正宝，王趣，刘丹丹，尹庆平，项美淑
186	京黄	白鹃梅属	20190186	北京市园林科学研究院	20180344	2018.06.30	王永格，王茂良，丛日晨，舒健骅，李子敬，孙宏彦
187	京绿	白鹃梅属	20190187	北京市园林科学研究院	20180345	2018.06.30	丛日晨，王茂良，王永格，任春生，常卫民，赵爽，赵润邯
188	星火	杜鹃花属	20190188	江苏省农业科学院	20180388	2018.07.10	苏家乐，刘晓青，何丽斯，肖政，李畅，邓衍明，孙晓波，齐香玉
189	闭月	杜鹃花属	20190189	江苏省农业科学院	20180389	2018.07.10	刘晓青，李畅，苏家乐，何丽斯，肖政，贾新平，孙晓波，陈尚平
190	蝶海	杜鹃花属	20190190	江苏省农业科学院	20180390	2018.07.10	何丽斯，刘晓青，肖政，苏家乐，李畅，陈尚平，周惠民，项立平
191	名贵红	李属	20190191	南京林业大学，丁明贵	20180404	2018.07.11	丁明贵，伊贤贵，赵瑞英，王贤荣，李文华，李蒙，段一凡，陈林，马荣红霞，李雪霞，朱淑霞，徐晓芃
192	龙韵	李属	20190192	滁州中樱生态农业科技有限公司，南京林业大学	20180406	2018.07.11	王宁，伊贤贵，司家朋，王贤荣，李蒙，段一凡，陈林，李雪霞，马雪红，朱淑霞
193	大棠芳玫	苹果属	20190193	青岛市农业科学研究院	20180429	2017.07.16	沙广利，张恋芬，葛红娟，孙吉禄，孙红涛，马荣群
194	锦绣红	苹果属	20190194	青岛市农业科学研究院	20180431	2017.07.16	沙广利，黄粤，葛红娟，邵永春，张翠玲，傅景敏
195	白富美	苹果属	20190195	青岛市农业科学研究院	20180432	2017.07.16	沙广利，马荣群，赵爱鸿，王芝云，邵永春，黄粤
196	大棠嫁靓	苹果属	20190196	青岛市农业科学研究院	20180433	2017.07.16	沙广利，黄粤，万述伟，张恋芬，赵爱鸿，王桂莲，傅景敏

(续表)

序号	品种名称	所属属(种)	品种权号	品种权人	申请号	申请日	培育人
197	向麟	苹果属	20190197	昌邑海棠苗木专业合作社、昌邑市林木种苗站	20180438	2018.07.19	王立辉、明建芹、郭光智、姚兴海、朱升祥、张兴涛、李姗、齐伟靖、王玉彬
198	矮魁	苹果属	20190198	昌邑海棠苗木专业合作社、昌邑市林木种苗站	20180439	2018.07.19	姚兴海、齐伟靖、张兴涛、王忠华、朱升祥、明建芹、王慧、王立辉
199	粉伴	苹果属	20190199	昌邑海棠苗木专业合作社、昌邑市林木种苗站	20180440	2018.07.19	朱升祥、姚兴海、李姗、郭光智、黄海、冯瑞廷、齐伟靖、王立辉、明建芹
200	科植3号	忍冬属	20190200	中国科学院植物研究所	20180455	2018.07.30	唐宁丹、白红彤、法丹丹、邢全、李慧	李霞、安玉来、孙雪琪、李慧、法丹丹
201	科植6号	忍冬属	20190201	中国科学院植物研究所	20180456	2018.07.30	白红彤、唐宁丹、李霞、邢全、尤洪伟、石雷	孙雪琪、姚洧、法丹丹
202	科植9号	忍冬属	20190202	中国科学院植物研究所	20180457	2018.07.30	白红彤、唐宁丹、孙雪琪、邢全、尤洪伟、石雷	李霞、安玉来、李慧、法丹丹
203	科植18号	忍冬属	20190203	中国科学院植物研究所	20180458	2018.07.30	白红彤、唐宁丹、李霞、孙雪琪、邢全、尤洪伟、石雷	姚洧、安玉来、法丹丹
204	龙橡3号	栎属	20190204	苏州淀洋生物科技有限公司	20180487	2018.08.27	陈洪锋、万晗啸、卞学飞	
205	龙橡7号	栎属	20190205	苏州淀洋生物科技有限公司、骏波	20180491	2018.08.27	陈洪锋、万晗啸、卞学飞	
206	龙橡8号	栎属	20190206	苏州淀洋生物科技有限公司	20180492	2018.08.27	陈洪锋、万晗啸、卞学飞	
207	龙橡10号	栎属	20190207	苏州淀洋生物科技有限公司	20180494	2018.08.27	陈洪锋、万晗啸、卞学飞	
208	赣彤1号	樟属	20190208	江西省科学院生物资源研究所	20180501	2018.08.28	余发新、钟永达、吴照祥、李彦强、刘立盘、杨爱红、刘淑娟、周华、孙小艳、肖亮、周燕玲、胡淼	
209	赣彤2号	樟属	20190209	江西省科学院生物资源研究所	20180502	2018.08.28	余发新、钟永达、吴照祥、李彦强、刘立盘、刘腾云、刘淑娟、周华、孙小艳、肖亮、周燕玲、胡淼、杨爱红	
210	千纸飞鹤	木兰属	20190210	上海市园林科学规划研究院、南召县林业局	20180504	2018.08.29	张浪、张冬梅、田彦、周虎、尹丽娟、徐功元、王庆民、有祥亮、张哲、余洲、朱涵琰、臧明杰、刘耀、罗丽红、王磊	
211	丹霞似火	木兰属	20190211	上海市园林科学规划研究院、南召县林业局	20180505	2018.08.29	方明祥、张冬梅、张浪、田彦、尹丽娟、周虎、王庆民、徐功元、田文晓、毛俊宽、杨谦、王建勋、王磊、靳三恒	
212	红玉映天	木兰属	20190212	上海市园林科学规划研究院、南召县林业局	20180506	2018.08.29	张浪、张冬梅、田彦、张哲、周虎、徐功元、张宏、田文晓、王庆民、仝炎、辛华	
213	二月增春	木兰属	20190213	上海市园林科学规划研究院、南召县林业局	20180507	2018.08.29	张冬梅、吕永钧、田彦、余洲、罗玉兰、罗大强、石大强、王良、徐功元、周虎、徐功竞、田文晓、申洁梅、谷永河	
214	蒙树3号杨	杨属	20190214	内蒙古和盛生态科技研究院有限公司	20180302	2018.06.09	朱之悌、赵泉胜、林惠斌、李天权、康向阳、田菊、铁英	

国家林业和草原局公告
2019 年第 14 号

根据《植物检疫条例》、《全国检疫性林业有害生物疫区管理办法》（林造发〔2018〕64 号）和《松材线虫病疫区和疫木管理办法》（林生发〔2018〕117 号）有关规定，现将我国 2019 年 1~8 月新发生的松材线虫病县级疫区公告如下：

浙江省：湖州市安吉县，衢州市柯城区、衢江区，台州市玉环市，丽水市云和县、庆元县、景宁县、龙泉市。

安徽省：芜湖市南陵县。

江西省：九江市修水县、永修县、瑞昌市，鹰潭市余江区，赣州市安远县、宁都县、瑞金市，吉安市青原区，宜春市袁州区、铜鼓县，抚州市资溪县，上饶市横峰县、弋阳县、余干县、鄱阳县、万年县。

山东省：济南市莱芜区，济宁市泗水县，日照市五莲县，临沂市莒南县。

湖北省：襄阳市樊城区，恩施土家族苗族自治州巴东县。

湖南省：长沙市望城区，株洲市石峰区，常德市临澧县，永州市江永县，怀化市中方县、沅陵县，娄底市娄星区。

广东省：肇庆市德庆县，汕尾市陆河县。

广西壮族自治区：南宁市青秀区，玉林市容县，崇左市龙州县。

重庆市：城口县。

四川省：南充市高坪区，巴中市通江县。

特此公告。

国家林业和草原局
2019 年 9 月 19 日

国家林业和草原局公告
2019 年第 15 号

按照国务院深化"放管服"改革的要求，进一步优化营商环境，根据《中华人民共和国行政许可法》《中华人民共和国野生动物保护法》《中华人民共和国野生植物保护条例》《国家林业局委托实施林业行政许可事项管理办法》（国家林业局令第 45 号）的规定，现将国家林业和草原局委托各省、自治区、直辖市林业和草原主管部门实施审批的野生动植物行政许可事项公告如下：

一、委托事项

（一）出口国家重点保护的或进出口国际公约限制进出口的陆生野生动物或其制品审批

1. 满足《濒危野生动植物种国际贸易公约》（以下简称《公约》）"商业性注册"定义（来源代码为 D）的附录 I 鳄目所有种（CROCODYLIA spp.）及其制品的进口、出口和再出口；

2. 满足《公约》"人工繁殖"定义（来源代码为 C）的附录 II 灵长目所有种（PRIMATES spp.）的生物学样品（如血、组织、DNA、细胞系和组织培养物、毛发、皮肤、分泌物、尿液、基质等）的进口、出口和再出口；

3.《公约》附录 II 物种的毛、羽毛、毛皮、皮张及其制品（如剥制标本、生态标本、皮包、皮鞋、皮衣、皮带、织物、头饰、乐器等）的进口和再出口，但非洲象（Loxodonta africana）、白犀指名亚种（Ceratotherium simum simum）、非洲狮（Panthera leo）、赛加羚羊属所有种（Saiga spp.）、麝属所有种（Moschus spp.）、熊科所有种（Ursidae spp.）、穿山甲属所有种（Manis spp.）、犀鸟科所有种（Bucerotidae spp.）、鸨科所有种（Otididae spp.）除外；

4.《公约》附录 III 物种及其制品的进口和再出口，满足《公约》"人工繁殖"定义（来源代码为 C）的附录 III 物种及其制品的出口。

（二）出口国家重点保护野生植物或进出口中国参加的国际公约限制进出口野生植物或其制品审批

1. 出口

《国家重点保护野生植物名录》（第一批）所列松茸、红松及其制品。

2. 进口

（1）黄檀属物种（Dalbergia spp.）、德米古夷苏木（Guibourtia demeusei）、佩莱古夷苏木（G. pellegriniana）和特氏古夷苏木（G. tessmannii）的制品；

（2）以参展为目的的《公约》附录 I、II、III 野生植物及其部分和衍生物；

（3）《公约》附录 III 植物及其部分和衍生物。

3. 再出口

《公约》附录 I、II、III 野生植物及其部分和衍生物。

4. 进口或出口

（1）人工培植所获的列入《公约》附录 II 的仙人掌科植物（CACTACEA spp.）、芦荟属植物（Aloe spp.）、大戟属肉质植物（Euphorbia spp.）、棒槌树属植物（Pachypodium spp.）、瓶子草属植物（Sarracenia spp.）、猪笼草属植物（Nepenthes spp.）、石斛属植物（Dendrobium spp.）、红豆杉属植物（Taxus spp.）及其部分和衍生物；

（2）人工培植所获的大花蕙兰（Cymbidium hybrid）、卡特兰属植物（Cattleya spp.）、文心兰属植物（Oncidium spp.）、蝴蝶兰属植物（Phalaenopsis spp.）、万代兰属植物（Vanda spp.）、酒瓶兰属植物（Beaucarnea spp.）、仙

客来属植物（Cyclamen spp.）、火地亚属植物（Hoodia spp.）、捕蝇草（Dionaea muscipula）、苏铁（Cycas revoluta）、鳞秕泽米铁（Zamia furfuracea）、天麻（Gastrodia elata）、金线兰（Anoectochilus roxburghii）、西洋参（Panax quinquefolius）、云木香（Saussurea costus）、皇后龙舌兰（Agave victoria-reginae）及其部分和衍生物。

（三）采集林业和草原主管部门管理的国家一级保护野生植物审批。

二、委托时间

委托时间为 2019 年 10 月 1 日至 2020 年 9 月 30 日。国家林业和草原局对其委托的行政许可事项可进行变更、中止或终止，将及时向社会公告。

三、承办机关名称、地址、联系方式

自 2019 年 10 月 1 日起，国家林业和草原局原则上不再受理本公告委托的行政许可事项，请符合本公告委托范围的申请人到注册地委托机关申办以上行政许可事项。承办机关名称、地址、联系方式见附件。

四、其他

自 2019 年 10 月 1 日起，申请人依据《国家林业局行政许可项目服务指南》（国家林业局公告 2016 年第 12 号，下载地址 http：//www.forestry.gov.cn/main/58/content-884989.html）审核办理上述行政许可事项。

特此公告。

附件：受托机关名称、地址、联系方式（略）

国家林业和草原局
2019 年 9 月 29 日

国家林业和草原局公告

2019 年第 16 号

为全面支持上海市举办"第二届中国国际进口博览会"（以下简称"进口博览会"），切实做好进口博览会服务保障工作，提高进口博览会濒危物种展品行政许可审批效率，现将国家林业和草原局（以下简称"国家林草局"）实施的陆生野生动植物进出口审批行政许可事项、中华人民共和国濒危物种进出口管理办公室（以下简称"国家濒管办"）实施的允许进出口证明书行政许可事项，分别授权给上海市林业局和国家濒管办上海办事处。现将有关事项公告如下：

一、适用对象

参加进口博览会的国内外展商。

二、授权范围和程序

（一）陆生野生动植物及其制品的进出口。进口或者再出口列入《濒危野生动植物种国际贸易公约》附录陆生野生动植物及其制品的，凭国家会展中心（上海）有限责任公司出具的参会证明，向上海市林业局申请准予行政许可决定书后，向国家濒管办上海办事处申请允许进出口证明书。

（二）水生野生动物及其制品的进出口。进口或者再出口列入《濒危野生动植物种国际贸易公约》附录水生野生动物及其制品的，取得农业农村部渔业渔政管理局行政许可批准文件后，向国家濒管办上海办事处申请允许进出口证明书。

三、授权时间

2019 年 10 月 1 日至 12 月 31 日。其间，国家林草局、国家濒管办不再受理本公告授权的行政许可事项。

四、申报途径

2019 年 10 月 1 日起，申请人通过"野生动植物进出口证书管理系统'单一窗口'标准版"（www.singlewindow.cn），向国家濒管办上海办事处申请允许进出口证明书。

五、联系方式

（略）

国家林业和草原局
国家濒管办
2019 年 9 月 30 日

国家林业和草原局公告

2019 年第 17 号

国家林业和草原局批准发布《长柄扁桃》等 98 项林业行业标准（见附件），自 2020 年 4 月 1 日起实施。

特此公告。

附件：《长柄扁桃》等 98 项林业行业标准目录

国家林业和草原局
2019 年 10 月 23 日

附件

《长柄扁桃》等98项林业行业标准目录

序号	标准编号	标准名称	代替标准号
1	LY/T 3085.1-2019	长柄扁桃 第1部分 采穗圃营建技术规程	
1	LY/T 3085.2-2019	长柄扁桃 第2部分 良种苗木繁育技术规程	
	LY/T 3085.3-2019	长柄扁桃 第3部分 丰产栽培技术规程	
2	LY/T 3086.1-2019	极小种群野生植物保护技术 第1部分 就地保护及生境修复技术规程	
	LY/T 3086.2-2019	极小种群野生植物保护技术 第2部分 迁地保护技术规程	
3	LY/T 3087-2019	红楠育苗技术规程	
4	LY/T 3088-2019	无患子播种育苗技术规程	
5	LY/T 3089-2019	冬青播种育苗技术规程	
6	LY/T 2311-2019	青钱柳育苗技术规程	LY/T 2311-2014
7	LY/T 3090-2019	阔叶箬竹无性繁殖育苗技术规程	
8	LY/T 3091-2019	火力楠育苗技术规程	
9	LY/T 3092-2019	木麻黄栽培技术规程	
10	LY/T 2131-2019	山核桃培育技术规程	LY/T 2131-2013
11	LY/T 3093-2019	林下种植白及技术规程	
12	LY/T 3094-2019	林下种植淫羊藿技术规程	
13	LY/T 1651-2019	松口蘑采收及保鲜技术规程	LY/T 1651-2005
14	LY/T 3095-2019	大棚冬枣养护管理技术规程	
15	LY/T 3096-2019	速冻山野菜	
16	LY/T 3097-2019	长江中下游滩地人工林生态系统监测指标与方法	
17	LY/T 3098-2019	长江中下游防护林工程效益监测与评价	
18	LY/T 3099-2019	主要商品热带兰花种苗栽培技术与质量等级	
19	LY/T 3100-2019	桉树枝瘿姬小蜂防控技术规程	
20	LY/T 3101-2019	林业有害生物代码	
21	LY/T 3102-2019	林业有害生物监测预报数据交换规范	
22	LY/T 3103-2019	云杉矮槲寄生害修枝防治技术规程	
23	LY/T 3104-2019	沟眶象和臭椿沟眶象防治技术规程	
24	LY/T 3105-2019	杨直角叶蜂防治技术规程	
25	LY/T 3106-2019	林木种子包装	
26	LY/T 3107-2019	柳树品种微卫星标记鉴别技术规程	
27	LY/T 3108-2019	棕榈藤植物标本制作规程	
28	LY/T 3109-2019	油用牡丹种子园建设技术规程	
29	LY/T 3110-2019	经济林产地环境抽样检测抽样技术规范	
30	LY/T 3111-2019	动物园陆生野生动物疫病防控技术通则	
31	LY/T 3112-2019	狐人工授精技术规程	
32	LY/T 3113-2019	东北虎野外种群及栖息地监测技术规程	
33	LY/T 3114-2019	松嫩平原迁徙白鹤种群保护技术规程	
34	LY/T 3115-2019	森林采伐工程 施工实施指南	
35	LY/T 3116-2019	中国森林认证 碳中和产品	
36	LY/T 3117-2019	中国森林认证 森林消防队建设	
37	LY/T 2279-2019	中国森林认证 野生动物饲养管理	LY/T 2279-2014

(续表)

序号	标准编号	标准名称	代替标准号
38	LY/T 3118-2019	中国森林认证 标识	
39	LY/T 3119-2019	植物新品种特异性、一致性和稳定性测试指南 刚竹属	
40	LY/T 3120-2019	植物新品种特异性、一致性、稳定性测试指南 女贞属	
41	LY/T 3121-2019	植物新品种特异性、一致性和稳定性测试指南 樟属	
42	LY/T 3122-2019	植物新品种特异性、一致性、稳定性测试指南 爬山虎属	
43	LY/T 3123-2019	植物新品种特异性、一致性、稳定性测试指南 金合欢属(叶状柄类)	
44	LY/T 3124-2019	植物新品种特异性、一致性、稳定性测试指南 箣竹属	
45	LY/T 3125-2019	林业企业能源审计规范	
46	LY/T 3126-2019	林业空间数据库建设框架	
47	LY/T 3127-2019	林业应用系统质量控制与测试	
48	LY/T 3128-2019	森林植物分类、调查与制图规范	
49	LY/T 3129-2019	森林土壤铜、锌、铁、锰全量的测定电感耦合等离子体发射光谱法	
50	LY/T 1509-2019	阔叶树原条	LY/T 1509-2008
51	LY/T 1794-2019	人造板用木片	LY/T 1794-2008
52	LY/T 3130-2019	木栈道铺装技术规程	
53	LY/T 3131-2019	木质拼花地板	
54	LY/T 3132-2019	木质移门	
55	LY/T 3133-2019	户外用水性木器涂料	
56	LY/T 3134-2019	室内木质隔声门	
57	LY/T 1925-2019	防腐木材产品标识	LY/T 1925-2010
58	LY/T 1822-2019	废弃木材循环利用规范	LY/T 1822-2009
59	LY/T 3135-2019	木材剩余物	
60	LY/T 3136-2019	旋切单板干燥质量检测方法	
61	LY/T 3137-2019	沉香产品通用技术要求	
62	LY/T 3138-2019	木质品耐光色牢度等级评定方法	
63	LY/T 3139-2019	建筑墙面用实木挂板	
64	LY/T 3140-2019	木结构 销类紧固件屈服弯矩试验方法	
65	LY/T 3141-2019	古建筑木构件安全性鉴定技术规范	
66	LY/T 3142-2019	井干式木结构技术标准	
67	LY/T 3143-2019	结构和室外用木质材料产品标识	
68	LY/T 3144-2019	结构用木材金属紧固件连接试验 试材密度要求	
69	LY/T 3145-2019	木结构——楼板、墙板和屋顶用承重板的性能规范和要求	
70	LY/T 3146-2019	结构材纵接性能的测试方法	
71	LY/T 3147-2019	室外木材用涂料(清漆和色漆)分类及耐候性能要求	
72	LY/T 3148-2019	木雕及其制品通用技术要求	
73	LY/T 3149-2019	软木制品 术语	
74	LY/T 1320-2019	软木纸	LY/T 1320-2010 LY/T 1321-2013
75	LY/T 3150-2019	鞋底用软木	
76	LY/T 3151-2019	皂荚皂苷	
77	LY/T 3152-2019	无患子皂苷	

(续表)

序号	标准编号	标准名称	代替标准号
78	LY/T 1324-2019	栲胶原料	LY/T 1324-2012 LY/T 1325-2012 LY/T 1326-2012 LY/T 2610-2016
79	LY/T 3153-2019	3,4,5-三甲氧基苯甲酸甲酯	
80	LY/T 3154-2019	气相光催化净化用活性炭	
81	LY/T 3155-2019	活性炭苯吸附率的测定	
82	LY/T 3156-2019	车内空气净化用活性炭	
83	LY/T 3157-2019	松脂化学组成分析方法 毛细管气相色谱法	
84	LY/T 3158-2019	木浆生产综合耗能	
85	LY/T 3159-2019	细木工板生产节能技术规范	
86	LY/T 3160-2019	单板干燥机节能监测方法	
87	LY/T 3161-2019	工业糠醛生产综合能耗	
88	LY/T 3162-2019	胶合板生产节能技术规范	
89	LY/T 3163-2019	浸渍纸层压木质地板生产线节能技术规范	
90	LY/T 3164-2019	竹木复合层积地板生产综合耗能	
91	LY/T 3165-2019	林业机械 便携式割灌机和割草机 发动机性能和燃油消耗	
92	LY/T 1667-2019	林业机械 驾驶员保护结构实验室试验和性能要求	LY/T 1667-2006
93	LY/T 3166-2019	林业机械 以内燃机为动力的山地单轨运输机	
94	LY/T 1933-2019	林业机械 自行式苗木移植机	LY/T 1933-2010
95	LY/T 3167-2019	园林机械 动力驱动的集料系统 安全	
96	LY/T 3168-2019	园林机械 以锂离子电池为动力源的配刚性切割装置的修边机	
97	LY/T 3169-2019	园林机械 以锂离子电池为动力源的手持式修枝链锯	
98	LY/T 3170-2019	园林机械 以锂离子电池为动力源的杆式绿篱修剪机	

国家林业和草原局公告

2019年第18号

国家林业和草原局决定成立国家公园和自然保护地标准化技术委员会、草原标准化技术委员会（见附件1、2），现予以公布。

特此公告。

附件：1. 第一届国家公园和自然保护地标准化技术委员会（NFGA/TC1）组成方案
2. 第一届草原标准化技术委员会（NFGA/TC2）组成方案

国家林业和草原局
2019年10月24日

附件1

第一届国家公园和自然保护地标准化技术委员会（NFGA/TC1）组成方案

国家公园和自然保护地标准化技术委员会编号为NFGA/TC1，主要负责国家公园和自然保护地领域标准制修订工作。

第一届国家公园和自然保护地标准化技术委员会由62名委员组成（委员名单见下表），秘书处由国家林业和草原局调查规划设计院承担，并负责日常管理，国家林业和草原局负责业务指导。

国家公园和自然保护地标准化技术委员会组成人员名单

序号	标委会职务	姓名	工作单位	职务/职称
1	主任委员	尹伟伦	北京林业大学	中国工程院院士
2	副主任委员	王志高	国家林草局保护地司	司长
3	副主任委员兼秘书长	唐小平	国家林草局调查规划设计院	副院长/教授级高工
4	副主任委员	杨 锐	清华大学建筑学院	系主任/教授
5	副秘书长	张云毅	国家林草局保护地司	处长
6	副秘书长	梁兵宽	国家林草局公园办	高级工程师
7	副秘书长	蒋亚芳	国家林草局调查规划设计院	副总工程师/高级工程师
8	委员	彭 蓉	国家林草局林产工业规划设计院	教授级高工
9	委员	孙鸿雁	国家林草局昆明勘察设计院	高级工程师
10	委员	王宏伟	中国林业工程协会	教授级高工
11	委员	宋 峰	北京大学	副教授
12	委员	崔国发	北京林业大学	教授
13	委员	张玉钧	北京林业大学	教授
14	委员	唐海萍	北京师范大学	教授
15	委员	石福臣	南开大学	教授
16	委员	吴承照	同济大学	教授
17	委员	周武忠	上海交通大学	教授
18	委员	周爱国	中国地质大学(武汉)	校长助理/教授
19	委员	孙庆业	安徽大学	教授
20	委员	杨 斌	西南林业大学	教授
21	委员	杨小波	海南大学	教授
22	委员	李俊生	中国环境科学研究院	研究员
23	委员	钟林生	中国科学院地理科学与资源研究所	副主任/研究员
24	委员	马有明	北京全景大观旅游规划设计研究院有限公司	院长
25	委员	郑娟尔	中国标准化研究院	研究员
26	委员	邓武功	中国城市规划设计研究院风景分院	高级工程师
27	委员	张同升	中国城市建设研究院有限公司世界遗产保护发展中心	主任/研究员
28	委员	马克明	中国科学院生态环境研究中心	研究员
29	委员	徐卫华	中国科学院生态环境研究中心	研究员
30	委员	任 海	中国科学院华南植物园	主任/研究员
31	委员	郭 柯	中国科学院植物研究所	研究员
32	委员	樊恩源	中国水产科学研究院	研究员
33	委员	余振国	中国自然资源经济研究院	主任/研究员
34	委员	赵志中	自然资源部地质调查局,中国地质科学院地质力学研究所	研究员
35	委员	陈 尚	自然资源部第一海洋研究所	研究员
36	委员	陈 彬	自然资源部第三海洋研究所	研究员
37	委员	张陕宁	东北虎豹国家公园管理局	副局长/高级工程师
38	委员	郭强辉	北京新智感科技有限公司	技术总监/副教授
39	委员	谭 靖	中国航天科工集团北京航天泰坦科技股份有限公司	研究员

(续表)

序号	标委会职务	姓名	工作单位	职务/职称
40	委员	杨丽	河北省林业调查规划设计院	教授级高工
41	委员	张书理	内蒙古自治区赤峰市林业局	正高级工程师
42	委员	李玉祥	辽宁省盘锦市湿地保护管理中心	主任/教授级高工
43	委员	陈国林	吉林省林业调查规划院	总工程师/研究员
44	委员	相西如	江苏省城市规划设计研究院	副总工程师/研究员级高工
45	委员	李鑫	浙江省城乡规划设计研究院	副所长/高级工程师
46	委员	杨顺良	福建海洋研究所	副所长/研究员
47	委员	赖荣福	福建省地质调查研究院	高级工程师
48	委员	汪源林	江西省世界自然遗产和风景名胜区管理中心	教授级高工
49	委员	王春平	河南省林业调查规划院	站长/高级工程师
50	委员	李彩林	湖南省建筑设计院有限公司	总规划师/研究员级高工
51	委员	李楠	深圳市仙湖植物园管理处、深圳市中国科学院、仙湖植物园	研究员
52	委员	胡慧建	广东省生物资源应用研究所	研究员
53	委员	谭伟福	广西壮族自治区林业勘测设计院	教授级高工
54	委员	杨更	四川省地质矿产勘查开发局区域地质调查队	正高级工程师
55	委员	冉景丞	贵州省野生动物和森林植物管理站	研究员
56	委员	华朝朗	云南省林业调查规划院	正高级工程师
57	委员	张胜邦	青海省野生动植物保护协会	研究员
58	委员	蔡新斌	新疆林业科学院	副研究员
59	委员	董霄	重庆林业规划设计院	科长/高级工程师
60	委员	金云峰	同济大学建筑与城市规划学院	教授
61	委员	王洪波	祁连山国家公园管理局（国家林草局西安专员办）	局长（专员）/教授级高工
62	委员	史建忠	中国林业工程建设协会	处长/教授级高工

附件2

第一届草原标准化技术委员会（NFGA/TC2）组成方案

草原标准化技术委员会编号为NFGA/TC2，主要负责草原领域标准制修订工作。

第一届草原标准化技术委员会由45名委员组成（委员名单见下表），秘书处由国家林业和草原局调查规划设计院承担，并负责日常管理，国家林业和草原局负责业务指导。

草原标准化技术委员会组成人员名单

序号	标委会职务	姓名	工作单位	职务/职称
1	主任委员	南志标	兰州大学	中国工程院院士
2	副主任委员	刘加文	国家林草局草原司	副司长
3	副主任委员兼秘书长	唐景全	国家林草局调查规划设计院	副院长/总工
4	副主任委员	侯扶江	兰州大学草地农业科技学院	院长/教授
5	副主任委员	师尚礼	甘肃农业大学草业学院	院长/教授
6	副主任委员	韩国栋	内蒙古农业大学草原与资源环境学院	教授
7	副秘书长	杨智	国家林草局草原司	处长

(续表)

序号	标委会职务	姓名	工作单位	职务/职称
8	副秘书长	李 云	国家林草局调查规划设计院	教授级高工
9	副秘书长	戎郁萍	中国草学会	教授
10	副秘书长	王 赟	中国农业科学院北京畜牧兽医研究所	研究员
11	副秘书长	周 俗	四川省草原科学研究院	副院长/研究员
12	委员	丰庆荣	国家林草局调查规划设计院	处长/高级工程师
13	委员	王德利	东北师范大学环境学院/草地科学研究所	院长/教授
14	委员	邓 波	中国草学会	教授
15	委员	毛培胜	中国农业大学资源与环境学院	教授
16	委员	张英俊	中国农业大学动物科技学院	副院长/教授
17	委员	玉 柱	中国农业大学草业科学与技术学院	教授
18	委员	白史且	四川省草原科学研究院	研究员
19	委员	白永飞	中国科学院植物研究所	二级研究员
20	委员	周道玮	中国科学院东北地理与农业生态研究所	研究员
21	委员	宛新荣	中国科学院动物研究所	副研究员
22	委员	樊江文	中国科学院地理科学与资源研究所	研究员
23	委员	汪诗平	中国科学院青藏高原研究所	研究员
24	委员	刘桂香	中国农业科学院草原研究所	处室主任/研究员
25	委员	李向林	中国农业科学院北京畜牧兽医研究所	研究员
26	委员	杨秀春	中国农业科学院农业资源与农业区划研究所	研究员
27	委员	杨青川	中国农业科学院北京畜牧兽医研究所	研究员
28	委员	张泽华	中国农业科学院植物保护研究所	研究员
29	委员	刘爱军	内蒙古自治区草原勘察规划院	院长/研究员
30	委员	李青丰	内蒙古农业大学草原与资源环境学院	教授
31	委员	高文渊	内蒙古自治区草原工作站	研究员
32	委员	张 林	内蒙古蒙草生态环境(集团)股份有限公司	高级工程师
33	委员	方国飞	国家林草局森林和草原病虫害防治总站	教授级高工
34	委员	陈 曦	辽宁省林业发展服务中心草原保护部	部长(正处级)/正高级畜牧师
35	委员	韩天虎	甘肃省草原技术推广总站	站长/研究员
36	委员	徐有学	青海省草原总站	研究员
37	委员	李卫军	新疆农业大学草业与环境科学学院	教授
38	委员	王普昶	贵州省草业研究所	研究员
39	委员	卢 琦	中国林业科学研究院沙漠林业实验中心	研究员
40	委员	董世魁	北京师范大学环境学院	教授
41	委员	韩烈保	北京林业大学林学院	教授
42	委员	纪宝明	北京林业大学林学院	教授
43	委员	孙 涛	国家林草局荒漠化监测中心	处长/教授级高工
44	委员	王 林	国家林草局生态监测评估中心	副处长/教授级高工
45	委员	孙宝宇	北京理加联合科技有限公司	总经理

国家林业和草原局公告

2019 年第 19 号

为贯彻落实国务院关于在自由贸易试验区开展"证照分离"改革全覆盖试点工作总体部署，按照《国务院关于在自由贸易试验区开展"证照分离"改革全覆盖试点的通知》（国发〔2019〕25号）要求，现将《"证照分离"改革全覆盖试点事项清单（中央层面设定，2019年版）》内由国家林业和草原局实施事项试点工作实施方案（见附件）予以公布。

特此公告。

附件：国家林业和草原局"证照分离"改革试点工作实施方案

国家林业和草原局
2019 年 11 月 28 日

附件

国家林业和草原局"证照分离"改革试点工作实施方案

为贯彻落实国务院关于在自由贸易试验区开展"证照分离"改革全覆盖试点工作总体部署，按照《国务院关于在自由贸易试验区开展"证照分离"改革全覆盖试点的通知》（国发〔2019〕25号）要求，制定本实施方案。

第一部分　实行告知承诺事项的实施方案

一、试点事项名称

国务院规定由国家林草局审批的国家重点保护陆生野生动物人工繁育许可证核发（已制定人工繁育技术标准的物种）。

二、试点范围

金丝猴类。

三、办理程序

试点事项办理适用简易程序，符合告知承诺具体要求的，当场作出审批决定。试点事项办理告知书和承诺书附后。

四、加强事中事后监管的具体措施

（一）人工繁育许可证核发后，结合申请人引进野生动物种源情况对其前期承诺内容是否属实进行核查。

（二）严格落实行业标准和规范要求，通过"双随机、一公开"监管、投诉举报专项检查，加强信用监管，对失信主体开展联合惩戒等，加大对申请人的监督检查力度。

（三）申请人人工繁育实际情况与承诺内容不符时，根据具体情况要求其限期整改或者依法撤销许可证。

（四）组织开展行业培训，发挥行业协会自律作用。

五、告知书

告知书文本如下：（略）

第二部分　实行优化服务事项的实施方案

第一项　林草种子（进出口）生产经营许可证核发

一、办理机构

国有林场和种苗管理司承办，国家林草局受理中心统一受理。

二、数量限制情况

无数量限制。

三、适用范围

在各自由贸易试验区内办理林草种子生产经营许可证（林草种子进出口类）。

四、申请材料

（一）林草种子生产经营许可证申请表。

（二）营业执照或者法人证书复印件、身份证件复印件；单位还应当提供章程。

（三）林草种子生产、加工、检验、储藏等设施和仪器设备的所有权或者使用权说明材料以及照片。

（四）林草种子生产、检验、加工、储藏等技术人员基本情况说明材料及劳动合同。

五、审批条件

（一）具有固定的林草种子生产经营场所。从事籽粒、果实等有性繁殖材料生产的，还应当具有晒场，无检疫性有害生物的生产地点或者县级以上人民政府林业和草原主管部门确定的采种林、草种田（基地）。

（二）具有林草种子生产经营所需的设施、设备。从事籽粒、果实等有性繁殖材料生产经营的，应当具有恒温培养箱、光照培养箱、干燥箱、扦样器、天平、电冰箱等检验仪器设备，种子烘干、风选、精选机等生产设备，以及符合种子贮藏标准的种子库；从事种植材料及穗条等无性繁殖材料生产经营的，应当具有游标卡尺、钢卷尺等检验仪器设备。

（三）具备1名以上林草相关专业中专以上学历、初级以上技术职称或者从事林草种子生产、检验、加工、储藏等相关工作3年以上的技术人员。

六、审批程序

申请—受理—审查—决定—送达。

七、审批时限

法定办理时限：20个工作日。

八、审批结果的形式及有效期限

审批结果的形式：林草种子生产经营许可证。

有效期限：5年。

九、收费依据及标准

不收费。

第二项 普及型国外引种试种苗圃资格认定

一、办理机构

生态保护修复司承办,国家林草局受理中心统一受理。

二、数量限制情况

无数量限制。

三、适用范围

在各自由贸易试验区内办理普及型国外引种试种苗圃资格。

四、申请材料

(一)普及型国外引种试种苗圃资格申请表。

(二)企业法人营业执照。

(三)苗圃地使用期限不少于3年和苗圃地示意图的说明材料。

(四)苗圃为独立苗圃,周围一定距离内无与所引种试种植物同科、同属的植物的说明材料。

(五)具有监测和除治有害生物的设施、设备的说明材料。

(六)具有围墙、防疫沟、防虫网等引种试种隔离条件以及温室进出入口缓冲隔离间和进出风口隔离控制装置的说明材料。

(七)具有可以监视种植区域的监控设备、危险品存放警示标志、苗圃进出入口具有车辆消毒池说明材料。

(八)隔离试种的管理措施和制度说明材料。

(九)具有专业的有害生物防治技术人员说明材料。

五、审批条件

(一)苗圃为独立、固定的苗圃,周围环境和隔离设施设备建设情况达到防止有害生物传播和及时有效进行除害处理的隔离种植要求,并通过生产、管理、科研、教学等单位专家的论证。

(二)苗圃周围一定距离内无与所引种试种植物同科、同属的植物。

(三)具有围墙、防疫沟、防虫网等必要的引种试种隔离条件。

(四)具有监控设备、危险物品存放警示标志、苗圃进出入口车辆消毒池、温室进出入口缓冲隔离间和进出风口隔离控制装置等设施设备。

(五)具有监测和除治有害生物的设施、设备。

(六)引种试种的管理措施和制度健全。

(七)配备有害生物防治检疫专业技术人员。

(八)苗圃地址与《林草种子生产经营许可证》生产地址一致。

(九)从事经营性引进种植的,应当具有进出口贸易资格的《林草种子生产经营许可证》。

(十)苗圃地使用权期限不少于3年。

六、审批程序

申请—受理—审查—决定—送达。

七、审批时限

法定办理时限:20个工作日。

八、审批结果的形式及有效期限

审批结果:普及型国外引种试种苗圃资格证书。

有效期限:3年。

九、收费依据及标准

不收费。

第三项 林草种子质量检验机构资质考核

一、办理机构

国有林场和种苗管理司承办,国家林草局受理中心统一受理。

二、数量限制情况

无数量限制。

三、适用范围

在各自由贸易试验区内办理林草种子质量检验机构资质考核。

四、申请材料

(一)国家林木种苗质量检验机构资质考核申请报告。

(二)计量认证资格材料。

(三)人员资质材料。

(四)仪器设备一览表。

五、许可条件

(一)人员条件:检验人员具有本科以上学历,技术负责人从事检验工作3年以上,并具有高级以上职称。

(二)基础设施:具有天平室、发芽室、软X射线室、净度分析室、标本室、贮藏室、准备室、档案室、生理生化室、水分测定室、遗传品质检测室、苗木检测室等。

(三)检测能力及设备配备:具备以下检测能力,并配备与其相适应的设备。

1. 全国造林绿化树种种苗品种鉴别;

2. 种子质量检测:种子净度、千粒重、发芽率、发芽势、生活力、优良度、含水量、病虫害感染程度等;

3. 苗木质量检测:苗龄、苗高、地径、根系、苗木综合控制指标等。

六、审批程序

申请—受理—审查—决定—送达。

七、审批时限

法定办理时限:20个工作日。

承诺办理时限:15个工作日。

八、审批结果的形式及有效期限

审批结果的形式:林木种苗质量检验机构资质证书。

有效期限:5年。

九、收费依据及标准

不收费。

第四项 林业质检机构资质认定

一、办理机构

科学技术司承办,国家林草局受理中心统一受理。

二、数量限制情况

有数量限制(按规划执行)。

三、适用范围

在各自由贸易试验区内办理林业质检机构资质认定。

四、申请材料

(一)林业质检机构申请书。

(二)可行性报告(包括行业现状、申请专业人员构成、仪器设备和设施、资质、资金来源、拟申请检验检测的产品及其标准、检验检测能力评估等）。

（三）计量认证证书。

五、审批条件

具备《国家林业产品质量监督检验检测机构基本条件》要求的机构与人员、仪器设备、设施与环境和质量体系等。

六、审批程序

申请—受理—审查—决定—送达。

七、审批时限

法定办理时限：20个工作日。

承诺办理时限：15个工作日。

八、审批结果的形式及有效期限

审批结果的形式：林业质检机构授权证书。

有效期限：5年。

九、收费依据及标准

不收费。

第五项　国务院规定由国家林草局审批的国家重点保护陆生野生动物人工繁育许可证核发（除已制定人工繁育技术标准的物种外）

一、办理机构

野生动植物保护司承办，国家林草局受理中心统一受理。

二、数量限制情况

无数量限制。

三、适用范围

在各自由贸易试验区内办理国务院规定由国家林草局审批的国家重点保护陆生野生动物人工繁育许可证（除已制定人工繁育技术标准的物种外）。

四、申请材料

（一）国家重点保护陆生野生动物人工繁育许可证申请表。

（二）繁育野生动物合法来源和系谱档案的材料。

（三）人工繁育固定场所使用权的材料。

（四）野生动物人工繁育、救治人员的技术能力材料。

（五）野生动物人工繁育的工作方案，包括野生动物饲料来源材料。

（六）人工繁育野生动物的场地、防逃逸设施、笼舍、隔离墙（网）等设计图纸和现场图片，及实际面积、规格、安全性的说明材料。

五、审批条件

（一）拟人工繁育的野生动物具有合法的来源，且符合国家保护野生动物的有关规定和履行国际公约、协定、协议要求。

（二）具备与其繁育目的、种类、发展规模相适应的场所、设施、技术，符合有关技术标准和防疫要求，不得虐待野生动物。具体为：（1）有适宜人工繁育野生动物的固定场所和必需的设施；（2）具备与人工繁育野生动物种类、数量相适应的人员和技术；（3）饲料来源有保证；（4）开展人工繁育的，应当使用人工繁育子代种源，建立物种系谱、繁育档案和个体数据。

（三）人工繁育外来野生动物的，具有相应的安全防逃逸设备设施和管理技术、应急预案。

六、审批程序

申请—受理—审查—决定—送达。

七、审批时限

法定办理时间：20个工作日。

承诺办理时限：15个工作日。

八、审批结果的形式及有效期限

审批结果的形式：国家重点保护陆生野生动物人工繁育许可证。

有效期限：无。

九、收费依据及标准

不收费。

国家林业和草原局公告

2019年第20号

为全面掌握我国林业有害生物状况，满足科学防治和生态保护的需要，我局部署开展了全国林业有害生物普查（以下简称"普查"）工作，目前普查工作已全面完成。现将普查情况公告如下：

一、基本情况

根据统计，本次普查共发现可对林木、种苗等林业植物及其产品造成危害的林业有害生物种类6179种，其中，昆虫类5030种，真菌类726种，细菌类21种，病毒类18种，线虫类6种，植原体类11种，鼠（兔）类52种，螨类76种，植物类239种。

二、外来林业有害生物发生情况

经普查，在我国发生的外来林业有害生物有45种，与2006年普查结果相比，本次普查新发现13种外来林业有害生物（具体种类名单见附件1）。

三、发生面积超过100万亩的林业有害生物种类

根据普查结果，发生面积超过100万亩的林业有害生物种类有58种（具体种类名单见附件2）。

四、危害等级划分

本次普查涉及的外来林业有害生物种类（45种）和发生面积超过100万亩的林业有害生物种类（58种）共99种（两类林业有害生物中有4种重复）。通过构建林业有害生物危害性评价体系，对99种林业有害生物进行危害性评价，并划分为4个危害等级。

一级危害性林业有害生物（1种）。松材线虫。

二级危害性林业有害生物（31种）。美国白蛾、光肩星天牛、苹果蠹蛾、桑天牛、纵坑切梢小蠹、红脂大小蠹、赤松梢斑螟、椰心叶甲、薇甘菊、桉树枝瘿姬小蜂、松褐天牛、中华鼢鼠、锈色棕榈象、枣实蝇、茶藨生柱锈菌（五针松疱锈病）、双钩异翅长蠹、高原鼢鼠、扶桑绵粉蚧、棕背䶄、松突圆蚧、小圆胸小蠹、高原鼠兔、青杨楔天牛、松树蜂、春尺蠖、红背䶄、悬铃木方翅网蝽、聚生小穴壳（枝干溃疡病）、杨褐盘二孢（杨黑

斑病）、杨盘二孢（杨黑斑病）、栗山天牛。

三级危害性林业有害生物（37种）。多斑白条天牛、兴安落叶松鞘蛾、盘长孢状刺盘孢（林木炭疽病）、围小丛壳（林木炭疽病）、污黑腐皮壳（杨树烂皮病）、落叶松葡萄座腔菌（落叶松枯梢病）、黄脊竹蝗、子午沙鼠、红火蚁、草兔、甘肃鼢鼠、紫茎泽兰、萧氏松茎象、云南松梢小蠹、云南松毛虫、马尾松毛虫、猪毛菜内丝白粉菌（梭梭白粉病）、舞毒蛾、落叶松毛虫、日本松干蚧、椰子织蛾、苹果绵蚜、湿地松粉蚧、大沙鼠、杨小舟蛾、蜀柏毒蛾、葛、模毒蛾、杨扇舟蛾、榆紫叶甲、黄褐天幕毛虫、落叶松球蚜、日本落叶松球腔菌（落叶松落叶病）、刚竹毒蛾、松针座盘孢（松针褐斑病）、蔗扁蛾、杨树花叶病毒。

四级危害性林业有害生物（30种）。七角星蜡蚧、刺槐突瓣细蛾、热带拂粉蚧、木瓜秀粉蚧、双钩巢粉虱、日本鞘瘿蚊、飞机草、枯斑拟盘多毛孢（松柏赤枯病）、散斑壳（松落针病）、枣叶瘿蚊、柳毒蛾、红柳粗角萤叶甲、达乌尔黄鼠、大林姬鼠、朱砂叶螨、长尾仓鼠、曲纹紫灰蝶、凤眼莲、西花蓟马、美洲斑潜蝇、刺槐叶瘿蚊、水椰八角铁甲、刺桐姬小蜂、褐纹甘蔗象、加拿大一枝黄花、大米草、茶藨子透翅蛾、温室粉虱、长爪沙鼠、云杉散斑壳（云杉落针病）。

特此公告。

附件：1. 我国主要外来林业有害生物名单
　　　2. 发生面积超过100万亩的林业有害生物名单

国家林业和草原局
2019年12月12日

附件1

我国主要外来林业有害生物名单
（共45种）

一、2006年以来发现的外来林业有害生物（13种）

枣实蝇 *Carpomyia vesuviana*
七角星蜡蚧 *Ceroplastes stellifer*
刺槐突瓣细蛾 *Chrysaster ostensackenella*
悬铃木方翅网蝽 *Corythucha ciliata*
小圆胸小蠹 *Euwallacea fornicatus*
热带拂粉蚧 *Ferrisia malvastra*
桉树枝瘿姬小蜂 *Leptocybe invasa*
椰子织蛾 *Opisina arenosella*
木瓜秀粉蚧 *Paracoccus marginatus*
双钩巢粉虱 *Paraleyrodes pseudonaranjae*
扶桑绵粉蚧 *Phenacoccus solenopsis*
松树蜂 *Sirex noctilio*
日本鞘瘿蚊 *Thecodiplosis japonensis*

二、2006年以前发现的外来林业有害生物（32种）

落叶松葡萄座腔菌（落叶松枯梢病）*Botryosphaeria laricina*
椰心叶甲 *Brontispa longissima*
松材线虫 *Bursaphelenchus xylophilus*
曲纹紫灰蝶 *Chilades pandava*
茶藨生柱锈菌（五针松疱锈病）*Cronartium ribicola*
苹果蠹蛾 *Cydia pomonella*
红脂大小蠹 *Dendroctonus valens*
水葫芦 *Eichhornia crassipes*
苹果绵蚜 *Eriosoma lanigerum*
紫茎泽兰 *Eupatorium adenophorum*
飞机草 *Eupatorium odoratum*
西花蓟马 *Frankliniella occidentalis*
松突圆蚧 *Hemiberlesia pitysophila*
双钩异翅长蠹 *Heterobostrychus aequalis*
美国白蛾 *Hyphantria cunea*
松针座盘孢菌（松针褐斑病）*Lecanosticta acicola*
美洲斑潜蝇 *Liriomyza sativae*
日本松干蚧 *Matsucoccus matsumurae*
薇甘菊 *Mikania micrantha*
刺槐叶瘿蚊 *Obolodiplosis robiniae*
水椰八角铁甲 *Octodonta nipae*
蔗扁蛾 *Opogona sacchari*
湿地松粉蚧 *Oracella acuta*
杨树花叶病毒 *Poplar mosaic Virus*
刺桐姬小蜂 *Quadrastichus erythrinae*
褐纹甘蔗象 *Rhabdoscelus lineaticollis*
锈色棕榈象 *Rhynchophorus ferrugineus*
红火蚁 *Solenopsis invicta*
加拿大一枝黄花 *Solidago Canadensis*
大米草 *Spartina anglica*
茶藨子透翅蛾 *Synanthedon tipuliformis*
温室粉虱 *Trialeurodes vaporariorum*

附件2

发生面积超过100万亩的林业有害生物名单
（共58种）

紫茎泽兰 *Eupatorium adenophorum*
美国白蛾 *Hyphantria cunea*
马尾松毛虫 *Dendrolimus punctata punctata*
春尺蠖 *Apocheima cinerarius*

棕背䶄 Clethrionomys rufocanus
松褐天牛 Monochamus alternatus
松突圆蚧 Hemiberlesia pitysophila
大沙鼠 Rhombomys opimus
舞毒蛾 Lymantria dispar
中华鼢鼠 Myospalax fontanierii
草兔 Lepus capensis
杨小舟蛾 Micromelalopha sieversi
蜀柏毒蛾 Parocneria orienta
红背䶄 Clethrionomys rutilus
栗山天牛 Massicus raddei
葛 Pueraria lobata
模毒蛾 Lymantria monacha
高原鼢鼠 Myospalax baileyi
杨褐盘二孢(杨黑斑病) Marssonina brunnea
甘肃鼢鼠 Myospalax cansus
子午沙鼠 Meriones meridianus
落叶松毛虫 Dendrolimus superans
污黑腐皮壳(杨树烂皮病) Valsa sordida
赤松梢斑螟 Dioryctria sylvestrella
杨扇舟蛾 Clostera anachoreta
聚生小穴壳(枝干溃疡病) Dothiorella gregaria
青杨楔天牛 Saperda populnea
枯斑拟盘多毛孢(松柏赤枯病) Pestalotiopsis funerea
云南松毛虫 Dendrolimus grisea
黄脊竹蝗 Ceracris kiangsu
光肩星天牛 Anoplophora glabripennis
长爪沙鼠 Meriones uniculatus
杨盘二孢(杨黑斑病) Marssonina populi
榆紫叶甲 Ambrostoma quadriimpressum
黄褐天幕毛虫 Malacosoma neustria testacea
猪毛菜内丝白粉菌(梭梭白粉病) Leveillula saxaouli
散斑壳(松落针病) Lophodermium spp.
桑天牛 Apriona germari
高原鼠兔 Ochotona curzoniae
围小丛壳(林木炭疽病) Glomerella cingulata
落叶松球蚜 Adelges laricis
兴安落叶松鞘蛾 Coleophora obducta
纵坑切梢小蠹 Tomicus piniperda
枣叶瘿蚊 Dasineura datifolia
柳毒蛾 Leucoma salicis
红柳粗角萤叶甲 Diorhabda carinulata
盘长孢状刺盘孢(林木炭疽病) Colletotrichum gloeosporioides
达乌尔黄鼠 Spermophilus dauricus
云南松梢小蠹 Tomicus yunnanensis
日本落叶松球腔菌(落叶松落叶病) Mycosphaerella larici-leptolepis
大林姬鼠 Apodemus speciosus
萧氏松茎象 Hylobitelus xiaoi
朱砂叶螨 Tetranychus cinnabarinus
刚竹毒蛾 Pantana phyllostachysae
云杉散斑壳(云杉落针病) Lophodermium piceae
松材线虫 Bursaphelenchus xylophilus
长尾仓鼠 Cricetulus longicandatus
多斑白条天牛 Batocera horsfieldi

国家林业和草原局公告

2019 年第 21 号

根据我局公告取消的证明事项情况，对《国家林业局关于进一步加强麝类资源保护管理工作的通知》（林护发〔2003〕30号）等4个文件作如下修改。

一、《国家林业局关于进一步加强麝类资源保护管理工作的通知》（林护发〔2003〕30号）

将"三、禁止将天然麝香用于除药用以外的其他商品的生产，加强对利用库存及人工繁育来源的天然麝香制药的管理。因生产重要药品需要利用库存的或人工繁育来源的天然麝香的，必须由生产企业提出申请，说明药品种类、生产计划和需要天然麝香的数量及来源，并附国家药品生产主管部门的审核意见，报我局审批"修改为"三、禁止将天然麝香用于除药用以外的其他商品的生产，加强对利用库存及人工繁育来源的天然麝香制药的管理。因生产重要药品需要利用库存的或人工繁育来源的天然麝香的，必须由具备相应药品生产资质的企业提出申请，说明药品种类、生产计划和需要天然麝香的数量及来源，按程序进行审批"。

二、中华人民共和国濒危物种进出口管理办公室公告 2004 年第 2 号

删除附件《中华人民共和国濒危物种进出口管理办公室行政许可事项公示内容》"第二项 非进出口野生动植物种商品目录物种证明核发。四、条件（二）申请人需提交的材料"中的"4. 海关证明文件。再出口与我国《国家重点保护野生植物名录》《国家重点保护野生动物名录》中同名物种的标本的，需提供加盖申请人公章（个人拥有所有权的情况除外）的原海关进口货物报关单原件"。

三、《国家林业局关于加强临时占用林地监督管理的通知》（林资发〔2015〕121号）

删除"三、切实加强对临时占用林地的审批管理"中的"对于依法设立安全保护区按临时用地办理手续的特殊占地（如石油、天然气管道建设项目），需要提供有关规定要求的补偿协议或证明。对于不可恢复林业生产条件的，用地单位或者个人要按永久使用林地补偿标准支付补偿。"

四、《国家林业局关于印发〈建设项目使用林地审核审批管理规范〉和〈使用林地申请表〉、〈使用林地现场查验表〉的通知》（林资发〔2015〕122号）

（一）删除附件1《建设项目使用林地审核审批管理规范》"二、建设项目申请材料"中的"（二）林地证明材料1.没有权属证书的林地或者政府统一征地的,可以由县级人民政府林业主管部门出具林地权属证书明细表,或者由县级人民政府林业主管部门依据经批准的县级林地保护利用规划出具林地证明。其中,出具林地权属证书明细表的,有关林地权属证书应在县级人民政府林业主管部门存档;出具林地证明的,国有林地应当明确到具体的经营单位,集体林地应当明确到具体的村(组)。2.拟使用林地存在争议尚未依法解决的,应当提供县级以上人民政府出具的关于争议林地基本情况、争议林地补偿费用处置情况的证明材料。"

(二)将附件1《建设项目使用林地审核审批管理规范》"二、建设项目申请材料"中的"(三)使用林地可行性报告或者林地现状调查表"修改为"(二)使用林地可行性报告或者林地现状调查表";将"(四)其他材料"修改为"(三)其他材料";将"(五)申请材料要求"修改为"(四)申请材料要求"。

(三)删除附件1《建设项目使用林地审核审批管理规范》"四、建设项目使用林地审核审批的管理(五)"中的",以及用地单位与被临时占用林地的单位、农村集体经济组织或者个人新签订的使用林地补偿协议或者其他补偿证明材料"。

(四)将附件1《建设项目使用林地审核审批管理规范》中的"四、建设项目使用林地审核审批的管理(十)"中的"有林业调查规划设计资质的单位"修改为"编制单位"。

特此公告。

国家林业和草原局
2019年12月19日

中国林业和草原概述

02

2019年的中国林业和草原

一年来，全国林草系统认真学习贯彻习近平新时代中国特色社会主义思想，按照党中央、国务院的决策部署，认真履职尽责，积极担当作为，各项工作均取得明显成效。

造林绿化 召开全国绿化委员会全体会议，韩正副总理出席会议并讲话。新增"互联网+全民义务植树"试点省份5个，建立首批国家义务植树基地26个。安排年度退耕还林还草任务80.33万公顷；国务院批准贫困地区退耕还林还草规模扩大138万公顷。启动河北坝上植树造林项目，新建2个百万亩防护林基地。出台新形势下全面加强森林经营、推进种苗事业高质量发展的意见，森林质量精准提升示范项目、规模化林场建设稳步实施。认定首批国家森林乡村7500多个，新增国家森林城市28个。启动退化草原人工种草生态保护修复试点。全国共完成造林706.67万公顷、森林抚育760万公顷，建设国家储备林66.67万公顷以上；种草改良草原314.67万公顷；新增沙化土地封禁保护面积8万公顷，治理沙化土地226万公顷，完成石漠化综合治理24.73万公顷。

资源保护 中办、国办印发《天然林保护修复制度方案》，安排停伐补助的非国有天然商品林面积扩大到1446.67万公顷。探索实施林长制改革的省份扩大到21个。森林草原防火工作全面加强，对东北、内蒙古重点国有林区实行进驻式防火督查，全国林草火灾次数和损失保持较低水平。完成2015~2017年重大林业有害生物防控目标责任考核，出台《松材线虫病生态灾害督办追责办法》，森林和草原有害生物防治面积达1880万公顷。恢复退化湿地7.33万公顷，湿地保护率提高到52.19%。森林督查通过运用新技术实现全覆盖，开展"绿卫2019"等系列执法行动，查处林草行政案件13.56万起。

资源管理 规范风电场项目建设使用林地。完成第九次全国森林资源清查、重点国有林区二类调查和森林资源管理"一张图"年度更新。启动第一次全国林草种质资源普查与收集试点，确定一批林草品种试验站。编制红树林保护修复专项行动计划，出台《国家重要湿地名录认定和发布规定》。完成省级政府"十三五"防沙治沙目标责任中期督查，启动第六次荒漠化和沙化监测。加强大熊猫、虎、豹野外种群及栖息地保护管理，规范外来陆生野生动物野外放生行为和重点保护野生植物采集管理。有效应对10次沙尘天气，野猪非洲猪瘟等野生动物疫情得到妥善处置。

林草事业改革 国有林区改革取得重大突破，中组部、中央编办印发通知，明确健全重点国有林区森林资源管理体制有关重大事项；各森工集团行政职能移交工作全部完成；大兴安岭林业集团公司直管改革正式启动。国有林场改革任务全面完成并通过国家验收。集体林权制度改革进一步深化，新型经营主体达27.87万个，经营发展水平稳步提升。起草草原保护修复意见和国有草原资源有偿使用制度改革方案。林草"放管服"改革不断深化，出台林木采伐便民服务新举措，优化海南自贸试验区野生动植物进出口审批，"证照分离"改革深入推进。

自然保护地体系建设 中办、国办印发《关于建立以国家公园为主体的自然保护地体系的指导意见》，开展示范省建设。自然保护地转隶工作基本完成。拟定自然保护区范围及功能分区优化调整政策，启动自然保护地优化整合试点。印发自然保护地勘界立标工作规范，开展人类活动遥感监测和实地核查，对监测发现问题及内蒙古图牧吉、安徽扬子鳄等国家级自然保护区存在问题进行督查整改，黄渤海候鸟栖息地一期列入世界自然遗产名录，新增世界地质公园2处、国家地质公园8处。

国家公园试点 开展国家公园体制试点第三方评估。编制国家公园设立标准和空间布局方案，提出国家公园管理机构设置意见。海南热带雨林国家公园体制试点正式启动，三江源国家公园总体规划获得批准。东北虎豹、祁连山、大熊猫、海南热带雨林国家公园建立局省协调机制，并完成总体规划编制。各试点国家公园自然资源所有权边界划定和确权登记工作基本完成，生态保护修复积极推进。初步搭建自然资源和生态系统监测平台。青海省将森林公安整体转为国家公园警察，实现国家公园统一执法。

产业发展和生态扶贫 印发促进林草产业高质量发展的指导意见，与阿里巴巴签署促进林业产业发展合作协议。开展国家森林康养基地建设工作。认定国家林下经济示范基地176个、林特类特色农产品优势区10个、国家林业重点龙头企业141家、首批森林生态标志产品52款，公布3条国家森林步道。全国林业产业总产值达到7.56万亿元，进出口贸易额达到1600亿美元，经济林面积超过4000万公顷，生态旅游突破18亿人次。累计选聘生态护林员近100万名，带动300多万贫困人口稳定增收或脱贫。为国家林草局定点扶贫县协调产业扶贫项目10个，安排科技扶贫项目20个，募集扶贫资金1656万元，荔波、独山两县脱贫摘帽。

林草事业发展 召开关注森林20周年总结表彰大会，完成70周年林草成就展。开展"绿水青山看中国"系列宣传活动，中国林业网连续7年荣获"中国最具影响力党务政务网站"。全年各大媒体刊载林草新闻近3万条(次)，比上年增长20%。推出《秘境之眼》《那时风华》《生态文明建设文库》等优秀作品，《绿色脊梁上的坚守——新时期中国林草业"时代楷模"先进事迹》入选国家主题出版规划。评比表彰一批先进集体和个人，八步沙林场"六老汉"三代人治沙造林先进群体入选中宣部"时代楷模"。舆情监测进一步强化，热点敏感问题得到妥善处理。

国际交流合作　习近平总书记出席 2019 北京世园会开幕式并发表重要讲话，分别为第七届库布其国际沙漠论坛、第一届国家公园论坛发去贺信。自然保护地、虎豹跨境保护等内容纳入党和国家领导人外交活动及成果文件，与俄罗斯、奥地利、丹麦启动新的大熊猫保护合作研究项目。成功申请 2021 年在华举办《湿地公约》缔约方大会，《联合国森林文书》履约示范单位增加到 14 个。新签署 6 个双边合作协议。国际竹藤组织和亚太森林组织影响力持续提升，在华设立全球森林资金网络办公室取得新进展。积极参与全球打击野生动植物非法贸易和木材非法采伐。实施援外培训项目 30 个。全年利用国际金融组织贷款约 13 亿美元。

支撑保障能力　森林法修订通过全国人大常委会审议，湿地保护法建议稿已报送全国人大环资委，自然保护地、国家公园立法及草原法修订稳步推进。落实中央资金 1371.3 亿元。国家储备林等政策性、开发性贷款新增 212 亿元。中国绿化基金会、中国绿色碳汇基金会募资超过 3 亿元。修订林业草原统计综合报表制度，出台内部审计工作规定。启动山水林田湖草系统治理重大战略规划等重大课题研究，6 个项目获国家重点支持，4 项成果获国家科技进步二等奖。新建长期科研基地 50 个、工程技术研究中心 10 个、科技示范园区 1 个、国家创新联盟 139 个，草原生态站发展布局初步完成。重点推广科技成果 100 项，发布行业标准 98 项，授权植物新品种 439 件。金林工程、智慧林草全周期示范建设、重点政务信息化项目加快实施，森林资源智慧监测和数字化管理平台实现升级，自然保护区监督管理平台启动运行。各级林业站机构 2.56 万个、人员 10.9 万人，新增标准化林业站 461 个。

党的建设　坚持把党的政治建设贯彻始终。扎实开展"不忘初心、牢记使命"主题教育并取得明显成效。实行台账管理和督查员制度，确保习近平总书记重要指示批示全面落实。开展全面从严治党制度执行专项整治，进一步扎紧织密制度笼子。党建工作考核实现全覆盖，基层党组织标准化规范化建设深入推进。开展国家林草局党组新一轮巡视，强化监督执纪问责，党员干部纪律规矩意识进一步增强。严格执行中央八项规定精神，坚决整治形式主义、官僚主义，大幅精简会议、文件和检查考核事项，全面清理规范"一票否决"和签订责任状事项，减轻基层负担，林草系统党风政风行风持续好转。干部和人才队伍建设不断加强，全年培训干部 2.7 万人次，创历史新高；出台激励科技创新若干措施，公布第一批林草科技创新人才和团队。提前深入谋划事业单位改革。老干部工作和工青妇工作积极推进，为林草事业发展凝聚更多智慧和力量。　　（韩建伟）

林草重点工程

03

天然林资源保护工程

【综述】 2019年是中国天然林保护工作具有里程碑意义的一年。1月23日,习近平总书记主持召开中央全面深化改革委员会第六次会议,审议通过《天然林保护修复制度方案》,7月12日,中央办公厅、国务院办公厅印发《天然林保护修复制度方案》,标志着中国天然林保护已从周期性、区域性的工程措施转变为长期性、全面性的公益事业,天然林保护迈入全面保护修复的新征程。

2019年,中央财政投入天然林保护资金480亿元,占全年中央林业和草原总投资的40%左右。天保工程各项任务稳步推进,为改善生态环境、推动精准扶贫作出了积极贡献。

(徐 鹏)

【天然林保护各项工作】

完成天保工程二期各项任务 天保工程区17个省(区、市)、20个省级单位进一步强化天然林有效管护,森林管护面积达1.15亿公顷,国有林业企业职工管护人员达20多万人,并形成一套有效的森林管护责任制。全年完成公益林建设任务32.47万公顷,其中人工造林9.4万公顷、飞播造林3.8万公顷、封山育林19.27万公顷;完成中幼龄林抚育194.4万公顷,后备森林资源培育14.4万公顷。天保工程区职工个人信息档案基本建立,50多万人实现长期稳定就业,基本养老和医疗保险实现全覆盖,参保率达95%以上。天保工程在精准扶贫方面的作用进一步显现,在森林管护、公益林建设、森林抚育等建设任务方面优先安排贫困户参加,在任务、资金安排上向贫困地区倾斜。

全面停止天然林商业性采伐 "十三五"以来,全国范围取消天然林商业性采伐指标。中央财政对国有天然林停伐参照停伐木材产量和天然商品林面积等因素给予停伐补助,对集体和个人所有天然林实行停伐管护费补助政策,标准参照集体所有国家级公益林生态效益补偿标准。2019年,各实施单位按照"四到省"(目标、任务、资金、责任到省)原则,层层落实责任,巩固停伐成果,确保停得住、管得住、稳得住。全国国有天然商品林都纳入停伐补助政策,集体和个人所有天然商品林停伐管护补助已扩大到全国,新纳入天然林保护政策覆盖范围的天然商品林面积近1800万公顷,其中国有天然林353.33万公顷,集体和个人所有天然商品林1446.67公顷。

贯彻落实《天然林保护修复制度方案》 7月12日,中央办公厅、国务院办公厅印发《天然林保护修复制度方案》后,国家林草局及时召开国新办专题新闻发布会,解读《天然林保护修复制度方案》,印发《天然林保护修复制度方案》局内分工方案,成立局天然林保护修复工作领导小组,召开全国天保办主任会议,并主动沟通国家发展改革委、财政部、司法部、人社部、自然资源部等部门。天保办还与中国林科院、国家林草局内有关司局单位多次召开座谈会,研究部署《天然林保护修复制度方案》贯彻落实工作,形成推进合力。同时,全面调度了解各地林草主管部门贯彻落实情况和天保管理工作情况,各省(区、市)党委和政府主要负责同志对贯彻落实中办、国办出台的《天然林保护修复制度方案》均有批示。

天然林保护管理机制 一是天然林保护立法取得新进展。面临天然林保护的新形势、新要求,以修订《森林法》为契机,积极协调相关单位修改完善天然林保护内容。新《森林法》明确规定:国家实行天然林全面保护制度,严格限制天然林采伐,加强天然林管护能力建设,保护和修复天然林资源,逐步提高天然林生态功能。具体办法由国务院规定。与此同时,进一步加大制定《天然林保护条例》推进力度,在系统总结20多年来中国天然林保护成效和经验,对天然林保护立法重大问题开展研究的基础上,5月赴湖北等地进行天然林保护立法专题调研;9月在湖南长沙召开天然林保护立法工作专家座谈会;11月由天保办主要领导带队,赴司法部等有关部门,沟通协调立法工作,形成争取将条例列入国务院立法计划项目的有利条件;11月底国家林草局办公室已报请列入国务院2020年立法计划。二是天然林保护管理制度化建设日趋完善。启动天然林保护"十四五"规划编制工作,组织起草和修订《天然林保护修复年度核查办法(试行)》《天然林管护办法》《天然林修复办法》《公益林管护办法》等规范性文件。三是加强天然林管护能力建设。组织起草《智能化管护(无人机)技术巡护天然林应用推广工作方案》《天然林分布区划工作方案》以及智能(无人机)管护技术规范标准草案等,并积极在国有林区开展智能化管护推广工作。

提高各项补助标准 在大量调查研究的基础上,积极协调相关部门,推动实现中央财政连续提高相关补助标准。对集体和个人所有天然林比照国家公益林生态效益补偿标准每年每公顷给予225元管护费补助,2019年提高到每年每公顷240元;天保工程社保缴费基数补助标准由2013年各地社会职工平均工资的80%提高到2016年社会职工平均工资的80%。天保工程公益林建设等造林补助标准也得到较大幅度提高。天然林保护资金支持力度的增加,有效提高了工程建设水平,促进了职工工资增长。

天保工程各项宣传活动 《天然林保护修复制度方案》印发后,天保办及时配合《人民日报》《光明日报》《经济日报》《解放军报》、新华社、新华网、央视网等多家主流媒体对中办、国办《天然林保护修复制度方案》进行专题报道,并配合国务院新闻办召开《天然林保护修复制度方案》新闻发布会,对制度方案进行权威解读。"两会"期间,天保办在《中国绿色时报》刊发"天保工程:保护中国森林资源精华"主题专版。在庆祝新中国成立 70 周年期间，天保办与国家林草局政府网合作，制作《绿色发展 70 年》天保专题，并积极参加"绿水青山看中国·网络视频展播"和"新中国成立 70 周年林业和草原成就专题片网络展播"，天保办报送的 3 个作品获得优秀奖。2019 年底，全国林业和草原工作会议期间，天保办制作 2020 年专版，对天然林保护的任务完成情况、主要举措和建设成效进行全面宣传报道。同时，与《中国林业》杂志合作，制作天保主题专栏。出版发行《绿水青山看中国——天然林保护 20 周年采风散记》。

天然林保护信息化建设 完善更新天然林保护业务应用系统。对人员和核查等系统的界面及数据进行维护升级和分析更新，确保数据库逻辑合理、数据准确。扩展信息化在天然林保护管理中的运用。开展天保核查子系统建设和应用相关工作，对核查相关表格指标、报送界面、层级及结构进行设定，并将核查信息化作为天保核查工作的重要一环。加强信息系统网络安全管理工作。开展天然林保护业务应用系统网络安全等级保护工作，增强系统数据库用户访问的口令限制，并做好系统漏洞的补丁安装，以确保系统数据的安全。（徐　鹏）

【天然林保护成效】 天然林保护的持续有效实施，使全国天然林面积、蓄积量不断增加，质量不断提升，生态功能不断增强。取得了巨大的生态、经济、社会效益，成为生态文明建设有力支撑，为实现美丽中国和中华民族永续发展奠定了坚实的生态基础。

全国天然林资源恢复性增长持续加快 全国森林资源清查结果表明，近 5 年中国天然林面积净增 593 万公顷、蓄积量净增 13.75 亿立方米，增速明显。据部分省（区）公布的第九次森林资源清查结果显示，以天保工程两个省级实施单位龙江森工集团和大兴安岭林业集团为例。与第八次森林资源清查结果对比，龙江森工集团森林覆盖率 81.16%，提高 1.15 个百分点；天然林面积 766 万公顷，增加 9 万公顷；天然林蓄积量 80 009 万立方米，增加 7937 万立方米。同样与第八次森林资源清查结果对比，大兴安岭林业集团公司森林覆盖率 81.35%，提高 2.99 个百分点；天然林面积 662 万公顷，增加 27 万公顷；天然林蓄积量 54 038 万立方米，增加 3786 万立方米。

森林蓄水保土能力显著增强 全国范围通过保护天然林，森林蓄水保土能力显著增强，水土流失逐年减少，有效降低三峡、小浪底等重点水利枢纽工程泥沙淤积量。

2019 年，全国森林年涵养水源量已达 6289.50 亿立方米，年固土量 87.48 亿吨。据河南省花园口水文站监测，2016 年黄河含沙量比 2000 年减少 90%。据第五次荒漠化沙化土地状况公报，2016 年内蒙古天保工程区荒漠化土地面积和沙化土地面积比 2009 年分别减少 32 万公顷和 14 万公顷，实现"双减少"。青海三江源区近 10 年水资源量增加近 80 亿立方米。四川省 2013 年水利普查数据与 2003 年对比，水土流失面积已减少 10.03 万平方千米，年土壤侵蚀量减少 7700 万吨。2018 年长江干流断面水质优良比例达到 79.3%。

野生动植物生存环境得到有效改善 天保工程区退化的森林植被被逐步得到恢复和重建，森林破碎化程度不断降低，为野生动植物的生存提供了良好的环境。"棒打狍子瓢舀鱼、野鸡飞到饭锅里"的情景已经重现，为保护生物多样性作出了重大贡献，为创建以国家公园为主体的自然保护地体系创造了良好条件。全国 90% 的陆地生态系统类型、85% 的野生动物种群和 65% 的高等植物种群得到了较好保护。珙桐、苏铁、红豆杉等国家重点保护野生植物数量明显增加；2015 年监测结果显示，境内野生东北虎由 1999 年的 14 只上升到 27 只，东北豹从 1998 年监测到的 10 只增加到 42 只；海南长臂猿从 1998 年监测到 7 只增加到现在 29 只；西双版纳的亚洲象，由保护前 100 余头恢复到 300 余头；大熊猫从 20 世纪 80 年代接近濒危到野外种群数达到 1864 只；祁连山雪豹活动范围向东延伸了 100 余千米。

工程区经济迅速转型 各地加快产业结构转型优化，实现从依靠木材生产为主向生态建设和依托林区资源综合发展转变，为生态扶贫作出了显著贡献。棚户区改造项目安排中央投资 181 亿元，惠及林区职工 120.5 万户。饮水安全项目解决了林区 68.1 万人安全饮水问题。林区城镇化速度不断加快，有效改善了林区职工的生活和居住环境。特色经济发展势头强劲，森林康养、自然教育、冰雪文化等新型业态方兴未艾。

（徐　鹏）

【全国天保办主任会议】 国家林草局天保办于 12 月 5 日在湖北武汉召开由全国 31 个省（区、市）林草主管部门、新疆兵团林草主管部门和六大森工集团天保管理机构负责人参加的全国各省（区、市）天保办主任会议，创造了天然林保护全国各省级林草主管部门全部到会的历史。副局长李树铭出席会议并作重要讲话，局天保办主任金旻主持会议。

会议指出，中办、国办出台的《天然林保护修复制度方案》，是习近平生态文明思想的重要产物，是党中央国务院对林业和草原工作的最新部署，是指导天然林保护修复工作的奠基性文件和纲领性文件，也是党的十九届三中全会以来中央出台的加强生态文明建设的重要制度之一。天保工程直接体现了人与自然和谐共生、让森林休养生息，践行了保护优先、自然恢复为主、生态为本的方针，落实了绿水青山就是金山银山、山水林田湖草综合治理、绿色发展理念的具体实践，展示了中国应对全球气候变化的巨大贡献和决心。天保工程是中国林业从以木材生产为主向以生态建设为主转变的起点，是尊重自然、顺应自然、保护自然的标志性项目。

（徐　鹏）

【天然林保护核查创新技术手段】 为认真贯彻落实中办、国办《天然林保护修复制度方案》，按照中央办公厅《关于统筹规范督察检查考核工作的通知》和《关于做好督察检查考核工作几个具体问题的通知》要求，2019 年天保核查紧密结合天然林保护修复的新形势、新要求，着力创新优化核查工作方式方法，突出核查工作实绩实效，切实减轻基层负担。一是创新核查方式，提升核查效率。本着整合、精简、高效的原则，将以往传统现场信息采集、核实验证方式，调整为信息报送、现场验证和汇总分析三段式核查，在充分利用新建信息报送系统的基础上，采用基于"互联网+"的现代技术手段进行样本信息采集分析,推动建立核查数据信息化、抽样样本针对化、现地验证软件化、人员素质专业化、核查监督立体化的科学核查方式,减少外业核查工作量,压缩外业核查时间,切实减轻基层负担。同时,更好地发挥核查监管激励鞭策的指挥棒作用,改进提升核查工作效率,加快核查工作现代化水平。二是优化核查指标,突出核查重点。按照全面覆盖、重点突出的原则,结合核查工作新形势,对核查指标进行针对性优化调整,指标设置更加科学合理,不断推动核查工作规范化,组织力量编制《天然林保护核查技术方案》和《天然林保护2019年核查操作细则》,并对核查指标设置、使用等作了详细解释和规范,便于核查人员准确把握核查重点和有关技术要领。三是建立核查问题清单,强化整改督察督办。为突出核查成果运用、完善整改机制、强化整改责任,在对上一年度核查发现问题梳理汇总的基础上,建立《2018年天然林保护国家级核查重要问题清单》。通过延伸核实、电话回访等多措并举,督促指导各地完成整改,确保整改工作见实效。

(韩登媛)

退耕还林工程

【综　述】 2019年,按照党中央、国务院关于扩大退耕还林还草的要求及局党组的部署,扎实推进退耕还林还草各项工作,扩大贫困地区退耕还林还草规模138.028万公顷,中央投资212.22亿元,当年新增退耕还林还草任务80.343万公顷,退耕还林还草成果得到进一步巩固和扩大。

扩大退耕还林还草规模　为贯彻落实《中共中央 国务院关于打赢脱贫攻坚战三年行动的指导意见》,在汇总研究各省退耕需求的基础上,配合并协调国家发展改革委研究扩大退耕还林还草方案,经反复协商并报国务院同意,国家发展改革委等8部门联合下发《关于扩大贫困地区退耕还林还草规模的通知》(发改办农经〔2019〕954号),扩大贫困地区退耕还林还草规模138.028万公顷。

落实年度工程建设任务和资金　督促指导有关工程省(区)上报年度任务需求,协调有关部门于6月和10月分两批下达2019年退耕还林还草计划任务80.343万公顷(还林76.912万公顷,还草3.431万公顷),其中80%以上的新增任务安排在贫困地区。协调有关部门下达中央投资212.22亿元,其中前一轮完善政策补助29.78亿元,新一轮政策补助182.44亿元。与各工程省(区、市)签订2019年退耕还林责任书,落实责任,并加强工作指导和检查监督,通报责任书执行情况。严格执行退耕还林任务进展情况季报制度,通过电话督办和实地督导,督促各地加快工程实施进度。截至12月底,2018年度任务完成造林74.32万公顷,占计划任务的98.7%;2019年度计划任务分解落实到地块和农户。

总结宣传退耕还林还草20周年成就与经验　9月上旬在陕西延安召开全国退耕还林还草工作会议,总结工程实施20年来的发展历程、辉煌成就和宝贵经验,分析研究形势和问题,安排部署工作,表彰先进集体和先进个人,引发社会舆论的高度关注。完成30个创新模式总结报道和《退耕还林与乡村振兴模式》的调研总结,出版《退耕还林在中国——回望20年》和《退耕还林经济林发展报告2018》。召开专题新闻发布会,会同中宣部新闻局组织人民日报社、新华社、中央人民广播电视总台等主流媒体集中报道延安退耕还林工程建设成就,协调组织全国知名作家赴延安进行创作采风,在《光明日报》等媒体刊文或开辟专版专栏宣传。先后5次向中办、国办报送专报信息,利用退耕还林网站发布文字及图片信息800条,发稿量在局属单位中名列前茅。

工程管理　7~12月派出调研组对山西等6省区的合同签订、作业设计等重点业务进行调研指导,及时总结经验、发现问题、改进工作。全部办结2018年19件群众举报并进行全国通报,批转2019年22件群众举报并办结14件。对内蒙古阿荣旗政府拖欠退耕农户补助案件以局函要求地方政府妥善办理。

检查验收　完成2018年度国家级实地核查结果通报和整改工作。会同局规划院赴部分省区指导矢量化上图工作,完成2014年计划任务的11个省级单位、259个县级单位的22万公顷退耕还林地的遥感判读工作。组织开展2019年度三级检查验收,完善检查验收信息管理系统,并协调局直属6个调查规划设计院参与完成2019年度国家级实地核查外业工作。在省级自查的基础上,派出6个核查组赴25个省份和新疆兵团开展2019年度管理实绩核查。

工程效益监测　完成《退耕还林工程建设效益监测评价》国标修订。在云南昆明举办退耕还林效益监测技术培训班,对91名退耕还林工程管理和技术人员进行培训。协调有关单位在14个集中连片特困地区进行退耕还林生态、经济、社会效益综合监测并编辑出版综合效益监测国家报告,集中连片特困地区退耕还林工程每年产生生态效益总价值量达5601亿元。　　(退耕办)

【扩大退耕还林还草范围和规模】　为统筹研究扩大退耕还林还草规模,主动配合并协调国家发改委研究扩大退耕还林还草方案,经反复协商并报国务院同意,10月8日,国家发改委、财政部、自然资源部、生态环境部、水利部、农业农村部、国家林草局、国务院扶贫办等有关部门联合下发《关于扩大贫困地区退耕还林还草规模的通知》(发改办农经〔2019〕954号),扩大山西、内蒙古、湖北、湖南、重庆、四川、贵州、云南、西藏、甘肃、新疆等11个省(区、市)贫困地区陡坡耕地、陡坡梯田、重要水源地15~25度坡耕地、严重沙化耕地、严重污染耕地5种地类退耕还林还草规模138.028万公顷,使新一轮退耕还林还草总规模进一步扩大。

(乐　也)

贵州省毕节市威宁自治县盐仓镇兴发村退耕还林（阿铺索卡 摄）

【全国退耕还林还草工作会议】 9月5~6日，国家林业和草原局在陕西延安召开全国退耕还林还草工作会议，总结工程实施20年来的发展历程、辉煌成就和宝贵经验，分析研究形势和问题，安排部署今后一个时期的工作，持续推进退耕还林还草工程建设。国家林业和草原局局长张建龙作"完善政策 精准发力 持续推进退耕还林还草工程建设"的讲话，副局长刘东生主持会议并作总结讲话，陕西省委常委、延安市委书记徐新荣出席会议，陕西省人民政府副省长魏增军致辞。有关部门以及国家林业和草原局有关司局和单位的同志，各工程省（区、市）和新疆生产建设兵团林草主管部门负责同志以及负责退耕还林还草工作的处室负责人，退耕还林还草工作中获全国生态建设突出贡献奖的先进集体、先进个人代表，大会特邀作典型经验交流的代表共150人参加会议。会上表彰获得全国生态建设突出贡献的120个先进集体和200个先进个人，并进行典型经验交流。与会人员还分别前往延安市宝塔区柳林镇燕沟流域、冯庄乡薛张流域退耕还林示范区等地进行现场观摩。会议引发社会舆论的高度关注，仅9月份涉及会议的网站、微信、微博信息就达1.2万余条，获国内外媒体和网民赞誉。
（乐 也）

【退耕还林高质量发展调研和讨论】 12月，退耕办赴山西省和四川省10县调研，完成并向局领导签报《关于退耕还林重点工程区建设情况的调研报告》。组织全办干部开展退耕还林高质量发展大讨论，深入分析当前退耕还林工作的形势和任务，研究推动退耕还林高质量发展和完善政策措施的思路。
（高立鹏）

【全国"两会"重点建议办理调研】 6月，按照全国"两会"建议提案办理要求，退耕办会同有关部委先后赴河北、四川进行重点建议实地调研，就河北代表团提出的"关于加大退耕还林还草还湿支持力度，尽快改善京津冀水生态环境的建议"，四川代表团提出的"关于延长退耕还林政策并提高补助标准的建议"深入了解情况，并召开座谈会听取全国人大代表及省、市（州）、县有关部门意见，共同推动有关问题解决。调研后，结合调研了解的实际情况，在充分吸纳有关部门协办意见的基础上形成高质量复文，受到河北、四川两省人大和驻冀、驻川全国人大代表的高度评价。
（乐 也）

【签订2019年度退耕还林工程责任书】 12月，国家林业和草原局与各工程省（区、市）人民政府和新疆生产建设兵团签订2019年度退耕还林工程责任书。主要内容有：明确2019年国家下达的退耕还林建设任务和资金。明确省级人民政府责任，主要是巩固前一轮退耕还林成果、实施新一轮退耕还林、强化工程管理和监督等。进一步明确国家林业和草原局指导、管理、检查监督等责任。
（崔丽莉）

【通报2018年退耕还林工程责任书执行情况】 印发《国家林业和草原局关于2018年度退耕还林工程责任书执行情况的通报》，对各工程省（区、市）和新疆生产兵团在计划任务落实和完成、前期工作准备、责任落实、造林质量、政策兑现、确权发证、档案管理、信息报送、培训、效益监测等情况进行通报，对执行情况较好的和比较差的省（区、市）分别进行通报表扬和批评，并强调要切实履职尽责，进一步强化管理，认真做好政策兑现，维护好退耕农户的合法权益，确保建设成果得以巩固。
（崔丽莉）

【通报2018年度退耕还林工程群众举报办理情况】 3月11日，印发《国家林业和草原局退耕还林（草）工程管理中心关于2018年度群众举报办理情况的通报》（退工字〔2019〕12号）。截至2019年2月底，各省区已全部办结并反馈2018年度19件群众举报。 （崔丽莉）

【中央主流媒体集中报道退耕还林还草】 积极协调中宣部新闻局牵头组织人民日报社、新华社、中央人民广播电视总台等40余家国家主流媒体集中报道退耕还林还草工程实施20年来取得的巨大成就。据统计，主流媒体报道和转载相关文章327篇，新浪微博话题"退耕还林20年"阅读量12.5万次，今日头条系列文章阅读量60万次。
（孔忠东）

【编辑出版《退耕还林在中国——回望20年》】 8月，组织编辑出版《退耕还林在中国——回望20年》一书，纪念退耕还林还草工程实施20周年，回顾工程发展历程，总结工程建设成效和经验，讴歌先进人物事迹。全书50万字，国家林业和草原局副局长刘东生作序，中国大地出版社出版。
（孔忠东）

【出版《退耕还林工程综合效益监测国家报告（2017）》】 12月，出版《退耕还林工程综合效益监测国家报告（2017）》。报告显示，截至2017年，全国11个集中连片特困地区和3个实施特殊扶持政策的地区1256.94万公顷退耕还林每年可涵养水源175.69亿立方米、固土25 069.42万吨、保肥970.44万吨、固碳2135.07万吨、释氧5090.06万吨、积累林木营养物质40.23万吨、提供空气负离子4229.75×10^{22}个、吸收空气污染物145.59万吨、滞尘19 841.98万吨、防风固沙20 795.78万吨。按照2017年现价评估，集中连片特困地区退耕还林工程每年产生的生态效益总价值量为5601.21亿元，其中涵养水源1659.05亿元，保育土壤615.04亿元，固碳释氧791.53亿元，林木积累营养物质77.20亿元，净化大气环境1193.41亿元，生物多样性保护1003.07亿元，森林防护261.91亿元。　　（郭希的）

【退耕还林效益监测技术培训班】　于11月4~8日在云南昆明举办。培训内容包括退耕还林社会经济效益监测、效益监测软件系统建设和硬件系统建设等8个专题，以及滇中高原生态站现场教学。来自25个工程省（区、市）和新疆生产建设兵团的工程管理和技术人员共91人参加培训。　　（郭希的）

【通报2018年度新一轮退耕还林国家实地核查结果】　4月11日，印发《国家林业和草原局办公室关于2018年度新一轮退耕还林国家级实地核查结果的通报》（办退字〔2019〕77号），通报对山西、湖北、湖南等11个省级单位2014年国家安排的新一轮退耕还林计划任务完成情况的主要核查结果。同时印发《关于退耕还林国家级检查验收发现问题的整改通知》（退核字〔2019〕16号），指出国家级实地核查发现的突出问题，并要求各地抓好问题整改，按时上报整改情况。　　（曹海船）

【2019年度新一轮退耕还林国家级检查验收】　5月22日，印发《国家林业和草原局关于开展2019年度退耕还林工程国家核查工作的通知》（林退发〔2019〕50号），安排部署2019年度新一轮退耕还林国家级检查验收并对参与验收工作的国家林业和草原局6个调查规划设计院提出具体要求。截至12月底，相关单位均按时全面完成新一轮退耕还林国家实地核查工作，核查范围涉及206个县、387个乡（镇）、61583个小班，形成206个县级核查报告、18个省级核查报告和1个全国总报告。
　　（曹海船）

【2019年度退耕还林工程管理实绩核查】　5月22日，印发《国家林业和草原局关于开展2019年度退耕还林工程国家核查工作的通知》（林退发〔2019〕50号），对2019年度退耕还林工程管理实绩核查工作进行安排部署。9~10月，派出6个核查组对有关工程省进行实地核查，并根据核查结果向各有关工程省区通报《退耕还林工程责任书》执行情况。　　（曹海船）

【编辑出版《退耕还林工程经济林发展报告2018》】　11月，编辑出版《退耕还林工程经济林发展报告2018》，内容包括工程篇（相关省区工程建设情况）、产业篇（有关省区经济林发展及数据分析）和典型篇（工程区15个产业发展典型）三个部分。该书突出调查研究与典型总结，共总结产业典型15个；增加并完善核桃、板栗、大枣、苹果等主要经济林产品的价格变动情况，并对未来变化趋势进行预测。　　（陈应发）

京津风沙源治理工程

【京津风沙源治理二期工程】
　　概况　2012年国务院通过《京津风沙源治理二期工程规划（2013~2022年）》。工程建设范围包括北京、天津、河北、山西、陕西及内蒙古6个省（区、市）138个县（旗、市、区），比一期工程增加63个县（旗、市、区）。工程区总国土面积70.60万平方千米，沙化土地面积20.22万平方千米。工程规划建设任务为：现有林管护730.36万公顷，禁牧2016.87万公顷，退化、沙化草原围栏封育356.05万公顷，营造林586.68万公顷，工程固沙37.15万公顷；对25度以上陡坡耕地和严重沙化耕地，实施退耕还林还草。二期规划总投资为877.92亿元。
　　进展情况　2019年京津风沙源治理二期工程6个省（区、市）全年共完成林业建设任务20.83万公顷，占年度计划的100%，其中：人工造林11.18万公顷，封山育林8.79万公顷，飞播造林0.86万公顷。完成工程固沙0.53万公顷。

　　2019年京津风沙源治理二期工程下达投资21亿元，其中林业建设项目投资9.23亿元，占总投资的44.0%。

　　完成京津风沙源治理二期工程中期评估工作，工程中期评估报告通过专家审定，为推进工程建设可持续发展提供了决策依据；加强工程督导，完成京津二期工程2015年度、2016年度工程固沙项目验收工作，经专家实地抽查核实，工程固沙项目质量优良；强化技能培训和技术指导，举办京津风沙源和石漠化治理工程管理与技术培训班，对工程区林业管理和技术人员进行专门培训，进一步提高工程管理水平。　　（刘勇）

三北防护林体系工程

【综述】　2019年，三北各地认真学习贯彻习近平总书记对三北工程的重要指示精神，以筑牢祖国北疆绿色生态屏障为目标，统筹造林和修复改造协同发展，工程建设呈现出稳中向好的发展态势。

学习贯彻习近平总书记重要指示精神深入推进　认真贯彻落实国家林草局党组扩大会精神，研究制订学习贯彻习近平总书记重要指示精神的工作方案，明确贯彻落实任务；组织开展学习贯彻重要指示精神进展情况和工程建设重大风险挑战等专题调研；策划开展贯彻落实重要指示精神一周年系列宣传活动，《绿色长城》电影荣获32届中国电影金鸡奖最佳科教片奖、"中国龙奖"特等奖等荣誉，三北防护林工程·全国防沙治沙展览馆入选中宣部新命名的爱国主义教育示范基地。三北地区各省（区）认真贯彻落实国家林草局通知精神，研究制订学习贯彻工作方案，迅速掀起学习贯彻重要指示精神的高潮。宁夏回族自治区政府召开全区国土绿化电视电话会，围绕实施"生态立区"战略，启动重点工程造林绿化、城乡环境绿化提升等七大行动计划，形成南部水土保持、中部防沙治沙、北部绿网提升协同发展的新格局。辽宁省政府召开常务会议传达学习重要指示精神，规划启动朝阳33.3万公顷荒山绿化、阜新市13.3万公顷荒山荒坡造林绿化、千万亩经济林等重点生态工程。内蒙古自治区政府召开三北工程建设40周年新闻发布会，向全社会宣传三北工程40年建设辉煌成就，营造社会各界关注、关心三北工程的良好氛围。甘肃省集中开展八步沙"六老汉"三代人治沙系列宣传活动，用三代人扎根荒漠、生命不息、治沙不止的感人事迹，在全社会倡导久久为功、防沙治沙的新风尚。

造林绿化工作 全年落实三北工程年度中央投资31.57亿元、营造林任务71.87万公顷，分别同比增长15.4%和6.4%。据调度统计，全年三北工程完成造林任务62.17万公顷，占年度计划任务的96.3%，同比增长4.4%。山西省大力实施"两山"生态系统修复保护重大工程，继续推进"一个战场打赢两场战役"行动，超额91%完成全年造林任务。内蒙古自治区继续保持完成全国国土绿化总量1/9的目标，推进生态系统一体化保护修复，全年完成三北工程营造林10.47万公顷，占年度计划任务的102.6%。河北省主动融入京津冀协同发展战略，把准生态功能定位，加大省级财政支持力度，省级财政筹集资金1.45亿元，分别按照1∶1和1∶0.5的比例，配套支持三北工程建设，高标准完成造林5.31万公顷。青海省各级成立党政主要负责同志为"双组长"的造林绿化委员会，高位推动造林绿化工作，全年落实中央和地方投资48亿元，完成造林绿化28.67万公顷。

退化林修复改造全面推开 2018年，国家加大三北工程退化林修复改造力度，退化林修复改造由试点开始全面推开。研究制订分类推进退化林修复改造的思路和措施，联合国家发改委农村经济司召开三北工程退化林修复改造现场会，明确"四到县"责任机制，全年完成退化林修复改造（含灌木平茬复壮）任务9.47万公顷，同比增加16.4%。三北各地采取积极稳妥的措施，认真贯彻执行技术规程，分类开展退化林修复改造。吉林省以更新改造老化退化农田防护林为重点，省政府印发《吉林省中西部农田防护林网修复完善工程实施方案》，计划从2019年开始，利用5年时间完成全省农防林更新改造任务7.57万公顷。全年完成农田防护林修复改造任务7533公顷。陕西省召开了退化林修复改造座谈会，启动渭北旱塬水土流失严重区、陕北长城沿线风沙区和沿黄生态示范带等防护林精准质量提升项目，积极推进3333.33公顷三北工程退化林修复改造任务落地。黑龙江省制订《三北工程精准质量提升项目试点工作方案》，选用樟子松等针叶树种，改造老化退化的杨树农田防护林带，打造"千条带万亩松"的森林景观。

工程建设重点突出 充分发挥计划的导向作用，将60%的计划任务向百万亩防护林建设基地、规模化林场、黄土高原综合治理、精准治沙重点县等重点项目倾斜。新启动陕西子午岭和内蒙古呼伦贝尔沙地两个百万亩防护林基地，开展黄土高原综合治理项目阶段性总结，制订《三北工程精准治沙重点县建设项目管理办法》，规范重点项目建设行为。三北各地继续推进区域性生态安全屏障建设，呈现出重点突出、规模治理的态势。甘肃省组织编制元城河流域和泾渭河流域百万亩水土保持林基地建设实施方案，集中连片、规模推进，高标准造林5866.67公顷。新疆兵团大力推进塔里木盆地周边防沙治沙工程建设，完成配套灌溉引水工程466.67公顷的沙漠生态治理。山西省集中力量打造县域规模化黄土高原综合治理示范区，建成一批万亩、十万亩以上的生态经济型防护林基地。

工程质量提升 组织开展"三北工程区水资源承载力和林草资源优化配置"专题研究及应用；继续推进三北工程科技示范区建设；组织对内蒙古、辽宁、甘肃、青海、宁夏等省（区）重点建设项目进行专项督查；依托三北工程营造林管理信息系统，在宁夏全区开展三北工程大数据管理服务试点，探索工程精细化、信息化管理途径。三北各地坚持质量第一，不断强化工程建设全过程、全面质量管理，营造林质量明显提升。新疆维吾尔自治区不断提升林草科技支撑能力，建立各类科技示范园25个，示范推广面积733.33公顷，辐射带动4333.33公顷，切实发挥将科技成果转化为高质量造林的动能。宁夏回族自治区大力推广抗旱造林等新技术应用，在干旱贫瘠山地、立地条件差的地方，积极使用节水灌溉及覆膜造林，坚持选用抗逆性强的树种，提高造林成活率。河北雄安新区实行栽植方式、树种选择、苗木采挖运输、栽植管理等全过程标准化管理，不断提升"雄安质量"，高标准、高质量完成4666.67公顷异龄、复层、混交的"千年秀林"。

营造林机制创新 创新完善工程建设投入和建设机制，组织开展工程建设投融资机制、购买式造林等专题研究，积极探索引导国企、民企、外企、集体、个人、社会组织等各方面投入工程建设的机制。天津市积极与银行系统开展合作，利用政策性贷款政策，以国家储备林建设为依托实施三北工程建设。山西省政府印发《关于创新机制 加快国土绿化步伐的实施意见》，在全省范围内开展"购买式"造林。青海省实施企业、个人等承包地块造林，充分挖掘集体宜林地潜力，西宁市、海东市通过"先建后补"完成营造林4万多公顷。河北省廊坊市春季造林吸引356个造林主体参与造林绿化，撬动社会资金21.3亿元，为高标准造林提供了资金支撑。

生态富民惠民 全面总结三北地区林草生态扶贫的成就和做法，召开三北地区生态扶贫现场会，组织开展文冠果、欧李、元宝枫等生态经济树种专题调研，谋划推动新兴林产业发展。各地坚持生态富民、生态惠民、生态利民的原则，统筹推进生态与经济协调发展。宁夏回族自治区固原市大力实施"四个一"林草产业工程，招聘建档立卡贫困人口生态护林员7000多人，有效带动近2万名困难群众脱贫。陕西省优先安排有劳动能力的贫困人口从事工程造林，优先选用符合标准的贫困户的苗木，投资5580万元，下达工程区21个贫困县建设任务1.56万公顷。北京市加快公园建设步伐，建成8处城市森林项目，8处城市绿隔公园，加速推进7处郊野公园建设，增强群众的绿色获得感。

【三北工程总体规划修编领导小组】 1月8日，经国家林草局批准，成立三北工程总体规划修编领导小组，领导小组组长由副局长刘东生、李春良担任，规财司、生态司、资源司、草原司、湿地司、荒漠司、发改司、林场种苗司、科技司、天保办、三北局、退耕办、规划院13家单位的负责同志为领导小组成员，规财司负责统筹协调，三北局负责规划编制中的日常工作，各成员单位根据职能，分工协作，负责职责范围内的相关工作。

【2019年三北防护林站（局）长会议】 于1月22日在陕西西安召开。会议深入学习领会习近平生态文明思想和党的十九大精神，认真贯彻落实三北工程建设40周年总结表彰大会、全国林业和草原工作会议精神，总结交流2018年工程建设情况，通报三北五期工程2017年度重点项目督查情况，表彰2018年度三北工程建设信息工作先进单位和优秀信息员，安排部署2019年工程建设重点工作。

会议指出，2018年三北各地认真践行"绿水青山就是金山银山"的发展理念，以深入开展三北工程建设40年总结纪念活动为契机，坚持保护和修复并重，兴林与富民相统一，大规模开展国土绿化行动，全年完成营造林59.32万公顷，其中，完成造林51.19万公顷，修复退化林分和灌木平茬复壮8.13万公顷，工程建设呈现出稳中向好的发展态势。

【全面从严治党工作会议】 3月13日，三北局召开全面从严治党工作会议。会议坚持以习近平新时代中国特色社会主义思想为指导，深入学习贯彻党的十九大、十九届二中、三中全会和十九届中央纪委三次全会精神，通报2018年星级党支部评定、民主评议党员情况，总结2018年全面从严治党工作，安排部署2019年工作。

【应邀参加联合国2019年度国际森林日庆祝活动】 3月21日，联合国在美国纽约总部举行2019年度国际森林日庆祝活动，将中国三北防护林工程作为保护和恢复森林的突出贡献案例在活动中交流分享。三北局应邀出席活动并作主题发言，就工程建设在生态环境、社会效益、文化价值等方面作出的成绩和积累的经验进行交流和分享。三北工程因重大建设成绩，曾在2018年被联合国经济与社会理事部授予"联合国森林战略规划优秀实践奖"。

【三北工程退化林修复改造现场会】 于5月10日在山西大同召开，安排部署三北工程退化林修复改造工作。

会议提出，要明确主体责任，层层压实责任，注重总结经验和培育典型。要突出修复重点，优先修复改造老化退化严重、生态区位重要的退化林，以及生态系统已出现逆向演替态势的林分，加大老化退化、缺网断带农田防护林更新改造力度。要分类修复改造，退化林修复项目重点向老化、重度退化的乔木林倾斜，以更新修复为主。要严把作业设计关，把好对象选择关、模式选择关、林地管控关、定额核算关和设计论证关。要科学修复改造，科学选择树种，合理配置密度，优化林草结构，创新营造林实绩考核标准。要强化组织实施，全面推行项目法人制、合同制管理、技术负责制、项目公示制和推行报账制"五制"管理。要创新政策机制，创新退化林修复改造工作的投入、扶持及采伐限额管理机制，注重后续产业开发。会议提出的思路与举措为三北地区纵深推进退化林修复改造工程提供了科学遵循。

【三北地区生态扶贫现场会】 于7月18~19日在宁夏固原市召开，会议深入贯彻落实习近平总书记等中央领导同志对三北工程建设作出的重要指示、批示精神，总结交流三北地区生态扶贫的成就与经验，安排部署三北地区生态扶贫工作。

会议要求，要采取有力措施，扎实推进三北地区生态扶贫持续健康发展。要加大林草总量，深入推进生态修复脱贫；要强化资源管护，扎实推进生态保护脱贫；要加强产业开发，大力实施生态产业脱贫；要强化科技支撑，促进智力扶贫；要加强组织领导，以生态脱贫新成果检验"不忘初心、牢记使命"主题教育新成效。

【"三北工程建设水资源承载力与林草资源优化配置研究"实施方案论证会】 于7月31日在北京召开。会议聘请北京大学、北京林业大学、水利部水利科学院等不同单位和行业的专家组成专家组，负责实施方案的质询论证。

专家组认为水资源缺乏已成为制约三北工程区林草植被建设的重要因素，开展三北工程建设水资源承载力与林草资源优化配置研究，可为三北工程建设高质量发展提供技术支撑。方案技术路线可行、研究方法适用，项目组成员知识结构合理，项目承担单位具备相应的研究条件，实施方案可行性强，一致同意通过实施方案。

【"三北"防护林工程·中国防沙治沙博物馆入选全国爱国主义教育示范基地】 9月16日，中宣部新命名39个全国爱国主义教育示范基地，"三北"防护林工程·中国防沙治沙博物馆入选。

"三北"防护林工程·中国防沙治沙博物馆位于宁夏灵武市白芨滩国家级自然保护区，建筑面积2600平方米，是宁夏唯一的国家级展览馆。博物馆自2017年8月建成开放以来，已成为各国政要、专家学者参观、交流、学习的平台，同时也是广大公众、院校师生、当地市民生态文明教育的重要场所。

【三北工程总体规划修编领导小组第一次会议】 于10月8日在北京召开，会议听取《三北工程总体规划修编和六期工程规划编制工作的进展情况和具体安排》的汇报，审议通过《三北工程总体规划修编和六期工程规划编制工作方案》。

【《绿色长城》荣获了32届中国电影金鸡奖最佳科教片奖】 11月23日，三北局与中国农业电影电视中心共同出品的《绿色长城》，荣获第32届中国电影金鸡奖最佳科教片。同年9月，该片还一举斩获有国际科教影视奥斯卡之称的"中国龙奖"2019年度特等奖。

【自然资源部部长、党组书记陆昊到三北局调研指导工作】 11月5日，自然资源部部长、党组书记陆昊到三北局调研指导工作。陆昊一行参观了三北工程建设成就展厅，看望慰问了干部职工，并听取了三北局工作汇报。

自然资源部部长、党组书记陆昊到三北局调研指导工作

【《三北工程总体规划修编技术方案》论证会】 于12月10日在北京召开。会议邀请中国科学院、中国工程院、北京林业大学等科研院所的有关院士、专家以及国家发改委、财政部、科学技术部、自然资源部、水利部、农业农村部、中国气象局等部委的部门负责同志组成专家委员会。

会议听取三北工程总体规划修编领导小组办公室关于《技术方案》的汇报。专家委员会认为《技术方案》以习近平生态文明思想为指导，践行"绿水青山就是金山银山"的发展理念，贯彻山水林田湖草系统治理的要求，紧扣新时代"两步走"战略引领高质量发展的目标，丰富和拓展了三北工程的内涵和外延，对三北工程总体规划修编具有重要的指导作用，一致同意论证通过《技术方案》。

【《三北六期工程规划技术方案》论证会】 于12月22日在北京召开，与会专家一致同意通过《三北六期工程规划技术方案》。

会议认为，三北六期工程规划是推进新时代三北工程建设高质量发展的根本技术遵循，要加强重大政策的研究，增加制度创新的内容，不断完善政策机制体系；要认真做好规划编制的调研、咨询、评估等基础性工作，加强与林业和草原"十四五"发展规划、国家重大工程规划之间的衔接；要充分考虑内外部环境的变化、服务国家发展战略的需要等因素，坚持科学引领，提高规划的质量和科学性。

【"三北防护林体系建设发展战略研究"等5个课题通过专家验收】 12月20日，"三北防护林体系建设发展战略研究"等5个课题验收会在北京召开，会议邀请中国工程院院士尹伟伦、中国科学院院士周成虎等专家组成课题验收论证专家组。与会专家听取课题报告后，结合报告文本和相关文件资料，经深入质询和讨论，对研究成果的科学性、前瞻性和指导性等进行评议审定，一致同意通过课题验收。

（三北防护林体系工程由樊迪柯供稿）

长江流域等防护林工程

【综　述】 2019年，长江流域、珠江流域、沿海防护林、太行山绿化4项工程共完成中央预算内投资17.2亿元，营造林32.93万公顷，完成中央预算内年度工程建设计划任务，为"长江经济带""粤港澳湾区""海上丝绸之路""京津冀协同"等国家重点战略建设区域构筑良好的生态屏障。

长江流域防护林体系建设工程　中央预算内投资工程建设11.94亿元，完成营造林22.89万公顷。长江流域森林资源总量持续增长，质量明显提高，防护林体系结构趋于完善，林地生产力和森林防护功能不断增强。

珠江流域防护林建设工程　中央预算内投资工程建设1.68亿元，完成营造林3.41万公顷。珠江流域森林资源明显增加，水土保持能力持续增强，经济、社会效益明显。

全国沿海防护林建设工程　中央预算内投资工程建设1.63亿元，完成营造林2.23万公顷。沿海地区森林资源总量持续增长，森林生产力逐步提高，抵御台风、风暴潮等自然灾害的能力持续增强。

太行山绿化工程　中央预算内投资工程建设1.95亿元，完成营造林4.4万公顷。工程区森林覆盖率持续增长，生态状况有效改善，林分结构明显优化，生态工程的兴林富民成效显著。

【退化防护林修复技术规程】 为科学规范开展退化防护林修复工作，在国家林业和草原局科司的支持下，国家林业和草原局生态保护修复司委托局规划院编制完成《退化防护林修复技术规程》（以下简称《规程》），并于2019年7月通过专家评审。《规程》是在2017年国家林业局颁布的《退化防护林修复技术规定（试行）》（林造发〔2017〕7号）基础上，系统总结各地退化防护林修复实践经验，经过充分调研和广泛征求意见的基础上编制完成的。《规程》充分吸收国内外生态修复的许多先进经验，规范退化防护林程度划分标准，提出退化防护林修复的具体原则与实用技术，设置退化防护林修复的评价指标，为科学造林提供了标准化、规范化依据。

【河北省张家口市及承德市坝上地区植树造林项目】 4月，国家发展改革委会同国家林业和草原局以及北京市、河北省等有关方面，在深入调查研究的基础上，依据《京津冀协同发展规划纲要》《京津冀协同发展生态环境保护规划》等，组织编制并下发《河北省张家口市及承德市坝上地区植树造林实施方案》(以下简称《方案》)。《方案》在科学分析张家口市和承德坝上地区森林资源及生态建设现状的基础上，明确该区域植树造林的指导思想、基本原则、建设任务、技术方案和保障措施等，是该区域开展植树造林工作的指导性文件。《方案》总投资34.86亿元，由中央、河北省和北京市共同承担，按照遵循规律、科学造林、以水定林、宜林尽林的原则，共计划营造林13.97万公顷。河北省是《方案》的责任主体，负责项目立项审批、组织实施、工程质量管理、资金绩效管理、竣工验收等全过程管理。国家林业和草原局负责项目的技术指导、检查和监测评估。项目实施后，张家口市和承德市坝上地区森林覆盖率将达到50%以上，混交林比例提高8%，森林质量明显提升，为京津冀协同发展和筹办北京冬奥会提供有力的生态支撑。

【重点防护林工程建设宣传】 国家林业和草原局生态保护修复司在《人民日报》《经济日报》策划刊登太行山绿化、沿海防护林、长江防护林等专题报道，在《中国绿色时报》"点赞绿色中国"两会特刊连续开展4期"长江流域防护林、珠江流域防护林、沿海防护林和太行山绿化"工程专题宣传，引起社会积极反响。组织编制重点防护林工程建设纪念图册，系统整理防护林体系工程近30年来的建设成果。

【长江流域等防护林工程建设技术培训班】 于6月17~20日在云南省腾冲市举办。各省(区、市)林业和草原主管部门防护林建设主管处长、业务负责人，内蒙古森工集团、大兴安岭林业集团、新疆生产建设兵团林业和草原主管部门相关负责人，以及来自技术支撑单位的业务骨干共80余人参加培训。来自中国林科院、国家林业和草原局调查规划院、北京天途无人机公司的专家，给学员讲授了"十四五"规划编制思路、退化防护林修复技术规程以及无人机等高新技术在林业工程建设的应用。

【全国生态保护修复工程综合管理培训班】 11月18~21日在国家林草局管理干部学院(北京市大兴区)举办。沿海各省(区)林业和草原主管部门防护林工程建设主管处长、技术骨干，重点市(县)负责工程管理人员，天津、上海及计划单列市工程主管处长、技术骨干共80余人参加培训。来自自然资源部、中国林科院热林所、国家林业和草原局华东院和山东省林科院的专家，给学员讲授了海洋自然灾害防灾减灾和红树林资源保护方面的内容，同时在讲授《沿海国家特殊保护林带管理规定》修订要点、《沿海防护林体系工程建设技术规程》修订要点后充分讨论了这两个技术标准，并收集整理各地提出的意见和建议，进一步明确标准修订的方向。

【中国水土保持学会林草生态修复工程专业委员会成立】 12月5~6日，国家林业和草原局生态保护修复司和北京林业大学在西安联合举办中国水土保持学会林草生态修复工程专业委员会成立大会暨学术研讨会，将防护林工程专业委员会、水土保持生态修复专业委员会合并为林草生态修复工程专业委员会。来自全国100余家相关高等院校、科研院所、企业以及行业管理部门的160多名专家学者参加大会。大会选举产生林草生态修复工程专业委员会第一届委员会常务委员、副主任委员和主任委员，并围绕林草生态修复重大战略及技术问题、学术前沿成果展开研讨交流。中国水土保持学会林草生态修复工程专业委员会是全国第一个跨行业、跨部门、涵盖林草生态修复全过程的专业学术团体和林草生态修复工程产学研交流平台。平台的建立为提升工程建设科学化水平提供了智力支持。

(覃庆锋　刘丽军　贺志杰)

国家储备林基地建设工程

【国家储备林基地建设情况】 2019年，完成国家储备林建设任务62.12万公顷。其中，中央投资国家储备林建设27.37万公顷；利用政策性、开发性银行贷款建设国家储备林17.55万公顷，贷款投资55.10亿元；国家储备林森林质量精准提升项目4.21万公顷；特殊林木培育项目2240公顷；农业综合开发资金项目2873公顷；速丰林工程建设任务12.47万公顷。创新合作机制，加快推进重点项目落地技术审核。重点对贵州和贵州毕节、重庆、广东梅州和南雄、河北雄安、山西吕梁等省、市、县的国家储备林项目进行技术审核。积极防范金融风险。组织编制海南国家储备林珍稀树种营造林模型，汇编福建、河南等乡土珍稀树种大径材培育模式。在福建顺昌、云南宜良、湖南浏阳、广西平果等国有林场，开展国家储备林森林质量精准提升监测评价，为制定国家储备林精准提升监测评价体系提供支撑。推进国家储备林扶贫工作，指导广西、贵州两省份中央投资国家储备林项目向龙胜、罗城、独山、荔波4个定点县倾斜，组织定点县参加国家储备林项目管理培训。围绕海南生态文明试验区、自由贸易港建设，编制"海南省国家储备林精准提升项目实施方案"。 (崔海鸥)

【国家储备林制度建设情况】 2019年，国家储备林内容写入新修订的《森林法》，研究制订《国家储备林管理办法》《国家储备林绩效评价管理办法》等制度文件，制定《国家储备林树种目录》《国家储备林可持续经营指南》《国家储备林森林经营方案编制指南》等技术标准，深化完善国家储备林制度框架。编制《"十四五"国家储备林专项规划》，指导"十四五"期间国家储备林建设。开展国家储备林监测核查，完成19个省(市)2015~2017年中央基建投资国家储备林建设面积监测核查。完成云南省西双版纳傣族自治州人工培育珍稀树种资源调查，开展广西、福建国家储备林项目珍稀树种资源调查。依托中国林业科学研究院、北京林业大学等科技支撑单位，完成国家储备林森林经营方案编制试点工作，编制完成5个试点单位国家储备林森林经营方案，开展国家储备林典型林分经营模式研究与示范。委托北京林业大学林学院举办国家储备林可持续经营技术与管理研修班，完成2015~2019年国家林草局与世界自然基金会人工林可持续经营项目目标任务，筹划继续合作实施中国人工林综合生态系统管理项目(2020~2024年)。

(李瑞林)

退牧还草工程

【综　述】　2019年，退牧还草工程继续在内蒙古、黑龙江、辽宁、四川、云南、西藏、甘肃、青海、宁夏、新疆10个省(区)和新疆生产建设兵团实施。安排中央投资20亿元，安排草原围栏60万公顷、退化草原改良51.27万公顷、人工种草22.13万公顷、黑土滩治理9.87万公顷、毒害草治理14.53万公顷，通过工程措施的持续性投入促进工程区草原植被恢复，保护和修复草原生态系统。

(王卓然　郭　旭)

2019年青海省达日县退牧还草工程黑土滩(坡)治理前后

林业血防工程

【林业血防建设进展】　林业血防是血吸虫病综合防治的重要组成部分，国家林草局认真贯彻落实《血吸虫病防治条例》，按照《地方病防治专项三年攻坚行动方案(2018~2020年)》总体部署和要求，积极推进林业血防建设。2019年，结合重点生态工程投资渠道，在安徽、江西、湖北、湖南、四川、云南等血吸虫重疫区，投资3.62亿元，营建抑螺防病林和林农生态林6.37万公顷。组织开展林业血防工程质量与效益监测，在安徽、江西、湖北等省林业血防重点治理区建立长期监测样地47个。提报《林业血防工程质量与效益监测报告(一期)》。制定《林业血防抑螺成效提升改造技术规程》行业标准。

(曾　苿)

林草培育
04

林草种苗生产

【综　述】　2019年全国主要造林树种良种使用率大幅提升,从2016年的61%提高到65%,林木种子产量2596.4万千克,草种产量1479.7万千克,可出圃苗木366.7亿株,林草种苗数量和质量满足造林绿化需求。从种苗使用情况看,良种需求增强,特别是对乡土、珍贵树种的良种需求持续加大;对乡土树种、珍贵树种、抗逆性强的树种及特色经济林树种的苗木需求日益增加;对常规用材林和园林绿化树种苗木需求有所下降。机构改革后首次将草种生产情况纳入本年度统计范围。

种苗生产情况

种子采收　全国共采收林草种子4076.1万千克,其中,林木种子2596.4万千克,草种1479.7万千克,良种1938万千克,穗条14.7亿株。树种主要有:银杏、核桃、山杏、油茶、花椒、油松、柠条、山桃、小叶锦鸡儿、侧柏、红松、板栗、澳洲坚果、山毛桃、杏、桃、刺槐等。草种主要有:坝莜1号、燕麦、紫花苜蓿、白沙蒿、呼伦贝尔杂花苜蓿、冰草、披碱草等。

苗木生产　2019年全国苗木生产总量625.9亿株,容器苗108.39亿株,良种苗149.22亿株。同比2018年,苗木生产总量减少20.4亿株,容器苗增加18.3亿株,良种苗减少19.8亿株。除留床苗外,出圃可供2020年造林绿化苗木366.7亿株,其中容器苗59.6亿株,良种苗92.2亿株。

种苗库存情况　截至2019年种子采收前,库存种子303万千克,其中良种105万千克。同比2018年,库存种子减少49万千克,减少13.9%;良种增加23.2万千克,增加28.4%。主要树种有:核桃、银杏、花椒、山杏、柠条、侧柏、刺槐、板栗、澳洲坚果、文冠果、油松、牡丹、红松、油茶、麻栎、沙枣、红枣等。

种苗使用情况　2019年实际用种3697万千克,其中良种2069万千克,良种穗条36.5亿条(根)。同比2018年实际用种增加1545万千克,增加71.8%;良种增加1655万千克,穗条减少41.5亿条(根)。除留圃苗木外,实际用苗木量为161.2亿株,容器苗木34.6亿株,良种苗木52.6亿株。实际用苗总量与2018年持平,其中使用容器苗增加4.6亿株,良种苗减少6.4亿株。数量居前的主要树种依次为:红花檵木、红叶石楠、油松、杉木、油茶、杨树、侧柏、云杉、红松、樟子松、国槐、茶、湿地松、花椒、女贞、刺槐、桑树、梭梭、栾树、桉树、葡萄、白蜡、核桃、枫香、海棠等。实际用苗仍以国土绿化和防护林、经济林树种相对集中,城乡绿化美化树种呈现多样化、个性化趋势明显。

种苗基地基本情况

苗圃　全国实有苗圃总数38.3万个,其中国有性质苗圃0.41万个,占苗圃总数的1.1%;实际育苗面积140万公顷,其中国有苗圃育苗面积7.1万公顷,占总面积的5.1%;新育苗面积15.6万公顷,占育苗总面积的11.1%。同比2018年,全国苗圃总数增加2万个,增加5.5%;国有苗圃减少0.03万个,减少6.8%。育苗面积减少1.5万公顷,新育苗面积减少2.15万公顷。树种主要结构为:桂花、油松、白蜡、国槐、香樟、樟子松、栾树、女贞、悬铃木、杨树、海棠、白皮松、榉树、樱花、云杉、紫薇、红叶石楠、樟树、银杏、柳树、红枫、雪松、法国梧桐、侧柏等。

良种基地　全国现有良种基地总数1057个,其中国家重点良种基地294个。良种基地总面积21.1万公顷,其中种子园面积2万公顷,母树林面积15.1万公顷。同比2018年,良种基地减少1处,总面积增加1.77万公顷,增加9.2%;种子园基本持平;母树林增加2.51万公顷,增加20%。

采种基地　全国现有采种基地40万公顷,可采面积27.5万公顷,实际采种量1181万千克。同比2018年,采种基地面积增加0.6万公顷,增加1.5%;可采面积减少0.07万公顷,减少0.2%。

草种田　实际采种量1479.7万千克。

(于滨丽)

【全国林木种苗质量抽查】　2019年,国家林业和草原局委托国家级林木种苗质量检验机构对北京、河北、山西、内蒙古、吉林、黑龙江、浙江、安徽、江西、河南、重庆、四川、云南、陕西14个省(区、市)的林木种苗质量进行重点抽查(其中,四川省因为遭受火灾未能开展抽查工作),同时部署其他省和森工(林业)集团进行自查。

与往年抽查相比,2019年的抽查有三大变化:一是从以生产经营环节为重点向以使用环节为重点转变,细化对造林作业设计的检查,增加对招投标文件及调苗距离等项目的检查,突出跟踪抽查,以造林地为起点,倒查为造林提供种苗的生产经营者,抽查即将用于造林的种苗质量及相关生产经营者落实质量管理的相关制度情况,查找使用环节存在的影响造林用种苗质量的问题;二是向各省份公开国家级抽查使用的《工作指南》,明确抽查工作程序、检查内容和判定标准,为省级林业和草原主管部门开展质量抽查及管理工作提供方向和指引;三是增加对进口林木种子和花卉种子的质量抽查,解决种苗使用者反映强烈的进口种苗质量问题。

2019年,国家级抽查共抽查林木种子样品146个、苗木苗批147个,涉及62个县166个单位(含个人,下同)。林木种子样品合格率为100%,与2018年的92.4%相比,提高了7.6%;花卉种子、草种子样品合格率为100%;生产经营单位苗木苗批合格率为100%,与2018年的93.0%相比,提高了7%;使用单位苗木苗批合格率为92.6%,与2018年87.9%相比,提高了4.7%。林木种苗各项制度落实情况有了较为明显的提升,抽查涉及的林木种苗生产经营单位持证率达100%,标签使用率达到100%,建档率达到100%,档案齐全率为90.1%,种苗自检率达97.6%。造林作业设计对种苗的遗传品质和播种品质提出准确要求的单位数量仅占56.7%和77.6%；部分单位未按造林设计使用苗木；涉及招投标的58个苗木使用单位中，有14%的单位招投标文件对种苗质量没有明确要求或与造林作业设计不一致；在招投标过程中大部分采取的是价格评标方法，无论质量好坏，价格低者中标，造成苗木遗传品质差、远距离调运苗木、跨区域使用苗木现象普遍存在。印发《国家林业和草原局关于2019年全国林木种苗质量抽查情况的通报》，要求各地督促各有关单位及时整改，对问题突出的依法查处，同时要求各地提高种苗质量管理工作的认识，强化种苗使用环节的管理，推进种苗质量管理制度、标准的贯彻落实，加强种苗质量监督。

（薛天婴）

【全国林草种苗质量监管培训班】 于10月28日至11月1日在北戴河举办。来自全国各省（区、市），内蒙古、吉林、龙江、大兴安岭、长白山森工（林业）集团和新疆生产建设兵团种苗处（站、局）负责种苗执法及质检的人员以及国家级种苗质量检验检测机构质检员约100人参加培训。培训明确了新时期种苗市场监管工作的内容、特点及要求，邀请国家林草局办公室、科技中心以及北京林业大学、南京林业大学、中国农业大学、甘肃省草原总站的专家教授，对种苗审批制度改革、林草植物新品种保护、种苗处罚案卷填写与评析、草种质量检验、草种认证、林木种苗生产经营档案、林木种苗标签等内容进行讲解，并针对《种子法》实施过程中存在的困难及问题、质量监管工作改进方向等开展研讨。培训班还对2019年度林草种苗行政许可随机抽查工作进行部署。

（薛天婴）

【种苗生产统计与供需培训班】 于9月16~19日在北京举办。来自全国各省（区、市）、内蒙古、吉林、龙江、大兴安岭、长白山森工（林业）集团和新疆生产建设兵团种苗处（站、局）负责人和信息员80余人参加培训。培训班传达全国林草种苗工作会议和《国家林业和草原局关于推进种苗事业高质量发展的意见》精神，回顾总结一年来信息和数据统计工作，科学分析当前面临的新形势、新问题，部署2019年种苗信息统计重点工作，对《2019年全国苗木供需分析报告》统计结果及数据采集、种苗生产经营许可证管理系统应用、林木种苗数据库录入要点方法及常见问题、依法依规做好林草种苗统计调查工作、媒体融合发展新形势下的宣传模式、种苗生产有关数据系统应用及实际操作等进行专题培训，并对2020年种苗需求情况进行交流。 （于滨丽）

【2019中国·合肥苗木花卉交易大会】 于10月18~20日在安徽省合肥市肥西县中国中部花木城举办。此次苗交会由国家林业和草原局与安徽省人民政府共同主办，国家林业和草原局国有林场和种苗管理司、安徽省林业局、合肥市人民政府承办。大会以"'苗会'美丽中国、助力绿色发展"为主题。交易会展览展销面积达10万平方米，全国32个省（区、市）的1060家企业参展，比上一届增加200多家。荷兰、美国、日本、以色列、拉脱维亚、匈牙利6个国家的10家林木种苗和花卉企业设立了特装展位。来国内外的苗木花卉采购商、经销商、专业观众约12万人到会参观和交流交易，实现交易额31.6亿元，其中现场交易金额2.7亿元，达成意向性协议金额28.9亿元。大会期间先后举行巡展、开幕式、全国首个林长制改革示范区揭牌仪式、林业招商项目签约仪式、林草种苗发展论坛、首次全国林草良种（品种）新技术新材料推介会、苗木花卉体验节等活动。大会还首次举办参展省份、参展企业产品评选活动，共有40家参展单位、159家企业的产品获奖。（于滨丽）

【国家林业和草原局打击侵犯知识产权和制售假冒伪劣商品工作领导小组】 7月16日，国家林业和草原局印发《关于成立国家林业和草原局打击侵犯知识产权和制售假冒伪劣商品工作领导小组的通知》，成立"国家林业和草原局打击侵犯知识产权和制售假冒伪劣商品工作领导小组"（以下简称领导小组）。领导小组以国家林业和草原局副局长刘东生为组长，林场种苗司司长程红、科技中心主任王永海为副组长，成员单位包括办公室、生态司、草原司、荒漠司、林场种苗司、规财司、科技司、信息办、宣传办、退耕办、速丰办、科技中心。领导小组办公室设在林场种苗司，承担领导小组日常工作，办公室主任由程红兼任。

（薛天婴）

【全国林草种苗工作会议】 于8月23日在新疆昌吉市召开。国家林草局局长张建龙出席并作重要讲话，国家林草局副局长刘东生主持会议，新疆维吾尔自治区党委常委、副主席艾尔肯·吐尼亚孜在会上致辞。会议提出，要以提高发展质量和效益为中心，以推进供给侧结构性改革为主线，以种苗使用优化化、种子生产基地化、苗木供应市场化、种苗管理法治化为总目标，推动全国林草种苗事业高质量发展；力争到2025年，主要造林树种良种使用率达到75%，商品林全部实现良种化，草种自给率明显提升，种质资源保护利用制度基本建立，种子生产供应体系更加健全，种苗市场监管水平全面提升，种苗供求信息发布制度基本形成，种苗事业迈入高质量发展的新阶段。新疆维吾尔自治区林业局、福建省林业局、浙江省林业局、湖南省林业局、安徽省林业局、内蒙古蒙草集团在会上作典型发言。会上，张建龙宣布启动第一次全国林草种质资源普查，并向普查单位中国林科院授旗。与会代表还现场考察昌吉呼图壁国家级种苗交易市场。 （丁明明）

【《国家林业和草原局关于推进种苗事业高质量发展的意见》】 8月20日，国家林业和草原局印发《关于推进种苗事业高质量发展的意见》（林场发〔2019〕82号）。《意见》共七部分二十一条，明确了种苗高质量发展的方向和工作总体要求，阐述了种苗高质量发展的指导思想、基本原则和发展目标，并就加强种质资源保护和利用、加强良种选育推广、加强生产基地建设、加强监督和法制建设、加强引导和服务、完善政策措施六个方面的工作提出明确要求。

（王艺霖）

【启动第一次全国林草种质资源普查】 2019年国家林草局启动第一次全国林草种质资源普查工作。印发《第一次全国林草种质资源普查与收集总体方案》（林场发

〔2019〕102号），制订《林木种质普查与收集数据登录规范》《林木种质资源普查标本、图像、影像资料技术规范》《林木种质资源收集与保存技术规范》《林木种质资源DNA样本采集技术规范》4项与普查规程配套的规范。在陕西省鄠邑区、镇安县和太白林业局开展秦岭区普查试点工作，累计登记种质资源信息1万余条，采集种质资源标本3000余份，种子300余份，DNA样本2700多份。

（丁明明）

【国家林业和草原局林草种质资源工作领导小组和专家技术委员会】 11月26日，国家林草局办公室印发《关于成立林草种质资源工作领导小组和专家技术委员会的通知》。林草种质资源工作领导小组由国家林草局副局长刘东生担任组长，由国家林业和草原局有关司局、有关直属单位相关人员组成，负责指导全国林草种质资源普查、保护和利用等工作，审议林草种质资源发展战略、规划、政策，重大工程建设方案、成果等，协调解决林草种质资源工作重大问题。专家技术委员会由中国工程院刘旭院士、张守攻院士任主任委员，由相关高校、科研院所专家组成，负责对林草种质资源发展战略、规划、政策，重大工程建设方案等提出意见和建议等。

（李允菲）

【《国家林业和草原局关于开展第一批国家草品种区域试验站确定工作的通知》】 为保障草品种区域试验科学、公正、客观和有效开展，为草品种审定工作提供可靠依据，促进草种业健康发展，国家林草局印发《国家林业和草原局关于开展第一批国家草品种区域试验站确定工作的通知》（办场字〔2019〕132号），部署开展第一批国家草品种区域试验站确定工作，对国家草品种区域试验站应具备的基本条件提出明确要求。 （丁明明）

【主要林木品种审定】 2019年，国家林业和草原局林木品种审定委员会审（认）定通过33个林木良种。北京、河北、山西、内蒙古、辽宁、吉林、江苏、浙江、安徽、福建、江西、山东、河南、湖南、广东、四川、重庆、贵州、云南、陕西、宁夏、新疆22个省级林木品种审定委员会审（认）定通过林木良种474个。河北、山西、四川、宁夏4省（区）引种备案林木良种8个。

表4-1 2019年国家审（认）定通过林木良种名单

	定种名称
审定	西北杨2号、秦白杨5号、'北林5号'杨、白桦草河口种源、白桦小北湖种源、中山杉118、'聊红'槐、'中研73号'马大相思、西南桦广西凭祥种源、西南桦云南腾冲种源、'中林1号'楸树、'中林5号'楸树、'燕杏'梅、'花蝴蝶'梅、'送春'梅、'华仲12号'杜仲、'华仲13号'杜仲、'紫圆'枣、'瑞都红玉'葡萄、'辽砧106'苹果、'岳红'苹果、'将军帽'柿、'豫皂2号'皂荚、'中宁į'核桃、'华仲11号'杜仲、'华仲14号'杜仲、'华仲5号'杜仲、'华仲6号'杜仲、'华仲7号'杜仲、'华仲8号'杜仲、'华仲9号'杜仲、'华仲10号'杜仲
认定	小胡杨2号

（李允菲）

【国家林木种质资源库技术管理培训班】 于9月23~26日在国家林业和草原局管理干部学院原山分院举办。来自全国各省（区、市）林业草原主管部门、森工（林业）集团、新疆生产建设兵团林业草原主管部门和99个国家重点林木种质资源库等相关单位的有关同志约150人参加培训。本次培训重点讲解种质资源收集基本原则与策略，种质资源鉴定、评价、编目、引种与栽培，林木种质资源工程项目数据平台使用方法等。培训期间，学员们参观山东原山艰苦创业纪念馆，到山东省林木种质资源中心种质资源异地保存库和设施保存库进行教学实习。

（王艺霖）

山东省林木种质资源管理中心保存的种质资源

【国际林联林木种子园学术大会】 于10月14~16日在南京召开。大会由国际林联主办，国家林业和草原局与南京林业大学共同承办。国家林草局副局长刘东生出席开幕式并致辞，来自12个国家和地区的251名专家学者参会。大会以"林木种子园和气候变化"为主题，作特邀报告17个、专题报告34个。国家林草局林场种苗司司长程红作主题报告。大会期间，参会的外国专家受邀到福建省洋口国有林场、福建省光泽华侨国有林场和武夷山自然保护区进行野外考察。

（王广阳）

【"林草种质资源普查与保护"引智培训团】 11月17~30日，国家林草局林场种苗司组织的"林草种质资源普查与保护"引智培训团赴英国进行为期14天的培训。国家林草局林场种苗司、人事司、科技司、科技中心、林科院、局规划院、华东规划院、中南规划院、山东种质资源中心以及河北、广东、广西、贵州、云南、青海省种苗处（站）等单位的19人参加培训。培训期间，参训人员认真听取英国林草种质资源专家学者、大学教授、苗圃经理、国际组织官员的授课，并拜访邱园、千年种子库、英国林业研究所等，深入了解英国林草种质资源普查、保护的相关理论、政策、做法和经验。

（李允菲）

【良种基地技术协作组工作】 2019年，良种基地技术协作组指导良种基地开展种质资源收集和良种选育，共收集山茶科油用物种18个，种质资源1456份；油松优良无性系232个，采集穗条1.1万支。开展杉木优良无性系组织培养和体细胞胚胎规模化繁殖工作，优良无性系组培和体胚苗2019年产量达5000万株。精选马尾松三代建园亲本59个，材积预期遗传增益提高11.96%，优选高产脂无性系47个,抗性品种30个。指导良种基地开展升级换代工作,新建杉木3.5代种子园13.3公顷,不同类型油松二代种子园2公顷,马尾松二代无性系种子园40公顷。开展油松良种基地发展与规划研讨,杉木良种基地研讨交流,全国落叶松良种基地林木良种选育研讨,推广马尾松种子园精细化培育和树种结构调整技术等。

（丁明明）

【2019年度国家重点林木良种基地主任挂职工作】 2019年国家林草局林场种苗司继续部署国家重点基地进行异地挂职工作。大兴安岭林业集体公司技术推广站国家樟子松、落叶松良种基地郭小伟等4名同志分别赴江西省安福县武功山林场国家杉木、火炬松良种基地等4个国家重点林木良种基地挂职。11月底全部完成挂职工作,并提交挂职总结报告,对挂职锻炼期间的工作、学习情况认真进行总结。

（李允菲）

【"中国林草种苗"专用标识】 4月10日,"中国林草种苗"专用标识正式启用,并发布《中国林草种苗专用标志使用管理办法》,对标识的推广使用进行规范管理。"中国林草种苗"标识是中国林业和草原种苗行业的专用标志和统一形象符号,可广泛应用于中国林草种苗生产管理机构、种苗生产基地、节庆、会议、宣传用品、种苗产品标签、外包装和容器等。

（王艺霖）

【行政许可】

林木种子苗木(种用)进口审批 2019年共办理林木种子(苗)免税许可审批937件,审批免税进口林木种子207.38万吨、苗木781.17万株、种球17 265.70万粒,进口总额为47 310.44万元,免税金额达4047.53万元。

向境外提供、从境外引进或者与境外开展合作研究利用林木种质资源审批 2019年共批准从境外引进林木种质资源申请7件,申请单位分别是山东多倍体生物技术有限公司、北京农学院、清原满族自治县自然资源局、福建农林大学、西北农林科技大学;批准向境外提供林木种质资源申请1件,为清原满族自治县自然资源局。

林木种苗质量检验机构资质考核 对国家林业和草原局林木种苗质量检验检测中心(长春)进行考核,考核结果合格,向其颁发林木种苗质量检验机构资质证书。

林木种子生产经营许可证核发 全国发放(含新发和延续)林木种子生产经营许可证2.2万份,其中国家林业和草原局发放许可证30份,注销11个有效期届满未延续企业。截至2019年年底,全国持证林木种子生产经营者9.4万个,其中267个在国家林业和草原局领取许可证。

（王艺霖 薛天婴）

【林草种苗行政许可随机抽查】 按照《国务院办公厅关于推广随机抽查规范事中事后监管的通知》和《国家林业和草原局行政许可随机抽查检查办法》的要求,为加强对林草种苗行政许可被许可人的事中事后监管,国家林业和草原局林场种苗司制订《林草种苗行政许可随机抽查工作方案》,于11~12月开展林草种苗行政许可随机抽查。随机抽取检查人员组成5个检查组,赴北京、河北、上海、江苏、浙江、福建、山东、广东、广西、四川、甘肃11个省(区、市)的13家公司,开展"林木种子(含园林绿化草种)生产经营许可证核发""林木种子苗木(种用)进口审批"许可事项的监督检查。重点检查被许可企业按照许可内容从事生产经营相关的活动情况、是否具备准予许可时的条件情况、依法从业情况等。检查结果显示,13家企业中有11家合格,2家待整改。检查结束后,国家林业和草原局向被检查企业反馈抽查结果,要求待整改的2家企业在30日内整改完毕并反馈整改情况。同时,将本次检查结果在国家林业和草原局网站上公布,并录入国家"互联网+监管"系统和国家企业信用信息公示系统。

（薛天婴）

森林培育

【综　述】 2019年,全国共完成造林706.67万公顷,为维护国土生态安全、建设生态文明和美丽中国作出了重要贡献。

完成国土绿化任务 国家林业和草原局印发《关于切实做好2019年大规模国土绿化工作的通知》及分工方案,明确各有关司局单位工作分工,建立协同推进的大规模国土绿化工作机制。认真执行造林动态信息月报制度,加强信息调度,及时掌握各地进展情况,指导地方科学推进国土绿化。结合林业有害生物目标责任制督导检查、营造林处长研修班、处长座谈会等,分析问题,研究对策措施,对进度慢的省区督促推动。2019年,全国完成造林706.67万公顷,其中人工造林364.67万公顷、飞播造林12.5万公顷、封山育林154.93万公顷、退化林修复和人工更新174.53万公顷。

乡村绿化美化 国家林业和草原局联合中央农办等18部委印发《农村人居环境整治村庄清洁行动方案》,局文印发《乡村绿化美化行动方案》,明确目标任务和行动内容。启动国家森林乡村创建工作,印发《国家森林乡村评价认定办法(试行)》,评价认定第一批国家森林乡村7586个。征集评选出国家森林乡村标识标语,扩大国家森林乡村的社会影响力。制订印发《村庄绿化状况调查技术方案》,采用先进技术开展村庄绿化覆盖率调查。举办全国乡村绿化美化高级研修班。组织开展大规模国土绿化行动、绿美乡村专题宣传。举办绿色中国行——乡村绿化美化系列宣传活动。

珍贵树种培育 2019年安排中央预算内投资珍稀树种培育项目资金6000万元,全国21个省(区、市)共完成珍稀树种项目建设8万公顷。加强珍贵树种培育基础研究，开展珍贵树种发展状况调查，组织编写《全国珍贵树种发展报告》。启动《主要珍贵树种培育技术模式》研究，完成降香黄檀、红豆树、荷木、柏木、麻栎、椿树、南方红豆杉、柚木、西南桦等10个珍贵树种培育模式。

退化林修复研究工作 组织开展全国退化林资源本底调查工作，根据国内外退化林生态修复现状，研究提出退化林概念与退化程度判定标准，确定全国退化林本底调查技术路线，开展试点省份调查，为全面摸清全国退化林资源情况奠定了重要基础。组织开展退化林修复技术模式研究，在吉林、辽宁、江西、河南、广西、陕西等省（区）启动退化林修复试点工作，针对中国典型的栎类退化林、马尾松退化林等，开展退化原因诊断与定向修复模式探索。

"十四五"规划编制等重大专题研究 组织完成大规模国土绿化、退化林修复、乡村绿化美化、公益林保护修复4个"十四五"专题研究报告，测算"十四五"目标任务，研究提出了"十四五"大规模国土绿化对策措施、支持政策、管理机制等。参与完成《长江经济带国土空间规划森林生态系统保护修复》专题研究报告、《重要生态系统保护和修复重大工程规划》等重大战略规划相关专题研究。组织开展生态保护修复战略、生态公益林保护修复管理政策、营造林政策机制等重大基础研究。科学界定退化林科学内涵，制订退化林调查技术方案，启动退化林本底调查，实施退化林修复、旱区寒区等困难立地造林绿化关键技术试点示范。

法律和标准制度体系支撑 将森林生态保护修复、造林绿化、林业有害生物防治、古树名木保护、森林城市建设、乡村绿化美化等管理要求上升为新修订的《森林法》条款，为依法开展国土绿化和生态保护修复工作提供法律依据。研究提出造林绿化技术标准整合思路，全面梳理涉及国土绿化和生态保护修复的林业国家标准、行业标准，完成《国家林业和草原局行业标准分类情况表》（第三稿）中涉及造林绿化的相关内容。

【**部署推进大规模国土绿化**】 为贯彻落实中央关于开展大规模国土绿化行动的决策部署，推进落实《全国绿化委员会 国家林业和草原局关于积极推进大规模国土绿化行动的意见》，国家林业和草原局印发《关于切实做好2019年大规模国土绿化工作的通知》及分工方案，确定全面推进完成年度造林绿化任务，广泛开展全民义务植树和部门绿化，深入开展森林城市建设和乡村绿化美化，深入实施重点林业生态工程，加快退化草原恢复和治理，推进森林质量提升和规模化林场试点，加快推进国家储备林建设7项工作任务，明确各有关司局单位工作分工，建立协同推进的大规模国土绿化工作机制。研究完善全国造林动态信息月报制度，切实加强信息调度，及时掌握各地造林绿化进展情况。根据造林任务完成情况，召开部分省份造林处长督导座谈会，分析存在问题、研究对策措施，确保全面完成年度造林计划任务。落实中央领导关于科学绿化的重要批示精神，在四川省乐山市举办全国科学绿化研修班，总结交流科学造林绿化的好经验、好做法，谋划2020年和"十四五"生态保护修复及大规模国土绿化工作。

【**乡村绿化美化行动方案**】 为认真贯彻中央关于实施乡村振兴战略和农村人居环境整治的决策部署，深入落实《乡村振兴战略规划（2018～2022年）》和《农村人居环境整治三年行动方案》，2019年3月，国家林业和草原局印发《乡村绿化美化行动方案》，明确提出到2020年建成一批国家森林乡村和地方森林乡村，建设一批全国乡村绿化美化示范县，持续推进乡村绿化美化，改善农村人居环境。《方案》部署了保护乡村自然生态、增加乡村生态绿量、提升乡村绿化质量和发展绿色生态产业4项行动内容，并要求各省级林业和草原主管部门制订省级行动方案，加强宣传发动，开展典型示范，稳步推进乡村绿化美化行动。

【**创建国家森林乡村**】 国家林业和草原局组织开展国家森林乡村创建工作，并印发《国家森林乡村评价认定办法（试行）》，重点对乡村自然生态风貌保护、山水林田湖草系统治理、森林绿地建设、森林质量效益、乡村绿化管护、乡村生态文化6个方面的成效进行综合评价。在县级林业和草原主管部门推荐、省级林业和草原主管部门评审公示的基础上，经国家林业和草原局审查，2019年共认定国家森林乡村共计7586个。

【**国家森林乡村标识标语**】 为提高国家森林乡村的知晓度，营造全社会关心支持国家森林乡村建设和乡村绿化美化的良好氛围，国家林业和草原局组织开展国家森林乡村标语标识征集活动。经评选，国家森林乡村宣传标语为：共建森林乡村，共享美丽家园。被认定为国家森林乡村的单位可按照统一标识制作和使用国家森林乡村牌匾等。

【**全国乡村绿化美化高级研修班**】 于7月4～5日在浙江省江山市举办。国家林草局副局长刘东生到班并作专题辅导，强调认真学习贯彻习近平总书记关于乡村振兴战略、农村人居环境整治和学习浙江"千万工程"经验的一系列重要指示精神，准确把握乡村绿化美化的正确方向，总结交流各地典型做法，部署安排2019年和今后一个时期的乡村绿化美化工作。农业农村部、北京林业大学、浙江省农办相关同志分别就农村人居环境整治、乡村绿化美化的科学和美学、浙江"千万工程"等

2019年国庆节天安门广场"祝福祖国 普天同庆"主题花坛
（李万莉 摄）

作专题报告，浙江省林业局、首都绿化委员会办公室、湖南省郴州市人民政府、浙江省衢州市柯城区人民政府、河北省馆陶县寿东村等作典型发言。研修班还安排到江山市耕读村、永兴坞村、清漾村和大陈村现场考察学习。来自全国31个省(区、市)林业和草原局主管厅局长和处长共计120人参加研修班。

【"绿美乡村"系列宣传活动】 按照《乡村绿化美化行动方案》和全国乡村绿化美化现场会部署，加强乡村绿化美化宣传活动，国家林业和草原局在浙江省衢州市柯城区开展"绿美乡村"系列宣传活动。副局长刘东生出席系列宣传活动启动仪式并讲话，强调要认真贯彻中央关于实施乡村振兴战略、改善农村人居环境的重要决策部署，学习借鉴各地好经验、好做法，汇聚更广泛力量支持参与乡村绿化美化行动，建设生态宜居美丽乡村。举办大型电视访谈节目《绿色中国十人谈：两山路上看变迁(绿美乡村篇)》，刘东生与来自不同区域、不同行业的专家领导、公众人物共谋乡村绿化美化事业发展，探讨林业在乡村振兴和农村人居环境整治中的重要作用，为持续推进乡村绿化美化建言献策。

【村庄绿化覆盖率调查】 国家林业和草原局启动全国村庄绿化状况调查工作，制订印发《村庄绿化状况调查技术方案》(以下简称《方案》)。《方案》明确了村庄绿化覆盖率调查的技术路线，界定了村庄土地面积、村庄绿化面积、村庄绿化覆盖率等关键指标定义，设计了调查统计方法，确保村庄绿化覆盖率指标测算科学可靠。开发村庄绿化覆盖率调查工具，举办村庄绿化状况调查培训班。采取抽样调查方法，全国抽取6300个行政村，开展村庄区划、绿地图斑勾绘、绿化状况判读、绿化面积与覆盖率测算等工作，形成全国村庄绿化状况调查报告，为各地科学开展村庄绿化提供科学依据。

【中央财政补助造林】 2019年，中央财政进一步加大造林补助规模，下达补助资金54.73亿元，安排造林补助任务133.37万公顷，比2018年增加12.8万公顷。鼓励各地创新方式方法，实施先造后补、以奖代补等方式。重点支持长江经济带生态修复、三北退化林改造、国家储备林建设、森林质量精准提升、乡村绿化美化等造林工作。

【生态保护修复国际合作】 通过中国国际新闻交流中心非洲和亚太中心记者座谈会、商务部援外林业项目亚太和非洲地区官员高级学位研修班等平台，介绍中国森林生态系统保护和修复主要政策措施、取得的成效，宣传中国森林生态保护修复成功经验。总结中美森林健康合作项目成果，在中国驻美国大使馆开放日平台展示，讲述中美林业科技合作互利共赢的故事。参加中奥林业工作组第四次会议、中德林业政策对话平台研讨会、国家林业和草原局与联合国环境署合作事项会谈，研究森林生态保护修复交流合作框架、意向和主要内容。

【全国营造林管理高级研修班】 6月3~5日，国家林业和草原局在重庆市组织举办全国营造林管理高级研修班。国家林业和草原局副局长刘东生出席并作专题辅导报告，重庆市政府副秘书长岳顺出席并致辞。研修班进行现场教学、分组座谈讨论，启动重庆市"互联网+全民义务植树"网站，北京、河北、广西、甘肃、重庆5省(区、市)作典型发言交流。交通运输部、水利部、中国石油、中国石化、中国钢铁工业协会等全国绿化委员会成员单位和有关部门(系统)代表，各省(区、市)林业和草原局生态修复(造林绿化)处长、绿化办主任，共计90人参加研修班。

(蒋三乃　刘羿　杨惠)

森林经营

【谋划全国森林经营工作总体思路】 一是深入组织研讨。1月13~15日，在北京组织召开新时代中国森林经营战略与对策研讨会，原林业部副部长刘于鹤、中国科学院唐守正院士、中国工程院张守攻院士等来自教学、科研、管理、实践等30个单位的近50位专家学者参加研讨会。二是实地开展调研。从3~8月，分别赴山西、内蒙古、吉林、黑龙江、福建、陕西等省(区)，开展7次森林经营的专题调研。三是广泛征求意见。分别征求34个省级林业和草原主管部门及局有关司局(单位)对全面加强森林经营工作的意见。四是在广泛调研、讨论、全面分析中国森林经营的基本情况、主要问题、存在原因的基础上，按照理清思路、统一思想、形成合力的目标，11月8日正式下发《国家林业和草原局关于全面加强森林经营的意见》(林资发〔2019〕04号)，部署今后一个时期全国森林经营工作的具体内容，统筹推进各地加快构建以森林经营方案为核心的管理决策体系，全面加强森林经营工作，推动森林资源持续改善。

【森林经营方案制度建设】 一是完成东北、内蒙古重点国有林区森林经营方案编制工作。在全面总结前两年森林经营方案编制工作的基础上，7月24~28日在长春、10月15~19日在长沙，分别组织举办了森林经营方案编制与森林可持续经营能力建设培训班，并对东北、内蒙古重点国有林区2019年开展森林经营方案编制工作的17个林业局提出了新要求，各个林业局已经完成相关工作。二是继续推进东北、内蒙古重点国有林区森林经营方案实施试点工作。在总结7个林业局2018年试点工作的基础上，组织各试点林业局调查设计2019年度生产计划，12月12号正式下发通知，批复2020年的试点任务，为进一步探索国有林区全面推行森林经营方案执行机制积累实践经验。三是进一步推进国营林场森林经营方案编制工作。结合"十四五"采伐限额编制工作，推进指导全国各地国有林场及其他经营大户的森林经营方案编制工作。四是为进一步提高林区人工林森林质量，积极探索新形势下人工红松大径材培育实践经验，11月中旬组织开展对海林、绥阳和林口3个林业局进行实地调研，并召开座谈会，广泛征求各方意见。

【森林抚育成效监测评估】 2019年，启动实施了森林抚育国家级监测评估工作，下发《关于上报2018年度中央财政补贴森林抚育工作总结的通知》(资综函〔2019〕24号)和《关于开展2018年度中央财政补贴森林抚育监测评估的通知》(资综函〔2019〕31号)，组织编制《2018年度中央财政森林抚育成效监测评估工作方案》，9月27~29日在北戴河组织举办技术培训班。2019年10至2020年1月，组织6个局直属规划院完成对31个省级单位、142个县级抽查单位、1995个森林抚育小班的外业监测评估工作，并完成全国森林抚育成效监测汇总报告和31个省级单位监测评估报告。

【国际合作和履约工作】 积极推进蒙特利尔进程履约工作，2月25日至3月1日、10月21~25日，先后派员赴乌拉圭蒙得维的亚、日本熊本参加蒙特利尔进程第17次技术组会议和第28次工作组会议，提交了中国方案，贡献了中国智慧，为推动全球森林可持续经营发挥了积极作用；继续推进中芬森林可持续经营示范基地建设，开展中芬国有林经营管理交流，促成芬兰国有林公司与内蒙古大兴安岭重点国有林管理局签署合作备忘录；完成联合国粮农组织2020年全球森林资源评估国家遥感调查。

(崔武社　王雪军)

林业生物质能源

【综　述】 2019年，按照国家林业和能源总体发展思路，坚持问题导向，通过开展行业协调指导，打造合作交流平台，开展关键技术研究，健全标准规范体系，持续推进林业生物质能源工作。据全国森林资源清查数据统计，全国现有能源林120多万公顷。林业生物质发电、成型燃料生产均已基本实现产业化，生物柴油和燃料乙醇转化利用已进入产业示范阶段。2019年，生物质发电装机容量636万千瓦，有23个省（区、市）共计投产254个生物质发电项目，占可再生能源发电装机容量的1.1%，林业剩余物成为生物质发电的主要原料。

行业协调指导 一是按照局长张建龙指示精神，专门协调国家发展改革委、国家能源局等相关部门，在国办出台的《推动能源高质量发展实施意见》中，强化林业生物质能源相关内容，并研究共同积极争取相关政策和建设项目。二是举办林业生物质能源建设培训班，系统总结近年来工作进展，系统分析当前发展形势，研究提出新时代推进林业生物质能源工作的总体思路和具体要求。三是赴辽宁省和吉林省开展综合性调研，掌握各地林业生物质能源发展状况和面临的问题，听取推进林业生物质能源工作的具体意见和建议。

合作交流平台 一是联合科研院所技术力量，以及林业生物质能源示范基地和企业，协调组建无患子林业生物质国家创新联盟和文冠果国家创新联盟，并召开联盟成立大会暨学术研讨会，为进一步加强能源林培育、促进林业生物质能源发展搭建支撑平台。二是依托中国林产工业协会，协调林业生物质能源示范基地和相关龙头企业，成立生物质能源与材料专业委员会，并组织召开成立大会暨发展论坛，推动政府、行业协会和企业之间的深度协作，进一步凝聚社会力量共同参与林业生物质能源工作。

关键技术研究 一是编制《林业生物质能源产业科技成果汇编》，推广高能效先进生物质原料林可持续经营技术等63项生物质能源科技成果，加快产学研对接，促进林业生物质能源产业快速发展。二是开展林业生物质能源产业政策研究，编制形成《林业生物质能源产业发展年度报告(2019)》，总结国内外林业生物质能源最新进展情况，分析全国林业生物质能源产业各构成部分的发展趋势和存在问题，提出产业整体发展方向、建设重点和保障措施。

标准规范体系 一是组织开展能源行业非粮生物质原料标准化技术委员会林业分技术委员会换届筹备工作。二是编制形成林业行业标准《能源原料林栽培技术规程(初稿)》，组织召开专家咨询会，研究提出进一步修改完善意见。三是组织召开全国能源基础与管理标准化技术委员会林业能源管理分技术委员会年会，研究提出优化完善生物质能源标准体系意见，审议通过9项生物质能源相关标准。

(程志楚)

【林业生物质能源发展年度报告(2019)】 为提供林业生物质能源管理决策参考，促进林业生物质能源健康持续发展，国家林业和草原局生态司组织编制完成《林业生物质能源发展年度报告(2019年)》。报告在调查研究的基础上，全面梳理全国林业生物质能源整体发展新动态，系统总结能源林建设进展，具体分析全国林业生物质能源产业各构成部分的发展现状、趋势、问题，并以运行良好的龙头企业和示范基地为主要案例进行典型模式分析，重点解读了林业生物质能源相关政策，提出了中国林业生物质能源发展建议。

(罗春林)

【林业生物质能源建设培训班】 于11月5~8日在吉林省长春市举办。来自全国各省（区、市）林业和草原主管部门、内蒙古和大兴安岭森工(林业)集团公司、新疆生产建设兵团林业和草原主管部门的负责同志和技术人员，国家林业生物质能源示范基地负责人，以及林业生物质能源建设领域专家等，共计69人参加培训。培训班包括现场教学和室内培训。现场教学结合吉林宏日新能源股份有限公司的生物质供热示范项目建设与运行，集中展示林热一体化产业链条。室内培训包括国际供热产业发展报告、国内林业生物质能源发展现状及潜力分析、能源培育高效培育技术、林业剩余物燃烧特性分析。国家林业和草原局生态司副司长黄正秋（正司级）出席培训班，并作专题辅导报告。 （罗春林）

【生物质能源与材料专业委员会】 11月28~29日，在国家林业和草原局生态司指导协调下，中国林产工业协会生物质能源与材料专业委员会成立大会暨发展论坛在四川省成都市举行。此次会议由中国林产工业协会主办，国家林业和草原局林产工业规划设计院、中国林产工业协会生物质能源与材料专业委员会承办，四川火尔赤清洁能源有限公司、俏东方生物燃料集团有限公司、金科新能源有限公司协办。来自全国各地的100多位行政官员、专家学者、企业精英以及科研人员，共同见证生物质能源与材料专业委员会正式成立。发展论坛多角度、全方位地解析了生物质能源与材料产业新技术、市场环境、发展趋势、行业政策，深入探讨生物质能源与材料产业发展现状、政策、技术及未来。 （程志楚）

森林资源管理与监督

05

森林资源保护管理

【综　述】　2019年，资源司以习近平生态文明思想为根本遵循，把握形势、自加压力、突出重点、全面履职，着力推动改革创新、工作深化和能力建设，更加奋发有为地履行好森林资源保护管理、监测和监督职能，进一步推动森林资源管理事业高质量发展。

【多项改革任务】

重点国有林区改革　2019年是重点国有林区改革攻坚年，按照中央深改办和局党组要求，紧紧抓住国有林区改革中的难点、热点和焦点问题，严把时间节点，采取有效措施积极推进国有林区改革。一是积极协调，共同推进。国家林草局副局长李树铭带队先后与三省（区）政府领导商讨改革重大问题；多次与发改委沟通改革工作，研究重大问题；与民政部就呼中、新林设区问题进行商谈。组织召开多次管理体制改革座谈会和改革工作小组会，把握改革方向，协调改革中存在的困难和问题。二是管理体制改革取得重要进展。积极配合中央编办，深入林区一线开展调研，先后多次召开由有关部门参加的管理体制改革座谈会，赴中央编办就有关问题进行沟通。中央组织部、中央编办印发《关于健全重点国有林区森林资源管理体制有关事项的通知》（中央编办发〔2019〕225号），对重点国有林区森林资源所有权、监管权、经营权进行明确，标志着中央6号文件确定的组建国有林管理机构任务顺利完成；起草《关于落实中央编办发〔2019〕225号初步意见的汇报》，提出了推动管理体制改革的主要思路，并提交局党组会研究讨论。三是督促地方深入推进"四分开"。建立社会职能剥离情况定期报告制度，按季度汇总报告各地社会职能剥离情况，摸清存在的问题，及时提出建议；向三省（区）印发通知，开展森工企业承担的社会职能全面摸底调查，为进一步指导推动社会职能剥离移交工作奠定基础；积极协调规财司，配合做好解决黑龙江省社会职能剥离改革成本工作。四是组织参与国有林区改革重大调研。多次组织陪同全国人大常委会、中央编办赴林区开展专题调研；派出专题调研组赴吉林、大兴安岭开展重点国有林区改革专题调研，督促指导各地落实改革任务；参加加格达奇、加松两地归属问题专题调研，提出有关建议；参加民政部组织的伊春撤区并县调研，参与调研报告起草。五是推动大兴安岭林业集团公司直管改革。成立领导小组及其办公室和5个专项推进组，制订《大兴安岭林业集团公司改革方案》，会同黑龙江省召开大兴安岭林业集团公司改革启动会议，对大兴安岭林业集团公司直管工作进行部署。

实行林长制改革试点　林长制是加快林业治理体系和治理能力现代化、促进生态文明建设的重大制度创新，得到了中央领导同志的充分肯定。全国已有21个省（区、市）全部或部分探索实行林长制，其中5个省（区、市）以正式文件全面执行，林长制已经由搭建框架、建章立制进入全面发力、成效日显的阶段。按照中央深改办要求，完成《全面推行林长制的意见（代拟稿）》的起草工作，正在征求各方意见。

林木采伐"放管服"改革　按照中央"放管服"改革总体要求和部署，坚持以问题为导向，强化便民服务举措，充分发挥先进技术，构建以信用为基础的监管体系，经过深入调查研究和广泛征求意见，研究制订并印发《国家林业和草原局关于深入推进林木采伐放管服改革的通知》。《通知》针对林木采伐"办证繁、办证慢、办证难"等问题，提高采伐审批效能，在管理模式、审批制度、技术手段等方面，开创性地提出了林木采伐管理的新理念、新路径和新手段，是各级林业和草原主管部门当前和今后一个时期开展林木采伐管理工作的重要任务和抓手。

森林经营管理工作　一是做好森林经营顶层设计，在深入讨论和广泛调研基础上，统筹谋划全国森林经营工作的总体思路，推进森林经营制度建设，出台《全面加强森林经营着力提高森林质量的意见》。二是研究成立全国森林经营工作领导小组、森林经营工作专家咨询委员会，拟订实施支持保障方案。三是督促指导东北、内蒙古重点国有林区2019年17个林业局森林经营方案编制工作，全部87个林业局的森林经营方案编制工作已基本完成。总结并启动7个林业局森林经营方案实施试点工作，推进全国国有林场森林经营方案编制工作。四是启动实施森林抚育国家级监测评估工作，下发《关于上报2018年度中央财政补贴森林抚育工作总结的通知》（资综函〔2019〕24号）、《关于开展2018年度中央财政补贴森林抚育监测评估的通知》（资综函〔2019〕31号），组织编制《2018年度中央财政森林抚育成效监测评估工作方案》，举办技术培训班，完成外业监测评估、成果分析评价和汇总工作。下发《关于上报2020～2022年森林抚育需求建议的通知》（资综函〔2019〕16号），完成全国2020～2022年森林抚育任务计划统计。五是开展中芬国有林经营管理交流，详细了解芬兰国有林区管理体制、组织构架、运营模式、森林经营和采伐管理政策情况。促成芬兰国有林公司和内蒙古重点国有林管理局签署合作备忘录。完成联合国粮农组织2020年全球森林资源评估遥感调查。

【资源管理手段】

打造"国家森林资源智慧监测与数字管理平台"　资源司以全国林地"一张图"管理平台为基础，更新升级为"国家森林资源管理智慧监测与数字管理平台"。利用遥感、大数据等技术的镶嵌式结合，采取"1个平台+N个业务应用"模式，研发出森林资源监测评价、森林监督管理、森林经营管理等多个业务应用系统，对传统的森林调查监测手段进行升级，实现了森林资源数据及时更新、常态化监管、数字化经营、智能化管理，可以随时查看和掌握全国各地的造林绿化、林地征占、林木采伐等面积数量和具体地块的变化情况，这对森林资源管理是一项重大突破，也是利用科技支撑推动资源管理现代化的具体实践。

第九次清查成果　一是圆满完成第九次全国森林资源清查成果汇总工作，按照"严格标准，保证质量，统筹安排，确保进度"的总体要求，产出成果数据库、森林资源报告等成果，通过局科技委组织的专家论证和局务会审议，并按程序向中央和国务院报告。二是全面应用清查成果。为满足社会各界对森林资源最新数据的迫切需求，本着强化服务意识、提高服务水平的原则，为各方面提供数据。习近平总书记、韩正副总理已在相关工作中对社会、媒体等提到了全国最新森林资源数据；部领导、局领导出访，携带最新清查成果英文版宣传册，宣传中国森林资源保护发展状况；"十四五"等相关规划已采用最新数据；国家林草局官方网站更新使用了第九次清查成果，国务院及有关部门和教学科研单位已全面应用最新清查成果。

森林资源管理"一张图"年度更新　一是完成森林资源管理"一张图"年度更新技术规程修订，制订《2019年森林督查暨森林资源管理"一张图"年度更新工作方案》和《森林督查暨森林资源管理"一张图"年度更新技术规定》，下发《国家林业和草原局关于开展2019年森林督查暨森林资源管理"一张图"年度更新工作的通知》（林资发〔2019〕30号）。二是为规范统计分析，修订31个统计表，下发《国家林业和草原局森林资源管理司关于修订森林资源管理"一张图"年度更新统计表格式的通知》（资综函〔2019〕26号），组织开展两期技术培训会，明确2019年森林资源管理"一张图"年度更新任务、技术方法、技术标准和成果要求，为各省顺利开展森林资源管理"一张图"年度更新工作奠定基础。三是组织局规划院完成覆盖全国的遥感数据采集与处理，6个直属院完成林地和森林变化地块的遥感判读，分发各省。全国判读林地和森林变化图斑75.88万个，判读图斑面积116.41万公顷。

国家级公益林建设成效监测评价　为客观评价国家级公益林保护建设成效，完善国家级公益林保护管理政策、规范管理制度提供决策依据和科学支撑，组织6个直属院开展国家级公益林监测评价工作。一是组织研究编制《国家级公益林监测评价实施方案（试行）》，改进技术方法、完善指标体系，创新国家级公益林监测评价技术思路。两次召开研讨会、专家论证会，确保方案科学、可操作。二是下发《国家林业和草原局办公室关于开展国家级公益林监测评价工作的通知》（办资字〔2019〕138号），启动工作。目前国家级公益林监测外业工作全部结束，2020年1月底将完成监测成果分析评价和汇总工作。

东北、内蒙古重点国有林区二类调查成果　落实《国有林区改革指导意见》，督促重点国有林区完善二类调查成果，组织开展成果汇总分析。一是组织研发重点国有林区森林资源规划设计调查成果管理系统，完成外业调查成果检查验收，成果标准化处理和入库管理。二是组织完成调查成果汇总分析，形成重点国有林区—林业局—林场的多级统计表、汇总成果报告，征求各重点林区管理部门意见及有关专家意见，并进行修改完善。三是推动调查成果应用，强化其在森林采伐、林地管理、森林经营、监督执法、生态修复等森林资源保护经营管理中的基础地位。

"十四五"年森林采伐限额编制　2019年是森林采伐限额编制的周期年。一是总结分析"十三五"采伐限额执行情况，形成《全国"十三五"采伐限额执行情况报告》。二是针对天然林停止商业性采伐、森林经营方案等重大政策措施进行梳理衔接，形成《"十四五"期间年森林采伐限额编制重大问题和对策建议》。集中听取13个省意见，结合福建、广西、广东等典型调研起草形成《全国"十四五"期间年森林采伐限额编制方案》，并广泛征求各省意见。三是组织有关单位，围绕全国森林资源现状与采伐限额、依据森林经营方案确定合理年伐量、全国木材供给和需求状况等方面开展专题研究，为"十四五"编制森林采伐限额提供理论和技术支撑。

新一轮林地保护利用规划编制准备工作　国务院批复的《全国林地保护利用规划纲要（2010~2020年）》（国函〔2010〕69号）即将到期，为做好新一轮林地保护利用规划编制工作，组织局各直属院开展新一轮林地保护利用规划编制前期工作。下达新一轮林地保护利用规划编制前期工作任务和工作要求。各直属院已按工作方案要求和时限安排，开展监测区内典型县调研，组织专题研究。

【资源保护成效】

森林督查　在2018年首次开展森林督查取得良好效果的基础上，进一步深化完善运行机制，实现"三个统筹"。一是统筹森林督查和森林资源管理"一张图"年度更新、国家级公益林建设成效监测工作的协同推进，实现共用一套遥感数据、一次判读区划、一次验证核实、一次现地复核，协调开展、同步推进，减少重复工作、减轻基层负担。二是统筹省级主管部门、直属院、专员办形成工作合力，压实各自职责。省级林草主管部门对辖区内森林督查和森林资源管理"一张图"年度更新工作负总责，严格把握工作进度、成果质量、案件查处和整改成效；直属院负责影响获取、处理、图斑判读和现地验证质量把控；专员办负责督查督办案件。三是统筹各类森林资源检查和执法行动，积极配合全局督查检查考核精简整合工作，将森林督查打造成唯一执法监管平台。狠抓2018年森林督查案件的查处督办，将森林督查结果和通报以"一省一通报"的方式督促各省落实整改要求，切实提高森林督查工作的影响力、震慑力。

林政执法　一是认真贯彻习近平总书记等中央领导同志对林草资源保护工作的重要批示指示精神，下发《关于深入贯彻落实习近平总书记重要批示指示精神全面加强林业草原资源保护管理的通知》；二是与草原司联合启动"绿卫2019"森林草原执法专项行动，发现问题7.2万余起；三是重点督办大兴安岭滥采野生杜鹃、黑龙江曹园违建别墅、江苏省浦口区"住宅式"墓地问题、黑龙江尚志市毁林种参、福建"活人墓"等一批中央领导同志批示、央视媒体曝光的重大典型案件；四是开展森林资源行政执法调研，与局经研中心赴福建、广西、云南、辽宁四省（区）对林业行政执法体系开展调研工作；五是配合自然资源部开展违建别墅清查整治工作，参与11个部门联合开展的高尔夫球场清理整治工作等。

对专员办的指导服务 一是总结各专员办监督机制创新工作。15个专员办在建立约谈机制、案件移交机制、案件跟踪问效制度、案件报告和反馈制度等方面，开展了大胆探索和创新。12个专员办与监督区的省级人民检察院等单位建立了联合工作机制，积极借助公检法力量，联合督办大案要案。组织实施义务监督员工作机制，倡导舆论媒体和社会监督。福州专员办等充分发挥工作站的作用，开展联合办案。北京专员办等主动建立案件线索移送机制，促使地方政府高度重视。2018年，各专员办共开展约谈183次，约谈753人。二是汇总案件督查和责任制检查工作。2019年前三季度，各专员办共督查督办破坏森林资源案件2075起，涉案林地5258.6公顷，涉案林木74 903立方米，收回林地958.67公顷，罚款（金）8787万元，处理各类违法违纪人员2193人；对155个县进行县级人民政府保护发展森林资源目标责任制检查，其中，未建立责任制3个，分别是海南白沙县、青海省西宁市城区、陕西省汉中市城固县。全国2612个涉林县除上述33县均建立目标责任制；向33个监督区政府及有关单位反映问题105条，提交建议意见117条。

林地保护管理 一是加强林地管理制度建设。落实局领导指示精神，起草《国家林业和草原局关于进一步加强林地保护管理的通知（初稿）》，现已列入局规范性文件计划安排；下发《国家林业和草原局关于规范风电场项目建设使用林地的通知》（林资发〔2019〕17号），明确风电场项目建设使用林地的禁建区域和限制范围，重点是禁止风电场项目建设使用天然乔木林地和国家级公益林中的有林地；拟研究建设项目使用林地准入负面清单，解决现行林地管理政策规定多、内容杂、理解难等问题，目前已与局中南院联合开展前期工作。二是规范建设项目使用林地及在国家级自然保护区建设审核审批制度。一方面根据"十三五"期间分解下达的各省林地定额，以及汇总统计的各省2018年度林地定额使用情况，下发《国家林业和草原局关于下达2019年度林地定额的通知》（林资发〔2019〕37号），正式下达各省2019年度林地定额16.06万公顷。另一方面，严把审核审批关。截至2019年底，全国共审核审批建设项目使用林地项目2.94万项，面积12.41万公顷，收取植被恢复费200.97亿元。其中，国家林草局审核使用林地项目617项，面积4.65万公顷，收取植被恢复费82.79亿元；审批在国家级自然保护区实验区内修筑工程设施项目119项，组织专家评审会19次；办理不许可项目3项，变更项目17项，延续项目117项。（郑思洁）

林地管理

【下发《国家林业和草原局关于规范风电场项目建设使用林地的通知》】 为规范风电场项目建设使用林地，减少对森林植被和生态环境的损害与影响，下发《国家林业和草原局关于规范风电场项目建设使用林地的通知》（林资发〔2019〕17号）（以下简称《通知》）。《通知》提出要充分认识规范风电场建设使用林地的重要性；《通知》规定了风电场建设使用林地禁建区域、风电场建设使用林地限制范围；《通知》要求强化风电场道路建设和临时用地管理，加强风电场建设使用林地的指导和监管。
（聂大仓）

【全国建设项目使用林地审核审批情况】 2019年，全国（不含台湾省，下同）共审核使用林地项目38 496项，审核同意面积156 773.80公顷；批准临时占用林地和直接为林业生产服务的工程设施使用林地项目20 941项，批准面积66 787.02公顷；征收森林植被恢复费336.68亿元。其中，国家林业和草原局审核使用林地项目613项，审核同意面积52 035.29公顷，征收森林植被恢复费91.29亿元。各省（区、市）和新疆生产建设兵团林业和草原主管部门审核使用林地项目37 883项，审核同意面积104 738.51公顷；批准临时占用林地和直接为林业生产服务的工程设施使用林地项目20 941项，批准面积66 787.02公顷；征收森林植被恢复费245.40亿元。国家林业和草原局审批在森林和野生动物类型国家级自然保护区实验区修筑设施项目145项。

表5-1 2019年度国家林业和草原局审核建设项目使用林地情况统计表

省（区、市）、集团、兵团	审核使用林地		
	项目数	面积（公顷）	森林植被恢复费（万元）
总　计	613	52 035.2904	912 852.3441
北　京	10	400.183	113 850.471
天　津	—	—	—
河　北	14	1156.8360	11 018.9654
山　西	6	444.0526	4115.6778
内蒙古	55	4007.8017	75 383.7451
辽　宁	5	122.9897	2729.4358

（续表）

省(区、市)、集团、兵团	审核使用林地		
	项目数	面积（公顷）	森林植被恢复费（万元）
吉 林	37	416.441	6750.9927
黑龙江	33	1630.7305	31 583.3254
上 海	—	—	—
江 苏	7	753.2312	16 493.202
浙 江	13	1660.3126	37 063.2805
安 徽	5	602.5037	8664.8906
福 建	17	1075.8881	41 992.2955
江 西	17	887.5126	14 984.2793
山 东	13	1717.4889	25 804.4081
河 南	23	2796.9677	36 560.3678
湖 北	10	755.9378	10 215.5919
湖 南	14	1479.9042	24 861.6648
广 东	16	2491.3682	48 113.08
广 西	26	2623.9630	30 144.5544
海 南	2	433.0376	3853.3711
重 庆	11	406.0302	15 999.9682
四 川	20	1614.9185	23 560.6835
贵 州	36	3331.8898	55 054.61
云 南	26	6244.1087	69 300.8531
西 藏	37	2593.3518	32 628.903
陕 西	40	3800.21	78 273.4254
甘 肃	20	1744.2881	22 813.3532
青 海	11	686.4539	8963.045
宁 夏	6	243.7225	3377.0592
新 疆	29	4552.7522	43 690.9334
新疆兵团	13	907.1715	7778.9927
内蒙古森工	23	366.4414	5721.3164
大兴安岭	18	86.8017	1505.599

表5-2 2019年度各省(区、市)和新疆生产建设兵团审核审批建设项目使用林地情况统计表

省(区、市)、兵团	审核使用林地			审批临时占用地			审批直接为林业生产服务使用林地	
	项目数	面积（公顷）	森林植被恢复费（万元）	项目数	面积（公顷）	森林植被恢复费（万元）	项目数	面积（公顷）
总 计	37 883	104 738.512	1 816 805.048	10 160	50 229.6271	637 168.5286	10 781	16 557.3959
北 京	167	228.1162	71 737.6377	127	293.6460	73 068.06035	41	38.7342
天 津	83	193.2376	2606.8557	15	42.1973	521.3758	—	—
河 北	363	1768.3554	20 441.4892	150	1374.6606	9379.8117	43	91.8481
山 西	320	1814.0237	18 740.7668	266	1647.3525	15 866.3448	66	380.9449
内蒙古	911	4175.2535	56 280.8617	443	4663.1093	51 343.906	226	4170.3157
辽 宁	264	1067.3773	18 786.452	74	1893.5479	12 992.6176	10	5.6191
吉 林	294	651.8609	14 450.5062	130	1222.7343	17 638.7891	69	148.3377
黑龙江	182	556.9128	10 825.5441	205	656.5896	9818.8478	63	265.1135
上 海	—	—	—	—	—	—	—	—
江 苏	168	605.5013	9021.9321	31	238	3171.0287	29	25.0000

(续表)

省(区、市)、兵团	审核使用林地			审批临时占用林地			审批直接为林业生产服务使用林地	
	项目数	面积(公顷)	森林植被恢复费(万元)	项目数	面积(公顷)	森林植被恢复费(万元)	项目数	面积(公顷)
浙　江	3623	4134.9037	94 846.0922	356	774.02	13 475.3205	1508	1126.3216
安　徽	1117	2927.9717	55 188.1048	297	656.2476	8383.3958	679	291.2233
福　建	2484	4954.0522	118 167.9902	291	781.3826	17 656.2635	444	290.3303
江　西	2270	9669.2022	143 905.1002	817	1872.398	20 925.70729	664	395.4115
山　东	576	1923.0661	30 180.1184	100	800.3116	12 816.96	82	95.4714
河　南	613	3298.623	46 366.2488	126	1214.6615	12 709.6712	18	49.7456
湖　北	1886	5776.5423	81 299.84	427	1310.2594	14 777.1535	614	873.4876
湖　南	3033	7528.6674	131 104.6271	534	1442.4241	17 547.8864	675	547.9044
广　东	1496	8782.6876	199 221.016	614	3088.9346	55 849.56078	214	303.756
广　西	1303	7616.6353	108 773.5625	643	3397.8537	38 840.3591	549	1214.2105
海　南	3	28.4872	438.7874	147	648.9979	7559.0627	7	9.7152
重　庆	812	3489.6438	139 854.4882	389	1002.8401	28 409.5608	2297	813.4945
四　川	1658	5663.7307	103 851.2442	900	2464.6253	21 104.0044	1532	1822.0619
贵　州	9210	11 340.1601	123 851.2573	476	3488.7164	36 373.4002	252	174.9957
云　南	1837	7505.913	81 309.9119	992	6278.153	60 636.67404	435	1621.8558
西　藏	208	476.311	4791.2594	63	422.0257	4770.9021	1	0.2666
陕　西	1089	3953.1875	74 331.8824	65	526.9243	7880.2308	44	187.9158
甘　肃	216	627.4038	10 337.16	112	574.3185	7495.36	17	15.8649
青　海	143	343.148	4937.97084	69	660.5567	5830.4193	21	9.9897
宁　夏	473	1573.3546	21 025.4957	242	1100.9392	11 533.2565	23	37.6685
新　疆	847	1618.3405	15 378.1007	950	5260.7739	34 053.1377	48	483.9289
新疆兵团	234	445.8416	4752.744	77	380.7223	4088.5195	6	173.5866
大兴安岭	—	—	—	32	49.7032	650.9406	104	892.2764

（胡长茹）

【建设项目使用林地及在森林和野生动物类型国家级自然保护区建设行政许可被许可人监督检查】 为落实《行政许可法》有关规定，根据《国家林业和草原局建设项目使用林地及在国家级自然保护区建设行政许可随机抽查工作细则》，2019年，国家林业和草原局组织15个派出森林资源监督机构（以下统称"专员办"）开展国家林业和草原局建设项目使用林地及在森林和野生动物类型国家级自然保护区建设行政许可被许可人监督检查工作。经统计，监督检查工作共投入394名检查人员，检查237项国家林业和草原局审核同意或批准的使用林地及在国家级自然保护区建设的项目，涉及278个县级单位。

检查的237项使用林地建设项目，实际使用林地面积1.7万公顷，其中，186项依法使用林地；51项存在超审核（批）范围使用、异地使用等问题，违法使用林地面积158.14公顷。有53项建设项目配套的附属工程存在未经批准违法使用林地情况，面积318.79公顷。

检查结果表明，大部分建设项目按行政许可确定的地点、面积、用途、期限使用林地，严格遵守林地保护和征占用林地、自然保护区管理制度。同时，也发现一些建设项目或附属设施和辅助工程不同程度地存在超审核（批）使用、异地使用、未按用途使用、超期限使用、未批先占林地的问题，部分建设项目还比较严重。

各专员办已对检查出的违法违规使用林地项目进行督查整改，大部分项目已整改到位。下一步，国家林业和草原局将进一步完善监督检查工作办法，加强对监督检查人员的培训，切实发挥各专员办监管职责，坚决依法打击违法违规使用林地行为。

（聂大仓）

采伐管理

【创新林木采伐"放管服"改革】 为落实党中央、国务院关于"放管服"、审批服务便民化、"互联网+"等改革工作部署要求，针对林木采伐"办证繁、办证慢、办证难"等问题，回应社会各界关切，强化便民服务举措，提高采伐审批效能，在管理模式、审批制度、技术手段等方面，探索林木采伐管理的新体制、新机制，国家林业和草原局在前期充分调研和广泛征求意见的基础上，印发《关于深入推进林木采伐"放管服"改革工作的通知》(林资规〔2019〕3号)。

通知明确各级林业和草原主管部门要全面推行"一窗受理""一站式办理"等便捷高效服务，方便林农办理林木采伐申请，充分发挥乡镇林业站作用，为林农采伐办证提供集中受理、统一送审等服务。县级林业和草原主管部门可委托乡(镇)政府办理林农采伐审批发证，有条件的地方可在村(组)一级设立林木采伐受理点。各地要加快推进"互联网+采伐管理"模式，升级完善在线申请办证功能，逐步开通林木采伐手机App，让林农"足不出户"即可申请采伐，并将"全国林木采伐管理系统"应用延伸到乡镇林业站，逐步构建集申请、受理、查询和发证等于一体的采伐管理政务服务体系。

通知积极推动林木采伐申请简化改革，一是对林农个人申请采伐人工商品林蓄积量不超过15立方米的，精简或取消事前查验等程序，实行告知承诺方式审批。林农只要填写采伐申请、出具采伐承诺书、愿意承担相应责任，即可办理林木采伐许可证。二是森林经营单位修筑直接为林业生产服务的工程设施需要采伐林木的，可同步申报使用林地和林木采伐事项。森林病虫害防治作业方案、森林火灾损失评估(勘察)报告等材料已明确采伐地点、林种、林况、面积、蓄积量、方式、强度和伐后更新等内容，可直接用于林木采伐许可证申请。

与此同时，还强调各地要完善林木采伐公示公开制度，建立林木采伐信用监管机制。对诚实守信者实行优先办理、限额保障、简化程序等政策激励机制，建立林木采伐失信名单，加强对失信主体的审核和监管。

(艾 畅 张 敏)

【全国"十四五"采伐限额编制工作】 2019年，部署启动"十四五"森林采伐限额编制工作。国家林业和草原局按照党中央、国务院关于生态文明建设工作的安排部署，认真梳理现行的采伐管理政策，并结合前期调度2016~2018年全国"十三五"采伐限额执行、分析全国木材供需、编制国有经营单位森林经营方案等情况的专项研究，组织起草《"十四五"期间年森林采伐限额编制方案》(以下简称《编制方案》)。因《森林法》修订正处关键时期，采伐管理政策需做适当调整，为使《编限方案》更好地与新修订《森林法》相衔接，及时补充完善《编限方案》的相关内容，并于10月印发《关于编制"十四五"期间年森林采伐限额工作的通知》(林资发〔2019〕99号)。

为推动全国"十四五"编制森林采伐限额工作的开展，资源司12月在福建厦门召开全国"十四五"期间森林采伐限额编制技术培训班，对各省级林业和草原主管部门参会的90多名管理人员和技术人员进行了编限工作的安排部署、编限方案的讲解分析、测算软件的操作使用、编限问题的交流解答。

(王鹤智 张 敏)

【全国林木采伐和木材运输管理信息系统】 林木采伐、木材运输是全国森林资源管理的重要环节，为此，《森林法》确立了以凭证采伐和凭证运输的方式，来管控森林资源总量消耗及木材依法流通的制度。因此，林木采伐许可证、木材运输证是从源头保护森林资源的主要抓手，也是行政许可审批的重点事项。

"全国林木采伐管理系统""全国木材运输管理系统"作为业务审核审批、行政许可发放的管理系统，保障了申请者、管理者、监督者和社会对采伐证和运输证的需求，并为全面推行"双随机、一公开"监管提供了数据支撑。经对两系统统计查询，截至2019年底，"全国林木采伐管理系统"已经覆盖29个省级单位，包括23个省(区、市)和6个森工(林业)集团，共核发林木采伐许可证147万份。"全国木材运输管理系统"已经全部覆盖34个省级单位部署的5501个办证点，累计发放415万份木材运输证。

(王鹤智 张厚武)

【重点林区林木采伐审批与监管】 内蒙古、吉林、黑龙江、大兴安岭、长白山、伊春森工(林业)集团的林木采伐许可证由国家林业和草原局委托内蒙古、长春、黑龙江、大兴安岭森林资源监督管理办公室核发，2019年4个专员办共向国有林区发放43 577份林木采伐许可证。

按照"谁发证、谁抽查，谁审查、谁检查，谁申请、谁负责"的采伐管理制度，采取"双随机、一公开"的监管方式，4个专员办完成2019年度伐区调查设计质量和伐区作业质量检查。一是抽查86个林业局1056个小班，面积6414.13公顷(其中：森林抚育小班422个、主伐小班23个、抚育采伐小班35个、更新采伐小班12个、卫生采伐小班14个、其他采伐小班550个)。调查设计合格小班1024个，合格率96.96%。二是抽取85个林业局的566个小班，面积4939.85公顷(其中：有消耗蓄积森林抚育小班251个、无消耗蓄积森林抚育小班160个、主伐小班14个、更新采伐小班7个、抚育采伐小班24个、其他采伐小班110个)。伐区作业质量结果为：伐区验收率96.6%、伐区凭证采伐率99.4%、采伐作业质量合格率92.4%。

(王鹤智 张 敏)

森林资源监测

【森林资源监测】 2019年，为深入贯彻落实党的十九大精神和习近平生态文明思想，夯实森林资源保护经营管理基础支撑，下发《国家林业和草原局关于开展2019年森林督查暨森林资源管理"一张图"年度更新工作的通知》（林资发〔2019〕30号），统筹实施全国森林资源管理"一张图"年度更新和森林督查。总体路线是，以上一年验收的森林资源管理"一张图"为基础，与森林督查统筹共用一套遥感数据、一次判读区划、一次验证核实、一次现地复核，获取森林资源变化信息，更新森林资源管理"一张图"；逐步实现全国森林资源"一张图"管理、"一个体系"监测、"一套数"评价，维护森林资源管理"一张图"的现势性、准确性和时效性，为加强全国森林资源保护管理提供支撑，保障森林资源保护发展目标实现。主要开展的工作：一是研究制订《2019年森林督查暨森林资源管理"一张图"年度更新工作方案》以及《森林督查暨森林资源管理"一张图"年度更新技术规定》。二是利用遥感影像，判读区划森林或林地变块地块，全国范围共判读75.88万个图斑，面积116.41万公顷，涉及31个省（区、市）的3103个县级单位（包括六大森工集团和新疆生产建设兵团）。三是修订完善统计表，下发《国家林业和草原局森林资源管理司关于修订森林资源管理"一张图"年度更新统计表格式的通知》（资综函〔2019〕26号），规范统计分析。四是组织各省林草主管部门，利用5个月时间左右，开展变更图斑的现地核实和内业核验工作，逐一确定森林和林地变化图斑的变化情况，并更新到森林资源管理"一张图"数据库中。五是汇总统计分析，形成《2019年全国森林资源管理"一张图"年度更新成果报告》。六是将全国林地变更调查工作平台升级为"国家森林资源智慧管理平台"，森林资源数字化管理、智慧化监测和信息化监管基础支撑已初具规模，将极大地推动森林资源管理信息化水平。

（韩爱惠）

【国家级公益林管理】 为夯实国家级公益林管理基础，加强和规范国家级公益林管理，认真落实《国家林业局财政部关于印发〈国家级公益林区划界定办法〉和〈国家级公益林管理办法〉的通知》（林资发〔2017〕34号）要求，对2018年完成的国家级公益林落界成果，汇总形成《全国国家级公益林落界成果报告》，作为2019年中央财政森林生态效益补偿的依据。截至2018年，全国国家级公益林落界面积为1.14亿公顷，其中：按保护等级分，一级保护等级1824.22公顷、占16.01%，二级保护等级9571.65公顷、占83.99%；按权属分，国有6399.39公顷、占56.16%，非国有4994.68公顷、占43.84%。

为及时掌握国家级公益林变化情况，客观评价建设成效，推动国家级公益林动态管理，森林资源管理司组织研究国家级公益林监测评价技术方法，编制《国家级公益林监测评价实施方案》，以《国家林业和草原局办公室关于开展国家级公益林监测评价工作的通知》（办资字〔2019〕138号）部署开展了国家级公益林监测。此次监测，充分利用卫星遥感、网络平台、大数据分析、模型技术等新技术、新手段，创新技术方法，完善指标体系，摸清国家级公益林本底状况，为实施国家级公益林年度监测奠定基础。主要方法是，以国家级公益林落界成果为基础，结合森林资源管理"一张图"年度更新工作，综合应用遥感监测、典型样地调查、固定样地分析、长期定位观测等方法，调查监测国家级公益林的范围与数量、质量与结构、生态系统服务功能及其动态变化情况。此项工作，由国家林业和草原局资源司组织，局直属6个规划设计院和林科院分工合作，地方各省配合，顺利完成2019年国家级公益林监测评价工作，形成《全国国家级公益林监测评价报告》。国家级公益林监测，将为实施国家级公益林规范化、动态化、精准化管理奠定基础。

（韩爱惠）

林政执法

【林业行政执法情况】 2019年，全国共发现林业行政案件14.44万起，查结林业行政案件13.56万起，通过案件查处共恢复林地15 566.70公顷、保护区或栖息地195.09公顷、没收木材9.85万立方米、种子0.94万千克、幼树或苗木38.50万株，没收野生动物11.68万只、野生植物10.06万株，收缴野生动物制品5390件、野生植物制品2727件，涉林案件处罚总金额17.90亿元，被处罚人数14万人次，责令补种树木983万株。案件共造成损失林地11 563.67公顷、保护区或栖息地235.73公顷、沙地0.17公顷，损失林木19.42万立方米、竹子114.89万根、幼树或苗木2505.57万株、种子782千克，损失野生动物6.77万只、野生植物13.36万株。

9月30日，下发《国家林业和草原局森林资源行政案件稽查办公室关于加强全国林业行政案件统计工作的通知》（林稽办字〔2019〕33号）。

【保护森林资源开展的打击专项行动】
2019年3月12日召开电视电话会议，在全国范围内部署启动"绿卫2019"森林草原执法专项行动。会后，下发《关于开展"绿卫2019"森林草原执法专项行动的通知》，印发工作方案。各地林业草原主管部门按照统一部署，落实方案要求，以加强案件督查督办为抓手，坚决遏制和严厉打击各类破坏森林草原资源违法犯罪行为，取得较好成效。

专项行动开展以来，各级林草主管部门共出动巡查人员94.68万人次、巡查执法车辆27.45万车次。在打击破坏森林资源违法方面，共摸排毁林开垦3.05万公顷，违法采伐林木蓄积量52.62万立方米。查处破坏森林资源案件7.25万宗，其中行政立案6.10万宗，涉及违法人员5.46万人，处罚款14.31亿元；刑事立案1.15万宗，处理0.98万人，罚金0.55亿元，追责问责0.19万人，回收林地0.83万公顷，恢复植被0.70万公顷。林草主管部门直接查处违建别墅案件178宗，违法占用林地面积212.18公顷，"住宅式"豪华墓地案件90宗，占用林地12.46公顷。

（段秀廷）

【全国森林督查】 为深入贯彻落实习近平生态文明思想，"用最严格制度最严密法治保护生态环境"，打击破坏森林资源违法行为，维护全国森林资源管理良好秩序，2019年国家林业和草原局在全国组织开展卫星遥感监测、省级自查与国家抽查相结合，分级负责、上下联动，覆盖全国范围的森林督查。2019年森林督查和森林资源管理"一张图"年度更新等工作统筹开展，实现共用一套遥感数据、一次判读区划、一次验证核实、一次现地复核。各级林业和草原主管部门共对全国2996个县级单位的75.8万个遥感影像变化图斑进行了全面检查。检查发现，全国（不含重点国有林区）涉嫌违法违规占用林地项目8.50万起，面积9.36万公顷，与2018年相比分别下降15.2%和9.0%；涉嫌违法违规采伐林木面积6万公顷，蓄积量281万立方米，同比分别下降26.6%和22.8%。重点国有林区涉嫌违法违规占用林地面积169公顷，涉嫌违法违规采伐林木蓄积量595.6立方米，同比分别下降57.8%和15.8%。虽然整体呈向好态势，但一些问题仍然十分突出，森林资源保护形势尚不容乐观。

违法违规占用林地

建设项目违法占用林地仍是违法主要类型 共发现建设项目违法违规占用林地6.16万起，面积6.11万公顷，分别占违法违规占用林地总量的72.5%和65.3%，是违法侵占林地的主要类型。陕西、内蒙古、山西、云南、河北、湖南6省（区）尤为突出，建设项目侵占林地面积占全国的47.6%。

违法开垦林地问题依然高发 共发现违法开垦林地问题2.34万起，面积3.25万公顷。其中，毁林开垦2.01万起，面积1.93万公顷，主要集中在内蒙古、云南、黑龙江、陕西、辽宁5省（区），面积占全国的76.2%；违法改变林地用途的土地整理0.33万起，面积1.32万公顷，主要集中在陕西、山西、江西、甘肃、河北5省，面积占全国的71.3%。黑龙江毁林开垦（种参）3405起，面积2819公顷，分别占全省开垦林地的63.8%和74.9%，十分严重。

上述违法违规占用林地问题中，侵占公益林地问题突出。涉及公益林地5.10万公顷，占全部被侵占林地的54.5%，其中国家级公益林地1.43万公顷，地方公益林地3.67万公顷。陕西、内蒙古、山西3省（区）违法占用公益林地面积占全国的52.8%。侵占有林地问题严重：涉及有林地3.72万公顷，占全部被侵占林地的39.7%。云南、辽宁、黑龙江、湖南、四川、江西、陕西、河北8省违法占用有林地面积占全国的55.7%。

此外，自然保护地内违法占地问题较为普遍。除海南、上海、天津3省（市）自然保护地内没有违法占用林地外，其他省份共有357个县的自然保护地存在违法占用林地1850起，面积1910公顷。内蒙古、山西、贵州、四川、重庆5省（区、市）违法占地数占全国的48.7%，面积占57.8%。

违法违规采伐林木 违法违规采伐中，无证采伐面积5.21万公顷，蓄积量235.11万立方米，是违法违规采伐的主要类型；超证采伐面积0.79万公顷，蓄积量45.89万立方米。广西违法违规采伐情况突出，面积2.25万公顷，蓄积量147.27万立方米，均列全国第一，分别占全国的37.5%和52.4%。

重点国有林区 重点国有林区破坏林地、林木问题虽有一定幅度下降，但与其重要生态区位的保护要求相比，仍有差距。特别是毁林开垦仍为主要破坏类型。有35个森工单位经营范围内存在毁林开垦情况，其中龙江森工集团有22个森工单位违法开垦林地94公顷，毁坏林木5313立方米，分别占重点国有林区的89.5%和98.4%。龙江森工集团鹤立林业局违法开垦林地73公顷，毁坏林木5273立方米，问题严重。

督查自查 国家核查发现，少数地方不重视森林资源管理，态度不端正，工作不认真，督查工作的质量和效果不到位。陕西省西安市西咸新区、内蒙古自治区阿尔山市、黑龙江省绥化市北林区、辽宁省沈阳市于洪区、上海市崇明区和嘉定区、山东省巨野县等单位省级自查结果"零上报"，但国家级复核时发现存在违法违规破坏森林资源问题。甘肃省兰州新区西岔园区、山西省交口县、河北省阜平县、吉林省和龙市、浙江省桐庐县、江西省南昌市新建区、河南省卢氏县和四川省蓬安县等单位自查结果与复核结果差异大，存在瞒报漏报问题。

（段秀廷）

森林资源监督

【林长制改革】 自2017年以来，安徽、江西、山东、重庆等21个省、区、市在全域或部分市县探索实施林长制改革，取得阶段性成果，呈现4个特点：一是抓顶层设计，二是抓制度建设，三是抓全域覆盖，四是抓目标考核。总体上说，林长制改革坚持问题导向，借力领导平台，发挥制度优势，攻重点、克难题、求实效。通过实施林长制,以最有力组织领导、最严格制度体系、最严密法治要求,实现了"山有人管、林有人造、树有人护、责有人担",从根本上解决了资源保护责任不实、力度不够等问题。具体来讲,一是切实解决了不少群众反映强烈的民生问题。二是助力解决了产业发展和林农脱贫致富问题。三是推动实施了一系列护林增绿的重点工程。四是显著提升了森林资源管护水平。五是初步构建了林业事业大保护、大发展的大格局,初步解决了基层在生态文明建设方面,理念淡化、职责虚化、权能碎化、举措泛化和功能弱化的问题,这也是林长制最大的意义所在、成效所在。重庆市除了构建完善的组织架构和管理体系,渝北区还建立了"1+3+N"工作管控机制,将工作进行细化。实践证明,实施林长制改革,是增强政治自觉、全面贯彻习近平生态文明思想、加强生态文明建设的重大实践;是坚持问题导向、推动绿色发展、不断增进人民群众生态福祉的重大举措;是落实属地责任、加快林业治理体系和治理能力现代化的重大制度创新。

(靳爱仙)

【森林资源监督机构成立30周年总结】 12月10日,国家林业和草原局森林资源监督机构成立30周年总结大会暨监督系统能力建设培训班在福建福州举办。国家林业和草原局副局长李树铭出席并讲话。30年来,各派出机构为中国森林资源保护发展作出了不可磨灭的贡献。30年累计督查督办案件4.87万起,督促收回林地3.63万公顷,处理涉案人员4.2万人,督促收缴罚金、罚款和植被恢复费36.6亿元,有力地保障了中央政策政令畅通,保护了森林资源,促进了林业事业可持续发展。随着监督事业不断发展,监督机构建设不断加强,形成了由中央派驻到地方派驻,由派驻局部地区到除港澳台的全域派驻,由监督森林到监督森林、草原、湿地、各类自然保护地等全覆盖的资源监督体系。在30周年总结会上,国家林草局表彰了包括范树德、刘培相、黄庆昌、荆家良4位首任老专员在内的27位森林资源监督管理先进工作者。国家林业和草原局驻黑龙江、大兴安岭、福州、西安森林资源监督专员办事处及先进个人代表作典型发言。邀请检察系统代表作案件查处经验交流,中科院遥感所专家作遥感技术应用与借鉴培训授课。

(靳爱仙)

森林资源监督机构成立30年总结大会

【各派出机构督查督办案件】 经统计,2019年各派出机构共督查督办案件3442起,办结2947起,办结率85.62%,与上年办结率81.65%相比,提升了3.97个百分点。按案件来源分:局领导直接批转5起,资源司发函调查督办33起,专项检查整改1262起,监督发现1817起,媒体曝光和信访等101起。按案件性质分:刑事案件687起,行政案件2563起,未定性或不形成案件192起。按案件种类分:违法使用林地案件2561起,滥伐盗伐林木案件800起,其他案件81起。违法使用林地案件占所有案件的74.40%。涉案林地9322.6公顷,涉案林木蓄积量98 720立方米。党纪处分322人,行政处分626人,行政处罚2418人,刑事处罚335人。收回林地1748.87公顷,罚款23 978万元,罚金354万元。在督查督办案件工作中,各派出机构严格落实国家林草局的各项要求,切实加强组织领导,积极创新监督机制,重实效、求结果。坚持实效导向、突出大案要案、借助科技手段、加强业务培训,有力推动了森林资源保护工作,有力打击各类破坏森林资源的违法违规行为,发挥了森林监督排头兵的作用。

(靳爱仙)

森林资源保护

06

林业有害生物防治

【综　述】　2019年，全国主要林业有害生物发生面积1236.77万公顷，同比上升1.93%，发生面积居高不下，危害程度加重，局部成灾。其中，虫害发生811.46万公顷，同比下降2.73%；病害发生229.54万公顷，同比上升29.74%；林业鼠（兔）害发生178.03万公顷，同比下降3.02%；有害植物发生17.74万公顷，同比持平。

松材线虫病　发生111.46万公顷，累计病死枯死松树1946.74万株，呈现扩散蔓延趋势，危害加重。新发生县级行政区85个，县级疫区数量达到666个。重点生态区位防控形势严峻，黄山、九华山、庐山、三峡库区、陕西秦岭山区及其周边出现新疫情。

美国白蛾　发生76.89万公顷，整体轻度发生，局地危害偏重。新发生县级行政区7个，疫区数量达到598个，新发疫区数量呈下降趋势。疫情在老疫区扩散形势趋于稳定，在苏皖江淮地区、湖北东北部、陕西中部等新发生区由点状向片状发展，但扩散势头减缓。

林业鼠（兔）害　发生178.03万公顷，危害整体减轻，在黄土高原沟壑区局部新植林地和荒漠林地危害偏重。鼢鼠类发生41.10万公顷，鼯鼠类发生33.25万公顷，沙鼠类发生67.04万公顷；田鼠类、兔害及鼠兔害等危害整体偏轻。

有害植物　发生17.74万公顷。薇甘菊发生6.70万公顷，已全部覆盖广东珠三角地区，且持续向粤东和粤西地区扩散危害，在粤桂东南沿海、琼北和琼中等地危害加剧，严重影响林木生长；金钟藤发生1.23万公顷，在海南中部和西部加重。

2019年，通过深入贯彻落实《国务院办公厅关于进一步加强林业有害生物防治工作的意见》（国办发〔2014〕26号），有力推动监测预警体系、检疫御灾体系、防治减灾体系建设，全国主要林业有害生物持续高发频发态势得到一定程度的遏制。据统计，全国完成林业有害生物防治面积1762.92万公顷次，主要林业有害生物成灾率控制在4.0‰以下，无公害防治率达到90%以上。

【松材线虫病防治工作】　组织开展全国松材线虫病疫木检疫执法专项行动，出版《林业有害生物防治检疫执法案例评析》，指导各地在检疫执法专项行动中严厉打击违法违规行为，切实加强松材线虫病疫情源头管理。此次检疫执法专项行动中，全国共查处检疫行政案件1985起，刑事案件42起。举办全国松材线虫病防治培训班，学习推广泰安市松材线虫病防治经验，部署重点区域松材线虫病防治工作。组织督导组对江西、广东、陕西等13个疫情较重省份进行防治督导，对泰山、黄山等重点区域开展防治专项督导调研，推进疫情防治持续深入开展。组建国家林业和草原局松材线虫病防治专家委员会，为松材线虫病防治提供咨询、评估、论证等决策支持。

【重大林业有害生物防治责任落实】　根据中办、国办部署，以局办文印发开展《2015～2017年重大林业有害生物防控目标责任书》履责情况考核通知，组织召开检查考核动员部署会和考核情况汇报会，组成13个工作组对全国31个省（区、市）政府履责情况开展检查考核。在完成考核汇总的基础上，以局文向31个省（区、市）政府印发履责整改文件。

【重大林业有害生物治理】　下达2019年度松材线虫病等重大林业有害生物防治任务，印发《2019年全国林业有害生物防治工作要点》，部署年度重点防治工作。组织有关专家和业务人员专题研究天山野果林病虫害防治工作并提出防治对策措施，开展草地贪夜蛾在林业和草原领域发生危害情况的调查和应对工作。组织开展全国松材线虫病、鼠（兔）害防治3年示范总结，以示范成果为平台扎实推动做好防治工作。印发《林业有害生物飞机施药防治作业指南》，进一步加强和规范飞机施药防治管理。对美国白蛾重点发生地区和新发疫情省份发生与防治情况开展调研和技术指导，指导冀蒙辽红脂大小蠹发生区有效开展协同防治，对青海、陕西、内蒙古林业鼠（兔）害防治进行督导核查。

【有害生物监测预报】　组织专家对松材线虫病1年2次卫星影像全域性监测方案开展评审，协调中国人民解放军61646部队，应急拍摄黄山风景区及周边地区卫星遥感影像，监测和分析松材线虫病疫情发生情况。组织开展全国防灾减灾日宣传活动。开展林业有害生物短期生产性预报和信息服务，编发《病虫快讯》17期，通过央视《天气预报》栏目、《中国绿色时报》等媒体发布重大虫情预报信息13期。强化联系报告制度，共收集虫情动态信息9592条，短期预报信息4141条，及时报送林业生物灾害应急周报52份、月报12份、季报4份，对100余起突发灾情在第一时间进行跟进和指导。

【防治检疫制度建设】　修改印发《关于进一步改进人造板检疫管理的通知》《引进林草种子苗木检疫审批与监管办法》《境外林草引种检疫审批风险评估管理规范》。发布2019年松材线虫病、美国白蛾疫区公告，及时向社会公布新发疫区情况。编制出版《植物检疫证书办证手册》，指导基层林业植物检疫人员开展植物检疫工作。

（林业有害生物防治由王金利、邱爽供稿）

野生动植物保护

【综　述】　2019年，野生动植物保护司（中华人民共和国濒危物种进出口管理办公室）（以下简称动植物司）紧紧围绕国家林草局总体部署，持续加强野生动植物保护，野生动植物保护管理能力显著提升，为生态文明建设作出了积极贡献。

党的建设　扎实开展"不忘初心、牢记使命"主题教育，以"守初心、担使命，找差距、抓落实"的总要求，实现党建工作与野生动植物保护管理工作两手抓、两促进。全年召开理论中心组学习、党员大会40余次；开展"七查七看"专项整治、业务调研、业务培训等活动，力戒形式主义、官僚主义；开展强化学习教育、加强组织建设、落实全面从严治党3个方面14项具体工作，制订35项工作步骤；深入开展"不忘初心、牢记使命"主题教育和局巡视整改"回头看"工作，抓好自查整改；组织干部参加司级、处级干部培训班、开展业务专题讲座等，不断增强斗争本领，全体党员干部"忠诚、干净、担当"的政治品格凸显。

依法行政效能　一是按照国务院深化"放管服"改革要求，分别印发《国家林业和草原局公告2019年第15号》《中华人民共和国濒危物种进出口管理办公室公告2019年第3号》，就委托各省级林草主管部门实施核发的野生动植物行政许可事项、国家濒管办授权各办事处实施审批的允许进出口证明书行政许可事项进行明确，最大程度方便申请人办理相关审批事务，实现两项行政许可的无缝对接。二是为创新完善濒危物种进出口管理体系，进一步提高许可证管理水平，促进贸易便利化。10月1日启用新版"野生动植物进出口证书"。三是积极推动"证照分离"改革，金丝猴类物种人工繁育许可证核发等告知承诺制改革。四是创新专家评审方式，将集中评审与函商评审、现场核查进行有机结合，大幅缩短行政许可办理时限。五是按照国务院办公厅电子政务办公室通知要求，配合局办做好"互联网+监管"系统建设工作。六是开展2018年野生动物保护类行政许可随机抽查检查工作，减轻被许可人负担，提高监督检查成效。

濒危物种保护效能　一是继续推进第二次野生动物、野生植物资源调查，累计开展野生动物专项调查项目83个，已完成检查43个项目49个物种，验收37个项目43个物种；发布12个项目14个物种；启动常规调查276项，完成检查86项。动物调查植物已完成300个物种的调查。全面启动广东、广西、贵州、云南、四川5省（区）兰科植物资源调查。二是《国家重点保护野生动物名录》《国家重点保护野生植物名录》经专家论证形成意见征求稿，待发布。三是全国大熊猫野生种群从20世纪七八十年代的1114只增加至1864只；朱鹮从1981年发现时仅存7只发展到野外种群和人工繁育种群总数超过4000只；亚洲象野外种群从1985年约180头增长至293头；藏羚羊野外种群恢复到30万头以上；濒临灭绝的野马、麋鹿重新建立起野外种群。四是野生动物重要栖息地质量逐步改善。2019年底，全国共建立自然保护区等各类自然保护地1.18万处，10处国家公园开展体制试点，逐步建立起以国家公园为主体的自然保护地体系，有效保护了上千种野生动物的重要栖息地，为野生动物种群的生存和繁衍提供了基本保障。65%的野生植物得到有效保护。

国家重点保护野生动植物执法监管　一是完善打击野生动植物非法贸易部际联席会议制度，成员单位由22个扩大到25个。二是会同森林公安局，赴印度尼西亚参加国际刑警组织野生动物犯罪亚洲区域会议，促进打击跨国境野生动物犯罪的执法国际合作。三是协调中国海关与新加坡有关部门联合打非（打击野生动物非法贸易）巨大成就获得国际社会广泛认可，国家林草局荣获联合国环境署颁发的"亚洲环境执法奖"。四是协调或配合公安、海关等部门共同开展国际联合打非行动。五是开展"依法打击破坏野生动物资源犯罪专项行动"和"野生动物保护专项整治行动"，两次行动在全国范围内重点对破坏濒危野生动物栖息地、非法猎杀和交易、非法运输濒危野生动物及其制品等违法犯罪活动予以打击和整治。六是会同国家市场监督管理总局有序开展停止商业性加工销售象牙及制品活动执行情况进行全面执法检查。七是会同有关部门针对破坏鸟类资源的情况开展野外巡护、清网清套、市场巡查、网络监控等系列专项打击行动，有效遏制破坏鸟类等野生动物资源违法犯罪的高发势头，维护候鸟等野生动物种群的安全。

国际履约执法协调　一是协调各部委及港澳特区有关部门参加CITES第18届缔约方大会和第71、72次常委会会议，并成功连任常委会副主席和亚洲区域代表；发布CITES附录和《中华人民共和国缔约或者参加国际公约禁止或者限制贸易的野生动物或者制品名录》。二是积极开展双边会谈，与日本、老挝、缅甸、印度尼西亚、新加坡、阿联酋、科威特、纳米比亚、尼日利亚、欧盟、美国等各大洲缔约方开展30余场双边会谈，推进与日本、缅甸及纳米比亚双边合作协议签署工作。三是深化与港澳特区合作，参加中央政府与港澳特区政府《濒危野生动植物种国际贸易公约》（CITES）履约协调会，就共同关注的个人和家庭财产豁免、国家象牙行动计划、罚没品处置、打非合作、与非政府组织合作及宣传等事宜交换意见。四是加强与国际组织交流合作，推动与CITES秘书处、联合国毒品和犯罪问题办公室、国际刑警组织、国际打击野生动植物犯罪联盟等国际组织以及国际野生生物贸易研究组织、国际野生生物保护学会、国际爱护动物基金会等非政府组织合作，开展系列宣传活动和打非行动，宣传中国野生动植物保护和履约措施成就，推动源头国、中转国、目的国全链条打击野生动植物及其制品非法贸易。五是做好对有关非政府组织野生动植物保护活动的业务指导工作。

疫源疫病监测防控 2019年，全国共报告野生动物异常情况267起，发生16起野生动物疫情，死亡野生动物40种5593只（头）。一是积极开展野猪非洲猪瘟监测预警。二是印发实施《国家林业和草原局突发陆生野生动物疫情应急预案》。三是科学应对岩羊小反刍兽疫疫情，派工作组赴宁夏、甘肃开展专题调研和应急处置指导。四是全年共编发《野生动物疫源疫病监测信息报告》338期，对国家级监测站节假日应急值守情况进行电话抽查。五是派出8个督导组对24个省（区、市）开展野生动物疫源疫病监测防控工作督导。六是有序开展重点疫病主动预警。累计完成39 212份样品采集和实验室检测。

大熊猫种群遗传多样性 一是加强川陕甘三省保护区的巡护和监测，2019年野外救护大熊猫8只，救活2只并成功放归。二是指导全国大熊猫繁育工作，进一步提高繁育配对系数，2019年全国共繁殖大熊猫37胎60只，存活57只。三是大熊猫野外引种再次成功，大熊猫"草草""乔乔"均喜诞双胞胎。截至2019年11月，全球圈养大熊猫数量达到600只，已基本形成健康、有活力、可持续发展的圈养种群。

"熊猫大使"促进中外人民友谊 2019年向俄罗斯、奥地利、丹麦提供5只大熊猫开展合作研究，新生4只海外大熊猫宝宝，共添9位"熊猫大使"，为促进全球濒危物种的保护与友谊作出了贡献。中俄大熊猫合作被列为中俄建交70周年庆祝活动之一，国家主席习近平和俄罗斯总统普京共同出席莫斯科大熊猫馆开馆仪式并见证国家林业和草原局与莫斯科市政府签署监管协议；国家主席习近平同比利时国王菲利普就旅比大熊猫顺利诞下双胞胎互致贺电；国务院总理李克强与奥地利总理库尔茨见证签署中奥大熊猫监管协议；全国人大常委会委员长栗战书与奥地利总统范德贝伦出席美泉宫动物园大熊猫公众见面活动并致辞；丹麦女王玛格丽特二世为哥本哈根动物园大熊猫馆启动仪式剪彩；苏格兰主管环境、气候变化和土地改革的内阁部长罗申娜·坎宁汉为爱丁堡动物园大熊猫新馆剪彩。

截至2019年底，中国与日本、美国等19个国家的23个动物园开展了大熊猫合作研究，旅居海外的大熊猫及其幼崽共61只。　　　　　　（罗春涛）

【**2019联合国第六个"世界野生动植物日"中国宣传活动**】 2月28日，以"保护海洋物种、传承海洋文明"为主题的"世界野生动植物日"系列宣传活动在浙江省宁波市启动。来自国家濒管办、农业农村部渔业渔政管理局等部门代表，世界自然基金会、野生救援、国际爱护动物基金会、自然资源保护协会、国际野生生物保护学会等国际组织代表，以及中国野生动物保护协会水生野生动物保护分会、浙江省野生动植物保护协会的代表和社会各界群众、野生动植物保护青年志愿者、游客等千余人参加活动。　　　　　　（张国峰）

【**野猪非洲猪瘟防控**】 3月14日，国家林草局组织召开全国野猪非洲猪瘟防控工作电视电话会议，就加强野猪非洲猪瘟、候鸟禽流感、小反刍兽疫等野生动物疫病监测防控工作作安排部署，坚决阻断疫情传播和蔓延。副局长李春良出席并作讲话。农业农村部派员参加会议，辽宁省和宁夏回族自治区作交流发言。

（钟　海）

【**行政许可随机抽查**】 为贯彻落实《国务院办公厅关于推广随机抽查规范事中事后监管的通知》，提升监管效能，4~5月，动植物司对2018年度行政许可被许可人开展随机抽查工作。本次随机抽查工作共14个检查组，随机抽取全国74家被许可人，抽查的行政许可事项包括国家一级保护陆生野生动物特许猎捕证核发，由国家林草原局实施的出售购买利用国家一级保护陆生野生动物及其制品审批，国务院规定由国家林草局实施的国家重点保护野生动物人工繁育许可证核发，采集林业部门管理的国家一级保护野生植物审批、实施进出口野生动植物及其产品活动共5项内容。检查结果显示，被许可人实施行政许可的总体情况良好，多数被检企业档案保存较完整，允许进出口证明书执行率较上年有所提高。

（严怡如）

【**专项督导检查**】 为切实贯彻党中央、国务院决策部署，强化野生动植物保护，坚决遏制破坏野生动植物资源违法犯罪活动多发高发态势，防止非洲猪瘟疫情在野猪种群中传播蔓延，提升野生动植物保护和疫源疫病成效，4~5月，动植物司开展全国春季野生动植物保护和疫源疫病防控督导检查工作。督导检查共分8个组，分别由动植物司、监测总站和野生动物保护协会相关负责同志担任组长，督导检查23个省（区、市）。通过全面自查、实地督导等形式，压实野生动植物保护监管责任，强化野生动植物源头保护，阻断野生动植物非法贸易链条，推进敏感热点物种保护管理，加强疫源疫病监测防控，提升宣传教育工作成效。　（动管处）

【**全国依法打击破坏野生动物资源违法犯罪专项行动**】 4月4日至9月30日，国家林草局会同公安部在全国范围内组织开展依法打击破坏野生动物资源犯罪专项行动，重点打击破坏濒危野生动物栖息地，非法猎杀、交易和非法运输濒危野生动物及其制品等违法犯罪活动。此次专项行动集中侦破了一批破坏野生动物资源犯罪大案要案，整顿了一批破坏严重、管理混乱的重点地区和场所，有效遏制了破坏野生动物资源违法犯罪高发势头。　　　　　　（动管处）

【**国际联合打非行动**】 积极协调或配合公安、海关等部门共同参与开展"牙刃行动""雷电行动"等国际联合打非行动，开展执法合作，指导新加坡、越南、马来西亚及中国香港特区等地查获大量象牙、穿山甲等濒危物种及其制品案件。

牙刃行动 9月15日至11月15日，由联合国毒罪办（UNODC）负责组织协调，中国海关、中国森林公安、越南海关、越南环境警察共同参与，旨在加强中越边境机构执法信息和情报互换，更好防范和打击濒危物种及其制品和木材走私行为。行动包括建立情报档案、通报预警信息、输入查获案件数据和开展联合侦查活动等内容，并在行动结束后开展评估和总结。

雷电行动 1~12月，"雷电"国际联合行动由国际刑警组织、世界海关组织（WCO）区域情报联络办公室

(RILO)和CITES共同发起，旨在通过开展全球联合执法行动打击破坏野生动植物和森林资源跨国犯罪活动。

（张国峰）

【中丹启动大熊猫保护合作研究项目】 4月10日，中国丹麦大熊猫保护合作研究启动仪式在丹麦哥本哈根动物园隆重举行，中国国家林草局党组成员谭光明和中国驻丹麦大使邓英出席仪式并致辞。丹麦女王玛格丽特二世为启动仪式剪彩，丹麦文化大臣梅特·博克致辞。活动期间，谭光明与丹麦环境和食品部常务秘书亨里克·斯图加特就推进大熊猫保护合作与监管、中丹林业合作等议题进行探讨与交流。

（张　玲）

【全国野生动植物科普进校园活动】 5月7日，"放眼绿水青山、建设美丽中国"全国野生动植物科普进校园活动在广州海珠区97中学开展。此次活动由中国野生植物保护协会联合中国野生动物保护协会、中国湿地保护协会、国家林草局驻广州专员办、广东省林业局、广州海珠区教育局和广州长隆集团等单位共同举办，得到全国绿化委员会办公室、国家林草局动植物司和广东长隆动植物基金会的大力支持。活动邀请中国科学院动植物专家走进学校，为青少年普及野生动植物的科学知识，开展中国濒危野生动植物摄影科普展、自然教育科学大讲堂和培训小小讲解员等活动，引导学生进行自发性拓展学习，并将保护野生动植物的理念更广泛地传播。

【全国陆生野生动物疫源疫病监测技术培训】 于5月8~10日、6月12~14日、7月15~19日、10月14~18日，分别在湖北省武汉市、广西壮族自治区南宁市、黑龙江省哈尔滨市、陕西省西安市举办第21期、22期、23期、24期，来自全国各省（区、市）国家级野生动物疫源疫病监测站技术骨干400余人参加培训，监测技能和业务操作水平得到提高。

（彭　鹏）

【执法查没象牙等濒危野生动植物制品移交仪式】 5月14日，国家林草局与海关总署在杭州海关举行"执法查没象牙等濒危物种制品"移交仪式，杭州海关向林业部门移交象牙等濒危物种制品2200件（箱），主要包括象牙制品789千克，檀香紫檀65.46千克，豹皮制品5.77千克，以及其他濒危物种制品，共计863.69千克。此次移交的象牙等濒危物种制品来自杭州海关近几年在旅检、邮递渠道中截获，以及杭州海关缉私部门在各类案件查办过程中所得。

（动管处）

【大熊猫"园园"与奥地利公众见面】 5月20日，国家林草局副局长彭有冬在奥地利维也纳美泉宫动物园出席中奥大熊猫保护合作研究项目大熊猫"园园"与奥公众见面仪式。彭有冬向奥地利数字化和经济事务部部长玛格丽特·施兰伯克移交大熊猫"园园"的个体管理档案，"园园"正式纳入中奥大熊猫保护合作研究项目。访奥期间，彭有冬还拜会了奥地利可持续发展和旅游部，与林业和可持续发展总司长就中奥林业合作交换意见。

（张　玲）

【野外放归扬子鳄】 6月3日，安徽省林业局在安徽扬子鳄国家级自然保护区郎溪县高井庙野放区举行2019年扬子鳄野外放归活动。此次活动是历次扬子鳄野外放归活动中规模最大的一次，共放归人工繁育扬子鳄120条，其中雄性30条，雌性90条，分别放入46个塘口。其中18条安装了卫星追踪器，用于放归后开展监测研究。扬子鳄是中国特有的珍贵濒危物种，国家一级保护野生动物。2019年野生数量仅200条左右，仍处于极度濒危状态。为扩大扬子鳄野外种群数量，2002年，国家林业局批准安徽省实施《扬子鳄保护与放归自然工程》，通过将人工繁育的扬子鳄放归到野外的方式，快速复壮野生扬子鳄种群。该工程为国家15个野生动植物重点拯救项目之一。

（动管处）

【"友谊使者"中国大熊猫入住莫斯科新家】 6月5日，国家主席习近平同俄罗斯总统普京共同出席俄罗斯莫斯科动物园大熊猫馆开馆仪式，大熊猫"如意"和"丁丁"正式亮相莫斯科。国家林草局局长张建龙向莫斯科市市长索比亚宁移交大熊猫"如意""丁丁"的档案，标志着中俄大熊猫保护研究合作项目的正式启动。当天，在两国领导人的共同见证下，张建龙与索比亚宁签署《共同推进大熊猫保护合作的谅解备忘录》，旨在推动中俄大熊猫保护研究合作项目顺利实施，并促进中俄两国在包括大熊猫在内的野生动植物保护领域的交流与合作。

（张　玲）

【2019年虎豹跨境保护国际研讨会】 于7月28日在哈尔滨召开。来自俄罗斯、越南、老挝等19个周边虎豹分布国和世界自然基金会等10个国际组织的300多位代表参会。会议围绕全球大型猫科动物特别是虎豹种群保护涉及的监测技术、种群及栖息地恢复、保护地景观资源配置、人兽冲突解决等方案相关技术和政策问题展开讨论，探讨建立虎豹种群跨境保护国际交流合作机制。国家林草局局长张建龙出席并致辞。会议通过《关于加强虎豹跨境保护合作哈尔滨共识》。

（动管处）

【穿山甲救护野放专家座谈会】 于2019年8月1~2日在长沙召开。穿山甲分布的有关省（区、市）野生动物保护主管部门、救护机构的代表、部分专家学者、非政府组织代表参加会议。与会代表一致认为，应当在相关国际公约以及中国法律法规的框架下统一协调保护管理部门、科研机构、新闻媒体和国际国内保护组织、社会团体等在穿山甲保护工作上的认识与步调，通过加大资金投入、强化栖息地保护、开展资源调查、建立救护网络和救护技术标准、集中力量开展定点救护、规范收容救护、启动提升中华穿山甲为国家一级保护物种、保持对盗猎穿山甲打击高压态势等措施，不断加大对穿山甲的保护力度。

（资规处）

【中国退出象牙国家行动计划】 8月16日在瑞士召开的CITES第71次常委会会议决定，中国不被列入NIAP。NIAP机制建立的目的是为涉及象牙非法贸易的主要国家寻找政策和行动差距，推动打击象牙非法贸易。近年来，中国认真履行公约义务，实施象牙禁贸等一系列政策举措。确定中国不被列入NIAP，表明中国打击象牙非法贸易的成就已获得国际社会的一致认可。

（动管处）

【参加《公约》第18届缔约方大会】 8月17~28日，中华人民共和国濒危物种进出口管理办公室会同外交部、农业农村部、海关总署、国家市场监管总局、国家林草局、国家中医药管理局、中国科学院（中华人民共和国濒危物种科学委员会）及香港、澳门特别行政区有关部门共同组成的政府代表团，赴瑞士日内瓦参加《濒危野生动植物种国际贸易公约》第18届缔约方大会。中国政府代表团积极参加议题谈判，广泛开展磋商交流，深度参与国际规则制定，特别是在大象、老虎、赛加羚羊、鲨鱼、海参、热带木材等与中国密切相关的焦点物种，以及贸易规则、执法、生计等综合性议题方面，密集沟通协调，提出合理对策，努力推动议题结论客观公正。中国提出的将白冠长尾雉、镇海棘螈和高山棘螈、疣螈属、瘰螈属以及睑虎属列入附录Ⅱ的5项提案全部顺利通过。

（履约处）

【重要濒危珍稀树种野外回归行动】 继德保苏铁、峨眉拟单性木兰等极度濒危植物野外回归之后，8月14日，山东重要濒危树种回归行动在昆嵛山国家级自然保护区启动。基于树种的生物学特性和适生境，本次回归行动栽植了紫椴、野玫瑰、胡桃楸、五味子、刺楸、葛枣猕猴桃6个昆嵛山自然分布的濒危珍稀树种近千株，增加了山东省重要濒危树种的野外种群数量，扩大了野外种群规模，增强了野外群落的稳定性。9月16日，西藏巨柏野外回归种群恢复工程在西藏林芝市朗县金东乡秀村启动。按照西藏巨柏野外回归方案，该工程通过人工培育的方式，将1.3万株巨柏引入到适宜生长的自然环境中。

（鲁兆莉）

【爱丁堡动物园大熊猫新馆开馆】 9月19日，应苏格兰皇家动物学会邀请，国家林草局副局长李春良率团赴英国出席苏格兰爱丁堡动物园熊猫新馆开馆仪式。李春良和苏格兰主管环境、气候变化和土地改革的内阁部长罗申娜·坎宁汉共同为熊猫新馆剪彩。其间，李春良与苏格兰皇家动物学会会长杰里米·皮特共同回顾了中英大熊猫合作项目进展，并就下一步合作重点深入交换意见。

（张 玲）

【4.9万志愿者加入"护飞行动"】 9月、10月分别在浙江横店和辽宁海城举办春季和秋季两次保护候鸟志愿者"护飞行动"，参与志愿者4.9万人，巡护里程39万千米。"护飞行动"在全社会掀起了保护候鸟的宣传热潮，促进了民众积极参与野生动物保护长效机制建设，普及了爱鸟护鸟知识。

（鸟类处）

【全国野生植物保护普法宣传活动】 9月26日，由动植物司、普法办、中国野生植物保护协会联合湖南省林业局，在湖南茶陵县举行全国"保护野生植物 普及法律法规"普法宣传活动启动仪式。通过开展普法讲座、发放野生植物保护法规宣传海报等形式，提高人民群众的扶贫野生植物保护意识。10月24日，动植物司和中国野生植物保护协会在四川省松潘县举行普法宣传座谈会，与阿坝州地区基层保护单位就野生植物保护和利用进行深入交流，通过实地调研、专业培训和科普宣传等方式，让广大人民群众认识保护野生植物的重要性和紧迫性，提高社会各界保护野生植物的法律意识。

（严怡如）

【习近平同比利时国王菲利普就旅比大熊猫诞下幼崽互致贺电】 2019年8月，旅比大熊猫"好好"顺利诞下两只大熊猫幼崽，10月3日，国家主席习近平同比利时国王菲利普就此互致贺电。习近平在贺电中表示：两只大熊猫幼崽的诞生值得共同庆贺，相信它们将成为中比友好新佳话。我高度重视中比关系发展，愿同菲利普国王一道努力，推动中比全方位友好合作伙伴关系不断迈向更高水平。菲利普国王在贺电中表示：两只大熊猫幼崽的诞生是一大喜讯。我对比中两国在诸多领域的良好合作表示高度赞赏。

（张 玲）

【第六届海峡两岸暨香港、澳门大熊猫保育教育研讨会】 于10月15~16日在北京召开。国家林草局副局长李春良出席会议并致辞。本届研讨会以"大熊猫保育及教育探讨与研究"为主题，来自北京动物园、中国大熊猫保护研究中心、香港海洋公园、台北市立动物园及澳门特别行政区市政署5家主办单位，共41家大熊猫保育机构、保护区、动物园及研究中心逾百位专家学者就大熊猫科研、保育及公众教育等议题进行讨论。

（张 玲）

【获"亚洲环境执法奖"】 11月13日，"亚洲环境执法奖"在泰国曼谷颁发，国家林草局获得这一奖项并派员参加颁奖活动。"亚洲环境执法奖"由联合国环境规划署设立，旨在表彰和奖励在打击环境犯罪方面作出突出贡献的单位和个人。此次授予国家林草局的奖项，是专为打击野生动植物跨国非法贸易而设立的国际合作团队奖，表彰国家林草局在加强部门间执法协调、推动国际合作、联合打击跨国野生动植物非法贸易领域的突出贡献。

（张国峰）

【提升监测防控科技支撑体系】 为进一步强化野生动物疫源疫病监测防控工作，11月18日，国家林草局下发《关于同意成立第二批林业和草原国家创新联盟的通知》（林科发〔2019〕107号），"野生动物疫源疫病监控国家创新联盟"被列入林业和草原国家创新联盟名单（第二批）。联盟主要围绕国家战略需求和野生动物疫源疫病监测防控行业发展需要开展相关工作，对提升全国野生动物疫源疫病监测防控技术和产业水平起到重要作用，将进一步提高全国野生动物疫源疫病监测防控体系。

（彭 鹏）

【全国野生动植物保护培训班】 于11月20~21日在广州举办，国家林草局副局长李春良出席开班式。此次培训班就审批改革及监督管理、敏感热点物种保护形势、濒危木材进口管理、CITES履约执法形势、大熊猫保护管理、野生动植物资源调查情况及进展、非洲猪瘟防控形势与野猪非洲猪瘟监测防控等内容进行了交流、解读，并就一些特定物种保护开展了现场教学。

（张 涛）

【2019年全国暨广东省"保护野生动物宣传月"活动】 11月20日，以"展现野性之美，共绘绿水青山"为主题

的2019年全国暨广东省"保护野生动物宣传月"活动在广东省长隆野生动物世界启动，全省21个地级市同步举办宣传活动。来自外交部、公安部等25个打击野生动植物非法贸易部际联席会议制度成员单位的代表，全国各省(区、市)和计划单列市、新疆生产建设兵团野生动物主管部门的代表，中国野生动物保护协会、湛江市爱鸟协会等国内组织代表，"绘眼看自然——长隆杯第二届自然笔记大赛"和"长隆野生动植物保护奖"获奖代表、野生动植物保护青年志愿者和社会各界群众等千余人参加活动。在主会场上，广东省林业局倡议建立粤港澳野生动植物保护合作机制，成立"粤港澳野生动植物保护联盟"，推动粤港澳共同保护野生动植物、共促生态文明建设、守护美丽湾区、绿色家园。国家林草局副局长李春良出席活动并致辞。

（张　涛）

【主动预警总结会和趋势会商会】　12月5～8日，2019年重点野生动物疫病主动预警工作总结会暨2020年野生动物疫病发生趋势会商会在海南省琼海市召开。会议通报2019年全国野生动物疫源疫病监测防控工作开展情况，讨论完善2020年重点野生动物疫病主动预警工作实施方案，分析研判2020年重要野生动物疫情发生趋势。来自中国科学院、军事科学院、中国农科院、中国疾病预防控制中心、全国鸟类环志中心、中山大学、东北林业大学等不同部门和院校的14位专家，针对非洲猪瘟、禽流感、小反刍兽疫、西尼罗热等重要野生动物疫病的发生趋势和风险因素作专题报告。

（彭　鹏）

【亚洲象研究中心落户云南】　12月19日，国家林草局副局长李春良、云南省副省长王显刚在昆明为国家林业和草原局亚洲象研究中心揭牌，并向普洱、西双版纳、临沧3个州(市)亚洲象野外研究基地授牌。中心的建立旨在凝聚多方力量，集中研究人象冲突缓解、亚洲象种群管理、亚洲象国家公园建设等重要问题，建立亚洲象天空地一体化监测系统，为中国亚洲象保护管理决策提供技术支撑。

（资规处）

【持续开展候鸟保护】　9月27日，国家林草局下发《关于切实加强秋冬季候鸟保护的通知》，10月18日，召开2019年秋冬季候鸟保护全国电视电话会议，对全国保护候鸟迁飞和打击破坏鸟类等野生动物资源违法犯罪活动作出部署。长期以来，各省(区、市)野生动物主管部门积极建立、健全部门间协调机制，会同有关部门在野外巡护、市场巡查、网络监控等诸多环节强化联防联控，落实春秋两季候鸟等野生动物保护，开展了一系列专项打击行动，摧毁犯罪团伙，斩断非法贸易链条，有效遏制了破坏鸟类等野生动物资源违法犯罪的高发势头，维护了候鸟等野生动物种群的安全。同时，利用彩色标记、卫星跟踪、无人机远程监控等先进技术对候鸟的迁徙过程及栖息地进行追踪和巡查，掌握了部分重要候鸟的迁徙路线以及候鸟的重要停歇地点及活动规律，为候鸟迁徙安全提供了科技支撑。履行中日、中韩、中澳、中俄、中新等政府签署的候鸟保护双边协定及《迁徙物种公约》中的白鹤保护备忘录、东亚-澳大利西亚水鸟合作伙伴协定、北极理事会动植物工作组、东北亚经合组织秘书处等有关合作内容。举办"北极候鸟倡议执行研讨会""中俄政府间候鸟保护协定第二次工作组会议""东亚-澳大利西亚迁飞区伙伴协定第十次成员大会""东亚六国鹤类保护国际研讨会"等活动，中日、中韩朱鹮保护专项保护合作项目成效逐步显现，2019年与新西兰签署促进迁飞水鸟及其栖息地保护合作备忘录，合作空间更加广阔。

（鸟类处）

【讲好野生动植物保护故事】　1月8～14日，派员赴美国参加国际狩猎俱乐部年会，学习借鉴以狩猎促进可持续发展的国际野生动物保护管理模式；3月31日～4月6日，派员赴德国参加"CMS—CITES赛加羚羊保护、恢复和可持续利用技术研讨会"，推动中国赛加羚羊人工繁育种群复壮、疫病防治和重引入的国际合作；8月21～22日，参加国际打击野生动植物非法贸易联盟(ICCWC)第三次全球会议，研究讨论加强野生动物执法网络建设；12月3～8日，派员赴马来西亚参加IUCN物种生存委员会亚洲象专家组第10次会议，宣介中国亚洲象保护成绩与应对"人象冲突"问题所做的努力；积极推动中蒙栖息地管理和技术援助项目，在拯救濒危物种方面积极输出中国方案和智慧。在各种宣介活动中讲好中国野生动植物保护故事，树立了中国负责任大国担当形象，有效提升了中国的国际形象和声誉。

（动管处）

【中国基本实现10年植物保护战略目标，居全球前列】　在《全球植物保护战略》框架下，《中国植物保护战略(2010～2020)》于2008年由国家林业局联合中国科学院、国家环保总局发布，制订了中国植物保护未来10年16个目标的实施计划。2019年，国家林业和草原局和中国科学院组织全国近百名植物专家对中国履行《全球植物保护战略》和实施《中国植物保护战略(2010～2020)》进展情况进行评估，结果表明，中国在植物多样性保护方面取得了重要进展，生态环境状况得到很大改善，部分地区的生态系统功能得到修复，一批重点植物得到了有效保护，种群数量大幅增长。在2020年之前完成了75%的主要战略目标，居全球前列。

（鲁兆莉）

草原资源管理 07

草原监测

【综 述】 2019年，是完成机构改革任务、草原保护管理工作从新的起点再出发的第一年。草原管理司在局党组的坚强领导下，认真贯彻落实习近平总书记对草原工作重要批示精神，加强草原改革发展工作顶层设计，召开全国草原工作会议，启动《草原法》修改工作，加大草原保护修复力度，开展"绿卫2019"森林草原执法专项行动，抓好草原有害生物防治工作，组织实施草原修复工程项目，完成草原征占用行政许可相关工作。

【草原重要指标统计制度】 结合机构改革新形势，围绕草原主要业务工作数据需要，组织开展草原统计制度研究，拟订草原统计报表和指标体系。拟定《林业草原统计综合报表制度》和重要草原统计指标。举办草原统计培训班，安排布置草原统计工作。组织研发全国草原统计信息系统，优化统计数据报送流程，提高统计数据报送管理信息化水平。

【草原生态监测评价】 国家林业和草原局全面组织开展2019年全国草原监测评价工作。全国各级林业和草原部门深入草原地区开展草原动态监测工作，共收集21 673个样方数据、900个固定监测点样方数据、6000份入户调查数据。定期发布草原返青形势预测、草原返青状况、月度长势、草原枯黄及草原旱情监测报告，全面反映和评价全国草原物候期生长、生态状况，科学开展草原生态质量评价。在地面监测的基础上，结合遥感监测、气象信息对数据进行全面分析，测算出草原生产力、草畜平衡状况等重要数据成果，及时发布2019年全国草原生态状况数据，为科学及时掌握草原生态质量和变动趋势，加快推进草原保护修复提供及时准确的数据支撑。

【成立草原资源监测中心】 2019年8月29日，国家林业和草原局草原资源监测中心在国家林业和草原局调查规划设计院挂牌成立。国家林业和草原局党组成员、副局长李树铭出席并为中心揭牌。草原资源监测中心将发挥技术和人才优势，具体指导草原动态监测、政策工程效益监测评价、草原灾害监测及损失评估等，加快推进中国草原生态监测体系和评价体系建设。

（杨 智 王冠聪）

草原资源保护

【草原有害生物防治】 2019年，全国草原生物灾害防治工作投入经费2.33亿元，其中鼠害防治投入约1.04亿元，虫害防治投入1.29亿元。全国共完成草原生物灾害防治任务924.47万公顷，按每公顷挽回鲜草450千克、每千克挽回经济损失0.3元计算，共挽回牧草损失365万吨，挽回牧草直接经济损失近11亿元。通过多年努力和实践，草原生物灾害防治基本实现"飞蝗不起飞成灾、土蝗不扩散危害、入境蝗虫不二次起飞"及"全面防治重点发生区鼠害，确保不蔓延、不成灾"的治理目标，取得了良好的经济效益、生态效益和社会效益。绿色防控水平不断提升。2019年，草原鼠害完成防治面积532万公顷，绿色防治面积468.52万公顷，绿色防治比例达到89%，比2016年提高7个百分点；草原虫害完成防治面积356.07万公顷，绿色防治面积297.8万公顷，绿色防治比例达到84%，比2016年提高25个百分点。科技支撑体系不断完善。2019年，国家林业和草原局批准依托中国农业科学院植物保护研究所成立草原生物灾害防治国家创新联盟。

（王卓然 郭 旭）

【三江源野生动物与家畜争夺草场问题调研】 4月11~17日，针对媒体反映的三江源野生动物与家畜争夺草场的问题，草原管理司组织专题调研组，赴青海省三江源地区的玉树州、果洛州进行调研，就相关问题形成调研报告。中央领导对调研情况专报作出重要批示。为落实中央领导批示精神，6月中旬，组成两个调研组，再次赴青海省开展调研，就野生动物与牧民家畜争夺草场问题提出意见和建议。

【推动出台完善草原承包经营制度意见】 2019年中央一号文件明确要求"加快出台完善草原承包经营制度的意见"（以下简称《意见》），国家林业和草原局把此项工作列为2019年工作重点。草原管理司积极推进《意见》的起草工作，及时开展书面调研，全面了解各地草原承包推行落实情况；组织4个调研组，赴河北、吉林、云南、贵州、甘肃、宁夏和内蒙古7个省（区）的17个县（旗），开展草原承包经营制度落实情况专题调研；召开草原承包经营制度专题调研情况交流暨意见起草工作部署会；组织开展《意见》的征求等相关工作，积极推动《意见》早日出台。

（李志强 孙 暖）

草原执法监督

【编印《2018年草原违法案件统计分析报告》】 草原管理司在汇总分析各地报送的2018年草原违法案件处置情况的基础上，编印《2018年草原违法案件统计分析报告》。报告显示：2018年，全国各类草原违法案件发案数量大幅下降，共发案8199起，比上年减少5562起，减少40.4%，下降幅度明显；全国草原违法案件立案率、结案率仍维持在较高水平，全年共立案7975起，立案率为97.3%；结案7586起，结案率达95.1%；各地草原执法部门共向公安机关移送涉嫌犯罪案件342起，比上年增加4.9%，继续保持了对涉嫌犯罪违法行为的高压打击态势。

报告对近5年不同类型案件的变化情况和特点进行深入分析，并针对2018年各类草原违法案件发生的规律和特点，提出了进一步强化草原行政执法监督工作的对策措施。

【"绿卫2019"森林草原执法专项行动】 3月~10月，为贯彻落实习近平生态文明思想和党的十九大及十九届三中全会关于生态资源保护有关精神，大力加强森林草原资源保护，坚决遏制和严厉打击各类破坏森林草原资源违法行为，国家林业和草原局在全国范围内组织开展"绿卫2019"森林草原执法专项行动，重点摸排和打击非法开垦草原、非法占用使用草原、非法采集草原野生植物，特别是因矿产开发等工程建设造成草原生态环境严重破坏等各种草原违法行为，对涉嫌犯罪的违法行为，及时移送司法机关追究刑事责任。专项行动期间，共依法查处各种草原违法案件1025起，其中移送公安机关167起。草原管理司切实加强破坏草原资源大案要案查处的挂牌督办工作，重点转办和挂牌督办吉林、西藏和新疆等省（区）在草原上违规建设光伏发电和生猪养殖场、违法违规采矿污染草原，以及未批先建非法征占用草原等多起破坏草原资源的重大案件。

【草原违法案件查处】 2019年，各地草原管理机构切实加大草原执法监管力度，严厉打击和查处各种草原违法行为。全年草原违法案件发案数量4237起，立案3852起，结案3474起，草原资源保护和执法监管工作取得较好成效。草原管理司对媒体反映的内蒙古一些草原遭尾矿库严重破坏、大兴安岭南麓万亩草原被开垦为耕地等有关情况，及时进行调查核实和处理，对违法行为查处和整改情况进行了跟踪督导。

【2019年草原普法宣传月活动】 按照国家机关"谁执法谁普法"的责任制要求，牢固树立山水林田湖草是一个生命共同体的理念，为深入推进生态文明建设，国家林业和草原局于2019年6月组织开展草原普法宣传月活动。部署各地围绕"依法保护草原 建设美丽中国"的主题，开展草原普法宣传活动。据不完全统计，活动期间，各地出动草原普法宣传人员2.2万人次，出动宣传车辆3500台次，发放各种宣传材料115.8万余份，悬挂宣传横幅6700幅，张贴标语1.47万条，现场接受宣教人数近9万人次，活动受宣群众近200万人次。

【草原执法监督信息化建设】 针对草原执法监督信息化薄弱的现状，草原管理司在内蒙古新巴尔虎左旗开展智慧草原执法监督信息建设试点，布局建设立体监控网络。该试点采用信息化监控手段，利用影像监控、无人机、大数据等现代科技，形成对草原资源保护的地空大范围监测，努力实现即时预警、快速反应、保留证据、节省人力等监管效果，是对当前草原执法能力弱化、执法人员减少的有益补充和尝试。

（李志强　孙　暖）

草原修复

【草原生态保护修复工程】 2019年，根据国家林草局职能分工，为进一步突出工程建设生态性，增强工程实施灵活性，对退牧还草工程实施政策进行了进一步调整完善，将"人工饲草地"建设内容调整为"人工种草"，并加大任务量，2019年度建设任务比2018年增加273%，取消"舍饲棚圈"建设内容，并根据近年来中国草原毒害草、黑土滩发生面积较大的现实情况，进一步加大"黑土滩治理""毒害草治理"任务量，2019年度建设任务分别比2018年增加323%、118%，2019年度退化草原改良建设任务比2018年增加108%。

【退化草原人工种草生态修复】 2019年在林业生态保护恢复资金中增加草原生态修复治理补助资金32亿元，用于草原管护、退化草原人工种草、有害生物防治等。2019年启动退化草原人工种草生态修复试点，加快退化草原恢复和治理，在内蒙古、辽宁、河北、甘肃、青海、四川、云南、新疆8省（区）的13个地州启动退化草原人工种草生态修复试点项目，安排中央财政资金10.2亿元，下达人工种草修复7.95万公顷、草种基地2275.33公顷、草原改良4.52万公顷、有害生物防治143.07万公顷。

（王卓然　郭　旭）

草原法制建设

【草原法修改】 印发《国家林业和草原局办公室关于成立国家林业和草原局草原法修改领导小组的通知》，成立以副局长李树铭为组长、相关司局负责同志为成员的国家林业和草原局草原法修改领导小组。副局长张永利、全国绿化委员会办公室专职副主任胡章翠分别带队到全国人大环资委汇报草原法修改进展和工作计划。组织召开草原法修改专家研讨会，听取主要草原省区草原负责同志、草原和法律领域专家学者的意见建议，梳理出草原法修改拟重点研究问题，组织专家队伍集中研究，在此基础上起草草原法修改草稿对照表。深入西北、华北、东北主要草原地区开展草原法修改调研，了解基层干部群众对草原法的修改建议，组织召开片区座谈会。

(杨 智 王冠聪)

草原征占用审核审批

【完成草原征占用审核审批行政许可工作】 2019年，全国共审核审批草原征占用申请2086批次，面积23 023.65公顷，征收植被恢复费2.62亿元。其中，国家林业和草原局审核通过23批次，面积11 786.54公顷；审核不通过2起，涉嫌非法征占用草原，均按程序移交地方查处。河北、内蒙古、辽宁、吉林、黑龙江、四川、云南、西藏、陕西、甘肃、青海、宁夏、新疆13个省(区)及新疆生产建设兵团共审核通过2063批次，涉及草原面积11 237.11公顷。全国征占用草原用于油气田建设197.79公顷、矿藏开采5546.87公顷、公路铁路机场建设7944.82公顷、水利水电建设1289.22公顷、光伏发电建设851.86公顷、农牧业生产1983.41公顷及其他用途5209.67公顷。

与2018年相比，全国审核审批征占用草原申请数量增加724批次，同比增加53.16%；征占用草原面积减少4230.07公顷，同比减少15.52%；草原植被恢复费减少0.12亿元，同比减少4.38%。

(韩丰泽 朱潇逸)

【全国草原工作会议】 于7月25~26日在内蒙古自治区锡林浩特市召开。会前，韩正副总理专门听取情况汇报，并对草原工作作出重要批示。国家林业和草原局长张建龙出席会议并讲话，来自相关部委、各省(区、市)林草局长和草原处长、科研机构和高校草原专业负责人等共150余人参加会议。会议以习近平新时代中国特色社会主义思想为指导，认真贯彻落实习近平生态文明思想，回顾总结全国草原工作取得的成绩和经验，全面阐述了全面加强草原保护管理的重大意义，深入分析了新时代草原工作面临的形势任务，部署了今后一个时期草原重点工作，达到了统一思想、提高认识、明确任务的预期目标。会议还邀请了3位国内外草原专家做主题报告，安排参会代表开展了草原保护修复现场考察。为贯彻落实会议精神，会后印发《全国草原工作会议重点任务分工落实方案》。

(颜国强)

湿地保护管理 08

湿地保护

【湿地保护修复制度】 一是开展《湿地保护修复制度方案》实效评估,已出台国家湿地保护修复制度14项、省级湿地保护修复制度83项,湿地保护率达到52.19%,到2020年湿地保护修复目标任务基本完成,评估结果上报中央深改办。二是认真贯彻落实党的十九届四中全会精神,系统梳理总结《制度方案》贯彻落实情况,提出坚持和完善湿地保护修复制度的思路和举措。

(赵忠明)

【湿地立法】 2019年,湿地立法工作稳步推进。一是组成国家林草局立法领导小组和工作组,先后赴海南、青海、江苏、黑龙江4省开展调研,分4个片区召开座谈会,广泛听取意见建议。二是召开湿地保护法专家咨询会,听取北京大学、中国政法大学等院校法律专家的意见和建议。三是以国家林草局办公室名义就《湿地保护法(征求意见稿)》征求159个单位及有关专家的意见,对516条意见建议汇总、研究和吸收。四是按时提交《湿地保护法(建议稿)》、起草说明和相关论证材料。组织撰写立法背景及主要法律制度论证等16个专题报告。召开局领导小组会议和专题会议,对《湿地保护法(建议稿)》进行修改完善,经局务会议审议通过后正式提交全国人大环资委。五是配合全国人大环资委湿地保护立法领导小组赴北京林业大学、黑龙江省开展立法调研。六是配合全国人大环资委开展拟将《湿地保护法》列入《2020年全国人大常委会立法计划》研究论证工作。七是指导重庆市出台湿地保护条例,出台省级湿地立法达28个。

(俞 楠)

【湿地保护重点工程建设】 一是配合下达2019年湿地保护工程中央预算内投资3亿元,实施湿地保护与恢复项目9个。二是组织对2020年8个项目申请进行业务审查。三是对2019年湿地项目进行抽样调查,掌握项目进展情况和存在问题。四是开展林业和草原"十四五"规划湿地保护专题前期研究工作,配合提交《全国重要生态系统保护和修复重大工程总体规划》等多项规划中有关湿地保护的内容。

(刘 平)

【湿地调查监测】 一是积极配合做好第三次全国国土调查中湿地调查,多次与国务院国土三调办沟通衔接湿地调查数据和成果发布等问题,指导各地衔接国土三调和第二次全国湿地资源调查成果数据。二是组织开展泥炭地调查。联合中国地质调查局有关单位、国家林草局规划院等单位分赴青海、四川,开展野外调查测试,确定了地下深于1米的调查技术方法和设备。与中国地质调查局联合启动四川省泥炭沼泽碳库调查工作。三是组织完成56处国际重要湿地生态状况监测,12月底发布《中国国际重要湿地生态状况》白皮书。

(赵忠明)

【国家湿地公园建设管理】 对167处试点验收国家湿地公园的申报文件进行审查和现场考察评估,158处试点国家湿地公园通过验收,9处试点国家湿地公园未通过验收,按要求限期整改。对77处国家湿地公园范围和功能区调整方案进行审核,组织专家完成现场考察评估74处,61处批复同意。对4处省级湿地公园晋升国家湿地公园组织专家进行现场考察评估,3处批复同意。统计全国和各省(区、市)湿地保护率,并报送国家统计局。目前,全国湿地保护率达52.19%。 (李 明)

【湿地名录发布】 一是以国家林草局名义印发《国家重要湿地名录认定和发布规定》(以下简称《规定》),下发《关于申报2019年国家重要湿地的函》,部署申报工作。二是明确局直属6个规划设计院为技术支撑单位,对27个省份申报的127处湿地进行技术性审查和现地核实。三是组织召开专家论证会,完善国家重要湿地相关信息,按程序提请局委会审议。四是举办两次培训班,对《规定》进行解读,组织开展技术研讨4次,及时解决各省份申报中遇到的技术难题。

(姬文元)

【湿地保护宣传】 2019年,持续强化湿地宣传教育和培训工作。一是举办2019长江湿地保护网络年会、沿海网络年会暨培训班,分享湿地保护与修复的成功经验,分别发布《西宁宣言》和《海口倡议》。举办3期4个批次国家湿地公园建设管理培训班,培训414人次。二是配合国家网信办对湿地保护开展系列宣传报道。三是与《中国绿色时报》合作,刊发《中国国际重要湿地生态状况》白皮书发布宣传专版。四是继续推进中国湿地形象标识设计、《中国湿地》宣传片拍摄等工作。

(俞 楠)

【中国国际重要湿地生态状况】 一是组织有关单位开展国际重要湿地生态状况监测,主要采用现地调查验证和文献材料分析的方法,监测内容包括湿地面积、水源补给、水质、富营养化、湿地植物及植被、湿地鸟类、外来入侵物种、湿地利用、主要威胁九方面,监测期为2015~2018年。二是年底发布《中国国际重要湿地生态状况》白皮书,结果显示,与上一监测期2014~2017年相比,56处国际重要湿地的生态状况总体保持稳定。

(赵忠明)

【湿地科技支撑和标准体系建设】 一是国家林草局与中国科学院签署《国家林业和草原局与中国科学院关于共建"国家湿地研究中心"的合作协议书》,依托中国科学院东北地理与农业生态研究所组建国家湿地研究中心。组织起草研究中心组建框架和《章程》。12月12日,在北京举办研究中心揭牌仪式。二是建立湿地标准体系,将已出台或在编的57项湿地标准整合为19项,提出新的湿地标准体系。三是指导做好全国湿地保护标准化技术委员会工作,扎实推进标委会评估整改,完成标委会评估,做好标委会换届筹备工作。 (刘 平)

【生态扶贫及湿地保护与修复工程扶贫】 扎实推进生态扶贫工作，指导各地从建档立卡贫困户中，安排生态护林员从事湿地生态公益管护，促进稳定脱贫和湿地资源管护双赢。组织实施四川省若尔盖国际重要湿地、四川省甘孜州理塘县海子山两处湿地保护与修复工程，安排中央预算内资金 8600 万元，主要开展退化湿地修复等内容，助力当地生态扶贫。 （赵忠明）

【湿地公约履约】 成功申办 2021 年《湿地公约》第十四届缔约方大会，这是中国首次承办该国际会议。当选公约常委会成员国、亚洲区域代表和缔约方大会工作组主席，深度参与公约事务。组织完成国际湿地城市认证和新申报国际重要湿地指定的专家考察工作，完成 5 处国际重要湿地数据信息更新。 （胡昕欣）

【湿地国际合作与交流】 成功争取到 1000 万美元的全球环境基金"中国水鸟迁徙路线保护网络"项目，这也是 GEF7 期全球首个项目。开展"一带一路"湿地保护修复国际合作，首次执行外交部"澜沧江-湄公河专项基金项目"中的湿地保护修复项目，举办高级研讨会和培训班；利用国合署林业援外项目平台，举办"一带一路"国家湿地保护与管理研修班，并赴乌干达首次举办湿地保护与管理技术海外培训班。积极推进多边、双边合作，参与巴基斯坦、法国、德国等代表团的来访磋商；与世界自然基金会合作，在上海崇明东滩、香港米埔举办主题培训班 4 期。 （胡昕欣）

荒漠化防治

09

防沙治沙

【综　述】 2019年全国共完成防沙治沙任务225万公顷。全年防沙治沙各项工作有序开展，成效明显。一是成功举办《联合国防治荒漠化公约》第十三次缔约方大会第二次主席团会议和世界防治荒漠化与干旱日纪念大会暨荒漠化防治国际研讨会。二是积极参加公约第十七次履约审查委员会、《联合国防治荒漠化公约》第十四次缔约方大会等荒漠化公约重要国际会议，国家林草局局长张建龙出席第十四次缔约方大会高级别会议开幕式、部长圆桌论坛并作主旨发言。三是扎实有效开展防沙治沙目标责任中期督查工作。牵头会同考核工作组成员单位制订中期督查工作方案，赴12个省（区、市）和新疆生产建设兵团开展"十三五"防沙治沙目标责任中期督促检查工作。四是全面落实《沙化土地封禁保护修复制度方案》。组织开展沙化土地封禁保护区提质增效年活动。出台规范性文件《在国家沙化土地封禁保护区范围内进行修建铁路、公路等建设活动监督管理办法》。新增沙化土地封禁保护区8个和封禁保护面积8万公顷，将沙化土地封禁保护修复制度落实情况纳入目标责任制考核内容。五是科学谋划"十四五"全国防沙治沙规划体系。组织编制《全国沙产业发展规划纲要（2020~2035年）》。六是继续推进防沙治沙重点工程建设。全年京津风沙源治理二期工程完成营造林任务20.83万公顷，工程固沙0.53万公顷；岩溶地区石漠化综合治理工程完成营造林任务24.75万公顷。完成京津二期工程中期评估工作。组织对示范区建设情况进行总结，开展调研，梳理成功建设模式和政策机制，协调下达2019年建设资金4300万元，营造防沙治沙示范林0.54万公顷。积极开展沙区灌木林平茬复壮试点，试点面积达10.22万公顷。推进国家沙漠公园建设。七是顺利启动第六次全国荒漠化和沙化监测工作。修订《全国荒漠化和沙化监测技术规定》（2019年修订版）并下发执行。八是全力做好沙尘暴灾害预测预报和应急处置工作，有效处置和应对2019年10次沙尘天气。九是推进防沙治沙标准化建设工作。组织防沙治沙标委会制订《防沙治沙标准化体系框架》。十是积极推动国际合作与交流，建立健全《联合国防治荒漠化公约》履约专家咨询工作机制，出版《国外荒漠化防治》一书。十一是与宣传中心一起配合中宣部宣传甘肃省古浪县八步沙"六老汉"三代治沙造林先进集体"时代楷模"；结合纪念新中国成立70周年，制作出版《中国荒漠化防治70年》。十二是开展防沙治沙重大问题调研等其他重点工作。完成中国防治荒漠化协调小组成员的调整；配合全国人大农委开展森林法修改与荒漠化防治、盐碱地治理重点提案等专题调研，积极推动荒漠化防治工作；先后向全国人大法工委、农委汇报《中华人民共和国防沙治沙法》实施情况。

（张　璐）

新时代生态文明实践风沙造林技术

【沙化土地封禁保护区试点建设情况】 2013年，国家启动实施国家沙化土地封禁保护补助试点项目，试点范围包括内蒙古、西藏、陕西、甘肃、青海、宁夏、新疆7省（区）。2019年中央财政安排转移支付资金2亿元用于国家沙化土地封禁保护区的建设工作，在续建的基础上，新建8个国家沙化土地封禁保护区。截至2019年，国家沙化土地封禁保护区个数达到104个，封禁保护面积达到174万公顷。2019年，为对国家沙化土地封禁保护区建设管理中存在的问题进行梳理并加强管理，国家林业和草原局下发《关于进一步加强国家沙化土地封禁保护区建设管理工作的通知》（林沙综字〔2019〕7号）；同年9月，为加强在封禁保护区范围内相关建设活动的监督管理，国家林草局出台《在国家沙化土地封禁保护区范围内进行修建铁路、公路等建设活动监督管理办法》（林沙规〔2019〕2号）。通过封禁保护措施的实施，区域植被覆盖度较封禁前提高3~10个百分点，植被种类组成有所增加，尤其是草本物种数量和密度均较为稳定。通过封禁保护促进了沙化土地自然生态保护和自我修复，取得了显著的生态、社会和经济效益，成为遏制沙化土地扩展最有效的措施和最经济的途径。

（李梦先）

【岩溶地区石漠化综合治理工程】 为加强岩溶地区石漠化治理，2016年，四部委联合印发《岩溶地区石漠化综合治理工程"十三五"建设规划》，涉及贵州、云南、广西、湖南、湖北、重庆、四川、广东8省（区、市）的455个石漠化县（市、区）。2019年，中央预算内专项资金下达投资计划20亿元，支持200个石漠化重点县继续开展石漠化综合治理工作，全年完成营造林24.75万公顷，其中人工造林4.27万公顷，封山育林20.48万公顷，占年度计划任务的100%；森林抚育和管护面积0.68万公顷。通过石漠化综合治理，工程治理区的生态环境得到有效改善，森林涵养水源功能得到有效提升，水土流失得到有效遏制。同时，通过"山、水、田、林、路"的系统治理，促进了粮食增产、农民增收，将石漠化治理与产业发展相结合，积极培育特色产业，形成许多新的经济增长点，为贫困地区脱贫致富夯实了基础。

（李梦先）

【生态扶贫和产业扶贫】 在组织推进京津风沙源治理二期工程和岩溶地区石漠化综合治理工程实施过程中，一是指导各地"治沙、治石与治穷"相结合，将两大工程建设任务重点向贫困县倾斜，优先确保工程投资及时到位，通过抓生态实现长效扶贫；二是通过指导地方优先对建档立卡贫困人员加大培训力度，引导贫困人员直接或间接参与两大工程建设，从中选聘生态护林员等措施促使他们通过劳动脱贫，引导部分贫困人员早日脱贫；三是组织编制《全国沙产业发展规划纲要》，引导推进沙产业健康可持续发展，努力推进抓产业实现就地扶贫，抓项目实现精准扶贫，促进农牧民增收致富，促进区域经济健康发展。

（刘勇）

【国家沙漠（石漠）公园进展情况】 国家沙漠公园自2013年启动，经过6年的探索和发展，取得阶段性成果。截至2019年底，已经批复120个国家沙漠（石漠）公园，范围涵盖山西、内蒙古、湖南、甘肃、青海、新疆、广东等14个省（区）及新疆生产建设兵团。开展国家沙漠（石漠）公园调研，组成专家调研组赴青海、宁夏、湖南对国家沙漠公园管理和建设进行实地调研。在此基础上，形成国家沙漠公园管理和建设情况调研报告。举办国家沙漠公园管理培训班，对有关省（区）140余名沙漠公园管理和技术人员进行培训。

完成新疆和布克赛江格尔国家沙漠公园范围和功能区调整工作。组织专家赴新疆进行实地评估，对该沙漠公园总体规划修编和调整论证报告进行专家函审，并以局文复函同意调整该沙漠公园范围和功能区划。通过这次沙漠公园调整工作，总结出了沙漠公园调整规划的程序和要求，为今后规范沙漠公园调整规划提供了依据。

（滕秀玲）

【第六次全国荒漠化和沙化监测】 开展全国荒漠化和沙化监测，定期公布监测结果，是《中华人民共和国防沙治沙法》赋予林业和草原主管部门的重要职责，是党和国家机构改革后明确由林业和草原主管部门承担的一项重要职能。第六次全国荒漠化和沙化监测的目的是在前五次监测工作基础上，全面摸清近5年来中国荒漠化和沙化土地面积、分布、程度和动态变化情况，系统分析荒漠化和沙化的演变规律、特点和变化原因，为制定完善防治政策和制度、编制防治规划、划定生态红线等提供重要依据。

国家林业和草原局成立以副局长刘东生为组长的第六次全国荒漠化和沙化监测工作领导小组，负责监测工作的组织领导，协调解决工作中的重大问题。领导小组办公室设在荒漠化防治司，负责监测工作的具体组织和协调。2019年，启动第六次全国荒漠化和沙化监测工作，下发《国家林业和草原局关于开展第六次荒漠化和沙化监测工作的通知》（林沙发〔2019〕70号），开展监测技术试点工作，完成省级实施细则和工作方案的制订，完成各级技术培训，培训技术骨干150人次，省（区）培训1200人次，统一将荒漠化和沙化监测有关图斑矢量数据转换为2000国家大地坐标数据，准备了540万平方千米的高清卫星遥感数据，完成图斑区划、数据采集与处理、外业调查与核实、数据库与管理系统建设等工作。

（林琼 刘旭升）

【沙尘暴灾害及应急处置】

工作开展 2019年春季，中国北方地区共发生10次沙尘天气过程，影响范围涉及西北、华北、东北等15个省（区、市）679个县（市、区、旗），影响国土面积约275万平方千米，人口约1.9亿。其中，按沙尘类型分，强沙尘暴1次，沙尘暴2次，扬沙7次；按月份分，3月份1次，4月份4次，5月份5次；按影响范围分，影响范围超过100万平方千米的2次，80万～100万平方千米的5次，80万平方千米以下的3次。据不完全统计，2019年春季北方地区受大风和沙尘灾害影响造成的直接经济损失约8.38亿元。

2019年春季沙尘天气次数较少，强度偏弱，影响范围较小；次数与2018年同期持平，前期强度偏弱，后期略强，次数和强度均低于近18年（2001～2018年，下同）同期均值。2019年春季沙尘天气主要有以下特点：一是沙尘天气过程数与2018年同期持平，但少于近18年同期均值和常年均值。二是沙尘天气强度略强于2018年，较近18年同期偏弱。三是沙尘日数与2018年同期持平，均少于近18年同期和常年同期均值。四是沙尘天气主要起源于蒙古国南部及我国南疆盆地、甘肃河西走廊、内蒙古和东北地区西部。五是沙尘天气首发时间较往年同期偏晚，且集中发生在春季后期。六是影响北京地区的沙尘天气偏少，强度偏弱。

主要应急处置措施

研究部署沙尘暴灾害应急处置工作 一是根据国家林业和草原局与中国气象局春季沙尘天气趋势会商综合意见，在系统总结往年应急工作经验和成效的基础上，研究制订2019年春季沙尘暴灾害应急处置工作安排方案，签报局领导审定同意后予以实施。二是以国家林业和草原局名义下发《关于认真做好2019年春季沙尘暴灾害应急处置工作的通知》（林沙发〔2019〕19号），全面分析春季沙尘天气趋势，部署应急处置工作。三是督促北方12个省（区、市）林业和草原主管部门完善应急工作方案，检查应急措施和工作制度落实情况，确保人员到岗。四是通过短信平台转发沙尘预警信息近500条，及时提醒并部署各地做好应急处置工作。

科学开展沙尘暴灾害预测预警监测 一是1月7日国家林业和草原局联合中国气象局组织开展2019年春季沙尘天气趋势预测分析会商会，并将预测结果上报国务院，指导有关部门和地方政府开展沙尘暴应急处置工作。二是在年度趋势会商的基础上，与气象局加强重点预警期滚动会商，并将会商结果及时转发至省级林业和草原主管部门。三是充分发挥卫星遥感监测、沙尘暴地面监测站、短信平台、沙尘信息报送手机APP等现有监测设施和平台的作用，科学开展监测工作，实时掌握沙尘天气发生、发展过程，为应急决策提供服务。四是6月21日荒漠化防治司会同规划院，并邀请中国气象局相关专家，及时总结春季沙尘暴预测监测工作，分析

2019年春沙尘天气特点和成因，研究探讨沙尘天气预测模型和沙尘天气过程认定标准。

加强重点预警期应急值守 一是在3～5月沙尘暴重点预警期，国家林业和草原局和北方地区各级林业和草原主管部门均安排专人值守，双休日、重大节假日领导带班。二是要求值班人员认真履行职责，密切关注沙尘天气预警信息，及时接收和处理卫星遥感监测影像及地面监测站和信息员上报的信息，实时收集北方主要城市空气质量指数数据，科学分析，准确研判沙尘天气发生发展过程及其灾害情况。三是建立卫星遥感监测沙尘天气信息发布群，实时共享沙尘天气卫星遥感信息，供应急管理人员参考决策。四是根据防灾减灾和应急处置工作需要，提前向下游地区发出预警信息，指导地方及时调整工作方案，做好应急准备。据统计，荒漠化防治司会同局规划院填写《值班信息表》92份，撰写《沙尘暴监测与灾情评估简报》10期。

强化灾害信息报送和管理 一是及时调整和优化信息员队伍。2019年初地方政府相继开展机构改革，从事应急管理和沙尘暴监测的技术人员变动大，荒漠化防治司及时组织调整和优化信息员队伍。截至2019年底，在北方沙尘源区和路径区组建了一支600多人的信息员队伍。二是积极争取中国气象局支持，在总结2018年内蒙古自治区专业气象信息员为国家林业和草原局报送沙尘信息成功经验的基础上，2019年在甘肃、青海、新疆推广此做法，已争取30名专业气象员（县气象台长）为国家林业和草原局报送沙尘天气信息。同时，与应急管理、农业、交通、生态环境等部门分享沙尘天气趋势预测信息。三是要求各省级信息员每天报告灾情及处置情况落实情况，认真执行零报告制度。四是认真抓好沙尘暴灾害信息日报、周报、月报、季报、半年报和年报工作。五是及时通报2018年度各省份零报告执行情况，各沙尘暴地面站、信息员报送灾情信息情况，对报送信息及时、准确的信息员给予表扬。

沙尘暴灾害应急宣传工作 一是利用新闻媒体广泛宣传沙尘暴基本知识及应急避险知识，做好预防常识宣传，提高全社会防范灾害和开展自救互救的能力。二是加强沙尘暴预测预警信息和应急处置措施宣传，广泛宣传国家林业和草原局在沙尘暴应急方面所做的工作及采取的措施。三是结合防灾减灾日、世界防治荒漠化和干旱日等重要纪念日，宣传防灾减灾主题和沙尘暴灾害防范常识。

沙尘暴应急能力建设 一是在中国气象局卫星中心支持下，沙尘暴卫星遥感分析系统正式上线，利用"风云4""葵花卫星"开展沙尘天气实时监测。二是组织研发国家林业和草原局沙尘暴智慧监测云平台，集卫星遥感监测、PM10数据、实时风场等信息于一体。三是按照网络安全要求，对沙尘灾害应急处置短信平台和沙尘信息掌上报送系统APP进行升级改造。四是按照《沙尘暴灾害地面监测站管理办法》要求，指导地面站开展监测。五是加强监测技术人员培训，提高短信平台、沙尘信息掌上报送系统APP、监测仪器使用和维护水平。六是与国家预警发布中心签订合作协议，依托国家预警信息发布平台做好沙尘天气预警信息发布工作。

（刘旭升）

【荒漠化生态文件及宣传】 6月17日世界防治荒漠和干旱日期间组织开展系列宣传活动，在《人民日报》刊登国家林草局局长张建龙署名文章，新华社刊发副局长刘东生专访报道，围绕"防治土地荒漠化 推动绿色发展"主题开展系列宣传活动。《新闻联播》《朝闻天下》等中央媒体宣传报道了防沙治沙有关新闻。组织40余家中央媒体、地方媒体对"第25个世界防治荒漠化与干旱日纪念大会暨荒漠化防治国际研讨会"进行报道。截至6月19日，荒漠化防治相关新闻报道及转载共306篇。同时，制作"防治土地荒漠化 推动绿色发展"的宣传易拉宝、系列宣传海报，在国家林草局办公大楼、林调社区、中国林科院摆放、张贴。

与绿色党建编制"不忘初心、牢记使命"主题教育和荒漠化防治问答题，开展"生态文明进社区""不忘初心、牢记使命，坚定不移推进荒漠化防治事业"等主题宣传活动，通过在线答题、现场互动、发放环保宣传制品等方式，普及荒漠化防治知识，宣传生态文明思想，动员全民参与荒漠化防治。共发放主题环保布袋、主题笔记本、主题书签等环保宣传制品近2000份。

（王 帆）

【荒漠化公约履约和国际合作】 2019年2月，在贵州省贵阳市召开荒漠化公约第十三次缔约方大会第二次主席团会议，这是新中国成立以来第一次在中国召开的联合国环境公约主席团会议，也是国家林草局2019年开年的第一次重要国际会议。会议由《联合国防治荒漠化公约》秘书处主办，国家林业和草原局与贵州省人民政府联合承办。国家林业和草原局局长张建龙、副局长刘东生出席，《联合国防治荒漠化公约》执秘易卜拉欣·蒂奥、贵州省吴强副省长出席开幕式并致辞。荒漠化公约主席团成员、外交部、贵州省等相关国内外单位的代表和人员共约150人参会。张建龙就公约发展提出三点战略主张，获得了主席团成员的高度评价；副局长刘东生带领与会代表考察贵州刺梨等石漠化地区绿色产业发展情况，得到公约执行秘书的充分肯定。

2019年6月，在内蒙古呼和浩特市召开第25个世界防治荒漠化与干旱日纪念大会暨荒漠化防治国际研讨会。此次会议由国家林业和草原局、内蒙古自治区政府、中国绿化基金会支持，中国治沙暨沙业学会、内蒙古自治区林业和草原局、内蒙古农业大学举办。此次会议参加人员涵盖政府部门、行业协会、科研院校、企事业单位以及国际组织，共460余名代表，其中包括14个国家的38位外宾。国家林业和草原局局长张建龙出席会议并作讲话，副局长刘东生出席会议并主持开幕式。会议系统展示了中国治沙成果，为加快治沙人才培养注入新的动力，在科技创新和政企合作等方面探索了新的路径，将荒漠化防治国际交流合作推上了一个新台阶。会议还促成内蒙古林草局与有关单位签订战略合作协定，5年内获捐5亿元人民币用于植树造林和生态修复。

2019年7月，第七届库布其国际沙漠论坛在内蒙古自治区鄂尔多斯库布齐沙漠召开，此次会议由中国科学技术部、国家林业和草原局、内蒙古自治区人民政府、联合国环境规划署和联合国防治荒漠化公约秘书处共同主办，国家主席习近平致贺信，国务院副总理孙春兰宣读习近平主席贺信并致辞,全国政协副主席、中国科学技术协会主席万钢、国家林业和草原局局长张建龙在论坛开幕式上致辞。联合国秘书长安东尼奥·古特雷斯向论坛致贺信。来自45个国家和国际组织的300多名政要、官员、科学家、企业家以及媒体人士参加论坛。

2019年9月,参加在印度新德里召开的《联合国防治荒漠化公约》第十四次缔约方大会,国家林草局、外交部、生态环境部、中国气象局相关人员参加会议。会议以"投资土地、开启机遇"为主题,来自缔约国与相关国际组织共8000余名代表,围绕落实荒漠化公约《2018~2030年战略框架》开展磋商谈判,旨在促进务实行动,在全球范围推动荒漠化与土地退化防治事业向前发展。国家林业和草原局局长张建龙出席会议并在高级别会议开幕式、部长圆桌论坛、中国代表团"加强南南合作,增进人类福祉"部长级边会上发表讲话,强调通过荒漠化与土地退化治理,践行生态文明思想,共建人类命运共同体,彰显中国作为主席国对公约的引领作用,获得国际社会好评。中国代表团全程参加大会,包括区域磋商、第三次主席团会、高级别会、相关平行会、边会等。此外,国家林草局荒漠化防治司统筹中国治沙暨沙业学会、国家林草局规划院、中国绿化基金会、中科院新疆生态与地理研究所等作为中国在公约认证的民间社会团体,先后召开"绿色发展与荒漠化防治及扶贫""中国生态系统修复及荒漠化防治""亚洲国家干旱树种培育与种植""沙地管理与绿色生计"边会,多角度宣介中国防治荒漠化经验,促进与加强对发展中国家的业务合作。

促成西藏林业厅原厅长云丹获得2019年《联合国防治荒漠化公约》土地生命奖。推荐《联合国防治荒漠化公约》前执行秘书莫妮卡·巴布女士成功申报并获得2019年度中国政府友谊奖。《联合国防治荒漠化公约》秘书处与宁夏回族自治区林业和草原局签约共建国际荒漠化防治知识管理中心;12月举办该中心首期援外培训,培训15个国家约25名外国荒漠化防治骨干人员,获得参训学员及国际社会的赞誉。

(曲海华)

【省级政府"十三五"防沙治沙目标责任中期督促检查】 2019年初,国家林业和草原局将"十三五"防沙治沙目标责任中期督查工作纳入2019年督查检查考核工作计划。2019年9月上旬,国家林业和草原局会同考核工作组制订"十三五"防沙治沙目标责任考核中期督促检查工作方案,组建6个督查小组,每组4人,成员来自考核工作组的成员单位和国家林业和草原局的草原司、荒漠司、三北局、规划院等司局和单位,组长分别由荒漠司2位司领导和4个专员办专员担任。9月10日召开启动培训会,副局长刘东生出席会议,对做好中期督促检查工作作了部署,提出了具体要求。

9月中旬到10月下旬,6个督查小组先后赴有关省区,采取听汇报、查资料、看现场等形式,对各地"十三五"防沙治沙目标责任书落实情况进行督查,实地抽查26个重点县的62个乡118个察点,召开座谈会42场,查阅资料近千份,完成了督查工作,提交了分省报告。

12月5日,国家林业和草原局第六次局务会议听取了荒漠司孙国吉关于省级政府"十三五"防沙治沙目标责任中期督促检查工作情况的汇报。会议审议并原则通过国家林草局起草的以自然资源部名义上报国务院的《自然资源部关于省级政府"十三五"防沙治沙目标责任中期督促检查情况的报告》。

(林 琼)

【第七届库布其国际沙漠论坛】 国家林业和草原局局长张建龙出席论坛开幕式并致辞。论坛期间,张建龙会见了荒漠化公约执行秘书易卜拉欣·蒂奥先生。国家林业和草原局副局长刘东生出席论坛开幕式、执行秘书蒂奥的会见;先后出席国家林草局举办的边会"中国荒漠化防治实用技术与经验推介特别会议"、鄂尔多斯市人民政府举办的"防沙治沙与农牧民增收"论坛、闭幕式并致辞。论坛围绕"绿色'一带一路',共建生态文明"的主题,向国际社会推广了绿色金融与生态产业相结合等的一系列荒漠化防治"中国方案",形成《第七届库布其国际沙漠论坛共识》。

该届论坛由中国科学技术部、国家林业和草原局、内蒙古自治区人民政府、联合国环境规划署和联合国防治荒漠化公约秘书处共同主办,中国人民外交学会协办,鄂尔多斯市人民政府和中国亿利公益基金会承办。

(付 箐)

自然保护地管理

10

建 设 发 展

【印发《关于建立以国家公园为主体的自然保护地体系的指导意见》】 经中央深改组研究，6月26日，中共中央办公厅、国务院办公厅印发《关于建立以国家公园为主体的自然保护地体系的指导意见》。文件包括6个部分26条，从总体要求、构建科学合理的自然保护地体系、建立统一规范高效的管理体制、创新自然保护地建设发展机制、加强自然保护地生态环境监督考核、保障措施等方面，对构建以国家公园为主体的自然保护地体系做出全面的顶层设计，是加快建立以国家公园为主体的自然保护地体系，提供高质量生态产品，推进美丽中国建设，指导林业和草原今后工作的纲领性文件。文件提出，到2035年，显著提高自然保护地管理效能和生态产品供给能力，自然保护地规模和管理达到世界先进水平，全面建成中国特色自然保护地体系。

（陈大祥）

【各地完成自然保护地转隶工作】 按照中央深改委机构改革要求，保护地管理工作统一由林业和草原主管部门负责。2019年，完成原环保、住建、国土、海洋等部门管理的88个国家级自然保护区、244个国家级风景名胜区、13项自然遗产、4项自然与文化双遗产、37个世界地质公园、270个国家地质公园、87个国家矿山公园、67个国家级海洋特别保护区的转隶工作。同时，为做好转隶前后管理工作的衔接，有针对性地开展业务管理培训、修订相关规范标准并编制相关发展规划，进一步推动以国家公园为主体的自然保护地体系建设。

（王军 张远征 陈大祥）

【全面部署自然保护地整合优化调查评估】 8～9月，国家林业和草原局分别在杭州、长沙、北京三地组织自然保护地专家就自然保护地整合优化工作进行座谈。10月，下发《国家林业和草原局办公室关于启动自然保护地整合优化前期工作的通知》，组织编写《自然保护地整合优化实施办法（初稿）》，并征求相关部门、省级林业和草原主管部门意见。11～12月，审定甘肃、江苏、浙江、重庆等地贯彻落实《关于建立以国家公园为主体的自然保护地体系的指导意见》的实施意见。

（刘扬晶 康乐）

【广东、天津、宁夏、张家界自然保护地整合优化试点】 3月6日和4月18日，国家林业和草原局相继批复同意在重庆、宁夏、天津北部山区开展以国家公园为主体的自然保护地体系建设试点，在自然保护地整合优化、评估考核、管理机制、监测体系等方面开展探索，为全国自然保护地体系建设积累经验。

5月17日，《国家林业和草原局办公室关于同意张家界市开展自然保护地整合优化试点的复函》（办保字〔2019〕103号）正式批复湖南省林业和草原局，同意将湖南省张家界市正式纳入自然保护地整合优化的国家试点范围。

（陈涤非 刘文国）

【自然保护地专家委员会、国家级自然公园评审委员会成立】 5月8日，《国家林业和草原局办公室关于成立国家林业和草原局国家自然保护地专家委员会、国家级自然公园评审委员会的通知》（办保字〔2019〕98号）正式印发，标志着由自然保护地领域权威专家组成的国家林业和草原局国家自然保护地专家委员会以及国家林业和草原局国家级自然公园评审委员会正式建立。国家级自然公园评审委员会主要承担国家级自然公园类保护地的新建、范围调整及撤销的评审工作，提出评审意见，全年共开展两次评审活动。

（庄鸿飞）

7月18日，国家级湿地公园范围调整评审会在北京召开

（庄鸿飞 供图）

【第一届国家级自然保护区评审委员会成立】 3月4日，国家林业和草原局成立第一届国家级自然保护区评审委员会，并印发《国家级自然保护区评审委员会组织和工作规则》（林函保字〔2019〕42号）。

（陈大祥）

【全国自然保护地体系规划研究】 为推动建立以国家公园为主体的自然保护地体系，国家林业和草原局与中国科学院联合开展"全国自然保护地体系规划研究"。中国科学院投入大量人力物力，集中全国相关领域专家通过对生态系统、野生动植物、自然遗迹与景观等生态价值的分析评估，确定识别全国重要保护对象与保护关键区域，并结合自然保护地分布现状，进行保护成效评估与保护空缺分析，提出全国自然保护地体系规划的科研方案。

（庄鸿飞）

【国家级自然保护区总体规划批复】 经专家论证和修改完善，4月16日、6月1日，国家林业和草原局分两批批复了福建戴云山、江西马头山、湖北巴东金丝猴、湖南金童山、湖南九嶷山、湖南东安舜皇山、广西元宝山、广西邦亮长臂猿、广西七冲、云南西双版纳、吉林雁鸣湖、西藏类乌齐马鹿、河北塞罕坝、山西阳城蟒河猕猴、黑龙江凤凰山、黑龙江黑瞎子岛、浙江乌岩岭、湖北七姊妹山、四川栗子坪、云南白马雪山、云南乌蒙山、甘肃多儿、新疆霍城四爪陆龟、新疆温泉新疆北鲵24处国家级自然保护区总体规划，指导相关国家级自然保护区科学发展。　　　　　　　　　　（陈涤非）

【编制《全国海洋自然保护地发展规划（2020～2035年）》】《全国海洋自然保护地发展规划（2020～2035年）》对于完善海洋保护地网络化布局，科学划建海洋保护地，填补保护空缺具有重要作用。同时，有利于加强海洋生态系统保护和生态修复，加强监测、评估和科学研究，实现海洋保护地规范化管理。截至2019年底，该规划已完成初稿。　　　　　　　　　（程梦旎）

【全国自然保护地处长培训班】 5月17~22日，国家林业和草原局自然保护地管理司在国家林业和草原局管理干部学院，举办机构改革成立保护司以来的首个全国自然保护地处长培训班。各省(区、市)及新疆生产建设兵团林业和草原主管部门负责自然保护地工作的分管领导、业务处室以及辖区内相关技术支撑单位的主要负责同志共110人参加培训。培训主要包括自然保护地体系规划、规划编制与自然保护地评估，自然保护地项目组织、资金安排和管理，自然保护地资源环境遥感监测与生物多样性监管等业务相关的内容，各地还交流分享了自然保护地建设管理的经验。　　　　（庄鸿飞）

5月17~22日，全国自然保护地处长培训班在国家林业和草原局管理干部学院举办　　　（庄鸿飞　供图）

立法监督

【自然保护地监督管理】 6月，中共中央办公厅、国务院办公厅印发《关于建立以国家公园为主体的自然保护地体系的指导意见》，将"强化监督管理"列入建立自然保护地体系的指导思想，提出到2025年完善自然保护地体系的法律法规、管理和监督制度，并从建立监测体系、加强评估考核、严格执法监督三个方面对加强自然保护地生态环境监督考核提出具体要求。10月，中共中央办公厅、国务院办公厅印发《关于在国土空间规划中统筹划定落实三条控制线的指导意见》，强调自然保护地核心保护区原则上禁止人为活动，同时首次明确规定了其他区域允许开展的八类有限人为活动，为自然保护地监督管理工作明确了方向。同月，国家林业和草原局在自然保护地管理司设置保护监管处，进一步加强自然保护地监督管理工作的组织领导。

6月，生态环境部会同国家林业和草原局等六部门下发《关于联合开展"绿盾2019"自然保护地强化监督工作的通知》，将工作范围由自然保护区扩展至长江干流、支流及五大湖区5千米范围内的各级各类自然保护地。自然保护地司采取监测、核查与督办相结合，务求自然保护地监督管理工作取得实效。通过与中国地质调查局自然资源航空物探遥感中心、国家海洋信息中心合作，分别对国家级自然保护地的陆域和海域人类活动情况进行监测。同时，针对媒体曝光的自然保护地违法违规问题，先后对海南三亚珊瑚礁、江苏镇江长江豚类、西藏珠穆朗玛峰、云南西双版纳易武、河南高乐山、河北小五台山以及海南文昌麒麟菜等自然保护区开展核查督导。配合长江经济带小水电清理整改工作，国家林业和草原局先后带队第五调研组和第六督查组，对湖南、江西、重庆两省一市小水电清理整改工作情况进行调研督查。配合全国违建别墅清查整治专项行动，负责内蒙古自治区、山西省自然保护地内的别墅清理整顿工作。

推进2015年全国林业国家级自然保护区监督检查专项行动——"绿剑行动"通报的30个重点督办国家级自然保护区的整改工作，并会同驻地专员办对湖南小溪、新疆喀纳斯、内蒙古哈腾套海等5个自然保护区整改工作开展实地验收。截至2019年底，27个国家级自然保护区由省级主管部门上报了整改报告，其中25个国家级自然保护区接受现场验收，11个国家级自然保护区通过整改验收。

（许　晶　陈　超　陈大祥　贾　恒）

【启动自然保护区监督管理平台】 10月23日，自然保护区监督管理平台项目经过验收专家充分讨论和质询，一致通过项目竣工验收并正式启动。平台搭建了自然保护地管理、监测、监管、评估、执法监督的初步框架，包括综合管理、一张图服务、信息采集、支持决策、公众服务、公众宣教、公务管理、业务办公8个模块。其中，综合管理、信息采集和一张图服务均开发了国家、省、自然保护地三级用户权限，实现互联互通、数据共享；公众服务和公众宣教面向社会公众，方便公众查询和了解自然保护地信息。　　　（杨昆山）

【国家级自然保护区土地利用状况变化核查常态化】国家林业和草原局自然保护地管理司与中国地质调查局自然资源航空物探遥感中心合作，依托其开展涉自然保护区土地利用状况变化卫星遥感监测，再委托相关部门开展现场核实和督查，并召开全国涉自然保护区土地利用状况变化实地核查情况通报会暨研讨会,对疑似毁林、占用林地开展建设、修路、开垦、违法违规开矿等情况进行总结分析。组织研发并完成"全国自然保护地监督检查管理平台"移动客户端,提升信息化水平,涉自然保护地违法违规行为早发现、早制止、早整改的督查机制日趋完善。全年共发现疑似违法违规点位1300多个,截至2019年底核查完成774个。 (杨明伟)

【启动海洋保护地人类活动监测工作】 依据机构改革新职能,国家林业和草原局自然保护地管理司启动海洋保护地人类活动监测工作,联合国家海洋信息中心对国家级海洋保护地内人类活动进行季度性监测。根据每季度的遥感监测影像对比,督促相关省份自然保护地行政主管部门对发现的人类活动疑点疑区进行实地核查和问题整改,并及时反馈有关情况。 (程梦旎)

生物多样性保护与监测

【生物多样性监测及体系建设】 对保护地生物多样性监测工作进行全面调研,对部分国家公园、自然保护区和自然公园进行实地考察,明确现状问题和需求,在此基础上与华为、中国电信等信息和通讯技术龙头企业进行走访和座谈,组织国内顶尖专家编制自然保护地生物多样性监测平台可行性研究报告,提出保护地生物多样性国家平台设备采购和建设方案,选取云南和宁夏两地开展保护地监测试点工作。 (李 雄)

【红外相机监测网络试点】 "秘境之眼"自然保护区红外相机监测网络试点项目和重点自然保护地红外相机布设工作顺利展开。通过前期调研分析保护区的资源分布情况、生物多样性重点区域等,制订了监测方案,设计了布设监测样方样线、监测样线,于2019年6月底在云南高黎贡保护区召开启动会暨技术培训会,8月底,所有红外相机已经布设完成并通过现场评估考核,累计在四川唐家河、云南高黎贡等多个国家级自然保护区内布设红外相机共980台,数据已于11月底开始有序回收,为中国生物多样性监测体系奠定了坚实的基础。 (杨明伟)

合 作 交 流

【第一届中国自然保护国际论坛】 于10月30日至11月1日在广东省深圳市召开。论坛设主论坛和9个分论坛,内容覆盖国家公园、自然保护区、风景名胜区、森林公园和地质公园等各类自然保护地,以及自然保护立法、自然保护地体系建设规划、基于自然保护地的野生动植物栖息地保护、生物多样性调查监测与保护评估等多个方面。来自14个国家和地区的政府代表,自然保护、生物多样性保护方面的研究机构和保护组织代表,以及专家学者500余人参加论坛,就如何共同努力保护全球生物多样性和生态系统服务达成"深圳共识"。论坛由国家林业和草原局、世界自然保护联盟(IUCN)、广东省人民政府主办,深圳市人民政府承办。 (杨明伟 李希)

【中法签订自然保护领域合作谅解备忘录】 11月6日,在中国国家主席习近平和法国总统马克龙的共同见证下,中国国家林业和草原局局长张建龙与法国生物多样性署署长欧贝尔签署《中华人民共和国国家林业和草原局与法兰西共和国生物多样性署关于自然保护领域合作的谅解备忘录》。

此次签署的谅解备忘录是在国家林业和草原局国际合作司和自然保护地管理司的共同推动下,中法两国就自然保护地管理和生物多样性保护与监测合作达成的共识,并经多次磋商形成的中法自然保护合作谅解备忘录。根据双方共识,在第一届中国自然保护国际论坛期间,中法双方共同举办中法自然保护合作研讨会,确定在双方保护地开展结对、互访和培训活动等具体内容。 (李雄 李希)

【中俄跨境自然保护区合作纳入两国领导联合声明】 6月5日,中俄两国发布《关于发展新时代全面战略协作伙伴关系的联合声明》,提出"加强自然保护区合作,特别是东北虎豹跨境自然保护区合作,联合开展巡护和东北虎豹监测,共同开展生态廊道建设,保障东北虎豹在中俄边界实现自由迁徙。"国家林业和草原局积极与俄方开展磋商,合作加强东北虎豹及相关自然保护地的保护工作。 (陈涤非)

【海峡两岸国家公园、自然保护区研讨】 8月14~16日,在内蒙古鄂尔多斯市召开第二十四届海峡两岸自然保护区和国家公园建设管理培训班,中国台湾国家公园学会22人及大陆31个省(区、市)林草主管部门有关人员参加。国家林业和草原局副局长李春良参加开幕式并授课。17~22日,中国台湾国家公园学会22人赴西鄂尔多斯国家级自然保护区、鄂托克恐龙遗迹化石国家级自然保护区、库布其七星湖国家沙漠公园等保护地现场交流座谈。 (贾 恒)

【赴日本参加"自然保护地管理培训"】 12月8~21日,国家林业和草原局自然保护地管理司组织世界自然遗产保护管理规划培训团赴日本培训,培训团成员共23名,培训分为授课、访谈、实地考察和讨论等多种形式,邀请日本环境省自然环境局国立公园课、静冈县文化观光部富士山世界遗产课、江户川大学国家公园研究所、北海道钏路自然环境事务所、一般财团法人自然公园财团、阿寒摩周国立公园管理事务所、日光市观光协会、钏路市旅游观光局等相关单位的领导和专家介绍日本国家公园的发展历程、保护管理体制、科学研究和生态旅游利用等内容，同时实地考察日光国立公园、钏路湿原国立公园、富士箱根伊豆国立公园、阿寒摩周国立公园、丹顶鹤自然公园和钏路市立博物馆等，并与观光协会等利用机构进行座谈，对日本的国家公园发展、保护管理体制、资源利用等方面都有了全面的了解。

(安丽丹)

【双多边国际合作】 先后参与《〈生物多样性公约〉第十五次缔约方大会任务分工明细表》制订工作，落实生物多样性公约履约责任；参与生物多样性和生态系统服务政府间政策平台(IPBES)第七次全体会议对案讨论，协助完成参会对案等工作；与非政府组织(NGO)展开合作，先后与大自然保护协会(TNC)、野生生物保护学会(WCS)、桃花源基金会、绿化基金会、中国海油海洋环境与生态保护公益基金会等多家NGO组织进行深入交流，围绕国家公园及保护地体系（包括海洋保护区）、退耕还林、世界自然遗产地、野生动植物重要栖息地以及以湿地为主题的国内、国际相关活动等方面开展宣传展示、能力建设及培训、志愿者体系、公众教育、社区共建、生态旅游、人员交流、规划管理等工作，初步达成一致。

6月，德方派员访问国家林草局，通过与德国国际合作机构(GIZ)沟通交流，计划共同开展对坦桑尼亚等非洲国家的《IUCN绿色保护地名录》评估工作，目前已初步达成共识。

9月底，参加中缅两国林业工作组会议，积极推进"中缅跨境自然保护地合作项目"，双方就进一步推进双边自然保护地合作，特别是中央管辖区的自然保护地合作，通过双方派员互访交流、相互学习借鉴自然保护地监测管理等先进经验方面初步达成一致。

11月，中法两国在磋商互访的基础上签署《中华人民共和国国家林业和草原局与法兰西共和国生物多样性署关于自然保护领域合作的谅解备忘录》，两国元首在场见证。

(李希)

【管理全球环境基金等国际项目】 通过承接自然资源部移交的全球环境基金"中华白海豚项目"和"河口项目"，发挥国际组织的相关优势，加强东南沿海重要海洋物种保护，提升珠江口和黄河口的河口生态系统及生物多样性的保护力度。

(程梦旎)

宣传教育

【央视"秘境之眼"栏目开播】 全媒体节目《秘境之眼》由国家林业和草原局、中央广播电视总台联合推出。于1月1日起在央视综合频道黄金时间播出。该节目以布设在全国上万个自然保护地的红外相机和远程摄像头拍摄的珍贵野生动物视频为素材，展现中国自然保护地及生物多样性保护工作的成就。截至12月31日，已播出364期，内容涵盖200余个不同类型的自然保护地，逾百个物种，播出时间总触达3.66亿人。多周位居全国创新节目收视率前三名。新媒体呈现方式多样化，已上线3个保护地直播项目，3条VR视频被央视首推。乐在秘境7条，多次出现在央视频推荐页面；微博364条，阅读量超过960万；秒拍小视频359条，播放量5577万次；微信公众号文章99篇，阅读量超过34.5万次；全网累计覆盖人数超过1.15亿人。 (杨明伟)

【红外相机精彩影像评选】 5月8日，组织开展"秘境之眼"精彩影像评选工作，5月22日国际生物多样性日公布评选结果，10月在第一届中国自然保护国际论坛为获奖单位颁奖，予以表彰。本次"秘境之眼"精彩影像评选工作通过组织专家评选和网络点赞结合的方式展开，首先由业内专家从已经播出的124期中遴选22期优秀节目，然后进行网络推送，由广大人民群众参与点赞投票，累计收到点赞14万人次，最终评选出一、二、三等奖及优秀奖若干。评选工作激励了地方对珍稀濒危野生动植物监测与保护的积极性，产生了很好的社会反响，传播了动植物保护的正能量。

(杨明伟 李希)

【首届中国地质公园主题宣传活动】 9月8日，为期2天的以"地球之上的绿水青山、长城脚下的绿色倡议"为主题的首届中国地质公园主题宣传活动在延庆区世界园艺博览会拉开帷幕，来自全国各地的200余名地质公园从业人员齐聚延庆，共谋加快中国地质公园发展良策，聚力助推中国生态文明建设。国家林业和草原局副局长李春良，北京市政府副秘书长陈蓓，世界地质公园网络主席尼古拉斯·邹若思，延庆区委副书记、区长于波出席活动开幕式并致辞。开幕式上，延庆世界地质公

9月8日，首届"中国地质公园"主题宣传活动在北京市延庆区世界园艺博览会拉开帷幕　　(张志光　供图)

园发起设立"地质公园日"的倡议。活动期间,还举办了地质公园保护与发展主题论坛、《神奇造化 魅力地质》专题图片展、延庆世界地质公园现场观摩交流等活动。此次活动由国家林业和草原局自然保护地管理司、世界地质公园网络(GGN)、北京市园林绿化局和北京市延庆区政府共同主办,是响应习近平总书记在2019北京世园会开幕式重要讲话中有关"共同建设美丽地球家园,共同构建人类命运共同体"倡议的重要举措,也是地质公园管理职能整合到国家林业和草原局以来举办的首次全国性宣传活动。 （张志光）

【世界海洋日系列宣传活动】 利用6月8日世界海洋日契机,参加自然资源部组织的2019世界海洋日暨全国海洋宣传日活动,在主会场(海南三亚)进行主题为"海洋保护地,拱卫蔚蓝家园"的专题展览。在《中国绿色时报》刊登"关注海洋保护地,守护蓝色家园"的整版专题宣传。 （程梦旎）

【中国第三个"文化和自然遗产日"活动】 6月8日是中国第三个"文化和自然遗产日",此次"文化和自然遗产日"宣传活动的主题是"保护自然遗产,建设美丽中国"。国家林业和草原局(国家公园管理局)会同全国绿化委员会、贵州省人民政府、中国绿化基金会,于6月7~10日在贵州省铜仁市举办2019年"文化与自然遗产日"主题宣传活动和"绿色中国行——走进美丽铜仁"大型系列主题公益活动。活动全程在绿色中国网络电视和人民网直播,累计300万人在线收看。 （何 露）

国家公园管理

【第一届国家公园论坛】 8月19~20日,国家林业和草原局、青海省人民政府在青海省西宁市共同举办第一届国家公园论坛。论坛期间,中共中央总书记、国家主席、中央军委主席习近平为论坛发来贺信,对办好论坛寄予殷切期望,提出明确要求。组委会举行第一届国家公园论坛新闻发布会,发布《西宁共识》。国家有关部委、高等院校、科研院所和各省（区、市）自然保护地管理机构负责人,企业和社会组织及国际组织代表,业界专家学者450余人参加论坛。论坛分设建立以国家公园为主体的自然保护地体系、自然保护地体系建设与管理、自然保护地社区发展与全民共享、生物多样性保护4场分论坛,召开国家公园制度创新、水生态文明及"中华水塔"保护等6场边会。 （刘文国）

【国家公园共建会议】 7月12日,青海以国家公园为主体的自然保护地体系示范省建设工作领导小组第一次会议在国家林业和草原局召开。领导小组组长、国家林业和草原局局长张建龙主持会议;领导小组组长、青海省省长刘宁,领导小组副组长、青海省副省长田锦尘出席会议,国家林业和草原局总经济师张鸿文,青海省政府秘书长张黄元,国家林业和草原局相关司局、青海省林业和草原局、三江源国家公园管理局负责同志参加会议。会议原则通过《青海以国家公园为主体的自然保护地体系示范省建设实施方案》;决定8月18~20日在西宁召开首届国家公园论坛。

8月18日,青海以国家公园为主体的自然保护地体系示范省建设工作领导小组第二次会议在青海西宁召开。领导小组组长、青海省省长刘宁主持会议;领导小组组长、国家林业和草原局局长张建龙,领导小组副组长、国家林业和草原局副局长李春良,领导小组副组长、青海省副省长田锦尘出席会议,国家林业和草原局总经济师张鸿文,青海省政府秘书长张黄元,国家林业和草原局有关司局、青海省各市(州)政府及省有关部门负责人参加会议。会议介绍了国家公园示范省建设及三江源、祁连山国家公园体制试点工作进展情况,听取了国家公园论坛筹备情况汇报,并对下一步工作进行安排部署。 （刘文国）

12月27日,青海以国家公园为主体的自然保护地体系示范省建设工作领导小组第三次会议在北京召开。会议全面总结了2019年青海以国家公园为主体的自然保护地体系示范省建设工作,研究审议了2020年工作计划和《青海以国家公园为主体的自然保护地体系示范省建设白皮书(2019)》。领导小组组长、国家林业和草原局局长张建龙,领导小组组长、青海省省长刘宁,领导小组副组长、青海省副省长田锦尘出席,领导小组副组长、国家林业和草原局副局长李春良主持。国家林业和草原局有关司局负责同志参加会议。 （贾 恒）

【青海以国家公园为主体的自然保护地体系示范省启动会】 6月11日,青海省人民政府、国家林业和草原局共建以国家公园为主体的自然保护地体系示范省启动会在西宁召开。国家林业和草原局相关司局负责人,青海省人大常委会、省政协,青海省各州(市)、县(区)负责人、省政府各林草部门负责人、自然保护区主要负责人出席大会。启动会上,青海省委书记王建军,国家林业和草原局党组书记、局长张建龙为"共建以国家公园为主体的自然保护地体系示范省"揭牌。国家林业和草原局党组书记、局长张建龙与青海省委副书记、省长刘宁签署共建协议。 （刘文国）

国家公园体制试点

【综　述】 十八届三中全会提出"建立国家公园体制"以来，中央先后审议通过了三江源、东北虎豹、祁连山、大熊猫、海南热带雨林5个国家公园体制试点方案；经中央同意，国家发展和改革委员会陆续印发了武夷山、神农架、普达措、钱江源、南山、北京长城6个国家公园体制试点实施方案。截至2019年底，中国共有10个国家公园体制试点，涉及青海、吉林、黑龙江、四川、陕西、甘肃、湖北、福建、浙江、湖南、云南、海南12个省，总面积约22万平方千米。

2019年1月，国家林草局与北京市共同研究，停止北京长城国家公园体制试点工作；中央深改委第六次会议审议通过了《关于建立以国家公园为主体的自然保护地体系的指导意见》和《海南热带雨林国家公园体制试点方案》，分别由中办、国办、国家公园管理局于6月、7月印发。

【管理体制】 国家林草局（国家公园管理局）配合中央编办赴东北虎豹国家公园就管理体制问题进行了实地调研，组织了10个国家公园管理机构进行座谈交流，在汇集、分析各国家公园试点机构、人员编制现状的基础上向中央编办提交了《国家公园管理机构设置意见》。各试点区继续探索，组建统一的管理机构，与地方政府划分事权，开展自然保护地管理机构和人员整合工作，分级管理的国家公园管理架构基本建立。4月，海南热带雨林国家公园依托海南省林业局挂牌成立。7月，在原有管理机构基础上挂牌成立钱江源国家公园管理局，由浙江省林业代管，实现省政府垂直管理，纳入省一级财政预算。11月，大熊猫国家公园陕西省管理局正式挂牌成立；云南省明确统筹推进普达措国家公园管理机构上划工作；南山国家公园管理局实现由湖南省财政统一归集拨付、管理局统筹整合使用的资金管理模式。

【运行机制】 国家林草局（国家公园管理局）商有关省人民政府分别成立了东北虎豹、祁连山、大熊猫3个跨省的国家公园协调工作领导小组，各协调工作领导小组于2019年4~5月相继召开全体会议，明确了各方职责和议事规则，推动重要事项和问题研究解决。国家林草局（国家公园管理局）与自然资源部、生态环境部等有关部委针对国家公园范围内的自然资源确权登记、自然资源资产管理、生态环境损害赔偿等重点工作，分别建立了协调工作机制。东北虎豹国家公园管理局与黑龙江、吉林两省相关部门建立了过渡期行政职能履行机制和共管工作机制，建立历史问题和重大问题议事制度，对试点区相关矿业权实行共商共管；祁连山国家公园甘肃省管理局和青海省管理局开展跨省多部门协作联合执法，打造不留死角、无缝隙的"立体执法"模式；三江源国家公园管理局与青海省检察院、青海省林草局联合出台了生态公益司法保护协作机制意见，成立"三江源生态公益司法保护中心"；海南热带雨林国家公园管理局推行森林资源网格化管理机制；武夷山国家公园管理局实行生态资源保护网格化管理机制，福建省和江西省建立了两省联合保护机制，联合成立闽赣两省联合保护委员会，共同推进武夷山生态系统完整性保护；钱江源国家公园管理局与地方政府建立了联席会议制度，浙江省与江西省建立了钱江源国家公园跨省联合保护站；南山国家公园管理局与当地政府及其职能部门关系进一步完善主体明确、责任清晰、相互配合的协同管理机制，湖南省政府出台了《湖南南山国家公园管理局行政管理权力清单（试行）》，将有关行政许可、行政执法、行政处罚等197项行政权力授予南山国家公园管理局。

【政策保障】 国家公园立法相关工作持续推进，开展了立法调研、专家座谈、交流研讨、论证评审等工作，进一步修改完善《国家公园法（草案建议稿）》。《大熊猫国家公园管理办法》《海南热带雨林国家公园条例（草案）》《钱江源国家公园管理办法（审议稿）》《湖南南山国家公园管理办法》《祁连山国家公园管理条例（初稿）》编制完成。《国家公园设立标准》和《国家公园空间布局方案》编制完成并按程序报批，在此基础上编制了《国家公园总体发展规划（报批稿）》。《国家公园监测指标和监测技术体系》《国家公园设立与调整办法》《国家公园规划编制与审批管理办法》等办法形成初稿。各国家公园管理机构编制出台了关于特许经营、工矿水电产业退出、项目审批、社区协调发展等配套政策。

【总体规划及专项规划】 经福建省政府研究同意，由福建省林业局、发改委、自然资源厅联合印发《武夷山国家公园总体规划及专项规划（2017~2025年）》。东北虎豹、大熊猫、祁连山、普达措、南山等国家公园总体规划编制完成并按程序报批；《海南热带雨林国家公园总体规划（2019~2025年）》初步完成编制工作，并按程序开展审核论证；《钱江源国家公园总体规划》启动修编工作。东北虎豹、大熊猫、祁连山、三江源、神农架、钱江源、南山等国家公园专项规划编制工作持续推进。

【资金保障】 继续探索构建财政投入为主的多元化资金保障机制。中央有关部门通过现有的中央预算内投资和中央财政专项转移支付，对各试点区基础建设、生态公益林补偿、野生动植物保护等予以支持。2019年国家发改委通过中央预算内文化旅游提升工程专项资金安排8.57亿元用于国家公园建设；中央财政通过一般性转移支付向每个试点省补助2500万元，由各省统筹用于国家公园体制试点建设工作。国家林草局（国家公园管理局）配合国家发改委对文化旅游提升项目管理办法进行修订；并共同开展了2017~2019年国家公园体制试点中央预算内投资项目建设情况评估。完成2020年中央预算内投资项目的申报及评审等有关工作，并研究提出"十四五"国家公园中央预算内投资支持方向及资金需求。神农架国家公园金丝猴保护基金会、南山国家公园生态保护基金会相继成立；武夷山国家公园积极引导企业和个人参与国家公园建设，企业为管护人员捐赠2019～2020年共计1.5亿元保额的人身意外伤害险。

【生态保护修复】 各国家公园分别开展了生态环境保护专项执法、生态廊道建设、巡山清套、野生动物保护专项整治、护林防火、病虫害防治、开发项目排查等工作。东北虎豹试点区联合试点区各级政府和相关部门开展2次专项督导检查及清山清套专项行动，强化日常巡护，救助受伤野生动物；祁连山试点区开展了2次卫片执法监督检查，与甘肃、青海两省不定期开展综合执法专项行动；大熊猫试点区及相关管理机构联合有关部门开展多项保护专项行动，在相关区域建设了大熊猫交流廊道，建设大熊猫野化放归基地；三江源试点区实施三江源生态保护和建设二期工程项目五大类15项，联合开展多项保护专项行动；海南热带雨林试点区开展电子围栏示范点建设，开展开发项目排查和评估工作；武夷山试点区持续打击"两违"行为，开展茶山整治，强化有害生物防控；神农架国家公园管理局完成生态修复面积21万平方米，开展森林资源健康体检航空遥感监测与巡护及矿山、水电站退出工作，推进"昆仑5号"行动及自然资源保护"十严禁"专项行动；普达措试点区同时开展对公园两个湖泊的水质监测、巡护管理等工作；钱江源试点区开展"清源"二号暨打击非法偷盗猎野生动物专项行动，与5家企业签订水电站退出协议并落实国家公园范围内建设项目前置审批制度；南山试点区开展保护专项行动3次，开展矿权退出及自然修复项目建设，出台了《产业退出实施意见》，整合综合执法队伍、护林员等人员力量开展巡护工作。

【自然资源监管】 国家公园自然资源基础数据库及统计分析平台完成一期建设。东北虎豹国家公园管理局制订2019年度清产核资工作计划和工作安排，完成了8类基础信息统计工作，掌握了试点区内"林地资源一张图"；祁连山国家公园管理局组织开展了自然资源本底调查，完成甘肃片区外业调查并初步完成报告的编制；大熊猫国家公园管理局整合试点区内各保护机构现有的监测监控设施，多渠道提升监测能力；三江源国家公园管理局发布草地、地表水、林地、湿地四大主要自然资源本底调查成果；海南热带雨林国家公园管理局完善生物多样性监测体系，启动热带雨林国家公园智慧雨林项目；武夷山国家公园管理局组织开展环境监测及生态科考活动，加快推进种质资源普查，基本完成森林资源二类调查；神农架国家公园管理局搭建高端专业科研监测平台，完成珍稀濒危植物资源本底调查，开展跨区域金丝猴专项调查；普达措国家公园管理局开展了试点区生态本底资源调研工作及综合科学考察；钱江源国家公园管理局配合有关单位基本完成资源本底调查和确权登记工作，实现了全域网格化监测全覆盖；南山国家公园管理局健全监测制度，出台了《生态环境监测技术规范》等生态保护性规范，建立了自然资源基础数据统计分析平台。

【社区协调发展】 各试点区在强化生态保护的同时，积极与周边社区协调，通过实施生态补偿和项目支持，推动原住居民就地就业，保障了收入不降低、生活质量不下降。大熊猫国家公园管理局以入口社区和门庭社区建设为纽带，将雅安片区打造成园地共建先行区；三江源国家公园管理局开展农牧民技能培训，开展特许经营探索，接待98支自然体验团队，为社区带来101万元收益；武夷山国家公园管理局探索毛竹林地役权管理，持续推进生态茶园示范点建设；钱江源国家公园管理局安排2000万专项资金用于国家公园范围内的村庄环境综合整治和风貌提升；南山国家公园管理局构建了"企业+基地+农户"特许经营模式，有奶业养殖320户900余人。

【国家公园体制试点评估】 国家林草局（国家公园管理局）委托中国科学院负责，组织国务院发展研究中心、中国林科院、清华大学、北京师范大学、北京林业大学、国家林草局经研中心及相关试点单位等20余家单位的46位专家组成评估组，于2019年5月全面启动第三方评估工作。评估组分成5个评估小组，自7月20日至8月17日，分别对10个国家公园体制试点区进行实地评估。累计召开座谈会、访谈会80余次，完成各类调查问卷约1050份，核查文件材料共5000余件，外业调查里程超过1万千米。实地评估结束后，评估组经过4个月的内业分析整理和专家研讨，形成第三方评估报告，包括10个分报告和1个综合报告。

【会议论坛】 8月19～20日，国家林草局（国家公园管理局）和青海省人民政府在西宁共同举办第一届国家公园论坛，习近平总书记为论坛发来贺信。7月28～29日，国家林草局（国家公园管理局）主办、东北虎豹国家公园管理局等单位承办的2019年虎豹跨境保护国际研讨会在哈尔滨召开。10月14～17日，国家林草局公园办和浙江省林业局共同主办、钱江源国家公园管理局等单位承办的国家公园建设与管理国际研讨会在浙江开化举行。12月5日，国家林草局（国家公园管理局）组织相关试点省林草部门及各试点单位召开了国家公园体制试点工作会议，邀请16家中央有关单位人员到会指导。

【交流合作】 国家林草局先后与多个国家政府部门、社会团体开展了多种形式的交流合作，与美国、法国、新加坡等国家就国家公园管理和自然保护等签署相关合作协议，与美国保尔森基金会签署了《关于中国国家公园体制建设合作的框架协议》等。东北虎豹国家公园管理局与俄罗斯豹之乡国家公园正式签署2019～2021年"联合行政领导机构合作行动计划"。祁连山国家公园与法国爱克兰国家公园建立长期合作关系。各国家公园分别与联合国环境署、全球环境基金、世界自然基金会等组织开展相关合作。

【科技支撑】 国家林业和草原局依托直属调查规划设计院成立国家林业和草原局国家公园监测评估研究中心。各国家公园管理局分别与中国科学院、北京师范大学、海南大学、北京林业大学、南京林业大学等科研机构开展合作。祁连山国家公园青海研究中心、海南国家公园研究院、中国林科院神农架国家公园研究院、国家林草局（神农架）金丝猴研究中心等科研机构相继组建成立。

【科普工作】 各国家公园开展了形式多样的科普活动。利用"全国科普日""世界野生动植物日"等宣传日开展宣传活动，探索开展自然教育。东北虎豹国家公园管理局联合举办第九届世界老虎日，联合俄罗斯豹地国家公园等举办巡护员竞技赛；大熊猫国家公园管理局、大熊猫国家公园四川省管理局共同主办大熊猫科学发现150周年系列活动；神农架国家公园管理局举办2019年科普志愿者训练营；钱江源国家公园科普馆建设工程竣工验收；联合举办了全国三亿青少年进森林研学教育活动启动仪式暨绿色中国行——走进钱江源国家公园主题公益活动；南山国家公园管理局设立了宣教中心。

【宣传培训】 国家林草局（国家公园管理局）采用与中央电视台等主流媒体合作、召开新闻发布会等形式，权威发布国家公园信息，于12月策划了中国国家公园图片展。各国家公园管理局不断开辟宣传渠道，开展形式多样的宣传工作。祁连山、海南热带雨林、钱江源、南山国家公园开通官方网站，大熊猫国家公园官方网站开始内部试运行；钱江源国家公园管理局依托开化电视台创新设立"钱江源国家公园"频道；祁连山国家公园、武夷山国家公园发布标识（Logo）；东北虎豹、祁连山、三江源、海南热带雨林、钱江源、南山等国家公园摄制了宣传片。国家林草局（国家公园管理局）及各国家公园管理局开展了多种主题的培训工作，推动国家公园人才培养。

（国家公园体制试点由盛春玲供稿）

自然保护区管理

【全国自然保护区数量和面积】 截至2018年底，中国已建立各级各类自然保护区2859处，总面积达14 794.29万公顷，约占陆域国土面积的15.09%。其中，经国务院批准的国家级自然保护区有474处。与2017年相比，自然保护区总数量增加了109处，面积增加了77.56万公顷，其中，国家级自然保护区数量增加11处。
（杨昆山）

【国家级自然保护区可行性研究报告审查】 国家林业和草原局自然保护地管理司共组织审核73个自然保护区基础建设项目可行性研究报告，向国家林业和草原局规划财务司提出初审意见，并配合安排5.4亿元林业发展资金、3亿元基础设施建设经费，支持国家级自然保护区能力建设和基础设施建设。
（陈涤非）

【长江经济带国家级自然保护区管理评估】 为提高国家级自然保护区的管理水平，原环境保护部、原国土资源部、水利部、原农业部、原国家林业局、中国科学院、原国家海洋局七部门联合组成评估组，于2017年11月至2018年12月，对长江经济带120处国家级自然保护区管理状况进行了评估。2019年5月30日，生态环境部、自然资源部、国家林草局三部门联合印发《关于印发长江经济带120处国家级自然保护区管理评估报告的函》。评估报告对督促自然保护区能力建设，补齐短板，提高管理水平有着积极的作用。
（贾恒 陈大祥）

【自然保护区等自然保护地勘界立标规范印发】 经专家论证和征求意见，7月24日，国家林业和草原局向各省级人民政府办公厅下发《自然保护区等自然保护地勘界立标工作规范》，督促和指导各地规范开展自然保护区勘界立标工作。
（陈涤非）

【印发《关于推进大水面生态渔业发展的指导意见》】 12月24日，国家林业和草原局会同农业农村部、生态环境部印发《关于推进大水面生态渔业发展的指导意见》（以下简称《指导意见》），提出通过开展渔业生产调控活动，促进水域生态、生产和生活协调发展。《指导意见》明确，原则上禁止在自然保护区的核心区和缓冲区开展增殖渔业；除自然保护区的原住居民可开展生活必需的传统捕捞活动外，禁止在饮用水水源Ⅰ级保护区和自然保护区开展捕捞生产；禁止在自然保护区的核心区和缓冲区开展网箱网围养殖，在自然保护区的实验区内允许原住居民保留生活必需的基本养殖生产，同时要注重环境保护。上述措施，有效保证了自然保护区生态安全，同时兼顾原住居民必要的生产生活。
（陈涤非）

自然公园管理

【国家级自然公园统一评审】 5月，《国家林业和草原局办公室关于成立国家林业和草原局国家级自然保护地专家委员会、国家级自然公园评审委员会的通知》（办保字〔2019〕98号）印发，明确各类国家级自然公园新建、范围调整和撤销等评审工作统一由新成立的国家级自然公园评审委员会承担，评审委员会的日常办事机构

(即评审委员会办公室)设在国家林业和草原局自然保护地管理司。依据《国家林业和草原局国家级自然公园评审委员会评审工作规则》，国家林业和草原局自然保护地管理司会同相关司局研究制订了《国家级自然公园评审细化分工方案》，进一步规范国家级自然公园评审工作。截至2019年年底，国家林业和草原局组织召开两次国家级自然公园评审会，完成对89处国家级自然公园的统一评审工作。　　　　　　　（程梦旎）

【新增8处国家地质公园】 根据国家地质公园验收命名的有关规定，经专家组实地验收，国家林业和草原局先后印发同意命名福建平和灵通山、福建三明郊野、湖北恩施腾龙洞大峡谷、广西罗城、广西都安地下河、四川青川地震遗迹、西藏羊八井和黑龙江漠河8处国家地质公园的批复函。截至2019年年底，全国正式命名的国家地质公园达220处，有效助推了以国家公园为主体的自然保护地体系建设。　　　　　　　（张志光）

【海洋珍稀物种保护空缺分析】 与辽宁省水产研究中心、厦门大学等科研单位合作，加强斑海豹、海龟等海洋珍贵物种保护空缺的评估与分析，进一步优化海洋保护地网络建设。　　　　　　　（程梦旎）

【海洋自然保护地信息数据库】 多渠道收集汇总海洋自然保护地基础信息，初步整理完成《海洋自然保护地名录》，建立海洋自然保护地信息数据库。（程梦旎）

【《海洋保护地动态》季刊】 组织收集国内外海洋保护最新动态、科技成果和管理经验，进行整理汇编成《海洋保护地动态》，每季度一期，供各省及海洋保护地管理机构学习借鉴。　　　　　　　（程梦旎）

自然遗产/双遗产

【中国黄(渤)海候鸟栖息地(第一期)申遗成功】 7月5日，在阿塞拜疆首都巴库举行的第43届世界遗产大会上，中国黄(渤)海候鸟栖息地(第一期)经联合国教科文组织世界遗产委员会批准列入《世界遗产名录》，正式成为世界自然遗产。截至2019年底，中国世界遗产总数增至55项，与意大利并列位居世界第一；世界自然遗产增至14项，总数继续保持世界第一。
　　　　　　　（何　露）

【中国黄(渤)海候鸟栖息地(第二期)申遗工作启动】 第43届世界遗产大会决议要求中国黄(渤)海候鸟栖息地(第二期)申遗材料于2022年2月1日前报送联合国教科文组织世界遗产中心。为落实决议要求，国家林业和草原局组织成立中国黄(渤)海候鸟栖息地(第二期)申遗工作领导小组，小组成员包括天津、河北、辽宁、山东等6个省(市)省级主管部门、地市人民政府以及保护地管理部门，并于9月27日组织召开领导小组第一次工作会议；研究制定并印发《中国黄(渤)海候鸟栖息地(第二期)申遗工作方案》。　　　　　　　（何　露）

【第43届世界遗产委员会会议】 6月30日至7月10日，联合国教科文组织(UNESCO)第43届世界遗产委员会会议在阿塞拜疆首都巴库举行。此届大会共审议通过29项新增世界遗产项目和1项扩展项目，其中包括新增的中国黄(渤)海候鸟栖息地(第一期)和良渚古城遗址。大会还审议了54项濒危世界遗产地和112项世界遗产地的保护状况。国家林业和草原局代表团圆满完成中国黄(渤)海候鸟栖息地(第一期)申报世界自然遗产，武陵源、三江并流和中国南方喀斯特世界自然遗产保护状况审议等任务。　　　　　　　（何　露）

2019年7月5日，第43届世界遗产委员会会议在阿塞拜疆巴库举行　　　　　　　（孙铁　供图）

【《世界遗产公约》缔约国大会第22次会议】 11月27~28日，联合国教科文组织《世界遗产公约》缔约国大会第22次会议在法国巴黎联合国教科文组织(UNESCO)总部举行。大会主要包括审议第21次缔约国大会以来《世界遗产公约》实施情况、改选世界遗产委员会、审议世界遗产基金执行情况、审议外审报告建议的实施情况、审议《〈世界遗产公约〉战略行动计划(2012~2022年)》实施进展、讨论世界遗产中心及咨询机构制定行为守则的可能性等11项议题。此届缔约国大会改选了世界遗产委员会中的9个委员国，经投票，埃及、埃塞俄比亚、马里、尼日利亚、阿曼、俄罗斯、沙特阿拉伯、南非、泰国当选。　　　　　　　（何　露）

【中国三处提名地列入世界遗产预备清单】 1月30日，巴丹吉林沙漠、贵州三叠纪化石群、贵州黄果树—屯堡3个申遗项目按程序列入联合国教科文组织《世界遗产预备清单》。　　　　　　　（何　露）

世界地质公园

【新增 2 处世界地质公园】 4 月 17 日,在法国巴黎召开的联合国教科文组织执行局第 206 次会议上通过决议,正式批准中国沂蒙山、九华山地质公园成为联合国教科文组织世界地质公园,并成为中国第 38 个、第 39 个世界地质公园。截至 2019 年底,联合国教科文组织世界地质公园总数达 147 个,其中中国拥有 39 个世界地质公园,数量居世界之首。 （张志光）

【世界地质公园申报】 根据中国推荐世界地质公园的有关规定,经专家委员会推荐评审,原国土资源部于 2018 年 1 月决定推荐贵州兴义地质公园、福建龙岩地质公园作为 2020 年度中国向联合国教科文组织报送的世界地质公园申报单位。依照贵州、福建省政府请求,国家林业和草原局于 2019 年 11 月正式向联合国教科文组织报送贵州兴义、福建龙岩世界地质公园申报材料。 （张志光）

【世界地质公园评估检查】 中国湖南湘西、甘肃张掖 2 处世界地质公园申报单位接受了联合国教科文组织申报评估实地考察。安徽天柱山、福建泰宁、贵州织金洞、甘肃敦煌 4 处世界地质公园接受了联合国教科文组织再评估和扩园申请的实地考察。其间,国家林业和草原局积极与联合国教科文组织地质公园秘书处沟通,组织专家对参加评估考察的地质公园进行了实地指导,协助中国 6 处地质公园顺利通过了联合国教科文组织专家组的评估检查。 （张志光）

【世界地质公园推荐评审】 为持续推进中国世界地质公园的建设与发展,做好 2021 年度和 2022 年度中国世界地质公园的推荐申报工作,2019 年 11 月 7 日,印发《国家林业和草原局办公室关于做好第十一批世界地质公园推荐工作的通知》（便国保〔2019〕314 号）,并组织开展第十一批世界地质公园推荐评审工作,确定甘肃临夏地质公园和江西武功山地质公园为 2021 年度中国向联合国教科文组织推荐的世界地质公园申报单位,青海尖扎坎布拉丹霞峰林地质公园为 2022 年度中国向联合国教科文组织推荐的世界地质公园申报单位。 （张志光）

【第六届亚太世界地质公园大会】 9 月 1~6 日,第六届亚太世界地质公园大会在印度尼西亚林贾尼—龙目岛世界地质公园举行,主题为"联合国教科文组织世界地质公园致力于维护当地社区和减少地球灾害风险",来自 30 个国家的 600 多名代表参会。此次大会通过一系列报告和展览,交流了地质公园在地质遗迹保护和科学研究、地学科普公众教育、交流与合作、社区参与、地质灾害防灾减灾、促进地方社会经济和可持续发展等方面的内容。国家林业和草原局组团参会,跟进了联合国教科文组织世界地质公园理事会对 2019 年度中国世界地质公园申报与再评估工作的审议情况,了解教科文组织世界地质公园发展形势和最新管理要求,指导中国参会代表进行了 22 场专题报告和 13 场海报展示。 （张志光）

【2019 中国世界地质公园年会】 10 月 10~11 日,由国家林业和草原局自然保护地管理司指导,中国地质科学院、国家地质公园网络中心、敦煌市人民政府、敦煌世界地质公园管理局共同主办的 2019 年度中国教科文组织世界地质公园年会在敦煌市召开,来自地质公园主管部门及地质公园等单位 150 名代表出席会议。会议总结了 2018~2019 年度中国世界地质公园主要工作与 2020 年重点工作设想,围绕地质遗迹保护、地质公园建设管理等方面展开讨论。其间,秦岭终南山世界地质公园与敦煌世界地质公园缔结为姊妹公园。 （张志光）

【世界地质公园网络活动】 为加强世界地质公园能力建设及宣传推广活动,4 月 22 日,国家林业和草原局自然保护地管理司在北京指导开展世界地球日第三届"最美地球印记"地质公园影像巡展系列活动,6 月 12~13 日,在广东韶关指导召开 2019 年中国世界地质公园科普工作现场会。同时,为进一步加强地质公园双边交流合作,国家林业和草原局自然保护地管理司积极与乌拉圭等南美国家加强地质公园领域合作,并应邀出席乌驻华使馆举办的外事活动。会见沙特地质调查局等一行,介绍中国世界地质公园建设与管理经验,并就支持推动沙特创建世界地质公园交换意见。会见香港渔农署、香港地质公园、香港狮子基金会等有关代表一行并举行会谈,就在香港举办地质公园等自然保护地培训班事宜进行多次磋商。 （张志光）

林业生态建设

国土绿化

【重大义务植树活动】 4月8日,习近平等党和国家领导人同首都群众一起参加义务植树活动。习近平总书记在植树时强调,要全国动员、全民动手、全社会共同参与,各级领导干部要率先垂范,持之以恒开展义务植树。要践行绿水青山就是金山银山的理念,推动国土绿化高质量发展,统筹山水林田湖草系统治理,因地制宜深入推进大规模国土绿化行动,持续推进森林城市、森林乡村建设,着力改善人居环境,做到四季常绿、季季有花,发展绿色经济,加强森林管护,推动国土绿化不断取得实实在在的成效。

全国人大、全国政协、中央军委分别组织开展全国人大机关义务植树、全国政协机关义务植树、百名将军义务植树活动。全国绿化委员会等组织开展以"绿化神州大地 建设美丽中国"为主题的共和国部长义务植树活动和以"加强生态教育 推进绿色发展"为主题的国际森林日植树纪念活动。

全国绿化委员会批复辽宁、湖南、广西、重庆、甘肃5省(区、市)成为第三批"互联网+全民义务植树"试点省份,全国试点省份达到15个。建立26个首批国家"互联网+全民义务植树"基地。

全国绿化委员会办公室在广西壮族自治区南宁市、北京市延庆区、湖南省韶山市、山西省太原市举行2020年全民义务植树系列宣传活动。与中国邮政、中国铁建签署战略合作协议。联合中国邮政发行首枚植树节纪念邮票。联合中国绿化基金会、蚂蚁金服集团开展"蚂蚁森林"项目,社会公众参与超过5亿人次,植树造林3.9万公顷。

(章升东 牛 牧)

【部门绿化工作】 住建系统完成城市建成区绿地219.7万公顷,城市建成区绿地率、绿化覆盖率分别达37.34%、41.11%,城市人均公园绿地面积达14.11平方米。以"300米见绿、500米见园"为目标,建设小微绿地、口袋公园等,均衡公园绿地布局,为公众提供更多的生态休闲空间。

全国公路交通运输系统全年投入75亿元,用于公路绿化,新增公路绿化里程20万千米。截至2019年底,公路绿化率达65.93%。其中,国道绿化率86.72%,省道绿化率82.77%,县道绿化率76.27%,乡道绿化率66.74%,村道绿化率57.26%。

水利系统全年共造林种草1360.3公顷,庭院养护588公顷,河渠湖库周边抚育4.3万公顷。组织水利系统直属单位干部职工参加义务植树活动230次,8000余人次参加,植树11万余株。

教育系统积极推进校园绿化改造提升工程,将科学知识、人文修养、生态关怀融入绿色校园建设。组织开展挂牌、认养、认管活动,提高师生识绿、爱绿、植绿、护绿意识。组织树木修剪、杂草剔除等体验式活动,搭建"以劳育人"的教育平台。

人力资源和社会保障部全年完成办公区绿化1.47万平方米,自管住宅小区完成绿化4500多平方米,建立义务植树责任区十余处。截至2019年底,共植树12万余株,抚育各类树木16万余株。

中央直属机关组织39个单位、干部职工3598人次,分赴北京市海淀区等9城区参加义务植树活动,新植树木7486株、抚育2.1万株。改造机关庭院绿地和草坪5.75万平方米,栽植灌木8.6万株。

中央国家机关组织80余个部门和单位、9200余人次参加义务植树活动,通过多种尽责形式折合栽植养护各类乔灌木、花卉近12万株。编印《中央国家机关绿化乡土树种花草品种推荐目录》,推进节约型绿化美化单位建设。

中国气象局制作发布全国森林草原火险各类气象预警和预报476期。服务地方火场气象保障服务需求,制作火场气象服务专报182期。利用风云三号极轨气象卫星监测到全国境内火点约1万余个,制作卫星遥感火情监测分析报告90余期。全国开展飞机降雨作业1234架次,有效增加干旱林区、草原的土壤湿度。

全国总工会号召全国各级工会动员广大职工踊跃参与工会共建劳模林活动,弘扬劳模精神,发挥劳模示范引领作用,为建设美丽中国作贡献。

共青团中央联合新浪微博开展绿植领养活动,动员青少年390余万人次参与增绿减霾,发放绿植100余万株。制作推广歌曲、游戏、网文、H5、绿色公开课等一系列青少年感兴趣、有互动、易传播的原创生态文化产品,累计宣传影响2700余万人次。

全国妇联指导各地妇联引领推动农村妇女积极植绿护绿,开展净化绿化美化庭院活动。重庆市妇联组建"绿色生活"四级巾帼志愿服务队,全年动员妇女26万人次参与,植树32万余株。青海省妇联组织开展以"保护三江源·建设美丽家园——巾帼在行动"为主题的义务植树活动,全年动员妇女98.07万人次参与,完成植树近2400万株。

国铁集团全年栽植乔木202万株、灌木3274万株,新增铁路绿色通道1550千米。截至2019年底,绿化铁路沿线51 252千米,铁路线路绿化率达86%。通过工程治沙、生物治沙,铁路线路沙害治理率提高到66%。

中国石油系统下发加强绿化工作指导意见,全面开展绿色油气田、绿色工厂建设。企业员工全年49.89万人次实地植树202.7万株,还有8.26万人次以其他方式尽责,折合植树19.08万株。支持地方绿化建设,绿化面积837.93万平方米,共植树54.34万株。2019年,集团公司新增绿地面积559.5万平方米,绿地总面积达2.86亿平方米。

中国石化系统全年累计义务植树146万株,在近万个加油站开展"履行植树义务,共建美丽中国"主题宣传活动,积极参与保护长江、沙漠植绿等国土绿化行动。与上海市绿化委员会联合组织 11 家驻沪企业开展"互联网+全民义务植树"活动，近 1.2 万名员工网上捐资 96.3 万元。

冶金系统企业广泛开展各类植树活动，全年参加义务植树人数 392 万人次，全行业绿化投资 38 亿元，新增绿地面积 27.8 万公顷，新增复垦造林面积 18.2 万公顷。

中国邮政系统发布《中国邮政员工义务植树倡议书》，号召邮政企业、员工积极参与绿色邮政建设行动。各级分公司在邮政网点张贴义务植树宣传海报、播放宣传片，通过微信公众号图文推送、制作 H5 等宣传植树造林和国土绿化。 （章升东　牛　牧）

【全国绿化模范单位和全国绿化奖章】 全国绿化委员会下发《关于表彰全国绿化模范单位和全国绿化奖章的决定》（全绿字〔2019〕11 号），对在国土绿化事业中作出突出成绩的单位和个人予以表彰，授予天津市南开区等 23 个市（区）、河北省秦皇岛市海港区等 103 个县（市、区、旗）、北京市西城区园林绿化局等 284 个单位"全国绿化模范单位"荣誉称号，向朱延昭等 946 名同志颁发全国绿化奖章。 （章升东　牛　牧）

【第四届中国绿化博览会筹备工作】 第四届中国绿化博览会由国家林草局、全国绿化委员会和贵州省人民政府共同主办，计划于 2020 年 10 月 18 日至 11 月 18 日在贵州省黔南州举办。批准确定绿博园总体设计方案、修建性详细设计方案；各省（区、市）、港澳台、新疆兵团、中央军委后勤保障部军事设施建设局计划单列市绿化委员会，森工集团、部分城市和解放军、中国铁路、中石化、中钢协等 57 个单位确认参展；组织专家分 5 个批次完成全部室外展园设计方案的评审；完成绿博园资金筹措、征地拆迁等前期准备工作，绿博园全面开工建设，近 50 个参展单位已进园施工；完成绿博会会徽、吉祥物征集、评选和发布。

古树名木保护

【古树名木保护】 组织全国古树名木资源普查，编写完成《第二次全国古树名木资源普查结果报告》；对一批长势衰弱、濒危的一级古树实施抢救复壮，组织开展全国古树名木抢救复壮业务培训班，有力地促进全国古树名木抢救复壮工作，圆满完成古树名木抢救复壮第一批 6 个省试点工作，全面启动第二批古树名木抢救复壮 11 个省试点；起草编制《古柏养护复壮技术规范》《古银杏养护复壮技术规范》《古树名木公园建设标准（试行）》和《古树名木公园管理办法（试行）》；进一步推进古树名木保护法制化进程，组织专家赴吉林、四川、青海、陕西开展古树名木保护立法调研，组织草拟《古树名木保护条例（初稿）》。

森林公园建设与管理

【综　述】 2019 年，森林公园继续保持强劲发展势头。全国新建各类森林公园 16 处，森林公园总数达 3564 处，森林公园总面积达 1861 万公顷。全国森林公园共接待游客 10.59 亿人次（其中海外游客 96 万人次），占国内旅游总人数的 17.6%，旅游收入 885.44 亿元，接待游客数量和旅游收入分别比 2018 年度增长 7.4%，旅游收入比 2018 年度减少 6.19%。

【国家级森林公园总体规划审批管理办法】 7 月 16 日，国家林业和草原局印发《国家级森林公园总体规划审批管理办法》（林场规〔2019〕1 号），明确国家级森林公园总体规划编制、报送、审批、实施监督等方面的具体要求，明确由国家林草局林场种苗司具体负责国家级森林公园总体规划的批复办理工作。办法自 2019 年 8 月 1 日起施行。

【国家级森林公园勘界立标等基础性工作】 8 月 12 日，国家林草局林场种苗司印发《关于进一步做好国家级森林公园勘界立标等基础性工作的通知》（场旅函〔2019〕26 号），要求各地进一步加强勘界立标、形成矢量数据、编制总体规划、加强机构建设、完善基础信息等基础性工作，为国家级森林公园依法依规开展保护管理工作并接受执法监督提供前提和依据。

【国家级森林公园设立和改变经营范围审批】 2019 年累计办结国家级森林公园行政许可事项 33 项。其中，设立 11 项，改变经营范围 13 项，变更面积数据 7 项，变更名称 2 项。12 月 28 日，国家级自然公园专家评审委员会在北京组织评审山西菩提山国家森林公园设立、湖南矮寨国家森林公园改变经营范围等 14 项申请。

【全国森林公园和森林旅游在线学习培训系统】 为通过互联网等现代化、高科技教学手段，积极开展岗位业务培训，加强对森林公园、森林旅游从业人员的继续教育，国家林草局林场种苗司组织建设全国森林公园和森林旅游在线学习培训系统。10 月 18 日，在 2019 中国森林旅游节推介会上，国家林业和草原局副局长刘东生宣布开通全国森林公园和森林旅游在线学习培训系统。

【"十三五"国家森林公园保护利用设施建设项目检查】
"十三五"期间，国家发展改革委安排实施国家文化和自然遗产保护利用设施项目，其中包括国家森林公园保护利用设施建设项目。为全面掌握项目建设与管理的实际情况，提高项目建设质量和成效，国家林草局林场种苗司印发《关于开展"十三五"国家森林公园保护利用设施建设项目检查工作的通知》(场旅函〔2019〕24号)，对项目进行检查，主要检查内容为项目的实施情况、中央预算内资金使用情况、项目成效等。总体上看，国家森林公园保护利用设施建设项目建设规范有序，在弥补国家森林公园基础服务设施薄弱这一短板以及提高国家森林公园提供高品质、多样化户外游憩机会的能力方面的作用已经显现。

【自然教育培训班】 于10月、11月分别在吉林、长沙举办，共计培训学员117人。培训班旨在培养高水平的自然教育人才队伍，充分发挥各类自然资源的生态教育功能。培训内容包括自然教育的基本理念、课程活动设计与组织、设施设计与应用、自然教育基地的运营等。自然教育相关培训自2015年开始，已累计举办8期，培训近480人次。

【国家级森林公园"双随机"抽查】 为加强对国家级森林公园行政许可事项的事中事后监管，根据《国家林业局行政许可随机抽查检查办法》等相关规定，按照"检查人员随机、检查对象随机"的要求，国家林草局林场种苗司于12月对江西武功山、湖南宁乡香山两处国家森林公园进行随机检查。从检查情况看，被检查对象准予行政许可所依据的资格和条件没有发生变化，能够对森林风景资源进行有效保护利用，各项管理制度比较完善。

【开展全国中小学生研学实践教育基地绩效评估】 2018年，由国家林业和草原局推荐的北京西山国家森林公园等10家单位被教育部命名为研学实践教育基地，并获得项目资金支持。为促进上述单位开展研学实践教育活动，并保障资金的合理有序使用，根据有关要求，国家林草局林场种苗司2019年组织开展基地绩效评估工作。根据评估，这10家研学实践教育基地能够按照相关要求规范有序开展项目建设。

(森林公园建设与管理由李盼盼供稿)

森林城市建设

【综 述】
森林城市建设活动 全年对14个省(区、市)的11个地级城市和50个县级城市进行建设备案，北京市延庆区等28个城市被授予"国家森林城市"称号。2019年底，全国共有30个省(区、市)的209个城市正在建设国家森林城市，有25个省(区、市)的194个城市获得"国家森林城市"称号，有21个省(区、市)开展了省级森林建设活动。

森林城市群建设 指导湖南省编制实施《长株潭森林城市建设总体规划》，为长株潭国家级森林城市群建设制订"路线图""时间表"。将浙江省金义都市区森林城市群列为国家森林城市群建设试点，加快推进长三角国家级森林城市群建设探索实践。启动京津冀、中原、长三角、关中—天水国家级森林城市群规划编制工作。有11个省(区、市)同步开展森林城市群建设。

服务国家重点战略实施 在京津冀协调发展、长江经济带建设、黄河流域生态保护、粤港澳大湾区融合发展等国家重点战略实施区，谋划明确森林城市、森林城市群建设重点任务，为国家重点战略实施提供生态支撑。启动雄安新区全国森林城市示范区建设，开展实地调研，建立联合工作机制，成立专家咨询小组，提供工作指导和技术服务等。

提升森林城市建设工作水平 11月15日，全国绿化委员会、国家林业和草原局在河南省信阳市召开2019森林城市建设座谈会。全国政协副主席、关注森林活动组委会主任李斌出席会议并作重要讲话，讲话充分肯定了15年来森林城市建设取得的成绩，明确提出了森林城市建设的努力方向和具体要求，对当前和今后一个时期的关注森林活动工作作出安排部署，为进一步做好关注森林活动和森林城市建设工作指明了方向。全国绿化委员会副主任、国家林业和草原局局长张建龙出席会议并作森林城市建设工作报告。全国政协常委、人资环委主任李伟，人资环委驻会副主任高波，国家林业和草原局副局长刘东生，全国绿化委员会专职副主任胡章翠，关注森林活动组委会成员单位以及河南省人大常委会、省人民政府、省政协的领导同志出席会议。

开展国家森林城市监测评估。对2014年、2015年批准授予的国家森林城市开展监测评估工作，组织专家对38个国家森林城市获得称号后，持续推进森林城市规划实施等工作情况进行书面审评和实地核查，进一步巩固和扩大森林城市建设成果。

组织开展业务培训。举办全国森林城市建设高级研修班，邀请局领导和专家就中国森林城市建设发展、新颁布的国家标准、国际城市林业建设趋势等内容进行授课，进一步加强省级林草主管部门和森林城市建设规划团队等队伍能力建设。

【建立完善森林城市建设制度体系】 发布《国家森林城市评价指标》国家标准。从森林网络、森林健康、生态福利、生态文化、组织管理五方面，分别确立地级及以上城市和县级城市建设国家森林城市的36项和33项指标。

研究制订《国家森林城市管理办法》。明确国家森林城市称号批准的程序和森林城市建设管理的要求，进一步加强国家森林城市称号审批、建设实施等的规范管理。

修改完善《国家森林城市建设总体规划导则》。明确国家森林城市建设总体规划编制的框架结构、重点内容和技术路径，为科学推进森林城市建设提供引导。

【宣传引导】 开展主流媒体宣传。组织新华社、《人民日报》等中央主要新闻单位记者，深入森林城市建设第一线进行采访，刊（播）发各种报道近300篇。

开展森林城市建设15周年主题宣传。组织开展"绿水青山看中国"中央媒体采访、"建设森林城市 筑梦美丽中国"《绿色中国十人谈》大型电视访谈、首届绿色中国森林城市音乐会等系列活动。

组织森林城市建设展览展示。编印森林城市建设15周年宣传画册，组织2019年度森林城市建设成就展，形成全方位、多层次的舆论宣传声势。

表11-1 2019年国家森林城市称号授予名单

序号	省份	城市
1	北京市	延庆区
2	河北省	唐山市、保定市和廊坊市
4	吉林省	敦化市
5	江苏省	盐城市
6	浙江省	东阳市和永康市
7	安徽省	马鞍山市、淮北市和宿州市
8	福建省	南平市、宁德市和平潭综合实验区
9	山东省	胶州市
10	河南省	安阳市和信阳市
11	湖北省	荆州市和恩施市
12	广东省	汕头市和梅州市
13	广西壮族自治区	防城港市
14	四川省	眉山市
15	云南省	曲靖市和景洪市
16	陕西省	榆林市、汉中市和商洛市

（森林城市建设由杨春、刘宏明供稿）

林草应对气候变化

【综　述】 2019年，认真贯彻落实习近平总书记关于生态文明建设重要讲话、全国绿化委员会全体会议和全国林业和草原工作会议精神，林业和草原应对气候变化工作扎实推进，取得了新进展，为建设生态文明，积极应对气候变化作出了重要贡献。

【推进应对气候变化工作】 紧紧围绕《"十三五"控制温室气体排放工作方案》《强化应对气候变化行动——中国国家自主贡献》及《林业应对气候变化"十三五"行动要点》《林业适应气候变化行动方案（2016—2020年）》确定的应对气候变化行动目标任务，制订印发《2019年林业和草原应对气候变化重点工作安排与分工方案》，细化任务安排，狠抓工作落实。配合生态环境部，完成编写《中国国家自主贡献进展报告》和《中国本世纪中叶长期温室气体低排放发展战略》中有关林业和草原发展的部分。启动"十四五"林业和草原应对气候变化行动要点研究。

【增加林草碳汇】 加强林草种质资源保护、良种生产管理、市场服务与监管。2019年生产种子2700万千克，生产可供造林苗木377亿株，为高质量国土绿化及植树造林奠定了物质基础。

推进大规模国土绿化 全国绿化委员会、国家林业和草原局印发《关于切实做好2019年大规模国土绿化工作的通知》和分工方案，建立协同推进大规模国土绿化行动的工作机制。创新推动全民义务植树，批复辽宁等5省（区、市）开展第三批"互联网+全民义务植树"试点，授予16个省（区、市）的26家单位首批国家"互联网+全民义务植树"基地称号。推进乡村绿化美化，印发《乡村绿化美化行动方案》，首次评价认定国家森林乡村7586个。持续推进森林城市建设，授予北京市延庆区等28个城市"国家森林城市"称号，国家森林城市达194个。

实施重大生态修复工程 加大对林草生态保护修复重大工程的投资力度，持续推进新一轮退耕还林还草、天然林资源保护、京津风沙源治理二期、石漠化综合治理及三北、长江、珠江沿海等重点防护林体系建设，退牧还草、退耕还草等生态保护修复工程。启动河北张家口市及承德坝上地区植树造林项目、两个百万亩防护林基地建设和退化草原人工种草生态修复试点。

精准提升森林质量 深入实施《全国森林经营规划（2016~2050年）》《"十三五"森林质量精准提升工程规划》，印发《关于全面加强森林经营工作的意见》，完成东北、内蒙古重点国有林区森林经营方案编制，持续推进国有林场森林经营方案编制。在全国实施中央财政补贴森林抚育项目和一批森林质量精准提升示范项目。

据统计，2019年全国共完成造林706.67万公顷、森林抚育面积760万公顷、种草改良草原314.67万公顷；新增沙化土地封禁保护面积8万公顷，治理沙化土地226万公顷，全国森林、草原面积持续增加，质量明显提升，生态状况进一步改善，碳汇等生态功能不断增强。第九次森林资源清查（2014~2018年）结果显示，全国森林面积2.2亿公顷、森林蓄积量175.60亿立方米、森林植被总碳储量91.86亿吨。

【减少碳排放】 严格林地、林木保护利用管理。深入落实《全国林地保护利用规划纲要（2010~2020年）》，加快推进各地林长制改革，完善林地管理相关制度建设，印发《关于规范风电场项目建设使用林地的通知》，从严审核审批建设项目使用林地。加强林木采伐管理，有效控制了全国森林采伐消耗量。加强森林资源监测监督，及时掌握森林资源变化情况，严厉打击违法破坏森林资源行为。

保护天然林资源 中共中央办公厅、国务院办公厅印发《天然林保护修复制度方案》，进一步明确对天然林保护修复的总体要求、重大举措和支持保障政策。加快完善天然林保护相关法规政策，不断扩大天然林保护范围。2019年，完成公益林建设任务24.4万公顷、中幼龄林抚育83.27万公顷、后备森林资源培育7.8万公顷，全国天然林质量和生态功能稳步提高。加强古树名木保护，完成古树名木抢救复壮第一批6个省试点工作，启动第二批11个省（区）试点。

草原保护 积极推进《草原法》修订，加快出台加强草原保护修复的若干意见、国有草原资源有偿使用制度改革方案等政策文件；开展"绿卫2019"专项执法行动，有力打击草原违法行为，保护了草原资源，减少破坏草原产生的碳排放。

湿地保护恢复 积极推进湿地保护立法工作，形成湿地保护法建议稿，印发《国家重要湿地认定和名录发布规定》。2019年，实施湿地工程和补助项目387个，开展湿地生态效益补偿补助30处，安排退耕还湿2万公顷，恢复退化湿地7.33万公顷。160处国家湿地公园通过试点验收，国家湿地公园总数达到899处。全国湿地面积稳定在5333.33公顷，湿地保护率达到52.19%。

荒漠植被保护 认真落实《沙化土地封禁保护修复制度方案》（林函沙字〔2016〕167号），出台《在国家沙化土地封禁保护区范围内进行修建铁路、公路等建设活动监督管理办法》。加强沙化土地封禁保护区建设，2019年新增沙化土地封禁保护区8个，新增封禁面积8万公顷，封禁总面积累计达174万公顷，国家沙漠（石漠）公园累计达到120个。

自然保护地体系建设 中共中央办公厅、国务院办公厅印发《关于建立以国家公园为主体的自然保护地体系的指导意见》，为全国自然保护地体系建设提供了根本遵循和指引。国家林业和草原局印发局内任务内部分工方案和任务清单、《自然保护地勘界立标工作规范》，制定自然资源资产管理及生态环境监测、监督等相关办法，不断完善国家公园体制顶层设计。启动自然保护地优化整合试点。国家公园体制试点取得新进展。

森林草原火灾防控 认真落实中央领导同志关于森林草原防火工作的重要指示批示，狠抓各项工作举措落实。协助应急管理部完善会商研判机制，会同应急管理部、中国气象局及时发布森林火险气象等级预报。在东北、内蒙古重点国有林区和高风险省区检查指导，有效确保全国林草系统防火形势平稳，全国林草火灾次数和损失保持较低水平。

林业和草原有害生物防治 出台《松材线虫病生态灾害督办追责办法》，修订印发《关于进一步改进人造板检疫管理的通知》《引进林草种子苗木检疫审批与监管规定》《境外林草引种检疫审批风险评估管理规范》，完成重大林业有害生物防控目标责任考核，向31个省（区、市）人民政府印发履责整改文件。组建松材线虫病防治专家委员会，开展松材线虫病疫木检疫执法专项行动，严厉打击违法违规行为，切实加强松材线虫病疫情源头管理。2019年全国共完成林业和草原有害生物防治2636.67万公顷次。

通过全面加强森林、草原、湿地、荒漠等生态系统的保护，有效减少因人为和自然干扰导致的碳排放，为国家控制温室气体排放目标和应对全球气候变化作出重要贡献。

【**应对气候变化研究和成果应用**】 在政策研究方面，密切跟踪《巴黎协定》及国际气候谈判进程，聚焦全国林业和草原应对气候变化的重点领域和热点问题，组织开展《巴黎协定》中涉林议题的未来国家对策""森林认证与《巴黎协定》中国林业目标主要实现路径的关键政策""林业碳汇补偿的政策、机制和途径""自然资源领域碳汇市场交易机制""森林可持续经营与融资机制""'十四五'林业和草原应对气候变化行动要点"等项目研究，取得阶段性重要成果。全年编印《气候变化、生物多样性和荒漠化问题动态参考》19期，为国务院有关部门应对气候变化决策提供了咨询。

在科技支撑方面，加强科研平台建设，制订《国家林业和草原长期科研基地管理办法》《草原生态系统定位观测研究站发展实施方案》，批复建立8个生态定位观测研究站，发布第一批50个国家林业和草原长期科研基地名单，成立10个国家林业和草原工程技术研究中心。完成中国草原减缓和适应气候变化研究成果分析项目。"冬奥廊道沿线植被景观优化及生态功能提升技术集成创新与应用示范"等项目获得科技部支持。"高分共性产品真实性检验关键技术研究与标准规范编制项目建议书"得到国防科工局批准实施。森林生态系统碳氮水循环耦合关系、青藏高原草地退化的自然及人为因素、南亚热带森林土壤增温影响土壤碳排放、锐齿栎天然林生态系统碳汇机制等研究项目取得阶段性成果。"混合材高得率清洁制浆关键技术及产业化"等4项成果获国家科技进步奖二等奖，"东北天然次生林多目标经营理论与关键技术"等5项成果获梁希林业科学技术奖科学进步奖一等奖。成立国家公园和自然保护地标准化技术委员会、草原标准化技术委员会，发布桉树枝瘿姬小蜂防控技术规程、极小种群野生植物保护技术、中国森林认证碳中和产品、林业企业能源审计规范等一批行业技术标准。发布《2019年重点推广林草科技成果100项》，指导各地加快林草种质资源与保护、良种及丰产栽培技术、森林经营技术、生态修复与病虫害防治、木竹材加工利用等一批新技术、新成果的推广应用。

【**碳汇计量监测体系建设**】 制定印发《2019年全国林业碳汇计量监测体系建设工作方案》，召开体系建设启动会，全面部署年度工作。完成第一次全国林业（LULUCF）碳汇计量监测成果报告，测算2013年全国林地和森林植被碳储量。稳步推进第二次全国林业碳汇计量监测，在天津等11省（区、市）开展监测样地区划、碳汇调查和活动水平数据收集，完成辽宁等25个省级监测单位碳汇监测质量检查、数据核实、入库。在内蒙古四子王旗开展草原碳汇计量监测试点，取得阶段性成果。落实局领导对碳汇计量监测批示要求，组织开展专题调查研究，积极与生态环境部、中科院有关单位汇报交流，谋划今后碳汇计量监测工作重点。制订第二次全国碳汇计量监测汇总分析方案，开发相应工具。优化碳汇计量监测顶层设计，初步制订第三次全国林业碳汇计量监测优化技术方案。积极筹建国家林业和草原局碳汇计量标准化技术委员会，完成《竹林碳计量规程》和《竹材制品碳计量规程》行业标准报批，初步完成《草原碳计量监测导则》《落叶松林下灌木层生物量模型》《马尾松林下灌木层生物量模型》等行业标准制定。

【培养林业碳汇人才】 国家林业和草原局有关单位组织实施2019年度培训班计划，不断加强林草部门应对气候变化干部培训，在公务员法定培训等6期培训班中开设林业和草原应对气候变化相关课程，培训人数225人。举办林业应对气候变化专题培训班，河北等6省主管部门相关人员100人参加培训；举办第13期全国林业应对气候变化政策与管理培训班，培训各省（区、市）林业草原主管部门和森工（林业）集团公司主管处长和技术骨干90人。通过这些培训，地方林草部门应对气候变化工作及碳汇项目开发的能力和水平显著提高。组织编写《林业和草原应对气候变化知识读本》和《林业和草原应对气候变化主要文件汇编》，为今后干部培训教育奠定基础。

【应对气候变化国际合作交流】 派员参加《联合国气候变化框架公约》第25次缔约方大会，配合生态环境部做好相关林业议题的谈判，解决关注问题，维护好中国国家利益。积极配合外交部和生态环境部做好峰会筹备相关工作，为中国与新西兰共同牵头的"基于自然的解决方案"行动领域提供8个最佳实践案例、3个行动倡议；派员参加峰会及配套活动，宣传中国林草应对气候变化的成就和贡献。积极参加联合国政府间气候变化专门委员会（IPCC）第六次评估相关工作，向中国气象局提交"评估报告方法学报告""气候变化与土地特别报告决策者摘要"政府评审意见；派员随团参加IPCC第49次全会，参加讨论和通过《IPCC清单指南2019年修订》；派员随团参加IPCC第50次全会，参与审议IPCC第六次评估报告《气候变化与陆地》特别报告。

深化《湿地公约》国际合作。中国成功申请举办2021年湿地公约第十四届缔约方大会，成功争取全球环境基金"中国水鸟迁徙路线保护网络"项目，开展"一带一路"湿地保护修复国际合作。

深度开展防治荒漠化国际履约与交流合作。举办《联合国防治荒漠化公约》第十三次缔约方大会第二次主席团会议、世界防治荒漠化与干旱日纪念大会暨荒漠化防治国际研讨会。宁夏林草局与荒漠化公约秘书处签署合作备忘录，共同建立国际荒漠化防治知识管理中心。会同科技部等共同举办第七届库布其国际沙漠论坛，习近平主席发去贺信。国家林业和草原局局长张建龙与土耳其、韩国林业部长及荒漠化公约执行秘书共同发布林业贡献国际宣传册，将中国荒漠化防治工作纳入《全球土地展望》及联合国"基于自然的解决方案"。

国家林业和草原局生态司和美国林务局国际项目办公室举办中美国家温室气体清单中遥感与森林资源调查技术融合研讨会，双方专家就"遥感技术在国家林业温室气体清单编制中的应用"等4个议题，进行深入的技术交流，分享成果和经验。

加强援外培训，国家林业和草原局组织承办31期援外培训班，培训主题涉及森林执法与可持续经营、荒漠化防治、湿地保护等诸多领域，学员来自63个国家，共培训873人次，其中"一带一路"国家林业应对气候变化及可持续发展官员研修班，来自埃及等16个国家的42名官员和技术人员参加研修，分享了中国林业草原建设经验，提高了各国应对气候变化的能力。

与保护国际基金会（CI）和大自然保护协会（TNC）合作，在黑龙江、广东、四川、云南、青海实施6个林业应对气候变化项目，投入资金约637万元，开展退化土地森林植被恢复、湿地恢复与自愿碳交易、红树林生态系统保护与修复的试点示范，引进应对气候变化先进理念，推广先进技术。

【林草应对气候变化宣传】 印发《2018年林业和草原应对气候变化的行动与政策》白皮书，参与编制《中国应对气候变化的政策与行动2019年度报告》，展示中国林业和草原应对气候变化的新进展、新成效。

充分利用新中国成立70周年、义务植树40周年、中国植树节、国际森林日、世界湿地日、世界防治荒漠化日、生物多样性日重要节点，以及中央领导义务植树、共和国部长义务植树、国际森林日植树、联合国气候行动峰会、北京世界园艺博览会、第二届"一带一路"国际合作高峰论坛、第一届中国自然保护国际论坛、第一届国家公园论坛、绿水青山看中国等重大活动，组织媒体广泛开展报道，宣传中国林业和草原建设在维护生态安全、保护生物多样性、推进全球应对气候变化中发挥的重要作用。

深入开展生态文化教育。配合中宣部授予甘肃八步沙林场"六老汉"治沙造林先进群体"时代楷模"称号，开展先进事迹宣讲活动102场，10万人聆听报告。联合中国农林水利气象工会推选一批林草行业的"绿色生态工匠"。国家林业和草原局将甘肃八步沙、河北塞罕坝、内蒙古于海俊、陕西延安、山西右玉、河南新县等10个案例确定为2019年践习近平生态文明思想典型案例。开展"童眼观生态"活动，组织全国大中小学生参加生态文明教育体验活动，带动全国10万多个家庭、2000多所学校、400余家媒体关注生态、宣传生态、保护生态、建设生态。启动了"全国三亿青少年进森林研学教育活动"。

在人民网、新华网、中国林业网、新浪网等网站或官方微博及时发布林业草原生态建设及应对气候变化相关信息，解读最新政策，普及科学知识，展示行动进展。在央视综合频道播放大型文献专题片《我们走在大路上——绿水青山就是金山银山》。做好全国节能宣传周和全国低碳日活动的宣传，在《中国绿色时报》刊发"天蓝地绿水净 中国林草贡献卓著"专版，向局机关各司局、直属单位发放节能宣传册，张贴节能海报、节能标识等。在2019年联合国气候大会边会和中国角边会，分别以"基于自然解决方案的全球协作和知识分享"和"从绿色碳汇到蓝色碳汇"为主题，传播中国声音，展示中国智慧。

（王福祥　张国斌）

林草改革

12

重点国有林区改革

【综述】 2019年是国有林区改革的攻坚克难年，国家林草局深入贯彻落实党中央、国务院的决策部署，会同改革工作小组成员单位，主要围绕国有森林资源管理体制改革做了大量卓有成效的工作，理顺了管理体制，为全面完成改革任务、实现改革目标奠定了基础。

【森林资源监管体制改革】

国有林区改革 国家林草局副局长李树铭先后与三省（区）人民政府领导商讨改革重大问题；多次与发改委副主任连维良沟通改革工作，研究重大问题；与民政部副部长唐承沛就呼中、新林设区问题进行会谈；还多次组织召开管理体制改革座谈会；出席改革工作小组推进会议，协调改革中存在的困难和问题，切实把握改革方向。

管理体制改革 国家林草局积极配合中央编办有关司局，深入林区基层开展调研，先后多次召开由有关部门参加的管理体制改革座谈会，司领导多次带队赴中央编办就有关问题进行沟通。2018年10月8日，经中央编委批准，中央组织部、中央编办联合印发《关于健全重点国有林区森林资源管理体制有关事项的通知》（中央编办发〔2019〕225号），对重点国有林区森林资源所有权、监管权、经营权进行明确，标志着中央6号文件确定的组建国有林管理机构任务顺利完成。225号文规范了重点国有林区森林资源管理体制新架构，明确由国家林草局代表国家行使重点国有林区森林资源所有者职责，委托森工企业经营保护森林资源，解决重点林区所有者主体缺位的问题，明确委托经营关系；吉林省、黑龙江省地方各级林草部门承担行政执法和部分森林资源监管职责，结束国有森林资源由森工企业自用自管的历史；森工企业转变职能定位，将森林资源经营保护作为核心任务。国家林草局、地方各级林草部门、森工企业职责清晰、任务明确，监管体系更加完善，为确保森林资源保护发展成效提供了保证。

落实国有林区森林资源管理体制改革精神 资源司起草《关于落实中央编办发〔2019〕225号初步意见的汇报》，提出推动管理体制改革的主要思路，并提交局党组会研究讨论。分别组织召开有三省（区）林草部门和六大森工集团负责同志参加的森林资源管理体制工作座谈会，听取对落实所有权、经营权、监管权的意见和建议；开展国家林草局和地方各级林草部门在重点国有林区行政许可和审批事项的摸底调查；主动与国家发展改革委体改司沟通，研究管理体制改革落实工作。

副局长李树铭于2019年12月带队先后赴内蒙古、吉林、黑龙江三省（区）与党委、政府进行会谈，就国有森工企业定位、主要负责人任免征求意见、国有林区行政执法问题与三省（区）交换意见，并与内蒙古自治区政府、黑龙江省政府联合印发会议纪要。内蒙古自治区拟恢复内蒙古森工集团，受国家林草局委托承担重点国有林区森林资源经营保护工作，林区行政执法职能继续由内蒙古大兴安岭森林公安局承担；吉林、龙江、伊春、长白山4个森工（林业）集团进一步明确企业职能定位，将森林资源经营保护作为核心任务；大兴安岭林业集团公司由国家林草局直接管理，专职履行大兴安岭林区森林资源保护发展职责，行政执法由属地林草部门实施，重点国有林区森工企业的职能定位和职责任务更加明确，森林资源监管体制更加健全，为建设祖国生态安全屏障奠定了基础。

【政企分开后林区民生得到极大改善】

政企分开 黑龙江省重新组建成立龙江森工集团和伊春森工集团，大兴安岭林业集团公司明确由国家林草局直接管理，长白山森工集团重新确定省属州管的管理体制，4个森工（林业）集团将承担的政府行政职能全部移交属地，实现与地方政府彻底分开。办社会职能移交深入推进，内蒙古森工集团办社会职能全部移交属地政府，其他林区条件具备的地方，办社会职能也基本全部移交完成，为森工企业集中精力保生态、轻装上阵谋发展奠定了坚实基础，林区自我封闭、自成体系的管理体制正在逐步理顺。

林区社会发展 内蒙古统筹林区经济社会发展，编制完成林区公路、铁路、机场建设等规划。吉林省明确县市政府对行政区域内林区经济发展和森林资源保护负总责，并把林区经济社会发展纳入当地经济社会发展总体规划，统筹安排。黑龙江省将林区经济社会发展纳入省"十三五"经济社会发展规划，自改革启动以来地方政府与企业配套基础设施建设资金达36亿元。

林区民生 重点国有林区全面停伐后，各森工企业多渠道创造就业岗位，使6.9万名职工重新上岗，对4.2万名职工进行兜底安置。完成林区棚户区改造13.3万户，林区职工社保缴费补助标准不断提高，职工医疗、养老保险基本实现全覆盖。林区职工收入由2014年的2.64万元增长到2018年的4.12万元，较改革前增长了1.48万元，职工群众获得感增强。

【推动大兴安岭林业集团公司直管改革】 国家林草局成立领导小组及小组办公室和5个专项推进组，副局长李树铭任组长，办公室设在资源司，制订《大兴安岭林业集团公司改革方案》。会同黑龙江省召开大兴安岭林业集团公司改革启动会议，对大兴安岭林业集团公司直管工作进行部署。开展大兴安岭林业集团公司改革专题调研，全面了解集团公司整体情况，为做好下一步工作奠定基础。

（王晓丽 沙永恒）

国有林场改革

【综　述】　2019年是国有林场改革验收年。在国家国有林场林区改革工作小组统筹安排部署下，先后召开改革工作小组第六次会议和国家重点抽查验收动员部署会，印发《关于部署国有林场改革国家验收工作的通知》，对改革验收工作作出全面部署；赴陕西、内蒙古等十多个省区开展调研督导，督促查漏补缺，扎实做好验收准备工作；推进国有林场管护站点用房建设和金融机构债务化解，继续强化政策支持力度；研究起草《国有林场职工绩效考核办法》《国有林场档案管理办法》，不断完善制度建设；采取全面承诺和重点抽查相结合的方式，即各省（区、市）人民政府办公厅在省级自验收基础上出具全面完成改革任务承诺函和国家随机抽取9个省（区、市）进行重点抽查验收。通过国家国有林场林区改革工作小组各成员单位和地方各级政府的共同努力，国有林场改革实现了中央6号文件确定的保生态、保民生的目标，取得了可喜成效。通过改革，全国4855个国有林场优化整合为4296个，其中74%被定为公益一类事业单位，21%被定为公益二类事业单位；国有林场事业编制减少到18.9万人，比中央改革方案确定的22万还少3.1万人；193所学校、230个场办医院移交属地管理，理顺667个代管乡（镇）、村的关系，实现国有林场保护培育森林资源、维护国家生态安全的功能定位。

生态得到有效保护　全国国有林场0.45亿公顷森林资源得到有效保护，全面停止天然林商业性采伐，国有林场每年减少天然林消耗556万立方米，占国有林场年采伐量的50%，森林得到休养生息。

民生得到有效改善　累计完成国有林场职工危旧房改造54.5万户，新房大部分都建在县城或周边、中心乡镇，方便职工就医、子女上学。职工年均工资达4.5万元，是改革前的3.2倍。基本养老保险、基本医疗保险实现全覆盖。16万富余职工得到安置。多年来职工住房无着落、工资无保障、社保不到位的问题得到解决。

基础设施得到有效加强　交通运输部等4部门2018年印发关于促进国有林场林区道路持续健康发展的实施意见，中央将连续3年投资106.7亿元，支持国有林场场部和主要林下经济节点道路建设。在国家发展改革委的支持下，2017~2019年，在内蒙古、江西和广西3省（区）开展国有林场管护站点用房建设试点，中央投资1.8亿元共建设868个。国有林场饮水安全、电网改造升级进一步落实。

改革成本得到有效化解　中央财政专门安排改革补助资金158亿元，同时累计补助国有林场全面停止天然林商业性采伐184亿元。中国银保监会等部门出台国有林场金融机构债务处理意见，用于化解国有林场因营造公益林、天然林政策性停伐等原因形成的金融机构债务。

（张　志）

【国有林场改革国家重点抽查验收】

前期部署　7月16日，国家发展改革委办公厅、国家林草局办公室联合印发《关于部署国有林场改革国家验收工作的通知》（发改办经体〔2019〕794号），明确验收内容、验收方式、验收程序等内容。10月17日，国有林场和林区改革工作小组在北京组织召开国家重点抽查验收动员部署会，对验收工作进行安排部署，国家林草局副局长刘东生出席会议，中央编办、财政部、人力资源和社会保障部、自然资源部、住建部、交通部、水利部等国家国有林场和林区改革工作小组成员单位参与验收工作的同志参加会议，国家林草局林场种苗司司长程红主持会议。国家林草局副局长刘东生作动员讲话，国家发改委体改司副司长万劲松就验收工作程序作说明，国家林草局林场种苗司二级巡视员邹连顺就验收工作注意事项作说明。会议决定，由中编办、国家发展改革委、财政部、交通部等8个部委有关人员组成5个联合工作组，于10~11月分赴福建、内蒙古、陕西、河南、山东、安徽、湖北、广西、贵州等9省（区），开展国有林场改革国家重点抽查验收工作。

开展验收　5个联合工作组按照《关于部署国有林场改革国家验收工作的通知》（发改办经体〔2019〕794号）确定的验收程序，通过两轮随机抽签的方式确定3个实地验收的县级单位，通过听取地方人民政府工作汇报、查阅改革资料、实地走访座谈和职工满意度评价等方式，对标《国有林场改革验收办法》（发改办经体〔2018〕338号）14个大类41个小项指标，全面客观评估福建等9省（区）国有林场改革完成情况。验收结果显示，内蒙古、安徽、福建、山东、河南、湖北、广西、贵州、陕西9省（区）验收结果全部合格，除内蒙古验收结果评定为良（88.6分），其他8个省验收结果全部为优，分数都在95分以上，福建最高为99分。

（宋知远）

【国有林场金融机构债务化解】　按照《中国银监会　财政部　国家林业局关于重点国有林区森工企业和国有林场金融机构债务处理有关问题的意见》（银监发〔2017〕51号）和《国家林业局国有林场和林木种苗工作总站关于报送国有林场金融机构债务明细表的通知》（林场改字〔2018〕47号）的要求，对国有林场因营造公益林、天然林政策性停伐及其他原因形成的国内金融机构债务情况进行摸底调查，汇总形成国有林场国内金融机构债务明细表。5月，将国有林场国内金融机构债务明细表以局办文（办函场字〔2019〕167号）报送中国银保监会，组织国内金融机构进行审核，对符合银监发〔2017〕51号文件要求的按规定给予减免。

（张　志）

【国有林场和林区改革工作小组会议】　3月29日，国家林草局会同国家发展改革委组织召开国有林场和林区改革工作小组第六次会议。国家发展改革委副主任连维良主持会议，国家林草局副局长李树铭出席会议，中央编办、民政部、司法部、财政部、人力资源和社会保障部、自然资源部、住建部、交通部、水利部、审计署、银保监会、国家能源局等国有林场和林区改革工作小组成员单位负责同志参加会议。会议听取国有林场改革进展情况，审议《国有林场改革国家验收工作方案》和《国有林场林区改革2019年工作要点》。会议决定，为贯彻落实党中央关于为基层减负的决策部署，国有林场改革国家验收采取在省级人民政府上报承诺函的基础上，选择部分省区开展重点抽查验收方式进行。（宋知远）

【国有林场管护用房建设试点】 2018~2019年，在内蒙古、江西、广西3省（区）开展国有林场管护用房建设试点工作，3年投资2.23亿元，其中中央投资1.8亿元，共新建、改造868处管护用房。2017年建设任务287个，2018年建设任务261个，2019年建设任务320个。截至2019年12月，2017年和2018年建设任务全部完成，2019年已建设完成242个，其中：新建21个、重建改造15个、加固改造101个、功能完善105个，完成中央预算投资4103.21万元。

表12-1 2019年国有林场管护用房试点建设实施情况

试点省区	建设任务（个）	中央预算投资（万元）	截至2019年12月建设任务完成数（个）					完成中央预算投资（万元）	实施范围
			合计	新建	重建改造	加固改造	功能完善		
江西	111	2000	79	10	12	14	43	1181.00	55个国有林场
广西	96	2000	69	11	3	41	14	1456.11	46个国有林场
内蒙古	113	2000	94	0	0	46	48	1466.10	86个国有林场
合计	320	6000	242	21	15	101	105	4103.21	187个国有林场

（陈剑英）

【国有林场GEF项目正式启动】 2019年是国有林场GEF项目开局之年。一年来，按照项目实施方案的要求，国家林草局林场种苗司统筹协调世界自然保护联盟（IUCN）、各有关单位和项目实施省区，完成年度计划。一是与财政部签署项目赠款执行协议，加上2018年已经签署的项目实施协议和项目执行协议，关于项目实施的3个协议全部签署完毕。二是采取公开招聘和购买劳务的方式，招聘项目经理、技术顾问等6名工作人员，组建国家项目执行办公室。三是建立项目管理体系。国家层面，成立国家发展改革委、财政部、世界自然保护联盟、国家林草局有关司局、中科院、林科院和3个省林草主管部门为成员的项目指导委员会，省级层面，设立省、市、县三级领导小组和省级项目执行办公室。四是开展了国际交流。举办生态服务价值评估和补偿机制国际培训班，参加全球景观恢复倡议项目年度会议，与联合国粮农组织（FAO）、世界自然保护联盟（IUCN）及缅甸、巴基斯坦等国的全球景观恢复子项目交流经验，分享成果。五是举办6期项目培训班，对省级分管GEF项目处室负责人、省级项目协调员、市县级项目领导小组负责人及7个试点国有林场项目参与人员累计培训200多人次。（张志）

【全球景观恢复倡议项目年度会议】 10月6~11日，由联合国粮农组织（FAO）林业政策与资源司主办的全球景观恢复倡议项目年度会议，在意大利罗马联合国粮农组织（FAO）总部召开。联合国粮农组织（FAO）、世界自然保护联盟（IUCN）、联合国环境署（UNEP）和全球景观恢复倡议11个子项目共计60多名代表参加会议，中国国有林场GEF项目代表团出席会议。通过参加全体会议和培训会议，对比全球景观恢复倡议11个子项目的进展，中国国有林场GEF项目各项工作走在了前列。

10月7日上午，联合国粮农组织（FAO）召开全体会议。FAO林业政策与资源司司长Mette L. Wilkie（麦蒂·威尔特）女士，IUCN林业和政策项目总监Carole Saint-Laurent（卡偌勒·圣劳伦）女士和UNEP生物多样性专家组项目经理Victoria Luque（维多利亚·卢克）女士分别致辞。FAO、IUCN和UNEP3个国际机构和全球景观恢复倡议11个子项目的代表分别汇报近一年来的工作进展、阶段性成果和下一步工作计划。国家林草局林场种苗司司长程红代表中国国有林场GEF项目发言，介绍中国森林资源现状、国有林场改革发展成效、项目实施的进展以及阶段性成果等，引起与会代表的浓厚兴趣，并对中国国有林场GEF项目进展成效给予肯定。10月7~9日，按照不同的侧重点，会议分为4组进行3天培训交流。25位培训师从理论讲授、案例介绍和实践操作等入手，为11个子项目的会议代表进行培训。主要内容涵盖碳计量Ex-ACT工具、森林景观恢复机制、宏观监测与评价工具（如CEOF、STAR等）、融资工具（如生态补偿等）、恢复机会评估方法、森林遗传资源、政策影响等。会议期间，程红率领中国国有林场GEF项目代表团分别与FAO林业政策与资源司司长麦蒂·威尔特（Mette L. Wilkie）女士、FAO南南与三方合作办公室主任唐盛尧先生、IUCN林业和政策项目总监卡偌勒·圣劳伦（Carole Saint-Laurent）女士举行了三场会谈，并就共同关心的话题深入交流，交换了看法。

（郑欣民）

【国有林场GEF项目生态服务价值评估和补偿机制国际培训班】 于9月9~12日在河北承德举办。培训班由国家林草局林场种苗司联合国粮农组织（FAO）、世界自然保护联盟（IUCN）和联合国环境署（UNEP）共同举办。本次培训班是全球景观恢复倡议项目（TRI）举办的第一次国际培训班，对中国、缅甸和巴基斯坦3国的42位项目代表进行专题培训，分享生态系统服务价值评估方法，交流各国生态补偿相关实践经验，探索利用生态补

偿推动森林景观恢复的契机。 （张 志）

【国有林场 GEF 项目培训班】 于 5 月、8 月和 11 月分别在北京、河北北戴河、山东原山林场举办。培训班就项目技术要点、项目管理办法、财务管理办法和森林经营方案编制等内容，对河北、江西、贵州 3 省的 105 名项目参与人员进行培训，为下一步项目实施奠定扎实基础。 （张 志）

集体林权制度改革

【综 述】 印发《关于进一步巩固完善集体林权制度改革成果有关工作的通知》（发改综〔2019〕61 号），对进一步巩固完善承包经营关系，规范放活经营权，健全档案管理，积极探索改革新举措提出新要求。截至 2019 年末，实有集体林地经营权流转面积 1320 万公顷，农户林地承包经营权转让面积 338.27 万公顷。全国林业专业大户、家庭林场、林业合作社和林业企业四类新型林业经营主体数量达到 28.39 万个，其中专业大户 8.56 万个，家庭林场 1.63 万个，农民林业合作社 9.92 万个，林业企业 8.28 万个。

【集体林业综合改革试验区】 在完善明晰产权、承包到户的基础上，鼓励各地以集体林业综合改革试验区为载体先行先试。总结集体林业综合改革试验区阶段性成果，汇编 31 个典型案例印发各地。举办集体林权制度改革业务骨干培训班，交流综合改革试验区典型经验和做法，推动"以点带面"深化集体林改。

【集体林地承包经营纠纷调处】 组织编印《集体林地承包经营纠纷案例评析》，赴黑龙江省督办有关纠纷案件，指导云南省妥善调处林权纠纷工作，不断提高纠纷调处质量，保护农民的合法权益，维护林区社会的稳定与和谐。

【培育新型经营主体】 为清理林业合作社"空壳社"，规范合作组织发展，会同农业农村部等部门联合印发《开展农民专业合作社"空壳社"专项清理工作方案》《关于公布 2018 年国家农民合作社示范社和全国农民用水合作示范组织名单的通知》和《关于实施家庭农场培育计划的指导意见》，引导林业合作社、家庭林场走规范化发展之路。

【公共资源交易】 为进一步促进林权交易公开公正，会同国家发展改革委草拟《林权交易纳入公共资源交易平台工作方案》和《林权交易纳入公共资源交易平台数据规范》。 （郭宏伟 供稿）

草 原 改 革

【起草《关于加强草原保护和修复的若干意见》】 党中央高度重视草原保护修复工作，将《关于加强草原保护和修复的若干意见》（以下简称《意见》）列入 2019 年文件制定计划。国家林业和草原局党组对《意见》起草工作高度重视，成立了起草工作领导小组，局长张建龙多次就《意见》起草工作作出指示，副局长李树铭直接指导和参与起草工作。草原管理司在深入基层调研、召开专家研讨会、广泛征求各方面意见的基础上，起草形成《意见》送审稿，开展了政策评估和合法性审核，局党组会议审议并原则通过，将按程序经自然资源部报国务院。

【起草《国有草原资源有偿使用制度改革方案》】 《国有草原资源有偿使用制度改革方案》（以下简称《改革方案》）制订工作，被列入中央深化改革 2019 年重点工作之一。草原管理司制订《改革方案》起草工作方案，深入基层开展调研，形成《改革方案》初稿后及时征求各方面意见，开展第三方政策评估和合法性审核。经国家林业和草原局党组会议审议并原则通过后，形成《改革方案》送审稿，已按程序经自然资源部报国务院。 （颜国强）

林草产业

13

林业产业发展

【综　述】　2019年全国林业产业继续保持高速发展态势，总产值达到7.56万亿元，进出口贸易额达到1600亿美元，经济林面积超过0.4亿公顷，生态旅游突破18亿人次。林业产业内涵外延明显拓展，新产品、新业态快速发展。林业生物柴油和生物发电等生物质利用逐步进入产业化阶段，竹纤维等生物质材料已实现规模化生产，森林食品在满足人民群众高品质生活需要方面发挥了不可替代的作用。林产品电商平台、网店不断涌现，成为林产品流通的主要渠道。　　　　（刘亚楠）

【经济林建设】　全国油茶定点苗圃658个、面积5997公顷，苗木产量105 459万株，新造油茶面积148 065公顷、低改面积164 396公顷。全国核桃苗圃2084个、面积52 970公顷，苗木产量83 040万株。截至2019年底，全国油茶种植面积4 330 511公顷、核桃种植面积8 076 270万公顷。　　　　　　　　　（高均凯）

【出台促进林草产业高质量发展指导意见】　2月，国家林业和草原局印发《关于促进林草产业高质量发展的指导意见》（林改发〔2019〕14号）（以下简称《意见》）。《意见》明确，到2025年，林草资源合理利用体制机制基本形成，林草资源支撑能力显著增强，优质林草产品产量显著增加，林产品贸易进一步扩大。到2035年，林草资源配置水平明显提高，中国迈入林草产业强国行列。
　　　　　　　　　　　　　　　　　　　（毛　飞）

【成立国家林业和草原局产业工作领导小组】　3月，国家林业和草原局办公室印发《关于成立国家林业和草原局产业工作领导小组的通知》（办改字〔2019〕49号）。领导小组主要负责组织指导全国林草产业发展工作，研究拟定产业方针政策，协调解决产业发展中的重大问题，审议产业发展规划等重大事项。国家林业和草原局局长张建龙担任领导小组组长，副局长刘东生担任常务副组长，发改司、规财司主要负责同志担任副组长，各有关司局单位主要负责同志担任成员。　　（毛　飞）

【第四届全国林业产业大会】　于12月3日在北京召开，会议由国家林业和草原局副局长刘东生主持，国家林业和草原局局长张建龙、国家林业和草原局副局长李春良、国家林业和草原局党组成员谭光明、中国林业产业联合会常务副会长封加平出席。大会系统总结党的十八大以来的林业产业发展工作，对当前和今后一个时期林业产业发展重点工作进行了部署。表彰获得"中国林业产业突出贡献奖"的135个单位和135名个人，以及获得"中国林业产业创新奖"的105个单位和86名个人。国家林业和草原局与阿里巴巴集团签署战略合作协议，中国林业产业联合会、辽源市政府、有关企业等签署合作治理东辽河流域意向书以及森林生态标志产品工程建设合作协议。浙江等4省（区）作典型发言，山东省林业局等12个单位作书面发言。大会上播放了中国林业产业专题片、组织推广了全国林业产业发展93个典型案例。中国政府网、新华社、《人民日报》《经济日报》《中国绿色时报》对大会进行宣传报道，林业产业的发展成效得到多方面认同。　　　　　　　（孙　友）

【第四批国家林下经济示范基地】　2月，《国家林业和草原局办公室关于公布国家林下经济示范基地名单的通知》（办改字〔2019〕39号）印发，公布山西省长治市沁源县、北京聚兰兴养殖专业合作社等第四批国家林下经济示范基地共175个，其中以县为单位的7家，以经营主体为单位的168家。　　　　　　　　　（徐　波）

【四部门合力推动森林康养产业发展】　3月，《国家林业和草原局　民政部　国家卫生健康委员会　国家中医药管理局关于促进森林康养产业发展的意见》（林改发〔2019〕20号）印发，明确森林康养产业发展的总体要求、基本原则、主要任务和保障措施。7月，《国家林业和草原局办公室　民政部办公厅　国家卫生健康委员会办公厅　国家中医药管理局办公室关于开展国家森林康养基地建设工作的通知》（办改字〔2019〕121号）印发，部署开展国家森林康养基地建设。　　　　　　　　　　　　　　　　　（徐　波）

【评定公布第四批国家林业重点龙头企业】　11月25日，印发《国家林业和草原局关于公布第四批国家林业重点龙头企业名单的通知》（林改发〔2019〕111号），认定北京乾景园林股份有限公司等141家企业为第四批国家林业重点龙头企业。要求各级林业和草原主管部门要加强对国家林业重点龙头企业的指导、支持和服务，争取和落实相关扶持政策，助推企业做强做优；充分发挥其引领示范作用，促进林业产业提质增效、高质量发展，带动区域经济增长和林农增收致富。　　（毛　飞）

【第十六届中国林产品交易会】　9月19~22日，国家林业和草原局与山东省人民政府在山东省菏泽市联合举办第十六届中国林产品交易会。本届林交会以"绿色梦想，全新启航"为主题，参展产品包括人造板、木家具、定制家居、林业机械、种苗花卉、木本粮油、森林食品、森林旅游和康养等。主会场和分会场展示面积6.1万平方米，来自全国22个省（区、市）和澳大利亚、韩国、日本、泰国等国家的客商共22.1万余人次参展参会，为历届林交会规模之最。展会期间交易总额达27.6亿元，其中，签订销售合同及协议1536个，金额25.5亿元，现场交易额2.1亿元。　　　　　　　（毛　飞）

【第十二届中国义乌国际森林产品博览会】　11月1~4日，国家林业和草原局与浙江省人民政府在浙江省义乌市联合举办第十二届中国义乌国际森林产品博览会。本届森博会以"合理利用林草资源,共建共享美好生活"为主题,参展产品包括木竹家居、木竹建材、木竹工艺品、木竹日用品、木结构建筑、特色林果、茶产品、森林食品、花卉等。展览面积8.5万平方米,参展企业来自32个国家和地区共1696家,到会客商27.56万人次,成交额51.67亿元。本届森博会充分发挥平台优势,做大做强"一带一路"主题展区,展位规模比上年增加74.3%,吸引"一带一路"沿线30个国家参展。

(毛 飞)

【第二届中国新疆特色林果产品博览会】 11月8~10日,国家林业和草原局与新疆维吾尔自治区人民政府、广东省人民政府在广东省广州市联合举办第二届中国新疆特色林果产品博览会。本届博览会以"美丽新疆,林果飘香"为主题,展厅面积7150平方米,来自20个省(区、市)的463家企业参展参会,展示产品700多种,接待观众4万多人次,达成项目签约额51.27亿元,其中,合同签约37.66亿元,意向协议13.61亿元。展会期间,新疆维吾尔自治区林业和草原局与中国城市商业网点建设管理联合会签订《战略合作框架协议》,拓宽新疆果品销售渠道。本届博览会首次设置贸易洽谈区,通过产销专场对接会,实现疆外企业(采购商)与疆内企业(参展商)现场交流互动、合作洽谈。喀什、和田、巴州、阿克苏分别举办4场专场推介会,通过新疆歌舞表演、产品品尝、现场互动等形式,进行特色宣传推介。

(毛 飞)

【与阿里巴巴集团联合推进经济林发展】 12月,国家林业和草原局与阿里巴巴集团签署战略合作协议,围绕经济林产业提质增效和高质量发展,在电子商务、电商扶贫、大数据应用、互联网社会化金融服务、线上培训、钉钉平台、前沿技术示范、重大活动开展8个领域开展合作,重点依托淘宝等阿里电商平台,促进经济林产销对接、林草产业精准脱贫和乡村振兴战略,不断推进经济林产业体系建设,并将本着"积极、稳妥、互惠、务实"的原则逐步沟通细化和推进合作事项。

(高均凯)

【竹藤产业发展】 支持指导中国竹产业协会开展行业指导、组织协调和自身建设等工作。举办首届中国(宜宾)国际竹产业发展峰会和2019国际(眉山)竹产业交易博览会;5月17日,与国家林业和草原局科技发展中心在四川成都共同举办竹产业认证示范企业培训班;组织开展竹产业发展调研,编制形成《2018年中国竹产业发展报告》;起草完成《国家林业草原局关于加强竹资源培育保护与开发利用的指导意见(征求意见稿)》;支持中国竹产业协会成立标准化技术委员会;指导成立中国竹产业协会设计师分会、竹炭分会、竹食品与日用品分会、企业家分会、竹家居与装饰分会。2019年,全国竹产量31.45亿根,总产值2891.97亿元。

【花卉产业发展】 支持指导中国花卉协会开展行业指导、组织协调和自身建设等工作。确定第二批"国家花卉种质资源库";组织编制《2018年中国花卉产业发展报告》《2019年全国花卉产销形势分析报告》;组织专家对《月季切花产品等级》《香石竹切花产品等级》《东方百合切花产品等级》3项国家标准进行审定,并上报国标委;举办全国花文化和花卉产业培训班;在贵阳举办花卉扶贫管理和技术培训班,尝试花卉产业助力脱贫攻坚;启动第十届中国花卉博览会筹备工作,联合财政部、海关总署下发《关于举办第十届中国花卉博览会的通知》,成立第十届中国花博会组委会,召开组委会第一次会议暨新闻发布会;协调推进国花确定工作,开展国花民意调查,组织召开国花确定专家论证会,完成《关于确定牡丹为国花的可行性研究报告》。2019年,年末实有花卉种植面积151万公顷,销售额2553亿人民币,出口额4.29亿美元。

(潘 兵 宿友民)

森林旅游

【综 述】 2019年,全国森林旅游呈现出产业规模快速壮大、新业态新产品蓬勃发展、行业地位明显提高、社会影响快速提升的良好态势,森林旅游成为林草工作的一个突出亮点,成为林草部门践行"两山"理论的重要途径、推动林业草原转型发展的重要举措、推动生态文明建设的重要抓手,对助推脱贫攻坚、服务乡村振兴、促进绿色发展起到了十分重要的作用。

基本情况 2019年,全年森林旅游游客量达到18亿人次,同比增长12.5%,占国内旅游人数的30%左右,创造社会综合产值达1.75万亿元,同比增长16.7%。在全国森林旅游人数中,森林公园接待人数约占60%。森林旅游管理和服务人员数量超过32.8万人,其中导游和解说人员数量约5.8万人。森林旅游接待床位总数270万张,接待餐位总数580万个。

工作进展 2019年,森林旅游各项工作稳步推进。一是《森林法》明确"森林旅游"相关内容。森林旅游、森林步道、科普教育等写入新修订的《中华人民共和国森林法》。二是中央办公厅、国务院办公厅印发《关于建立以国家公园为主体的自然保护地体系的指导意见》《天然林保护修复制度方案》,国务院办公厅印发《关于进一步激发文化和旅游消费潜力的意见》《关于促进全民健身和体育消费,推动体育产业高质量发展的意见》等重要文件,对发展生态旅游、森林旅游提出新要求。三是森林旅游宣传和推介得到加强。2019年,国家林业和草原局、文化和旅游部、江苏省人民政府在江苏省南通市共同举办"2019中国森林旅游节",期间推出了一批全国特色森林旅游线路、一批新兴森林旅游地品牌、一批全国精品自然教育基地。四是森林旅游行业引导和示范建设不断推进。全国森林旅游示范市、县建设不断推进,公布第三批国家森林步道名单,首条国家森林步道示范段正式开通，公布百家全国森林体验和森林养生国家重点建设基地，继续强化全国中小学生研学旅行教育实践基地管理。五是森林旅游助推精准扶贫成效显著。开展森林旅游精准扶贫调研，组织贫困地区开展森林旅游展示和推介，开展森林旅游精准扶贫专项研究。六是加强森林旅游标准化建设和基础研究。组织开展多项森林旅游基础研究，开展多项行业标准制修订工作。七是强化森林旅游信息化建设。运行全国森林旅游精准统计系统并及时向社会发布森林旅游游客量信息，强化森林旅游相关网络和微信公众号的使用与管理。八是加强森林旅游交流和人才培养。组织举办第十三届生态旅游论坛、2019全国森林疗养论坛、2019全国自然教育论坛，举办全国森林旅游管理和新业态培育培训班等。

【2019中国森林旅游节】 于10月18~20日在江苏省南通市举办。本届旅游节由国家林业和草原局、文化和旅游部、江苏省人民政府共同主办，活动主题是"绿水青山就是金山银山——江海之约，森林之旅"。全国人大常委会原副委员长顾秀莲出席开幕式。本届森林旅游节举办仪式类、展览展示类、推介洽谈类、会议论坛类、文体娱乐类五大类共20余项系列活动，参加活动的各省代表和观摩人员6000余人，现场观摩群众15万人次，各地观看视频直播人数360万人次，数百家媒体、旅行社及相关企业参加活动。2019江西省首届森林旅游节、湖南大围山杜鹃花节、黑龙江大兴安岭森林旅游节作为2019中国森林旅游节3个分会场组织开展了丰富多样的活动。

经全国清理和规范庆典研讨会论坛活动工作领导小组批准同意，从2019年起，中国森林旅游节由国家林业和草原局、文化和旅游部、举办地省级人民政府共同主办。

2019中国森林旅游节启动仪式

【国家森林步道】 8月，国家林业和草原局公布第三批国家森林步道名单，分别是小兴安岭、大别山、武陵山国家森林步道。这3条步道途经7个省(市)，全长达到3466千米。小兴安岭国家森林步道途经黑龙江省伊春市和黑河市，南起伊春铁力市，北至黑河嫩江县，步道全长1464千米；大别山国家森林步道途经安徽、湖北、河南3省，东起安徽太湖县，西至河南桐柏县，步道全长840千米；武陵山国家森林步道途经贵州、湖南、湖北、重庆4省(市)，南起贵州石阡县，北至重庆巫山县，步道全长1162千米。步道沿线串联起国家森林公园、国家湿地公园、国家级自然保护区、国家级风景名胜区、国家地质公园、世界遗产地等重要自然保护地。截至2019年底，国家林业和草原局公布三批共12条国家森林步道，步道总长度已超过2.2万千米。

【2019全国森林旅游推介会】 于10月18日在江苏省南通市举办。推介会由国家林业和草原局森林旅游管理办公室主办，中国绿色时报社、南通市政府承办。推介会上，国家林业和草原局发布第三批3条国家森林步道、10条全国特色森林旅游线路、15个新兴森林旅游地品牌和13个精品自然教育基地。国家林业和草原局森林旅游管理办公室、国家林业和草原局管理干部学院共同建设的"全国森林公园和森林旅游在线学习培训系统"正式开通。江苏、浙江、安徽、上海4省(市)签订森林旅游战略合作协议。中国绿色时报社发布2019中国森林旅游美景推广地和寻找中国森林氧吧生态行动成果。江苏省南通市和陕西省汉中市作森林旅游推介，湖南溆浦国家森林公园、贵州百里杜鹃国家森林公园作森林旅游精准扶贫典型推介。

【第十三届生态旅游论坛】 于10月19日在江苏省南通市举行。论坛由中国生态文明研究与促进会生态旅游分会、国家林业和草原局森林旅游管理办公室和南通市人民政府共同主办。论坛以贯彻落实习近平生态文明思想、加快推动生态旅游高质量发展为主题，探讨新时代生态旅游发展和生态文明建设的重要理论、政策和实践创新问题。全国政协副秘书长、中国生态文明研究与促进会生态旅游分会会长赖明，国家林草局副局长刘东生等在大会上作主题发言。北京林业大学、浙江外国语学院等单位的专家学者作专题报告。来自全国的森林旅游行业管理、高校、科研院所、社团组织、企业、媒体等300余名代表参加论坛。

【2019全国森林疗养论坛】 于10月19日在江苏省南通市举办。论坛由中国林学会森林疗养分会、国家林业和草原局森林旅游管理办公室和南通市人民政府共同主办。国家林业和草原局副局长刘东生、中国林学会理事长赵树丛出席论坛并致辞。国内外相关专家围绕森林疗养基地规划、森林疗养先进经验、森林疗养遇到的困难和解决办法等作报告并进行讨论交流。

【2019全国自然教育论坛】 于10月20日在江苏省南通市举行。论坛由中国林业与环境促进会生态露营委员会、中国林业教育学会自然教育分会、国家林业和草原局森林旅游管理办公室和南通市人民政府共同主办。论坛以面向未来的自然教育为主题，来自自然教育领域的相关专家学者、政府代表、企业代表等围绕自然教育目标与任务、理论与方法、保护地自然教育资源、保护地自然教育实践等议题作报告并进行座谈交流，共同探讨开展生态教育、自然体验、生态旅游的途径和方法。

【森林体验和森林养生国家重点建设基地】 4月，国家林业和草原局森林旅游管理办公室在开展试点基地建设的基础上，确定100家森林体验和森林养生国家重点建设基地。这100家基地包括全国森林体验国家重点建设基地57家、森林养生国家重点建设基地43家。

【推动研学实践和自然教育发展】 2019年，国家林业和草原局森林旅游管理办公室继续加强北京西山国家森林公园等10家全国中小学生研学实践教育基地建设，组织开展基地调研和指导，对基地开展的研学实践活动成效和做法进行宣传推广。组织起草《自然教育导则》林业行业标准，对自然教育设施、课程、活动等进行规范。进一步强化自然教育人才培养，分别在吉林长白山和湖南长沙市组织举办2期全国自然教育培训班，共培训近120名自然教育解说员。

【推动森林旅游与户外运动融合发展】 经沟通协调，国务院办公厅9月印发的《关于促进全民健身和体育消费，推动体育产业高质量发展的意见》明确要求将登山、徒步、越野跑等体育运动项目作为发展森林旅游的重要方向。10月，国家林草局与国家体育总局等8部门联合印发《关于进一步加强冰雪运动场所安全管理工作的若干意见》。11月，国家林草局与国家体育总局等部门联合开展户外运动产业发展情况调研。12月，国家林草局森林旅游管理办公室与国家体育总局联合组织开展推动户外运动发展的基础研究。

【全国特色森林旅游线路】 10月，国家林业和草原局森林旅游管理办公室推出10条全国特色森林旅游线路，分别是：内蒙古森林草原生态旅游线、江苏湿地世界自然遗产生态旅游线、皖南森林文化旅游线、福建山水生态旅游线、湖北大别山森林旅游线、湖南探秘武陵森林旅游线、重庆武陵山民俗生态旅游线、云南滇南秘境森林旅游线、甘肃雪域藏乡森林旅游线、长白山冰雪边境森林旅游线。

【全国新兴森林旅游地品牌】 10月，国家林业和草原局森林旅游管理办公室推出15个新兴森林旅游地品牌，分别是：江苏黄海海滨国家森林公园、江苏宝华山国家森林公园、浙江富春江国家森林公园、安徽马仁山国家森林公园、福建天柱山国家森林公园、福建福州鼓岭旅游度假区、湖北赤龙湖国家湿地公园、湖北大别山国家森林公园、湖南五尖山国家森林公园、湖南毛里湖国家湿地公园、重庆金佛山国家森林公园、四川二郎山国家森林公园、甘肃官鹅沟国家森林公园、吉林老白山原始生态风景区、吉林延边仙峰国家森林公园。

【全国精品自然教育基地】 10月，国家林业和草原局森林旅游管理办公室推出13家精品自然教育基地，分别是：北京八达岭国家森林公园、上海辰山植物园、江苏同里国家湿地公园、杭州市余杭区长乐国营林场、安徽合肥滨湖国家森林公园、福州植物园、湖南天际岭国家森林公园、广东省沙头角林场、重庆仙女山国家森林公园、四川绵阳北川自然学堂、云南野生动物园、陕西牛背梁国家级自然保护区、宁夏金贵牡丹花乡。

【森林旅游助推精准扶贫】 2019年，国家林业和草原局森林旅游管理办公室就森林旅游精准扶贫开展调研，组织开展全国森林旅游精准扶贫成效、路径和潜力专项研究，总结森林旅游助力精准扶贫的几种模式和一批以市、县、乡(镇)、村庄及森林旅游地为代表的森林旅游扶贫典型。国家林业和草原局公布的第三批国家森林步道途经众多贫困县，串联了贫困地区各类自然保护地，为贫困地区依托地缘优势发展森林旅游，助力脱贫攻坚创造了有利条件。2019中国森林旅游节专门设立全国森林旅游扶贫推介展示专区，对甘肃夏河县、广西龙胜县与罗城县、贵州独山县与荔波县森林旅游产品进行集中展示和推介。在2019全国森林旅游推介会上，推介湖南溆浦县、贵州百里杜鹃国家森林公园两个森林旅游扶贫典型。

【森林旅游标准制定和基础研究】 2019年，发布《森林旅游地低碳化建设导则》《森林旅游地木(竹)材产品规范》2项林业行业标准，组织编制《自然教育导则》《国家森林步道规划规范》等多项林业行业标准。组织东北林业大学、中南林业科技大学、西南林业大学、福建农林大学等开展森林旅游使用林地研究、森林公园分类研究、森林旅游扶贫研究、国有林场改革背景下的森林旅游发展研究等。

【森林旅游、森林步道、科普设施写入新修订的《森林法》】 2019年12月，第十三届全国人民代表大会常务委员会第十五次会议修订发布《中华人民共和国森林法》。新修订《森林法》规定，在符合公益林生态区位保护要求和不影响公益林生态功能的前提下，经科学论证，可以合理利用公益林林地资源和森林景观资源，适度开展林下经济、森林旅游等；森林步道、科普设施等属于直接为林业生产经营服务的工程设施，在符合国家有关部门规定标准的情况下，由县级以上人民政府林业主管部门批准，不需要办理建设用地审批手续，超出标准需要占用林地的，应该依法办理建设用地审批手续。

(森林旅游由李奎供稿)

草原旅游

【草原旅游产业扶贫工作】 确定广西龙胜县和甘肃夏河县为草原旅游扶贫帮扶点，通过开发"智慧旅游"系统、援建宣传场馆和扩大媒体宣传等手段，在"2019中国森林旅游节"等平台上，深入宣传推介帮扶县特色旅游路线、精品景点景区、民族民俗文化村落和优质农副产品等旅游资源，助力当地依托草原旅游产业脱贫致富,为下一步制定相关草原旅游产业帮扶政策提供参考依据。

【草原旅游资源调查评价试点】 对内蒙古呼伦贝尔市和云南迪庆藏族自治州的草原旅游资源分布状况、景区等级和基础设施等方面进行摸底调查,并探索按照有关标准进行评价,为下一步深入开展草原旅游资源调查评价工作提供技术参考。　　　　　(韩丰泽　朱潇逸)

国家林草局副局长刘东生在森林旅游节上参观甘肃夏河展区

森林公安与防火

14

森林公安

【综 述】 全国各级林草部门认真贯彻落实习近平总书记关于加强野生动物保护工作的系列重要指示精神,充分发挥森林公安机关职能作用,组织指导全国森林公安开展打击涉林刑事犯罪。2019年3月29日,国家林草局和公安部联合开展依法打击破坏野生动物资源违法犯罪专项行动,打击处理了一批违法犯罪分子和团伙,有效遏制了破坏野生动物资源违法犯罪的高发态势。起草下发《国家林业和草原局森林公安局关于对100起重大刑事案件挂牌督办的通知》(林公明发〔2019〕9号),对全国100起在侦在办的破坏野生动物资源犯罪案件挂牌督办,侦破了一批在全国产生重大影响的案件(如河北唐山"3·21"跨境跨省非法收购、运输、出售珍贵濒危野生动物案,吉林"11·20"非法收购、出售珍贵、濒危野生动物制品案,江西婺源"12·27"特大非法收购、出售珍贵、濒危野生动物案,湖北建始"1·22"非法狩猎案,贵州罗甸"10·23"非法猎捕、出售、收购、运输珍贵、濒危野生动物案,甘肃肃南"1·12"特别重大非法猎杀马麝案等),有效强化了森林公安的执法权威。2019年12月底,森林公安正式转隶到公安部。

(李新华)

森林防火

【综 述】 2019年入春后,中国部分地区气温迅速回升,旱情加剧,火险等级居高不下,尤其云南、内蒙古、陕西等地均遭遇了近年来最为严重的高温干旱。为应对严峻的森林草原防火形势,全国林草系统按照森林草原防灭火指挥部的统一部署,在部分省份防火体系、机构、人员转录未完全到位的情况下,严密防控,科学应对,确保了全国森林草原防火工作整体平稳。

重点区域检查督导 在东北、内蒙古重点国有林区春防、秋防紧要期,国家林草局组织60余名司局级和处级干部赴东北、内蒙古重点国有林区87个森工局进行为期30多天的全覆盖进驻式蹲点督查;重点防火期组织局领导和司局级干部多次带队赴高火险省份检查指导工作,派出5批次工作组赴山西、四川、内蒙古配合指导火灾扑救和善后抚恤,有效确保全国林草系统防火形势平稳。

提升防控能力 及时下达防火应急道路、火情瞭望监测、防火通信、专业森林消防队能力建设等中央预算内基本建设投资19亿元,组织审查2019年森林草原防火基本建设项目近160个,协调国家发改委积极争取扩大2020年中央预算内投资规模。向财政部和国家税务总局申请森林消防专用车辆免税指标500多个,先后向10多个省份调拨各类扑火装备物资2.1万余件(台、套),组织完成国家森林草原防火物资采购入库工作,为及时支援各地火灾防控工作奠定基础。

狠抓火灾防范 积极协助应急管理部完善会商研判机制、修订中蒙边境火灾联防协定,会同应急管理部、中国气象局及时发布森林火险气象等级预报,提醒各地落实防火责任和措施,提前做好火灾防范工作。加强舆情监测,通过《中国绿色时报》、中国森林草原防火微信公众号等及时报道各地舆情动态,组织开展首届全国森林防火宣传品创意设计大赛、第二届森林草原防火公益微视频大赛及2016~2018年度全国森林防火工作先进单位和先进个人评选表彰工作。

(李新华)

林草法制建设

15

林草立法

【《森林法》】 2019年,《森林法》修改取得重大进展,12月28日,经全国人大常委会审议通过。1月,《森林法》修订草案由全国人大常委会征求国务院办公厅意见。国家林草局在与相关部门协调的基础上提出了采纳建议,对没有采纳的意见全部做了书面说明。6月25日,《森林法》修订草案提请十三届全国人大常委会第十一次会议初次审议。10月21日,森林法修订草案二次审议稿提交十三届全国人大常委会第十四次会议进行审议。12月23日,全国人大常委会进行第三次审议,12月28日审议通过。全年参加全国人大有关部门召开的会议33次,其中局领导参加10次。

【《湿地保护法》】 3~4月,分别在海南、青海、江苏以及黑龙江召开立法座谈会,就《湿地保护法(专家建议稿)》听取地方林草等部门以及科研院校意见。4~5月,分别参加湿地保护法专家研讨会和第一次起草领导小组会议,对专家建议稿进行修改完善,形成《湿地保护法(征求意见稿)》,并征求各司局单位、地方林草部门、相关科研院所、基层湿地单位以及相关法律专家意见。6月,在根据地方意见修改后的基础上,就湿地立法向全国人大环资委进行了专门汇报。7月,国家林草局局长张建龙主持召开局务会议审议通过《湿地保护法》建议稿。向环资委报送了《湿地保护法》建议稿及相关论证材料。10月底,国家林草局副局长张永利带队就国家林草局近期湿地保护立法工作情况以及拟将制定《湿地保护法》列入全国人大常委会2020年立法工作计划事宜向全国人大环资委进行汇报,听取意见和建议。

【《国家公园法》】 《国家公园法》由国家公园管理办公室牵头负责起草工作。对内,开展立法条文稿和相关背景材料起草工作,赴武夷山、神农架国家公园体制试点区调研,听取地方实践经验和立法建议。参加国家公园法立法座谈会,对《国家公园法》草案建议稿提出了修改意见。对外,与全国人大法工委、全国人大环资委、司法部做好立法协调工作,跟踪立法动态,并就重大问题及时签报局领导。

【《长江保护法》】 国家林草局作为长江保护法领导小组成员单位,派人参加了起草专班。为配合全国人大环资委做好起草工作,先后参加了部门座谈会、专家座谈会,并提交了涉及林草的法律建议条文和说明材料。组织有关单位,与环资委就《长江保护法》立法进行了面对面沟通。为国家林草局领导参加立法工作领导小组会议和6月全国人大常委会委员长栗战书主持的座谈会,准备发言材料和背景资料。参加起草专班工作,完成环资委交办的起草工作。8月和10月,全国人大环资委和司法部分别就《长江保护法》草案征求国家林草局意见,国家林草局就在《长江保护法》中如何充分体现林草特色提出了修改意见。《长江保护法》已经全国人大常委会第一次审议。

【《草原法》】 1月,向全国人大环资委汇报《草原法》修改情况,并准备有关汇报材料和立法背景资料。3月,参加草原法修改专题研讨会。11月初,参加《草原法》修改工作会议,就《草原法》修改稿进行内部讨论。11月下旬至12月初,分别在甘肃、内蒙古召开《草原法》修改片区座谈会,并根据座谈会情况对征求意见稿进一步修改完善。12月就草原法修改情况,国家林草局副局长张永利带队向环资委联系审议领导小组进行了汇报。

(赵东泉)

林草政策法规

【林草规范性文件管理】 一是做好规范性文件审核发布工作。2019年共发布规范性文件10件,均对其进行了合法性审核。同时,按照要求对祁连山国家公园总体规划等10件上报国务院办公厅的文件进行了合法性审核。二是修订印发《国家林业和草原局行政规范性文件管理办法》。根据国务院办公厅有关部署,结合国家林草局规范性文件管理实际,对原国家林业局2012年印发的《规范性文件制定和管理办法》进行了全面修订,进一步明确规范性文件不得设定的内容,细化"三统一"(统一登记、统一编号、统一发布)制度,实行计划管理和集体审议制度,完善起草程序和合法性审核要求,调整有效期制度。三是实行规范性文件计划管理。印发《国家林业和草原局2019年规范性文件制定计划》,列入计划管理文件26件,对规范性文件的数量和质量进行了有效管控。四是完成规范性文件清理工作。完成与现行开放政策、外商投资法不符的文件清理,完成证明事项清理涉及的规范性文件修改发布,清理公布国家林草局要求企业接受的第三方服务事项清单。

2019年发布的规范性文件有国家林业和草原局关于印发《国家林业和草原长期科研基地管理办法》的通知,国家林业和草原局关于规范风电场项目建设使用林地的通知,国家林业和草原局关于规范国家重点保护野生植物采集管理的通知,国家林业和草原局关于印发修订后的《国家级森林公园总体规划审批管理办法》的通知,国家林业和草原局关于印发《在国家沙化土地封禁保护区范围内进行修建铁路、公路等建设活动监督管理办法》的通知,国家林业和草原局关于深入推进林木采伐"放管服"改革工作的通知,国家林业和草原局关于进一步改进人造板检疫管理的通知,国家林业和草原局关于印发《引进林草种子、苗木检疫审批与监管办法》的通知,国家林业和草原局关于印发《境外林草引种检疫审批风险评估管理规范》的通知,国家林业和草原局关于印发《国家林业草原工程技术研究中心管理办法》的通知。

(吕 振)

林草行政执法

【"三项制度"落实工作】 一是制订印发实施方案。制订印发《国家林业和草原局全面推行行政执法公示制度执法全过程记录制度重大执法决定法制审核制度实施方案》,对行政许可、行政检查等主要执法活动进行全面规范,明确了推行"三项制度"(行政执法公示制度、执法全过程记录制度、重大执法决定法制审核制度)的总体目标、适用范围和工作任务,对各环节的操作要求进行分解,将责任落实到具体司局单位。二是规范行政检查活动。对有关法律、行政法规、部门规章规定的检查事项进行全面梳理、识别,除与26项行政许可有关的检查事项外,初步明确其他5项行政检查事项。三是明确法制审核范围。行政许可中,将涉及重大公共利益、可能造成重大社会影响或引发社会风险的,直接关系申请人或第三人重大权益的,经过听证程序的,以及情况疑难复杂、涉及多个法律关系等情形,纳入法制审核范围。行政检查中,将中央领导同志、局领导批示的,涉及重大国家利益和公共利益的,案情复杂或社会影响较大的情形,纳入法制审核范围。四是加强行政执法人员主体资格管理。制订局行政执法岗位目录,将应取得执法主体资格的人员范围明确到处室层级,并要求执法岗位人员必须通过考试取得执法资格。11月8日和12月6日,在北京林业大学举行国家林草局行政执法资格考试,列入考试范围的有关司局、派出机构、直属单位共360名执法岗位人员参加考试。

(吕 振)

【林草行政复议应诉】 2019年共收到行政复议申请45件,与2018年同期基本持平。经审查不予受理16件;受理的29件中,驳回申请6件,维持15件,撤销1件,确认违法或未依法履责5件,复议维持率71%。截至12月初,共应诉行政诉讼案件85件,比2018年同期上升213%。其中一审59件,二审25件,再审1件,未出现败诉情况。

【加强与"两高"(最高人民法院、最高人民检察院)工作沟通】 一是参与《关于在检察公益诉讼中加强协作配合依法打好污染防治攻坚战的意见》起草工作,该意见于1月由最高人民检察院、国家林草局等9个部门联合印发。二是组织各省级林草部门和有关司局业务骨干50人,参加最高人民检察院第八检察厅在云南昆明举办的公益诉讼培训班。三是参加《关于加强协作推进行政公益诉讼切实保护自然资源的意见》起草工作。四是参加最高人民法院在四川雅安召开的长江流域生态环境司法保护调研座谈会、在北京召开的环境资源审判工作座谈会。

(吕 振)

林草普法宣传

【制定印发《关于完善国家林业和草原局工作人员学法用法制度的实施意见》】 明确国家林草局工作人员法律知识学习主要内容,提出领导班子集体学法、加强日常学法、建立旁听庭审制度、强化法治培训、完善考核评估机制等工作措施,推动全局工作人员特别是领导干部学法用法。

【主题普法宣传】 协同中国野生动物保护协会、中国野生植物保护协会,利用"世界野生动植物日"等重点时段,先后在浙江宁波、湖南茶陵、四川松潘现场举行野生动植物保护普法宣传。通过发放学习资料、张贴宣传海报、播放教育视频等方式,精心组织"全民国家安全教育日"主题宣传。

【参加征集展示活动】 组织有关司局、单位拍摄制作动漫、微视频等作品,先后向全国普法办报送"我与宪法"微视频8部、法治动漫微视频10部,"守护宪法之保护绿水青山"获得第三届"我与宪法"优秀微视频作品征集展播活动优秀奖。国家林草局推荐的江西省林业局、广东省林业局2个单位和湖南省林业局张运明、局办赵春雨2名同志,分别被全国普法办评选为全国"七五"普法中期先进集体和先进个人。

(吕 振)

林草科学技术

16

林草科技发展

【林草科技综合情况】 全年中央林业科技投资7.87亿元,其中科研专项经费1.07亿元,林业科技推广示范补贴资金4.8亿元。4项成果获得国家科技进步二等奖,新入库各类科技推广成果1640项,遴选发布重点推广科技成果100项,总数已达9363项。批复成立第一批50个国家林业和草原长期科研基地,成立第二批林业和草原国家创新联盟139个,认定10个工程技术研究中心,发布12项国家标准、98项行业标准,授予植物新品种权439件,森林认证实践项目19个。推进京津冀、长江经济带、"一带一路"科技协同创新中心建设。9月26日,在湖南长沙召开全国林业和草原科技工作会议,分别与江苏省人民政府、湖南省人民政府共同成立了林产化学与材料国际创新高地、中国油茶科创谷,与海南省人民政府联合共建"海南林业科技创新试验区",加速区域创新资源集聚,支撑林草产业高质量发展。在4个定点扶贫县落实枣、无患子、水苔、草珊瑚等20个科技扶贫项目,投入资金1084万元。

(科技司综合处)

【4项成果获得国家科技进步二等奖】 在2019年国家科学技术奖励中4项林草成果获得国家科技进步二等奖。

表16-1 获得国家科技进步奖项目名单

项目名称	主要完成单位	奖项
混合材高得率清洁制浆关键技术及产业化	中国林业科学研究院林产化学工业研究所,南京林业大学,北京林业大学,山东晨鸣纸业集团股份有限公司,山东华泰纸业股份有限公司,江苏金沃机械有限公司	国家科技进步二等奖
植物细胞壁力学表征技术体系构建及应用	国际竹藤中心,中国林业科学研究院木材工业研究所,上海中晨数字技术设备有限公司,中国纤维质量监测中心	国家科技进步二等奖
中国特色兰科植物保育与种质创新及产业化关键技术	福建农林大学,中国热带农业科学院热带作物品种资源研究所,中国科学院华南植物园,遵义医科大学,中国科学院植物研究所,海南大学,福建连城兰花股份有限公司	国家科技进步二等奖
人造板连续平压生产线节能高效关键技术	西南林业大学,上海人造板机器厂有限公司,云南新泽兴人造板有限公司,东营正和木业有限公司,商丘市鼎丰木业股份有限公司	国家科技进步二等奖

(科技司综合处)

【6项成果获得梁希奖一等奖】 在2019年度梁希奖评选中,1项成果获梁希技术发明一等奖,5项成果获梁希科技进步一等奖。

表16-2 2019年度梁希科学技术奖一等奖项目名单

项目名称	项目主要完成单位	项目完成人	奖种等级
生物质多羟基化合物功能材料的关键制备技术	东北林业大学	黄占华等	技术发明一等奖
东北天然次生林多目标经营理论与关键技术	北京林业大学等	赵秀海等	科技进步一等奖
油茶源库特性与种质创制及高效栽培研究和示范	湖南省林科院等	陈永忠等	科技进步一等奖
大熊猫野化放归关键技术研究	中国大熊猫保护研究中心等	张和民等	科技进步一等奖
木质活性炭绿色制造与应用关键技术开发	中国林科院林化所等	蒋剑春等	科技进步一等奖
建筑与交通用竹纤维复合材料轻量化增值制造关键技术	国际竹藤中心	王戈等	科技进步一等奖

(科技司综合处)

【林草科技机构情况】 31个省(区、市)林草管理部门中,29个设有科技管理处室(单独设立科技处的有11个,与其他处室合并设立的18个),职能并入其他处室2个。共有行政编制145个。2019年,参加科技统计的林业和草原科学研究与技术服务业机构共469个。其中,中央部门属机构25个,地方部门属机构444个[含省级部门属75个,副省级城市部门属8个,地市级部门属198个,县(区)级部门属163个]。

表16-3 各省(区、市)林草管理部门科技管理部门设置情况

林草管理部门	林草科技管理部门	编制数
北京市园林绿化局	科学技术处	5
天津市规划和自然资源局	科技合作处	4
河北省林业和草原局	科学技术处	6
山西省林业和草原局	科学技术处	4
内蒙古自治区林业和草原局	改革发展和科技处	3
辽宁省林业和草原局	科学技术和国际合作处	3
吉林省林业和草原局	科技产业处	4
黑龙江省林业和草原局	科学技术和对外合作处	5
上海市绿化和市容管理局	科技信息处	6
江苏省林业局	行政审批与科技产业处	9

（续表）

林草管理部门	林草科技管理部门	编制数
浙江省林业局	科学技术处	7
安徽省林业局	科学技术处	5
福建省林业局	科学技术处	3
江西省林业局	科学技术与对外合作处	5
山东省自然资源厅	科技与国际合作处	3
河南省林业局	科学技术处	8
湖北省林业局	科学技术和对外合作处	5
湖南省林业局	科学技术与国际合作处	4
广东省林业局	科技与交流合作处	4
广西壮族自治区林业局	科学技术与对外合作处	7
海南省林业局	林业改革发展处	4

（续表）

林草管理部门	林草科技管理部门	编制数
重庆市林业局	科学技术处	5
四川省林业和草原局	数字林草与科技处	4
贵州省林业局	科学技术处	5
云南省林业和草原局	科学技术处	3
西藏自治区林业和草原局	造林绿化处	4
陕西省林业局	法规科技处	4
甘肃省林业和草原局	科技信息处	6
青海省林业和草原局	科学技术和对外合作处	2
宁夏回族自治区林业和草原局	科学技术与场站管理处	5
新疆维吾尔自治区林业和草原局	科学技术处	4

（科技司综合处）

林草科技创新

【全国林业和草原科技工作会议】 于9月26日，在湖南长沙召开，国家林草局局长张建龙出席会议并作了题为《全面提升林草科技工作水平，引领林草事业高质量发展和现代化建设》的讲话。会议深入分析了机构改革后林草科技工作新形势、新任务，提出将采取加强科学研究、加快成果转化、强化平台建设等举措，加快建设林草科技创新体系，全面提升林草科技工作水平，为推进林草事业高质量发展和现代化建设提供有力支撑。会议提出，力争到2025年，基本建成林草科技创新体系，科技进步贡献率达到60%，科技成果转化率达到70%。到2035年，全面建成林草科技创新体系，科技进步贡献率达到65%，科技成果转化率达到75%，实现林草事业现代化，跨入世界林草科技创新强国行列。

（科技司创新发展处）

【林草重大课题启动】 启动"山水林田湖草系统治理重大战略规划研究""三北工程建设水资源承载力与林草资源优化配置研究"重大课题研究，为三北工程以及美丽中国建设提供科技支撑。 （科技司创新发展处）

【林草"十四五"科技创新发展规划编制启动】 完成《林业和草原"十四五"科技创新发展规划编制工作方案》，各地总结"十三五"林草科技工作和"十四五"林草科技需求，科技司联合中国林科院、国际竹藤中心、科技发展中心等单位，赴各省份开展林草"十四五"科技发展规划编制调研。 （科技司创新发展处）

【林草科技创新人才培养】 印发《中共国家林业和草原局党组关于实施激励科技创新人才若干措施的通知》，围绕充分用好现有人才、引进急需人才、加强科技创新人才梯队建设等，打破"四唯"束缚，激发科研活力，提出了定向激励高端创新人才、用好科技成果转化政策激励人才、重奖业绩突出的创新人才、充分激励主体业务实践中的创新人才、激活研发单位创新内生动力、加强对创新人才的情感关怀6个方面20条意见。10家林草科研单位相继出台了配套实施办法。2019年，评选出林业和草原科技创新青年拔尖人才17人、领军人才17人、创新团队30个。对选出的人才和团队，所在单位均制订了5年培养计划，着力培养，形成方案，在科研立项、学术交流等方面予以优先，在工作条件、生活待遇等方面给予照顾，鼓励保障其专心科研。2019年优先对青年拔尖人才每人给予30万元项目资助，入选人才所在单位均给予配套经费支持。

（科技司创新发展处）

【创新人才推进计划和"万人计划"青年拔尖人才推荐】 向科技部推荐创新人才推进计划及"万人计划"青年拔尖人才，共报送创新人才推进计划中青年领军人才6人、创新团队2个、示范基地1个，"万人计划"青年拔尖人才9人。王军辉团队入选科技部创新人才推进计划创新团队。 （科技司创新发展处）

【长期科研基地建设】 印发《国家林业和草原长期科研基地管理办法》，为规范长期科研基地的运行管理提供依据。批复成立了第一批50个国家林业和草原长期科研基地，启动第二批长期科研基地建设。

（科技司创新发展处）

【生态站建设】 修订《国家陆地生态系统定位观测研究站管理办法》，印发《国家草原生态系统定位观测研究站发展实施方案（2019～2020）》。科技司与草原司、湿地司、退耕办等业务司局和中科院、水利部水土保持监测中心等单位建立联合协作机制，与中科院野外台站联盟项目联合开展"中国北方草地生态服务评估"。面对机构改革后的新情况、新任务，聚焦林草融合，启动草原生态站建设，新批复生态定位站12个，其中草原站4个。

（科技司创新发展处）

【林业和草原创新联盟建设】 进一步推进产学研深度融合，批复成立第二批林业和草原国家创新联盟139个，设立微信公众号，成立创新联盟办公室，表彰高活跃度联盟，发布行业咨询报告，展出联盟创新成果，引导激励创新联盟在推动产学研一体化方面发挥积极作用。 （科技司创新发展处）

【林产化学与材料国际创新高地建立】 1月8日，国家林草局局长张建龙与江苏省省长吴政隆签署了林产化学与材料国际创新高地共建协议，支持创新高地建设，这是认真贯彻落实习近平总书记在两院院士大会上提出的"着力建设世界主要科学中心和创新高地"这一要求的具体行动，也是双方共同推进林草科技协同创新的重要举措。2月26日，创新高地在南京揭牌成立，国家林草局副局长张永利出席启动会并讲话。9月初，科技司对林化高地建设情况进行了调研，并就成立创新高地建设领导小组和办公室与江苏省科技厅、江苏省林业局进行了会商和对接。11月9日，国家林草局副局长彭有冬对林化高地进行了考察。至年底，林化高地建设领导小组和办公室成员名单已确定。 （科技司创新发展处）

【中国油茶科创谷建立】 9月，国家林草局局长张建龙与湖南省省长许达哲共同签署了成立中国油茶科创谷的共建协议，并在召开全国林草科技工作会议之际于9月25日共同为中国油茶科创谷揭牌，考察了中国油茶科创谷建设情况。至年底，建设领导小组和办公室成员名单国家林草局成员已确定。 （科技司创新发展处）

【国家重点研发项目管理】 召开"主要经济作物优质高产与产业提质增效科技创新"培训班，组织申报"主要经济作物优质高产与产业提质增效科技创新""科技冬奥""全球变化及应对""绿色宜居村镇技术创新""可再生能源与氢能技术""典型脆弱修复与保护研究""生物安全关键技术研发"以及"政府间国际科技创新合作"8个重点研发专项19个项目，"科技基础资源调查专项"3个项目和"战略性国际科技创新合作"2个项目。其中，"冬奥廊道沿线植被景观优化及生态功能提升技术集成创新与应用示范""特色经济林高效育种技术与品种创制""特色经济林生态经济型品种筛选及配套栽培技术""特色食用木本油料种实增值加工关键技术"4个项目获得立项支持，中央财政专项资金拨款10 709万元。其余部分项目仍处于申报答辩环节。

（科技司创新发展处）

【编写首部高分卫星林草应用国家报告】 在国防科工局的支持下，组织编写《2019中国高分卫星应用国家报告——林草篇》并于4月24日"中国航天日"当天发布，成为中国首部单列林草行业卫星遥感应用工作的国家报告。 （科技司创新发展处）

表16-4 第一批50个国家林业和草原长期科研基地名单

序号	归口管理单位	名 称	申报单位
1	中国林业科学研究院	东北落叶松育种和培育国家长期科研基地	中国林业科学研究院林业研究所
2		乌兰布和沙漠综合治理国家长期科研基地	中国林业科学研究院沙漠林业实验中心
3		亚热带大岗山森林类国家长期科研基地	中国林业科学研究院亚热带林业实验中心
4		广西大青山森林综合型国家长期科研基地	中国林业科学研究院热带林业实验中心
5		长白山北坡天然林经营国家长期科研基地	中国林业科学研究院资源信息研究所
6	国际竹藤中心	安徽太平竹林定位观测与种质资源保存国家长期科研基地	国际竹藤中心安徽太平试验中心
7	南京森林警察学院	安徽森林灾害防控国家长期科研基地	南京森林警察学院
8	中国大熊猫保护研究中心	邛崃山濒危野生动植物保护生物学国家长期科研基地	中国大熊猫保护研究中心
9	北京市园林绿化局	北京地区经济林果育种、培育综合类国家长期科研基地	北京市林业果树科学研究院
10	天津市规划和自然资源局	天津林木育种和森林培育国家长期科研基地	天津市林业果树研究所
11	河北省林业和草原局	河北塞罕坝森林培育国家长期科研基地	河北农业大学
12	山西省林业和草原局	山西金沙滩林木选育国家长期科研基地	山西省桑干河杨树丰产林实验局
13	内蒙古自治区林业和草原局	内蒙古达拉特荒漠类国家长期科研基地	内蒙古自治区林业科学研究院
14	辽宁省林业和草原局	辽河平原防护林国家长期科研基地	沈阳农业大学
15	吉林省林业和草原局	长白山生物多样性保护国家长期科研基地	吉林省长白山科学研究院
16		吉林森工露水河遗传育种国家长期科研基地	吉林省露水河林业局

（续表）

序号	归口管理单位	名　称	申报单位
17	黑龙江省林业和草原局	哈尔滨北方森林植物引种栽培国家长期科研基地	黑龙江省森林植物研究所
18	上海市林业局	上海崇明东滩湿地生态系统国家长期科研基地	上海崇明东滩鸟类国家级自然保护区管理处
19	江苏省林业局	江苏彩叶林木育种与培育国家长期科研基地	江苏农林职业技术学院
20	浙江省林业局	浙江午潮山森林资源培育国家长期科研基地	浙江省林业科学研究院
21	安徽省林业局	安徽沙河林木育种国家长期科研基地	安徽省林业科学研究院
22	福建省林业局	福建杉木育种及培育国家长期科研基地	福建省洋口国有林场
23	江西省林业局	南昌林木育种培育国家长期科研基地	江西省林业科学院
24	山东省林业局	山东耐盐碱树种研究国家长期科研试验基地	山东省林业科学研究院
25	河南省林业局	河南林木良种资源保存与培育国家长期科研基地	河南省林业科学研究院
26	湖北省林业局	武汉九峰森林培育试验示范国家长期科研基地	湖北省林业科学研究院
27	湖南省林业局	湖南木本油料国家长期科研基地	湖南省林业科学院
28	广东省林业局	华南乡土树种资源培育国家长期科研基地	广东省林业科学研究院
29	广西壮族自治区林业局	广西主要用材林育种和培育国家长期科研基地	广西壮族自治区林业科学研究院
30	海南省林业局	海南林木种质资源国家长期科研基地	海南省林业科学研究所
31	重庆市林业局	重庆森林培育、保护及生态建设国家长期科研基地	重庆市林业科学研究院
32	四川省林业和草原局	四川黑龙滩国家长期科研基地	四川省林业科学研究院
33	贵州省林业局	黎平杉木育种国家长期科研基地	贵州省林业科学研究院
34	云南省林业和草原局	西双版纳热带林培育与经营国家长期科研基地	云南省林业科学院
35	西藏自治区林业和草原局	西藏乡土树种培育与经营国家长期科研基地	西藏自治区林木科学研究院
36	陕西省林业局	陕西珍稀野生动物保护繁育国家长期科研基地	陕西省珍稀野生动物抢救饲养研究中心
37	甘肃省林业和草原局	甘肃民勤荒漠化防治国家长期科研基地	甘肃省治沙研究所
38	青海省林业和草原局	祁连山国家公园国家长期科研基地	祁连山自然保护区管理局
39	宁夏回族自治区林业和草原局	宁夏林木资源收集保存与开发利用国家长期科研基地	宁夏林业研究院股份有限公司
40	新疆维吾尔自治区林业和草原局	新疆佳木果树学国家长期科研基地	新疆林业科学院
41	内蒙古大兴安岭重点国有林管理局	大兴安岭根河森林冻土湿地国家长期科研基地	内蒙古大兴安岭林业科学技术研究所
42	大兴安岭林业集团公司	大兴安岭森林湿地生态系统国家长期科研基地	大兴安岭林业集团公司农业林业科学研究院
43	北京林业大学	南方集体林区(福建三明)现代林业国家长期科研基地	北京林业大学

(续表)

序号	归口管理单位	名　称	申报单位
44	东北林业大学	黑龙江帽儿山林学与生态学国家长期科研基地	东北林业大学
45	南京林业大学	南京白马亚热带现代林业国家长期科研基地	南京林业大学
46	西南林业大学	昆明滇池面山森林可持续经营国家长期科研基地	西南林业大学
47	中南林业科技大学	中亚热带林学国家长期科研基地	中南林业科技大学
48	西北农林科技大学	陕西秦岭森林生态系统国家长期科研基地	西北农林科技大学
49	中国农业科学院	呼伦贝尔草原生态国家长期科研基地	中国农业科学院农业资源与农业区划研究所
50		呼和浩特草种质资源与育种国家长期科研基地	中国农业科学院草原研究所

表16-5　林业和草原科技创新青年拔尖人才名单

符利勇	中国林业科学研究院
刘妍婧	中国林业科学研究院
王　奎	中国林业科学研究院
原伟杰	中国林业科学研究院
张雄清	中国林业科学研究院
陈复明	国际竹藤中心
李　俊	中国农业科学院
刘　楠	中国农业大学
袁同琦	北京林业大学
李明飞	北京林业大学
陈志俊	东北林业大学
陈文帅	东北林业大学
施　政	南京林业大学
卿　彦	中南林业科技大学
朱家颖	西南林业大学
朱铭强	西北农林科技大学
马中青	浙江农林大学

表16-6　2019年林业和草原科技创新领军人才名单

徐俊明	中国林业科学研究院
陆俊锟	中国林业科学研究院
褚建民	中国林业科学研究院
陈光才	中国林业科学研究院
刘　鹤	中国林业科学研究院
乌云塔娜	国家林业和草原局泡桐研究开发中心
陈帅飞	国家林业和草原局桉树研究开发中心
李志强	国际竹藤中心
方国飞	国家林业和草原局林草防治总站
宋丽文	吉林省林业科学研究院
彭邵锋	湖南省林业科学院
张金林	兰州大学
彭　锋	北京林业大学
李　伟	东北林业大学
张仲凤	中南林业科技大学
刘高强	中南林业科技大学
赵西宁	西北农林科技大学

表16-7　2019年林业和草原科技创新团队名单

生物质能源与炭材料创新团队	中国林业科学研究院
人工林定向培育创新团队	中国林业科学研究院
人造板与胶黏剂创新团队	中国林业科学研究院
林业和草原遥感技术创新团队	中国林业科学研究院
杨树遗传育种与高效培育创新团队	中国林业科学研究院
热带珍贵树种研究创新团队	中国林业科学研究院
珍贵用材树种遗传改良创新团队	中国林业科学研究院
油茶资源培育与利用创新团队	中国林业科学研究院
森林经营与生长模拟创新团队	中国林业科学研究院

（续表）

杜仲培育与利用创新团队	国家林业和草原局泡桐研究开发中心
竹藤生物质新材料创新团队	国际竹藤中心
国家公园理论与实践创新团队	国家林业和草原局昆明勘察设计院
南方木本油料资源利用创新团队	湖南省林业科学院
青藏高原特色草种质资源创新与育种应用创新团队	四川省草原科学研究院
中科羊草研发创新团队	中国科学院
草原生态监测与智慧草业创新团队	中国农业科学院
草地微生物科技创新团队	兰州大学
草原生态恢复创新团队	中国农业大学
西北木本油料植物资源高值化综合利用创新团队	西北大学
林木纤维资源高效利用创新团队	北京林业大学
东北次生林经营创新团队	北京林业大学
林木分子生物学创新团队	东北林业大学
生物质热解气化多联产创新团队	南京林业大学
银杏经济林培育与高效利用创新团队	南京林业大学
木质资源高效利用创新团队	中南林业科技大学
干旱与半干旱区植被恢复与重建技术创新团队	西北农林科技大学
兰科植物保育与利用创新团队	福建农林大学
南方特色干果产业科技创新团队	浙江农林大学
沙生灌木高效开发利用创新团队	内蒙古农业大学
枣树育种栽培与精深加工创新团队	河北农业大学

表16-8 林业和草原国家创新联盟名单（第二批）

序号	推荐单位	名称	牵头单位
1	中国林业科学研究院	森林植被通量国家创新联盟	中国林业科学研究院林业研究所
2	中国林业科学研究院	林木种质资源利用国家创新联盟	中国林业科学研究院林业研究所
3	中国林业科学研究院	乡村生态景观国家创新联盟	中国林业科学研究院林业研究所
4	中国林业科学研究院	红树林保护与恢复国家创新联盟	中国林业科学研究院热带林业研究所
5	中国林业科学研究院	典型林业生态工程效益监测评估国家创新联盟	中国林业科学研究院森林生态环境与保护研究所
6	中国林业科学研究院	林业外来入侵生物防控国家创新联盟	中国林业科学研究院森林生态环境与保护研究所
7	中国林业科学研究院	候鸟动态监测保护国家创新联盟	中国林业科学研究院森林生态环境与保护研究所
8	中国林业科学研究院	生物多样性保护国家创新联盟	中国林业科学研究院森林生态环境与保护研究所
9	中国林业科学研究院	林草遥感应用国家创新联盟	中国林业科学研究院资源信息研究所
10	中国林业科学研究院	林草三维可视化技术应用国家创新联盟	中国林业科学研究院资源信息研究所
11	中国林业科学研究院	林业科学大数据国家创新联盟	中国林业科学研究院资源信息研究所
12	中国林业科学研究院	林产品贸易与投资国家创新联盟	中国林业科学研究院林业科技信息研究所
13	中国林业科学研究院	木质功能材料与制品国家创新联盟	中国林业科学研究院木材工业研究所
14	中国林业科学研究院	盐碱地生态修复国家创新联盟	国家林业和草原局盐碱地研究中心

(续表)

序号	推荐单位	名称	牵头单位
15	国家林业和草原局调查规划设计院	空气负氧离子监测国家创新联盟	国家林业和草原局调查规划设计院
16	国家林业和草原局调查规划设计院	林草规划评估设计国家创新联盟	国家林业和草原局调查规划设计院
17	国家林业和草原局调查规划设计院	自然保护地国家创新联盟	国家林业和草原局调查规划设计院
18	国家林业和草原局调查规划设计院	林草时空大数据采集和应用国家创新联盟	国家林业和草原局调查规划设计院
19	国家林业和草原局经济发展中心	林业生态经济发展国家创新联盟	北京中林联林业规划设计研究院有限公司
20	国际竹藤中心	竹类种质资源保护与利用国家创新联盟	国际竹藤中心
21	中国林业产业联合会	野生动植物基因保护国家创新联盟	深圳华大生命科学研究院
22	国家林业和草原局林草防治总站	野生动物疫源疫病监控国家创新联盟	国家林业和草原局林草防治总站
23	内蒙古自治区林业和草原局	雷击火和边境火防控技术国家创新联盟	内蒙古农业大学
24	内蒙古自治区林业和草原局	蒙树生态修复国家创新联盟	内蒙古和盛生态科技研究院有限公司
25	上海市绿化和市容管理局	城市困难立地绿化造林国家创新联盟	上海市园林科学规划研究院
26	福建省林业局	森林公园国家创新联盟	福建农林大学
27	北京林业大学	水土保持国家创新联盟	北京林业大学
28	北京林业大学	林业害虫防治国家创新联盟	北京林业大学
29	北京林业大学	木材防腐技术国家创新联盟	北京林业大学
30	北京林业大学	园林植物与人居生态环境建设国家创新联盟	北京林业大学
31	北京林业大学	林木生物质清洁分离及转化国家创新联盟	北京林业大学
32	北京林业大学	矿山生态修复国家创新联盟	北京林业大学
33	东北林业大学	植物天然活性物质利用国家创新联盟	东北林业大学
34	东北林业大学	林木分子生物学国家创新联盟	东北林业大学
35	东北林业大学	野生动物生物安全管控国家创新联盟	东北林业大学
36	东北林业大学	野生动物保护与利用国家创新联盟	东北林业大学
37	南京林业大学	园林植物数字化应用与生态设计国家创新联盟	南京林业大学
38	中国林业科学研究院	国外松国家创新联盟	中国林业科学研究院亚热带林业研究所
39	中国林业科学研究院	薄壳山核桃国家创新联盟	中国林业科学研究院亚热带林业研究所
40	中国林业科学研究院	椿树国家创新联盟	中国林业科学研究院亚热带林业研究所
41	中国林业科学研究院	泡桐国家创新联盟	国家林业和草原局泡桐研究开发中心
42	中国林业产业联合会	紫荆国家创新联盟	河南四季春园林艺术工程有限公司
43	中国林业产业联合会	山桐子国家创新联盟	湖北旭舟林农科技有限公司
44	山西省林业和草原局	油松国家创新联盟	山西省林业科学研究院
45	江苏省林业局	柳树国家创新联盟	江苏省林业科学研究院
46	河南省林业局	蜡梅国家创新联盟	河南省林业科学研究院
47	河南省林业局	构树国家创新联盟	河南省林业科学研究院
48	广东省林业局	南方松国家创新联盟	广东省林业科学研究院
49	广西壮族自治区林业局	马尾松国家创新联盟	广西壮族自治区林业科学研究院

(续表)

序号	推荐单位	名称	牵头单位
50	贵州省林业局	高山杜鹃国家创新联盟	贵州师范大学
51	中国林业科学研究院	木材胶黏剂产业国家创新联盟	中国林业科学研究院木材工业研究所
52	中国林业科学研究院	木门窗产业国家创新联盟	中国林业科学研究院木材工业研究所
53	中国林业科学研究院	木文化创意产业国家创新联盟	中国林业科学研究院木材工业研究所
54	中国林业科学研究院	竹家居产业国家创新联盟	国家林业和草原局竹子研究开发中心
55	国际竹藤中心	竹碳产业国家创新联盟	国际竹藤中心
56	中国林学会	林下生态种植产业国家创新联盟	中国林学会
57	中国林业产业联合会	生态中医药健康产业国家创新联盟	中国中医科学院中药研究所
58	中国林业产业联合会	林草健康产业国家创新联盟	中国林业产业联合会
59	中国林业产业联合会	森林自驾游产业国家创新联盟	上海娱玺旅游文化有限公司
60	中国林产工业协会	森林旅游交通产业国家创新联盟	中车城市交通有限公司
61	中国林业和环境促进会	黄蜀葵产业国家创新联盟	深圳延生药业有限公司
62	北京市园林绿化局	海棠产业国家创新联盟	北京农学院
63	北京市园林绿化局	月季产业国家创新联盟	北京市园林科学研究院
64	河北省林业和草原局	榆树产业国家创新联盟	河北省林业科学研究院
65	辽宁省林业和草原局	文冠果产业国家创新联盟	大连民族大学
66	辽宁省林业和草原局	鹿产业国家创新联盟	辽阳千山呈龙科技有限公司
67	黑龙江林业和草原局	果松产业国家创新联盟	黑龙江省林业科学研究所
68	浙江省林业局	竹笋产业国家创新联盟	浙江省林业科学研究院
69	浙江省林业局	黄精产业国家创新联盟	浙江农林大学
70	浙江省林业局	灵芝三叶青产业国家创新联盟	浙江农林大学
71	浙江省林业局	樱花产业国家创新联盟	浙江省林业科学研究院
72	浙江省林业局	绣球花产业国家创新联盟	杭州市园林绿化股份有限公司
73	浙江省林业局	紫薇产业国家创新联盟	浙江森城实业有限公司
74	浙江省林业局	林纸功能新材料产业国家创新联盟	衢州学院
75	安徽省林业局	刺槐产业国家创新联盟	安徽泓森高科林业股份有限公司
76	福建省林业局	三角梅产业国家创新联盟	福建农林大学
77	江西省林业局	南酸枣产业国家创新联盟	江西农业大学
78	山东省自然资源厅	玫瑰产业国家创新联盟	平阴县玫瑰研究所
79	山东省自然资源厅	欧李产业国家创新联盟	山东云农公社电子商务有限公司
80	湖北省林业局	桑树产业国家创新联盟	湖北省农业科学院
81	湖南省林业局	忍冬产业国家创新联盟	湖南省林业科学院
82	湖南省林业局	绿色木质包装产业国家创新联盟	箱联天下供应链管理有限公司
83	湖南省林业局	南方木本油料产业国家创新联盟	湖南省林业科学院
84	北京林业大学	木兰产业国家创新联盟	北京林业大学
85	北京林业大学	秸秆人造板与制品产业国家创新联盟	北京林业大学
86	东北林业大学	寒地花卉产业国家创新联盟	东北林业大学
87	东北林业大学	红松产业国家创新联盟	东北林业大学
88	南京林业大学	银杏产业国家创新联盟	南京林业大学
89	南京林业大学	椴树产业国家创新联盟	南京林业大学
90	南京林业大学	桂花产业国家创新联盟	南京林业大学

(续表)

序号	推荐单位	名称	牵头单位
91	南京林业大学	竹质结构材料产业国家创新联盟	南京林业大学
92	西南林业大学	荷花及水生植物产业国家创新联盟	西南林业大学
93	西北农林科技大学	葡萄与葡萄酒产业国家创新联盟	西北农林科技大学
94	西北农林科技大学	漆树产业国家创新联盟	西北农林科技大学
95	西北农林科技大学	樱桃产业国家创新联盟	西北农林科技大学
96	中国林业科学研究院	木材保护与改性国家创新联盟	中国林业科学研究院木材工业研究所
97	中国林业科学研究院	木石塑复合材料及制品国家创新联盟	中国林业科学研究院木材工业研究所
98	中国林业科学研究院	木材涂料与涂饰国家创新联盟	中国林业科学研究院木材工业研究所
99	中国林业科学研究院	木质产品质量与安全认证国家创新联盟	中国林业科学研究院木材工业研究所
100	中国林业科学研究院	木材标本国家创新联盟	中国林业科学研究院木材工业研究所
101	中国林业科学研究院	古建筑木结构与木质文物保护国家创新联盟	中国林业科学研究院木材工业研究所
102	中国林业科学研究院	林产品检验检测技术国家创新联盟	中国林业科学研究院木材工业研究所
103	中国林业科学研究院	木竹材清洁制浆造纸国家创新联盟	中国林业科学研究院林产化学工业研究所
104	中国林业科学研究院	林业提取物资源利用国家创新联盟	中国林业科学研究院林产化学工业研究所
105	国家林业和草原局科技发展中心	植物新品种保护与产业化国家创新联盟	北京棕科植物新品种权管理有限公司
106	中国林业产业联合会	园林景观工程国家创新联盟	中国诚通生态有限公司
107	中国林业产业联合会	林草产业流通融合发展国家创新联盟	中国林业产业联合会
108	中国林业产业联合会	银杏生物医药国家创新联盟	中林华慧（南雄）银杏产业投资有限公司
109	中国林业产业联合会	木竹材料装饰应用国家创新联盟	上海嘉荣环保科技有限公司
110	中国林产工业协会	家居绿色供应链国家创新联盟	中国林产工业协会
111	浙江省林业局	竹林碳汇国家创新联盟	浙江农林大学
112	福建省林业局	植物纤维功能材料国家创新联盟	福建农林大学
113	北京林业大学	木质素高值化利用国家创新联盟	北京林业大学
114	北京林业大学	木（竹）材节能热加工国家创新联盟	北京林业大学
115	东北林业大学	木工智能化国家创新联盟	东北林业大学
116	南京林业大学	林草生物灾害防治装备国家创新联盟	南京林业大学
117	中国林业科学研究院	北方林水多功能协调管理国家创新联盟	中国林业科学研究院森林生态环境与保护研究所
118	中国林业科学研究院	南方种苗国家创新联盟	国家林业和草原局桉树研究开发中心
119	中国林业产业联合会	江南乡村宜居环境保护与利用国家创新联盟	浙江农林大学
120	天津市规划和自然资源局	天津市自然保护地监控体系国家创新联盟	天津市测绘院
121	天津市规划和自然资源局	天津市滨海湿地生态建设国家创新联盟	天津市城市规划设计研究院
122	辽宁省林业和草原局	农牧交错带草地保护国家创新联盟	辽宁省林业发展服务中心
123	辽宁省林业和草原局	北方酸枣产业国家创新联盟	国营朝阳县六家子林场
124	江苏省林业局	长三角地区草坪产业国家创新联盟	江苏农林职业技术学院
125	浙江省林业局	亚热带经济林病虫害绿色防控国家创新联盟	浙江农林大学

(续表)

序号	推荐单位	名称	牵头单位
126	浙江省林业局	长三角森林生态产业化国家创新联盟	浙江省林业科学研究院
127	安徽省林业局	大别山特色山林资源保育与增值利用国家创新联盟	安徽农业大学
128	福建省林业局	红壤区水土保持国家创新联盟	福建农林大学
129	湖北省林业局	三峡库区生态防护国家创新联盟	湖北省林业科学研究院
130	湖北省林业局	长江中游特色经济林产业国家创新联盟	湖北省林业科学研究院
131	海南省林业局	热带森林生态系统保护恢复国家创新联盟	海南大学
132	陕西省林业局	秦岭大熊猫国家创新联盟	陕西省林业科学院
133	青海省林业和草原局	青藏高原道地药材开发与利用国家创新联盟	青海师范大学生命科学学院
134	宁夏回族自治区林业和草原局	宁夏干旱区生态治理国家创新联盟	宁夏宁苗生态园林公司
135	北京林业大学	珍贵落叶树种产业国家创新联盟	北京林业大学
136	东北林业大学	东北退化森林生态系统恢复国家创新联盟	东北林业大学
137	东北林业大学	北方森林生态保护与利用产业国家创新联盟	东北林业大学
138	中南林业科技大学	南方紫色页岩山地生态修复国家创新联盟	中南林业科技大学
139	中南林业科技大学	湘北平原防护林区林业生态大数据国家创新联盟	中南林业科技大学

林草科技推广

【2019年重点推广林草科技成果】 为促进林草科技成果转移转化，面向生产实际，围绕生态建设、产业发展及生态扶贫等重点工作对技术的需求，指导科技成果推广示范，国家林业科技推广成果库新入库各类林草科技成果1640项，总数已达9363项，其中草原科技成果224项。通过两次草原科技成果论证，遴选出支撑退化草原生态修复人工种草工程的草原科技成果109项。发布2019年度重点推广林草科技成果100项。

（科技司推广转化处）

【林业科技推广示范项目】 依托国家林业科技推广成果库入库成果，紧扣国家战略和行业需求，大力推广先进科技成果和实用技术，2019年共安排中央财政林业科技推广示范资金4.8亿元，共实施502个推广项目，其中中西部22个省份安排3.63亿元，实施397个中央财政科技推广项目，主要推广木本粮油、林特资源、林木良种、生态修复、灾害防控、林业标准化示范区建设六大类技术。2019年立项实施林业科技成果国家级推广项目56个，重点推广用材林培育、经济林丰产栽培、生态修复、木材加工等领域先进技术。

（科技司推广转化处）

【推进林草科技扶贫行动】 加大资金支持，中央财政林业科技推广示范资金广西和贵州各增加300万和200万，重点支持定点扶贫县林业科技推广项目。在4个定点扶贫县分别召开科技结对扶贫项目对接会，建立林草科技扶贫联系点并授牌。在林草科技周期间开展了林草科技扶贫产品和科技扶贫案例展览。协调中国林科院、国家林草局科技中心等4家单位，在4个定点扶贫县落实枣、无患子、水苔、草珊瑚等20个科技扶贫项目，投入资金1084万元。结合"不忘初心、牢记使命"主题教育工作部署，深入定点扶贫县及四川凉山、甘肃陇南、内蒙古、新疆南疆等"三区三州"地区开展了林草科技扶贫工作调研并形成调研报告。11月，在贵州荔波组织召开全国林草科技扶贫工作现场会，总结了科技推广和科技扶贫工作经验，分析了形势和面临的困难，部署了下一步全国林草科技推广和科技扶贫工作，国家林草局副局长彭有冬出席会议并讲话，并向林草乡土专家代表颁发了聘书。

（科技司推广转化处）

【林业科技成果转化平台】 为进一步加快科技成果转化平台建设，下发《国家林业和草原局关于认定福建龙岩现代林业科技示范园区和暖季型草坪草种质创新与利用等10个工程技术研究中心的复函》，批复认定了福建龙岩现代林业科技示范园区和暖季型草坪草种质创新与利用、柳树、木本香料（华东）、桑树产业、国外松培育、仁用杏、草原修复种质资源利用、改良草地、风景园林、林业智能信息处理10个林草工程技术研究中心；

另组织评审了澳洲坚果、木塑复合材料、红豆杉西南漆树、绿色家具、北方抗旱耐寒草品种育繁、草原风蚀沙化、高寒草地鼠害防控、青藏高原高寒草地生态修复、西北退化草原生态修复与利用 10 个林草工程技术研究中心，以及广东惠州国家林药科技示范园区和重庆江津花椒、重庆黔江蚕桑 2 个国家生物产业基地。制订了《国家林业草原工程技术研究中心管理办法》，通过国家林草局局务会审议并于 12 月 6 日正式印发；起草了《国家林业草原工程技术研究中心评估工作方案》，举办了国家林草工程技术研究中心建设与管理培训班。

表 16-9 2019 年度批复的林草工程技术研究中心和国家林业科技示范园区

工程中心（林业科技示范园区）名称	依托单位
福建龙岩现代林业科技示范园区	福建省龙岩市林业局、福建农林大学
暖季型草坪草种质创新与利用工程技术研究中心	江苏省中国科学院植物研究所
柳树工程技术研究中心	江苏省林科院
木本香料（华东）工程技术研究中心	江西农业大学、北京林业大学
桑树产业工程技术研究中心	陕西圣桑集团有限公司
国外松培育工程技术研究中心	中国林科院亚热带林业研究所
仁用杏工程技术研究中心	国家林草局泡桐研究开发中心
草原修复种质资源利用工程技术研究中心	中国林科院林业研究所
改良草地工程技术研究中心	中国农业大学
风景园林工程技术研究中心	北京林业大学
林业智能信息处理工程技术研究中心	北京林业大学

（科技司推广转化处）

【完善林草科技推广 APP】 打造线上科技服务平台，升级完善了林草科技推广 APP，至 2019 年已开通科技要闻、科技交流、科技讲堂、成果发布、地方风采、科技政策、科技平台、特色活动等专栏，并指导广西、江西等省份开展了线上科技推广服务。截至 2019 年底，林草科技推广 APP 下载使用人数超过 9000 人，发帖总数超过 1500 篇，浏览量达到 83 万人次。在林草科技推广 APP 上举行的林草乡土专家人气投票活动吸引了全国 31 个省份以及大兴安岭林业集团公司参与，网民投票总数达到 219 161 票。（科技司推广转化处）

【推广体系建设】 2019 年，中央投资 1600 万元用于支持 27 个省份 160 个市、县级林业科技推广站建设，不断提升推广工作能力。促进推广体系多元化，组织开展了林草乡土专家遴选工作。创新基层林草科技推广队伍建设，下发了《关于开展林草乡土专家遴选工作的通知》（办科字〔2019〕76 号）和《国家林业和草原局科技司关于聘任第一批林草乡土专家的通知》（科推字〔2019〕29 号），遴选聘认了 100 名林草乡土专家。起草了《国家林业和草原局林草乡土专家认定办法（送审稿）》。探索生态护林员兼任林草科技推广员的有效途径。

（科技司推广转化处）

【科技成果转化调研】 为落实局党组关于促进林草融合的战略部署，赴四川、甘肃、内蒙古等省区开展草原科技成果转移转化工作调研，形成调研报告，提出促进草原科技成果推广转化建议。召开林草业现代机械装备专题座谈会，联合国家林草局北京林机所、中国林机协会等单位赴山东、江苏、湖南、安徽、甘肃等地开展林草业装备现代化建设调研并形成调研报告，邀请科技部农村中心专家参加了赴甘肃的调研。在南京林业大学召开了林草科技推广项目管理座谈会，听取了相关专家对加强林草科技推广项目管理的意见和建议。赴浙江、广西、贵州等省份开展乡土专家、"一亩山万元钱"等林草科技成果转移转化工作调研，形成了林草乡土专家工作调研报告。

（科技司推广转化处）

【科技服务】 下发了《国家林草局科技司关于深入开展科技下乡活动的通知》（科推字〔2019〕11 号），积极组织全国林草相关单位开展科技下乡和科技特派员活动，围绕经济林、花卉苗木、林下经济、特种养殖、林草产品加工、林草机械和森林康养等产业发展和林牧农增收致富，开展现场咨询、入户指导、产品展示、技术培训、示范演示等活动。全国推广林草先进实用技术 1659 项、良种 1023 种，建立科技示范基地 2278 个、示范林 97.4 万公顷，选派科技下乡专家 3885 批 19 730 人，选派科技特派员 2127 批 5293 人，举办实用技术培训班 11 725 期，培训乡土专家和林农超过 110 万人次，发放培训资料和技术手册达 287 万份。向科技部推荐的科技特派员典型案例浙江农林大学斯金平教授和中国林业科学研究院木材工业研究所在科技特派员制度推行 20 周年总结大会上获得通报表扬。

（科技司推广转化处）

为贫困群众开展铁皮石斛技术培训

【"最美推广员"典型宣传】 为提升基层林业和草原科技成果转移转化工作水平，鼓励广大科技人员深入基层开展林草科技推广工作，联合中国绿色时报社继续开展"寻找最美科技推广员"宣传活动，在《中国绿色时报》专栏报道了辽宁省朝阳市林业技术推广站站长姜宗辉、安徽省宁国市林业技术推广站副站长余益胜、青海省互助县北山林场场长赵昌宏、广西壮族自治区资源县资源林场高级工程师阳桂平、北京市林业科技推广站科技科长孟丙南、黑龙江省佳木斯市孟家岗林场副场长胡振宇、河南省新乡市林业技术推广站站长何长敏、广东省肇庆市林业科学研究所高级工程师梁远楠、湖北省武汉市林业科技推广站高级工程师肖之炎、江苏省盐城市林业局林业工作站站长戴蔚、云南省普洱市林业科学研究所高级工程师唐红燕、青海省玛可河林业局天保办副主任石长宏、河北省文安县林业技术推广站站长王百千、西藏自治区那曲市林草局生态保护修复科科长拉顿共14名基层林草科技推广工作者的先进事迹。

（科技司推广转化处）

林草科学普及

【强化科学普及】 加强林草科普工作组织领导，成立了由国家林草局副局长彭有冬任组长、38家司局单位负责人任成员的国家林草局科普工作领导小组，并召开了第一次全体会议，研究部署2020年国家林草局科普工作。加强科普政策研究，与科技部联合开展了《关于加强林业和草原科普工作的意见》起草工作，开展了《国家林草科普基地管理办法》研究起草工作，为今后一个时期全国林草系统科普工作和国家林草科普基地认定管理提供了纲领指导和制度保障。

（科技司推广转化处）

【全国林草科技活动周】 国家林草局科技司联合18家司局单位举办了主题为"人与自然和谐共生 携手建设美丽中国"的2019年全国林业和草原科技活动周活动，国家林草局局长张建龙、全国绿化委员会办公室专职副主任胡章翠出席启动式，国家林草局副局长李树铭参加了全国科技活动周主场活动。林草科技周主会场活动有科普知识展播、科普现场互动展示、北林大博物馆开放、专家科普报告会等环节。分会场活动包括全国林草科普讲解大赛、爱鸟周图片展、生态文化进校园、野生动植物保护知识进社区、林草科技资源开放等16项形式多样、遍及全国的特色科普活动。中央电视台等30家媒体报道转载量近100篇，网络信息点击量达10万次以上。国家林草局推荐的3名选手获2019年全国科普讲解大赛优秀奖，国家林草局荣获优秀组织奖。国家林草局推荐的《林中萧瑟》微视频入选百部全国优秀科普微视频作品。

（科技司推广转化处）

户外科普活动——观鸟

林草标准质量

【批准成立国家林业和草原局国家公园和自然保护地标准化技术委员会、草原标准化技术委员会】 为加强林业和草原标准化工作，2019年10月24日，国家林草局批准成立"国家公园和自然保护地标准化技术委员会"和"草原标准化技术委员会"。国家公园和自然保护地标准化技术委员会编号为NFGA/TC1，主要负责国家公园和自然保护地领域标准制修订工作，第一届国家公园和自然保护地标准化技术委员会由62名委员组成，中国工程院院士尹伟伦担任主任委员，秘书处由国家林业和草原局调查规划设计院承担并负责日常管理。草原标准化技术委员会编号为NFGA/TC2，主要负责草原领域标准制修订工作，第一届草原标准化技术委员会由45名委员组成，中国工程院院士南志标担任主任委员，秘书处由国家林业和草原局调查规划设计院承担并负责日常管理。

2019年12月17日，国家公园和自然保护地标准化技术委员会、草原标准化技术委员会成立大会在北京召开。国家林业和草原局党组成员、副局长彭有冬出席会议，局草原司、保护地司、公园办、规划院主要负责人参加了会议。国家公园和自然保护地标委会、草原标委会是国家林草局首批成立的行业标准化技术委员会，是国家林草局认真贯彻落实《中华人民共和国标准化法》的具体行动。两个标委会的成立，对深入推进林草标准化工作，加快建设林草科技创新体系，推动林草事业高质量发展和现代化建设具有重要意义。

（科技司标准质量处）

【2019年林业国家标准】 经国家市场监督管理总局（原国家质量监督检验检疫总局）、中国国家标准化管理委员会批准，2019年发布林业国家标准18项。

表 16-10　2019 年发布的林业国家标准目录

序号	标准号	中文名称	代替标准号
1	GB/T 38360—2019	裸露坡面植被恢复技术规范	
2	GB/T 38366—2019	林业机械　噪声测定规范	
3	GB/T 38364.3—2019	园林机械　以内燃机为动力的草坪修剪机安全要求　第3部分：坐骑式草坪修剪机	
4	GB/T 38364.2—2019	园林机械　以内燃机为动力的草坪修剪机安全要求　第2部分：步进式草坪修剪机	
5	GB/T 38364.1—2019	园林机械　以内燃机为动力的草坪修剪机安全要求　第1部分：术语和通用试验	
6	GB/T 38359—2019	结构用木质材料强度性能数据分析方法	
7	GB/T 37805—2019	竹缠绕复合管	
8	GB/T 6202—2019	宽带式砂光机	GB/T 6202—2000
9	GB/T 153—2019	针叶树锯材	GB/T 153—2009
10	GB/T 37917—2019	油茶籽	
11	GB/T 4817—2019	阔叶树锯材	GB/T 4817—2009
12	GB/T 26150—2019	免洗红枣	GB/T 26150—2010
13	GB/T 38070—2019	结构用集成材木质复合层板	
14	GB/T 38071—2019	结构用竹篾层积材	
15	GB/T 37745—2019	木结构剪力墙静载和低周反复水平加载试验方法	
16	GB/T 37364.1—2019	陆生野生动物及其栖息地调查技术规程　第1部分：导则	
17	GB/T 37342—2019	国家森林城市评价指标	
18	GB/T 37315—2019	木结构胶粘剂胶合性能基本要求	

（科技司标准质量处）

【2019 年林业行业标准】　经国家林业和草原局批准，2019 年共发布林业行业标准 98 项。

表 16-11　2019 年发布的林业行业标准目录

序号	标准编号	标准名称	代替标准号
1	LY/T 3085.1—2019	长柄扁桃　第1部分　采穗圃营建技术规程	
	LY/T 3085.2—2019	长柄扁桃　第2部分　良种苗木繁育技术规程	
	LY/T 3085.3—2019	长柄扁桃　第3部分　丰产栽培技术规程	
2	LY/T 3086.1—2019	极小种群野生植物保护技术　第1部分　就地保护及生境修复技术规程	
	LY/T 3086.2—2019	极小种群野生植物保护技术　第2部分　迁地保护技术规程	
3	LY/T 3087—2019	红楠育苗技术规程	
4	LY/T 3088—2019	无患子播种育苗技术规程	
5	LY/T 3089—2019	冬青播种育苗技术规程	
6	LY/T 2311—2019	青钱柳育苗技术规程	LY/T 2311—2014
7	LY/T 3090—2019	阔叶箬竹无性繁殖育苗技术规程	
8	LY/T 3091—2019	火力楠育苗技术规程	
9	LY/T 3092—2019	木麻黄栽培技术规程	
10	LY/T 2131—2019	山核桃培育技术规程	LY/T 2131—2013
11	LY/T 3093—2019	林下种植白及技术规程	
12	LY/T 3094—2019	林下种植淫羊藿技术规程	

(续表)

序号	标准编号	标准名称	代替标准号
13	LY/T 1651—2019	松口磨采收及保鲜技术规程	LY/T 1651—2005
14	LY/T 3095—2019	大棚冬枣养护管理技术规程	
15	LY/T 3096—2019	速冻山野菜	
16	LY/T 3097—2019	长江中下游滩地人工林生态系统监测指标与方法	
17	LY/T 3098—2019	长江中下游防护林工程效益监测与评价	
18	LY/T 3099—2019	主要商品热带兰花种苗栽培技术与质量等级	
19	LY/T 3100—2019	桉树枝瘿姬小蜂防控技术规程	
20	LY/T 3101—2019	林业有害生物代码	
21	LY/T 3102—2019	林业有害生物监测预报数据交换规范	
22	LY/T 3103—2019	云杉矮槲寄生害修枝防治技术规程	
23	LY/T 3104—2019	沟眶象和臭椿沟眶象防治技术规程	
24	LY/T 3105—2019	杨直角叶蜂防治技术规程	
25	LY/T 3106—2019	林木种子包装	
26	LY/T 3107—2019	柳树品种微卫星标记鉴别技术规程	
27	LY/T 3108—2019	棕榈藤植物标本制作规程	
28	LY/T 3109—2019	油用牡丹种子园建设技术规程	
29	LY/T 3110—2019	经济林产地环境抽样检测抽样技术规范	
30	LY/T 3111—2019	动物园陆生野生动物疫病防控技术通则	
31	LY/T 3112—2019	狐人工授精技术规程	
32	LY/T 3113—2019	东北虎野外种群及栖息地监测技术规程	
33	LY/T 3114—2019	松嫩平原迁徙白鹤种群保护技术规程	
34	LY/T 3115—2019	森林采伐工程 施工实施指南	
35	LY/T 3116—2019	中国森林认证 碳中和产品	
36	LY/T 3117—2019	中国森林认证 森林消防队建设	
37	LY/T 2279—2019	中国森林认证 野生动物饲养管理	LY/T 2279—2014
38	LY/T 3118—2019	中国森林认证 标识	
39	LY/T 3119—2019	植物新品种特异性、一致性和稳定性测试指南 刚竹属	
40	LY/T 3120—2019	植物新品种特异性、一致性、稳定性测试指南 女贞属	
41	LY/T 3121—2019	植物新品种特异性、一致性和稳定性测试指南 樟属	
42	LY/T 3122—2019	植物新品种特异性、一致性、稳定性测试指南 爬山虎属	
43	LY/T 3123—2019	植物新品种特异性、一致性、稳定性测试指南 金合欢属(叶状柄类)	
44	LY/T 3124—2019	植物新品种特异性、一致性、稳定性测试指南 箣竹属	
45	LY/T 3125—2019	林业企业能源审计规范	
46	LY/T 3126—2019	林业空间数据库建设框架	
47	LY/T 3127—2019	林业应用系统质量控制与测试	
48	LY/T 3128—2019	森林植物分类、调查与制图规范	
49	LY/T 3129—2019	森林土壤铜、锌、铁、锰全量的测定电感耦合等离子体发射光谱法	
50	LY/T 1509—2019	阔叶树原条	LY/T 1509—2008
51	LY/T 1794—2019	人造板用木片	LY/T 1794—2008
52	LY/T 3130—2019	木栈道铺装技术规程	
53	LY/T 3131—2019	木质拼花地板	

(续表)

序号	标准编号	标准名称	代替标准号
54	LY/T 3132—2019	木质移门	
55	LY/T 3133—2019	户外用水性木器涂料	
56	LY/T 3134—2019	室内木质隔声门	
57	LY/T 1925—2019	防腐木材产品标识	LY/T 1925—2010
58	LY/T 1822—2019	废弃木材循环利用规范	LY/T 1822—2009
59	LY/T 3135—2019	木材剩余物	
60	LY/T 3136—2019	旋切单板干燥质量检测方法	
61	LY/T 3137—2019	沉香产品通用技术要求	
62	LY/T 3138—2019	木质品耐光色牢度等级评定方法	
63	LY/T 3139—2019	建筑墙面用实木挂板	
64	LY/T 3140—2019	木结构 销类紧固件屈服弯矩试验方法	
65	LY/T 3141—2019	古建筑木构件安全性鉴定技术规范	
66	LY/T 3142—2019	井干式木结构技术标准	
67	LY/T 3143—2019	结构和室外用木质材料产品标识	
68	LY/T 3144—2019	结构用木材金属紧固件连接试验试材密度要求	
69	LY/T 3145—2019	木结构——楼板、墙板和屋顶用承重板的性能规范和要求	
70	LY/T 3146—2019	结构材纵接性能的测试方法	
71	LY/T 3147—2019	室外木材用涂料(清漆和色漆)分类及耐候性能要求	
72	LY/T 3148—2019	木雕及其制品通用技术要求	
73	LY/T 3149—2019	软木制品 术语	
74	LY/T 1320—2019	软木纸	LY/T 1320—2010 LY/T 1321—2013
75	LY/T 3150—2019	鞋底用软木	
76	LY/T 3151—2019	皂荚皂苷	
77	LY/T 3152—2019	无患子皂苷	
78	LY/T 1324—2019	栲胶原料	LY/T 1324—2012 LY/T 1325—2012 LY/T 1326—2012 LY/T 2610—2016
79	LY/T 3153—2019	3,4,5-三甲氧基苯甲酸甲酯	
80	LY/T 3154—2019	气相光催化净化用活性炭	
81	LY/T 3155—2019	活性炭苯吸附率的测定	
82	LY/T 3156—2019	车内空气净化用活性炭	
83	LY/T 3157—2019	松脂化学组成分析方法 毛细管气相色谱法	
84	LY/T 3158—2019	木浆生产综合耗能	
85	LY/T 3159—2019	细木工板生产节能技术规范	
86	LY/T 3160—2019	单板干燥机节能监测方法	
87	LY/T 3161—2019	工业糠醛生产综合能耗	
88	LY/T 3162—2019	胶合板生产节能技术规范	
89	LY/T 3163—2019	浸渍纸层压木质地板生产线节能技术规范	
90	LY/T 3164—2019	竹木复合层积地板生产综合耗能	
91	LY/T 3165—2019	林业机械 便携式割灌机和割草机 发动机性能和燃油消耗	

（续表）

序号	标准编号	标准名称	代替标准号
92	LY/T 1667—2019	林业机械　驾驶员保护结构实验室试验和性能要求	LY/T 1667—2006
93	LY/T 3166—2019	林业机械　以内燃机为动力的山地单轨运输机	
94	LY/T 1933—2019	林业机械　自行式苗木移植机	LY/T 1933—2010
95	LY/T 3167—2019	园林机械　动力驱动的集料系统　安全	
96	LY/T 3168—2019	园林机械　以锂离子电池为动力源的配刚性切割装置的修边机	
97	LY/T 3169—2019	园林机械　以锂离子电池为动力源的手持式修枝链锯	
98	LY/T 3170—2019	园林机械　以锂离子电池为动力源的杆式绿篱修剪机	

（科技司标准质量处）

【2019年林业国家标准计划项目】 经国家标准化管理委员会批准林业国家标准计划项目20项。

表 16-12　2019年度林业国家标准计划项目汇总表

序号	计划编号	项目名称
1	20192924-T-432	核桃坚果质量等级
2	20192922-T-432	退耕还林工程建设效益监测评价
3	20192923-T-432	仁用杏杏仁质量等级
4	20192925-T-432	地采暖木质地板
5	20191870-T-432	装饰单板贴面人造板
6	20191869-T-432	单板层积材
7	20191872-T-432	中国森林认证森林经营
8	20191860-T-432	木材物理力学性质试验方法
9	20191871-T-432	中密度纤维板
10	20191861-T-432	竹叶中多糖的检测方法
11	20191874-T-432	木塑地板
12	20191873-T-432	金银花空气能热泵干燥通用技术要求
13	20191862-T-432	松香
14	20191863-T-432	农林机械　便携式割灌机和割草机安全要求和试验　第1部分：侧挂式动力机械
15	20191866-T-432	农林机械　便携式割灌机和割草机安全要求和试验　第2部分：背负式动力机械
16	20191868-T-432	林业机械　便携式油锯安全要求和试验　第1部分：林用油锯
17	20191865-T-432	林业机械　杆式动力修枝锯安全要求和试验　第1部分：侧挂式动力修枝锯
18	20191867-T-432	林业机械　便携式油锯安全要求和试验　第2部分：修枝油锯
19	20191864-T-432	林业机械　杆式动力修枝锯安全要求和试验　第2部分：背负式动力修枝锯
20	20190596-T-432	人造板饰面材料中铅、隔、铬、汞重金属元素含量测定

（科技司标准质量处）

【2019年林业行业标准计划项目】 2019年，国家林业和草原局批准林业行业标准制修订计划项目146项。

表 16-13　2019年度林业行业标准计划项目汇总表

序号	项目编号	项目名称	替代标准号
1	2019-LY-001	国家森林乡村评价指标体系	
2	2019-LY-002	山水林田湖草综合治理与生态恢复规划编制导则	
3	2019-LY-003	造林碳汇项目计量监测指南	LY/T 2253—2014
4	2019-LY-004	竹林碳汇经营与计量监测技术	

（续表）

序号	项目编号	项目名称	替代标准号
5	2019-LY-005	林业有害生物防治作业设计规范	
6	2019-LY-006	柠条潜蝇防治技术规程	
7	2019-LY-007	针叶树小蠹防治技术规程	
8	2019-LY-008	白蜡窄吉丁防治技术规程	
9	2019-LY-009	枣主要病虫害防治技术规程	
10	2019-LY-010	松树蜂防治技术规程	
11	2019-LY-011	红豆杉标准综合体	
12	2019-LY-012	楸树标准综合体	
13	2019-LY-013	思茅松标准综合体	
14	2019-LY-014	柚木标准综合体	LY/T 1900—2010
15	2019-LY-015	翠柏标准综合体	
16	2019-LY-016	油料能源林培育技术规程	
17	2019-LY-017	纤维素能源林培育技术规程	
18	2019-LY-018	珍贵树种：红松	LY/T 1921—2010 LY/T 1629—2005 LY/T 2473—2015
19	2019-LY-019	古银杏标准综合体	
20	2019-LY-020	雪松标准综合体	LY/T 1889—2010 LY/T 1890—2010
21	2019-LY-021	杉木标准综合体	
22	2019-LY-022	古茶树标准综合体	
23	2019-LY-023	双条杉天牛检疫技术规程	
24	2019-LY-024	落叶松林下灌木层生物量模型	
25	2019-LY-025	马尾松林下灌木层生物量模型	
26	2019-LY-026	草原术语及分类	
27	2019-LY-027	草原生态修复技术规程	
28	2019-LY-028	草原生态价值评估技术规范	
29	2019-LY-029	草畜平衡评价标准	
30	2019-LY-030	草原征占用审核现场查验技术规范	
31	2019-LY-031	草原生态工程建设效益监测评价技术规范	
32	2019-LY-032	草原资源承载力监测与评价技术规范	
33	2019-LY-033	草原碳计量监测导则	
34	2019-LY-034	荒漠区近地面沙尘暴监测规范	
35	2019-LY-035	防风固沙林建设技术规范	
36	2019-LY-036	水土保持林草工程建设技术规范	
37	2019-LY-037	极小种群野生植物扩繁技术规程	
38	2019-LY-038	野鸟弓形虫病监测技术规程	
39	2019-LY-039	陆生野生动物疫源疫病监测数据交换规范	
40	2019-LY-040	野生反刍动物小反刍兽疫监测技术规程	
41	2019-LY-041	野猪非洲猪瘟监测技术规程	
42	2019-LY-042	大熊猫人工繁育、野化及公众教育规范	
43	2019-LY-043	野生动物人工繁育管理规范　小熊猫	
44	2019-LY-044	狩猎场总体设计与管理规范	LY/T 1562—2010
45	2019-LY-045	麋鹿人工繁育及放归规范	

(续表)

序号	项目编号	项目名称	替代标准号
46	2019-LY-046	野生动物人工繁育管理规范　犀类	
47	2019-LY-047	野生动物饲养技术规程　鹿类	LY/T 1634—2005
48	2019-LY-048	野生动物人工繁育管理规范　象类	
49	2019-LY-049	朱鹮人工繁育及放归管理规范	
50	2019-LY-050	野生动物人工繁育管理规范　猩猩类	
51	2019-LY-051	犀牛和虎等亚洲大型猫科动物死亡后处置及制品保存规范	
52	2019-LY-052	野生动物展演展示活动规范	
53	2019-LY-053	自然保护地类型划分技术指南	
54	2019-LY-054	国家公园设立标准	
55	2019-LY-055	国家公园标识规范	
56	2019-LY-056	国家公园自然生态系统监测技术导则	
57	2019-LY-057	国家公园历史建筑保护评估规范	
58	2019-LY-058	林下药用植物种植规范	
59	2019-LY-059	主要经济林产品保鲜技术规程	
60	2019-LY-060	蓝莓标准综合体	
61	2019-LY-061	草苁蓉标准综合体	
62	2019-LY-062	国家森林步道规划规范	
63	2019-LY-063	榛属品种鉴定技术规程　SSR 分子标记法	
64	2019-LY-064	林木育种群体构建技术规程	
65	2019-LY-065	经济林种质资源圃建设与管理规范	
66	2019-LY-066	板栗品种鉴定技术规程　SSR 分子标记法	
67	2019-LY-067	森林草原火灾档案管理规范	
68	2019-LY-068	森林草原防火督查规范	
69	2019-LY-069	森林草原火险预警监测管理规范	
70	2019-LY-070	东北内蒙古林区营林用火技术规程	LY/T 1173—2010
71	2019-LY-071	林业企业品牌价值评价技术规程	
72	2019-LY-072	陆地生态系统自动观测数据无线采集与远程传输技术规范	
73	2019-LY-073	单宁酸	LY/T 2777—2016 LY/T 1641—2005 LY/T 1640—2005 LY/T 1642—2005 LY/T 1300—2005 LY/T 1786—2008
74	2019-LY-074	木质活性炭试验方法	LY/T 2615—2016 LY/T 1615—2004
75	2019-LY-075	松节油标准综合体	LY/T 1182—2014 LY/T 1183—2014 LY/T 1064—2012 LY/T 2398—2014 LY/T 2859—2017 LY/T 2860—2017 LY/T 2611—2016 LY/T 2613—2016 LY/T 2867—2017 LY/T 2868—2017 LY/T 2708—2016

(续表)

序号	项目编号	项目名称	替代标准号
76	2019-LY-076	4号紫胶虫种胶、原胶丰产技术规程	
77	2019-LY-077	林业机械 以内燃机为动力的半挂式枝丫切碎机	
78	2019-LY-078	林业机械 以汽油机为动力的挖坑施肥机	
79	2019-LY-079	园林机械 以锂离子电池为动力源的便携式松土机	
80	2019-LY-080	园林机械 以锂离子电池为动力源的坐骑式草坪修剪机	
81	2019-LY-081	园林机械 以汽油机为动力的便携杆式绿篱修剪机	LY/T 1810—2008
82	2019-LY-082	园林机械 以汽油机为动力的步进式草坪剪机	LY/T 1202—2010
83	2019-LY-083	园林机械 以汽油机为动力的坐骑式草坪修剪机	LY/T 1934—2010
84	2019-LY-084	锯材气干工艺规程	LY/T 1069—2012
85	2019-LY-085	竹木工艺筷	
86	2019-LY-086	木材剪切模量的动态测试技术规范	
87	2019-LY-087	进口(境)锯材处理通用技术要求	
88	2019-LY-088	木结构钉连接防腐性能测试方法	
89	2019-LY-089	刨花干燥机节能监测方法	LY/T 1286—1998
90	2019-LY-090	木材干燥生产综合能耗	LY/T 2072—2012
91	2019-LY-091	细木工板生产综合能耗	LY/T 2071—2012
92	2019-LY-092	浸渍纸层压木质地板生产综合能耗	LY/T 2073—2012
93	2019-LY-093	竹材胶合板生产综合能耗	YL/T 2074—2012
94	2019-LY-094	木材工业气力运输与除尘系统节能技术规范	LY/T 1862—2009
95	2019-LY-095	软木砖	LY/T 1318—1999 LY/T 1319—1999
96	2019-LY-096	非甲醛类热塑性树脂胶合板	LY/T 1860—2009
97	2019-LY-097	木蜡油地板	
98	2019-LY-098	刨花板生产节材和减排技术规范	LY/T 1979—2011
99	2019-LY-099	微波膨化木	
100	2019-LY-100	桐木板	
101	2019-LY-101	定向刨花板	LY/T 1580—2010
102	2019-LY-102	竹胶合板	LY/T 1574-2000 LY/T 1575-2000 LY/T 1055-2002
103	2019-LY-103	实木厚芯胶合板	
104	2019-LY-104	竹材加工机械通用技术条件	
105	2019-LY-105	拌胶机	LY/T 1111—1993 LY/T 1112—1993 LY/T 1113—1993 LY/T 2163—2013
106	2019-LY-106	数控钻孔机	
107	2019-LY-107	异形砂光机	
108	2019-LY-108	低压短周期贴面热压机	LY/T 1801—2008
109	2019-LY-109	削片机	LY/T 1303—2016 LY/T 1338—2004 LY/T 1796—2008

(续表)

序号	项目编号	项目名称	替代标准号
110	2019-LY-110	单板运输卷板机	LY/T 1425—2004
111	2019-LY-111	小径级圆竹物理力学性能试验方法	
112	2019-LY-112	竹纤维模压容器	
113	2019-LY-113	竹材化学成分测试方法	
114	2019-LY-114	竹材柔韧性测试方法	
115	2019-LY-115	竹林生态系统定位观测指标体系	
116	2019-LY-116	户外用竹塑复合型材	
117	2019-LY-117	北斗林业巡护业务 APP 接口规范	
118	2019-LY-118	北斗林业终端平台数据传输协议	
119	2019-LY-119	自然保护区信息化监管支撑系统建设规程	
120	2019-LY-120	林业信息平台统一身份认证规范	
121	2019-LY-121	智慧园林建设规范	
122	2019-LY-122	林业大数据中心建设规范	
123	2019-LY-123	国家储备林可持续经营管理指南	
124	2019-LY-124	国家储备林森林经营方案编制技术规范	
125	2019-LY-125	国家储备林项目建设规范	
126	2019-LY-126	林业植物近似品种筛选规程	
127	2019-LY-127	林业植物已知品种数据库建设规范	
128	2019-LY-128	植物新品种测试指南 栎属	
129	2019-LY-129	植物新品种测试指南 木姜子属	
130	2019-LY-130	植物新品种测试指南 滇丁香	
131	2019-LY-131	植物新品种测试指南 黄檗属	
132	2019-LY-132	植物新品种测试指南 落叶松属	
133	2019-LY-133	植物新品种测试指南 荚蒾属	
134	2019-LY-134	植物新品种测试指南 杜仲属	
135	2019-LY-135	植物新品种测试指南 绣球属	
136	2019-LY-136	植物新品种测试指南 枸子属	
137	2019-LY-137	植物新品种测试指南 侧柏属	
138	2019-LY-138	中国森林认证 产销监管链认证 审核导则	LY/T 2281—2014
139	2019-LY-139	中国森林认证 产销监管链认证 操作指南	LY/T 2282—2014
140	2019-LY-140	中国森林认证 竹林经营认证 审核导则	LY/T 2514—2015
141	2019-LY-141	中国森林认证 非木质林产品经营认证 审核导则	LY/T 2274—2014
142	2019-LY-142	小微湿地认定标准	
143	2019-LY-143	小微湿地恢复规范	
144	2019-LY-144	太行山困难立地植被恢复技术规程	
145	2019-LY-145	太行山灌木林平茬复壮技术规程	
146	2019-LY-146	野生动物巡护员专业技术要求	
147	2019-LY-147	大熊猫围产期操作技术规范	
148	2019-LY-148	大熊猫主要病毒性疫病监测技术规程	
149	2019-LY-149	人工繁育林麝活体取香的技术操作规程	
150	2019-LY-150	进境针叶木材的管理规范	

(续表)

序号	项目编号	项目名称	替代标准号
151	2019-LY-151	中国森林认证 生态旅游	
152	2019-LY-152	软木装饰板	

（科技司标准质量处）

【食用林产品质量安全监管工作】 2019年，国务院食品安全委员会将食用林产品质量安全监管纳入国务院对省级人民政府食品安全工作评议考核。国家林业和草原局完成2019年食用林产品监管省级评议考核工作，主要针对食用林产品质量安全及产地环境风险开展监测，对发现的问题采取有针对性的措施。

（科技司标准质量处）

【2019年林产品质量安全监测工作】 按照《国家林业和草原局关于开展2019年林产品质量安全监测工作的通知》（林科发〔2019〕18号）要求，围绕林产品质量和安全，加强林产品质量监管工作。2019年，共监测林木制品、食用林产品及产地土壤、林化产品和花卉4个大类，涉及竹笋、核桃、实木地板、松香、百合鲜切花等19种产品，涉及北京、河北等24个省（区、市），总监测产品和产地土壤4529批次。其中食用林产品2085批次，产地土壤1685批次，木质林产品545家企业575批次，林化产品70家企业129批次，火鹤鲜切花55批次。

（科技司标准质量处）

【深化林业质检机构"放管服"改革】 2019年，根据《行政许可法》和国务院办公厅进一步加大"放管服"改革相关要求，深化林业质检机构行政许可改革，压缩审批时限，从20个工作日压缩到15个工作日内。联合国家资质认定林业评审组推进国家资质认定（计量认证）和林业质检机构审查认可现场评审"二合一"，减少评审次数，提高评审效率。2019年，共开展15项许可事项，延续授权15个林业质检机构，不断完善林产品质量检验检测体系。根据国务院"双随机、一公开"要求，2019年11月组织开展了林业质检机构资质能力"双随机、一公开"检查工作，提升林业质检机构检验检测能力。

（科技司标准质量处）

【2019年国家林业和草原局林产品检验检测技能比武大赛】 为切实提高林业质检机构检验检测技术水平，营造崇尚技能、尊重人才的良好氛围，2019年6月28日，国家林业和草原局科技司举办了2019年国家林业和草原局林产品检验检测技能比武大赛。来自25家林业质检机构的32名检测技术人员参加了比赛，其中14名选手参加了黑木耳中五氯硝基苯的测定项目，18名选手参加了人造板表面耐磨性能的测试项目。通过比武大赛，促进林业质检机构检验检测人员技术能力提升。

（科技司标准质量处）

【2019年林业和草原标准质量品牌培训班】 2019年4月27~30日，国家林业和草原局科技司在贵州省凯里市举办了2019年林业和草原标准质量品牌培训班，各相关单位的110多人参加了培训。

（科技司标准质量处）

【2019年国际标准化工作】 贯彻落实"一带一路"战略布局，加快推进标准国际化，组织申报《木枕》等国家标准外文版计划项目10项，发布国家标准外文版9项。组织参加了国际标准化组织（ISO）竹藤、林业机械、木材、人造板标委会年会，提出和讨论相关领域国际标准，积极推动相关标准国际化。开展国际标准转化情况调研、中国标准外文版现状调查等工作。

（科技司标准质量处）

【林草标准质量宣传工作】 2019年，全国林业和草原科技活动周开展了林业和草原标准化专项展览；组织相关标委会、行业协会开展国家标准、行业标准、团体标准等实施应用评估，组织编制标准化工作年度报告。结合10月14日第50届世界标准日宣传活动，以展板和视频形式，集中宣传世界标准日、中国标准化情况。加强林产品质量安全宣传。国家林草局参加国务院食品安全办等19个部门联合举办的2019年全国食品安全宣传周活动，并举办了食用林产品质量安全宣传系列活动。2019年11月，与国家市场监管总局等部门在四川眉山联合举办了第17届中国食品安全年会，积极宣传食用林产品质量安全工作。举办林产品质量安全检验检测培训班，组织和指导地方积极开展食用林产品质量安全宣传活动。

（科技司标准质量处）

林草知识产权保护

【林业和草原知识产权"十四五"规划前期研究】 国家林业和草原局科技发展中心组织开展林业和草原知识产权"十四五"规划编制调研，编写了《"十四五"林业和草原知识产权和生物安全目标、任务和政策保障》。完成了《林业和草原知识产权强国战略（2021~2035年）》，提交国务院知识产权战略实施工作部际联席会议办公室，为《知识产权强国战略纲要（2021~2035年）》和《知识产权"十四五"规划》制定提供了林业和草原的行业建议。

（龚玉梅）

【贯彻落实《关于强化知识产权保护的意见》】 为贯彻落实中办、国办印发的《关于强化知识产权保护的意见》（中办发〔2019〕56号），谋划好林业和草原知识产权发展大格局，国家林业和草原局科技发展中心组成了知识产权保护工作调研团队，赴北京、深圳、广州、昆明等地开展知识产权调研工作。召开座谈会听取了相关单位的知识产权保护工作概况，并在知识产权质押融资模式、植物新品种申请、行政执法、科研院所与企业职务发明制度、林业知识产权管理和运营等方面进行了充分交流讨论，为国家林业和草原局贯彻落实《关于强化知识产权保护的意见》提供了思路和建议。　　（龚玉梅）

【实施《2019年加快建设知识产权强国林业推进计划》】国家林业和草原局科技发展中心会同有关单位制订了《2019年加快建设知识产权强国林业推进计划》，明确了2019年林业知识产权工作的17项重点任务和工作措施，明确了相关司局和单位的任务分工。国家林业和草原局办公室以办技字〔2019〕143号文件正式印发实施。

（龚玉梅）

【林业专利荣获中国专利优秀奖】　5项林业专利荣获第二十一届中国专利优秀奖，分别是中国林业科学研究院林产化学工业研究所的发明专利"由桐酸甲酯制备C21二元羧酸聚酰胺环氧固化剂的方法"，南京林业大学、南通市广益机电有限责任公司的发明专利"一种喷雾机及其风送喷雾装置"，北京林业大学的发明专利"一种测定林分蓄积变异分布的技术方法"，寿光市鲁丽木业股份有限公司的发明专利"一种可饰面定向刨花板及其制备工艺"和成都大熊猫繁育研究基地的发明专利"大熊猫适时放对自然交配方法"。这5项获奖专利的质量和创新水平高、实用性强，为专利权人赢得了显著的经济效益和市场竞争力，表现出很强的创新发展优势。

（王地利）

【林业知识产权联盟建设】　国家林业和草原局科技发展中心指导建立了木地板、竹材、木门和地板锁扣4个专利联盟。专利联盟通过交流信息、提出专利需求和技术需求、整合资源、相互许可等，促进了林业专利创造。中国林产工业协会牵头的"地板锁扣专利保护联盟"，利用协会和联盟的沟通平台与UNILIN和VALINGE进行谈判。建立木地板领域核心"专利池"，推动会员之间的专利转让、交叉许可和对外协同实施，促进专利向产业技术体系集聚，实现增值共赢。中国林业科学研究院木材工业研究所推进"木地板专利联盟"运营工作，维护和完善了木地板专利联盟网站，为会员单位提供了优质的信息服务。国际竹藤中心推进"竹材专利联盟"运营工作，通过"竹材专利联盟"网站，宣传竹产业知识产权知识，搭建专利技术合作交流平台，促进专利创造，推动竹产业结构优化升级，提升中国竹材产业的核心竞争力。

（王地利）

【实施林业知识产权转化运用项目】　2019年国家林业和草原局科技发展中心组织实施了"应用2n配子创造三倍体芍药新品种"等11项林业专利技术转化运用项目和"文冠果新品种区域试验与示范"等7项林业授权植物新品种转化运用项目。　　（王地利）

【知识产权科技扶贫】　2019年国家林业和草原局科技发展中心组织在广西罗城县纳翁乡实施了"杉木优良无性扩繁中试及应用造林知识产权转化运用"项目，由广

东北林业大学白桦新品种转化运用

西林科院杉木研究团队陈琴、戴俊负责，投入资金20万元。项目完成培育杉木良种苗木2万株、实施造林6.67公顷，培育的杉木优质苗木全部提供给纳翁乡使用。落实了9.47公顷杉木速生丰产林。完成了有关杉木培育技术的培训，培训工作人员30人次以上。

（龚玉梅）

【林草知识产权宣传培训】　国家林业和草原局科技发展中心在广州举办了全国林草知识产权保护与管理培训班。组织开展了2019年全国林业和草原知识产权宣传周系列活动。以中国林业网、中国林业知识产权网、林业专业知识服务系统、《中国绿色时报》等媒体为载体宣传林草知识产权知识，突出宣传了《国务院关于新形势下加快知识产权强国建设的若干意见》《国家林业局关于贯彻实施〈国家知识产权战略纲要〉的指导意见》和《全国林业知识产权事业发展规划（2013～2020年）》以及中国在提升知识产权质量方面的政策和举措。开通了《2019年全国林业知识产权宣传周》网站，图文并茂地展示林业知识产权成果和最新进展。2019年4月26日在《中国绿色时报》发表专栏文章《我国林业知识产权保护工作释放新活力》，全面介绍了2018年林业知识产权的工作进展和成就。编辑出版了《2018中国林业知识产权年度报告》和《木地板锁扣技术专利分析报告（2017）》，编印了《林业知识产权动态》。进一步完善了林业知识产权数据库，开展了林业知识产权信息咨询和预警服务。　　（龚玉梅）

【出版《2018中国林业知识产权年度报告》】　2019年4月国家林业和草原局科技发展中心、国家林业和草原局知识产权研究中心编著的《2018中国林业知识产权年度报告》由中国林业出版社出版发行。报告全面总结了2018年林业知识产权工作的主要进展和成果，旨在通过对2018年林业知识产权工作主要进展和成果进行展示，共同推进林业知识产权的创造、运用、保护和管理。

（龚玉梅）

【编印《林业知识产权动态》】　2019年编印了《林业知识产权动态》6期，全年共发表动态信息38篇，政策探

讨论文6篇，研究综述报告6篇，统计分析报告6篇。《林业知识产权动态》是国家林业和草原局科技发展中心主办、国家林业和草原局知识产权研究中心承办的内部刊物。　　　　　　　　　　　　　　（王地利）

【出版《木地板行业核心专利分析与汇编》】 《木地板行业核心专利分析与汇编》由中国林业出版社出版发行。采用专利引文量、同族专利量、权利要求数及专利诉讼4个指标的综合加权分值来识别全球木地板核心专利，最终筛选出木地板行业核心专利文献123件（80%的专利涉及锁扣技术），其中有效专利56件、失效专利45件、国际专利文献22件。根据专利数据分析结果，结合专家意见，对全球木地板核心专利进行了统计分析，并翻译了全球木地板主要核心专利摘要。（王地利）

林草植物新品种保护

【林业植物新品种申请和授权】 2019年国家林业和草原局植物新品种保护办公室共受理国内外植物新品种权申请802件。全年共完成5批1021件申请品种的初步审查并公告，330件申请品种的DUS（特异性、一致性、稳定性）专家现场审查，申请人变更、品种更名和实审补正材料164份。联系欧盟、加拿大、南非、日本和澳大利亚植物新品种办公室购买DUS测试报告21份，转田间测试378件。2019年国家林业和草原局公告授权植物新品种2批共439件，完成了439件品种权证书的制作、盖章和登记发放工作。截至2019年底，国家林业和草原局植物新品种保护办公室已受理国内外植物新品种申请4519件，授予植物新品种权2202件。
（杨玉林）

【完善林业植物新品种保护制度与政策】 2019年多次参加《中华人民共和国植物新品种保护条例》修订工作的方案制订、修订内容研讨等，重点对《中华人民共和国植物新品种保护条例》及《中华人民共和国植物新品种保护条例实施细则（林业部分）》等法规制度进行修订研讨，并对实质性派生品种保护、品种权的保护范围、保护期限、农民特权的规范、建立审查员队伍等重点内容进行讨论。　　　　　　　　（杨玉林　周建仁）

【完善林业植物新品种审查管理制度】 根据国家"放管服"改革的相关要求，研究决定减少林业植物新品种权相关证明材料。申请材料中的个人信息表和法人证书复印件由原先的一式两份减少到一式一份，切实减轻了品种权申请人提交申请材料的负担。完善林业植物新品种审批管理制度，修订了更加科学、全面的林业植物新品种申请表格，完善实质审查程序，更加快捷准确地发布公告。新增了中国林业科学研究院亚热带林业实验中心和黑龙江省林业科学研究所作为新品种实质审查组织单位，启动了《专家库管理办法和审查专家抽取规则》工作计划。（杨玉林）

【林业植物新品种权行政执法】 国家林业和草原局参加全国打击侵权假冒工作现场考核工作组，配合全国"双打办"顺利完成了对地方"双打"工作的考核任务。印发《国家林业和草原局科技发展中心关于组织开展2019年度全国林业植物新品种执法保护专项行动的通知》（林技执字〔2019〕13号），组织开展2019年度全国林业植物新品种执法保护专项行动。各省（区、市）在本地区开展打击未经品种权人许可生产或销售林业授权品种的繁殖材料、假冒林业授权品种的行为，以及销售林业授权品种时未使用其注册登记名称的行为。重点对各种林木、花卉博览会、交易会等大型专业市场进行检查，尤其是对重点品种、重点区域、重点企业进行抽查。（周建仁）

【林业植物新品种测试指南标准】 2019年国家林业和草原局植物新品种保护办公室组织专家，分别对珍珠梅属、金露梅属、青檀属、山楂属、木槿属等7项植物新品种测试指南标准进行了审定。同时委托中国林业科学研究院等单位负责制定"林业植物已知品种数据库建设规程"，组织国内相关科研院所开展杜仲属、梅子属、侧柏属、杜仲属、滇丁香、黄檗属、栎属、落叶松属等12项测试指南的编制工作。开展了159项林业植物新品种测试指南的编制工作，已完成了槐属、蔷薇属、桉属、枸杞属、榆属和崖柏属等58项测试指南标准的制定，分别以国家标准或行业标准发布，其中国家标准12项、林业行业标准46项。刚竹属、女贞属、樟属、爬山虎属、金合欢属（叶状柄类）、箣竹属6项林业植物新品种测试指南以林业行业标准发布。（周建仁）

【林业植物新品种测试】 委托云南省花卉技术培训推广中心（月季测试站）、中国林业科学研究院亚热带林业研究所（山茶油测试站）及上海林业总站（一品红测试站）分别对314个月季品种、47个杜鹃品种、11个山

植物新品种月季测试站开展测试工作

茶品种、5个绣球品种开展田间种植测试工作，要求各测试机构按照有关林业行业标准和《林业植物新品种测试管理规定》进行测试，为这些申请品种的依法授权提供了科学的审查依据。　　　　　　　　（周建仁）

【林业授权植物新品种转化应用】　开展林业授权植物新品种转化应用调研。国家林业和草原局科技发展中心组织专家赴北京林业大学、中国林业科学研究院林业研究所就林业授权植物新品种转化应用情况进行调研。调研组就植物新品种转化率、侵权维权、激励机制、国内外市场发展等情况同与会专家学者进行研讨交流。开展文冠果新品种转化应用调研。组织开展文冠果新品种转化应用及对生态建设、林业和草原事业发展的作用和影响调查研究，助力乡村振兴与精准脱贫。发布植物新品种权转让公告。国家林业和草原局植物新品种保护办公室发布的林业植物新品种保护公告（第201905号）涉及2个植物新品种权转让和合作开发，南京林业大学的李属新品种'粉彩'（20180235）转让给江苏天悦生态农业股份有限公司；雷茂端的槐属新品种'米槐1号'（20180055）品种权人变更为运城迎波米槐开发有限公司。林业植物新品种保护公告（第201903号）涉及6个植物新品种的品种权人变更及合作开发，王晓铎的杨属新品种'兴甫富贵杨'（20180402）品种权人变更为长春市森峰农林科技开发有限公司；杨玉勇的5个绣球属新品种'人面桃花'（20150108）、'湖蓝'（20150104）、'花团锦簇'（20150106）、'博大蓝'（20150107）、'翘瓣蓝'（20150100）的品种权人变更为昆明南国山花园艺科技有限责任公司。　　　　　　（杨玉林　周建仁）

【林业植物新品种保护培训班】　2019年11月18~20日，国家林业和草原局科技发展中心（新品办）在浙江杭州举办了"全国林草植物新品种保护培训班"。各省级林业和草原主管部门科技处主管人员，部分植物新品种现场审查专家，以及育种企业负责人、育种者共计130余人参加了培训。相关管理人员和专家讲授了植物新品种法律法规和制度建设、国际植物新品种保护新进展及发展趋势、植物新品种保护的申请、审批程序与管理事项以及植物新品种DUS专家现场审查程序与管理等内容。培训班还组织学员赴杭州园林画境种业有限公司开展现场DUS审查训练，由专家团队进行现场DUS审查演示，对绣球、南天竹、冬青等植物新品种进行了现场审查流程培训。　　　　　　　　（杨玉林）

【植物新品种行政执法培训班】　2019年12月25~28日，国家林业和草原局科技发展中心（新品办）在山东泰安举办了林业植物新品种测试技术培训班，各省林业植物新品种测试机构主管及技术人员共计74人参加。此次培训主要围绕林木品种测试方法与质量控制、观赏植物品种测试方法与质量控制、品种测试中的近似品种选择问题、国际植物新品种测试趋势、已知品种数据库的建立与使用、品种测试的档案管理问题等方面进行专题讲解。　　　　　　　　　　（周建仁）

林草生物安全管理

【生物安全立法工作】　2019年国家林业和草原局科技发展中心配合全国人大，完成当前林业生物安全管理中存在的主要问题及对策建议、国际及重要国家生物安全立法情况研究、第十三届全国人大二次会议有关生物安全立法的建议答复等，为生物安全立法工作做好前期准备。　　　　　　　　　　　　（李启岭）

【林木转基因工程活动行政许可】　2019年国家林业和草原局科技发展中心共受理单位申请的转基因林木行政许可事项34项，组织专家分别在北京、河北、河南等地对转基因杨树、落叶松等中间试验、环境释放和生产性试验进行了安全评审，并按程序进行了许可。
　　　　　　　　　　　　　　　　　（李启岭）

林草遗传资源保护与管理

【全国油茶、核桃遗传资源调查编目】　全国油茶遗传资源状况报告及编目已送出版社审稿。核桃遗传资源调查编目在2018年完成全国15个省（区、市）项目验收的基础上，2019年又完成四川、山东、广西等9个省（区、市）的核桃遗传资源调查编目项目验收工作。全国核桃遗传资源调查编目工作全面完成。全国24个核桃分布区共调查收集核桃遗传资源7990份，其中核桃4949份、泡核桃1678份、山核桃1018份、薄壳山核桃262份、其他83份。完成了代表性样本的数据填报和图像采集录入工作。编制了24个省（区、市）的《核桃遗传资源状况报告》和《核桃遗传资源目录》（初稿）。
　　　　　　　　　　　　　　　　　（李启岭）

【生物安全与遗传资源管理培训班】　于2019年6月2~5日在厦门举行。来自各省（区、市）林业和草原主管部门的管理人员，林业科研院所、大专院校相关科研人员共计80多人参加了培训。在培训班上全面布置了2019年度全国30个省（区、市）林业外来物种调查与研究工作，介绍了林业遗传资源管理和国际履约工作，规范了开展林木转基因工程活动审批程序与监督管理。
　　　　　　　　　　　　　　　　　（李启岭）

【林业遗传资源科技扶贫】 2019年国家林业和草原局科技发展中心组织实施了"区域适生无患子优良种质资源筛选及培育技术"遗传资源管理方面的科技扶贫项目，由北京林业大学在贵州省独山县完成。完成调查收集贵州区域无患子种质资源30份；建设了2.67公顷实生无患子高光效矮化培育技术示范林，利用嫁接技术营建了无性系无患子高光效矮化技术培育示范林0.67公顷；对接无患子产业国家创新联盟，协助开展原料林培育及关键技术问题科技支撑；与企业合作，通过当地农民参与无患子育苗、原料林培育、果实销售、科技推广等，促进农村产业结构调整，提高农户收入，帮助50户农户脱贫。

(李启岭)

【林业和草原遗传资源及传统知识调查研究】 在云南省普洱市开展了林业和草原遗传资源及相关传统知识调查与研究，基本摸清了当地林业和草原遗传资源相关传统知识状况，提出了传统知识保护与利用策略，开辟了林业和草原知识产权保护新领域。调查选取了3种类型12块样地，以分析不同管理方式对生物多样性的影响。此次调查统计到民间野生食用植物61科82属135种、药用植物资源63科136种、野生食用菌15科19属30种。调查结果显示，云南普洱市的林业和草原遗传资源及相关传统知识丰富，微生物遗传资源及相关传统知识多样，传统文化对森林生物多样性影响深远。

(李启岭)

森 林 认 证

【森林认证实践】 2019年新设16项森林认证实践，延续3项，涉及森林经营、产销监管链、竹林、非木质林产品、森林生态环境服务等领域。通过认证的森林面积941万公顷，约占全国森林总面积的4.52%，其中包括3个自然保护区和9个森林公园，有近400家企业获得产销监管链证书，共有来自46家非木质林产品生加工企业的9个大类非木质林产品通过认证并贴标上市。

(于 玲)

【原料林认证】 2019年在江苏泗阳启动了杨树原料林认证示范项目，开展了森林认证基础知识、认证标准、审核知识培训，指导编制了经营方案，建立了示范项目管理体系，已有3000多公顷杨树人工林通过预审核，2020年通过认证后，预计将有70万立方米认证原料进入认证市场，服务于板材生产。

(于 玲)

【竹林认证】 2019年完成了竹林认证标准修订、意见征询、专家评审和标委会审查等工作，在浙江、安徽、江西、湖南、四川等地陆续启动了竹林认证工作，涉及竹林面积约1万公顷。联合国际竹藤中心、竹产业协会以及有关省林科院开展竹林认证培训5次，累计培训近300人次，截至2019年底，已有超过666.67公顷竹林通过认证，其他竹林认证准备工作稳步推进。

(于 玲)

【自然保护地认证】 根据《关于建立以国家公园为主体的自然保护地体系的指导意见》局内分工方案和任务清单要求，完成了《中国森林认证 自然保护地森林康养》《中国森林认证 自然保护地生态旅游》认证标准征求意见稿，通过了标委会审查。9月召开专家讨论会，明确了自然保护地资源可持续经营管理认证机制及有关标准的体例、构架、指标体系等内容。

(于 玲)

【森林认证科技扶贫】 2019年国家林业和草原局科技发展中心在贵州荔波县实施了森林认证实践项目，投入资金20万元，指导荔波县林业局组建森林认证工作机构，制订森林认证工作方案，开展了森林认证基础知识培训，指导2家农业科技有限公司建立内部管理体系，编制了非木质林产品、生产经营性珍稀植物经营方案和管理手册等体系文件。2家公司均通过了认证审核，获得了认证证书并开展认证产品加载标识工作。

(于 玲)

【森林认证规范化】 2019年与国家市场监管总局联合召开森林认证工作座谈会，进一步明确了"规范森林认证市场，实现统一管理"的工作思路，开展了数据收集和前期研究，7~9月，联合调研组分别赴江苏、河北、黑龙江等地开展实地调研，研究起草了《关于进一步规范森林认证市场的通知》（征求意见稿），并完成局内部征求意见，提交市场监管总局讨论。

(于 玲)

【森林认证标准体系】 2019年提交报批国家标准《中国森林认证 非木质林产品经营》1项；发布了《中国森林认证 碳中和产品》（LY/T 3116—2019）、《中国森林认证 森林消防队建设》（LY/T 3117—2019）、《中国森林认证 野生动物饲养管理》（LY/T 2279—2019）和《中国森林认证 标识》（LY/T 3118—2019）4项行业标准；完成国家标准《中国森林认证 森林经营》修订项目征求意见稿，公开征求意见；新立项《中国森林认证 产销监管链认证审核导则》《中国森林认证 产销监管链操作指南》《中国森林认证 竹林经营认证审核导则》《中国森林认证 非木质林产品认证审核导则》《中国森林认证 自然保护地生态旅游》5项行业标准制修订项目。

(于 玲)

【森林认证标准化技术委员会】 完成了标委会委员调整，通过了2019年国家标准委评估；申报2020年度森林认证行业标准制修订项目4项。先后在北京、浙江江山、江苏常州、湖南长沙、广东肇庆举办5次标准宣贯与培训活动，包括森林经营认证标准、竹林认证标准、非木质林产品认证标准、产销监管链认证标准。参加活动的人员涵盖了森林经营单位、林产品加工企业、科研机构、大专院校、认证机构等，总数超过500人次。先后在重庆、福建、湖南、黑龙江等地开展非木质林产品、竹林、森林生态环境服务等多项标准测试，召开多次森林认证国标、行标制修订专家咨询会。

（于 玲）

【森林认证国际互认】 参加PEFC技术会议和年会，对接PEFC秘书处，研究跟踪PEFC再互认要求与程序，提交了中国森林认证体系国际互认文件；对接国际标准化组织ISO/TC287技术委员会，及时跟进最新进展，完成ISO 38200《木材和木制品产销监管链》中文翻译工作，并与国标GB/T 28952《中国森林认证 产销监管链》进行对比分析，形成了比较研究报告。

（于 玲）

【森林认证调研】 先后赴上海、江苏、四川、河北、湖南、贵州、山东、江西、浙江、云南等省(市)开展森林认证调研，形成并提交《完善森林认证工作 促进林业高质量发展》调研报告。

（于 玲）

【森林认证宣传推广】 分别制作了中、英文版《中国竹林认证》宣传片，参加第二届中国国际进口博览会，与大型认证企业合作开展专题宣传推广活动，积极推动各级林业草原主管部门研究制定森林认证扶持、鼓励政策，与有关行业协会、标准化委员会、科研教学单位等单位合作开展多种形式、多种载体的宣传推广活动，向全社会宣传推广中国森林认证。

（于 玲）

【森林认证能力建设】 举办"森林认证项目执行与绩效要求培训""森林认证项目总结验收培训""森林认证审核技术推广培训"共3期培训班，结合森林认证项目在全国各地开展专项培训超过20次，累计培训超过1500人次。与中国认证认可协会共同开展森林认证审核员考试大纲修订的前期研究，举办森林认证审核员考试，来自13家认证机构的113名认证人员参加考试；与中国合格评定国家认可委员会联合培养森林认证机构认可评审员2人，2019年度参加认可评审累计超过10人日。联合国际竹藤中心、竹产业协会以及各省林科院开展竹林认证培训5次，累计培训近300人次。2019年新立项"内蒙古草原认证可行性研究"等7项专题研究，内容涉及林草融合、保护地资源可持续经营管理等林草科技领域的重点工作。

（于 玲）

【森林认证信息平台】 指导森林认证信息平台开展"二级等保"和森林认证数据库的运维，准确、快速提供认证数据和相关信息服务。2019年森林认证网站（www.cfcc.org.cn）和微信公众号报道各类认证新闻93条，其中原创52条，原创比例达55.91%；CFCC森林可持续经营微信公众平台（CFCSWX）推送信息71条，其中原创42条，原创比例达59.15%。

（于 玲）

林草智力引进

【外国专家引进】 引进专家项目2项、经费共计80万元，共完成引进高、精、尖、缺外国专家54人次。推荐的林业专家、《联合国防治荒漠化公约》（UNCCD）执行秘书莫妮卡·巴布女士获得2019年中国政府友谊奖。

（陈 光）

【因公出国(境)培训项目】 获资助短期因公出国(境)培训项目2项，无资助短期因公出国(境)培训项目6项，总计派出培训130人、使用经费总计686万余元。

（陈 光）

【项目示范带动】 开展了"褐梗天牛引诱剂及其应用""生物质催化热解气化制备能源技术研究""重组方材连续铺装技术研究""匈牙利刺槐新品种的复选及育苗技术示范与推广""基于大尺度环流的林火预测技术引进""伊藤杂种芍药引种栽培示范研究""目标树经营技术体系引进与应用推广""日本葡萄山椒种质资源引进及丰产栽培示范"8项关键研究领域的科技创新技术示范推广，获外专局资金120万元、国家林业和草原局资金60万元，进一步强化了引进国外智力成果的示范带头作用。

（陈 光）

【能力建设】 对2019年批准的项目开展调研、督促项目实施。安排30万元资金用于"建设林业引智数据库及完成2018年引智成果汇编"项目，进一步完善项目管理程序、提高引智成果共享水平。

（陈 光）

【修订管理办法】 根据中组部、财政部、科技部和原国家外国专家局的相关要求，修订了《国家林业和草原局因公出国(境)培训管理办法》。

（陈 光）

【业务培训】 举办了"2019年出国(境)培训项目秘书长培训班"和"引智工作业务培训班"，对出国(境)项目申报、实施、管理等环节和引进专家和示范推广等主要业务工作开展培训，强化加深了相关人员对引智项目的理解，提升了引智工作能力水平。

（陈 光）

林草科技国际交流合作与履约

【中国加入国际植物新品种保护公约20周年座谈会】 2019年4月23日是中国加入国际植物新品种保护公约20周年纪念日。中国加入国际植物新品种保护公约20周年座谈会在北京召开。农业农村部、国家林业和草原局、国家知识产权局、国际植物新品种保护联盟等机构单位相关领导出席座谈会并作主旨发言。国家林业和草原局科技发展中心、农业农村部以及来自相关部委司局、省级主管部门、科研教学单位、企业等的代表和各大媒体记者近300人出席了会议。

座谈会由农业农村部、国家林业和草原局、国家知识产权局共同主办，农业农村部科技发展中心、国家林业和草原局科技发展中心承办。　　（杨玉林　周建仁）

【植物新品种保护国际研讨会】　于2019年4月23日在北京召开。来自中外植物新品种保护体系管理和技术方面的专家共聚一堂，从不同维度交流经验、探讨热点问题，助力中国植物新品种保护事业的发展。国家林业和草原局科技发展中心、农业农村部、日本农林水产省知识产权课、国际植物新品种保护联盟等机构单位代表先后致辞。　　（杨玉林　周建仁）

【中欧植物新品种保护研讨会】　2019年4月22日，国家林业和草原局科技发展中心（植物新品种保护办公室）会同农业农村部相关部门，以及欧盟新品种保护办公室、欧盟知识产权项目中国办公室共同召开植物新品种保护研讨会。与会人员就《中华人民共和国植物新品种保护条例》的修订、中国加入UPOV公约1991年文本可行性，以及农民特权和实质性派生品种制度等重要议题进行了深入探讨和交流。荷兰、法国、UPOV秘书处和欧盟新品种保护办公室专家对《中华人民共和国植物新品种保护条例》的修订提出了意见和建议，并介绍了农民特权、实质性派生品种制度在欧洲的实施情况，中方专家介绍了《中华人民共和国植物新品种保护条例》修订的进展，以及中方对农民特权和实质性派生品种保护制度的研究成果。　　（杨玉林　周建仁）

【参加世界知识产权大会】　2019年9月15～19日派员赴英国伦敦参加2019年世界知识产权大会。来自各国的知识产权从业人员分别从人工智能的知识产权保护、商标诉讼中消费者调查证据的影响、信息时代下全球专利申请、非销售行为的知识产权侵权损害赔偿等方面对知识产权问题进行了深入探讨，通过对现有的国际法律政策进行研究，同时根据全球知识产权的发展现状，提出新的知识产权发展要求。会议期间通过了关于专利合理性和人工智能创作作品的版权2项决议。（王地利）

【中欧植物新品种保护交流】　2019年6月10～16日派员赴法国和瑞士对欧盟植物品种局（CPVO）和植物新品种保护联盟（UPOV）等单位进行了访问和管理与测试技术交流，并对双方下一步工作进行了商议。在CPVO总部与主席Martin先生进行了会谈交流，对项目后期实施内容进行了商议，学习了解了CPVO构建已知品种名称查询软件、电子申报系统CPVO与申请人和测试机构之间的沟通联络机制，以及登记员接受植物新品种申请的程序等，了解绣球和生菜两个新品种测试案例，观赏植物和木本植物等植物的田间DUS测试和对照品种收集情况，就测试机构管理与测试技术进行交流。在UPOV总部，了解了UPOV的发展近况，讨论了植物新品种权在线申请系统在中国落地等内容。　　（杨玉林）

【林业植物新品种履约】　2019年6月24～28日派员作为成员国官方代表赴匈牙利布达佩斯参加了植物新品种保护联盟（UPOV）第50届果树技术工作组会议（TWF）。会议共有19个成员方（包括欧盟）和2个国际组织（UPOV、CIOPORA）共39名代表到会。会上匈牙利代表报告了匈牙利的农业部门和国家农业研究和创新中心的情况、匈牙利园艺新品种测试和注册的情况。TWF主席报告了关于欧盟植物新品种保护的情况。会上中国代表报告了中国林业植物新品种测试工作情况，参与修改了UPOV有关测试技术文件，讨论了有关国际测试指南草案。　　（马　梅）

【参加世界地理标志大会】　2019年7月2～4日派员赴葡萄牙里斯本参加2019年世界地理标志大会。会议由世界知识产权组织（WIPO）和葡萄牙国家工业产业协会主办，欧盟知识产权办公室协办，来自67个国家、12个国际组织和非政府组织的工作人员以及专家学者参加了会议。世界知识产权组织、葡萄牙国家工业产业协会就地理标志的总体发展状况作主题报告，欧盟、中国、俄罗斯、东盟就区域地理标志的发展状况作主题报告。相关领域专家和组织代表就地理标志国际和区域保护方法、地理标志附加值、地理标志和互联网等内容进行了交流。　　（王地利）

【林业生物安全国际履约】　根据《卡塔赫纳生物安全议定书》公约秘书处的要求，完成了履行生物安全议定书第四次国家报告。　　（李启岭）

【PEFC 2019年年会暨森林认证周活动】　派员于2019年11月11～15日赴德国维尔茨堡参加PEFC 2019年年会暨森林认证周活动。来自各国家认证体系、利益相关方、非政府组织、认证企业等的130多位代表参加了此次活动。活动包括PEFC全体大会、技术会议、市场推广与发展战略讨论会和利益方论坛。中国代表团祝贺PEFC成立20周年，介绍了中国竹林认证进展，并就中国森林认证体系与PEFC再互认技术工作达成了共识。会议期间与PEFC总干事、各国森林认证体系代表进行了深入交流。　　（于　玲）

林草对外开放

17

重要外事活动

【彭有冬访问肯尼亚、博茨瓦纳】 2019年3月23～31日，由国家林业和草原局副局长彭有冬任团长，国家林草局国际司、动植物司、中动协组成的宣讲团，与中国驻肯尼亚、博茨瓦纳使馆先后在肯尼亚内罗毕、博茨瓦纳哈博罗内举办了两场保护濒危野生动植物宣讲活动，对在肯尼亚、博茨瓦纳的中国企业人员和华人华侨进行宣传教育和提示警示。其间，3月25日，彭有冬会见了肯尼亚旅游和野生动物部部长纳吉布·巴拉拉；3月27日，彭有冬会见了博茨瓦纳环境、自然资源和旅游部部长基措·莫凯拉，中国驻博茨瓦纳大使赵彦博陪同会见。
（何金星）

【谭光明访问丹麦、比利时】 4月8～15日，中国国家林业和草原局党组成员谭光明率团访问丹麦、比利时。在丹麦期间，谭光明出席了在丹麦哥本哈根动物园举行的中丹大熊猫保护合作研究启动仪式。中国驻丹麦大使邓英出席仪式并致辞，丹麦女王玛格丽特二世为启动仪式剪彩，丹麦文化大臣梅特·博克致辞。在比利时期间，代表团对中比大熊猫合作研究进行了监督指导，并与比利时联邦公共卫生、食品链安全和环境服务管理局及根特大学分别就大熊猫等濒危物种保护监管和大熊猫保护科研进行了交流。
（陈 琳）

【张鸿文率团出席联合国森林论坛第十四届会议】 5月6日，联合国森林论坛第十四届会议在纽约联合国总部召开。国家林业和草原局总经济师张鸿文率团出席会议并发言，阐述中国为落实联合国森林战略规划采取的各项措施及确定的目标（即"国家自主贡献"）。会议期间，张鸿文会见了联合国副秘书长刘振民，就联合国全球森林资金网络办公室落户中国等事宜进行了交流。张鸿文一行此前还应邀访问了野生生物保护学会总部，与学会副总裁Joseph Walston共同签署了关于担任野生生物保护学会在华代表机构业务主管单位的谅解备忘录。
（郑思贤）

【张建龙访问新西兰、斐济】 5月11～18日，国家林业和草原局局长张建龙率团访问新西兰、斐济。在新西兰期间，张建龙会见了新西兰保护部长尤金妮·萨奇，并与其签署了《关于促进迁徙水鸟及其栖息地保护合作的安排》，会见了新西兰林业部长肖恩·琼斯，并与其签署了《关于林业合作的安排备忘录》。张建龙还与新西兰初级产业部副部长朱莉·柯林斯共同召开了中新林业合作圆桌会议，并见证签署了中国林科院与新西兰林业研究所关于林业科研合作的文件。

在斐济期间，张建龙分别会见了斐济林业部长奈克姆、常务秘书巴雷拉布里，与巴雷拉布里共同召开了中斐林业工作组会议，并同亚太森林组织代表一道在卡罗苏瓦森林公园出席了植树活动，用实际行动支持斐济推进"4年植400万株树计划"。代表团还实地调研亚太森林组织二期推荐的示范点。
（徐 欣）

【张永利访问印度尼西亚、新加坡】 5月17～24日，由国家林业和草原局副局长张永利任团长，局办公室、国际司、动植物司、中动协组成的中国林业和草原代表团访问了印度尼西亚和新加坡。代表团在印尼期间会见了印尼环境和林业部总司长韦拉迪诺，参加了国际生物多样性保护日座谈会，访问了鼓依歌德盘格兰格国家公园、西博达斯植物园和茂物野生动物园；在新加坡期间会见了新加坡国家公园管理局局长余文辉，访问了新加坡动物园、新加坡植物园、潘姜海关检查站和双溪布洛湿地保护区。
（何金星）

【彭有冬访问奥地利】 5月20日，中奥大熊猫保护合作研究项目大熊猫"园园"与奥公众见面仪式在奥地利维也纳美泉宫动物园举行。全国人大常委会委员长栗战书和奥地利总统范德贝伦出席仪式并致辞。国家林业和草原局副局长彭有冬参加仪式并向奥地利数字化和经济事务部部长玛格丽特·施兰伯克移交了大熊猫"园园"的个体管理档案，"园园"正式纳入中奥大熊猫保护合作研究项目。仪式结束后，彭有冬还拜会了奥地利可持续发展与旅游部，与林业和可持续发展总司长就中奥林业合作交换了意见。
（陈 琳）

【刘东生访问瑞典、法国】 5月23～30日，国家林业和草原局副局长刘东生率团访问瑞典、法国。在瑞典期间，刘东生会见了瑞典乡村事物国务秘书卡伦伯格和瑞典森林联合会主席斯凡·埃里克·哈默，就中瑞两国加强森林应对气候变化、可持续利用及贸易、科技研究等领域合作进行了交流。在法国期间，刘东生出席了国际展览局第165次大会并致辞。

【张建龙访问俄罗斯】 6月5日，俄罗斯莫斯科动物园大熊猫馆开馆仪式在莫斯科举行。习近平主席和俄罗斯总统普京一同参加了开馆仪式。在国家林业和草原局局长张建龙、莫斯科市市长索比亚宁和莫斯科动物园园长阿库洛娃的陪同下，两位领导人走进大熊猫馆内，看望了在内展室首次公开亮相的雌性大熊猫"丁丁"，参观了内馆布置的中俄大熊猫保护合作历史展览。在两位领导人的见证下，张建龙向索比亚宁正式移交了大熊猫"丁丁""如意"的管理档案，标志着中俄大熊猫保护研究合作项目正式启动。
（王 骅）

【胡章翠访问加蓬、埃塞俄比亚】 9月1～9日，全国绿化委员会办公室专职副主任胡章翠率团访问加蓬、埃塞俄比亚，代表国家林业和草原局与加蓬林业、海洋、环境和气候变化部签署了《关于林业合作的谅解备忘录》，并推动中非竹子中心项目以及与两国的双边林业合作。

出访期间，代表团还分别与加蓬林业、海洋、环境和气候变化部部长李·怀特，埃塞俄比亚环境、森林和气候变化委员会（原环境、森林与气候变化部）主任费卡杜·贝叶内进行了会谈。

（余　跃）

【张建龙访问印度、越南】　9月7~14日，国家林业和草原局局长张建龙率代表团访问印度、越南。在印度期间，张建龙出席了《防治荒漠化公约》第十四次缔约方大会开幕式并发表了题为《防治土地荒漠化　维护全球生态安全》的主旨讲话，出席了"推进全球生态系统修复"高级别圆桌会议、由中国代表团主办的"防治荒漠化与土地退化——加强南南合作、增进人类福祉"部长级边会等会议并发表讲话。在越南期间，张建龙会见了越南农业和农村发展部常务副部长何公俊，双方共同见证了《国际竹藤中心与越南林业科学院合作框架协议》《亚太森林组织与越南林业调查规划院关于"大湄公河次区域森林生态系统综合管理规划与示范项目"越南子项目的协议》的签署，并根据中越《关于林业合作的谅解备忘录》召开了中越林业工作组第一次会议。

（王　骅）

【李树铭访问尼日利亚、纳米比亚】　9月9日至16日，国家林业和草原局副局长李树铭率代表团访问尼日利亚、纳米比亚，进行《濒危野生动植物种国际贸易公约》（CITES）履约执法交流。在尼日利亚期间，代表团与尼日利亚环境部部长穆罕默德·阿布巴卡·马穆德进行了会谈，并开展了履约政策宣讲。

（余　跃）

【李春良访问英国】　9月19日，国家林业和草原局副局长李春良率团赴英国出席了苏格兰爱丁堡动物园熊猫新馆开馆仪式。李春良和苏格兰主管环境、气候变化和土地改革的内阁部长罗申娜·坎宁汉共同为熊猫新馆剪彩。其间，李春良与苏格兰皇家动物学会会长杰里米·皮特共同回顾了中英大熊猫合作项目进展，并就下一步合作重点交换了意见。

（陈　琳）

【芬兰农林部常务秘书卡利奥访华】　1月8日，国家林业和草原局副局长彭有冬在北京会见了芬兰农林部常务秘书雅娜·胡苏-卡利奥一行。卡利奥对中国向芬兰提供一对大熊猫用于合作研究表示感谢。双方肯定了多年来两国林业合作取得的丰硕成果，表示今后愿意加强和拓展相关合作与交流。双方还就中芬林产品贸易、森林可持续经营示范、国际植物健康年、联合国森林论坛、国家公园管理等事宜交换了意见。芬兰驻华大使素海岚参加会见。

（陈　琳）

【纳米比亚环境与旅游部执行理事奈提拉访华】　3月10~15日，应国家林业和草原局的邀请，纳米比亚环境与旅游部执行理事（副部级）特奥费勒斯·奈提拉率代表团到华访问。国家林业和草原局副局长李春良在北京会见了奈提拉一行。双方回顾并展望了中纳生态保护合作，并就野生动植物保护、野生动植物产品贸易、CITES缔约方会议立场协调、保护地建设与管理、双边合作协议商签等议题交换了意见。在华期间，纳米比亚代表团赴广东访问了长隆野生动物世界。

（余　跃）

【缅甸自然资源和环境保护部部长吴翁温访华】　4月13~17日，应国家林业和草原局的邀请，缅甸自然资源和环境保护部部长吴翁温率代表团到华访问。国家林业和草原局副局长彭有冬在北京会见了吴翁温一行，就中缅林产品开发利用和企业投资、跨境保护区建设、竹藤产业合作、打击木材非法采伐及相关贸易等议题交换了意见。在华期间，缅甸代表团赴浙江考察了林业产业发展情况。

（颜　鑫）

【比利时国务大臣多雷阿访华】　4月24日，国家林业和草原局副局长彭有冬在北京会见比利时国务大臣多雷阿。双方就打击木材非法采伐和相关贸易、全球林产品绿色供应链和刚果盆地森林伙伴关系等事宜交换了意见。

（陈　琳）

【捷克农业部副部长弗尔卡访华】　4月26日，国家林业和草原局副局长彭有冬在北京会见捷克农业部副部长伊尼德日赫·弗尔卡。双方就中捷木材贸易、林业科研教育合作和林业生态保护与恢复等事宜交换了意见。

（陈　琳）

【亚美尼亚自然资源部部长格里戈良访华】　4月26日，国家林业和草原局副局长彭有冬在北京会见了亚美尼亚自然资源部部长埃里克·格里戈良。双方就共同推动开展退化土地恢复示范项目和加强双边林业合作相关事宜交换了意见。

（陈　琳）

【日本自由民主党干事长二阶俊博来访】　4月28日，在国家林业和草原局组织下，日本自由民主党干事长二阶俊博率日本国会议员、都道府县知事、业界团体负责人、驻华使馆外交官等日方代表考察了中日民间绿化合作纪念林，与中方共同回顾了中日民间绿化合作。该纪念林于2000年10月8日建立，二阶俊博曾作为日中绿化推进议员联盟代表参加纪念林营建仪式并栽植樱花树。

（吴　青）

【斯洛文尼亚农林食品部国务秘书波特戈士克访华】　5月15日，国家林业和草原局副局长彭有冬在北京会见了斯洛文尼亚农林食品部国务秘书波特戈士克。双方回顾了中国-中东欧国家"16+1"林业合作协调机制成果和中斯林业合作进展，就未来两年合作交换了意见。

（陈　琳）

【新西兰初级产业部常务副部长史密斯访华】　5月20日，国家林业和草原局局长张建龙在北京会见了新西兰初级产业部常务副部长雷·史密斯一行。双方同意在林业合作协议框架下继续加强在人工林培育和利用、林业科研、林产品贸易和打击木材非法采伐等领域的合作与交流。新西兰驻华大使傅恩莱参加会见。

（徐　欣）

【秘鲁马德雷德迪奥斯大区主席伊达尔戈访华】　5月20日，国家林业和草原局副局长李树铭在北京会见了秘鲁马德雷德迪奥斯大区主席路易斯·伊达尔戈。双方就林业发展、林业投资与贸易、野生动植物保护、生态旅游等共同关心的议题交换了意见。

（余　跃）

【法国环境事务大使维尔林访华】 6月21日，国家林业和草原局副局长彭有冬在北京会见了法国环境事务大使亚纳·维尔林。双方就《生物多样性公约》第十五次缔约方大会和2020年世界自然保护大会筹备、国家公园等各类自然保护地管理、生物多样性保护、打击野生动植物非法交易和打击木材非法采伐等领域的合作交换了意见。
（陈 琳）

【新加坡贸工部兼教育部高级政务部长徐芳达访华】 6月21日，国家林业和草原局副局长彭有冬在北京会见了新加坡贸工部兼教育部高级政务部长徐芳达。双方围绕大熊猫保护合作研究、城市绿化及自然保护地管理等共同关心的议题交换了意见，一致希望在原有合作的基础上，拓宽合作领域，丰富合作形式，共同打造绿色丝绸之路的新亮点。
（颜 鑫）

【秘鲁农业和灌溉部部长穆尼奥斯访华】 6月27日，国家林业和草原局副局长彭有冬在北京会见了秘鲁农业和灌溉部部长法比奥拉·穆尼奥斯。双方就林业科技、人工造林与森林恢复、打击木材非法采伐、生态旅游等共同关心的议题交换了意见，一致同意在两国林业合作谅解备忘录框架下，通过双边林业工作组会议机制，深化双方的林业务实合作。
（余 跃）

【苏格兰贸易、投资和创新大臣麦基访华】 7月1日，彭有冬在北京会见了苏格兰贸易、投资和创新大臣伊万·麦基，双方就中英大熊猫合作深入交换了意见，并就苏格兰爱丁堡动物园大熊猫新馆开馆仪式事宜进行了沟通。
（陈 琳）

【上海合作组织秘书长诺罗夫访华】 8月28日，国家林业和草原局副局长彭有冬在北京会见了上海合作组织秘书长诺罗夫。双方就荒漠化防治、野生动植物保护、生物多样性保护及应对气候变化等议题交换了意见，一致表示愿意开启生态建设的绿色篇章，推进双方务实合作。
（颜 鑫）

【智利农业部部长沃克访华】 8月29日，国家林业和草原局局长张建龙在北京会见了智利农业部部长安东尼奥·沃克一行。双方就两国林业发展、森林防火、森林培育等共同关心的议题交换了意见，一致同意深化两国在林业领域的务实合作。
（余 跃）

【美国副助理国务卿柏妮卡访华】 10月9日，国家林业和草原局副局长李春良在北京会见了美国副助理国务卿玛西亚·柏妮卡，表示双方可就开展减少犀牛和虎非法贸易联合行动的必要性和可行性进行探讨，希望美方考虑以项目形式对中国政府开展相关活动提供支持。
（徐 欣）

【卡塔尔市政环境大臣苏拜伊访华】 10月10日，国家林业和草原局局长张建龙在北京会见了卡塔尔市政环境大臣阿卜杜拉·苏拜伊。双方就森林保护经营、防沙治沙以及濒危物种保护等共同关心的议题交换了意见。
（吴 青）

【加蓬林业、海洋、环境和气候变化部部长怀特访华】 10月25日，国家林业和草原局局长张建龙在北京会见了加蓬林业、海洋、环境和气候变化部部长李·怀特。双方就两国林业发展、可持续经营和利用森林、林业科技、国家公园结对等共同关心的议题交换了意见，一致同意在两国新签署的林业合作协议框架下，建立起林业工作组会议机制，深化两国林业务实合作。
（余 跃）

【马来西亚水务、土地、自然资源部部长贾亚库马尔访华】 10月28~31日，应国家林业和草原局的邀请，马来西亚水务、土地、自然资源部部长夏维尔·贾亚库马尔率代表团来华访问。国家林业和草原局副局长李树铭在北京会见了贾亚库马尔一行，就森林资源保护和可持续利用，大熊猫、老虎等濒危物种保护，打击野生动植物非法贸易和盗猎等议题交换了意见。在华期间，马来西亚代表团拜访了国际竹藤组织等合作单位。
（吴 青）

【联合国环境署新任执行主任安德森访华】 10月30日，国家林业和草原局副局长张永利在北京会见了来华访问的联合国环境署（UNEP）新任执行主任英格·安德森。张永利祝贺安德森就任联合国环境署执行主任，并向安德森介绍了中国林业和草原工作职能以及中国生态保护与修复、湿地和野生动植物保护、荒漠化防治、国家公园体系建设及林草应对气候变化等方面的有关情况，充分肯定了联合国环境署在推动全球环境治理和绿色发展等方面发挥的重要作用，表示中国国家林业和草原局将一如既往地加强和拓展与联合国环境署的合作，支持其在华及在全球范围内开展工作，希望联合国环境署对国家林业和草原局相关工作给予支持。安德森肯定和赞赏中国林草事业发展取得的巨大成就，愿意有更多机会去进一步了解中国林业和草原发展情况，并感谢国家林业和草原局多年来对联合国环境署工作的大力支持以及与国家林业和草原局的良好合作，期待双方能够继续加大合作力度，拓宽合作领域，在应对气候变化和野生动植物保护等方面开展更多合作。
（郑思贤）

【斐济林业部部长奈克姆访华】 11月5日，国家林业和草原局副局长彭有冬在北京会见了斐济林业部部长奥塞亚·奈克姆一行。双方同意继续利用林业工作组会议机制，落实双方签署的林业合作谅解备忘录，通过政策对话、人员交流、能力建设和项目合作的形式加强在森林培育及管理、林业应对气候变化、竹藤产业、林产品加工和贸易、林业科研等领域交流合作。
（徐 欣）

【乌拉圭牧农渔业部部长贝内奇访华】 11月7日，国家林业和草原局副局长李树铭在北京会见了乌拉圭牧农渔业部部长恩佐·贝内奇。双方就两国林业发展、林业产业与经贸合作、牧草种质资源引进、地质公园等自然保护地交流与合作等共同关心的议题交换了意见，一致同意在双边林业合作协议框架下，夯实林业工作组会议机制，深化两国林业务实合作。
（余 跃）

【喀麦隆林业和野生动植物部部长恩东戈访华】 11月28日，国家林业和草原局局长张建龙在北京会见了喀麦隆林业和野生动植物部部长朱勒斯·恩东戈。双方就两国林业发展、植树造林、森林可持续经营和利用、竹藤加工和利用、野生动植物保护、国家公园建设等共同关心的议题交换了意见，一致同意商签双边林业合作协议，推动林业务实交流与合作。

（余　跃）

【厄瓜多尔农牧业部部长拉索访华】　11月29日，国家林业和草原局副局长彭有冬在北京会见了到华出席国际竹藤组织第十一届理事会会议的厄瓜多尔农牧业部部长哈维尔·拉索一行。双方就两国竹藤发展情况、竹藤制品开发与加工技术培训等交换了意见，期待在此基础上继续深化合作。

（郑思贤）

【国家林草局外事工作领导小组会议】　1月25日，国家林草局党组书记、局长张建龙主持召开了局外事工作领导小组2019年第一次会议，审议2019年工作要点、因公临时出国计划、在华召开国际会议计划以及有关外事管理政策。局党组成员、副局长彭有冬，局党组成员谭光明，以及局外事工作领导小组全体成员出席了会议。

（毛　锋）

【林草国际合作与外语应用能力培训班】　9月8日至12月28日，为有针对性地提高国际合作能力和外语应用水平，以国际视野服务新时代林业和草原工作，国家林业和草原局10名司级、处级干部在上海参加了由上海外国语大学承办的2019年国家林业和草原局林草国际合作与外语应用能力培训班。

（毛　锋）

对外交流与合作

【与奥地利签署中奥大熊猫保护和研究合作谅解备忘录】　4月28日，在中国国务院总理李克强见证下，国家林业和草原局副局长彭有冬与奥地利总理库尔茨在北京签署《中华人民共和国国家林业和草原局与奥地利共和国联邦数字化和经济事务部（由奥地利联邦总理代表）关于大熊猫保护和研究合作谅解备忘录》，双方同意加强大熊猫等野生动植物保护交流与合作。

（陈　琳）

【与俄罗斯签署关于共同推进大熊猫保护合作的谅解备忘录】　6月5日，在习近平主席和俄罗斯总统普京的共同见证下，中国国家林业和草原局局长张建龙与莫斯科市长索比亚宁签署了《关于共同推进大熊猫保护合作的谅解备忘录》。根据协议，双方将推动中俄大熊猫保护研究合作项目顺利实施，促进中俄两国在包括大熊猫在内的野生动植物保护领域的交流与合作。

（王　骅）

【与加蓬签署关于林业合作的谅解备忘录】　9月4日，全国绿化委员会办公室专职副主任胡章翠与加蓬林业、海洋、环境和气候变化部部长李·怀特在加蓬恩科经济特区签署了《中华人民共和国国家林业和草原局和加蓬共和国林业、海洋、环境和气候变化部关于林业合作的谅解备忘录》。根据协议，双方将推动在森林可持续经营、林产品开发和利用、野生动植物保护、自然保护地建设与管理等方面的合作。

（余　跃）

【与法国签署关于自然保护合作的谅解备忘录】　11月6日，在中国国家主席习近平和法国总统马克龙共同见证下，中国国家林草局局长张建龙和法国生物多样性署署长欧贝尔共同签署了《中法自然保护领域合作谅解备忘录》，确定了双方在自然保护方面的合作框架。

（陈　琳）

【蒙古戈壁熊技术援助项目取得阶段性成果】　2019年，根据蒙古戈壁熊技术援助项目工作计划，中方实施单位中国林业科学研究院森林生态环境与保护研究所分别派出了3个动物专家组和3个植物专家组前往蒙古开展实地项目工作，并完成了5次物资交接。截至2019年，项目已布设监测样地20块、样线49条，取得一大批极其珍贵的蒙古戈壁熊栖息地和种群数量研究第一手资料。11月21日至12月4日，项目第二期培训班在北京举办。15名蒙古自然保护区技术和管理人员参加了包括自然保护区管理及生物多样性监测等方面的培训。

（余　跃）

【林草援外人力资源开发合作项目顺利实施】　2019年全年，国家林业和草原局共组织项目承办单位实施了31期援外人力资源开发合作项目（含两期部级研讨班及一期学历学位项目），培训了来自69个国家的学员892人次。培训领域包括森林可持续经营、竹藤种植与利用、林业产业开发、野生动植物保护、自然保护区管理与保护、湿地保护与管理、林业应对气候变化、花卉园林等。

（余　跃）

【2019年"一带一路"林业产业可持续发展部级研讨班】　于9月20日在浙江杭州举行开班仪式。国家林业和草原局副局长彭有冬出席开班仪式并致辞。来自印度、巴基斯坦、泰国、缅甸、乌克兰、南苏丹、北马其顿、古巴、坦桑尼亚等国家的23位高级官员和专家参加了此次研讨班。

（余　跃）

【国际热带木材组织（ITTO）成员国木材生产贸易消费部级研讨班】　于10月29日在北京举行开班仪式。国家林业和草原局副局长张永利出席开班仪式并致辞。来自斐济、越南、泰国、斯里兰卡、利比里亚5个国家的21名高级官员参加了此次研讨班。开班式前，张永利还会见了专程到华参加研讨班的斐济林业部部长奈查姆·欧西。斐济驻华大使马纳萨·坦吉萨金鲍出席了会见活动和开班仪式。

（余　跃）

【中德合作"山西森林可持续经营技术示范林场建设"项

【目正式启动】 2月18号,中德合作"山西森林可持续经营技术示范林场建设"项目签约仪式在山西省太原市举行。德国联邦政府食品和农业部代理机构——德国GFA公司,德方项目实施单位——德国DFS公司,国家林业和草原局国际合作司、森林资源管理司,中德林业政策对话平台中方执行机构——国家林业和草原局经济发展研究中心,德方执行机构——德国国际合作机构(GIZ),山西林业和草原局及项目中方实施单位——山西省中条山国有林管理局中村林场代表及专家参加了签约仪式。

项目通过森林可持续经营指南和经营方案的编制、科学森林经营活动的实施、标准管理及经营技术的培训、汇编规划和项目经验的总结,将中村林场建成一个集森林经营管理、技术培训、林业研究于一体的示范性林场,为山西森林经营提供示范。该项目实施期为3年,由德国联邦食品和农业部与山西共同出资,共计投资3145万元,旨在通过在山西省中条山国有林管理局中村林场示范森林可持续和多功能的森林经营理念和手段,利用获得的经验为中国林业政策发展提供支持。
（陈 琳）

【亚太经合组织悉尼林业目标终期评估倡议获批】 10月3日,亚太经合组织(APEC)经济技术合作委员会(SCE)批准了国家林业和草原局与亚太森林组织合作提出的APEC悉尼林业目标终期评估倡议,澳大利亚、新西兰和巴布亚新几内亚是该倡议的共提方。 （徐 欣）

【德国环境、自然保护和核安全部部长实地考察中德合作林业项目】 10月29日,德国联邦环境、自然保护和核安全部部长斯文娅·舒尔策一行赴北京怀柔对中德合作中国北方荒漠化综合治理项目——怀柔区桥梓镇北宅村北宅小型水体恢复现场,以及桥梓镇口头村森林经营现场进行实地考察,了解项目点引进德国近自然经营理念、开展可持续森林经营和流域治理的有关情况。国家林业和草原局国际合作司、北京市园林绿化局领导及德国驻华大使葛策陪同考察。 （陈 琳）

【中德合作"山西森林可持续经营技术示范林场建设"项目指导委员会第一次会议】 12月4—5日,中德合作"山西森林可持续经营技术示范林场建设"项目指导委员会第一次会议暨中德技术合作项目研讨会在中条山国有林管理局中村林场举行。德国联邦食品和农业部项目主管官员托马斯·胡贝尔、国家林草局国际合作司副司长戴广翠出席会议并讲话,山西省林业和草原局副局长黄守孝主持会议。中德林业政策对话平台德方负责人,以及德国GFA咨询公司、德国DFS咨询公司、国家林草局国际合作司、资源司、经济发展研究中心、山西省林草局、中条林局有关代表参加会议。德国弗莱堡大学森林生长研究所教授海因里希·施皮克尔带领的技术团队应邀参加了会议。 （陈 琳）

【中英合作国际林业投资与贸易项目二期项目指导委员会第一次会议】 于12月6日在商务部举行。国家林业和草原局国际合作司副司长戴广翠出席会议,并于会前与商务部、英国国际发展部就项目实施和后续合作进行了会谈。
（陈 琳）

【国家林草局主管GEF项目有序开展】 国家林草局主管GEF第五增资期"中国东北野生动物保护景观方法""加强中国湿地保护体系,保护生物多样性",第六增资期"通过森林景观规划和国有林场改革,增强中国人工林的生态系统服务功能""中国林业可持续管理提高森林应对气候变化能力"稳步开展,第六增资期"中华白海豚关键生境保护项目"和"中国典型河口生物多样性保护、修复和保护区网络建设示范项目"正式移交国家林草局,第七增资期"中国典型水土流失区退化天然林恢复与管理"项目通过评审,"中国长江经济带珍稀濒危物种保护示范项目"正和其他相关长江经济带项目整合。
（何金星）

【刚果共和国加入国际竹藤组织】 7月18日,刚果共和国加入国际竹藤组织升旗仪式在北京国际竹藤组织总部举行。刚果共和国成为国际竹藤组织第45位成员。国际竹藤组织董事会联合主席江泽慧、中国国家林业和草原局副局长彭有冬、喀麦隆驻华大使马丁·姆巴纳、刚果共和国驻华大使达尼埃尔·奥瓦萨、国际竹藤组织总干事穆秋姆,以及中国外交部代表,牙买加、缅甸、塞拉利昂等国际竹藤组织成员国驻华使节出席升旗仪式。刚果共和国是国际竹藤组织第20个非洲成员国。非洲是世界竹藤资源的重要分布区域和竹藤产业迅速发展区域。国际竹藤组织已在埃塞俄比亚、加纳和喀麦隆分别设有东非、西非和中非区域办事处。 （郑思贤）

【柬埔寨加入国际竹藤组织】 11月29日,柬埔寨王国加入国际竹藤组织升旗仪式在北京国际竹藤组织总部举行,成为国际竹藤组织第46个成员。国际竹藤组织董事会联合主席江泽慧、中国国家林业和草原局副局长彭有冬、厄瓜多尔农牧业部部长哈维尔·拉索,柬埔寨驻华大使凯·西索达等出席仪式并致辞。升旗仪式由国际竹藤组织总干事穆秋姆主持。升旗仪式前,国际竹藤组织举行了第十一届理事会会议,共有34个成员国的联络机构工作人员、驻华大使及外交官等100多位代表出席。
（郑思贤）

【ITTO成员国研讨木材生产贸易和消费】 10月29日,国际热带木材组织(ITTO)成员国木材生产贸易消费部级研讨班在北京开班。研讨班为期7天,国家林业和草原局副局长张永利出席开班式。开班式前,张永利会见了斐济林业部部长奈查姆·欧西、斐济驻华大使马纳萨·坦吉萨金鲍。该期研讨班由商务部主办,国家林业和草原局管理干部学院承办,来自斐济、越南、泰国、斯里兰卡、利比里亚5个国家的21名代表参加。研讨班重点围绕推动全球绿色供应和合法采购,通过主题报告、交流研讨、实地调研等方式,介绍中国木材产业发展状况以及中国为全球木材可持续利用所作的努力,推动解决全球木材可持续合法贸易面临的问题和难题,搭建各国木材生产贸易消费的分享和交流平台。研讨班还赴浙江义乌参加第12届中国义乌国际森林产品博览会,并与相关木材企业座谈交流。 （郑思贤）

【亚太森林组织多功能森林体验基地启动】 7月2日，亚太森林组织多功能森林体验基地在内蒙古自治区赤峰市喀喇沁旗旺业甸实验林场正式启动，北京林业大学、南京林业大学教学科研基地同时在此挂牌。国家林业和草原局副局长彭有冬、亚太森林组织董事会主席赵树丛出席启动仪式。亚太森林组织多功能森林体验基地于2018年启动建设，由亚太森林组织、喀喇沁旗政府、赤峰市林业和草原局共同打造，旨在建成集森林可持续经营、森林体验、科普宣教、生态文化展示、培训与国际交流等多重功能于一体的综合型森林体验基地。基地建设总规划期10年，至2019年已建成万亩森林经营示范区、森林康养体验区、湿地景观区、亚太森林小镇、体验基地服务中心、多功能林业培训中心等。

（郑思贤）

【中国－巴基斯坦林业工作组第一次会议】 于3月26日在北京召开。国家林业和草原局国际合作司巡视员戴广翠和巴基斯坦气候变化部联合秘书哈马德共同主持了会议。双方就湿地恢复和洪泛平原治理、盐碱地治理、荒漠化防治、野生动植物保护等议题进行了讨论。在华期间，巴基斯坦代表团拜访了国际竹藤组织和亚太森林组织，并赴宁夏实地考察了湿地保护和洪泛平原治理情况。

（颜鑫）

【中国－澳大利亚林业工作组会间会】 5月24日，国家林业和草原局与澳大利亚农业与水利部在北京召开中澳林业工作组会间会，国际司巡视员戴广翠与澳大利亚驻华使馆公使衔参赞马明博共同主持会议，双方就林业政策、打击非法采伐、APEC悉尼林业目标终期评估倡议等议题进行了交流。

（徐欣）

【中国－老挝林业工作组第一次会议】 于6月3日在北京召开。国家林业和草原局国际合作司副司长胡元辉与老挝农林部林业司副司长桑迪共同主持了会议。双方就森林景观恢复、打击木材非法贸易、野生动植物保护、生物多样性保护、森林旅游、森林防火等议题进行了讨论。会后，老挝代表团赴广西考察了桉树、油茶等经济林建设情况。

（颜鑫）

【中国－越南林业工作组第一次会议】 于9月12日在越南河内召开。国家林业和草原局国际合作司司长孟宪林与越南林业局副局长高志公共同主持了会议。双方交流了两国林业发展情况，并探讨了野生动植物保护、林产品进出口贸易、能力建设等优先合作领域。会后，国家林业和草原局局长张建龙与越南农业和农村发展部常务副部长何公俊共同见证了《国际竹藤中心与越南林业科学院合作框架协议》《亚太森林组织与越南林业调查规划院关于"大湄公河次区域森林生态系统综合管理规划与示范项目"越南子项目的协议》的签署。 （王骅）

【中国－缅甸林业工作组第一次会议】 于9月26日在云南芒市召开。国家林业和草原局国际合作司副司长胡元辉与缅甸自然资源和环境保护部副常务秘书长觉若共同主持了会议。双方就打击野生动植物非法贸易、森林可持续经营、林业投资贸易、跨境保护、自然保护地建设、森林防火、林业科研等领域的合作进行了讨论。会后，缅甸代表团赴云南瑞丽和芒市考察了森林经营、林产品加工与自然保护区建设和管理。 （余跃）

【中美温室气体清单中遥感与森林资源调查技术研讨会】 于10月24~25日在北京召开。双方就"遥感技术在国家林业温室气体清单编制中的应用""高分辨率遥感和无人机等遥感技术在土地覆盖与土地利用变化中的应用""森林植被生物量/生产力遥感估测方法及应用""高光谱遥感在草原、湿地碳储量及其动态监测中的应用"等议题的研究方法和进展情况进行了交流，分享了成果和经验。国家林草局国际合作司、生态司、规划院，中科院遥感所，北京林业大学，中国林科院相关专家，以及美国国务院、美国林务局、美国地质调查局、美国驻华大使馆的官员和专家参加了研讨会。

（徐欣）

【中奥林业工作组第四次会议】 10月29日，国家林业和草原局与奥地利可持续发展和旅游部在广东省深圳市召开了中奥林业工作组第四次会议。国际合作司巡视员戴广翠与奥地利可持续发展和旅游部林业和可持续发展总司泥石流和雪崩防控及防护林政策处负责人弗洛莱恩·鲁道夫-密克劳共同主持会议。会议交流了2017年第三次工作组会议后两国林业领域的最新发展，尤其是双方均在2018年进行了机构改革，为双方开拓新的合作领域提供了机会。双方同意，通过双边合作机制进一步加强在退化林地恢复、森林可持续经营技术以及林业机械等领域的技术交流与合作，推动在山区自然灾害防控、以国家公园为主体的自然保护地管理等领域的合作。会议期间，代表团还调研了广东省樟木头国有林场及沙头角林场，了解国有林场及森林公园建设和发展情况。国家林草局生态司、资源司、保护地司、公园办，广东省林业局，中国林学会，中国林科院以及中国林业机械协会代表参加了会议。 （陈琳）

【中法自然保护合作双边研讨会】 11月1日，在深圳举行首届中国自然保护国际论坛期间，中法自然保护合作双边研讨会召开，国家林业和草原局与法国生物多样性署共同探讨中法自然保护地结对合作事宜。法国驻华使馆、中法双方自然保护地代表及有关专家出席了会议。

（陈琳）

【中欧林业生物经济研讨会】 于11月14日在北京举办。国家林业和草原局副局长彭有冬，芬兰前总理、欧洲森林研究所战略顾问艾斯科·阿霍，芬兰驻华大使肃海岚，欧洲森林研究所主任马克·帕拉西出席并致辞。

（陈琳）

【中新木材及木制品贸易政策对话会】 12月17日，国家林业和草原局副局长刘东生与新西兰初级产业部副部长朱莉·柯林斯在北京共同主持召开了中新木材及木制品贸易政策对话会。双方同意在木材加工贸易、辐射松人工林经营利用、病虫害防治、木结构建筑、竹产业、木质家具等领域开展互访和交流。双方还同意继续利用中新双边林业工作组机制，推动双方在林业生物经济、林业应对气候变化、碳汇计量等方面开展政策对话和信息分享。作为系列活动，当天双方还共同举办了中新木材及木制品加工贸易企业论坛和中新林业产业贸易政府与企业间对话。　　　　　　　　　　（徐　欣）

【中国国际新闻交流中心2019年项目非洲、亚太中心记者林草座谈会】　于4月4日在北京举行。来自非洲34国、亚洲13国和南太地区2国共50位外国记者参加了座谈会。国家林业和草原局向与会代表介绍了中国在林业和草原生态保护修复、野生动植物资源保护等方面的发展情况，并就记者代表关心的各类生态保护问题进行了交流与探讨。　　　　　　　　　　（余　跃）

【2019年世界湿地日中国主场宣传活动】　于1月18日在海南海口五源河国家湿地公园举行，国家林业和草原局副局长李春良，国际湿地公约秘书处高级顾问饭塚玲子，海南省委常委、海口市委书记张琦，海南省人民政府副省长刘平治出席。活动现场向吉林省哈泥湿地等8处国际重要湿地颁发国际重要湿地证书，为河北康保康巴诺尔国家湿地公园等16个2018年通过验收的国家湿地公园代表授牌。李春良为海口市湿地保护管理局等3家单位颁发首届"生态中国湿地保护示范奖"。中国绿化基金会宣布苹果（中国）有限公司为首届中国湿地保护奖获得者。　　　　　　　　　　（何金星）

【2019年世界野生动植物日主题宣传活动】　于2月28日在浙江省宁波神凤海洋世界启动。来自国家濒管办、农业农村部渔业渔政管理局等部门代表，世界自然基金会、野生救援、国际爱护动物基金会、自然资源保护协会、国际野生生物保护学会等国际组织代表，相关企业代表，以及中国野生动物保护协会、浙江省野生动植物保护协会的代表和野生动植物保护志愿者等1000余人参加活动。　　　　　　　　　　（何金星）

【驻华使节和国际组织代表考察内蒙古生态建设】　6月24日，国家林业和草原局启动2019年"走近中国林业和草原"考察活动，旨在让更多国际友人走近中国林草、了解中国林草，向国际社会宣讲中国林草故事，展示中国林业和草原生态保护和修复的做法，分享中国在生态建设方面的成功经验与模式，推进国际合作与交流，扩大中国林业和草原事业的国际影响力。来自斐济、越南、俄罗斯、德国、哈萨克斯坦、巴基斯坦、斯洛文尼亚、肯尼亚、乌拉圭、黑山等国家以及国际竹藤组织、联合国环境规划署等组织的16位驻华使节和国际组织代表赴内蒙古自治区进行考察。此次考察活动为期5天，考察团主要就内蒙古的天然林保护、自然保护区成效、湿地及草原生态修复和迁徙鸟类栖息地保护等情况进行考察交流。　　　　　　　　　　（郑思贤）

重要国际会议

【CITES第18次缔约方大会】　8月17~28日，《濒危野生动植物种国际贸易公约》(CITES)第18届缔约方大会在瑞士日内瓦召开，来自150多个国家和地区的2000多位代表参加，讨论了50多个物种提案和140多个政策文件。由国家林草局牵头，外交部、农业农村部渔业局、海关总署、国家中医药管理局、中科院等政府和科研机构，中国野生动物保护协会、中国水产品流通加工协会等行业协会组成的中国代表团参加了此次缔约方大会。在此次大会上，中国提出的5项附录物种提案全部通过。代表团广泛参与了象、犀、虎、鲨鱼等敏感物种议题和公约规则、财政、生计等履约议题，和公约秘书处及美国、欧盟、越南、阿联酋、南非等十多个国家进行了双边磋商和会谈，还组织召开了以"共同的责任、共同的担当：全链条打击野生动植物非法贸易"为主题的中国边会，倡导包括源头国、中转国、目的国在内的全链条打非理念。　　　　　　　　　　（何金星）

【第43届世界遗产大会】　2019年6月30日至7月10日，联合国教科文组织（UNESCO）第43届世界遗产委员会会议在阿塞拜疆首都巴库举行。国家林草局派员作为中国政府代表团成员参加了此次会议。完成中国黄（渤）海候鸟栖息地（第一期）（以下简称"候鸟栖息地"）申报世界自然遗产，武陵源、三江并流和中国南方喀斯特世界自然遗产保护状况审议以及阻止印度"神山景观和遗产之路"项目列入预备清单三项任务。（何金星）

【《联合国气候变化公约》及《巴黎协定》下林业相关议题谈判】　国家林草局积极参加《巴黎协定》实施细则涉林议题的相关谈判。派员分别参加了2019年5月在波恩召开的气候变化林业议题工作组会议和2019年12月在西班牙召开的智利-马德里气候大会。　（何金星）

【成功申办《湿地公约》第14届缔约方大会在华举办】　经国务院批准，并经2019年6月《湿地公约》常委会第57次会议审议通过，中国将于2021年秋季在湖北武汉承办《湿地公约》第14届缔约方大会。　（何金星）

【"迈向《世界环境公约》"特设工作组工作】　2019年1月14~18日、3月18~20日和5月20~23日，联合国大会"迈向《世界环境公约》"特设工作组在肯尼亚内罗毕分别举行第一次、第二次和第三次实质会议。国家林草局派员参加了三次实质会议的国内对案会，提交了相关参会建议，并指定中南林业大学代表国家林业和草原局派员参加第二次特设工作组会议。2019年4月27日国家林草局在湖南省长沙市召开了《世界环境公约》林草问题研究座谈会，就关注《世界环境公约》谈判过程、跟踪谈判实质性会议中的重点问题、把握公约谈判走向、开展林草国际合作研究进行了研讨。　（何金星）

【UNCCD第十三次缔约方大会第二次主席团会议】　2月26日，《联合国防治荒漠化公约》(UNCCD)第十三次缔约方大会第二次主席团会议在贵州省贵阳市举行，来自美国、法国、菲律宾等主席团成员代表参加了会议。联合国防治荒漠化公约执行秘书易卜拉欣·蒂奥发表致辞。《联合国防治荒漠化公约》第十三次缔约方大会主席、国家林业和草原局局长张建龙发表主旨演讲，外交部参赞苟海波、贵州省人民政府副省长吴强参加会议并讲话。会上还举行了宁夏回族自治区林草局与《联合国防治荒漠化公约》秘书处共建国际荒漠化防治知识管理中心签约仪式。会议审议评估了《联合国防治荒漠化公约》2018～2030年战略的中期进展情况，部署在第十四次缔约方大会上需要推动的重点工作，促进全球履约，全力应对全球荒漠化防治面临的新挑战。　（武立磊）

【2019虎豹跨境保护国际研讨会】　于7月28～29日在黑龙江省哈尔滨市东北林业大学举办。国家林业和草原局副局长李春良主持会议开幕式，黑龙江省人民政府副省长王永康作为地方政府代表、俄罗斯驻华使馆参赞道尔吉·甘如洛夫作为保护国代表、WWF全球老虎生存计划执行总监斯图尔特·查普曼作为非政府组织代表分别致辞。国家林业和草原局局长张建龙作主旨发言。来自俄罗斯、越南、老挝、缅甸、尼泊尔、巴基斯坦、吉尔吉斯斯坦等19个周边虎豹分布国和世界自然基金会等12个国际组织的代表、专家以及国内主要部门、省份管理人员和相关科研教学人员共300多人参加了会议。研讨会由开幕式、大会特邀报告及分会场专题报告组成。来自印度、俄罗斯、中国等国家的专家就虎豹保护分别作了大会特约报告，蒙古、尼泊尔、不丹等国家代表分别作了国别报告，分享各国在虎豹保护方面的经验教训。研讨会各分会场专题报告就大型猫科动物种群监测技术与国际标准、种群及栖息地恢复技术、人兽冲突、虎豹栖息地景观资源配置技术和跨境保护其他相关问题进行了研讨。根据全体会议及专题会议研讨最终形成大会成果《关于加强虎豹跨境保护合作哈尔滨共识》。
　（武立磊）

【共建全球绿色供应链国际论坛】　于10月22日在上海举办。会上，加蓬欧洲木业协会、加蓬亚洲木业协会等全球范围内更多的企业、协会积极响应并加入了全球林产品绿色供应链倡议，就共建林产品绿色供应链的具体行动和准则等达成共识。同时，倡议企业专家组建设工作正式启动，圣象集团、中国林产品公司、江苏万林、森林之星、广西三威、安信伟光、久盛地板、世友地板等企业的代表被聘为倡议企业专家。　（郑思贤）

【"一带一路"亚太区域林业合作研讨会】　于7月22日在内蒙古赤峰开幕。来自16个亚太森林组织成员经济体的代表分享亚太区域森林恢复和森林可持续管理合作经验，推动加强亚太区域经济体林业合作。开幕式上，国家林业和草原局副局长彭有冬，亚太森林组织董事会主席赵树丛，内蒙古自治区政府副主席李秉荣，以及斯里兰卡、缅甸、柬埔寨、泰国林业部门代表致辞。大会期间，联合国粮农组织、国际热带木材组织、中国国家林业和草原局等机构代表围绕亚太区域林业合作的现状、趋势与机遇作主旨报告，大会举行了"区域林业合作视角下的林业规划""区域林业合作的典型案例与最佳实践""加强区域合作促进林业人才培养"3个主题的平行边会。　（郑思贤）

【巴布亚新几内亚林业峰会】　于10月9～11日在巴布亚新几内亚莫尔斯比港召开。国家林业和草原局派员参加会议，介绍了中国林业有关情况，包括林业产业发展、林产品贸易、人工林培育及中新林业投资合作方面的情况，受到与会各方的好评。　（徐　欣）

【2019全球植物保护战略国际研讨会】　于10月28日在四川都江堰市召开。来自13个国家和7个国际组织的业内人士，共同谋划2020年后全球植物保护战略，促进中国野生植物保护的发展。与会专家们呼吁，中国应采取多种方式，继续加强自然教育和科普教育，让公众意识到植物在我们的生活中扮演怎样的角色，也增进对濒危珍稀植物的了解，增强生态保护意识。
　（郑思贤）

【中日韩朱鹮保护研讨会】　于5月23日在韩国牛浦召开。中国国家林业和草原局、韩国环境部、日本环境省政府代表，三国朱鹮栖息地代表以及有关专家学者出席了会议。与会代表就朱鹮保护政策、地方保护措施、朱鹮遗传多样性研究等进行了讨论和交流，一致认为应加强朱鹮保护领域的研究，促进国际合作和交流。会后，与会代表共同参加了韩国首次朱鹮放飞仪式。
　（吴　青）

【2019澜湄流域林业合作澜湄周活动】　于3月19～24日在西南林业大学举行。国家林业和草原局、云南省林业和草原局、西南林业大学等单位代表以及在昆高校澜湄流域国家学生代表100余人参加了活动启动仪式。此次澜湄周活动以生态文明建设为主题，通过专家讲座、学术交流、参观考察、实地走访等内容，向澜湄流域国家的学者、大学生宣传中国生态文明建设的理念和取得的成果，为加强澜湄流域生态环境作出积极贡献。
　（颜　鑫）

【澜沧江-湄公河流域湿地保护与管理合作高级研讨班】　7月16～19日，由澜沧江-湄公河专项基金资助的澜沧江-湄公河流域湿地保护与管理合作高级研讨班在云南昆明举行。国家林业和草原局副局长李春良出席研讨班开幕式并致辞，来自中国、柬埔寨、老挝、缅甸、越南、泰国等澜湄国家政府部门和研究机构的70余名代表参加了研讨班。研讨班期间，与会代表分享了流域各国湿地保护经验，围绕湿地生态状况评估、湿地生态修复技术、国际重要湿地和湿地公园建设和管理、湿地调查监测、公共宣传教育等议题开展了研讨交流，探讨促进区域生态环境发展和适宜流域湿地修复管理的有效模式，制定澜沧江-湄公河流域湿地管理计划。研讨班结束后，澜湄流域湿地保护与修复技术培训班于7月20～29日在云南昆明和大理召开。
　（颜　鑫）

【第22届东盟林业高官会】　于7月16～20日在菲律宾召开。来自柬埔寨、印度尼西亚、老挝、马来西亚、缅甸、菲律宾、泰国、越南、文莱共9个东盟成员国以及中国、韩国、澳大利亚、欧盟等东盟合作伙伴共近百名林业部门代表和专家出席了会议。国家林业和草原局国际合作司副司长胡元辉作为中方高官参加了会议，重点回顾了《中国-东盟林业合作南宁倡议行动计划（2018~2020）》落实情况，向与会代表介绍了《2019 年重点活动清单》，并就推进中国-东盟林业合作下一步工作计划、2020 年召开中国-东盟林业合作论坛等工作进行了交流和磋商。

（颜 鑫）

【东北亚大型猫科动物跨境保护研讨会】 7 月 29 日，国家林业和草原局联合东北亚环境合作机制秘书处在黑龙江哈尔滨共同召开了"东北亚大型猫科动物跨境保护研讨会"。会议围绕全球大型猫科动物特别是虎豹种群的监测技术、种群及栖息地回复、保护地景观资源配置等领域展开讨论，探讨建立跨境保护国际交流合作机制，呼吁推进跨境生态廊道和自然保护区建设，为野生虎豹种群提供更大的生存空间。

（余 跃）

【东北亚环境合作机制秘书处第 23 次高官会】 于 10 月 9~10 日在蒙古召开。来自中国、日本、韩国、蒙古、俄罗斯 5 国的林业与环境部门，东北亚环境合作机制秘书处以及联合国相关机构与国际组织派代表参加了会议。会议回顾了东北亚环境合作机制下在跨境自然保护、海洋保护区、荒漠化与土地退化以及相关环境与发展方面的合作进展，审议了 2020 年核心基金安排事项，并探讨了 2021~2025 年机制战略规划。

（余 跃）

【2019 年中央政府和港澳特区政府 CITES 管理机构履约协调会】 于 11 月 26 日在澳门召开。国家林业和草原局、外交部、驻港公署、驻澳公署、海关总署以及澳门特区经济局、香港渔农自然护理署等部门派代表参加了会议。与会各方汇报了近一年来各自 CITES 履约管理及执法工作情况，并就个人和家庭财产豁免、国家象牙行动计划、罚没品处置、大湾区合作、与非政府组织合作及宣传等事宜进行了讨论。

（吴 青）

【亚太经合组织（APEC）打击非法采伐及相关贸易专家组第 15 次会议】 于 2 月 26~27 日在智利圣地亚哥举行。会前于 2 月 23~25 日召开了 APEC 打击非法采伐及相关贸易实施工具信息和经验研讨会。国家林业和草原局派员参会。会议讨论了木材合法性指南模板工作进展，交流了打击非法采伐及相关贸易最新进展及经验，讨论了推进合法林产品贸易流通、APEC 悉尼林业目标终期评估倡议及 APEC 林业部长级会议未来安排等事宜。

（陈 琳）

【中欧森林执法与行政管理双边协调机制（BCM）第十次会议】 于 4 月 5 日在欧盟总部布鲁塞尔举行。会议通过了 2019 年 BCM 工作计划，并同意在 2020 年 10 周年之际对 BCM 活动进行评估，为举行高级别对话提供基础。国家林业和草原局派代表团参加了会议，并于会前调研了法国拉罗谢尔港口，与当地木材进口商、林业和海关部门座谈，了解《欧洲木材法案》实施情况。

（陈 琳）

【中国-中东欧国家林业合作协调机制联络小组第三次会议】 于 4 月 24~25 日在波兰华沙召开。国家林业和草原局派员参加会议。会议回顾了 2018 年工作进展，讨论确定了 2019~2020 年度工作计划，确定了 2020 年第三次高级别会议的主题。

（陈 琳）

【亚太经合组织（APEC）打击非法采伐及相关贸易专家组第 16 次会议】 于 8 月 16~18 日在智利巴拉斯港举行，国家林业和草原局派员参会。会议交流了各经济体及相关国际组织和私营部门在打击木材非法采伐及促进合法林产品贸易方面开展的工作进展，讨论了 APEC 悉尼林业目标终期评估倡议及相关政策议题。

（陈 琳）

民间国际合作与交流

【综 述】 2019 年，林草民间交流合作以习近平新时代中国特色社会主义思想为指导，以服务国家生态文明建设和外交大局为主体，以"绿色"和"民间"为特色，以助力国内林草改革发展、拓展绿色"一带一路"建设、参与全球森林治理为重点，不忘初心，牢记使命，各项工作取得显著成效。

履行《联合国森林文书》 一是国家林业和草原局总经济师张鸿文率团出席联合国森林论坛第十四届会议并宣布中国对《联合国森林战略规划》的自主贡献，得到论坛秘书处和与会代表的赞誉。二是积极推进在华设立全球森林资金网络东道国谈判进程。三是参加全球森林资金网络数据库建设系列会议及联合国森林论坛 2021~2024 年工作计划专家组会议，积极提出中方建议。四是编写提交履行《联合国森林战略规划》国家报告。五是推荐国家林业和草原局西北华北东北防护林建设局参加联合国组织的国际森林日活动，积极宣传中国林业发展成就。

《联合国森林文书》示范单位建设 启动实施履行《联合国森林文书》示范单位建设项目。首批支持 5 家示范单位开展项目，安排专项经费，国内外专家、有关境外组织对示范单位进行全方位支持。举办履行《联合国森林文书》示范单位建设工作会议。采取综合措施促进相关单位优化森林经营方案和提质增效，加强项目示范单位国际合作能力建设，为国内外森林可持续经营管理工作提供良好的管理试点和技术示范。

民间合作和"一带一路"项目建设 一是研究总结中日民间绿化合作成果和经验，开展小渊基金项目实施 20 周年评估工作。在第二届"一带一路"国际合作高峰论坛期间成功组织接待日本自民党干事长二阶俊博参观北京昌平中日绿化合作（小渊基金项目）纪念林。国家林业和草原局对外合作项目中心小渊基金项目办荣获全国生态建设突出贡献奖。成功组织中日绿化合作青年交流团。二是联系外交部、驻曼彻斯特总领事馆，会同中国花卉协会推动开展英国桥水花园"中国园"项目，双方互派专家组开展多轮磋商。三是围绕"一带一路"建设，积极探索扩大林草合作交流新途径，创新与德国复兴银行、瑞典家庭林主联合会、法国木材协会等组织的合作内容与方式；拓展与非洲公园等组织的合作关系，搭建林草民间合作交流新平台。

境外非政府组织监管与合作 依法积极履行业务主管单位监管职责，完善境外非政府组织监管机制，指导与境外非政府组织开展林草相关的合作交流。一是起草用于指导国家林业和草原局担任业务主管单位的境外非政府组织在中国境内开展项目活动相关文件。二是强化境外非政府组织在华活动及项目共同商议和评估论证机制，组织召开5个年会，确定合作项目169个，落实资金近8500万元人民币，涉及森林可持续经营、湿地保护、濒危野生动植物保护、生物多样性保护、国家公园建设、林草应对气候变化、宣传教育等领域。三是协助香港嘉道理农场暨植物园和国际野生物贸易研究组织完成注册登记，受理全球环境与可持续发展研究所、香港海洋公园、香港观鸟会等组织的登记咨询。目前国家林业和草原局负责业务主管的境外非政府组织达11个。

外事管理与对外宣传 一是严格按照外事规定做好出国（境）团组审核和证照管理。二是认真审核国家林业和草原局直属单位请进外宾、对外签署协议和举办国际会议等活动。三是修订《国家林业和草原局因公出国（境）任务常见问题解答手册》。四是组织出版《2018中国林业和草原发展报告（英文版）》及《2017~2018林业国际交流报告选编》。五是加强国家林业和草原局英文网站运维更新管理，进一步提升中国林草的对外形象和影响力。

（汪国中）

【**日本农林水产省派员来华交流**】 1月24日，日本农林水产省派出23名青年行政官员赴日中绿化交流基金北京昌平纪念林调研。双方就中日民间绿化合作项目20年来所取得的经验和成果交换了意见。日方对项目实施成果给予积极评价，同时希望今后继续加强日中两国林业青年干部的友好交流。对外合作项目中心副主任许强兴充分肯定中日民间绿化合作成效，并建议通过"中日植树造林共同事业"项目渠道继续扩大合作交流，继续选派中国林草行业青年干部赴日学习森林可持续经营、乡村生态教育等领域的先进经验，继续保持两国青年的友好交流。

（徐映雪）

【**"中国园"项目可行性调研**】 2月17~21日，应英国皇家园艺学会邀请，对外合作项目中心和中国花卉协会联合组团访问英国曼彻斯特，对桥水公园"中国园"项目开展可行性调研。在中国驻曼彻斯特总领馆的大力支持下，中方专家组积极与英国皇家园艺学会、桥水公园项目组、曼彻斯特大学中国研究院、曼彻斯特侨界桥水公园中国园创建会沟通交流，实地调研桥水公园"中国园"项目区，与英方各界就推进中国园项目建设达成积极共识。

（杨瑗铭）

【**联合国2019年国际森林日庆祝活动**】 3月21日，受联合国森林论坛秘书处邀请，国家林业和草原局西北华北东北防护林建设局局长张炜赴美国纽约参加联合国2019年国际森林日纪念活动，并在纪念活动上作主旨发言，介绍中国三北工程的措施和成果，向全球分享中国为实现全球森林目标所采取的行动和实践经验。

（毛琪）

【**与德国复兴银行合作交流座谈会**】 3月22日，对外合作项目中心与德国复兴银行在北京组织召开合作交流座谈会，对外合作项目中心常务副主任王维胜和德国复兴银行亚洲自然资源和气候部高级项目经理凯伦·莫林女士共同主持。王维胜表示，德国复兴银行与对外合作项目中心自1985年开始在中德财政合作项目中保持了良好的合作关系，合作项目取得了积极的生态、经济和社会效益，在当前新形势下，中德两国林业草原生态保护建设合作互补性强、合作潜力巨大。对外合作项目中心将继续发挥好平台作用，共同把中德财政合作贷款项目打造成可展示、可复制、可推广的示范性工程。会上，湿地管理司副司长李琰介绍中国湿地保护情况并提出湿地保护领域的项目合作建议。国家林草局湿地管理司、国际合作司、对外合作项目中心、经济发展研究中心、德国复兴银行和中德林业政策对话平台有关代表出席，会议还就未来合作内容和方式进行交流研讨。

（杨瑗铭）

【**张建龙会见保尔森基金会主席亨利·保尔森**】 4月8日，国家林业和草原局局长张建龙在北京会见保尔森基金会主席亨利·保尔森先生一行，就湿地保护、红树林恢复、外来物种治理和国家公园建设等进行深入探讨，并同意在上述领域推动双方进一步加强合作与交流。

（荣林云）

【**梶谷辰哉一行来华检查指导中日民间绿化项目**】 4月15~21日，应国家林业和草原局对外合作项目中心邀请，以日中绿化交流基金事务局长梶谷辰哉为团长的日方代表团一行3人赴甘肃省和河北省检查指导日中绿化交流基金项目。日方代表团对项目地的实施情况给予高度评价，并指导项目地总结好项目经验，做好项目的后期管护和可持续发展。

（徐映雪）

【**日本自民党代表访问中日民间绿化合作纪念林**】 4月28日，日本自由民主党干事长二阶俊博率日本国会议员、都道府县知事、业界团体负责人、驻华使馆官员等十余位日方代表考察中日民间绿化合作纪念林。纪念林位于北京市昌平区南口镇，于2000年10月8日建立，中日双方1300多人在纪念林栽植了12棵樱花树和1000棵侧柏、华山松和油松。2000年，二阶俊博作为日中绿化推进议员联盟代表参加纪念林营建仪式并栽植樱花树。以此为起点，中日民间绿化合作项目正式启动。迄今为止，该项目共实施277个项目，造林面积达7万多公顷，对改善生态环境、促进两国民间交流发挥了重要作用。

（徐映雪）

【**联合国森林论坛第十四届会议**】 于5月6~10日在美国纽约联合国总部举行。会议审议《联合国森林战略规划》（UNSPF）执行情况，并结合可持续发展问题高级别政治论坛的审查周期和国际森林日主题，就2019~2020

年资源需求进行技术讨论和经验交流，近 300 名来自联合国森林论坛成员国、森林伙伴关系（CPF）成员、区域和次区域组织、主要群体和利益相关者代表出席会议。国家林业和草原局总经济师张鸿文率团参加。张鸿文在会上就中国针对 UNSPF 的国家自主贡献作发言并阐述中国为实现全球森林目标所采取的措施和制定的目标。代表团还向秘书处正式提交国家自主贡献文件。该文件综合反映了中国相关重点林业规划的主要目标和措施，对全部 6 项全球森林目标的实现都将有所贡献，得到论坛秘书处和与会代表的高度赞赏。会议期间共有澳大利亚、加拿大、中国、德国、印度尼西亚、以色列和尼日利亚 7 个国家宣布了针对联合国森林战略规划的国家自主贡献。

（毛 琪）

【发展中国家履行《联合国森林文书》（UNFI）及森林可持续经营援外培训班】 于 6 月 20 日至 7 月 12 日在北京举办。来自 8 个国家的 25 名林业官员参加培训，重点开展《联合国森林文书》主要内容、实施目的及其政策原则，《联合国森林文书》实施原因及进程，《联合国森林文书》国别报告的编写，联合国森林问题谈判进展，中国森林可持续经营管理实践和经验，中国集体林权制度改革，森林可持续经营技术及示范等课程学习，展示中国森林可持续经营的最佳实践，为支持发展中国家履行 UNFI 作出中国贡献。受国家林业和草原局对外合作项目中心邀请，联合国森林论坛秘书处官员专程来华授课。

（毛 琪）

【境外非政府组织林草合作培训班】 于 7 月 10~13 日在国家林业和草原局管理干部学院北戴河院区召开，相关境外非政府组织代表机构首席代表及项目主管等共计 51 人参加研讨。主要内容包括：中国林草改革发展重点工作、建立以国家公园为主体的自然保护地体系、CITES 公约履约形式及社会组织参与履约活动简析、境外非政府组织在华项目活动的问题与挑战、建立健全合作机制等。

（孙颖哲）

【2019 年第一批中日绿化合作林业青年代表团】 应中日友好会馆邀请，7 月 28 日至 8 月 3 日，国家林业和草原局对外合作项目中心副主任刘昕率 30 名林草系统青年干部组成中日绿化合作青年代表团，赴日本开展访问交流。代表团一行在日本东京、北海道钏路、札幌等地区，先后与中日绿化交流基金、日本林野厅有关部门、钏路湿原国立公园、日高南部森林管理局署和北海道森林管理局等单位，就日本林业政策、湿地管理、森林经营、城市绿化等话题进行广泛深入的业务交流。代表团还在日高南部种植栎树、白桦、槲树友谊林。

（徐映雪）

【履行《联合国森林文书》示范单位建设研修班】 于 9 月 2~6 日在北京举办。共有来自 13 家履行《联合国森林文书》示范单位的 50 名干部参加。主要培训内容包括：履约与森林经营规划的结合、森林经营方案编制、非政府组织参与、宣传策略、履约经验与挑战等。

（毛 琪）

【"一带一路"林业草原国际合作交流研讨会】 于 9 月 4~6 日在内蒙古呼和浩特举行。会议主题是研讨"一带一路"林业草原国际合作交流面临的机遇和挑战，谋划"十四五"期间合作交流的重点领域和措施行动。会议认为，"一带一路"沿线既是全球生态问题突出的地区之一，也是世界上经济发展水平差距最大、国家类型多样、多民族与多宗教聚集的区域。会议强调，各有关单位要积极创新国际合作理念和合作模式，以"十四五"规划为契机，加强沟通协调，形成合力，在林业和草原改革发展、国家公园试点、保护地优化、野生动物保护、荒漠化防治等领域全方位推动"一带一路"务实合作与交流。

（钱 腾）

【国家林业和草原局与世界自然基金会（WWF）2019 年合作年会】 于 9 月 24~25 日在陕西省西安市召开。国家林业和草原局相关司局单位、相关省（区）林草主管部门及世界自然基金会（瑞士）北京代表处代表参加会议。双方回顾上一年度项目的执行情况，商讨并拟定 2020 年度合作项目，形成《国家林业和草原局与世界自然基金会 2020 年合作计划》。根据《合作计划》，2020 年，双方将在关键物种保护、森林、湿地、海洋等生态系统保护管理以及国家公园建设等领域开展合作，项目资金约 5281 万元人民币。

（郭潇潇）

【沙特阿拉伯王国利雅得皇家委员会来华交流】 10 月 10 日，沙特阿拉伯王国利雅得皇家委员会一行与国家林业和草原局对外合作项目中心及相关司局单位人员座谈。沙方表示，希望今后能够加强双方在林业领域的合作，沙方亟需造林以及防沙治沙的技术，希望中方能够派相关专家赴沙方指导。双方表示，将以此为契机，在林业领域开展技术交流和培训，并在互利共赢的基础上进一步加强务实合作。

（钱 腾）

【2019 年第二批中日绿化合作林业青年代表团】 应中日友好会馆邀请，10 月 14~19 日，由国家林业和草原局国际合作司司长孟宪林率林草系统 28 名青年干部组成中日绿化合作青年代表团，赴日本开展访问交流。代表团一行拜访了日本林野厅、北海道森林管理局、日高南部森林管理局署和钏路湿原国立公园等单位，就日本林业政策、湿地管理、森林经营、城市绿化等话题进行广泛深入的业务交流，并在日高南部种植栎树、白桦、槲树友谊林。

（徐映雪）

【履行《联合国森林文书》示范单位建设工作会议】 于 11 月 20~21 日在四川省眉山市洪雅县召开。国家林业和草原局副局长彭有冬到会并讲话，对履约示范单位建设提出新要求，并为 14 家示范点颁授新版履行《联合国森林文书》示范单位牌匾。会议部署示范单位建设重点任务，通报国际森林问题最新进展，促进示范单位建设经验交流。

（毛 琪）

【中德生物多样性与气候变化对话论坛】 于 11 月 6 日在北京举行。论坛主题是"围绕生物多样性与气候变化，探讨面临的机遇和挑战，研究应对的措施和行动"，由中国财政部、国家发改委和德国联邦经济合作与发展部联合主办，德国复兴信贷银行承办，来自中德两国政府主管部门、科研教育机构和中德林业合作项目实施单位以及国际组织代表240多人参加。国家林业和草原局对外合作项目中心副主任许强兴应邀参加并在开幕式上致辞。

（杨瑗铭）

【国家林业和草原局与野生生物保护学会（WCS）及自然资源保护协会（NRDC）2019年合作年会】 于11月15日在北京举行。国家林草局有关司局、直属单位、相关省（区）林草主管部门以及野生生物保护学会、自然资源保护协会北京代表处的代表参加会议。会议回顾上一年度合作项目执行情况，商定2020年合作项目，形成《国家林业和草原局与野生生物保护学会2020年合作计划》及《国家林业和草原局与自然资源保护协会2020年合作计划》。根据《合作计划》，2020年，野生生物保护学会将在东北虎豹及其栖息地保护、青藏高原野生动物保护、野生动物贸易控制管理等领域开展活动，项目资金约811.3万元人民币；自然资源保护协会将在野生动物保护与CITES履约，保护地与国家公园建设，森林、生物多样性与湿地建设，生态与野生动植物保护公众宣传教育等领域开展活动，项目资金约240.5万元人民币。

（孙颖哲）

【张建龙会见世界自然保护联盟官员】 11月20日，国家林业和草原局局长张建龙在北京会见世界自然保护联盟主席章新胜和联盟代理总干事格雷塞尔·艾吉拉，就构建以国家公园为主体的自然保护地体系建设、生物多样性保护、湿地生态修复、合作开展全球环境基金（GEF）项目等事宜深入交换意见，并同意在上述领域推动双方进一步加强合作与交流。总经济师杨超参加会见。

（荣林云）

【国家林业和草原局与大自然保护协会（TNC）2019年合作年会】 于11月22日在云南省昆明市召开。国家林业和草原局相关司局单位、相关省（区）林草主管部门及大自然保护协会（美国）北京代表处代表参加会议。双方回顾上一年度项目的执行情况，商讨并拟定2020年度合作项目，形成《国家林业和草原局与大自然保护协会2020年度合作计划》。根据《合作计划》，2020年，双方将在气候变化、国家公园建设、林草生态保护与修复以及林产品贸易等领域开展合作，项目资金约1893万元人民币。

（郭潇潇）

【2019年度林业和草原援外培训工作会议】 于12月2日在广西壮族自治区南宁市召开。本次会议分析当前林业和草原生态保护国际合作形势和林业草原援外培训工作面临的机遇和挑战，研究2020年林业和草原援外培训目标任务和重点工作。会议对林业援外培训工作总体情况进行总结。会议强调，各单位要围绕林业和草原改革发展和国家公园建设等重点工作，加强林业和草原援外培训工作深度谋划，进一步形成合力，注重林业和草原援外培训品牌和基地建设，讲好中国林业和草原故事。

（钱　腾）

【中日民间绿化合作委员会第二十次会议】 于12月10日在北京召开。来自外交部亚洲司、国家林业和草原局国际司、合作中心、日本外务省大洋洲局、日本林野厅、日中绿化交流基金事务局、日本驻华使馆的代表共计30人参加会议。会上，中日双方对中日民间绿化合作项目在过去的20年间所取得的成果均给予高度评价。双方表示，希望借助该项目的平台继续推动两国间的友好往来，为中日两国新型合作关系添砖加瓦。此次会议是中日民间绿化合作委员会的最后一次会议。

（徐映雪）

【国家林业和草原局与境外非政府组织2019年度合作座谈会】 于12月16日在北京召开，国家林业和草原局生态修复司等21个司局及直属单位代表和世界自然基金会等19个境外非政府组织总部及在华代表机构的代表共50余人出席座谈会。国家林草局副局长彭有冬出席并致辞，会议高度肯定合作成效，并对下一阶段合作提出新的要求。国际野生物贸易研究组织国际首席运营官马库斯·菲普斯及国家地理学会副总裁艾玛·卡拉斯科等出席并致辞。

（荣林云）

国际金融组织贷款项目

【"长江经济带珍稀树种保护与发展项目"进展】 "长江经济带珍稀树种保护与发展项目"由世界银行和欧洲投资银行联合融资，利用世界银行贷款1.5亿美元、欧洲投资银行贷款2亿欧元。该项目是截至2019年国际金融组织在中国林业领域投资最大的贷款项目，项目涉及安徽、江西、四川三省。

世界银行贷款项目 2019年1月、7月，世界银行先后两次派出项目预评估组，赴四川省开展项目预评估工作，基本确定项目支付指标、建设任务、检查验收等内容。11月，财政部联合国家林业和草原局、四川省财政厅、四川省林业和草原局，与世界银行在北京完成世行结果导向型规划贷款长江经济带珍稀树种保护与发展项目谈判。谈判双方就《贷款协定》《项目协议》《支付信》《项目评估报告》等文件达成共识，并签订相关法律文件。12月17日，世界银行执行董事会批准向中国提供1.5亿美元贷款。

欧洲投资银行贷款项目 2019年2月5日，欧洲投资银行执行董事会批准长江经济带珍稀树种保护与发展项目。4月，国家林草局世行中心联合中国林科院世行办专家组赴江西省和安徽省开展专题调研。9月，欧洲投资银行派出项目监测组，赴江西、安徽两省开展项目监测工作。2019年12月20日，财政部与欧洲投资银行签订《贷款协议》。

世行中心组织编制了《项目管理办法》《财务管理办法》和《监测与评价方案》等项目管理制度，并借鉴世界银行贷款项目的管理经验，制定了项目科技支撑计划，建立完善的中央级、省级和县级科技支撑组织体系。

（周 瑞）

【亚行贷款西北三省（区）林业生态发展项目】 2019年项目竣工，亚行于5月29日关闭贷款账户。项目共营造经济林3.89万公顷、生态林4849公顷，修建果库4座，建设各类道路12千米，建设房屋等设施2.25万平方米，培训各类人员14.5万人次。项目共使用贷款8720万美元、赠款429.4万美元，分别占计划的87.2%和84.22%。由于报账支付落后于实体建设，经商亚行和财政部同意，新疆终止使用804 059.66美元赠款和11 820 845.07美元贷款。

（宋 磊）

【亚行丝绸之路沿线地区生态治理与保护项目】 该项目于2018年列入国家发展和改革委、财政部利用世界银行和亚洲开发银行贷款2018~2020年备选项目规划。项目由国家林草局牵头，计划使用亚行贷款2亿美元，占总投资的60%。贷款按省份划分：陕西5000万美元，甘肃5000万美元，青海6000万美元，宁夏4000万美元。项目建设主要内容：多功能森林新造、湿地治理保护与恢复、森林游憩及项目机构能力建设等。2019年启动项目准备。在项目准备的过程中，宁夏申请退出项目，陕西省自愿申请增加4000万美元贷款。世行中心及陕西、甘肃和青海三省项目办选聘咨询机构开展项目设计，完成项目可行性研究报告初稿。11月，世行中心与亚行专家组在北京召开项目设计磋商会，就项目准备工作安排达成了一致意见。

（宋 磊）

【欧洲投资银行贷款林业打捆项目】 截至2019年底，项目累计完成新造林4.12万公顷，占计划面积的91.5%；完成森林改培修复面积2.71万公顷，占计划面积的93.47%，完成国家、省、县、乡培训37 337人日。项目累计使用贷款6215.46万欧元，占总贷款62.2%；落实各级配套资金6.68亿元。为完成项目任务，欧投行执董会批准项目关账日延期至2020年6月16日。

（陈京华）

【全球环境基金"中国林业可持续管理提高森林应对气候变化能力项目"】 组织召开2019年度指导委员会会议，审议通过项目年度工作计划和预算。编制印发项目财务管理办法、咨询专家服务管理办法。编制森林可持续经营、生物多样性保护、应对气候变化等项目指南，进一步完善中央级试点示范方案。组织开发GEF项目监测系统和外资项目档案管理系统，完成主体框架设计和关键模块开发，已具备运行条件。编制2019年上半年和2018年7月至2019年6月年度项目进展报告，并报粮农组织审查。完成2017~2019年项目消耗品与非消耗品采购。搭建项目英文网站，编制项目通讯，及时发布项目重要信息和进展情况。

（陈京华）

国有林场与林业工作站建设

18

国有林场建设与管理

【综　述】　2019年国有林场建设与管理工作成效显著。一是完成《国有林场管理办法》修订初稿，推进国有林场规范管理。二是完成《国有林场中长期发展规划(2020~2035年)》初稿，进一步明确国有林场发展目标。三是编辑《中国国有林场扶贫20年》，推进国有贫困林场脱贫攻坚。四是加强国有林场队伍能力建设，切实提高国有林场职工职业素养。

【《国有林场管理办法》】　1月、3月，在北京召开两次座谈会，部分省（区）国有林场主管部门负责人、国有林场场长及有关专家参加，对《国有林场管理办法》（以下简称《办法》）修订的主要思路进行研讨，并研究起草《办法》修订大纲及主要条款。9月，起草完成《办法》条款内容。11月，对《办法》部分条款进一步修改完善，形成《办法》修订初稿。

【《国有林场中长期发展规划(2020~2035年)》】　1月，在北京召开座谈会，部分省（区）国有林场主管部门负责人、部分国有林场场长及有关专家参加，对《国有林场中长期发展规划(2020~2035年)》（以下简称《规划》）编制的主要思路进行研讨。5月，起草完成《规划》初稿。11月，对各省（区）上报数据进行梳理分析，对《规划》初稿进一步完善，形成报批稿。

【国有林场扶贫】　2019年落实中央财政国有贫困林场扶贫资金6.2亿元。与中国农林水利气象工会联合开展调研及送温暖活动，赴贵州省对部分困难职工进行实地走访慰问，向贵州省、湖南省60名国有林场困难职工发放慰问金6万元，并围绕国有林场改革验收就林场职工权益保护情况进行调研。对各省（区、市）上报的国有林场扶贫20年总结、国有林场扶贫有关政策文件、扶贫典型国有林场与人物等材料进行整理，编辑完成《中国国有林场扶贫20年》初稿。

【2019全国国有林场职工主题演讲大赛】　于12月3日在北京举办。本届演讲大赛由国家林业和草原局、中国农林水利气象工会全国委员会共同主办，中国林场协会、中国林业职工思想政治工作研究会、中国绿色时报社、山东省淄博市原山林场协办。这是自2015年开始，国家林业和草原局联合中国农林水利气象工会全国委员会举办的第4届全国国有林场职工演讲大赛。

大赛以"新时代 新梦想 新作为"为主题，旨在充分展示国有林场广大干部职工积极投身改革的时代风采，弘扬艰苦奋斗精神，传递奋发向上的正能量。全国共有28个省（区、市）以及内蒙古大兴安岭重点国有林管理局、中国林科院的30名选手进入本届大赛决赛。经过激烈的角逐，河北省木兰围场国有林场的程李美等30名选手分获个人一、二、三等奖及优秀奖，山东省淄博市原山林场获特殊贡献奖。全国政协常委、国家林业和草原局副局长刘东生，中国农林水利气象工会主席、分党组书记蔡毅德出席大赛闭幕式为获奖选手颁奖。

【国有林场培训班】　于12月11~14日在北京举办。培训班就国有林场财务制度解读、国有林场森林经营方案编制与实施、林业法治基本情况介绍等进行授课。部分省（区）国有林场主管部门负责人、国有林场场长、地县林业（草原）局局长，中国林业科学研究院国有林场相关管理人员和林场场长约90人参加培训。

【国有林场备案】　截至2019年12月，各省（区、市）按照《国有林场备案管理办法》要求开展国有林场备案工作，全部提交了国有林场批准设立的文件、事业单位法人证书或企业法人营业执照、林地权属证明、《国有林场备案申请表》、国有林场改革省级验收证明等备案材料。

（国有林场建设与管理由杜书翰供稿）

林业工作站建设

【综　述】　2019年，国家林业和草原局林业工作站管理总站（以下简称"工作总站"）紧紧围绕国家大局和林草中心工作，着眼发展、着重创新、着力服务，抓重点促难点，抓关键带全面，扎实工作，积极作为，各项工作取得了明显成效。

行业建设　下发《2019年全国林业工作站工作要点》，对全年工作做出总体部署。以绩效为导向，根据总站日常跟踪掌握情况和各地上报的重点工作成效，对各省林业工作站（以下简称"林业站"）2018年度6个方面22项内容进行了调查量化，下发了工作通报。开展2019年全国林业站本底调查关键数据年度更新工作，截至2019年底，全国共有地、县、乡三级林业站机构27 229个、职工11.11万人，覆盖全国96.34%的乡镇。召开全国林业工作站站（处）长座谈会，全面回顾总结近两年行业工作，学习交流工作经验，研究部署2020年重点工作。

强化基础 落实中央预算内投资8200万元，新安排414个标准化林业工作站（以下简称"标准站"）建设任务，带动地方投入16 460万元。举办标准站建设培训班，重点解读了《标准化林业工作站建设检查验收办法》，提高标准站建设管理能力。制订《2019年度全国标准化林业工作站建设验收方案》，在建设完成的469个站中抽选了62个站进行实地验收，其余进行书面验收，共有461个林业站达到合格标准，授予"全国标准化林业工作站"名称。依据验收结果，编印了《2019年度标准化林业工作站建设验收报告汇编》。持续关注各级林业站有关机构改革动态变化情况，以标准化林业站建设为抓手，推进各地林业站机构队伍稳定。

提升服务 贯彻落实《关于开展乡镇林业工作站服务乡村振兴工作的通知》精神，全国26个省份制订了省级实施方案。下发了《关于做好2019年乡镇林业工作站站长能力测试工作安排的通知》及《考前培训方案》，全年培训测试人数2600人。创新推进"全国乡镇林业工作站岗位培训在线学习平台"（以下简称"平台"）工作，开发完善平台移动端APP和无纸化测试系统。截至2019年底，平台注册学员8.4万名，累计开展网络学习1439万人次，学习总时长达313万学时。选取10个省份实施"林业站服务能力提升项目"，积极完善"一站式""全程代理"等便民服务模式。全年开展了标准站建设、林业站精准扶贫、生态护林员、林政执法、森林保险等培训共11期，培训人次达900余人。开展上述相关调研13次，有力促进了各地服务能力的提升。

精准扶贫 开展林业站精准扶贫培训，推动各地贯彻落实《关于充分发挥乡镇林业工作站职能作用　全力推进林业精准扶贫工作的指导意见》精神。扩大建档立卡贫困人口生态护林员选聘规模，2019年，指导各级林业站配合落实选聘资金71亿元，其中中央资金60亿元，共选聘100万建档立卡贫困人口担任生态护林员，带动300万人稳定增收脱贫。修订并以三部委文件下发了《建档立卡贫困人口生态护林员选聘办法》，完善生态护林员个人信息电子档案，截至2019年底，录入生态护林员个人信息69万余条。制订《生态护林员宣传工作方案》，通过"工作总站子站"、《中国绿色时报》、地方媒体和政府网站等渠道做好生态护林员宣传。

稽查调纠 修订《林业行政案件受理与稽查办法》，认真做好举报电话的接听和信访案件的回复工作，2019年度共受理电话和信件举报482件。完成2019年度全国林业行政案件统计分析工作，全国共发现林政案件14.44万起，查结13.56万起。整合林业和草原行政案件统计分析工作，更新和完善行政案件类型及范围，下发《林业和草原行政案件类型规定》。受国家林业和草原局办公室委托，承担国家林业和草原局行政执法证核发及相关工作，负责组织国家林业和草原局行政执法资格考试。举办重点国有林区林权争议处理培训班，提升国有林区林权争议处理工作人员的调处能力，强化重点国有林区林权管理工作。

森林保险 推动四部委联合出台《关于加快农业保险高质量发展的指导意见》（以下简称《指导意见》），其中有七处涉及森林保险，并明确"适时调整完善森林和草原保险制度，制定相关管理办法"。完成2018年全国森林保险统计分析报告，深入分析全国森林保险发展态势。继续联合中国银行保险监督管理委员会，共同编撰出版《2019中国森林保险发展报告》。落实《指导意见》要求，起草《森林和草原保险管理办法》。做好培训及宣传，举办森林保险业务管理培训班，组织编撰《森林保险十周年宣传图册》。探索草原保险财政支持路径，开展跨部委联合调研，推动内蒙古开展自治区财政支持下的草原保险试点。

（王　葆）

【全国林业工作站站（处）长座谈会】　于12月19日在江西宜春召开。国家林业和草原局副局长李树铭出席。会议指出，林业站不断适应林业改革要求和农村发展需求，深入贯彻林业建设的总体战略部署，在加强生态建设、保障国土安全、深化林业改革、促进农民增收等方面发挥了不可替代的作用，已成为新时代林草事业高质量发展的稳固基石。会议强调，随着中国生态文明体制改革不断深入，林业草原融为一体，各类自然保护地统一监管，生态保护修复职责实现集中统一，山水林田湖草系统治理全面落实，各种生产要素向林草行业聚集，满足人民群众对优质生态产品的需求将成为林草业的主要目标任务，这些都为林草事业高质量发展创造了前所未有的条件。林业站要做好绿水青山的守护者，做好乡村振兴的推动者，做好生态扶贫的助力者。会议要求，当前和今后一个时期，林业站要紧紧围绕林草中心工作，不断深化改革，充分发挥职能作用，着力抓好职能发挥、公共服务、基础保障、规范管理和队伍建设，为实现林业和草原治理体系和治理能力现代化作出贡献。

（王　葆）

12月19日，全国林业工作站站（处）长座谈会在江西宜春召开

【林业工作站管理总站成立30周年】　2019年是国家林业和草原局林业工作站管理总站成立30周年，30年来，工作总站与全国林业站广大干部职工一道，不忘初心、牢记使命，苦练内功、强化服务，紧紧围绕国家大局和林业中心工作，充分发挥林业站职能作用，在畅通林业建设任务落地的"最后一公里"上下功夫，在"稳机构、打基础、强管理、提素质、抓服务"上使长劲，坚持不懈地强化行业建设、推进林草保险、调处林权纠纷、深化林政案件稽查以及开展生态护林员工作，为中国林业治理体系和治理能力现代化、林草事业高质量发展作出了应有贡献。为全面系统地展示30年来历任局（部）领

导对总站的关心以及各级林业站在林业改革发展不同阶段发挥的职能作用，工作总站举办了"筑林草基石 绘生态画卷"主题展览，制作了两部分别聚焦省份、人物的宣传视频，激励广大林业站干部职工投身生态文明建设，为新时代林草事业高质量发展提供优质服务与保障。

（王 葆）

【省级林业工作站重点工作质量效果跟踪调查】 2019年，按照《省级林业工作站年度重点工作质量效果跟踪调查办法》（林站办字〔2018〕3号）规定，组织开展了2019年度重点工作质量效果跟踪调查。经各省级林业站管理机构自我量化、工作总站综合量化和结果复核，2019年，排名前十位的省份依次为：吉林省、江西省、福建省、内蒙古自治区、湖南省、广西壮族自治区、河南省、陕西省、北京市、四川省。

（王 葆）

【全国林业工作站基本情况】 截至2019年底，全国有地级林业站247个，管理人员2383人；有县级林业站2002个，管理人员21 921人。与2018年相比，地级林业站增加24个，管理人员增加196人；县级林业站增加310个，管理人员增加1481人。全国有乡镇林业站24 980个，其中管理两个以上乡镇区域的林业站（片站）1948个，农业综合服务中心加挂林业站牌子6089个，其他乡镇机构加挂林业站牌子1284个，虽无机构编制文件但正常履职的"林业站"3452个，其他涉"林"乡镇机构1409个。与2018年相比，全国乡镇林业站数量增加1276个，增长5.38%，其中，片站增加194个，增长11.06%；农业综合服务中心加挂林业站牌子的增加849个，增长16.20%。管理体制为县级林业主管部门派出机构的站有6645个，占总站数的26.60%；县、乡双重领导的站有3986个，占15.96%；乡镇管理的站14 349个，占57.44%。与2018相比，派出机构的林业站减少425个，占比降低3.23个百分点；双重领导的林业站减少755个，占比降低4.04个百分点；乡镇管理的林业站增加2456个，占比增长7.27个百分点。

全国乡镇林业站职工核定编制81 581人，年末在岗职工86 788人，其中长期职工83 371人。在岗职工较2018年增加682人，增长0.79%。在岗职工中，纳入财政全额人员76 507人，占职工总数的88.16%；纳入财政差额人员3118人，占3.59%；依靠林业经费的4088人，占4.71%；自收自支供养的3075人，占3.54%。35岁以下的16 355人，占18.84%；36~50岁的51 100人，占58.88%；51岁以上的19 333人，占22.28%。与2018年相比，35岁以下的比例上升了0.58个百分点，36~50岁的下降了0.91个百分点，51岁以上的比例上升了0.33个百分点。

2019年，全国完成林业站建设投资25 345万元，较2018年减少12 596万元，减幅33.20%。其中，国家投资8885万元，地方配套16 460万元；地方配套中省级投资7995万元。各省份以标准站建设为抓手，不断强化林业站基础建设，积极鼓励地方资金建站，全年新建林业站业务用房面积41 888平方米，有7521个林业站拥有交通工具，共有11 900台，站均0.48台，其中，有451个站新购置了交通工具；有19 479个林业站拥有计算机，共有52 309台，站均2.09台，其中，有1481个站新购置了计算机。

2019年，全国林业站紧紧围绕中心，服务大局，在林业重点工程建设、森林资源保护与管理、科技推广、生态护林员管理、助力精准脱贫、服务乡村振兴等方面发挥了重要作用，为林草事业高质量发展作出了积极贡献。全国共有7728个林业站受上级林业主管部门的委托行使林业行政执法权，占总站数的30.94%；加挂野生动植物保护站牌子的有4566个，占18.28%；加挂科技推广站牌子的有2797个，占11.20%；加挂公益林管护站牌子的有4070个，占16.29%；加挂森林防火指挥部（所）牌子的有3405个，占13.63%；加挂病虫害防治（林业有害生物防治）站牌子的有2724个，占10.90%；加挂天然林资源管护站牌子的有2354个，占9.42%；加挂生态监测站牌子的有526个，占2.11%。全年办理林政案件78 871件，参与调处纠纷48 987件。全国共有6673个站开展一站式、全程代理服务，占总站数的26.71%。共有9682个站参与开展森林保险工作，占总站数的38.76%。全年共开展政策等宣传工作215.80万人天，人均约25天；培训林农614.16万人次。指导、扶持林业经济合作组织8.91万个，带动农户295.60万户。拥有科技推广站办示范基地20.28万公顷，开展科技推广65.48万公顷。全国林业站共指导管理护林员124.37万人，其中生态护林员75.67万人。全国林业站指导扶持乡村林场20 900个，较2018年增加526个。其中，集体林场10 407个，占林场总数的49.79%；家庭林场9705个，占46.44%。林场经营面积共计626.15万公顷，林场从业人员18.70万人。

（罗 雪）

【全国林业工作站本底调查相关工作】 将2018年第二次全国林业站本底调查数据与2008年第一次调查数据进行系统比较分析，撰写4个专题分析报告和1个总报告，汇总出版了《第二次全国林业工作站本底调查》。

按照国家统计局相关要求，根据全国林业站工作实际，修改完善《林业工作站情况统计调查制度》，并完成备案工作。举办本底调查培训班，对各省级林业站管理部门及重点地市林业站管理部门负责本底调查工作的73人进行了培训，重点解读林业统计报表制度和相关指标，指导各省部署开展本省份2019年本底调查关键数据更新工作。

组织全国31个省（区、市）和新疆生产建设兵团开展2019年全国林业站本底调查关键数据年度更新工作。调查内容包括市、县级林业站管理机构及人员情况，乡镇林业站机构队伍，人员培训，基本建设投资和主要装备，职能作用发挥，指导管理护林员以及辖区乡村林场等情况，共计7个方面121项指标。使用"林业工作站本底数据报表管理系统"，采用网络在线填报的方式、以县级林业站管理部门为单元，对全国乡镇林业站及地、县级管理机构进行采集、录入、审核、汇总、上报，对全国数据进行审核、汇总、撰写分析报告。

（罗 雪）

【标准化林业工作站建设】 继续抓好标准站建设，通过标准站建设带动林业站整体建设水平的提升。指导各省级林业站管理部门做好标准站建设工作，编制好建设实施方案；举办标准站建设培训班，对有关政策和要求进行重点解读；安排典型省份交流；做好项目实施方案汇总、实施进度追踪等工作，向相关省林业站管理部门反馈实施方案存在的问题，提出修改完善建议，督促指导各省份林业站管理部门开展2019年标准站建设。

组织开展标准站建设项目验收。将标准站验收方式优化为书面验收与实地验收相结合，在纳入验收范围的469个站中，重点选择15个省份进行实地验收，先后组织了13个验收组共36人次，赴北京、内蒙古、黑龙江等15个相关省份，选取62个站开展现地验收工作；对其余的省份进行书面验收，在县级自查、省级验收的基础上，对省级验收材料逐项审查，严格按照《标准化林业工作站建设检查验收办法》《乡镇林业工作站工程项目建设标准》等具体规定和要求进行比对，对审查出的问题及时反馈省级补充完善，审查通过的视作通过国家验收。根据实地验收结果以及书面验收情况，确认2019年度全国共有461个林业站达到合格标准，授予"全国标准化林业工作站"名称。

（程小玲）

【林业站服务乡村振兴工作】 深入贯彻落实国家林业和草原局2018年印发的《关于开展乡镇林业工作站服务乡村振兴工作的通知》，围绕实施林业站服务乡村振兴战略，邀请全国农业、农村领域知名专家在专题培训班上解读乡村振兴战略，安排4个省份作典型交流，指导26个省份编写省级实施方案。在河北、内蒙古、辽宁、湖南、江西、四川、陕西、甘肃、青海9省（区）深入开展林业站服务乡村振兴工作，充分发挥林业站各项职能，为农村和农牧民参与林草生态保护、建设和改革提供专业化服务，推动建设美丽宜居乡村、发展乡村特色林草产业、传承弘扬乡村生态文化等。全国共有17个省份推荐90个林业站服务乡村振兴典型。 （程小玲）

【2019年乡镇林业工作站站长能力测试工作】 2019年，工作总站积极采取有效措施，认真落实年度乡镇林业站站长能力测试工作，下发《国家林业和草原局林业工作站管理总站关于做好2019年乡镇林业工作站站长能力测试工作安排的通知》，对2019年测试工作进行了安排部署。一是根据上年度各省（区、市）测试工作完成的情况，以及上报的年度测试需求等，确定2019年度河北等23个省（区、市）测试任务的工作量。二是要求各有关省（区、市）继续重点做好贫困地区的测试工作。特别是要加大对集中连片特困地区国家扶贫开发工作重点县林业站培训工作的指导力度和资金支持力度，重点组织实施好测试，切实推动落实林业站分级分类培训制度。三是严格能力测试考前培训。要求各省（区、市）结合林业重点工作和本省林业站培训的实际需求，研究落实考前培训的相关课程、师资以及具体方式。四是及时有效上报能力测试计划和总结。要求各省（区、市）按照相关工作程序，合理确定测试时间，按时上报相关培训和测试材料。五是认真抓好测试评估工作。组成12个工作小组，做好综合质量评估和培训授课质量评估等相关工作。2019年全年培训测试人数计计2600人，有效促进了林业站工作的发展。 （郭露平）

【创新推进"全国乡镇林业工作站岗位培训在线学习平台"工作】 平台开通后，为各地林业站的培训工作提供了形式新颖、内容多样的线上课程。2019年，工作总站与时俱进，创新推动平台建设，针对平台无纸化测试系统开展了各项工作。一是进行调研，征求意见。召开了线上测试研讨会，征求北京、辽宁、吉林、黑龙江、四川、江西和福建等省（市）的意见，了解无纸化测试、平台移动端APP基本功能需求等。二是与技术支持公司对接功能需求，完善系统的功能及操作流程。三是完成了平台安全检测，形成了检测报告，并报备国家林业和草原局信息办。四是开展平台移动端APP试点工作，已将原有电脑端的数据导入平台移动端APP，并在北京、吉林、甘肃、湖南4省（市）开展试点。据统计，截至2019年底，平台的学员注册人数稳定在8.4万名，基层林业站人员累计开展网络学习1439万人次，获得学时总时长313万学时。平台的使用率和活跃度逐步提升，林业站干部职工参与平台学习效果日益明显。

（郭露平）

【案件稽查】 修订《林业行政案件受理与稽查办法》，制订《信访案件受理登记表》《林业行政案件举报电话受理单》《林业行政案件电话、信件举报情况统计表》，规范举报电话和信件的办理流程。赴云南、内蒙古等地开展林业行政案件专项调研，实地核查县级统计单位的"零"案件报送情况。举办全国林业站林政执法人员培训班，27个省级林业站管理部门的负责人和部分乡镇林业站站长近90人参加培训。举办全国林业行政案件统计分析人员、管理人员培训班，34个省级林业行政案件主管部门的主管领导和具体工作人员近180人参加培训。统计分析半年和全年全国林业行政案件情况，2019年全国共发现林业行政案件14.44万起，查处林业行政案件13.56万起。其中，林业站系统直接受理和协助受理林业行政案件7.89万起，占全国案件发现总量的54.64%。完成《全国林业和草原行政案件统计报表制度》备案工作，升级"全国林业行政案件统计分析系统"相关功能。 （张 凯）

【出台《林业和草原行政案件类型规定》】 根据《草原法》《草原防火条例》《风景名胜区条例》等法律、行政法规、部门规章及有关规定，2019年11月21日，国家林业和草原局印发《林业和草原行政案件类型规定》（林稽发〔2019〕110号）（以下简称《规定》）。《规定》明确了林业和草原系统的15类行政案件类型126种行政违法行为，对"违反草原法规案件""违反森林、草原防火法规案件""违反自然保护地管理法规案件"等行政案件类型及行政违法行为进行了新增和修订，对相关行政违法行为的处罚依据进行了补充和更新。各级林业和草原主管部门及有关机构在林业和草原行政案件统计分析及相关管理工作中应当执行该规定。省级林业和草原主管部门可依据本行政区域内的地方性行政法规和部门规章，增补行政违法行为，纳入相应案件类型，并报国家林业和草原局备案。《规定》的印发执行，是林草融合在行政执法领域中的生动实践，对推进林业和草原行政执法、案件管理和统计分析工作的制度化、规范化具有重要意义。

（张 凯）

【组织行政执法资格考试】 深入贯彻落实《国务院办公厅关于全面推行行政执法公示制度执法全过程记录制度重大执法决定法制审核制度的指导意见》和国家林业和草原局领导批示精神，受国家林业和草原局办公室委托，组织开展国家林业和草原局行政执法证核发及相关工作。2019年10月，下发《关于开展行政执法资格考试的通知》《国家林业和草原局行政执法资格考试参考材料汇编》《中华人民共和国行政诉讼法解读》等文件和资料。11~12月，在北京举行国家林业和草原局行政执法资格考试（2场），全局共有6个司局、3个直属单位和15个派出机构承担行政许可和行政检查等职责的处室在岗在编人员及司局级分管负责人共332人参加考试，进一步强化了行政执法资格管理，提升了行政执法人员素质，为林业和草原行政执法工作的规范化建设奠定了基础。 （张凯）

【生态护林员调研】 2019年，工作总站先后组派多个调研组，赴广西、贵州、宁夏、四川、湖南、云南等省份开展调查研究，召开座谈会20余场，收集基层干部和生态护林员的意见建议，共同探讨解决存在的问题；下乡进村入户，填写问卷300余份，实地了解脱贫增收的带动效果，查访巡山护林工作情况。通过调研，掌握基层生态护林员选聘管理工作实际开展情况，总结推广先进经验，发现解决典型问题，扎实推进政策落地落实。7月，遵照国家林业和草原局党组安排，工作总站决定把抓好生态护林员政策落实作为"不忘初心、牢记使命"主题教育的重点内容，派站领导带队，赴宁夏回族自治区开展生态护林员工作专项调研，调研组深入固原市原州区彭堡镇、黄铎堡镇，彭阳县王洼镇，德隆县观庄乡，与县林业主管部门、乡镇政府、乡镇林业站相关工作人员及25位建档立卡贫困人口座谈交流，并填写问卷；入户走访了4户生态护林员家庭，查看护林员生活情况和庭院经济发展情况。调研结束后，工作总站全体班子成员参加了调研情况专题交流会，共同探讨商议，提出了破解难题的实招、硬招，形成了《生态护林员情况调研报告》上交国家林业和草原局直属机关党委，并在此报告的基础上形成了国家林业和草原局专报《生态护林员政策初步实现生态脱贫双赢的预期目标》报送中办、国办信息部门，获中办单篇采用。 （梅凯龙）

【生态护林员政策成效宣传】 工作总站认真抓好生态护林员政策成效的宣传，生动讲好生态护林员护林脱贫的故事，通过"林业工作站管理总站"网站宣传报道100余次，详细介绍基层林业站在落实生态护林员政策中的好做法、好经验；与《中国绿色时报》合作，提供优秀宣传素材，组织宣传报道10余篇，出版《助力精准脱贫筑牢生态屏障》特刊一份，展现生态护林员政策在各地的显著成效，报道生态护林员巡山护林、带头脱贫的典型事迹；编印了《生态护林员政策与实践》宣传册，上篇内容为生态护林员政策实施以来的政策性文件和相关工作要求，中篇内容包括各省、部分县（市）及乡镇生态护林员政策的实施情况、落实举措、带动脱贫效果，以及管护工作开展情况、产生的生态经济效益等，下篇为案例篇，每省选取了2~3名优秀护林员作为典型代表，展现他们的巡护事迹和护林风采。 （梅凯龙）

【修订《建档立卡贫困人口生态护林员管理办法》】 为顺应机构改革形势和应对基层工作的突出问题，工作总站配合规财司再次对《建档立卡贫困人口生态护林员管理办法》进行了修改完善，由5章18条增加到5章22条，将"生态护林员选聘管理"及"生态护林员工作职责"两章合并为"生态护林员选聘及工作职责"一章，并将草原管护纳入生态护林员管护职责范围；新增"保障管理"章节，突出强调了生态护林员的培训、考核工作；有效规范和指导了各地生态护林员工作。 （梅凯龙）

【示范培训】 6月，举办生态护林员信息管理系统使用培训班，培训各地系统使用工作人员67人，讲授系统统计分析应用方法，指导解决系统使用过程中的问题，有力推动了系统数据录入工作。10月，举办生态护林员选聘与管理示范培训班，对22个省级林业和草原主管部门具体负责生态护林员管理工作的67名人员进行专题培训，解读生态护林员政策，交流工作经验、研讨解决问题，统一了政策认识、拓展了工作思路。通过组织开展示范培训，引导各地积极开展培训工作，不断提升林业干部服务生态护林员的工作能力。 （梅凯龙）

【森林保险工作】 2019年，中央财政森林保险保费补贴政策覆盖26个省（区、市）、4个计划单列市和4个森工集团，较上年增加黑龙江和江苏省。总参保面积1.57亿公顷，同比增长1.29%，其中公益林1.19亿公顷，商品林0.38亿公顷。总保额15 065.25亿元，总保费34.97亿元，各级财政补贴30.94亿元，占总保费的88.47%，其中，中央财政补贴15.87亿元，林业生产经营主体承担4.03亿元。全年完成赔付面积96.08万公顷，已决赔款11.00亿元，简单赔付率31.45%。

围绕中央1号文件提出的"按照扩面增品提标的要求，完善农业保险政策"的要求，工作总站着力推动各项工作开展，积极沟通财政部、银保监会和有关保险机构，2019年，在推进森林保险高质量发展进程中取得跨越式成果。

一是顶层设计。经过多年的积极推动、主动汇报、反复沟通，获得有关部门和领导对森林保险特殊性和复杂性的共识。《关于加快农业保险高质量发展的指导意见》（以下简称《指导意见》）经第八次中央深化改革委员会会议审议通过，并由财政部、农业农村部、银保监会和国家林业和草原局四部委联合印发，其中有7处涉及森林保险，并明确适时调整完善森林和草原保险制度，制定相关管理办法。在2019年12月颁布的新修订《森林法》中，明确森林保险的法律地位，第六十三条规定"国家支持发展森林保险。县级以上人民政府依法对森林保险提供保险费补贴。"

二是"两个报告"编写。审核各省上报的2018年度森林保险数据及工作总结，并汇编成册，深度分析挖掘、整理对比全年各项数据和历史数据，梳理各省政策变化的影响效果，形成2018年全国森林保险统计分析报告，得出"总体延续稳中有升态势，商品林参保面积仍在低位缓慢增长，保障程度稳步提升，赔付水平连续小幅降低"等结论；在此基础上，充实各地各单位的典型案例，继续联合银保监会共同编撰出版《2019中国森林保险发展报告》，向林业系统和保险系统赠阅1000余册。

三是制度建设。着力做好《指导意见》的落实，深化与财政部、银保监会协同合作，起草《森林和草原保险管理办法》；修改《森林保险查勘定损标准》，并将其列入国家林草局2020年林业行业标准制修订计划；完善《森林保险示范性条款》。

四是培训宣传。举办全国森林保险业务管理培训班（第十期），秉承"高质量师资"原则，开展名家政策解读和典型经验交流，累计参训94人；就《指导意见》中涉及森林和草原保险有关内容，在《中国绿色时报》专栏刊登政策解读；组织编撰了《森林保险十周年宣传图册》，全方位展示森林保险开展以来的成效和经验。

五是工作创新。围绕林草中心工作和林草融合新形势，积极探索草原保险财政支持路径，会同国家林草局规财司、草原司，联合财政部、银保监会，邀请原中央农村工作领导小组副组长袁纯清，赴四川和内蒙古开展联合调研，推动内蒙古开展自治区财政支持下的草原保险试点。

（马姣玥）

林草规划财务

19

全国林业和草原统计分析

【国土绿化】

营造林情况 按照2019~2020年全国营造林生产滚动计划，2019年造林任务673.33万公顷，全国共完成造林面积（自2015年起造林面积包括人工造林、飞播造林、新封山育林、退化林修复和人工更新）739.03万公顷，超额完成全年计划任务。全部造林面积中人工造林345.87万公顷，飞播造林12.53万公顷，封山育林189.8万公顷，退化林修复153.8万公顷，人工更新37万公顷。

林业重点工程建设 2019年，国家林业重点生态工程完成造林面积230.8万公顷，占全部造林面积的31.23%。分工程看，天保工程、退耕还林工程、京津风沙源治理工程、石漠化综合治理工程、三北及长江流域、国家储备林建设等重点防护林体系工程造林面积分别为50.4万公顷、47.8万公顷、23.07万公顷、17.87万公顷、86.8万公顷、4.87万公顷。

【林业草原投资】 2019年，林草投资完成总额4526亿元，比2018年减少6.04%，受全国经济下行影响，减少的资金全部来自社会资金。从资金来源看，中央资金投资完成额为1176亿元，比2018年增长2.80%；地方财政资金投资完成额为1477亿元，比2018年增长14.67%；社会资金（含国内贷款、企业自筹等其他社会资金）投资完成额为1873亿元，比2018年减少21.47%。国家资金（含中央资金和地方资金）为2653亿元，其中61.03%的资金投资用于造林抚育与森林质量提升等生态建设与保护项目。林草实际利用外资金额为1.65亿美元，比2018年减少36.78%。

【林业草原产业】 2019年，中国林业产业受整体经济形势影响增速有所放缓，但以森林旅游为主的林业第三产业仍然保持快速发展的势头，林业产业结构进一步优化。

林业产业规模 2019年，林业产业总产值达到80 751亿元（按现价计算），比2018年增长5.87%，增速放缓1.15个百分点。

林业产业结构 2019年，超过万亿元的林业支柱产业分别是经济林产品种植与采集业、木材加工及木竹制品制造业和以森林旅游为主的林业旅游与休闲服务业，产值分别达到1.51万亿元、1.34万亿元和1.54万亿元。以森林旅游为主的林业第三产业增速最快，林业旅游与休闲服务业产值增速达18.46%，全年林业旅游和休闲的人数达到39.06亿人次，比2018年增加2.46亿人次。林业三次产业结构比进一步得到优化，由2018年的32：46：22调整为31：45：24。

【主要林产品产量】

木材产量 2019年，全国木材总产量为10 046万立方米，比2018年增长14.02%。其中原木产量为9021万立方米，薪材产量为1025万立方米。

竹材产量 2019年，大径竹产量为31.45亿根，与2018年基本持平，其中毛竹18.33亿根，其他直径在5厘米以上的大径竹13.12亿根。竹产业产值达2892亿元。

人造板产量 2019年，全国人造板总产量为30 859万立方米，比2018年增长3.18%。其中：胶合板18 006万立方米，纤维板6199万立方米，刨花板产量2980万立方米，其他人造板3674万立方米（细木工板占48%）。

木竹地板产量 2019年，木竹地板产量为8.17亿平方米，比2018年增加3.55%，其中：实木地板9176万平方米，实木复合地板19 928万平方米，强化木地板（浸渍纸层压木质地板）45 273万平方米，竹地板等其他地板7307万平方米。

林产化工产品产量 2019年，全国松香类产品产量144万吨，比2018年增加1.41%。栲胶类产品产量2348吨，紫胶类产品产量6549吨。

各类经济林产品产量 2019年，全国各类经济林产品产量达到1.95亿吨，比2018年增长7.73%。从产品类别看，水果产量15 910万吨，干果产量1205万吨，林产饮料241万吨，花椒、八角等林产调料产品75万吨，食用菌、竹笋干等森林食品468万吨，杜仲、枸杞等木本药材454万吨，核桃、油茶等木本油料771万吨，松脂、油桐等林产工业原料385万吨。木本油料产品中油茶籽产量268万吨，种植面积达到433万公顷，年产值达1157亿元。

【林草系统在岗职工收入】 2019年，按国家机构改革的要求，林草系统单位个数和人员有所调整。林草系统单位个数共计40 057个，年末人数共计112万人，其中：在岗职工93万人，其他从业人员9万人，离开本单位仍保留劳动关系人员10万人。林草系统在岗职工年平均工资达到64 075元，比2018年增长9.66%，但与2018年城镇单位就业人员平均工资相比仍低22.25%。分地区看，东部地区林业系统在岗职工年平均工资最高；中部地区林业系统在岗职工平均工资增速最快，达到11.28%；西部地区和东北地区林业系统在岗职工年平均工资增速相同，都达到10.23%。

【林草产品贸易】

主要林产品进口 2019年，中国对木质林产品的进口始终保持增长态势，但是林产品的国际价格却有所回落，进口的主要木质林产品为木浆、原木和锯材。原木进口量6056.97万立方米，进口额94.34亿美元；锯材进口量3811.42万立方米，进口额85.91亿美元；木浆进口量2719.89万吨，进口额171.21亿美元。

主要林产品出口 2019年，中国纸制品出口依旧呈增长态势，而木家具受国际环境影响，有所回落，总体来说，中国出口的主要木质林产品为纸制品、木家具和木制品。纸、纸板及纸制品出口量1032.73万吨，出口额220.10亿美元；木家具出口量3.53亿件，出口额199.27亿美元；木制品出口量269.68万吨，出口额67.51亿美元。

主要草产品进口 2019年，中国草产品进口量162.68万吨，与2018年相比减少5%，其中，苜蓿干草进口量减少2%，燕麦草进口量减少18%，苜蓿颗粒进口量与2018年基本持平。草种子进口量5.13万吨，与2018年相比减少9%，其中，黑麦草种子进口量增加4%，羊茅种子进口量减少31%，草地早熟禾进口量减少17%，紫苜蓿种子进口量增加4%，三叶草种子进口量减少26%。

（注：林草产品进出口贸易数据为海关初步统计数，其他数据为林业统计年报数据。）

（规划财务司统计信息处　刘建杰　周　琼　林　琳）

林业和草原固定资产投资建设项目批复统计

【林业和草原基础设施建设项目批复情况】 2019年，国家林草局共审批林草基础设施建设项目235个，批复总投资411 595万元，包括中央投资357 961万元，地方安排投资53 634万元。其中，审批森林防火项目69个，批复总投资144 930万元（中央投资112 210万元，地方安排投资32 720万元）；审批草原防火项目13个，批复总投资33 039万元（中央投资30 036万元，地方安排投资3003万元）；国家级自然保护区基础设施建设项目39个，批复总投资70 874万元（中央投资57 134万元，地方安排投资13 740万元）；国家林草局直属事业单位基础设施能力建设项目29个（包括初步设计11个、可行性研究报告18个），批复可行性研究报告总投资33 228万元，全部为中央投资安排解决；国有林区社会性公益性基础设施建设项目12个，批复总投资19 448万元（中央投资17 823万元，地方安排投资1625万元）；林草科技类基础设施建设项目35个，批复总投资17 261万元；东北虎豹国家公园建设项目35个（包括初步设计11个、可行性研究报告24个），批复可行性研究报告总投资48 401万元，全部为中央投资安排解决；其他基础设施建设项目3个，均为竣工验收项目。

【森林防火项目】 共审批森林防火项目69个，批复总投资144 930万元，其中中央投资112 210万元，地方安排投资32 720万元。从主要建设内容看，包括火险区综合治理项目54个，批复总投资114 680万元，其中中央投资89 160万元；防火隔离带项目3个，批复总投资8620万元，其中中央投资6900万元；视频监控及信息指挥系统项目2个，批复总投资3880万元，其中中央投资3100万元；林草防火北斗巡护终端购置项目10个，批复总投资17 750万元，其中中央投资13 050万元。

表19-1　森林防火项目投资

序号	项目名称	批复投资（万元）			批复文号
		总投资	中央投资	地方投资	
	森林防火项目	**144 930**	**112 210**	**32 720**	
（一）	火险区综合治理项目	114 680	89 160	25 520	
1	山西省朔州市森林火灾高风险区综合治理工程建设项目	870	700	170	林规批字〔2019〕59号
2	内蒙古自治区乌兰察布市凉城县等旗县森林火灾高风险区综合治理工程建设项目	2510	2010	500	林规批字〔2019〕60号
3	大兴安岭图强林业局森林火险高危区综合治理建设项目	2040	2040	0	林规批字〔2019〕62号
4	吉林省长白山森工集团图们江流域森林火灾高危区综合治理工程建设项目	2360	1890	470	林规批字〔2019〕63号
5	山西省关帝山国有林区森林火灾高风险区综合治理工程建设项目	1960	1570	390	林规批字〔2019〕64号
6	山西省吕梁市森林火灾高风险区综合治理工程建设项目	3400	2720	680	林规批字〔2019〕66号
7	龙江森工沾河顶子北部林区森林火灾高危区综合治理建设项目	2980	2390	590	林规批字〔2019〕67号
8	龙江森工威虎山森林火灾高危区综合治理建设项目	2230	1790	440	林规批字〔2019〕68号
9	龙江森工老爷岭西部森林火灾高危区综合治理建设项目	1550	1240	310	林规批字〔2019〕69号
10	内蒙古根河林业局森林火灾高危区综合治理建设项目	2160	1730	430	林规批字〔2019〕70号

(续表)

序号	项目名称	批复投资(万元)			批复文号
		总投资	中央投资	地方投资	
11	江西省萍乡市森林火灾高风险区综合治理项目	2260	1810	450	林规批字〔2019〕71号
12	内蒙古自治区鄂尔多斯市森林火灾高风险区综合治理工程建设项目	2300	1840	460	林规批字〔2019〕73号
13	内蒙古金河林业局森林火灾高危区综合治理建设项目	1840	1470	370	林规批字〔2019〕74号
14	内蒙古绰源林业局森林火灾高危区综合治理建设项目	1730	1390	340	林规批字〔2019〕75号
15	内蒙古克一河林业局森林火灾高危区综合治理建设项目	2050	1640	410	林规批字〔2019〕76号
16	湖南省衡阳市森林火灾高风险区综合治理建设项目	2500	1750	750	林规批字〔2019〕77号
17	内蒙古乌尔旗汉林业局森林火灾高危区综合治理建设项目	2600	2080	520	林规批字〔2019〕78号
18	内蒙古阿里河林业局森林火灾高危区综合治理建设项目	2560	2050	510	林规批字〔2019〕79号
19	内蒙古自治区通辽市森林火灾高风险区综合治理工程建设项目	2870	2300	570	林规批字〔2019〕80号
20	河北省秦皇岛市森林火灾高风险区综合治理工程建设项目	3550	2130	1420	林规批字〔2019〕81号
21	河北省承德市滦潮河上游森林火灾高风险区综合治理工程项目	2770	1660	1110	林规批字〔2019〕82号
22	河北雄安新区森林火灾高风险区综合治理工程建设项目	1740	1050	690	林规批字〔2019〕83号
23	山东省日照市森林火灾高风险区综合治理工程建设项目	820	490	330	林规批字〔2019〕84号
24	山东省泰安市森林火灾高风险区综合治理工程建设项目	2630	1580	1050	林规批字〔2019〕85号
25	龙江森工完达山东部林区森林火灾高危区综合治理建设项目	1740	1390	350	林规批字〔2019〕86号
26	云南省迪庆州森林火灾高危区综合治理工程建设项目	2200	1760	440	林规批字〔2019〕87号
27	龙岩市九龙江上游流域森林火灾高风险区综合治理工程建设项目	1270	1020	250	林规批字〔2019〕88号
28	广西北海市森林火灾高风险区综合治理工程项目	1120	900	220	林规批字〔2019〕89号
29	西藏自治区阿里地区森林火灾高危区(高风险区)综合治理工程项目	1340	1340	0	林规批字〔2019〕90号
30	山西省太行山国有林区森林火灾高风险区综合治理工程建设项目	2560	2050	510	林规批字〔2019〕92号
31	辽宁省抚顺市森林火灾高风险区综合治理项目	2050	1640	410	林规批字〔2019〕93号
32	河南省焦作市森林火灾高风险区综合治理工程建设项目	1770	1420	350	林规批字〔2019〕105号
33	黑龙江省伊春森工金山屯、美溪、南岔林业局有限责任公司森林火灾高危区综合治理建设项目	2350	1880	470	林规批字〔2019〕108号
34	广东省肇庆市森林火灾高风险区综合治理工程建设项目	980	590	390	林规批字〔2019〕113号
35	湖北省神农架林区森林火灾高风险区综合治理工程建设项目	1290	780	510	林规批字〔2019〕116号
36	云南省红河州森林火灾高风险区综合治理工程项目	2460	1970	490	林规批字〔2019〕117号
37	西藏自治区昌都市森林火灾高危区(高风险区)综合治理工程	1980	1980	0	林规批字〔2019〕120号
38	四川省凉山彝族自治州木里等3县(局)森林火灾高危区综合治理工程建设项目	2440	1950	490	林规批字〔2019〕122号
39	甘孜藏族自治州丹巴县、道孚县等6县(局)森林火灾高危区综合治理工程建设项目	3140	2510	630	林规批字〔2019〕123号
40	新疆喀什地区森林火灾高风险区综合治理建设项目	2280	1830	450	林规批字〔2019〕124号
41	新疆维吾尔自治区和田地区森林火灾高风险区综合治理工程建设项目	2140	1710	430	林规批字〔2019〕125号
42	贵州省黔南州500米口径球面射电望远镜电磁波宁静区森林火灾高风险区综合治理项目	2650	2120	530	林规批字〔2019〕126号
43	贵州省六盘水市森林火灾高风险区综合治理工程建设项目	1730	1380	350	林规批字〔2019〕128号
44	甘肃省白龙江流域森林火灾高风险区综合治理建设项目	2500	2000	500	林规批字〔2019〕131号

(续表)

序号	项目名称	批复投资(万元)			批复文号
		总投资	中央投资	地方投资	
45	甘肃省迭山山脉森林火灾高风险区综合治理建设项目	2460	1970	490	林规批字〔2019〕132号
46	甘肃省平凉市森林火灾高风险区综合治理工程建设项目	1550	1240	310	林规批字〔2019〕133号
47	广西壮族自治区玉林市环大容山森林火灾高风险区综合治理工程建设项目	2300	1840	460	林规批字〔2019〕134号
48	宁夏银川市森林火灾高风险区综合治理项目	1680	1340	340	林规批字〔2019〕135号
49	重庆缙云山片区森林火灾高风险区综合治理建设项目	2220	1780	440	林规批字〔2019〕167号
50	云南省丽江市森林火灾高危区综合治理工程建设项目	2600	2080	520	林规批字〔2019〕169号
51	湖南省常德市森林火灾高风险区综合治理建设项目	1790	1170	620	林规批字〔2019〕171号
52	云南省大理州森林火灾高危区(高风险区)综合治理工程建设项目	1880	1510	370	林规批字〔2019〕172号
53	江西省东江源森林火灾高风险区综合治理项目	1660	1330	330	林规批字〔2019〕200号
54	河北省张家口冬奥赛区森林防火综合体系工程建设项目	2270	1360	910	林规批字〔2019〕209号
(二)	防火隔离带	8620	6900	1720	
1	江西省抚州市武夷山生物防火隔离带建设项目	3520	2820	700	林规批字〔2019〕61号
2	江西省赣州市生物防火隔离带建设项目	2950	2360	590	林规批字〔2019〕72号
3	黑龙江省森林草原防火可燃物管理与阻隔系统建设项目	2150	1720	430	林规批字〔2019〕106号
(三)	视频监控及信息指挥系统	3880	3100	780	
1	吉林省森林草原防火视频监控平台和信息指挥系统建设项目	1190	950	240	林规批字〔2019〕91号
2	龙江森工集团防火网络信息指挥平台建设项目	2690	2150	540	林规批字〔2019〕94号
(四)	林草防火北斗巡护终端购置项目	17750	13050	4700	
1	吉林省林业草原防火北斗巡护终端购置项目	1970	1580	390	林规批字〔2019〕111号
2	广东省林业草原防火北斗巡护终端购置项目	4650	2790	1860	林规批字〔2019〕112号
3	辽宁省林业草原防火北斗巡护终端购置项目	1260	1010	250	林规批字〔2019〕119号
4	四川省林业草原防火凉山等6市州北斗巡护终端购置项目	970	780	190	林规批字〔2019〕121号
5	贵州省林业草原防火北斗巡护终端购置项目	470	380	90	林规批字〔2019〕127号
6	内蒙古大兴安岭重点国有林管理局林业防火北斗巡护终端购置项目	1590	1270	320	林规批字〔2019〕130号
7	湖南省林业系统北斗巡护终端购置项目	1970	1460	510	林规批字〔2019〕136号
8	甘肃省林业草原防火北斗巡护终端购置项目	1170	940	230	林规批字〔2019〕163号
9	内蒙古自治区林业和草原防火北斗终端购置项目	1210	970	240	林规批字〔2019〕202号
10	江西省林业草原防火北斗巡护终端购置项目	2490	1870	620	林规批字〔2019〕208号

【草原防火建设项目】 共批复草原防火项目13个，批复总投资33 039万元，其中中央投资30 036万元，地方安排投资3003万元。

表19-2 草原防火建设项目投资

序号	项目名称	批复投资(万元)			批复文号
		总投资	中央投资	地方投资	
	草原防火项目	**33 039**	**30 036**	**3003**	
1	内蒙古自治区呼伦贝尔市大兴安岭岭西草原极高火险区建设项目	2444	2221	223	林规批字〔2019〕65号
2	黑龙江大庆市草原极高火险区建设项目	2623	2385	238	林规批字〔2019〕107号
3	吉林省松原市草原极高风险区建设项目	2994	2722	272	林规批字〔2019〕109号

(续表)

序号	项目名称	批复投资(万元)			批复文号
		总投资	中央投资	地方投资	
4	吉林省长春市草原高风险区建设项目	2600	2364	236	林规批字[2019]110号
5	甘肃省酒泉市草原防火基础设施建设项目	2930	2664	266	林规批字[2019]114号
6	甘肃省陇南市草原防火基础设施建设项目	2388	2171	217	林规批字[2019]115号
7	青海省海北州草原极高火险区(高火险区)建设项目	3103	2821	282	林规批字[2019]118号
8	内蒙古自治区包头市草原极高(中)火险区建设项目	2274	2067	207	林规批字[2019]129号
9	青海省玉树州草原极高火险区(高火险区)建设项目	2613	2375	238	林规批字[2019]165号
10	甘肃省定西市草原防火基础设施建设项目	1895	1723	172	林规批字[2019]166号
11	青海省黄南州草原极高火险区(高火险区)建设项目	2718	2471	247	林规批字[2019]168号
12	四川省甘孜州草原极高火险区建设项目	2705	2459	246	林规批字[2019]170号
13	新疆维吾尔自治区昌吉回族自治州草原高、中火险区建设项目	1752	1593	159	林规批字[2019]173号

【国家级自然保护区建设项目】 共批复国家级自然保护区基础设施建设项目39个,批复总投资70 874万元,其中中央投资57 134万元,地方安排投资13740万元。

表19-3 国家级自然保护区建设项目投资

序号	项目名称	批复投资(万元)			批复文号
		总投资	中央投资	地方投资	
	国家级自然保护区	**70 874**	**57 134**	**13 740**	
1	湖北南河国家级自然保护区建设项目	2241	1790	451	林规批字[2019]10号
2	青海省自然保护区综合监管平台建设项目	2574	2060	514	林规批字[2019]11号
3	内蒙古青山国家级自然保护区基础设施建设项目	1823	1460	363	林规批字[2019]27号
4	河南连康山国家级自然保护区保护及科研监测设施建设项目	2080	1664	416	林规批字[2019]97号
5	湖南小溪国家级自然保护区保护与监测设施建设项目	1227	982	245	林规批字[2019]98号
6	湖南东安舜皇山国家级自然保护区基础设施工程建设项目	1329	1063	266	林规批字[2019]99号
7	湖南舜皇山国家级自然保护区保护及监测设施建设项目	1412	1130	282	林规批字[2019]100号
8	宁夏罗山国家级自然保护区保护及监测设施建设项目	1240	992	248	林规批字[2019]101号
9	广东石门台国家级自然保护区基础设施建设项目	2093	1674	419	林规批字[2019]102号
10	广西邦亮长臂猿国家级自然保护区基础设施建设项目	1143	914	229	林规批字[2019]103号
11	河南太行山猕猴国家级自然保护区济源管理局基础设施建设项目	1766	1413	353	林规批字[2019]104号
12	辽宁医巫闾山国家级自然保护区巡护管护基础设施建设项目	2467	1974	493	林规批字[2019]176号
13	广西七冲国家级自然保护区基础设施建设项目	2179	1743	436	林规批字[2019]177号
14	黑龙江大峡谷国家级自然保护区保护基础设施建设项目	1911	1529	382	林规批字[2019]178号
15	云南乌蒙山国家级自然保护区保护及监测基础设施建设项目	2129	1703	426	林规批字[2019]179号
16	云南会泽黑颈鹤国家级自然保护区保护及监测设施建设项目	1052	842	210	林规批字[2019]180号
17	吉林雁鸣湖国家级自然保护区基础设施建设项目	2152	1721	431	林规批字[2019]181号
18	辽宁辽河口国家级自然保护区保护及科研监测设施建设项目	1535	1228	307	林规批字[2019]182号
19	辽宁白狼山国家级自然保护区保护及监测设施建设项目	1460	1168	292	林规批字[2019]183号
20	湖北石首麋鹿国家自然保护区保护及监测设施建设项目	1309	1047	262	林规批字[2019]184号
21	河南伏牛山国家级自然保护区黄石庵管理局保护及监测设施建设项目	2275	1820	455	林规批字[2019]185号

(续表)

序号	项目名称	批复投资(万元) 总投资	批复投资(万元) 中央投资	批复投资(万元) 地方投资	批复文号
22	新疆伊犁小叶白蜡国家级自然保护区保护及监测设施建设项目	1904	1523	381	林规批字〔2019〕186号
23	湖南九嶷山国家级自然保护区保护及监测设施建设项目	2404	1923	481	林规批字〔2019〕187号
24	甘肃太子山国家级自然保护区基础设施建设工程项目	2290	1832	458	林规批字〔2019〕188号
25	甘肃多儿国家级自然保护区保护及监测设施建设项目	2411	1929	482	林规批字〔2019〕189号
26	黑龙江丰林国家级自然保护区保护与巡护系统建设项目	1144	915	229	林规批字〔2019〕190号
27	河南大别山国家级自然保护区保护及科研监测设施建设项目	1288	1030	258	林规批字〔2019〕191号
28	福建君子峰国家级自然保护区基础设施建设项目	1397	1118	279	林规批字〔2019〕192号
29	云南金平分水岭国家级自然保护区保护与监测工程建设项目	2068	1654	414	林规批字〔2019〕193号
30	吉林波罗湖国家级自然保护区基础设施建设项目	2006	1605	401	林规批字〔2019〕194号
31	浙江南麂列岛国家级海洋自然保护区保护及监测设施建设项目	2379	1903	476	林规批字〔2019〕195号
32	陕西延安黄龙山褐马鸡国家级自然保护区生物多样性保护管理能力建设项目	1354	1083	271	林规批字〔2019〕196号
33	海南三亚国家级珊瑚礁自然保护区管理处综合科研监测巡护船项目	3392	2713	679	林规批字〔2019〕197号
34	山西阳城蟒河猕猴国家级自然保护区基础设施建设项目	1336	1069	267	林规批字〔2019〕198号
35	青海柴达木梭梭林国家级自然保护区工程建设项目	1389	1111	278	林规批字〔2019〕199号
36	广西大桂山鳄蜥国家级自然保护区基础设施建设项目	1350	1080	270	林规批字〔2019〕226号
37	浙江凤阳山-百山祖国家级自然保护区(凤阳山部分)保护与监测体系建设项目	2001	1601	400	林规批字〔2019〕227号
38	黑龙江呼中国家级自然保护区基础设施建设工程项目	2182	2182	0	林规批字〔2019〕234号
39	安徽扬子鳄国家级自然保护区基础设施建设项目	1182	946	236	林规批字〔2019〕235号

【局直属单位自身能力建设项目】 共审批国家林草局直属事业单位基础设施能力建设项目29个(包括初步设计11个、可行性研究报告18个),批复总投资33 228万元,全部由中央投资安排解决。

表19-4 国家林草局直属单位自身能力建设项目投资

序号	项目名称	批复投资(万元) 总投资	批复投资(万元) 中央投资	批复投资(万元) 地方投资	批复文号
一	直属单位初步设计	23 653	21 107	2546	
1	热带竹藤花卉国家种质资源保存库建设项目初步设计	1760	1760	0	林规批字〔2019〕28号
2	国家林业和草原局关于南京森林警察学院图书馆改造工程项目初步设计的批复	2749	2749	0	林规批字〔2019〕29号
3	国家西北荒漠化沙化实验监测基地工程建设项目初步设计概算调整的批复	5460	2914	2546	林规批字〔2019〕32号
4	局管理干部学院教学楼设施改造项目初步设计的批复	2906	2906	0	林规批字〔2019〕42号
5	局生物灾害监测鉴定实验室建设项目初步设计	2827	2827	0	林规批字〔2019〕46号
6	局泡桐中心科研基础设施建设项目初步设计	895	895	0	林规批字〔2019〕47号
7	甘肃白水江国家级自然保护区视频网络体系建设项目初步设计	1440	1440	0	林规批字〔2019〕48号
8	安徽太平竹林生态系统国家定位观测研究站建设项目初步设计	619	619	0	林规批字〔2019〕49号

（续表）

序号	项目名称	批复投资（万元）			批复文号
		总投资	中央投资	地方投资	
9	陕西佛坪国家级自然保护区保护站基础设施改造项目初步设计	1543	1543	0	林规批字〔2019〕51号
10	林木遗传育种国家重点实验室基础设施改造项目初步设计	2674	2674	0	林规批字〔2019〕52号
11	浙江杭嘉湖平原森林生态系统国家定位观测研究站建设项目初步设计	780	780	0	林规批字〔2019〕53号
二	直属单位可研批复	33228	33228	0	
1	中国大熊猫保护研究中心卧龙核桃坪基地改造项目	2568	2568	0	林规批字〔2019〕1号
2	局生物灾害监测鉴定实验室建设项目	2690	2690	0	林规批字〔2019〕2号
3	陕西佛坪国家级自然保护区保护站基础设施改造项目	1508	1508	0	林规批字〔2019〕9号
4	中国林业科学研究院资源昆虫研究所西南干热河谷生态重建示范基地建设项目	1839	1839	0	林规批字〔2019〕26号
5	局竹子中心竹建筑新材料试验基地建设项目可行性研究报告调整的批复	2814	2814	0	林规批字〔2019〕50号
6	中国林业和草原重大生态保护修复工程效益监测平台设备购置项目	1249	1249	0	林规批字〔2019〕54号
7	林木遗传育种国家重点实验室基础研究仪器设备购置项目	2758	2758	0	林规批字〔2019〕55号
8	国家林业和草原局调查规划设计院业务数据安全设备购置项目	2216	2216	0	林规批字〔2019〕56号
9	国家林业和草原局中南林业调查规划设计院院区基础设施改造项目	1890	1890	0	林规批字〔2019〕57号
10	国家林业和草原局昆明勘察设计院森林资源监测及数据处理设备购置项目	1738	1738	0	林规批字〔2019〕58号
11	中国林科院华北林业实验中心森林防火设施改造项目	1240	1240	0	林规批字〔2019〕164号
12	局经济林产品质量检验检测中心（杭州）检测设备购置项目	1836	1836	0	林规批字〔2019〕211号
13	局木材科学与技术重点实验室改造项目	713	713	0	林规批字〔2019〕218号
14	经济林种质创新与利用局重点实验室仪器设备购置项目	764	764	0	林规批字〔2019〕219号
15	南方国家级林木种苗示范基地科研基础设施建设项目	1976	1976	0	林规批字〔2019〕220号
16	局生物灾害监测鉴定实验室院区基础设施改造项目	1727	1727	0	林规批字〔2019〕231号
17	全国自然保护地生物多样性监测体系设备购置项目	1740	1740	0	林规批字〔2019〕232号
18	四川卧龙国家级自然保护区保护站（点）建设项目	1962	1962	0	林规批字〔2019〕233号

【国有林区社会性公益性基础设施建设项目】 共审批国有林区社会性公益性基础设施建设项目12个，批复总投资19 448万元，其中中央投资17 823万元，地方安排投资1625万元。

表19-5　国有林区社会性公益性基础设施建设项目投资

序号	项目名称	批复投资（万元）			批复文号
		总投资	中央投资	地方投资	
	国有林区社会性公益性基础设施项目	19 448	17 823	1625	
1	黑龙江省林口林业局林场所基础设施建设项目	749	674	75	林规批字〔2019〕95号
2	黑龙江省鹤立林业局林场所基础设施建设项目	496	446	50	林规批字〔2019〕96号
3	内蒙古阿龙山林业局局址基础设施建设项目	1565	1409	156	林规批字〔2019〕201号
4	内蒙古克一河林业局局址基础设施建设项目	1671	1504	167	林规批字〔2019〕203号
5	大兴安岭图强林业局局址雨水排水建设项目	1801	1801	0	林规批字〔2019〕204号
6	大兴安岭韩家园林业局雨水排水工程建设项目	1099	1099	0	林规批字〔2019〕205号

(续表)

序号	项目名称	批复投资(万元)			批复文号
		总投资	中央投资	地方投资	
7	吉林省湾沟林业局2018年水毁道桥恢复重建工程建设项目	3192	2873	319	林规批字〔2019〕206号
8	吉林省白河林业局职工医院设备购置建设项目	1647	1482	165	林规批字〔2019〕207号
9	大兴安岭新林林业局林场基础设施建设项目	1757	1757	0	林规批字〔2019〕210号
10	内蒙古阿尔山林业局局址基础设施建设项目	2071	1864	207	林规批字〔2019〕223号
11	黑龙江桦南林业局林场基础设施工程建设项目	1946	1751	195	林规批字〔2019〕224号
12	陕西省森林工业职工医院旧楼病区改造项目	1454	1163	291	林规批字〔2019〕225号

【林草科技类基础设施建设项目】 共审批林草科技类基础设施建设项目35个，批复总投资17 261万元，全部由中央投资安排解决。从主要建设内容看，包括生态系统定位观测研究站项目23个，批复总投资12 453万元，其中中央投资12 453万元；质量检验检测中心项目8个，批复总投资3167万元，其中中央投资3167万元；重点实验室项目4个，批复总投资1641万元，其中中央投资1641万元。

表19-6 林草科技类基础设施建设项目投资

序号	项目名称	批复投资(万元)			批复文号
		总投资	中央投资	地方投资	
	林草科技基础设施	**17 261**	**17 261**	**0**	
(一)	生态系统定位观测研究站项目	12 453	12 453	0	
1	广西漓江源森林生态系统国家定位观测研究站改扩建项目	388	388	0	林规批字〔2019〕3号
2	贵州雷公山森林生态系统国家定位观测研究站建设项目	551	551	0	林规批字〔2019〕4号
3	陕西黄龙山森林生态系统定位研究站提升项目	475	475	0	林规批字〔2019〕5号
4	内蒙古自治区阿拉善吉兰泰荒漠生态系统定位观测研究站建设项目	472	472	0	林规批字〔2019〕6号
5	局香格里拉草地生态系统国家定位观测研究站建设项目	647	647	0	林规批字〔2019〕147号
6	湖南芦头森林生态系统国家定位观测研究站建设项目	758	758	0	林规批字〔2019〕149号
7	山东省微山湖湿地生态系统定位观测研究站建设项目	746	746	0	林规批字〔2019〕150号
8	辽宁辽东半岛森林生态系统国家定位观测研究站扩建项目	472	472	0	林规批字〔2019〕151号
9	广东广州城市生态系统国家定位观测研究站建设项目	343	343	0	林规批字〔2019〕152号
10	海南五指山森林生态系统定位观测研究站建设项目	670	670	0	林规批字〔2019〕153号
11	黑龙江抚远森林生态系统定位观测研究站建设项目	633	633	0	林规批字〔2019〕154号
12	新疆乌鲁木齐城市生态系统国家定位观测研究站建设项目	557	557	0	林规批字〔2019〕155号
13	吉林松辽平原草原生态系统国家定位观测研究站建设项目	523	523	0	林规批字〔2019〕156号
14	海南文昌森林生态系统国家定位观测研究站建设项目	139	139	0	林规批字〔2019〕157号
15	河南郑州城市生态系统国家定位观测研究站建设项目	554	554	0	林规批字〔2019〕158号
16	云南建水石漠化生态监测仪器设备购置项目	418	418	0	林规批字〔2019〕159号
17	黑龙江漠河森林生态系统国家定位观测研究站扩建项目	420	420	0	林规批字〔2019〕160号
18	辽宁西北部草原生态系统国家定位观测研究站建设项目	620	620	0	林规批字〔2019〕161号
19	内蒙古巴丹吉林荒漠生态系统定位研究站建设项目	590	590	0	林规批字〔2019〕175号
20	江苏宜兴竹林生态系统定位观测研究站建设项目	737	737	0	林规批字〔2019〕221号
21	四川长宁竹林生态系统定位观测研究站建设项目	690	690	0	林规批字〔2019〕222号
22	黑龙江黑河森林生态系统国家定位观测研究站扩建项目	424	424	0	林规批字〔2019〕228号
23	宁夏农牧交错带温性草原生态系统定位观测研究站建设项目	626	626	0	林规批字〔2019〕229号
(二)	质量检验检测中心	3167	3167	0	
1	国家林业和草原局林产品质量检验检测中心(南宁)能力提升建设项目	380	380	0	林规批字〔2019〕8号

(续表)

序号	项目名称	批复投资(万元)			批复文号
		总投资	中央投资	地方投资	
2	局林产品质量检验检测中心(杭州)林产品检验检测设施设备建设项目	300	300	0	林规批字〔2019〕145号
3	局经济林产品质量检验检测中心(兰州)仪器及相关配套设备购置项目	296	296	0	林规批字〔2019〕212号
4	局林产品质量检验检测中心(郑州)建设项目	553	553	0	林规批字〔2019〕213号
5	局林木种苗质量检验检测中心(长春)设备购置项目	405	405	0	林规批字〔2019〕214号
6	局林产品质量安全检测中心(成都)林产品及环境检验监测能力建设项目	457	457	0	林规批字〔2019〕215号
7	局经济林产品质量检验检测中心(乌鲁木齐)平台扩建项目	200	200	0	林规批字〔2019〕216号
8	局花卉产品质量检测中心(昆明)建设项目	576	576	0	林规批字〔2019〕217号
(三)	重点实验室项目	1641	1641	0	
1	长白山特色森林资源保育与高效利用国家林业和草原局重点实验室提升自身能力建设项目	421	421	0	林规批字〔2019〕7号
2	局西南喀斯特山地生物多样性保护重点实验室能力提升项目	484	484	0	林规批字〔2019〕146号
3	南方木本油料利用科学国家林业和草原局重点实验室平台建设项目	208	208	0	林规批字〔2019〕148号
4	东北虎豹国家公园保护生态学国家林业和草原局重点实验室设备购置项目	528	528	0	林规批字〔2019〕230号

【东北虎豹国家公园建设项目】 共审批东北虎豹国家公园建设项目35个(包括初步设计11个、可行性研究报告24个),批复可行性研究报告总投资48 401万元,全部为中央投资安排解决。

表19-7 东北虎豹国家公园建设项目投资

序号	项目名称	批复投资(万元)			批复文号
		总投资	中央投资	地方投资	
一	**东北虎豹国家公园初步设计**	**20 761**	**20 761**	**0**	
1	东北虎豹国家公园天桥岭分局(天桥岭林业局)监测巡护体系建设项目初步设计	2687	2687	0	林规批字〔2019〕33号
2	东北虎豹国家公园管理局监测平台供配电保障系统建设项目初步设计	287	287	0	林规批字〔2019〕34号
3	东北虎豹国家公园珲春市分局(珲春市林业局)监测巡护体系建设项目初步设计	1308	1308	0	林规批字〔2019〕35号
4	东北虎豹国家公园大兴沟分局(大兴沟林业局)监测巡护体系建设项目初步设计	1370	1370	0	林规批字〔2019〕36号
5	东北虎豹国家公园珲春分局(珲春林业局)监测体系建设项目初步设计	2981	2981	0	林规批字〔2019〕37号
6	东北虎豹国家公园汪清县分局(汪清县林业局)监测巡护体系建设项目初步设计	1188	1188	0	林规批字〔2019〕38号
7	东北虎豹国家公园汪清分局(汪清林业局)管护体系建设项目初步设计	1745	1745	0	林规批字〔2019〕39号
8	东北虎豹国家公园汪清分局(汪清林业局)监测体系建设项目初步设计	2928	2928	0	林规批字〔2019〕40号
9	东北虎豹国家公园绥阳分局(绥阳林业局)监测巡护体系建设项目初步设计	2828	2828	0	林规批字〔2019〕43号
10	东北虎豹国家公园东宁分局(东宁市林业局)监测巡护体系建设项目初步设计	1278	1278	0	林规批字〔2019〕44号

(续表)

序号	项目名称	批复投资(万元) 总投资	批复投资(万元) 中央投资	批复投资(万元) 地方投资	批复文号
11	东北虎豹国家公园穆棱分局(穆棱林业局)监测巡护体系建设项目初步设计	2161	2161	0	林规批字[2019]45号
二	**东北虎豹国家公园可研批复**	**48 401**	**48 401**	**0**	
1	东北虎豹国家公园标识系统建设项目	2511	2511	0	林规批字[2019]12号
2	东北虎豹国家公园管理局监测平台供配电保障系统建设项目	287	287	0	林规批字[2019]13号
3	东北虎豹国家公园珲春分局(珲春林业局)监测体系建设项目	2981	2981	0	林规批字[2019]14号
4	东北虎豹国家公园珲春分局(珲春林业局)管护体系建设项目	2338	2338	0	林规批字[2019]15号
5	东北虎豹国家公园珲春市分局(珲春市林业局)监测巡护体系建设项目	1308	1308	0	林规批字[2019]16号
6	东北虎豹国家公园汪清分局(汪清林业局)监测体系建设项目	2928	2928	0	林规批字[2019]17号
7	东北虎豹国家公园汪清分局(汪清林业局)管护体系建设项目	1749	1749	0	林规批字[2019]18号
8	东北虎豹国家公园汪清县分局(汪清县林业局)监测巡护体系建设项目	1188	1188	0	林规批字[2019]19号
9	东北虎豹国家公园天桥岭分局(天桥岭林业局)监测巡护体系建设项目	2734	2734	0	林规批字[2019]20号
10	东北虎豹国家公园大兴沟分局(大兴沟林业局)监测巡护体系建设项目	1370	1370	0	林规批字[2019]21号
11	东北虎豹国家公园绥阳分局(绥阳林业局)监测巡护体系建设项目	2828	2828	0	林规批字[2019]22号
12	东北虎豹国家公园穆棱分局(穆棱林业局)监测巡护体系建设项目	2176	2176	0	林规批字[2019]23号
13	东北虎豹国家公园东京城(东京城林业局)监测巡护体系建设项目	1390	1390	0	林规批字[2019]24号
14	东北虎豹国家公园东宁分局(东宁市林业局)监测巡护体系建设项目	1278	1278	0	林规批字[2019]25号
15	东北虎豹国家公园大兴沟管理分局保护站点基础设施建设项目	2408	2408	0	林规批字[2019]137号
16	东北虎豹国家公园汪清县基础设施建设项目	2000	2000	0	林规批字[2019]138号
17	东北虎豹国家公园天桥岭管理分局管护监测体系建设项目	2786	2786	0	林规批字[2019]139号
18	东北虎豹国家公园珲春管理分局保护站及监测体系建设项目	2481	2481	0	林规批字[2019]140号
19	东北虎豹国家公园穆棱管理分局标识系统、监测巡护管护体系建设项目	721	721	0	林规批字[2019]141号
20	东北虎豹国家公园东京城管理分局标识系统、监测巡护管护体系建设项目	2592	2592	0	林规批字[2019]142号
21	东北虎豹国家公园东宁市管理分局标识系统、监测体系建设项目	862	862	0	林规批字[2019]143号
22	东北虎豹国家公园绥阳管理分局标识系统及监测巡护体系建设项目	2331	2331	0	林规批字[2019]144号
23	东北虎豹国家公园监测管理平台建设项目	2800	2800	0	林规批字[2019]162号
24	东北虎豹国家公园汪清管理分局管护监测体系建设项目	2354	2354	0	林规批字[2019]174号

【其他基础设施建设项目】 共审批竣工验收项目3个。

表19-8 其他基础设施建设项目投资

序号	项目名称	批复投资(万元)			批复文号
		总投资	中央投资	地方投资	
三	其他	0	0	0	
1	国家林业和草原局森林和草原病虫害防治总站实验室仪器设备购置项目竣工验收的批复	0	0	0	林规批字〔2019〕2号
2	林业有害生物及野生动物疫源疫病监测预报国家级信息系统改扩建项目竣工验收的批复	0	0	0	林规批字〔2019〕3号
3	四川卧龙国家级自然保护区管理局2个防洪堤建设项目竣工验收的批复	0	0	0	林规批字〔2019〕40号

(规划财务司建设处 富梅妹)

林业和草原基本建设投资

【林业和草原基本建设投资】 2019年，紧扣大规模国土绿化行动、草原生态保护修复、国家公园体制试点等工作重点，不断加大各类建设资金的争取力度，林业草原投资规模明显增长、投资政策持续优化完善、投资计划监管全面跟进。全年累计下达中央预算内林业草原投资299亿元，比2018年增加87亿元，增幅达41%。其中：天保工程17亿元、退耕还林还草工程47亿元、退牧还草工程20亿元、三北等防护林工程50亿元、京津风沙源治理工程16.6亿元、石漠化治理工程10.87亿元、祁连山治理4亿元、西藏生态屏障及三江源生态保护14.47亿元、国家级自然保护区基础设施建设3亿元、湿地保护与恢复工程3亿元、国家公园体制试点建设8.57亿元、林业有害生物防治能力提升建设1.3亿元、林木种质资源保护工程1亿元、森林防火15.69亿元(含东北、内蒙古重点国有林区防火应急道路试点2.8亿元)、国有林区社会性基础设施建设2亿元、国有林区(林场)管护用房建设试点2亿元、国有林区林场道路建设70亿元、部门自身建设项目2.25亿元、其他小专项(含草原防火)9.94亿元。

(规划财务司年度计划处 郭伟)

林业和草原区域发展

【援疆援藏】

《新疆构建丝绸之路经济带核心区生态屏障战略合作协议》 于8月22日由国家林草局与新疆维吾尔自治区人民政府签订，双方将在实施重点生态建设工程、加大森林草原资源监督管理、加强自然保护地体系建设等11个方面开展合作共建，合力推进构建丝绸之路经济带核心区生态屏障，推动新疆生态文明建设和林业草原改革发展。

第二届中国新疆特色林果产品博览会 于11月8日在广州开幕，全国19个省(区、市)的50多个类别700种特色林果、农副产品、精深加工产品和旅游产品参展，邀约企业、采购商470家。

西藏自治区市县林业和草原局局长培训班 于8月7~11日在西藏拉萨举办。西藏自治区各地(市)及各县(区)林业和草原局主要负责人共40人参加培训。培训的主要内容是解读林业项目资金管理政策、新一轮退耕还林政策、西藏林业产业政策，讲解西藏特色植物砂生槐环境修复及产业一体化、森林资源保护与管理，研讨西藏行政执法及项目资金管理工作中的重点难点问题等。

新疆林业和草原行政执法培训班 于8月22~26日在新疆阿勒泰举办。新疆维吾尔自治区林业和草原局、新疆生产建设兵团林业和草原局行政执法人员共60人参加培训。培训的主要内容是解析依法履职案例，解读林业和草原行政执法形势、依法行政与法治政府建设，讲解林业和草原处罚的证据收集和文书制作等。

青海省林业和草原科技干部培训班 于10月21~25日在河北秦皇岛举办。青海省林草系统科技业务骨干共40人参加培训。培训的主要内容是讲解林草科技管理形势与任务、林草标准化概况、生态站等林草科技平台建设和管理、新形势下林草科技推广实践与思考等。

【西部大开发】

大规模国土绿化行动 落实退耕还林还草年度建设任务，安排年度退耕还林还草任务71.80万公顷，新增中央预算内投资180.19亿元。积极争取扩大退耕还林还草规模，将符合政策要求的陡坡耕地梯田、重要水源地15~25度坡耕地、严重污染耕地等122.88万公顷纳入退耕还林还草范围。开展三北防护林体系工程建设，安排三北防护林中央预算内投资19.7亿元，下达工程建设任务50.1万公顷，启动陕西子午岭百万亩防护林基地建设。推进长江和珠江防护林工程建设，安排中央预算内投资10.3亿元，完成营造林任务23.91万公顷。实施退牧还草、退化草原人工种草生态修复试点项目，安排中央预算内投资28.26亿元，下达围栏封育任务61.87万公顷、人工种草任务28.24万公顷、草原改良任务55.19万公顷、治理黑土滩毒害草任务23.87万公顷。加大石漠化综合治理力度，将158个县纳入石漠化治理重点县投资范围。实施京津风沙源治理二期工程，安排中央预算内投资4.24亿元，下达建设任务10.26万公顷。

资源保护管理 进一步扩大天然林资源保护范围，将一半以上集体和个人所有天然商品林纳入财政补助范围。提高天然林资源保护森林管护补助，比照森林生态效益补偿补助标准，对集体和个人所有天然林停伐补助标准提高至每年每公顷240元。加大对湿地保护修复的支持力度，安排中央预算内投资0.86亿元，实施湿地保护与恢复工程2个，指导48处湿地进行国家重要湿地申报工作，联合中国地质调查局在青海、四川开展泥炭沼泽碳库调查，完成20处国际重要湿地生态状况监测工作，完成11处国家湿地公园范围和功能区调整。加强对林业有害生物防治工作的督促和指导，开展2015~2017年重大林业有害生物防治目标责任书检查考核。落实国务院副总理韩正批示精神，积极应对新疆天山野果林病虫害灾害，研究提出对策措施，部署开展防治工作，加大野果林保护力度。

自然保护地体系建设 安排中央财政补助资金2.53亿元用于支持国家级自然保护区能力提升。批复西藏类乌齐马鹿、云南白马雪山、甘肃多儿3处国家级自然保护区总体规划，评审通过甘肃洮河国家级自然保护区范围及功能区的调整，命名四川青川地震遗迹、西藏羊八井、广西都安地下河、广西罗城4处国家地质公园，指导甘肃张掖国家地质公园通过联合国教科文组织世界地质公园申报评估，批复实施四川省剑门蜀道风景名胜区（广元段）明月峡景区、剑门蜀道风景名胜区（广元段）昭化古城景区、贵州省织金洞风景名胜区游客中心区及官寨老街3处国家级风景名胜区详细规划，助推内蒙古巴丹吉林沙漠、贵州三叠纪化石群、贵州黄果树-屯堡3个项目列入联合国教科文组织《世界遗产预备清单》。

国家公园试点 协调推进祁连山、大熊猫国家公园体制试点工作，在国家林草局西安专员办加挂祁连山国家公园管理局牌子，依托国家林草局成都专员办组建大熊猫国家公园管理局，分别成立协调工作领导小组并组织编制了《祁连山国家公园总体规划》《大熊猫国家公园总体规划》。指导云南省和青海省推进普达措、三江源国家公园体制试点工作，指导云南省完成了原普达措国家公园管理局归并整合及《香格里拉普达措国家公园总体规划》修编工作。与青海省联合印发《青海省关于〈建立以国家公园为主体的自然保护地体系建设的指导意见〉的实施方案》，共同主办第一届国家公园论坛，习近平总书记专门发来贺信，为国家公园建设指明了前进方向。

产业发展和生态扶贫 加强森林旅游宣传推介，在2019年全国森林旅游推介会上，共推出西部地区4条全国特色森林旅游线路、3家全国新兴森林旅游地品牌和5家全国精品自然教育基地。打造森林旅游新业态新产品，将西部地区20个森林体验基地和16个森林养生基地纳入100家全国森林体验和森林养生国家重点建设基地名单。进一步扩大生态护林员选聘规模，安排西部地区生态护林员中央补助资金40.91亿元，占全国总投资的69.34%，通过安排有一定劳动能力但又无业可扶、无力脱贫的建档立卡户为生态护林员，精准、有效带动西部地区贫困群众脱贫增收。

【**中部地区崛起**】 统筹支持中部地区林草生态建设。深入开展大规模国土绿化，通过实施天然林资源保护、退耕还林还草、重点防护林体系建设、湿地保护与恢复等林草重点生态工程，中部六省抵御自然灾害的能力得到增强，森林覆盖率明显提高。加大对林业有害生物防治工作的督促和指导，重点开展松材线虫病、杨树食叶害虫等重大林业有害生物防控基础设施建设，有力地推动中部六省林业有害生物防控工作，较好地保护了中部地区生态建设成果。继续开展建档立卡贫困人口生态护林员选聘工作，2019年安排中部地区生态护林员补助资金14.71亿元，在建档立卡贫困人口中选聘21.42万人为生态护林员。 （规划财务司区域处 李俊恺）

林业和草原对外经济贸易合作

【**林草对外贸易**】 中国是林产品加工和贸易大国，是全球林产品供应链的重要一环。2019年，受全球经济萎缩和中美贸易摩擦影响，中国林产品国际贸易受到一定冲击，但是依旧保持了较为平稳的发展趋势。2019年中国林产品对外贸易1572.81亿美元，同比减少4.84%。其中，进口额为775.68亿美元，同比减少7.35%；出口额为797.13亿美元，同比减少2.26%。2019年中国对木质林产品的进口始终保持增长态势，但是林产品的国际价格却有所回落。2019年，中国进口的主要木质林产品为木浆、原木和锯材：木浆进口量2719.89万吨，同比增长9.72%，进口额171.21亿美元，同比减少13.16%；原木进口量6056.97万立方米，同比增长1.48%，进口额94.34亿美元，同比减少14.12%；锯材进口量3811.42万立方米，同比增长

4.04%，进口额 85.91 亿美元，同比减少 15.20%。2019 年，中国纸制品出口依旧呈增长态势，而木家具受国际环境影响，有所回落，总体来说，中国出口的主要木质林产品为纸制品、木家具和木制品：纸、纸板及纸制品出口量 1032.73 万吨，出口额 220.10 亿美元，同比分别增长 9.74% 和 15.04%；木家具出口量 3.53 亿件，出口额 199.27 亿美元，同比分别降低 8.69% 和 13.11%；木制品出口量 269.68 万吨，同比增长 0.95%，出口额 67.51 亿美元，同比减少 2.16%。

【林草对外投资】 在"一带一路"倡议的推动下，中国林业逐步形成了政府鼓励、规划引领、金融机构支持、龙头企业为主体、加工园区为载体、市场化运作的可持续林业投资合作新模式，引导企业向规模化、产业化、规范化发展。中国林业企业"走出去"在俄罗斯、东南亚、大洋洲、南美等国家和地区林业投资租用林地稳定在 6000 万公顷以上，建成了一批加工园区，为东道国提供近 4 万个就业岗位。积极落实中俄总理第二十四次定期会晤成果，深挖中俄林业投资合作潜力，引领中俄林业经贸合作。在俄罗斯建成了 10 余个具有一定规模的林业合作园区，带动了产业提档升级。其中，中俄托木斯克木材工贸合作区、俄罗斯龙跃林业经贸合作区、阿玛扎尔木浆一体化合作园区等一批标志性项目加快推进。据不完全统计，截至 2019 年底，已有 500 多家中资企业在俄开展林业投资合作，累计投资超过 40 亿美元。进一步夯实与非洲和东盟等地区的林业投资合作。中国在非投资的林业企业达 180 多家，主要集中在加蓬、喀麦隆和刚果（布）等国，为当地提供就业机会的同时，带动了中国资金、技术和装备走出去，共同推动产业发展；推动中国与东盟国家林业国际合作，鼓励和指导企业赴缅开展中缅经济走廊林业重点项目合作。以推动中新林业产业可持续发展为支点，提升中国与太平洋地区林业经贸合作水平。同时，不断拓展中国与中东欧和拉美等地区林业投资合作，为双边企业搭建合作平台，做好政策沟通与对接工作。2019 年，中国林业对外投资合作布局进一步完善，在全球配置森林资源的能力进一步加强，保障国内市场需求预期的能力进一步提升。

【"一带一路"林业合作】 随着高质量共建"一带一路"深入推进，林业合作已成为"一带一路"建设的重要组成部分。国家林草局秉持共商共建共享原则，稳步推动"一带一路"沿线林业经贸合作向高质量发展转变。积极落实第二届"一带一路"国际合作高峰论坛精神，2019 年配合推进"一带一路"建设工作领导小组办公室编制完成了包括埃塞俄比亚、巴布亚新几内亚、巴拿马、非盟、格林纳达、吉布提、蒙古、摩洛哥、莫桑比克、葡萄牙、萨尔瓦多、塞尔维亚、苏里南、泰国、瓦努阿图、乌干达、乌拉圭、希腊、牙买加、印度尼西亚、越南、智利等 20 多个国家和地区的合作规划。积极谋位占位，根据合作国实际情况，结合双方林业合作基础，积极将林业合作纳入双边合作规划。

伴随"一带一路"合作规划林业领域的不断完善，以及中国"走出去"高质量发展的深化，2019 年，中国与"一带一路"沿线国家的林产品贸易额达到了 563.58 亿美元，同比增长 6.59%，占中国林产品贸易总额的 35.83%。其中，进口额为 304.22 亿美元，同比增长 2.26%；出口额为 259.36 亿美元，同比增长 12.17%。中国从"一带一路"沿线国家进口的主要木质林产品为锯材、木浆和原木：锯材进口量 2502.88 万立方米，同比增加 3.99%，进口额为 51.55 亿美元，同比减少 9.21%；木浆进口量 605.17 万吨，同比增长 20.76%，进口额 38.05 亿美元，同比减少 3.36%；原木进口量 1176.17 万吨，进口额 16.56 亿美元，同比分别减少 5.27% 和 10.61%。中国向"一带一路"沿线国家出口的主要木质林产品为纸制品、木家具和胶合板：纸、纸板及纸制品出口量 486.88 万吨，出口额 89.26 亿美元，同比分别增长 19.70% 和 29.36%；木家具出口量 4476.06 万件，出口额 29.36 亿美元，同比分别增长 10.86% 和 2.24%；胶合板出口量 702.12 万立方米，同比增长 34.86%，出口额 18.13 亿美元，同比减少 7.27%。

（规划财务司外经处 万宇轩）

林业和草原扶贫

【林草扶贫】 深入学习习近平总书记关于扶贫工作重要论述，向党中央报送了 2018 年度、2019 年度脱贫攻坚工作情况报告，向国务院扶贫办报送了学习贯彻习近平总书记扶贫论述摘编情况的报告。筹备召开了全国生态扶贫工作会议和 3 次国家林草局扶贫工作领导小组会议，与水利部联合召开滇桂黔石漠化片区区域发展与脱贫攻坚现场推进会。认真抓好《生态扶贫工作方案》目标任务落实，与财政部、国务院扶贫办连续 4 年印发《关于开展建档立卡贫困人口生态护林员选聘工作的通知》，印发了《2019 年扶贫工作要点》《2019 年林业草原生态扶贫宣传工作方案》等扶贫系列文件。向国务院扶贫办报送了《关于支持深度贫困地区脱贫攻坚的实施意见》落实情况报告、《打赢脱贫攻坚战三年行动重要政策措施分工任务》落实情况报告、2019 年定点扶贫自评报告等。持续加大脱贫攻坚资金投入力度，向贫困地区安排中央林草资金 510 亿元。新增生态护林员中央财政补助资金 25 亿元，年度资金规模达到 60 亿元，选聘近 100 万名建档立卡贫困人口担任生态护林员，带动 300 多万贫困群众稳定增收和脱贫。全国新组建了 2.1 万个生态扶贫专业合作社，吸纳 120 万贫困人口参与生态保护工程建设。

定点扶贫 超额完成 2019 年《中央单位定点扶贫责任书》各项任务，向定点县引进帮扶资金 3.1 亿元，超额完成 4.8 倍；培训基层干部、技术人员 1818 人，超额完成2倍多，帮助销售贫困地区农产品4182万元，超额完成2.8倍。创新探索"生态+"扶贫机制模式，会同碳汇基金会发起设立"林业草原生态扶贫专项基金"，制订印发《林业草原生态扶贫专项基金管理暂行办法》，首批募集资金1656万元，安排1240万元扶持定点县4个生态产业扶贫示范项目落地实施。协调平安产险公司通过"平安扶贫保"产业扶贫模式，为罗城县毛葡萄酒酿造企业提供流动资金免息贷款1000万元以上；与人民网、中国社会扶贫网、中国农业银行等单位合作，为定点县特色农副产品搭建扶贫商城，促进线上销售。2019年，4个定点县共实现减贫4.71万人，减贫率17.2%，贵州荔波、独山两县如期脱贫摘帽。

打造深度贫困地区脱贫攻坚区 三江源国家公园体制试点区内安排生态护林员2.1万名，每名生态护林员年工资性收入达到2.16万元。大力推进云南省怒江傈僳族自治州深度贫困地区林草生态脱贫，2019年协调云南省林草局安排怒江傈僳族自治州生态护林员补助2.1亿元，共选聘生态护林员30145名，带动11万余名贫困人口增收和脱贫，占全州贫困人口总人数的77.2%，其中福贡、贡山两县实现建档立卡贫困人口全覆盖；安排森林生态效益补偿补助7612.81万元，8.7万户、30.4万人直接受益，其中建档立卡贫困人口4.1万户、14.7万人；安排退耕还林还草补助6.02亿元，退耕农户人均收入2451元。安排"三区三州"深度贫困地区国有林区林场道路建设任务1000千米以上，国有贫困林场扶贫资金6200万元。继续开展竹编实用技术培训，共培训怒江傈僳族自治州4个贫困县建档立卡贫困户、扶贫专业合作社社员和林农群众37名。联合国家发改委召开了第一次全国油茶产业发展工作会议，贫困地区油茶种植面积扩大到366.67万公顷。扎实做好援疆援藏援青工作，举办林草行政执法、基层干部、科技等专项培训班，培训3省(区)林草干部140余人。

（规划财务司扶贫处　黄祥云）

林业和草原生产统计

表19-9　全国营造林生产情况

指标名称	单 位	2019年	2018年	2019年比2018年增减(%)
一、造林面积	公顷	7 390 294	7 299 473	1.24
1. 人工造林面积	公顷	3 458 315	3 677 952	-5.97
2. 飞播造林面积	公顷	125 565	135 429	-7.28
3. 封山育林面积	公顷	1 898 314	1 785 067	6.34
4. 退化林修复面积	公顷	1 537 877	1 329 166	15.70
5. 人工更新面积	公顷	370 223	371 859	-0.44
二、森林抚育面积	公顷	8 477 587	8 675 957	-2.29

注：森林抚育面积特指中、幼龄林抚育。

表 19-10 各地区营造林生产情况

单位：公顷

地 区	造林面积						森林抚育面积
	合 计	人工造林	飞播造林	封山育林面积	退化林修复	人工更新	
全国合计	7 390 294	3 458 315	125 565	1 898 314	1 537 877	370 223	8 477 587
北 京	34 084	18 698	—	15 386	—	—	104 891
天 津	16 538	16 522	—	—	16	—	52 293
河 北	520 644	350 969	21 365	140156	3946	4208	254 164
山 西	347 355	275 024	—	58 266	14 065	—	72 133
内蒙古	720 285	371 332	32 186	121 361	187 710	7696	679 109
内蒙古森工集团	32 125	1914	—	—	24 708	5503	367 444
辽 宁	157 599	48 980	13 333	55 333	29 460	10 493	46 668
吉 林	102 929	24 595	—	—	69 926	8408	230 897
吉林森工集团	29 707	—	—	—	29 659	48	74 007
长白山森工集团	33 331	—	—	—	32 738	593	119 126
黑龙江	118 264	43 030	—	28620	42 214	4400	620 787
龙江森工集团	21 960	4095	—	—	13 465	4400	314 749
伊春森工集团	18 525	2650	—	2379	13 496	—	192 898
上 海	5003	5003	—	—	—	—	24 774
江 苏	44 366	32 370	—	—	159	11 837	66 704
浙 江	75 527	6276	—	1332	61 400	6519	72 684
安 徽	138 746	51 264	—	40 381	46 109	992	510 902
福 建	214 092	6738	—	142 780	16 938	47636	359 506
江 西	269 354	66 951	—	74 312	122 704	5387	394 622
山 东	168 297	125 393	—	—	18 114	24 790	188 402
河 南	196 493	164 771	13335	18 287	100	—	303 040
湖 北	473 105	138 486	—	192 486	136 220	5913	299 385
湖 南	574 543	191 985	—	162 741	213 907	5910	473 006
广 东	244 726	22 132	—	93 201	69 898	59495	502 597
广 西	220 068	34 537	—	43 194	5885	136 452	839 276
海 南	15 704	3057	—	—	55	12 592	43 816
重 庆	275 195	146 539	—	53 256	75400	—	156 571
四 川	400 370	136 609	79	126 563	129 833	7286	208 056
贵 州	346 974	142 472	—	101 592	95 376	7534	403 032
云 南	353 812	261 244	—	53 859	38 376	333	70 454
西 藏	87 124	36 026	—	51 098	—	—	37 812
陕 西	333 451	151 419	45 000	79 427	57 272	333	218 826
甘 肃	369 085	259 997	—	85 209	23 879	—	185 533
青 海	220 576	128 735	—	67 679	24 162	—	60 571
宁 夏	92 254	63 057	—	12 401	16 796	—	30 645
新 疆	229 331	131 704	267	79 394	15 957	2009	735 831
新疆建设兵团	35 684	7034	—	26 413	1004	1233	165 203
大兴安岭	24 400	2400	—	—	22 000	—	230 600

表 19-11　林业重点生态工程建设情况

单位：公顷，万元

指　　标	总　计	天然林资源保护工程	退耕还林工程	京津风沙源治理工程	石漠化治理工程	三北及长江流域等重点防护林体系工程 合计	三北防护林工程	长江流域防护林体系工程 小计	其中：林业血防	沿海防护林体系工程	珠江流域防护林体系工程	太行山绿化工程	国家储备林建设工程
一、造林面积	2 308 302	503 662	478 020	230 799	178 965	868 158	596 500	172 012	2046	26 675	22 249	50 722	48 698
1. 人工造林	1 242 626	127 378	476 414	134 789	40 883	451 905	315 605	78 771	1512	24 018	12 614	20 897	11 257
2. 飞播造林	78 518	59 852	—	10 000	—	8666	5333	—	—	—	—	3333	—
3. 无林地和疏林地新封山育林	687 314	184 039	—	86 010	131 816	285 449	204 198	57 025	333	667	2333	21 226	—
4. 退化林修复	272 288	126 791	635	—	6266	112 199	71 098	27 792	201	1558	6485	5266	26 397
5. 人工更新	27 556	5602	971	—	—	9939	266	8424	—	432	817	—	11 044
二、森林抚育面积	1 698 460	1 481 618	100 594	—	1508	79 451	45 928	13 108	—	10 325	10 090	—	35 289
三、全部林业投资完成额	2 320 342	654 328	586 684	139 606	94 516	720 683	499 630	123 090	2236	43 256	18 913	35 794	124 522
其中：中央投资	1 854 708	626 820	568 660	122 049	90 597	419 741	274 151	93 493	1286	16 160	15 072	20 865	26 838
地方投资	159 716	22 809	7417	17 099	3919	106 972	78 919	12 078	950	9292	928	5755	1500

表 19-12　各地区林业重点生态工程造林面积

单位：公顷

地　　区	全部造林面积	重点生态工程造林面积							其他造林面积
		合　计	天然林资源保护工程	退耕还林工程	京津风沙源治理工程	石漠化治理工程	三北及长江流域等重点防护林体系工程	国家储备林建设工程	
全国合计	7 390 294	2 308 302	503 662	478 020	230 799	178 965	868 158	48 698	5 081 992
北　京	34 084	1507	—	—	1174	—	333	—	32 577
天　津	16 538	859	—	—	859	—	—	—	15 679
河　北	520 644	126 118	—	—	32 740	—	91 452	1926	394 526
山　西	347 355	232 367	57 076	32 067	52 736	—	90 488	—	114 988
内蒙古	720 285	342 826	86 950	32 405	121 249	—	102 222	—	377 459
内蒙古森工集团	32 125	29 424	29 424	—	—	—	—	—	2701
辽　宁	157 599	41 675	—	—	—	—	41 675	—	115 924
吉　林	102 929	78 154	63 433	—	—	—	13 388	1333	24 775
吉林森工集团	29 707	29 389	28 056	—	—	—	—	1333	318
长白山森工集团	33 331	32175	32 175	—	—	—	—	—	1156
黑龙江	118 264	97 853	20 016	—	—	—	51214	26 623	20 411
龙江森工集团	21 960	11 067	11 067	—	—	—	—	—	10 893
伊春森工集团	18 525	17 354	8949	—	—	—	—	8405	1171
上　海	5003	—	—	—	—	—	—	—	5003
江　苏	44 366	5327	—	—	—	—	5327	—	39 039
浙　江	75 527	—	—	—	—	—	—	—	75 527
安　徽	138 746	17 695	—	133	—	—	17 196	366	121 051
福　建	214 092	4529	—	—	—	—	4356	173	209 563
江　西	269 354	39 051	—	—	—	—	37 753	1298	230 303
山　东	168 297	8662	—	—	—	—	8662	—	159 635
河　南	196 493	30 306	6416	2225	—	—	21 665	—	166 187
湖　北	473 105	71 251	6731	9787	—	34 466	19 066	1201	401 854
湖　南	574 543	52 385	—	—	—	17471	33 177	1737	522 158
广　东	244 726	1148	—	—	—	—	1148	—	243 578
广　西	220 068	25 200	—	—	—	7447	6821	10 932	194 868
海　南	15 704	53	—	—	—	—	—	53	15 651
重　庆	275 195	100 997	15 616	69 595	—	8121	7332	333	174 198
四　川	400 370	53 733	39 119	10 746	—	3868	—	—	346 637
贵　州	346 974	99 174	12 667	—	—	75146	10 002	1359	247 800
云　南	353 812	243 059	15 414	185 993	—	32 446	7842	1364	110 753
西　藏	87 124	20 755	1466	—	—	—	19 289	—	66 369
陕　西	333 451	205 621	87 402	50 934	22 041	—	45 244	—	127 830
甘　肃	369 085	108 006	15 434	19 179	—	—	73393	—	261 079
青　海	220 576	76 123	39 487	—	—	—	36 636	—	144 453
宁　夏	92 254	38 631	9840	1267	—	—	27 524	—	53 623
新　疆	229 331	160 837	2195	63 689	—	—	94 953	—	68 494
新疆建设兵团	35 684	9251	334	2105	—	—	6812	—	26 433
大兴安岭	24 400	24 400	24 400	—	—	—	—	—	—

表 19-13　全国历年林业重点生态工程完成造林面积

单位：万公顷

年 份	合 计	天然林资源保护工程	退耕还林工程	京津风沙源治理工程	三北及长江流域等重点防护林体系工程						
					小 计	三北防护林工程	长江流域防护林工程	沿海防护林工程	珠江流域防护林工程	太行山绿化工程	平原绿化工程
1979~1985	1010.98				1010.98	1010.98					
"七五"小计	589.93				589.93	517.49	36.99			35.46	
"八五"小计	1186.04			44.12	1141.92	617.44	270.17	84.67		151.86	17.78
1996	248.17			16.50	231.67	134.23	46.40	7.22		40.25	3.59
1997	244.94			21.60	223.35	126.61	44.78	6.35	5.67	36.63	3.31
1998	271.80	29.04		23.16	219.60	124.40	44.86	6.03	3.99	34.37	5.96
1999	316.95	47.76	44.79	21.16	203.25	124.54	36.98	4.45	3.21	29.34	4.73
2000	309.90	42.64	68.36	28.03	170.88	105.32	20.69	5.69	3.07	29.85	6.26
"九五"小计	1391.76	119.43	113.15	110.43	1048.75	615.09	193.71	29.73	15.93	170.44	23.84
2001	307.13	94.81	87.10	21.73	103.49	54.17	16.27	9.09	2.71	14.13	7.13
2002	673.17	85.61	442.36	67.64	77.56	45.38	11.03	5.57	4.66	7.62	3.32
2003	824.24	68.83	619.61	82.44	53.35	27.53	10.88	3.86	4.47	5.00	1.62
2004	478.06	64.15	321.75	47.33	44.83	23.23	11.33	3.21	3.18	3.09	0.98
2005	309.96	42.48	189.84	40.82	36.82	21.79	6.59	2.27	3.07	2.85	0.25
"十五"小计	2592.56	355.87	1660.66	259.96	316.06	172.10	56.10	23.80	18.07	32.69	13.29
2006	280.17	77.48	105.05	40.95	56.68	32.68	7.87	1.70	2.88	11.47	0.09
2007	267.83	73.29	105.60	31.51	57.42	38.15	7.64	2.39	1.74	7.39	0.11
2008	343.35	100.90	118.97	46.90	76.58	49.79	7.23	7.42	3.70	8.03	0.41
2009	457.55	136.09	88.67	43.48	189.31	125.59	22.21	21.22	8.21	11.92	0.17
2010	366.79	88.55	98.26	43.91	136.06	92.82	11.88	17.32	6.68	6.96	0.43
"十一五"小计	1715.68	476.31	516.55	206.77	516.05	339.04	56.83	50.05	23.21	45.73	1.20
2011	309.30	55.36	73.02	54.52	126.40	73.78	20.48	20.99	7.23	3.66	0.26
2012	275.39	48.52	65.53	54.17	107.18	67.87	15.79	14.54	5.16	3.81	
2013	256.90	46.03	62.89	62.61	85.36	51.86	13.04	11.86	4.40	3.57	0.64
2014	192.69	41.05	37.86	23.91	89.87	59.63	10.74	9.69	2.69	4.92	2.19
2015	284.05	64.48	63.60	22.33	133.64	76.60	23.72	18.85	9.66	4.81	
"十二五"小计	1318.32	255.44	302.90	217.53	542.46	329.74	83.78	75.92	29.14	20.77	3.10
2016	250.55	48.73	68.33	23.00	110.50	64.85	21.78	10.87	5.73	3.59	
2017	299.12	39.03	121.33	20.72	94.79	62.64	17.40	6.81	4.80	3.14	
2018	244.31	40.06	72.35	17.78	89.39	57.85	20.65	4.45	2.55	3.89	
2019	232.77	50.37	47.80	23.08	86.82	59.65	17.20	2.68	2.22	5.07	
总 计	10832.02	1385.23	2903.08	923.39	5547.64	3846.88	774.60	288.98	101.66	472.65	59.22

注：1. 京津风沙源治理工程 1993~2000 年数据为原全国防沙治沙工程数据。

2. 自 2006 年起将无林地和疏林地封育面积计入造林总面积，2015 年起将有林地和灌木林地封育计入造林总面积。

3. 2016 年三北及长江流域等重点防护林体系工程造林面积包括林业血防工程 3.67 万公顷。2017 年林业重点工程造林面积合计包括石漠化治理工程 23.25 万公顷。2018 年林业重点工程造林面积合计包括石漠化治理工程 24.73 万公顷，三北及长江流域等重点防护林体系工程造林面积包括林业血防工程 0.55 万公顷。2019 年林业重点工程造林面积合计包括石漠化治理工程 17.90 万公顷，国家储备林建设工程 4.87 万公顷。

表 19-14　林业产业总产值（按现行价格计算）

单位：万元

指　　标	总产值
总产值	807 510 000
一、第一产业	252 646 249
（一）涉林产业合计	239 648 266
1. 林木育种和育苗	23 655 135
（1）林木育种	1 986 371
（2）林木育苗	21 668 764
2. 营造林	20 501 673
3. 木材和竹材采运	12 775 818
（1）木材采运	9 193 958
（2）竹材采运	3 581 860
4. 经济林产品的种植与采集	150 841 253
（1）水果、坚果、含油果和香料作物种植	99 248 596
（2）茶及其他饮料作物的种植	15 837 968
（3）森林药材、食品种植	23 203 473
（4）林产品采集	12 551 216
5. 花卉及其他观赏植物种植	26 854 311
6. 陆生野生动物繁育与利用	5 020 076
（二）林业系统非林产业	12 997 983
二、第二产业	361 959 335
（一）涉林产业合计	353 999 404
1. 木材加工和木、竹、藤、棕、苇制品制造	133 988 804
（1）木材加工	26 170 659
（2）人造板制造	68 017 090
（3）木制品制造	28 107 173
（4）竹、藤、棕、苇制品制造	11 693 882
2. 木、竹、藤家具制造	66 177 562
3. 木、竹、苇浆造纸和纸制品	69 610 978
（1）木、竹、苇浆制造	7 360 184
（2）造纸	36 108 427
（3）纸制品制造	26 142 367
4. 林产化学产品制造	5 704 470
5. 木质工艺品和木质文教体育用品制造	8 752 313
6. 非木质林产品加工制造业	58 676 597
（1）木本油料、果蔬、茶饮料等加工制造	45 618 193
（2）野生动物食品与毛皮革等加工制造	2 898 924
（3）森林药材加工制造	10 159 480
7. 其他	11 088 680
（二）林业系统非林产业	7 959 931
三、第三产业	192 904 416
（一）涉林产业合计	181 024 148

(续表)

指 标	总产值
1. 林业生产服务	7 546 430
2. 林业旅游与休闲服务	153 923 928
3. 林业生态服务	9 568 281
4. 林业专业技术服务	3 052 283
5. 林业公共管理及其他组织服务	6 933 226
(二)林业系统非林产业	11 880 268
补充资料：竹产业产值	28 919 692
林下经济产值	95 627 938

表 19-15　2019 年各地区林业产业总产值（按现行价格计算）

单位：万元

地区	总 计	第一产业	第二产业	第三产业
全国合计	807 510 000	252 646 249	361 959 335	192 904 416
北 京	2 610 077	1 755 419	0	854 658
天 津	336 160	335 258	0	902
河 北	14 607 173	6 626 352	6 831 785	1 149 036
山 西	5 319 197	4 128 224	576 318	614 655
内蒙古	4 869 345	2 048 583	1 286 352	1 534 410
辽 宁	10 145 402	5 844 794	2 718 321	1 582 287
吉 林	11 255 288	3 375 634	5 700 530	2 179 124
黑龙江	12 852 222	5 787 290	3 569 404	3 495 528
上 海	2 922 402	400 835	2 390 067	131 500
江 苏	48 934 524	10 936 743	31 284 940	6 712 841
浙 江	51 672 221	10 617 080	27 537 225	13 517 916
安 徽	43 452 388	12 211 927	19 941 746	11 298 715
福 建	64 505 423	9 931 520	42 899 326	11 674 577
江 西	51 120 531	12 150 115	22 797 646	16 172 770
山 东	65 877 734	23 390 904	37 371 682	5 115 148
河 南	21 439 310	9 965 997	7 924 671	3 548 642
湖 北	40 957 696	13 597 523	13 163 437	14 196 736
湖 南	50 297 711	16 448 416	16 744 503	17 104 792
广 东	84 159 503	11 031 591	54 463 761	18 664 151
广 西	70 426 465	21 371 104	33 389 135	15 666 226
海 南	6 541 382	3 454 378	2 717 676	369 328
重 庆	13 901 849	5 707 529	4 036 143	4 158 177
四 川	39 478 893	14 251 419	10 109 238	15 118 236
贵 州	33 645 800	8 678 800	4 352 700	20 614 300
云 南	24 841 778	14 379 988	7 009 522	3 452 268
西 藏	396 405	321 862	2036	72 507
陕 西	14 132 385	11 028 865	1 545 459	1 558 061
甘 肃	4 307 313	3655 421	258 187	393 705
青 海	699 625	528 909	81 220	89 496
宁 夏	1 549 705	894 749	340 441	314 515
新 疆	9 213 675	7 336 536	753 817	1 123 322
大兴安岭	1 040 418	452 484	162 047	425 887

表 19-16　2019 年各地区主要林产工业产品产量

单位：万立方米、万平方米、万根、吨

地　区	木　材	竹　材	锯　材	人　造　板				木竹地板	松香类产品
				合　计	胶合板	纤维板	刨花板	其他人造板		
全国合计	10 045.85	314 480	6745.45	30 859.19	18 005.73	6199.61	2979.73	3674.12	81 805	1 438 582
北　京	17.33	—	—	—	—	—	—	—	—	—
天　津	30.97	—	—	—	—	—	—	—	—	—
河　北	106.65	—	68.70	1628.46	668.50	483.40	262.24	214.32	—	—
山　西	25.75	—	14.00	14.74	1.36	4.48	0.58	8.32	—	—
内蒙古	85.28	—	335.85	29.01	24.23	—	—	4.77	1	—
辽　宁	107.03	—	157.41	137.61	35.10	48.85	11.67	41.99	1216	—
吉　林	205.00	—	89.27	256.12	90.45	73.77	22.47	69.43	3269	—
黑龙江	154.76	—	394.54	58.66	31.59	0.08	1.17	25.83	302	—
上　海	0.08	—	—	—	—	—	—	—	—	—
江　苏	232.51	406	463.80	5734.06	3657.37	878.15	878.84	319.70	39 757	9000
浙　江	123.53	20 655	438.80	551.97	176.36	81.53	17.29	276.78	9720	18 300
安　徽	509.66	16 696	568.12	2662.84	1852.27	358.16	180.70	271.71	8434	10 065
福　建	647.55	92 876	209.80	1114.18	692.91	197.46	38.14	185.67	3269	116 847
江　西	276.99	22 036	304.61	501.87	142.12	120.03	49.46	190.25	3025	513 563
山　东	516.32	—	1031.97	7772.86	5188.16	1459.32	668.67	456.70	4251	—
河　南	256.03	120	174.61	1676.38	703.17	401.57	166.22	405.43	226	—
湖　北	304.39	3724	215.14	840.91	378.19	322.95	77.76	62.01	3329	15 973
湖　南	331.41	28 236	398.97	568.80	285.10	62.79	38.72	182.18	1163	48 367
广　东	945.09	23 491	197.95	1016.44	221.94	540.80	188.53	65.17	2165	136 546
广　西	3500.15	59 971	931.55	4955.91	3411.47	626.20	253.71	664.53	1274	381 570
海　南	208.76	834	96.28	51.34	30.87	6.02	14.08	0.37	17	735
重　庆	62.86	11 964	160.55	132.80	49.64	40.93	34.05	8.18	26	1208
四　川	243.80	15 528	159.02	605.29	127.15	334.26	20.34	123.54	111	—
贵　州	308.98	1870	158.63	159.97	90.10	14.90	6.97	48.01	72	7042
云　南	745.47	15 021	141.14	326.06	127.70	110.62	47.66	40.07	179	179 366
西　藏	9.94	1	1.16	—	—	—	—	—	—	—
陕　西	20.71	1050	14.05	41.22	12.23	27.44	0.48	1.07	0	—
甘　肃	6.06	—	1.79	5.07	0.57	3.50	—	1.00	—	—
青　海	—	—	—	—	—	—	—	—	—	—
宁　夏	—	—	—	2.20	2.20	—	—	—	—	—
新　疆	62.80	—	17.77	14.42	4.96	2.40	—	7.06	—	—
大兴安岭	—	—	—	—	—	—	—	—	—	—

表 19-17　全国主要木材、竹材产品产量

产品名称	单　位	全部产量
一、木材	万立方米	**10 046**
1. 原木	万立方米	9021
2. 薪材	万立方米	1025
二、竹材	—	
（一）大径竹	万根	314 480
1. 毛竹	万根	183 279
2. 其他	万根	131 201
（二）小杂竹	万吨	7018

注：大径竹一般指直径在 5 厘米以上，以根为计量单位的竹材。

表 19-18　全国主要林产工业产品产量

产品名称	单　位	产　量
一、锯材	万立方米	**6745**
1. 普通锯材	万立方米	6562
2. 特种锯材	万立方米	184
二、人造板	万实积立方米	**30 859**
1. 胶合板	万立方米	18 006
其中：竹胶合板	万立方米	1765
2. 纤维板	万立方米	6200
（1）木质纤维板	万立方米	5911
其中：中密度纤维板	万立方米	5039
（2）非木质纤维板	万立方米	289
3. 刨花板	万立方米	2980
4. 其他人造板	万立方米	3674
其中：细木工板	万立方米	1761
三、木竹地板	万立方米	**81 805**
1. 实木地板	万立方米	9176
2. 实木复合木地板	万立方米	19 428
3. 浸渍纸层压木质地板（强化木地板）	万立方米	45 895
4. 竹地板（含竹木复合地板）	万立方米	6475
5. 其他木地板（含软木地板、集成材地板等）	万立方米	831
林产化学产品	—	—
一、松香类产品	吨	1 438 582
1. 松香	吨	1 101 353
2. 松香深加工产品	吨	337 229
二、栲胶类产品	吨	2348
1. 栲胶	吨	2348
2. 栲胶深加工产品	吨	0
三、紫胶类产品	吨	6549
1. 紫胶	吨	6197
2. 紫胶深加工产品	吨	352

表 19-19 全国主要经济林产品生产情况

单位：吨

指　标	产　量
各类经济林总计	**195 088 331**
一、水果	159 104 131
二、干果	12 050 980
其中：　板栗	2 198 130
枣(干重)	5 284 979
榛子	137 167
松子	133 757
三、林产饮料产品(干重)	2 411 842
四、林产调料产品(干重)	747 439
五、森林食品	4 680 038
其中：竹笋干	1 032 505
六、森林药材	4 541 553
其中：杜仲	253 512
七、木本油料	7 706 323
1. 油茶籽	2 679 270
2. 核桃(干重)	4 689 184
3. 油橄榄	62 955
4. 油用牡丹籽	37 035
5. 其他木本油料	237 879
八、林产工业原料	3 846 025
其中：紫胶(原胶)	6549

表 19-20 全国油茶产业发展情况

产品名称	单位	产量
一、年末实有油茶林面积	公顷	**4 330 519**
其中：当年新造面积	公顷	148 065
其中：当年低改面积	公顷	164 396
二、定点苗圃个数	个	**660**
三、定点苗圃面积	公顷	**6299**
四、苗木产量	株	**1 055 037 560**
其中：一年生苗木产量	株	533 358 296
二年以上(含二年)留床苗木产量	株	369 243 936
五、油茶籽产量	吨	**2 679 270**
六、茶油产量	吨	**553 756**
七、规模以上油茶加工企业	个	**931**
八、油茶产业产值	万元	**11 574 651**

表19-21 全国核桃产业发展情况

指标名称	计量单位	本年实际
一、年末实有核桃种植面积	公顷	8 076 270
二、苗圃个数	个	2084
三、苗圃面积	公顷	52 970
四、苗木产量	株	830 404 838
五、核桃产量(干重)	吨	4 689 184
六、核桃油产量	吨	30 745
七、规模以上核桃油加工企业	个	4035

表19-22 全国历年营造林面积

单位：万公顷

年 份	人工造林	飞播造林	新封山育林	更新造林
1981	368.10	42.91	—	44.26
1982	411.58	37.98	—	43.88
1983	560.31	72.13	—	50.88
1984	729.07	96.29	—	55.20
1985	694.88	138.80	—	63.83
1986	415.82	111.58	—	57.74
1987	420.73	120.69	—	70.35
1988	457.48	95.85	—	63.69
1989	410.95	91.38	—	71.91
1990	435.33	85.51	—	67.15
1991	475.18	84.27	—	66.41
1992	508.37	94.67	—	67.36
1993	504.44	85.90	—	73.92
1994	519.02	80.24	—	72.27
1995	462.94	58.53	—	75.10
1996	431.50	60.44	—	79.48
1997	373.78	61.72	—	79.84
1998	408.60	72.51	—	80.63
1999	427.69	62.39	—	104.28
2000	434.50	76.01	—	91.98
2001	397.73	97.57	—	51.53
2002	689.60	87.49	—	37.90
2003	843.25	68.64	—	28.60

（续表）

年别	人工造林	飞播造林	新封山育林	更新造林
2004	501.89	57.92	—	31.93
2005	322.13	41.64	—	40.75
2006	244.61	27.18	112.09	40.82
2007	273.85	11.87	105.05	39.09
2008	368.43	15.41	151.54	42.40
2009	415.63	22.63	187.97	34.43
2010	387.28	19.59	184.12	30.67
2011	406.57	19.69	173.40	32.66
2012	382.07	13.64	163.87	30.51
2013	420.97	15.44	173.60	30.31
2014	405.29	10.81	138.86	29.25
2015	436.18	12.84	215.29	29.96
2016	382.37	16.23	195.36	27.28
2017	429.59	14.12	165.72	30.54
2018	367.80	13.54	178.51	37.19
2019	345.83	12.56	189.83	37.02

注：本表自2015年起新封山育林面积包含有林地和灌木林地封育，飞播造林面积包含飞播营林。

固定资产投资统计

表19-23　林业草原投资完成情况

单位：万元

指标名称	林草投资完成额	
	合　计	其中：中央资金
总　计	45 255 868	11 755 553
一、生态修复治理	23 758 869	8 289 932
其中：造林与森林抚育	15 752 381	4 701 345
草原保护修复	529 534	430 277
湿地保护与恢复	696 509	254 045
防沙治沙	247 637	140 777
二、林（草）产品加工制造	8 962 720	54 882
三、林业草原服务、保障和公共管理	12 534 279	3 410 739

(续表)

指标名称	林草投资完成额	
	合　计	其中：中央资金
其中：林业草原有害生物防治	583 320	114 299
林业草原防火	735 660	143 728
自然保护地监测管理	183 918	70 413
野生动植物保护	442 626	66 624

表 19-24　各地区林业投资完成情况

单位：万元

地　区	总　计	其中：国家投资
全国合计	45 255 868	26 523 167
北　京	2 388 438	2 345 979
天　津	448 385	199 754
河　北	1 431 233	1 135 517
山　西	1 074 677	1 004 212
内蒙古	1 733 035	1 670 665
内蒙古森工集团	510 863	491 707
辽　宁	347 031	341 570
吉　林	875 511	781 350
吉林森工集团	257 065	194 740
长白山森工集团	256 338	240 470
黑龙江	1 288 251	1273 685
龙江森工集团	440 027	431 694
伊春森工集团	261 713	261 673
上　海	240 345	239 565
江　苏	731 374	403 669
浙　江	1 423 907	1295 055
安　徽	1 056 938	533 468
福　建	1 142 097	372 860
江　西	2 288 186	794 112
山　东	1 245 878	543 356
河　南	1 977 923	785 748
湖　北	3 321 823	522 999
湖　南	907 967	1564 951
广　东	128 620	828 213

(续表)

地 区	总 计	其中：国家投资
广 西	1 173 403	677 608
海 南	7 378 570	117 523
重 庆	765 752	630 096
四 川	2 168 729	1014 387
贵 州	2 990 078	1571 363
云 南	1 127 236	1095 030
西 藏	387 432	387 432
陕 西	1 141 571	979 979
甘 肃	1 364 271	915 250
青 海	576 211	575 004
宁 夏	295 003	209 065
新 疆	914 730	802 810
新疆建设兵团	225 571	158 595
局直属单位	921 263	910 892
大兴安岭	437 176	426 805

表 19-25　全国历年林业投资完成情况

单位：万元

年 份	林业投资完成额	其中：国家投资
1981	140 752	64 928
1982	168 725	70 986
1983	164 399	77 364
1984	180 111	85 604
1985	183 303	81 277
1986	231 994	83 613
1987	247 834	97 348
1988	261 413	91 504
1989	237 553	90 604
1990	246 131	107 246
1991	272 236	134 816
1992	329 800	138 679
1993	409 238	142 025
1994	476 997	141 198
1995	563 972	198 678

(续表)

年　份	林业投资完成额	其中：国家投资
1996	638 626	200 898
1997	741 802	198 908
1998	874 648	374 386
1999	1 084 077	594 921
2000	1 677 712	1 130 715
2001	2 095 636	1 551 602
2002	3 152 374	2 538 071
2003	4 072 782	3 137 514
2004	4 118 669	3 226 063
2005	4 593 443	3 528 122
2006	4 957 918	3 715 114
2007	6 457 517	4 486 119
2008	9 872 422	5 083 432
2009	13 513 349	7 104 764
2010	15 533 217	7 452 396
2011	26 326 068	11 065 990
2012	33 420 880	12 454 012
2013	37 822 690	13 942 080
2014	43 255 140	16 314 880
2015	42 901 420	16 298 683
2016	45 095 738	21 517 308
2017	48 002 639	22 592 278
2018	48 171 343	24 324 902
2019	45 255 868	26 523 167

表 19-26　全国历年林业重点生态工程实际

年　份	指标名称	合　计	天然林资源保护工程	退耕还林工程	京津风沙源治理工程	小　计
1979~1995	实际完成投资	417 515			17 432	400 083
	其中：国家投资	196 633			8501	188 132
1996	实际完成投资	140 461			15 741	124 720
	其中：国家投资	51 939			4506	47 433
1997	实际完成投资	186 106			33 782	152 324
	其中：国家投资	64 741			12247	52 494
1998	实际完成投资	441 717	227 761		37 741	176 215
	其中：国家投资	280 338	206 365		10176	63 797
1999	实际完成投资	713 818	409 225	33 595	35 477	235 521
	其中：国家投资	501 534	351 309	33 595	8198	108 432
2000	实际完成投资	1 106 412	608 414	154 075	43 102	300 821
	其中：国家投资	881 704	582 886	146 623	15 655	136 540
"九五"小计	实际完成投资	2 588 514	1 245 400	187 670	165 843	989 601
	其中：国家投资	1 780 256	1 140 560	180 218	50 782	408 696
2001	实际完成投资	1 771 124	949 319	314 547	183 275	303 066
	其中：国家投资	1 353 311	887 717	248 459	59 283	145 743
2002	实际完成投资	2 519 018	933 712	1 106 096	123 238	316 711
	其中：国家投资	2 249 185	881 617	1 061 504	120 022	157 582
2003	实际完成投资	3 307 863	679 020	2 085 573	258 781	232 083
	其中：国家投资	2 977 684	650 304	1 926 019	239 513	136 239
2004	实际完成投资	3 489 682	681 985	2 142 905	267 666	352 661
	其中：国家投资	2 981 364	640 983	1 920 609	261 857	135 782
2005	实际完成投资	3 600 892	620 148	2 404 111	332 625	192 556
	其中：国家投资	3 211 855	584 777	2 185 928	325 408	91 292
"十五"小计	实际完成投资	14 688 579	3 864 184	8 053 232	1 165 585	1 397 077
	其中：国家投资	12 773 399	3 645 398	7 342 519	1 006 083	666 638
2006	实际完成投资	3 527 084	643 750	2 321 449	327 666	179 501
	其中：国家投资	3 254 930	604 120	2 224 633	310 029	85 398
2007	实际完成投资	3 470 969	820 496	2 084 085	320 929	165 879
	其中：国家投资	3 027 545	666 496	1 915 544	298768	91 273
2008	实际完成投资	4 193 747	973 000	2 489 727	323 871	337 349
	其中：国家投资	3 625 728	923 500	2 210 195	310 795	139 275
2009	实际完成投资	5 075 170	817 253	3 217 569	403 175	557 076
	其中：国家投资	4 179 436	688 199	2 886 310	355 377	209 602

完成投资及国家投资情况（一）

单位：万元

三北及长江流域等重点防护林体系工程						野生动植物保护及自然保护区建设工程
三北防护林工程	长江流域防护林工程	沿海防护林工程	珠江流域防护林工程	太行山绿化工程	平原绿化工程	
231 652	**77 939**	**41 990**		**32 622**	**15 880**	
132 779	**27 148**	**10 930**		**8780**	**8495**	
71 169	23 114	16 548		7371	6518	
30 802	7455	2531		2085	4560	
80 567	21 095	12 653	16 430	12247	9332	
34 704	7196	2198	502	2853	5041	
90 289	27 774	21 029	12 060	11 970	13 093	
37 206	11 154	3340	1557	5411	5129	
118 754	31384	22 897	16463	24 232	21 791	
57 383	16 345	5717	2775	14 195	12 017	
143 682	31 273	31 551	14 392	23 781	56 142	
71 602	18 427	13 768	6831	13 327	12 585	
504 461	**134 640**	**104 678**	**59 345**	**79 601**	**106 876**	
231 697	**60 577**	**27 554**	**11 665**	**37 871**	**39 332**	
102 468	53406	40 026	10 678	16 169	80 319	20 917
56 163	22 736	14 425	6499	8832	37 088	12109
139 272	45 837	41 164	17 657	17 151	55 630	39 261
66 512	27 942	13 839	15 481	10 920	22 888	28 460
85 437	41 442	29 155	13 136	10 436	52 477	52 406
49 105	27 758	20 127	11 083	8097	20 069	25 609
86 645	109 028	51 946	11 922	13 048	80 072	44 465
44 014	26 017	29 705	9797	11 268	14981	22 133
85 231	53 607	23 029	9134	14 620	6936	51 452
41 252	12 808	19 704	7039	10 095	394	24 450
499 053	**303 320**	**185 320**	**62 527**	**71 423**	**275 434**	**208 501**
257 046	**117 261**	**97 800**	**49 899**	**49 212**	**95 420**	**112 761**
84 328	24 386	42 553	6509	13 949	7776	54 718
38 539	8262	20 637	4647	13 108	205	30 750
94 026	13 912	37 819	3994	13 213	2915	79 580
48 202	9964	23 290	2811	6541	465	55 464
184 078	34 916	94 009	7142	16 804	400	69 800
99 184	13 119	18 429	4043	4275	225	41 963
270 310	101 057	140 019	23828	21 663	199	80 097
133 198	27 000	35 953	8979	4422	50	39 948

完成投资及国家投资情况（一）

表 19-27　全国历年林业重点生态工程实际

年份	指标名称	合计	天然林资源保护工程	退耕还林工程	京津风沙源治理工程	小计
2010	实际完成投资	4 711 990	731 299	2 927 290	382 406	570 888
	其中:国家投资	3 616 315	591 086	2 499 773	329 166	138 550
"十一五"小计	实际完成投资	20 978 960	3 985 798	13 040 120	1 758 047	1 810 693
	其中:国家投资	17 703 954	3 473 401	11 736 455	1 604 135	664 098
2011 年	实际完成投资	5 319 584	1 826 744	2 463 373	250 395	664 819
	其中:国家投资	4 342 817	1 696 826	1 949 855	223 978	394 431
2012 年	实际完成投资	5 283 825	2 186 318	1 977 649	356 646	630 274
	其中:国家投资	4 050 116	1 710 230	1 545 329	321 863	380 467
2013 年	实际完成投资	5 361 512	2 301 529	1 962 668	378669	569 772
	其中:国家投资	4 378 163	2 020 503	1 557 260	357 304	354 732
2014 年	实际完成投资	6 659 502	2 610 936	2 230 905	106 583	1 512 854
	其中:国家投资	5 448 154	2 204 105	1 916 113	81217	109 8931
2015 年	实际完成投资	7 056 599	2 983 638	2 752 809	111595	954 103
	其中:国家投资	6 299 919	2 838 326	2 520 733	107 268	637 340
"十二五"小计	实际完成投资	29 681 022	11 909 165	11 387 404	1 203 888	4 331 822
	其中:国家投资	24 519 169	10 469 990	9 489 290	1 091 630	2 865 901
2016 年	实际完成投资	6 754 068	3 400 322	2 366 719	152 729	678 829
	其中:国家投资	6 304 925	3 334 513	2 149 296	141 944	533 251
2017 年	实际完成投资	7 180 115	3 763 641	2 221 446	174 385	676739
	其中:国家投资	6 702 046	3 615 667	2 055 317	158 962	546 891
2018 年	实际完成投资	7 171 963	3 956 762	2254 055	123 900	575 427
	其中:国家投资	6 721 782	3 870 733	2048 106	112 997	441 992
2019 年	实际完成投资	2 320 342	654 331	586 684	139 606	720 683
	其中:国家投资	1 854 708	626 823	568 660	122 049	419 741
总计	实际完成投资	91 781 078	32 779 603	40 097 330	4 901 415	11 580 954
	其中:国家投资	78 556 872	30 177 085	35 569 861	4 297 083	6 735 340

注:2016年三北及长江流域等重点防护林体系工程投资包括林业血防工程17 507万元,其中国家投资14 887万元。2017年林业107 522万元,其中国家投资104 297万元;三北及长江流域等重点防护林体系工程投资包括林业血防工程2438万元,其中国家投资万元,其中国家投资26 838万元。

完成投资及国家投资情况(二)

单位:万元

三北及长江流域等重点防护林体系工程						野生动植物保护及自然保护区建设工程
三北防护林工程	长江流域防护林工程	沿海防护林工程	珠江流域防护林工程	太行山绿化工程	平原绿化工程	
284 589	49 422	192 579	27 177	16 471	650	100 107
68 632	19 557	33 802	12 519	4000	40	57 740
917 331	**223 693**	**506 979**	**68 650**	**82 100**	**11 940**	**384 302**
387 755	**77 902**	**132 111**	**32 999**	**32 346**	**985**	**225 865**
322 215	98 832	200 344	26 204	12 948	4276	114 253
208 105	42 627	117 478	14 984	11 167	70	77 727
325 088	99 667	165 824	25 796	13 899		132 938
210 938	40 869	96 239	19 977	12 444		92 227
274 469	65 806	178 784	21 154	17 539	12 020	148 874
170 664	33 863	116 389	11 354	10 442	12 020	88 364
406 704	98 569	278 075	21 229	13 196	695 081	198 224
253 193	33 154	140 431	14 930	12 664	644 559	147 788
551 846	103 717	247 150	31 420	19 970		254 454
370 283	85 227	138 168	23 913	19 749		196 252
1 880 322	**466 591**	**1 070 177**	**125 803**	**77 552**	**711 377**	**848 743**
1 213 183	**235 740**	**608 705**	**85 158**	**66 466**	**656 649**	**602 358**
355 827	96 009	145 345	38 195	25 946		155 469
322 104	83 955	66 275	20 084	25 946		145 921
397 780	129 902	95 172	31 473	22 412	254 075	
294 678	120 732	88 841	20 611	22 029	236 685	
347 045	123 383	62 467	19 310	20 784	2438	154 297
272 132	106 295	27 613	13 705	20 215	2032	143 657
499 630	123 090	43 256	18 913	35 794		
274 151	93 493	16 160	15 072	20 865		
5 633 101	**1 678 567**	**2 255 384**	**424 216**	**448 235**	**1 123 945**	**2 005 387**
3 385 525	**923 103**	**1 075 989**	**249 193**	**283 730**	**802 913**	**1 467 247**

重点工程投资合计包括石漠化治理工程89 829万元,其中国家投资88 524万元。2018年林业重点工程投资合计包括石漠化治理工程2032万元。2019年林业重点工程投资合计包括石漠化治理工程945 16万元,其中国家投资90 597万元;国家储备林建设工程124 522

表 19-28　林业草原固定资产投资完成情况

单位：万元

指　标	总　计
一、本年计划投资	**9 811 368**
二、自年初累计完成投资	**9 576 262**
其中：国家投资	1 897 531
按构成分	
1. 建筑工程	3 873 267
2. 安装工程	452 788
3. 设备工器具购置	449 394
4. 其他	4 800 813
按性质分	
1. 新建	7 060 088
2. 扩建	1 290 788
3. 改建和技术改造	706 255
4. 单纯建造生活设施	56 536
5. 迁建	15 221
6. 恢复	186 227
7. 单纯购置	261 147
三、本年新增固定资产	**3 794 280**
四、本年实际到位资金合计	**9 025 564**
1. 上年末结转和结余资金	650 836
2. 本年实际到位资金小计	8 374 728
（1）国家预算资金	3 578 867
①中央资金	1 892 844
②地方资金	1 686 023
（2）国内贷款	436 361
（3）债券	—
（4）利用外资	13 670
（5）自筹资金	3 494 459
（6）其他资金	851 371
五、本年各项应付款合计	**1 641 707**
其中：工程款	859 545

注：本表统计范围为按照项目管理的、且计划总投资在 500 万元以上的城镇林业和草原固定资产投资项目和农村非农户林业和草原固定资产投资项目。

表 19-29 　林业草原利用外资基本情况

单位：万美元

指　标	项目个数（个）	实际利用外资金额				协议利用外资金额			
		合　计	国外借款	外商投资	无偿援助	合　计	国外借款	外商投资	无偿援助
总计	65	16 494	6224	10 195	75	9938	3931	6000	7
一、营造林	48	7218	5566	1643	9	8915	2908	6000	7
1. 公益林	18	1364	1146	209	9	37	30	—	7
2. 工业原料林	19	4120	3601	519	—	2194	2194	—	—
3. 特色经济林	11	1734	819	915	—	6684	684	6000	—
二、草原保护修复	—	—	—	—	—	—	—	—	—
三、木竹材加工	2	52	—	52	—	—	—	—	—
其中：木家具制造	1	2	—	2	—	—	—	—	—
人造板制造	—	—	—	—	—	—	—	—	—
木制品制造	—	—	—	—	—	—	—	—	—
四、林纸一体化	—	—	—	—	—	—	—	—	—
五、林产化工	1	7500	—	7500	—	—	—	—	—
六、非木质林产品加工	1	1000	—	1000	—	—	—	—	—
七、花卉、种苗	1	—	—	—	—	5	5	—	—
八、林业草原科学研究	2	229	229	—	—	—	—	—	—
九、其他	10	495	429	—	66	1018	1018	—	—

（规划财务司统计信息处　刘建杰、周　琼、林　琳）

劳动工资统计

表 19-30 　林业草原系统从业人员和劳动报酬情况

指标名称	单位数（个）	年末人数（人）				在岗职工年平均人数（人）	在岗职工年工资总额（万元）	在岗职工年平均工资（元）	年末实有离退休人员（人）
		总　计	单位从业人员		离开本单位仍保留劳动关系人员				
			合　计	在岗职工	其他从业人员					
总　计	40 057	1 123 188	1 016 726	929 969	86 757	106 462	910 699	5 835 281	64 075	1 639 149
一、企业	9477	505 369	416 727	390 850	25 877	88 642	361 817	1 599 639	44 211	792 861
二、事业	26 000	519 452	502 433	458 158	44 275	17 019	465 283	3 372 529	72 483	560 037
三、机关	4580	98 367	97 566	80961	16 605	801	83 599	863 112	103 244	286 251

（规划财务司统计信息处　刘建杰、周　琼、林　琳）

林草财务会计

20

财务和会计

【中央财政投入】 2019年国家林草局积极协调财政部，认真落实党中央、国务院决策部署，紧紧围绕天然林保护、退耕还林还草、草原生态修复治理、大规模国土绿化行动、建立以国家公园为主体的自然保护地体系、生态护林员等重点工作，不断完善财政政策，加大资金支持力度，中央财政共安排资金959.56亿元，其中林业生态保护恢复资金431.29亿元、林业改革发展资金522.07亿元、贫困林场补助6.2亿元，为加快林业草原生态建设和改革发展提供了重要保障。一是支持全面保护天然林，为落实习近平总书记关于"争取把所有天然林都保护起来"的指示精神，安排资金382.81亿元，其中安排天然林管护补助149.82亿元、天保工程社会保险补助75.29亿元、政策性社会性支出补助37.85亿元、全面停止天然林商业性采伐补助119.85亿元。二是支持上一轮退耕还林完善政策和实施新一轮退耕还林还草，安排完善退耕还林政策补助29.79亿元、新一轮退耕还林还草补助135.52亿元。三是支持草原生态修复治理，为落实党和国家机关机构改革精神，从农业农村部划转资金33亿元，用于草原生态修复治理、草原鼠（兔）害防治和防火隔离带建设。四是支持推进大规模国土绿化，安排森林资源培育补助142.77亿元，支持林木良种培育、造林和森林抚育。五是支持森林生态效益补偿，将8840万公顷的国家级公益林（其中：国有3840万公顷，集体和个人所有5000万公顷）和146.11万公顷上一轮到期还生态林纳入森林生态效益补偿补助，安排资金180.96亿元。六是支持湿地等生态保护体系建设和林业科技推广示范，安排48.53亿元开展湿地保护、国家级自然保护区能力建设、沙化土地封禁保护、森林防火、林业有害生物防治、珍稀濒危野生动植物保护和林业科技推广示范等。

（规划财务司行业处　张　媛）

【林草预算】 2019年全年一般公共预算财政拨款86.17亿元，与2018年同口径预算84.86亿元相比，增加1.31亿元，增长1.54%。基本支出方面重点保障了在职及离退休人员养老保险缴费、医疗保险缴费、住房改革经费等；项目支出方面重点保障了国家公园监测管理及能力提升，森林、草原、湿地、荒漠等生态系统监测，全国林草种质资源普查与收集，大兴安岭林业集团公司公检法及义务教育补助等。

预、决算编制　2019年部门预、决算编制，重点工作包括完成国家林草局2019年部门预算的报送及批复工作；2020年部门预算及三年支出规划编报工作；2018年财政拨款结转结余资金的审核、批复和收缴工作；2018年部门决算、住房改革支出决算等编制审核工作。进一步落实过紧日子的要求，财政部累计安排2020年初部门预算指标71.23亿元，比2019年初预算数减少4.05亿元，下降5.38%。

预算绩效管理　2019年国家林草局深入贯彻《中共中央　国务院关于全面实施预算绩效管理的意见》，坚持完善制度、加强管理、稳步实施的原则，全面推进预算绩效管理工作。印发《国家林业和草原局关于全面实施预算绩效管理工作的通知》，起草形成相关实施细则初稿。报送2018年绩效评价重点项目的评价结果；开展2019年部门预算全部项目的绩效执行监控和绩效自评工作；完成国家林草局绩效目标指标体系建设；指导全国林业预算资金绩效研究考评中心建设国家林草局部门预算绩效管理信息系统等。

（规划财务司预算处　吴　昊）

【金融创新】

林业贷款项目融资规模　充分释放财政金融政策红利，调动重点地区推进国家储备林建设的积极性，扩大融资规模。截至2019年末，共有270个国家储备林建设等林业重点项目获得国开行、农发行批准，累计放款787亿元。其中：2019年发放贷款212亿元，放贷规模同比增长11.82%。全年完成国家储备林任务58万公顷，其中：利用两行贷款完成35.33万公顷，使用贷款资金63亿元。

重点项目　围绕国家战略，集中力量办大事，积极推动国家储备林建设、国土绿化、木本油料产业发展等重点领域重点项目，全年新增67个项目。重庆国家储备林一期项目、云南省楚雄州国家储备林项目、安徽金寨乡村振兴油茶产业发展项目、四川岷江流域生态屏障建设项目等相继落地实施。指导召开国家储备林联盟理事大会。与国开行联合印发《关于推进开发性金融支持长江经济带大规模国土绿化的通知》。

创新融资模式　与重庆市、国开行签署《支持长江大保护共同推进重庆国家储备林等林业重点领域发展战略合作协议》，拟投资190亿元，在重庆实施国家储备林任务33.33万公顷，打造长江上游重要生态屏障。重庆项目首次引入央企，由中林集团牵头增资扩股重庆林投公司，作为项目实施主体，主导项目市场化运作，破解当地资金、运营管理能力不足难题。重庆市国家储备林建设一期贷款项目正式落地实施，建设任务20万公顷，国开行审批授信100亿元，已放款5亿元。

PPP项目　贯彻落实国家林草局与财政部、国家发改委印发的运用政府和社会资本合作模式推进林业建设的指导意见，坚持PPP模式原则和底线，指导各地规范有序推进林业PPP项目，吸引社会资本投资林业草原领域。截至2019年末，有69个国家储备林建设等林业PPP项目进入财政部PPP项目库，较年初增加39个。

（规划财务司金融处　姜喜麟）

【资金监管】

审计工作　一是完成预算执行审计工作。2018年12月13日至2019年3月29日，审计署资源环境审计局对国家林草局开展了预算执行审计。5月14日，国家林草局收到《审计报告》和《审计决定书》后，及时布置相关单位按照要求组织开展整改工作。7月和9月，按照要求分别向审计署和国务院上报了整改情况。二是落实审计署11号令要求，制发《国家林业和草原局内部审计工作规定》，拟定了局内部审计年度计划。全年共对卧龙管理局等4个单位开展了预算执行审计，对昆明院等17个单位开展了领导干部经济责任审计，对造林补助等4项林业改革发展资金开展了稽查调研，对中国林学会等5个直属单位和社会团体的减税降费政策落实情况开展重大政策贯彻落实情况审计。三是开展中介机构专项审核。委托2家会计师事务所分别对规划院等12个直属单位和林业社会组织近3年的减税降费措施整改落实情况开展专项核查工作。

国有资产管理工作　印发《国家林业和草原局关于进一步加强国有资产管理工作的通知》和《关于开展2018年度国有资产决算存在问题整改的通知》，要求各单位务必于2020年底全面使用二维码或其他方式实现通用资产标识化管理；完成预警中心等10个二级预算单位和6个三级预算单位清产核资工作；批复30个所属事业单位国有资产处置、无偿调拨等申请，涉及金额4855万元；根据司局工作职责，牵头完成了国有资产报告审议意见上报工作，对《国有资产报告五年规划》中涉及国家林草局配合自然资源部开展的4项工作进行了分工；向财政部、国管局报送2018年度国有资产年度报告、资产决算、绩效评价，报送并批复各司局2019年度通用资产配置计划；布置和汇总完成各司局2020年度通用资产配置计划。

局属单位涉企收费情况集中公示　一是会同局办梳理涉及国家林草局职责的有关法律法规和政策文件，对动植物司和发改司确有依据要求企业接受第三方服务的2个事项统一在局官网公布。二是通过国家林草局门户网站集中公示局属事业单位、业务主管和挂靠单位的收费项目、收费标准和收费依据等情况。

（规划财务司监管处　张　棚）

林草资金审计稽查

21

基金总站（审计稽查办）建设与管理

【综　述】　国家林业和草原局林业和草原基金管理总站（以下简称"基金总站"）作为国家林业和草原局内部审计、审计稽查和贷款贴息管理的具体实施机构，认真落实内部审计拓展广度、深度和内部审计"全覆盖"两大举措，建立完善审计工作协调、审计结果运用、人才强审和科技强审四项机制，充分发挥内部审计服务保障作用和"体检保健"功能，积极推动"服务"与"监督"有效对接。新增对国家林草局本级预算执行审计、固定资产投资项目审计、政策执行审计、扶贫审计，积极探索领导干部自然资源资产离任审计，支持国家林草局直属单位强化管理需要提出的内部审计需求，注重项目资金内部控制和风险管理，做好领导干部经济责任审计，强化贷款贴息管理，积极探索林草金融创新，努力保证林草事业健康发展。

审计稽查

【制度建设和机制创新】　国家林业和草原局成立了国家林业和草原局审计稽查工作领导小组，局长张建龙任组长，副局长李春良和规财司主要负责人为副组长，局办公室、规财司、人事司、机关党委（机关纪委）、基金总站为成员单位，明确基金总站具体承担局审计稽查工作，进一步强化了局党组对审计稽查工作的领导，促进内部审计与内部纪检、巡视、组织人事部门的协作配合。按照审计署11号令精神要求，修订出台《国家林业和草原局内部审计工作规定》，为林草行业审计工作提供纲领性文件。制定《规财司、基金总站审计稽查协调工作机制》；启动《林业草原审计稽查工作"十四五"发展规划》编制工作；与人才中心共同建立"国家林业和草原局审计稽查专家库"，首批专家库由110多位高级职称以上会计、审计、经济等领域专家组成，保证审计稽查工作的顺利开展。举办林业草原审计稽查业务培训班，进一步促进行业工作交流和新政策新规定新要求的宣传落实。

7月2~5日，林业和草原资金审计稽查业务培训班在北戴河举办

【经济责任审计】　经济责任审计由离任审计向离任审计和任期审计并重转变。2019年度内开展了17个审计项目，其中任期审计项目10个。开展自然资源资产审计前瞻性研究工作，提出国家林草工作的审计重点和审计指标体系，为国家出台审计指导或审计工作指南提供理论依据和指标支撑，落实生态文明建设的林草自然资源资产管理和生态环境保护责任。

【预算执行审计】　积极开展预算执行审计。完成对卧龙保护区管理局、云南专员办、昆明院、林草防治总站等4个单位的预算执行情况审计。应邀对7个单位开展相关财政财务收支情况审计。极大促进有关单位规范管理、强化资金有效使用，切实发挥好内部审计"防未病、治已病"功能。

【重大项目日常监管】　联合规财司出台《国家林业和草原局直属单位中央预算内投资项目日常监管工作方案》，落实主体责任和监管责任，规范监管程序。完成对有关单位基建项目的竣工决算前审计，对局直属单位中央预算内投资的21个项目建立了日常监管台账，对9个单位2019年有投资计划下达的14个项目进行网上监管，对林科院4个在建工程开展日常监管，对规划院和信息办设备采购情况实施现场监管。

【财政专项资金审计稽查】　对山西、黑龙江、福建、云南、四川、甘肃6个省中央财政造林、林木良种培育、林业贷款贴息和森林抚育补助政策落实和资金使用管理情况开展审计调研，加强对林草行业系统审计稽查工作的指导、监督与管理。

【重大政策执行审计】　贯彻落实党中央关于加大重大政策措施落实情况跟踪审计的要求，围绕党中央、国务院和国家林草局有关减税降费的决策部署，对局5家直属事业单位和未脱钩林业社会组织涉企收费治理政策落实情况开展审计调研，促进涉企收费治理政策有效落实。按照《财政部关于全面推进行政事业单位内部控制建设的指导意见》要求，联合规财司对23家直属事业单位开展内部控制建设情况调研工作，促进直属单位提高对内部控制建设重要性的认识，完善内部控制建设，促进建成权责一致、制衡有效、执行有力、管理科学的内部控制体系。

【扶贫资金审计】 在全国脱贫攻坚进入决战决胜的关键阶段，作为林业和草原扶贫工作领导小组成员单位，基金总站认真贯彻落实《林业草原生态扶贫三年行动实施方案》，积极配合局规财司扎实推动林业草原生态扶贫重要任务落地实施。年度内对4个定点扶贫县和怒江傈僳族自治州生态扶贫政策措施落实、林业和草原扶贫资金使用管理情况开展审计调研，进一步推动相关单位严格执行国家政策、制度，督促和指导林业草原扶贫资金使用规范、安全、有效，促进有关问题得到了及时整改。

林草贷款贴息

【林业贴息贷款管理】 2019年全国林业贴息贷款及其配套资金营造工业原料林19.19万公顷，抚育46.17万公顷；新造改造经济林110.48万公顷，种植生态林59.19万公顷，种植其他经济作物7.08万公顷。建设林产品加工等多种经营项目821个，创产值576.51亿元，创利税154.32亿元，安置就业人员14.32万人，林业龙头企业联结农户（林业职工）155.80万人，带动农民（林业职工）年增收70.28亿元。

【林业政策性贷款贴息资金落实情况调研】 联合局规财司、速丰办，邀请国开行等单位，对云南、广西、广东、福建、湖北、江西、贵州、安徽、内蒙古、海南10个省（区）开展工作调研，完成目标省（区）2018年林业政策性贷款贴息资金落实情况、林业一般贷款贴息资金落实情况统计，完成《2018年林业政策性贷款贴息资金落实情况研究报告》，反映落实林业政策性贷款贴息资金工作中存在的主要问题并提出意见、建议。

【全国林业贴息贷款业务培训班】 为提高林业贴息贷款管理人员理解把握贴息政策的能力和管理工作水平，进一步强化林业贴息贷款管理工作经办人员操作运用林业贴息贷款管理信息系统的能力，确保全面做好林业贴息贷款管理工作，9月，在国家林业和草原局管理干部学院原山分院举办了全国林业贴息贷款业务培训班，深入解读了林业贷款贴息政策，培训了林业贷款贴息管理业务，并提出管理工作要求，全国各省份和计划单列市相关工作人员80人参加培训。

【林业发展基金创新】 积极协调金融机构，推动林业项目对接基金投入工作。一是积极协调沟通金融机构，研发符合林业项目特点的基金产品。二是做好金融机构与林业企业的对接服务，对符合条件的项目向金融机构推荐。三是联合国家开发银行、邮储银行等金融机构组成调研组，对云南、广西等省（区）的具体林业项目进行调研，推动建立林业发展基金。四是帮助企业谋划申请基金方案，争取投贷结合产品模式，以更加精准的服务质量，提升林业草原金融创新工作。

（林草审计稽查由陈钟鑫供稿）

林草信息化
22

林草信息化建设

【综述】 2019年，林草信息化以习近平新时代中国特色社会主义思想为指引，深入贯彻落实党中央、国务院系列决策部署，深化智慧化引领、推动高质量发展，有力支撑新时期林业和草原现代化建设，全面提升林草治理体系和治理能力现代化水平。召开第六届全国林草信息化工作会议，进一步加强顶层推动，提出深化智慧化引领、实行全行业共建、强化全周期应用、推动高质量发展的工作思路，确保"十三五"期末全国林草信息化率达到80%。全面实施"金林工程"，完成电子政务内网、全国林业高清视频会议系统、国家林草局办公楼综合布线等信息化基础建设，扎实推进涉密办公系统、政务服务平台对接、"互联网+监管"、自主创新工程等政务信息化项目，深入开展智慧林草全周期示范建设，完成东北虎豹国家公园国家级监测平台建设。完成国家林草局信息资源整合共享，建成统一业务系统。加强网络安全和运维保障，监控防御各类扫描渗透和攻击10亿多次。

3月27~28日，第六届全国林业信息化工作会暨林业信息化全面推进10周年研讨会在上海召开

【总体进展】

安全保障 推进信息化基础设施建设，构建网络安全立体防控体系，持续提升安全防护和运维保障水平，确保网络及信息系统安全稳定运行。完成全国林草高清视频会议系统、局办公楼综合布线收尾等多个重点基础建设项目，基础保障水平显著提升。强化网络安全管理和网络安全测评，落实网络安全保障措施，加强监控值班力度，及时调整优化网络安全策略，监控防御各类扫描渗透和攻击10亿多次，被公安部评选为2019年度国家网络与信息安全信息通报先进单位。加强林业和草原网络和信息系统日常运维管理，提升处理紧急问题的能力。全年实行全天24小时值班，及时处理各类事件4000多次，完成上门服务5000多次，完成视频会议技术支持和联调30余次。

应用建设 全面开展"金林工程"建设，调整了项目领导小组和办公室成员，建立了项目管理协调机制，编制了项目实施方案、技术方案及17项项目标准和6类数据的信息资源规划目录。开展了50多次业务调研，编制了需求分析报告、需求规格说明书、各业务系统概设和详设，制作了系统原型，开展了系统设计开发工作。按国办要求对接国家政务服务平台，完成政务服务事项对接、政务服务门户及移动端对接、政务服务资源汇聚、统一身份认证对接、电子证照共享对接五大任务。推进"互联网+监管"系统建设，建设了监管数据仓，完成国家林草局局监管事项112项目录清单和10项检查实施清单的梳理，建设了公众服务门户、工作门户、执法监管系统、风险预警系统和分析评价系统。开展智慧林草全周期示范建设，起草了总体方案并通过国家林草局局务会审议，推进实施方案编制，积极推进项目立项。

网站建设 中国林业网互动交流平台公共留言回复得到国办通报表扬，连续7年获评"中国最具影响力党务政务网站"，"不忘初心、牢记使命"主题教育专题、网络生态文化建设荣获2019年政府网站精品栏目奖。根据国办要求对中国林业网主站相关栏目进行优化整改，对各站群出现的问题进行汇总分析和督促整改。开展"林业信息化 十年铸辉煌"——第六届美丽中国作品大赛。完成2018年全国林业信息化率评测和全国林业网站绩效评估，2018年全国林业信息化率为73.83%，较2017年提升了3.48个百分点。

办公自动化 做好国家林业和草原局综合办公系统运维服务，提升系统使用效率，全年共完成6万多项文件办理，处理各类发文6000余件、收文5万余件。新版公文传输系统服务水平明显提升，为68个司局和直属单位、42个省级林草主管部门提供公文交换、信息报送、会议报名等服务。完成身份认证系统升级，实现林草局用户网络空间身份可信。完成各类文件材料制版印刷，包括文件、建议提案、简报、会议纪要、重大会议材料和各司局材料。

大数据 推进信息资源整合和数据开放共享，加强林草大数据建设，深化科技合作、培训交流，持续提升林草信息化软实力。完成政务信息资源整合共享项目，完成70个系统和网站的整合，建成国家林业和草原局业务系统。建成国家林业和草原局数据共享交换平台，共上传76个信息资源目录，1456个信息项。向全国政务共享网站整理上传了774个信息资源目录、625个信息资源。加强林草大数据建设，重建了规范性文件数据库，开展了"互联网+"红树林项目建设，探索资源监管物联网体系建设，编制10期大数据报告，举办首届生态大数据创新应用大赛。

标准制度 积极推进林草信息化标准建设与推广，制定修订全国林草信息化管理制度和信息办内部管理制度，不断完善林草信息化标准制度体系。正式发布《林业空间数据库建设框架》《林业应用系统质量控制与测试》《林业有害生物分类与代码》《林业有害生物监测预报数据交换规范》4项行业标准，启动《林业大数据中心建设规范》等5项行业标准编制，组织开展《林业物联网标识分配规则》等在编标准的修改完善。制定印发了《国家林业和草原局政务服务平台网络安全管理制度》《国家林业和草原局政务服务平台网络安全事件应急预案》，确保国家林业和草原局政务服务平台安全稳定运行。编制印发了《国家林业和草原局政务信息资源目录》。修订完善《信息办工作规则》《信息中心财务管理制度》《信息中心项目管理办法》《信息中心基本建设财务管理办法》《信息中心内控规范》等，进一步加强了信息办内部管理和内控建设。

网站建设

【网站优化和整改】

中国林业网主站优化 根据国办要求对中国林业网主站相关栏目进行优化整改，对存在的问题进行整改落实。对中国林业网多个栏目界面进行更新及界面优化调整，添加了办事、留言数据公开、统计功能，更新各类办事指南事项，补充规范各类服务表格表样9个。累计刷新40万个页面，为全站页面添加党政机关网站标识、"我为政府网站"找错、网站主办单位、联系方式等信息，修改各专题子站底部信息页面730个，优化国办推送文章页面抓取规则，提高抓取入库的准确率。累计刷新页面32万个，删除手机客户端、腾讯微博等无效分享控件，通过整改基本解决数据库、行政审批平台数据常年不更新问题。全面排查并处理多年来中国林业网主站及子站遗留的错别字文章共计671篇。

网站群整改 对中国林业网站各站群出现的问题进行了汇总分析，下发了《全国林业信息化领导小组办公室关于中国林业网2019年上半年信息保障情况的通报》，督促各单位抓紧处理所属子站信息更新问题。按照《中国林业网站群访问路径命名规则》完成了中国林业网各站群专题3601个访问路径变更，与全国绿委、发改司、草原司、三北局、速丰办、绿色时报社等10多家单位沟通，完成网站建设、信息发布、栏目调整等相关工作。完成了市级林业、县级林业、乡镇林业、国有林区、国有林场、森林公园、湿地公园等站群共2600多个子站的专题整改。下线了多个无信息更新的特色子站，关停了存在漏洞隐患、后台无运维的站群。

【内容维护】

外网内容建设 国家林业和草原局政府网聚焦林草核心业务，加大重点工作信息发布力度，积极开展政策解读回应社会关切，提升在线办事服务能力，共编发各类热点信息5万多条，制作图解12期，开展6期在线访谈，完成11次在线直播，设计制作4个热点专题、4个热点信息，编发66期《互联网要情》。

内网内容建设 国家林草局办公网共编发信息3000多条，更新电子大讲堂数据6万多条，总访问量650多万人次。完成出国公示176条，回国后信息公开92条，其他公示信息14条。

中国林业新媒体建设 中国林业网微信共发布信息2500多条，微博共发布信息1万多条，微信粉丝数达87 000多人；"中国林业网"网易号发布消息3000多条，总阅读130万人；"中国林业网"头条号发布消息3000多条，粉丝数达5.5万人，累计阅读量1092万人。

【网站管理】 印发《国家林业和草原局信息办关于开展网站规范使用国徽整改工作的通知》，对国家林业和草原局各司局、各派出机构、各直属单位网站正在使用的国徽图案进行检查和规范。及时转载国务院"互联网+督查"新闻通稿，制作小程序码，加挂平台链接并在中国林业网微信公众号绑定了小程序。完成中国林业网及相关网站抽查工作，对发现的问题及时进行了整改，经国办抽查国家林草局报送网站均为合格网站。及时回应"我为政府网站找错"网民留言及需求，根据问题实际情况，及时转办相关单位整改，推进中国林业网持续健康发展。完善中国林业网站群顶层设计，编制完成《中国林业网站群发展指引》。

【网络文化】 开展"林业信息化 十年铸辉煌"——第六届美丽中国作品大赛，得到了社会各界的广泛关注和热情参与，共收到作品167篇。优秀作品在中国林业网、《中国绿色时报》及相关新媒体刊登，其中上网作品84篇，《中国绿色时报》刊发30篇。参赛作品主要反映林业信息化建设10年来的主要成绩、经验做法、成效愿景等，真实展现林业信息化的建设成就，呈现建设历程，讲述务林人在推进林业信息化建设过程中的奋斗故事与生动情节。

应用建设

【"金林工程"】 按照《"金林工程"工作方案》，逐步落实2019年建设任务。根据机构设置、人员调整和工作需要，调整了"金林工程"项目领导小组和办公室成员，成立了项目专家组，对"金林工程"建设过程中的关键环节、重要问题进行科学论证把关。制订了《"金林工程"项目管理办法》，建立了项目月报制度、项目工作例会制度、项目监理制度。组织编制了项目实施方案、技术方案，明确项目进度计划、各阶段工作任务及交付成果等，用于指导"金林工程"具体实施工作。组织编制了17项项目标准和6类数据的信息资源规划目录。深入相关业务司局开展50多次调研，在调研的基础上，编制了需求分析报告和需求规格说明书。组织编制各业务系统概设和详设，制作系统原型，推进设计开发工作。

【政务服务平台对接】 按照国办要求，完成了政务服务事项对接，政务服务门户及移动端对接、政务服务资源汇聚、统一身份认证对接、电子证照共享对接、统一电子印章对接等工作；完成了旗舰店建设、数据通路测试、数据报送等工作。

【"互联网+监管"】 建设监管数据仓，包括监管对象数据、监管行为数据、执法人员数据、投诉举报数据、风险预警数据、信用监管数据等，截至2019年底，推送数据3000多条。完成国家林草局监管事项112项目录清单和10项检查实施清单的梳理，并录入国家监管事项目录清单管理系统。建设了公众服务门户和工作平台门户，为公众和监管人员提供平台。建设了执法监管系统、风险预警系统和分析评价系统，为领导决策、业务管理和社会服务提供支撑。按照对接要求，开发预留接口，实现与国家"互联网+监管"系统的互联互通。

安全保障

【重点基础设施建设】 完成国家林草局办公楼综合布线施工、测试，建设内容涉及国家林草局办公大楼各房间、会议室等内网、外网、涉密网、电话线，以及中办、国办其他部门专网的布线、调试等，大幅提高了办公楼网络综合服务水平。建设完成覆盖国家林草局机关、各派出机构（包括各办事处）、国家林草局大院外直属单位及各省（区、市）林草业主管部门的高清视频会议系统，改造主楼113视频会议室、视频会议监控室、礼堂视频会议设备，建立了基于互联网的云视频系统，极大地方便各单位视频会议会商，节省办公成本，提高工作效率提高。

【网络和信息系统运维】 加强运维管理，提升运维服务能力、效率，确保网络和信息系统稳定运行。实行全年全天24小时值班，对中心机房服务器进行实时监控，及时处理各类故障3000多次，保障了应用系统的安全稳定运行。对服务器操作系统进行补丁更新4394个，特别是应对互联网勒索病毒爆发时，及时对服务器操作系统进行补丁升级，对防火墙进行相关端口限制，保障了应用系统的安全稳定运行。加强机房和网络运维，做好中心机房环境清洁、精密空调、配电系统监控和故障处理，加强专网、互联网、电子政务外网运维保障，保障基础网络畅通。做好服务保障，共计电话服务15 000多次，上门处理故障服务7000多件，完成了内、外网终端IP分配调测1700多次，有效保障国家林草局各项工作正常进行。完成了全国性视频会议技术支持25次，全国联调30次，保证视频会议的顺利召开。做好节假日中心机房值班。两会、新中国成立70周年庆典等重大会议节日期间，采取双人24小时值班制，确保网站及信息系统安全稳定运行。配合资源司、生态司等单位进行信息系统迁移部署20个，同时进行安全漏洞扫描检查。完成"互联网+监管"、林业态势研判综合展示平台等系统的部署工作。完成中心机房存储、带库设备的监控维护和故障处理，存储设备光纤线路、光纤交换机与应用连通性的监控及故障处理工作。及时对备份空间进行扩容，保证数据备份的完整性和安全性。完成内外网门户、专题站群、其他应用系统数据库运维优化，每天对中心机房数据库集群进行数据备份，保障应用系统数据的安全。对内网OA和公文系统数据库进行性能优化、表空间扩容，保障办公系统的正常稳定运行。维护和监控中心机房内外网各应用系统的正常运行及故障的处理，完成服务器安装、操作系统安装、网络布线、IP分配、应用系统实施部署、调试测试、安全检测渗透、公网映射、域名解析、上线运行监控、数据备份及故障的处理。

【网络安全管理】 加强系统日常监测和检查，完成对中心机房业务系统的安全检查和安全扫描3次，及时修复系统漏洞，提升系统安全性。加强对行业的网络安全指导，完成了各省（区、市）及森工集团网站漏洞扫描，并将漏洞扫描报告和整改意见通报各地，提升了全行业网站的安全性。加强系统安全防护，外网安全设备抵御各类扫描嗅探、攻击15.65亿次，查封2800多个攻击源IP地址，提升系统安全性。完成中心机房79个应用系统和网站的漏洞扫描，并对发现的漏洞进行修复整改，大大提升了网络和系统安全性。制订了《国家林业和草原局政务服务平台网络安全管理制度》《国家林业和草原局政务服务平台网络安全事件应急预案管理制度》《国家林业和草原局电子政务内网管理办法》等多项制度，规范了机房和网络安全管理，有效保障了网络安全。

科技合作

【标准建设】 积极推进标准制定，正式发布《林业空间数据库建设框架》《林业应用系统质量控制与测试》《林业有害生物分类与代码》《林业有害生物监测预报数据交换规范》4项行业标准，新启动《林业大数据中心建设规范》《北斗林业终端平台数据传输协议》等5项行业标准编制。组织开展《林业物联网标识分配规则》《湿地资源信息数据》等在编标准的修改完善。推动全国林业信息数据标委会改选和林业信息化标准整合有关事宜，完成全国林业信息数据标委会2019年考核。

【战略研究】 完成"人工智能+生态发展战略研究"项目，2019年3月1日通过了验收评审。该项目科学规划了人工智能在生态保护、生态修复、生态灾害防治、生态产业、生态管理等方面的应用，为林草信息化人工智能应用提供技术指导。在广泛征求各地各单位意见的基础上，11月8日，正式印发了《国家林业和草原局关于促进林业和草原人工智能发展的指导意见》，为全国林草行业人工智能发展建设提供统筹指导，为深化智慧化引领、推动林草行业高质量发展作出新贡献。

【技术培训】 举办第七届林草CIO研修班、2019中国林业网站群信息员能力提升培训班、2019年林草网络安全培训班等，提高业务骨干的信息化素质和能力。

办公自动化

【综合办公系统】 国家林业和草原局综合办公系统全年共进行6万多项文件的办理，为18个司局、45个直属单位提供高效率、高质量、高水平的保障支持。进行了系统功能、用户岗位、文件流程、签署意见、发文代字等一系列调整，全年共计调整590余次。

【公文传输系统】 新版公文传输系统运行情况良好，服务水平明显提升。公文传输共进行了3万多项文件办理，为42个省级林草主管部门、68个司局直属单位的公文交换、信息报送、会议报名等提供功能维护与技术支持。

【林信通】 加强林信通运维保障，为国家林草局70多个单位、4000多名用户提供了保障支撑，系统使用率不断提高。完成30余个单位信息整体更新和300余条个人信息更新，完成系统平台升级5次，全年累计登录2万多人次，较2018年增加了7000多人次，系统使用率明显提升。

【身份认证系统升级】 新版身份认证系统2019年正式上线运行，有效解决了系统兼容性、稳定性、响应速度等问题，实现新老系统的平滑切换，正式通过项目终验。通过开展身份认证系统算法升级，实现了国家林草局用户网络空间身份可信，杜绝了网络空间身份冒用的安全风险，为信息系统等级保护和密码应用安全性评测工作奠定基础。

大数据

【政务信息资源整合】 国家林业局政务信息资源整合项目通过正式验收，整体工作达到了项目建设目标。整合70个应用系统和网站，建成国家林业和草原局业务系统。梳理国家林草局政务信息资源，编制并印发了《国家林业和草原局政务信息资源目录》，形成包括信息资源451个、信息项2702个的共享数据清单。建成国家林业和草原局数据共享交换平台，共上传76个信息资源目录、1456个信息项。向全国政务共享网站整理上传了774个信息资源目录、625个信息资源。

【数据采集】 按照政务信息系统整合共享工作要求，重建规范性文件数据库并合并至中国林业数据库。持续更新中国林业数据库数据，完成全年数据更新共436条。开展了"互联网+"红树林项目建设，对海南陵水县33.33公顷红树林核心区域进行空气温湿度、风向风速、降水量、太阳辐射、水质温度和pH及土壤相关数据监测，为树木建立身份证二维码，接入气象站和视频监控设备，展现红树林生长状况。

【编制林草大数据报告】 贯彻国务院关于运用大数据提高政府治理能力有关要求，围绕大规模国土绿化、春季森林草原防火、国家公园体制建设、草原建设、防沙

国家林业和草原局业务系统首页界面

治沙、退耕还林还草、林草科技、候鸟保护、林草生态扶贫、林业产业等林草中心工作，开展了林草互联网反响大数据分析，编制了10期大数据报告，进一步提高林草业事前事中事后监管能力，及时发现苗头性、倾向性和潜在性问题，辅助领导决策。

【首届全国生态大数据创新应用大赛】 于2019年9月启动。此次大赛旨在加强林业和草原大数据发展应用，集思广益，联合社会力量一起为林草高质量发展评选出优秀应用和创新解决方案。大赛收到参赛作品88件，经专家综合评分25个作品进入决赛。

(信息化由罗俊强供稿)

林草教育与培训 23

林草教育与培训工作

【培训制度建设】 制定贯彻落实《2018~2022年全国干部教育培训规划》的实施意见（林人发〔2019〕36号），出台了《国家林草局培训班管理办法》（办人字〔2019〕35号）以及全局2019年度培训班计划（办人字〔2019〕85号），为做好林草干部培训归口管理提供制度保障和有力抓手，指导推动全局及林草系统干部培训工作。

【重点培训】 紧扣党中央提出的"三大攻坚战"，围绕服务国家林草局中心工作，面向局机关、直属单位挂职扶贫干部及部分省林草局挂职扶贫干部等46人举办林草扶贫干部专题培训班；举办基层人才培训班，培训来自福建三明、贵州等贫困地区基层干部76人。确立了"草原保护"作为人社部委托高级研修班主题，培训草原生物灾害防治工作骨干人员83人。

【公务员法定培训】 根据《公务员法》《公务员培训规定》等法律制度要求，结合实际岗位需求和个人成长需要，面向国家林草局干部开展公务员法定培训。全年举办2期公务员在职培训班，培训学员89名；1期处级任职培训班，培训学员49名；1期新录用人员初任培训班，培训局直属单位新录取人员100名，国家林草局副局长张永利出席并作主题报告；围绕国家战略，组织开展国家林草局第一期年轻干部培训班，培训年轻干部51名，局党组成员、人事司司长谭光明出席并作报告。针对提升林草行业知识培训举办1期林草知识培训班，63名学员参加；组织1期林业应对气候变化专题培训班，培训地方学员107名。根据中组部和国家机关工委有关要求，全年组织25位司局级干部参加为期5天的专题研修。

【行业示范培训】 为履行好生态保护修复、山水林田湖草综合治理和自然保护地统一监管的重大职责使命，开展行业示范培训。组织开展2期县市林草局长培训班，分别以"森林草原防火"和"保护地体系建设"为主题，共计培训188人；组织1期新疆林草干部培训班，59名自治区和兵团干部参加；组织开展第九期林业和草原知识培训班，98名学员参加。

【干部培训教材建设】 加强干部培训教材建设，按照国家林草局干部培训教材编写规划，2019年出版干部培训教材《草原知识读本》，组织编写《林业科技知识读本》《造林绿化知识读本》《林业和草原应对气候变化知识读本》。

【远程教育和基地建设】 一是借助新媒体技术平台，推进在线学习平台建设，促进国家林草局现有平台整合以及国家林草局平台与中国干部网络学院的共建共享。继续推进全国党员干部现代远程教育林草专题教材制播工作。全年向中组部报送林草专题教材课件100个，共178个节目。二是统筹协调局管理干部学院（党校）原山分院（分校）成立工作，局党组成员、人事司司长谭光明出席挂牌仪式。协调林干院与福建三明市政府加强教育培训合作，设立林干院三明培训基地。

【林草教育顶层设计】 加强与教育主管部门以及地方政府的密切配合，共同谋划林草各层次人才培养工作。在推动《关于加强农科教结合 实施卓越农林人才教育培养计划2.0的意见》的基础上，4月底，由教育部牵头，国家林草局、农业农村部等13个部门在天津共同主办"六卓越一拔尖"计划2.0启动大会；11月，与教育部、农业农村部共同召开新农科建设北京指南工作研讨会。与教育部等六部门联合开展了第5批国家级农村职业教育和成人教育示范县创建工作，建立和推动农村人才共同培养工作机制，服务乡村振兴。11月，与教育部、农业农村部等六部门联合发文，深化西北农林科技大学共建。

【林草学科专业建设】 围绕服务林草事业发展大局和教育发展规律，在巩固传统学科建设、推动新生学科发展基础上，稳步推进林草学科建设、专业设置等工作。制订出台《国家林业和草原局重点学科建设管理暂行办法》，加强重点学科管理，推动林草学科高质量发展。开展职业教育重点专业遴选，遴选全国职业院校林草类重点专业20个，重点专业培育点9个。以全国林业职业教育教学指导委员会名义组织了高职和中职林草相关专业教育标准的修订工作。

【林草教育组织指导】 指导并推动中国现代林业职教集团完成换届工作；协助并支持山西林草局成立了山西省职教集团；协调推动中国（北方）现代林业职业教育集团、中国（南方）现代林业职业教育集团、甘肃现代林业职业教育集团和江西林业职业教育集团4个林业职教集团申报教育部首批示范职教集团；依托中国林业出版社，成立了职业教育"教材建设联盟"，国家林草局党组成员、人事司司长谭光明出席成立大会，讲话并揭牌。

【林草教育品牌活动】 围绕教学过程各个环节，打造林草特色重大活动品牌，提升林草教育的影响力、话语权，增强林草教育的凝聚力。9月，组织开展第二批全国林业和草原教学名师遴选活动，共计遴选教学名师30名，引导和激励全国广大林业草原教育工作者增强使命感和职业荣誉感，不断提升教育教学本领，提高人才培养质量；7月，组织开展首届"扎根基层工作、献身林草事业"林草学科优秀毕业生遴选，遴选扎根基层优秀毕业生30名；6月，在江苏农林职业技术学院举办第三届全国职业院校林草技能大赛，来自25个省份60所职业院校的153名选手参加；指导人才中心做好林科十佳优秀毕业生评选；指导中国林业出版社推荐300余项成果参加全国生态文明信息化教学成果遴选。

【林草教育宣传引导】 为提升林草教育育人功能，强化宣传引导效果，11月，组织开展了林草教学名师和扎根基层优秀毕业生进校园宣讲活动，国家林草局副局长张永利出席启动仪式并讲话；联合国家林草局宣传办、甘肃武威市委宣传办，面向7所林业院校和7所综合类院校推动开展"八步沙六老汉"先进事迹进校园活动，树立林草思想政治教育典型案例；联合《中国绿色时报》，开辟《林草教学名师》专栏，刊发系列教材、优秀毕业生、教学名师等宣传报道，林草教育宣传教育引导体系逐步搭建。

（邹庆浩供稿）

林草教材管理

【综　述】 2019年，全年共计出版普通高等教育、职业教育和干部教育培训各类教材242种（其中新形态融合教材35种），印数51.12万册。

组织开展了国家林草局"十三五"规划教材的增补申报工作，通过评审，《中国古代林业文献导读》等127种教材列入国家林草局普通高等教育"十三五"规划教材增补选题目录，《林木种苗生产技术》等42种教材列入国家林草局职业教育"十三五"规划教材增补选题目录。

组织开展了"十三五"职业教育国家规划教材遴选申报工作，共完成63种林草职业教育教材的申报，包括纸质教材51种（含纸电融合教材）、电子教材12种，其中"十二五"职业教育国家规划教材5种。

开展了国家林业和草原局院校教材建设专家委员会和专家库的组建工作。中国林业出版社发起组建了全国职业院校（农林）课程和教材建设战略联盟，12月26日在广西柳州召开了联盟成立大会，国家林业和草原局党组成员、人事司司长谭光明出席会议并讲话；首批联盟成员单位共52家，包括45所职业院校和7家企事业单位、专家组织。

【2019年全国生态文明信息化教学成果遴选】 7~11月，开展了2019年全国生态文明信息化教学成果遴选工作。此次遴选工作得到了全国70多所院校的积极响应，共提交了300余项成果报名参加遴选。经过申报学校审核、网络初选确定了159门优秀成果，并依据初选和终选的综合评分依次将成果划分为A、B、C和入围4个等级，其中A级成果17门，B级成果33门，C级成果46门，入围成果63门。

【教材建设培训班】 7月18~21日，在吉林延吉召开了"十三五"规划教材建设培训班暨第三次全国农林高等院校教材建设战略联盟理事会，来自27所本科院校、17所职业院校和7个国家林草局直属单位的126位代表参加了培训班，会议围绕各类型教材和学科建设进行了授课和研讨，形成了关于进一步加强全国农林教材建设的《延吉共识》。

（段植林供稿）

林草教育信息统计

表23-1　2019~2020学年初林草学科专业及高、中等林业院校其他学科专业基本情况汇总表

单位：人

名　　称	学科专业数(个)	毕业生数	招生数	在校学生数	毕业班学生数
总　计	—	163 837	205 098	626 408	154 021
一、博士研究生	73	1278	1902	8645	4502
1. 林草学科专业	14	597	905	4193	2213
2. 普通高等林业院校其他学科专业	59	681	997	4452	2289
二、硕士研究生	207	9646	13 379	35 699	11582
1. 林草学科专业	21	5349	7787	20 422	6679
2. 普通高等林业院校其他学科专业	186	4297	5592	15 277	4903
三、本科生	205	71 943	77 096	298 296	78 820
1. 林草学科专业	11	39 561	38 439	152 229	42413
2. 普通高等林业院校其他学科专业	194	32 382	38 657	146 067	36 407

(续表)

名　称	学科专业数(个)	毕业生数	招生数	在校学生数	毕业班学生数
四、高职(专科)生	207	49 778	78 409	184 796	54 961
1. 林草学科专业	15	19 290	28 495	68 044	20 997
2. 高等林业职业院校其他学科专业	192	30 488	49 914	116 752	33 964
五、中职生	78	31 192	34 312	98 972	4156
1. 林草学科专业	6	26 536	28 159	79 888	3029
2. 中等林业职业院校其他学科专业	72	4656	6153	19 084	1127

表 23-2　2019～2020 学年初普通高等林业院校和其他高等院校、科研院所林科研究生分学科情况

单位：人

学科名称	毕业生数	招生数	在校学生数	毕业班学生数
总　计	10 924	15 281	44 344	16 084
一、博士研究生	1278	1902	8645	4502
1. 林业学科小计	506	772	3636	1926
森林工程	47	13	162	126
木材科学与技术	26	62	268	125
林产化学加工工程	28	68	266	118
林业工程学科	77	108	470	288
林木遗传育种	39	65	321	156
森林培育	54	56	337	197
森林保护学	25	45	227	121
森林经理学	24	38	186	98
野生动植物保护与利用	49	25	156	83
园林植物与观赏园艺	24	14	143	78
水土保持与荒漠化防治	53	91	352	144
林学学科	22	178	514	218
林业经济管理	38	9	234	174
2. 草业学科小计	91	133	557	287
3. 林业院校和科研单位其他学科	681	997	4452	2289
二、硕士研究生	9646	13 379	35 699	11582
1. 林业学科小计	5137	7460	19 535	6400
森林工程	42	27	133	56
木材科学与技术	141	131	468	171
林产化学加工工程	84	81	275	91
林业工程学科	129	311	617	131
林木遗传育种	121	163	535	181
森林培育	229	190	660	236
森林保护学	168	169	548	190
森林经理学	133	124	422	146
野生动植物保护与利用	94	107	389	156
园林植物与观赏园艺	259	94	532	275
水土保持与荒漠化防治	380	371	1164	404
林学学科	256	598	1286	308
林业经济管理	83	147	347	81
土壤学(森林土壤学)	51	47	143	47
植物学(森林植物学)	109	82	285	107
生态学(森林生态学)	229	291	847	276
林业硕士	715	1535	3115	944

(续表)

学科名称	毕业生数	招生数	在校学生数	毕业班学生数
风景园林硕士	1593	2756	7258	2445
农业推广硕士（林业）	226	28	110	82
工程硕士（林业工程）	95	208	401	73
2. 草业学科小计	212	327	887	279
草学	212	327	887	279
3. 林业院校和科研单位其他学科	4297	5592	15277	4903
材料加工工程	5	5	14	5
材料科学与工程学科	1	29	32	2
材料物理与化学	3	7	13	3
材料学	10	9	28	11
测试计量技术及仪器	0	0	1	1
茶学	17	24	72	23
产业经济学	1	0	0	0
车辆工程	12	5	24	10
成人教育学	4	0	0	0
城乡规划学科	51	37	132	56
畜牧学学科	6	30	51	10
道路与铁道工程	23	7	50	22
地理学学科	10	5	26	10
地图学与地理信息系统	46	35	99	39
电磁场与微波技术	3	2	7	3
电路与系统	4	5	13	4
动力工程及工程热物理学科	0	6	6	0
动物学	31	23	81	31
动物遗传育种与繁殖	33	72	209	72
动物营养与饲料科学	23	27	83	27
俄语语言文学	3	0	6	3
发酵工程	4	3	18	10
发育生物学	18	4	59	29
法律	12	132	283	67
法学理论	9	10	24	7
法学学科	30	58	116	32
翻译	87	141	287	95
防灾减灾工程及防护工程	0	1	6	0
分析化学	0	0	6	0
概率论与数理统计	7	0	11	5
高分子化学与物理	10	0	16	9
工程管理	33	41	106	33
工商管理	270	329	875	294
工商管理学科	36	42	82	23
公共管理	243	330	945	245
公共管理学科	27	38	100	34
管理科学与工程学科	33	29	117	47
光学	0	17	17	0
光学工程学科	0	6	7	0
国际贸易学	17	2	31	14
国际商务	19	27	52	25

(续表)

学科名称	毕业生数	招生数	在校学生数	毕业班学生数
果树学	68	90	259	80
汉语言文字学	0	0	0	0
行政管理	19	11	63	31
化学工程	6	7	19	6
化学工程与技术学科	8	27	100	31
化学工艺	8	8	27	9
化学学科	0	49	49	0
环境工程	25	25	80	25
环境科学	35	37	132	54
环境科学与工程学科	47	97	235	65
环境与资源保护法学	29	11	63	31
会计	119	327	845	300
会计学	44	11	86	42
机械电子工程	23	12	59	25
机械工程学科	21	53	106	26
机械设计及理论	20	14	46	17
机械制造及其自动化	18	24	74	17
基础兽医学	17	14	46	14
计算机科学与技术学科	32	52	109	24
计算机软件与理论	4	0	9	5
计算机系统结构	4	0	8	4
计算机应用技术	20	19	61	26
技术经济及管理	7	2	10	4
检测技术与自动化装置	6	0	12	6
建筑学学科	21	16	48	18
交通信息工程及控制	4	0	9	5
交通运输工程学科	6	42	55	6
交通运输规划与管理	15	8	37	15
结构工程	28	14	65	28
金融	96	142	222	27
金融学(含：保险学)	28	20	48	19
精密仪器及机械	0	0	0	0
科学技术史学科	6	8	13	3
科学技术哲学	4	4	13	5
控制科学与工程学科	0	30	30	0
控制理论与控制工程	39	0	39	22
粮食、油脂及植物蛋白工程	19	1	5	3
临床兽医学	34	31	108	39
伦理学	7	5	19	8
旅游管理	15	16	49	21
马克思主义发展史	2	0	2	2
马克思主义基本原理	14	18	63	25
马克思主义理论学科	3	64	90	0
马克思主义哲学	4	4	12	4
马克思主义中国化研究	26	8	61	33
美学	4	0	9	5
民商法学(含：劳动法学、社会保障法学)	6	0	22	13

(续表)

学科名称	毕业生数	招生数	在校学生数	毕业班学生数
模式识别与智能系统	5	0	9	4
农产品加工及贮藏工程	44	43	115	36
农药学	27	6	32	21
农业电气化与自动化	17	25	71	22
农业机械化工程	22	18	63	23
农业经济管理	36	3	57	44
农业昆虫与害虫防治	57	28	126	64
农业生物环境与能源工程	3	5	11	4
农业水土工程	32	66	169	41
农业资源与环境学科	60	84	212	61
企业管理(含:财务管理、市场营销、人力资源管理)	38	37	107	39
桥梁与隧道工程	9	2	25	13
轻工技术与工程学科	3	3	9	3
区域经济学	13	2	15	10
人口、资源与环境经济学	11	0	6	6
人文地理学	3	10	30	8
软件工程学科	20	26	60	21
设计学学科	116	113	363	142
设计艺术学	0	0	1	1
社会工作	36	49	87	2
社会学	16	30	60	17
神经生物学	2	0	0	0
生理学	11	5	32	15
生物化工	8	15	31	5
生物化学与分子生物学	92	64	229	104
生物物理学	30	10	64	30
生物学学科	98	275	580	104
生药学	20	0	40	23
食品科学	49	24	77	27
食品科学与工程学科	31	129	351	91
市政工程	3	2	7	4
兽医	90	123	247	21
兽医学学科	19	42	104	32
蔬菜学	36	58	165	53
数学学科	5	29	41	6
水产品加工及贮藏工程	6	1	11	2
水产学科	0	15	34	7
水产养殖	3	0	3	3
水利工程学科	47	41	135	46
水利水电工程	1	0	0	0
水生生物学	10	11	44	16
思想政治教育	34	20	83	44
特种经济动物饲养(含:蚕、蜂等)	19	21	77	27
统计学	11	1	22	12
统计学学科	13	19	64	23
土地资源管理	12	5	24	12
土木工程学科	33	54	116	36
外国语言文学学科	0	20	20	0

（续表）

学科名称	毕业生数	招生数	在校学生数	毕业班学生数
外国语言学及应用语言学	26	12	49	20
微生物学	81	54	190	74
无机化学	0	0	7	0
物理电子学	0	1	2	0
系统科学学科	0	20	23	0
细胞生物学	44	24	103	46
宪法学与行政法学	4	0	16	9
心理学学科	14	13	38	12
新闻传播学学科	4	10	14	4
新闻与传播	0	27	27	0
信息与通信工程学科	0	13	41	13
刑法学	7	0	15	8
岩土工程	14	5	30	13
药物化学	6	0	12	6
药学学科	0	32	32	0
仪器科学与技术学科	0	0	0	0
遗传学	44	39	118	40
艺术	159	204	657	210
艺术设计	14	41	71	15
艺术学理论学科	5	4	12	5
英语笔译	17	0	23	23
英语口译	8	0	8	8
英语语言文学	16	0	33	18
应用化学	19	3	31	25
应用经济学学科	3	43	75	14
应用数学	15	0	30	17
应用统计	23	27	50	23
应用心理	0	55	55	0
应用心理学	4	0	0	0
有机化学	3	0	10	5
渔业资源	1	0	0	0
预防兽医学	41	33	94	29
园艺学学科	20	36	93	28
载运工具运用工程	26	8	57	30
哲学学科	7	8	25	9
职业技术教育学	6	0	2	2
植物保护学科	2	109	232	0
植物病理学	74	50	222	120
植物营养学	32	40	118	37
制浆造纸工程	16	14	48	16
中国近现代史基本问题研究	0	1	5	2
中药学	5	30	66	18
中药学学科	3	0	3	2
专门史	5	0	7	6
资产评估	15	19	43	24
自然地理学	34	34	127	49
作物学学科	85	8	223	104
作物遗传育种	27	127	204	36
作物栽培学与耕作学	15	55	85	14

表 23-3 2019~2020 学年初普通高等林业院校和其他高等院校林科本科学生分专业情况

单位：人

专业名称	毕业生数	招生数	在校学生数	毕业班学生数
总　计	71 943	77 096	298 296	78 820
一、林草专业	39 561	38 439	152 229	42 413
1. 林业工程类	2308	1811	8820	2435
森林工程	298	308	1083	293
木材科学与工程	1571	1254	6083	1681
林产化工	439	249	1654	461
2. 森林资源类	7049	7515	25877	7761
林学	6039	6521	21518	6670
森林保护	689	599	2953	730
野生动物与自然保护区管理	321	395	1406	361
3. 环境生态类	24615	23780	95501	26443
园林	15607	12834	51055	15771
水土保持与荒漠化防治	1171	1004	3975	1010
风景园林	7837	9942	40471	9662
4. 农林经济管理类	4437	3799	16165	4358
农林经济管理	4437	3799	16165	4358
5. 草原类	1152	1534	5866	1416
草学等	1152	1534	5866	1416
二、林业院校非林草专业	32 382	38 657	146 067	36 407
包装工程	151	84	373	130
保险学	115	60	406	120
材料成型及控制工程	49	67	246	57
材料化学	148	60	498	167
材料科学与工程	150	188	829	211
材料类专业	0	315	426	0
财务管理	77	261	667	299
测绘工程	130	309	926	264
测控技术与仪器	25	60	194	29
茶学	231	200	947	252
产品设计	351	405	1545	344
朝鲜语	35	29	124	42
车辆工程	428	375	1638	442
城市地下空间工程	47	67	250	53
城市管理	67	70	241	66
城乡规划	305	449	1635	226
地理科学	37	118	251	40
地理信息科学	302	361	1394	300
电气工程及其自动化	443	326	1689	510
电气类专业	0	159	369	0
电子科学与技术	154	109	569	148
电子商务	164	218	848	168
电子信息工程	511	572	2180	575

（续表）

专业名称	毕业生数	招生数	在校学生数	毕业班学生数
电子信息科学与技术	54	58	231	59
电子信息类专业	0	138	326	0
动画	104	28	378	115
动物科学	281	391	1335	311
动物医学	410	411	1928	437
俄语	85	76	294	85
法学	639	706	2961	794
法语	88	80	311	89
翻译	0	34	172	57
蜂学	89	88	321	97
服装与服饰设计	39	65	176	36
高分子材料与工程	258	171	884	273
给排水科学与工程	77	135	499	119
工程管理	302	365	1362	296
工程力学	33	32	120	27
工商管理	636	387	2024	839
工商管理类专业	0	1138	2089	0
工业工程	122	88	255	82
工业工程类专业	0	0	295	0
工业设计	360	317	1684	454
公安管理学	154	179	652	153
公安情报学	74	121	344	69
公共管理类专业	0	256	258	0
公共事业管理	161	86	692	227
公共艺术	41	50	188	49
管理科学	0	130	285	0
光电信息科学与工程	0	58	58	0
广播电视学	32	29	232	31
广告学	199	191	1122	236
轨道交通信号与控制	0	31	105	0
国际经济与贸易	533	291	1812	540
国际商务	76	63	267	74
过程装备与控制工程	43	0	51	20
汉语国际教育	66	132	301	60
汉语言文学	178	271	1148	328
行政管理	148	58	417	133
化工与制药类专业	0	119	119	0
化学	44	86	193	56
化学工程与工艺	259	350	1365	287
化学类专业	0	206	320	0
化学生物学	31	0	184	39
环境工程	405	341	1958	559
环境科学	306	162	960	293
环境科学与工程	73	88	88	0
环境科学与工程类专业	0	348	349	0
环境设计	973	817	4068	1053

(续表)

专业名称	毕业生数	招生数	在校学生数	毕业班学生数
环境生态工程	0	40	180	0
会计学	1755	1008	5699	2167
会展经济与管理	35	0	149	37
绘画	0	39	76	0
机器人工程	0	59	59	0
机械电子工程	292	102	1038	314
机械类专业	0	1235	1808	0
机械设计制造及其自动化	904	590	3377	1015
计算机科学与技术	780	588	3313	1003
计算机类专业	0	1128	1749	0
家具设计与工程	0	91	90	0
建筑环境与能源应用工程	55	59	224	53
建筑类专业	0	207	207	0
建筑学	105	180	696	138
交通工程	175	156	691	172
交通运输	363	246	955	407
交通运输类专业	0	117	223	0
金融工程	142	122	729	163
金融学	544	377	2047	579
金融学类专业	0	326	326	0
经济统计学	75	0	166	82
经济学	148	103	555	209
经济学类专业	0	311	460	0
经济与金融	0	0	43	0
警务指挥与战术	154	83	454	137
酒店管理	77	0	212	82
空间信息与数字技术	43	49	200	44
劳动与社会保障	20	0	92	25
粮食工程	30	0	83	15
旅游管理	574	409	1774	606
旅游管理类专业	0	232	233	0
木材科学与工程	899	885	3903	972
能源动力类专业	0	88	88	0
能源与动力工程	234	188	876	242
农村区域发展	53	47	308	84
农学	338	228	1005	330
农业工程类专业	0	45	45	0
农业机械化及其自动化	98	0	327	109
农业水利工程	55	0	174	62
农业资源与环境	157	149	627	144
葡萄与葡萄酒工程	119	163	656	131
汽车服务工程	159	194	647	193
轻化工程	189	235	802	186
人力资源管理	168	157	682	185
人文地理与城乡规划	167	63	413	137
日语	187	164	711	153

(续表)

专业名称	毕业生数	招生数	在校学生数	毕业班学生数
软件工程	416	293	1780	500
商务经济学	0	151	331	0
商务英语	90	112	444	84
设计学类专业	0	494	498	0
设施农业科学与工程	97	107	408	97
社会工作	128	97	480	118
社会体育指导与管理	27	0	31	31
社会学	59	0	176	59
社会学类专业	0	117	119	0
摄影	0	0	54	18
生态学	191	391	1139	172
生物工程	244	184	897	244
生物技术	635	344	1933	598
生物科学	294	60	845	297
生物科学类专业	0	824	1605	105
生物信息学	26	30	118	29
生物制药	27	59	246	29
食品科学与工程	730	676	2961	766
食品科学与工程类专业	0	243	243	0
食品卫生与营养学	31	54	144	31
食品质量与安全	311	305	1452	369
市场营销	266	105	871	280
视觉传达设计	303	359	1378	405
数据科学与大数据技术	0	72	143	0
数学与应用数学	184	173	694	184
数字媒体技术	50	0	124	59
数字媒体艺术	146	167	637	142
水产养殖学	79	113	394	95
水利类专业	0	206	207	0
水利水电工程	159	0	399	150
水文与水资源工程	42	0	177	56
泰语	41	100	266	98
体育教育	70	116	329	155
通信工程	240	185	764	232
统计学	114	110	456	107
土地资源管理(注：可授管理学或工学学士学位)	180	167	723	176
土木工程	936	1261	4778	1157
土木类专业	0	177	176	0
网络安全与执法	109	168	538	110
网络工程	83	0	253	93
文化产业管理	106	104	400	108
舞蹈学	0	30	125	45
物理学	53	56	197	46
物联网工程	61	95	498	121
物流工程	257	249	1011	280
物流管理	150	97	487	173

（续表）

专业名称	毕业生数	招生数	在校学生数	毕业班学生数
物业管理	47	0	51	22
消防工程	142	51	399	158
新能源科学与工程	111	132	558	123
新闻传播学类专业	0	239	240	0
信息工程	43	30	225	103
信息管理与信息系统	430	170	1435	445
信息与计算科学	286	349	1486	403
刑事科学技术	243	281	962	223
野生动物与自然保护区管理	136	197	646	155
音乐表演	62	50	220	59
音乐学	0	38	98	0
印刷工程	23	0	59	20
英语	689	828	2992	791
应用化学	294	243	1105	415
应用生物科学（注：可授农学或理学学士学位）	37	47	160	37
应用统计学	53	100	294	60
应用物理学	26	32	145	42
应用心理学	65	74	308	76
园艺	608	644	2524	683
越南语	0	41	127	28
侦查学	308	348	1257	311
政治学与行政学	54	60	232	59
植物保护	311	318	1247	302
植物科学与技术	85	49	237	66
植物生产类专业	0	196	422	0
制药工程	109	118	449	104
治安学	324	381	1384	304
中药学	60	59	252	64
中药资源与开发	0	30	92	0
种子科学与工程	60	56	250	73
资源环境科学（注：可授工学或理学学士学位）	54	44	207	54
自动化	276	187	1010	290
自然地理与资源环境	124	118	467	122

表23-4　2019~2020学年高等林业（生态）职业技术学院和其他高等职业学院林草专业情况

单位：人

专业名称	毕业生数	招生数	在校学生数	毕业班学生数
总　　计	49 778	78 409	184 796	54 961
（一）林草专业	19 290	28 495	68 044	20 997
林业技术	3911	6898	14 440	4217
园林技术	13 705	18 311	46 875	15 260
林业调查与信息处理	53	163	260	22
林业信息技术与管理	150	587	952	119
木材加工技术	170	101	300	126
木工设备应用技术	0	96	116	0

(续表)

专业名称	毕业生数	招生数	在校学生数	毕业班学生数
森林防火指挥与通讯	13	739	778	22
森林生态旅游	512	550	1703	422
森林资源保护	270	471	1239	440
野生动物资源保护与利用	33	113	246	39
野生植物资源保护与利用	79	100	264	86
自然保护区建设与管理	121	140	348	121
经济林培育与利用	116	116	276	83
其他林业类专业	122	0	0	0
草业技术	35	110	247	40
(二)非林科专业	30 488	49 914	116 752	33 964
作物生产技术	138	51	231	72
种子生产与经营	33	25	96	37
设施农业与装备	66	68	185	60
现代农业技术	105	308	948	292
休闲农业	113	227	518	158
生态农业技术	0	10	10	0
园艺技术	937	1531	3880	1215
茶树栽培与茶叶加工	0	15	39	0
中草药栽培技术	39	108	266	74
农产品加工与质量检测	97	111	295	130
绿色食品生产与检验	53	19	62	35
农产品流通与管理	0	21	20	0
农业装备应用技术	84	52	131	65
农业经济管理	77	183	400	103
食用菌生产与加工	0	3	3	0
畜牧兽医	330	588	1508	468
动物医学	237	325	861	292
动物药学	0	23	23	0
动物防疫与检疫	33	0	33	33
宠物养护与驯导	236	283	853	297
饲料与动物营养	0	29	95	44
宠物临床诊疗技术	0	73	125	0
畜牧业类专业	0	71	166	0
水产养殖技术	67	48	160	65
国土资源调查与管理	15	0	0	0
水文与工程地质	30	0	0	0
工程测量技术	433	882	1817	463
摄影测量与遥感技术	69	66	269	101
测绘工程技术	0	66	85	0
测绘地理信息技术	0	126	314	70
地图制图与数字传播技术	94	0	58	58
环境监测与控制技术	282	601	1394	355
室内环境检测与控制技术	6	0	1	0
环境工程技术	331	1295	2105	402
环境信息技术	0	176	176	0
环境规划与管理	0	132	161	0

(续表)

专业名称	毕业生数	招生数	在校学生数	毕业班学生数
环境评价与咨询服务	54	95	211	70
污染修复与生态工程技术	14	146	306	53
水净化与安全技术	0	9	9	0
供用电技术	26	80	216	76
建筑装饰工程技术	105	240	533	115
古建筑工程技术	0	19	19	0
建筑室内设计	1433	1627	4610	1515
建筑动画与模型制作	0	16	16	0
城乡规划	200	116	316	107
建筑工程技术	829	1476	3089	862
建筑设备工程技术	20	17	43	10
建筑智能化工程技术	25	45	83	17
建设工程管理	91	112	297	105
工程造价	1064	1566	3770	1034
建设项目信息化管理	0	26	26	0
建设工程监理	102	149	425	190
市政工程技术	141	446	732	161
给排水工程技术	32	0	24	24
物业管理	0	188	289	56
水利工程	82	150	528	156
水利水电工程技术	0	98	161	33
水利水电建筑工程	0	148	480	163
水电站动力设备	0	6	48	24
水土保持技术	111	28	147	64
机械设计与制造	63	59	141	28
机械制造与自动化	70	208	374	81
数控技术	204	93	283	140
模具设计与制造	33	0	71	53
工业设计	2	58	94	24
机电设备维修与管理	13	117	176	31
数控设备应用与维护	24	0	0	0
机电一体化技术	638	1055	2370	693
电气自动化技术	156	211	383	117
工业机器人技术	16	320	779	106
无人机应用技术	0	436	748	106
汽车制造与装配技术	51	82	184	55
汽车检测与维修技术	629	519	1705	784
汽车电子技术	138	165	327	32
新能源汽车技术	0	428	813	88
食品生物技术	84	59	189	77
药品生物技术	147	154	399	137
农业生物技术	170	75	232	89
生物技术类专业	4	0	0	0
应用化工技术	40	0	40	40
家具设计与制造	692	931	2721	838
包装策划与设计	27	86	121	13

(续表)

专业名称	毕业生数	招生数	在校学生数	毕业班学生数
食品加工技术	46	128	325	107
酿酒技术	176	95	331	138
食品质量与安全	6	96	217	68
食品检测技术	0	60	131	0
食品营养与检测	270	350	926	286
中药生产与加工	0	56	115	27
药品生产技术	302	75	340	125
药品质量与安全	63	23	86	32
生物制药技术	0	37	37	0
中药制药技术	0	23	24	0
药品制造类专业	0	24	57	0
药品经营与管理	38	14	49	20
高速铁道工程技术	0	60	60	0
高速铁路客运乘务	96	236	794	249
道路桥梁工程技术	267	461	1014	337
汽车运用与维修技术	264	331	736	319
国际邮轮乘务管理	167	35	446	238
空中乘务	220	82	354	169
民航安全技术管理	33	17	51	26
城市轨道交通车辆技术	0	1	25	24
城市轨道交通供配电技术	9	0	17	15
城市轨道交通工程技术	16	271	612	146
城市轨道交通运营管理	385	465	1198	340
电子信息工程技术	136	93	239	105
应用电子技术	158	200	466	135
智能产品开发	10	0	8	8
智能终端技术与应用	0	34	79	0
汽车智能技术	0	10	10	0
移动互联应用技术	58	124	321	79
物联网应用技术	118	470	1174	286
计算机应用技术	1026	2050	4975	1374
计算机网络技术	915	1821	4539	1333
计算机信息管理	92	132	314	64
软件技术	381	965	2067	445
动漫制作技术	215	276	629	197
嵌入式技术与应用	15	0	9	9
数字媒体应用技术	150	370	773	181
信息安全与管理	57	167	329	70
云计算技术与应用	0	51	145	34
电子商务技术	127	244	860	312
大数据技术与应用	0	658	754	0
虚拟现实应用技术	0	15	15	0
通信技术	279	326	840	283
临床医学	0	149	191	0
护理	2174	2876	6637	2399
助产	194	357	721	215

(续表)

专业名称	毕业生数	招生数	在校学生数	毕业班学生数
药学	270	517	1012	308
中药学	126	259	503	129
医学检验技术	192	316	737	208
医学美容技术	0	131	131	0
口腔医学技术	60	159	243	32
康复治疗技术	78	274	479	46
预防医学	0	37	37	0
中医养生保健	0	10	21	0
资产评估与管理	110	93	216	74
金融管理	129	81	199	72
证券与期货	47	0	16	11
保险	0	10	10	0
投资与理财	37	25	43	0
互联网金融	0	52	52	0
财务管理	408	568	1621	601
会计	2260	2975	7245	2273
审计	114	138	320	83
会计信息管理	57	108	243	54
国际经济与贸易	105	97	280	88
经济信息管理	18	81	256	70
工商企业管理	34	654	900	124
商务管理	78	0	42	20
连锁经营管理	51	13	33	9
市场营销	816	849	2309	745
汽车营销与服务	291	129	440	196
茶艺与茶叶营销	47	125	337	127
电子商务	1274	1533	3747	1168
物流管理	582	606	1687	565
旅游管理	367	868	1839	484
导游	41	10	33	2
景区开发与管理	37	0	2	0
酒店管理	523	619	1696	572
休闲服务与管理	41	103	193	38
烹调工艺与营养	103	244	543	171
西餐工艺	66	170	364	67
会展策划与管理	106	80	214	57
艺术设计	32	112	153	8
视觉传播设计与制作	61	72	158	17
广告设计与制作	275	708	1575	430
数字媒体艺术设计	79	395	781	198
产品艺术设计	0	0	12	12
家具艺术设计	32	40	98	31
服装与服饰设计	57	130	375	139
室内艺术设计	32	385	629	10
展示艺术设计	18	0	15	14
环境艺术设计	598	574	1640	499

（续表）

专业名称	毕业生数	招生数	在校学生数	毕业班学生数
动漫设计	0	0	1	1
音乐表演	12	0	13	13
新闻采编与制作	0	75	137	18
影视动画	22	40	94	28
传播与策划	0	0	1	1
学前教育	264	945	1127	97
商务英语	124	224	478	175
旅游英语	20	0	27	27
商务日语	68	0	37	37
文秘	170	251	657	181
社会体育	0	43	43	0
休闲体育	0	0	13	0
高尔夫球运动与管理	78	22	116	62
青少年工作与管理	16	0	16	16
社区管理与服务	33	80	148	28
家政服务与管理	49	20	82	32
婚庆服务与管理	82	50	142	45
幼儿发展与健康管理	0	111	285	0

表23-5　2019~2020学年初普通中等林业（园林）职业学校和其他中等职业学校林草专业学生情况

单位：人

专业名称	毕业生数	招生数	在校学生数	毕业班学生数
总　计	31 192	34 312	98 972	4156
（一）林草专业	26 536	28 159	79 888	3029
木材加工	2079	1231	5070	0
森林资源保护与管理	413	141	836	0
生态环境保护	167	1158	1447	13
现代林业技术	2985	2620	8580	308
园林技术	16 609	18 960	52 654	2503
园林绿化	4283	4049	11 301	205
（二）非林草专业	4656	6153	19 084	1127
财经商贸类专业	27	0	0	0
城市轨道交通运营管理	63	75	506	0
宠物养护与经营	13	17	41	0
畜牧兽医	84	132	379	0
导游服务	1	0	0	0
道路与桥梁工程施工	13	8	33	7
电气运行与控制	28	2	13	9
电子技术应用	3	1	2	0
电子商务	634	981	2433	43
服装设计与工艺	14	0	0	0
高星级饭店运营与管理	0	0	17	0
给排水工程施工与运行	41	46	88	0
工程测量	77	211	497	38
工程机械运用与维修	0	0	25	0
工程造价	110	302	601	65

(续表)

专业名称	毕业生数	招生数	在校学生数	毕业班学生数
工艺美术	2	27	29	0
古建筑修缮与仿建	5	8	24	0
果蔬花卉生产技术	83	148	386	0
航空服务	0	2	2	0
护理	37	98	1233	52
会计	46	73	428	8
会计电算化	263	266	868	157
机电技术应用	57	82	156	1
计算机动漫与游戏制作	44	29	67	3
计算机平面设计	407	527	1573	39
计算机网络技术	363	143	875	80
计算机应用	240	799	1775	49
计算机与数码产品维修	21	0	8	0
加工制造类专业	5	0	0	0
家具设计与制作	42	24	68	15
建筑工程施工	118	443	1173	141
建筑装饰	87	12	112	9
景区服务与管理	14	7	18	5
客户信息服务	79	140	315	0
老年人服务与管理	0	1	1	0
楼宇智能化设备安装与运行	0	25	71	0
旅游服务类专业	7	0	0	0
旅游服务与管理	292	122	686	38
美发与形象设计	0	27	58	0
美术绘画	0	1	1	0
美术设计与制作	67	0	26	0
模具制造技术	2	12	19	0
农产品保鲜与加工	0	15	15	0
农村经济综合管理	48	9	35	0
农业机械使用与维护	36	31	108	0
汽车美容与装潢	48	43	179	0
汽车运用与维修	542	434	1933	149
汽车整车与配件营销	1	0	0	0
汽车制造与检修	53	0	23	23
商品经营	3	0	0	0
社区公共事务管理	0	50	89	0
生物技术制药	0	0	1	0
市场营销	23	0	67	17
市政工程施工	122	163	401	92
数控技术应用	82	173	384	0
水利水电工程施工	50	0	175	0
土木水利类专业	27	0	0	0
文化艺术类专业	32	0	0	0
文秘	0	50	92	0
物流服务与管理	5	5	36	3
物业管理	0	0	39	0

(续表)

专业名称	毕业生数	招生数	在校学生数	毕业班学生数
现代农艺技术	7	0	20	0
学前教育	143	57	213	44
音乐	0	2	2	0
影像与影视技术	0	3	3	0
运动训练	0	13	13	0
植物保护	0	39	77	0
制药技术	0	3	3	0
中餐烹饪与营养膳食	0	84	84	0
中草药种植	0	14	44	0
助产	0	77	232	0
其他专业	45	97	209	40

(邹庆浩供稿)

北京林业大学

【概　述】　2019年，北京林业大学占地面积878.40万平方米，其中，校本部占地面积46.40万平方米、实验林场占地面积832万平方米。校舍建筑面积73.17万平方米。图书馆建筑面积2.34万平方米，藏书323.62万册，其中，纸质图书193.26万册、电子图书130.36万册。设有16个学院，65个本科专业及方向，覆盖10个学科门类；具有一级学科25个，一级学科博士点8个，博士学位授权点8个，硕士学位授权点25个（含一、二级），专业学位授权点16个。博士后科研流动站7个，其中，博士后研究人员出站13人、进站35人、在站101人。一级学科国家重点学科1个、二级学科国家重点学科2个、国家重点（培育）学科1个、国家林业和草原局重点学科（一级）6个、国家林业和草原局重点培育学科3个、北京市高精尖学科2个、北京市重点学科（一级）（含重点培育学科）3个、北京市重点学科（二级）4个、北京市重点交叉学科1个。国家工程实验室1个、北京市重点实验室8个。教职工2026人，其中，专任教师1258人，包括教授337人、副教授571人；中国工程院院士3人，获国家级人才计划28人次。毕业生7047人，其中，研究生1704人（博士生245人、硕士生1459人），普通本科生3114人，成人教育本、专科生2229人（本科生1830人、专科生399人）。招生6685人，其中，研究生2351人（博士生317人、硕士生2034人），普通本科生3369人，成人教育本、专科生965人（本科生820人、专科生145人）。本科毕业生就业率90.14%，研究生就业率96.29%。高考北京地区提档线文科614分、理科615分。全日制学历教育在校生23941人，其中，学历教育全日制研究生6289人（博士1348人、硕士4941人），本科生13449人，成人教育本、专科生4203人（本科生3894人、专科生309人）。网址：www.bjfu.edu.cn。

【"不忘初心、牢记使命"主题教育】　9~11月，北京林业大学扎实开展"不忘初心、牢记使命"主题教育。学校成立领导小组和指导组，确保主题教育覆盖22个院（系）级党组织和机关37个党支部。提出校、院、支部"三级联学"机制，举办处级以上干部和教师党支部书记培训班，开展三轮应知应会测试。开展调研，召开50余场座谈会，走访师生1000余人次，形成15份调研报告。按照"四个对照""四个找一找"要求，严肃检视问题，建立整改落实台账，即知即改问题67项。形成7项关系学校发展的重要规划，完善第四轮岗位聘期方案，为今后建设发展指明方向。中央广播电视总台、新华社、《人民日报》《光明日报》等多家媒体对学校的经验做法进行了报道。

【参与新中国成立70周年庆典活动】　在国庆庆典活动中，北京林业大学承担群众游行、广场联欢、广场合唱和志愿者四部分任务。工作总量大、周期长、要求高，参与总人数达2364人，训练时长达三个多月。工作注重顶层设计，守牢安全底线，紧紧立足育人，取得了优异成绩，其中群众游行获得上级指挥部授予的最佳大队"流动红旗"，在全部方阵验收中取得第三名；广场合唱与专业院校同学一同位于核心收音区；广场联欢被安排在所在表演区块的最前端；志愿者最美的微笑赢得观众和上级部门的广泛赞誉。学校1395名师生参加群众游行方阵；515名师生参与群众联欢；82名人员参加广场合唱。此外，学校还派出158人担任活动志愿者。

【牵头组织编写出版《高校基层党组织书记工作案例》】　受中共中央组织部党员教育中心、教育部思想政治工作司委托，由北京林业大学负责牵头组织实施全国党员教育培训教材《基层党组织书记工作案例（高校版）》。该书编写自2018年6月启动。学校党委协调9所高校、

13位有丰富党建工作经验的党务工作者组成编委会，面向全国高校收集工作案例786个。编委会对案例层层遴选把关，最终选定全国高校88个优秀案例成书，由党建读物出版社正式出版发行。

【基层党组织获批全国党建标杆院系和样板支部】 北京林业大学生态与自然保护学院党委获批第二批全国党建"标杆院系"，马克思主义学院教工第三党支部获批全国党建"样板支部"，学校在建的全国党建"标杆院系"达到2个，"样板支部"达到3个。

【北京林业大学发展战略咨询委员会成立】 12月6日，北京林业大学成立发展战略咨询委员会，46位相关学科领域的两院院士担任发展战略咨询委员会委员，将根据学校工作需要，开展多种形式的咨询工作，提供智库支持，推进学校治理体系和治理能力现代化。

【"雁阵式"学科体系基本形成】 北京林业大学稳步推进学科布局结构调整，组建生态与自然保护学院，加快推进草业与草学院建设。以一流学科和高精尖学科为牵引、聚焦涉林涉草、协调可持续发展的"雁阵式"学科体系基本建成。生态修复工程学、城乡人居生态环境学2个交叉学科入选北京高校高精尖学科建设名单。ESI排名前1%的学科从5个增加至7个。

【黄河流域生态保护和高质量发展研究院成立】 10月18日，北京林业大学黄河流域生态保护和高质量发展研究院揭牌成立。依托北林大林学和风景园林学两个一流学科，生态修复工程学和城乡人居生态环境学两个高精尖学科，以及农林经济管理、林业工程等优势特色学科，通过设立黄河生态系统保护、黄河流域高质量发展、智慧黄河、黄河生态修复治理、黄河流域景观规划、黄河水资源保护与利用、黄河文化和生态文明、黄河流域生态保护和高质量发展领军人才培养8个中心，全方位服务黄河流域生态保护和治理。

【两山理论与可持续发展研究中心成立】 12月14日，北京林业大学成立两山理论与可持续发展研究中心，中心由中国城镇化促进会与北京林业大学联合共建。中心的定位为国家两山理论与可持续发展领域的专业研究机构，中国社会团体与高等院校协同创新的重要平台，具有中国特色的多学科、跨领域高端人才交流培养中心，两山理论与可持续发展领域国际交流合作基地，服务国家战略科学决策的一流专业智库，市场化项目运作的典型案例试点推广组织。中心的职能是开展理论与实践科学研究、培养高层次人才队伍、宣传推广成果应用、承担重大专项课题、开展国际交流合作。

【北京林业大学社区卫生服务中心(校医院)启用】 9月20日，北京林业大学社区卫生服务中心(校医院)启用。学校将4600余平方米的原第四教学楼改造为社区卫生服务中心，旨在提高医务工作者水平，为师生员工以及社区广大人民群众看病救急提供便利条件和优质服务，做好育人工作，为学校更好落实立德树人根本任务奠定更为坚实的医疗保障基础。

【定点帮扶的科尔沁右翼前旗成功脱贫摘帽】 学校定点帮扶的科尔沁右翼前旗退出贫困旗县序列，成功脱贫摘帽。2013年以来，校领导多次带队赴科尔沁右翼前旗贫困一线考察调研、指导工作、推进帮扶。学校累计投入各类帮扶资金超590万元；引入帮扶资金超1400万元，派出挂职干部4人，选派20名教师、40名研究生接力开展支教服务。累计培训当地干部3400余人次，业务骨干2000余人次。学校后勤食堂、工会系统消费采购科尔沁右翼前旗农产品550余万元，通过各种渠道帮助科尔沁右翼前旗销售农产品超过1300万元。

【第二次青藏高原综合科考】 9月25日，学校组织召开第二次青藏高原综合科考动员会。参与青藏高原科考对于学校搭建高水平研究平台、培养战略科技人才、培育原创性科技成果、提升服务国家重大战略能力和综合影响力意义重大。水保学院荒漠生态系统分队由学校荒漠化防治、生态学、土壤学、生物学、地理学等学科科研人员组成，暑期在阿尔金山–柴达木盆地区域开展了实地踏查和预调查。此后五年里，该团队将在140个取样点完成系列考察和取样任务，获取一手本底资料，系统研究柴达木盆地荒漠生态系统荒漠植物群落空间格局及生态适应性机制，为柴达木盆地荒漠生态系统保护及利用提供技术支撑。

【美丽中国"江西样板"院士论坛】 12月7日，北京林业大学主办的美丽中国"江西样板"院士论坛在江西南昌举行。主办该论坛是贯彻落实习近平总书记关于打造生态文明、美丽中国"江西样板"重要讲话和指示精神具体举措。组织实施学校与江西省林业局全面战略合作协议。深入研讨生态文明建设、生态环境保护重大科技问题，为2019鄱阳湖国际观鸟活动注入丰富的科技元素。江西省委省政府领导、生态文明建设领导小组成员单位、发展与改革委员会、沿湖设区市(县)等单位的主要负责人和代表，学校相关部门负责人及青年骨干教师，新闻媒体记者等共300余人参加论坛。

【获第六届首都大学生思想政治工作实效奖特等奖】 学校申报的项目《实施"阳光优材"项目——促进家庭经济困难学生健康成长成才》获第六届首都大学生思想政治工作实效奖特等奖。学校坚持"扶贫"与"扶志"紧密结合，探索形成四位一体精准帮扶模式。一是建立"一支队伍"，选聘离退休人员担任成长导师，实施"导师制"帮扶；二是成立"一个社团"，成立"阳光社团"学生组织，让学生"参与式"锻炼；三是形成"一套体系"，优化德智体美劳全面培养举措，使学生接受"系统性"教育；四是打造"一种文化"，在家庭经济困难学生中弘扬自立自信的精神风貌，进行"榜样式"引导。

【受邀加入"全球挑战大学联盟"】 经全球挑战大学联盟全体会议审议决定，正式确认北京林业大学成为联盟受邀成员，作为该联盟在中国内地的唯一成员单位，学校将开始全面参与联盟发展事务，组织安排有关活动。

学校多年来一直致力于改善人居生态环境，促进可持续发展，这与"全球挑战大学联盟"的宗旨以及对联盟成员的要求高度一致。此次加入对推进学校"双一流"建设，加快推动国际化办学，发出北林声音，讲好中国故事，进一步提升学校国际知名度和影响力具有积极的意义。

【首届"北林榜样"】 12月10日，北京林业大学举行首届"北林榜样"颁奖典礼。"北林榜样"是经学校党委批准的校级优秀个人或团队的最高荣誉，每两年评选1次，每届不超过10个，另外根据情况设置若干个提名奖。北京林业大学全体在校教职工、学生和离退休教职工，皆可以个人或团队形式参加评选，优秀校友代表经评选可获得特别提名奖。

【原创话剧《梁希》首演】 10月16日，北京林业大学原创话剧《梁希》首演开场。历经6年多组织筹备，在真实历史的基础上，适当增添艺术细节，运用极具变化并富有表现力的舞台、灯光设计，强化教育性、思想性的同时丰富戏剧性与观赏性。全体演职人员全心投入、反复打磨、精益求精，全部演员为北林青年学生，由大二到研二多年级、多专业的25名学生组成，少年梁希由北林附小的小演员饰演。 （北京林业大学由焦隆供稿）

东北林业大学

【概　述】 2019年，东北林业大学（以下简称东北林大）设有研究生院、19个学院和1个教学部，有63个本科专业、9个博士后科研流动站、1个博士后科研工作站、8个一级学科博士点、21个一级学科硕士点、17个类别的专业学位硕士点。拥有林业工程、林学2个世界一流建设学科，生物学、生态学、风景园林、农林经济管理4个国内一流建设学科，3个一级学科国家重点学科、11个二级学科国家重点学科、6个国家林业和草原局重点学科、2个国家林业和草原局重点（培育）学科、1个黑龙江省重点学科群、7个黑龙江省重点一级学科、4个黑龙江省领军人才梯队、4个黑龙江省"头雁"团队。有国家发改委和教育部联合批准的国家生命科学与技术人才培养基地、教育部批准的国家理科基础科学研究和教学人才培养基地（生物学），是国家教育体制改革试点学校，国家级卓越工程师和卓越农林人才教育培养计划项目试点学校，教育部深化创新创业教育示范高校，全国高校实践育人创新创业基地。

学校拥有优良的教学科研平台和实践教学基地。有林木遗传育种国家重点实验室（东北林业大学）、黑龙江帽儿山森林生态系统国家野外科学观测研究站；有森林植物生态学、生物质材料科学与技术、东北盐碱植被恢复与重建、森林生态系统可持续经营4个教育部重点实验室，6个国家林业和草原局重点实验室，12个黑龙江省重点实验室；有2个教育部工程研究中心，3个国家林业和草原局工程技术研究中心及猫科动物研究中心，有林学、森林工程、野生动物3个国家级实验教学示范中心，森林工程、野生动物2个国家级虚拟仿真实验教学中心，6个省级实验教学示范中心；有3个国家林业和草原局生态系统定位研究站，1个省哲学社会科学研究基地，3个省级普通高校人文社会科学重点研究基地，2个省中小企业共性技术研发推广中心，2个省级智库；另有国家林业和草原局野生动植物检测中心、国家林业和草原局工程质量检测总站检测中心等；有帽儿山实验林场、凉水实验林场等7个校内实习基地和277个校外实习基地。

2019年，学校有教职员工2300余人，其中专任教师1300余人。有中国工程院院士2人，"长江学者"特聘教授4人、青年学者1人，国家杰出青年基金获得者2人，国家优秀青年科学基金获得者4人，全国"百千万人才工程"入选4人，新世纪"百千万工程"人选4人，"万人计划"科技创新领军人才2人、科技创业领军人才1人、青年拔尖人才1人，"青年人才托举工程"入选者6人，"新世纪优秀人才支持计划"入选者30人。享受国务院政府特殊津贴专家27人，国家有突出贡献中青年专家3人，省部级有突出贡献中青年专家16人，"龙江学者"特聘教授10人、青年学者4人，全国优秀博士学位论文获得者4人，有教育部"长江学者和创新团队发展计划"创新团队2个，首批全国高校黄大年式教师团队1个。有国家教学名师奖获得者2人，全国优秀教师5人，全国模范教师1人，全国林业和草原教学名师2人，省级教学名师奖获得者13人，省级优秀教师8人次，全国"工人先锋号"获得者1个团队，全国"五一"劳动奖章获得者2人，全国"五一"巾帼标兵1人。

2019年，毕业本科生4495人。全日制在校生25 806人，其中：博士研究生1289人，硕士研究生4880人，本科生19 290人，留学生347人。教学行政用房面积483 994平方米，学生宿舍面积205 679平方米，教学科研仪器设备总值10.03亿元，图书馆面积41 765平方米，电子图书和期刊1 337 806册。

【领导班子调整】 2月1日，教育部党组免去蔺海波的中共东北林业大学纪律检查委员会书记职务。5月17日，教育部党组任命王玉琦为中共东北林业大学纪律检查委员会书记。11月28日，教育部任命宋文龙、李凤日为东北林业大学副校长（试用期一年）。

【领导考察】 6月29日，全国政协副主席、中国科协主席万钢到学校参加中国科协年会系列活动。7月22日，第十三届全国政协常委、经济委员会副主任于广洲一行来到学校，就大学生创新创业工作开展专题调研。

【主题教育】 成立了由党委书记任组长的主题教育领

导小组，先后召开4次党委常委会和有关工作会议29次，研究部署主题教育工作。班子通过多种形式自觉加强学习，举办暑期读书班，汇编印发学习资料，制订集中学习研讨计划，撰写高质量的调研报告，召开调研成果交流会，把调研成果转化为解决热点、难点问题的有效举措。召开对照党章党规找差距专题会议和专题民主生活会，召开党委常委会，研究领导班子问题清单和整改方案。成立整改落实工作领导小组，出台整改方案，并制订《专项整治工作方案》。通过开展主题教育，在理论学习、思想政治、干事创业、为民服务、清正廉洁方面取得了丰富的理论成果、制度成果、实践成果，主题教育开展情况先后获得"学习强国"平台、新华社客户端、《光明日报》、人民网、《中国教育报》等多家主流媒体宣传报道58次。

【基层组织建设】 制订《关于严格组织生活制度实施细则》《二级党组织换届工作细则》等制度。开展支部共建活动，林学院森林资源系师生党支部与全国45所知名高校党支部共建，成立"助力龙江发展高校专家联盟"。选优配齐了77名教师"双带头人"党支部书记，实现了全覆盖。召开了庆祝中国共产党成立98周年暨2017~2019年"两优一先"表彰大会，举办了党建工作论坛、党建述职、党支部书记培训班，3个党支部获评"全国党建工作样板党支部"。

【中共东北林业大学第十三次代表大会】 于7月13~14日召开，选举产生了学校新一届党委领导班子，擘画了未来发展蓝图，确立了"全面推进学校改革发展""纵深推进全面从严治党"两大工程，凝聚全校师生的力量，加快推进"双一流"建设，全面开启东北林大建设中国高水平大学的新征程。

【综合改革】 调整机构设置，撤销与合并机构12个，明确优化了39个机构的职能职责。调整优化学科专业、重点实验室，共涉及10个学院、10个一级学科、5个专业学位点和6个本科专业，有1个学院更名，新成立1个学院。改革重点科研平台的管理机制，出台了《重点科研平台建设与管理办法（试行）》，打造开放式的科研学术平台，建立跨学科、跨学院、跨学校组建学术团队的机制。系统推进人事机制改革，实施"成栋学者计划"，强化各类优秀人才的培养。实施"特岗计划"，努力破除"唯帽子"的评价机制，受益人才达100余人。实施基于任期目标责任制的绩效工资改革，制定了新的岗位薪酬与任期目标责任制改革方案。持续深化职称评审制度改革，增设了在一线长期从事教学工作的优秀教师晋升教授的特殊通道。

【教育教学】 学校制订出台《东北林业大学一流本科教育行动计划》，全面推进特色鲜明、国际知名的中国高水平大学建设进程。深入推进以选课为核心的学分制改革，逐步构建学生自主选课程、选学习进度、选任课教师和选专业的选课模式。继续推进"分管招生工作校领导主管，学校职能部门组织协调，各学院（部、处）分片负责宣传"的工作机制，招生工作水平逐年提高。

召开教育工作会议，加强教师教学荣誉体系建设，首次设立了本科教学改革奖、优秀本科生导师奖、本科教学质量奖和从教30年教师荣誉称号等教学荣誉，评选出本科教学质量特等奖5人、一等奖27人、二等奖155人，本科教学改革优秀奖27人、先锋奖5人，优秀本科生导师奖49人、十佳本科生导师11人，从教30年教师荣誉227人。认定79门校级在线开放课程，立项建设18门校级精品在线开放课程。获评2门省级线上线下精品课程，6门省级精品在线开放课程，5门省级精品在线培育课程，启动建设23门慕课，增设16门通识教育选修课。不断提升教师教学能力，1人获得全省师德先进个人，1人获得全国林业教学名师，1人获得黑龙江省教学名师奖；学校获得黑龙江省多媒体课件大赛优秀组织奖。发挥"五位一体"的创新创业训练支持体系，立项各级大学生创新创业训练项目、科研训练项目580余项。学生发表论文300余篇，申请专利132项。

全面深化专业建设。16个专业获得黑龙江省一流本科专业建设点，机械设计制造及其自动化、电气工程及其自动化、计算机科学与技术、交通工程4个专业通过工程教育专业认证，完成数据科学与大数据技术、家具设计与工程两个本科专业的增设备案工作。新增"带薪-实习-就业"合作基地60家，2019届本科毕业生就业率为94.76%，到林业行业就业人数比2018年增长了108%。

加强研究生培养质量，投入180余万元开展研究生在线课程建设，重点建设"院士金课"和在线精品通识课。院士金课《木材·人类·环境》和《林业工程前沿进展》正式在全国上线，选课人数达到5981人，选课学校累计56所，实现了优质课程资源共享，提升了学校知名度和美誉度。完成本研一体化、同平台跨层次选课教学管理系统的规划设计。2019年，学校硕士研究生招生增幅13.7%，整合硕士研究生自命题考试科目，研究生报考人数显著增加。

学历留学生规模继续扩大，全年招收各类中国政府奖学金留学生89人，留学生国别拓展至84个。新获批教育部"中非友谊"中国政府奖学金进修生项目2项。与非洲4个国家的6所高水平大学和1个政府部门建立了合作关系，拓展长短期留学生项目，大力打造"留学东林"品牌项目，社会认可度不断提高。

【学科建设】 深入推进一级学科管理，出台《东北林业大学关于推进一级学科管理的实施意见》和《东北林业大学学术带头人遴选及管理办法》。优化学科结构、凝练学科方向、遴选学术带头人、整合学科梯队。完成学位点动态调整，撤销兽医和资产评估2个专业学位及建筑学科学学位授予点。顺利完成"双一流"建设中期自评工作，师资队伍建设取得新成效，教学与科研取得新进展，社会服务成效显著，第三方评价表现度显著提高，有力支撑国家绿色发展和生态文明建设，实现了学校"双一流"建设的既定目标。

【师资队伍建设】 全年引进人才39人，柔性引进7名人才，人才引进质量持续提高。坚持"引育并举"，4个团队入选黑龙江省"头雁"计划支持，新增"青年长江学者"1人，"龙江学者"特聘教授2人，"龙江学者"青年学者2人。坚持"引培并举"人才工作理念，在做好人才"增量"的同时，更加重视"存量"人才培育，出台《东北林业大学成栋学者培育计划》，为人才成长成才提供政策支持和经费保障。

【奥林学院获批招生】 4月15日，教育部同意学校与新西兰奥克兰大学开展合作办学，设立东北林业大学奥林学院，其英文译名为Aulin College, Northeast Forestry University。学院开设计算机科学与技术、生物技术、化学三个本科专业并开始招生，首届招生本科生270人。该学院是国内95所中外合作办学机构之一，也是黑龙江省第一所同时具有本科和硕士研究生专业的非独立法人的中外合作办学机构。

【成立全国首个野生动物与自然保护地学院】 7月28日，国家林业和草原局局长张建龙、黑龙江省副省长王永康到校，为全国首个"野生动物与自然保护地学院"揭牌。标志着学校对国家层面加强生态文明建设总体布局做出的积极响应。

【科学研究】 全年各类科研立项709项，合同经费1.46亿元。大项目19项，合同经费3146.56万元。新增国家重点研发计划战略性国际科技创新合作项目1项。获得科技奖励50项，其中，国家科技进步二等奖1项(参加)，教育部二等奖2项，荣获第二届中国生态文明奖。申请专利935件，授权专利618件，软件著作权25件；新增教育部重点实验室1个、教育部工程研究中心1个，教育部野外科学观测研究站2个，国家林草局长期科研基地1个，黑龙江省重点实验室1个，黑龙江省技术创新平台2个。1人获国家林草科技创新领军人才称号，2人入选青年拔尖人才计划，获批科技创新团队1个。

【新增9个国家创新联盟】 植物天然活性物质利用国家创新联盟、林木分子生物学国家创新联盟、野生动物生物安全管控国家创新联盟、野生动物保护与利用国家创新联盟、寒地花卉产业国家创新联盟、红松产业国家创新联盟、木工智能化国家创新联盟、东北退化森林生态系统恢复国家创新联盟和北方森林生态保护与利用产业国家创新联盟9个创新群体入选第二批林业和草原国家创新联盟，学校国家创新联盟总数达到12个。

【定点扶贫工作】 圆满完成《2019年度中央单位定点扶贫工作责任书》规定的各项任务指标。投入帮扶资金219.45万元，引进帮扶资金609.2万元，购买贫困地区农产品256.16万元，帮助销售贫困地区农产品1280万元。学校投入定点扶贫专项基金10个项目总计120万元。学校领导和院处级领导55人次到学校定点扶贫县泰来县考察调研，学校召开扶贫专题工作会议3次。为7名来自贫困县的人员提供就业岗位，录取3名泰来县学生到校攻读硕士研究生。培训基层干部445名，培训技术人员926名，为科技产业项目顺利实施培养了关键技术人才。成功举办泰来县扶贫产品校园展销会，黑木耳产业扶贫项目入选《第一届全球减贫典型案例汇编》。对口扶贫的泰来县和宏程村均已实现"脱贫摘帽"。

【国际学术研讨会】 7月28日，2019虎豹跨境保护国际研讨会在学校开幕，国家林业和草原局局长张建龙、黑龙江省副省长王永康、学校领导和来自俄罗斯、越南等19个周边虎豹分布国和世界自然基金会等12个国际组织的300多位代表参加了会议。10月26～27日"中俄区域合作与可持续发展国际学术研讨会"在学校举行，来自中俄两国的专家学者和研究机构、学术期刊代表齐聚一堂，围绕"一带一路"建设与欧亚经济联盟对接等进行研讨，共同为推动中俄区域合作及可持续发展建言献策。10月27～28日，由学校和德国哥廷根大学联合主办、中国木材保护工业协会和江苏爱美森木材加工有限公司承办的"国际木材功能改良技术与产业发展论坛"在江苏省淮安市举行，来自中国、德国、新西兰、挪威、比利时、芬兰等国家的80多名学者、企业家和嘉宾相聚淮安，围绕木材功能改良基础前沿研究和应用技术创新开展了广泛深入的交流。

【国际交流与合作】 获批国家级引智项目18项，外专引智项目总经费828万元。新签或续签校际合作协议17份。邀请125位外国文教专家来校合作研究、学术交流和工作访问。全年共派出赴国(境)外交流学习学生188人次。新出台《东北林业大学港澳台学生管理办法》，规范了港澳台地区学生招生、教学、生活管理和服务工作。"特色森林资源学科创新引智基地"获教育部和科技部立项，成为学校第三个"111"引智基地。完成学校首个"111"基地——林业工程学科创新引智基地建设评估工作。

【思政育人】 以立德树人为根本，一体推进"三全育人"(全员育人、全程育人、全方位育人)。1月22日，林学院获批全国第二批"三全育人"综合改革试点建设单位。对133门"课程思政"示范课程进行结题验收，开展"课程思政"展示课程观摩活动，发挥示范引领作用。获得首届全国高校思政课教学展示活动一等奖、二等奖各1人。不断加强队伍建设，补充辅导员20名，补充思政课专兼职教师44名，1人荣获黑龙江省辅导员年度人物奖、1人荣获"第十一届全国高校辅导员年度人物"提名奖。辅导员郭婷婷的育人事迹入选中国教育电视台一频道《我是辅导员》栏目，学校成为中国教育电视台首批"高校辅导员联盟"成员单位。巩固网络思政教育阵地，学校连续三次被评为"全国十佳校园网络通讯站"。推动学生诚信教育体系建设，建立诚信档案和负面清单，将诚信教育纳入人才培养体系。组织《歌唱祖国》快闪活动""青春告白祖国"等爱国主义教育活动。制订《加强新时代美育工作实施方案》《关于加强和改进学生社团建设的实施意见》《学生会(研究生会)组织改革实施方案》，召开了团代会、学代会、研代会，深化学生社团改革。有1人荣获"全国优秀共青团员"称号，3名同学获评2018年度"中国大学生自强之星"。

【教师获奖】 4月23日，生物质材料创新研究团队被中华全国总工会授予全国工人先锋号荣誉称号。5月8日，辅导员刘甜甜获第十一届全国高校辅导员年度人物提名奖。8月5日，土木工程学院贾杰获全国基础力学青年教师讲课大赛一等奖。9月4日，林学院马玲获2019年全国林业和草原教学名师。9月23日，林学院陈祥伟获2019年度全国绿化奖章荣誉称号。9月29日，马克思主义学院杨丽艳获首届全国高校思想政治理论课教学展示活动现场教学比赛一等奖。10月23日，工程技术学院林文树，林学院谷加存、赵曦阳获第十五届林业青年科技奖。11月11日，材料科学与工程学院黄占华主持的"生物质多羟基化合物功能材料的关键制备技术"获第十届梁希林业科学技术奖技术发明一等奖；林木遗传育种国家重点实验室姜立泉主持的"林木遗传育种"项目获国际科技合作奖。

【学生获奖】 4月，工程技术学院本科生宋炜昱获国际大学生数学交叉学科建模竞赛 Meritorious Winner 一等奖。5月12日，学校获第七届中国TRIZ杯大学生创新方法大赛决赛特等奖1项，一等奖2项，二等奖2项，三等奖8项。5月，学校2017级硕士研究生杨婉婷被评为"全国优秀共青团员"。8月12日，学校毕业生刘大睿入选全国第二届"闪亮的日子——青春该有的模样"大学生就业创业人物典型事迹。8月25~26日，学校在第五届中国"互联网+"大学生创新创业大赛黑龙江赛区决赛中获5金7银16铜。10月14日，学校《利用地沟油和秸秆在嗜盐菌中合成可降解生物地膜》和《混合三维可视化技术在远程医疗上的应用》两个项目，获第五届中国"互联网+"大学生创新创业大赛高教主赛道铜奖。11月5日，生命科学学院创建的NEFU_China团队获国际遗传工程机器设计竞赛（iGEM）金奖，这也是学校连续第三年夺得该项比赛的金奖。11月6~8日，土木工程学院在第三届全国大学生"茅以升公益桥——小桥工程"设计大赛中，获全国一等奖1项、全国社会实践优秀奖3项以及优秀组织奖。11月8日，国际交流学院组织留学生代表团参加第七届全国林业学术大会，获国际学生优秀汇报奖一等奖、二等奖各1人，三等奖2人；优秀论文奖一等奖1人，二等奖2人，三等奖3人。

（东北林业大学由林岩供稿）

南京林业大学

【概　述】 2019年，学校有22个学院（部），74个本科专业。8个一级学科博士学位授权点、40个二级学科博士学位授权点、25个一级学科硕士学位授权点、101个二级学科硕士学位授权点。2个一级学科国家重点学科，4个二级学科国家重点学科，1个国家重点培育学科，11个一级学科省部级重点学科，6个二级学科省部级重点学科，8个博士后流动站。有国家级特色专业建设点6个，国家级人才培养模式创新实验区1个，国家级实验教学示范中心2个。在校生30 279人（不含民办南方学院），其中普通本科生22 672人，研究生5603人，成人教育学生2004人。当年招生8834人，其中普通本科生6187人，研究生1973人，成人教育学生674人。毕业6316人，其中普通本科生4017人，研究生1348人，成人教育学生951人。在校留学生183人，本年度招生90人，毕业18人。有教职工2231人，其中专任教师1606人，专任教师中，高级职称885人，中国工程院院士2人，长江学者奖励计划特聘教授1人，国家杰出青年基金获得者1人，国家青年千人计划入选者3人。

2019年，与中国林科院共建林产化学与材料国际创新高地。生态学等12个专业入选国家级一流本科专业建设点，广告学等6个专业入选省级一流本科专业建设点。农业科学、材料科学2个学科进入ESI国际学科排名全球前1%。获江苏省文明校园、全国创新创业典型经验高校、江苏省来华留学生教育先进集体。曹福亮院士、校长王浩教授当选中国林学会第十二届理事会副理事长，张慧春教授获全国巾帼建功标兵，尹佟明教授获全国林业和草原教学名师，朱典想教授获中国老科学技术工作者协会奖，施政教授入选林业和草原科技创新青年拔尖人才等。

曹福亮院士领衔的"银杏经济林培育与高效利用创新团队"和周建斌教授领衔的"生物质热解气化多联产创新团队"入选国家林业和草原科技创新团队，祝遵凌教授领衔的"大数据与园林植物应用技术团队"获江苏省高校优秀科技创新团队。机器人工程、家具设计与工程专业获教育部审批，亚太森林组织南京林业大学教学科研基地揭牌，全国示范性风景园林专业学位研究生联合培养基地获批。

承办第七届中国林业学术大会、第四届亚洲生存圈科学学术大会、国际林联林木种子园学术大会、生态文化传播国际学术研讨会、中国农村合作经济高峰论坛等。举行陈植先生诞辰120周年国际研讨会、叶培忠先生诞辰120周年纪念会。成立林业发展研究院林业产业发展研究中心、中国特色生态文明与林业发展研究院、日本木材应用与木结构技术培训中心（南京）、中国林学会家具与集成家居分会、南京林业大学越南校友会，周剑校友设立优必选教育基金。

【18个专业入选一流本科专业建设点】 2019年，教育部公布国家级和省级一流本科专业建设点名单，南京林业大学申报的生态学、机械设计制造及自动化、土木工程、轻化工程、交通工程、木材科学与工程、林产化工、风景园林、水土保持与荒漠化防治、林学、森林保护、产品设计12个专业入选国家级一流本科专业建设点，广告学、机械电子工程、森林工程、园林、农林经济管理、环境设计6个专业入选省级一流本科专业建设点。

【1项目获教育部科学技术进步一等奖】 2019年，南京林业大学和中国林科院完成的"南方型杨树人工林高效培育技术体系的研究与应用"获教育部科学技术进步一等奖。该项目系统开展南方型杨树新品种创制、人工林可持续经营的养分调控机制、插干造林技术、修枝技术体系、林分结构构建与调控及经营模拟系统的构建与应用等研究，优化设计出不同培育目标的杨树人工林定向培育模式。项目团队创制的雄性不育泗杨1号新品种，为解决杨树人工林"飘絮"问题提供了新途径，取得明显经济、生态和社会效益。成果在江苏等6省推广面积约8.67万公顷，新增产值约5.2亿元。

【2个学科ESI国际学科全球前1%】 2019年，科睿唯安发布ESI（基本科学指标数据库）统计数据显示，南京林业大学的农业科学（AGRICULTURAL SCIENCES）、材料科学（MATERIALS SCIENCE）2个学科进入ESI国际学科排名全球前1%。截至2019年12月，南京林业大学有工程学、植物与动物科学、农业科学和材料科学4个学科进入ESI国际学科排名全球前1%。

【启动林产化学与材料国际创新高地】 2月26日，由江苏省人民政府、国家林业和草原局依托南京林业大学和中国林科院林产化学工业研究所共建的"林产化学与材料国际创新高地"启动仪式在南京林业大学举行。江苏省副省长费高云、国家林草局副局长张永利、中国林科院院长刘世荣和南京林业大学党委书记蒋建清共同启动项目。南京林业大学校长王浩讲话，中国林科院副院长储富祥汇报了创新高地相关情况，中国林科院林产化学工业研究所所长周永红、中国工程院院士蒋剑春先后发言。中国工程院院士宋湛谦、李坚、曹福亮等出席。

【低碳江苏行活动启动仪式】 3月25日，2019年低碳江苏行系列活动启动仪式暨院士学术讲座在南京林业大学举行。中国科学院郭子建院士、中国工程院蒋剑春院士，江苏省科学技术协会学术部、江苏省低碳技术学会、中国林科院林产化学工业研究所、南京林业大学等相关负责人及师生400余人出席。启动仪式由南京林业大学副校长勇强主持。启动仪式后，郭子建院士、蒋剑春院士分别作"金属离子识别与成像及抗肿瘤配合物靶向治疗""农林生物质能源与炭材料技术发展"学术报告。该活动由江苏省低碳技术学会主办，形式有高端学术论坛、国际学术交流、青年科学家论坛、产学研论坛等。

【中国林学会家具与集成家居分会成立】 4月23日，中国林学会家具与集成家居分会成立大会暨企业研究院产学研协同创新发展论坛在南京林业大学举行。中国林学会理事长赵树丛、中国林学会副理事长兼秘书长陈幸良、南京林业大学党委书记蒋建清、中国林学会学术部主任曾祥谓等出席开幕式。国内林业院校、科研院所、家具与集成家居制造企业等单位150余人参会。南京林业大学副校长李维林主持大会，曾祥谓宣读了中国林学会成立"中国林学会家具与集成家居分会"批复，赵树丛、蒋建清共同授牌。成立大会后，召开了第一届理事会，审议通过《中国林学会家具与集成家居分会工作条例》，选举了理事会理事长、常务理事、秘书长人选。南京林业大学吴智慧教授当选分会首任理事长，徐伟教授当选常务副理事长兼秘书长。

【参加中国·海峡项目成果交易会】 6月17~19日，南京林业大学副校长张金池率团参加第十七届中国·海峡项目成果交易会。张金池与福建省林业局副局长林雅秋签署校地战略合作协议。双方将共建国家杉木良种基地和福建杉木育种及培育国家长期科研基地，开展武夷山国家公园生物多样性和生物技术领域科学研究等。在福建期间，南京林业大学与福建省林业科学研究院、福建省洋口国有林场针对科技合作进行座谈，瞻仰了杉木育种先驱陈岳武先生墓。

【亚太森林组织教学科研基地揭牌】 7月2日，亚太森林组织多功能森林体验基地启动仪式在内蒙古自治区喀喇沁旗旺业甸实验林场举行，国家林业和草原局副局长彭有冬、亚太森林组织董事会主席赵树丛、亚太森林组织秘书长鲁德等出席启动仪式。南京林业大学副校长张红率团出席启动仪式，并为亚太森林组织"南京林业大学教学科研基地"揭牌。该多功能森林体验基地是亚太森林组织在中国资助实施的示范项目，已建成万亩森林经营示范区、森林游憩体验区、湿地景观区、多功能林业培训中心、亚太森林小镇等为一体的多功能森林体验基地。

【入选国家林业和草原科技创新人才和团队】 10月，南京林业大学曹福亮院士领衔的"银杏经济林培育与高效利用创新团队"和周建斌教授领衔的"生物质热解气化多联产创新团队"入选林业和草原科技创新团队，施政教授入选林业和草原科技创新青年拔尖人才。银杏经济林培育与高效利用创新团队从事林木遗传育种、资源培育与加工利用等方面的教学和科研工作，致力于银杏、落羽杉、杨树、竹子、喜树、薄壳山核桃、蓝莓、黑莓等树种的良种选育、培育和加工利用等方面的研究。生物质热解气化多联产创新团队首创生物质热解气化多联产技术，推动了生物质能源、生物质炭、生物质肥等行业的发展。施政教授主要从事森林和草原生态系统碳循环响应全球变化方向的研究。

【国际林联林木种子园学术大会】 于10月14~16日在南京举行，由国际林联主办，国家林业和草原局、南京林业大学共同承办。大会围绕"林木种子园和气候变化"主题，12个国家和地区的230余名专家学者参会。国家林业和草原局副局长刘东生、国际林联第二学部主任优斯里·卡萨比、南京林业大学校长王浩、中国林学会林木遗传育种分会主任委员杨传平、江苏省林业局局长沈建辉等出席，南京林业大学副校长张金池主持开幕式。大会特邀报告17个、专题报告34个。野外考察了福建省洋口国有林场、福建省光泽华桥国有林场和武夷山自然保护区。

【首批来华留学质量认证高校】 10月18日，由中国教育国际交流协会举办的来华留学质量保障研讨会在北京举行，南京林业大学副校长张红在大会作主题发言。会上，南京林业大学首批通过全国高等学校来华留学质量认证。认证工作由教育部委托中国教育国际交流协会作为第三方评价机构组织实施，2019年为首批正式认证。

【日本木材应用与木结构技术培训中心（南京）成立】10月19日，成立仪式在南京林业大学举行。南京林业大学副校长张红、日本林野厅林政部木材利用课课长长野麻子出席挂牌仪式。来自日本林野厅林政部、木材输出振兴协会、住宅·木材技术中心、中国建筑西南设计研究院、上海交通大学设计学院、大连双华木业有限公司、南京林业大学等的代表参加活动。日本木材应用与木结构技术培训中心（南京）挂靠南京林业大学，首任培训中心主任由南京林业大学阙泽利教授担任。

【第二批林业和草原国家创新联盟】11月，南京林业大学牵头的银杏产业、林草生物灾害防治装备、园林植物数字化应用和生态设计、竹质结构材料产业、桂花产业、椴树产业6个国家创新联盟获批国家林业和草原局第二批林业和草原国家创新联盟。至此，南京林业大学有10个林业和草原国家创新联盟。学校将发挥联盟在协同创新、成果转移转化、服务林业现代化建设中的作用，为乡村振兴战略和美丽中国建设提供有力支撑。

【第七届中国林业学术大会】11月9日，在南京林业大学召开，主题是"创新引领林业和草原事业高质量发展"。中国林学会理事长赵树丛、江苏省人大常委会副主任曲福田、国家林业和草原局副局长彭有冬、中国林学会副理事长马广仁、国家林业和草原局科技司司长郝育军、江苏省林业局局长沈建辉、南京林业大学党委书记蒋建清、南京林业大学校长王浩、中国工程院院士曹福亮、中国工程院院士蒋剑春、中国林科院院长刘世荣等出席开幕式，中国林学会副理事长兼秘书长陈幸良主持大会开幕式。大会设主会场1个、分会场36个，参会人员近3000人，收到论文及摘要2100余篇。中国林学会表彰了"第十届梁希林业科学技术奖"和"第八届梁希科普奖"获奖者。

曹福亮院士、蒋剑春院士、白永飞研究员、曾庆银研究员等分别作了大会报告。开展主题特邀报告与专题报告1304个，内容涉及林木遗传育种、木材科学与技术、森林培育、林产化工、森林经理、森林生态、野生动植物保护、园林、森林公园与森林旅游、林业机械、农林文明研究等众多学科领域。

【陈植先生诞辰120周年国际研讨会】11月30日，著名林学家、造园学家陈植先生诞辰120周年国际研讨会暨"江南园林历史与遗产保护"江苏省研究生学术创新论坛在南京林业大学举行。中国风景园林学会理事长陈重、南京林业大学校长王浩、中国科学院院士常青、中国风景园林学会秘书长贾建中、《中国园林》杂志社社长金荷仙等出席开幕式。国内外专家学者近500人参加开幕式。同济大学常青教授、东南大学杜顺宝教授、香港中文大学冯仕达副教授等分别作了大会报告。论坛期间，韩国首尔大学赵耕真教授、日本千叶大学章俊华教授、叠石造山非遗传承人方惠、北京林业大学朱建宁教授、南京林业大学赵兵教授等应邀作报告。大会历时2天，设主会场1个、分论坛5个。主旨报告与特邀报告43个、研究生学术报告17个，内容涉及园林历史与遗产保护、园林与景观规划设计、园林植物研究与应用、园林教育理论与实践等众多学科领域。

【第四届亚洲生存圈科学学术大会】12月26日，在南京林业大学举行。南京林业大学校长王浩、京都大学生存圈研究所所长Takashi Watanabe、日本科学院院士Sugiyama Junji出席开幕式。来自日本京都大学、东京农工大学、中国木材工业研究所、南京林业大学、山东农业大学、青岛科技大学、华南理工大学等的285名专家参会。大会主要讨论农业生命科学、木材科学与工程、无线电大气科学与工程等科研进展。南京林业大学王飞教授、韩景泉副教授、陈楚楚副教授应邀作分会场报告。

（南京林业大学由钱一群供稿）

中南林业科技大学

【概　述】中南林业科技大学成立于1958年，坐落于历史文化名城长沙，是湖南省人民政府与国家林业和草原局重点建设高校。2012年入选国家中西部基础能力建设工程。学校秉承"求是求新、树木树人"的校训和"包容、诚朴、坚毅、公允"的核心价值，积累了丰富的办学经验，形成了鲜明的办学特色，成为一所涵盖理、工、农、文、经、法、管、教、艺九大学科门类，具有博士后流动站、博士学位授予权和硕士生推免权，富有特色的多科性教学研究型大学。60多年来，先后为国家培养了20多万名高级专门人才。

学校入选湖南省国内一流大学建设高校。1个一级学科（林学）获批为湖南省国内一流建设学科，5个一级学科（生物学、生态学、林业工程、食品科学与工程和风景园林学）获批为湖南省国内一流培育学科。拥有5个博士后科研流动站、6个一级学科博士学位授权点、18个一级学科硕士学位授权点、15个硕士专业学位授权类别；2个国家特色重点学科，3个国家重点（培育）学科，5个国家林业和草原局重点（培育）学科；75个本科专业，7个国家管理专业，5个国家级特色专业和13个湖南省特色专业，9个省重点专业；2门国家级精品课程，15门省级精品课程。学校拥有1个国家野外科学观测研究站，2个国家工程实验室，1个国家地方联合工程研究中心，2个国家级实验教学示范中心，1个国家级虚拟仿真实验教学中心，1个教育部重点实验室，

3个湖南省2011协同创新中心,8个国家林业和草原局重点实验室、工程技术研究中心(检测中心)、观测研究站及长期科研基地,2个国家林业和草原局创新联盟,1个国家林业和草原局长沙国家科技特派员培训基地,19个省级重点(工程)实验室,7个省级工程(工程技术)研究中心,3个省级产学研合作示范基地,1个湖南省工业设计中心,1个湖南省专业特色智库,4个湖南省高校哲学社会科学研究基地(中心),6个湖南省实验教学中心。设有96个校级科研机构。

2019年,学校有全日制在校生29 115人,其中,本科生23 818人,硕士研究生3269人,博士研究生418人。有专任教师1479人,其中教授234人,副教授515人;博士生导师90人,硕士生导师500人。有双聘院士4人、"长江学者奖励计划"特聘/讲座教授2人、国家"万人计划"领军人才2人、国家"百千万人才工程"人选2人、国家中青年科技创新领军人才1人、国务院学位委员会学科评议组成员2人、国家级有突出贡献的专家1人、全国杰出专业技术人才1人、全国农业科研杰出人才1人、国家优秀青年基金获得者1人、"全国五一劳动奖章"获得者2人、享受国务院政府特殊津贴45人、全国优秀教师3人、全国优秀教育工作者1人、中国青年科技奖获得者2人、中国青年人才托举工程1人;省部级有突出贡献的专家18人、省部级跨世纪学术和技术带头人重点培养对象22人、湖南省"芙蓉学者"特聘/讲座教授7人、湖南省"百人计划"10人、湖南省"新世纪121人才工程"38人、教育部"新世纪优秀人才培养计划"5人、"霍英东教育基金奖"2人、湖南省科技领军人才2人、湖南省"湖湘青年英才"6人、国家重点领域创新团队1个、省部级创新团队8个。

【"双一流"建设】 2019年,6个专业入选国家级一流本科专业建设点、11个专业入选省级一流本科专业建设点,6个专业参加湖南省本科专业综合评价,获得3个A、3个B评价等级。获省级教学成果奖16项,其中一等奖4项。学位授权点的调整增列取得实效,经过调整新增6个专业学位类别,新增2个硕士学位授权点经过省学位委员会评审(已提交教育部备案)。全面推进一流学科建设,适时调整ESI学科建设方案,统筹校内外建设资源,集中力量建设农业科学学科。全面落实立德树人的研究生导师选聘要求,新遴选博士研究生指导教师36人(校内23人,校外13人),新增学术型硕士研究生指导教师66人(校内45人,校外21人),新增专业型硕士研究生指导教师200人(校内81人,校外119人)。3人获评省级优秀研究生导师,3个团队获评省级优秀研究生导师团队。获湖南省研究生各类教学平台项目(优质课程、教材、团队等)68个。

【人才培养】 2019年招录本专科新生6663名(其中,专科600),一本线录取率达96.8%,比2018年提高1.2%;一志愿录取率达到97.5%;连续5年文理科投档线位居省属高校第四名,文理科分别超过本科一批控制线24分和30分。全面实施《全面振兴本科教育实施方案》,坚持立德树人,以本为本,推进"四个回归",修订并实施2019版人才培养方案,对接谋划新农科、新工科、新文科,推动多学科融合。获批教育部产学合作协同育人项目9个;获第十二届湖南省高等教育教学成果奖16项(其中一等奖4项),全国生态文明信息化教学成果奖1项;立项国家创新创业项目22项,省级创新创业项目67项、省级教改项目43项,省级精品在线开放课程5门,省级虚拟仿真实验教学项目2个,规划教材17部;新建省级学生培养实践基地28个、创新创业平台4个。推进本科教育教学督导督查。6个专业参加湖南省本科专业综合评价,获得3个A、3个B评价等级。完成并通过教育厅组织的2个新增本科专业评估,组织16个本科专业开展了校内专业评估并向3个专业发出预警通知,组织2个专业申请工程教育认证。引进知网对毕业设计(论文)进行线上全过程管理,查重检测全校91.3%的毕业论文,检测通过率达99.8%,并评出校级优秀毕业设计(论文)98篇。严格落实本科教学事故一票否决制和责任追究制,教风学风明显好转。实施专业动态调整。撤销汉语言、广告学、人文地理与城乡规划3个专业,新增经济林、车辆工程、生物科学3个本科专业,时隔多年经济林专业重新纳入专业招生。学生参加各级各类竞赛斩获2019年全球品牌策划大赛唯一金奖、2019国际青年创新大会可持续发展青年创新马拉松一等奖、全国大学生GIS应用技能大赛特等奖、第九届全国大学生红色旅游创意策划大赛一等奖、全国大学生广告艺术大赛一等奖等奖项400余项。1人获2020届全国林科十佳毕业生,推荐145名毕业生免试攻读硕士学位研究生。在校学生以第一作者发表SCI论文143篇,对全校SCI论文贡献率为57%,其中研究生作为第一作者在PNAS发表高水平论文1篇,获省优秀博士论文2篇、优秀硕士论文9篇。

【科学研究】 获批农林生物质绿色加工技术国家地方联合工程研究中心、木竹资源高效利用省部共建协同创新中心国家级科研平台2个,新增国家林草局长期科研基地1个、国家林草局创新联盟2个,立项省级平台5个。1个平台入选中国智库索引来源智库。2019年立项各类科研项目315项。到账科研经费约1.2亿元(含社科924万元)。获得国家自然科学基金项目37项、国家社会科学基金项目4项,教育部人文社会科学研究项目5项。获得国家自然科学基金优秀青年基金项目1项,实现了学校在国家优秀青年基金项目"零"的突破。国家自然科学基金同比增长68%。大果型高产油茶新品种的选育与推广研究获得湖南省科技进步一等奖,共11项科研项目获得省部级科技奖励。张仲凤获第十五届中国青年科技奖,吴义强获湖南光召科技奖,李建安、张仲凤获得第四届"中国林业产业突出贡献奖"。2019年内共发表重要科技论文389篇(其中SSCI、CSSCI论文34篇),SCI论文同比增长67%。首次在 Science Advances、PNAS 等国际顶尖学术杂志上以第一作者单位发表高水平论文,1人入选2019年ESI全球高被引科学家榜单。出版学术专著19部;审定(登记)良种、新品种4个,制定行业标准1项。获得授权专利102项。

【人才队伍建设】 新增国家级人才4人,省部级人才(团队)22人次,其中"百千万工程"人才3人(占全省同批入选人数的"一半")、国家优秀青年基金获得者1人。引进"树人学者"讲座教授10人，引进专任教师50人，入选省部级人才35人次、省部级创新团队3个，获得中国青年科技奖1项，获评全国优秀教育工作者1人，全国林业与草原教学名师1人，湖南省五一劳动奖章获得者2人，享受湖南省政府特殊津贴专家1人。出台专业技术人员"三定"（定编、定岗、定责）方案，探索人才队伍建设与评价新模式[破"五唯"（唯论文、唯帽子、唯职称、唯学历、唯奖项）]，职称改革激励和导向作用明显，潜心教育教学的老师受到重视，2019年2人晋升为教学为主型教授，1人晋升为教学为主型副教授。构建多元分类模式，优化教师培训体系，持续遴选和支持"树人学者"，全校范围内尊重人才、依靠人才、关爱人才的氛围逐渐形成。2019年共评审教授16人，副教授、高级实验师27人，实验师1人。派出国内访问学者6人，出国（境）学习、进修教师25人，15位在职教师获得博士学位，选派教师875人次参加各级各类培训。

【国际合作与交流】 全年派出赴境外学生307人次，招收留学生92人，生源扩展到全球34个国家。班戈学院毕业163人，出国深造和境内读研共137人，占毕业生总人数的77.4%，出国深造的121人中被QS世界大学排名前100的院校录取比例达61.16%。与日本、法国、德国等7个国家8所高校新签订合作协议。与中国海外港口控股有限公司（拥有瓜达尔港经营权）、育林控股有限公司签署"共建一带一路热带干旱经济植物国际合作联合重点实验室"框架协议书，得到国家发改委和驻巴基斯坦大使馆的充分肯定和大力支持，融入"一带一路"倡议迈出关键一步。尼日利亚电视台报道学校朱宁华团队综合其在非洲15年的育林经验，用技术助力该国造林绿化。承办第六届"长江-伏尔加河"中俄青年论坛、第一届中非经贸论坛博览会、全国侨联2019年中国"寻根之旅"夏令营中南林科大萌团营活动，得到中国网、中国新闻网、凤凰网等主流媒体报道。

【校地合作与社会服务】 2019年全面开启与长沙市、新乡市的校地合作，与各类企事业单位、科研院所签署产学研合作项目138项。选派科技扶贫专家、科技特派员、三区科技人才等各类科技服务人才100余人次，深入边远贫困地区、田间地头、工厂企业开展科技咨询服务、技术培训1万余人次，芋头村所在的通道县实现脱贫摘帽。王森教授在精准扶贫中攻坚克难获得"湖南省五一劳动奖章"。湖南绿色发展研究院入选湖南省专业特色智库与2019CTTI（中国智库索引）来源智库。中央政策研究室《学习与研究》杂志刊发朱玉林教授团队研究成果。《中南林业科技大学学报》时隔13年重返中国科学引文数据库（CSCD）核心库，《经济林研究》首次入选全国高校社科优秀期刊。学校入选湖南省生态文明教育基地、湖南省国资委干部培训基地，学校2019年为社会各界提供学历、技能、继续教育培训近2万人次。

【党建和思想政治工作】
"不忘初心、牢记使命"主题教育 学校把学习贯彻习近平新时代中国特色社会主义思想，开展"不忘初心、牢记使命"主题教育作为最重要的政治任务。党委中心组多次专题学习，在学习教育过程中坚持原原本本读原著悟原理，注重提高思想认识，注重理论联系实际和指导实践。班子成员结合各自分工，深入学院、机关处室、实验室、扶贫点调研43次，形成调研报告12篇。在问题检视中，各级班子和全体党员干部坚持把自己摆进去，把工作摆进去，把职责摆进去，学校党委班子列出5个方面来源的问题67条，班子成员列出6个方面来源的问题283条。全部明确责任领导和牵头部门，制定整改措施进行整改落实。

省委巡视整改 学校接受了省委第十巡视组巡视。在学校党委的领导下，学校先后召开16次专题党委会、17次专题碰头会、3次中层干部大会落实部署整改工作，明确了包括7个方面问题的137条整改措施。按照"一个措施、一名领导、一个方案、一个台账、一抓到底"的要求，明确责任校领导、牵头单位、整改目标和时限要求，确保事事有人抓、件件有人管。

思政工作和学生管理 深入实施大学生思想政治教育质量提升计划和青年马克思主义者培养工程，开展"五四运动"100周年、新中国成立70周年等主题活动，不断提高育人效果。培树2个全国党建工作样板党支部、1个全省"党建工作标杆院系"、1个全省"三全育人"（全员育人、全程育人、全方位育人）综合改革示范学院、2个全省高校"党建工作样板支部"、8名全省高校党支部"双带头人"标兵、1个党务工作示范岗和1个青年教工党员示范岗。思政工作贯穿教育教学有成效。马克思主义学院李美香老师获得首届全国高校思想政治理论课一等奖，外国语学院刘晋静老师获得湖南省首届普通高校外语课程思政教学一等奖。学校被评为湖南省大学生思想政治工作先进单位、湖南省学生资助工作先进单位、湖南省高校心理健康教育先进单位、湖南省创新创业人才培养基地。

【民生服务】 电力增容改造竣工，安装空调6452台，学生住宿环境得到较大改善。教工子女入托难题得以解决、西园图书馆顺利开馆、"三供一业"改造顺利完成。职工年度体检及女职工特殊疾病保险实现全覆盖、养老保险改革持续推进、原2014年10月至2015年12月职工基本工资调标的剩余部分全部发放到位。学校财政支出280万元补助学生食堂平抑餐饮价格。加强内部审计监督，顺利完成新旧会计制度的转换，审计核减金额近1000万元。　　（中南林业科技大学由吴佳娣供稿）

西南林业大学

【概　述】 2019年，西南林业大学设有23个教学单位，一级学科博士点3个、一级学科硕士点13个、二级学科硕士点66个、专业硕士学位点8个、国家林业和草原局重点学科6个、培育学科1个、省级重点学科5个、省级优势特色重点建设学科2个、省院、省校合作咨询共建学科2个、A类高峰学科1个、B类高峰学科2个、B类高峰学科优势特色研究方向1个、A类高原学科2个。拥有省级培育建设学术博士学位授权点3个、培育建设学术硕士学位授权点5个、培育建设专业硕士学位授权点4个。有林学、林业工程、风景园林学3个博士后科研流动站。

西南林业大学有全日制在校生24 735人，其中，普通本科生22 005人，普通高职（专科）生347人，硕士研究生2174人，博士研究生113人。有教职工1278人，其中专任教师902人、千人计划1人、长江学者1人、国家"百千万人才工程"一层次专家1人、中科院"百人计划"1人、教育部新世纪优秀人才3人、全国优秀教师3人、国务院突出贡献专家1人、享受国务院特殊津贴专家2人、云南省突出贡献专家5人、享受云南省政府特殊津贴专家12人、云南省引进海外高层次人才2人、云南省中青年学术技术带头人和后备人才38人、云南省技术创新人才5人。有云南省"万人计划"29人、"千人计划"17人。

【双一流建设】 出台《一流大学一流学科建设方案》，制订《学科学位点建设争先进位行动计划》《第五轮学科评估与学位点申报工作方案》等方案。制订、修订研究生培养管理制度，修订专业学位研究生培养方案。印发《一流本科教育行动计划（2019～2022年）》，加强课堂教学、在线课程、教材、公选课、毕业论文管理，实施"课堂教学秩序检查活动"学风专项整治。招收本专科生7788人，研究生920人，留学生119人，成教学生5509人，在校生规模达到2.4万余人。在第五届中国"互联网+"大学生创新创业大赛云南赛区总决赛上获得6金4银12铜，"智慧树医"获国家级银奖，在其他国家级、省级学科竞赛和体育比赛中获奖100余项。

【科学研究】 获批科研项目728项，科研合同经费近1.6亿元。"人造板连续平压生产线节能高效关键技术"项目获国家科学技术进步奖二等奖。获第十届梁希科技进步二等奖2项，获云南省科学技术奖、云南省哲学社会科学优秀成果奖共8项。获批成立国家林业和草原局西南生态文明研究中心，获批国家林业和草原局长期科研基地1个、省重点实验室1个、省工程研究中心1个。获批成立中国林学会国家公园分会、中国湿地保护协会高原湿地保护专业委员会，成为国家级"湿地研究中心"常务理事单位。《西南林业大学学报（自然科学）》影响因子为0.979，位居云南省高校学报（自然科学版）第一。打造西林科技扶贫名片，挂钩扶贫点大关县获批为云南省"一县一业"特色县。

【师资队伍】 27人入选云南省"万人计划"，在云南省高校中排名第四。引进高层次人才9人。2人获国务院特殊津贴、省政府特殊津贴，2人被评为全国优秀教师、第二批全国林业和草原教学名师。1人入选博士后创新人才支持计划，7人被遴选为国家林业和草原青年拔尖人才、云南省中青年学术和技术带头人后备人才、云南省中青年学术和技术带头人。10人获云南省特殊人才晋升高级职称，3人获聘二级教授，9人获正高职称，23人获副高职称。出台职称、岗位设置、博士后经费、编制外人员管理等系列规范性文件，人事管理得到进一步加强。

【条件保障】 3栋学生公寓（50 647平方米）、教学综合楼（19 159平方米）、理化实验楼（31 268平方米）建成，5栋建筑新增建筑面积101 074平方米，学校总建筑面积达到近60万平方米。连接新老校区的U形路正式通行，学校标志性景点西林湖建成。新建樟木园、楸木园，新办第四食堂，完成云大附中西林分校搬迁，启动绿色大学创建工作，推进"一部手机校园通"。

【对外交流合作】 出台《国际化办学实施方案（2019～2022年）》，签订各类合作协议19份，启动筹建中外合作办学机构——南西学院，13人获得国家、云南省公派留学项目资助。亚太森林组织昆明培训中心成功更名，与国家林业和草原局亚太网络管理中心促成十大合作事项。

【获得国家科技进步二等奖1项】 杜官本教授带领团队围绕制约人造板产业发展的共性技术，以连续平压升级改造间歇式生产技术，在人造板胶黏剂、热压固化、配套工艺技术与装备等关键环节进行研发创新，突破了降低人造板工业能耗、提高生产效率的技术关键。该项目实现了连续平压生产线制造过程节能、生产工艺高效、产品性能环保的目标，相关技术已实现大规模工业化生产转化。项目为中国人造板节能高效技术提升和生产线升级改造提供了实施方案与技术支撑，产生了显著的经济效益和社会效益。成果获2019年国家科学技术进步奖二等奖。

【"两中心一基地"正式授牌】 2019年2月，西南林业大学联合昆明市海口林场建设的"昆明滇池面山森林可持续经营国家长期科研基地"成功入选国家林业和草原长期科研基地名单。6月，云南省发展改革委同意西南林业大学2013年经批复认定的"云南省保护地生态文明建设工程研究中心"变更为"云南省生态文明建设工程研究中心"。10月，国家林草局批复同意依托学校组建"国家林业和草原局西南生态文明研究中心"。10月29日，生态文明建设领域"两中心一基地"授牌仪式在学校举行，国家林草局副局长彭有冬、云南省发展改革委党组成员、机关党委书记崔岗分别为3个平台授牌，云南省教育厅副厅长朱华山在仪式上作专题讲话。

【获得"全国五四红旗团委"称号】 2019年5月4日，在纪念五四运动100周年大会胜利召开之日，学校团委被共青团中央授予2018年度"全国五四红旗团委"荣誉称号，此项殊荣为西南林业大学团委历史上首次获得。"全国五四红旗团委"是共青团中央授予全国基层团组织的最高荣誉。

【中外合作办学机构获批筹建】 2019年8月，西南林业大学与俄罗斯南乌拉尔国立大学达成初步共识，联合申报中外合作办学机构。在校外调研中外合作办学机构申建经验的基础上，撰写《西南林业大学与俄罗斯南乌拉尔国立大学联合举办中外合作办学机构——南西学院筹建材料》，获批云南省教育厅遴选优质中外合作办学机构筹建计划项目，立项经费30万元。

【入选教育部第二届省属高校精准扶贫精准脱贫典型项目推选名单】 2019年10月，教育部公布了第二届省属高校精准扶贫精准脱贫典型项目推选名单，西南林业大学报送的项目《筇竹产业绿了荒山富了百姓》成功入选。

（西南林业大学由王欢供稿）

林草精神文明建设

24

国家林业和草原局直属机关党的建设

【综述】 2019年，在党中央、中央和国家机关工委和国家林草局党组的坚强领导下，在驻部纪检监察组的指导监督下，直属机关党建工作深入贯彻落实新时代党的建设总要求，以党的政治建设为统领，以学习贯彻习近平新时代中国特色社会主义思想和党的十九大精神为主线，深入开展"不忘初心、牢记使命"主题教育，深入实施基层党组织标准化规范化建设，深入推进党风廉政建设和反腐败工作，不断提升直属机关党建工作质量，为推进新时代林业和草原事业改革发展提供了坚强保证。

"不忘初心、牢记使命"主题教育 坚持把开展主题教育作为第一位的政治任务来抓，立足实际，突出重点，推动各项任务落细落实。一是党组带头。累计开展集中学习研讨12次、专题调研10次，召开林草系统、巡视组长、科技工作者等6个征求意见座谈会，检视意见建议203条。召开专题民主生活会，开展专项整治，持续抓好检视问题整改落实。从动员启动到总结收尾各个环节，党组各位领导积极主动参加，为国家林草局主题教育扎实有序开展做出了示范、树立了标杆。二是全员参与。主题教育覆盖国家林草局458个基层党组织、5830名党员，覆盖率达到100%。各司局、各单位集中学习研讨时间累计超过360天，专题调研154次，查摆了1000多个具体问题，推动了许多长期悬而未决问题的有效解决。三是以机关带系统。举办林草系统党委书记培训班，深入学习贯彻习近平总书记在中央和国家机关党的建设工作会议上的重要讲话精神，交流主题教育经验做法，推动林草系统主题教育扎实开展。国家林草局主题教育得到中央第24指导组的充分肯定，相关做法在中央主题教育简报和《新闻联播》《人民日报》等媒体进行了宣传报道。

推进党的政治建设 坚持以政治建设为统领，把政治标准和政治要求贯穿机关党的建设全过程，推动全面从严治党向纵深发展。一是系统梳理党的十八大以来习近平总书记关于林草工作的重要指示批示及中央重大决策部署落实情况。截至2019年底，党的十八大以来习近平总书记的46项重要指示批示中34项已办结或取得阶段性成果。二是制定贯彻落实《中共中央关于加强党的政治建设的意见》的具体措施，提出42项重点任务，逐一明确责任单位。至2019年底，已经完成33项，有9项长期推进。三是坚决做到"两个维护"。利用各种会议教育引导广大党员干部把准政治方向，防范政治风险，永葆政治本色，提高政治能力，不断增强"四个意识"，坚定"四个自信"，做到"两个维护"，始终在思想上、政治上、行动上同以习近平同志为核心的党中央保持高度一致。四是严肃党内政治生活，认真落实"三会一课"制度、党员领导干部讲党课制度，严格党员领导干部参加双重组织生活制度，组织开展"讲述林草故事、传承林草精神、牢记初心使命"主题党日活动。开展干部职工思想动态调查分析，通过谈心谈话、座谈会、专题调研、家庭走访等形式，全面了解和认真研判全局干部职工思想状态和精神面貌。中央和国家机关工委共有5期简报刊发了国家林草局坚持以政治建设为引领，全面加强直属机关党的建设的经验做法。

学懂弄通做实习近平新时代中国特色社会主义思想 坚持把学习贯彻习近平新时代中国特色社会主义思想贯穿机关党建工作始终，用党的创新理论武装头脑、指导实践、推动工作。一是深入学习贯彻党的十九届四中全会精神。召开党组专题会议、党组理论学习中心组会议、党员领导干部大会，认真学习党的十九届四中全会精神。举办司局长理论研修班，通过专家授课、专题辅导、集中研讨等方式，帮助广大党员干部更好地理解全会重大意义、掌握全会精神实质。二是加强党组中心组集中学习研讨。制订党组理论中心组学习计划，局领导围绕习近平新时代中国特色社会主义思想特别是习近平生态文明思想等开展集中学习研讨。举办10期绿色大讲堂，邀请中央党校专家学者，围绕学习贯彻习近平外交思想等进行专题辅导。三是深化理想信念教育。组织党员干部学习张富清同志先进事迹，邀请八步沙林场"六老汉"治沙造林先进群体作先进事迹报告，以先进典型为镜，激励广大党员干部进一步发扬革命精神和斗争精神，牢记党的执政使命和根本宗旨。四是做实青年学习。举办年轻干部学习习近平新时代中国特色社会主义思想培训班，指导各单位成立青年学习小组，组织中央和国家机关青年干部赴塞罕坝开展主题联学，推进青年大学习和根在基层调研活动。

创建模范机关 坚持以提升基层组织力为重点，努力推进党支部标准化、规范化建设。一是强化顶层设计。深入学习贯彻习近平总书记在中央和国家机关党的建设工作会议上的重要讲话精神，严格落实党中央《关于加强和改进中央和国家机关党的建设的意见》，研究制定《局直属机关党支部标准化规范化建设工作规则（试行）》。二是强化支部建设。对京内232个党支部建设情况进行全面摸底，对需要换届的20个单位党组织进行书面通知。强化社团组织党建工作，推动指导碳汇基金会成立党支部，做好中产联、中国花协等脱钩社会组织党组织关系脱钩工作，不断巩固深化党的组织和党的工作"两个全覆盖"。严格党员发展工作，新发展党员80名。严格党费收缴使用管理，公示年度党费使用情况。三是强化党务干部培训。召开首次党支部书记培训班，对全局30个党委、23个党总支、405个党支部书记进行集中培训。举办纪检干部培训班和团干部培训班，组织近50名司局级干部参加中央纪委国家监委举办的培训班，不断提升党务干部工作水平。四是强化党建扶贫。坚持把党的建设融入生态扶贫工作各方面、全过程，开展党建共建和对口帮扶工作，从专项检查清理收缴的党费中划拨25万元，并商请中央和国家机关工委下拨 7.8 万元，帮助独山县紫林山村修缮村党组织活动场所、发展壮大村级集体经济。

巩固拓展落实中央八项规定精神成果 坚持作风建设永远在路上，狠抓中央八项规定及其实施细则精神贯彻落实，密切关注"四风"问题新动向、新表现，驰而不息纠治"四风"。一是开展形式主义、官僚主义问题专项整治，按照中央要求文件比上年精简 1/3 以上，会议及督查检查考核大幅度精简。二是开展干部利用名贵特产类特殊资源谋取私利问题专项整治，制定林业和草原系统名贵特产类特殊资源清单。三是开展领导干部配偶、子女及其配偶违规经商办企业，甚至利用职权或者职务影响为其经商办企业谋取非法利益问题专项整治。四是开展扶贫民生领域群众身边不正之风和腐败问题专项整治，对违规违纪问题严肃问责。

党风廉政建设和反腐败工作 坚持把纪律挺在前面，有效运用监督执纪"四种形态"，持续推进党风廉政建设和反腐败工作。一是推进十九大后党组首轮巡视。派出 5 个巡视组对 10 个单位进行政治体检，共发现各类问题 107 个。二是推进警示教育工作。聚焦"节日腐败"问题，在元旦、春节、中秋和国庆等重要节点下发通知，定期预警、及时提醒。转发违反中央八项规定精神和"四风"问题方面的典型案例，汇编国家林草局警示教育案例，以案示纪、警钟长鸣。三是推进日常监督管理工作。制定局党组主动接受监督的意见，建立局党组与驻部纪检监察组定期会商、重要情况通报、线索联合排查、联合监督执纪等工作机制。认真落实党内监督条例各项规定，加大对执行情况的监督检查。做好问题线索分类处置，准确把握和运用"四种形态"，抓早抓小，防微杜渐。四是推进执纪审查工作。全年共收到信访举报 94 件，做到件件有着落，事事有回应。对 3 个领导班子进行约谈，给予 1 名司局级干部党纪处分、1 名司局级干部诫勉谈话、1 名司局级干部全局通报、11 名司局级干部开展批评教育或提醒谈话，给予 1 名处级干部党纪政务处分，对 2 名处级干部立案审查、4 名处级及以下干部进行批评教育。

群团工作 坚持党建带群建要求，不断完善党建带群建工作机制，扩大群团组织和群团工作有效覆盖，推动群团建设再上新的台阶。一是加强直属机关工会工作。举办局职工运动会，开展健步走活动及棋牌、篮球、广播操、游泳等比赛，全局 45 个单位近 2000 名干部职工参加。加强职工之家建设，做好干部职工福利保障工作。开展送温暖活动，看望、慰问、补助困难职工 63 人次、发放慰问金 20.6 万元，为贵州省荔波县困难群众送去慰问品、慰问金共计 5 万元。二是加强青年工作。开展纪念"五四运动"100 周年系列活动，举办中央和国家机关青年植树交友活动。直属机关团委与三明市团委开展共建，促进青年成长成才。三是加强妇女工作。围绕"倾情礼赞新中国、巾帼奋进新时代"主题，开展基层调研、知识答卷、专题讲座及插花艺术培训等系列活动。做好推优工作，国家林草局有 1 人被评为全国"三八"红旗手，2 人被评为全国巾帼建功标兵，1 个处室被评为全国巾帼建功先进集体，2 个处室被评为全国巾帼文明岗。

落实全面从严治党主体责任 坚持严字当头，加强压力传导，督促责任落实，进一步落深、落细、落实全面从严治党主体责任。一是党组示范助推责任落实。召开全面从严治党工作会议，细化全年党建要点，推进全面从严治党向纵深发展。认真落实党建工作领导小组运行机制，召开专题会议研究党建工作。与驻自然资源部纪检监察组召开联席会议，专题研究党风廉政建设和反腐败工作。全年局党组召开会议听取党建工作汇报、研究党建工作 24 次。二是专项检查助推责任落实。开展全面从严治党制度执行专项整治，修订完善党建工作领导小组工作细则、党内激励关怀帮扶、专项巡视、党支部建设等 30 多项制度。严格落实"三会一课"、组织生活会、谈心谈话、民主评议党员等基本制度，不断提高党内政治生活质量。三是党建考核助推责任落实。研究制定各级党组织党建责任清单，定期召开直属机关委员会、常务委员会会议及党建工作推进会，听取基层党组织党建工作汇报，压紧压实党建责任。规范考核程序，细化考核指标，畅通压力传导机制，对全局 64 个单位党组织党建工作进行全面考核。四是加强宣传助推责任落实。在《中国绿色时报》、中国林业网等开设党建专栏，加强宣传报道，营造良好舆论氛围。利用"绿色党建"微平台等新媒体加强宣传，发布信息 1200 条，累计点击量 40 万人次。

（张　华）

林草宣传

【综　述】 2019 年，国家林业和草原局宣传中心围绕林业草原中心工作，突出宣传林业草原建设成就，突出展示林业草原事业形象，突出讲好林业草原故事，高质量完成全年各项工作。全年人民日报社、新华社、中央广播电视总台等主流媒体播发各类林草新闻、专题 3 万余条（次），其中人民日报社 300 余条（次），新华社 2000 余条（次），中央电视台 2200 余条。制作完成《中国林业和草原》等外宣产品。

【主题宣传活动】 以"壮丽 70 年　奋斗新时代"为宣传主线，围绕中国国土绿化建设、森林资源增长、退耕还林成就，组织开展"绿水青山看中国""林草辉煌 70 年""义务植树 40 周年""走进壮美草原""森林城市建设 15 年"等系列主题宣传活动，各媒体推出相关专版专栏专题及系列报道 70 余个。全年组织宣传自然保护地和国家公园体制试点建设，成为年度宣传热点、媒体关注焦点。抓住重要时间节点，组织开展 40 余次重要会议、活动报道，各媒体推出《我国森林面积和蓄积 30 多年保持双增长》《5.13 万亿元：林业产业"绿了土地，富了农民"》等一系列有深度、有广度的报道。利用发布重要监测数据、林草重要国际会议和主场外交活动等契机，加大林草对外宣传工作力度，组织2019虎豹跨境保护、"一带一路"亚太区域林业合作、首届中国自然保护国际论坛等重要会议及世界湿地日、国际森林日、世界防治荒漠化与干旱日等宣传，向国际社会全面展示林草积极作为，分享中国开展物种和栖息地保护、生态治理和国际合作的成功案例，传播生态文明建设"中国样本""中国故事"。围绕"绿水青山看中国"专题，制作林草户外公益广告受众超两亿人（次），并组织开展"绿水青山看中国·网络视频展播2019——新中国成立70周年林业和草原成就专题片网络展播"活动，全国各级林草主管部门共发布专题片70余部。围绕野生动物保护主题，开机拍摄中国首部野生动物保护题材的电视剧《圣地可可西里》。围绕《关于建立以国家公园为主体的自然保护地体系的指导意见》《天然林保护修复制度方案》两个指导性文件内容和森林旅游节、全国林业重点展会等重大活动，召开新闻发布会11场，权威解读文件内容，介绍发布有关情况，及时回应社会关切，积极有效引导舆论。

【意识形态工作】 全年深入贯彻习近平总书记关于意识形态工作的重要指示精神，建立意识形态责任落实机制，开展自查和督查，强化意识形态工作主体责任、政治责任和领导责任的全面落实。研究制订《国家林业和草原局党组关于加强意识形态工作的意见》和工作报告、考核检查制度及考核评价标准，推进意识形态工作规范化制度化常态化。强化阵地管理，严格对报告会、研讨会、讲座、论坛、展览展示等各类活动程序报批；加强对外宣传和非政府组织宣传合作监管，做好意识形态领域风险防控。

选树宣传林草先进典型 向中宣部推荐授予甘肃八步沙"六老汉"治沙造林先进群体"时代楷模"称号，联合人社部授予内蒙古于海俊全国林草系统"先进工作者"，联合中国农林水利气象工会选树侯蓉、唐希明、杨飞飞、张向忠、张阔海为"绿色生态工匠"。开展典型案例学习宣传活动，将甘肃八步沙、河北塞罕坝、内蒙古于海俊、陕西延安、山西右玉、河南新县等10个案例确定为国家林业和草原局2019年"践行习近平生态文明思想典型案例"。联合教育部、武威市在国家林业和草原局及北京大学等7所双一流高校、7所林业高校等开展"时代楷模"甘肃八步沙"六老汉"先进事迹宣讲活动102场，10万人聆听报告，媒体转载53.5万次。联合甘肃省委宣传部、武威市委创作拍摄以八步沙为原型的电视剧《绿色誓言》。深入福建、甘肃、海南、河南4省开展典型调研，及时发现典型，挖掘时代精神，用典型力量推动林草事业高质量发展。

舆情监测与管理工作 针对涉林草重大突发舆情，通过加强会商研判、预判舆情风险、制作舆情专报、与有关部门高频次24小时对接等措施，提高回应时效，缓解舆论压力，及时回应关切。全年监测中文类林草信息2.2万余条，对非政府组织境内外动态开展监测，做到365天不间断。制作《舆情快报》50期，上报舆情300余条，涉林热点近千个。妥善处理曹园违建、乌鲁木齐灰鹤撞高压线死亡、穿山甲功能性灭绝、国花评选、海南五指山盗伐黄花梨、大熊猫"创创"死亡、兴安杜鹃被盗采等20余起重点热点事件。

【媒体融合发展】 在"今日头条""腾讯新闻""微信平台""央视频""抖音短视频"等八大主流新媒体平台注册"林草中国"国家林业和草原局官方账号，共计刊（播）发林草宣传品3000余条，点击量超过2000万次。在已有"新浪微博""腾讯视频""优酷视频"等新媒体官方账号基础上，形成林草宣传产品在主流新媒体平台上的全覆盖，并同腾讯公司合作建立全国林草行业腾讯企鹅号的新媒体矩阵。办好林草子网站和关注森林网，开通"植树节主题宣传""两会代表谈林业""甘肃省八步沙林场'六老汉'三代人治沙造林先进群体""学习贯彻十九届四中全会精神"等专题网页，发布相关新闻和署名文章400余条，网站点击量超6000万，注册高级会员300余人，发表各类文章6万多篇。以微博为支点，截至11月20日，共发送新浪微博1260条，平均单条微博阅读量在2万次以上，30余条微博阅读数突破百万。微博超级话题"留住这片绿色""世界防治荒漠化和干旱日"等阅读量超过8200万次。以客户端为助力，通过绿色中国网络电视APP对大型主题公益活动"绿色中国行"进行直播，全年累计网络直播20场，网民在线观看达5000多万人次。

【生态文化建设】 承办庆祝中华人民共和国成立70周年大型成就展中的林业草原板块，展示内容贯穿全部4个展区、7个展示单元，通过36幅图片、15个视频、6组实物展品以及3个大型的主题展墙，展示中国林业草原建设各阶段的重大事迹和突出成就，凸显林业草原在生态文明建设中的主体地位和作用。制作"八步沙六老汉治沙""海洋保护地 拱卫蔚蓝家园"等主题展览，组织"七十载林业草原故事"生态文化采风活动，挖掘林业草原70年涌现的重大事迹、重大典型，赴广东、福建等10余省开展采风创作，在《中国绿色时报》推出"七十载林业草原故事"专栏文章20篇。组织"绿水青山看中国"主题摄影大赛，收到作品万余幅，并举办"绿水青山看中国——古树上的中国故事"展览。成功举办"绿水青山看中国"北京世园会主题宣传周活动，营造关注林业草原的良好宣传氛围。发挥绿色中国杂志社在生态文明宣传中的引导作用，《绿色中国》杂志作为连续15年进入全国两会刊物，在两会期间围绕生态文明建设的重要内容展开有针对性的采访和报道。举办全国生态文化培训班，提升林草宣传队伍的专业素养，凝聚全国生态文化建设力量。

【品牌宣传实践】 积极开展林业草原宣传实践，以林草宣传品牌活动为抓手，凝聚社会各界力量关心支持林业和草原事业发展，引导社会公众了解和参与到林业草原建设当中。

"关注森林"活动 召开关注森林活动20周年总结表彰大会，授予103个单位和个人"关注森林活动20周年突出贡献奖"。调整组委会和执委会成员单位及人员构成，确立10家成员单位，增加15家媒体和企业支持单位，建立联络员队伍。开展"建立生态补偿机制中存在的问题和建议""贯彻落实习近平生态文明思想，学习塞罕坝精神""加快国家生态文明试验区建设""川藏铁路建设中的生态环境保护问题"等考察调研和议政建言活动。组织"绿色生态工匠""光彩事业国土绿化贡献奖"典型选树宣传以及"关注森林走基层""退耕还林·生态富民""走进森林城市"等系列新闻采访活动。举办"全国三亿青少年进森林研学教育活动"，不断扩大关注森林活动品牌影响力。

"绿色中国行"活动　　结合全国林草行业发展改革和国家乡村振兴、扶贫攻坚的实际需求，走进江西南康、贵州铜仁、重庆彭水、浙江开化、黑龙江七台河、甘肃武威、浙江磐安、青海德令哈、四川巴塘、浙江柯城 8 个省（市）10 个地区举办绿色中国行公益活动。在中国电视艺术家协会"第二届全国电视公益节目推选活动"全国各大电视台、影视机构报送的 487 部作品中，绿色中国杂志社选送的 6 部作品获得奖项，该活动已成为林草行业公益宣传影响力最大的一个平台。

"童眼观生态"活动　　在 2019 年设计发布活动标识和旗帜，创作主题曲并确定活动基地。围绕林草重大典型等设计"走进森林、草原、湿地、荒漠"等不同主题，组织全国大中小学生开展走进甘肃八步沙、河北塞罕坝、北京世园会、钱江源国家公园、科研院校等系列生态文明教育体验活动，通过"小手拉大手"带动全国 10 万多个家庭、2000 多所学校、400 余家媒体关注生态、宣传生态、保护生态、建设生态。

【强化宣传指导】　进一步规范林草新闻发布工作，建立例行发布制度，出台《国家林业和草原局新闻发布工作管理办法》，将新闻发布从工作层面上升为制度层面。强化对国家林业和草原局局属报刊出版的管理工作，巩固林草宣传主阵地。严格落实《中国绿色时报》《绿色中国》等国家林业和草原局等局属报刊及中国林业出版社的媒体管理责任制，对重点文艺作品和文化出版活动的政治方向、主题、思想内容等进行审查。加强对中国林业文联、中国林业职工思想政治工作研究会的指导和监督，支持开展"最美务林人"主题演讲大赛、共建"林业英雄林"等宣传活动，推动两个协会按期完成换届工作，确保协会运转高效。

（林草宣传由李茜诺供稿）

林草出版

【综　　述】　截至 2019 年 12 月底，中国林业出版社有限公司（以下简称"出版社"）组织论证年度选题 1011 个、月度选题 860 个，出版图书 686 种，其中新书 504 种，重印书 182 种；总印数 158.58 万册，其中新书 96.56 万册，重印书 62.02 万册；生产总码洋 12580.54 万元，其中新书 9483.86 万元，重印书 3096.68 万元；新增入库码洋 8225 万元；发货码洋 8864 万；营业收入 7727 万元。

坚持正确政治方向、舆论导向　结合"不忘初心、牢记使命"主题教育，积极发挥出版宣传主阵地作用，着重在宣传贯彻落实习近平生态文明思想、推进生态文明建设的生动实践和重大成就上下功夫、做文章，编辑出版了《推进绿色发展　实现全面小康——绿水青山就是金山银山理论研究与实践探索（第 2 版）》《生态文明知识问答》《生态文明学（第 2 版）》《生态文明建设试点示范区实践的哲学研究》等积极反映生态文明建设成就和当代林业建设成果的重点出版物。

组织策划了《迈向生态文明新时代——中国林业 70 年》《全球增绿的中国贡献》《中国山水林田湖草系统治理战略规划研究系列丛书》等一大批唱响主旋律的重点出版物。这些出版物为弘扬生态文明主流价值观，传播正能量，努力讲好林业草原故事，大力宣传林业草原工作在生态文明建设中的基础地位和重要作用，营造了良好氛围，凝聚了强大力量。其中《绿色脊梁上的坚守——新时期中国林业时代楷模先进事迹》列选 2019 年国家主题出版重点出版物选题。

林草改革发展成果宣传　出版社紧密围绕国家林业和草原局中心工作，紧抓林业草原服务社会发展、助力生态扶贫和乡村振兴等工作重点，积极策划选题，组织专题宣传，努力推进宣传成效与林草工作成效的有机结合。在推进各项林业改革方面出版了《中国国有林场建设系列丛书》《绿色发展与森林城市建设》《中国森林资源报告》《重点国有林区改革监测报告》等重点图书。在加快国土绿化步伐方面出版了《三北防护林体系 40 年系列丛书》《国家林业重点工程社会经济效益监测报告》《退耕还林工程生态效益监测国家报告》《中国石漠化系列丛书》等图书。在加强资源保护管理方面出版了《中国森林生态系统连续观测与清查及绿色核算系列丛书》《中国珍贵树种系列图书》《中国南海诸岛植物志》等图书。在提升林产品生产能力方面出版了《中国非粮柴油能源植物》《特色经济林丰产栽培技术丛书》等实用图书。同时积极配合全局做好"林业草原 70 年"主题宣传、"绿水青山看中国""关注森林""绿色中国行"等重点宣传活动。

提升企业治理能力与水平　出版社顺利完成公司制改制以及第三轮全员聘用工作，本着能上能下的原则，将一批想干事、能干事的年轻干部选拔到合适的岗位。

全面梳理并逐步修订、完善各项管理制度，先后印发了《中国林业出版社有限公司财务管理制度》《中国林业出版社有限公司印务管理制度》《中国林业出版社有限公司差旅费报销管理办法》《中国林业出版社项目管理制度》等规章制度，有效提升了管理水平。

不断加强顶层设计，积极研究制定"十四五"发展规划，科学梳理、整合优势资源，不断打造专业出版、教育出版、大众出版、数字融合出版四大出版方向，强化专业出版品牌、教育出版品牌、市场图书品牌、融合出版、知识服务、文化创意产业、林草电商七大重点任务。

强化出版和项目管理 完成国家新闻出版总署、国家出版基金、财政部文化司、国家林草局等单位的各种项目申报、年检、结项任务34项。3种(套)图书荣获国家出版基金资助。《绿色脊梁上的坚守——新时期中国林草业时代楷模先进事迹》列选2019年国家主题出版重点出版物选题。完成《生态文明建设文库》第一批9种图书的出版。

全力推进《中国林业百科全书》编纂工作。共有13卷提交了第三轮条目表审核。《天空王者——飞过北京上空的猛禽》入围第二届中国自然好书。《滇金丝猴生活图解》《2018行游国家森林步道》荣获梁希科普奖。《中国林业年鉴2017》荣获第六届年鉴编纂出版质量评比综合特等奖。《新疆野马回归手记》入选首批自然教育优秀书籍读本。

新媒体平台建设与应用 利用已有及在建各类数字平台建设成果,以满足个性化生产、可视化呈现、互动化传播新需求为目标,充分利用互联网、微信、微博、短视频平台等新媒体、新技术、新手段,全面提升了宣传产品生产、供给能力,为行业改革发展注入了新的活力。

2019年,"文化+"项目又获得财政部支持700万元。主持承担并组织开发具有自主知识产权的林业百科平台通过内测并顺利结项。中国数字森林博览馆建设与典型示范项目顺利结项验收。中华木作——绿色文化传播及设计创意服务平台网站正式上线。"非遗"传统手工艺活态传承数字网络服务平台完成网站部署。花园时光、山趣、木雕中国等应用程序(APP)完成上线。中式家具雅集、建筑读库、后海茶事等公众号稳定运营。

提高面向行业服务质量 对接国家林草局人事司,协调完成了中国林业教育学会职业教育分会转隶。高等本科院校教材出版联盟和全国职业院校联盟建设成效显著。对接国家林草局科技司,积极参与"林业和草原国家创新联盟"的筹备与建立,并将管理办公室设在出版社。通过规范、发布林业草原信息等手段,协助科技司做好面向政府、行业、社会的宣传服务。积极筹备国家林业数字重点实验室。对接国家林草局公园办,积极动议筹备成立国家公园宣传教育中心。统筹开展融合新媒体出版代表国家意志的系列精品图书,策划举办全国性展览,策划系列精品课程及教材,打造国家公园全媒体宣传教育平台。对接国家林草局宣传办,进一步完善全局图书出版归口管理制度,为促进林业图书出版事业发展,不断扩大林业和草原生态建设社会影响,更好发挥林草图书在现代林业建设中的积极作用献计献策。对接国家林草局林场种苗司,结合国有林场改革、林业扶贫扶智、百万生态护林员队伍建设等工作,积极推进自然书馆共建实施方案,集中展示反映生态文明建设理论、成果的优秀出版物。

生态治理成效对外宣传 出版社高度重视外宣工作,设立版权管理部,组织专门力量,规范版权管理,积极策划并编辑制作符合中国实际、贴近国际关切的优秀林草宣传产品,积极加强版权交流。精选出8种精品图书参与了"新中国成立70年来最值得对外译介推广的百种图书"活动。同时,整理出建社67年来最值得对外译介推广的优秀图书170种。力求通过经典中国、文化走出去、国际图书展览与文化交流等多种渠道,全力输出充分反映近年来中国林业草原建设发展成就和生态治理突出成效的各类出版物,着力开拓多层次、全方位的对外宣传新局面。

【**党员干部生态文明建设读本(生态文明建设文库)**】 黄茂兴,2019年9月。

该书着眼于党员干部这一特殊群体,立足于中国生态文明具体实践,系统阐述了生态文明建设的时代背景、主要内容、目标要求、实现经济和制度保障等重大前沿问题,具有较强的理论性、实践性、指导性和可读性。全书共用10章41节内容详细解读了党中央关于生态文明建设的主要精神。

【**新中国林业经济思想史略:1949~2000**】 中国林业经济学会等,2019年9月。

该书以1949~2000年中国林业经济思想研究成果及学术思想为记载对象,主要记述了老一辈林业经济学者的研究成果及学术思想,着重从林业经济理论研究、学术探讨以及林业经济研究及教育学科建设角度,对这一时期的林业经济研究及形成的理论思想、演进历程做大概梳理和初步总结。

【**中国南海诸岛植物志(中、英文)("十三五"国家重点出版物出版规划项目)**】 邢福武等,2019年4月。

该书旨在向世界展现中国南海诸岛植物的多样性。南海诸岛是中国最南端的热带岛屿,自古以来就是中国的领土,是中国祖先最早发现、最早开发经营、最早管辖的海上疆土之一。编辑出版该区植物志不仅具有科学意义,也具有重要的政治意义。《中国南海诸岛植物志》共收录南海诸岛的维管束植物92科,293属,423种(含变种),其中蕨类3科,3属,4种;裸子植物4科,4属,5种(含1变种);被子植物85科,283属,423种(含变种)。内容包括每种植物的中文名(别名)、学名(包括异名)、性状、花果期、生境、群岛内各小岛和国内外分布等。该书将为中国南海岛屿植物区系与植被的研究,以及生物多样性的保护与可持续利用提供翔实的基础资料,可供植物学、林学、农学、生态学工作者、大专院校师生和植物爱好者参考使用。

【**中国非粮生物柴油植物("十二五"国家重点出版物出版规划项目)**】 邢福武,2019年3月。

该书以"我国非粮能源植物与微生物调查、收集与保存"项目调查的标本、图片和数据为依据。共收录中国非粮生物柴油植物151科,877属,2406种(包括种下分类群)。记载了每种生物柴油植物的中文名(别名)、学名(包括异名)、性状、花果期、采集人、采集地点、生境、海拔、国内外分布、栽培技术、用途、含油和测定部位、含油率及化学组分数据等。该书的出版将为中国能源植物的基础研究,以及可再生能源植物的开发利用提供翔实的基础资料。

【**国家支持林草业民营经济发展政策摘编**】 张建龙,2019年3月。

该书共 8 章，从资源培育政策、资源利用政策、产业政策、科技政策、产权制度改革政策、公共财政政策、投资金融政策、林业投资政策、服务政策 9 个方面介绍和梳理了林草业支持民营经济发展的相关政策，明确政策主线、底线、红线，有利于社会力量系统全面地掌握林草业政策信息，为其上山入林、参与林草业发展，提供实实在在的服务。

【林木种苗典型案例分析】 国家林业和草原局国有林场和种苗管理司，2019 年 4 月。

新修订的《中华人民共和国种子法》的正式实施，赋予了林木种苗执法者更强有力的执法手段和措施，对林木种苗的执法活动提出了更高的要求。为确保依法者依法依规依程序开展种苗执法工作，国家林业和草原局国有林场和种苗管理司编写了《林木种苗典型案例分析》一书。编写组在 2017 年的全国林木种苗行政执法案例中，精心编选了四宗林木种苗行政执法案例。在保证案例真实的情况下，编写组对案例进行了适当加工和改编，并对每一个案例作了详细的分析和点评，对不规范的地方一一加以改正，给出修改建议。这是一本手把手地指导林木种苗行政执法的指导用书，特别对案卷容易出错的地方作了强调，直观地给出针对性的个性意见和建议，增强了该书的指导意义。

【长江经济带林业支持政策汇编：地方篇（长江经济带"共抓大保护"系列）】 国家林业和草原局规财司，2019 年 5 月。

该书系统梳理、总结归纳了当前长江经济带覆盖的上海、江苏、浙江、安徽、江西、湖北、湖南、重庆、四川、云南、贵州 11 省（市）的针对中央《关于加快推进生态文明建设的意见》和《长江经济带发展规划纲要》制定的林业政策和目标，包括湿地保护、长江经济带森林和自然生态保护与恢复、生态保护与建设规划、生态保护与建设规划、林业有害生物防治、野生动植物保护及自然保护区建设、森林资源保护、造林绿化、森林经营等相关林业政策和规划。旨在探讨长江经济带发展与林业发展建设之间的关系，明确林业政策对改善长江经济带生态环境的保障作用，为进一步改善长江经济带的生态环境，特别是在水土流失和空气污染严重的下游地区，促进区域的绿色发展和可持续发展，以及为各省（市）因地制宜地制定独立的、针对长江经济带的林业发展规划，提供政策依据和建议。

【林信十年——中国林业信息化十年足迹】 《林信十年》编委会，2019 年 5 月。

中国林业信息化开展十年之际，国家林草局信息中心对十年的林业信息化发展进行了系统梳理和总结，用故事性的描述讲述了十年间林业信息化在顶层设计、决策部署、网站管理、应用系统、大数据、办公自动化、示范建设、网络安全、政策制度、标准规范、培训合作、绩效评测、战略研究、网络故事、影像、人物、文化等方面的发展状况。

【草原知识读本（国家林业和草原局干部学习培训系列教材）】 卢欣石等，2019 年 4 月。

中国天然草原近 4 亿公顷，占国土面积的 41.7%，是世界草原面积最大的国家。草原是中国面积最大的陆地生态系统和绿色生态屏障，是中国重要的战略资源。加快草原保护建设，对保护人类生存环境、维护国家生态安全，构建和谐社会，促进中国经济社会可持续发展具有十分重要的战略意义。草原又是一个庞大的生态系统，是一个复杂的社会生产系统。多年来，对草原的认识存在一定的盲区，对草原的科学管理存在许多不足。在草原管理体制发生重大变革之际，急需对草原知识进行系统梳理和普及教育，对草原保护建设的经验和成果需进一步总结宣传。该书作为国家林业和草原局干部培训教材，系统讲述了中国草原事业发展的过程，以及有关草原管理和草原保护的相关知识，列举了大量实例供学员参考使用。

【湘南木雕（国家科学技术学术著作出版基金项目）】 许长生，2018 年 12 月。

湘南木雕也如其他地方的木雕，主要是作为建筑装饰而存在的，多刻在大门、厅门、天井周边的阁楼、隔扇、窗户、梁枋、藻井部位以及神龛、宗祠、戏台上，起着美化和教化的双重作用。这是一本图文并茂的研究湘南木雕的专著，图片高清，文字精炼，生动地诠释出湘南木雕的美，对了解湘南地区民俗文化具有重要的意义。

【大果榛子栽培实用技术（第 2 版）】 梁维坚等，2019 年 7 月。

该书内容包括中国栽培榛的营养与经济价值，中国的栽培前景、概况，主要生物学及其生态学特性，对环境条件要求及适生区域，苗木繁育，优良品种及其选育，主要繁殖方法，病虫害防治，榛园的建立及其栽植管理，果实采收、采后处理及其储藏等实用技术。该书通俗易懂，不仅适合技术人员，农民也能看懂，指导具体，操作性强。

【中国人造板发展史】 张齐生等，2019 年 10 月。

该书详细介绍了中国人造板的发展历程，是人造板的史料类出版物，包括了单板类、纤维类、刨花类、无机类、竹材类、装饰类、新型类人造板等各种类型。内容详细，文字精炼，极具参考价值，对从事人造板相关工作及研究人造板的学者有重要帮助。

【工业设计艺术全集】 曾强，2019 年 10 月。

该套丛书分 5 册，主要介绍欧洲各国古典艺术的门窗雕塑、建筑浮雕等约 70 个门类的手绘艺术图案，这些手绘稿都出自当时的绘画大师。书中精选了大量优秀范例，并用简练的文字对每个作品给予评价，图文并茂。该书对于从事建筑设计、城市设计、装饰设计、园林设计、景观设计的有关人员有很高的借鉴和学习参考价值，对于爱好者也具有珍藏价值。

【在体验自然中成长——八达岭自然体验教育实践】 张秀丽等，2018 年 12 月。

该书是中国首批自然教育学校——八达岭国家森林公园自然教育实践活动的总结，从活动设计、活动过程和活动感悟等几个方面介绍了"花儿的故事""植物与邮票""探秘暴马丁香""小树叶找妈妈""虫虫特工队""蜜蜂的奥秘""蝴蝶——美丽变身""到松鼠小北家做客""啄木鸟的家失窃了""观鸟小达人""光影美育绘画""蘑菇蘑菇你是谁""关注环境一起碳汇""森林探秘"几项活动，对中国自然教育从业者具有很好的指导意义。

【植物的智慧：自然教育家的探索与发现随笔（全国自然教育总校推荐用书）】 李振基，2019年10月。

该书采用拟人手法，以通俗易懂的语言，以照片来介绍植物世界。通过浅显的语言来阐述植物长期进化的结果，对动物的微妙利用。全书分数学智慧、化学智慧、物理智慧、耐受智慧、传粉与传播智慧、协同合作智慧等方面来解释为什么植物有3基数花、4基数花、5基数花，为什么有些植物折断后有乳汁，为什么有些植物颜色鲜艳，为什么有些植物带刺，为什么藤本植物善于攀爬，等等。

【今日宜逛园——图解皇家园林美学与生活】 朱强等，2019年8月。

三山五园的历史犹如一条奔流不息的长河，承载着北京城珍贵的历史记忆。从五园记盛、园居风尚、历史轨迹和发展展望四个角度讲述三山五园究竟是哪三座山、哪五座园，它们在历史上是什么模样，过去的皇室贵族和王公大臣们在这里从事着怎样的活动，以及属于这片土地的文化基因究竟要如何表达和传承。该书专注于以三山五园为代表的北京皇家园林设计历史与理论，深度剖析珍贵史料，形成生动的图文解读。

【月季文化】 张占基，2019年4月。

该书分月季文化赏析、月季诗词歌赋、月季绘画、月季摄影及书法、月季集邮及藏品、月季名园、月季之乡、月季城市、月季大事、南阳月季文化等几个方面对月季文化作了全面介绍。图书全彩色印刷，配有精美图片，可读可赏。是一本全面了解月季文化的普及性读物。

【养兰那些事】 刘宜学，2019年8月。

该书是一本关于养兰技巧的书，分为两个部分：养兰篇和赏兰篇。养兰主要从养兰的难处、如何选购、土壤的植料选择与调配、养兰容器的选择、浇水的技巧、施肥的方法、兰花的病虫害、春夏秋冬四季养兰的技巧等方面论述讲解。赏兰主要从古人赏兰的传承与演变、花的品鉴、色彩的赏析、观叶与观花的角度、蕙兰的鉴赏、科技草的价值等来分析。

【测树学（第4版）（国家林业和草原局普通高等教育"十三五"规划教材）】 李凤日，2019年8月。

全书分10章和2个附录，其主要内容包括：基本测树因子与测树工具，单株树木材积测定，林分调查，林分结构，立地质量与林分密度，林分蓄积量测定，林分材种出材量测定，树木生长量测定，林分生长和收获预估，林分生物量和碳储量测定，并以附录形式介绍了回归模型基础知识及非木质森林资源调查方法。

【木材学（第2版）（普通高等教育"十一五"国家级规划教材、国家林业和草原局普通高等教育"十三五"规划教材）】 徐有明，2019年8月。

教材以木材生物形成机理为主线，参阅了当前木材科学最新资料和研究进展编写而成。全书由木材宏观构造、木材微观构造、木材识别与鉴定、木材化学性质、木材物理性质（包括木材环境学特性）、木材力学性质、竹（藤）材性质与开发利用、人工林定向培育过程中材性变异与材质生物改良、木材缺陷与木材检验、木材改性（功能性改良）与增值利用、重要用材材性及适用树种11章组成。该书为木材科学与工程、林学专业通用教材，还可作为家具设计与工程、产品设计、包装工程、林产化工、林业经济管理等专业的教材或参考书。对于林业行政管理、木材检验、家具企业技术改进、木材进出口管理和有关工程技术人员来说，该书也是很好的学习参考书。

（林草出版由张锴、王远供稿）

林草报刊

【综　述】 2019年，中国绿色时报社获得中国行业报协会"行业媒体践行'四力'优秀单位"，16件作品获得中国产经新闻奖，2件作品获得中国经济新闻奖，3件作品获得全国报纸副刊年度佳作奖。

2019年，中国绿色时报社新闻宣传工作围绕生态文明和美丽中国建设、林草现代化和高质量发展主线，加强宣传报道组织策划，开展了8项重点宣传活动。

习近平生态文明思想宣传 开辟《推进大规模绿化行动》《推进乡村绿化美化》《扶贫攻坚看林草》等专栏，全面展现林草行业在推动绿色发展、乡村振兴、脱贫攻坚、生态治理、建设美丽中国的生动实践和取得的丰硕成果。推出《美丽中国相册》《树木传奇·深度影响中国的树木》《人与自然》等专题，开展习近平总书记对林业草原重要讲话和指示批示精神宣传，报道林草系统贯彻落实的行动。开展贯彻党的十九大和十九届四中全会精神宣传，先后开设《不忘初心　牢记使命》《学习贯彻十九届四中全会精神》专栏，共刊发89篇报道。

林草行业重点领域宣传 自然保护地体系建设宣传以国家公园、自然保护区、风景名胜区、自然遗产、地质公园等建设发展为重点，报道保护地体系建设的政策措施、工作进展。森林城市建设15周年宣传于11月13日推出特刊26个整版，综合报道森林城市建设15年的成就。草原保护建设宣传开设了《走进草原》《美丽的草原我的家》专栏，讲述草原精彩故事，宣传草原工作者的感人事迹，报道草原保护建设成就和经验等。绿色产业宣传重点报道油茶产业、国家储备林、森林旅游、森林康养及竹藤花卉苗木等，宣传林业产业发展带给人们的获得感、幸福感。

林业草原重要会议、重大政策宣传 2019年全国林业和草原工作会议期间，1月4日和1月7日报社分两期出版特刊60个整版，全面梳理国家林草局各司局单位和各地2018年的工作成绩和经验。大规模开展北京世界园艺博览会宣传，开设了《直通世园会》专栏，连续报道世园会举办的各项活动。开展林业草原会议宣传，报道了第二十五个防治荒漠化与干旱日纪念大会、全国草原工作会议、全国生态扶贫工作会议、全国油茶产业发展工作会议、全国林业和草原科技工作会议、全国退耕还林还草工作会议等。其中，为配合全国生态扶贫工作会议召开，9月26日报社推出了12个整版的生态扶贫特刊报道。2019年6月，中办、国办印发《关于建立以国家公园为主体的自然保护地体系的指导意见》后，报社第一时间跟进，6月27日以两个整版加配发社论的形式，及时报道、解读中央政策。

重大典型和先进人物宣传 利用新中国成立70周年的契机，对在林草行业作出历史性贡献的"八步沙六老汉"、马永顺、王有德、李保国、孙建博、余锦柱、赵希海、谷文昌等作了突出报道。打造出"榜样"品牌专栏和"人物"专题，密集宣传林业草原基层典型，共刊发一线典型人物、单位报道180多篇。开辟"林产工业30年"专栏，集中报道为中国林产工业发展壮大作出卓越贡献的优秀人物。

《点赞绿色中国》全国两会特刊宣传 2019年全国两会期间，抓住"中国对地球近二十年新增植被贡献最大"这个传播热点，策划了《点赞绿色中国》全国两会特刊，以35个整版全景展示中国林业草原事业取得的重大成绩，宣传林业草原行业践行习近平生态文明思想所做的不懈努力。《点赞绿色中国》全国两会特刊借助新媒体传播，被凤凰网、腾讯网、中国网、人民网、"今日头条"等重要网站或平台转载，在全社会产生了热烈反响和广泛影响，被中国记协作为行业报全国两会宣传的重大典型通报表扬。《中国新闻出版广电报》刊发《中国绿色时报社突出行业特点 唱响两会声音》文章，称赞报社"用世界眼光策划选题""让中国好声音成为世界好故事"。

"林草辉煌70年"系列宣传 从2019年5月起启动"林草辉煌70年"大型系列宣传活动，以专栏、专刊、微视频、H5等多种形式，全面展示新中国成立70年来林草事业取得的巨大成就、重要经验、重大典型。开设了《壮丽七十年·奋斗新时代》《年轮·1949~2019》等专栏，推出了《林草辉煌70年》图文特刊，共刊发专栏报道50多篇、视觉和图文特刊165个版。特刊图文并茂，成规模、成系列、全景式宣传林业草原综合成就，向新中国成立70周年献上林草事业的厚礼。《中国新闻出版广电报》刊发《中国绿色时报：看中国绿水青山 开展林草辉煌七十载》文章，称赞《中国绿色时报》充分发挥独特视觉优势，全景、立体呈现了70年来林草事业的历史巨变。

图像融媒宣传 2019年推出"美丽中国相册"专刊51期，用影像记录生态文明进程，讲述中国林草故事，展示绿水青山画卷，发现人与自然之美，为报社重大成就报道探索出一种新的呈现形式。推出《树木传奇·深度影响中国的树木》系列特刊54期，向公众传播树木知识，弘扬了森林文化。《森林中国——用影像讲述中国林业故事》大型图片专栏、"森林中国"全国林业新闻摄影大赛、"森林四季"全国自然摄影大赛等，挖掘和发挥了林业和草原图片直观宣传的独特优势。对2019年所有的重点选题报道和活动，报社实行多元联动，扩大影响力。《点赞绿色中国》全国两会特刊、"林草辉煌70年"大型系列宣传活动，都是通过报社网站、微博、微信等平台同时以图文、短视频等方式进行融合报道，人民号、今日头条、凤凰新闻等权威资讯平台联动分发，让更多网友了解美丽中国建设的进程，引导公众参与生态文明和美丽中国建设。

公益宣传 持续开展大型森林旅游宣传推广行动——中国森林旅游美景推广计划，举办了3次大型媒体采访公益活动，通过"寻找中国森林旅游美景推广地"和"森林四季"全国自然摄影大赛等一系列有影响力的活动，搭建起中国森林旅游宣传推广的平台。继续办好"寻找中国森林氧吧"活动。分别于2019年5月和9月举办了2018年度和2019年度两次"中国森林氧吧"年度盛典，组织了森林旅游专家论坛，发布第四批22处、第五批66处"中国森林氧吧"。举办第二届中国森林防火公益微视频大赛，共征集到116部微视频作品，其中81部作品在中国森林草原防火微信公众号、中国林业新闻网同步展播。

党建工作 制订了《中国绿色时报社党委议事与执行规则》，进一步推进党委决策科学化、民主化、规范化水平。召开党委会议21次，研究重大事项135项，开展党委中心组学习15次。把学习教育、调查研究、检视问题、整改落实贯穿主题教育全过程，做到了高标准、严要求、重实效。重大项目或者重要活动社纪委直接参与督导。加强意识形态管控，将意识形态工作纳入党建工作责任制，制订《中国绿色时报社意识形态工作实施方案》《党委及班子成员意识形态工作清单》。

制定发展规划 编制完成《中国绿色时报社发展规划纲要》《中国绿色时报社人力资源发展规划纲要》。两部规划纲要以报社成立30周年为起点，结合国家林业和草原局机构、职能转变和报社发展实际，明确了报社未来发展思路、布局和重点任务，填补了建社32年来的空白。

机构和人员设置 2019年，报社把内设机构调整与发展结合起来，进一步优化"策采编发馈"采编流程，完成了内设机构设置和人员聘任工作。探索采编分离工作机制，将要闻部与综合新闻部整合，成立新闻部，记者采访逐步分口、分片，打造专家型记者，细化报道责任。加强重点领域报道力量，成立草原部，扩大草原事业宣传的主阵地。加强报社经营，重组两个市场策划部。组建了新媒体部，初步建立了适应全程媒体、全息媒体、全员媒体和全效媒体发展的体制机制。结合内设机构调整开展了新一轮干部竞聘，优化人员配置。

人才体系　报社坚持把队伍建设作为完善日常管理的重要抓手，制订了《中国绿色时报社绩效工资分配办法》《中国绿色时报社积分制管理办法》。着力打造人才建设体系，面向社会组织了招考和应届毕业生的招录考试，9位新进人员正式入编；面向社会公开招聘了新媒体总监、设计总监和相关工作人员。完成了人事管理体系构建，制订了聘用人员管理办法、劳务派遣人员管理办法；分岗位设定考核指标，建立了统一的职级晋升和薪酬绩效体系，明确了绩效考核办法等相应管理制度。

媒体融合　新媒体部成立后，编制了《中国绿色时报融媒体建设方案》，制订了《中国绿色时报新媒体稿件审核制度》《中国绿色时报新媒体人员奖惩机制》《中国绿色时报社新媒体稿酬支付规定》《中国绿色时报新媒体稿件差错管理办法》等新媒体制度体系，完成了中国绿色时报订阅号、中国绿色时报服务号注册。

大数据应用　报社以推进林草数据资源整合共享、统筹林草大数据建设、深化林草大数据创新应用为目标，投入自有资金300多万元，建设了融合互联网技术、大数据挖掘技术、智能分析技术，集数据采集、处理、分析、挖掘、服务和结果展示于一体的中国绿色时报大数据平台。经过多轮研究与调试，报社融媒体大数据中心已开始运行。

发行与经营　2019年12月11日，中国绿色时报社召开宣传发行工作会议，国家林业和草原局副局长彭有冬出席会议并讲话。报社发挥信息优势和专家优势，积极拓展合作领域，为四川省青川县提供森林质量精准提升咨询服务，与中国经济网合作承办森林食品展，三面翻广告牌、LED大屏安装为森林智慧旅游信息化提供支撑。

改善办公条件　2019年实施了办公楼卫生间改造、旧大厅改造、会议室改造等项目，办公环境明显改善。

（林草报刊由杜艳玲供稿）

各省、自治区、直辖市林(草)业

25

北京市林业

【概　述】　2019年，北京市园林绿化系统圆满完成了市委、市政府和首都绿化委员会部署的各项任务。全市新增造林绿化面积1.87万公顷、城市绿地803公顷。全市森林覆盖率达到44%，平原地区森林覆盖率达到29.6%，森林蓄积量达到1850万立方米；城市绿化覆盖率达到48.46%，人均公共绿地面积达到16.4平方米。

绿化造林　北京新一轮百万亩造林全年完成造林1.72万公顷，栽植各类苗木1159万株，截至2019年底新一轮百万亩造林已经完成3.29万公顷。城市副中心园林绿化建设方面，推进30个续建项目，新启动21个项目，新增和改造林地绿地2333.33公顷。永定河综合治理与生态修复完成造林3420公顷、森林质量精准提升0.67万公顷。京津风沙源治理二期、太行山绿化等国家级重点生态工程，完成困难地造林1506.67公顷、封山育林1.53万公顷、山区森林健康经营4.67万公顷，完成彩叶造林1020公顷、公路河道绿化150千米。张承地区营造京冀生态水源保护林0.67万公顷，森林资源保护联防联控机制不断完善。

绿化美化　北京持续加大"留白增绿"（即：拆除违法建筑后在腾退的土地上还绿），着力修补城市生态。结合"疏整促"（疏解、整治、促提升）专项行动，充分利用拆迁腾退地实施"留白增绿"1686公顷。结合综合整治、拆除违建、城中村和棚户区改造等，全年新增城市绿地803公顷，建成西城莲花池东路逸骏园（二期）、海淀五路居等城市休闲公园24处，新建东城区北中轴安德、西城区广阳谷三期等近自然城市森林13处，建设口袋公园和小微绿地60处，全市公园绿地500米服务半径覆盖率由80%增至83%。完成公园绿地改造141万平方米，建设生态精品街区3.2万平方米；实施老旧小区绿化改造22万平方米，道路绿化改造31万平方米，新建屋顶绿化11万平方米、垂直绿化40千米，完成739条背街小巷的绿化景观提升，新建健康绿道135千米，实施公路河道绿化150千米。

义务植树　完成党和国家领导人、全国人大常委会领导、全国政协领导、共和国部长、中央军委领导及国际森林日等重大植树活动的组织协调和服务保障工作。积极创新义务植树形式，建成"互联网+义务植树"基地13处。全市共有396万人次以各种形式参加义务植树，共植树162万株，抚育树木1056万株。

绿色产业　北京大力推动果树产业与美丽乡村融合发展，通过设立子基金向社会募资13.32亿元，新发展果树650.87公顷。全市花卉种植面积达到4666.67多公顷，实现产值12.5亿元；全市苗圃面积1.65万公顷，产值超过60亿元；全市蜜蜂饲养量达27.76万群，养蜂总产值1.9亿元。建立食用林产品质量安全追溯平台，抽检产品合格率达到100%。

重大活动保障　北京高水平完成国庆70周年庆祝活动的景观环境服务保障任务，天安门广场"普天同庆"中心花坛在庆祝活动结束后7个小时内惊艳亮相。成功举办了一届精彩纷呈、广受赞誉的园艺盛会，承办了2019世界花卉大会。

【机构改革】　1月11日，北京市委办公厅、市政府办公厅印发《北京市园林绿化局职能配置、内设机构和人员编制规定》。本轮改革后，北京市园林绿化局（简称市园林绿化局）仍属市政府直属机构，为正局级，加挂首都绿化委员会办公室（简称首都绿化办）牌子。划出和划入职责分别为2项，内设机构相应新增3个，即自然保护地管理处、防治检疫处、机关纪委；调整或更名8个，即生态保护修复处、森林资源管理处、野生动植物和湿地保护处、公园管理处、国有林场和种苗管理处、行政审批处、林业改革发展处、机关党委（党建工作处、团委）；人员编制从155名增至159名。

【全市园林绿化工作会】　1月13日，北京市园林绿化工作会议召开，北京市园林绿化局（首都绿化办）局长（主任）作了《加大生态保护修复，统筹重大活动保障，努力以优异成绩庆祝新中国成立70周年》的工作报告。北京市分管副市长出席会议并讲话，各区县分管区县长、绿化办主任、园林绿化局局长及市园林绿化局机关各处室、局属各单位的负责人等参加会议。

【迎春年宵花展】　1月20日，由北京市园林绿化局、北京花卉协会主办的迎春年宵花展及组合盆栽大赛在北京各大花卉市场举办，北京各大生产商年宵花生产量总计约400万盆。同日举行以"绽放幸福 追求梦想"为主题的第九届组合盆栽和插花花艺大赛颁奖仪式，丰富了节庆期间首都居民的文化生活。

【国际森林日植树活动】　3月21日，在北京市石景山区新安城市记忆公园举办2019年"国际森林日"植树纪念活动。20多个国家和国际组织代表、全国绿化委员会成员单位、有关部门（系统）代表及各界干部群众共240余人，共植栽下油松、银杏、白蜡、栾树、国槐、元宝枫等苗木800余株。

【第七届北京森林文化节】　3月24日，第七届北京森林文化节在西山国家森林公园开幕，全市15家森林公园和5家市区公园参加活动，举办了60余项200余场的森林文化活动。

【中央军委领导参加义务植树活动】　3月29日，中央军委领导以及解放军四总部、驻京解放军各大单位、武警部队近百名将军，在北京市委、市政府主要领导陪同下于丰台区丽泽金融商务区绿化地块参加义务植树活动，共栽种白皮松、国槐、玉兰、美人梅、石榴、木槿等1500余株。

【共和国部长义务植树活动】 3月30日，中直机关、中央国家机关181名部级领导，在北京市市长、首都绿化委员会主任等领导陪同下，到北京市朝阳区沙子营村地块参加以"绿化神州大地、建设美丽中国"为主题的共和国部长义务植树活动。共同栽下2000余株树木，主要树种有油松、银杏、槐树、玉兰、海棠等。

【第37届"爱鸟周"宣传活动】 3月30日，由北京市园林绿化局、北京市公园管理中心、北京野生动物保护协会共同主办，以"关注候鸟迁徙，维护生命共同体"为主题的北京市第37届"爱鸟周"宣传活动启动仪式在圆明园遗址公园举行。活动期间，举办了生动的野生动物救护知识讲座，讲师与市民现场互动，学习如何应急救护身边的鸟类，设置了多个咨询台，向市民科普候鸟保护等知识。

【第十届北京郁金香文化节】 4月5日至5月6日，第十届北京郁金香文化节以"丝路花语·春满京城"为主题，在北京国际鲜花港开幕。郁金香文化节期间，室外布展以景观装饰、花艺小品和花车为表现形式，形成富有观赏性的景观轴线，将"丝路花语·春满京城"主题与"一带一路"专题小品相结合，打造"时代变迁""丝路传承""锦绣花车""共享繁华""国泰郁金香""和谐美满""锦绣前程"等景观小品16处，展示优质郁金香130余种共计400余万株，布展面积9万余平方米。园区还能欣赏到风信子、洋水仙、观赏葱、贝母以及7种不同国家或城市的国花、市花等多种花卉，与园区内的集装箱彩绘涂鸦等展示相结合，营造浓厚的花展氛围。

【首都全民义务植树日】 4月6日，第35个首都全民义务植树日，首都市民植树栽花、认养树木、抚育林木、清理绿地，以多种形式履行植树义务，为北京建设国际一流的和谐宜居之都贡献力量。全市共有108万人次参加了形式多样的义务植树活动，栽植各类树木50万余株，挖坑50万个，养护树木421万余株，发放宣传材料88万份。

【党和国家领导人参加义务植树活动】 4月8日，党和国家领导人习近平、栗战书、汪洋及在京的政治局常委、委员，在北京市委、市政府主要领导的陪同下，到北京市通州区永顺镇参加首都义务植树活动。习近平强调，"今年是新中国植树节设立40周年。40年来，我国森林面积、森林蓄积分别增长一倍左右，人工林面积居全球第一，我国对全球植被增量的贡献比例居世界首位。同时，我国生态欠账依然很大，缺林少绿、生态脆弱仍是一个需要下大气力解决的问题"。习近平强调，中华民族自古就有爱树、植树、护树的好传统。众人拾柴火焰高，众人植树树成林。要全国动员、全民动手、全社会共同参与，各级领导干部要率先垂范，持之以恒开展义务植树。要践行绿水青山就是金山银山的理念，推动国土绿化高质量发展，统筹山水林田湖草系统治理，因地制宜深入推进大规模国土绿化行动，持续推进森林城市、森林乡村建设，着力改善人居环境，做到四季常绿、季季有花，发展绿色经济，加强森林管护，推动国土绿化不断取得实实在在的成效。习近平亲手种下油松、槐树、侧柏、玉兰、红瑞木、碧桃等7棵树苗。

【全国人大常委会领导参加义务植树活动】 4月10日，5位全国人大常委会副委员长及全国人大常委会机关干部，在北京市人大常委会主要领导的陪同下，到丰台区青龙湖植树场地参加义务植树活动，共栽种350余株树木，主要树种有油松、银红槭、彩叶豆梨等。

【全国政协领导参加义务植树活动】 4月16日，9位全国政协副主席同全国政协机关干部职工近300人，在北京市政协主要领导的陪同下，到北京市海淀区西山国家森林公园参加义务植树活动。共栽种白皮松、元宝枫、栾树、流苏、丁香和黄栌等乔灌木1050余株。

【北京园林绿化科学普及系列活动】 4月20日，"绿色科技，多彩生活"——2019北京园林绿化科学普及系列活动在西山国家森林公园举行，活动现场设置"科普知识宣传长廊""绿色市集""森林音乐会"等内容。

【党和国家领导人习近平和夫人彭丽媛在北京延庆出席2019年中国北京世界园艺博览会】 4月28日，党和国家领导人习近平和夫人彭丽媛在北京延庆同出席2019年中国北京世界园艺博览会的外方领导人夫妇共同参观园艺展。大家共同观看了北京世园会主题片，并在绿意盎然的世园会主题墙前集体合影。习近平夫妇和外宾们步入中国馆华北、西北十省（区、市）展示区，观赏各地特色植物和精美园艺。并发表题为《共谋绿色生活，共建美丽家园》的重要讲话，强调顺应自然、保护生态的绿色发展昭示着未来。地球是全人类赖以生存的唯一家园。中国愿同各国一道，共同建设美丽地球家园，共同构建人类命运共同体。

【首届北京牡丹文化节】 5月6日至6月6日，首届北京牡丹文化节在延庆开幕，由北京市园林绿化局、北京市公园管理中心、北京林业大学、北京花卉协会、北京市延庆区人民政府共同主办，以"盛世牡丹靓京都 国色天香庆世园"为主题，在世界葡萄博览园等6个园区可游览欣赏。

【第十一届月季文化节】 5月17日，由北京市园林绿化局、北京市公园管理中心、北京花卉协会、中国花卉协会月季分会主办，北京市共11家单位承办的第11届北京月季文化节开幕。北京的月季栽植面积达到1666.67公顷，各大花卉生产基地、植物园、公园等栽培的月季品种总计超过2500个，包含藤本月季、灌木月季、地被月季、微型月季、丰花月季、香水月季、古老月季等多个类型，种植总量达5000余万株。北京市从2009年开始举办月季文化节，节日期间，京城大地千余亩的月季景观，2000余个月季品种，近100万株月季争奇斗艳。

【第五届北京百合文化节】 6月29日至7月31日，以"百花竞放迎华诞，群芳争艳庆世园"为主题的第五届北京百合文化节在延庆世界葡萄博览园开幕，本届百合文化节分为延庆世葡园、顺义国际鲜花港和北京植物园3个展区。延庆世葡园展区分为室外花海展和室内精品展两部分。室外展区采取点状种植、围合种植、混播种植等多种种植手法相结合，种植百合70多万株，主要品种64个，通过花境、花海、花田、盆栽、花廊及景观小品等展现形式，打造主题特色景观，并与水上活动区、林下空间相结合。室内展区面积4500平方米，分为品种展示区、花艺作品展示区、大型花艺造景区、花事活动体验区和花卉衍生品售卖区五大部分，重点打造百合文化元素。

【第十一届北京菊花文化节】 9月13日至11月15日，第十一届北京菊花文化节在北京国际鲜花港、世界葡萄博览园、北海公园、天坛公园、世界花卉大观园等六大展区展出，有近60万余株（盆）、近800个品种的菊花以及各色花卉参展，总面积达15余万平方米。文化节期间，北京国际鲜花港以"菊蕴花港·盛美中华"为主题，布展面积达10万平方米，展示以菊科和亚菊科为主的秋季露地花卉34种、精品大菊200余种。世界葡萄博览园设室内展和室外展。室外展分为菊花花境展区、景观园艺展区、菊花品种展区3个展区，共计50 500株菊花，其他草花5万盆。室内展分为品种展示区、花艺作品展示区、菊花书画作品展示区、菊花文化体验区和花卉衍生品售卖区五个部分。世界花卉大观园以"菊舞京城花开新时代，金秋争艳绝技聚英才"为主题。天坛公园以"金菊花开庆华诞"为主题，在祈年殿西南侧设置6个展棚，展出大立菊、悬崖菊、造型菊、多头菊、案头菊等多种类型，展出数量2000余盆。北京植物园将布置4座立体花坛，整个园区内花廊、花境、花艺、花坛交织，以菊花为主的鲜花把园区装点成花的海洋。

【庆祝中华人民共和国成立70周年环境布置】 9月27日，在庆祝中华人民共和国成立70周年之际，在全市环路、长安街延长线、香山纪念地、新机场周边以及重要旅游景区周边、繁华商业区周边等重要区域，共设置主题花坛200个、地栽花卉2000万株（盆），摆放花柱花堆小品1万个、组合容器5000组，悬挂花箱1.5万个，使首都绿化环境景观全面升级。花坛摆放整体应用230余个花卉品种，其中有16个自主培育品种、18个绿色抗逆新品种和11个乡土植物，自主知识产权品种用量达到15%。12座主题鲜明的立体花坛从建国门西北角的"壮丽70年"起始，到复兴门东北角的"美好明天"收尾，荟萃了新中国成立70年来在各个领域取得的辉煌成就。

【2019年中国北京世界园艺博览会闭幕】 10月9日，为期162天的2019年中国北京世界园艺博览会闭幕。国务院总理李克强出席闭幕式并讲话，北京世园会是迄今展出规模最大、参展国家最多的一届世界园艺博览会，共有110个国家和国际组织，以及包括中国31个省（区、市）及港澳台地区在内的120余个非官方参展者参加。自4月29日开幕以来，北京世园会共举办3284场活动，吸引了934万中外观众前往参观。

【参加南宁园博会】 2018年12月6日至2019年6月28日，南宁园博会期间，北京园获六项最佳奖（室外展园综合竞赛最佳奖、室外展园设计专项竞赛最佳奖、室外展园施工竞赛最佳奖、室外展园植物配置竞赛最佳奖、室外展园建筑小品竞赛最佳奖、园博会创新项目最佳奖）。

【"绿卫2019"森林执法专项行动】 年内，北京市"绿卫2019"森林执法专项行动领导小组成立，制订《北京市"绿卫2019"森林执法专项行动实施方案》《北京市"绿卫2019"森林执法专项行动督查工作方案》，全面开展排查整改工作，全市"绿卫2019"森林执法专项行动共排查出4638起问题案件线索，范围涉及自然保护地184起，国家公益林359起，市级公益林603起，平原生态林746起，其他2746起。截至年底，整改完成2717起，收回林地1767.84公顷；其中查处案件79起，已结案65件，结案率为2.28%，罚款899.29万元。

【新一轮百万亩造林工程】 全年完成造林1.72万公顷，栽植各类苗木1159万株。自2018年开始新一轮百万亩造林已经完成3.29万公顷。结合重大活动、重点功能区环境提升，建设大尺度森林1.09万公顷。围绕服务保障世园会冬奥会，在世园会周边实施绿化780公顷，京礼公路、京藏公路、京新高速绿色通道沿线形成300米的绿色景观带76千米；围绕服务保障"一带一路"峰会，在雁栖湖周边和京承高速沿线实施绿化景观提升1000公顷，市郊铁路怀密线两侧完成造林绿化142.27公顷；围绕打造"森林中的机场"，在大兴新机场周边新增造林绿化800公顷，高质量完成门户区46.6公顷绿化美化任务。充分利用拆迁腾退，建成朝阳汇星苑、顺义海航、房山长阳等大尺度森林8处，新增造林333.93公顷；围绕构建两道绿色项链，新增造林1266.67公顷，结合违建整治和农业结构调整，持续加大浅山区生态修复，实施造林绿化6066.67公顷。通过新造林与原有林有机连接、互联互通，形成千亩以上绿色板块40个、万亩以上大尺度森林湿地6处；坚持宜林则林、宜草则草、宜湿则湿，新增和恢复湿地2247公顷，建成亚运村中心花园小微湿地，起到了示范带动作用。

【京津风沙源治理工程】 年内，在生态涵养区实施人工造林和封山育林，提高山区水源涵养和水土保持能力，完成人工造林1000公顷、封山育林1.27万公顷。

【太行山绿化工程】 年内，推进西北部生态涵养区建设，在房山区实施荒山造林266.67公顷，栽植油松、侧柏等乡土树种，增加森林植被。

【山区森林健康经营】 年内，山区森林健康经营林木抚育3.87万公顷、国家级公益林管护抚育0.8万公顷，建设市级林木抚育综合示范区 15 处。

【彩叶树种造林】 年内，北京市在房山、怀柔、密云等区风景名胜区、民俗村、重点公路河道两侧，实施彩叶造林 1020 公顷。

【北京城市副中心绿化建设】 年内，城市副中心绿化绿心建设完成造林绿化 322 公顷，潮白河景观生态带实施造林绿化 433.34 公顷。

【绿化隔离地区公园环建设】 年内，一道绿化隔离地区，衙门口城市森林公园、大瓦窑城市公园、回天地区贺新公园和霍营公园、朝南森林公园、杜仲公园二期、镇海寺公园二期、旧宫城市森林公园 8 处城市公园全面启动施工建设，一道绿化隔离地区规划的"百园"目标实现闭环。二道绿化隔离地区，温榆河湿地公园、孙河郊野公园、金盏森林公园、黑桥公园二期、台湖万亩游憩园四期、西红门生态休闲公园、狼垡城市森林公园 7 处郊野公园继续推进，与平原地区百万亩生态林融于一体，实现了互联互通，扩大了休闲游憩空间，为二绿郊野公园成环奠定了基础。

【永定河综合治理工程】 年内，新增造林 3200 公顷，完成森林质量精准提升 4266.67 公顷，3 年累计完成 1.07 万公顷。

【果树发展】 年内，全市发展果树 650.87 公顷、100 万株。其中鲜果 586.76 公顷、91.2 万株，干果 64.13 公顷、8.7 万株；新植果树 194.93 公顷、41.3 万株，更新 431.6 公顷、52.6 万株，高接换优 24.33 公顷、6 万株。

【花卉产业】 全市花卉种植面积 4666.67 公顷，产值 12.5 亿元，花卉企业 220 家，花卉市场 15 个。

【森林火灾防控】 全市共发生森林火情、火灾 24 起（同比增加 118%,），其中森林火情 18 起，森林火灾 6 起（同比分别增加 80% 和 500%），年受灾面积共计 65.6 公顷（同比增加 2137%），圆满完成了全国两会、清明节和"五一"国际劳动节等重要节点，"一带一路"、世园会开幕、亚洲文明对话大会、国庆 70 周年庆典等重大活动期间森林火灾防控任务，全市未发生重特大森林火灾，未发生人员伤亡事故。

【森林火灾防控基础设施建设】 年内，全市森林防火经费投入 1.74 亿元，市级投资 4149 万元。全市加快实施"北京市森林防火三年行动计划"，自 2018 年以来，共推进实施建设项目 16 个（累计投入资金 7.4 亿元），现已完成"公共安全视频监控联网应用""京冀森林防火合作""京西林场森林防火指挥系统""防火物资储备""无人机巡护""道路测绘""物资储备库数字化管理"等 8 项建设任务。年内全市新建专业森林消防队 13 支，使全市总数达到 139 支 3486 人。积极开展队伍培训和演练，全市共计组织各类森林防灭火培训 186 次，开展防火演习 142 次。

【森林公安执法】 年内，全市共接报警情 1460 起，同比降低 13%；受立案 594 起，同比降低 8%，包括刑事立案 85 起，同比增加 23.2%。其中，侦破刑事案件 65 起，同比增长 8.3%，共计打击处理涉案人员 112 人次，行政处罚 1169 人次，刑事拘留和批准逮捕分别同比提高 28.6%、94.1%，取保候审人数下降 9.5%。

【参展 2019 南阳世界月季大会】 4 月 28 日至 5 月 2 日，2019 年世界月季洲际大会在河南省南阳市举办。北京室外展园占地 1500 平方米，设计以"燕都花韵千里传，一水同迎宛城香"为主题，园内共栽植树状月季、藤本月季等 11 大类 100 余个品种，共计 5000 株。北京室外展园荣获展园综合奖、设计专项奖、施工专项奖和优秀组织单位奖四项金奖，北京组织的 11 家企事业单位选送的参展展品共获得 38 个奖项，其中特等奖 3 个、金奖 18 个、银奖 14 个、铜奖 3 个，展现北京造园水平以及市花月季的科技创新水平和影响力。

【2019 世界花卉大会】 9 月 10~13 日，国家林业和草原局、中国花卉协会、中国贸促会、北京市人民政府和国际园艺生产者协会（AIPH）于 2019 北京世园会期间在北京市延庆区共同主办了 2019 世界花卉大会，会议以"携手花卉事业，共创美好家园"为主题，举办国际绿色城市论坛、花卉品种创新与保护论坛、花卉贸易合作论坛、花卉消费与市场论坛等多项活动。来自 69 个国家和 6 个国际组织的 300 多名代表，于 2019 年 9 月 9~13 日共聚北京，参加 2019 世界花卉大会。

【世界园艺博览会北京室外展区建设】 2019 北京世园会北京室外展园占地 5350 平方米，位于中华园艺展示区华北组团之首，以"展现人民对美好生活的向往"为"造园"目标和主旋律，将历经千年沉淀，充分体现人与人、人与自然和谐相处的"四合院"作为北京室外展园的核心景观。使用具有 1200 年历史的花期调控技术——燀花技术，将春季的玉兰、夏季的月季、秋季的桂花、冬季的蜡梅同时开放；在 162 天的展期内共接待游客近 110 万人，展示乔灌木及花卉植物 800 种 30 多万株。

【世界园艺博览会百果园建设】 2019 北京世园会百果园以"乐果、乐活、乐世园"的设计理念，融合果林景观、果艺发展、传统文化、乐活体验，打造成为景观、科普、体验、示范为一体的创新示范园。首次将果树园艺列为专类展园，荣获世园会"最佳创意奖"；百果园占地面积 6.67 公顷，是本届世园会上单体面积最大的展园，汇集 12 个树种、180 个品种、6000 余株果树。

【世界园艺博览会中国馆建设】 2019 北京世园会中国馆北京室内展区面积 150 平方米，采用开放式的布展形式演绎"红墙百花，绿水青山"的主题，打造"北京记忆""北京发展""北京未来"和"北京绽放"四个板块，共布置月季、牡丹、菊花、榆叶梅、玉兰、矾根等花卉植物50余种、1600余株(枝)，通过植物造景与北京园艺发展多媒体影像虚实结合，讲述北京花卉园艺的历史文化故事，体现首都花卉园艺最新成果。

【森林病虫害防治】 全年林业有害生物发生面积3.58万公顷，美国白蛾发生面积1233.33公顷，未发生严重的美国白蛾灾害，全面完成了国家林业和草原局下达的"四率"(森林病虫害发生率、森林病虫害防治率、森林病虫害监测覆盖率、种苗产地检疫率)指标和美国白蛾防控任务。2019年在10个区进行飞机防治林业有害生物共计作业1071架次，防控面积约为10.71万公顷次。生物防治，2019年完成塑料胶带围环5500卷，悬挂2万张黏虫色板、12万个白蜡窄吉丁黏虫板、400套白蜡窄吉丁诱捕器、2.3万套国槐叶柄小蛾诱捕器和6.9万个诱芯，布置沟框象捕获网1.2万个，白蜡窄吉丁捕获网1.2万个、释放周氏啮小蜂13亿头、管氏肿腿蜂380万头、白蜡窄吉丁肿腿蜂200万头、异色瓢虫576万粒、花绒寄甲卵100万粒。

【森林城市创建】 年内，编制完成《北京森林城市发展规划(2018年~2035年)》。印发《关于加快推进国家森林城市创建工作的实施方案》，明确北京市创建国家森林城市的总体目标、基本原则、基本程序和工作要求，力争2021年门头沟、平谷、怀柔、密云、延庆、昌平、房山7个生态涵养区实现创森目标，到2023年，除东城、西城外，其他14个区达到国家森林城市标准。北京市延庆区获得"国家森林城市"称号，成为北京市第二个荣获"国家森林城市"称号的区。

【古树名木管理】 完成《北京市古树名木保护管理条例》的重新修订。配合中央国家机关绿委办出台《中央国家机关古树名木保护管理办法》。深入落实保护责任制，加强古树名木保护与管理。推进丰台太子峪、海淀公主坟、西城金融街3处古树名木主题公园建设。组织开展《北京古树名木保护规划》编制工作。

【花卉业】 年内，北京市打造46块大尺度、有特色的北京花田，全市花卉种植面积达到4666.67公顷，产值12.5亿元，促进农民就业1000余户。

【蜂产业】 年内，全市蜜蜂饲养量达27.76万群，比2018年底增长了4.8%；蜂蜜产量504万千克，蜂王浆产量6.89万千克，蜂花粉产量12.01万千克，蜂蜡产量28.01万千克；售蜂收入430万元，蜂授粉收入1483万元，养蜂总产值1.9亿元，蜂产品加工产值超过12亿元，出口创汇超过1800万美元。

【养蜂精准扶贫工程继续实施】 年内，重点对接密云、平谷、昌平、延庆的4个低收入村，开展养蜂精准扶贫工作，发展17户低收入农户从事养蜂生产。

【湿地建设】 年内，将湿地恢复与建设任务纳入新一轮百万亩造林绿化行动计划，以温榆河公园、沙河湿地公园、南苑森林湿地公园建设为重点，加大湿地恢复与建设力度，推进南苑森林湿地公园等项目建设，全年计划恢复湿地1600公顷，新增湿地600公顷。完成《北京市湿地名录管理办法》《北京市建设项目占用湿地审核审批管理办法》等保护管理制度草案；完成《北京市湿地保护条例》专家审查。推进中央财政湿地保护补助项目实施，完成房山长沟泉水国家湿地公园验收，组织开展密云水库国家重要湿地申报前期工作。

【北京市极度濒危野生动植物保护】 年内，针对丁香叶忍冬、百花山葡萄、北京雨燕等特色、本土的极度濒危野生动植物，有针对性地采取就地、近地及迁地保护等拯救保护措施，不断改善野生植物的栖息环境。现已分别完成丁香叶忍冬和百花山葡萄群落生存状况调查工作，丁香叶忍冬种子萌发实验及百花山葡萄外植体组培扩繁工作，并完成大花杓兰、山西杓兰组培研究报告，北京无喙兰调查报告等专项工作报告。完成北京雨燕调查报告，已基本摸清北京雨燕的种群数量和分布情况。

【大事记】

1月13日 北京市园林绿化工作会议召开，北京市园林绿化局(首都绿化办)局长(主任)作工作报告。

1月20日 2019北京迎春年宵花展在北京花乡花卉创意园隆重开幕。

3月5日 北京市园林绿化局印发《关于切实加强春季鸟类等野生动物保护工作的通知》。

3月15~24日 北京市园林绿化局组织参加2019年香港花卉展，北京荣获本届展览最高奖项——金奖。

3月24日 第七届北京森林文化节在西山国家森林公园开幕。

3月26日 北京市园林绿化局印发《关于进一步加强林业生态建设促进农民就业增收工作的通知》。

3月29日 北京市园林绿化局印发《关于"抓重点、补短板，提高公园综合服务保障水平"专项行动实施方案的通知》。

3月29日 中央军委领导以及解放军四总部、驻京解放军各大单位、武警部队近百名将军在北京参加义务植树活动。

3月30日 中直机关、中央国家机关181名部级领导在北京参加义务植树活动。

4月1日 北京世园会园区进入全面试运行阶段。

4月4日 北京市园林绿化局印发《关于进一步加强清明节期间全市森林防火工作的紧急通知》。

4月5日至5月6日 第九届北京郁金香文化节在北京顺义国际鲜花港举办。

4月8日 党和国家领导人习近平、栗战书、汪洋及在京政治局常委、委员在北京参加义务植树活动。

4月10日 5位全国人大常委会副委员长及全国人大常委会机关干部在北京参加义务植树活动。

4月16日 9位全国政协副主席同全国政协机关干部职工近300人在北京参加义务植树活动。

4月20日 北京世园会园区进行全负荷压力测试。

同日 "绿色科技，多彩生活"——2019北京园林绿化科学普及系列活动在西山国家森林公园举行。

4月22日 第七届北京西山森林音乐会暨零碳音

乐第十季在西山国家森林公园启动。

4月28日 党和国家领导人习近平和夫人彭丽媛在北京延庆同出席2019年中国北京世界园艺博览会的外方领导人夫妇共同参观北京世界园艺博览会。

4月28日至5月2日 北京市园林绿化局代表北京市参加在河南省南阳市举办的2019年世界月季洲际大会。

4月29日 2019年中国北京世界园艺博览会园区正式开门迎客。

5月1~3日 作为2019北京世园会东道主城市，北京市举办丰富多彩的"北京日"系列活动，全方位、立体化宣传北京园艺新成就。

5月6日 首届北京牡丹文化节在延庆区盛大开幕。

5月17日 第十一届北京月季文化节在北京植物园、天坛公园等11个展区同时举办。

6月29日至7月31日 第五届北京百合文化节在延庆世葡园、顺义国际鲜花港和北京植物园展区举办。

7月26日 北京市第十五届人民代表大会常务委员会第十四次会议通过《关于修改〈北京市河湖保护管理条例〉〈北京市古树名木保护管理条例〉〈北京市湿地保护条例〉〈北京市公园条例〉〈北京市绿化条例〉等十一部地方性法规的决定》。

8月22日 北京市园林绿化局印发《关于扎实做好国有林场改革验收工作》。

9月6日 由首都绿化办主办，北京绿化基金会协办的北京市喜迎新中国成立70周年专场植树活动在八达岭林场进行。

9月13日 第十一届北京菊花文化节在北京国际鲜花港、北海公园等地开幕。

10月9日 为期162天的2019年中国北京世界园艺博览会闭幕。

10月 首都园林绿化委员会办公室印发《北京森林城市发展规划（2018~2035年）》。

11月15日 北京市延庆区荣获"国家森林城市"，这是北京市继平谷区以后第二个国家森林城市。

11月18日 北京市园林绿化局印发《关于进一步加强鸟类等野生动物保护宣传工作的通知》。

（北京市林业由齐庆栓供稿）

天津市林业

【**概　述**】 2019年，天津市林业管理按照市委、市政府决策部署和国家部委有关要求，扎实推进"五个现代化天津"建设。全年完成营造林2.54万公顷，森林覆盖率12.07%（2017年第九次全国森林资源清查数据），未发生森林火灾，实现全市连续29年无重大森林火灾的工作目标。

【**造林绿化**】 2019年，天津市委、市政府高度重视国土绿化工作，主要领导带队参加义务植树、检查重点国土绿化工程建设，全市完成造林绿化2.54万公顷，其中村庄绿化66.67公顷。为切实推动全市国土绿化工作，天津市规划和自然资源局成立检查推动组，对年度国土绿化工作进行检查推动和服务指导，帮助各区协调解决工作中遇到的问题，同时积极与国家级、市级新闻媒体对接，采访拍摄绿化施工现场，及时总结经验、抓好典型、以点带面，大力宣传天津市国土绿化成果。

2019年，天津市全力推进滨海新区与中心城区中间绿色生态屏障建设，编制印发《天津市双城中间绿色生态屏障区规划（2018—2035年）》，根据山水林田湖草是一个生命共同体的理念，采取"宜林则林、宜水则水、宜田则田"的策略，依托生态廊道和河湖水系，合理布局，科学栽植，安排造林绿化工程2000公顷。同时通过插花补缝、修边整堰的方式，将现有林带连接起来，呈现出一体化、多组团的景观特色，进而构建"山水林田湖草"的完善生态体系，形成环首都生态屏障带。

2019年，天津市完成京津风沙源治理二期工程林业项目任务人工造林860公顷，其中蓟州区完成造林793公顷，宝坻区完成造林67公顷。总投资879.05万元，其中中央预算内投资650万元，地方配套229.05万元。

【**森林资源管理**】 2019年，天津市开展林地年度变更调查工作，更新了林地"一张图"数据库，编制《天津市2019年度森林资源管理"一张图"更新成果报告》。全市变更调查林地面积181 656.24公顷，图斑数量为181 373个，其中变化图斑数量为45 863个。从2019年起，天津市森林督查与森林资源管理"一张图"年度更新融合为一项工作，通过全面掌握天津市森林资源变化和保护管理情况，加大对涉林案件的发现、查处、整改力度，推动国家级公益林建设成效监测、公益林落界，逐步将林地"一张图"升级为森林资源管理"一张图"，保持森林资源管理"一张图"的现势性、准确性、时效性，为森林督查、林地管理、林木采伐管理、森林经营等提供基础支撑。2019年，国家林业和草原局移交天津市森林督查疑似问题图斑1573个，区划为1787个细斑，经组织各区逐个调查核实，存在问题细斑共91个，各区对存在的问题建立台账，逐个整改落实。

2019年，天津市组织开展全市森林资源规划设计调查，全面完成24.7万个小班调查工作。按照国家林业和草原局的工作部署，启动第六次沙化和荒漠化监测工作，编制完成《天津市第六次沙化和荒漠化监测工作方案》和《天津市第六次沙化和荒漠化监测实施细则》并上报国家林草局。

2019年，天津市完成森林资源年度统计工作。截至2018年底，全市有林地面积26.63万公顷，灌木林8000公顷，四旁树折合林地2.71万公顷，未成林造林地 1.46 万公顷，苗圃地 1.07 万公顷，采伐迹地 1133.33 公顷。以全市农村土地总面积 109.27 万公顷为基数，全市农村林木绿化率为 27.6%。

2019 年，天津市严格按照国家下达的指标限额，从严控制占用征收林地规模和林木采伐限额使用，规范审核审批程序，停止天然林商业性采伐。全年共审核审批征占用林地项目 98 项（含临时使用林地项目 15 项），面积 235.43 公顷（含临时使用林地面积 42.20 公顷），收取森林植被恢复费 3128.23 万元；使用采伐限额发放许可证 1643 个，采伐林木 85 030.75 立方米。

2019 年，天津市按照国家林业和草原局关于开展"绿卫 2019"森林草原执法专项行动要求，结合本市实际，将自然保护地纳入"绿卫 2019"执法专项行动，成立市、区两级领导小组，制订专项行动工作方案，组织各区认真开展排查，及时查处并严厉打击各种破坏森林资源的违法行为。全市共查出破坏森林资源违法案件 84 起，其中，行政案件 67 起，刑事案件 17 起。已查处违法案件 81 起，其中，行政案件 64 起，刑事案件 17 起，行政处罚 64 人，刑事追究 21 人，收缴罚款 29.49 万元，收缴野生鸟类 1892 只。

2019 年，天津市加强永久性保护生态区域监督管理，严格审核在永久性保护生态区域实施的建设项目，落实生态保护和修复措施，全年共审核在永久性保护生态区域实施建设项目 104 个，对不符合相关规定要求的建设项目，由建设项目单位重新申报。

2019 年，天津市组织开展天然林区划落界工作，认真贯彻落实《中共中央办公厅国务院办公厅关于印发〈天然林保护修复制度方案〉的通知》确定的目标任务，制订《天津市落实天然林保护修复制度方案工作方案》和《天津市天然林落界操作细则（试行）》，对辖区内天然林坐落地点、范围、面积及小班进行重新区划界定、落界上图。

2019 年，天津市加强林木种苗管理，组织开展主要造林树种林木种苗质量抽查工作，共抽查苗木 73 批次，涉及 10 个区 22 个单位。组织开展林业植物新品种执法保护专项行动，加强林业知识产权保护，严厉查处林业植物新品种权侵权假冒违法行为，制订《天津市开展林业植物新品种执法保护专项行动方案》，组成联合检查组对全市 50 余家花卉市场、林木种苗种植基地及经营商户进行现场检查，检查植物品种 30 余种，对侵犯林业植物新品种权和制售假劣林木种苗行为形成有效威慑。截至 2019 年底，全市林木种苗持证生产经营者 796 个，苗圃 1146 处（其中国有苗圃 10 处），育苗面积 13 112 公顷（其中国有面积 775 公顷），基本满足市场需求。

2019 年，天津市开展林业工作站本底调查培训和乡镇林业站工作能力提升培训，累计培训各区林业工作人员、乡镇林业工作人员 78 人次。市林业站围绕强化林业站管理助力乡村振兴、现代林业产业发展现状及存在问题和林业资源管理与发展情况，先后 12 次到基层开展调研，进一步推进各项工作。

【湿地资源保护】 根据第二次全国湿地资源调查结果，天津各类湿地总面积 2956 平方千米，陆域湿地占全市国土面积的 17.1%。天津湿地类型较全，滨海湿地、河流湿地、湖泊湿地、沼泽湿地和人工湿地均有分布，具有生态功能多样、湿地动植物资源丰富的特点。作为全球 8 条候鸟迁徙路线之一——东亚-澳大利西亚迁徙路线，天津湿地是候鸟重要迁徙地和停歇地，每年途经的候鸟达到百万只以上。

天津市现有古海岸与湿地国家级自然保护区、北大港湿地自然保护区、大黄堡湿地自然保护区和团泊鸟类自然保护区 4 个湿地自然保护区，总面积 875.35 平方千米，占全市国土面积的 7.4%。2019 年，天津市向 4 个湿地自然保护区生态补水 4.14 亿立方米，有力保障湿地生态系统向好发展。

2019 年，天津市持续推进湿地自然保护区"1+4"规划的实施。七里海保护区缓冲区 5 个村、大黄堡保护区 9 个村生态移民工程稳步推进并取得阶段性成果。完成大黄堡核心区、缓冲区 70.47 平方千米和七里海核心区 45.63 平方千米、缓冲区 21.85 平方千米的土地流转工作。七里海湿地自然保护区核心区建设 49 千米围栏及监控工程，完成了 266.67 公顷苇地旋耕复壮及部分芦苇补栽和 266.67 公顷水生植物栽植，完成湿地支渠、干渠、外环渠开挖疏浚，鸟岛堆建及改造，1333.33 余公顷原有鱼池堤埝拆除，地形地貌修复工作。大黄堡湿地自然保护区完成河道清淤 7 万立方米，核心区围网 55 千米，实现封闭管理。北大港保护区种植芦苇、盐地碱蓬植物，恢复湿地面积 40 公顷，治理外来有害生物互花米草 30 公顷，开展芦苇刈割复壮 133.33 公顷。团泊湖湿地自然保护区对团泊水库西堤北段 4.1 千米的退化湿地进行植被复壮和水生植物种植。按照《天津市湿地生态补偿资金管理办法（试行）》，坚持"依法、公开、自愿、有偿"的原则，天津市对湿地保护区实施生态补偿，七里海 8270 公顷，大黄堡 6355.21 公顷，市财政每年每公顷按 7500 元标准给予补偿。

2019 年，根据《天津市湿地保护条例》要求，天津市继续开展重要湿地监测与评估工作，对天津市重要湿地名录（第一批）公布的 14 块重要湿地开展监测与系统评估，通过遥感监测、植被鸟类调查、水环境监测等工作，掌握天津市重要湿地资源变化动态，为天津市重要湿地的科学管理和保护修复提供重要基础支撑。

【自然保护地管理】 天津市现有各类型自然保护地 17 个，总面积约 1411.3 平方千米（含重叠面积和飞地面积），扣除交叉重叠后为 1309.28 平方千米（含古海岸与湿地国家级自然保护区内河北省芦台经济技术开发区飞地面积 70.28 平方千米、北京市清河农场飞地面积 16.65 平方千米）。其中，陆域自然保护地面积约 1239.14 平方千米，占国土面积的 10.37%。海域自然保护地面积约 70.24 平方千米，占管辖海域面积的 3.27%。17 个自然保护地中，自然保护区 8 个，分别是天津市蓟州区中上元古界国家自然保护区，面积 8.9 平方千米；天津八仙山国家级自然保护区，面积 10.49 平方千米；天津古海岸与湿地国家级自然保护区，面积 359.13 平方千米；天津青龙湾固沙林自然保护区，面积 4.16 平方千米；天津市蓟州区盘山自然风景名胜古迹保护区，面积 7.1 平方千米；天津团泊鸟类自然保护区，面积60.4平方千米；天津大黄堡湿地自然保护区，面积104.65平方千米；天津北大港湿地自然保护区，面积348.87平方千米。自然公园9个，分别是天津大神堂牡蛎礁国家级海洋特别保护区，面积34平方千米；中国天津盘山风景名胜区，面积110.9平方千米；天津蓟州区国家地质公园，面积264.6平方千米；天津黄崖关长城风景名胜区，面积13.6平方千米；天津九龙山国家森林公园，面积13.78平方千米；天津武清永定河故道国家湿地公园，面积2.49平方千米；天津宝坻潮白河国家湿地公园，面积55.82平方千米；天津蓟州区州河国家湿地公园（在建），面积5.08平方千米；天津下营环秀湖国家湿地公园（在建），面积7.33平方千米。

2019年，天津市依据中共中央办公厅、国务院办公厅《关于建立以国家公园为主体的自然保护地体系的指导意见》及《国家林业和草原局办公室关于同意天津市开展建立以国家公园为主体的自然保护地体系试点的函》等文件要求，启动天津市建立以国家公园为主体的自然保护地体系试点工作。起草《天津市开展建立以国家公园为主体的自然保护地体系试点工作方案》，建立健全工作机制，成立工作领导小组，组建专业技术团队和天津市自然保护地专家评审委员会。开展天津市自然资源和自然保护地现状摸底调查工作，建立天津市自然保护地本底数据库。初步研究制订自然保护地的整合优化方案，选划海洋自然保护地及市级湿地公园，组织编制《天津市建立自然保护地体系试点总体方案》。

2019年，天津市加大推动天津宝坻潮白河国家湿地公园、天津武清永定河故道国家湿地公园、蓟州区州河国家湿地公园、下营环秀湖国家湿地公园4个湿地公园试点建设力度，依据试点国家湿地公园总体规划开展建设管理。12月25日，国家林业和草原局印发《国家林业和草原局关于2019年试点国家湿地公园验收情况的通知》，天津市宝坻潮白河国家湿地公园和武清永定河故道国家湿地公园通过国家验收，正式成为"国家湿地公园"。

【林业有害生物防治】 2019年，天津市林业有害生物防治坚持"以防为主、防控结合"的原则，主要针对病虫害发生区域进行药物除治，同时保持严密监测态势，及时全面地掌握疫情变化，必要时扩大防治作业面积进行预防，严格控制疫情蔓延传播。防治结束后经过调查验收，平均有虫株率为0.1%，叶片保存率达96.4%，总体防治效果良好，达到规定指标要求。

2019年，天津市共完成美国白蛾、春尺蠖及其他林业有害生物防治面积30.22万公顷。其中美国白蛾防治面积22万公顷、春尺蠖防治作业面积3.05万公顷、其他林业有害生物防治面积5.16万公顷。防治过程综合运用飞机防治、机械防治、生物防治、人工防治等多种防治措施。其中采用人工剪网作业方式防治1.46万公顷、树干涂药环作业3113.33公顷、飞机防治作业7.92万公顷、释放生物天敌1333.33公顷、采用地面喷洒灭幼脲、杀铃脲、苦参碱等高效低毒类生物药剂防治14.55万公顷、其他防治措施作业5.84万公顷。全年出动约3.2万车（次）、8.5万人（次），动用药械设备等1578余台（套），使用药剂219.65吨。

2019年，天津市印发《天津市2019年林业有害生物应施监测任务》，指导各区开展了春尺蠖、美国白蛾等有害生物越冬情况调查，完成春尺蠖、美国白蛾、杨树舟蛾类等发生趋势预测报告。指导国家级中心测报点完善主测对象的工作月历和测报工作方案，按时录入林业有害生物防治信息管理系统，并发布虫情动态66条，短期预报5条。购置美国白蛾、国槐小卷蛾、白杨透翅蛾、舞毒蛾等诱芯、诱捕器4800余个，及时分配至各测报点。完成《天津市林业有害生物2019年发生情况和2020年趋势预测》报告的上报工作。

2019年，天津市共核发《植物检疫证书》3000余单。实施产地检疫面积1666.66余公顷，调运检疫苗木5万余株，木材3万余立方米，种苗产地检疫率达到100%。推进应施检疫的林业植物及其产品全过程追溯监管系统平台建设，开展京津冀三地协同检疫监管，并在全市开展松材线虫病检疫执法专项行动。开展"5·25"检疫执法宣传行动，加强对林业植物检疫法律、法规的宣传，进一步提高市民防范林业有害生物传播扩散的意识。

【森林防火】 2019年，天津市始终坚持"预防为主、积极消灭"的森林防火工作方针，大抓责任落实、督导检查、队伍建设、预警预防和配套保障，森林防火体系建设取得新进展。各级森林防火部门高度重视森林防火工作，对森林防火工作做到早发动、早部署、早安排，采取超常规的措施，全面提升森林火灾的预防和处置能力。2019年全市未发生森林火灾，实现天津市连续29年无重大森林火灾的成绩。

2019年，天津市加强组织领导，严格落实森林防火责任制，全市逐级签订森林防火责任书，筑牢"横到边、纵到底"的森林防火责任体系。在防火期内，先后召开全市森林防火工作会议和全市森林防火指挥部成员工作会议，对全市森防工作进行全面安排部署，层层压实责任，推动工作开展。1月15日至2月15日，在全市开展森林防火宣传月活动，在重点地区，通过制作悬挂森林防火标识、印发宣传资料，提醒广大游客和林区群众依法安全用火，切实增强全民防火意识和法制观念，共发放森林防火宣传资料6万余份，张贴标语2万余份，各种宣传画2000余份。

2019年，天津市强化火源管理，加大森林防火督导检查力度。针对高火险天气，天津市及时向社会发布《天津市野外禁火通告》，明确4月3日至5月31日禁止一切非法野外用火。重点火险区蓟州区政府发布禁火令，禁火期从3月末开始一直持续到5月31日，同时深入开展隐患排查整治，并在重点地区设岗立卡，安排专人看守，对入山车辆和人员进行检查登记，并收缴火种。防火期内，严格执行24小时值班和领导带班制度，严格执行火情报告制度，确保信息传递畅通。

2019年，天津市对森防一线指挥人员、专职扑火队员开展三期森林防火专业知识培训，累计430余人次。组织开展蓟州区森林防火以水灭火专项演练，参与演练160余人次，有效提高了队伍扑火技战术水平和应急处置能力。积极落实京津承区域联防措施，按照责任划分，对与北京市平谷区、河北省玉田县、三河市交界区域防火隔离带杂草进行割打清理，累计清理"界边"

防火隔离带140万平方米。

【野生动物保护】 2019年，天津市为强化野生动物保护组织领导，成立由分管副市长为组长，16个区和14个市级部门主要领导为成员的天津市野生动物保护工作领导小组，各区也相应成立区级组织领导机构，为全市野生动物保护工作的长期有效开展奠定坚实的组织基础。制订《天津市野生动物保护工作领导小组工作规则》，明确相关工作制度以及各成员单位的具体职责分工。建立检查考核机制，将各区、市级相关部门野生动物保护工作开展情况纳入市级环保督察和全市永久性保护生态区域考核指标，检查考核结果将作为对各区、相关部门绩效考评和党政领导干部考核的重要依据。

2019年，天津市加强宣传教育，提高全民野生动物保护意识。在2月2日"世界湿地日"、3月3日"世界野生动植物日"、4月"天津市第38届爱鸟周"和11月"野生动物宣传月"等重要节点，在全市组织集中开展湿地和野生动物保护大型宣传活动，与天津电视台、天津广播电台、《天津日报》《今晚报》、津云等新闻媒体合作，通过专题访谈、热线答疑、新闻报道等形式，开展全领域、多频次的宣传报道，有效提高全社会爱护、保护野生动物的意识。

2019年，天津市扎实开展野生动物巡查督查救护工作。全市共出动公安民警、执法人员及志愿者112 726人(次)，出动车辆18 247台(次)，检查点位103 601处(次)。市野生动物救护部门共救护、收容陆生野生动物2859只，放归野生动物593只。3～5月在全市范围内对人工繁育野生动物场所开展专项清查整治行动，对全市人工繁育野生动物场所进行全面排查，坚决取缔非法养殖场所，进一步规范合法经营利用行为，强化监督检查，有效提升天津市人工繁育野生动物科学化、规范化、制度化管理水平。强化野生动物交易、食用、运输等环节的监管工作，针对食用农产品流通环节、餐饮服务环节、市场交易环节、药品流通环节，开展专项整治行动。加强对铁路、公路、水路、民航运输和寄递物流等场站和点位的检查，排查各类车辆165.5万辆。天津海关共查没各类珍稀、濒危野生动物制品324件。

2019年，天津市各级森林公安机关共受理森林和野生动物报警55起，处警55起，协助属地公安办理野生动物刑事案件30余起，抓获违法犯罪嫌疑人31人，转递野生动物资源及制品案件线索51条，查实4条，查获国家三有保护野生动物500余只，国家珍贵濒危野生动物29只，巡查野生动物重点交易场所、栖息地268次。开展集中打击食药环犯罪的"昆仑4号行动"，行动中清查重点场所580个，配合属地公安查处破坏野生动物资源的刑事案件12起，其中重大刑事案件1起，查获国家珍贵濒危野生动物13只，赴山东、陕西、山西、海南开展警务合作4次，抓获违法犯罪嫌疑人3人，查获国家珍贵濒危野生动物4只。

【科技兴林】 2019年，天津市积极推进国家林业和草原局中央财政林业科技推广项目的实施，其中5项已完成结题验收。积极组织申报国家林业和草原局2018年林业生物安全及遗传资源项目，"天津市林业外来物种调查与研究"项目已批准立项，正在实施。组织开展"大棚冬枣养护管理技术规程""滨海盐碱地树木栽植技术规程"和"安祖花盆花生产技术规程"3个国家林业和草原局林业行业标准制修订项目，均已由国家林草局科技司完成鉴定。积极组织开展科技创新联盟申报工作，"天津市自然保护地监控体系国家创新联盟"和"天津市滨海湿地生态建设国家创新联盟"获得国家林业和草原局批准。围绕果品生产提质增效、苗木花卉生产经营，积极组织农民、农业合作社工人大力开展农林科技培训，促进林业产业发展。

【林业改革】 2019年，天津市按照国务院"放管服"改革要求，营造良好营商环境，为申请人提供更便利的条件，提高工作效率，将涉及建设项目使用林地、林木采伐、种苗生产、野生动物保护等行政许可事项实行承诺制审批，制订政务服务事项事中事后监管实施细则。

2019年，天津市为盘活森林资源资产，放活经营权，进一步提高集体林业资源的利用效率和经营效益，委托天津农村产权交易所在农村产权交易平台设立林权流转交易专用模块，建立市、区、镇(街)三级林权流转交易市场，与天津市公共资源交易平台实现互联互通，线上正常运行。完成林权流转交易53笔，总金额1133.74万元，平均溢价率12.04%，实现农村集体林业资产和农民收益最大化。

【林业生态建设】 2019年，天津市紧紧围绕"建设生态宜居、产业兴旺的大美、幸福武清"的目标，按照《天津市武清区国家森林城市建设总体规划(2018～2027年)》，对照创建国家森林城市评价指标，在巩固提升现有建设成果的同时，重点加强待建及未达标相关项目的建设，推动创建国家森林城市各项工作稳步有序实施，因地制宜使用造林苗木，多以国槐、白蜡、法桐、椿树等优质乡土树种为主，增加了绿化面积，有效提升了森林覆盖率，同时对武清区29个镇街的622个村进行了高标准绿化美化。

2019年，天津市完成第二次全国古树名木普查工作，现有古树名木4639株(包括22个古树群)，分布在14个区，涉及15科25属。对部分重点古树名木安装定位器，实现倾斜、震动报警等工程，对部分重点古树名木悬挂二维码标识牌。责成专人看管古树，在做好浇水、涂白、除草、病虫害防治等日常管护的基础上，积极对濒危古树完成修建护栏、树体支撑、周边环境整治等防护措施。同时积极与有关媒体对接，持续开展古树名木宣传教育，提高广大群众保护古树名木的意识。

2019年，天津市按照国家林业和草原局要求，开展土地利用、土地利用变化与林业碳汇计量监测工作。利用已有的森林资源调查成果数据和相关的各种林业监测数据，并辅助增设地面样地调查，采用规范和统一的技术方法在全市范围内进行周期为2～3年的LULUCF碳汇计量监测工作，掌握全市土地利用、土地利用变化与林业活动引起的碳汇量变化情况。完成《工作方案》和《技术方案》编制，并提交区域林业碳汇计量监测中心。完成森林、湿地、荒漠化和沙化土地调查监测成果数据收集整理。利用遥感影像数据进行区划判读，完成了2013～2015年LULUCF数据获取工作，并完成对遥感区划判读结果现地验证和补充调查。

【大事记】

1月3日 天津市委书记李鸿忠、市长张国清带队赴双城中间绿色生态屏障区津南起步区现场调研，天津市规划和自然资源局局长陈勇陪同。市领导听取天津市规划和自然资源局"三区两带中屏障"的市域生态空间格局的汇报，原则认同。

1月15日 天津市启动森林防火宣传月活动。

1月18日 《天津市武清区国家森林城市建设总体规划（2018～2027年）》通过专家评审。

1月22日 天津市召开双城中间绿色生态屏障区建设现场推动会。副市长孙文魁主持会议，要求各部门和区政府继续大力推动双城中间绿色生态屏障区规划建设工作。

2月15日 天津市规划和自然资源局召开深化集体林权制度改革工作推动会。对各区上报的2018年度集体林权制度改革工作总结和统计报表情况进行总结讲评。要求各区要积极与相关部门建立联动工作机制，形成抓集体林权制度改革工作的合力，确保全市集体林权制度改革工作得到有效落实。

2月24日 天津市主要领导赴双城管控津南起步区现场调研，在现场听取双城中间绿色生态屏障区规划方案汇报，并提出具体要求。

3月4日 天津市春季林业有害生物防治工作会议召开。各区汇报本辖区春季林业有害生物防治筹备、防治计划、保障措施等方面的工作进展情况。会议安排部署近期重点工作，对下一步工作提出具体要求。

3月5日 天津市规划和自然资源局召开2019年春季全市造林绿化督查工作会议。

3月8日 天津市野生动物保护工作领导小组召开第一次会议。副市长孙文魁出席会议并讲话。会议传达韩正副总理在中国生物多样性保护国家委员会会议上的讲话精神，总结2018年度天津市野生动物保护工作情况，安排部署2019年度天津市野生动物保护工作，审议《天津市野生动物保护工作领导小组工作规则》。

3月17日 天津市副市长孙文魁主持召开研究推动双城管控绿色生态屏障项目建设工作会。

3月28日 天津市规划和自然资源局召开2019年度飞机防治林业有害生物协调会。

4月4日 天津市规划和自然资源局发布关于野外禁火的通告。4月3日至5月31日禁止一切非法野外用火。

4月8日 天津市规划和自然资源局召开"绿卫2019"天津市森林和自然保护地执法专项行动动员部署会。

4月18日 国家林业和草原局办公室同意天津市开展建立以国家公园为主体的自然保护地体系试点工作。

4月23日 天津市规划和自然资源局召开全市野生动物人工繁育场所清理整治专项行动中期推动会。

4月25日 天津市规划和自然资源局向天津市副市长孙文魁报送《关于国家林业和草原局同意我市开展建立以国家公园为主体的自然保护地体系试点有关情况的报告》。4月26～30日，经市领导审议，同意工作安排。

5月5日 天津市规划和自然资源局局长陈勇到双城中间绿色生态屏障区现场指挥部研究推动双城管控工作。听取现场工作组情况汇报，对下一步工作提出要求和部署。

5月8～9日 国家林草局湿地管理司副司长鲍达明等一行到天津调研湿地保护修复工作，实地考察七里海自2017年中央环保督查以来保护区对违法点位的整改情况和湿地"1+4"规划项目实施情况，与天津市规划和自然资源局、宁河区政府、七里海湿地保护管委会等有关人员进行了座谈。

6月5～6日 天津市举办森林资源管理"一张图"年度更新工作培训班，对全市开展2019年森林资源管理"一张图"年度更新工作进行动员部署。

7月30日 经天津市市长张国清、副市长孙文魁批示同意，成立以分管副市长为组长的天津市开展建立以国家公园为主体的自然保护地体系试点工作领导小组，领导小组办公室设在天津市规划和自然资源局，局长陈勇任办公室主任。

8月13日 天津市规划和自然资源局向有关区政府印发《关于做好我市建立以国家公园为主体的自然保护地体系试点工作的通知》，请相关区政府积极开展工作。

8月29日 天津市规划和自然资源局森林公安局组织召开全市打击破坏野生动物资源违法犯罪活动动员会议暨林业部门和公安部门野生动物执法培训。

9月19日 天津市野生动物保护工作领导小组召开第二次会议。市野生动物保护工作领导小组组长、副市长孙文魁出席会议并讲话。

9月26日 天津市"绿盾2019"自然保护地联合检查工作组赴蓟州区对相关自然保护地抽查违法违规行为核查和整改情况。

10月15～20日 天津市规划和自然资源局、青海省林业和草原局、三江源国家公园管理局在天津市渤海监测监视基地举办第一期自然保护地管理培训研讨班。天津市合作交流办公室一级巡视员、副主任刘庆纪，天津市规划和自然资源局一级巡视员、副局长路红，青海省林业和草原局党组成员、国家公园和自然保护地管理局局长张德辉出席会议并讲话。

10月24～28日 国家林业和草原局驻北京森林资源监督专员办事处对天津市北辰区人民政府森林资源管理情况开展2019年度森林督查，检查考核结果为良好。

11月18日 按照《天津市深化综合行政执法改革实施意见》要求，经天津市委编委批复同意，新组建的天津市规划和自然资源综合行政执法总队正式挂牌成立，下设林业执法支队、野生动植物资源保护执法支队，负责森林资源保护、陆生野生动物和野生植物保护、林木种苗管理、林业植物检疫和病虫害防治等方面的行政执法工作。

11月21日 天津市规划和自然资源局成立自然保护地专家评审委员会，负责保护地相关评审咨询工作。

11月 天津市规划和自然资源局编制完成《天津市

建立以国家公园为主体的自然保护地体系试点总体方案（征求意见稿）》，征求相关区政府和市有关委局意见并完善。

12月25日 国家林业和草原局印发《国家林业和草原局关于2019年试点国家湿地公园验收情况的通知》，天津市宝坻潮白河国家湿地公园和武清永定河故道国家湿地公园通过国家验收，正式成为"国家湿地公园"。

12月27日 天津市规划和自然资源局召开2019年全市森林病虫害防治工作会议。

12月31日 天津市规划和自然资源局召开市森林防灭火指挥部办公室移交工作会议。按照天津市森林防灭火指挥部办公室调整有关文件精神，将市森林防灭火指挥部办公室公章及有关文件、档案等资料移交天津市应急管理局。

（天津市林业由邢政供稿）

河北省林草业

【概　述】 2019年，河北省林草系统认真学习领会习近平新时代中国特色社会主义思想，全面贯彻落实河北省委、省政府决策部署，聚焦聚力"三件大事""三大攻坚战"和"两区"建设，大力弘扬塞罕坝精神，认真履行新职责、新使命，笃定实干、攻坚克难，各项工作不断开创新局面。

造林绿化 以"两山、两翼、三环、四沿"为主攻方向，以京津风沙源治理、三北防护林等国家重点工程为依托，加大造林绿化攻坚力度，完成营造林68.4万公顷，是全年任务的102.6%。全省义务植树近亿株，雄安新区被命名为全国首批"互联网+全民义务植树"基地。2018年以来，全省累计营造林134.2万公顷，提前完成国土绿化三年行动任务。一是科学统筹规划。省委、省政府出台《河北省国土绿化规划（2018～2035年）》《河北省2019年国土绿化实施方案》《京雄京张高铁生态廊道绿化实施方案》，省人大颁布《关于加强太行山燕山绿化建设的决定》，为造林绿化工作提供法律政策保障。二是重点区域造林深入推进。完成冬奥会赛区周边及张家口全域绿化12.27万公顷，张家口市林木绿化率达到50%；雄安新区累计植树造林2.07万公顷，雄安绿博园建设全面启动；完成太行山燕山绿化26.8万公顷，京津保生态过渡带绿化4.33万公顷，廊道绿化3.93万公顷，打造了一批规模大、标准高、特色突出的精品工程。三是创森工作成效显著。唐山、廊坊、保定被授予国家森林城市称号，实现"三城共建、三城同创"，全省国家森林城市数达到7个；衡水、沧州、邢台、邯郸4市全力推进创森工作；开展森林乡村创建认定工作，评选国家森林乡村332个，河北省森林乡村503个。

自然保护地 省深改委审议通过《关于建立以国家公园为主体的自然保护地体系的实施意见》，省委、省政府印发《河北省湿地自然保护区规划（2018～2035年）》《关于进一步支持和加强衡水湖保护与发展的意见》。全省各类自然保护区、风景名胜区、自然公园等管理职能和人员转隶工作顺利完成，各类自然保护地实现统一监督管理。全面开展自然保护地摸底调查，对全省276处自然保护地范围、面积逐一核实，建立自然保护地文本资料库和矢量数据库。扎实开展自然保护区和重点生态功能区违法违章建筑专项整治、侵占生态保护红线违法违规房地产项目排查整治等专项行动，排查发现自然保护区和风景名胜区核心景区内破坏生态环境问题60个，已整改57个，破坏生态环境问题得到有效遏制。自然保护区规划编制、勘界立标、黄渤海申遗等工作有序推进。官厅水库国家湿地公园试点通过国家验收。圆满完成衡水湖、唐河入淀口等湿地保护修复项目，重要湿地生态功能得到改善。

资源管护 省委将森林草原防火工作纳入大督查重点内容，13位省领导带队包联督导。在市县机构改革、防火职责交接过渡的特殊时期，各级林草部门认真贯彻落实省委、省政府要求，主动承担防范重特大森林草原火险的责任，强宣传、治隐患、严管火、重扑救，及时有效处置突发火情，全省没有发生重大等级以上森林火灾、"进京火"和重大人员伤亡，没有发生等级以上草原火灾，森林草原防火形势保持持续稳定。加强防火视频监控系统建设，火灾监测能力进一步提升。开展有害生物防治120万公顷次，美国白蛾、草原虫鼠害等得到有效遏制。非洲猪瘟等疫原疫病防控工作有力有序有效。完成全省森林资源主要指标年度变化监测评价，省、市、县森林资源数据实现更新。完成新增4万公顷省级公益林区划落界，省级重点公益林达到30.67万公顷。规范建设项目使用林地和采伐林木审批管理，健全完善林地审批会商制度，没有超出国家下达的使用林地定额和采伐限额。切实做好天然商品林停伐工作，87.8万公顷天然商品林得到全面保护。组织开展"绿卫2019"森林草原执法、"昆仑四号"、打击破坏野生动物资源违法犯罪和"金钺""金剑""金网""金盾"等专项行动，查处违法案件3307起，处罚3166人次。

草原保护管理 省人大颁布《关于加强张家口承德地区草原生态建设和保护的决定》，全面系统规范草原规划、建设、保护与监督管理，填补了河北省在草原立法方面的空白。印发《关于进一步加强草原保护和建设的意见》《关于推进张家口市退耕还草及草原科学利用的意见》《草原生态修复资金实施指导意见》，切实加强草原规范化管理。启动实施退化草原生态修复治理试点，在坝上草原重点修复区开展大规模围栏封育，加强牧草品种补播改良，推进典型区域综合治理，完成退化草原修复0.81万公顷，全省草原综合植被盖度提高到72.3%，超过全国平均水平16.6个百分点。

林业改革 一是国有林场改革任务全面完成。全省130个国有林场有68个定性为公益一类事业单位，58

个定性为公益二类事业单位，4个定性为公益性企业；完成省级自查验收，达到国家"优等"标准；加快推进塞罕坝机械林场"二次创业"，塞罕坝机械林场森林防火隔离带、生态安全隔离网、视频监控布局提升等方案经省政府批准实施，"二次创业"、林场及周边区域体制改革创新、塞罕坝集团组建等方案呈报省政府。二是集体林权制度配套改革扎实推进。配合省有关部门修订《河北省农村产权流转交易管理办法》，进一步规范林权交易行为，吸引社会资本有序进山入林；全省森林保险参保面积403.93万公顷，同比增长4.6%；平泉市集体林业综合改革试验示范区建设取得阶段性成效。三是"放管服"改革不断深化。向雄安新区下放省级行政许可事项27项，向省自贸试验区下放11项；开展"双随机一公开"抽查13次，随机抽查项目111个；省林业和草原局44项行政审批事项全部进驻省政务中心集中办理，实现了"应进皆进"。

生态扶贫和产业发展 严格落实生态惠民政策，向62个贫困县安排省级以上资金29.1亿元，选聘生态护林员5.03万人，组织群众参加重点生态工程建设，大力发展经济林、林下经济，精准带动一批贫困人口稳定增收或脱贫致富。《中国绿色时报》整版介绍河北生态扶贫经验。认真落实沽源县脱贫攻坚牵头责任，积极协调12家责任单位加大帮扶力度。在对口帮扶村谋划实施合作造林、金莲花种植、养殖园区、民宿旅游等产业项目，大力开展"双基"提升活动，扶贫工作取得扎实成效。省林草局驻沽源县大石砬村工作队荣获"河北省扶贫攻坚先进集体"。省绿化委员会印发《关于促进经济林产业高质量发展的意见》。组建核桃、板栗等7个经济林产业技术支撑体系，加快现代林果花卉产业基地建设，新增经济林面积2.67万公顷，提质增效6.07万公顷，新增花卉种植面积0.21万公顷，种苗、林下经济、森林旅游、林板（纸）产业发展态势良好，全省林业产业总产值预计达到1460亿元。加强经济林产品质量安全风险监测，完成抽检1025批次。2019北京世园会河北室外展园、室内展区分别荣获特等奖和金奖。

支撑保障能力 积极争取坝上地区植树造林、退化林修复等一批新增项目落地，全年落实省级以上资金46.7亿元，同比增长6%。建立和完善科技示范点210个，新上省级以上科技推广项目26项，开展标准化示范区建设项目7个，推广新品种新技术120项次，科技支撑能力得到加强。完成11个国家重点林木良种基地省级考核，开展全省林木种苗行政执法和质量抽查，种苗质量进一步提升。精心策划"湿地日""爱鸟周"、植树节40周年、退耕还林20周年等主题宣传活动，开展70周年林草成就、太行山绿化、三北防护林等系列报道，在各大媒体刊载新闻2000余条，行业影响力继续扩大。

【《河北省人民代表大会常务委员会关于加强张家口承德地区草原生态建设和保护的决定》出台】 7月25日，河北省第十三届人大常委会第十一次会议表决通过《河北省人民代表大会常务委员会关于加强张家口承德地区草原生态建设和保护的决定》（以下简称《决定》），自2019年8月1日起施行，这是河北省首次颁布关于省级草原保护方面的立法。《决定》指出，县级以上人民政府应当强化草原监督管理职责，加强退化草原改良与恢复重建、荒漠化防治、有害生物防控和优质抗逆牧草品种选育等关键技术研发，推进草原科研成果的转化和推广应用，鼓励通过政府购买服务方式设立草原管护公益岗位。县（市、区）和乡（镇）人民政府应当落实属地监管责任，积极推进种植结构调整和草田轮作，鼓励和支持在弃耕地和生产条件差的耕地中种植饲草饲料作物，积极发展现代草产业。探索建设以草原生态保护为重点的国家公园。省政府应当完善省对下转移支付制度，加大对国家及省级重点生态功能区的资金支持力度，探索建立草原生态保护补偿机制，加快推进受益地区与保护生态地区、流域下游与上游的横向生态补偿。同时，应当建立健全草原生态建设、保护和利用工作考核评价机制和工作奖惩制度，对考核优秀的县（市、区）人民政府给予通报表扬和物质奖励，对考核不合格的县（市、区）人民政府给予通报批评。县级以上人民政府应当对退化、沙化、盐碰化和水土流失严重的草原划定治理区，采取围栏封育、补播改良、切割松耙、沙障固沙等措施，组织专项治理。鼓励和支持已垦撂荒草原采取有效方式建设多年生人工草地，加快恢复草原植被。鼓励依法选育、引进、推广优良牧草品种。加强对草种生产经营的监督管理，草原建设用草种应当经有资质的质量检验检疫机构检验合格，保障草种质量。草原保护实行草原禁牧、休牧、轮牧制度和以草定畜、草畜平衡制度，严格落实水资源管理和用水总量控制制度，并由县级人民政府草原行政主管部门会同乡（镇）人民政府组织实施。需要占用或者使用草原的，依法办理用地审批手续并缴纳草原植被恢复费。任何单位和个人不得擅自改变基本草原的性质、功能和用途。未经批准，不得在草原上采集甘草、麻黄草、红景天、金莲花、二色补血草（干枝梅）等重点保护野生植物，不得在草原上从事建房、建窑、采土、采砂、建设旅游服务设施活动。

【《河北省人民代表大会常务委员会关于加强太行山燕山绿化建设的决定》出台】 11月29日，河北省第十三届人大常委会第十三次会议表决通过《河北省人民代表大会常务委员会关于加强太行山燕山绿化建设的决定》（以下简称《决定》），自2020年1月1日起施行。《决定》提出，到2035年，太行山森林覆盖率由2019年的28.1%提高到40%，燕山森林覆盖率由45.7%提高到55%，为建设经济强省、美丽河北奠定坚实的生态基

承德坝上草原（孙阁　供图）

础。将造林绿化和管护资金纳入年度财政预算，加大财政投入力度，整合相关项目资金重点突破，对符合政策规定的优先给予奖励补助。鼓励拓展投融资渠道，从融资平台、信用贷款、金融保险等方面给予支持和保障。大力发展名特优果品等经济林和优势特色产业。按照优势产品向优势产区集中的原则，做大做强优势骨干树种，巩固提高传统优势树种，加快发展区域特色树种，促进林果富民产业发展。积极探索森林景观康养资源置换造林机制、政府购买式造林机制和林业碳汇交易模式等多种造林绿化新机制。社会力量实施造林绿化后，可优先享受各类优惠政策，造林绿化成林后，可安排一定比例的土地指标建设配套基础设施，发展林下经济等经营活动。集体所有的宜林荒山荒地可依法实行承包经营。严控矿产资源开发，设置矿山开采严格控制区和禁止开发区。严格落实矿山环境治理恢复基金制度，督促矿山企业严格履行恢复治理、土地复垦义务。

【《京雄京张高铁生态廊道绿化实施方案》印发】 7月16日，河北省政府办公厅印发《京雄京张高铁生态廊道绿化实施方案》（以下简称《方案》），《方案》共五部分。第一部分是总体要求。主要明确指导思想、基本原则。第二部分是目标任务。新增廊道绿化218.6千米，绿化面积0.97万公顷，其中新绿化0.72万公顷，改造提升0.25万公顷（其中，京雄高铁新增廊道绿化59.6千米，绿化面积0.37万公顷，新绿化0.29万公顷，改造提升0.07万公顷；京张高铁新增廊道绿化159千米，绿化面积0.61万公顷，新绿化0.43万公顷，改造提升0.18万公顷）。廊道建成后，高铁沿线平原区以苗圃、花卉、经济林为主的绿色廊道全部建成，高铁两侧山区可视面、矿山全部复绿，京雄、京张高铁绿色廊道成为一道靓丽风景线，成为一、二、三产业融合发展的绿色生态经济带。第三部分是建设内容。针对高铁沿线的山地、盆地、平原等地形地貌和高铁站点、耕地、村庄、现有林等土地利用现状，提出七项建设内容，一是四层立体多彩生态廊道建设，二是多功能生态服务区建设，三是绿色富民产业带建设，四是大地风光与田园艺术建设，五是沿线现有廊道改造提升，六是沿途矿山治理和修复，七是新型森林生态综合体建设，各地根据实际情况，选择适宜的建设内容。第四部分是建设进度安排。第五部分是保障措施。

【《河北省国土绿化规划（2018~2035年）》印发】 4月6日，河北省委办公厅、河北省政府办公厅印发《河北省国土绿化规划（2018~2035年）》（以下简称《规划》）。《规划》确立了2019~2035年的目标任务，全省要完成营造林345.33万公顷，森林覆盖率达到并稳定在40%。届时，林业生产力布局全面优化，林业现代化基本实现，森林生态安全体系全面建成，生态环境根本好转，优质生态产品需求基本满足，生态公共服务全面完善，生态文化更加繁荣，生态文明全面提升，美丽河北基本实现，为京津冀协同发展、可持续发展提供全面生态基础保障。明确"两山""两翼""三环""四沿"4个主攻方向。"两山"指太行山、燕山绿化；"两翼"指张北地区和雄安新区绿化；"三环"指环首都、环城市、环村镇绿化；"四沿"指沿坝、沿海、沿路、沿河绿化。重点实施京津风沙源治理、三北防护林工程、太行山绿化、绿色廊道建设、沿海防护林建设、规模化林场建设、京津保平原生态过渡带工程、森林（园林）城市建设、平原绿化及农田防护林建设、矿山生态治理和修复、草原治理和修复11项林业重点工程。《规划》强调，不断创新体制机制，坚持政府主导，全民参与，运用市场化机制推进造林绿化，探索推行林业碳汇交易，充分调动社会各界扶持绿化、参与绿化的积极性，形成多元投入、多层次推进的造林绿化机制。国土绿化要坚持"三个结合"，大力发展林木产业，积极培育多样化、多品类苗圃，既满足全省造林绿化差异化需求，又带动产业发展、农民致富，发挥造林绿化的生态效益、经济效益和社会效益。严守生态保护红线，严格执行占用征收林地定额管理制度，在严格依法的前提下，能占用宜林荒山荒地的不占用有林地，能占用劣质林地的不占用优质林地，切实保护好生态区位重要和生态脆弱地区的森林资源，对非法占用或损毁林地的行为严格依法查处。

【《河北省乡村绿化美化行动方案》印发】 4月16日，河北省林业和草原局印发《河北省乡村绿化美化行动方案》（以下简称《方案》）。按照该《方案》，到2020年，全省将创建600个特色鲜明、美丽宜居的国家森林乡村，同时创建1000个省级森林乡村和一批示范县，持续推进乡村绿化美化，有效保护乡村自然生态，提高生态系统质量，改善农村人居环境。保护乡村自然生态。各地将结合古村落、古建筑、名人古迹等保护措施，加强护村林、风水林、景观林保护，促进人文景观与自然景观的和谐统一；加强乡村原生林草植被、自然景观、小微湿地等自然生境及野生动植物栖息地保护；加强古树名木保护，明确责任主体，落实管护责任；对濒危和长势衰弱的古树名木，及时开展抢救复壮工作。抓好林草火源监管和重大病虫害灾情报告，及时组织除治，减少灾害损失。增加乡村生态绿量。因地制宜开展环村林、护路林、护岸林、风景林等建设；推进乡村绿道建设，构建布局合理、配套完善、人文丰富、景观多样的乡村绿道网；开展乡村裸露山体、采石取土创面、矿山废弃地、重金属污染地等绿化美化。利用边角地、空闲地、撂荒地、拆违地等，开展村庄绿化美化；开展庭院绿化，见缝插绿，提升庭院绿化水平；开展街道绿化，因地制宜建设林荫街道，鼓励使用乡土树种开展乡村绿化美化。提升乡村绿化质量。科学开展乡村绿化美化，坚持以水定绿、适地适树；积极推广使用良种壮苗，优先使用保障性苗圃培育的苗木开展乡村绿化；鼓励营造混交林；加强造林后期管护，确保成活成林见效；对村庄周边缺株断带、林相残破的河流公路两侧林带、环村林带、农田林网等进行补植修护，构建完整的村庄森林防护屏障；对退化防护林实施修复改造，提升防护林网功能质量。发展绿色生态产业。将乡村绿化美化与林草产业发展相结合，推进一二三产业融合发展，带动乡村林草产业振兴，实现林草产业富民；做好"特"字文章，结合地方传统习惯，发展具有区域优势的珍贵树种用材林及干鲜果、中药材、木本油料等特色经济林；推广林草、林花等林下经济发展模式，培育农业专业合作社、家庭林场等新型经营主体，推进林产品深加工，提高产品附加值；大力发展森林观光、林果采摘等乡村旅游休闲观光项目，带动农民致富增收。

【省领导参加义务植树活动】 3月24日，河北省委书记、省人大常委会主任王东峰，省委副书记、省长许勤，中国人民解放军中部战区陆军政委周皖柱，省政协主席叶冬松，省委副书记赵一德等来到石家庄市正定县北早现乡平安屯村植树造林现场，参加义务植树活动。当日，参加省会义务植树活动的1500多名干部群众、驻军官兵共栽植大叶女贞、碧桃、金叶榆等苗木8000余株。

义务植树实现基地化（孙阁 供图）

【北京世园会参展工作创佳绩】 10月9日闭幕的2019年中国北京世界园艺博览会上，河北省林业和草原局获"最佳组织奖"；在北京世园会国际竞赛中，室外展园荣获"中华展园特等奖"，室内展区荣获"中国省区市展区金奖"；486个参展花卉展品获奖，其中特等奖39个、金奖86个、银奖124个、铜奖237个；9个室内专项花卉获竞赛金奖，其中造型月季1个、菊花8个。河北园位于中华园艺展示区的核心位置，紧邻北京、天津展园，面积4350平方米，仅小于北京展园，排全国第二位。河北园以"绿色生活、美丽家园"为设计理念，以"印冀"为主题，通过园艺手法展现秋实太行、白洋淀风光、雄伟长城、北京冬奥会筹办、雄安新区等河北大地上的美好印记。河北展区以"花开盛世，美丽河北"为主题，由立体花坛、幸福庭院、秀美太行、白洋淀风光4个板块组成，以太行山、华北明珠白洋淀、散发浓厚乡情的河北人家为景观要素，用虚实结合、独具匠心的园艺手法绘制了一幅展现河北人民悠然、富足新生活的优美画卷。

【北京世园会"河北省日"活动举办】 5月9～11日，北京世园会"河北省日"活动在同行广场多功能厅举办。活动组织具有河北特色的吴桥杂技、井陉拉花、正定常山战鼓、河北梆子等文艺演出，白洋淀芦苇画、藁城宫灯、蔚县剪纸、衡水内画等非物质文化遗产展演，京东板栗、富岗苹果、绿岭核桃、金丝小枣等11个系列163种特色林产品展示。国家林业和草原局、中国贸促会、北京世园局、中国花卉协会领导以及比利时驻中国大使馆参赞、北京世园会国际馆科特迪瓦馆馆长等国际友人、兄弟省份展团代表、省直有关部门负责同志、河北省13个地市（含定州、辛集市）、雄安新区领导等共计120人参加开幕式。

【退耕还林20年】 1999年退耕还林试点工程启动以来，截至2018年底，全省累计完成造林面积187万公顷，其中退耕地还林63.47万公顷，匹配荒山造林123.53万公顷。初步建成拱卫京津的绿色生态屏障，农田防护林体系更趋完善，干鲜果品基地规模不断壮大，农业经济结构进一步优化，林果富民产业得到长足发展。与2000年相比，工程区森林覆盖率提高6.5个百分点，达到33.5%。根据国家发布的沙化土地监测报告，2000年以来，全省沙化土地减少38.7万公顷、荒漠化土地减少61.29万公顷。工程区19.91万公顷的严重沙化耕地、17.11万公顷的15°以上坡耕地得到有效治理，206.67万公顷耕地和33万公顷草场实现了林网保护。根据国家林业和草原局退耕还林生态效益监测结果显示，河北省退耕还林工程涵养水源49.16亿立方米/年，防风固沙总物质量为10 207.59万吨/年，固碳851万吨/年，释放氧气140.87万吨/年，吸收污染物18.3万吨/年，生态效益总价值达970.8亿元/年。

【生态护林员政策实施四年见成效】 河北省把选聘建档立卡贫困人口担任生态护林员作为生态补偿脱贫的重要举措全力推进，在国家有关部委的大力支持下，省林业和草原局会同省财政厅、省扶贫办积极跑办，国家安排河北省生态护林员资金逐年增加，由2016年的1.3亿元，增长到2019年的2.95亿元，累计安排7.95亿元，让更多的贫困人口享受到了绿水青山带来的实惠。实施生态护林员政策4年来，贫困人口实现稳定脱贫，帮扶无门路就业、无技能增收的贫困群体实现家门口就业，通过劳动脱贫，在聘的5.03万名生态护林员带动全省至少7万人脱贫；森林资源得到有效管护，扩充了基层急需的生态保护队伍，有效加强森林资源的管理管护，在聘生态护林员管护林地面积达275万公顷；百姓生态意识得到明显加强，生态护林员的选聘公示、培训、定期巡护森林资源以及林业政策宣传，使"绿水青山就是金山银山"的理念深入人心，当地群众的爱林护林意识明显增强。

【塞罕坝机械林场先进事迹报告会】 于10月26日在石家庄举行。河北省委书记、省人大常委会主任王东峰在报告会上强调，要坚持以习近平新时代中国特色社会主义思想为指导，深入学习贯彻习近平总书记对塞罕坝林场建设者感人事迹的重要指示，在全省上下大力弘扬"牢记使命、艰苦创业、绿色发展"的塞罕坝精神，扎实开展"不忘初心、牢记使命"主题教育，不断开创新时代全面建设经济强省、美丽河北新局面。省委副书记、省长许勤，省政协主席叶冬松等参加会见和报告会，省委副书记赵一德参加会见并主持报告会。王东峰代表省委、省人大常委会、省政府、省政协向三代塞罕坝建设者表示诚挚慰问，致以崇高敬意。杜红梅、陈彦娴、于士涛、封捷然、赵书华、刘海莹6位报告团成员先后作报告。报告会以广电网络视频会议形式召开。省委常委，省人大常委会、省政府、省政协领导成员，省法院院长，省直各单位主要负责人、干部群众代表和省会高校师生代表在主会场参加报告会。各市（含定州、辛集市）、雄安新区、各县（市、区）设分会场。

【塞罕坝精神学习报告会】 于9月20日在天津市举行，杜红梅、陈彦娴、于士涛、封捷然、赵彦华、刘海莹6名报告团成员结合亲身经历深情讲述塞罕坝机械林场的创业史、奋斗史、奉献史。天津市1000余名机关干部、师生和群众现场聆听塞罕坝机械林场三代建设者"牢记使命、艰苦创业、绿色发展"的感人故事，天津市16个区604个分会场同步直播报告会，报告会在天津市各界引起热烈反响。

【河北省两办对涞源火灾进行通报】 3月27日，河北省委办公厅、省政府办公厅通报保定市涞源县发生的两起森林火灾情况，就做好全省春季森林草原防火工作进行再安排、再部署。3月25日13时10分，保定市涞源县白石山镇发生森林火灾，起火原因系村民野外吸烟引发；3月26日13时30分，涞源县王安镇发生森林火灾，起火原因系村民烧地边引发。火灾发生后，省委、省政府高度重视，书记王东峰、省长许勤第一时间作出批示，并多次调度、听取汇报，指挥扑灭火，要求立即组织力量科学灭火，严防次生灾害发生，确保灭火人员和群众安全，对人为造成火灾者依法惩处，同时要举一反三，全面排查整治森林火灾隐患，压实属地责任，加强警示教育，严防森林火灾发生。分管省领导连夜召开全省森林草原防火视频调度会议进行安排部署，并赴保定市涞源县火灾现场指挥扑救工作。保定市、县和省有关部门紧急调动石家庄、张家口、承德、秦皇岛、邢台、邯郸等市和当地森林消防专业队伍、干部群众1000余人进行扑救。截至3月26日15时30分，涞源县白石山镇森林火灾被扑灭；3月27日16时50分，王安镇山火也被扑灭，均无人员伤亡。

【503个村成为河北首批森林乡村】 11月21日，河北省首批森林乡村评选揭晓，正定县曲阳桥乡周家庄村等503个村获得河北省森林乡村称号。获评村庄将优先享受农村人居环境整治和造林绿化相关政策。2019年初，省绿化委员会、省林业和草原局、省农村人居环境整治工作领导小组办公室三部门联合印发《关于开展省级森林乡村创建认定工作的通知》，明确全省2019年将创建认证500个省级森林乡村。三部门成立省森林乡村评价认定工作领导小组，组织相关部门和专家对全省各地申报的578个符合认定条件的乡村逐一打分，从造林增绿扩面、森林景观提升、古树名木保护、森林功能效益、森林保护管理、乡村绿化管护六方面全方位考核评定。

【大事记】
1月23日 河北省林业和草原局组成林业技术服务小分队赴保定市阜平县，参加由教育部与河北省委、省政府共同举办的2019年全国文化科技卫生"三下乡"集中示范活动（河北站）暨河北省第23届文化科技卫生"三下乡"走进阜平集中服务活动。

1月28日 2019年全省林业和草原工作会议在石家庄召开。会议全面总结2018年全省林业草原系统工作，深入分析林业发展形势与任务，对2019年工作进行安排部署。省林草局分党组书记、局长刘凤庭出席会议并讲话，省林草局副局长王忠主持会议。张家口市林业和草原局、雄安新区规划建设局、秦皇岛市林业局、石家庄市林业局、辛集市林业局5个单位分别作典型发言。

3月3日 河北省林草局和石家庄市有关部门在河北师范大学开展形式多样的"世界野生动植物日"宣传活动，参加此次活动的有社会各界野生动植物爱好者与保护组织约300人。

3月9日 由河北省林业和草原局联合共青团河北省委、石家庄市林业局、石家庄市鹿泉区自然资源和规划局共同举办的森林草原防火大签名活动，在鹿泉区抱犊寨景区举行启动仪式。活动主办方组织石家庄市、鹿泉区两级扑火队队员代表，省、市、区防火工作人员，志愿者和小学生等500余人参加。

4月2日 河北省委、省政府发出紧急通知，要求各地各部门深入贯彻落实习近平总书记重要批示精神，切实做好森林草原防火和安全稳定工作。

4月8日 由河北省林业和草原局、石家庄市林业局、石家庄市中山路小学共同组织的2019年河北省"爱鸟周"活动启动仪式在中山路小学举行，活动主题为"关注候鸟迁徙，维护生命共同体"，小学生代表宣读爱鸟护鸟倡议书。

5月8~9日 国家林业和草原局副局长李树铭一行先后到张家口市崇礼区古杨树场馆群绿化平台、崇礼区森林草原防火指挥中心、怀来县官厅林场森林消防一中队、怀来县官厅水库国家湿地公园分别就造林绿化、奥运核心区森林防火视频监控项目建设情况、森林消防专业队伍备勤训练等情况进行督导检查。

7月19日 河北省政府在雄安新区召开京雄、京张高铁生态廊道建设现场调度会议。会议要求，各有关市、县政府，各有关部门要按照《京雄京张高铁生态廊道绿化实施方案》狠抓落实，高质量完成建设任务。

7月24日 澳门特别行政区青少年"新时代同心行"河北省学习参访团到河北省塞罕坝机械林场考察访问。该活动是澳门青少年庆祝中华人民共和国成立70周年和澳门回归祖国20周年系列活动之一，由澳门特区政府、中央政府驻澳门联络办公室、澳门各界青年组织活动筹备委员会联合主办，教育部、中华全国青年联合会共同协办。

7月27~28日 由国家林业和草原局宣传中心、中国少年儿童发展活动中心联合举办的全国少数民族大学生"美丽中国生态行"体验活动走进河北省塞罕坝机械林场参观考察。来自全国12个少数民族16所高校的43名大学生参与本次活动。

7月29日至8月1日 北京林业大学举办的海峡两岸"绿水青山就是金山银山"研习营营员到河北省塞罕坝机械林场考察。

9月10日 河北省草原工作会议在石家庄市召开。会议传达全国草原工作会议精神，回顾总结全省草原工作，谋划当前和今后一个时期草原保护管理工作。省林业和草原局分党组书记、局长刘凤庭出席会议并讲话。

9月25日 在人民大会堂举行的最美奋斗者表彰大会上，河北省塞罕坝机械林场先进群体获"最美奋斗者"荣誉称号。

10月18~20日 在国家林业和草原局、安徽省人民政府共同举办的2019中国·合肥苗木花卉交易会大会上，河北省获2019中国合肥苗木花卉交易大会最佳特色奖。

10月26日 河北省政府召开全省秋冬季造林绿化工作电视电话会议，省委常委、常务副省长袁桐利出席会议并讲话。省林业和草原局分党组书记、局长刘凤庭通报今春以来全省造林绿化情况。

11月15日 在河南信阳召开的2019森林城市建设座谈会上，河北省唐山市、廊坊市、保定市获"国家森林城市"称号。至此，河北省国家森林城市数量达到7个。

（河北省林草业由袁媛供稿）

山西省林草业

【概　述】 2019年，山西省林业和草原局坚持以习近平新时代中国特色社会主义思想为指引，在省委省政府领导下，围绕美丽山西建设，坚持绿化彩化财化同步，始终保持植绿增绿耐力、提升造林护林能力、激发国土绿化活力、挖掘林草富民潜力，在改革中求发展、在创新中求突破，坚决"在一个战场打赢生态治理与脱贫攻坚两场战役"，推动林草事业高质量发展。全年林草投资111.56亿元，其中中央财政40.86亿元，地方财政63.65亿元。林草产值534.99亿元，其中第一产业414.18亿元、第二产业59.31亿元、第三产业61.5亿元，三产比例77∶11∶12。

造林绿化 坚持以"两山"生态保护修复重大工程为引领，突出抓好吕梁山生态脆弱区、环京津冀生态屏障区、重要水源地植被恢复区和交通沿线荒山绿化区"四大区域"的造林绿化工作，提升全省林草植被覆盖度。以省政府名义下发《关于进一步加快我省国土绿化步伐的通知》，召开全省国土绿化石玉现场推进会，掀起大规模国土绿化高潮。坚持调整优化树种结构，增加彩叶树种比例，打造色彩分明、四季不同的林草景观。全年营造林34.74万公顷，其中，人工造林28.91万公顷，封山(沙)育林5.83万公顷，占年初营造林计划的130%。围绕精准提升森林质量，完成2018年度森林抚育任务7.95万公顷，完成2019年度森林抚育任务8.71万公顷。深入开展义务植树活动，四旁(零星)植树10 857.5万株。立足增绿增收互促共赢，实施完成退耕还林3.21万公顷。围绕乡村振兴战略实施，完成村庄绿化500个。开展森林城市和森林乡村创建，组织太原市、昔阳等2市11县申报"国家森林城市"，指导太原市清徐县孟封镇齐南安村等255个行政村申报"国家森林乡村"和运城市垣曲县新城镇左家湾村等6个行政村申报"全国生态文化村"。完成古树名木保护300株。推进第四届中国绿博会山西展园于11月5日正式开工建设。山西省吕梁山国有林管理局、山西省关帝山国有林管理局、山西省太岳山国有林管理局的森林经营碳汇项目通过国家审定。

资源保护 坚持依法加强森林和草原资源保护。按照"多桥梁多隧道、少挖土少垫方"原则，严格征占用林地审批，林地永久性征用0.23万公顷；临时性占用0.16万公顷；林业生产服务占用0.04万公顷；缴植被恢复费2.3亿元。审批林木采伐67.28万立方米，生产木材25.75万立方米。完成森林资源管理"一张图"年度更新工作。推进中央环保督察涉及自然保护区的123项问题，整改到位63项。完成269处自然保护地勘界落图，开展历山自然保护区七十二混沟森林综合科考和全国第二次陆生野生动物资源调查山西区块调查工作。贯彻落实《山西省永久性公益林保护条例》，启动省级公益林补偿工作。推动浑源县矿区非法占用林地生态恢复工作，实现一年基本绿化的目标。推进森林资源督查工作，对2018年发现的3008个问题整改到位2109个。开展"绿卫2019"森林草原执法专项行动，查处案件1439起，处理2293人次。加强自然保护区建设管理，开展"绿盾2019"自然保护区专项监督行动，基本解决46个自然保护区焦点问题。吉县人祖山晋升为国家级自然保护区。加强法治建设工作，组织起草《山西省经济林发展条例》。加强非洲猪瘟疫情防控，完成野猪资源调查，全省野猪种群资源分布面积546万公顷，野猪数量达到14.43万头左右。灵空山、历山、绵山、臭冷杉、浊漳河等自然保护区开展极小种群野生动植物拯救保护试点。全年发生森林和草原火灾36起，过火面积1.37万公顷，受害面积0.155万公顷，受害率0.47‰。

林权改革 坚持以落实"三权分置"为重点，稳步推进和深化集体林权制度改革。开展《山西省集体林权流转管理办法》修订完善工作，制订印发《山西省公益林补偿收益权质押贷款工作暂行办法》，在4个县开展集体林地经营权抵押贷款和公益林补偿收益权质押担保贷款试点。持续推进生态公益林保险工作，11个市115个县(市、区)9个省直林局续保面积389.4万公顷。推进大宁县林业综合改革试点工作，支持大宁县发展家庭林场3个、股份制林场3个、股份经济合作社84个，建立县级生态效益补偿专项基金，推进以购买式造林为主的市场化造林绿化机制的落地见效，深入开展资产性收益改革。围绕撬动社会资本参与造林，在太原、大宁等16个市县和单位试点推行市场化造林"八大机制"①，重点推广太原市西山城郊森林公园建设典型经验。进一

---

① 八大机制：造林绿化置换经营开发机制、森林景观康养资源置换造林机制、购买式造林机制、全民义务植树尽责机制、集体林地限期绿化机制、集体公益林委托管理经营机制、林业生态保护补偿机制、林业生态建设成效年度考核评价机制。

步创新义务植树机制，拓展网络和实体尽责项目，全年线上义务植树项目接受社会各界捐款捐苗等共折合130余万元。规范集体公益林委托国有林场管理工作，托管集体公益林13.44万公顷（包含2018年已签订托管协议未补助面积），其中国家级公益林3.15万公顷、省级公益林4.35万公顷、地方公益林5.93万公顷。

产业发展 坚持生态建设产业化、产业发展生态化的理念，以发展传统干果经济林和特色灌木经济林为重点，提升林草产业发展竞争力。2019年主要经济林实有种植面积175.66万公顷，产量730.92万吨。其中，水果实有种植面积40.17万公顷，产量537.28万吨；干果实有种植面积33.48万公顷，产量119.57万吨；林产饮料产品（干重）实有种植面积467公顷，产量1.75万吨；林产调料产品（干重）实有种植面积4.26万公顷，产量1.35万吨，森林食品实有种植面积2802公顷，产量3.16万吨；森林药材实有种植面积41.45万公顷，产量8.69万吨；木本油料实有种植面积55.97万公顷，产量25.73万吨；鲜草产量33.4吨。根据省委省政府《关于支持右玉县绿色发展暨生态文化旅游开发区建设的若干措施》要求，在右玉县完成改造天然沙棘0.26万公顷。全省建设技术推广实训基地10个，经济林示范园20个。吕梁野山坡食品有限责任公司、山西天之润枣业有限公司、阳高县天顺种植养殖综合专业合作社入选第四批国家林业重点龙头企业。第六届中国（山西）特色农产品交易博览会展出核桃、红枣、仁用杏、连翘、沙棘等15个系列50多个品种的干果特色经济林产品。种苗产业稳步发展，完成育苗8万公顷，占年计划的120%，其中，新育苗1.53万公顷，占年计划的115%；苗木产量约61.9亿株。山西农业大学培育申报的欧李"晋欧1号""农大6号""农大7号"3个品种通过国家审定。加快森林旅游康养产业发展，《北武当山风景名胜区成世番旅游服务区详细规划》获得国家正式批复；晋中市榆次区国有乌金山林场、山西省太岳山国有林管理局七里峪林场、山西省太行山国有林管理局禅堂寺林场、山西省古县国有林场被评为首批全国森林康养林场。经国家林业和草原局批准成立襄垣县仙堂山、大宁县二郎山、右玉县西口古道3处国家级森林公园，是25年来全省设立国家森林公园最多的一年。金山森林体验基地、棋子山森林体验基地、云丘山森林养生基地、太行洪谷森林养生基地入选森林体验和森林养生国家重点建设基地名单。沁源县被认定为国家林下经济示范基地，全省国家林下经济示范基地累计增加到8处。完成木本油料产业状况调查，全省种植面积63.2万公顷。中国林业产业联合会评定森林康养试点县2个、森林康养试点镇1个、森林康养试点基地32个、"森林康养人家"5个。森林旅游、疗养和休闲人数达到2067万人次，收入29.5亿元，直接带动其他产业产值10.2亿元。在2019年北京世界园艺博览会上，山西园斩获各类奖项487个，其中，室内展区和室外展园双获金奖，山西省林业和草原局荣获最佳组织奖。

科技和信息化 坚持以科技创新和信息化为支撑，驱动林业和草原事业高质量发展。加强林业科技专家库、实用技术库、科研成果库和林业标准库建设，收录314名专家候选人、317项科研成果、51项林业实用技术、74项林业标准。山西省林业科学研究院设立草原科学研究所，组建山西林草专家智库。依托山西大同大学和山西省桑干河杨树丰产林实验局建立石墨烯材料林业产业应用技术国家林草局重点实验室。中央财政林业科技推广示范项目安排资金1300万，林业科技创新项目安排资金847万元，投资150万元用于"沙棘功能因子提取及产品研发"。晋中市榆次区晋丰元农林有限公司的程永祥、长治市沁县天源核桃产业开发基地的张玉民、长治市长治县郝家庄村柒景苗木种植园的王七斤3人荣获"全国林草乡土专家"称号。山西省林业种苗管理总站、吕梁野山坡食品有限责任公司、山西省管涔山国有林管理局、山西省交口县林业局、山西省黑茶山国有林管理局石桥林场5个单位，以及闻喜县人民政府县长黄亚平、岚县林业局局长王志平、晋中市规划和自然资源局白英、山西省林业科学研究院科技信息研究所所长杨飞、大同市规划和自然资源局科员朱晓基5名个人被授予第四届"中国林业产业突出贡献奖"；晋中市规划和自然资源局贺迎春的"贮水伸根免脱育苗杯研发与应用项目"和临县林业局唐五顺、王雪梅的"林木品种选育项目"被授予第四届"中国林业产业创新奖"。

牢牢把握科技革命的大趋势，创新全省林草信息化发展思路，加强顶层设计，全省林草信息化逐步实现"统一规划、统一标准、统一制式、统一平台、统一管理"。完成智慧林草大数据项目的设计工作，对接相关信息化管理部门，争取全省智慧林草信息化平台建设资金；加强制度建设，保障全省林草信息化项目建设及网络安全工作的有序开展；加强门户网站集约化建设，实现网站集群管理。加强林草信息化项目应用推广，造林信息管理系统在全省11个市、9个林局全面推广使用，森林管护GPS巡检信息系统使用人数达1万多人，2019年获得国家林草局"林业信息化全面推进十周年优秀案例"表彰。充分发挥网站和电子显示屏的窗口效应，宣传展示山西省林草改革发展的卓越成效，全年发布动态信息2500余条。以网站为平台，听取民意、了解民愿、汇聚民智、回应民声，2019年通过网站接到民声反映20多件，处理违规事件1件。

林业扶贫 坚持强化政策引领，不断拓宽林业生态扶贫路径。继续联动实施林草生态扶贫"五大项目"（合作社造林、退耕还林奖补增收、生态管护助农、干果经济林提质增效、特色林产业带贫），将资金项目集中向58个贫困县，特别是向10个深度贫困县倾斜安排，助推贫困地区脱贫攻坚，共安排58个贫困县人工造林17.98万公顷（含退耕还林3.58万公顷），占全省人工造林的62.6%。林草生态扶贫"五大项目"惠及52.3万贫困人口，实现增收10.5亿元。规范扶贫造林攻坚专业合作社运行机制，推行"党建+合作社"模式，铸造脱贫攻坚主心骨，引导贫困社员参与造林营林、管林护林和经济林管理，由"平面参与"向"立体参与"转变。截至2019年底，全省58个贫困县共组建合作社3378个、吸纳8.9万人，其中贫困社员7万余人；退耕还林涉及16.6万户、46万建档立卡贫困人口；聘用3.08万名贫困护林员，其中生态护林员1.75万名，工程聘用护林员1.33万名；干果经济林提质增效项目惠及贫困人口35.3万人。

林业有害生物防治 坚持防治结合，加强林业有害生物防治工作。全年林业有害生物灾害发生23.06万公顷，完成林业有害生物防治18.09万公顷，成灾率为0.8‰，低于省政府确定的年度成灾率考核指标。重点加强美国白蛾、松材线虫病等重大林业有害生物预防工作，完成普查面积196.8万公顷，完成国家林业和草原局2015~2017年重大林业有害生物预防工作的考核目标任务，保持了无美国白蛾、松材线虫病等重大疫情发生的良好态势。扩大应用无人机飞防的试点范围，在五台山地区开展落叶松鞘蛾的联防联治，关帝山国有林管理局原平川林场、太原市古交市、吕梁市交城县三方交界地带开展落叶松叶蜂联防联治。大力推行以生物防治为主的措施，繁育600多万头肿腿蜂、30万头异色瓢虫用于生物防治，无公害防治率达95.4%。开展检疫执法专项行动，规范网上检疫行政审批工作，累计共出动执法检验人员1599人次，检查涉木单位780个，查获从松材线虫病疫区调入的松木包装材料，销毁木质包装材料100立方米，查处行政案件17起，移送森林公安机关立案1起。

草原工作 坚持以项目带动，积极探索"乔灌花草立体化配置"的模式，全面加强草原生态修复保护。2019年度，全省种草面积0.16万公顷，其中建设人工草地0.16万公顷。草原改良面积2.81万公顷。草原管护面积17.20万公顷，其中禁牧面积2.75万公顷，草畜平衡面积14.45万公顷。草原有害生物防治面积4.23万公顷，防治率111%。其中，草原鼠害防治面积1.01万公顷，草原虫害防治面积3.22万公顷。2019年安排草原生态修复治理补助资金4400万元，其中，在大同市、朔州市、忻州市的23个县(区)安排京津风沙源治理工程；在繁峙县开展已垦草原人工种草生态修复试点，在右玉县、黑茶山林局开展退化草地人工种草生态修复试点；在山阴县、太谷县建设2个33公顷本土草种繁育试验区；在关帝林局、中条林局、五台林局开展亚高山草甸生态修复与保护试点；在省直林局和草原面积3.33万公顷以上的县，组织实施亚高山草甸草原有害生物防治工程项目。

【省直林区建设】 2019年，山西省直林局发挥生态建设的示范引领作用，出台《推进省直林局"一局联三县"局县合作工作方案》，成立局县合作领导小组，召开局地合作推进会，省直林局与30多个县(区)签订合作协议，深入推进"一局带三县"合作机制。开展标准化造林示范工程建设，编制《标准化造林实施方案》，各林局打造标准化造林示范工程。继续做好林业建设排头兵，2019年共营造林8.26万公顷。其中杨树林局0.81万公顷，管涔林局1.12万公顷，五台林局0.81万公顷，关帝林局1.33万公顷，黑茶山林局0.86万公顷，太行林局0.8万公顷，太岳林局1.16万公顷，吕梁林局0.67万公顷，中条林局0.72万公顷。围绕建设"现代林区，美丽林区"的目标，省直林区发展各具特色。关帝林局与中国移动公司签订"云MAS业务"合作项目，探索用科技手段助力林草资源管护的新路子。管涔林局大力推进"一局联三县"合作造林机制，与河曲、神池等县造林0.3万公顷。黑茶山林局以油松、沙棘为主建成5个乡土树种扩繁选优采种基地，2个沙棘良种采穗圃。吕梁林局整合标准化造林、未成林管护、森林抚育等工程造林800公顷，打造流域治理样板示范区。太行林局加大乡土阔叶树种繁育力度，阔叶苗培育占比50%以上，种类16种。太岳林局与沁源县合作在龙凤河流域实施高标准造林0.2万公顷。五台林局与灵丘、代县、繁峙、五台四县(区)签订2020年度合作造林协议0.37万公顷。杨树局重点打造右玉县煤矿沉陷区生态综合修复工程示范区0.24万公顷、应县翠屏山退化林分改造工程示范区0.11万公顷，特色经济林沙棘示范园67万公顷。中条林局扩大与德国合作的"中国森林可持续经营规划项目"成果，集中打造纵深15余千米0.2万公顷的森林经营示范区。

【市县林草工作】 山西省各市县林草工作各具特色。太原市完成造林1.28万公顷，其中市县级造林0.54万公顷。大同市完成造林2.91万公顷。运城市绿化美化村庄222个，完成通道绿化和提档升级500余千米。晋城市0.22万公顷国家级、省级营造林任务全部完成，义务植树300万株，绿化村庄39个。晋中市积极在寿阳、榆次、太谷打造130千米的"乡村振兴示范廊带"。临汾市围绕实施生态扶贫"五个一批"项目，222家扶贫攻坚造林专业合作社带动贫困群众5910人，完成造林1.93万公顷。吕梁市完成造林6.97万公顷。朔州市68家扶贫攻坚造林专业合作社带动贫困群众971人，完成造林0.91万公顷。忻州市将沙棘"小灌木"做成"大产业"，重点在偏关县推进实施"一县一策"沙棘脱贫主导产业，新建沙棘林0.19万公顷。阳泉市完成义务植树200余万株。长治市大力发展经济林产业，其中以核桃、花椒为主的干果经济林达到6.29万公顷，以连翘为主的特色经济林达到11.13万公顷。运城市以创建国家森林城市为抓手，投入9.5亿元，完成造林1.57万公顷。

【全省林业和草原暨党风廉政建设工作会议】 2019年2月24日，山西省林业草原局召开全省林业和草原暨党风廉政建设工作会议，传达贺天才副省长对全省林业和草原工作的指示精神，总结2018年全省林业和草原工作，部署2019年林业和草原工作和林草系统党风廉政建设工作。山西省纪委监委驻省自然资源厅纪检监察组组长田永明，山西省林业和草原局党组书记、局长张云龙出席会议并讲话。

【沁源两场森林和草原火灾处置情况】 3月14日和3月29日，沁源县分别在中峪乡东王勇村和王陶乡郭家坪村附近发生森林火灾。其中，3月14日发生的森林火灾系田间耕作使用明火所致，过火面积75公顷；武俊文、阴楷、牛鹏飞、平亚琦、霍成和杨智丞6名森林消防队员被评为烈士；3月29日发生的森林火灾系架空铝绞线在强风作用下发生碰撞，接触放电产生的高温熔化物掉落引燃地面枯草所致，过火面积1.19万公顷。沁源县的两场森林和草原火灾发生后，党中央、国务院领导和省委、省政府高度重视，调集力量全力扑救，最终全部扑灭，有效控制了火灾的蔓延，同时沁源县20名相关责任人员受到问责处理。

【山西林业生态扶贫PPP项目】 为贯彻落实党中央"以脱贫攻坚统领经济社会发展全局"和省委"在一个战场打赢生态治理和脱贫攻坚两场战役"重大战略部署,省政府决定以PPP模式实施林业生态扶贫项目,并授权山西省林业和草原局为PPP项目实施机构,山西林业开发投资有限公司为PPP项目政府方出资代表。为加强林业生态扶贫PPP项目管理,山西林业开发投资有限公司专门成立山西省林业生态扶贫PPP项目公司具体管理。8月26日,山西省林业生态扶贫PPP项目公司成立暨第一次股东会议召开,标志着项目进入实质性建设运营阶段。截至2019年,项目融资总量89.71亿元,首期融资签订合同61.76亿元,实现PPP模式在林业生态扶贫领域的顺利落地,为决胜完胜生态脱贫攻坚战贡献林草智慧。

【森林资源年度清查工作】 省级森林资源年度清查工作是山西省创新森林资源管理机制、压实市县政府责任的具体体现。9月17日,山西省林业和草原局召开山西省森林资源年度清查成果(2018年)评审会,与会专家对《山西省森林资源年度清查成果报告(2018年度)》认真评审,一致通过。12月12日,山西省林业和草原局公布2018年山西省森林资源年度清查结果,确定全省森林覆盖率为22.79%。专家认为山西省森林资源年度清查建立在抽样理论基础上,首次确立了覆盖省、市、县三级的森林资源年度清查体系,实现了省、市、县三级森林覆盖率年度出数,提交的成果资料完整翔实,客观反映了全省林业生态建设成效,对开展生态文明建设考核评价,推进全省林草事业高质量发展具有重要作用。

【历山混沟原始森林第二次科考】 5月6～20日,山西省林业和草原局组织对历山混沟原始森林进行了第二次科学考察。历山混沟原始森林面积940公顷,是华北地区唯一一块原始森林。在1984年第一次科学考察后,至今仍保持着原始状态下的森林群落,对于研究黄河中下游暖温带森林植被的演变过程和森林变迁史具有很高的价值。混沟原始林进行第二次综合科考,旨在检验生态保护成效,为构建以国家公园为主体的自然保护地体系,推进山水林田湖草整体修复、系统治理,推进生态文明和美丽山西建设提供科学依据。9月10日,历山混沟原始森林第二次综合科学考察成果通过评审论证。本次科考记录到维管束植物443种,其中山西新记录种8种;记录到陆生脊椎动物111种,其中山西新记录种1种(蓝喉鹟)。生物多样性指数达到1.84,比1984年提高8%左右。

【全省国土绿化右玉现场推进会】 9月25～26日,山西省人民政府在朔州市右玉县召开全省国土绿化右玉现场推进会。会议总结了近年来全省国土绿化成效,要求深入贯彻落实习近平生态文明思想,坚持"增绿补绿护绿"协调推进,"绿化彩化财化"同步发力,加快推进"两山"生态保护和修复重大工程,精准提高森林质量,扎实推动生态产业发展,大力推进生态扶贫,实现生态、经济、社会效益有机统一。坚持以创新促增绿,全力推动以市场化造林为主的"八大机制"落地见效,深化集体林权制度改革和国有林场改革,不断激发国土绿化新动能。逐级建立造林绿化目标责任制,领导带头造林,加强组织协调,落实考核奖惩。加强困难地造林技术攻关,探索抗旱造林、混交造林、近自然育林的造林模式,提高国土绿化水平。加大国土绿化宣传动员力度,推动形成人人参与、共建共享的浓厚氛围,以生态建设的新成效推动美丽山西取得新突破。山西省人民政府副省长贺天才出席会议并讲话,山西省政府副秘书长高建军主持会议,山西省绿化委员会常务副主任、山西省自然资源厅党组副书记、副厅长任建中宣读了山西省人民政府省长楼阳生对全省国土绿化右玉现场推进会的批示,朔州市委副书记、市长高键出席会议并致辞,山西省林业和草原局党组书记、局长张云龙作国土绿化工作报告。

【世界园艺博览会山西展园】 4月29日至10月7日在2019北京世界园艺博览会上,山西展园获得奖项487个,其中,综合类设计布置奖室内展区和室外展园双双获得金奖;室内展品竞赛获得40个特等奖、83个金奖、130个银奖和203个铜奖;优质果品获得金奖5个、银奖4个、铜奖8个、优秀奖11个。山西省林业和草原局获得最佳组织奖。山西展园2017年4月经省政府批准,2018年8月18日开工,2019年4月21日全部竣工。主要思路是以"晋商大院"为蓝本,以"表里山河"为根基,以"荀子文化"为内涵,以"花冠上的新山西"为视角,全方位展现"三晋新景观、美丽新家园"的主题。展园由室外展园和室内展厅两部分组成。室外展园占地3050平方米,在布局上以太行山、吕梁山、汾河水为骨架;在植物配置上以树木、花草、果蔬见奇效;在建筑上以砖雕、木雕、石雕聚匠心;在文化上以先秦思想家荀子开坛讲学显底蕴。室内展厅100平方米,主要以建设美丽家园、共享绿色生活为主题,以建筑文化为载体,以花卉艺术为手法,集中展现了"晋绿、晋彩、晋善、晋美"的风韵。5月12～14日,山西省在2019北京世界园艺博览会上举办为期的3天"山西日"活动,开展招商引资暨"一带一路"晋商国际合作推介会、文旅精准营销活动、太原城市主题活动等一系列宣传。

【大事记】

1月4日 山西神溪、沁河源和洪洞汾河国家湿地公园(试点)通过国家林业和草原局验收,正式命名为国家湿地公园。

2月8日 山西省林业和草原局在浑源县组织召开煤企非法占用林地监督整改现场推进会,部署浑源露天矿山生态环境恢复治理工作。山西省林业和草原局党委书记、局长张云龙出席讲话。

2月24日 山西省林业和草原局召开全省林业和草原暨党风廉政建设工作会议。总结回顾2018年全省林业和草原工作,全面安排部署2019年林业和草原系统党风廉政建设工作。

3月14日 山西省长治市沁源县沁河镇南石村发

生一起森林火灾。经过2000余人奋力扑救，当天下午明火扑灭，火场得到控制。在扑救过程中，因风向突变7名森林消防队员被困火场，其中6名抢救无效，不幸牺牲。

3月19日 山西省林业和草原局启动"绿卫2019"森林草原执法专项行动，集中利用6个月时间，严厉打击非法开垦林地草原、非法占用使用林地草原、非法采集野生植物和滥砍盗伐林木等各类破坏森林草原资源行为。

3月29日 山西省长治市沁源县王陶乡郭家坪村附近发生一起森林火灾。火势迅速蔓延到聪子峪乡、赤石桥乡、官滩乡、郭道镇的部分村庄，为确保群众生命财产安全，迅速组织转移群众9149人，其中集中安置2308人。

4月3日 山西省委书记、山西省人大常委会主任骆惠宁等省领导在太原市晋源区晋阳湖西北岸片区参加义务植树活动。

4月8日 山西省金山森林体验基地和棋子山森林体验基地被列入森林体验国家重点建设基地，云丘山森林养生基地和太行洪谷森林养生基地被列入森林养生国家重点建设基地。

6月18日 山西省林业和草原局组织开展"依法保护草原、建设美丽山西"为主题的草原普法现场宣传活动。

7月7日 山西省林业和草原局"智慧党建"平台上线运行启动仪式在中条山国有林管理局举行。

7月21日 山西省林业和草原局举办农村第一书记"不忘初心、牢记使命"主题教育专题培训班。

7月22日 山西省林业和草原局召开全省推进森林督查工作电视电话会议，安排部署加快2018年森林督查问题查处整改进度和雨秋季造林绿化步伐，深入推进2019年森林督查工作。

7月29日 山西省林业和草原局召开全省造林绿化工作推进会，深刻检视问题差距，动员全省林草系统紧抓雨秋季造林有利时机，加快造林绿化步伐，保质保量完成全年造林绿化目标任务。

8月9日 山西省林业和草原局召开造林绿化和退耕还林工作约谈会，进一步贯彻落实省委书记骆惠宁批示精神，严格落实省纪委监委关于退耕还林领域有关工作建议，切实加快造林绿化步伐，扎实推进退耕还林问题整改。

8月26日 山西省林业生态扶贫PPP项目公司成立暨第一次股东会议在太原召开，标志着项目进入实质性建设运营阶段。省政府授权山西省林业和草原局项目实施机构，山西林业开发投资有限公司为项目政府方出资代表。

9月17日 山西省林业和草原局召开山西省森林资源年度清查成果（2018年）评审会。

9月20日 山西省人民政府新闻办公室举办山西历山混沟原始森林第二次综合科考成果新闻发布会。

9月25~26日 山西省人民政府召开全省国土绿化右玉现场推进会。

10月9日 山西亚高山草地生态系统野外科学观测研究站顺利通过教育部认定，正式列为教育部野外科学观测研究站。

10月12日 平顺县、阳城县蟒河镇、乡宁县云丘山森林康养基地、沁源县景凤森林康养人家等27家单位被中国林业产业联合会评选为全国森林康养基地试点建设单位，获准开展森林康养国家级试点建设工作。

10月11日 山西省晋中市榆次区国有乌金山林场、山西省太岳山国有林管理局七里峪林场、山西省太行山国有林管理局禅堂寺林场、山西省古县国有林场4个国有林场入选首批中国森林康养林场。

10月14日 山西省林业和草原局召开2019北京世界园艺博览会山西园建设总结会。

10月14日 山西省第六次全国荒漠化和沙化监测正式启动。

10月31日 中国共产党山西省林业和草原局直属机关第一次代表大会在太原召开，选举产生第一届机关党委委员、机关纪委委员，通过《关于中共山西省林业和草原局直属机关委员会工作报告的决议》《关于中共山西省林业和草原局直属机关纪律检查委员会工作报告的决议》。

11月1日 山西省林业和草原局召开2019年全省秋冬季森林草原防火电视电话会议。

11月5日 第四届中国绿化博览会山西园建设项目正式开工奠基。

11月14日 山西省财政厅、林业和草原局、银保监局联合印发《关于在全省开展政策性商品林保险的通知》（晋财金〔2019〕109号），决定从2020年起在全省开展政策性商品林保险。

11月25日 山西省林业和草原局组建成立由20位专家组成的山西省草原生态保护与修复科技支撑服务专家指导组。

11月25日 山西省吕梁野山坡食品有限责任公司、山西天之润枣业有限公司、阳高县天顺种植养殖综合专业合作社3家企业列入国家林业和草原局公布的第四批国家林业重点龙头企业名单。

11月26日 山西省林业和草原局召开造林碳汇开发试点工作对接会，启动造林碳汇开发试点。

12月4日 中德合作"山西森林可持续经营技术示范林场建设"项目工作指导委员会第一次会议暨中德技术合作项目研讨会在中条山国有林管理局中村林场举行。

12月11日 山西省森林公安局等3个单位荣获"2016~2018年度全国森林防火工作先进单位"称号，山西省森林公安局太行山分局局长刘彦荣等7名同志荣获"2016~2018年度全国森林防火工作先进个人"称号。

12月12日 山西省林业和草原局公布2018年山西省森林资源年度清查结果，全省森林覆盖率22.79%。

12月14日 山西省林业和草原局召开全省林业和草原科技工作会议。

12月18日 山西省林业和草原局印发《山西省植树造林（种草）工作导则》。

12月25日 山西长子精卫湖、孝义孝河、静乐汾河川、双龙湖4处试点建设的国家湿地公园通过国家林业和草原局验收，正式成为国家湿地公园，全省达到12处。

（山西省林草业由李翠红、李颖供稿）

内蒙古自治区林草业

【概　述】 2019年，内蒙古自治区完成营造林90.86万公顷，完成种草214万公顷。全区义务植树4737万株，新增义务植树基地223个。办理使用林地申请事项1226项，收缴森林植被恢复费14.34亿元。办理使用草原申请事项1665件，收缴草原植被恢复费5.6亿元。全区年停伐木材产量151.2万立方米。发生森林火灾230起，受害森林面积3291.8公顷，森林火灾受害率0.126‰；发生草原火灾33起，草原火灾受害率0.233‰。全区发生林业有害生物灾害77.2万公顷，防治各种林业有害生物43.6万公顷，林业有害生物成灾面积1.75万公顷，成灾率0.23‰。

造林绿化 完成营造林面积90.86万公顷，完成种草面积214万公顷。重点生态工程完成81.41万公顷，其中，完成"三北"防护林工程10.47万公顷、京津风沙源治理工程31.93万公顷、天然林保护工程3.79万公顷、退耕还林工程5.09万公顷、退耕还草工程1万公顷、退牧还草工程29.13万公顷。全区共有597个乡（镇、苏木）的2370个嘎查村开展了乡村绿化美化行动，完成绿化面积3.25万公顷、庭院及四旁植树253.7万株。"蚂蚁森林"公益造林项目完成公益造林面积2.22万公顷。全区义务植树4737万株，新增义务植树基地223个，阿尔山市口岸纪念林植树基地和内蒙古青少年生态示范园获首批国家"互联网+全民义务植树"基地称号。

荒漠化治理 完成浑善达克、乌珠穆沁沙地治理面积2.52万公顷，科尔沁沙地治理面积6.29万公顷。研究制订科尔沁沙地百万亩防护林基地和开鲁县、科左后旗、奈曼旗、阿拉善左旗、额济纳旗及腾格里经济技术开发区等地精准治沙方案，并组织实施。

森林草原资源管理 全年办理使用林地审核审批项目1226项，使用林地定额6008.46公顷，征收森林植被恢复费14.34亿元。审核通过使用草原申请事项1665件，收缴草原植被恢复费5.6亿元。全区年停伐木材产量151.2万立方米。落实国家级公益林森林生态效益补偿资金21.38亿元、地方公益林森林生态效益补偿资金1500万元。

森林草原防火 全区发生森林火灾230起，其中一般火灾92起、较大火灾135起、重大火灾3起，受害森林面积3291.8公顷，森林火灾受害率0.126‰；发生草原火灾33起，其中一般火灾28起、较大火灾3起、特大火灾2起，受害草原面积6.04万公顷，草原火灾受害率0.233‰；全部在控制指标以内。看守、堵截俄罗斯、蒙古国境外火25次。

森林草原有害生物防治 全区发生林业有害生物灾害77.2万公顷，防治林业有害生物43.6万公顷。林业有害生物成灾面积1.75万公顷，成灾率0.23‰；预测预报准确率96%；无公害防治达97.05%；种苗产地检疫率达100%。全区完成松林松材线虫病监测面积153.67万公顷，未发现松材线虫病；美国白蛾防治面积1.12万公顷；新造林地鼠害防治作业面积1.56万公顷次，成林地鼠害防治面积8.47万公顷次。完成草原生物灾害防治面积328.13万公顷，建立草原生态固定监测点34处。

林业和草原生态扶贫 印发《林草生态扶贫2019年实施方案》和《生态扶贫2019年脱贫攻坚"清零达标"专项行动工作方案》。将81.4%的重点生态建设任务安排在贫困地区。国家新增内蒙古生态护林员和草管员5200名，全区生态护林员总数达到16 700名，年人均增收1万元。在贫困地区建设特色经济林示范基地11处，实施林业产业化项目24项，安排建设、补助资金2050万元。制订《内蒙古2019年草原牧鸡治蝗生态扶贫工作实施方案》，累计发放牧鸡11.1万只，防治草原蝗虫7.6万公顷，挽回牧草直接经济损失1300万元，实现纯收益555.4万元，户均增收3200元。

林业和草原改革 完成全区国有林场改革任务并接受国家验收。制订《内蒙古自治区草原确权承办工作验收办法》，全区草原确权承包验收工作有序开展。

【内蒙古浑善达克规模化林场组建】 4月，自治区林业和草原局会同自治区编办到青海省考察，学习借鉴青海省湟水规模化林场建设经营、林业投融资体制机制方面的经验和做法。委托国家林业和草原局规划设计院编制《内蒙古自治区浑善达克规模化林场建设总体规划》，并通过专家评审。起草《内蒙古浑善达克规模化林场及内蒙古林草生态建设公司组建方案》并经自治区政府审批通过。6月，组建成立内蒙古浑善达克规模化林场，下达2018~2019年度浑善达克规模化林场计划任务3.67公顷，筹措建设资金2.6亿元，完成建设任务3.18万公顷。

【内蒙古国有林场改革】 内蒙古自治区林业和草原局对全区各地国有林场改革进行督查，并会同自治区发展改革委印发《关于转发国家发展和改革委员会办公厅 国家林业和草原局办公室关于部署国有林场改革验收工作的通知》（内林草办发〔2019〕306号），组织各地开展改革"回头看"，巩固国有林场改革成效。内蒙古自治区国有林场改革任务全面完成，并接受国家验收。经过改革，自治区国有林场主要功能全部定位于保护培育森林资源、维护生态安全，已实现政事、事企分离。

【已垦林地退耕还林还草试点】 内蒙古自治区决定在大兴安岭及周边地区开展已垦林地草原退耕还林还草试点。按照自治区政府部署安排，自治区林业和草原局到呼伦贝尔市、兴安盟、大兴安岭重点国有林管理局进行实地调研，编制完成《内蒙古大兴安岭及周边地区已垦林地草原退耕还林还草试点方案》，并经自治区政府审定通过。12月31日，自治区人民政府办公厅印发《内蒙古区大兴安岭及周边地区已垦林地草原退耕还林还草试点方案》（内政办发〔2019〕42号）。《试点方案》安排已垦林地草原退耕还林还草任务4万公顷，呼伦贝尔市、兴安盟和大兴安岭重点国有林区各1.33万公顷，建设期1年。

【内蒙古自治区湿地公园管理办法】 为规范湿地公园建设，加强湿地公园管理，内蒙古自治区于4月29日印发执行《内蒙古自治区湿地公园管理办法》。《办法》共24条，主要包括湿地公园定义、分级体系、主管部门及其职责，以及湿地公园规划与建设、保护与管理等内容。

【新巴尔虎黄羊自治区级自然保护区野生动物保护方案编制】 为进一步加强新巴尔虎黄羊自然保护区管理，打通黄羊等野生动物迁徙通道，保护珍稀野生动物资源，内蒙古自治区林业和草原局起草《新巴尔虎黄羊自治区级自然保护区野生动物保护实施方案（试行）》，11月22日经自治区人民政府审议通过后印发执行。

【草原鼠害防控】 11月中旬，内蒙古锡林郭勒盟、乌兰察布市、包头市、鄂尔多斯市、巴彦淖尔市5个盟（市）13个旗（县）的草原发生鼠间鼠疫疫情。自治区林业和草原局印发《关于进一步做好当前和2020年草原鼠害防控工作的紧急通知》，派出草原鼠害防控专家队伍紧急赶赴疫源地开展防控工作，向疫区紧急调拨防控物资。租用飞机12架，累计飞行作业1143架次，出动大型机械838台次，使用毒饵629.6吨，完成草原鼠害防控40.8万公顷。

【第25个世界防治荒漠化与干旱日纪念大会暨荒漠化防治国际研讨会】 于6月17日在内蒙古呼和浩特市召开。国家林业和草原局局长张建龙、《联合国防治荒漠化公约》副执行秘书普拉迪普·蒙珈出席，国内外治沙领域专家、学者及相关企业代表400余人参会。会上，中国绿化基金会与内蒙古自治区林业和草原局签订《战略合作协议书》，中国绿化基金会将在5年内向内蒙古捐赠5亿元人民币，用于植树造林和生态修复项目。

【驻华使节走近中国林业和草原】 6月24~28日，国家林业和草原局启动2019年"走近中国林业和草原"考察活动。来自斐济、越南、俄罗斯、德国、哈萨克斯坦、巴基斯坦、斯洛文尼亚、肯尼亚、乌拉圭、黑山等国家以及国际竹藤组织、联合国环境规划署等国际组织的16位驻华使节和国际组织代表来到内蒙古呼伦贝尔市考察森林、湿地、草原生态保护修复和野生动植物保护情况。

【亚太森林组织多功能森林体验基地启动仪式】 于7月2日在内蒙古赤峰市喀喇沁旗旺业甸实验林场举行。北京林业大学、南京林业大学同时将基地挂牌为其教学科研基地。国家林业和草原局副局长彭有冬、亚太森林组织董事会主席赵树丛、内蒙古自治区林业和草原局副局

6月24~28日，驻华使节"走近中国林业和草原"考察活动（郭利平 摄）

长娄伯君在启动仪式上致辞。

【"一带一路"亚太区域林业合作研讨会】 于7月22日在内蒙古赤峰市喀喇沁旗旺业甸实验林场召开。国家林业和草原局副局长彭有冬，亚太森林组织董事会主席赵树丛，斯里兰卡国会议员、马哈威利发展与环境部副部长阿吉斯·库马拉·曼纳婆鲁玛，缅甸自然资源与环境保护部副部长耶·敏·穗，柬埔寨农林渔业部国务秘书昂·萨姆·阿思，泰国自然资源与环境部副常务秘书蓬通·蓬布，内蒙古自治区人民政府副主席李秉荣出席开幕式并致辞。16个亚太森林组织成员经济体的200多名林业部门高级官员、国际组织代表、专家和学者参会。

【第七届库布其国际沙漠论坛】 于7月27~28日在内蒙古鄂尔多斯市"绿水青山就是金山银山"实践创新基地内蒙古库布其亿利生态示范区开幕。国家主席习近平、联合国秘书长古特雷斯致贺信，中共中央政治局委员、国务院副总理孙春兰宣读习近平主席贺信并致辞，联合国防治荒漠化公约执行秘书易卜拉欣·蒂奥宣读联合国秘书长安东尼奥·古特雷斯贺信并致辞，全国政协副主席万钢、科学技术部部长王志刚、内蒙古自治区党委书记李纪恒、蒙古国前总统彭萨勒玛·奥其尔巴特在开幕会上致辞。全球30多个国家400多位政商人士、专家学者、媒体代表参加。

【林业英雄林】 10月16日，全国首处"林业英雄林"在内蒙古自治区阿拉善盟左旗贺兰山国家级自然保护区落成。"林业英雄林"建设活动就此启动，首批将在全国建设12处。中国林学会理事长赵树丛为贺兰山"林业英雄林"授牌。林业英雄余锦柱、孙建博，林业英雄马永顺的女儿马春华共同为"林业英雄林"揭幕。

【党政军义务植树】 4月12日，自治区党委书记李纪恒、自治区主席布小林、自治区政协主席李秀领、内蒙古军区政委王炳跃、自治区党委副书记林少春等内蒙古自治区党政军领导，到自治区党政军义务植树基地与各界群众共同参加义务植树活动。

【全区林业和草原局长会议】 于3月12日在呼和浩特

市召开。内蒙古自治区林业和草原局局长牧远和国家林草局驻内蒙古专员办专员李国臣讲话,内蒙古自治区林草局副局长苏和主持,局党组成员王才旺传达全国林业和草原工作会议精神。自治区林草局副厅级以上领导、处室单位主要负责人,国家林草局驻内蒙古专员办部分处室负责人,大兴安岭重点国有林管理局相关负责人,各盟市林草局主要负责人及办公室主任77人参加会议。

【荣誉】

5月20日 自治区扶贫开发领导小组授予自治区林业和草原局规划财务处"全区脱贫攻坚行业扶贫先进单位称号"。

8月5日 国家林草局下发关于表彰保护森林和野生动植物资源先进集体、先进个人、优秀组织奖的决定,内蒙古兴安盟扎赉特旗神山林场聂林西勒管护站、罕山国家级自然保护区管理局、高格斯台罕乌拉国家级自然保护区管理局、鄂尔多斯市野生动植物保护管理站、内蒙古林业监测规划院三室、内蒙古大兴安岭森林公安局森林资源保卫支队6个单位获"保护森林和野生动植物资源先进集体"称号,内蒙古呼和浩特市林业工作站科员索利军(蒙)、兴安盟森防站站长鲁英华(女)、锡林郭勒盟多伦县林草局副局长俞海生(女、回)等11人获"保护森林和野生动植物资源先进个人"称号,自治区林业和草原局人事处获评"优秀组织奖"。

12月 内蒙古自治区草原工作站中首2号高产苜蓿新品种的推广应用和草原有害生物持续治理技术推广与应用,获农业农村部颁发的全国农牧渔业丰收一等奖。

1月16日 自治区林业科学研究院森林资源与生态环境研究所所长王晓江被国务院评为享受"国务院政府特殊津贴"专家。

5月24日 国家林业和草原局森林公安局为自治区森林公安局局长杨峻山记个人一等功。

5月23日 全国政协人口资源委员、全国绿化委员会、国家林业和草原局、教育部、国家广播电视总局、中华全国总工会、共青团中央、全国妇女联合会、中华全国工商业联合会、中国绿化基金会召开关注森林活动20周年总结表彰大会,自治区林业和草原局办公室副主任敖东被评为"关注森林活动20周年突出贡献个人"。

9月19日 全国绿化委员会印发《关于表彰全国绿化模范单位和颁发全国绿化奖章的决定》,内蒙古自治区鄂尔多斯市康巴什区、兴安盟扎赉特旗、赤峰市阿鲁科尔沁旗3个旗(区)及鄂尔多斯市委党校、内蒙古高速善美生态开发有限公司、阿拉善盟林业局、内蒙古京科发电有限公司、内蒙古自治区草原工作站等13个单位被授予"全国绿化模范单位"称号,托克托县林业局局长苗志明、呼和浩特市绿化委员会办公室政策法规科长孟瑞芳(女)、呼伦贝尔市海拉尔区国有林场场长额尔德木图(蒙古族)、呼伦贝尔市乌奴耳林业局生产经营科工人张伟、通辽市绿化委员会办公室副主任王雪美(女,蒙古族)、阿拉善盟公路管理局额肯呼都格公路养护管理工区工人焦士祥、库都尔林业局工人宋程程(女)、内蒙古自治区草原工作站副站长姚蒙等38人被授予"全国绿化奖章"。

10月8日 自治区森林病虫害防治检验站副站长赵胜国被自治区人民政府授予"2019年度自治区突出贡献专家"称号。

【大事记】

4月4日 内蒙古自治区政府副主席李秉荣、自治区林业和草原局局长牧远一行到内蒙古呼伦贝尔市红花尔基林业局检查指导森林草原防火工作。

4月11~12日 国家林业和草原局副局长李树铭、森林公安局政委柳学军一行到内蒙古赤峰市调研森林草原防火等工作情况。内蒙古自治区林草局局长牧远,副局长阿勇嘎,赤峰市市长孟宪东、副市长汪国森等陪同。

5月9日 第十届国际肉苁蓉及沙生药用植物学术研讨会暨第二届苁蓉文化节(中国·阿拉善)在内蒙古阿拉善沙生植物园开幕。

5月12~13日 国家林业和草原局副局长李春良一行到内蒙古巴彦淖尔市调研湿地保护工作。自治区林草局长牧远,巴彦淖尔市市长张晓兵等陪同。

6月5日 内蒙古自治区林业和草原局召开全区林业草原系统推进扫黑除恶工作电视电话会议,对全区林草系统扫黑除恶工作进行再动员再部署,自治区林草局局长牧远讲话。

6月14日 内蒙古自治区林业和草原局召开"不忘初心、牢记使命"主题教育动员部署会议。局党组书记、局长牧远主持,自治区主题教育第七巡回指导组副组长贺希格布仁到会指导,局机关全体党员和直属单位副处级以上干部120余人参会。

8月21~22日 国家林业和草原局林草防治总站在内蒙古阿拉善盟阿拉善左旗召开松材线虫病和林业鼠(兔)害防治示范工作总结与经验交流会。

9月25日 内蒙古自治区林业和草原局举办"庆祝新中国成立70周年——我和我的祖国"文艺汇演。自治区林草局党组书记、局长牧远,自治区党委宣传部副部长国纯杰观演,自治区林草局机关及直属单位300余人参加演出。

9月27~30日 内蒙古全区草原生态修复项目管理暨技术培训班在呼和浩特市举办,自治区林草局党组成员、副局长苏和参加开班仪式。

9月29日 第八届中国创新创业大赛沙产业大赛、第二届沙产业创新博览会暨沙产业创新高峰论坛在内蒙古阿拉善盟巴彦浩特市开幕。内蒙古自治区政府副主席李秉荣、国家林草局科技司一级巡视员厉建祝、自治区林草局局长牧远等出席,阿拉善盟委书记杨博致欢迎辞,盟长代钦主持开幕式。

(内蒙古自治区林草业由武国庆、何泉玮供稿)

内蒙古大兴安岭重点国有林管理局林业

【概　述】　2019年，内蒙古大兴安岭重点国有林管理局深入贯彻落实习近平生态文明思想，推动国有林区改革，加快转型发展，完成天保工程人工造林4700公顷，森林抚育36.73万公顷，退耕还林387.87公顷，营造沙棘、榛子、西伯利亚红松等经济林5500公顷。实现林业产业总产值60.1亿元，较2018年增加1亿元，同比增长1.6%，其中第一产业产值完成24.7亿元，同比增长2%；第二产业产值完成7.7亿元，同比增长83%；第三产业产值完成27.7亿元，同比减少10%，三大产业结构比(产值比)由2018年的41∶7∶52调整到41∶13∶46。

（杨建飞）

【国有林区改革】　深化国有林区改革，拟订企业退休人员社会化管理工作方案，制订北戴河干休所改革方案。将各林业局绩效考核体系中的生态建设指标权重调增到55%。推进阿尔山和满归林业局不动产登记试点建设，完成范围勘定、图面落界等前期工作。乌尔旗汉林业局实施森林可持续经营方案，根河等4家林业局开展森林经营样板基地建设。密切协调属地政府，妥善处置"三供一业"(供水、供电、供暖和物业管理)移交收尾工作，累计支付移交人员工资和各项提取7.56亿元，保证了"交得出、接得稳、不反弹"。

（周　喆）

【生态建设】

森林资源管理　保持加强生态文明建设的战略定力，不动摇、不松劲、不开口子。严守林缘红线：利用现代技术手段规范林地建档、登记、查询和管理，对177个占用林地事项实行全程监管，按要求恢复植被，确保林地总量不减少；完成森林资源管理"一张图"调查更新，审核森林资源二类调查数据，共计调整28个区划单位的森林资源数据模型，保证森林资源档案齐全、底数清晰；推进毁林开垦专项整治行动，完成22.79万公顷开垦林地自然属性和社会属性精准核查，收回林地8400公顷，还林4400公顷；应用新技术推进森林督查全覆盖，对875个疑似图斑现地逐块核实，查实问题地块53个，8个问题地块移交森林公安立案查处。坚持依法治林：结合扫黑除恶专项斗争，严厉打击破坏森林资源和生态环境的违法犯罪行为，查处各类林政案件2187起，结案2050起，结案率93.74%，涉案金额165.9万元，与2018年同比下降38.54万元；统筹推进"绿卫2019""绿剑"和违建别墅排查整治等专项行动，清理整顿违规家庭经济户154户、违规建筑101处；筹措100万元资金设立破坏野生动物资源违法犯罪举报奖励基金。配合属地政府落实河湖长制，完成"四乱"(乱占、乱采、乱堆、乱建)清理工作。对环保重点问题实行清单管理，明确责任单位、责任人、整改要求和完成时限，建立长效机制。

（金明举）

森林经营　制订人工造林检查验收管理办法，委托第三方开展全面核查，完成人工造林4700公顷、补植补造2.47万公顷、植被恢复1300公顷、生态脆弱区修复372.4公顷，重点地段绿化造林583公顷、退耕还林387.87公顷、森林抚育36.73万公顷。投入资金2600万元改善苗圃设施设备，增强苗木自给能力，2019年育苗134.7公顷，产苗1.2亿株。完善有害生物防治管理办法，修订防控预案，安排测报经费950万元，提升灾害监测、预警、防控、处置能力，当年林业有害生物发生28.96万公顷，防治22.50万公顷。林业有害生物成灾率控制在2.37‰，无公害防治率达到90.61%，测报准确率达到92.07%，苗木产地检疫率达到100%，全面完成"四率"指标。

（毕书鹏）

保护地建设　编制北部原始林区封闭管理工作方案。毕拉河国家级自然保护区被国家提名申报国际重要湿地。开展吉文林业局布苏里、阿龙山林业局敖鲁谷雅国家湿地公园试点建设；伊图里河、甘河等4处国家湿地公园试点通过验收。争取湿地补助资金2700万元，完成退耕还湿688公顷，湿地保护面积达63万公顷，保护率52.5%。启动林业自然教育丛书编纂工作。举办2019国际自然保护地联盟年会，发布《汗马宣言》。新建、改造管护用房180座。

（毕书鹏）

森林防火　面对春夏连旱、持续高温、干雷暴频发的严峻挑战，采取提前10天进入春季防火期，提前1个月进入防火紧要期的超常措施，集中556辆大型设备，开设5100千米隔离带，4700名扑火队员靠前驻防，确保森林防火安全。全年发生92起森林火灾，其中91起实现当日灭火，过火面积和森林受害面积分别较2018年下降58%和57%。

6月19日，内蒙古大兴安岭林区北部金河、莫尔道嘎、阿龙山、根河、乌尔旗汉、图里河、甘河等林业局共发生18起雷击火灾。经奋力扑救，当日合围17起。金河林区秀山火场由于地形植被复杂，火势较大，经过5000多名扑火指战员的奋力扑救，于6月22日全线合围。在扑救根河林业局上央格气林场雷击火过程中，根河林业局副局长于海俊带领60名专业扑火队员第一时间赶赴火场，面对已经发展成为树冠火的火场形势，他制订"一点突破，两翼推进"的扑火作战方案，经过2个多小时的奋战，火场胜利合围。在查看火场面积排查余火情况时，于海俊被一根过火站杆砸倒，经抢救无效牺牲。

（王忠岩）

【强化管理】　加强财务资金管理：开展天保工程自查自纠和审计问题整改，对49个单位开展2017年以来各类专项资金、项目管理、各级检查发现问题整改等综合检查，对6个单位开展离任经济责任审计，对39个单位开展2018年度财务收支及绩效考核目标审计；清理偿还拖欠民营企业、中小企业账款1.5亿元。加强项目争取：争取各类政府项目9批次83个，总投资20.18

亿元，其中960千米林下经济节点路和1715千米场部通硬化路下达投资15亿元；13个全民健身中心项目下达投资1.02亿元，并全部开工；争取国家投资1.02亿元，配套2600万元建设7个防火项目；争取6200万元升级改造防火应急道路206.6千米；编制上报第二批防火应急道路试点建设实施方案，投资估算2.6亿元；争取林业局局址基础设施建设项目3个，下达投资1795万元。争取自治区支持调剂资金5亿元、应急资金1000万元，建设森林防火视频监控系统，维修养护防火道路，购置防灭火装备，修建桥梁390座、涵洞1505座，养护道路3835.5千米。筹措资金1.4亿元，对扑火营房、瞭望塔等进行维修改造，补充防灭火设备。加快智慧林业建设，编制林区智慧林业总体规划和实施方案，研究启动林区光缆传输引接工程，在汗马自然保护区开展试点建设。加强安全生产管理，投入资金1500万元，对12座加油站储罐进行安全达标改造；对林区26个单位的矿山、危化品、消防安全、道路交通、特种设备等重点领域开展安全生产大检查，全年未发生一般级别以上安全生产责任事故。规范职工岗位性津补贴，取消20项没有文件依据的岗位性津补贴，保留10项。制订职称评审量化评分细则，836人获得相应职业资格。1320名专业技术人员录入自治区人才信息库。开展各类培训43期，培训学员6439人次。　　（王　冬）

【产业发展】　融入乌阿海满旅游发展布局，编制完成南部片区旅游一体化建设方案。满归、根河等9个林业局分别入选全国森林旅游示范县、森林健康养生地、中国森林康养基地等名录。2019年接待游客31.18万人次，旅游服务业实现产值6970万元。推进林下经济示范基地建设，新增沙棘、榛子、西伯利亚红松等经济林5500公顷，中草药种植1100公顷。完成榛子林改培1900公顷。实施中央财政科技成果推广和科技研究项目28项。推进"蒙字标"品牌建设，内蒙古大兴安岭黑木耳标准体系获自治区批准。森工矿业比利亚采选项目投产运营，完成采矿生产30万吨。　　（于泽洋）

【民生改善】　按照年均10%的增幅为职工增加2018年、2019年工资，全民在岗职工年均工资突破6万元。加强年金基金运营监管，基金年均运营收益率5.06%，为3590名员工办理支付领取，累计支付到账1025万元。投入资金8003万元，对森林经营、森林防火单位和个人进行奖补，一线职工人均年增收1.5万元。按照人均70%安排配套资金，支持职工参加内蒙古自治区医疗互助保障行动。筹集送温暖资金1001万元，走访慰问困难职工7540户。发放无息借款1616万元，扶持家庭经济户928户，带动就业342人，36户困难职工家庭实现解困脱困。开展社会矛盾纠纷排查化解专项行动，全年两级信访部门接待来访436批次2078人次，同比批次下降45%，人次下降68%，进京到非接待场所上访同比下降95%，实现全国和自治区重要会议、重大活动期间进京赴区"零上访"。　　（金明举）

【党的建设】　开展"不忘初心、牢记使命"主题教育活动，针对16项专项整治问题，全部完成整改10项，阶段性完成6项；林区各单位各部门共认领问题1187项，已经完成整改1096项，阶段性完成91项。加强风险管控工作，针对思想政治教育、意识形态、民族宗教、网络安全等方面存在的13项风险隐患分别制订化解预案。内蒙古自治区党委、自治区直属机关工委和管理局党委先后追授于海俊"优秀共产党员"荣誉称号；自治区政府追认他为烈士，并上报到国家功勋委员会；中宣部等8部委授予他"最美奋斗者"；10月31日，人力资源社会保障部、国家林业和草原局决定，追授于海俊同志"全国林业系统先进工作者"称号，并号召各级林业和草原主管部门和广大林业草原干部职工以于海俊同志为榜样，对党忠诚、信念坚定、恪尽职守、担当有为，为建设美丽中国、实现中华民族伟大复兴的中国梦作出更大的贡献；自治区宣传部授予他"内蒙古好人""北疆楷模"；呼伦贝尔市授予他"优秀科技工作者"等荣誉称号。内蒙古自治区党委做出向于海俊同志学习的决定，举办"北疆楷模——于海俊同志先进事迹专场报告会"，并组织宣讲团到内蒙古电力集团等9个单位进行巡回宣讲。在林区范围内开展向于海俊同志学习主题党日活动。召开第二十二届先进集体（先进工作者）、劳动模范暨首届"林业工匠"表彰大会。　　（朱显明）

【大事记】
　　1月2日　内蒙古大兴安岭汗马湿地列入《国际重要湿地名录》。
　　1月8日　金河牛耳河国家湿地公园、绰源国家湿地公园通过国家林草局验收，正式成为国家湿地公园。
　　6月3日　国务委员王勇到林区调研森林草原防灭火工作以及防火应急管理体制建设情况。
　　7月23日　2019国际自然保护地联盟年会暨跨界自然保护地研究与管理合作研讨会在内蒙古大兴安岭根河源国家湿地公园举行。13个国家的160名专家和学者以及相关代表等，就中国、俄罗斯、蒙古国、哈萨克斯坦跨国自然保护地管理合作方面开展研讨，制订四国合作计划。7月26日，国际自然保护地联盟发布《国际自然保护地联盟汗马宣言》，倡议各国积极支持自然保护地跨界合作。
　　8月24~25日　第三届中国·鄂伦春国际森林山地运动节在阿里河举行，来自美国、中国、厄瓜尔多、俄罗斯、蒙古国、肯尼亚等国的400余名运动员参赛。
　　9月19~22日　由国家林业和草原局、山东省人民政府共同主办的第十六届中国林产品交易会在山东省菏泽市国际会展中心举办。内蒙古大兴安岭重点国有林管理局荣获优秀组织奖、优秀设计奖，根河等6个林业局产品荣获8枚金奖。
　　9月25日　"最美奋斗者"表彰大会在北京举行，内蒙古大兴安岭重点国有林管理局根河林业局原副局长于海俊同志被评为"最美奋斗者"，妻子刘文庆作为家属代表出席大会，并接受表彰。
　　10月18~20日　由国家林业和草原局、文化旅游部、江苏省人民政府主办，中共南通市委、南通市人民政府、江苏省林业局、江苏省文化和旅游厅共同承办的2019中国森林旅游节在南通市国际会展中心举行开幕式。阿尔山国家森林公园、绰尔大峡谷国家森林公园、图里河国家湿地公园分别荣获 2019 中国森林旅游美景推广地"最佳森林休闲地""森林健康养生 50 佳"等称号。

11 月 21 日 中国文化管理协会主办的 2019 中国文化管理协会企业文化管理年会暨第六届最美企业之声展演、首届助力企业高质量发展论坛在杭州举办，得耳布尔林业局获得"党建+企业文化实践创新 70 强"荣誉称号；金河林业局获得"新中国成立 70 周年——企业宣传思想文化先锋 70 强"荣誉称号。同时金河林业局选送的宣传片《中国最冷的地方》被评为"最美形象之声"代言作品，并上线光明网、中宣部党建网展播。

11 月 22 日 内蒙古绰源林业局那日苏森林康养基地成功入选 2019 年全国森林康养基地试点建设单位。

12 月 2 日 中国政研会对 2018 年度全国优秀思想政治工作研究成果进行表彰，林区《重点国有林区改革的新形势下思想政治工作面临新情况新问题》获得三等奖，是全国林业行业唯一的获奖作品。

12 月 14 日 由中国宋庆龄基金会、海南省政府等共同主办的 2019 美丽乡村博鳌国际峰会在海南省博鳌亚洲论坛国际会议中心开幕。在峰会的"壮丽 70 年·2019 美丽乡村国际品牌盛典"环节中，绰尔林业局获颁"乡村振兴·示范单位"殊荣。

（金明举）

辽宁省林草业

【概　述】 2019 年，辽宁省林业草原系统在机构改革实施的第一年，广大干部职工迅速进入角色、适应新形势、履行新职责、落实新要求，攻坚克难，积极作为，各项工作取得显著成效。

造林绿化 依托三北防护林、沿海防护林、中央政策补贴造林等国家重点林业生态建设工程，完成人工造林 8.89 万公顷，为计划的 102.6%，封山育林 5.53 万公顷、森林抚育 4.67 万公顷，均为计划的 100%。完成育苗 2.2 万公顷、15.9 亿株；启动"互联网+全民义务植树"试点省建设，义务植树 6000 万株。古树名木挂牌保护 3.4 万株。完成闭坑矿山生态治理 0.1 万公顷。完成沙化土地治理面积 7.8 万公顷。6 个村被评为"全国生态文化村"，总数达 42 个。125 个村被认定为"国家森林乡村"。完成第四届绿博会辽宁展园的施工建设任务。

林草重点改革 各地按照国家和省有关部署，完成国有林场改革任务。全省国有林场由改革前的 193 家优化整合为 178 家，化解债务 1.2 亿元，国有林场职工养老保险、医疗保险及住房公积金等缴存率均达到 100%。大力扶持和培育各类新型林业经营主体，全年新增新型林业经营主体 52 个，总数达 3494 个。9 个合作社被评为省级示范社，总数达到 89 个。开展新一轮本溪国家集体林业综合改革试验区建设工作。扎实开展集体林地承包经营纠纷调处工作。"放管服"改革成效显著。进一步完善服务，简化流程，实现省级行政许可事项"最多跑一次"、网上办理 100% 和"一站式办结"等重大突破。省局在 40 个省直政务服务部门年度综合排名位列第三，群众满意率 100%。

森林资源管护 认真落实天然林保护政策，继续全面禁止天然林商业性采伐。推进集体林木采伐限额"进村入户"。全年使用采伐限额 155.8 万立方米，为年度限额总量的 29.1%。严格依法依规办理征占用地审批项目 268 个，面积 1173.33 公顷。完成 51 974 个疑似图斑的调查核实，开展森林督查问题整改工作。扎实推进平安林区建设。严厉打击破坏森林和草原资源违法犯罪行为，各级森林公安机关立案查处案件 1320 起，打击处理 1527 人次。深入推进扫黑除恶专项斗争，截至 2019 年底，共排查和梳理线索 2900 余条，向公安、纪委监委移交线索 60 余条。

草原湿地保护 扎实做好草原监测工作，完成 21 个县 124 个样地的调查，2019 年度全省草原综合植被盖度达到 67.94%，超国家指标 3.5 个百分点。开展辽西北草原沙化治理工程植被恢复、围栏管护等工作。全力支持彰武草原生态恢复示范区建设。湿地保护修复政策有效落实。已有 13 个市出台湿地保护修复方案。编制完成《盘锦市湿地保护与生态修复规划纲要》。向国家推荐盘锦市为国际湿地城市，并全票通过专家论证；推荐国家重要湿地 3 处；有序推进国家湿地生态效益补偿试点、湿地公园保护恢复项目建设和省重要湿地监测工作。

野生动植物保护 野生动物保护制度不断完善。经省政府同意划定禁猎区，在全省实施 5 年禁猎期。开展候鸟等野生动植物保护专项行动。举办"护飞行动"等一系列大型宣传活动，提高全社会保护意识。21 个村被国家授予"爱鸟护鸟文明村"。启动全省珍稀濒危野生动植物保护工程。

自然保护地监管 自然保护地统一监管逐步强化。

宽甸县林区

经省政府同意，组建第一届自然保护区评审委员会，印发工作规则。启动全省自然保护地调查摸底评估论证工作。深入推进中央环保督察"回头看"、渤海生态保护修复专项督察反馈意见整改和"绿盾2019"专项行动，督促各类自然保护地问题整改。稳步推进大连、丹东、盘锦3市参与中国黄（渤）海候鸟栖息地（第二期）申遗和沿海5市斑海豹保护区划建等相关工作。扎实推进自然保护地勘界立标等工作。完成11处保护地范围和功能区调整、规划编制与批复等工作。有序推进违建别墅清查整治，共排查违规别墅类建筑495处。

林业产业发展 引导各地发展特色经济林和林下经济，完成建设面积1.18万公顷。狠抓国家林业贷款贴息政策落实。落实林业贷款20.3亿元，中央财政贴息补助3828.5万元，较上年增加18.5%。加大国家林业龙头企业和品牌建设力度。铁岭榛子被命名为国家特色农产品优势区，6个合作社被命名为国家林下经济示范基地，5种林产品被认定为国家森林生态标志产品，2家企业被评为国家林业重点龙头企业。林业新兴产业取得新进展。经过积极争取，6家企业被国家授予全国森林康养基地建设试点单位。

林业灾害防控 森林草原防火工作扎实有效。各级林草主管部门认真履行职责，强化巡护和隐患排查整治，加强联防联动，妥善处置沈阳棋盘山、葫芦岛小虹螺山、锦州闾山等影响较大的森林火灾。开展全省森林草原防火秋冬季演练，提升综合扑救能力。全省共发生森林火灾63起，过火面积2020公顷，受害森林面积1440公顷，森林火灾受害率0.25‰，低于国家0.9‰的控制指标，未发生人员伤亡事故。有害生物防控取得重大进展。圆满完成松材线虫病疫木年度除治任务，清理疫木59.66万株。全年无新增疫区，4个疫区县无疫情。成功处置疫区内政策性调整造成的1000余家企业60多万立方米松木及其制品调运问题。扎实推进美国白蛾、红脂大小蠹、松毛虫防控防治工作。全省林业有害生物成灾面积8293.33公顷，成灾率1.39‰，低于国家3.5‰的控制线。组织各地防治草原鼠虫害25.63万公顷，全面完成国家下达的防治任务。野生动物疫源疫病监测稳步推进。18处国家级自然保护区加挂国家级监测站牌子，省级以上监测站点达到51个；加强野猪非洲猪瘟监测防控工作，开展野猪资源本底调查、采样和检测，增强主动预警能力。

支撑保障 林业草原发展建设资金得到有效保障。共落实省级以上资金23.33亿元，剔除政策调整、项目到期取消等因素，2019年比2018年增长20.3%。科技服务和技术推广水平不断提升。辽宁西北部草原生态系统定位观测研究站被列为全国首批4个草原生态站之一。全省确立科技推广项目18个，组织科技培训251期，培训近3万人次，命名17个省级林业技术推广示范基地。不断加强林业草原宣传工作。在重要节点、时段开展系列宣传活动，在省级以上主流媒体发稿467篇。

【全省林业和草原工作会议】于2月14日在沈阳召开。辽宁省林业和草原局党组书记、局长金东海作报告。会议全面总结2018年重点林业草原工作，安排部署2019年造林绿化、林业草原改革、森林资源管护、林业产业发展、草原湿地保护与修复、保护地统一监管、野生动植物保护、森林草原防火、林业有害生物防控、基层基础建设和全面从严治党等方面重点工作。

【省领导参加义务植树活动】4月10日，辽宁省委书记、省人大常委会主任陈求发，辽宁省委副书记、省长唐一军，辽宁省政协党组书记、主席夏德仁，省委副书记周波等省领导，集体到沈阳市于洪区丁香东湖公园与机关干部、部队官兵一起参加义务植树活动。

【全省森林草原防灭火业务培训】9月25日，2019年全省森林草原防灭火业务培训暨跨区域机动演练活动在营口市举行。本次业务培训为期2天，主要传达全国、全省秋冬季森林草原防灭火工作电视电话会议精神，对辽宁省森林草原防灭火指挥部的组织架构和组成人员进行调整，并对全省2019年秋冬季森林防灭火的各项工作提出要求。各市19支森林消防队共400余名森林消防员参加本次演练，重点检验了专业森林消防队伍跨区域机动救援的能力。

【大事记】

2月14日 全省林业和草原工作会议在沈阳召开。

2月14日 全省林业草原系统党风廉政建设工作会议在沈阳召开。

2月19日 副省长陈绿平到省林草局调研2019年重点工作及"重实干、强执行、抓落实"专项行动安排。

3月21日 印发《辽宁省政府办公厅关于成立辽宁省危险性林业有害生物防治临时指挥部的通知》，指挥部统一组织、指挥、协调全省危险性林业和草原有害生物防治工作，协调解决林业和草原有害生物防治中的重大问题，总指挥由分管副省长担任。

4月12日 2019年辽宁省"爱鸟周"在朝阳市启动。中国野生动物保护协会、国家林业和草原局驻长春专员办等单位领导出席启动仪式。

5月10日 省委常委常务副省长陈向群组织召开省应急厅与省林草局森林防火体系建设工作会议。

9月5日 辽宁省委副书记、省长唐一军到阜新市彰武县，就草原生态建设、脱贫攻坚工作开展调研。

12月4日 邀请中国工程院院士尹伟伦为辽宁省林草部门干部职工就多生态系统综合治理作专题报告。报告会由辽宁省林业和草原局党组书记、局长金东海主持，局机关及事业单位近200名干部职工参加专题报告会。

12月18日 辽宁省关注森林活动组委会工作会议在沈阳召开。

（辽宁省林草业由何东阳供稿）

吉林省林草业

【概　述】 2019年，吉林省林业和草原工作顺利推进，全面完成各项改革发展任务。国有林场改革完成，顺利通过国家林草局验收，国有林区改革、东北虎豹国家公园体制试点改革深入推进；全省林草生态系统39年无重大森林火灾；林草资源保护、林草科技创新和转型发展、"数字林草建设"、优化林草政务服务环境、生态扶贫取得明显进展。全省林业用地面积953.81万公顷，活立木总蓄积10.78亿立方米，森林覆盖率44.8%；全省草原面积69.11万公顷，草原综合植被覆盖率71.99%。

【林业草原机构改革】 12月，中共吉林省委编办下发《关于吉林省林业和草原局职能配置内设机构和人员编制调整方案》，调整吉林省林业和草原局对省内重点国有林区的监督管理职责，增设重点国有林执法监督局，增加行政编制15名。调整后，吉林省林业和草原局内设机构16个，分别是办公室、生态保护修复处（省绿化委员会办公室）、森林资源管理处、草原管理处、湿地管理处、野生动植物保护处、自然保护地管理处、国有林场和种苗管理处（林业工作站管理处）、天然林保护管理局、重点国有林执法监督局、发展规划和改革处、财务处、科技产业处、法规处（行政审批办公室）、森林草原防火和安全生产处、人事处。另设老干部处和机关党委。

【林草改革】 全面完成国有林场改革任务，开展国有林场改革"回头看"，省政府按时向国家林草局报送承诺函并通过验收，实现了保生态、保民生的改革目标。国有林区改革取得重大阶段性进展，吉林森工集团所属8户森工企业和长白山森工集团所属10户森工企业"三供一业"职能剥离移交工作稳步推进。探索建立适合吉林省实际的重点国有林执法监管体制，明确省、市、县三级林草主管部门对重点国有林区行使森林资源监管和行政执法职责及国有森工企业经营保护职责；在省林业和草原局内部设立重点国有林执法监督机构，行使重点国有林监管和行政执法职责。积极配合国家推进东北虎豹国家公园体制试点建设，完成公园总体规划编制和试点区全民所有自然资源所有者职责划转工作，中央垂直管理的国家公园体制基本形成，公园内开发活动得到有效管控，监测体系建设稳步推进，实现"人虎"两个安全，监测显示试点区野生东北虎豹分别由原来的27只、42只增加到37只、48只，创造了监测以来种群数量最多的历史记录。

【生态建设】 全省共完成造林绿化8万公顷。其中，重点工程造林更新3.33万公顷，修复完善中西部农防林0.76万公顷。创建省级"绿美示范村屯"104个，绿化美化村屯1122个，农村公路绿化里程2412千米，公路、铁路用地外区域绿化里程1270千米，河流绿化0.14万公顷，建立义务植树基地387处，义务植树3500万株。敦化市被评为国家级森林城市，全省182个行政村被认定为国家森林乡村。

【资源管理】 全面落实天然林停伐政策，进一步强化天然林保护。指导全省贯彻落实森林采伐限额管理制度，通过开展检查和年度森林资源消耗情况内业审核，进一步强化采伐限额管理。开展省级公益林区划落界工作，全省落实省级公益林37.76万公顷。全面规范林地林权管理，扎实开展森林资源管理"一张图"年度更新工作，森林资源信息已变更至2018年，逐步实现二类调查、资源档案、公益林区划落界档案及"一张图"整合与同步更新。充分利用林业卫星图片，排查疑似点位2.27万块，并将整改任务、责任落实分解到基层，有力保护森林资源。全省开展严厉打击毁林复耕清理整治专项行动，清理被复耕林地0.35万公顷，梳理出需补植林地2.90万公顷。

【森林草原防火】 全省实现连续39年无重大森林火灾。据统计，全年共发生森林草原火灾48起。其中，森林火灾47起，草原火灾1起（一般草原火灾）。在47起森林火灾中，一般森林火灾37起，较大森林火灾10起。火灾过火总面积177.50公顷，受害森林面积61.76公顷，全年森林火灾控制率为3.78公顷/次，森林火灾受害率为0.007‰，森林火灾案件查处率为100%，森林火灾2小时扑灭率为91.49%，森林火灾24小时扑灭率为100%，总计出动扑救人员4846人次，未发生扑救人员伤亡事故。

【林草有害生物防治】 2019年全省应施调查监测的林业有害生物种类为70种，通过调查监测达到发生的种类为55种，全省应施调查监测面积为726.32万公顷，实施调查监测面积为725.59万公顷，全省平均调查监测覆盖率为99.9%。全省林业有害生物预测发生面积为35.71万公顷，实际发生面积为33.59万公顷，测报准确率为93.71%；全省现有林地面积829.79万公顷，林业有害生物成灾面积为1.15万公顷，成灾率1.39‰。全省应施林木种苗产地检疫73 148.79万株，实施林木种苗产地检疫73 148.79万株，种苗产地检疫率100%。全省累计开展无公害防治面积30.92万公顷，无公害防治率96.44%。对突发的落叶松毛虫灾情及时启动省级应急处置预案，累计投入防控资金6821.60万元，首次大面积开展林业有害生物社会化防治服务活动，全面遏制灾情衍生为灾害。2019年全省美国白蛾未出现新疫情，并成功拔除2个疫点。草原有害生物主要包括鼠害、虫害，2019年共防治面积5.37万公顷，投入人员668余人次、车辆253辆次，培训农民600余人次。

【林政执法】 2019年,全省共查结林业行政案件8826起。其中,盗伐林木案3251起,滥伐林木案411起,毁坏森林林木案144起,违法使用林地案2704起,非法运输木材案88起,非法经营加工木材案23起,违反野生动物保护法规案61起,违反森林防火法规案298起,违反林业有害生物防治检疫法规案3起,违反林木种苗及植物新品种管理法规案2起,违反自然保护区管理法规案25起,其他林业行政案件1816起。行政处罚8878人次,没收非法所得12.10万元,没收木材817.86立方米,责令补种树木20.44万株。

【野生动植物保护】 持续开展专项行动,有效打击非法狩猎野生动物犯罪行为,全省野生动物刑事案件立案215起,查破216(含积案)起,打击处理人员267人;查获野生动物13 247只,查获野生动物制品5506个,放飞放生野生动物774只(头),收缴猎具6231个。加强野猪非洲猪瘟防控工作,成功阻断周边国家疫情向吉林省扩散蔓延,吉林省未发现新疫情。扎实做好野生动物损害补偿工作,全省共受理野生动物造成人身财产损害补偿案件7308起,累计发放补偿金1717.78万元,补偿案件受理率达100%。

【湿地保护管理】 制定《吉林省重要湿地认定标准》和《吉林省湿地名录管理办法》,在全省范围内筛选一批省级重要湿地,拟纳入第一批省级重要湿地名录。编制印发《吉林省保卫湿地行动方案(2019~2020年)》,组织开展全省破坏侵占湿地行为专项整治行动。长白山碱水河、白山珠宝河、汪清嘎呀河、集安鸭王潮4处国家湿地公园(试点)顺利通过国家验收,正式晋升为国家湿地公园。申请中央财政湿地补助资金7100万元,在莫莫格、查干湖保护区开展退耕还湿和湿地生态效益补偿试点项目建设;在向海、莫莫格、查干湖等19处省级以上湿地类型自然保护区和国家湿地公园范围内开展湿地保护与恢复项目建设,提高了湿地保护能力。

【自然保护地建设管理】 贯彻落实中办、国办《关于建立以国家公园为主体的自然保护地体系的指导意见》,突出顶层设计,起草吉林省贯彻落实指导意见实施方案;按任务分工,配合东北虎豹国家公园管理局,推进国家公园体制试点工作;编制松花江三湖区域整合优化方案,对相关区域进行整合优化,积极解决历史遗留问题;对转隶前后所有自然保护地进行系统梳理,进一步了解掌握新划转保护区基本情况,明确管理权限,不断强化对自然保护地的统一管理。配合开展"绿盾2019"专项行动和查干湖生态保护治理项目落地实施,协调指导莫莫格保护区配合镇赉县政府开展非法开垦退耕工作,2019年实现非法开垦退耕1.85万公顷。

【林草重点生态工程】 2019年,天保工程区实有森林管护面积375.45万公顷,天保工程区年末在岗职工5.9万人,全员参加基本养老保险和基本医疗保险。工程全年完成投资47.99亿元,其中国家投资47.84亿元。新建、改建、加固管护用房145个,完成后备资源培育任务5.67万公顷。组织开展一局一场转型试点,鼓励引导具有代表性的林场发展森林旅游、森林康养、林下种养殖等富民产业,促进林场转型发展。

【林草种苗】 林木良种培育进程加快,科技含量大幅度提高,苗木生产供应能力稳步提升。建成露水河林业局、永吉种子站等5家红松、落叶松二代种子园,面积达108公顷。长白森林经营局朝鲜崖柏和山楂海棠种质资源库晋升为省级林木种质资源库。审(认)定省级良种13个。2019年底,全省年生产良种10.9万千克,良种穗条510万支,出圃苗木5.7亿株,良种使用率已达73%。

【林草产业】 2019年继续加快林草产业转型发展,稳步实施百万公顷红松果林、百万亩绿化苗木、百万亩林下参、百万亩榛子果林、百万亩红豆杉、百万亩森林中药材、百万亩绿色菌菜、百个特色经济动物养殖小区、百佳森林旅游小镇九大特色产业提升工程建设,基本形成林下经济、特色产业和森林旅游三足鼎立的林草产业发展格局。着力推动林草产业集群化发展,新增国家林业重点龙头企业2家。进一步完善全省林业产业统计系统,加强对林业产业、产品及经济指标的统计和调度。组织各级林草主管部门和各类林草企业,开展2018年全省林草经济运行情况及2019年度林草经济发展趋势分析。

【智慧林草】 数字林草建设稳步推进。"吉林林草一号"卫星成功发射,与"吉林林业一号""吉林林业二号"卫星成功组网,为森林资源调查、林火预警、野生动物保护、病虫害监测、荒漠化防治等工作提供覆盖度更强、重访周期更短的地理信息服务。东北虎豹国家公园体制试点区监测中心项目主体建设任务完成并投入试用,调度指挥中心是集会议管理、综合调度管理、实时可视化监测、宣教展示于一体的综合性信息化办公服务平台。吉林省林业和草原局被国家林业和草原局授予"林业信息化全面推进十周年先进单位"称号。

【生态扶贫】 实施生态扶贫工程。通过防护林体系建设工程,全省贫困县完成植树造林0.66万公顷、森林抚育0.75万公顷,在51个贫困村实施"绿美示范村屯"建设,受益贫困人口1156人;通过湿地保护与恢复工程,贫困地区48.67万公顷湿地得到保护与恢复;通过实施草原修复工程,在西部7个贫困县修复治理草原1.6万公顷、开展草原有害生物防治3.2万公顷。发展特色林产业、种养业,印发《吉林省林草产业扶贫攻坚行动方案(2019~2020年)》,实施45个重点项目建设,帮扶贫困人口创业就业400余人,辐射带动贫困地区发展林业产业4000余人。持续增加生态护林员岗位,积极争取国家资金5900万元,支持8个国家贫困县选(续)聘生态护林员5020人,人均年增收8000元左右。创新林业资源利用方式,结合省级公益林区划调整,印发《吉林省省级公益林区划界定办法》,优先将贫困人口的林地区划为省级公益林,享受生态效益补偿,截至2019年底,贫困户拥有林地区划公益林0.41万公顷,获取补偿资金88.88万元。向两个包保帮扶村投入各类资金 435.7 万元，帮助两个包保村集体入股青龙渔业，并新增生态护林员 60 人，两个帮扶村完成退出贫困县省级验收检查、省级第三方评估，实现脱贫。

【林草法治】 5 月 30 日，《吉林省森林管理条例》《吉林省绿化条例》《吉林省林地保护条例》《吉林省集体林业管理条例》4 部条例由吉林省第十三届人民代表大会常务委员会第十一次会议通过并施行。大力推行权责清单标准化建设，对标国家级基本目录和省级保留清单，按照"有权必有责"的原则，梳理省林业和草原局权力事项 114 项，经省政府 2019 年第 13 次常务会议审核通过。推动"放管服"改革落实，对原 39 项行政审批事项，将即办事项由原来的 5 项增加到 7 项，占比由 12.8% 提高到 17.9%，将 32 项限时办结事项承诺办理时限由原来的 17.7 个工作日压缩到 7.3 个工作日，压缩比例达到 58.8%。同时，对 6 项行政审批事项，有 2 项拟全部委托县（市、区）实施，有 4 项拟部分委托或下放县（市、区）实施。

【林草投资】 2019 年全省林草建设资金总额 87.55 亿元。其中，中央财政资金 63.42 亿元，占林草建设资金总额的 72.44%；地方财政资金 14.71 亿元，占林草建设资金总额的 16.81%；国内贷款 4.10 亿元，占林草建设资金总额的 4.68%；自筹资金和其他社会资金 5.32 亿元，占林草建设资金总额的 6.07%。在林草建设资金完成投资总额中，用于生态修复治理 54.27 亿元，占完成投资额的 61.99%；用于林（草）产品加工制造 7.90 亿元，占完成投资额的 9.02%；用于林业草原服务、保障和公共管理 25.38 亿元，占完成投资额的 28.99%

【林草经济】 2019 年，吉林省实现林草产业总产值 1127.31 亿元。其中，林业总产值 1125.53 亿元，草原产值 1.78 亿元。林业产业中：第一产业产值 337.56 亿元，占比 29.99%；第二产业产值 570.05 亿元，占比 50.65%；第三产业产值 217.92 亿元，占比 19.36%。林业三大产业的产值结构为 30：51：19，产业结构逐步优化。经济林产品（水果、干果、中药材等）的种植与采集业产值达到 209.87 亿元，占林业第一产业产值的 62.17%；非木质林产品加工制造业（森林药材、果蔬、茶饮料等加工）产值达到 250.62 亿元，占林业第二产业产值的 43.96%；森林旅游及休闲服务业产值达到 127.32 亿元，占林业第三产业产值的 58.43%。

【林草科研与技术推广】 按照《国家林业和草原局办公室 财政部办公厅关于做好 2019 年中央对地方林业专项转移支付有关工作的通知》（办规字〔2019〕71 号）等相关文件要求，组织开展中央财政林业科技推广示范资金项目申报工作，依托国家林业科技成果库入库成果，确定 40 个林业科技推广示范项目。依托林业生态站在生态监测、数据分析等方面的优势，先后开展多个具有创新性、前瞻性的项目研究。按照"填补空白、完善体系、突出重点、适度超前、注重质量"的原则，制修订十多项地方标准，并大力开展林业技术标准知识普及活动，制作下发《吉林省林业地方标准汇编》。同时把草原科学研究和技术推广纳入工作范畴，根据草原的特点，选好研究方向，做好草原的基础研究和技术支撑工作，推进草原试验基地、生态观测研究站和自然保护区建设，组织制定草原相关标准，做好草原标准化工作，促进草原规范化发展。

【大事记】
1 月 15 日　吉林省人民政府召开吉林省中西部农田防护林网修复完善工程启动会议，副省长李悦出席会议并讲话。

1 月 22 日　"吉林林草一号"卫星 13 时 42 分在酒泉卫星发射中心发射成功。入轨后与在轨的"吉林林业一号""吉林林业二号"卫星成功组网，吉林林业遥感信息化水平进一步提高。

1 月 25 日　吉林省林业和草原工作会议在长春召开。局党组书记、局长金喜双出席并讲话。

2 月 22 日　吉林省林业和草原局召开春季森林草原防火形势分析会。

3 月 11 日　吉林省林业和草原局春季森林草原防火工作视频会议召开。局党组书记、局长金喜双出席并讲话。

3 月 12 日　吉林省绿化委员会第 32 次会议召开，会议审议通过《关于积极推进大规模国土绿化行动的实施意见》《关于做好村屯绿化美化工作的实施意见》《全省公路铁路绿化质量提升行动方案》《关于加强全省重要河流库区绿化工作的意见》《吉林省开展"全民共建 绿美吉林"活动月实施方案》《吉林省绿化委员会工作规则》。副省长李悦出席并讲话。

3 月 14 日　吉林省推进大规模国土绿化工作视频会议在长春召开。副省长李悦出席并讲话。

3 月 20 日　吉林省林草扫黑除恶专项斗争工作推进会议在长春召开。局党组书记、局长金喜双出席并讲话。

3 月 29 日　吉林省政府新闻办召开"全民共建 绿美吉林"活动月新闻发布会。局党组书记、局长金喜双和副局长季宁出席并回答记者提问。

4 月 14 日　吉林省委书记巴音朝鲁主持召开吉林省委研究机构改革后森林防火工作专题会议。会议认真研究机构改革后林草"防火"和"灭火"工作体制。

4 月 15 日　吉林省委书记巴音朝鲁、省长景俊海、省政协主席江泽林等省领导到长春南溪湿地公园与广大干部群众一起参加义务植树活动。

4 月 30 日　2019 中国吉林龙湾野生杜鹃花卉旅游节在吉林龙湾群国家森林公园举行开幕式。

5 月 9 日　吉林省委书记巴音朝鲁参观考察东北虎豹国家公园试点区东北虎豹生物多样性国家野外科学观测研究站。

5 月 30 日　《吉林省森林管理条例》《吉林省绿化条例》《吉林省林地保护条例》《吉林省集体林业管理条例》由吉林省第十三届人民代表大会常务委员会第十一次会议通过并施行。

6 月 12 日　吉林省生态扶贫工作第一次推进会议召开。局党组书记、局长金喜双出席并讲话。

6 月 25 日　吉林省汪清县天桥岭湿地学校举行揭

牌仪式，标志着全省东部山区第一个山区湿地学校正式成立。

7月16~17日 吉林省副省长侯淅珉到汪清县等地区就国有林区改革进展情况和"三供一业"移交情况进行专题调研。

8月1日 吉林省第十三届人民代表大会常务委员会第十三次会议通过《吉林长白山国家级自然保护区条例》，定于2019年10月1日起施行。

9月5日 吉林省委书记巴音朝鲁考察调研吉林波罗湖国家级自然保护区、吉林查干湖国家级自然保护区。

9月16日 吉林省政府办公厅正式向国家发展改革委办公厅和国家林草局办公室上报完成国有林场改革任务承诺函，省级自验收得分97.75分，档次评定为优。

10月15日 敦化市新兴林场、白山市三道沟林场、通化市白鸡峰国有林保护中心被中国林场协会授予"中国森林康养林场"荣誉称号。

11月15日 吉林省敦化市荣获"国家森林城市"称号，这是吉林省继珲春市、长春市、通化市之后，全省第四个被授予国家森林城市称号的城市。

12月2日 国家林业和草原局副局长李树铭率工作组到吉林省就吉林省森工企业职能定位、森工集团主要负责人任免程序、森工企业社会职能剥离移交等事项与吉林省委、省政府有关领导会谈。副省长侯淅珉参加并主持座谈会。

12月18日 吉林省国有林场和国有林区改革领导小组全体会议召开，推动国有林场林区改革打通"最后一公里"。吉林省省长景俊海主持会议。

12月30日 吉林省委编办印发《关于吉林省林业和草原局职能配置内设机构和人员编制调整方案》，调整吉林省林业和草原局对省内重点国有林区的监督管理职责，增设重点国有林执法监督局，增加行政编制15名。

（吉林省林草业由耿伟刚供稿）

吉林森工集团林业

【概　述】　中国吉林森林工业集团有限责任公司（以下简称"吉林森工集团"）组建于1994年（经原国家计委、体改委、经贸委批准成立），是全国首批57户现代企业制度试点大型企业集团和全国六大森工集团之一。注册资本50 554万元（其中，省国资委代表省政府出资持股65%，中国青旅实业公司持股35%）。吉林森工集团是以经营森林资源为基础产业、多元化发展的企业集团。实行母子公司体制，由集团母公司、子公司和生产基地三个层级组成。现有二级以下企业269户，其中重点管控企业21户（包括8个国有林业局）。在册职工2.99万人（在岗职工2.23万人）、离退休人员3.85万人。

2019年，按照吉林省委、省政府推进吉林森工集团改革重组的部署要求，落实吉林省委书记巴音朝鲁"保护企业资产安全、维护企业和社会稳定"的批示精神，在省政府吉林森工集团重组领导小组直接领导、省国资委具体指导下，坚定重组方向，破解问题障碍，强化经营发展，从严管党治党，扎实推进改革发展稳定各项工作。

全年实现营业收入61.3亿元，年末资产总额337.42亿元，净资产38.77亿元。在岗职工年人均收入4.58万元，比上年增长6.23%。

改革重组　推进"瘦身健体"，全年减少管理主体16户。实施分级分类管控，明确21户重点管控二级企业以及其他企业的托管关系和管理权限。落实"三重一大"决策等制度办法，对项目管理、投资决策和资金使用实施穿透式管控。推进信息化管控平台建设，财务、人力资源和供应链系统在二、三级企业上线应用。剥离社会职能，协调长春热力集团承接白石山林业局和红石林业局供热职能，吉林森工集团11家"三供一业"（国有企业职工家属区供暖、供水、供电和物业管理）单位27个项目已移交23项。推进重组工作，立足保护企业资产安全，维护企业和社会稳定，在省国资委专班领导推动下，结合企业改革脱困实际，研究形成"总体设计、分块实施、分步推进"的重组工作思路，起草吉林森工集团整体重组方案初稿。做好重组前准备工作，配合中介机构摸清企业法人主体结构和企业资产负债实际情况。通过争取存量土地补偿金、增信贷款，妥善解决欠付职工集资款等重组前置性问题。

森林经营　完成森林抚育7.4万公顷、后备森林资源培育2.33万公顷、更新造林333.33公顷、国家储备林项目建设1333.33公顷，中幼林抚育和人工林采伐出材16万立方米。辖区乔木林公顷蓄积量、珍贵树种比重和森林质量位于全国前列，实现连续40年无重大森林火灾。采收红松、核桃楸、水曲柳、云杉、椴树、柞树等造林用种27 010千克。核桃楸、椴树、蒙古栎、黄菠萝等树种育苗面积95.12公顷，其中新育苗16.15公顷。域内建成绿化苗木基地1486.67公顷，储备苗木610万株，实现绿化苗木销售收入1547万元。落实中央环保督察反馈意见要求，完成辖区246个地块、490.72公顷违规种参整改任务。组建吉林森工森林生态物产研究院，开展种质培育、应用技术研究和科研成果嫁接转化工作，组织申报中央财政林业科技推广示范项目3个。组织林区职工参加营造林生产、参与山水林田湖草工程和林区道路建设维修、参与发展森林经济产业项目，人均年增收4700余元。

项目建设　谋划45个绿色转型项目纳入吉林省商务厅和白山市、抚松县政府项目储备库，组织招商引资。与北京城建集团有限责任公司、北京住总集团有限责任公司、北京首都创业集团有限公司签订战略合作协议，集团人造板、地板和木门主要产品纳入3户企业采购名录。吉林森工金桥地板集团有限公司(简称"金桥地板集团")和北京霍尔茨门业股份有限公司参与北京大兴机场和冬季奥林匹克运动会场馆项目建设,实现收入1600余万元。集中推介混改项目40个。与白山市政府、长白山保护开发区管理委员会和中国林产工业协会、中车城市交通有限公司以及国美电器控股有限公司等企业签约推动产业项目开发和产品渠道建设。与中国石油天然气集团有限公司合作经营20万吨矿泉水、10万吨小浆果特色饮品和12~15L大包装矿泉水项目投入生产。吉林省林业温泉医院改造项目完成主体基础建设。争取中央和省级财政重点项目补贴资金1.49亿元,同比增加16.41%。

经营管理 从生产、加工和销售等环节开展内外对标,组织成本分析,推进精益化管理,全年管理费用和销售费用同比减少1000万元。金桥地板集团产品质量提升成效明显,合格率达到98.8%,售后投诉率同比下降50%,该企业被指定为中国三层实木复合地板生产和出口基地。整合营销资源,持续推介产品,全年销售矿泉水70万吨、木门9.2万樘、地板347.2万平方米(内销同比增长20%)、人造板98.5万立方米。落实安全生产责任,狠抓隐患和问题排查整治,安全生产形势保持总体平稳,连续11年无重伤、无死亡、无工业火灾。

维稳扶贫 全力保障职工工资发放,偿还欠职工款,维护职工权益。协调吉林省社保部门争取到在长春市企业继续享受养老和失业保险"退一缴一"等政策。坚持四级结对包保帮扶,通过发放扶贫帮困基金扶持职工创业致富,1446名困难职工全部脱贫。全国"两会""新中国成立70周年庆祝活动"等重要会事期间到省进京非正常上访"零登记"。两次召开临时职工代表会议,审议通过职工缓缴公积金事项。落实省委、省政府扶贫攻坚部署,通过产业扶贫、文化扶贫和健康扶贫等措施,通过外部扶贫包保,和龙市龙坪村152个贫困户、331人均已脱贫。

党建工作 深入开展"不忘初心、牢记使命"主题教育活动。结合企业改革发展实际,集中组织14项专项整治活动。各级班子自觉守初心、担使命,深入基层调研指导工作,领导企业防范化解经营风险和为职工群众解难题办实事能力得到增强。规范基层党组织建设。落实《党支部工作条例》,集中开展基层党组织软弱涣散专项整治活动,启动"五好支部"创建工作,基层党组织规范化、标准化水平明显提升。修改完善两家二级企业公司章程党建工作内容。加强班子建设和干部队伍建设。印发实施《关于加强林业局领导班子建设和干部人才培养的意见》。完成3家企业党委换届选举和6家企业党委班子成员调整。坚持党管干部原则,严格选拔任用干部,全年提拔32人、调整50人、免职88人。持续加强党风廉政建设。推进"五位一体"监督体系建设,修订完善《吉林森工集团监督执纪工作实施细则》。开展领导干部利用特殊资源谋取私利、违规公款定制购买烟酒和纠正"四风"问题专项整治。抓好上级巡视反馈和上轮巡察发现的问题整改,所属企业健全完善制度155项,清退相关款项189万元。查办违规违纪案件,全年立案47件,给予党纪政务处分50人,收缴违规涉案款443.56万元。

【大事记】

1月23日 吉林森工集团在长春召开2019年工作会议。

4月1日 吉林森工集团在长春召开2019年党建暨党风廉政建设工作会议。

4月13日 吉林森工集团与国美控股集团有限公司在北京举行推动绿色经济和绿色产业发展战略合作签约仪式。

4月26日 吉林森工集团与白山市政府在白山市举行战略合作签约仪式,携手打造中国绿色有机谷·长白山森林食药城。

6月6日 吉林省政府党组成员、副省长石玉钢到红石林业局调研旅游产业发展情况。

7月17日 吉林省政府党组成员、副省长朱天舒到吉林森工金桥地板集团有限公司调研指导工作。

7月30日 吉林森工集团召开"不忘初心、牢记使命"主题教育专题党课暨2019年年中工作会议,党委书记、董事长于海军讲授专题党课。

8月16日 吉林森工集团与中国林产工业协会、长白山保护开发区管理委员会、抚松县人民政府、中车城市交通有限公司、中国城乡控股集团有限公司在长白山保护开发区管理委员会池北区举行全国首家森林风景道示范项目暨长白山森林文旅康养产业发展项目建设战略合作签约仪式。

9月24日 吉林森工集团及所属白石山林业局、红石林业局与长春市热力(集团)有限责任公司在长春举行社会职能分离移交合作签约仪式。

12月2日 国家林业和草原局副局长李树铭到吉林考察调研国有林区改革和转型发展情况,实地考察白石山林业局,了解林区职工工作和生活情况,对林区转型发展提出指导意见。

12月5日 吉林省委常委,省人民政府党组成员、常务副省长吴靖平在吉林森工集团主持召开改革脱困现场办公会,研究吉林森工集团重组工作思路和解决重组前置性问题。

(吉林森工集团林业由牟宇供稿)

黑龙江省林草业

【概　述】 2019年,全省共完成造林7.87万公顷。其中人工造林4.96万公顷,封山育林2.57万公顷,退化林修复0.33万公顷;绿化村屯4911个,面积0.95万公顷;绿化道路1110.9千米。新建义务植树基地234个,植树1860万株。育苗0.67万公顷，生产各类苗木9.3亿株。全省林业总产值预计实现1950亿元。发生森林火灾1起；发生森林病虫害面积25.03万公顷，实施防治面积18.31万公顷，成灾率控制在0.07‰以下，无公害防治率达到94%；草原鼠虫害防治面积7.5万公顷。

【林草改革】　**机构改革**　全省上下逐级组建林业和草原局，基本形成省、市、县三级林草行政管理体系。全省13个市（地）中，10个市地单独组建了林业和草原局；佳木斯、鸡西和绥化3个市在自然资源和规划局加挂了林业和草原局牌子。县（市、区）共单独组建76个林草管理机构，其中，19个县级市均单独组建了林业和草原局；46个县中有43个县单独组建了林业和草原局；嘉荫、孙吴和友谊3个县林草职能划入自然资源局。65个市辖区中，14个区单独组建了林草管理机构。

森工农垦相关改革　原森工总局、农垦总局相关林草行政管理权于6月30日前全部完成属地移交。

全省林草行政权力整合　原重点国有林区89项森林资源行政权力全部取消，按照全省林草行业现行权力进行管理；原农垦108项林草行政权力全部实行市、县属地化管理；原林业厅106项和原畜牧局20项行政权力经权责梳理后共计保留省级权力30项。

国有林场改革　全省424处国有林场，370处定性为公益二类事业单位，54处明确为企业性质；分离国有林场兴办学校37所，卫生所48处；国有林场改革补助资金人均达到2.2万元。

集体林权改革　全省集体林确权面积118.11万公顷，占集体林地总面积的91%。核发权属凭证总计47.8万本，总面积111.44万公顷，占集体林确权面积的95%，占集体林地总面积的85%。

【国土绿化】　全年完成造林7.87万公顷，为年度计划的100.8%。其中人工造林4.96万公顷，为计划的100.4%；封山育林2.57万公顷，为计划的101.7%；退化林修复0.33万公顷，为计划的100%。造林累计投入资金1.97亿元，用苗1.1亿株。绿化村屯4911个，面积0.95万公顷，5393个村庄绿化覆盖率达到15%以上。新建义务植树基地234个，面积0.07万公顷，参加义务植树1363.7万人次，植树1860万株。完成育苗0.67万公顷，生产各类树种苗木9.3亿株。省林草局会同省财政厅安排资金8100万元，重点支持27个县（市）、单位开展乡村种苗繁育体系建设。

【生态修复】　依托科尔沁沙地百万亩治沙造林成果巩固和退化林分修复项目，完成三北工程造林5.12万公顷。全年争取国家草原生态修复治理资金9770万元，完成草原恢复治理2.99万公顷；形成《黑龙江省草原禁牧计划》（征求意见稿），推动草原禁牧工作。争取获批退耕还湿资金6963.8万元，落实退耕还湿地块0.47万公顷；争取中央财政湿地保护恢复资金3000万元，省级财政湿地补助资金1200万元，用于开展湿地类型自然保护区和湿地公园信息化监管平台建设；推进《黑龙江省湿地名录》数据修正工作，完成卫片数据判读；新增哈尔滨松北国家湿地公园等11处国家湿地公园；完成黑龙江绥芬河等10处国家湿地公园试点省级试点验收评估工作。

黑龙江省和平牧场第八管理区围栏禁牧（朱玉宝　摄）

【资源保护管理】　完成森林督查暨森林资源管理"一张图"年度更新工作，完成25个县（市、区）69个国有林场（单位）的森林资源二类调查，面积102.29万公顷。

全省公益林管护　出台《黑龙江省森林生态效益补助工程管理办法》，编制县（市）、林场两级实施方案，合理确定管护形式和管护标准；建立国家重点生态公益林资源监测体系，开展第三次复测工作；推行生态巡护管护试点，完成314.34万公顷国家级公益林和134.41万公顷天然商品林野外智能巡护管护试点任务。

项目审批(核)　共审批238个项目（报国家林草局审批28个），使用林地面积0.23万公顷（国家林草局审批项目涉及面积0.16万公顷），共计收取森林植被恢复费3.89亿元。

"绿卫2019"专项行动　累计下发疑似问题图斑9.9万个，全部完成现地核查工作。经核实存在违法问题图斑3.4万个，面积4.2万公顷；排除违法问题图斑6.5万个；依法处理到位地块3.3万个，面积3.8万公顷，行政案件处置率100%。

违建别墅清查整治专项行动　全省林草行业累计下发疑似图斑8.9万个，违建总栋数5000余栋，面积580万平方米。已核实并纳入国家系统违建别墅134项，275栋；已处置120项240栋，处置率87.3%。

森林督查　累计下发判读图斑2.1万个，面积2.1万公顷，全部完成现地核实。共发现违法违规问题图斑7247块，面积0.47万公顷。省林草局已建立问题台账平台系统，要求各地逐一整改销号，确保违法问题查处到位、追责到位。

打击破坏野生动物资源专项综合执法行动　协同公安和市场监督管理等部门开展打击破坏野生动物资源专项综合执法行动。各地共刑事立案96起，抓获犯罪嫌疑人122人、打掉犯罪团伙1个，查处行政案件51起，清除猎套1242个、猎夹121个、粘网1810片，收缴野生动物3万余只，放生野生动物1万余只。

【林草灾害防治】　安排草原鼠虫害防治资金960万元，储备10吨草原鼠虫害应急药品，防治草原鼠虫害面积7.5万公顷。全省共发生森林病虫害面积25.03万公顷，实施防治面积18.31万公顷，成灾率控制在0.07‰以下，无公害防治率达到94%。全年仅春季发生1起人为森林火灾，过火面积6.8公顷。

【科技兴林】 组织申报2020年中央部门预算林业和草原科技项目45个，其中标准项目31个、科普项目2个、生态站等监测运行补助项目10个、林产品质量安全监测项目2个。向省科技厅推荐12项林草科技成果，4项获黑龙江省科学技术奖，其中，2项成果获二等奖，2项成果获三等奖。申报73项地方标准制修订计划，其中67项立项获得批准。22个林草科技推广项目被列为2019年中央财政林业科技推广示范项目，全部通过国家林草局审核。推进科技平台建设，黑河、七台河、扎龙3个生态站加入国家生态站网；黑龙江省森林植物园"哈尔滨北方森林植物引种栽培试验基地"被列入第一批国家林业和草原长期科研基地；择优推荐"果松产业创新联盟"加入第二批国家创新联盟。积极开展送科技下乡活动，邀请东北林业大学博士生导师邹莉教授，为省林草局包扶的富民村贫困户讲解平菇等食用菌的生产技术。开展林产品质量检验监测监管工作，完成对全省食用林产品110次抽样和检测，达到省食安委考核要求。推进佳木斯孟家岗、黑河市平山、东北林业大学帽儿山、绥滨县中兴边防、勃利县通天二5个林场试验地森林可持续经营试验示范项目的实施。加强与东北林业大学、黑龙江省林科院、黑龙江省农科院等院校合作，确定109项科技成果转化项目，推动产学研融合。

【林草规划】
编制专项和中长期规划 完成《黑龙江省国有林地和草原湿地植被恢复规划（指导性）》（2018~2030年）《黑龙江省草原生态保护修复规划》《黑龙江省村屯绿化规划》《黑龙江省国有林场中长期发展规划》；启动《黑龙江省生态强省规划（林草篇）》《黑龙江省山水林田湖草综合治理规划（林草篇）》和《黑龙江省林草系统"十四五"规划》编制工作；完成"十三五"规划实施中期评估、"十三五"生态环境保护规划实施情况评估和"黑龙江省退牧还草工程"评估工作。

规范项目储备与管理 完成项目可研批复、初设批复、初设调整及验收20项；申报2019年林业和草原中央预算内投资基本建设项目29个，东北虎豹国家公园项目5个；建立省林草重大项目库，截至2019年底，共计储备1164个项目。

及时下达和提报投资计划 全年下达11类专项中央预算内投资计划，资金7.98亿元，其中：天保二期工程后备资源培育项目1.4亿元、重点防护林工程2.15亿元、退耕还林还草工程84万元、退牧还草工程1270万元、湿地保护与恢复工程3180万元、社会性基础设施项目6864万元、林业基本建设项目2460万元、国有林区管护用房建设试点3015万元及国家级自然保护区项目、森林防火项目、草原防火项目合计2.74亿元。提报国家林草局及国家发改委2020年中央预算内投资建议计划16.87亿元，其中：省本级及地方6.95亿元，伊春森工集团3.44亿元，龙江森工集团6.49亿元。

【林草信息化】 结合省林草局机构调整和改革情况，重新修订《黑龙江省林业和草原局大数据中心（数字林草）建设规划（2017~2023年）》。开发建设"黑龙江省地方林业森林防火指挥系统"，提升林业系统防火指挥能力。推进"互联网+政务""互联网+业务""互联网+扶贫"等应用。结合机构改革及时对门户网站进行升级改版，科学调整相关板块，推动林业政务开放透明，主动公开各类信息700余条；重新开通局微信公众号，累计更新信息60余条。启用"钉钉"办公软件，方便日常考勤，提高办公效率。

【林业产业】 全省林草总产值实现1950亿元。进口木材802万立方米，建立各类木材加工园区45处；黑木耳等食用菌产量突破420万吨，年综合产值超过360亿元；经济林种植面积达15.47万公顷，中药材人工种植和改培面积达到1万公顷；有各类养殖合作社600余家，山野菜人工栽培突破1.33万公顷，蕨菜、刺五加等山野菜年市场交易量5.8万吨，产值100多亿元；新增国家级林业重点龙头企业3家，国家级森林康养基地4家。全省有国家级林业龙头企业14家，省级林业龙头企业120家，林下经济示范基地60家。

【生态扶贫】 三北等防护林体系建设工程、生态保护恢复草原保护、退耕还湿、湿地保护与恢复、国有贫困林场扶贫等各类生态工程投资全年累计向贫困地区倾斜支持3.6亿元。在全省43个重点生态功能区和大兴安岭南麓片区及国家扶贫开发重点县（市、区）区域内开展建档立卡生态护林员选聘工作。完成2018年度生态护林员补助资金拨付，其中中央财政拨付生态护林员补助资金4500万元、省财政统筹生态功能区转移支付资金2000万元，共计6500万元，人均补助资金3567元；2019年选聘生态护林员18 222人，已下达生态护林员补助资金6600万元，人均补助3842元。生态护林员项目带动黑龙江省相关44个县、436个乡镇、1.8万户贫困户、4.7万人脱贫。其中，黑龙江省项目区内通过生态护林员收入稳定脱贫655人，基本脱贫15 835人。

【营商环境优化】 推进"放管服"改革，梳理行政权力，精简审批环节，优化审批流程，实现行政审批"最多跑一次"，实现"不见面审批"，进一步提高企业和群众的获得感和满意度；建立"百大项目"审核审批绿色通道制度和工程项目使用林地联系协调机制，制订出台支持"百大项目"建设18条具体措施，并开展"保姆式"服务，完成41个百大项目的使用林地审核审批工作，使用林地面积1596.87公顷（其中，上报至国家林草局批准的百大项目13个，面积1456.1公顷），保证了"百大项目"尽快开工建设。

【大事记】
1月30日 全省林草工作会议在哈尔滨市召开，会议总结2018年工作，部署2019年重点任务。国家林草局驻黑龙江省资源监督专员办专员袁少青出席会议，黑龙江省林草局党组书记、局长王东旭主持会议。

3月1日 黑龙江省重点国有林区森林资源管理行

政权力移交会议召开，会议传达了省委关于《黑龙江省森工政府职能移交及社会职能改革实施方案》精神，并对移交方案做政策解读。

4月2日 黑龙江省委书记张庆伟主持召开全省森林防火紧急视频会议，传达学习中央领导同志对四川省凉山彝族自治州木里县森林火灾作出的重要批示精神，对黑龙江省森林草原防火工作作出安排部署。

4月19日 省农垦森工改革森林和草原行政职能移交会议召开。12个市政府分别与省农垦总局、8个市政府分别与23个森工林业局分公司集中签订了森林和草原行政职能移交协议，标志着农垦森工改革森林和草原资源管理行政职能移交工作市级层面已经全面完成。

4月22日 黑龙江省林草局转隶会议召开，对原森工总局119名转隶人员进行了接收和安置，开始了重点国有林区森林资源管理新体制的运行。

4月27日 第十一届龙广植树节在哈尔滨市阿城区金龙山国家森林公园举行。

5月9日 黑龙江流域湿地保护网络成立大会在长春市召开。

5月11日 黑龙江省第38届"爱鸟周"活动在哈尔滨市启动。该届"爱鸟周"活动的主题是"关注候鸟迁徙，维护生命共同体"。

6月3日 国务委员王勇到黑龙江省调研森林草原防火工作，省林草局党组书记、局长王东旭陪同。

6月5日 由黑河市人民政府、黑龙江省林业和草原局及俄罗斯阿穆尔州政府共同主办的第十届中俄林业生态建设国际学术论坛在俄罗斯远东国立农业大学（布拉戈维申斯克市）举行。

6月10日 黑龙江省湿地日和扎龙自然保护区40周年主题纪念活动在扎龙自然保护区举行，活动主题是"保护大美龙江湿地，共享生态文明未来"。

7月15日 龙江东部湿地旅游联盟成立大会在鸡西市召开，7家联盟成员单位负责人共同签署了《龙江东部湿地旅游联盟合作框架协议》，倾力把龙江东部"湿地游"打造成为黑龙江省旅游产业发展的"金字招牌"。

7月27日 国家林草局副局长李春良一行到黑龙江省调研湿地管理工作，省林草局党组书记、局长王东旭陪同。

8月7日 《中国绿色时报》调研组到黑龙江省对山水林田湖草综合治理和天然林保护进行调研，省林草局副局长朱良坤陪同。

8月12日 住陕全国政协委员考察团到黑龙江省考察林业及大兴安岭生态环境保护情况。

9月2~3日 国家林草局副局长李春良到黑龙江省调研生态扶贫和东北虎豹国家公园管理工作，省林草局党组书记、局长王东旭，副巡视员陶金陪同。

9月4~5日 国家林草局副局长李树铭到黑龙江省调研重点国有林保护工作，省林草局副局长郑怀玉陪同。

10月10~12日 中央编办到牡丹江市、东宁市、横道河子林场等地调研东北虎豹国家公园建设工作，省林草局党组书记、局长王东旭，副巡视员陶金陪同。

10月17日 "壮丽70年·奋斗新时代"庆祝新中国成立70周年主题系列新闻发布活动——生态文明建设专场发布会在黑龙江广播电视台举行，省林草局党组书记、局长王东旭发言并回答了记者和公众关心的问题。

10月18日 黑龙江省十三届人大常委会第十四次会议表决通过《黑龙江省野生动物保护条例》，自2020年1月1日起施行，1996年通过的省野生动物保护条例同时废止。

11月12日 大兴安岭林业集团公司改革启动会议召开，确定了大兴安岭林业集团公司改革任务。

11月27日 以"保护野生动物，共享生态文明"为主题的黑龙江省巡山清套反盗猎首次行动在宾西示范林场正式启动。

12月1~2日 国家林草局国有草原有偿使用制度改革调研组到黑龙江省调研，省林草局副局长朱良坤陪同。

12月12日 国家林草局副局长李树铭一行到黑龙江省调研重点国有林区改革工作，省林草局党组书记、局长王东旭陪同。

12月25日 哈尔滨松北湿地公园等11处国家湿地公园试点通过验收，正式成为国家湿地公园。

（黑龙江省林草业由魏振宏供稿）

黑龙江森林工业

【概　述】 中国龙江森林工业集团有限公司（以下简称龙江森工集团）由原中国龙江森林工业（集团）总公司改组，于2018年6月30日成立。按照黑龙江省委、省政府批复，龙江森工集团被定位为大型国有生态公益性企业，赋予生态建设、产业发展、林业投资三项功能。

2019年，龙江森工集团深入贯彻落实习近平生态文明思想和习近平总书记重要讲话、重要指示精神以及全国林草工作会议部署，以生态建设为己任，持续深化改革，加快转型发展，重塑生态建设新模式，重建林业产业新体系，重聚产业发展新动能，重构公司治理新机制，各项工作取得了新进展。

【资源状况】 所辖重点国有林区包括小兴安岭和完达山、老爷岭、张广才岭等山脉，森林经营总面积658.51万公顷，占黑龙江全省国土面积的14%，活立木总蓄积量6.33亿立方米，森林覆盖率83.8%。有野生动物408种、野生植物2000余种，有2A级以上景区20家，已探明储量的矿产资源有30多个矿种、总储量64 171.4万吨。全林区属于中温带大陆性气候，积温2345.9℃，年平均降雨量640毫米，无霜期在90~120天。

【组织架构】 森工集团运行架构总体上是以集团公司为核心，公益类子公司、商业类子公司为支撑的组织结构，设党委会、董事会、经理层及各职能部门。集团下辖2个林区分公司、23个公益类子公司、7个直属森林经营单位、4个商业类子公司、13家城市院墙企业、4所中高职院校，其他事业单位56家。在册职工12.48万人，退休人员18.45万人，林业人口77.7万人（林区人口83.9万人）。集团党委设基层党组织2739个，共有党员55 267名。集团公司注册资本16.8亿元。

【森工改革】 2019年1月8日，黑龙江省人民政府办公厅印发《关于印发黑龙江省森工政府行政职能移交及办社会职能改革实施方案的通知》（黑政办规〔2019〕2号）。1月17日，黑龙江省人力资源和社会保障厅、中共黑龙江省委组织部、中共黑龙江省委机构编制委员会办公室、黑龙江省财政厅印发《关于进一步明确黑政办规〔2018〕63号文件中人员待遇政策有关问题的通知》。6月5日，中共黑龙江省委组织部、中共黑龙江省委机构编制委员会办公室、黑龙江省财政厅、黑龙江省人力资源和社会保障厅印发《关于印发〈黑龙江省农垦和森工重点国有林区改革政府行政职能移交相关涉改人员安置指导意见〉的通知》（黑编办〔2019〕36号）。为推进森工政府行政职能移交及办社会职能改革、妥善安置相关涉改人员提供了遵循。

龙江森工集团深入贯彻中央6号文件精神，按照黑龙江省委、省政府部署，攻坚克难，改革取得新突破。全面完成政府行政职能移交，森工2151项政府行政权力分别移交43个省直部门、8个地市、18个县（市、区）；整体移交林业公安机构29家、4273人。推进办社会职能改革，撤销各类事业单位82家，43家事业单位1400人移交省直厅局和属地。妥善安置涉改人员，375名机关和参公人员由省直部门和属地政府接收安置，原总局近500名离退休职工由省林草局负责服务管理。推进集团公司化改革，制订集团党委会、董事会、经理层议事规则，集团总部11名董事全部到位，集团法人治理结构进一步健全完善。总部机构42个部门调整优化为17个。完成23个林业局公益类公司改制注册工作，组建投资集团、食品集团、众创集团参与市场竞争。推进三项制度改革，建立市场化选人用人机制，公开招聘73名专业人才充实集团总部及子公司力量。推进城市院墙企业改革，与中国保利集团合作启动香坊木材厂、物资局土地开发项目，探索城市院墙企业盘活资产、解决历史问题、实现转型发展新模式。推进山河屯局黑森药业公司混合所有制改革工作。

【生态建设】 2019年，完成后备资源培育1.97万公顷、森林抚育31.51万公顷。启动林地回收"三年计划"，清理回收林地491.26公顷。加强湿地恢复，还湿240.27公顷。加大病虫害防治力度，病虫鼠害防治面积10.09万公顷，挽回经济损失近9000万元。加强保护地建设，现有各类自然保护地48个，总面积约284.45万公顷，占经营总面积的43.20%。与省林业工会举办黑龙江省职工职业技能大赛暨第四届黑龙江省森工系统森林经营技能竞赛。集团所属单位鹤北林业局被授予"全国生态建设突出贡献先进集体"。

【森林防火】 克服气候异常、火险等级高、专业队伍老化、基础设施薄弱、职能转变人员转隶、权责移交等不利因素，全面落实森防主体责任和防控措施，森防取得全胜，连续11年未发生重特大森林火灾，集团所属单位绥阳局被国家林草局评为全国森林防火工作先进单位。集团公司召开11次各类会议，研究部署森林防火工作。签订责任状2662份，签订联防协议2784份、防火公约8.1万份。排查整改各类火灾风险隐患428项。严格执行24小时值班值守制度和领导带班制度。强化督导检查，派出检查组1419个，蹲点领导1407人。强化火源管控，设置临时检查站684处，出动巡护人员35 925人次，完成计划烧除220 374公顷、防火线5487千米，清出违规入山作业点447个、入山车辆2839台、入山人员3154人。全方位、深层次开展防火宣传，出动宣传车26 466台次，建立宣传一条街641条，媒体宣传77 787次，印发各类宣传品725 983份，制作布设固定宣传牌2386块，提高了全民防火意识，树牢森防第一道防线。强化基础设施建设，投入资金12 393万元，实施"三江"林区森林防火通讯系统建设项目、高危火险区建设项目、防火道路升级改造项目，新购置森林扑火运兵车190台，各类设施设备12 715台（套、把），提升了森林防火机械化、信息化水平。强化秸秆禁烧工作，推进秸秆离田还及综合利用。

【产业转型】 树牢"两山"发展理念，依托资源禀赋、生态优势和规模优势，围绕生态建设、产业发展、林业投资3个板块，优化资源配置，创新发展模式，加快构建以营林、森林食品、种植养殖、旅游康养、林产工业为主的生态产业体系，推动产业转型发展。编制完成《集团公司2019~2021年滚动发展规划》，推进大雪乡旅游规划、乡村振兴规划、北药发展规划、对俄林业合作规划的编制，森林食品产业规划进入论证阶段。2019年实现营业收入30.1亿元。

营林产业 制订《集团公司红松经济林培育经营管理办法》和《集团公司红松经济林三年发展规划（2019~2021年）》。营造红松经济林2400公顷。种植蓝莓树莓560公顷、沙棘6133.33公顷、榛子913.33公顷，将生态建设与长远产业发展、促进职工就业增收紧密结合起来。承办国际沙棘协会（中国）沙棘企业联合会2019年年会，八面通林业局冬果沙棘产品通过日本有机农产品认证、美国有机食品认证和欧盟有机食品认证。

旅游康养产业 全年累计接待游客525.7万人次，实现收入1.99亿元。大海林林业局建设雪乡冬奥特许商品旗舰店和中华祈福园·太阳神鼓项目，丰富了旅游产品。推进旅游与文化等产业融合发展，电影《悬崖之上》在雪乡开机，央视出品的电影《一个都不能落下》在海林局拍摄。桦南局被评为全国"最佳森林休闲体验地"，其"森林铁路"被国家工信部授予"国家工业遗产"荣誉称号；清河局旅游风景区被评为"2019中国森林旅游美景推广地""森林健康养生50佳"荣誉称号；鹤北、方正、绥阳局被命名为国家森林康养基地；绥棱局入选全国最美森林小镇。

森林食品产业 形成食用菌、坚果、浆果、山野菜、蜂蜜等12个大类、300余种单品，其中，有机食品认证26个品类，绿色食品认证42个品类，无公害认证33个品类。桦南农盛园食品有限公司被国家林草局授予"中国林业产业创新奖"，亚布力局"猪菜同生"种养探索了新的发展模式。桦南林业局种植紫苏3893.33公顷，研发生产紫苏油等13个系列产品，建设占地10万平方米的紫苏鸡养殖基地，日产紫苏鸡蛋2万余枚，被中国林业产业协会授予"中国紫苏小镇"荣誉称号。

种植养殖业 农业播种35.07万公顷，加大种植业结构调整力度，重点扩大水稻、大豆、白瓜子、小麦等高产高效作物和经济作物种植面积。建成"互联网+农业"高标准示范基地10个、面积1153.33公顷。食用菌栽培6.6亿袋、产量3万吨。北药种植面积9600公顷。集团公司与黑龙江省中医药大学共同成立北药园产业联盟，清河局与黑龙江省中医药大学签署合作共建中国北药园协议，推进北药种植、研发、加工、销售全产业链建设。八面通、穆棱林业局被批准为黑龙江省中药材生产基地建设示范林业局。建设了一批特色养殖基地，养殖森林猪2.6万头、狐貉貂6.95万只、蜂17.3万箱。

林产工业 依托"两种资源、两个市场"，优化调整产业布局，其中，海林局、绥阳局在境外建设基地，境内发展木材精深加工，延伸产业链条；柴河局、通北局、大海林局依靠进口原料支撑，建设境内工业园区，实现产业集聚；柴河、亚布力、鹤北局利用根石（北红玛瑙）、松木脂"北沉香"、核桃壳等林区现有资源，发展工艺品及雕刻品。坚持以市场需求为导向，拓展发展空间，推进木结构房屋、木制工艺品等林木产品提档升级，增强市场竞争能力。全年加工利用木材41.38万立方米。

【项目建设】

国家林草局林业基本建设项目投资 一是国有林区社会性基础设施项目10个，总投资7626万元，其中，中央预算内投资6864万元。二是森林防火项目11个，总投资12 994万元，其中，中央预算内投资11 040万元。

黑龙江省发改委各类专项项目投资 一是天保二期工程后备资源培育1.97万公顷，其中，人工造林3866.67公顷、森林改培1800公顷、补植补造1.41万公顷，项目总计25个、总投资10 040万元，全部为中央预算内投资。二是启动国有林区管护用房2019年建设试点，建设管护用房62个，其中，新建59个、加固改造3个，项目总计21个、总投资2450万元，其中，中央预算内投资2140万元。三是保障性安居工程配套基础设施项目10个、总投资1.9亿元，其中，中央预算内投资1.6亿元。

省交通厅各类专项项目投资 一是国有林区道路建设项目24个，建设道路365.2千米，总投资4.06亿元，其中，中央预算内投资3.04亿元。二是国省道小修保养项目，总投资1230万元，全部为中央预算内投资。三是亚雪公路改造项目，总投资1650万元，全部为中央预算内投资。

产业项目 推进重点产业项目建设41个，计划总投资31.66亿元，完成年度投资5.28亿元，完成全年计划投资的65%。开复工项目29个，其中，新开工项目22个，复工项目7个，开复工率70.7%。

【企业管理】 创新管理思路，注重管控效能，推进管理精细化、规范化、科学化，全力打造内涵式发展机制，提升集团治理体系和治理能力建设水平。构建"三级管控"体系，集团总部打造成战略决策中心、资本运营中心、人力资源中心、大监管中心；二级公司打造成专业平台，定位为业务决策中心、利润创造中心；三级公司打造成生产车间，定位为成本控制中心。加强财务预算、核算体系建设，保障资金安全；开展清产核资和重大风险审计，理清森工系统各项资金、资产、负债底数。强化人力资源管理，建立人力资源信息化管理系统。强化项目管理，审计项目41个，发现问题220个，已完成整改157个，清理一批低效无效项目。严管天保资金，建立健全天保工程实施绩效考核和质量监督验收体系。

【党的建设】 牢固树立"四个意识"，坚定"四个自信"，做到"两个维护"，严守政治纪律和政治规矩，充分发挥党组织把方向、管大局、保落实作用。深入开展"不忘初心、牢记使命"主题教育，集团及所属69个单位、2452个基层党组织、5万余名党员参加，集团主题教育得到中央第七指导组的充分肯定。认真贯彻落实《准则》《条例》，召开全系统各级领导班子年度民主生活会和"不忘初心、牢记使命"主题教育专题民主生活会。推动"两个责任"和"一岗双责"落实，开展"创四强争五优"和创建标准化党支部活动，建强基层战斗堡垒。举办"龙江森工集团庆祝中华人民共和国成立70周年暨'森工最美奋斗者'颁奖大会"，表彰70年来林区各条战线的70名森工奋斗者，进一步凝聚了人心、提振了精神。深入学习贯彻习近平总书记在深入推进东北振兴座谈会上的重要讲话和考察黑龙江的重要讲话、重要指示精神，开展解放思想推动高质量发展大讨论。推进文明森工、诚信森工、德善森工建设，11个单位被命名为省级文明单位标兵，18个单位被命名为省级文明单位，全系统有注册志愿者28 115人、志愿服务中心81个、服务站254个。严格执行中央八项规定及实施细则，查处形式主义、官僚主义案件9件，处分17人。强化监督执纪问责，开展专项巡察，立案审查121件、处分141人。

【大事记】

1月18日 龙江森工集团公司召开干部大会，宣布黑龙江省委决定。张旭东任森工集团公司党委书记、董事长，张成林任森工集团公司党委副书记、总经理、副董事长。副省长沈莹出席会议并讲话，张旭东、张成林分别发言。

2月13日 黑龙江省重点国有林区改革专班召开森林资源管理职能移交专题会议，集团公司领导张旭东、许江参加。

2月16日 国家开发投资公司党组书记、董事长王会生一行赴森工林区调研健康养老项目，集团公司党委书记、董事长张旭东陪同调研。

4月11日 龙江森工集团工作会议在哈尔滨召开，总结2018年工作，安排部署2019年工作。集团公司领导张旭东、张成林、姜传军、杨波、许江、马椿平、张晓波、赵宏宇出席会议。

4月17日 集团公司副总经理许江会见蒙古国环保部林业局工程师奥特根妮玛一行，就森林培育、森林防火、森林病虫害防治、林业规划设计等方面进行交流。

5月15日 第十五届中国（深圳）国际文化产业博览交易会召开，集团公司党委副书记姜传军参加。

6月16日 集团公司党委召开"不忘初心、牢记使命"主题教育工作会议，集团公司领导张旭东、张成林、姜传军、杨波、许江、马椿平、孙继华、张晓波、赵宏宇、张书全出席。

6月16日 副省长沈莹参观第六届中俄博览会和第三十届哈洽会森工展区，集团公司领导张成林、马椿平陪同。

7月28日 2019虎豹跨境保护国际研讨会在东北林业大学开幕，集团党委书记、董事长张旭东参加。

8月26日 第二届黑龙江旅游产业发展大会在伊春召开，集团公司领导张旭东、马椿平参加。

9月17日 集团公司党委书记、董事长张旭东会见俄罗斯农业集团亚洲区负责人伊万奥萨其一行，集团公司副总经理许江参加。

9月29日 龙江森工集团举行庆祝中华人民共和国成立70周年暨"森工最美奋斗者"颁奖大会，集团公司领导张旭东、张成林、姜传军、杨波、许江、马椿平、孙继华出席。

10月10日 第七届黑龙江绿色食品产业博览会和第二届中国·黑龙江国际大米节在哈尔滨举办，集团公司领导张旭东、张成林、姜传军、马椿平参加活动。

10月25日 集团公司党委书记、董事长张旭东参加龙江振兴基金成立大会。

11月6日 省委常委、省委宣传部长贾玉梅赴亚布力、雪乡检查冬季旅游工作，集团公司党委书记、董事长张旭东陪同检查。

11月21日 中俄总理定期会晤委员会经贸分会森林资源开发和利用常设工作小组第16次会议召开，集团公司副总经理许江参加。

11月26日 龙江森工集团与国投集团、中林集团、保利集团就产业项目合作在北京举行座谈，集团公司领导张旭东、许江出席。

12月9日 全国森林资源管理工作会议在福建福州召开，集团公司领导张成林、张晓波参加。

12月13日 集团公司领导党委书记、董事长张旭东会见东北林业大学校长李斌一行，双方就"校企合作"事宜洽谈，集团公司副总经理许江参加。

12月13日 国家林业和草原局资源司司长徐济德深入森工林区调研，集团公司领导张成林、张晓波陪同。

12月19日 集团公司领导党委书记、董事长张旭东会见哈尔滨商业大学党委书记孙先民一行，双方就"校企合作"事宜洽谈，集团公司领导张成林、马椿平参加。

（黑龙江森林工业由王庆江供稿）

大兴安岭林业集团公司

【概　述】 2019年，大兴安岭林业集团公司聚焦"三年攻坚"目标，全力保生态、抓改革、兴产业、惠民生、强党建，林区经济社会呈现健康发展的良好态势。全年实现林业产业总产值104.0亿元，林业产业增加值57.6亿元，在岗职工年平均工资47 558元，同比增长5.1%。争取国家投资38.31亿元，其中：天保工程财政资金34.86亿元，国家基本建设投资3.45亿元，实施建设7类34个林业建设项目。组织编制《大兴安岭林业集团公司"十四五"发展规划》和各专项规划。印发《大兴安岭林业集团公司"十四五"发展规划编制工作方案》，明确时间表、作战图和任务分工。谋划林业建设项目，向国家林草局申报林业建设项目11个，获得国家批复建设项目5个，批复项目总投资0.9亿元。发展生态旅游，开工建设综合服务驿站和自驾营地12个，建成9个，启动爱情小镇建设项目，加格达奇区冬泳邀请赛、塔河自行车赛晋升国家级赛事，松岭成功承办2019中国森林旅游节，漠河纳入首批国家全域旅游示范区，大兴安岭地区被评为中国生态自然景观旅游最佳目的地，旅游人数和收入分别增长14%、23%。管护区经济产值和人均收入分别增长9.6%、8.9%。加强森林资源保护，组织开展"清明节战役""五月攻坚战役""六月决胜战役""金秋保卫战役"等防火战役，科学指挥、精心布防，严抓严防，全区未发生人为火，25起雷击火全部在当日扑灭，森林受害率仅为0.0023‰，森林防火工作取得全胜。坚持依法治林，加强森林经营管理，开展"绿卫2019"森林草原执法专项行动和保护森林资源"十三五"行动，打击滥砍盗伐、违法运输、毁林种参、违法使用林地等行为。全年查处各类林政案件253起，打击处理违法犯罪人员261人，收回林地90.8公顷，收缴木材25.1立方米，补种树木2.5万株，罚款458.2万元。实施生态景观廊道建设工程，完成作业面积2.75万公顷，栽植花灌木11.4万株。实施森林经营培育工程，全年完成人工造林2533.33公顷、补植补造2.2万公顷，森林抚育23.06万公顷。完成村屯绿化美化80.75公顷，村屯绿化覆盖率达21.93%。义务植树85.94万株，培育苗木7272.24万株；新育苗木799.55亩。2019年末，全区活立木总蓄积6.24亿立方米，森林覆盖率85.24%，森林面积712万公顷，森林蓄积6.09亿立方米，分别比2018年增长1965万立方米、0.35个百分点、2.9万公顷、2381万立方米。

【森林防火】 按照"思路早谋划、工作早部署、思想早动员"的原则,及时召开形势分析会议、春秋防火工作会议和"四大战役"动员部署会议。预防责任追究关口前移,坚持森林防火责任追究"零容忍""有过必罚、有责必究"的原则,严格执行"三级包片""党政同责、齐抓共管"机制,28 名副地级干部任副指挥,19 名地级干部包四大战区的 12 个责任区,各县(市、区)局处级干部包乡镇、林场(管护区),科级干部包村屯,层层压实责任,确保责任落实到位、措施落实到位。强化各管护站、检查站、巡护队及其工作人员的规范化管理。首次实行"以巡代训"管理机制,将靠前驻防的专业森林消防队伍,纳入火源管理队伍中,成立 23 支 345 人的稽查队伍,承担预防和扑救双重任务,扩大林火管控的覆盖面。森林防火期间,各地利用电视、广播、报刊等媒体,宣传森林防火重要性、森林火灾危害性,采取正反两方面典型案例开展宣传,营造森林防火宣传氛围。完善区域联防、林农联防,县区与林业局打破农林界限,采取召开战区联席会议的方式,对森防工作同安排、同部署、同督查。与毗邻的内蒙古大兴安岭、黑河市密切协作会商,召开地市联防工作会议,签订联防协议,做到信息互通、资源共享。全区投入森林防火专业力量 7072 人(其中森林消防支队 773 人、专业森林消防队 6299 人),根据火险等级对重点区域重点防控,将 104 支队伍 3337 人靠前布防到高火险区域。全年租用森林航空消防飞机 47 架,并在高火险期将飞机靠前布防到呼中、图强两个航空 B 类机场和椅子圈直升机起降点,每架飞机作业半径在 100 千米以内,提高飞机使用效率。

【森林培育】 全区规划村屯绿化美化面积 54.67 公顷,涉及 33 个行政村,一市两县完成村屯绿化美化 80.88 公顷,村屯绿化覆盖率 21.93%。完成义务植树 85.94 万株,完成计划的 100.76%。全年培育苗木 7272.24 万株,完成计划 121.45%;新育苗木 799.55 亩,完成计划的 182.1%;新播沙棘 0.98 公顷,完成计划的 100%,新增苗木 31.6 万株。完成购买造林成果 314.16 公顷。完成有害生物防治作业面积 2.83 公顷,无公害防治率 92.43%,成灾率 0‰,测报准确率为 99.79%;种苗产地检疫率 100%,完成国家林草局下达的"四率"指标。

【依法治林】 加大林业法律法规宣传力度,全区设立宣传台 120 处,在《大兴安岭日报》开辟普法宣传专栏 38 期,发放宣传单、图册 9.8 万份,悬挂宣传条幅 501 条,设立宣传展板 111 块,举办培训讲座、展览、网络活动 40 次,广大干部职工群众的资源保护意识和法制观念明显增强。举办全区林政执法人员培训班和"送法下乡"活动,召开森林资源管理、林政执法知识、专项行动解读及形势教育讲座,培训一线林政执法人员及资源战线干部职工 500 余人,提升干部职工依法行政的意识和能力。

【重点国有林区改革】 配合地方党政机构改革,统筹推进重点国有林区改革,精简林业集团公司管理部门,所承担的行政职能及行政权力事项移交行署对应工作机构。在全省率先完成行政职能及企办基础教育、公共卫生、社区管理、城镇消防、"三供一业"移交,全面完成林业检察院、法院撤并移交和公安转隶工作,完成重构政府基本医疗体系和职业学院、技师学院、农林科学院、报社改革任务。坚持"应分尽分、宜合则合、分合兼顾",探索地方和林业协调配合有效途径,防火等部门实行联合办公。林业参公人员纳入省编制管理平台,享受公务员职务与职级并行政策,出台《林管局机关及直属事业单位养老保险纳入地方接续管理实施办法》。

【天然林资源保护工程】 重点推进天然林保护和修复,完善"天保工程"管理制度,细化工程目标任务,优化管理体系,持续开展森林后备资源培育,编印《大兴安岭林业集团公司 2019 年森林资源培育实施方案》,完成中幼林抚育 18.39 万公顷,补植补造 2.2 万公顷,人工造林 2400 公顷。2019 年,国家投入大兴安岭林区天然林保护工程资金 360 295 万元。其中财政补助资金 348 595 万元,中央基本建设投资 11 700 万元。资金管理严格按照《天然林保护工程资金核算办法》实行专户储存、专账管理、专款专用、封闭运行。加强森林资源保护管理,新建管护站 1 座,加固管护站 28 座,重建管护站 73 座。落实管护面积 779.4 万公顷,签约率 100%。管护人员全部在岗,责任落实 100%。定期对管护人员的工作技能、森林资源管护知识等内容进行培训,培训人员 8000 余人次,考核合格后持证上岗,通过国家林草局对集团公司 2018 年度天保工程二期实施情况的综合考核。强化工程核查管理,制订《天然林资源保护工程复查和绩效考核工作规程》,配合国家林草局完成 2018 年度"四到省"综合核查。

【森林经营管理】 开展森林抚育调查设计的内外业核查和审批,完成小班 14 950 个,面积 223 981.76 公顷。核查审批 1011.25 公顷征占用林地调查设计。开展林业局工程项目占用林地及森林抚育伐区拨交审核工作,全年拨交伐区 9515 个小班、面积 81 054.26 公顷、采伐蓄积 86 729.08 立方米、出材 15 947.31 立方米。完成 10 个林业局 2018 年森林抚育伐区作业质量检查,共检查伐区 64 个小班、面积 1013.95 公顷。检查林业局 2018 年和 2019 年已完成的工程项目占用林地作业情况,抽取工程项目 20 个、小班 40 个,重点检查工程项目占用林地采伐是否按照调查设计作业及资源利用情况。

【林地管理】 办理西林吉、图强等林业局林下经济节点道路、旅游道路使用林地手续。配合自然资源局开展林地范围内违建别墅梳理排查,现地核查 1106 块疑似点。开展毁林开垦专项整治,各林业局、国家级保护区管理局开展毁林开垦专项行动共成立工作小组 59 个、出动人员 5740 余人次、车辆 1200 余车次;清查涉农林地地块 48 181 块,涉及农户 11 409 户,清查总面积 18.92 万公顷。

【管护区经济】 围绕沙棘、食用菌、浆果(坚)果、中药材(山野菜)、森林养殖五大产业发展,制发《绿色产业五大发展规划》。全区106个管护区(林场)完成主营业务重塑,基本实现每个管护区(林场)有一个可持续项目。实施产业标准化建设,制发10种管护区经济实用技术手册,合计7500余本。提升产业技术水平,举办各类培训班54期,培训人员3730余人。加快线下布局,2019年新建阜外旗舰店16家。发展"旅游+管护区经济",各管护区(林场)打造各类采摘园项目18个,各管护区(林场)打造各类民宿项目37个。加大扶持力度,下发《关于表彰发展管护区经济先进单位先进集体和产业先进典型的决定》,下发奖励资金740万元,组织森林生态产品生产企业参加第十五届中国林产品交易会,获优秀组织奖和优秀设计奖,11项产品获金奖。组织参加第十一届中国义乌国际森林产品博览会,获最佳组织奖、最佳展台奖,3人获先进工作者荣誉称号,34个产品获金奖,30个产品获优质产品奖。组织参加第七届中国创意林业产品大赛,1个产品获金奖,4个产品获银奖,25个产品获优质奖。全年管护区完成产值6.63亿元,增长9.6%;人均收入2.02万元(扣除工资性收入),增长8.9%;从业人员2.17万人,增长1.6%。

【生态监测研究】 启动大兴安岭森林湿地生态系统国家长期科研基地建设,承担国家林业和草原局"林业应对气候变化碳汇计量和监测体系建设"项目大兴安岭集团公司LULUCF碳汇计量监测任务,进行监测样地现场核查,根据核检现场信息进行数据库修正和更新。参与碳汇计量监测体系建设调研,与中国科学院西北研究院合作开展国家自然科学基金项目"大兴安岭森林火灾对冻土环境的影响研究",完成火烧区和未火烧区标准地设置、标准地调查,采集林木年轮、土壤、植物及水样品进行化验分析;完成中俄原油管道、火烧区、霍拉盆地等地9个地点植物样地设置、植被调查。参加中国林科院主持的国家重点研发计划"人工林重大火灾燃烧扩散机理及影响"课题试验,进行可燃物样品的采集和测试加工,在大兴安岭防火期,完成南瓮河保护区四个植被类型枯落物含水率试验,观测枯落的含水率、大气降水、蒸发、地温、土壤含水率,采集样品进行烘干,数据整理和分析;对2017年"5·12"毕拉河火场2016年、2017年、2018年3期遥感卫片进行遥感数据处理分析。

【林业碳汇】 推进图强林业局碳汇造林项目,完成碳量核证报告,项目计入期20年,总碳汇量约1500万吨/吨二氧化碳,年均碳汇量约75万吨。十八站林业局碳汇造林项目获国家发改委备案;松岭林业局和西林吉林业局碳汇造林项目在中国自愿减排交易信息平台公示。碳汇造林项目和森林经营碳汇项目建设、大兴安岭森林经营成果专项普查和林业碳汇基础数据库建设、大兴安岭林业碳汇交易中心建设3个项目进入地区"双五十"项目数据库。完成国家林草局年度LULUCF数据核实修正和补充调查等林业碳汇计量监测任务。配合省发改委和东北林业大学完成《黑龙江省林业碳汇经济发展规划(2019~2030年)》,完成省发改委和生态环境厅的《黑龙江省碳汇经济发展重点工作台账》相关报告任务。组织林业碳汇"十四五"规划编制工作,初稿上报集团公司计划统计部。完成《大兴安岭森林生态系统碳汇监测体系建设》科研课题项目评审。加强林业碳汇专业人员技术培训,通过建立"大兴安岭林业碳汇公共信息平台",常态化发送林业碳汇相关业务知识、电子课件及国家有关政策和管理办法,组织两级管理机构人员进行网络培训。

【林地"一张图"调查】 落实国家林业和草原局关于开展2019年森林督查暨森林资源管理"一张图"年度更新工作要求,规范工作程序和调查方法,制发《大兴安岭林业集团公司森林资源管理"一张图"年度更新调查技术方案》《大兴安岭林业集团公司森林资源管理"一张图"年度更新调查操作细则》。调查10个林业局、8个国家级自然保护区,国土总面积8 027 897公顷,更新完成林地数据库、林地动态变化分析,形成调查成果报告。

【自然保护区建设】 推进国家级自然保护区规范化管理,成立黑龙江北极村国家级自然保护区管理局和黑龙江岭峰国家级自然保护区管理局,双河、多布库尔和绰纳河3个国家级自然保护区分别增加管理人员1人、管护人员70人、防火人员60人。"绿盾2018"自然保护区监督检查专项行动中发现的北极村国家级自然保护区8个违规问题全部整改完成。开展林业自然保护区资源本底调查,在呼中国家级自然保护区调查中发现山西杓兰,是首次在河北省以北地域发现。林业自然保护区新增界碑、界桩、标牌3372个,完成人工植被恢复面积133.35公顷。全区现有林业自然保护区31处,总面积212.72万公顷,占全区总经营面积的25.47%。

【湿地管理】 推进湿地分级管理,组织申报南瓮河、双河源、甘河、阿木尔、九曲十八湾、古里河、大林河7处国家湿地。依据全国湿地第二次调查数据和《黑龙江省湿地名录》,将全区湿地二调斑块细化落界到林业局林保图上,明确各林业局湿地保护管理责任,在全国率先完成湿地落界工作。漠河大林河、呼中呼玛河源等2处国家湿地公园(试点)通过国家林草局验收。

【野生动物保护】 开展打击破坏野生动物资源违法犯罪专项行动,组织"十三五"2019年春季、秋冬季专项行动,全区出动人员4964人次、车辆1382台次,清理粘网、夹套、鸟笼563个,放飞活鸟238只。检查集贸市场、山珍礼品店、宾馆饭店、花鸟鱼店等经营场所514户次,未发现非法猎捕野生动物案件。加强野生动物疫源疫病监测防控工作,制订《大兴安岭陆生野生动物疫源疫病监测防控主动预警网格化管理指导意见(试行)》,探索建立以分级管理、分类监控为主的网格化主动预警监测管理新模式。制发《野猪非洲猪瘟监测防控技术指导方案》《监测项目资金管理办法》,指导各地精准定位监测防控重点。开展大兴安岭东部、北部山前台地陆生野生动物资源常规调查,完成调查样区24个,样区总面积2400平方千米,布设红外相机50台,初步掌握调查单元野生动物分布现状、栖息地现状、种群数量及变动趋势、栖息地受威胁因素、分布区社会经济状况。组织"世界湿地日""世界野生动植物日""爱鸟周"等主题宣传活动，设立咨询台，展出野生动物保护和疫源疫病监测防控展板，多角度、多方位宣传保护生态环境、保护野生动物的重要意义，提高公众的保护意识。

【航空护林作业】 加格达奇航空护林站全年租用飞机34架，机降作业4小时25分、3架次44人；吊桶作业45小时19分钟、84架次554吨；化灭作业56小时、24架次72吨。塔河航空护林站配备飞机13架，总飞行163架次，飞行335小时18分钟。其中，执行巡护任务67架次，飞行165小时22分钟；"三清"（清山、清沟、清河套）任务9架次，飞行16小时11分钟；执行火情侦察任务13架次，飞行14小时21分钟；配合地面扑火执行吊桶洒水灭火任务10架次，飞行18小时56分钟，洒水28桶84吨。

【林业有害生物防治】 强化监测预警，严格执行林业有害生物信息月报告、突发疫情周报、国家级中心测报点网上直报制度。重点开展鼠害、落叶松毛虫等重大林业有害生物监测工作，推广物理防治和生物防治措施，采用人工套网、鼠铗、修枝、诱杀等物理措施防治病、虫、鼠害320万公顷，采用人工悬挂鸟巢招引益鸟等生物防治虫害作业面积673.33公顷。严格检疫监管，完成苗木检疫1261.16万株。加强松材线虫病、红脂大小蠹等危险性检疫有害生物普查，普查面积334.53万公顷，普查里程1.5万余千米，出动专业普查人员600余人次，未发现松材线虫病。

【农林科学研究】 农业、林业科学研究院加强产学研合作，促进科技成果转化，深化科技体制改革。承担国家、省部级项目4项，实施地级科技项目2项、人才项目1项，开展合作项目6项；争取国家、省部级项目到位资金90万元。开展马铃薯种质资源保存、品种育种、安全生产、绿色增产、病害防控研究，进行技术集成及示范推广，完成国家马铃薯产业技术体系大兴安岭综合试验站年度任务。建立蓝靛果忍冬资源圃和摘示园3.6公顷，参与制定的两个黑龙江省地方标准公布实施。羊肚菌实现第四年出菇，毛尖蘑实现第三年春季与秋季棚内出菇、秋季林下覆土出菇及室内出菇，榛蘑实现第三年出菇。加强黑龙江嫩江源森林生态系统国家定位观测研究站、林业实验基地、综合实验室建设服务科学研究。开展榛子品种选育及抚育经营技术研究，收集优良平榛、毛榛8个种源种子，培育榛子杂交苗200株，定植的榛子大苗进行抚育试验。

【林业勘察设计】 拓展勘察设计市场，强化生产经营管理，挖掘创收清欠潜能，拓展服务领域。与中国科学院西北生态环境资源研究所签订战略合作框架协议，在东北地区对有关不良地质作用、地质危害发展趋势和治理措施、冻土生态环境保护以及自然资源作用与科学评估等领域开展科技合作。全年完成勘察设计项目166项，实现产值3491万元，收入2669万元。年产品合格率100%，优良品率95%。大杨树能源路改造工程建设项目获黑龙江省优秀勘察设计三等奖；漠河北极村张仲景养生院一期工程建设项目获黑龙江省优秀勘察设计三等奖。2019年6月，国家林业和草原局大兴安岭勘察设计院获"黑龙江省第十九届省级文明单位标兵"称号。

【神州北极木业有限公司经营】 推进公司内部改革，取消分公司二层管理机构，公司中层管理机构进行重新设置，完成薪酬改革。举办第一届设计竞赛，改造福来克西生产线，加工直径提高到220毫米，提高生产效率20%。通过国家ISO 9001质量管理体系认证、OHSAS 18001职业健康安全管理体系认证、ISO 14001环境管理体系认证的年度复检。全年签订订单产量25 673.67平方米，实现销售收入8632万元，实现利润216万元，上缴税金649万元。公司进入"中国家居综合实力100强品牌"行列，是唯一一家进入100强的木结构建筑企业。公司获中国林产工业30周年突出贡献奖，获国家专利2项。

【大事记】

5月15日 西林吉林业局前哨林场被中华全国总工会授予"全国工人先锋号"荣誉称号。

6月16日 加格达奇航空护林站首次独立完成CH-4无人机自主飞行，成为全国第一个实现CH-4无人机民用自主飞行的航空护林站。

6月21日 全国林业职工党建和思想政治工作研究实践基地、东北林业大学党建思想政治工作教学实践基地、漠河前哨林场党性教育基地在漠河前哨林场揭牌成立。

6月26日 黑龙江大兴安岭加格达奇林业局第二届金莲花节在加格达奇新世纪广场开幕。开幕式上，原林业部副部长、国家林草局科技委名誉主任蔡延松为加格达奇林业局递发"中国金莲花之乡"荣誉牌。

10月11日 黑龙江多布库尔国家级自然保护区管理局与国家林业和草原局哈尔滨林业机械研究所（中国林科院寒温带林业研究中心）在加格达奇签订战略合作框架协议书，并为多布库尔国家级自然保护区管理局授予试验基地牌匾。

11月12日 大兴安岭林业集团公司改革启动会在黑龙江加格达奇召开。会议传达中央组织部、中央编办下发的《关于健全重点国有林区森林资源管理体制有关事项的通知》精神，对大兴安岭林业集团公司改革进行部署。国家林业和草原局副局长李树铭出席。

（大兴安岭林业集团公司由张羽供稿）

伊春森林工业

【概　述】　黑龙江伊春森工集团有限责任公司组建于2018年10月，注册资本8.8亿元，是以保护培育经营森林资源为主责主业的公益类大型国有企业，是全国六大森工集团之一。集团辖施业区面积351.25万公顷，森林覆盖率87.4%。集团实行"省属市管"体制，即以省政府为出资人，授权伊春市政府为履行出资人职责的机构。集团下辖17个林业局公司、195个林场分公司、5个商业类子公司，在册职工总数11.8万人。集团党委共有基层党组织739个，有党员1.2万名。

【动植物保护】　集团施业区属国家重点生态功能区，动植物资源极为丰富，是我国生物多样性的重要基因库。拥有野生动物362种，其中国家一级保护动物10种、国家二级保护动物54种。拥有野生植物资源2214种，其中野生药材492种。为加强野生动植物资源保护，施业区内建有各类自然保护地41处，总面积约102.07万公顷。集团施业区内美景天成，共有景区29个，其中5A景区1个、4A景区4个、3A景区12个、3A级以下景区12个。

【产业发展】　2019年，集团公司申请获批"小兴安岭国家森林步道（伊春段）"。铁力林业局公司整合日月峡森林公园、滑雪场、透龙山庄等旅游资源，重点打造国家级森林康养基地。桃山林业局公司以悬羊峰、桃源湖、玉温泉等景点为支撑，重点打造观光、避暑、理疗、戏雪等系列旅游产品；双丰林业局公司重点打造燕安林场康养小镇，已委托专业机构完成初步规划设计，投资1亿元建设50千米旅游公路已建成投用。朗乡林业局公司引进天场集团和壹格加集团，联手打造朗乡特色小镇项目。争取省农业农村厅支持，获得省高标准农田建设项目3600公顷。为推进不同积温带北药种植，在南、中、北部建立4个林下北药试验示范基地，实验面积30多公顷，26个品种。与北京大成中医药研究院正式签约，注册成立伊春森工北药研发有限公司。发展矿山资源循环开发利用产业，与中铁资源集团签署战略合作协议，商定就鹿鸣矿业矿渣处理、废石利用及林地征用、植被恢复等进行长期合作。

【《森工集团党组织设置方案》】　3月10日，组织召开中共伊春森工集团公司委员会第3次会议。会议听取并讨论通过《森工集团党组织设置方案》。会议决定，集团党委下设1个总部机关党委和17个林业局公司党委；总部机关党委下设12个党支部（联合党支部），设党委书记1名，由集团党委副书记兼任；设副书记2名，其中常务副书记1名，由党委办公室负责同志兼任，专职副书记1名（副处级），选配政治素质强、熟悉党务工作的同志担任；设党委委员7名，由党支部书记兼任；12个党支部（联合党支部）书记原则上由部室主要负责同志兼任。17个林业局公司党组织的设立和变化需报集团党委批复执行。朗乡、桃山、铁力、双丰林业局公司党委所属基层党组织和党员整建制划转，涉及干部的按照干部管理权限进行管理。其余13个林业局公司党组织按照市委关于13个政企合一区（林业局公司）改制的过渡性体制安排意见，过渡期内由所在地党委和伊春森工集团公司党委双重管理，以所在地党委管理为主。

【小兴安岭国家森林步道伊春段】　8月7日，国家林业和草原局公布第三批国家森林步道，小兴安岭国家森林步道位列其中。步道全长1464千米，其中伊春段518千米。伊春段步道沿线有多处森林生态景区，拥有得天独厚的自然环境和地理区位优势，能系统展示小兴安岭的生态环境资源，是生态系统完整性、原真性较好的自然区域，步道主要对沿线各具特色的原有自然道路加以利用，在充分保持森林原貌的前提下为徒步游憩爱好者欣赏自然风光创造条件。

【中国野生动物保护影像作品展】　8月25日，由中国野生动物保护协会、省林业和草原局、伊春森工集团共同主办的"美丽中国，生态龙江，绿色伊春"新中国成立70周年·中国野生动物保护影像作品展在汇源国际会展中心举办。开幕式上，中国野生动物保护协会向伊春森工集团捐赠了展览中展出的210幅影像作品。此次参加展览的影像作品，皆为"自然影像中国"影像作品精选，是中国首个集野生动物摄影作品、野生动物影像视频、野生动物标本于一体的综合性生态文化展览。展览还特别设立了"生态龙江 冰雪家园""绿色家园 大美伊春"展区，集中展示黑龙江省及伊春市的野生动物物种，以及在保护野生动物方面取得的成果，使公众从生态视角进一步了解黑龙江、了解伊春。

【重要会议】
3月5日，伊春森工集团召开对接推进落实工作会议，会议由总经理张和清主持，董事长李忠培出席并讲话。会议指出，随着全市13个政企合一林业局公司制改制的完成，伊春森工集团17个林业局有限责任公司已经全部挂牌成立，标志着伊春国有林区改革开启了新纪元，森工改革改制进入了新阶段。

4月29日，召开中共伊春森工集团公司委员会第6次会议。会议由李忠培主持召开。会议讨论并通过了双丰林业局有限责任公司董事会成员人选。会议强调，双丰林业局公司董事会外部董事是依据市国资委确定的标准并经集团公司党委组织部和双丰林业局公司党委沟通选定的，符合法定程序。双丰林业局公司董事会的成立，将进一步加快集团现代企业制度建立的进程。

【大事记】

2月27日 《伊春日报·森工专版》正式开版。

3月21日至5月22日 开展为期两个月的集中学习活动，每个工作日进行集中学习，主要采取知识讲座、座谈讨论、集中领学、分散自学等形式，学习内容主要以政治理论知识和林业经济发展、森林经营培育、招商引资等综合性业务知识为主。

4月 伊春森工集团组织所属17个林业局子公司开展"春季植树造林 绿化大美伊春"活动，4887人参加活动，栽植云杉、水曲柳、核桃楸、白桦等树种3.7万株。

5月29日 《中国绿色时报》驻伊春森工集团记者站成立。

8月27日 "伊春森工航天航空林业应用技术院士工作站"和"遥感卫星应用国家工程实验室伊春实验基地"揭牌仪式在伊春市举行。仪式特邀国际宇航科学院吴美蓉院士、顾行发院士参加揭牌。

9月19日 伊春森工集团公司与中国绿色时报社运营的微信公众号《林草新闻》建立合作关系，成为《林草新闻》公众号首个建立战略合作的单位。

9月29日 伊春森工集团红松文创作品展在市红松体育馆开展。展厅分设18个展位，由17个林业局公司和黑龙江宏泰松果有限公司创作的数百件带有红松文化元素的作品在这里集中亮相。开展当天，约有2000人观看展览。

（伊春森工由蒋惠轩供稿）

上海市林业

【概　述】 全市加大绿化造林，全年造林7533.33公顷，森林覆盖率达到17.56%。生态廊道建设稳步推进，"绿道"网络基本成型，街心公园多点开花，绿化"四化"水平稳步提高。完成绿地建设1321公顷，绿道建设210.1千米，立体绿化建设40.6万平方米，建成区绿化覆盖率达到39.6%。

表25-1　2019年上海绿化林业基本情况

项目	单位	数值
新建绿地	公顷	1321
新增公园绿地	公顷	831.5
新建绿道	千米	201.1
新增立体绿化	万平方米	40.6
新增林地	公顷	7533.33
森林覆盖率	%	17.56
湿地保有量	万公顷	46.46+

【生态环境建设】 2019年全市森林面积已达11.13万公顷，森林覆盖率达17.56%。按照"四化"（绿化、彩化、珍贵化、效益化）要求，优化完善生态廊道设计导则，增加色叶、开花植物，以及珍贵和经济林树种在生态廊道中的应用，全市17条（片）市级重点生态廊道项目现已全面启动建设，组织春季造林质量检查，共抽查47个项目250余个地块，加强19个违规项目整改，确保造林成活、成林、成景。

【绿地建设】 加快构建全市绿地系统、公园体系，积极推进世博文化公园、上海植物园北区等市级重点项目，以及虹桥商务区、长兴岛开发区、临港新城等重点区域项目，完成浦东森兰楔形绿地、碧云楔形绿地、嘉定京沪高铁众百绿地、奉贤泡泡公园、上海之鱼环湖绿化景观工程等，全年共新建绿地1321公顷，其中公园绿地831.5公顷。建成区绿化覆盖率已达39.6%。

【绿道建设】 完成黄浦江滨江绿道（南外滩段）、横港河绿道、南站绿道、外环绿道（长宁段）、宝山湖清心园绿道、剑川路两侧绿道、戚家墩路绿道、闸殷路绿道、黄兴公园绿道、杨高路（桃林路-浦建路）绿道和环城水系（一期D段）绿道等，全年共完成210.1千米建设任务。

【街心花园建设】 完成黄浦玉兰园、静安石南街心花园等60个街心花园建设，推进虹口区广粤路、黄浦区雁荡路、长宁区新华路等绿化特色街区建设。

【绿化"四化"建设】 印发《上海市公园绿地"四化"三年行动计划》《上海"四化"木本植物名录（第一批）》《上海市森林"四化"规划》，开展"四化"植物应用科学研究，形成"四化"木本植物应用手册和推荐苗源信息。编制完成《上海市公园绿地规划纲要》，进一步提升街心花园、绿化特色街区、绿道等项目中的"四化"水平。推广色叶乔木等新优品种的应用，栎类、枫类等色叶乔木，美人梅、帚桃、紫薇、束花茶花等新优花灌木，玉簪、萱草、石蒜系列等宿根开花地被植物得到推广。

【郊野公园建设】 做好廊下、长兴岛、青西、浦江、嘉北、广富林、松南7座已开放郊野公园的日常管理工作，制订《上海市郊野公园运营管理办法》，关注在建郊野公园的规划建设工作。

【林荫道创建】 完成闻喜路、吴兴路等24条林荫道创建命名，全市共创建命名林荫道245条。

表 25-2 2019 年上海市林荫道名录

区	序号	道路	路段	长度(米)	树种
静安区	1	闻喜路	岭南路—阳泉路	720	香樟
	2	临汾路	三泉路—东茭泾	500	香樟
徐汇区	3	吴兴路	肇嘉浜路—淮海中路	990	悬铃木
	4	湖南路	兴国路—淮海中路	740	悬铃木
	5	虹漕南路	江安路—漕宝路	1700	悬铃木
	6	浦北路	桂林路—桂江路	1300	悬铃木
长宁区	7	仙霞路	古北路—威宁路	1600	悬铃木
普陀区	8	真北支路	金鼎路—铁路	820	悬铃木
	9	梅川路	中江路—真北路	720	悬铃木
虹口区	10	天宝西路	曲阳路—密云路	540	香樟
杨浦区	11	双阳北路	国顺东路—松花江路	680	悬铃木
	12	政澄路	殷行路—国泓路	650	朴树
浦东新区	13	云台路	德州路—昌里路	660	悬铃木
	14	东三里桥路	东方—浦东南路	780	悬铃木
宝山区	15	水产路	同济路—永清路	1000	悬铃木
闵行区	16	莲花路	吴中路—宜山路	1000	香樟
嘉定区	17	塔城东路	澄浏中路—政和路	610	榉树、栾树
青浦区	18	汇金路	公园东路—盈港东路	1000	香樟、悬铃木
松江区	19	彭丰路	思贤路—南环路	1300	栾树
奉贤区	20	解放东路	环城东路—S4	1100	香樟、悬铃木
	21	新建东路	环城东路—远东路	850	香樟
金山区	22	板桥西路	学府路—金卫城河	1100	香樟
	23	古城路	南安路—卫青路	656	香樟
崇明区	24	合作公路	保民南路—保安南路	1000	水杉

【绿化特色道路】 按照绿化、彩化、珍贵化、效益化建设目标,按照《上海市绿化特色道路评定办法》要求,打造"两季有花、一季有色"的道路绿化特色景观,每年在全市创建一批绿化特色道路,2019年,共创建绿化特色道路11条。

表 25-3 2019 年上海市绿化特色道路名录

序号	区	道路	路段	长度(米)	特色	最佳观赏期
1	黄浦	半淞园路	外马路—花园港路	650	月季	4~5月、10~11月
2	静安	恒通路	恒丰路—共和新路	1000	染井吉野樱、北美枫香、萱草、美国丛生紫薇	3月、7~9月、11~12月
3	徐汇	桂江路	沪闵路—钦州南路	1600	无患子、樱花、月季、杜鹃	3~5月、11~12月
4	长宁	友乐路	联虹路—迎宾一路	1550	美国紫薇、墨西哥鼠尾草	7~10月
5	杨浦	国顺东路	双阳北路—营口路	740	巨紫荆、樱花、金丝桃、南天竹、绣线菊	3~5月
6	普陀	金鼎路	真北路—万镇路	1800	束花茶花、美人梅、开花地被	1~4月
7	浦东	新跃路	高东二路—园三路	1600	樱花、兰花三七、石蒜	3~4月、8~9月
8	宝山	潘泾路	新川沙路—陈功路	1200	紫荆、翠芦莉、穗花牡荆	3~4月、6~10月
9	闵行	申虹路	润虹路—扬虹路	800	栾树、美国紫薇、樱花	7~10月

(续表)

序号	区	道路	路段	长度(米)	特色	最佳观赏期
10	嘉定	新成路	塔城路—仓场路	750	樱花、垂丝海棠、月季、开花地被	3~5月、10~11月
11	金山	龙轩路	卫零北路—杭州湾大道	1100	落羽杉、无患子、木槿、石蒜	7~12月

【申城落叶景观道路】 2019年，"落叶不扫"景观道路已再次调整扩容至42条，自2013年起，申城道路保洁和垃圾清运行业开始打造落叶景观道路，徐汇区余庆路、武康路率先尝试对部分落叶道路"落叶不扫"，成为申城一道独特风景，受到许多市民点赞。2014年，全市落叶景观道路增至6条，2015年增至12条，2016年增至18条，2017年增至29条，2018年增至34条。

【花卉景观布置】 围绕人民广场、外滩、陆家嘴3个市级核心区域、8个市级重点区、13条重点道路开展"双迎"花卉布置，期间共布置花坛花境面积约14万平方米、组合花箱近4万组、灯杆花球3300只、主题绿化景点73个，单季用花量达到1410万盆，自然花海91万平方米。

【老公园改造】 完成航华公园、虹桥河滨公园、华山绿地、淞沪抗战纪念公园（三期）、紫藤文化园、闸北公园（东区）、庙行公园7座公园改造并开放。

【新增城市公园52座】 加强分类分级管理，完成本年度城市公园名录调整工作并正式发文。新纳入城市公园52座，全市城市公园总数达到352座。

【公园延长开放】 推进全市公园实施延长开放，共253座公园纳入延长开放。其中，全年延长开放的公园209座，全年全天开放的公园129座。

【公园主题活动】 各大公园组织开展丰富多彩的公园主题活动，举办上海国际花展、上海国际兰展、第13届全国菊花展。全市形成以蜡梅、梅花、樱花、郁金香、牡丹、杜鹃、月季、爱鸟周、荷花睡莲、菊花、玉兰、紫藤、海棠、桃花、八仙花萱草、鸢尾16个主题内容为核心的园艺文化展，共举办180场主题活动。

【国庆期间公园游客量】 国庆期间，上海市公园共接待游客538.7万人次（其中，城市公园520.9万人次、郊野公园17.8万人次）。如辰山植物园经典"947·自然生活节"，共青森林公园"森林啤酒节""狂欢节"，上海植物园2019年秋季花展，古猗园长三角盆景交流展，上海动物园第七届蝴蝶展，滨江森林公园2019公园秋游季等，为市民打造了一场传统文化与生态景观相结合的绿色盛宴。

【古树名木管理】 开展古树名木白蚁、桂花溃疡病、古银杏超小卷叶蛾的综合防治，完成对9个区75株古树的白蚁专项防治工作和14个区127株银杏超小卷叶蛾的防治工作。开展古树名木生长状况健康评估工作，修改完善《古树名木和古树后续资源养护评价标准》。

【树木工程中心建设】 聚焦城市环境下树木生长不良等问题，以城市树木健康为核心，开展树木应用调查、树木健康与风险评估、树木地下生境改善等关键技术研究与工程化技术研发，初步形成研发、示范、推广三位一体的创新研发推广模式。筹建期内，形成树木健康与风险评估、模块应用等关键技术6项，行道树生境改善、古树保护复壮等成套化工程技术5项，授权专利21项，发表论文15篇，编写应用技术手册4种，出版专著1种，发布标准3项，培训22期共计1871人次，顺利通过市科委验收。

【立体绿化建设】 制订《屋顶绿化养护造价指标与编制说明》，完成《立体绿化技术规程》修编。全面完成40.6万平方米建设任务，并完成约2万米花墙、545根花柱建设。持续推进"申字型"高架沿口"彩化"工作，完成全市约16万箱高架沿口绿化布置。

【市民绿化节】 2019年举办的第五届上海市民绿化节自3月启动以来，历时9个月陆续在全市推出家庭园艺、绿色展示、体验互动、科普服务四大系列40余项市级活动，全市举办各类活动上千场，直接参与人次逾百万。除品牌活动绿化大篷车进商区、市民海派插花大赛、园艺大讲堂外，"一花一世界"创意评选、"生态上海 企地共建""绿色上海 和你一起""手植一棵树 绿化一片天"等主题活动，将绿色福祉送到了市民群众身边，让绿色福利惠及到更多的社会群体。

【森林资源管理】 完成浦东、松江、青浦、金山存量森林资源更新调查，配合完成第一批次质量抽检及森林资源管理"一张图"数据成果处理。试点落实公益林管护制度，推进公益林市场化养护和林地抚育。完成《上海市森林经营规划》以及东平等3座森林公园总体规划编制工作。

【种苗"四化"】 从引种、筛选、繁育和推广应用等方面推进本市林苗"四化"工作全面提速，完成编写《上海市公益林主要造林树种推荐目录（第二批）》《木本"四化"植物名录》。完成佘山森林公园、大金山岛、崇明佘山岛林木种质资源外业调查。经济林树种桃'锦春'通过品种审定，梨'七夕蜜'、桃'加纳岩'等通过品种认定，汇编《2019苗源信息》手册，社会化服务水平不断提高。

【有害生物监控】 强化森林火灾和有害生物预警、监测与巡察，开展森林防火和有害生物防控演练，切实加强重大检疫性有害生物防控。

【"安全优质信得过果园"创建】 2011年，上海市林业部门启动"安全优质信得过果园"创建工作，2019年，全市"安全优质信得过果园"达到78家，且分布与沪郊各区。统一使用专用logo和果品安全追溯系统。

【湿地保护修复】 贯彻落实《上海市湿地保护修复制度实施方案》，完成5个湿地生态修复项目和3个野生动物栖息地项目。发布《上海市湿地名录管理办法（暂行）》，公布《上海市重要湿地名录（第一批）》，宝山陈行—宝钢水库等13块湿地列入市级重要湿地。

【常规专项监测】 开展水鸟同步监测、绿（林）地鸟类监测、南汇东滩鸟类监测、环城绿带野生鸟类监测、崇明1%水鸟物种监测、横沙东滩野生鸟类监测等常规监测项目，共记录到鸟类299种485 511只次。2019年夏季记录到5种1295只次两栖类动物。

【野生动植物进出口许可】 持续做好野生动植物资源管理工作，全市办理各类野生动植物资源驯养繁殖、经营利用、进出口许可3223件。

【野生动植物执法监督】 配合开展违建别墅清查治理，上报疑似违建别墅项目66个；加强野生动物保护执法，办结行政处罚案件10件、罚款7.1万余元，配合公安部门办结行政处罚案件77件、收缴活体动物852只。

【动物繁育与展示】 优化动物种群结构，提升动物繁育水平。完成36批次动物引进和23批次动物转让，新增蓝马鸡、大树蛙等5个物种。全年繁殖成活动物79种601头（只），其中耳廓狐、圆鼻巨蜥等5种动物为首次繁殖，猩猩全人工育幼和白颊长臂猿人工育幼首获成功。

【2019年上海（国际）花展】 3月28日，由中国公园协会、市绿化市容局、上海市生态文化协会共同主办，上海植物园作为承办单位的"2019上海（国际）花展"正式拉开帷幕。2019上海（国际）花展继续以"精致园艺 美丽家园"为主题，在主题活动策划、科技成果应用、自然知识普及等方面不断创新，使"上海（国际）花展"成为推动行业交流发展、服务城市绿化的优秀平台，同时为市民游客打造最佳花园游赏之地。花展首次采用朱顶红、花毛茛"双主题花"的模式，通过庭院园艺、花坛花境、精致园艺、新优花卉植物应用等多种形式，充分展现园艺之美，展现两位"当家花旦"的优良特性。市绿化市容局、市文旅局、徐汇区人民政府，以及泰国总领事、韩国高阳花展组委会会长、加拿大郁金香协会主席、WBFF世界盆景友好联盟主席、BGCI国际植物园保护联盟中国区代表等百余位嘉宾出席开幕式。

【第38届"爱鸟周"】 4月20日，第38届"爱鸟周"系列活动以"关注候鸟迁徙维护生命共同体"为主题在上海辰山植物园顺利启动。"爱鸟周"活动期间全市开展宣传活动61项，其中市级活动13项，区级及相关单位活动48项，主要包括十佳野生动物保护特色学校评选、第十四届市民观鸟大赛、观鸟体验活动、生态知识讲座、科普展览、网络"爱鸟周"活动、书画展示、现场咨询等，共发放宣传资料等2万余份，参与公众3万余人。

【第十三届中国菊花展览会】 10月26日，第十三届中国菊花展览会顺利开幕，以上海共青森林公园为主会场，嘉定汇龙潭公园和松江方塔园为分会场，展出国内62个菊花文化名城、主要产区城市、菊花分会会员城市和单位的菊艺景观，其中全国城市及企业38家，上海各区及相关单位24家，联袂为市民游客奉上一场精彩难忘的菊花盛会，进一步体现花展"以菊为媒、文化搭台、艺术融合"的文化内涵。

【大事记】

1月18日 在2019年世界湿地日中国主场宣传活动上，上海崇明东滩鸟类国家级自然保护区等3家单位荣获首届生态中国湿地保护示范奖，并联合签订《生态中国湿地保护示范共建协议》

3月5~6日 2019年度上海市林业工作会议暨春季造林现场会顺利召开，各区林业主管部门和林业站以及光明集团、上实东滩的负责人参加此次会议。

3月10日 第五届上海市民绿化节开幕式在长宁区中山公园举行。

3月13日 迎接第十届中国花卉博览会800天倒计时行动大会在崇明会议中心举行，市政府副秘书长、市筹备花博会领导小组副组长黄融、中国花卉协会副秘书长张引潮出席。市筹备花博会领导小组各成员单位、崇明区四套班子领导及各级负责人近800人参加。市绿化市容局党组书记、局长邓建平主持会议。

3月22日 2019年国土绿化暨重点生态廊道建设推进会在市政府第一会议室召开。市政府相关委（办、局）及市绿委成员单位，各区政府分管领导，相关市属企业负责人，国家林草局驻上海专员办和媒体代表应邀出席会议。

4月11日 在浙江杭州召开的中国林学会自然教育工作会议上，上海辰山植物园被授予自然教育学校（基地）称号，并作为首批自然教育学校（基地）代表单位上台接受授牌。

4月27日 由市野保站、上海野鸟会共同主办的第14届市民观鸟大赛在世纪公园举办，200名高校、中小学、企事业单位、民间组织的观鸟爱好者和市民组成40支队伍参加比赛，达到鸟赛历史之最。本次鸟赛共记录到鸟类60种。

4月28日 2019北京世界园艺博览会开幕，市政府副市长宗明应邀出席开幕式，并于4月29日视察上海室内外展园。开园活动后，上合组织现任秘书长弗拉基米尔·诺罗夫、国家林草局副局长刘东生等参观上海室外展园，给予了高度评价。市住建委、市绿化市容局和市贸促会等同行参加开幕式。

5月27~28日 国家林草局第四督导组到上海对野生动植物保护和疫源疫病监测防控工作进行现场督查。

6月11日 全国绿化委员会办公室下发《关于授予首批国家"互联网+全民义务植树"基地称号的决定》(全绿办〔2019〕14号),授予上海植物园、上海滨江森林公园等26个单位为首批国家"互联网+全民义务植树"基地。

6月14日 国家林草局检查考核组对上海市2015~2017年重大林业有害生物防治目标履责情况进行检查。

6月28日 第十二届中国国际园林博览会在南宁闭幕,"上海园"在80个室外展园和4个公共景点竞赛中,荣获室外展园综合竞赛"最佳展园"及室外展园专项竞赛"最佳设计展园""最佳施工展园""最佳植物配置展园""最佳建筑小品展园"和"最佳园博会创新项目"6项"最佳"称号。

8月6日 "生态上海、企地共建"暨中国石化驻沪企业"互联网+全民义务植树"试点活动在上海五大古典园林之一的曲水园正式拉开帷幕。国家林业和草原局生态保护修复司、上海市绿化委员会办公室、青浦区人大常委会、中国石化绿化委员会、上海石油化工股份有限公司有关领导,中国石化驻上海各企业代表、中国石化绿化工作培训班学员以及媒体代表共200余人参加此次活动。

8月21日 上海市公园市民园长培训班在辰山植物园开讲,共有约150名市民园长参加此次培训,并为市民园长代表颁发聘书。

10月9日 2019年世界园艺博览会在北京闭幕,上海展园和上海室内展区斩获国际园艺生产者协会中华室外展园大奖(AIPH大奖)、2019北京世园会组委会中华室外展园大奖和2019北京世园会组委会室内展区特等奖,创下在A1类世界园艺博览会上迄今为止获得的最好成绩。

10月10日 2019年上海市林业行业森林防火技能竞赛在嘉定区举行,浦东、崇明、金山、奉贤、松江、嘉定、青浦和闵行8个区以及东平国家森林公园、海湾国家森林公园、滨江森林公园、佘山国家森林公园和共青国家森林公园五大森林公园的林业养护人员共计150余人参加。

10月19日 中国风景园林学会2019年年会在松江区举办,大会主题为"风景园林与美丽中国"。来自风景园林及相关行业的高校、科研院所和企业等2000余人参加此次大会。

11月14日 上海市崇明东滩鸟类自然保护区管理处获颁第十届"中华环境奖"生态环保类优秀奖,该奖项是环保领域的最高奖项之一。

11月23日 第五届上海市民绿化节闭幕式在上海襄阳公园顺利举行。市绿化委员会办公室、市绿化市容局、徐汇区人民政府、市生态文化协会等单位的领导及关注城市生态环境、热爱城市绿色公益的市民群众和媒体朋友300多人参加活动。

11月26日 全市森林防火工作会议在上海东平国家森林公园召开,会议总结2019年全市森林防火工作,部署今冬明春森林防火重点工作。

11月26日 上海市崇明鸟类自然东滩保护区管理处工作人员在保护区生态修复区内调查到国家二级保护动物小天鹅347只。这是近年来东滩保护区内调查到小天鹅数量最多的一次。

11月 由上海市园林科学规划研究院发起的"城市困难立地绿化造林国家创新联盟"获国家林业和草原局批准成立,此联盟是国家林草局第二批批准的139个国家创新联盟之一。

12月27日 长三角城市生态园林协作联席会议成立大会在上海召开。沪苏浙皖赣33个城市园林绿化主管部门领导和相关管理人员,以及长三角生态绿色一体化发展示范区所在的上海市青浦区、江苏省苏州市吴江区、浙江省嘉兴市嘉善县的园林绿化管理部门领导近100位代表出席此次会议,长三角区域合作办公室应邀出席。

(上海市林业由周海霞供稿)

江苏省林业

【概　述】 2019年,全省森林面积159.6万公顷,林木覆盖率增至23.6%,自然湿地保护率达到55.8%,全年林业产值实现4893亿元,为全国生态建设大局和"强富美高"新江苏建设作出应有贡献。

【造林绿化】 2019年,新增成片造林3.27万公顷,四旁植树5168万株,超额完成国家和省定计划,全省林木覆盖率增至23.6%。省政府召开共抓大保护长江江苏段造林绿化工作会议,省政府办公厅转发省林业局等部门印发的《长江(江苏段)两岸造林绿化工作方案》,省林业局完成总体规划编制和沿江八市长江两岸绿化方案批复。沿江地区推进高质量植树、大规模增绿、抢救性复绿,完成营造林1.18万公顷,长江沿岸500米范围内完成造林1133公顷,建设18个省级沿江造林示范点。新建绿美村庄501个,推荐国家森林乡村259个。国土绿化与"三化"(绿化、美化、彩化)结合持续推进,培育珍贵用材树种2364万株。全民义务植树活动精彩纷呈,部门绿化齐头并进,新建4个国家"互联网+全民义务植树"基地,全省义务植树2000万株。常州市、南通市、泰州高港区、扬中市获得全国绿化模范单位称号,盐城市获得国家森林城市称号,仪征市创森获批备案。

【湿地资源保护】 2019年,全省自然湿地保护率达55.8%。全省修复湿地5127公顷。完成省级重要湿地名录报审,完善省级重要湿地数据库。成功申报2处国家重要湿地。4处国家湿地公园试点通过验收。新建4处省级湿地公园、52处湿地保护小区,推进10处示范湿地保护小区建设，开展4处乡村小微湿地建设。完成长江江苏段湿地保护修复方案，新增湿地保护面积3000公顷。制订全省湿地生态监测技术指南和重要湿地标识规范。2019年长江经济带120处国家级自然保护区管理评估中洪泽湖湿地国家级自然保护区位列第三、大丰麋鹿国家级自然保护区位列第五。

【森林资源保护】 2019年，推进生态公益林占补平衡，省级以上生态公益林保持在38.6万公顷以上，并下拨年度森林生态补偿资金1.74亿元。全省发生林政案件492件，结案467件。全省审核永久使用林地1160公顷（含国家工程定额753公顷），临时和直接为林业生产服务使用林地210公顷，共计征收森林植被恢复费1.29亿元。省林业局批准采伐林木面积1205公顷、蓄积量14.7万立方米。推进违建公墓、违建别墅清理整治，配合开展句容仑山湖违建别墅清查。抓好2018年森林督查问题整改。森林督查、森林资源管理"一张图"年度更新、重点公益林绩效评价、"绿卫—2019"专项行动等"四合一"工作在全国率先完成任务。完成年度林木覆盖率监测认定工作。完成全省林木种质资源清查外业。各级森林公安机构先后开展严厉打击破坏野生动物资源违法犯罪专项行动、"昆仑4号"打击破坏生态环境犯罪行动，组织林业领域开展扫黑除恶专项斗争，挂牌督办1起重大案件，涉林违法犯罪打击行动取得重要成效。

【自然保护地监管】
  自然保护区 全省共有各级各类自然保护区31个，总面积53.58万公顷，占全省国土面积5.22%，其中国家级自然保护区3个，面积29.93万公顷，占全省自然保护区总面积的55.86%；省级自然保护区11个，面积9.41万公顷，占全省自然保护区总面积的17.57%；市县级自然保护区17个，面积14.24万公顷，占全省自然保护区总面积的26.57%。
  森林公园 2019年，新建南通狼山国家级森林公园1个。全省国家级森林公园（含专类园、生态公园）共计26个，总面积588.64平方千米。新建南通老洪港、如东范公堤、射阳金海3个省级森林公园，全省省级森林公园共计46个，总面积396.07平方千米。开展森林公园生态红线校核，完善森林公园基本信息。
  湿地公园 2019年，完成徐州潘安湖、丰县黄河故道大沙河、吴江同里、淮安古淮河4处国家湿地公园试点建设验收，新建溧水东屏湖和石白湖、睢宁黄河故道房湾、南京龙袍长江4处省级湿地公园，全省累计建成国家湿地公园26处（含试点5处）、省级湿地公园47处。完成4处国家湿地公园和4处省级湿地公园范围及功能分区调整。
  风景名胜区 2019年全省拥有国家级风景名胜区5处、省级风景名胜区17处，风景名胜区总面积约1770平方千米，约占全省地域面积的1.75%。
  国有林场 全省现有国有林场57个，其中：40个定为公益性事业单位，17个定为公益企业。推进国有林场改革省级验收中发现问题的整改，组织开展国有林场改革"回头看"，以省政府办公厅名义向国家发展改革委、国家林业和草原局报送全面完成改革任务的承诺函。常州市金坛区茅东林场荣获"全国十佳林场"称号，常熟市虞山林场荣获2019年度"中国森林康养林场"称号。

【林业有害生物防治】 2019年，全省主要林业有害生物发生面积12.07万公顷，同比下降20%，防治作业总面积63.47万公顷，监测覆盖率99.32%，无公害防治率89%，成灾率控制在18‰，全面实现年度防治目标。受连续干旱气象与最新林调数据变更影响，松材线虫病疫情发生面积有所上升，发生面积8326.7公顷，病死树株数持续下降；美国白蛾疫情扩散减缓，全省美国白蛾发生面积6.66万公顷，同比下降18.9%，主要以轻度发生为主，仅在局部地区成灾；舟蛾类食叶害虫发生面积1.67万公顷，同比下降71.58%；茶黄蓟马在银杏上危害呈加重趋势；桑天牛等其他有害生物发生与往年基本持平。全省签发林业植物调运检疫证28.45万份，产地检疫证325份，完成国外引种审批120单（其中转报国家林业和草原局100单），完成新申请的2家普及型隔离试种苗圃现场查定和组织论证。

【森林火灾预防】 2019年，省长吴政隆亲自带队深入国有林场检查指导森林防火工作，副省长费高云对森林防火工作多次调研指导并提出明确要求。召开全省国庆暨秋冬季森林防火工作动员部署会，制订《全省林业行业森林防火隐患综合整治专项行动方案》，开展森林火灾隐患大排查大整治和安全生产月活动，坚决打赢新中国成立70周年森林资源安全保卫战。省政府将森林防火纳入全省安全生产27个行业领域，编制并实施《森林防火专项整治实施方案》，省林业局召开全省森林防火专项整治行动动员会。开展全省林业系统森林防火视频及通信应急演练活动和业务培训，举办第十届林业系统森林防火技能竞赛。按照"三管三必须"要求，加强森林防火公益宣传、火源管控和基础设施建设，确保全省国有林场和自然保护地无森林火灾发生。

【林业产业】 2019中国森林旅游节在南通市举办，组建长三角三省一市森林旅游战略合作联盟。2019年林业产业总产值4893亿元，比上年增长3.2%，其中：第一产业1094亿元，占总产值22.36%，比上年减少5.6%；第二产业3128亿元，占总产值63.93%，比上年增长8%；第三产业671亿元，占总产值13.71%，比上年减少2%。人造板产量、地板产量位居全国前列。新增5家国家级林业产业龙头企业。联合省农业农村厅印发《现代农业提质增效工程千亿级特色产业发展规划和专项行动方案（2018—2022年）》。制订《江苏省林下经济发展规划（2019—2022年）》，召开全省林木种苗和林下经济产业高质量发展现场推进会，全省林下经济面积近26.67万公顷，产值突破280亿元。全省林木苗圃面积20.5万公顷、苗木产量62.9亿株、种苗总产值423亿元，同比分别增长0.7%、2.3%、8.6%。确定20个省级苗木特色镇和37个省级苗木特色村试点建设。联合省民政厅、省卫健委、省中医药局印发《关于促进森林康养产业发展的实施意见》，3个全国森林康养基地获批试点建设。

【森林生态文化】 以庆祝新中国成立70周年为主题拍摄林业专题宣传片,开展"献礼70年——绿色江苏、生态家园"征文活动。林业宣传视频首次进入地铁车厢,连续半个月、覆盖国庆节假期滚动播出。利用植树节、"爱鸟周"、世界野生动植物日、世界湿地日、林业科技活动周等重点节庆,广泛开展林业宣传活动,倾情倾力讲好林业故事。江苏省大丰麋鹿国家级保护区联合中央电视台、人民网海外版等媒体现场直播第七届鹿王争霸赛活动,开展麋鹿争霸季科普宣传活动。第四届中国绿博会江苏园建设加快推进。江苏省林业科学研究院举办林业科技创新与发展学术研讨暨建院60周年纪念活动。江苏盐城国家级珍禽自然保护区拍摄的《一个真实的地方》入围第八届法国尼斯国际电影节并获3个奖项提名,推动湿地知识向学生普及、进科普教材,建成徐秀娟精神展示教育基地。江苏省太湖风景名胜区管理委员会办公室集成13个景区和2个独立景点打造统一网络宣传平台,并与风景资源管理信息系统实现互通融合。

【野生动植物及其制品经营利用】 完成行政许可、审核意见等共计534件。开发并试运行野生动植物行政许可信息管理系统。对46家野生动物繁育和利用企业进行行政许可事中事后监管,规范管理室内萌宠动物园。推动建立打击野生动植物非法贸易联席会议制度。开展加强候鸟保护打击破坏鸟类资源违法犯罪专项工作,开展"盘羊四号"行动。联合省公安厅印发《全省严厉打击破坏野生动物资源违法犯罪专项行动实施方案》,联合省市场监管局打击野生动物非法贸易,联合南京海关举办罚没濒危野生动植物移交仪式。

【2019年江苏省暨南京市"爱鸟周"活动启动仪式】 于4月20日在南京市举行。省林业局党组书记、局长沈建辉出席并讲话,中国濒危物种进出口管理办公室上海办事处专员苏宗海出席,省林业局副局长卢兆庆主持。启动仪式上,为全省首批"护飞行动"志愿者队伍授旗,开展候鸟摄影故事获奖作品展示和喜鹊巢搭建互动体验赛,宣布第三届"震旦杯"观鸟大赛开赛,学生代表宣读爱鸟护鸟倡议书。

【2019中国森林旅游节】 于10月18日在南通市开幕。全国人大常委会原副委员长、中国关心下一代工作委员会主任顾秀莲出席开幕式并宣布开幕,国家林业和草原局副局长刘东生、江苏省政府副省长费高云出席开幕式并致辞。10个外国代表,国家林业和草原局、文化和旅游部、江苏省人民政府及有关部委负责同志,各省(区、市)林业和草原主管部门、森工(林业)集团公司有关负责同志,南通市四套班子成员及市级机关负责同志,全国有关市县代表等近4000人参加开幕式。江苏省自然资源厅党组书记、副厅长孔海燕,省林业局党组书记、局长沈建辉,省林业局领导王德平、葛明宏、仲志勤等参加开幕式。开幕式上授予南通市"全国绿化模范城市"称号,为11个新命名的国家森林公园授牌。

【全国绿化委员会办公室举办的全民义务植树机制创新研修班】 10月28~30日,在常州市举行。全国绿化委员会办公室专职副主任胡章翠出席并讲话,江苏省绿化委员会副主任、省林业局党组书记、局长沈建辉致辞,国家林业和草原局生态保护修复司司长赵良平主持会议。会议期间进行现场观摩,为常州市获得全国绿化模范单位称号和一批国家"互联网+全民义务植树"基地授牌。江苏省、北京市、上海市、贵州省、武汉市、太原市绿委办作交流发言。

【东滩论坛—长三角地区生态文化与乡村振兴专题研讨会】 12月18~20日,由上海、浙江、江苏、安徽三省一市联合主办的东滩论坛—长三角地区生态文化与乡村振兴专题研讨会在上海举行。国际竹藤组织董事会联合主席、中国花卉协会会长、中国生态文化协会专家指导委员会主任委员江泽慧出席论坛并作主旨报告,上海市、浙江省政协分管领导及上海市、江苏省、安徽省林业主管部门领导分别致辞,上海市生态文化协会主要负责同志主持会议。南京林业大学有关专家作专题讲座,常州市武进区雪堰镇城西回民村、句容市天王镇唐陵村作为全国生态文化村代表作交流发言。

【大事记】

1月3日 省林业局发布2019年全省主要林业有害生物发生趋势预报,预计全省主要林业有害生物发生面积比上年略多,对松材线虫病、美国白蛾、杨树食叶害虫危害仍需高度警惕。

1月25日 江苏省2019年"世界湿地日"宣传活动启动仪式在溧阳天目湖国家湿地公园举办。省林业局副局长卢兆庆出席并讲话,溧阳市委常委张顺、副市长曹俊致辞,各设区市湿地站、国家级湿地自然保护区、国家湿地公园等负责人参加活动。启动仪式上为2018年通过验收的4处国家湿地公园授牌。

2月18日 省林业局发布2019年全省林木种苗发展趋势预测,预计2019年苗木总量仍供过于求,中等规格苗木、珍贵彩叶树种、乡土树种、高品质苗木需求量加大。

3月1日 江苏省委书记、省人大常委会主任娄勤俭,省委副书记、省长吴政隆等到南京江北的长江岸边,与省、市机关干部一起参加义务植树活动。

3月12日 共抓大保护长江江苏段两岸造林绿化工作会议在泰兴市召开。副省长费高云出席并讲话。盐城市、泰兴市和省住建厅、水利厅、铁路办、林业局作交流发言,沿江8市作表态发言。

3月27日 全省林业有害生物监测预报工作推进会在镇江市召开。会议解读《国家级林业有害生物中心测报点管理规定》,对2019年及今后一个时期监测预报工作做出部署。省林业局二级巡视员葛明宏出席并讲话,各市、县(市、区)森防站负责人和国家级、省级中心测报点有关同志参加会议。

5月19~24日 全省森林督查暨森林资源管理"一张图"年度更新工作培训班分别在无锡市、徐州市举办。省林业局副局长王德平作动员讲话。各设区市、有关县(市、区)林业部门分管负责人、林政处长、具体技术人员参加培训班。

5月23日 根据省委、省政府打赢打好碧水蓝天保卫战河湖保护战的动员令，省林业局党组书记、局长沈建辉实地调研指导泗洪洪泽湖湿地保护修复，听取泗洪洪泽湖湿地国家级自然保护区工作汇报。

5月31日 全省林木种苗和林下经济产业高质量发展现场推进会在句容市召开。省林业局党组书记、局长沈建辉出席并讲话，副局长王德平主持会议。句容市、沭阳县、泗洪县、宜兴市、南通市作交流发言，省林业科学研究院季永华研究员作林下经济专题讲座。

6月14日 里下河区域湿地保护修复工作座谈会在建湖县召开。省林业局副局长卢兆庆出席并讲话，省人大环资城建委派员参会，里下河区域设区市和县级林业部门分管负责人、省级以上湿地保护地主要负责人参会。

8月9日 省林业局党组书记、局长沈建辉在南京市调研长江沿岸造林绿化工作，实地查看江北新区、六合区新造林重点地块，听取南京市绿化园林局工作汇报。

9月19日 全省国庆暨秋冬季森林防火工作动员部署会议在徐州市召开。省林业局党组书记、局长沈建辉出席并讲话，省林业局党组成员仲志勤主持会议。各设区市和44个森林防火重点县林业部门分管负责人等120余人参会。会后围绕森林防火基础知识、隐患综合整治专项行动方案解读等进行业务培训。

10月9~11日 全省湿地保护管理培训班在扬州市举办。国家林业和草原局湿地保护管理司副司长鲍达明出席开班式并解读政策，省林业局副局长卢兆庆出席开班式并讲话，南京大学等专家进行授课。各设区市及县（市、区）林业部门湿地工作负责人等参加培训。

10月24日 全省造林绿化暨盐土绿化现场推进会在滨海县召开。省林业局党组书记、局长沈建辉出席并讲话，二级巡视员葛明宏主持会议，各设区市林业局负责同志作交流发言。

11月21日 全省绿委办主任及省绿委成员单位联络员会议在常州市召开。省绿委办主任、省林业局二级巡视员葛明宏出席并讲话，常州市副市长、市绿委主任梁一波致辞。各设区市绿委办主任和省住建厅、水利厅、交通厅、团省委、妇联联络员作交流发言。

11月26日 全省自然保护地勘界立标工作部署会议在南京市召开。省林业局党组书记、局长沈建辉出席并讲话，副局长卢兆庆主持会议。13个设区市林业部门负责同志、自然保护地管理处负责同志，各县（市、区）林业部门负责同志，3个国家级自然保护区和5个国家级风景名胜区负责同志参加会议。会议对中办、国办指导意见以及全省自然保护地勘界立标工作方案和技术方案进行解读。

11月26~27日 全省林木种苗行政执法及植物新品种保护培训班在南京市举办。省林业局副局长王德平出席开班式并讲话。培训班邀请国家林业和草原局种苗司、南京林业大学等领导与专家进行授课。全省种苗执法人员等共计120余人参加培训。

11月28~29日 江苏省第十届林业系统森林防火技能竞赛在苏州市吴中区举行。省林业局党组书记、局长沈建辉，局党组成员仲志勤出席，各设区市和部分森林防火重点县林业部门负责人等参加观摩。南京、无锡、徐州、常州、苏州、连云港、扬州、镇江、淮安、宿迁的10支森林消防专业队进行比赛。南京市获得一等奖，苏州市、连云港市获得二等奖，镇江市、淮安市、无锡市获得三等奖。

12月4日 全省国有林场改革和森林公园建设发展座谈会在东台市召开，省林业局副局长王德平出席并讲话。

12月8日 省绿委办组织专家对2019年"绿化好新闻"评选活动参选作品进行评审，共评出一等奖3个、二等奖11个、三等奖22个、优秀组织奖4个。

12月17日 全省森林覆盖率和林木覆盖率监测工作部署会在南京召开。省林业局副局长王德平出席并讲话。各设区市林业局具体工作负责人作交流发言。会议还对2019年度森林覆盖率和林木覆盖率监测作说明。

（江苏省林业由王道敏供稿）

浙江省林业

【概　述】 2019年，浙江省林业部门坚持以习近平新时代中国特色社会主义思想为指导，践行"绿水青山就是金山银山"理念，围绕乡村振兴、大花园建设等省委、省政府中心工作，深入推进林业综合改革，开展国土绿化美化，加强森林、湿地生态系统保护修复和野生动植物保护，推进自然保护地体系建设，发展绿色富民产业，高质量森林浙江建设迈出坚实步伐，林业现代化水平得到有力提升。全省森林面积607.56万公顷，森林覆盖率61.2%，林地面积660.23万公顷。活立木蓄积量（包括森林蓄积量、疏林蓄积量、散生木蓄积量和四旁树蓄积量）3.85亿立方米，森林植被碳储量2.7亿吨，森林生态服务功能总价值6413.94亿元。全年实现林业总产值6646亿元，比上年增长7.0%。

【林业生态建设】 紧紧围绕美丽浙江建设，大力推进绿化造林，浙江全年完成造林更新面积1.43万公顷。广泛开展义务植树活动，全年义务植树800万人次，植树2062.3万株。全面实施"一村万树"三年行动，建设示范村433个、推进村3673个，447个村庄获"国家森林乡村"称号。实施"新植1亿株珍贵树"行动，完成新植珍贵树2399.5万株。建成珍贵树种"局长示范林"192个，示范点205个，示范单位198个。推进彩色健康森林和木材战略储备林项目建设，完成彩色健康森林和木材战略储备林1.98万公顷。

贯彻中办、国办《天然林保护修复制度方案》，结合实际，研究制订《浙江天然林保护修复实施意见》。加强天然林保护，完成天然商品林年度区划落界任务18.05万公顷。开展天然林保护情况县级调查和省级复查，配合做好国家核查。实施《浙江省公益林和森林公园条例》，制定出台公益林采伐管理、变更调整、资金补偿等配套政策。强化公益林建设管理，省政府公布省级以上公益林面积303.24万公顷，其中，国家级公益林93.12万公顷。完成森林生态效益补偿资金发放，会同省政府新闻办公室向社会发布《浙江省公益林建设与效益公报》。

浙江省推进森林城市（城镇）建设，创建国家森林城市2个，建成省级森林城镇98个。金义都市区森林城市群被国家林业和草原局列为国家森林城市群建设试点，成为维护城乡生态安全、增进百姓生态福祉的样板城。投入省级保护资金，系统启动森林古道保护工程建设。完成古树名木资源普查，浙江现有古树名木27.49万株，隶属77科206属482种。全省各地探索创新古树名木体检、保险、认捐认养、责任制等保护措施。浙江省生态文化协会、省林业局联合命名省级生态文化基地56个，7个行政村被中国生态文化协会评为全国生态文化村。4月28日至10月9日，中国北京世界园艺博览会在北京延庆区举行，浙江展园模拟浙江"七山一水二分田"的自然山水格局，运用丰富的园艺资材和浙派园林的造景手法，以"源起、诗画、富美、花园、起航"五大篇章，打造新时代《富春山居图》，呈现"这山这水浙如画 这乡这愁浙人家"的美好画境，呈现"绿水青山就是金山银山"理念指引下浙江大地的生产美、生活美、生态美。向世界展现浙江生态与经济并重的绿色发展之路，赢得与会国际友人和社会各界赞誉。浙江展园、展区分别获得"中华展园大奖""中国省区市展区大奖"，大奖数量并列全国第一。

【林业产业】 浙江省林业系统实现林业产业总产值6646亿元。经济林产品产量5153.6万吨，其中山核桃产量2.6万吨，香榧产量8500吨，均居全国之首；主要林产工业产品中，锯材和人造板产量991万立方米，木竹地板产量9720万平方米，均创历史新高。出台政策支持工商资本"上山入林"投资林业产业，优化林业产业发展环境。出台《浙江省林地经营权证管理办法》，发放林地经营权证1522本，强化林地经营权权益保障。全省林业第一产业产值1062亿元，第二产业产值2754亿元，第三产业产值2830亿元，林业第一产业、第二产业、第三产业比例为16：41：43，林业产业结构进一步优化。其中森林康养和生态旅游产业占全省林业总产值的三分之一，成为全省林业第一大产业。全省现代林业经济示范区103个。

林业科技创新 浙江省加强科技创新平台建设。建成首个国家林业和草原局科研基地，新增重点实验室1个，建立温州城市生态系统定位观测研究站和浙西北竹林生态系统定位观测研究站2个国家级定位观测研究站，获批"竹笋产业""竹林碳汇""长三角森林生态产业化"等11个林业和草原国家创新联盟。全省林业部门制定林业国家标准4项，林业行业标准28项。"油茶林下仿野生中药材栽培"国家农业标准化示范区项目作为典型案例列入《2019年浙江省标准化工作白皮书》。年内，全省林业科技项目获省科技进步奖10项，获"第十届梁希林业科学技术奖"27项，获省科技兴林奖52项。全省林业系统获聘全国林业和草原乡土专家12人，获聘省级林业乡土专家100人。"竹产业振兴""美丽村镇绿化""天地空一体化森林资源监测"等10项省林业局与中国林业科学研究院林业科技合作项目立项，完成26项省院合作项目验收。开展林业科技周等科技服务活动，推广林果新品种和新型实用技术。

"一亩山万元钱"行动 2019年，浙江省林业部门实施"一亩山万元钱"五年行动。全年，建设"一亩山万元钱"示范辐射基地2.98万公顷、累计6.56万公顷，参与企业（合作社）3164家、农户4万户，培训林农3.8万人次，实现总产值91.22亿元。按照"壮大一产、发展二产、培育三产"的思路，全省林业科技专家挖掘土壤、气候和生物潜能，对土地、物种、时空进行科学配置，探索总结易学、易懂、易操作的"一亩山万元钱"十大林业科技富民模式，发挥科技在现代林业生产中的"乘数效应"，提高林业生产的综合经济效益。推进林下种养、产品加工、森林康养等"三产"融合。开通"浙江省林技通"微信公众号、建立"一亩山万元钱"智慧云平台，为基层林农提供"林技服务"。

森林康养 5月22日，省林业局制订《关于加快推进森林康养产业发展的意见》，提出构建森林康养产业体系，培育森林康养新生业态、提升森林康养的发展质量和综合效益的产业发展思路。10月18日，浙江、江苏、上海、安徽4省（市）林业局联合签署战略合作协议，共同谋划森林旅游和康养区域一体化发展。全省创建国家森林旅游示范市县7个，认定国家森林康养基地、养生基地和体验基地9个；创建省级森林休闲养生试点县7个，建立省级森林康养基地18个、森林氧吧114个、森林人家328个。

林事活动 台州天台县、金华磐安县、丽水松阳县、衢州常山县等林业部门大力推进森林休闲养生产业发展，举办森林旅游节或文化节，推广倡导森林旅游健康养生。3月28～30日，中国（萧山）花木节暨首届花木艺术博览会在萧山举行，来自全国十多个省（区、市）的1600家花木企业参会，成为全国规模最大的绿化苗木品牌展会，销售额达67亿元。10月10～12日，2019中国（长兴）花木大会暨第三届园林产业新优产品推介会在长兴举办。11月1～4日，第十二届中国义乌国际森林产品博览会在义乌举行，博览会设置主题展馆9个、展位3662个，32个国家（地区）和25个省（区、市）的3049家企业参展，到会客商27.56万人次，成交额51.67亿元，博览会期间开展项目推介和投资签约活动，签约金额108亿元。11月26～28日，以"'苗会'新时代 绿美新生活"为主题的第十七届中国（金华）花卉苗木交易会暨首届金东农展会在金华澧浦举办。

【林业资源保护】 根据2018年浙江省森林资源与生态状况年度监测，浙江在林地和森林面积保持基本稳定的前提下，森林质量稳步提高，林分结构持续改善，生态服务功能进一步增强。全省林地面积660.23万公顷，其中森林面积607.56万公顷；活立木蓄积量3.85亿立方米，其中森林蓄积量3.46亿立方米；毛竹总株数31.8亿株。全省乔木林单位面积蓄积量80.10立方米/公顷，其中天然乔木林77.45立方米/公顷，人工乔木林87.37立方米/公顷。乔木林分平均郁闭度0.63，毛竹林每公顷立竹量3581株。全省活立木蓄积总生长量与总消耗量之比为2.56∶1，保持生长量显著大于消耗量的趋势，活立木蓄积量持续稳定增长。全省森林覆盖率61.2%，居全国前列。森林生态服务功能总价值6413.94亿元。

林地林木保护管理 浙江省基本建成森林资源"一张图"平台，建立平台成果分析展示系统、野外数据采集移动端、"掌上林业"App及营造林、征占用林地、林木采伐系统"落地上图"功能，进一步完善数据更新系统与森林督查模块，实现"一张图"数据集成和业务协同。推进林地管理服务"定额管控"，落实林地保护利用规划，引导节约集约使用林地资源，优先保障重点项目建设、基础设施建设、公共和民生项目建设，严格管控工矿开发和商业性开发项目，合理调控城镇建设项目。全年全省审批使用林地项目5500件，面积7695.55公顷，征收森林植被恢复费14.53亿元。聚焦"放管服"改革，推进集体人工商品林采伐管理改革，林木采伐"最多跑一次"改革成果被国家林业和草原局发文推广。推进林木采伐数字化转型被列为全国林木采伐数字化服务和监管平台建设试点。严格执行限额采伐管理制度，全年核发林木采伐蓄积量205万立方米。开展"绿卫2019"专项执法、森林督查、违建别墅整治和涉林垦造耕地清查整改等行动，完成2.95万个遥感变化图斑清查任务。

湿地保护管理 浙江省加强重要湿地的保护管理。梳理和收集全省重要湿地名录，涉及80个重要湿地面积、保护方式和矢量数据，完成划界工作；实现各地县级湿地保护名录及相关数据收集和整理。开展杭州西溪湿地等5个国家级湿地公园和永嘉楠溪江等20个省级湿地公园清淤、巡护道建设、退耕还湿、设备购置等湿地保护和修复工作。全面完成全省红树林资源和适宜恢复地的调查，掌握全省红树林资源和适宜地现状情况。推进湿地公园建设，嘉兴运河湾省级湿地公园晋升为国家湿地公园，浙江天台始丰溪国家湿地公园（试点）和浙江云和梯田国家湿地公园（试点）通过国家湿地公园建设试点验收。全年新增桐乡白荡漾、瑞安平阳坑、永康杨溪源、临海红杉林、海宁长水塘、开化金溪6个省级湿地公园。完成杭州西溪湿地、镇海九龙湖湿地、桐庐南堡湿地等湿地公园范围内相关工程项目占用湿地进行审核，完成相应的功能区和范围调整工作。对11个设区市编制的2017年湿地资源负债表进行审核，对接第三次全国国土调查，及时了解全省湿地资源初始成果。

自然保护地管理 全力推进钱江源国家公园体制试点，钱江源国家公园管理局正式挂牌，开启钱江源—百山祖国家公园"一园两区"创建模式。其集体林地役权改革、跨区域合作保护、科研监测和宣传等多项工作经验成为国家公园体制试点的亮点。推进自然保护地建设，省委办公厅、省政府办公厅印发《关于建立自然保护地体系的实施意见》。新建省级森林公园1个、省级湿地公园6个、海洋特别保护区2个，晋升国家级森林公园1处、湿地公园3处。全省林业管理部门实施"十大名山公园"提升行动，投资31.5亿元，完成景区提质扩容、景点改造建设、森林提质增量、休闲康养游等项目建设。拍摄专题宣传片宣传推广"十大名山"，并在中国北京世界园艺博览会和第十二届中国义乌国际森林产品博览会期间播放，提升"十大名山"品牌形象和影响力。

省林业局制订《浙江省自然保护地融合发展示范镇（村）建设指标体系（试行）》，推进自然保护地与城镇、乡村融合发展。开展"绿盾"自然保护地大检查和评估，加强自然保护区规范化建设。天目山、清凉峰、古田山等9个国家级自然保护区被生态环境部、自然资源部、国家林业和草原局评定为优良等级，优良率达100%。

森林灾害防控 2019年，浙江省林业系统全力打好松材线虫病防治攻坚战，投入资金3.6亿元、人工121万人次，实施除治面积24万公顷，清理枯死树490万株。做好森林防火工作，全年发生森林火灾30起，比上年下降33.3%；受灾面积115.54公顷；24小时扑灭率100%，森林火灾发生率和受害率维持历史低位水平。

野生动植物保护 浙江省林业部门实施珍稀濒危野生动物保护工程。华南虎、安吉小鲵、义乌小鲵、镇海棘螈等繁育和放归取得明显成效。朱鹮种群数量增至406只，居全国前三位。象山等地招引中华凤头燕鸥83只，繁殖雏鸟32巢。扬子鳄种群数量达到6700余条，野外种群数达840条，且自然产卵繁殖。海南鸦记录有繁殖巢100多个，繁育幼鸟170多只。华南梅花鹿放归6只，黄腹角雉放归5只，獐放归39只。筹建野生动物收容救护体系，收容救护野生动物约5000只。发动和鼓励社会力量，加强候鸟源头保护，开展候鸟志愿者护飞行动，巡护里程3.65万千米，清除鸟网等猎捕工具972件，救助鸟类1363只，配合森林公安查处偷猎案件112件。百山祖冷杉存活幼苗240多株。普陀鹅耳枥回归4000多株，在景宁发现天台鹅耳枥229株。在海南岛等8个地方实施天目铁木迁地试验。景宁木兰野外回归1000多株。建立伯乐树培育研究基地2个、原地迁入点1个，繁育幼苗500多株。迁地保护羊角槭等物种15种。

【**大事记**】

1月7日 中共浙江省委办公厅、浙江省人民政府办公厅下发通知，公布省林业局职能配置、内设机构和人员编制规定。

1月24日 浙江省暨杭州市"世界湿地日"宣传活动在中国湿地博物馆举行。省政协副主席、省生态文化协会会长周国辉出席活动并宣布启动，省林业局局长、省生态文化协会常务副会长胡侠讲话，省林业局副局长王章明主持启动仪式。

1月25日 省"两会"期间，省政协在杭州专门召开全省"关注森林"工作会议。省政协主席、省关注森林组委会主任葛慧君出席会议并讲话，省人大常委会副主任史济锡宣读表彰文件，省政协副主席周国辉主持会议。省政协办公厅主任帅燮琅，省林业局局长胡侠、副局长杨幼平、副巡视员骆文坚参加会议。

2月19日 国家林业和草原局公布首批国家林业和草原长期科研基地名单，浙江午潮山森林资源培育国家长期科研基地成功入选。

2月26日 国家林业和草原局公布2018年国家林下经济示范基地名单。浙江安吉县天荒坪镇天林竹笋专业合作社、庆元县亿乾宁道地药材有限公司、遂昌叶村山茶油专业合作社和浙江物产乐乐创龄生物科技有限公司4家单位被认定为国家林下经济示范基地。

2月28日 全省林业工作会议在杭州召开。省林业局党组书记、局长胡侠作工作报告，省林业局正厅级领导杨幼平宣读省委常委、常务副省长冯飞对林业工作的批示，省林业局正厅级领导吴鸿主持会议。国家林业和草原局上海专员办专员苏宗海，省林业局其他局领导，各市、县（市、区）林业主管部门主要负责人，国家级自然保护区、风景名胜区管理机构主要负责人，省林业局机关各处室、直属各单位主要负责人参加会议，国家林业和草原局华东院、竹子研究中心、亚林所、省自然资源厅、浙江农林大学、九三学社省委会、省发改委、省财政厅的相关负责人应邀出席会议。

2月28日 全国2019年"世界野生动植物日"主题宣传活动在宁波神风海洋世界启动。活动由中华人民共和国濒危物种进出口管理办公室、农业农村部渔业渔政管理局、中国野生动物保护协会共同主办，国家濒管办上海办事处、浙江省农业与农村厅、浙江省野生动植物保护协会协办。

3月13日 全省新植1亿株珍贵树赠苗植树行动暨中国（庆元）楠木城建设启动仪式在庆元举行，省政协副主席周国辉宣布活动启动，省林业局局长胡侠讲话，省林业局正厅级领导杨幼平主持，中共庆元县委书记蓝伶俐致辞。省政协、省政协人资环委、丽水市政协、庆元县四套班子领导，全省各市、丽水市所属各县（市、区）林业主管部门分管领导及种苗管理负责人等参加活动。

3月27~28日 在上海举行的第六届全国林业信息化工作会议暨林业信息化全面推进十周年研讨会上，浙江省林业局被评为"林业信息化全面推进十周年先进单位""2018年林业信息化建设省级十佳单位"；"浙江林业网"被评为"省级十佳网站"；"浙江林业"App被评为地方优秀案例；杭州市、龙泉市、椒江区分获市级、县级林业信息化前十单位；杭州市林业水利信息网站获"市级十佳网站"。省林业局局长胡侠参加会议。

4月10日 2019年浙江省野生动植物保护宣传月暨"爱鸟周"活动启动仪式在舟山举行。省政协副主席周国辉宣布活动启动，省林业局党组书记、局长胡侠在启动仪式上讲话，舟山市政府副市长陈隆致辞。浙江省林业局党组成员、副局长、浙江省野生动植物保护协会会长王章明主持启动仪式。

4月29日上午 2019北京世园会浙江园举行揭幕仪式。揭幕当天，北京世园会执委会主任、北京市委书记蔡奇，北京市四套班子领导、北京市世园局领导、中国花卉协会领导等一行嘉宾参观了浙江园。浙江省常务副省长冯飞为浙江园揭幕，浙江省林业局局长胡侠主持仪式并致辞，参建工作各方代表参加揭幕仪式。

5月14日 国家林业和草原局与海关总署在杭州海关举行"执法查没象牙等濒危物种制品"移交仪式，杭州海关向林业部门移交象牙等濒危物种制品。国家林业和草原局野生动植物司巡视员贾建生参加仪式并致辞，省林业局副巡视员骆文坚代表省林业局与杭州海关签署移交文件。

6月6日 "浙江日"活动在北京世园会开幕。浙江省人民政府副省长朱从玖，国际展览局主席科里斯藤森，国际园艺生产者协会秘书长布莱尔克里夫，财政部原部长谢旭人，国际商会世界商会联合会主席、中国国际商会主席于健龙，中国花卉协会秘书长刘红等出席开幕式并致辞，各位领导共同启动"生命之树"。部分国家驻华使节，浙江省贸促会会长陈宗尧，省林业局局长胡侠、正厅级领导杨幼平，省文旅厅副厅长许澎，以及20多家新闻媒体记者等嘉宾共130多人参加开幕式。

6月12日 省委批复同意设立钱江源国家公园管理局党组，由省林业局党组代管；省委组织部发文同意省林业局党组成员、副局长王章明兼任钱江源国家公园管理局党组书记，开化县县长鲁霞光兼任钱江源国家公园管理局局长。

6月18日 省政府办公厅公布省政府议事协调机构名单，浙江省绿化与湿地保护委员会调整更名为浙江省绿化与自然保护地委员会，浙江省防控农林植物重大疫情指挥部重大林业疫情防控办公室调整更名为浙江省防控林业植物重大疫情指挥部。

6月23日 安吉小鲵首次实现仿生态人工繁育野外放归。

7月2日 钱江源国家公园管理局在开化揭牌成立，国家林草局总经济师、国家公园办主任张鸿文，浙江省政府副秘书长周日星共同为其揭牌。浙江省林业局局长胡侠在成立大会上宣读人事任免文件并讲话。

7月4~5日 国家林草局在江山市举办全国乡村绿化美化研修班。国家林草局副局长刘东生出席并讲话，浙江省林业局局长胡侠、江山市委书记童炜鑫分别致辞；农业农村部农村社会事业促进司副司长何斌，北京林业大学副校长李雄，浙江省林业局正厅级领导杨幼平，浙江省农办、省"千万工程"协调小组办公室邵晨曲分别就农村人居环境整治、乡村绿化美化的科学和美学、浙江"千万工程"等作专题报告和典型交流。

8月26日 浙江省绿化与自然保护地委员会揭牌仪式在杭州举行。省绿化与自然保护地委员会副主任、省林业局党组书记、局长胡侠为绿化与自然保护地委员会揭牌，省林业局正厅级领导杨幼平主持揭牌仪式，省林业局其他局领导和局机关各处室、直属各单位主要负责人参加揭牌仪式。

9月11~12日 由全国绿化委员会、国家林业和草原局、中国绿化基金会主办，省林业局、金华市政府等共同承办的大型系列主题公益宣传活动"绿色中国行——走进森林城市"在磐安县举行。国家林业和草原局副局长李春良、省政协副主席周国辉、省林业局正厅级领导杨幼平出席启动仪式并参加《绿色中国十人谈》电视访谈活动。

9月20日 由商务部与国家林业和草原局主办的

2019年"一带一路"林业产业可持续发展部级研讨班在杭州开班。国家林业和草原局副局长彭有冬作主旨讲话，省林业局副局长李永胜、巴基斯坦信德大学教授苏塔娜·瑞芙特分别致辞，23位"一带一路"沿线国家的官员和专家出席。

9月25日 2019年全国秋冬季保护候鸟志愿者"护飞行动"启动仪式在东阳举行。国家林业和草原局副局长李春良、金华市委书记陈龙、省林业局副局长王章明等参加启动仪式。

10月8日 在北京世园会国际竞赛颁奖仪式上，浙江展园、展区分别获得"中华展园大奖""中国省区市展区大奖"两项最高奖项，大奖数量并列全国第一。省林业局局长胡侠作为唯一的省（区、市）参展代表在颁奖仪式上发言。

10月10~12日 2019中国·长兴花木大会在长兴花木城举行。省人大常委会原副主任程渭山、省林业局局长胡侠、中国花卉协会副秘书长杨淑艳、湖州市副市长许继清出席开幕式。

10月11~12日 在中国林场协会森林康养专业委员会年会上，淳安县林业总场、庆元县庆元林场获得全国首批森林康养林场称号。省林业局正厅级领导吴鸿出席会议并作主题报告。

10月18日 在2019年全国森林旅游推介会上，浙江、江苏、上海、安徽4省（市）林业局共同签署了《长三角森林旅游和康养产业区域一体化发展战略合作协议》，建立长三角森林旅游和康养产业一体化发展战略合作关系。浙江省林业局副局长陆献峰出席会议并代表浙江省签约。

10月22日 第四届中国绿化博览会浙江展园在贵州省黔南州绿博园内举行开工仪式。贵州黔南州副州长张风臣致欢迎词，浙江省林业局正厅级领导杨幼平讲话并宣布浙江展园正式开工。

10月24日 由省林业局、中国林科院联合主办的浙江省第十六届林业科技周活动在永康主会场启动。省人大常委会原副主任程渭山宣布开幕，省林业局正厅级领导吴鸿讲话，省林业局副巡视员骆文坚主持。启动仪式上，颁发了"最美林技推广员"证书和浙江省第十九届林业"科技兴林奖"，展示了"一亩山万元钱"林业科技富民新成果。

10月24日 省林学会在永康召开第十三次会员代表大会，中国林学会副秘书长刘合胜、省林业局正厅级领导吴鸿参加会议。会议选举产生省林学会第十三届理事会，修改了《浙江省林学会章程》，对省林学会第十二届学会工作先进集体和先进个人进行表彰。

11月1日 第12届中国义乌国际森林产品博览会在义乌开幕。原国家林业局局长、中国林业产业联合会会长贾治邦，省人大常委会原副主任程渭山出席开幕式，浙江省林业局局长胡侠，金华市委常委、义乌市委书记林毅等致辞。全国20个省级林业部门、国家级林业会展城市、省级有关部门、各地级市等领导参加活动。

11月4日 中国林学会公布第十届梁希林业科学技术奖和第八届梁希科普奖评选结果。浙江省27个项目获第十届梁希林业科学技术奖，1个项目获第八届梁希科普一等奖。

11月6日 在全国林草科技扶贫工作现场会上，浙江省有12名同志获聘全国林草乡土专家。

11月12日 省林业局成立浙江省林业"两山"转化专家指导委员会，由省林业局局长胡侠任主任，省政协原秘书长陈荣高、省司法厅原厅长胡虎林、省海洋与渔业局原局长赵利民、浙江农林大学副校长沈月琴、省林业局副局长陆献峰等任副主任。

11月15日 在2019全国森林城市建设座谈会上，浙江省东阳市和永康市等被全国绿化委员会、国家林业和草原局授予"国家森林城市"称号。省政协副秘书长叶青、省林业局一级巡视员杨幼平参加会议。

11月28日 全国乡村绿化美化系列宣传活动在柯城举行。国家林业和草原局副局长刘东生、省政协副主席陈小平出席开幕式并致辞。省林业局局长胡侠、省林业局一级巡视员杨幼平等出席。各省林业部门领导，专家学者及公众人物代表参加此次活动。

11月 《浙江省国有林场志》一书由浙江省人民美术出版社正式出版。志书历时5年编纂，共13篇90多万字，记载了浙江国有林场发展轨迹，是迄今为止全国第一部以省为单位编纂的国有林场志书。

12月17日 由中国生态文化协会组织的2019年"全国生态文化村"遴选命名活动结果公布，浙江省余姚市大岚镇柿林村等7个行政村被授予"全国生态文化村"称号。

12月17日 首次华南梅花鹿野外放归试验活动在临安区国有昌化林场毛山林区举行。省林业局、中国科学院动物研究所、浙江大学、中国计量大学等单位相关负责人及专家参加野外放归活动。

12月18日 省林学会自然教育专业委员会成立大会在杭州举办。中国林学会理事长、自然教育总校校长赵树丛出席会议并作主旨报告，省林业局一级巡视员吴鸿主持会议。

12月27日 省政协召开全省"关注森林"工作座谈会。省政协主席、省关注森林组委会主任葛慧君出席会议并讲话，省政协副主席周国辉主持会议。省人大常委会副主任史济锡、省政协秘书长金长征、省林业局局长胡侠、一级巡视员杨幼平等参加会议。

（浙江省林业由钱卫军供稿）

安徽省林业

【概　述】 安徽省林业局以推深做实林长制改革为牵引，统筹山水林田湖草系统治理，持续加快国土绿化步伐，全面加强生态保护修复，大力发展绿色富民产业，有效防范化解重大风险，各项工作取得明显成效。

全省现有林业用地面积449.3万公顷，森林面积395.9万公顷，森林覆盖率28.65%。活立木蓄积量2.61亿立方米，森林蓄积量2.22亿立方米。全省湿地总面积104.18万公顷，占国土总面积的7.47%。2019年全省林业总产值达4345.24亿元。

【营林生产】 2019年是安徽省开展"四旁四边四创"国土绿化提升行动的第一年，省政府高度重视，将其作为重点工作写入2019年政府工作报告。全省林业系统围绕目标任务，大力实施生态宜居工程、绿色长廊工程、森林绕城工程、增绿添彩工程、绿色家园工程，把造林绿化向农村宅旁、路旁、水旁、村旁"四旁"延伸，向道路河流两边、城镇村庄周边、单位周边、景区周边"四边"拓展，广泛开展创建森林城市、森林城镇、森林村庄和森林长廊示范路段"四创"活动。2019年共完成"四旁四边"成片造林1.98万公顷；完成道路河流绿化3308千米，建设森林长廊示范段633千米；创建省级森林城市7个、森林城镇77个、森林村庄669个。全省还有273个村入选国家森林乡村；马鞍山、淮北、宿州3市获得"国家森林城市"称号；金寨、旌德等7个县（市）荣获"全国绿化模范县"称号。继续推进林业增绿增效行动，大力推进生态保护修复、造林绿化攻坚、森林质量提升、绿色产业富民四大工程建设，2019年全省共完成造林9.19万公顷（其中人工造林5.18万公顷、封山育林4.0万公顷），占年度任务的114.8%。完成森林抚育41.25万公顷、退化林修复4.55万公顷，均超额完成年度任务。实施林业增绿增效行动三年来，每年全省人工造林、封山育林、退化林修复均超额完成任务。

【林长制改革】 2019年，安徽省成功创建全国首个林长制改革示范区，林长制改革入选中央深改办2019年十大改革案例，被写入新修订的《中华人民共和国森林法》。紧扣"五绿"任务，推动出台创建全国林长制改革示范区实施方案，提出打造"绿水青山就是金山银山"实践创新区、统筹山水林田湖草治理试验区、长江三角洲区域生态屏障建设先导区的战略定位，鼓励各地探索实践，总结推广一批可复制可借鉴的改革成果。以林长责任区为落点，全面建成林长制"五个一"服务平台，有效保障各级林长履职，推动形成上下联动、到底到边的工作格局。据统计，2019年全省市县林长巡林调研达7649次，解决问题4137个。统筹推进集体林地"三权分置"和林业"三变"改革，探索建立林权流转证制度，研究出台加快推进林权收储担保的指导意见，开展自然保护区集体林地租赁经营试点；探索国有林场职工绩效考核评价机制，国有林场改革顺利通过国家验收；林业"放管服"改革走深走实，"四送一服"（送新发展理念、送支持政策、送创新项目、送生产要素、服务实体经济）常态化推进，林业发展环境持续优化。

【林业法治】 2019年，安徽省林业局积极推进自然保护区条例、扬子鳄国家级自然保护区管理办法、松材线虫病防治办法等立法工作，全面推行行政执法"三项制度"（行政执法公示制度、行政执法全过程记录制度、重大执法决定法制审核制度）和行政规范性文件合法性审核机制，及时公布权责清单、权力运行流程图等。制订"双随机、一公开"年度检查事项清单，开展行政许可案件评查工作，抽查种子生产经营、林地征占用及野生动物人工繁育等相关企业28家，抽查审批卷宗24份。持续开展"减证便民"、整治申请材料等专项行动，62项政务服务事项全部在省政务中心林业窗口集中办理，减少申报材料60%，办结林业审批1552件，按时办结率100%，群众评价满意率100%。主动接受人大、政协和社会监督，办理省人大代表建议19件、省政协提案12件。进一步加大案件查处力度，全省森林公安机关共立案各类刑事案件641起，共受理林业行政案件2709起，有力打击涉林违法犯罪行为。

【生态资源保护】 2019年，安徽省林业局严格执法监管，强化规划管控，进一步完善落实森林、湿地、野生动植物等资源保护措施。积极推进自然保护地体系建设，全面完成147处自然保护地转隶工作，启动勘界立标工作。全面停止天然林商业性采伐。积极开展古树名木抢救性修复保护，全面完成第三次古树名木资源普查。实现公益林和森林资源"一张图"融合管理，基本实现森林资源年度出数。积极推进第二批省级重要湿地名录发布工作，支持合肥市、蚌埠市创建国际湿地城市，建立25处省级重要湿地矢量数据库，新建湿地公园4处，湿地保护率提高到50.02%。建立打击野生动植物非法贸易联席会议制度，组织开展"绿卫2019""2019守护餐桌行动"等系列专项行动，严厉打击破坏野生动植物资源等违法犯罪，出台陆生野生动物人工繁育许可证管理办法。进一步加强野猪非洲猪瘟等野生动物疫源疫病监测，在国家级自然保护区新建疫源疫病国家级监测站7个。成功放归扬子鳄120条，为迄今规模最大的一次，并入选2019年中国野生动植物保护十件大事。

【森林防火】 2019年，安徽省林业局严格落实森林防火责任制，强化隐患排查，加强火源管控，积极应对处置。严格执行24小时值班和领导带班、森林火灾"零报告"和"有火必报"制度。全省发生森林火灾42起（一般森林火灾 33 起，较大森林火灾 9 起），受害森林面积 42.61 公顷，森林火灾受害率 0.017‰，没有发生重特大森林火灾和人员伤亡事故。

【林业有害生物防治】 2019 年，安徽省林业局突出抓好松材线虫病防治，出台实施意见，印发防控方案，组织开展以保卫战、攻坚战、歼灭战"三大战役"为内容的松材线虫病治理专项行动。全省主要林业有害生物成灾率 1.92‰、无公害防治率 94.42%、测报准确率 92.3%、种苗产地检疫率 99.5%，全面完成国家下达的"四率"指标。松材线虫病、美国白蛾等重大林业有害生物危害得到有效控制。

【林业产业】 2019 年，安徽省林业局加快林业供给侧结构性改革，大力发展林业高效特色产业，促进高质量发展，新造油茶 5500 公顷、薄壳山核桃 6300 公顷。全省新增国家林业重点龙头企业 8 家，组织认定省级林业产业化龙头企业 814 家，各类林业新型经营主体达 2 万余个。全省林业总产值达 4345.24 亿元，比上年增长 7.43%。全面推进"五绿兴林·劝耕贷"融资担保业务，贷款担保总额达 1.7 亿元；全省完成政策性森林保险投保 338.34 万公顷，实现森林保险保额 255 亿元。进一步抓好会展经济，成功参展北京世界园艺博览会，安徽室外展园和室内展馆双双荣获金奖。10 月 9 日，李克强总理亲临安徽园视察，给予高度评价。成功举办 2019 中国·合肥苗木花卉交易大会，现场交易额达 2.7 亿元，洽谈林业招商项目 152 个，投资金额达 241.7 亿元，国家苗木交易信息中心上线运行。

【林产品产量】 2019 年，全省生产商品材 509.66 万立方米，增加 59.16 万平方米，同比增长 13.13%；毛竹 14 017.93 万根，增加 1152.81 万根，小杂竹 210.83 万吨，增加 10.31 万吨。水果种植面积 18.87 万公顷，增长 4.95%，产量 404.68 万吨，增长 3.04%；干果种植面积 9.53 万公顷，增加 21.8%，产量 15.33 万吨，增加 17.78%；森林食品种植面积 18.84 万公顷，产量 12.91 万吨，同比减少 20.13%；森林药材种植面积 3.48 万公顷，同比增长 57.59%，产量 18.56 万吨，同比增长 57.28%；木本油料种植面积 23.88 万公顷，同比增长 7.56%，产量 13.07 万吨，同比减少 0.88%；林产工业原料种植面积 6.69 万公顷，产量 10.38 万吨，同比增长 8.33 万吨。

表 25-4 主要经济林和草产品产量

指标名称	年末实有种植面积（公顷）	产量（吨）
一、水果	188 689	4 046 809
二、干果	95 337	153 271
其中：板栗	73 929	109 454
枣（干重）	5302	17 674
榛子	320	727
三、森林食品	188 385	129 084

（续表）

指标名称	年末实有种植面积（公顷）	产量（吨）
其中：竹笋干	106 213	41 228
四、森林药材	34 781	185 570
其中：杜仲	1746	1257
五、木本油料	238 805	130 749
1. 油茶籽	147 025	26 659
2. 核桃（干重）	84 199	2605
3. 油用牡丹籽	6822	9111
4. 其他木本油料籽	759	883
六、林产工业原料	66 866	103 773

表 25-5 主要木竹加工产品产量

产品名称	计量单位	产量
一、锯材	立方米	5 681 156
1. 普通锯材	立方米	5 526 931
2. 特种锯材	立方米	154 225
二、人造板	立方米	26 628 380
1. 胶合板	立方米	18 522 665
其中：竹胶合板	立方米	739 050
2. 纤维板	立方米	3 581 622
（1）木质纤维板	立方米	3 581 622
其中：中密度纤维板	立方米	3 073 582
（2）非木质纤维板	立方米	0
3. 刨花板	立方米	1 807 005
4. 其他人造板	立方米	2 717 088
其中：细木工板	立方米	940 210
三、木竹地板	平方米	84 340 870
1. 实木地板	平方米	1 600 122
2. 实木复合木地板	平方米	14 369 268
3. 浸渍纸层压木质地板（强化木地板）	平方米	59 156 036
4. 竹地板（含竹木复合地板）	平方米	4 644 051
5. 其他木地板（含软木地板、集成材地板等）	平方米	4 571 393

表 25-6 主要林产化工产品产量

产品名称	计量单位	产量
松香类产品	吨	10 065
1. 松香	吨	9715
2. 松香深加工产品	吨	350

【林业科技】 2019 年成功申报国家林业和草原局创新

联盟2个；新增省级现代林业示范区13家，全省现代林业示范区达到78家。松材线虫病预防与控制技术国家林业和草原局重点实验室启动筹建，省林科院沙河集基地成为第一批全国林草长期科研基地。组织实施安徽省重点研究与开发计划项目1项，中央林业科技推广项目15个，省级林业科技推广项目15个，省级林业科技创新研究项目30个。制定"山核桃培育技术规程"（LY/T 2131—2019）行业标准1项、省级地方标准23项。"麻栎能源林高效培育关键技术及综合利用"获省科技进步三等奖。1人享受国务院政府特殊津贴，1人入选安徽省第五批"特支计划"，1人入选"第七批安徽省学术和技术带头人"，5名同志获聘第一批全国林草乡土专家。

【林业对外合作】 2019年，修订《安徽省林业局因公出国（境）管理办法》。组织两个团组10人出国访问和开展研讨交流。积极推进长江经济带珍稀树种保护与发展项目、大别山安徽片生物多样性保护与近自然森林经营项目。安徽省湿地保护地体系管理有效性项目（简称安徽GEF项目）结题会在池州召开，安徽GEF项目圆满完成。与亚太森林恢复与可持续经营管理组织合作实施的南方低山丘陵区森林恢复和可持续经营示范项目按时间节点进展顺利。参加安徽省与日本高知县结好25周年纪念系列活动，并就林业领域友好交往作《安徽—高知携手同谱绿色发展篇章》的经验介绍。

【信息化建设】 2019年，谋划推进安徽省林长制综合管理信息系统建设项目，该项目被列入安徽省"数字江淮"建设总体规划（2020~2025年）政府治理类重点工程。开展省林业局网站改版升级和集约化迁移工作，完成省林业局中心机房林业云数据中心（二期）项目建设和信息安全等安保系统建设，安可替代工程立项方案通过验收。在首届全国生态大数据创新应用大赛中，"安徽省全国林长制改革示范区智慧监测大数据应用"作品获得优秀奖；安徽省林业局网站荣获"全省优秀政府网站"称号。全年通过局网站发布林业信息6679条，公开各类文件279份，网上运转公文5351份，网上办理行政事务61项。

【省领导参加义务植树活动】 3月26日，省委书记李锦斌、省长李国英、省委副书记信长星等省领导及合肥市党政军领导和部分省直机关干部、高校学生代表，共同参加一年一度的义务植树活动，并实地督导林长制改革。李锦斌指出，要在全面推开林长制改革的基础上，巩固拓展改革成果，抓好"护绿"、促进生态质量，抓好"增绿"、促进国土绿化，抓好"管绿"、促进森林安全，抓好"用绿"、促进林业增效，抓好"活绿"、促进林权改革，着力打造生态文明建设安徽样板。

【大事记】
1月10~11日 全国林业和草原工作会议在合肥召开。会前，省委书记李锦斌会见国家林草局局长张建龙。省委副书记信长星出席会议并致辞。省委常委、省委秘书长陶明伦，副省长周喜安等参加会见或陪同考察。

1月21~22日 全省林业工作会议在合肥召开。

1月23日 省政府副省长周喜安到省林业局走访调研，看望慰问林业干部职工。

1月29日 省林业局党组书记、局长牛向阳深入扬子鳄国家级自然保护区，现场督查调研保护区生态环境突出问题整改工作。

2月20日 省人大常委会召开自然保护区立法调研座谈会，省人大常委会副主任谢广祥出席会议并讲话。

3月3日 安徽省2019年"世界野生动植物日"宣传活动在颍上县八里河省级自然保护区启动。

3月6日 省政府副省长周喜安深入芜湖市黑沙洲水域调研长江豚类保护工作。

3月11日 省绿化委员会发布2018年安徽省国土绿化状况公报。

3月12~13日 省政府副省长周喜安赴安庆市调研江豚保护和森林防火工作。省林业局党组书记、局长牛向阳陪同调研。

3月19日 省委书记、省级总林长李锦斌主持召开省级林长会议。

3月21~22日 省长李国英赴黄山市就深化林长制改革、加强林业生态保护开展调研。省林业局党组书记、局长牛向阳陪同调研。

3月26日 省委书记李锦斌、省长李国英、省委副书记信长星等省领导及合肥市党政军领导和部分省直机关干部、高校学生代表，共同参加义务植树活动。

3月27日 省人大常委会召开执法检查动员会，就开展《安徽省林权管理条例》执法检查进行动员部署。

4月3日 省政府召开森林防火和安全生产电视电话会议。省委常委、常务副省长邓向阳出席会议并讲话，副省长李建中主持会议。

4月4日 安徽省2019年"爱鸟周"宣传活动启动仪式在池杉湖国家湿地公园（试点）举行。

4月11~12日 省人大常委会党组副书记、副主任沈素琍率执法检查组，在黄山市及祁门县开展《安徽省林权管理条例》执法检查。省林业局党组书记、局长牛向阳参加检查。

4月23~26日 国家林业和草原局副局长刘东生一行到安徽省调研督导森林防火和松材线虫病防治工作。

5月10日 省林业局在安徽林业职业技术学院举行"安徽省林业局老年大学"揭牌仪式。局党组书记、局长牛向阳和省林业局老年大学名誉校长周蜀生共同揭牌。

5月23日 松材线虫病预防与控制技术国家林业和草原局重点实验室（筹建）揭牌仪式在安徽省林业科学研究院举行。

5月25~26日 绿色安徽林业特色产品推介会在北京世园会安徽园举办。

6月3日 安徽省林业局在安徽扬子鳄国家级自然保护区郎溪县高井庙野放区举行2019年扬子鳄野外放归活动。省政府副省长周喜安、全国绿化委员会办公室专职副主任胡章翠出席放归仪式，局党组书记、局长牛向阳主持。

6月3~6日 全国绿化委员会办公室专职副主任胡章翠一行到安徽调研国家森林城市创建工作。

6月9日 2019年北京世界园艺博览会"安徽日"活动开幕。

6月28日 安徽省林业局隆重召开纪念中国共产党成立98周年暨"一先两优"表彰大会。

7月3~4日 省林业局党组书记、局长牛向阳赴黄山市歙县、黟县等地调研林长制改革，督导松材线虫病防治工作，并征求对林业工作的意见建议。

8月1日 2019北京世园会优质果品大赛第一次现场评比，安徽参赛果品获三金二银一铜的优异成绩。

8月1~3日 省人大常委会党组副书记、副主任沈素琍赴安庆市开展立法调研，征求对《安徽省自然保护区条例》草案的修改意见。省林业局党组书记、局长牛向阳陪同调研。

8月7日 省打击野生动植物非法贸易联席会议第一次会议在合肥召开。

8月9日 全省"四旁四边四创"国土绿化提升行动现场会在全椒县召开，副省长、省绿化委员会主任周喜安出席会议并讲话。

8月13~14日 省林业局党组书记、局长牛向阳赴界首市刘寨村调研，并主持召开省直单位定点帮扶界首市脱贫攻坚工作座谈会。

8月16~17日 安徽省林业局在旌德县举办各市林业局局长培训班。

8月23日 国家林草局召开全国林草种苗工作会，决定在合肥建设国家苗木交易信息中心。

8月29日 国家林业和草原局、安徽省人民政府在北京联合举行2019中国·合肥苗木花卉交易大会新闻发布会。

10月5日 国务院副总理胡春华考察2019年北京世园会安徽园。

10月9日 国务院总理李克强在出席2019年北京世园会闭幕式前到安徽园考察。胡春华、蔡奇、王毅、肖捷等领导同志参加活动。安徽省政府副省长张曙光、省政府副秘书长孙东海，安徽省林业局党组书记、局长牛向阳陪同参观。

10月 2019年北京世园会组委会授予安徽省林业局"2019年中国北京世界园艺博览会最佳组织奖"；授予安徽园"2019年中国北京世界园艺博览会中华展园金奖"；授予安徽展区"2019年中国北京世界园艺博览会中国省区市展区金奖"。

10月19日 2019中国·合肥苗木花卉交易大会在肥西县中国中部花木城举行，全国首个林长制改革示范区正式揭牌。

10月19~20日 国家林业和草原局副局长李树铭率调研组一行赴蚌埠市调研林长制改革和森林资源管理工作。

10月21日 2019中国·合肥苗木花卉交易大会成果新闻发布会在省政务服务中心举行。

11月4日 2019年安徽湿地日宣传活动暨候鸟护飞行动启动仪式在池州平天湖国家湿地公园举行。

11月11~15日 国家国有林场改革验收组对安徽省国有林场改革进行抽查验收，对安徽省国有林场改革的做法和成果给予充分肯定，认定安徽省已圆满完成国有林场改革任务。

11月25~27日 中华人民共和国国际湿地公约履约办公室副主任李琰率国家林业和草原局专家组到安徽省考察评估合肥市、蚌埠市国际湿地城市创建工作。

12月15日 省林业局党组书记、局长牛向阳到巢湖市调研督导巢湖国家级风景名胜区管理和生态环境问题整改工作。

12月26日 安徽省野生动植物保护协会第六次会员代表大会暨六届一次理事会在合肥召开。

（安徽省林业由查茜供稿）

福建省林业

【概　述】　2019年，福建林业主动融入新福建建设、实施乡村振兴战略、坚持高质量发展落实赶超"三个大局"，全力实施深化改革、绿化美化、资源保护、产业升级"四项行动"，着力打造林业生态高颜值、林业产业高素质、林区群众高福祉的新时代"三高林业"，加快推进林业改革与发展，全年各项目标任务顺利完成，在国家林业和草原局召开的13次会议上作典型经验交流。

【林业改革】

完善森林生态补偿机制　生态公益林乔木林补助提高到345元/公顷，天然商品乔木林补助提高到300元/公顷，合计增加补偿资金1.25亿元。厦门、泉州等地财政另安排资金提高补偿标准。

加大赎买等改革力度　继续加大重点生态区位商品林赎买等改革，省级财政安排补助资金5000万元，比上年增加1500万元，新增赎买面积3400公顷，累计2.15万公顷，提前超额完成"十三五"规划目标任务。

创新普惠林业金融产品　推出"闽林通"系列普惠林业金融产品，累计发放贷款63.4亿元，受益农户近5.7万户。明溪县创新生态公益林、天然商品林收益权质押贷款模式，推出"益林贷"信贷产品。

创新林业生产经营机制　积极扶持新型林业经营主体规范化、标准化建设，新培育家庭林场、合作社等新型林业经营主体328家，累计5564家。在沙县、将乐、泰宁、宁化等地试点"林票制度"。

完成国有林场改革任务　顺利通过国家检查验收，省属国有林场由106个整合为84个，林地面积增加4.13万公顷，达43.47万公顷；蓄积量增加1162万立方米，达5644万立方米；省级财政支持省属国有林场经费由5717万元增加到16 428万元。

主动服务发展大局 成立重大项目审批工作专班，协调解决福厦高铁等52个重大项目用林问题。继续推进"放管服"，进一步下放林地审批权限，开展林地占补平衡试点，全力做好重点项目建设用林服务保障。全省共审核永久用地2502件、面积6033.33公顷，其中省重点项目144件。

【造林绿化】

完成年度营造林任务 全省完成植树造林7.15万公顷，占任务的119%，森林抚育22.43万公顷，占任务的112.2%，封山育林14.05万公顷，占任务的105.4%。

实施绿化美化行动 在武平县召开现场会，加快实施百城千村、百园千道、百区千带"三个百千"绿化美化行动。创建森林城市（县城、城镇）69个、省级森林村庄500个、国家级森林乡村346个，改造提升森林公园35处、森林步道131千米，建成珍贵树种造林示范区55个、森林景观带676千米。南平、宁德、平潭获评国家森林城市，南安等5个县（市）获评省级森林城市，提前实现全省九市一区全部获评国家森林城市、县级城市全部获评省级森林城市两个"满堂红"。福州市719个村开展"村植千树"绿化行动。

提升森林质量 实施森林质量精准提升工程，完成示范项目建设1.52万公顷，申请国开行、农发行贷款40亿元，累计建设国家储备林基地14.09万公顷。南平"精准提升森林质量"案例入选中组部编选的《贯彻落实习近平新时代中国特色社会主义思想 在改革发展稳定中攻坚克难的案例》。积极推进长汀水土流失治理，完成马尾松林优化改造733.33公顷。

参展世园会 室外展园和室内展馆均获金奖，选送的展品454个获奖，获奖率98.7%，福建参展工作被组委会授予最佳组织奖。

【资源保护】

自然保护地监管 稳步推进福建自然保护地体系建设，初步建立各级各类自然保护地369处，其中世界自然及双遗产2处，国家公园体制试点1处，自然保护区112处，风景名胜区54处，森林公园157处，湿地公园8处，地质公园25处，国家级海洋公园7处，市级海洋特别保护区3处，保护小区3300多处。成立全省自然保护地专家库，建立专家咨询决策机制。组织开展武夷山国家公园体制试点第二轮百日攻坚，完成试点区域优化调整，印发实施总体规划和5个专项规划，体制试点区总面积100 141公顷。通过电视、报刊、多媒体、宣传牌等立体宣传国家公园，启用国家公园LOGO，营造国家公园体制试点良好氛围。

林业灾害防控 做好过渡期森林防灭火工作，清明、国庆等重大节日期间"零火灾、零伤亡"。全年发生森林火灾27起，受害面积227.07公顷。抓好松材线虫病防控，开展两轮攻坚战，疫情得到有效控制。根据秋季普查结果，全省没有新增疫点，疫情面积比上年同期下降1000公顷。在全国2015～2017年重大林业有害生物防治目标责任制考核中获得优秀。

依法治林 深入开展涉林扫黑除恶、森林督查、绿卫执法、毁林建墓整治、非法采矿治理等专项行动，做好中央环保督察涉林问题整改，强化野生动植物保护，加大涉林违法犯罪打击力度。做好平安林区创建和林业安全生产工作，维护林区社会安定稳定。

【产业升级】

壮大支柱产业 全省林业产业总产值6451亿元，同比增长8.9%。其中竹产业产值758亿元，同比增长9.1%；花卉苗木全产业链总产值889亿元，同比增长20.5%；森林旅游产值1106亿元，同比增长16.8%。组织编制武夷山国家森林步道总体规划，在漳州召开全省国有林场"一场一景"建设现场会，加快培育森林旅游、森林康养等产业发展。三明市委、市政府出台《发展全域森林康养产业的意见》，成为全国森林康养基地试点市。宁德市举办全市花卉产业发展大会，推动高山花卉产业发展。

扶持林下经济发展 省林业局、财政厅等4部门联合下发《关于加快林下经济发展八条措施的通知》，加大资金扶持、科技对接、人员培训、重点帮扶、模式调整等助推林下经济发展，促进林农增收和精准脱贫。全省发展林下经济面积202.53万公顷，产值690亿元，同比增长9.7%，参与农户达113.7万户。

产业转型升级 加强林业科技创新，全省林业系统荣获国家科技进步奖1项、省科技进步奖13项，发布8项省地方林业标准；实施中央和省财政科技推广项目41个，建设各类示范基地800公顷。推动"林农点单 专家送餐"科技服务活动，派出林业科技专家3720人次，开展177场点对点的精准科技服务，助力乡村振兴。继续搭建"中国·海峡项目成果交易会""第十五届海峡两岸林业博览会暨投资贸易洽谈会""第二十一届海峡两岸花卉博览会"等平台，引导企业拓展多元市场。

【南平市林业】

资源培育 完成造林绿化1.54万公顷，全面完成任务。国家储备林项目完成投资13.55亿元。南平市成功创建国家森林城市，武夷山市、顺昌县和光泽县申请创建县级国家森林城市。创建国家森林乡村46个、福建省森林城镇6个、福建省森林村庄37个。

林业改革 《创新林业治理体系 精准提升森林质量——福建南平市深化集体林权制度改革践行"两山"理念》案例入选由中央组织部组织编选的《贯彻落实习近平新时代中国特色社会主义思想 在改革发展稳定中攻坚克难的案例》。"森林生态银行"试点经验做法得到省政府副省长李德金、郭宁宁肯定。政策性担保公司"顺昌县绿昌林业融资担保公司"获批成立。重点生态区位商品林赎买完成1220公顷，占任务的122%。累计完成林木间伐套种试点办证面积2190.73公顷。新增新型林业经营主体62个。

林业产业 推动林产工业项目103个，总投资139.58亿元。其中签约项目10个，投资50.36亿元；开工项目49个，投资77.08亿元；投产项目44个，投资12.13亿元。在顺昌、邵武、建阳等地开展FSC森林认证试点工作，举办南平市FSC森林认证培训会，帮助出口型林业企业解决认证材需求问题。推进森林康养产业发展，获批全国森林康养基地试点建设县（市、区）3个、全国森林康养基地试点建设单位2个、中国森林康养人家1个，策划森林康养产业项目5个，南平市获得"全国森林康养基地试点建设市"称号。

森林保护 获评"全国生态建设突出贡献先进集体"。发生森林火灾6起，受害面积22.16公顷，受害率为0.0103‰。开展松材线虫病防治攻坚战，完成各项松材线虫病防治任务。烟熏正山小种专用燃料棒试验取得进展。林业行政执法队伍查处林业行政案件数量和森林公安刑事案件立案数持续下降，刑事案件破案率持续上升。毁林种茶累计立案50起，侦破25起，采取强制措施5人，行政处罚32人，起诉9起13人，审判6起8人。

【三明市林业】

林业改革 推广普惠林业金融产品，"福林贷"实际发放贷款1470个村、15.8亿元，惠及林农14 719户。明溪创新推出"益林贷"。推进建设各类新型林业经营组织2912家，面积68.67万公顷，覆盖面61%。探索出台《三明市林票管理办法（试行）》，在沙县举行"四共一体"合作签约暨林票首发仪式。完成重点生态区位商品林赎买等改革1066.7公顷，累计5733.3公顷，投资总额2.1亿元。国有林场改革顺利通过验收，累计新增林地1.31万公顷，蓄积量287.22万立方米；沙县官庄国有林场被评为"全国十佳林场"。

国土绿化 全市完成造林绿化1.35万公顷，占任务的104.5%，森林抚育10.66万公顷，占任务的109.6%，封山育林2.81万公顷，占任务的102.6%。永安森林经营样板基地建设获评全国优秀。3月，创新推出"我为三明绿道增绿添彩"互联网+全民义务植树项目在"全民义务植树网"正式上线运行，累计募捐219.8万元。有46个村获得国家森林乡村称号，67个村获得福建省森林村庄称号，尤溪县洋中镇获省级森林城镇称号，建成珍贵树种造林示范区52个。

资源保护 全市发生森林火灾9起，受害面积157.9公顷，受害率为0.085‰，12小时内扑灭率100%，均控制在省定指标内。主要林业有害生物发生面积2.57公顷，成灾率0.74‰；松材线虫病除治"冬春攻坚"行动取得成效，秋季普查全市乡镇疫点数量、发生面积、病枯死树数量分别同比下降31.6%、10.1%、15.3%。泰宁创新绩效承包松材线虫病防控模式在全省推广。明溪被列入省级测报管理示范试点县。查破各类涉林案件1417起。福建鸣溪湿地公园通过评审成为全省首个省级湿地公园。

林业产业 全市完成林产工业产值955.24亿元，同比增长9.01%，其中规模以上产值935.86亿元，同比增长8.34%，实现竹业总产值245.7亿元、花卉苗木产值140亿元、油茶产值19.4亿元、林下经济125.3亿元。策划项目63项，成功签约30项，总投资63.2亿元；40项千万元以上重点投资项目完成投资18.64亿元，开工率97.5%。福建源华林业生物科技有限公司、福建省吉兴竹业有限公司、福建和其昌竹业股份有限公司董事长俞先禄荣获第四届"中国林业产业突出贡献奖·创新奖"，福建省八一村永庆竹木业开发有限责任公司入选第四批国家级林业龙头企业，福建和其昌竹业股份有限公司入选第六批农业产业化国家重点龙头企业名单。成立三明市花卉苗木协会。永安市被列为2019年省竹产业一、二、三产业融合发展项目县，成功注册"永安竹业"集体商标。首倡发展全域森林康养产业，打造"中国绿都·最氧三明"森林康养品牌，三明市在第三届中国森林康养与乡村振兴大会上作典型发言，被授予全国森林康养基地建设试点市。北京林业大学集体林区（福建三明）现代林业科研基地入选首批50个国家林业和草原长期科研基地。

【龙岩市林业】

绿化美化 完成植树造林1.28万公顷，占任务的142.8%。永定区、长汀县被评为全国绿化模范单位。上杭白砂国有林场获批成为全省首批省级林业保障性苗圃试点单位。长汀水土保持科教园入选首批国家"互联网+全民义务植树"基地。全市建成46个国家森林乡村、28个省级森林村庄和3个省级森林城镇。

深化林改 武平县捷文村被省林业局列入全省践行习近平生态文明思想示范基地建设。林权抵押贷款"惠林卡"模式获全省机关体制机制创新优秀案例二等奖。武平捷文村、新罗培斜村等10个村开展"惠林卡"整村推进示范村建设，全市累计发放"惠林卡"19 165张，授信15.7亿元，用信10.6亿元。深化国有林场改革，从森林资源培育、资源管护、森林旅游、基础设施、科技推广等方面推进市管国有林场建设，市管国有林场完成项目123个，总投资7296万元。

林业生态建设 全市列入保护的天然商品林和生态公益林面积达97.67万公顷，占有森林面积的65.5%，每年投入保护资金3.01亿元。在全市范围内推广"乡聘、站管、村监督"的护林员聘用管理模式，聘用护林员2857名，武平县出台护林工作考核办法。创建全省首个国家级林业科技示范园区。武平中山河国家湿地公园、漳平南洋国家湿地公园正式授牌，汀江源国家级自然保护区建设加快推进，龙岩地质公园被列入世界地质公园候选名单。全市建成县级专业森林消防队伍38支840人、半专业森林消防队伍132支2797人。开展打击非法猎捕经营鸟类、破坏野生动物资源、整治濒危物种走私等涉林违法犯罪等专项行动。

林业产业 截至12月底，全市实现林业工业产值224.9亿元，同比增长7.95%。全市林下经济实现产值213亿元，同比增长12%。长汀县被评为国家林下经济示范县。做大做强杜鹃、国兰、蝴蝶兰、富贵籽、红掌等特色优势花卉产业。全市花卉苗木种植面积1.56万公顷，实现全产业链产值106.2亿元，同比增长16.5%。全市森林旅游接待游客1032.3万人次，实现直接收入9亿元，社会总产值41.29亿元，分别同比增长7%、4.5%和7%。

林业精准扶贫 市林业局下发实施意见，明确加快发展林下经济、加强林业金融支持服务等10项具体措施，结合乡村振兴战略，重点扶强做大村级集体涉林产业，加快消除集体经济"空壳村"。长汀县四都镇上蕉村、古城镇梁坑村等4个村作为发展林下经济整村推进示范村。

【武平县出台紫灵芝产业发展扶持政策】 1月28日,武平县委、县政府出台《2019~2021年紫灵芝产业发展扶持政策》。扶持标准:当年林下栽培紫灵芝连片6.67公顷以上(包括6.67公顷),且每公顷平均栽培密度3000个菌棒以上的每公顷补助7500元;当年在人工林和非林地上种植2年生枫树(灵芝原料林)1.33公顷以上的每公顷补助7500元。《扶持政策》计划至2021年,林下栽培紫灵芝1000公顷,在人工林林地和非林地上新植灵芝原料林1000公顷,培育紫灵芝深加工规模企业2家。

【长汀推行林长制】 长汀县全面推行县、乡(镇)、村三级林长制,切实加强森林资源保护管理,提升水土流失治理水平。林长制推行以党政领导负责制为核心,建立县、乡(镇)、村(社区)三级林长制体制,分级设立林长、警长。县设立第一总林长和总林长,分别由县委书记、县长担任,实行县领导挂钩乡(镇)制度;乡(镇)设立林长和副林长,乡镇党委书记和乡镇长、分管镇领导分别担任乡(镇)级林长、第一副林长、副林长,对本乡(镇)林长制工作进行协调;村(社区)党支部书记、主任担任村(社区)林长、副林长。

【建宁县发现金缕梅原生群落】 建宁县林业局在均口镇发现大面积分布的金缕梅原生群落,面积约7公顷,种群数量2600余株。这是福建省分布的新纪录,为全省金缕梅的种群生态学、繁育生物学等科学研究以及景观的开发利用均提供了良好的种质基础材料。

【林农点单 专家送餐】 4月15日,福建省林业局印发《关于开展"林农点单 专家送餐"林业科技服务活动的通知》,着力解决林业生产经营中的技术难题,着力增强广大林农及生产经营者获得感,进一步提高林业科技服务的针对性和实效性,创新科技下乡机制,提升林业科技精准扶贫能力,为加快推进林业改革与发展提供科技支撑。

【福建省湿地保护专家委员会成立】 4月15日,福建省林业局印发通知,成立福建省湿地保护专家委员会。专家委员会由21名专家委员组成,涵盖林业、海洋渔业、水利、国土资源、农业、环境保护、野生动植物等多个行业。主要职责:为全省湿地保护决策提供意见建议;为湿地保护管理提供咨询,重点对湿地保护规划、湿地名录编制、重要湿地认定、湿地公园建设与管理、湿地资源评估与利用、湿地生态效益补偿、湿地生态修复、湿地保护小区建设以及在湿地范围内开展保护和利用等活动提供技术咨询及专家意见;为湿地保护管理工作人员提供技术培训;为与湿地保护科学技术有关的其他事项提供支持等。

【宣判妨害动植物防疫、检疫刑事案件】 5月25日,松溪县人民法院宣判一起妨害动植物防疫、检疫刑事案件,出售疫木的建瓯市一家木材加工企业被判处罚金1万元,没收非法所得;出售疫木的具体经办人和购买疫木的业主被判处有期徒刑6个月,缓刑1年,分别处罚金5000元。

【加快林下经济发展措施出台】 5月30日,福建省林业局、财政厅、农业农村厅、文旅厅、市场监管局联合印发《关于加快林下经济发展八条措施的通知》,要求加快推进林下经济绿色发展,着力培育壮大特色产业,做大做强森林旅游业,推进林下经济一、二、三产业融合发展,建立林下产品质量管控体系,强化林下经济发展科技支撑,加大税收金融扶持力度,创新林下经济发展机制。

【"洋林精神"先进事迹报告会举行】 6月26日,福建省林业局在福州举行"洋林精神"先进事迹报告会,学习先进模范,树立身边典型,推进"不忘初心、牢记使命"主题教育活动走深走实。福建省洋口国有林场原副场长林有乐、福建省林业科学研究院教授级高工郑仁华代表科研团队作报告。福建省洋口国有林场杉木育种科研团队60年来持续开展杉木育种科研与推广应用,取得丰硕成果,在实践中逐步形成"久久为功守初心,一棵杉木做到底"的"洋林精神"。

【多部门联合打击破坏武夷山国家公园森林资源和生态环境违法行为】 福建省法院生态环境审判庭、省检察院第八检察部、省森林公安局、武夷山国家公园管理局决定,从8月2日至12月31日,联合开展打击破坏武夷山国家公园森林资源和生态环境违法犯罪专项行动。专项行动重点查处:盗伐、滥伐林木行为,采脂、掘根、箍树、剥树皮等故意毁坏林木行为,擅自开山、取土等非法占用林地或丢弃垃圾、弃土以及其他废弃物、污染物污染林地等行为,非法采集药材或者其他野生植物行为,非法猎捕杀害珍贵、濒危野生动物,非法狩猎或者伤害、破坏野生动物,破坏野生动物栖息地行为,其他破坏森林资源、野生动植物资源和生态环境等行为,以及毁林种茶等破坏森林资源行为。

【30个花卉品种获得植物新品种权】 全省有30个花卉品种获得国家植物新品种权,其中农业农村部授予17个花卉植物新品种权,包括'红玛瑙'等12个蝴蝶兰新品种、'福韵丹霞'等2个兰属新品种、'明卉紫霞'等2个非洲菊新品种、'明农白凤'1个花烛新品种;国家林业和草原局授予13个花卉新品种,包括'金玉满堂'等3个紫金牛属新品种、'永福金彩'等8个桂花新品种和'惜春'等2个李属新品种。

【首次举办全省林业执法技能竞赛】 9月18~20日,由福建省林业局、省总工会联合举办,省林业工会和省林业执法总队具体承办的全省林业执法技能竞赛决赛在福建三明林业学校举行。武夷山国家公园管理局、南平市建阳区林业局、光泽县林业局代表队分别获得团体总成绩第一名、第二名、第三名。武夷山国家公园管理局马添福勇夺个人总成绩第一名,武夷山国家公园管理局陈开团获得理论考试单项第一名,光泽县林业局李建平获得木材检验考试单项第一名，清流县林业局周自力获得野生动物标本识别考试单项第一名。

【永泰县为古树名木上"保险"】

10月16日，永泰县人民法院、县林业局与中国人民财产保险股份有限公司永泰支公司签订"古树名木保护+保险"合作协议，由县林业局和保险公司对古树名木进行价值评估后投保，一旦受损或发生意外，法院提前介入，对赔偿责任及数额认定提供法律服务。本次签约，为409棵古树投保"财产损失险"和"古树名木公众责任险"，树种涉及南紫薇、桂花、油杉等七类，最长树龄650年，平均树龄140年，保险金额180万元。

【中国北京世界园艺博览会福建获多个奖项】

福建参展工作获得组委会最佳组织奖，室外展园、室内展区均获得金奖，有454个展品获得室内展品竞赛奖，获奖率达98.7%，其中特等奖59个、金奖105个，居全国前列。室外展园日均参观客流量8700人，占世园会入园参观总人数的15%。

【第十五届海峡两岸林业博览会】

11月6日，第十五届海峡两岸(三明)林业博览会暨投资贸易洽谈会在三明市开幕。签约项目105项、总投资266亿元，其中台外资项目20项、拟利用台外资9700万美元。参展企业512家、展品2100余种，评选出三明绿色食品"十珍"，森林康养基地建设"十佳""毛竹王""茶王"以及海峡两岸优质森林食品供应商60家。

【森林城市实现两个全覆盖】

11月15日，国家林业和草原局在2019森林城市建设座谈会上宣布福建南平市、宁德市和平潭综合实验区为国家森林城市，福建九市一区全部晋级为国家森林城市。11月17日，南安市等5个县(市)被评为省级森林城市，所有县(市)全部晋级为省级森林城市。福建提前一年实现"十三五"规划的"两个全覆盖"，即实现地级城市国家森林城市全覆盖和县级城市省级森林城市全覆盖。

【三明市发展全域森林康养产业】

7月4日，三明市委、市政府印发《三明市发展全域森林康养产业的意见》，明确到2022年全市建成运营5个森林康养基地，其中国家级3个，扶持培育市级森林康养龙头企业3~5家，逐步实现森林康养产业全域覆盖。

【三明市发行林票】

11月22日，三明市在沙县高砂镇举行林票首发仪式。林票是指国有林业企事业单位与村集体经济组织及成员共同出资造林或合作经营现有林分，由合作双方按投资份额制发的股权(股金)凭证，具有交易、质押、兑现等权能。三明市制订出台《三明市林票管理办法(试行)》，在5个县12个村开展试点，合作面积5743公顷，发行林票534.3万元，受益村民2763户11760人。

【大事记】

1月14日　由福建省林业局主办、南平市林业局和顺昌县协办的送科技下乡集中服务活动在顺昌县郑坊镇举行。

1月18日　福建省林业局支持推进武夷山国家公园体制试点"百日攻坚"行动工作总结会在武夷山国家公园管理局召开。

1月21日　福建省政府办公厅印发《关于开展松材线虫病除治"冬春攻坚"行动的通知》，1~3月在全省范围内开展"冬春攻坚"行动，确保实现松材线虫病疫情监测覆盖率100%、松枯死木清理和疫木除害处理合格率100%、媒介松墨天牛防治率100%。

1月22日　全省林业工作视频会议在福州召开。会议传达省委书记于伟国和省长唐登杰对全省林业工作的批示，副省长李德金出席会议并讲话。

1月24日　福建省第23届"世界湿地日"宣传活动启动暨永安龙头国家湿地公园授牌仪式在三明永安市举行。

3月1日　福建省村庄绿化行动启动仪式暨福州市"村植千树"植树活动在福州举行。

3月3日　国家林业和草原局驻福州森林资源监督专员办事处、福建省林业局、福建省海洋与渔业局、福建省野生动植物保护协会、永泰县人民政府联合在永泰县欧乐堡海洋世界举办第6个"世界野生动植物日"宣传活动。

3月14日　2019年全省设区市林业工会主席会议在福州召开。

3月8~11日　"花田喜事·文旅兰会"第九届兰花文化展在福建南靖县举办。

3月12日　福建省林业局印发《关于修订森林采伐管理办法的通知》，将原办法施行之后出台的16个采伐管理方面的政策性文件进行梳理整合，重点突出简政放权、便民利民和服务林业高质量发展。

3月21日　福建省林业局、国家林业和草原局驻福州森林资源监督专员办事处、省野生动植物保护协会、龙岩市人民政府在梅花山·中国虎园举办福建省第37届爱鸟周启动仪式暨华南虎幼虎征名活动。

3月22~26日　东部战区陆军部队组织1800名官兵分赴长汀、永泰两地开展植树造林及水土流失治理活动，植树造林77.2公顷，抚育施肥392.67公顷。

4月13日　"森森不息 森荫满城——福州首届全民森活节"在福州植物园举行，"森活节"包括启动仪式、林间徒步、森林知识有奖竞答、垃圾分类现场互动、森林绘画、公益演出等10项内容。

4月25日　福建省林业局印发《福建省林业有害生物防治服务组织信用评价实施办法(试行)》，启动对林业有害生物防治施工单位的信用评价工作。

5月5日　福建省林业局与福建农林大学、福建省林业科学研究院及首席项目主持人签订《福建省林木种苗科技攻关六期项目专项合同》，正式开始实施林木种苗科技攻关六期项目研究。

5月7日　福建省林业局召开第五届机关职工代表大会暨第十届机关工会会员代表大会。

5月28日　福建省国有林场"一场一景"建设现场会在漳州举行。

5月29日　福建省政府新闻办在福州举行2019年

北京世界园艺博览会"福建日"活动新闻发布会，推介"清新福建"的绿色生态，发出"全福游、有全福"的邀约。

6月13日 中国北京世界园艺博览会"福建日"活动在北京市延庆区开幕。中国国际贸易促进委员会副会长张慎峰、国家林业和草原局副局长彭有冬、福建省副省长李德金为活动揭幕致辞，参加巡园巡馆活动。

6月18日 福建省林业局和南京林业大学签订战略合作框架协议，共同推进林业科技攻关和成果转化。

6月26日 福建省林业局举行"洋林精神"先进事迹报告会，省委第12巡回指导组到会指导。

9月19日 全国绿化委员会对在国土绿化事业中作出突出贡献的单位和个人予以表彰。永泰县、长汀县、顺昌县、福安市、闽侯县、龙岩市永定区以及长乐恒申合纤科技有限公司等8个单位被授予"全国绿化模范单位"荣誉称号；徐运贵等25位同志荣获"全国绿化奖章"。

9月24日 沪苏浙皖赣闽五省一市林业有害生物防控协作会在浙江宁波召开，签订五省一市林业有害生物防控框架协议。

10月16日 武夷山国家公园体制试点工作打响第二轮"百日攻坚"战。

10月27日 第七届省直机关全民健身运动会太极拳比赛在福州落下帷幕，福建省林业局代表队在集体24式太极拳比赛中荣获一等奖。

11月18日 福建省政府新闻办在福州召开武夷山国家公园形象标识新闻发布会，正式启用武夷山国家公园LOGO。

11月27日 福建省林业局与福建师范大学科技合作协议签约暨福建师范大学实践教学基地揭牌仪式在福州植物园举行。

12月3日 福建省航空护林指挥调度综合管理系统正式启用。

12月25日 "春节回家种棵树"活动在连江县丹阳镇坂顶村隆重启动。启动仪式由福建省绿化委员会办公室、福建省关注森林活动执委会、福建省林业局、福建省政协人口资源环境委员会、福建省委省直机关工作委员会、福建省总工会、共青团福建省委、福建省妇女联合会8家单位共同主办，福州市林业局、连江县政府共同承办。

12月25日 国家林业和草原局公布2019年试点国家湿地公园验收结果，漳平南洋国家湿地公园、武平中山河国家湿地公园正式成为国家湿地公园。

12月29日 福建省森林消防总队在福州举行挂牌仪式。

（福建省林业由刘建波供稿）

江西省林业

【概　述】 2019年，全省林业工作围绕推动林业高质量发展的目标，着力建设好、保护好、利用好绿水青山"三篇文章"，全面实施绿色崛起战略，取得显著成效。全省现有林地面积1100万公顷，占全省国土面积的64.2%；湿地面积91万公顷，占全省国土面积的5.45%；沙化土地面积6.4万公顷。全省建成各类自然保护地536处。其中，自然保护区190处（国家级16处、省级38处），风景名胜区45处（国家级18处、省级27处），地质公园15处（国家级5处、省级10处），世界遗产5处（世界自然遗产3处、世界文化遗产1处、世界文化与自然双遗产1处）；总面积202.3万公顷，占全省国土面积的12%左右；其中，自然保护区109.88万公顷、风景名胜区44.72万公顷、地质公园31.01万公顷，分别占全省国土面积的6.58%、2.68%、1.86%。全省湿地公园99处（国家级21处、国家级试点18处、省级36处、省级试点24处），总面积14.39万公顷，湿地面积11.30万公顷，占全省国土总面积的0.86%；省级以上重要湿地46处，湿地保护小区597个。全省森林公园182处（国家级50处、省级120处、市县级12处），经营总面积52.91万公顷，占全省国土面积的3.17%。全省省级以上生态公益林342.48万公顷。承担全国油茶产业发展示范试点等7个国家级试点任务，为全国林业建设贡献一系列"江西经验"。九连山原生常绿阔叶林入选"中国最美森林"，赣州市崇义阳明山国家森林公园入选"中国森林氧吧"。8个单位和13位个人分别获得全国生态建设突出贡献先进集体和先进个人荣誉称号。

造林绿化 全年完成人工造林6.69万公顷，封山育林7.43万公顷，低产低效林改造12.27万公顷，退化林修复12.27万公顷、森林抚育39.46万公顷；全省营造林项目建设资金9.2亿元，同比增加19.48%。完成重点防护林工程4.53万公顷，其中"长防林"3.60万公顷、"珠防林"0.93万公顷。完成林业血防工程0.64万公顷；国家储备林项目1.4万公顷。欧洲投资银行贷款项目累计2.14万公顷。国际金融组织贷款项目新增造林面积0.20万公顷，抚育0.98万公顷。完成省级乡村风景林示范点建设100个，带动面上乡村风景林建设面积0.64万公顷。完成重点区域森林"四化"建设1.29万公顷。启动实施《欧洲投资银行贷款江西长江经济带珍稀树种保护与发展项目贷款协议》，项目投资2亿欧元。省内铁路绿化2800千米，绿化保存率96%。江河堤防绿化210千米，面积283.33公顷。完成沙化土地治理1.38万公顷。水土流失综合治理4.11万公顷。全年参加义务植树2432.82万人次，植树1.07亿株，义务植树尽责率89.7%。

林下经济 全省林下经济总产值2034亿元。全年完成林下经济种植4.62万公顷，超额完成目标任务。其中，高产油茶种植2.46万公顷，占计划的105.3%；香精香料种植1933公顷，占计划的145%；森林药材种植1.36万公顷，占计划的136.1%；新造雷竹1333公顷，新增苗木花卉0.47万公顷。油茶低产林改造0.67万公顷，占计划的100%；毛竹低产林改造和笋竹两用林建设2.13万公顷。全省油茶产业总产值314亿元，面积和产值均居全国第二位。国家首个"油茶产品质量监督检验中心"落户江西。省级油茶产业发展专项资金0.8亿元，新造高产油茶补助标准提高到7500元/公顷。农行"金穗油茶贷"累计发放贷款22亿元。全省油茶良种苗木生产经营单位76家，油茶良种苗木圃地数量1.20亿株，同比提高30.5%；油茶加工企业292家，其中全国油茶重点企业9家、国家林业重点龙头企业9家、省级林业龙头企业74家，共注册油茶商标160个，其中5个商标获中国驰名商标称号，4个品牌入选中国茶油十大品牌。赣南茶油再登"中国地理标志产品区域品牌榜"，位列第46名。"袁州茶油"被批准为中国地理标志证明商标。5个山茶油产品荣获国际风味暨品质评鉴（The International Taste Institute）2星风味绝佳奖章。全省竹产业总产值294亿元，竹林总面积103.73万公顷，资源总量居全国第二位。获首届中国（宜宾）竹产业发展峰会暨国际竹产品交易会金奖2项、优质奖2项、参展奖8项。吉水、金溪香精香料产业集群初步形成。森林药材种植3.61万公顷，种植农户25.6万人。全省野生动物繁育利用产业总产值19亿元；野生动物人工繁育企业1386家、经营利用企业730家，野生植物培育利用企业300余家。全省苗木花卉产业总产值310亿元，全年苗木补助资金2060万元。苗木花卉培育11.13万公顷，可出圃苗木12.7亿株。大中型苗木花卉企业365家，其中国家林业重点龙头企业5家、省级93家。出台《关于促进江西森林康养产业发展的意见》，全省森林旅游与休闲接待1.8亿人次，产值1107亿元。3处国家森林公园纳入"森林体验国家重点建设基地"，3处国家森林公园景区纳入"森林养生国家重点建设基地"，33处森林公园命名为"省级森林体验基地""省级森林养生基地"。

林政管理 全面完成第七次森林资源二类调查，涉及113个调查单位，调查固定样地4.8万个、小（细）班230万个，调查质量管理评价等级全部为优秀。开展2019年森林督查，森林督查变动图斑29 109个，下降44%；发现问题5452起，下降55%。对4个县进行重点整治，查处案件930余起，处罚830余人，罚款1730余万元，追究公职人员170余名。省林业局召开全省森林资源管理工作会议，推广宜春市和修水、龙南、吉水、万年4县森林资源管理工作典型经验。40个县开展森林资源源头管理体系示范建设，实现"山有人管、树有人护、责有人担"。加强林地使用定额管理，完成审核（批）占用征收林地项目2297起、1.09万公顷，征收植被恢复费16.30亿元。完成152.72万公顷天保工程协议停伐管护任务，分解落实国家新增61.63万公顷集体（个人）天然商品林停伐管护任务。重要生态区非国有商品林赎买试点范围扩大到6个县。全省国家级自然保护区内省级以上公益林实行差异化补偿，补偿标准提高到397.5元/年·公顷。省级以上公益林342.48万公顷，补偿标准提高到322.5元/年·公顷，在全国位居前列。开展年度公益林监测，在武宁等10个县（市、区）增设43个公益林监测样地进行外业调查。完成1.4万名贫困人口生态护林员续聘，新增7500名生态护林员指标落实到40个县（市、区）。全省森林参保822.69万公顷，占有林地90%，风险保障650亿元；完成理赔974宗，赔付1.62亿元。

林业有害生物防控 省政府向各设区市、省直管县（市）政府下达《2019—2020年度松材线虫病防控目标责任书》。发布江西省地方标准《林业有害生物防治组织等级划分规范》（DB36/T 1165—2019）。2019年，全省林业有害生物偏重发生，松材线虫病疫情扩散蔓延，发生面积12.19万公顷，病（枯）死松树295.35万株，涉及10个设区市84个疫区县的484个疫点乡镇；新增永修县等16个县级疫区。开展全省松材线虫病疫木检疫执法专项行动，查处检疫案件51起。庐山、井冈山、三清山、龙虎山等重点生态区域开展松材线虫病防控保卫战，取得阶段性成效。对松材线虫病防控问题突出的14个县（市、区）开展约谈，对3个设区市进行预约谈。庐山等8个森林植物临时疫区检查站期限延长至2020年12月31日。推进苏浙沪皖赣闽和赣韶区域联防联治。袁州区、高安市、永丰县3个县（市、区）建立省级油茶病虫害无公害防治技术示范基地。完成"江西省林业有害生物应急指挥中心""林业有害生物远程诊断室"改扩建项目。全省林业有害生物预测发生面积33.2万公顷，实际发生37.2万公顷，测报准确率89.2%；应施种苗产地检疫4.32万公顷，已实施4.32万公顷，种苗产地检疫率99.98%；林业有害生物防治32.67万公顷，有害生物成灾率2.4‰；无公害防治32.4万公顷，无公害防治率99.17%。全省森林病虫害理赔6598.8万元。

林业改革 在全国率先出台《江西省林权抵押贷款管理办法（试行）》《江西省公益林（天然商品林）补偿收益权质押贷款管理办法（试行）》，修订印发《江西省集体林权流转管理办法》《江西省国有林权和集体统一经营林权交易管理办法》，江西成为全国首个启动林地经营权登记的省份。建立林业金融服务平台，形成林银协同服务、信用评价和名单管理机制，联合中国建设银行、浙江网商银行分别推出面向全省林农的"林农快贷"和"网商林贷"两款无抵押信用贷款产品。南方林业产权交易所筹建林业要素交易平台，获江西省金融监督管理局批准新增木材、松香、油茶、茶叶和森林药材等交易品种。全年公共资源交易网成交林权交易221项，标的445宗，面积1.56万公顷，成交3.45亿元。新增林权抵押贷款20.09亿元，增长28.28%。森林参保822.69万公顷，占有林地面积90%。生态补偿等15项涉及林农个人的林业补贴资金纳入社会保障"一卡通"应用范围，年度总量31亿元。省林业局印发《关于加快推进国有林场场外造林的指导意见》《关于大力开展国有林场"百场兴百业、百场带百村"行动的通知》，下达国有林场场外造林资金1.74亿元，造林1.70万公顷，实施国家林草局国有林场管护用房建设试点任务111个。安福县国有武功山林场、修水县国有生态公益林场被授予"2018年度全国十佳林场"。

科技创新 2019年下达中央财政林业科技推广示范补助资金1900万元，立项19个。推广林业科技成果21个，建设标准化示范区2个。省级立项林业科技创新项目32个，安排资金650万元，增长22.6%。启动林业良法推广补助资金项目30个。全省设置30处空气负氧离子监测点，其中27个对接国家林草局发布平台，实时发布监测数据。报送地方标准制修订立项计划36项，报审11项，发布5项。行业标准制定报审1项，报批5项。《红楠育苗技术规程》经国家林草局发布。省林木品种审定委员会审定通过良种10个，认定良种2个。新增国家林草局授权林业植物新品种3个，累计24个。获批成立"国家林草局木本香料（华东）工程技术研究中心""南酸枣产业创新联盟"。"南昌林木育种及培育国家长期科研基地"列为首批国家林业和草原长期科研基地。国家级生态定位监测网络体系基本成型，国家级九连山、庐山、鄱阳湖3个生态站稳定运行；国家林草局批复九连山生态站投资601万元，庐山生态站安排投资565万元。"油茶源库特性与种质创制及高效栽培研究和示范"等8个项目获第十届梁希林业科技进步奖，其中一等奖1个，二等奖5个，三等奖2个；1个项目获第八届梁希科普奖。省林业局与北京林业大学开展战略合作，17项重点任务取得初步成效；与南京林业大学签订林业发展战略合作框架协议。江西环境工程职业学院成功获批国家双高校立项单位，被教育部认定为国家优质校；4个专业被认定为国家骨干专业；2019年全国职业院校技能大赛获一等奖2项、二等奖5项、三等奖11项；第三届全国职业院校林草技能大赛获一等奖1项、二等奖3项；成立南康家具学院；毕业生就业率92.07%，位列全省高职、高专院校第一。江西林业和草原融媒体指数87 324，位列全国第二。抚州市林业产业发展管理局等3个单位和陈春泉等6人荣获第四届"中国林业产业突出贡献奖"；江西神州通油茶科技有限公司等14个单位和林朝楷等9人荣获第四届"中国林业产业创新奖"；江西省退耕还林工作领导小组办公室等8个单位和13人荣获"全国生态建设突出贡献奖"。

森林防火　推进森林防灭火体制机制改革，抓好以防火巡护、火源管理、基础设施建设和火情早期处置为主要内容的森林防火工作，提升森林火灾综合防控能力。省林业局联合省防火办、省应急管理厅召开森林防火工作座谈会5次，联合发文10次，督查6次，火灾调查评估5次，形成工作合力。省森林防灭火指挥部、省林业局、省公安厅、省应急管理厅联合发布《关于禁止在森林防火区野外用火的通告》，严格实行森林防火"五个禁止"①。全省发生森林火灾60起，过火面积1199.17公顷，受害森林面积489.14公顷，没有发生重特大森林火灾，重点区位和重要时段森林防火安全。

湿地管理　在全国率先出台《江西省湿地生态环境损害调查和评估办法（试行）》。发布《江西湿地公园管理办法》。开展违法违规占用破坏湿地问题专项整治，排查出违法违规问题79个，整改到位75个，另有4个问题正在落实整改方案，其中中央环保督察及"回头看"指出的柴桑、都昌、瑞昌3个县（市、区）光伏发电项目和长江经济带生态环境警示片指出的彭泽、瑞昌2个县违法违规占用湿地问题完成整改并经有关主管部门审查同意销号。举办第23个"世界湿地日"活动。争取到全国首个省级湿地预警监测平台建设项目——鄱阳湖重要湿地预警监测项目，获批中央财政投资2099万元。争取中央林业改革发展湿地补助资金6600万元，增加32%。完成2018年度鄱阳湖湿地生态效益补偿项目，生态修复25.32公顷，增加4倍；利用补偿资金开展环境整治村组56个，增加50%。全省8类自然保护地内受保护湿地面积扩大至54.10万公顷，湿地保护率提升至59.45%，增加4.25个百分点。组织开展44处省重要湿地矢量边界划定。批复实施10个湿地占补平衡方案，补充征占用省级以上重要湿地278.92公顷。全省18处国家湿地公园新加入"长江湿地保护网络"，全省网络成员共计42处。支持和指导南昌市申报国际湿地城市。

物种保护　省人大常委会审议通过《江西省实施〈中华人民共和国野生动物保护法〉办法》，于7月1日起施行。省人大常委会审议确定白鹤为江西省省鸟。中国野生动物保护协会授予永修县吴城镇全国首个"中国候鸟小镇"称号。省绿化委员会、省林业局在全省范围内开展"江西树王"评选活动，评选出樟树、杉树、马尾松、银杏、南方红豆杉、罗汉松、楠木、桂花、柏树、枫香10个乡土树种的10棵"江西树王"和每个树种的"十大古树"。确定石城、靖安两县为探索古树名木保护补偿制度试点单位。沿鄱阳湖各级政府和相关部门以及民间组织共同开展越冬候鸟和湿地保护群防群治行动，召开联席会议32场（次），湖区巡护0.94万人次，联合执法360余次；鄱阳湖保护区范围内越冬候鸟和湿地保护工作连续9年基本实现"三无一杜绝"和"两个确保"②总体目标。省政府表扬2018～2019年度鄱阳湖区越冬候鸟和湿地保护工作先进县（市、区），拨专款100万元，奖励成绩突出的县（市、区）、先进集体、先进个人，并设举报和救治候鸟奖。开展2018～2019年度环鄱阳湖区水鸟同步调查，共记录水鸟29万余只，其中白鹤2900只。争取国家林草局极小种群野生动植物资源拯救经费160万元，在9个重点市、县实施极小种群野生植物保护和珍稀濒危野生动物救护繁殖项目。开展大熊猫"冉冉、潘旺、云儿"重引入赣试验研究工作。

执法整治　省林业局组织开展"全省森林资源管理严打整治专项行动""'绿卫2019'打击破坏森林草原执法专项行动"等系列专项整治行动，发现林业行政案件1.30万起，查结0.85万起，处罚1.45万人，没收非法所得258.81万元，罚款1.82亿元，恢复林地0.26万公顷，没收木材0.35万立方米。全省森林公安机关开展严打破坏野生动物资源犯罪专项行动，查处野生动物刑事案件1141起，同比增多7.9倍，全国排名第二，其中30起大要案分别被公安部、省公安厅列为挂牌督办

---

① 禁止携带火种及易燃易爆品进入森林防火区；禁止烧荒、烧田埂草、烧草木灰、烧秸秆；禁止吸烟、野炊和烤火；禁止焚香烧纸、燃放烟花爆竹；禁止未经批准擅自炼山、焚烧疫木。

② 三无一杜绝：湖中无天网、无毒饵，路上无非法携带和运输越冬候鸟，餐馆酒店和市场无越冬候鸟藏匿、经营和交易，杜绝严重破坏鄱阳湖区越冬候鸟资源和湿地环境违法犯罪案件的发生。

两个确保：确保湖区无越冬候鸟大量死亡，确保候鸟只增加不减少。

案件。收缴野生动物5.1万只(头),其中国家一、二级重点保护野生动物0.22万只(头);成功侦破社会高度关注的湖口"2018.12.24"、余干"2019.11.22"特大毒杀珍稀候鸟案,得到省委书记刘奇等领导的肯定。

产业发展 全年实现林业总产值5112亿元,增长13.5%。其中第一产业1215亿元,增长1.6%;第二产业2280亿元,增长7.5%;第三产业1617亿元,增长36.3%。生产商品材277万立方米、大径竹2.2亿根、小杂竹40.8万吨、木竹加工产品3831万立方米、林产化工产品51万吨、各类经济林产品622万吨。推进林业产业转型升级,全年新增国家林业重点龙头企业13家,数量居全国第一。全省国家级林业重点龙头企业39家,列全国第一方阵;省级林业龙头企业364家。参加第十六届中国林产品交易会,获优秀设计奖和优秀组织奖。参加第十二届中国义乌国际森林产品博览会,2个根雕获金奖,1个木雕获银奖,2人获"金雕手"荣誉称号。参加"2019年中国·合肥苗木交易大会"获优秀组织奖和最佳设计奖。省林业局获评2019中国森林旅游节"最佳组织单位""最佳省级展示单位",婺源县林业局获评"优秀参展市县"。

资金投入 全年争取国家和省级林业资金43.89亿元,增长11.2%。争取林业贷款中央财政贴息资金5243万元,增长21%。全年下达中央财政良种培育补助2500万元,中央预算内国家种质资源库建设项目915万元,省级财政林木良种繁育项目2500万元。征收森林植被恢复费16.30亿元。完成林业投资117.3亿元,其中中央财政资金29.4亿元、地方财政资金50亿元、国内贷款5亿元、利用外资1.7亿元、自筹资金13.3亿元、其他17.9亿元。完成固定资产投资1.05亿元,全年林业利用外资项目12个,实际利用外资0.24亿美元,协议利用外资0.64亿美元。林业招商引资项目86个,协议资金147.72亿元,实际进资24.75亿元。落实贴息贷款35.78亿元,下达贴息补助5243万元,扶持林业企业140家、造林大户360个、林农和林业职工4060户。落实小额贷款5.68亿元,惠及林农和林业职工4060户,户均增收3280元。统筹支持国有林场场外造林1.74亿元,其中,对已实施的场外造林面积,每公顷补助1.5万元,对计划实施并已签订场外造林合作协议面积,每公顷补助7500元。"财政惠农信贷通"发放涉林贷款8.13亿元。全省林业因洪涝、干旱受灾面积16.4万公顷,经济损失约33.9亿元。

【首届鄱阳湖国际观鸟周】 12月6~10日,由江西省政府和中国野生动物保护协会主办,省林业局、省文化和旅游厅以及南昌、九江、上饶3市政府共同承办的"2019鄱阳湖国际观鸟周"活动成功举办。省政府将国际观鸟周活动纳入政府工作报告,成立以省长易炼红为主任的活动组委会,先后两次召开筹备会议,并在北京召开新闻发布会。副省长刘强、吴忠琼、陈小平多次听取汇报并实地检查督促各项工作落实。省政府办公厅印发国际观鸟周活动工作方案。省林业局成立执行委员会,制订分工实施方案,负责活动总体协调和综合统筹;8个活动工作组和组委会各成员单位按责任分工,各司其职与相关设区市和县密切配合,落实各项工作。

国际观鸟周活动以"湿地滋润赣鄱、候鸟连通世界"为主题,主会场设在南昌市,九江市、上饶市设置观鸟点。活动安排省鸟评选、优秀湿地暨候鸟保护志愿者(组织)评选、新闻发布会、开幕式招待会、开幕式、鄱阳湖湿地候鸟保护国际论坛、美丽中国"江西样板"院士论坛、第二届国际白鹤论坛、鄱阳湖国际观鸟赛、鄱阳湖候鸟国际摄影展、嘉宾观鸟暨救护候鸟放飞活动、公众自然教育系列活动等13个版块。省委书记刘奇、省长易炼红等省领导,国家林草局局长张建龙、副局长李春良,中国野生动物保护协会会长陈凤学,联合国粮农组织驻华代表处副代表张忠军,国际鹤类基金会全球副总裁斯派克·米林顿等出席开幕式。联合国粮农组织、国际湿地公约秘书处、世界自然基金会、国际鹤类基金会、世界自然保护联盟等国际机构代表,俄罗斯、美国、韩国、日本、新加坡、澳大利亚等国政府官员及地方代表团、知名人士,中国科学院、中国工程院14名院士和北京林业大学等院校专家学者,上海等15省(区、市)相关代表,万科集团、万通控股等知名企业家和省内嘉宾代表共1000多人参加活动。中央和省内主要媒体及境外驻赣媒体54家、127名记者多维度对国际观鸟周进行系列报道,发布主题稿件1500余篇;100余家新闻媒体发表相关报道,新闻全平台浏览量1亿余次。

12月7日上午,"2019鄱阳湖国际观鸟周"开幕式在南昌市举行

【首届江西森林旅游节】 8月7~31日,省林业局、省文化和旅游厅、抚州市政府主办,资溪、大余、安福、萍乡武功山等县(区)人民政府、风景名胜区管委会承办的"2019首届江西森林旅游节"成功举办。本届森林旅游节以"绿水青山就是金山银山——好森活在江西"为主题,设主会场和分会场。8月7日,首届江西森林旅游节在资溪县大觉山景区主会场开幕。省人大常委会副主任朱虹,国家林草局森林旅游工作领导小组副组长程红,省林业局、省文化和旅游厅以及抚州市委、市政府等领导出席。省直和设区市、县(区)有关部门负责人,相关企业代表,湖南、福建等5省(市)林业系统有关负责人参加开幕式。主会场设置森林旅游景区推介暨旅行社合作洽谈会等10项活动。8月10~31日,大余丫山等11个分会场相继开展富有当地特色的活动。组委会围绕森林旅游节主题,举办"森林康养"论坛等16项活动。40多家媒体记者深入采访,发稿万余条;《人

民日报》、新华社等报道247条；新华网、凤凰网等开设森林旅游节专题，全媒体曝光3000万次。

8月7日，2019首届江西森林旅游节开幕式

【美丽中国"江西样板"院士论坛】 12月7日，由北京林业大学主办，江西省发展改革委与江西省林业局协办的美丽中国"江西样板"院士论坛在南昌举办。省委常委、常务副省长毛伟明，省政府秘书长王亚联，北京林业大学校党委书记王洪元、校长安黎哲等6位校领导，中国工程院院士沈国舫、印遇龙、康振生、武强、吴丰昌和中国科学院院士丁林出席论坛。毛伟明和王洪元分别致辞，安黎哲主持论坛专题报告。院士与专家学者围绕江西高质量建设国家生态文明试验区、新时代城乡人居环境生态与绿色发展范式、生态文明治理体系和治理能力现代化等展开论述和研讨，为江西生态文明建设发展建言献策。江西省生态文明建设领导小组成员单位和省发改委、省林业局、省科学院、省林科院、江西农大主要负责人及北京林业大学相关部门、学院负责人、教师，新闻媒体记者等300余人参加论坛。论坛通过购买江西省乐安县林业碳汇项目减排量，抵消本次论坛产生的碳排放，实现"零碳"办会。

【首获第45届世界技能大赛金牌】 8月27日，第45届世界技能大赛上，江西环境工程职业学院曾璐锋代表中国出赛，获得水处理技术项目金牌，实现江西在世界技能大赛金牌零的突破。世界技能大赛被誉为"技能界的奥林匹克"，其竞技水平代表各领域职业技能发展的世界水平。省政府印发《关于表扬第45届世界技能大赛江西省获奖选手和为参赛工作作出突出贡献单位及个人的通报》，曾璐锋获通报表彰，省林业局和江西环境工程职业学院获通报表扬。

【推行林长制】 3月19日，省委书记、省级总林长刘奇主持召开2019年省级总林长会议，省长、省级副总林长易炼红，各位省级林长和设区市总林长等出席会议。会议听取2018年度全省林长制工作汇报，审议通过《2018年度林长制工作省级考核结果》《江西省2019年林长制工作要点》，并对2019年林长制工作进行全面部署。全省各设区市总林长及86个县（区）总林长先后签发总林长令，全省设区市级林长深入责任区开展调研154次，县级林长深入责任区调研2279次，协调解决各类森林资源保护发展问题1645件（次）。各地按照管护山场、管护人员、管护资金"三整合"要求，基本完成"一长两员"（即：村级林长、基层监管员、专职护林员）森林资源源头管理体系建设。全省共有省级林长11人、市级林长94人、县级林长1795人、乡级林长16 078人、村级林长46 211人，整合基层监管员9455人，聘请专职护林员38 058人。省林长办先后在浮梁县和抚州市召开全省林长办主任现场培训会，研究部署"一长两员"源头管理体系建设，全面推广应用林长制巡护信息系统，安排0.3亿元专项资金，为护林员购置北斗手持巡护终端1.5万余台，有效提升森林资源监管水平。江西林长制工作作为典型在国家生态文明试验区建设经验交流会上作交流发言，林长制经验成果获江西省国家生态文明试验区改革示范经验优秀成果一等奖。

【森林城乡、城市创建】 继续推进国家森林城市创建，全省新增城市绿地面积0.24万公顷，绿地率43.69%；新（改）建公园绿地701处，面积0.76万公顷，人均公园绿地14.86平方米；新增城镇绿道绿廊543千米。遂川、浮梁、德兴、大余4县（市）创建国家森林城市获国家林草局批准备案。新增井冈山市、定南县和分宜县3个省级森林城市。75个县（市）成功创建省级森林城市。配合国家林草局组织新华社等7家中央媒体记者到江西开展森林城市建设15周年大型宣传活动。430个行政村被认定为"国家森林乡村"，兴国县睦埠村被评为"国家森林乡村创建工作样板村"，启动"省级森林乡村"创建工作。

【重点区域森林"四化"建设】 出台《江西省重点区域森林"四化"建设标准》《江西省重点区域森林"四化"建设绩效评价办法》。省级财政投入重点区域森林"四化"建设资金1.31亿元，培育"四化"树种苗木2309万株，栽植"四化"树木806万株，完成建设面积1.29万公顷，占计划任务的144%。完成重点区域森林"四化"建设示范基地43个。重点打造10条主要通道和廊道，栽植"四化"树种255万株，建设效果初步呈现。打造最美长江岸线，完成投资4.13亿元，栽植各类彩化珍贵化乔、灌苗木427.4万株，铺设草皮33万平方米。

【自然保护地建设】 "绿盾2019"自然保护地强化监督工作，查出问题164个，完成52个。"绿盾2017""绿盾2018"排查出716个问题，整改完成542个，整改完成率75%。省级以上自然保护区内查出问题的54座水电站，拆除43座，正在整改11座。开展WJBS整治，省级以上自然保护地查出问题206个，处置到位162个，处置率78.6%。重新建立全省自然保护地专家库。成立第一届江西省自然保护区评审委员会。申报武功山世界地质公园进入国家推荐名单。洪源省级森林公园晋升为洪岩国家级森林公园，面积3242.61公顷。命名"省级示范森林公园"19处。完成森林风景资源"一张图"和森林公园边界矢量化数据建设。7处国家森林公园总体规划通过国家林业和草原局批复，4处省级森林公园总体规划通过专家评审。森林公园总体规划完成编制率省级提升到45%，国家级提升到91%。开展乡村森林公园建设，首批命名20处乡村森林公园。7处国家湿地公园确定为示范湿地公园。鹰潭信江、遂川五斗江、三清山信江源、上犹南湖4处试点国家湿地公园正式成为"国家湿地公园",总面积4402.51公顷,湿地面积3337.71公顷。全省新增湿地保护小区378个。

【全省造林绿化、松材线虫病防控、湿地候鸟保护工作电视电话会议】 于10月20日在南昌召开。会议通报上年10月以来全省造林绿化、松材线虫病防控、湿地候鸟保护工作情况,对今冬明春三项林业重点工作进行部署。会议通报表扬2018~2019年度鄱阳湖区越冬候鸟和湿地保护工作先进县(市、区)。下达2019~2020年度松材线虫病防控目标责任书。各设区市政府分管副市长,省林业有害生物防控工作指挥部成员单位负责同志,省林业局有关同志,省委政法委、省人大环资委有关负责同志,共80余人在省主会场参加会议。

【鄱阳湖区越冬候鸟和湿地保护工作会议】 于11月12日在南昌召开。会议通报2018~2019年度越冬候鸟和湿地保护工作情况并对下一步工作进行部署。省林业局相关处室负责人、省森林公安以及沿鄱阳湖4市15个县(市、区)林业局分管领导及野保站长,鄱阳湖保护区,南矶湿地保护区、都昌候鸟省级保护区负责人,民间组织负责人等参加会议。

【鄱阳湖湿地和候鸟保护国际论坛】 于12月7日在南昌举办。江西省副省长陈小平、国家林业和草原局副局长李春良、东亚-澳大利西亚迁飞区伙伴协定秘书长Doug Watkins出席并致辞。中国、韩国、日本、俄罗斯、澳大利亚、新西兰、美国、英国等十多个国家和地区的200余位专家学者、政府官员、非政府组织代表、知名企业家以及民间生态环保人士参加。全体与会代表就加强湿地与候鸟保护达成共识,并共同发布《湿地与候鸟保护南昌宣言》。江西省林业局与阿拉善SEE基金会共同签订《鄱阳湖保护和发展合作框架协议》。

【公众自然教育系列活动启动仪式暨揭牌仪式】 于12月8日在鄱阳湖保护区举行。省林业局二级巡视员余小发、联合国粮食及农业组织驻华代表处副代表张忠军和国际鹤类基金会副总裁Spike Millington出席活动并致辞。余小发、张忠军为江西首个专题介绍鄱阳湖湿地与越冬候鸟的宣传教育中心鄱阳湖湿地与候鸟宣传教育中心、吴城保护站自然教育学校揭牌。公众自然教育系列活动分别在江西鄱阳湖国家级自然保护区管理局、南矶湿地国家级自然保护区以及东鄱阳湖湿地公园设分会场。

【2019鄱阳湖国际观鸟赛】 12月8日结束,12支国际队伍、20支国内队伍参赛,评出"至尊鸟种奖""特别贡献奖""最佳预测奖"和优胜一、二、三等奖。比赛共记录到野生鸟类170种,占鄱阳湖已知鸟类的40%。中美两国鸟友组成的加州鹤队记录最多,达到97种,获得优胜一等奖。蛇雕被评为"至尊鸟种"。

【松材线虫病疫木清理"百日攻坚"行动】 2018年12月25日至2019年3月31日,全省开展松材线虫病疫木清理"百日攻坚"行动。省委副书记、赣州市委书记李炳军,省委常委、副省长刘强等省领导到林区调研松材线虫病防控工作,并先后作出指示批示。省政府连续两次召开全省松材线虫病防控电视电话会议,实行全省联动,群防群治。各级政府、林业部门通力合作,落实松材线虫病防控资金4.2亿多元。全省共清理病枯死松树310.05万株,清理面积7.30万公顷,打孔注药保护重点松树23.9万株。

【大事记】

1月6~8日 开展鄱阳湖越冬候鸟调查。共记录水鸟29万余只,其中白鹤2900只。

1月17日 中国、俄罗斯、蒙古3国6个机构在南昌签订《白鹤研究与保护合作备忘录》。

1月26日 第23个"世界湿地日"江西主场宣传活动在东鄱阳湖国家湿地公园举办。

1月 江西庐山国家级自然保护区、江西九岭山国家级自然保护区被授予"江西省生态文明示范基地"称号。

1月 国家林业和草原局批准设立江西洪岩国家森林公园。

1月 省政府同意设立江西南昌澄碧湖、德安隆平、庐山星импа湾、乐平东湖、萍乡玉湖、分宜万年湖、贵溪大禾源、贵溪浮石、南康蓉江河、于都长征源、定南九曲河、奉新潦河、万载龙河、铅山宋家源、新干湄湘河、安福泸水河、崇仁乐丰、乐安龙潭、宜黄百鹭洲、南丰沧浪水、南丰九剧水21处省级湿地公园。

2月11日 省委书记刘奇、省长易炼红等省委、省人大常委会、省政府、省政协领导同志和省军区、省法院、省检察院主要负责同志到南昌市赣江新区儒乐湖生态公园,与省市机关干部、各界群众200余人一起参加义务植树活动。

2月22日 省林业局召开低产低效林改造工作约谈会,对全省低产低效林改造任务完成不够、质量不高、整改不力的6个县(市、区)进行约谈。

2月23日 全省林业工作会议在南昌召开。省林业局局长邱水文在会上作主题报告。

3月12日 省林业局、省生态环境厅、江西日报社联合启动主题为"我为祖国献片绿"的植树活动。

3月21日 省林业局印发《加快推进社会保障"一卡通"在林业系统应用的通知》。明确将生态公益林补偿、天然商品林补助等15项涉及林农个人的林业补贴资金全部纳入社会保障"一卡通"应用范围,涉及年度资金总量31亿元。

4月11日 省委常委、副省长刘强到国家林业和草原局交流座谈,国家林草局局长张建龙主持座谈会。省政府副秘书长宋迪维、省林业局局长邱水文陪同。

4月11日 资溪马头山国家级自然保护区罗晓敏、婺源县森林公安局施德顺、鹰潭市龙虎山风景名胜区林业局肖冬祥、鄱阳县林业局杨启波获2018年度"斯巴鲁生态保护奖",鄱阳县鄱阳湖江豚保护协会获"斯巴鲁生态保护先进志愿者团队奖",王榄华获"斯巴鲁生态保护先进志愿者奖"。

4月18日 中国林场协会授予安福县武功山林场、

修水县国有生态公益林场"2018年度全国十佳林场"称号。

4月30日 省林业局被省委、省政府授予"第十五届江西省文明单位"荣誉称号。

5月4日 省财政连续第八年拨款100万元专项经费，奖励爱鸟护鸟和保护湿地行为。省政府对保护鄱阳湖区越冬候鸟资源和湿地生态环境成绩突出的永修县等9个县（市、区）给予通报表扬。

5月9日 赣州市国家地理标志产品"赣南茶油"再登"中国地理标志产品区域品牌榜"，名列第46名，较2018年进位9名。

5月10日 江西九连山原生常绿阔叶林入选第二届"中国最美森林"，成为江西唯一入选的"中国最美森林"。赣州市崇义阳明山国家森林公园入选第四批"中国森林氧吧"。

5月11日 省林业局等6家单位联合印发《江西省公益林（天然商品林）补偿收益权质押贷款管理办法（试行）》，全省340万公顷公益林补偿收益权可质押贷款。

5月18日 武宁县、资溪县、大余县、庐山市、上犹县、芦溪县、婺源县、修水县、井冈山市、靖安县、宜丰县上榜"2019中国最美县域"。

5月27日 中国家具学院、中国鲁班大学、江西环境工程学院南康分院、南康家具学院、淘宝大学南康商学院在赣州南康区家居小镇唐风书院举行集体揭牌仪式。省林业局副局长罗勤等与部分师生共同参与揭牌仪式。

5月28日至6月3日 由中国林产工业协会主办，江西省林业局和赣州市人民政府承办的中国（赣州）第六届家具产业博览会在赣州市南康区家居特色小镇开幕。副省长吴晓军、全国绿化委员会办公室专职副主任胡章翠、中国林产工业协会秘书长石峰、省林业局副局长罗勤等出席开幕式。

5月28~31日 国家发改委、国家林草局、财政部、农业农村部组成联合调研组在赣开展油茶产业发展政策专题调研。

7月1日 《江西省实施〈中华人民共和国野生动物保护法〉办法》开始施行。

7月1~15日 省林业局和江西日报社共同主办江西省省鸟评选活动。白鹤位列第一。

8月6日 省林业局与南京林业大学林业发展战略合作框架协议仪式在南昌举行。

8月7日 省林业局与中国银行江西省分行举行战略合作协议签约仪式。

8月13日 省政府新闻办、省林业局联合召开"江西树王"评选情况新闻发布会，10棵古树被评为"江西树王"。

8月20日 首届庐山植物科学论坛在庐山植物园举行。

8月25日 全省首批20处乡村森林公园正式命名。

8月26~30日 2019年全省林业局长培训班在福州市举办，各市、县（区）林业局局长共40人参加培训。

8月27日 江西环境工程职业学院曾璐锋获得第45届世界技能大赛水处理技术项目的金牌，实现江西在世界技能大赛金牌零的突破。

9月28日 省十三届人大常委会第十五次会议表决通过，确定白鹤为江西省"省鸟"。

10月10日 江西省政府新闻办、省林业局联合召开贯彻落实省人大常委会《关于确定白鹤为江西省"省鸟"的决定》新闻发布会，省林业局局长邱水文等出席发布会。

10月19日 江西省荣获"2019年中国·合肥苗木交易大会"优秀组织奖和最佳设计奖。

10月 省林业局、省民政厅、省卫生健康委员会、省中医药管理局联合出台《关于促进江西森林康养产业发展的意见》。

10月 江西九连山国家级自然保护区上榜第五届"中国森林氧吧"。

11月6日 江西省人民政府、中国野生动物保护协会在北京召开2019鄱阳湖国际观鸟周活动新闻发布会。副省长陈小平、中国野生动物保护协会会长陈凤学等出席发布会。

11月14日 全国油茶产业发展工作会议在江西赣州召开。国家林草局党组书记、局长张建龙，中共江西省委副书记、赣州市委书记李炳军等领导出席会议，江西省林业局党组书记、局长邱水文在会上作交流发言。广西壮族自治区林业局、湖南省林科院、中国农业银行、赣州市人民政府在会上作交流发言。浙江、安徽、福建等15个省份林业主管部门代表和企业家参会。

11月14~16日 国家发改委、国家林草局在崇义县召开南方地区森林质量精准提升经验交流现场会。国家发改委农经司、国家林草局规划财务司领导出席会议并讲话，国家开发银行、农业发展银行、江西赣州等6个典型经验交流单位代表发言，南方地区各省发改委和林草系统相关负责人共计100余人参加会议。会上，赣州市就低质低效林改造作典型交流发言。

11月17日 省林学会油茶专业委员会成立。

11月23日 江西环境工程职业学院成功入选"2019亚太职业院校影响力50强"。

11月25日 《江西省志·林业志（1991~2010年）》初审会在省林业局召开。省林业局副局长严成、省地方志办主任甘棣华出席会议并讲话。

11月25日 国家林草局印发《关于公布第四批国家林业重点龙头企业名单的通知》。江西凯光新天地生态农林开发有限公司等14家企业被评为国家林业重点龙头企业。

11月 中国林学会授予赣南树木园等16个单位"自然教育学校（基地）"牌。

12月6~10日 "2019鄱阳湖国际观鸟周"活动举办。

12月8日 由中国生态文明研究与促进会指导，江西省生态文明研究与促进会、国际鹤类基金会和香港商报社主办的第二届国际白鹤论坛在南昌市举行。本届论坛主题为"生态中国、江西先行、白鹤振翅、万鸟齐鸣"。

12月8日 永修县吴城镇被中国野生动物保护协会授予全国首个"中国候鸟小镇"称号。

12月11日 九江市德安县磨溪乡等26个乡（镇）

被授予"江西省省级生态乡(镇)"称号;南昌市新建区溪霞镇店前村等57个村被授予"江西省省级生态村"称号。

12月15日 中国建设银行泰和支行林农客户成功申请"林农快贷"29万元。标志着全国林业及建行系统首创林业大数据的线上个人贷款产品——"林农快贷"在江西成功创新上线。

12月23~24日 省林业局在吉安市召开全省造林绿化暨生态扶贫现场会。局长邱水文、吉安市副市长赵红光、省林业局一级巡视员罗勤、副局长严成出席。

12月27日 省林业局和中国建设银行江西省分行共同举办"林农快贷"产品发布会在南昌举行。省林业局、建设银行江西省分行、地方金融监管局、人民银行南昌中心支行、省发改委及省信息中心等相关领导出席会议并致辞。

12月27日 国家发改委正式批复欧洲投资银行贷款长江经济带珍稀树种保护与发展项目资金申请报告,财政部与欧洲投资银行正式签订项目贷款协议,标志该项目即将在江西正式启动实施。

12月 省林业科技实验中心、江西环境工程职业学院、鄱阳湖国家级自然保护区、桃红岭梅花鹿国家级自然保护区、武夷山国家级自然保护区、九连山国家级自然保护区、官山国家级自然保护区、庐山国家级自然保护区、九岭山国家级自然保护区、江西省林木育种中心被评为"江西省生态文明示范基地"。

(江西省林业由卢建红供稿)

山东省林业

【**概　述**】 2019年,山东省自然资源厅(山东省林业局)自觉践行"绿水青山就是金山银山"的理念,深入落实山东省委、省政府部署要求,扎实推进城乡绿化,全面加强生态保护,大力发展林业产业,持续深化林业改革,推进林业扶贫,林业各项工作取得显著成效。全省完成人工造林12.54万公顷,完成年度计划的117.6%。深入推进林业产业提质增效,修订林业龙头企业认定和管理办法,推进品牌林产品市场平台建设,成功举办第十六届中国林产品交易会。北京世园会参展取得圆满成功,山东室外展园和室内展区双双荣获组委会特等奖,全年实现林业总产值6586.4亿元,居全国第二位。

【**造林绿化**】 山东省深入实施"绿化齐鲁·美丽山东"国土绿化行动,在国土空间规划编制中统筹划定生态保护红线,积极推进泰山区域山水林田湖草生态保护修复工程,组织实施森林生态修复与保护、退耕还林还果、农田防护林建设、森林质量精准提升、城乡绿化美化、沿海防护林等重点林业生态工程,大抓春季造林,抢抓雨季造林,推进荒山造林。全省完成国家重点工程造林1.44万公顷。持续抓好森林城市"四级联创"活动,胶州市荣获"国家森林城市"称号,新泰市、沂源县、高密市相继提出创建国家森林城市并得到国家林草局备案批复,全省正在创建国家森林城市的市、县(市、区)达到7个。淄博市博山区、青州市、嘉祥县被命名为山东省森林城市,建成省级森林乡镇53个、森林村居530个,城乡绿化面貌显著提升,生态环境持续改善。

【**国有林场改革**】 山东省按照《国有林场备案办法》要求,完成全部市县备案材料汇总报送工作。按照《国有林场改革验收办法》,省级自验收结果为优秀。召开山东省国有林场改革验收工作部署会,对各国有林场改革方案落实情况开展"回头看",针对存在问题推进整改,对各市验收材料进行统一汇编印发。根据国家国有林场改革验收要求,协调全省16市和山东省水利厅、省交通厅、国家电网等单位,整理归档全省国有林场改革验收材料。10月24~29日,国家国有林场改革重点抽查验收组对山东省国有林场改革进行检查验收,对山东省国有林场改革工作及改革期间充分发挥国有林场生态功能和在国土绿化中的示范带动作用的做法给予充分肯定。

【**集体林权制度改革**】 山东省莱阳市、新泰市作为国家级集体林业综合改革试点单位,滕州市、沂南县作为省级集体林业综合改革试点单位,制订实施试点工作方案。莱阳市利用森林资源发展林下经济、森林旅游等林业产业,新泰市引导社会资本投入林业的经验做法,在全国集体林权制度改革业务骨干培训班上作了交流。滕州市探索建立林地经营权流转证运作模式,开展"林地经营权流转证抵押+森林保险"贷款,实现林地经营权功能拓展。沂南县马泉农业创意休闲园、竹泉旅游度假村、绿韵树莓种植合作社等利用社会资本推动产业融合发展的做法为发展林下经济提供典型经验。

【**公益林保险共保体统保试点**】 山东省自然资源厅、省财政厅、省银保监局联合印发《关于开展公益林保险共保体统保试点工作的通知》,在淄博、烟台、泰安、临沂4市启动公益林保险共保体统保试点。4个试点市的4个主承保方和9个共保单位全部通过政府招投标产生,签订承保协议,组织开展公益林保险共保体统保试点。试点实施方案和试点参与单位均上报备案。截至12月底,4个试点市当地政府或经营主体与共保体签订公益林共保合同面积44.8万公顷。

【**林草资源保护管理**】 山东省积极推进林长制工作,加强林草资源保护管理,印发实施《山东省人民政府办公厅关于全面建立林长制的实施意见》,省政府召开新闻发布会;在临沂市召开全省林长制工作现场推进会;全省16个市、178个县(市、区、开发区、管委)印发林长制工作方案,全省共设林长110 369名,其中省级5名、市级131名、县级1617名、乡级13 929名、村级

94 687 名，全省五级林长制体系全面建立。严格规范征占用林地审核审批，严把项目使用林地审核审批关，全年审核审签建设项目征占林地 665 项，面积 4806.13 公顷，优先保障国家、省重点基础建设、重大民生工程等项目用地。全省发放林木采伐证 12 万余份，采伐面积 7.73 万公顷（其中商品林 5.87 万公顷），采伐蓄积量 477 万立方米；发放木材运输证 10 万多份。积极开展森林督查，2019 年国家下达山东省林地疑似图斑 39 404 个，经内外业核查，137 个建制县森林督查数据全部通过国家检查验收。落实 2018 年森林督查发现问题整改，对 695 个应收回未收回林地图斑实行销号管理，全省森林行政案件应收回林地面积 296.11 公顷，已收回和依法流转 269.01 公顷，森林刑事案件应收回林地面积 48.86 公顷，已收回和依法流转 42.59 公顷，收回率达到 90%以上。

【森林防灭火】 山东省以推进森林防火能力建设为抓手，认真贯彻落实国家和山东省森林防火规划，开展《森林防火能力建设提质增效转型升级实施方案（2016~2020 年）》实施情况中期评估，督促各地补短板、强基础，提升森林草原火灾防控能力。切实抓好春节、清明节、"五一"和全国、全省"两会"等重要时间节点森林防灭火工作，会同山东省应急管理厅、省森林公安局多次组织力量对青岛、淄博等森林防火重点市及部分县（市、区）重点林场进行专题调研和明察暗访，督促各地将森林防火措施落实到位。启用"智慧天眼"信息系统，利用卫星遥感手段对全省进行全天候不间断监测，确保及时准确掌控火情信息，及时有效进行处置。防火期内，全省发生突发火情 30 起，全部得到有效控制，未造成人员伤亡和大的林木、财产损失。

【林业有害生物防控】 山东省以落实林业有害生物防治责任为抓手，实施美国白蛾、松材线虫病等重大林业有害生物专项治理和执法专项行动，突出抓好检疫和监测预报，不断提高林业有害生物治理能力。2019 年全省主要林业有害生物发生面积 45.81 万公顷，防治作业面积 297.88 万公顷次，除松材线虫病外，其他林业有害生物未造成严重灾害。国家林草局在山东省泰安市召开全国重点区域松材线虫病防治现场会，泰山松材线虫病防控经验在全国推广。

【湿地保护与修复】 山东积极开展湿地保护修复工作，全省 14 处试点国家湿地公园，全部一次性通过国家验收。黄河三角洲、济宁南四湖、青州弥河、临沂武河、东明黄河 5 处省级重要湿地申报国家重要湿地，全部通过专家论证并获得国家命名。在滕州市举办全省湿地公园管理培训班，济宁市完成国际重要湿地城市材料上报，并配合开展国家级专家现场评估。配合开展国家 GEF（全球环境基金）中国水鸟迁徙路线保护网络项目相关工作，黄河三角洲湿地被确定为该项目全国 5 个承担单位之一。完成"国际重要湿地数据"每 6 年一次的更新填报工作。完成国家湿地项目监测与评估和《全国湿地保护"十三五"实施规划》总结上报工作，为科学编制湿地保护"十四五"规划提供依据。

【林业产业提质增效】
食用林产品质量安全监管 山东省印发《食用林产品质量安全监督抽检实施方案》《食用林产品质量安全风险监测实施方案》，公开招标遴选 20 家承检机构，完成全省食用林产品监督抽检和风险监测 5638 批次。经检测，监督抽检不合格 18 批次，合格率 99.68%；风险监测不合格 21 批次，合格率 99.63%。印发《2019 年全省"守护舌尖安全"行动食用林产品专项行动实施方案》，围绕重点区域、重点环节、重点品种，针对生产中乱用滥用农药的违法违规行为，组织开展食用林产品专项整治，持续保持严打高压态势，未发生区域性、系统性食用林产品质量安全事件。

林下经济发展 各地充分利用林地资源和森林生态优势，大力发展林下经济。积极组织申报国家级林下经济示范基地，山东省费县被认定为以县为单位的国家林下经济示范基地，济南大鹏农业科技有限公司等 5 家单位被认定为以经营主体为单位的国家林下经济示范基地。截至 12 月底，全省有 6 个县、8 个经营单位获得"国家林下经济示范基地"称号。全省林下经济发展面积达 21.27 万公顷，产值达 235 亿元，从事林下经济的农户达 164 万户，促进林业扶贫、农民增收和农村经济发展。

林业品牌建设 制订实施《关于加快林产品品牌建设推进林业高质量发展的意见》，组织认定 2 处种苗花卉产业转型升级示范区、20 家种苗龙头企业、10 家花卉产业示范企业、15 家观光苗圃，推动全省花卉产业转型升级。修订《山东省林业龙头企业认定管理办法》，评选认定 94 家山东省林业龙头企业、43 家山东省农民林业专业合作社省级示范社。截至 12 月底，有省级以上林业龙头企业 374 家、林业专业合作社示范社 255 家，择优遴选威海文峰集团等 5 家单位申报首批国家森林康养基地。积极创建平阴国家级玫瑰产业示范园区，利用平阴玫瑰产业发展特色优势，发挥园区集群优势，延长产业链，推动玫瑰产业发展。山东省五莲山森林体验基地、沂山森林养生基地、赤山森林养生基地被国家林业和草原局分别批准设立为森林体验国家重点建设基地和森林养生国家重点建设基地。

林业对外合作 山东省 40 余家企业采取租赁、购买等方式，获得国外林地采伐权面积 334 万公顷，林木蓄积量 6 亿立方米。烟台中航林业在俄罗斯托木斯克洲设立的中俄木材工贸合作区，总投资 9.6 亿美元，年采伐加工木材 450 万立方米。全省拥有自营进出口权的林业企业达到 3000 多家，通过产品展示、宣传推介、渠道营销、来样定制等方式，开拓国际林产品市场。为拓展国际林产品市场，9 月 13 日，山东省政府在西班牙举办山东省—西班牙林产品经贸合作推介会，专场宣传推介林业产业政策和合作项目。在北京世界园艺博览会"山东省日"期间，对林业产业项目进行重点推介。全省林产品出口到 120 多个国家和地区，出口种类达 200 多个，林产品进出口额达到 100 多亿美元。

【自然保护地管理与野生动植物保护】
自然保护区管控 2019 年，成立山东省自然保护区评审委员会，印发地方级自然保护区调整工作规则，组织对 16 个省级自然保护区调整方案进行实地勘察和专家评审，其中 8 个涉及范围调整的经省政府批复、2 个涉及功能区划调整的经省自然资源厅批复。部署开展自然保护区总体规划编报工作，9 个省级自然保护区总体规划经省自然资源厅批复实施，2 个国家级自然保护区总体规划报国家草局审批，全省 78 个自然保护区总体规划全部获批，完成《山东省打好自然保护区等突出生态问题整治攻坚作战方案》确定的年度任务。加强自然保护区遥感监测，组织对青岛崂山、烟台沿海防护林等 18 个自然保护区疑似问题点位进行实地核查，未发现新增违规问题。

风景名胜区管理 山东省自然资源厅印发《关于加强风景名胜区建设管理的通知》，督导各地开展专项整治行动，组织对辖区内的风景名胜区进行全面梳理排查，重点排查风景名胜区安全、违规建设以及风景名胜区与自然保护区、地质公园等其他类型自然保护地重叠交叉等问题，形成问题台账，扎实做好整改落实。督导各地编制（修编）风景名胜区规划，泰山风景名胜区红门景区详细规划通过国家林草局评审，莒南天佛风景名胜区总体规划经省自然资源厅审议通过。

野生动植物保护管理 2019 年，山东省自然资源厅编制完成《山东省野生动植物保护工作厅级联席会议实施方案》，部门间协调配合得到加强。山东省自然资源厅、山东省公安厅联合印发《打击破坏野生动物资源违法犯罪专项行动实施方案》，开展打击破坏野生动物资源违法犯罪专项行动。山东省自然资源厅、山东省市场监督管理局联合印发《全省野生动物保护专项整治行动方案》，依法严厉查处违法经营行为。深入开展"爱鸟周""野生动物保护宣传月"等宣传活动，倡导树立文明观鸟、关爱野生动植物理念。加强国家重点保护野生动物人工繁育、经营利用监管，按时完成野生动物人工繁育行政许可事项前期审核和现场勘验、涉嫌违法举报信息核查、经营利用情况调查等工作，调查核实上报 6 起涉嫌破坏野生动物资源举报信息。完成需国家林草局审批的国家一级重点保护野生动物相关行政许可事项 5 项。会审野生动物人工繁育、经营利用行政许可 152 项，现场查验 12 家。梳理 2016~2018 年全省穿山甲甲片经营利用许可事项，调查汇总三年经营利用情况并报国家林草局。制订《山东省突发重大陆生野生动物疫情应急预案》，为突发野生动物疫情及时高效处置提供保障。印发《关于扎实做好野猪非洲猪瘟监测防控工作的通知》，组织各地全部排查 27 个野猪养殖场，未发现野猪非洲猪瘟疫情。协助中国野生动物保护协会在荣成市召开天鹅保护国际学术交流会，达成天鹅保护"荣成宣言"。

【**森林公园与地质公园建设**】 山东省加强省级以上森林公园建设管理，指导各地加强森林公园和森林旅游安全管理工作，实现全省森林公园森林旅游安全平安稳定。完成 7 处国家森林公园和 5 处省级森林公园总体规划审核工作，对 9 处省级以上森林公园总体规划组织专家进行初审并向设计单位反馈意见。根据国家林业和草原局《关于进一步做好国家森林公园勘界立标等基础性工作的通知》要求，在全省组织开展国家级森林公园勘界立标工作，妥善解决森林公园内耕地、村庄等历史遗留问题，合理优化公园范围，强化森林公园管理。积极发展森林旅游，以森林公园为依托，围绕创建"全国森林旅游示范市县""全国中小学研学基地""森林体验基地""森林养生基地"等森林旅游品牌，积极打造森林精品景区，提升森林旅游形象。五莲山森林体验基地、沂山森林养生基地、赤山森林养生基地完成基地建设方案编制和上报工作。参加 2019 年中国森林旅游节，山东展馆受到游客广泛好评，山东省荣获最佳组织奖、最佳省级展示奖，原山国家森林公园和蒙山旅游度假区获优秀参展森林旅游地奖。2019 年沂蒙山世界地质公园创建和泰山世界地质公园扩园获得联合国教科文组织批准，省委书记刘家义作出重要批示，省政府新闻办召开新闻发布会，加大宣传推介力度。组织参加在印度尼西亚召开的第六届亚太世界地质公园网络大会，沂蒙山世界地质公园在会上作专题报告，并同马来西亚兰卡威世界地质公园、印度尼西亚林加尼—龙目岛世界地质公园和巴厘岛巴图尔世界地质公园签订姊妹公园协议，开展国际交流合作。印发《关于加快推进地质公园和地质遗迹保护项目建成验收的通知》，完成 1 个省级地质公园和 7 项地质遗迹保护项目验收和成果汇交。

【**北京世园会参展取得优异成绩和丰硕成果**】 2019 年，中国北京世界园艺博览会（以下简称"北京世园会"）是经国际园艺生产者协会批准、国际展览局认可的 A1 类世界园艺博览会，主题是"绿色生活·美丽家园"，会期 162 天。山东高质量建设展园展区，高标准组织布展换展，高水平举办"山东省日"活动，向全世界完美呈现山东园艺花卉产业发展成就及生态文明建设成果，获得北京世园会组委会和社会各界的高度赞誉和一致好评。山东室外展园"齐鲁园"、山东室内展区双双荣获北京世园会组委会特等奖，荣获北京世园会最佳组织奖；室内展区展品获奖 470 项，其中特等奖 53 项、金奖 92 项、银奖 135 项、铜奖 190 项，获奖总数位居全国前列；在七项国际专项竞赛中获奖 234 项，其中突出贡献奖 3 项、金奖 32 项、银奖 64 项、铜奖 95 项、优秀奖 40 项；参加北京世园会优质果品大赛，荣获金奖 5 项、银奖 9 项、铜奖 6 项、优秀奖 13 项。

【**第十六届中国林产品交易会**】 9 月 19~22 日，由国家林业和草原局、山东省人民政府共同主办的第十六届中国林产品交易会在山东省菏泽市新落成的中国林展馆成功举办，国家林草局局长张建龙、山东省副省长任爱荣出席开幕式并致辞，山东省自然资源厅厅长、省林业局局长李琥主持开幕式。本届林产品交易会首次探索市场化运作，办会理念、参会企业、运作方式实现新突破，林产品交易会参展企业达 1867 家，参展参会人员达 22.1 万人次，签订销售合同及协议 1536 个，总金额 25.5 亿元人民币，现场交易额 2.1 亿元人民币。

【**2019 世界牡丹大会**】 于 4 月 12 日在山东省菏泽市举行，主题是"美丽、健康、创新、发展"。大会由山东省人民政府、中国花卉协会主办，中国花卉协会牡丹芍药分会、山东省自然资源厅、菏泽市人民政府承办。山东

省副省长于国安、中国花卉协会秘书长刘红出席开幕式并致辞，山东省政府副秘书长张积军，中国科学院院士、北京市科学技术协会名誉主席顾秉林，山东省自然资源厅副厅长、省林业局副局长马福义等参加相关活动。

【北京世园会"山东省日"活动】 6月20日在北京举行。山东省委副书记、省长龚正出席并宣布"山东省日"开幕，北京市副市长卢彦、中国贸促会副会长卢鹏起、中国花卉协会副会长王兆成、埃塞俄比亚驻华大使特肖梅·托加、中国欧盟商会副主席马晓利、山东省副省长于国安、国家林草局生态保护修复司司长赵良平出席活动。来自英国、韩国等国使领馆，14个国际商协会组织，阿联酋等友好国家展馆，国家相关部门以及各界代表等中外嘉宾参加活动。山东省自然资源厅厅长、省林业局局长李琥出席开幕式并推介林业合作项目。省自然资源厅副厅长、省林业局副局长马福义参加推介活动。

【2019北方(昌邑)绿化苗木博览会、第二十四届中国园林花木信息交流会】 9月21～23日在山东省昌邑市开幕。中国林学会理事长赵树丛，山东省政协副主席刘均刚，中国工程院院士、中国林学会副理事长尹伟伦，潍坊市委书记、市人大常委会主任惠新安，山东省政府副秘书长张积军，山东省自然资源厅厅长、省林业局局长李琥等领导出席。展会吸引来自全国20个省(区、市)的600家企业参展，专业观众超过4万人。开幕当天签订购销合同1000多笔，合同交易额近4亿元。

【参加2019中国森林旅游节】 10月18～20日在江苏省南通市举办。山东展馆以"齐风鲁韵 好客山东"为主题，融入五岳独尊、书卷、黄河、蓝色海洋等独具山东特色的元素，充分展示了齐鲁文化、齐鲁风貌及山东省丰富的森林旅游资源，受到游客广泛好评。山东省自然资源厅荣获最佳组织奖、最佳省级展示奖，原山国家森林公园和蒙山旅游度假区获优秀参展森林旅游地奖。

【大事记】

1月11日 山东省经济林协会在济南举办"齐鲁放心果品"等经济林品牌授牌仪式暨经济林绿色生产论坛。65个"齐鲁放心果品"品牌、83个"省级经济林标准化示范园"、37个"十佳观光果园"被授牌。省自然资源厅副厅长、省林业局副局长马福义出席仪式并讲话。

1月16～25日 为进一步做好2018年度经济社会发展林业保护指标考核工作，山东省自然资源厅组织13个检查组分赴17个地级市对抽取的县(市、区)进行核查和外业检查，完成2018年度各市经济社会综合发展林地保护指标考核工作。

1月17～19日 "2019年世界湿地日中国主场宣传活动"在海口五源河国家湿地公园举行。山东济宁南四湖湿地公园荣获国际重要湿地授牌，山东沂沭河国家湿地公园荣获国家湿地公园授牌。

1月22～23日 全省自然资源工作会议在济南召开。会议传达省长龚正、副省长于国安的批示精神，传达全国自然资源工作会议、全国林业和草原工作会议精神。总结2018年工作，分析形势，部署2019年任务。国家自然资源督察济南局副专员孔维东，省自然资源厅厅长、省林业局局长李琥出席会议并讲话。省自然资源厅一级巡视员王桂鹏主持会议。

1月25日 省政府召开2019年中国北京世界园艺博览会山东省参展筹备工作协调会议。通报北京世园会山东省参展筹备工作情况，审议《2019北京世园会"山东省日"活动方案》，安排部署下一阶段工作任务。副省长于国安出席会议并讲话。

1月28日 全国政协常委、国家林业和草原局(以下简称国家林草局)副局长刘东生，国有林场和种苗管理司司长程红、副司长邹连顺一行到淄博市原山林场出席原山林场2019年经济工作会议并调研。山东省自然资源厅厅长、省林业局局长李琥，山东省自然资源厅副厅长、省林业局副局长马福义等陪同调研，并看望慰问原山林场干部职工。

1月29日 山东省自然资源厅印发《关于切实做好当前防灾减灾和安全生产工作的通知》，安排部署当前和春节期间森林草原防火和地质灾害防控工作任务。

2月1日 山东省暨济南市"世界湿地日"宣传活动在白云湖国家湿地公园举行，宣传主题是"湿地和气候变化"。山东省自然资源厅、济南市林业和城乡绿化局、章丘区政府有关负责同志出席宣传活动。

2月24日 山东省自然资源厅联合省应急管理厅、泰安市政府，共同承办并参加由省政府主办的全省森林火灾空地一体化大型综合实战演练活动。

3月1日晚 "齐鲁时代楷模"发布仪式在山东广播电视台演播厅举行，中共山东省委宣传部授予淄博市自然资源局调研员、原山林场党委书记孙建博"齐鲁时代楷模"称号。省委宣传部常务副部长王红勇，省自然资源厅副厅长、省林业局副局长马福义，淄博市委常委、宣传部部长毕荣青出席发布仪式。

3月10日 山东省自然资源厅厅长、省林业局局长李琥，二级巡视员董瑞忠到北京市延庆区检查指导2019北京世园会山东室外展园和室内展区建设工作。

同日 山东省百万网友"蓝天责任"植树大行动在济南长清区五峰山街道小庵村启动。山东省自然资源厅副厅长、省林业局副局长马福义，济南市人大常委会原副主任、市绿联会、绿促会荣誉会长宋玉国等领导出席。

3月13日 山东省森林防火指挥部办公室在济南召开全省森林防火工作紧急电视会议。省自然资源厅副厅长王太明传达副省长王书坚、于国安关于做好森林防火工作的批示精神，通报近期发生的森林火情，分析当前全省森林防火工作面临的严峻形势，并就做好当前森林草原防灭火工作进行安排部署。省应急管理厅副厅长周凤文主持会议并讲话。

3月19日 山东省自然资源厅召开全省国有林场改革备案工作调度会，落实国家国有林场和国有林区改革工作领导小组办公室对国有林场改革备案工作的要求，加快推进全省国有林场改革备案工作，对备案工作进展较慢的14处国有林场进行重点调度、重点推进。山东省自然资源厅副厅长、省林业局副局长马福义主持调度会。

3月20日 山东省自然资源厅党员志愿服务者到济南市国有北郊林场—省直机关造林绿化基地，参加省机关事务管理局、省绿化委员会办公室联合组织开展的省直机关造林绿化宣传周暨2019年义务植树活动。

3月22日 山东省副省长于国安到北京市延庆区调研2019年北京世园会山东参展筹备工作。山东省政府副秘书长张积军，山东省自然资源厅副厅长、省林业局副局长马福义，北京世园局副局长王春城等陪同调研。

4月18日 山东省自然资源厅组织开展2019年度省科技奖部门提名审核工作。山东省林业科学研究院孙蕾研究员团队完成的"特色浆果良种选育与产业化关键技术创新及应用"项目获得山东省科学技术进步奖一等奖。

4月21日 第八届黄河三角洲（滨州·惠民）绿化苗木交易博览会在惠民县皂户李镇中国北方花木博览园开幕。国家林草局国有林场和种苗管理司副司长杨连清，山东省自然资源厅副厅长、省林业局副局长马福义出席开幕式。

4月21~22日 十三届全国政协常委、国家林草局副局长刘东生，生态保护修复司司长赵良平，驻合肥森林资源监督专员办事处专员李军一行到山东省调研督导森林防火和松材线虫病防治工作并召开座谈会。山东省自然资源厅党组副书记、副厅长刘鲁，山东省自然资源厅副厅长、省林业局副局长马福义，厅机关有关处室、部分厅属单位主要负责同志参加座谈会。

4月26日 山东省2019年"爱鸟周"宣传活动在青岛市森林野生动物世界启动。省自然资源厅二级巡视员李成金出席活动并致辞。

4月28日 中国北京世界园艺博览会（以下简称"北京世园会"）在北京开幕，29日举行开园仪式，山东省副省长于国安，省政府副秘书长张积军，省自然资源厅厅长、省林业局局长李琥、二级巡视员董瑞忠等参加开园仪式并参观山东室内展区和中华园艺展示区"齐鲁园"等展示区。

5月6日 山东省松材线虫病防治工作现场会在泰安市召开。省自然资源厅厅长、省林业局局长李琥主持会议并讲话。

5月9日 "国家林草局元宝枫工程技术研究中心"揭牌仪式在济南举行。国家林草局科技司副司长王连志出席并为元宝枫工程技术研究中心揭牌。

5月11日 山东省自然资源厅厅长、省林业局局长李琥一行到济南市毁林整治现场进行实地调研查看。省自然资源厅副厅长王太明、省自然资源副总督察王光信以及有关处室负责同志参加调研活动。

5月22日 国家林草局管理干部学院原山分院和中共国家林草局党校原山分校挂牌仪式在山东原山艰苦创业教育基地举行。国家林草局党组成员、人事司司长谭光明，国家林草局直属机关党委常务副书记、局党校常务副校长高红电，国家林草局管理干部学院党委副书记、常务副院长陈道东，国家林草局管理干部学院党委书记张利明，山东省自然资源厅厅长、省林业局局长李琥，山东省自然资源厅副厅长、省林业局副局长马福义等出席揭牌仪式。

5月27~31日 山东省自然资源厅副厅长王太明牵头，组成三个调研组分赴济南、青岛、淄博、潍坊、日照、临沂、烟台、威海等市对松材线虫病等重大林业有害生物防控目标任务完成情况进行督导调研。

6月13日 山东省自然资源厅在菏泽市举办2019年世界防治沙漠化和干旱宣传活动。

6月12~14日 中国林场协会林场文化专业委员会成立大会暨林场文化座谈交流会在淄博市原山林场举行。中国林场协会会长姚昌恬，中国绿色时报社社长张连友等出席会议。

6月18~20日 全国森林旅游管理培训班在淄博市原山林场举办。国家林业和草原局国有林场和种苗管理司副司长、国家森林旅游管理办公室主任张健民出席开班仪式并作主题报告。

6月18日 山东省自然资源厅召开全省自然资源行业扶贫工作座谈会。省自然资源厅副厅长李树民出席并讲话，副厅长、省林业局副局长马福义主持会议。

6月20~24日 国家林草局第11考核组对山东省《2015~2017年重大林业有害生物防治目标责任书》履责情况进行检查考核，山东省综合得分80分，在全国排名第11名。

6月24日 山东省自然资源厅召开山东省2019年森林督查暨森林资源管理"一张图"年度更新工作视频部署会，并开展工作方案和实施方案讲解培训。山东省自然资源厅副厅级干部赵培金到会并讲话。

6月25日 山东省政府新闻办召开沂蒙山世界地质公园成功创建新闻发布会。省自然资源厅二级巡视员李成金出席发布会并回答记者提问。

7月21~23日 第五届中国（诸城）榛子科技与产业发展研讨会暨山东榛业现场观摩会在诸城市召开。国家林业和草原局原防火总指挥部专职副总指挥马广仁、科技司巡视员厉建祝，中国经济林协会会长张志达，中国林学会常务副会长兼秘书长陈幸良，山东省自然资源厅副厅长、省林业局副局长马福义等出席开幕式。

7月25日 山东省人民政府办公厅印发《关于全面建立林长制的实施意见》，要求各地和相关部门有序推进全省林长制工作。

8月1日 山东省政府新闻办召开新闻发布会，邀请山东省自然资源厅厅长、省林业局局长李琥，省自然资源厅副厅长王太明解读《关于全面建立林长制的实施意见》并回答记者提问。

9月13日 山东省政府在西班牙举办山东·西班牙林产品经贸合作推介会，专场宣传推介山东省林业产业政策和合作项目。

9月19日 由国家林草局、山东省人民政府共同主办的第16届中国林产品交易会在菏泽市国家会展中心开幕，国家林草局局长张建龙宣布开幕，山东省副省长仁爱荣致辞，山东省自然资源厅厅长、省林业局局长李琥主持。

9月20日 山东省自然资源厅（山东省林业局）在昌邑市召开全省林木种苗工作座谈会，副厅长、省林业局副局长马福义出席。

9月27日 山东省林长制工作现场推进会在临沂市召开。山东省自然资源厅厅长、省林业局局长李琥，国家林草局森林资源管理司副司长冯树清,国家林草局合肥专员办专员李军出席会议并讲话。临沂市委副书记、市长孟庆斌致辞。省自然资源厅副厅长王太明主持会议。

同日　山东省国有林场改革验收工作部署会在济南召开。会议传达学习国家有关部门开展国有林场改革国家验收工作的通知精神,总结全省国有林场改革情况,对国家验收工作作出安排部署。省自然资源厅副厅长、省林业局副局长马福义出席会议并讲话。

10月15~16日　国家林草局在泰安市召开全国重点区域松材线虫病防治现场会暨培训班。国家林草局副局长刘东生出席会议并讲话。山东省人大常委会副主任王云鹏致辞。山东省政府副秘书长张积军,山东省自然资源厅厅长、省林业局局长李琥等出席。会议实地察看泰安市泰山景区松材线虫病防治、检疫及古松树保护现场,泰安市在会上作典型发言,泰山松材线虫病防治经验在全国推广。

10月18日　山东省委常委、常务副省长、省副总林长、崂山区域省级林长王书坚到青岛市崂山区指导调研崂山区域森林资源保护和林长制工作落实情况。省自然资源厅厅长、省林业局局长李琥,青岛市副市长刘建军、省自然资源厅副厅长王太明等参加调研。

10月24~29日　国家国有林场改革重点抽查验收组对山东省国有林场改革工作进行检查验收。验收组对山东省国有林场改革成效及充分发挥国有林场示范带动作用的做法给予充分肯定。

10月30日　山东省森林生态廊道建设暨乡村绿化美化现场会在枣庄市召开。省自然资源厅副厅长、省林业局副局长马福义出席会议并讲话。

11月6~8日　2019第七届中国银杏节在郯城县举办,主题是"银杏之约,融合发展"。本届银杏节由中国林学会主办。原林业部副部长刘于鹤,山东省政协副主席刘均刚,原国家森林防火指挥部专职副总指挥、中国林学会副理事长马广仁,中国林学会副秘书长刘合胜,山东省自然资源厅副厅长、省林业局副局长马福义等出席开幕式。

12月4日　山东省副省长、省副总林长、昆嵛山区域省级林长于国安到昆嵛山区域对林长制工作落实情况进行调研,并实地查看松材线虫病防治等情况。山东省自然资源厅厅长、省林业局局长李琥等参加调研。

12月5日　山东省委副书记、省长、省总林长、泰山区域省级林长龚正到泰山责任区域对林长制工作落实情况进行调研。省自然资源厅厅长、省林业局局长李琥等参加调研。

12月6日　自然资源部党组书记、部长陆昊在山东省东营市调研。山东省副省长于国安,山东省政府副秘书长张积军,山东省自然资源厅厅长、省林业局局长李琥等参加调研。陆昊一行到东营市垦利区黄河义和险工段、黄河三角洲国家级自然保护区(大汶流管理站)、刁口河流路入海口(黄河故道),实地查看黄河三角洲流路演变、滩区土地利用现状、滨海湿地生态保护修复等情况,与当地相关负责人就根据自然机理增强黄河三角洲自然保护地生态功能等深入交换意见。

同日　国家林草局毛梾产业国家创新联盟成立大会在泰安市召开。中国毛梾产业集"产学研"于一体的专业合作平台正式成立。山东省自然资源厅一级巡视员亓文辉出席会议并讲话。

12月9~10日　山东省委副书记、省副总林长、蒙山区域省级林长杨东奇到临沂、淄博调研林长制落实等工作。在蒙阴县,杨东奇主持召开蒙山区域林长制工作会议,要求全面落实林长制工作责任,统筹推进蒙山区域山水林田湖草综合治理,把蒙山区域建成生态优异、优质高效的林区。山东省自然资源厅副厅长、省林业局副局长马福义等参加调研。

12月13日　山东省政府第56次常务会议研究决定成立山东省林业和草原有害生物防控指挥部。

(山东省林业由张彩霞、王钧供稿)

河南省林业

【概　述】　2019年,是河南省林业系统实施国土绿化提速行动的开局之年,也是扎实推进《森林河南生态建设规划(2018~2027年)》的关键之年。全省围绕山区森林化、平原林网化、城市园林化、乡村林果化、廊道林荫化、庭院花园化的建设目标,高起点规划、高标准投入、高质量营造,大力推进国土绿化提速行动。全省森林面积416.53万公顷,森林覆盖率24.94%,森林蓄积量2.07亿立方米。全省湿地总面积62.79万公顷,湿地保护率达到50.2%;全省沙化土地面积59.68万公顷,可治理沙化土地治理率99%;荒漠化土地面积1.01万公顷,石漠化土地面积7.46万公顷。全省现有自然保护区30个,其中国家级13个,省级17个,总面积76万公顷;全省风景名胜区35个,总面积37.6万公顷;全省地质公园29处,其中国家级15处,省级14处,总面积54.85万公顷;全省省级以上森林公园121个,其中国家级32个,省级89个,总面积29.12万公顷;全省现有国有林场84个,总面积45.62万公顷;全省被授予国家森林城市称号的省辖市达16个,省级森林城市达15个;全省已知陆生脊椎野生动物520种,国家重点保护野生动物94种。

造林绿化　省领导春冬季两次带头参加全省义务植树活动,省、市、县三级联动开展义务植树,16个省辖市建立由党政一把手负责的国土绿化推进机构,大造林、大绿化格局初步形成。各地按照森林河南生态建设年度实施方案,重点实施山区生态林、生态廊道绿化、农田防护林等林业工程。2019年全省完成造林29万公顷,为年度计划的151.3%,完成森林抚育30万公顷。全省参加义务植树达4578万人次,共植树1.94亿株。

重点推进生态廊道建设，完成建设任务9.33多万公顷，全省80%以上的廊道实现绿化。新创信阳、安阳2个国家森林城市，2019年河南共有16个省辖市成功创建国家森林城市，15个县(市)成为首批省级森林城市。完成乡村绿化美化1.7万公顷，命名首批省级森林特色小镇20个，评选国家森林乡村503个，省级森林乡村775个，新增全国生态文化村6个。在2019年度全国7586个国家森林乡村中，河南省森林乡村数量位居全国第一。

林业改革 全面完成全省国有林场改革，并通过国家验收。改革后全省现有国有林场84个，其中82个为公益一类事业单位，由财政全额拨款，2个为公益性企业，职工年平均收入达到4.05万元。深化集体林权制度改革，落实集体林地"三权分置"，规范林权流转，推进林权抵押贷款，培育林业新型经营主体，全省新增林权抵押贷款6.1亿元，累计达58.6亿元。新增家庭林场和林业合作社607个，总数达6607家。推进林业职能转变和"放管服"改革，建成河南省林业系统一体化政务服务平台和"互联网+监管"系统，促进审批服务便民化，优化林业营商服务环境。

林业产业 2019年，全省实现林业总产值2139.6亿元。推进种养业结构优化，新发展特色经济林1.49万公顷，优质林果2.79万公顷，花卉种苗1.84万公顷，新增国家级、省级林下经济基地37个。形成郑州蝴蝶兰、开封菊花、洛阳牡丹、许昌苗木、南阳月季等生产核心区，花卉产业稳居全国前列。着力壮大林产加工业，全省现有国家级、省级林业产业化重点龙头企业419家，带动当地人造板、家具、经济林等加工业不断发展。大力发展森林旅游康养等服务业，全省新增全国森林康养基地试点单位18个、国家级森林公园1个、省级森林康养基地22个、省级森林公园2个。全省通过国家储备林建设，共落地贷款35.19亿元。河南仁和康源农业发展有限公司、河南名品彩叶苗木股份有限公司、信阳十里岗林产品开发有限公司、信阳文新茶叶有限公司4家企业成为第四批国家林业重点龙头企业，截至2019年，全省已有16个国家级林业重点龙头企业。2019年全省林下经济发展面积达197.26余万公顷，产值605亿元，较上年增加17%。

资源保护 加强天然林保护，全面停止天然林商业性采伐，新增4.15万公顷管护面积。推进生态效益补偿，新增国家级、省级公益林4.48万公顷。加强湿地保护修复，12个国家湿地公园通过验收，新建24处省级湿地公园试点单位，全省湿地保护率达到50.2%，提前完成森林河南生态建设规划5年目标。开展中央环保督察"回头看"整改、森林督查、"绿卫2019"森林执法专项行动、违建别墅专项整治和生态风险隐患排查治理行动等，全省林业系统共排查出非法占用林地、私采乱伐、偷猎盗捕等线索280余条，核实认定林业重点生态区域违建别墅1033栋，全省自然保护区违法问题整改完成率达78.8%。全省林业有害生物防治面积48.89万公顷，防治作业面积97.3万公顷，无公害防治率95.16%。广泛开展造林苗木检疫工作，签发植物检疫证书101 292份，其中省内51 139份，省外50 154份；签发产地检疫证书926份，产地检疫苗木4.26亿株，复检调入苗木3116批次，全省未出现违规调运签证现象，未发现大面积检疫性林业有害生物扩散蔓延事件。加大林业执法力度，全省森林公安机关组织开展打击破坏野生动物资源违法犯罪等专项行动，共办理各类刑事案件1919起。省森林公安局先后侦办南阳"3·19"、商丘"5·06"等重大刑事案件，查获象牙、玳瑁、穿山甲、犀牛角等野生动物制品总价值120余万元。突出抓好春节、清明节等关键节点的森林防火工作，全省共发生森林火灾154起，森林受害率远远低于0.9‰的控制目标，森林火灾次数、森林受害面积连续5年保持历史低位，没有发生重特大森林火灾。

科技支撑 组织申报18个国家林业和草原局2020年林业科技项目，13个省科技攻关项目。新争取9项国家林业科技项目，4项省科技项目。"多目标高效农田防护林体系构建及调控增效技术"和"核桃高产高抗良种选育及配套栽培技术研发与应用"2项科技成果参与2019年河南省科技进步奖评审。6项林业科技成果获得河南省科技进步奖，41项林业科技成果获得市厅级科技进步奖。新建和改造林业科技示范园(示范基地)20多个，推广杨树雄株、杜仲、楸树、元宝枫、大樱桃、红香酥梨、长柄扁桃等20多个林木、花卉新品种，示范果林高效栽培和困难地造林技术、树桩月季砧木的替代技术、病虫害绿色防控技术等30多项新技术。推荐的"骏枣"和"灰枣"两项国家标准经国家标准委公告发布实施，推荐的"木槿栽培技术规程""月季育苗技术规程""梧桐苗木培育技术规程""山桐子育苗技术规程"和"接骨木栽培技术规程"5个林业行业标准经国家林业和草原局公告发布实施。新申报"河南省林用无人机科技创新联盟""构树产业发展科技创新联盟""绿化苗木产业技术创新联盟""中原地区蜡梅科技创新联盟""中国泡桐科技创新联盟"5个国家林业和草原科技创新联盟，3个省级工程技术中心。持续推进生态定位站建设，国家级原阳黄河故道生态站建设工程顺利进行，省级桐柏淮河源生态站已完成主体工程建设，新增18个空气质量观测点进行空气颗粒物及负离子浓度测定，12个水质观测点进行水质测定。

林业精准扶贫 加大林业扶贫投入力度，全年下达53个贫困县专项资金11.87亿元。新聘生态护林员6300人，2019年全省通过选(续)聘，建档立卡贫困户生态护林员2.7万名，带动9万名建档立卡贫困人口脱贫；通过安排生态建设任务29.33万公顷，吸纳5.6万贫困人口参与国土绿化建设；通过发展经济林、木本油料、花卉苗木等林业产业，带动11.6万户贫困群众增收。信阳市光山、新县、商城等地大力发展油茶产业，探索"公司+基地+农户"模式，该市油茶总面积达89.55万亩，年产茶油8000余吨，带动3.3万人脱贫致富，油茶产业已成为当地精准脱贫的支柱产业和脱贫致富的"摇钱树"。2250家涉林合作社吸纳5.6万贫困人口就近参与国土绿化工程建设，人均增收2000元左右。

【**河南省省级林业产业"龙头"增至419家**】 1月9日，经过各地推荐、专家评审，省林业局印发文件，认定好想你健康食品股份有限公司、河南绿达山茶油股份有限公司等419家企业为河南省省级林业产业化重点龙头企业。

【河南省森林资源发展和生态服务项目】 近日，国家发改委会同财政部制订的中国利用欧洲投资银行贷款2018~2019年备选项目规划获国务院批准。河南省森林资源发展和生态服务项目获得欧洲投资银行贷款1.5亿欧元，国内配套资金11.44亿元人民币，贷款期25年（其中宽限期5年），项目建设期5年，计划于2023年完工。此项目支持新建人工造林19 422公顷，森林质量精准提升61 200公顷，实施多功能近自然森林经营示范以及开展营造林配套设施建设。

【全省营造林技术和作业设计培训班】 于1月30~31日在郑州举办。各省辖市林业局造林（营林站）负责人、有营造林任务的县（市、区）林业局分管负责人、营造林作业设计技术负责人、国有林场营造林作业设计技术负责人共计500余人参加培训。本次培训对森林河南生态建设规划、2019年营造林计划、造林种苗要求、森林作业设计抚育要点等进行深入解读和详细讲解。

【国家林业和草原长期科研基地】 2月19日，国家林业和草原局下发《国家林业和草原局关于公布第一批国家林业和草原长期科研基地名单的通知》，"河南林木良种资源保存与培育国家长期科研基地"获批，成为第一批国家林业和草原长期科研基地。

【河南省组织开展大规模全民义务植树活动】 2月28日，河南省委书记王国生、省长陈润儿等20余位省领导，带领6000余名干部职工到郑州惠济区花园口镇黄河湿地，共计植树2万株。当日全省省、市、县、乡四级联动，共计参加义务植树人数77万人，栽植树木500余万棵，折合面积4600公顷。

【督查森林防火工作】 3月9~11日，国家林业和草原局森林公安局副局长王元法等到河南省调研并检查指导森林防火工作。王元法一行先后到内乡、南召、登封等地，认真听取工作汇报，实地查看防火指挥中心、物资储备库、防火检查站，检阅消防队伍演训。

【"爱鸟周"放归活动】 4月19日，2019河南省野生动物放归自然系列活动暨焦作市"爱鸟周"启动仪式在博爱县湿地公园举行。当地少年儿童代表发出爱鸟护鸟倡议，各界群众签署爱鸟护鸟承诺书，放飞省野生动物救护中心及焦作市相关部门救护的鸟类17只。

【河南省及郑州"爱鸟周"】 4月22日，河南省林业局、省公安厅和郑州市林业局等单位共同在郑州举办2019河南省暨郑州市第38届"爱鸟周"启动仪式。仪式上，向郑州市农林科学研究所、郑州市城区河道管理处、中原区郑密路社区、中原区启慧幼儿园颁发爱鸟突出贡献奖牌，放飞郑州市野生动物救护站近期救护的鸟类。仪式结束，省、市执法人员来到相关交易场所开展联合执法检查。2019年4月21~27日是河南省第38个"爱鸟周"。举办"爱鸟周"启动仪式，旨在传播生态文明理念，创造人与鸟类和谐相处的良好环境。

【伏牛山世界地质公园扩园获批】 4月17日，联合国教科文组织世界地质公园网络执行局第206次会议在巴黎召开，批准河南省伏牛山世界地质公园扩园申请。伏牛山世界地质公园于2017年向联合国教科文组织提出扩园申请，于2018年7月17~19日接受相关专家的实地评估。扩园后的伏牛山世界地质公园面积为5858.52平方千米，5个县均有不同程度的涉及，将最大可能对伏牛山地区众多重要地质遗产及其他自然人文遗产实施有效保护，同时通过地质公园建设及地质旅游活动的开展，随着扩园将惠及更多伏牛山区的贫困山村，在伏牛山区脱贫攻坚工作中将发挥积极作用。

【河南省森林抚育工作现场会】 于4月22日在三门峡卢氏县召开。与会人员先后参观卢氏横涧乡栎类天然次生林疏伐（定株）抚育、东湾林场华山松人工林生长伐抚育和松栎人工混交林生长伐抚育、栓皮栎人工林生长抚育4个森林抚育现场。会议强调，2019年是国家实施森林抚育工程的第十个年头，是河南省启动森林河南生态建设10年规划，确立森林河南生态建设"六化"目标的关键之年。在这个重要时间节点，持续加深对森林抚育经营科学内涵的理解，对于准确把握森林经营方向，精准提升森林质量，支撑国家木材战略储备意义重大。要树立林木经营向森林经营转变的科学理念，要准确把握森林经营的理论和实践，要处理好森林抚育经营与造林绿化、资源保护的关系，统筹把握好与造林绿化和资源保护的关系。

【皂荚产业国家创新联盟成立大会】 于4月23日在河南省郑州市举行，来自河南省林业科学院、河南林业职业学院以及北京林业大学、河北农业大学、山西省林业科学研究院、泰山林科院等教学和科研单位的专家、学者等参加大会。中国工程院院士尹伟伦参加大会。国家林业和草原局科技司巡视员厉建祝讲话。皂荚产业国家创新联盟成员包括河南省林业科学研究院、山西省林业科学研究院、江苏省林业科学研究院、泰安市泰山林业科学研究院、濮阳市林业科学研究院等科研机构，北京林业大学、河北农业大学、河南林业职业学院、阜阳师范学院等高等院校，郑州瑞龙制药股份有限公司、内乡县林药业有限公司等制药企业以及河南郑新林业高新技术试验场、河南豫林科技园林公司等种植企业。

【谭光明调研督导森林防火工作】 4月23~24日，国家林业和草原局党组成员、人事司司长谭光明带领专题工作组，调研督导河南省森林防火工作。专题工作组深入巩义、新密等地林区，看望一线森林防火指战员，检查森林防火监测、预警指挥中心运行情况，察看防火应急物资储备，检验消防设施、设备维护及使用情况，指导林区森林防火软硬件建设。

【河南省国家储备林建设规划】 4月26日，河南省林业局印发《河南省国家储备林建设规划（2017~2035年）》，规划建设任务128.27万公顷，其中新造林60.43万公顷，现有林改培25.73万公顷，中幼龄抚育42.11万公顷，涉及全省18个省辖市的137个县（市、区）。

规划期限为19年，即2017~2035年(含7年造林及未成林抚育期，12年经营管理期)，分为两个阶段：近期2017~2020年，远期2021~2035年。

【2019世界月季洲际大会暨第九届中国月季展】 于4月28日在河南省南阳市开幕，来自50多个国家和地区的宾朋欢聚伏牛山下、白河之滨，共赏亮丽、同嗅芬芳。本届大会由世界月季联合会、中国花卉协会主办，由中国花卉协会月季分会、河南省花卉协会、南阳市人民政府承办。会期从4月28日至5月2日，共5天。

【2019年北京世园会河南省参展工作】 4月29日至10月7日，2019年中国北京世界园艺博览会在北京市延庆区举行。河南省完成北京世园会河南室外园2300平方米建设，室内馆100平方米布展。室外展园和室内展区分别获北京世园会组委会金奖和特等奖。室内展品获组委会特等奖37个，金奖83个，银奖136个，铜奖144个。

【珍鸟苑揭牌】 5月26日，河南省野生动物救护中心珍鸟苑揭牌。珍鸟苑占地总面积6000余平方米。地上部分，主体为钢构网状，周边网高6米以上，最高处达24米。地面部分，四周种草，珍鸟苑中心建设包括池塘、溪流等在内的湿地生境。2018年冬开建，2019年5月初步建成，总投资百余万元。中国野生动物保护协会副秘书长赵胜利等参加揭牌仪式。

【2019北京世园会"河南日"启动】 6月23日，国家林业和草原局生态保护修复司巡视员刘树人、中国花卉协会秘书长刘红、北京世园局副局长林晋文等分别致词并共同按动启动仪。本次"河南日"活动的主办单位是河南省人民政府，承办单位是河南省文化和旅游厅、省林业局，支持单位有中共河南省委宣传部、河南省财政厅、河南省自然资源厅、河南省驻京办、河南省花卉协会。活动的主题是"生态中原 出彩河南"，主旨是宣传和推介河南特色文化和生态文明建设成果，内容包含文艺演出、巡园巡馆、生态旅游主题推介、河南文旅产品与特色林产品展示、少林功夫表演、非物质文化遗产展演等。2019北京世园会"河南日"自6月23日开始，到6月25日结束。

【省"四优四化"优质花木专项彩叶苗木专题观摩暨"花木产业与乡村振兴"研讨会】 于7月21~23日在商丘市虞城县召开。中国工程院院士尹伟伦等出席，省林科院相关负责人以及北京林业大学、中国科学院植物所等知名专家，河南、山东、江苏、安徽、甘肃等省的相关花木企业代表等参加会议。省"四优四化"优质花木专项围绕河南省重要特色花木产业，共设置蜡梅、月季、玉兰、桂花与元宝枫等观赏苗木、彩叶苗木等5个专题。

【第三批国家森林步道公布河南段309千米】 8月13日，国家林业和草原局公布第三批国家森林步道名单，小兴安岭、大别山、武陵山3条线路上榜。按照规划，大别山国家森林步道全长840千米，跨越河南、安徽、湖北3省，其中，河南段309千米。国家林草局通知文件显示，大别山国家森林步道呈东西走向，东起安徽省太湖县，经潜山市、岳西县、霍山县进入湖北省英山县，经罗田县进入安徽省金寨县，此后进入河南省商城县，湖北省麻城市、红安县，河南省新县、光山县、罗山县，湖北省大悟县，由河南省信阳市鸡公山管理区经南湾湖风景区进入湖北省广水市，由随县进入河南省桐柏县。在河南段沿线有连康山国家级自然保护区、鸡公山国家级自然保护区、淮河源国家森林公园等多处自然保护地。步道全线森林占比75%，穿越北亚热带森林和中亚热带森林，主要路段由土路、石板路等组成。

【河南郑州城市生态系统定位观测研究站获批】 8月16日，国家林业和草原局下发《国家林业和草原局关于同意建立"浙江温州城市生态系统定位观测研究站"等4个国家陆地生态系统定位观测研究站的函》，河南省申报的"河南郑州城市生态系统定位观测研究站"获批建立。

【获2018年度全省依法行政考核优秀等次】 9月25日，河南省法治政府建设领导小组办公室通报2018年度全省依法行政考核结果，河南省林业局综合分数较往年显著提升，首次进入优秀等次行列。

【第19届中国·中原花木交易博览会】 于9月26日在许昌鄢陵国家花木博览园开幕。本届花博会的主题是"生态振兴·盛世祖国"，共策划开幕式、花木产业高层论坛、展览展销、名优花木专项推介会、评比颁奖、花木博览会招商签约仪式、许昌生态文化游、企业主题活动8项主要内容。

【省林业系统获国家林草局表彰】 在国家林业和草原局组织开展的"保护森林和野生动植物资源先进集体、先进个人、优秀组织奖"评选表彰活动中，河南省共有7个单位和10名个人分别荣获"保护森林和野生动植物资源先进集体"和"保护森林和野生动植物资源先进个人"称号。

【太行山国家森林步道济源段正式向全社会开放】 10月27日，国家林业和草原局、河南省林业局及济源市委、市政府联合在位于王屋山脚下的太行山国家森林步道起点国有济源市愚公林场天坛山林区，举办太行山国家森林步道济源段揭牌仪式，标志着该段步道成为全国第一个正式向社会开放的国家森林步道。太行山国家森林步道是国家林业和草原局正式公布的首批12条国家森林步道之一，也是全国唯一一条直通首都北京的森林步道。

【2019年全省省级森林城市建设工作会议】 于10月30日在汝州市召开，会议展示全省森林城市建设成就，交流各地先进经验和典型做法，研究和部署当前和今后一个时期全省森林城市建设工作，进一步推进国土绿化提速行动和森林河南建设。会上，观摩了汝州市中央公园、滨河公园、湿地公园、沙滩公园和郏县姚庄乡乡村

绿化、平郏快速路廊道绿化等森林城市建设现场。观看了汝州市森林城市建设宣传片。汝州市、郏县、淅川县、西平县、林州市作典型发言。向登封市等15个获得省级森林城市称号的县（市）授牌。

【国家联合工作组高度评价国有林场改革】 由中央编办、国家发改委、财政部、审计署、国家林业和草原局等部门组成5个联合工作组，分别对全国9个省（区）国有林场改革进行重点抽查验收，河南省作为国家重点抽查的省区之一，获得工作组高度肯定。10月31日，省政府组织召开河南省国有林场改革汇报会，第三小组组长、国家林草局基金总站副站长孙德宝率相关组员一行5人参加会议。省林业局、省编委办、省发展改革委等相关部门的有关负责同志参会。会议由省林业局主要负责人秦群立主持，省政府办公厅副秘书长杨新生作专题汇报。随后，在会场采取随机抽签方式确定对许昌市、开封市和焦作市各1个国有林场进行实地验收。11月1~4日，工作组分赴抽中的林场，全面深入了解各国有林场改革情况。工作组对河南省在国有林场改革工作中抓住关键政策，把国有林场全部定性为公益一类事业单位、人员核定编制、人员经费纳入同级财政、省级改革财政补助资金足额配套、建立规章制度、落实资产核定等做法给予高度评价。

【省政府周密安排部署冬春森林防灭火工作】 11月6日，省政府组织召开全省冬春森林防灭火电视电话会议，分析森林防火形势，全面安排部署今冬明春森林防灭火工作。会上，常务副省长黄强讲话。省林业局主要负责人秦群立通报去冬以来全省森林火情情况，提出当前森林防灭火工作意见。省政府副秘书长杨新生主持会议。

【2019森林城市建设座谈会】 于11月15日在信阳召开。各省（区、市）林业和草原主管部门、新疆生产建设兵团林业和草原局、2019年获批国家森林城市称号的城市党委或政府、全国关注森林活动组委会成员单位，以及国家发展改革委、财政部有关司局的相关负责同志参加会议。全国共有来自208个城市的代表参加会议。全国政协副主席李斌到会并讲话，国家林业和草原局局长张建龙作森林城市建设15周年工作报告。河南省人大常委会副主任、中共信阳市委书记乔新江，河南省副省长霍金花，全国政协人口资源环境委员会主任李伟，经济日报社编委徐立京分别致词。国家林业和草原局副局长刘东生主持会议并宣读国家森林城市称号批准决定。会上，对包括河南省信阳市、安阳市在内的28个新晋"国家森林城市"授牌。河南省、福建省林业局，信阳市、延庆区、菏泽市、恩施市政府分别作国家森林城市创建典型发言。

【3个国家创新联盟获国家林草局批准成立】 11月18日，由河南省林业局推荐的"构树产业发展科技创新联盟""中原地区蜡梅科技创新联盟"等3个国家创新联盟获国家林草局批准。

【全省冬季大规模义务植树活动】 11月22日，全省省、市、县三级联动，组织领导干部、群众、社会团体、院校、企业同步植树造林。全省计有56.5万人参加植树，共栽植树木447万株，栽植面积4333.33公顷。省委书记王国生带领省委、省人大、省政府、省政协21位省领导在郑州黄河南岸与广大干部群众一同植树。其中，省委12位常委中有9位参加本次义务植树活动。这是河南省第二次组织冬季大规模义务植树活动。

【纪念河南省飞播造林40周年会议】 于12月6日在栾川召开，深入贯彻落实习近平生态文明思想和省委、省政府关于加强林业生态建设会议精神，总结交流全省40年来飞播造林取得的成绩与经验，研究部署当前和今后一个时期飞播造林发展目标。截至2019年底，河南省先后在12个省辖市39个县（市、区）实施飞播作业面积111.23万公顷，累计成效面积34.04万公顷，其中成林面积25.94万公顷。

【河长制湖长制省级考核组充分肯定全省林业"净水"工作】 12月23日，河长制湖长制省级考核组到河南省林业局，听取林业系统河湖治理工作情况汇报，对全省林业系统在河湖治理方面采取的措施、取得的成效给予充分肯定。据统计，全省共完成包括河道绿化在内各类造林29万公顷，为年度造林任务19.07万公顷的152%，提高了涵养水源、净化水质和调节地表径流的生态防护功能，为保障岸绿、水清、景美奠定了良好的基础。完成28个新建湿地公园的申报工作，有24个省级湿地公园通过审查。如期完成17个湿地公园建设任务。12个国家湿地公园全部通过国家林业和草原局验收，另有虞城周商永运河、柘城容湖、长葛双洎河3个国家湿地公园基本完成基建工作，鹿邑涡河、临颍黄龙2个省级湿地公园完成建设任务通过验收。完成湿地恢复面积149.6公顷，退耕还湿358.67公顷，完成湿地生态补偿50.4公顷，完成疏浚清淤7.6万立方米，疏浚河道27.5千米。全省国家级、省级公益林总面积达到168.4万公顷，比上年增加7.6万公顷，其中伊洛河流域的卢氏、栾川等地新增省级公益林面积3.2万公顷。组织开展黄河湿地自然保护区内违规项目排查，共排查出问题1584个，已完成整改1075个。继续开展非法占用林地专项整治行动。2019年以来，全省森林公安系统将保护河流水源地林地、打击违法占用林地作为一项重要任务予以下达，年内共开展区域性专项整治行动38次。

【新增12处国家湿地公园】 12月25日，国家林业和草原局公布2019年试点国家湿地公园验收结果，全国158处试点国家湿地公园通过验收，正式成为"国家湿地公园"，其中河南省湿地公园有12处。至此，全省国家湿地公园总数已达21处。河南省最新通过验收的12处国家湿地公园分别是林州淇淅河国家湿地公园、淅川丹阳湖国家湿地公园、邓州湍河国家湿地公园、泌阳铜山湖国家湿地公园、睢县中原水城国家湿地公园、唐河国家湿地公园、陆浑湖国家湿地公园、项城汾泉河国家湿地公园、台前金水国家湿地公园、息县淮河国家湿地公园、民权黄河故道国家湿地公园、安阳漳河峡谷国家湿地公园。

【省级湿地公园试点增至 36 处】 12 月 25 日，省林业局下文批复同意新密洧水河等 24 处湿地开展省级湿地公园试点工作。至此，全省已有省级湿地公园（试点）36 处。鹿邑涡河、临颍黄龙 2 个省级湿地公园试点已通过省林业局验收，正式对社会开放，成为河南省首批省级湿地公园。

【省林业局命名首批森林特色小镇】 12 月 25 日，河南省林业局印发《河南省林业局关于公布 2019 年度河南省森林特色小镇名单的通知》，登封市大熊山森林旅游小镇、栾川县庙子龙峪湾森林康养小镇、栾川县重渡沟森林康养小镇、孟津县小浪底森林康养小镇等 20 个单位上榜，这是河南省首批命名的森林特色小镇。河南省森林特色小镇分为森林康养型、生态旅游型、生态绿化型、特色产业型四个类型。到 2027 年，河南省将规划建设 100 个省级森林特色小镇。

【吉豫两省开展林业工作交流】 12 月 26 日，吉林省林业和草原局考察组到河南省林业局，详细考察了解河南林业改革发展情况。在此期间，两省开展深入交流。吉林省林业和草原局考察组由局长金喜双带队，主要成员包括发展规划和改革处、生态修复处等处室（单位）主要负责人。河南省林业局主要负责人秦群立以及省林业局办公室、林发处等处室（单位）主要负责人向吉林同行介绍相关情况、回答提出的问题。

【河南气象连续监测数据显示近二十年来全省"明显变绿"】 据省气象局向省政府提交《关于 2000～2018 年植被生态质量监测评估情况的报告》显示，根据卫星和气象资料计算，2000～2018 年，河南省植被指数、植被覆盖度和植被净初级生产力持续上升，92% 区域的植被覆盖度呈增加趋势，19 年来全省绿化面积增加 1.49 万平方千米。其中，森林河南建设"主战场""三屏四带"山区和丘陵沟壑区增速超全省平均水平一倍多，生态红线区内的植被状况整体达到高植被覆盖度水平，森林生态质量整体持续向好发展。

【大事记】
1 月 17 日 河南省政府印发《河南省人民政府关于 2018 年度河南省科学技术奖励的决定》，全省共有 11 项林业科技成果获得河南省科技进步奖，其中一等奖 1 项、二等奖 3 项、三等奖 7 项。

2 月 13 日 河南省委副书记、省政法委书记喻红秋专题听取省林业局党组书记、局长秦群立关于森林河南生态建设情况工作汇报。

3 月 1 日 中华全国妇联联合会印发《关于全国城乡妇女岗位建功先进集体、先进个人的决定》，省林科院被授予"全国巾帼建功先进集体"荣誉称号。

3 月 10 日 河南省政府办公厅印发《2019 年森林河南生态建设工程实施方案》。方案全年安排建设任务 50.75 万公顷。其中，造林 19.07 万公顷、森林抚育 30.03 万公顷，发展花卉种苗 1.66 万公顷。

3 月 26 日 河南省政府组织召开全省森林防火电视电话会议，贯彻落实习近平总书记、李克强总理对江苏响水"3·21"爆炸等事故作出的重要指示批示精神，贯彻落实省委、省政府安全生产专题会议、全省安全生产和应急管理工作电视电话会议精神，认真分析全省当前森林防火形势，全面安排部署森林防火工作。

3 月 11 日 河南省委、省政府在平顶山市组织召开森林河南"六化"建设工作推进会议，深入学习贯彻习近平生态文明思想，加快推进森林河南建设。河南省委副书记、省政法委书记喻红秋出席会议并讲话。

4 月 5 日 河南省委书记王国生到省林业局，看望节假日坚守森林防火工作一线的干部职工，询问森林火情预警、监测、处置等各方面情况，检查通讯信息等设施设备运行情况。省政府副省长、省公安厅厅长舒庆，省委副秘书长、省委办公厅主任吉炳伟，省自然资源厅党组书记刘金山陪同检查指导。

7 月 26 日 财政部自然资源和生态环境司司长夏先德到郑州黄河湿地自然保护区和郑州黄河国家湿地公园，调研生态保护工作和湿地公园项目建设情况。

8 月 3 日 河南省副省长武国定深入南召县调研扶贫产业工作情况。

9 月 24～27 日 国家林业和草原局退耕还林（草）工程管理中心巡视员张秀斌一行，到河南省开展 2019 年度退耕还林工程管理实绩核查工作。

10 月 14～16 日 新疆维吾尔自治区林业和草原局副厅级干部艾克拜尔·斯地克带队，到河南省交流考察林果产业发展工作。

11 月 13 日 河南省委、省政府以电视电话会议形式召开全省实施国土绿化提速行动、建设森林河南推进会议，省委常委、省委书记喻红秋讲话。副省长武国定主持会议。

11 月 19 日 国家林业和草原局、中国农林水利气象工会全国委员会印发《关于表彰第四届"中国林业产业突出贡献奖、创新奖"获得者的决定》，河南省共有 10 家企业获得"中国林业产业突出贡献奖"，5 名个人获得第四届"中国林业产业突出贡献奖"，两家企业获得"中国林业产业创新奖"，3 名个人获得第四届"中国林业产业创新奖"。

12 月 11 日 国家林草局下发《国家林业和草原局关于表彰 2016～2018 年度全国森林防火工作先进单位和先进个人的决定》，郑州市林业局、洛阳市林业局、济源市林业局、南召县林业局、泌阳县人民政府护林防火指挥部被评为"全国森林防火先进单位"，11 名同志获得 2016～2018 年度"全国森林防火工作先进个人"称号。

12 月 19 日 国家林业和草原局印发《国家林业和草原局办公室关于公布 2019 年林业和草原国家创新联盟评估结果的通知》，由河南省林科院牵头的皂荚产业国家创新联盟位列其中。12 月 21 日，皂荚产业国家创新联盟被国家林业和草原局科技司授予"2019 年度高活跃度林业和草原国家创新联盟"称号。

（河南省林业由瞿潇供稿）

湖北省林业

【概　述】　2019年，湖北林地面积876.09万公顷，占全省国土面积的47.13%；森林面积773.33万公顷，森林覆盖率41.56%；湿地面积144.47万公顷，占全省国土面积的7.8%；草场面积18.47万公顷，占全省国土面积的0.99%。林地、湿地、草地共占全省国土面积的55.92%。全省分布高等植物6292种，约占全国总数的18%；脊椎动物851种，约占全国总数的19%。有省级以上自然保护地311个，共8个类型，其中：国家公园1个，世界地质公园2个，世界自然遗产1个，国家级自然保护区22个、省级自然保护区24个，国家级风景名胜区8个、省级风景名胜区28个，国家地质公园9个、省级地质公园16个，国家森林公园37个、省级森林公园59个，国家湿地公园66个、省级湿地公园38个。2019年，全省完成人工造林13.85万公顷、封山育林19.25万公顷、退化林修复13.62万公顷、人工更新0.59万公顷、森林抚育29.94万公顷。完成义务植树9478万株。全省林业产业年总产值4081.47亿元，同比增长7.6%，其中第一产业产值1359.75亿元、第二产业产值1308.66亿元、第三产业产值1413.06亿元。

【林业生态建设】

精准灭荒工程　按照全省重大生态工程部署，全年共完成精准灭荒造林5.35万公顷，占年计划的114.5%，验收合格率94.1%，比2018年度提高2.8个百分点；2018~2019年两年完成灭荒造林9.71万公顷，占三年目标总任务的70%。

长江两岸造林绿化行动　按照全省长江大保护"十大标志性战役"部署和"连续完整、结构稳定、功能完备"标准要求，全年共完成长江两岸造林3.51万公顷，占年计划的141%，占三年目标总任务的70.5%。其中，完成护堤护岸林1.05万公顷，岸线复绿0.38万公顷，沿江城镇村庄道路绿化0.98万公顷，森林质量提升1.11万公顷。

退耕还林还草工程　全年完成退耕还林还草9787公顷，完成投资额1.35亿元，其中：中央投资1.14亿元，地方财政资金0.21亿元。国家林业和草原局组织对湖北省10个县(市)2015年来新一轮退耕还林还草计划任务进行了检查验收，平均验收合格率98%。

长江防护林工程　全年完成长江防护林人工造林7733公顷、封山育林7999公顷、退化林修复3334公顷。完成投资11 440万元，其中：中央投资9500万元，地方投资1940万元。

林业血防工程　全年营造血防人工林1246公顷，完成封山育林333公顷、退化林修复201公顷。完成投资2083万元，其中：中央投资1133万元，地方投资950万元。

石漠化综合治理工程　全年完成石漠化综合治理人工造林3729公顷、封山育林30 737公顷。项目覆盖宜昌市、十堰市、咸宁市、恩施土家族苗族自治州等地20个县(市、区)，完成投资8399万元，其中：中央投资7904万元，地方投资495万元。

国家储备林建设工程　2019年，谷城县、宜城市、通山县、罗田县、麻城市、钟祥市、大悟县、房县8个县(市)共完成国家储备林建设工程退化林修复1201公顷。完成投资1000万元，其中：中央投资1000万元。

森林城市建设　2019年，荆州市、恩施市获批国家森林城市，新命名老河口市、宣恩县、江陵县、洪湖市、房县、建始县6个"湖北省森林城市"，授予武汉市新洲区辛冲长轩岭街道等18个乡镇(街道)"湖北省森林城镇"称号，新获评"国家森林乡村"369个，新命名"湖北省绿色乡村"100个。

【林地占用和林木采伐】　全年办理使用林地6867公顷，采伐木材306.5万立方米，均控制在年度限额内。通过湖北省政务服务网受理建设项目使用林地许可申请3591件，其中省级2257件，准予许可并发放建设项目使用林地审核同意书1886件共7544份。征收森林植被恢复费9.36亿元。其中，通过"绿色通道"办理精准扶贫易地扶贫搬迁项目71件，全部免征森林植被恢复费。

【天然林和生态公益林保护工程】　全年完成天然林资源保护工程人工造林1600公顷、封山育林5131公顷、森林抚育25 931公顷。完成投资15 794万元，其中：中央投资15 448万元，地方投资346万元。贯彻实施中办、国办《天然林保护修复制度方案》和《湖北省天然林保护条例》，全面停止天然林商业性采伐，从严控制公益林调整占用。新增天然林保护68.30万公顷，增加停伐保护补助资金1.6亿元，全省552.13万公顷天然林和公益林得到有效保护。

【草地资源管理】　全省草地资源主要分布在恩施、十堰、宜昌等地，省内4个有草原及场甸的县(市、区)已完成部分转隶工作，专门从事草地管理人员8人，其中执法人员7人。按照国家林草局统一部署，组织开展草原普法宣传月活动和"绿卫2019"森林草原执法专项行动。

【自然保护地管理】　完成全省8类311个省级以上自然保护地清查摸底，推进国家和省级自然保护地勘界立标，启动全省自然保护地整合优化调整与"一张图"编制。实施"绿盾2019"专项行动，指导督促267个涉及保护地的问题整改落实销号，有序推进中央环保督察涉林问题整改。选聘省内外自然保护地管理各领域各专业100多名专家，成立了首届湖北省自然保护地专家委员会和评审委员会，召开全省自然保护地工作会议。完成国家公园、自然保护区、风景名胜区、地质公园等自然保护地的省级机构转隶和职能移交，石首麋鹿、天鹅洲白鱀豚、新螺段白鱀豚3个国家级自然保护区划转由省林业局直接管理。市、县自然保护地管理职能移交和机构转隶工作基本完成。

【国家公园建设】 神农架国家公园体制试点区范围总面积1170平方千米，占神农架总面积的35.9%，涉及5乡镇25行政村，总人口8047户20 325人。省政府组织建立神农架国家公园厅际联席会议制度。召集人单位由省发改委调整为省林业局，负责指导神农架国家公园推进各项试点建设。与中国林科院合作成立了神农架国家公园研究院，成立鄂西渝东毗邻保护地联盟。金丝猴保护基金会引入桃花源基金会并将部分区域成功托管。探索实施生态修复及生物廊道建设。2019年，神农架国家公园在国家林草局组织的第三方评估中，评价指标完成优良率达到94.7%。

【湿地保护管理】 全省有国际重要湿地4个，国家湿地公园66个，数量分别居全国第二、第三位，新增国家重要湿地12个，全省湿地保护率达到47.29%。出台了《湖北省湿地名录管理办法》，发布省重要湿地48处。制定《湖北省乡村小微湿地保护管理指南》，启动乡村小微湿地建设；实施退耕还湿0.53万公顷；共实施湿地保护项目51个，总投资1.33亿元。13个试点到期的国家湿地公园全部通过国家验收。指导武汉市成功申办第十四届湿地公约缔约方大会，成立洪湖省级湖长领导机构和办公室，召开洪湖生态治理省级湖长会议，编制了《洪湖生态保护与修复方案》。

【森林防火】 按照"三定"方案职责要求，着力强化宣传巡护、火源管控、火案侦破和基础设施建设。在春节、清明节及"十一"期间，组织开展暗访巡查，积极参与火情处置。全省森林火灾受害率控制在0.9‰以内，全省国有林场和森林类自然保护地未发生重大及以上森林火灾。

【林业有害生物防治】 开展松材线虫病除治攻坚三年行动，实施林业有害生物无公害化防治38.59万公顷，其中松褐天牛防治作业面积14.92万公顷，清理松材线虫病死树280.4万株，全省松材线虫病发生面积和病死松树数量分别减少7%、30%；美国白蛾发生面积660.6公顷，下降18%。全省林业有害生物成灾率3.28‰，低于国家控制指标。

【野生动物疫源疫病防控】 落实重点区域和重点野生动物的禽流感、野猪非洲猪瘟等疫源疫病监测工作，严防野生动物疫源疫病。共采样3069份，排查发现团风县人工养殖野猪异常死亡，按要求报告并采样送检，全省未发生重大野生动物疫情。加强野生动物救护和疫病监测科技研究，承担禽流感"哨兵动物"研究项目，建成长江以南省份首个野生动物PII实验室和野生动物诊疗室，开展了长江沿线五个重点湖区候鸟携带禽流感本底调查和候鸟迁徙动态及迁徙与禽流感传播关联性研究工作。联合省市场监管局等5部门出台《建立健全全省长江经济带珍稀濒危动植物保护长效机制的行动方案》，建立野生动植物监测调查、协同监管、联合检查和执法协作机制；推进金丝猴、麋鹿、江豚等珍稀濒危野生动物救护繁育。

【林业监管执法】 组织开展"绿卫2019"森林执法专项行动，重点排查非法开垦林地、非法占用使用林地和滥砍盗伐林木等涉林违法犯罪行为，共清查违法破坏森林资源案件2504起，涉及违法侵占林地768.57公顷，林木蓄积13 393.59立方米。开展95个县(市、区)上年度2311宗征占用林地项目巡查，发现并查处问题线索207起。组织开展"神农利剑"、打击破坏野生动物资源违法犯罪等专项行动，共受理各类涉林案件4633起，查处4485起，综合查处率达96.8%。其中刑事案件立案886起，侦破772起；受理行政案件3747起，查处3713起。处理各类违法犯罪人员4568人次，为国家挽回直接经济损失3336万元。省森林公安局直接组织侦办重特大案件13起；破获公安部督办案件2起、国家林业和草原局督办案件5起，破案率100%。

【林业改革发展】 国有林场改革全面完成，226个国有林场完善了分级监管体制，建立起以政府购买服务为主的资源管护制度和考核管理机制，保障和改善国有林场民生，提升了基础设施建设水平，以"优秀"成绩通过接受了国家考核验收。集体林权制度和配套改革持续深化，31个县森林保险提标降费有序实施，2个国家集体林业综合改革试验示范区年度建设任务全面完成，5个"深化集体林改示范县"新发展林下种养面积600公顷。林业"放管服"改革不断完善，56个林业服务事项全部实现与省政务服务网对接，办理行政审批事项7913件次，按时办结率100%。

【林业科技推广】 全年组织申报各类科研项目39项，搭建了国家科技联盟"五倍子产业国家创新联盟"及武汉九峰长期科研基地2个国家级创新平台。实施林业中央预算内投资基本建设项目3项，中央引导地方科技发展专项项目6项，湖北省自然科学基金项目5项，湖北省财政厅预备入选项目与投资项目各1项，湖北省地方标准项目7项。共鉴定、验收科研项目27项，成果登记4项；"珍贵用材楸树良种选育及丰产栽培关键技术"入选2019年全国重点推广林草科技成果100项，"白僵菌工业化生产新工艺和新剂型的研发及应用"成果获第十届梁希林业科学技术奖三等奖。组织省林业专家服务团分赴武汉、咸宁、十堰、恩施、襄阳、荆州、黄冈、宜昌、孝感、鄂州10余市(州)开展现场示范、技术指导等科技服务24场，发放《主要造林树种丰产栽培实用技术》《松材线虫病防治技术》等技术手册1500余份。

【林业教育培训】 湖北生态职业技术学院2019年共完成各类招生4990人，毕业生就业率96.35%，其中本省就业率76.71%。杨兆基获"2020届全国林科十佳毕业生"称号，刘鹏、邹何榕、罗家恒获"2020届全国林科优秀毕业生"称号。全年组织全省林业局长培训和各类培训班17期，培训2000多人次。

【林业信息化建设】 组织编制完善全省林地、草地、湿地、保护地等资源"一张图"与"一套数",全省国有林场、自然保护地和湿地加速建成"天上有卫星、空中有飞机、山头有监控、路口有探头、林中有巡护"的立体监测网络。

【林业勘察设计】 组织全省第五次森林资源规划设计调查工作,开展全省"二类调查"工作。完成森林覆盖率、森林蓄积量等森林增长考核指标的统计和分析评价。完成世界园艺博览会湖北展区建设工作,湖北省林业局荣获最佳组织奖,湖北园区荣获中华展园特等奖。

【林产工业】 全年实现木材产量304.39万立方米,其中原木253.06万立方米、薪材51.33万立方米。竹材大径竹产量3724.50万根,其中:毛竹2412.79万根、其他大径竹材1311.71万根,小杂竹9.98万吨,竹产业年总产值73.37亿元。主要木竹加工产品包括锯材、人造板、木竹地板三大类。锯材年产量215.14万立方米;人造板年产量840.91万立方米,其中胶合板378.19万立方米、纤维板322.95万立方米、刨花板77.76万立方米、细木工板等其他人造板62.01万立方米。木竹地板产量3329.46万平方米,其中:实木地板86.87万平方米,实木复合木地板583.02万平方米、浸渍纸层压木质地板2563.73万平方米、竹地板46.69万平方米、其他木地板49.15万平方米。主要林产化工产品有松香类产品1.60万吨,其中松香深加工产品764吨。新营造油茶、山桐子、花卉苗木等特色经济林基地2.04万公顷。新获评国家林业重点龙头企业5家,累计达25家,全省林业龙头企业、专业合作社、家庭林场和大户等发展到1.5万个。

【主要经济林产品】 全省主要经济林产品年末实有种植面积228.20万公顷,总产量937.29万吨。主要产品有水果、干果、林产饮料、林产调料、森林食品、木本药材、木本油料、林产工业原料八大类经济林产品。生产情况分别为:年末实有水果种植48.03万公顷、产量762.62万吨;干果种植31.95万公顷,产量44.53万吨;林产饮料种植32.45万公顷、林产饮料产品31.49万吨;林产调料种植6249公顷、2846吨;森林食品种植36.59万公顷、33.18万吨;森林药材种植18.52万公顷、25.63万吨;林产工业原料种植513 712.79万公顷、6.04万吨。

【木本油料产业】 年末全省实有木本油料种植47.24万公顷、产量33.51万吨,木本油料等加工制造总产值227.69亿元,其中:油茶籽种植28.65万公顷,其中新造1.04万公顷、低产林改造1.31万公顷,油茶定点苗圃44个,总面积443公顷,油茶苗木产量4329.32万株。全省油茶籽产量20.94万吨,茶油产量3.88万吨。全省油茶产业规模以上企业54个、年产值97.63亿元。油茶产业本年实际投资3.11亿元,其中:中央投资2273万元、地方投资3186万元、国内贷款和自筹等资金2.56亿元。年末实有核桃种植17.52万公顷,核桃定点苗圃22个,总面积184公顷,新培育核桃苗625.58万株,全省核桃干总产量12.24万吨,核桃油产量1339吨,规模以上核桃油加工企业6个。全省油橄榄年末实有种植2616公顷、产量191吨。年末实有油用牡丹籽种植5137公顷、产量2539吨。年末实有其他木本油料种植2998公顷、产量58.3吨。

【森林公园和森林旅游】 全省现有森林公园96个,面积42.5万公顷。其中:国家级森林公园37个,面积31.6万公顷;省级森林公园59个,面积11.3万公顷。全年林业旅游与康养休闲产业共接待游客1.95亿人次,旅游收入926.12亿元。林业旅游与康养休闲产业直接带动的其他产业产值1562.10亿元。

【林木种苗花卉产业】 2019年,全省重点林木种苗良种基地1498.44公顷,其中:种子园320.87公顷、母树林207.4公顷、采穗圃176.6公顷、良种繁殖圃52.2公顷、种质资源收集区270.74公顷、各种试验林369.43公顷、良种示范区101.2公顷。全年林木育种与育苗总产值79.31亿元,其中林木育种6.44亿元、林木育苗72.87亿元。在省级抽查的16个县(市、区)34个单位36个苗批中,合格苗批34个,整体合格率94.4%。在"湖北省优良乡土珍稀树种选育体系建设"项目中,重点选择楠木、枫香、山桐子和鹅掌楸进行选优和无性技术开发,争取林木良种培育补助项目资金1800万元。完成了2018年度林木良种培育补助项目绩效评价和全省林木种质资源调查工作。

【林业投融资】 全年实际完成林业投资197.79亿元,其中:中央财政资金24.37亿元,地方财政资金27.93亿元,国内贷款23.41亿元,利用外资376万元,自筹资金90.78亿元,其他社会资金31.26亿元。用于生态修复治理完成68.22亿元。用于林产品加工制造实际完成101.64亿元。用于林业管理服务保障实际完成27.93亿元。全年落实中央财政贴息资金2500万元。组织开展2018年度林业贷款中央财政贴息资金的检查。组织开展了中央财政湿地补助资金项目稽查。

【林业扶贫和对口帮扶】 全年共落实退耕还林还草、天然林和生态公益林保护、生态护林员等林业扶贫和惠民资金20.7亿元。争取新增生态护林员3.3万人。2019年共选聘66 750名生态护林员,下达资金2.67亿元。对鹤峰县、孝昌县、麻城市、崇阳县、南漳县、房县、郧阳区7个县(市、区)的67条生态护林员补贴问题线索进行了省级抽查复核。认真履行定点帮扶鹤峰县牵头单位职责,协调省直定点帮扶单位投入鹤峰县帮扶资金1.04亿元,安排白鹿村驻村帮扶专项资金105万元,帮助村集体和贫困户发展猕猴桃、茶叶、养蜂、中药材等特色产业,强化"一户一策"精准帮扶,巩固脱贫成果。完成对口支援帮扶、"1+1"对口帮扶、援疆援藏等任务。

【第六届湖北生态文化论坛】 11月20日,由湖北省林业局和荆州市人民政府联合主办的第六届湖北生态文化论坛在荆州市举行。论坛以"森林城市与长江大保护"

为主题，邀请中国工程院院士钮新强、国家林业和草原局总工程师苏春雨，中国林科院林业科学研究首席专家王成，湖北省政府参事、武汉大学博导周培疆，安徽省马鞍山市副市长方文作主题演讲。省政协党组副书记、常务副主席李兵，省林业局局长刘新池、荆州市政府市长崔永辉出席论坛并分别致辞。各市州县林业主管部门负责人共200余人参加论坛。

【大事记】

1月8日　湖北省委书记蒋超良到省林业局调研，省委常委、省委秘书长梁伟年，副省长赵海山，省自然资源厅厅长张猛陪同调研。

1月21日　湖北省人民政府副省长赵海山到随州市曾都区何店谌家岭、随城山森林公园等地实地调研指导松材线虫病防治工作，深入实地查看松材线虫病疫情防治情况。

2月25日　湖北省委书记蒋超良在随州市随县调研国家级林业重点龙头企业湖北裕国菇业有限公司、省级林业龙头企业湖北中兴食品有限公司时，肯定公司全产业链开发茶叶、香菇等特色资源，拓展国内国际市场，走出了符合自身特色的发展之路。

3月19日　湖北省委书记、省人大常委会主任蒋超良，省委副书记、省长王晓东，省政协主席徐立全，省委副书记、武汉市委书记马国强等省领导来到武汉市青山区戴家湖公园，同干部群众一道参加义务植树活动。省委常委、省人大常委会、省政府、省政协领导同志等参加活动。

3月31日　由国家林业和草原局批准成立的五倍子产业国家创新联盟和资源昆虫产业国家创新联盟在湖北省宜昌市五峰土家族自治县正式揭牌。

4月25~27日　湖北省人大常委会党组副书记、副主任王建鸣率领省人大财经委部分组成人员赴神农架林区开展《神农架国家公园保护条例》实施一周年情况调研。

8月21日　湖北省委常委、省委统战部部长、洪湖省级湖长尔肯江·吐拉洪在武汉召开座谈会，听取洪湖生态治理和《洪湖生态保护与修复方案》情况汇报。

11月18~20日　湖北省人民政府副省长赵海山在神农架林区调研。

12月25日　湖北省人民政府在武汉市黄陂区召开全省国土绿化现场会，部署推进国土绿化、森林防火、松材线虫病防治工作。省政府副省长赵海山出席会议并讲话，省政府副秘书长刘仲初主持会议。各市（州）、直管市、神农架林区以及有精准灭荒和长江两岸造林任务的县（市、区）政府分管人员，林业主管部门负责人，精准灭荒工程和长江两岸造林绿化行动指挥部成员单位负责人参加现场会。

12月26日　湖北省委常委、襄阳市委书记李乐成在省林业局调研。　　（湖北省林业由彭锦云供稿）

湖南省林业

【概　述】　2019年，湖南省各级林业部门深入贯彻落实习近平生态文明思想和党的十九大精神，主动融入全省经济社会发展大局，全面推进生态保护、生态修复、生态惠民，圆满完成了各项林业建设任务。

主题建设　一是森林调优。全省完成人工造林17.63万公顷，封山育林16.04万公顷，退化林修复21.47万公顷，森林抚育51.44万公顷，国家储备林基地和林业外资项目建设1.86万公顷，主要造林树种良种使用率达85%以上。林业有害生物防治扎实有效，林业有害生物成灾率为3.27‰。全省森林覆盖率达59.90%，较上年度增长0.08个百分点；森林蓄积量达5.95亿立方米，较上年度增长2300万立方米。二是湿地提质。《湖南省湿地保护条例》修订加快推进；妥善处理洞庭湖矮围、芦苇等问题，常德、岳阳、益阳三市清理杨树8326.67公顷，修复迹地8153.33公顷；全省修复湿地面积1333.33公顷，在"四水"（湘江、资江、沅江、澧水）流域完成退耕还林还湿500.47公顷、保护小微湿地104.60公顷；湿地保护率达75.77%，较上年度增长0.04个百分点。三是城乡添绿。深入推进长株潭生态绿心修复，积极开展违规违建项目整治，完成"裸露山地"造林274.53公顷，北斗巡护、综合监测平台建设加快推进；长株潭森林城市群以及韶山市、湘潭县森林城市建设进展顺利；发布了省级生态廊道建设总体规划，长江岸线、昭山示范区、南山国家公园等省级生态廊道试点建设积极推进，湘西土家族苗族自治州千里生态景观走廊、娄底市"长韶娄"等市县生态廊道建设同步铺开；建成国家森林乡村211个，湘潭市、宁远县、湖南省植物园等11个单位分别荣获全国绿化模范城市、模范县（区）、模范单位称号。四是产业增效。深入实施油茶、竹木、生态旅游与森林康养、林下经济四大千亿产业发展规划；"湖南茶油"公用品牌建设纵深推进，荣获第九届"中国粮油影响力公共品牌"称号；"潇湘竹品"公用品牌启动建设，竹产品通过两型产品认定并纳入省政府采购目录；新增特色林产品品牌5个，新化县获评"中国黄精之乡"；举办大围山国际杜鹃花节等生态节会。五是管服做精。全面实行行政执法公示、执法全过程记录、重大执法决定法制审核制度，及时调整行政权力清单和责任清单。规范化管理不断完善，项目预算执行、政府采购、项目监管严格规范。林业安全生产等防控有力，全系统未发生重特大生态灾害及安全事故。

资源管护　一是主抓林地和林木资源保护。严格执行林地定额制度，依法审核使用林地项目3047个、9000公顷。深入开展"绿卫2019"森林草原执法、森林督查、涉林采石采砂取土问题清理等系列专项行动，扎实推进古树名木认定、管护工作。天然林保护范围逐步扩大，公益林监测网络不断健全，省级以上公益林、天然商品林补助标准提高15元/公顷。积极履行森林防火职责，全年未发生重特大森林火灾。有效防治林业有害生物19.88万公顷，成灾率控制在3.27‰；长沙、株洲、湘潭三市联防联治松材线虫病扎实有效。二是严抓自然保护地保护。积极落实中办、国办《关于建立以国家公园为主体的自然保护地体系的指导意见》，高质量起草了贯彻实施意见。全面开展全省自然保护地本底调查、规划编制，深入推进张家界市保护地整合优化试点。整改自然保护地突出生态问题2880个，整治保护地范围内违建别墅问题177宗798栋。三是实抓野生动植物保护。野生动植物执法行动持续开展，野生动物致害保险补偿试点、非洲猪瘟疫情防控扎实有效，举办了洞庭湖观鸟节、世界野生动植物日等系列活动，候鸟保护经验在全国推介。

产业发展 2019年，全省林业产业总产值达5030亿元，同比增长8.0%。其中，第一产业产值为1645亿元，同比增长7.8%；第二产业产值1674亿元，同比增长6.0%；第三产业产值1711亿元，同比增长10.1%。油茶、竹木、生态旅游与森林康养、林下经济四大千亿产业发展势头良好，全省新建油茶示范基地18个、竹木特色产业园7个、森林体验养生国家重点建设基地4个、国家林下经济示范基地24家，完成新造、低改油茶林12.13万公顷，新建、改扩建竹林道路2万千米，油茶、竹木原材料供给能力不断增强。打造了"湖南茶油"天猫旗舰店、微信营销平台、电商直播平台，开发了湖南森林旅游与康养智慧应用程序（APP）和微信公众号，"会展+林产品""电商+茶油""互联网+旅游"等销售新模式拓展了线上线下两个市场。全省油茶林总面积达145.25万公顷，茶油产量达26.3万吨，产值达472亿元；竹木产业产值达1033亿元；全省森林公园共接待游客5454.13万人次，实现旅游综合收入551.37亿元；全省林下经济产值达383亿元。

生态扶贫 汇聚林业项目开展生态脱贫攻坚，2019年，按照省政府统筹资金的要求，整合中央和省级林业专项资金7.55亿元，切块下达给51个贫困县，另外重点生态功能区转移支付生态护林员资金1.9亿元。将林业生态补偿与脱贫攻坚紧密结合，支持开展湿地保护与恢复、湿地生态效益补偿。安排贫困县获得公益林补助8.63亿元，天然商品林管护补助和天然林商业性停伐补助资金4.15亿元，76.5%的天然商品林补助面积安排到国家和省级贫困县；全省争取中央财政新增生态护林员补助资金1.4亿元，新选聘1.4万名生态护林员。选派林业科技特派员652名，培训林农10万多人次，全省科技进村入户行动覆盖1286个村21 788户、示范面积2.33万公顷。湖南省林业局驻村帮扶点城步县和平村顺利实现脱贫，湖南省林业局获评省直"脱贫攻坚工作先进单位""2019年驻村帮扶工作优秀等次"。

林业改革 一是政府机构改革积极推进。全省14个市（州）林业局全部保留、89个县（市、区）林业局单独设置，国家公园、地质公园、风景名胜区、草原监管等职能划转林业部门，与林业新职责相匹配的组织机构初步形成。二是国有林场改革持续深化。全省国有林场发展规划、经营方案不断完善，基础设施建设实现历史性突破，争取国有林场林区道路建设计划809千米，电网移交全面完成，秀美林场、现代示范林场建设扎实推进，国有林场整体生态服务功能显著提升。三是集体林权制度改革不断完善。依托怀化市、浏阳市、洪江市等地开展的集体林业综合改革国家级试验区建设、集体林地"三权分置"机制试点进展顺利，农民林业合作社管理、林地经营权流转、林权担保抵押融资稳步推进，针对集体林地林权的整体生态服务机制更加完善。四是南山国家公园试点稳妥实施。南山国家公园试点工作有序推进，公园总体规划不断修改完善，省政府出台行政权力清单将省、市、县197项行政权力统一授权至南山国家公园管理局。

支撑保障 承办全国林业和草原科技大会，油茶科技创新典型经验在会上向全国范围推广。推动国家林业和草原局与湖南省政府共建"中国油茶科创谷"，省部共建的"木本油料资源利用国家重点实验室"获科技部批复同意。油茶源库特性研究、南方木本油料研究分获梁希林业科技进步一等奖和湖南省科技进步一等奖，共13项战略性科研项目获省部级科技奖励。《湖南省实施〈中华人民共和国种子法〉办法》等法律规章完成修订，古树名木、营造林管理等信息化管理平台建成运营，湖南省林业局获评全国林业信息化建设十佳省级单位、全省"七五"普法先进单位。高标准参展北京世界园艺博览会，湖南展区、展园分别荣获组委会特等奖、金奖，获得展品奖项270个，其中特等奖25个、金奖57个。

（王成家　李邵平　毕　凯　廖智勇）

【参展2019年北京世园会】 2019年，湖南省林业局牵头成立了2019北京世界园艺博览会湖南组委会，高标准完成了湖南展园展馆建设，组织协调了"湖南日"活动等工作。世园会竞赛期间，经过国际竞赛总评审团的多轮严格评审，湖南送展的370余件展品共获得展品奖项270个，其中特等奖25个、金奖57个、银奖72个、铜奖103个、优秀奖13个，兰花奖项获奖数在48个参赛单位中名列第二。世园会162天时间里，湖南展园、展区共接待国内外游客近600万人次，开展演出约120场次，发放各类宣传资料近20万份。北京世园会组委会授予湖南省林业局最佳组织奖，湖南展区荣获组委会特等奖、湖南展园荣获组委会金奖。

（祝梦瑶）

【油茶产业】 2019年，全省建立新造油茶示范基地和高标准低改示范基地共18个，共完成油茶新造林6.61万公顷、低产林改造5.52万公顷。品牌建设纵深推进，修订《湖南茶油》团体标准和品牌授权管理办法，开展茶油产品质量监测，授权25家茶油企业的53款产品使用公用品牌标识。创新湖南茶油广告宣传，组织茶油企业参加"舌尖上的中国"长沙站推介活动、第十四届湘菜美食文化节暨衡阳首届茶油美食文化节，组织参加国内大型展销会10次，有效助力"湘品出湘"。开通运营湖南茶油网络服务平台和"天猫"旗舰店，尝试"新媒体+电商""原产地直播"等新型销售模式。湖南茶油荣获第九届中国粮油榜"中国粮油影响力公共品牌"称号。启动"中国油茶科创谷"建设，2家油茶企业获第四届"中国林业产业突出贡献奖"，4个油茶项目获第四届"中国林业产业创新奖"。

（谢永强）

湖南茶油品牌新增冠名高铁列车

【科技支撑林业发展】 2019年，湖南林业组织开展了38项关键技术攻关，取得科技成果12项，获省部级科技奖励13项，"南方木本油料资源加工利用提质增效技术与示范"获湖南省科技进步一等奖，"油茶源库特性与种质创制及高效栽培技术研究和示范"获梁希林业科技进步一等奖。创新打造重大科研平台，湖南省政府与国家林业和草原局签署"中国油茶科创谷"共建协议，"木本油料资源利用国家重点实验室"获科技部批复同意；获批国家创新联盟4个，国家长期科研基地1个，与中南林业科技大学签订战略合作协议。实施标准化战略，完成标准制修订30项，9家企业获批为国家林业标准化示范企业。启动院士培养计划，推荐1人入选湖南省"院士后备人才培养计划"，首次设立杰青培养科研专项，资助35位青年科研人员开展自主创新研究。

（张 华）

【洞庭湖湿地生态保护修复】 2019年，湖南省林业局强力推进洞庭湖生态环境专项整治，持续开展洞庭湖湿地生态保护修复，湖区生态发生根本性好转。按照"边清理、边修复"的原则，全年清理杨树8327公顷，累计完成20 587公顷；完成杨树清理迹地生态修复8153公顷，累计完成杨树清理迹地及洲滩、岸线生态修复14 433公顷；查处夏顺安等湖区涉黑案件，包括下塞湖在内的非法矮围全部拆除；重点推进洞庭湖流域山水林田湖草生态修复工程，实施西洞庭湖国际重要湿地、东洞庭湖国际重要湿地保护与恢复工程；组织开展洞庭湖生态环境监测和生态状况评估，及时掌握洞庭湖生态环境变化发展趋势，为洞庭湖生态保护工作提供决策依据。2019年，洞庭湖野生麋鹿群增加至190头，湖区生物多样性更加丰富，《2019年中国国际重要湿地生态状况白皮书》将洞庭湖湿地总体生态状况评定为良好。

（李婷婷）

【长株潭生态绿心地区保护修复】 长株潭城市群生态绿心地区（以下简称绿心地区）是指长沙、株洲、湘潭三市之间的城际生态隔离区域，位于长株潭城市群结合部，是长株潭三市共同的"绿肺"和重要的生态屏障，总面积528.32平方千米，其中林地2.35万公顷。2019年，湖南省林业局编制了《长株潭国家森林城市群建设总体规划（2018~2030年）》《长株潭城市群生态绿心地区裸露山地造林复绿化方案》和《长株潭城市群生态绿心地区违法违规项目及工业企业退出后复绿标准》，通过荒山植树造林、企业退出等复绿方式，完成裸露山地复绿96.55公顷，基本消除了裸露山地；编制绿心地区林相改造方案，组织实施绿心地区森林质量精准提升试点；在长株潭三市开展小微湿地和退耕还林还湿试点，共完成10公顷小微湿地和773.33公顷退耕还林还湿试点任务。

（郑佳兴）

长株潭城市群绿心地区生态保护修复成效显著

【自然保护地突出生态环境问题整改】 2019年，湖南省林业局扎实推进自然保护地突出生态环境问题整改，重点推进了长江经济带生态环境警示片披露问题、中央环保督察"回头看"及洞庭湖生态环境保护专项督察反馈问题、污染防治攻坚战"2019年夏季攻势"等涉自然保护地问题整改工作，全省自然保护地突出生态环境问整改完成率达93.5%。特别是大鲵自然保护区、大义山自然保护区、蔡伦竹海国家森林公园等涉林整改应对有序、措施得力。

（王 伟）

【生态廊道建设】 2019年12月，湖南省林业局和省发展改革委员会联合印发了《湖南省省级生态廊道建设总体规划（2019~2023年）》，明确构建"三山"大尺度生态廊道、"一湖四水"中尺度生态廊道、"骨干路网"小尺度生态廊道、"一心一带九核"等生态廊道重要节点为主体的网状生态廊道和生物多样性保护网络体系，计划建设213条（处）生态廊道，规划面积为21.67万公顷。湖南省绿化委员会印发了《湖南省生态廊道建设职责分工方案》，明确了各市（州）人民政府，省政府各厅（委）、各直属机构在省级生态廊道建设中的主要职责。湖南省林业局在长江岸线湖南段、长株潭城市群绿心地区、南山国家公园3个重点区域先行启动省级生态廊道试点建设，并探索了省级生态廊道建设困难立地增绿扩量技术方案和实施方式。

（田龙江）

【"绿卫2019"森林草原执法专项行动】 2019年，湖南省林业局根据国家林草局统一部署，组织开展"绿卫2019"森林草原执法专项行动，结合森林督查和森林资源管理"一张图"年度更新等工作，对2013年以来各类破坏森林草原资源违法行为，特别是毁林开垦、建设项目违法占用林地、非法采集草原野生植物和滥砍盗伐林木等案件进行摸底排查并依法依规进行查处。全省2019年共回收林地面积692.83公顷，恢复林地面积544.81公顷；行政处罚立案4242宗，处理1814人，罚款10 181万元；刑事处罚立案800宗，处理95人，并处罚金332.17万元。

（郑佳兴）

【打击破坏野生动物资源犯罪专项行动】 2019年，湖南省森林公安局组织开展打击破坏野生动物资源犯罪专项行动，其间，全省立刑事案件1120起，破案1057起；抓获犯罪嫌疑人1223人，打掉犯罪团伙39个；收缴枪支90支、猎具3458件、赃款83万元；收缴陆生野生动物81 407头（只）、野生动物制品1314件、14 299.68千克，水生野生动物7893.92千克、其他水产品12 000千克。救护国家二级保护动物968头（只），放生野生动物60 652头（只、羽）。其中，跨越山西、河南、陕西、广东4省成功侦破郴州市"1·23"特大非法收购、运输、出售珍贵、濒危野生动物及其制品案，抓获犯罪嫌疑人41名，收缴国家二级重点保护野生动物雕鸮（猫头鹰）活体106只，"三有"保护野生动物11 000多只。

（冯　祥）

【油茶源库特性研究成果获梁希林业科学技术奖一等奖】 2019年，由湖南省林业科学院陈永忠研究员主持，联合北京林业大学、中南林业科技大学等6个单位专家共同完成的"油茶源库特性与材质创制及高效栽培研究和示范"科技成果荣获梁希林业科学技术奖一等奖。该成果针对油茶产量和品质提升的重大瓶颈，以高含油、高产为目标，以提高光合产物积累和油脂转化率为突破口，构建了油茶源库理论与应用技术体系；推动了油茶传统技术向源库理论支撑的定向育种和高效栽培技术转变；将引领油茶育种从单一目标向多目标育种方向发展；引领油茶良种应用从"混系造林"向"区域化精准配置"提升；引领油茶栽培从粗放式向园艺化、标准化、精准化拓展。

（张　华）

【第十九届中国湖南张家界国际森林保护节】 于2019年10月25～26日在张家界市永定区举行。此次森保节由湖南省林业局、张家界市人民政府主办，湖南省国有林和森林公园管理局、张家界市林业局、永定区人民政府承办，包括开幕式、森林旅游与康养高峰论坛、全国自然保护地建设与管理培训班、张家界创新创意盆景艺术邀请展、自然研学采风和公益宣传、闭幕式六大主题活动。此次活动的主题是"森林——我们的家园"，旨在立足张家界的森林资源和生态优势，交流森林保护、森林旅游和康养产业、绿色生态产业发展成果与经验，探索创新将"绿水青山"向"金山银山"转化的国际化森林旅游之路。

（张长虹）

【互联网+全民义务植树】 2019年，湖南积极推进"互联网+全民义务植树"工作，被列为全国"互联网+全民义务植树"试点省，韶山风景名胜区成为国家首批公布的"互联网+全民义务植树"基地。6月17日，湖南省绿化委员会联合全国绿化委员会办公室、中国绿化基金会在湘潭韶山举办了以"绿色义务·红色传承"为主题的2019年全民义务植树系列宣传湖南站活动，开通湖南全民义务植树网，上线"我在主席家乡养棵树"网络公益项目，收到社会各界网络捐款近100万元，全省义务植树初步形成"实体参与"和"网络参与"一体两翼共同发展的新格局，湖南义务植树走进"互联网+"时代。

（祝梦瑶）

【物种保护】 2019年，湖南开展野生动物救护工作1021次，收容救护野生动物7197只。湖南省野生动物繁殖中心救护的穿山甲生存时间最长的达2年，创造了湖南穿山甲救护存活时长的新纪录。启动省级以上自然保护区旗舰物种保护行动，在全省53处省级以上自然保护区选定旗舰物种动物52种、植物51种并对外发布。全省生物多样性日益丰富，一度消失的豺在怀化市重现踪迹，南山国家公园试点区域新发现林麝影踪，南洞庭湖、衡阳萱洲湿地公园等地新发现白鹤种群。拯救复壮虎、麋鹿、黑熊、中华秋沙鸭等珍稀濒危野生动物和喙核桃、长果安息香、资源冷杉、红豆杉等9种极小种群野生植物。

（廖凌娟）

【湖南省林业局"放管服改革"】 2019年，湖南省林业局加大简政放权力度，4项市级林业行政许可事项经湖南省政府办公厅发文确认下放至市、县直接实施，依法授权张家界大鲵国家级自然保护区管理处实施行政处罚权。依法及时调整行政权力事项清单，至2019年底，局本级共有行政权力55项。梳理责任事项清单，对108项责任事项明确责任处室和对象范围，并在省政府一体化平台公布。健全"双随机、一公开"工作机制，在林业法治信息系统平台中建立随机抽查系统。落实"双公示"制度，对省林业局作出的行政许可及行政处罚决定在省政府"双公示"系统上进行公示。

（罗　琴）

【认定公布古树名木保护名录】 2019年，在全域古树名木资源普查基础上，湖南省林业局全力推动全省县（市、区）人民政府完成了古树名木保护名录认定公布工作，全省共认定公布古树名木239 143棵，其中一级古树7956棵、二级古树27 628棵、三级古树203 054棵、名木505棵。省林业局启动全省古树名木保护工程，推进《湖南省古树名木保护管理办法》立法工作，编纂出版《湖南古树名木》图册，开发部署湖南省古树名木信息管理系统，认定浏阳市小河罗汉松古树公园等10个湖南省第一批古树名木公园，湖南成功列入全国古树名木抢救复壮试点省。

（祝梦瑶）

【欧洲投资银行贷款湖南森林提质增效示范项目正式启动】 2019年5月，湖南省人民政府与欧洲投资银行签订欧洲投资银行贷款湖南森林提质增效示范项目《项目协议》，项目总投资15亿元人民币，其中利用欧洲投资银行贷款1亿欧元，是湖南林业利用国际金融组织和外国政府贷款金额最大的一笔；项目包括基地建设58 640公顷和支撑体系建设两部分。项目的实施将进一步优化全省森林结构，精准提升森林质量，加快绿色湖南、生态强省建设步伐。

（廖　科）

【《湖南省实施〈中华人民共和国种子法〉办法》出台】 2019年9月28日，湖南省十三届人大常委会十三次会议审议通过《湖南省实施〈中华人民共和国种子法〉办法》，2019年12月1日正式施行。湖南省林业局按办法要求规范了行政许可审批程序，完成了涉及种苗的行政权力事项调整目录确认、工作规则编制、案卷评查、"互联网+监管"事项目录梳理，清理并取消证明事项7

项，深入基层林区开展普法宣传，在全省范围掀起了宣传贯彻种苗法律法规的热潮。

（黄雨珣）

【**湖南省植物园实行"省市共建、免费开放"**】 2019年12月25日，湖南省人民政府召开新闻发布会宣布于2020年1月1日起正式实行"省市共建、免费开放"省植物园，湖南省林业局与长沙市人民政府签订共建合作协议。"省市共建、免费开放"省植物园将坚持"三个不变"，即省植物园管理体制不变、公益型科研事业单位属性不变、省植物园的基本保障不变；明确三个调整：即植物园的入园方式由收费入园调整为免费入园、建设模式由以省政府建设为主调整为省市共建、植物园对外开放运行经费渠道由门票收费调整为长沙市政府及省财政经费补助。

（谢 科）

【**集体林权流转纳入公共资源交易目录**】 2019年，湖南省林业局认真贯彻省委、省政府关于公共资源交易平台整合的决策部署，积极协调湖南省发展和改革委员会、湖南省公共资源交易管理委员会做好林权交易的整合工作，农村集体经济组织统一经营的林权流转纳入了2019年的公共资源交易目录，将有利于林权交易提高交易效率、提升服务质量、加强风险防控，有利于确保林权交易的公开透明和交易过程的公平公正。

（罗 琴）

广东省林业

【**概　述**】 2019年，广东森林面积1052.67万公顷，森林蓄积量5.79亿立方米，森林覆盖率58.61%。林业产业总产值8458.0亿元，继续位居全国第一，其中第一产业1110.1亿元、第二产业5478.5亿元、第三产业1869.3亿元。全省参加各种形式义务植树4628万人次，植树1.43亿株。全年落实省级以上财政事业发展性支出资金61.45亿元（中央级资金8.75亿元，省级财政资金52.7亿元）。全省完成造林更新22.12万公顷，森林抚育47.85万公顷。全省已建立各类县级以上自然保护地1359个，面积294.52万公顷，数量居全国首位。

【**国土绿化**】 2019年，广东突出植树造林和生态修复，推动国土绿化高质量发展。继续实施绿美南粤三年行动，推动森林生态系统提质增效。全省完成造林更新22.12万公顷，其中：人工造林1.99万公顷，退化林分修复10.93万公顷，封山育林9.20万公顷；完成森林抚育47.85万公顷。继续推进林业重点生态工程建设，完成森林碳汇工程6.2万公顷，建设生态景观林带162.3千米，绿化美化乡村1684个。精准实施区域生态修复治理，组织实施新一期沿海防护林建设，开展基干林带人工造林、灾损基干林带修复、老化基干林带更新造林、困难立地造林和退塘还林工作，建设沿海防护林带2.05万公顷，其中，完成基干林带建设5053公顷，纵深防护林建设1.54万公顷。持续推进雷州半岛生态修复，营造热带季雨林333公顷，建设绿化美化示范村22个。完成珠江防护林封山育林2800公顷。推进石漠化地区综合治理，启动全省首个国家石漠公园——连南万山朝王国家石漠公园建设，落实省级财政专项资金2307万元。加强古树名木保护，完成全省新一轮古树名木普查建档工作，8万多株古树名木纳入保护范围。开展古树名木抢救复壮试点，抢救复壮古树名木46棵。组织编制《广东古树名木保护发展规划》，完善数字化平台建设，推进古树名木信息化管理。高标准推进示范性项目建设，重点打造南粤古驿道绿化提升、森林生态综合示范园、绿美古树乡村等新时代林业生态建设精品工程，完善城乡绿化体系。开展南粤古驿道绿化工作，落实《广东省南粤古驿道保护与修复指引》要求，组织对河源粤赣古驿道（连平段）、韶关南雄梅关-乌迳古道开展前期调研并制定总体规划，提升古驿道两侧森林景观，打造绿美南粤示范景观。制订广东省森林生态综合示范园建设工作方案（2019~2021年），统筹推进首批10个森林生态综合示范园建设，辐射带动林业新业态

广东石漠化治理的样板——连南万山朝王国家石漠化公园

发展。开展乡村绿化行动，加快补齐生态短板，建设美丽宜居乡村。印发《广东省绿美古树乡村建设技术指引》，推进100个绿美古树乡村建设。组织开展"广东最美古树"和"广东十大魅力古树乡村"评选活动，吸引社会公众对古树资源保护工作的关注。

【森林资源管理】　2019年，广东继续从严从紧管护森林资源，严控采石采矿、风电、房地产等经营性项目使用林地，严把审核审批关，全年共审核审批使用林地1498宗，面积1.22万公顷，保障了赣深铁路、广东韶关机场军民合用工程、中委合资广东石化2000万吨/年重油加工工程等一批国家和省重点建设项目用林需求，服务全省经济社会高质量发展。严格执行森林采伐限额制度，严控生态公益林采伐，加强林木采伐证核发和监督检查。全年共核发林木采伐许可证6.15万份，面积18.4万公顷，发证消耗量1320.3万立方米，占年采伐限额的85.9%。加强天然林保护修复，全面停止天然林商业性采伐，落实停伐补助资金5711万元和管护补助资金348万元。组织制定广东天然林认定标准和技术规范，部署开展天然林核定落界工作，探索天然林与生态公益林并轨管理。组织开展森林抚育，精准提升森林质量，完成森林抚育49.27万公顷。组织开展森林督查，督促各地及时落实森林督查问题整改。印发《广东省国有森林资源资产有偿使用制度改革工作方案（试行）》，探索建立国有森林资源资产有偿使用制度。落实新一轮生态公益林效益补偿提标政策，全省省级以上生态公益林平均补偿标准由480元/公顷提高到540元/公顷，共落实下达补偿资金29.62亿元（其中：中央财政3.06亿元、省级财政21.49亿元、相关市县级财政5.07亿元）。同时，实行分区域差异化补偿机制，进一步调动生态保护红线区域和民族地区建设、保护、管理生态公益林的积极性。强化生态公益林效益补偿资金发放监管，开展专项审计和"一卡通"整治，确保补偿资金发放规范安全。稳步推进生态公益林完善界工作和精细化管理系统试点建设，为逐步实现生态公益林"一张图"管理奠定基础。加快推进生态公益林立法工作，《广东省生态公益林条例》列入省十三届人大常委会立法规划项目。积极推进基层木材检查站和林业工作站建设，落实省级以上专项建设资金2875万元，改善基层林业办公条件，提升信息化、标准化管理服务水平。纵深推进林业系统扫黑除恶专项斗争，整治破坏森林资源违法行为。组织开展"绿卫2019""红线行动2019"、严厉打击涉野生动物及其制品违法犯罪、违建项目清查整治等专项执法行动，全省共受理森林和野生动物案件4956起，查处3899起，查处率78.7%，处理各类违法人员4948人，成功侦破"广州'4·1'特大非法收购、运输、出售珍贵、濒危野生动物案""湛江贩卖老虎案"等一批大案要案，有力打击涉林违法犯罪行为。开展林区综合治理，重点清查整治林区敏感场所2500多处，确保林区治安稳定。

【自然保护地建设管理】　认真贯彻《中共中央办公厅、国务院办公厅关于建立以国家公园为主体的自然保护地体系指导意见》，稳步推进粤北生态特别保护区规划建设，筑牢粤北生态屏障。《粤北生态特别保护区总体规划》经省政府第49次常务会议审议通过，全面转入广东南岭国家公园筹建工作。组织开展划建范围调研和论证，编制完成并向省政府呈报了《拟建广东南岭国家公园范围比选方案》，为广东南岭国家公园规划编制奠定基础。同时，根据国家层面的国家公园空间布局，启动珠江口国家公园前期准备工作，组织开展选划范围实地考察与论证。稳步推进自然保护地体系建设，开展自然保护地整合优化工作，基本完成自然保护地资源调查摸底，至年底，全省共有县级以上各类自然保护地1359个，总面积约294.52万公顷（剔除交叉重叠部分，含海域）。其中，自然保护区377个（国家级15个、省级63个，市、县级299个），森林公园712个，湿地公园214个，风景名胜区28个，地质公园19个，海洋公园（海洋特别保护区）7个，矿山公园2个。加强自然保护地监督管理，落实中央环境保护督察和海洋督察整改任务，全面清理整顿自然保护地违法违规行为。组织开展"绿盾2019"自然保护地专项行动，整改侵占自然保护区林地、破坏生态环境等问题219个。加强自然保护地能力建设，经省政府同意，印发《广东省省级自然保护区评审委员会重组方案》，组建省级评审委员会专家库和广东省自然保护地专家库，组建自然保护地监测评估中心，提升科学化、专业化管理水平。依法办理自然保护地规划审核报批、范围和功能区调整，全年共办理各类自然保护地调整47宗，梅州清凉山和中山香山2个自然保护区晋升省级。稳步推进生态监测，在8个国家级自然保护区建设30个植物多样性永久监测样地，布设51条动物监测样线，安装308台红外相机，累计拍摄到穿山甲、斑灵狸、豹猫、白鹇等珍稀野生动物22种，实现监测数据实时传输、科学分析和有效管理。

全国红树林生态修复示范基地——广东珠海淇澳—担杆岛省级自然保护区

【野生动植物保护】　强化野生动植物保护的组织领导，推动建立省打击野生动植物非法贸易部门间联席会议制度。加快推进全国第二次野生动物和国家重点保护野生动植物野外资源调查工作，完成野生植物资源调查报告，初步建立野生动植物资源调查管理信息系统。加强野生动植物及其栖息地保护，推进实施重点物种保护工程，筹建广东省穿山甲保护研究中心，根据全国鸟类同步调查和监测，省内黑脸琵鹭、中华秋沙鸭、鸳鸯、青头潜鸭、小青脚鹬、勺嘴鹬等珍稀濒危鸟类数量显著增加,白犀牛、川金丝猴、中华白海豚等珍稀濒危物种迁地繁育成效明显。发现陆生脊椎野生动物新种25个,发现野生植物新种46个、珊瑚新品种15个。加强野猪非洲猪瘟等重大野生动物疫源疫病管理,统筹做好野外巡护、监测预警、集中消杀、样品采集和应急处置工作,定期组织开展风险评估,落实科学有效防控措施。深化"放管服"改革,将野生动植物人工繁育、出售、购买、利用行政许可事项委托到各地级市实施,提高行政许可效能。强化事中事后监管,抽取10家野生动植物行政许可法人开展"双随机一公开"检查,规范野生动植物人工繁育利用行为,建立严格规范的审查审批程序。加大执法检查力度,开展系列专项执法行动。组织森林公安机关参与公安部打击野生动植物非法贸易专项行动,依法打击破坏野生动物资源违法犯罪行为。联合省市场监管局开展野生动物保护专项整治行动,集中整治野生动物及其制品市场秩序。组织开展"2019护飞行动",加强候鸟及其栖息地的保护,严厉打击乱捕滥猎候鸟违法犯罪活动。开展综合整治,对野外猎捕、人工繁育、运输流通、收购出售和经营利用等各个环节进行有效监控,明确重点地区和重要节点,落实野生动物保护措施。依托"世界野生动植物日""爱鸟周""野生动物宣传月"等平台载体,组织开展系列专题活动,广泛宣传全面禁猎野生鸟类和《广东省重点保护野生植物名录(第一批)》等保护举措,提高公众野生动植物保护意识。

【湿地资源保护】 落实机构改革精神,加强湿地保护队伍建设,省林业局专门设立湿地管理处,各地市也相应成立湿地保护专门机构,落实专职人员,解决长期制约广东湿地保护发展的机构、队伍问题。落实省委书记李希在全国政协办公厅转来《关于加强红树林保护的调研报告》上的批示要求,强化红树林保护修复,组织开展红树林资源调查和适宜恢复地核查,基本掌握全省红树林资源分布和适宜恢复地情况,完成红树林造林更新1253公顷,至年底,全省红树林面积1.86万公顷。推进红树林立法进程,组织开展红树林立法调研,完成《广东省湿地保护条例》(修订草案)起草和意见征求工作,增加"红树林保护"专章。强化红树林湿地用途监管,严格控制征占用红树林湿地。完善湿地保护分级体系,组织开展国家重要湿地申报工作,推选广州海珠、深圳福田红树林、惠东海龟、南澳南澎列岛、珠江口中华白海豚5处湿地申报国家重要湿地。继续推进湿地公园建设,新建湿地公园12个,至年底,全省共有湿地公园254个。继续开展国家湿地公园试点建设,全省已有12个试点湿地公园通过验收获得"国家湿地公园"称号。督促指导广州海珠国家湿地公园推动重点示范建设,打造具有岭南特色的湿地生态系统。加大资金投入和项目建设,推进湛江红树林国家级自然保护区、珠海淇澳—担杆岛省级自然保护区、星湖国家湿地公园如期完成湿地保护与恢复工程。组织实施中央财政湿地保护补助资金项目,扶持19个地级市和国家湿地公园开展湿地监测、生态修复、科普宣传等工作。加强湿地保护规划、工程技术、规范标准等基础性研究,强化湿地保护科技支撑。依托"世界湿地日""爱鸟周"等重要时点,组织开展湿地保护宣传活动,推动湿地保护观念深入人心。广州海珠、深圳华侨城、麻涌华阳湖等国家湿地公园保护成效多次被中央电视台新闻频道、新华社等权威媒体报道,广州海珠国家湿地公园荣获中国绿化基金会颁发的"生态中国湿地保护示范奖",展现广东绿色生态水系建设成果。

【森林城市建设】 2019年,广东多层次推进森林城市建设。珠三角9市巩固创建国家森林城市(以下简称"创森")成果,持续推动森林城市建设提质增效,广州市实施森林城市品质提升工程,深圳市推进森林质量精准提升,佛山市建设粤港澳大湾区高品质森林城市,中山市推进全域森林小镇建设,惠州市开展"美丽乡村·绿满家园"活动,进一步夯实城乡绿色生态本底,优化拓展城市生态空间。省林业局出台推进粤港澳大湾区建设林业三年行动计划,明确了建设珠三角国家森林城市群、为创建大湾区世界级城市群提供生态支撑的定位。协同珠三角各市对接粤港澳大湾区发展战略,以《珠三角国家森林城市群建设规划(2016~2025年)》为引领,推动完善跨区域生态系统共商共建机制,推进山体、水体、绿色通道、水鸟廊道、生态廊道联接融通,全域一体打造珠三角国家森林城市群,筑牢环湾区城市森林生态防护屏障,完善提升大湾区生态空间布局。落实省长马兴瑞提出的"积极推动粤东西北地区各城市创建国家森林城市工作"要求,省林业局组织编制《广东省森林城市发展规划》,成立森林城市建设监测评估中心和专家库,强化技术支撑和专家咨询。粤东西北地区加快森林城市建设步伐,11月,汕头市、梅州市成功创建"国家森林城市",实现粤东西北地区零的突破。茂名、阳江、潮州、韶关、揭阳、云浮、清远、河源8市入围备案名单,加快创建攻坚,湛江市、汕尾市谋划推进"创森"工作,全省21个地级市实现"创森"全覆盖。推动森林城市建设有序向县、镇拓展延伸,推进森林县城建设,全省已有始兴等11个县(市)获国家林草局备案开展国家森林县城创建工作,韶关、梅州、茂名3市提出全域创建国家森林县城目标。继续开展森林小镇建设,认定森林小镇55个,至年底,全省共有森林小镇125个。

【林业改革】 2019年,广东加快国有林场改革攻坚,至年底,全省国有林场改革主体任务完成并通过省级验收。改革后,全省国有林场整合为206个,其中定性为公益事业单位201个,核定事业编制6815名,省属13个国有林场顺利完成转制,1584名林场职工通过考试转录为公益一类事业单位人员。国有林场实现从传统利用、消耗木材为主向培育、保护资源为主的职能转变,森林覆盖率由改革前的86%提升到90%,实现生态得保护、林场得发展、职工生活得保障的改革预期目标。深化集体林权制度改革,继续推进始兴县全国集体林业综合改革试验区试点,协助做好林权类不动产确权登记工作,全省共核发林权类不动产证4.5万本,涉及林地面积20.18万公顷。规范林地林木流转,落实林地林木流转备案制,加快建立林地所有权、承包权、经营权"三权"分置运行机制。全省林地林木流转面积136.64

万公顷，流转金额30.7亿元，出台促进镇村林场规范发展的指导意见，有序推进镇村林场改革发展。支持梅州、肇庆建设国家储备林基地，全省首个国家储备林项目落户梅州市。探索推进造林机制改革，继续在清远连州、梅州平远试点"先造后补"造林机制，在梅州梅县、韶关始兴试点实行"一包三年、一种三抚育"管理模式，吸引更多社会资本投入林业生态建设，进一步释放林业发展活力。探索实践兴林富民新路径，韶关、河源等市试点推进林业碳普惠项目建设，引导、鼓励林农参与碳汇交易，践行"林业碳汇+精准扶贫"新模式。全省科学推广"珍贵树种+"造林模式，培育珍贵乡土树种，推进"藏富于林、藏富于民"。落实国务院、广东省政府取消和下放行政审批事项的决定，持续推进林业"放管服"改革，逐条梳理105项省级行政职权事项，压减91项，压减率86.7%。持续推进简政放权，2019年，建设工程永久占用林地等4项省级行政职权事项委托各地级市实施。加强事中事后监管，推进"双随机一公开"和政务服务事项"十统一"工作，提升服务效能。至年底，已累计取消和调整省级行政审批事项（含子项）37项，缩减承诺办理时限361个工作日和申请材料24项，压缩率分别为52.1%和12%，便利企业及个人267家。试点推行林长制，制订出台《广东省林长制试点工作方案》，选定广州增城、韶关翁源、梅州平远、茂名化州作为试点单位，9月正式启动为期一年的试点工作，各试点县由党委或政府主要负责人担任总林长，建立县、镇、村三级林长制体系，探索森林资源保护和发展新体制。

【林业产业】 2019年，广东积极发展绿色惠民产业，加快产业转型升级，推动全省林业产业高质量发展。全省实现林业产业总值8458.0亿元，其中：第一产业产值1110.1亿元、第二产业产值5478.5亿元、第三产业产值1869.3亿元。积极培育新型林业经营主体，推荐认定省级林业专业合作社示范社50个、省级示范家庭林场20个。至年底，全省共有林业专业合作社2542家，经营林地面积21.7万公顷，入社农户15.9万户；家庭林场865个，经营林地面积7.31万公顷，家庭林场从业人数3.7万人。加强林业龙头企业培育，推荐申报国家林业重点龙头企业7家，开展省林业龙头企业申报认定和监测工作。至年底，全省国家林业重点龙头企业21家，省级林业龙头企业201家。大力发展林下经济，评审认定国家级林下经济示范基地10个，组织开展省级林下经济示范基地申报认定工作。至年底，全省发展林下经济面积199万公顷，产值463亿元。联合省自然资源厅、文化和旅游厅出台加快发展森林旅游意见，推介17条森林旅游精品线路，积极培育森林康养等森林旅游新业态，审核推荐全国森林康养基地5个，有序推进10个省级森林康养基地试点建设。2019年，全省森林旅游实现旅游人数3.25亿人次，旅游收入1822.40亿元。依托全国林业重点展会平台，加强林业企业省际交流和洽谈对接，组织企业参加新疆林果广州、深圳商贸洽谈对接活动，组织企业赴省外参展第16届中国林产品交易会和第12届中国义乌国际森林产品博览会，推介广东特色林产品。加强林业产业行业组织建设，召开全省林业产业协会第三届会员大会，完成省林业产业协会理事会换届工作。发挥林业产业协会桥梁纽带作用，组织开展全省林业产业基础信息监测。继续实施乡村振兴林业行动，发挥行业扶贫优势，落实林业生态扶贫各项政策举措，完善造林补贴机制，提高造林补助标准，加大苗木培育等环节的技术指导，因地制宜扶持发展中药、林果、油茶、旅游等特色林业产业，落实生态公益林效益补偿稳定增长和分区分级补偿制度，积极吸纳有劳动能力的贫困林农就地转成护林员，帮助就近就业，促进精准扶贫、精准脱贫。

【森林灾害防治】 2019年，广东林业系统认真履行森林防火部门职责，扎实做好森林防火各项工作。加强森林防火宣传教育，组织开展形式多样的宣传教育活动，各地普遍发布政府通告和禁火令，在关键部位、主要进山路口张贴、悬挂横幅，利用电视台和网络媒体、流动宣传车、村居广播循环播放森林防火政策法规和火灾肇事警示片，普及森林防灭火知识，营造全民参与护林防火良好氛围。实行网格化管理，常态化开展巡山护林。实施风险分级管控，落实双重预防机制。组织开展林区隐患排查整治，重点推进"五清"行动，共排查整治森林火灾和安全生产隐患728处。突出春节、国庆、清明、重阳等重点时段防控工作，制订印发阶段性工作方案，明确工作重点，细化工作措施。派出指导组赴各地明察暗访，督促落实落细森林防火举措。强化野外火源管理，组织出动森林公安警力8862人次，查处违规用火案件78宗，处理违法人员91人，劝阻教育违规用火1659次，落实严打严管措施。全年共发生森林火灾126起，受害森林面积1120公顷，森林火灾受害率控制在1‰以内，未发生特大森林火灾。2019年，全省林业有害生物主要种类有松材线虫病、薇甘菊等50多种，发生面积34.32万公顷，发生率3.63‰；成灾1万公顷，成灾率1.07‰。全省实施调查监测3066.67万公顷次，测报准确率达到90%以上；实施防治作业面积36.51万公顷次，无公害防治作业面积32.24万公顷次，无公害防治率达到88%以上；实施种苗产地检疫面积0.49万公顷，种苗产地检疫率100%，完成国家《重大林业有害生物防治目标责任书》履责考核。组织编制《广东省松材线虫病防治规划（2020~2022年）》，拟定《广东省松材线虫病生态灾害督办追责办法实施细则》，压实县（市、区）、镇街政府防治主体责任。组织开展疫木检疫执法专项行动，实施"百日攻坚战"，排查涉木企业2600多家，查验松木制品1576批次，严厉查处违规经营涉松疫木行为。落实专业化科学防控措施，示范推广疫木粉碎、套网消杀等防治技术，应用卫星遥感、无人机等新技术新手段实施监测预报。组织开展松材线虫病、薇甘菊疫情普查，及时发现上报7个新发松材线虫病疫情县（市、区）。推进联防联治，加强粤桂琼赣省际防治协作，组织省内有关市、县开展应急演练，联合海关建立国外引进林木种苗及其产品口岸重要疫情截获信息通报制度。稳步推进政策性森林保险，2019年，全省10个森林保险试点市及省直国有林场合计参保面积413.5万公顷，参保率52.2%，保费1.24亿元，全年共发生各类灾害336起，理赔295起，理赔面积1.32

万公顷,已决赔付金额 2192 万元,进一步提升林业抗灾能力。

【**林业科技和交流合作**】 2019 年,广东整合林业科技资源,加快推动林业创新驱动发展。开展林业科技专题调研,了解林业建设科技需求和基层林业科研单位发展现状,研究完善林业科技支撑政策举措。加大林业科技投入,全年落实中央和省财政林业科技资金 5171 万元,新增土壤污染防治项目经费 2000 万元,林业生态网络监测平台经费 1200 万元。加强林业科技示范,全省营建樟树、木荷、红锥、杉木、湿加松、澳洲坚果、金花茶、乐昌含笑、猴耳环等示范林 466.7 公顷,培育优质苗木 50 余万株。推进林业科研成果转化,鉴(认)定林业科技成果 14 项,突破关键技术 16 项,研发技术体系和模式 26 项,获授权专利 11 项,获植物新品种授权 4 项。向国家林草局推荐科技成果 37 项,其中 6 项获第十届梁希林业科学技术奖。3 项林业类成果获 2018 年度广东省科学技术奖。加强标准化和知识产权保护,发布实施省地方(林业)标准 21 项,审定行业标准 16 项。扎实开展植物新品种保护工作,至年底,全省已有 186 个林业植物新品种获得授权。开展主要木质林产品和竹笋、油茶等食用林产品质量监测。启动全省林地土壤普查工作,完成梅州市森林土壤调查试点。广东鼎湖山国家级自然保护区通过森林认证审核,至此,全省已有 2 个项目获得中国森林认证证书。依托"科技进步活动月""林业科技活动周"等平台,组织开展送"林业科技、政策法规和优良种苗"三下乡活动 90 余场,重点开展林业科技咨询服务,促进兴林致富。推进粤港澳林业交流合作,继续推动粤港澳大湾区中华白海豚保护计划,开展珠江口中华白海豚保护研讨。召开粤港林业及护理专题小组会议,落实年度合作事宜,在粤为香港渔农护理署举办郊野公园管理员专题培训。组团参加"2019 澳门绿化周"系列活动,签署《广东省林业局 澳门特别行政区民政总署进一步加强粤澳林业合作交流框架协议》,派出 5 批次 16 人次专家技术人员协助澳门开展台风灾后森林生态修复。开展林业国际交流合作,省林业科学研究院申报赴美开展"重要木本精油植物的基因组学研究技术培训"项目获科技部立项。

【**自然教育**】 2019 年,广东依托优质林业生态资源,推进自然教育和森林生态文化建设,编制实施《广东省林业生态文化建设规划(2019~2025 年)》,打造自然教育特色品牌,加快构建以自然教育为主体的森林生态文化体系,提升生态产品服务供给能力和生态文化教育功能。省林业局成立自然教育领导小组,专责推动自然教育工作。启动实施广东省自然教育行动计划,加快推进自然教育平台建设,认定公布首批 20 家广东省自然教育基地,推广各具特点的自然教育模式。推进粤港澳自然教育交流合作,召开首届粤港澳自然教育讲坛,组织粤港澳地区 73 家机构,成立首个自然教育联盟,构建"自然+教育""企业+自然保护地""基金+产业"等跨行业生态圈,搭建合作交流新平台。强化技术支撑,成立全国首个省级自然教育专业委员会,加快建立自然教育标准和建设指引,构建自然教育人才培训体系,规范自然教育专业化发展。组织开展内容丰富、形式多样的自然教育宣传活动,省、市联动举办首届森林文化周、生态公益林效益补偿 20 年、森林城市建设、"保护野生动物宣传月""穿越北回归线风景带——广东自然保护地探秘""文化和自然遗产日·奇美丹霞"野生植物辨认大赛、海洋国家级自然保护区开放日等系列活动,引导社会公众通过健步行、登山、科普展示、义务植树等活动接受自然教育,厚植"大地植绿、心中播绿"生态文明理念。弘扬生态文化,推动生态文学、影视作品创作,组织拍摄微电影《森·缘》获"科普中国"2019 全国林业和草原科普微视频创新创业大赛二等奖,拍摄的 18 段自然保护区野生动物视频通过央视一套播出,展示广东林业生态建设成果。

【**参加 2019 年世界园艺博览会**】 4 月 29 日至 10 月 7 日 2019 年世界园艺博览会在北京举行。广东重视"世园会"参展组织工作,省政协主席王荣、省委常委叶贞琴、副省长许瑞生等领导亲临广东展园展区检查指导参展工作。以"南粤水、岭南风、世园情"为主题打造展园展区,展现岭南园林艺术精粹和南粤特色风情。7 月 11~13 日"广东日"活动期间,举办经贸交流招待会、国际合作对接、生态建设成果展示、特色文化展演、旅游推广、重点城市推介等多场活动,全方位展示广东、推介广东,扩大美丽广东的国际国内影响力。10 月 9 日,国务院总理李克强与各国领导人参观广东室内展区,对布展和推动植物新品种研发培育给予充分肯定。广东参展"世园会"取得丰硕成果,室外展园和室内展区分别获得中华展园特等奖和中国省区市展区金奖;展品共获奖 402 个,其中特等奖 49 个、金奖 96 个。

【**第二届中国新疆特色林果产品博览会**】 11 月 8 日由国家林业和草原局、新疆维吾尔自治区人民政府和广东省人民政府联合举办的第二届中国新疆特色林果产品博览会在广州开幕,全国政协常委、国家林业和草原局副局长刘东生,新疆维吾尔自治区党委常委、自治区人民政府副主席艾尔肯·吐尼亚孜,广东省副省长张虎出席开幕式并讲话。此次博览会主题为"美丽新疆 林果飘香",共有全国 19 个省(区、市)的特色林果、农副产品、精深加工产品和旅游产品 50 多个类别 700 种参展,邀约企业、采购商 470 家,共达成项目签约额 51.27 亿元。

【**广东省林学会成立 90 周年纪念暨学术研讨会**】 11 月 26 日在广州召开,中国工程院院士张守攻、吴清平受邀作主旨报告,会议颁发"终身贡献奖"和"首届南粤林业科学技术奖"。截至 2019 年底,广东省林学会拥有专业委员会 11 个,理事 107 名、个人会员 2000 多名、团体会员数百家,成为具有明显特色的全省性、学术性、公益性社会团体。

【**大事记**】

2 月 21 日 广东省副省长张光军到珠海市调研淇澳红树林保护区,要求做好粤港澳大湾区自然保护区建设。

3月19日 中共中央政治局委员、广东省委书记李希，中国人民解放军南部战区司令员袁誉柏，广东省省长马兴瑞、省人大常委会主任李玉妹、省政协主席王荣等领导到广州市海珠国家湿地公园，参加义务植树活动。

4月2日 广东省委、省政府召开全省森林防火灭火工作视频会议，学习贯彻习近平总书记对四川省凉山彝族自治州木里县森林火灾作出的重要批示精神，省委书记李希出席会议并作工作部署，省领导王伟中、张硕辅、郑雁雄、许瑞生、张虎参加会议。

5月15日 广东省省长马兴瑞、副省长许瑞生到省林业局专题调研机构改革以来林业工作和争创以国家公园为主体的自然保护地体系试点省情况，要求进一步解放思想，深化林业改革发展，加快推进南岭国家公园建设，积极申请以国家公园为主体的自然保护地体系建设试点省。

7月16~19日 国家林业和草原局总经济师、国家公园管理办公室主任张鸿文到广东调研国家公园创建情况，实地考察鼎湖山、南岭、丹霞山等国家级自然保护区和海珠国家湿地公园，并就自然保护地建设管理和国家公园创建工作与广东方面有关负责人交换意见。

8月31日 广东省副省长许瑞生到省乐昌林场调研林场改革和生态建设情况，要求挖掘林场历史文化，继续推进林场生态建设。

10月29日 国家林业和草原局副局长李春良到东莞市大屏嶂森林公园开展林业生态建设调研。

11月15日 广东省汕头市、梅州市在2019年森林城市建设座谈会上被全国绿化委员会、国家林业和草原局正式授予"国家森林城市"称号。至此，广东省已有11市成功创建国家森林城市。

11月15~19日 国家林业和草原局副局长李春良到广东调研自然保护地建设管理工作，实地考察丹霞山、象头山和惠东海龟国家级自然保护区，重点就自然保护地管理体制、运行机制、经费保障及可持续发展等工作开展座谈。

11月20日 2019年全国暨广东省"保护野生动物宣传月"活动在广东省长隆野生动物世界启动，活动主题是"展现野性之美，共绘绿水青山"，国家林业和草原局副局长李春良、广东省副省长许瑞生出席启动仪式并致辞。活动现场，广东省林业局发起建立粤港澳野生动植物保护合作机制倡议，成立"粤港澳野生动植物保护联盟"。

12月6日 国家林业和草原局总经济师杨超到肇庆市广宁县调研油茶产业发展情况，实地考察广东康帝绿色生物科技有限公司并与企业座谈。

12月15日 广东省省长马兴瑞到梅州市调研森林防火工作，现场考察梅县区南口镇森林防灭火现场处置点，并慰问一线消防救援人员。省领导林克庆、张虎参加调研。

（广东省林业由徐雪松供稿）

广西壮族自治区林业

【概述】 2019年，广西林业保持稳中有进、进中向好、好中趋优的发展态势。全年完成植树造林20.29万公顷、森林抚育52.33万公顷；森林覆盖率达62.45%，草原综合植被盖度达81.83%；林业草原产业总产值超过6509亿元，同比增长14%；林业增加值增速达7.5%，超额完成自治区下达4.5%的年度目标任务；木材产量超过3500万立方米，人造板产量达到4956万立方米，木竹材加工和制造业产值达到2707亿元，超额完成年度目标任务。林下经济产值1144亿元，同比增长16%；森林旅游产业总消费超500亿元，游客量同比增长20%；54个贫困县林业产业总产值达2400亿元，同比增长10.7%。

重点生态工程建设 深入实施珠防林、海防林、石漠化综合治理、造林补贴等造林工程，2019年完成人工造林1375公顷，封山育林25 143公顷，中幼林抚育398公顷，完成计划任务的100%。开展第一批40处自治区重要湿地资源调查评价认定工作。24个国家湿地公园开展试点建设，其中12个国家湿地公园通过国家林草局的验收正式挂牌。加强对草原的保护和利用，2019年共利用中央财政补助资金2150万元，在南宁市青秀区等8个设区市15个县（区）完成饲草种植面积9433.33公顷，完成计划任务的141.55%；饲草收贮面积7220公顷，完成计划任务的108.3%；收贮饲草料38.17万吨，完成计划任务的127.01%。

林业改革创新 集体林地"三权分置"在每个设区市增加1~2个试点单位；首笔公益林预期收益权质押贷款成功发放，林权抵押贷款余额达到160亿元，政策性森林保险投保面积达到1000万公顷，林业产权交易金额达27.16亿元。林长制改革试点地区共设立林长7982名，树立林长公示牌2782块。创新开展第一批62个乡村振兴林业示范村屯建设。举办第十届中国-东盟林木展，高峰城大型仓储物流中心项目等5个广西重点林业项目签约，总投资达88.5亿元。

国土绿化 全年完成植树造林20.29万公顷、森林抚育52.33万公顷。打造村屯绿化美化景观提升项目300个，种植各类苗木40多万株，累计绿化面积57.03万公顷。编制《北部湾森林城市群总体规划》，防城港市成功创建"国家森林城市"。授予75个单位2018年度广西森林城市等系列称号。梧州市等4个设区市、南丹县等8个县、广西林科院等3个单位荣获"全国绿化模范单位"称号。

国有林场 2019年纳入改革范畴的175个国有林场优化整合为145家，定性为公益一类、公益二类的事业单位分别为52个、84个，合计136个，占比94%。全区国有林场森林面积从改革前的116.6万公顷增加到2019年的143.72万公顷，增长23%；森林蓄积量从改革前的8494.7万立方米增加到2019年的9630.86万立方米,增长13%;国有林场公益林面积从改革前的37.4万公顷增加到58.4万公顷,占国有林场森林面积的48.7%。

生态资源保护 全年完成森林督查暨森林资源管理"一张图"年度更新。核实落界自治区级以上公益林面积544.3万公顷。14万多株古树名木普查成果经逐级认定并公布。扎实推进中央环保督察"回头看"涉林任务整改,完成11处林业自然保护区确界。新增2个国家地质公园,6处试点国家湿地公园顺利通过验收。深化林业扫黑除恶专项斗争,组织开展"绿网·飓风2019"专项行动,回收被侵占国有林地2.6万公顷。林业防灾减灾工作态势总体平稳。

绿色富民产业 自治区人民政府出台《广西现代林业产业高质量发展三年行动计划(2019~2021年)》。创建油茶"双高"示范园66个、示范点287个。区直林场商品林"双千"基地收购林地3.7万公顷。成功举办首届广西迎春花市。自治区级现代特色林业核心示范区达到61家。加快祥盛公司股改上市、国旭集团"退城还郊",广西森工集团挂牌成立。8个林下项目获评自治区首批中药材示范基地,13个林下项目获评自治区首批"定制药园"。加快环绿城南宁森林旅游圈建设,评定了一批森林康养基地、星级"森林人家"、森林体验基地、花卉苗木观光基地。

国家储备林基地 2015~2019年,广西累计利用国家开发银行贷款建设国家储备林26.67万公顷,累计发放国开行贷款64.66亿元,其中,2019年完成建设面积约3.33万公顷,发放贷款4.29亿元。2019年完成2018年度下达中央预算内投资国家储备林建设任务0.27万公顷,分解下达资金2000万元。

林业对外开放合作 欧洲投资银行贷款广西珍稀优质用材林可持续经营项目规划在广西全州、兴安、龙胜、乐业、田林、西林、八步、昭平、环江等9个县(市、区)以及高峰、六万、维都、黄冕、大桂山、雅长6个自治区林业局直属国有林场的商品林区内,新造和抚育杉木、马尾松及珍贵乡土树种优质用材林25 600公顷。其中,新造林面积21 560公顷,现有中幼林抚育4040公顷,项目建设期为5年。项目投资总概算为56 087.3万元。

林业精准扶贫 60%以上的专项资金安排到54个贫困县,出台《支持21个2019年计划脱贫摘帽县和4个极度贫困县十条措施》《支持8个边境县(市、区)脱贫攻坚十条措施》等政策文件。追加贫困县集体森林采伐限额157.11万立方米。54个贫困县油茶种植面积占全区的87%,林下经济发展面积占全区的62.7%。新建油茶专业合作社87家、脱贫攻坚造林合作社220家,完成油茶新造林面积3.7万公顷、低产林改造面积2.6万公顷,通过油茶产业新增带动8万多名贫困人口脱贫;争取中央新增生态护林员补助资金2亿元,资金总量上升到全国第三位。选派林业科技特派员238名,培训林农3.94万人。政策性森林保险为贫困农户提供风险保障80亿元。隆林对口帮扶贫困村脱贫摘帽后发展良好。

(广西壮族自治区林业信息宣传中心)

2019年9月27日全国生态扶贫工作会议在广西河池市罗城仫佬族自治县召开(杨海健 供图)

【林业生态建设】

森林经营 年内全区完成中幼龄林抚育面积523 513公顷,完成中央财政森林抚育补贴项目40 583公顷,完成桉树种植结构调整9227公顷。

中央财政森林抚育补贴项目 2018年国家下达中央财政森林抚育补贴资金1.38亿元,按照国家要求,2019年10~11月,自治区林业局组织核查组对所有项目单位进行了核查。经核查,全区森林抚育项目上报面积合格率99.98%,核实面积合格率100%,计划任务完成率94.3%,与上年度相比下降4.1个百分点。

树种结构调整 2019年为进一步调整优化全区森林树种结构,逐步改变树种单一、林分单纯、结构单薄、林相单调状况,提升森林生态功能和整体质量,推进美丽广西建设,根据《进一步调整优化全区森林树种结构的实施方案(2015~2020年)》,要求全区完成公益林区和生态重要区域桉树纯林改造乡土树种、珍贵树种或混交林任务26万公顷以上。通过将改造范围内现有桉树林皆伐后,改种乡土树种、珍贵树种、花化彩化树种纯林或混交林的措施,调整树种结构和林分结构,促进形成多树种、复层、异龄混交林,增加物种多样性,提高林分稳定性,增强森林的生态功能。年内完成公益林区和生态重要区域桉树纯林改造9227公顷。

林业沃土工程试点项目 经核查,2019年广西完成林业沃土工程试点项目5713公顷,占年度计划任务的115%。根据农业农村部《到2020年化肥使用量零增长行动方案》和自治区人民政府《关于加快推进广西现代特色农业高质量发展的指导意见》(桂政发〔2019〕7号)文件要求,印发了《广西到2020年林业化肥使用量零增长的工作方案》,大力推进广西化肥减量提效,促进全区林业可持续发展。组织广西林科院编制了《广西林地可持续经营与保护专题研究报告》,为全面摸清广西林地可持续经营与保护现状,制订广西林地可持续经营与保护措施提供理论依据。

森林资源培育 2019年广西完成植树造林面积202 927公顷,其中完成荒山造林32 007公顷、迹地人工更新51 680公顷、低效林改造造林5500公顷、封山育林24 467公顷(其中无林地和疏林地封育6020公顷、有林地和灌木林地封育18 447公顷)、桉树萌芽更新89 273公顷。

珠防林工程 完成人工造林5733公顷,占年度任务的100%。

海防林工程 完成人工造林2000公顷，占年度任务的100%。

速丰林工程 新造速丰林35 487公顷，占年度任务15 167公顷的234%。造林从桉树为主逐步向多树种转变，培育目标从中小径材为主向增加中大径材转变。松、杉、油茶等乡土速生树种及中大径材造林面积大幅增加。

造林补贴项目 完成造林9114公顷。

特色经济林发展 全区完成特色经济林造林71 700万公顷，其中，新造油茶林33 600万公顷，核桃38 100万公顷。2019年广西实有经济林种植面积约470万公顷。按用途分，水果类263万公顷，干果类11.9万公顷，林产饮料类7.91万公顷，林产调料类24.72万公顷，森林药材类8.91万公顷，木本油料类70.91万公顷，林产工业原料类69.47万公顷。

珍贵树种 完成澳洲大花梨、红锥、楠木等造林2980公顷。

（广西壮族自治区林业局生态保护修复处、广西壮族自治区速生丰产林基地管理站、广西壮族自治区林业局规财处）

【国土绿化】

全民义务植树和部门绿化 2019年，在全区范围内开展"兴水利、种好树、助脱贫、惠民生"主题活动，组织万名领导干部下乡参加植树活动。全年共完成义务植树8377万株，完成计划任务的104.7%。3月12日，纪念植树节设立40周年暨2019年全民义务植树系列宣传活动在广西南宁启动。全国绿化委员会办公室专职副主任胡章翠、广西壮族自治区副主席方春明出席。活动以"履行植树义务，共建美丽中国，纪念植树节设立40周年"为主题，广西"互联网+全民义务植树"网站正式开通，"我为古树名木送温暖"项目上线，为全区乃至全国范围内推动全民义务植树工作造势鼓劲。

2019年3月12日，纪念植树节设立40周年暨2019年全民义务植树系列活动启动仪式（杨海建 供图）

"绿美乡村"建设工程 自治区投入资金2000万元，重点围绕"一区两线三流域多点"区域，对具备发展乡村旅游条件的30户以上100个示范村屯、200个景观提升村屯开展村屯绿化提升建设项目，通过绿化美化花化香化，推动乡村旅游业发展，实现生态产业富民。截至12月底，打造村屯绿化美化景观提升项目300个。累计种植各类苗木374 956株，累计绿化面积57.03公顷。

古树名木普查和保护 截至2019年12月，广西古树名木公示及政府认定公布全部完成，累计挂牌立碑129 689株，已签订25 687份古树名木养护协议，有36 594株古树纳入养护管理；完成案件查处5起，查处率100%，通过古树名木移植审批7起11株。全区投入古树名木保护资金合计5213万元。

村屯绿化提升建设 完成300个村屯绿化提升项目建设任务，共有401个行政村荣获国家森林乡村称号。

森林城市建设 防城港市被授予"国家森林城市"称号，至此，广西已有10个市获得"国家森林城市"称号。

生态文化建设 广西有6个村获命名为"全国生态文化村"称号，至此，广西共41个村获此称号。

模范评比推荐 广西有梧州市等4个设区市、南丹县等8个县和3个单位荣获全国绿化模范单位，32人荣获全国绿化奖章。

（广西壮族自治区绿化委员会办公室）

【森林资源管理】 2019年，广西森林覆盖率达到62.45%，达到年初预期目标，超2018年森林覆盖率0.08个百分点，并保持全国第三位；活立木蓄积量达到8.07亿立方米，较2018年度增加0.17亿立方米；共办理林木采伐许可证40.52万张，同比增长24%，办证蓄积量4115.96万立方米，同比增长17.18%；办理木材运输证183.01万张，同比增长4.87%；共审核审批建设项目使用林地项目1355宗，与2018年（1260宗）相比增加7.5%；审核审批建设项目使用林地面积11 340.92公顷，与2018年同期9980公顷相比增长13.63%；收取森林植被恢复费14.84亿元，与2018年12.65亿元相比增加17.28%。

森林督查 督查与国家林业和草原局"森林督查和森林资源管理'一张图'年度更新"、国家级公益林建设成效监测等工作协同开展，共调查、核实了遥感变化检测图斑34.61万个，并全面衔接林地"一张图"数据与自治区级以上公益林，全面复核各级国有森林经营单位、各级自然保护区、森林公园、湿地公园等重点森林经营单位和重点生态保护单位的界线，产出了各县（市、区）及全区2018年森林资源"一张图"数据库、林地变化数据库、林地现状和变化统计表等。经调查，2018年全区林地面积1602.20万公顷，占全区土地总面积的67.5%，其中国有林地面积149.08万公顷，占全区林地面积的9.3%；集体林地面积1453.12万公顷，占全区林地面积的90.7%，林地利用率达88.55%。

林地保护利用管理 国家林业和草原局下达广西2019年度林地定额为7200公顷，追加使用国家备用定额3879.58公顷，全力保障重大项目建设对林地的需要。全年共审核审批建设项目使用林地1414宗，面积11925.53公顷（其中：长期使用林地10321.12公顷；临时占用林地1277.63公顷；直接为林业生产服务占用林地326.79公顷）；收取森林植被恢复费15.54亿元。

林木采伐运输管理 根据各地森林经营实际情况，下达各编限单位2019年森林采伐限额，累计为限额不足地区增加森林采伐限额370.49万立方米，其中增加贫困县集体限额157.11万立方米，累计追加30个编制单位森林采伐限额29万立方米；年内累计追加35个编限单位森林采伐限额30万立方米。部署全区开展"十四五"期间森林采伐限额编制工作，完成了工作方案及操作细则编制、技术培训和限额编制单位确定等阶段性任务；改变"十三五"期间年森林采伐限额下达方式，将以往的"五年一下达"转变为"一年一下达"。

天然林和公益林管理 贯彻落实《广西天然林保护修复制度方案》，启动了《广西天然林保护修复规划》编制工作，并完成规划纲要的评审论证。国家级公益林动态调整工作结合森林督查暨森林资源管理"一张图"年度更新工作进行部署，国家级公益林图层已衔接至"一张图"；同时，为确保生态效益补偿补助资金发放管理，全年广西国家级公益林图层数据库仍作为林地"一张图"的专题数据库进行管理。

森林督查和案件查处整改落实 组织全区林业主管部门开展2019年森林督查工作，自查核实了72 698个变化图斑，核查出疑似违法变化图斑22 363个，其中违法用地图斑3564个，面积2992.5公顷，违法采伐图斑18 799个，蓄积量150.3万立方米。指导各市县加快违法违规占用林地和违法采伐林木等破坏森林案件查处进度，同时推进2018年森林督查有关问题的整改落实。

森林资源监督管理专项行动 积极推进"绿网·飓风2019"专项行动，开展非法占用林地和非法采伐林木等破坏森林资源违法案件线索排查，全区共立破坏森林资源刑事案件1474起、破获971起，抓获犯罪嫌疑人1185人，打掉犯罪团伙2个；查处林业行政案件1422起，处罚2027人次；收回林地141.4公顷，扣缴林木木材27 781立方米。

脱贫攻坚 加强扶贫项目建设使用林地保障，全年共受理产业扶贫、易地扶贫搬迁等建设项目使用林24项，审核审批林地面积217.85公顷，占全区已审批林地使用定额的2.23%，其中，54个贫困县使用林地定额3084.83公顷，占全区已审批林地使用定额的31.6%；出台优惠政策支持脱贫攻坚，对特定用于扶贫的畜禽养殖、采后处理、初加工等设施占用林地的，于"十三五"期间免收森林植被恢复费，全年累计免收森林植被恢复费4217.8万元。

（广西壮族自治区林业局资源管理处）

【国有林场】

国有林场改革 2019年国有林场改革成效显著，一是国有林场功能定位得到明确，175个国有林场整合为145家，其中94%的国有林场定性为公益性事业单位，改革后入编16 641人，入编率84%。二是国有林场生态功能得到提升，全区国有林场森林面积达到120.62万公顷，比改革前增加4.05万公顷，森林蓄积量达到9692.2万立方米，比改革前增加1197.5万立方米；公益林面积从改革前的37.44万公顷增加到58.37万公顷，增加20.93万公顷，占国有林场场内森林面积的48.4%，超额完成改革既定目标，并提前实现2020年公益林面积目标。三是国有林场民生得到改善，在职职工年均工资达到5.42万元，比改革前增加3.49万元；职工基本养老保险、基本医疗保险、住房公积金等"五险二金"参保率达100%。四是国有林场基础设施得到加强，142个林场的通场部道路均已实现硬化，国有林场危旧房和管护房、水、电、路、通讯等基础设施条件不断完善。五是生态产业发展质量得到提升，13家自治区直属林场林下经济累计产值达到12.6亿元；6年生桉树采伐出材量从2016年的每公顷90.15立方米提高到2019年的114.75立方米；依托森林旅游、森林康养和林业经济等生态产业，成功签约各类项目61个，预计投资352.8亿元。

国有林场经济指标 2019年，全区国有林场资产总额达到434.7亿元，比上年391.9亿元增长10.9%；总负债189.2亿元，比上年203.4亿元减少7.0%；实现经营收入43.5亿元，比上年37.4亿元增长16.3%；营业利润0.78亿元，比上年-0.17亿元增长558.82%。其中，区直林场总资产313.3亿元，占全区国有林场总资产的72.1%；实现经营收入38.0亿元，占全区国有林场经营总收入的87.4%；营业利润0.18亿元，占23.1%。

国有林场森林经营 区直林场通过调整优化树种结构对桉树纯林改造、定向培育中大径材等措施，逐步优化森林树种结构，全年新种桉树2.49万公顷、珍贵树种0.17万公顷、乡土树种0.06万公顷。其中高峰林场场内乡土珍贵树种占56%，混交林比例达11.8%；积极探索可持续森林经营模式，七坡林场利用国家储备林基地建设项目，将桉树纯林改造为异龄复层混交林大径材培育模式、近自然林培育模式；东门林场积极研发苗木基因杂交技术，成功培育世界首株桉树三倍体，在广西、四川等地区建立三倍体无性系区域试验；加强苗木培育管护，累计培育苗木18.5万株，开展56个桉树杂交家系和粗皮桉无性系试验林种植，尝试培育更优质的桉树品种，年木材出材量逐年提高，桉树每公顷出材量由2018年的105.3立方米提高到2019年的114.75立方米，其中南宁树木园平均每公顷采伐出材达到138.75立方米，实现"一亩万元"的目标；推进区直林场高质量商品林"双千"（到2022年，区直林场商品林规模达到1000万亩以上；到2024年，区直林场商品林木材生产能力提升到1000万立方米以上）基地建设，2019年完成收购和合作林木林地3.67万公顷。

国有林场资源保护 全区国有林场累计回收被侵占林地面积5.05万公顷，占累计回收任务的100.6%；全面推进规范国有林场对外租赁国有林地工作，梳理需要规范的出租林地8.87万公顷，按计划完成调查摸底和制订方案；配合国家林草局开展区直林场森林资源管理问题专项整改，对高峰、七坡等9个区直林场的林地管理情况进行了检查调研，根据反馈意见制订整改工作方案并组织开展自查整改工作，梳理排查出13家区直林场749个问题，拆除违法建筑3408.5公顷；开展国有林场林地"一张图"落界工作，初步厘清林场的林地界限范围；组织高峰林场等5家区直林场推进收储工作，完成签约林地面积1324公顷。

国有林场康养生态产业 培育和创建森林康养基地，龙胜温泉国家森林公园、广西国有六万林场、广西国有派阳山林场列为森林养生国家重点建设基地。认定桂林漓江逍遥湖森林康养基地等3个广西森林康养基地。举办2019年广西森林康养产业发展论坛，邀请医学、健康养生等方面的专家介绍国家发展森林康养产业的政策并就区内外发展森林康养的经验进行交流研讨。

国有林场扶贫　2019年持续推进国有贫困林场脱贫，分解下达专项扶贫资金2989万元，惠及23家林场31个扶贫项目，组织验收2018年脱贫的11家国有贫困林场，全部脱贫。

区直林场林产工业改革　稳步推进区直林场林产工业改革发展工作，促进林业供给侧结构性改革，广西森工集团于2019年12月26日正式挂牌成立；创新经营，推动祥盛公司上市，完成股份制改造的清产核资、审计、评估等工作。推进区直林场肥料和花卉苗木企业优化经营。配合自治区开展"千企技改"工程，启动高林公司中(高)密度纤维板生产线整体搬迁技改升级项目、国旭东腾年产35万立方米中(高)密度纤维板技改项目、春天木业年产10万立方米胶合板自动化生产线等技改项目建设。

（广西壮族自治区林业局国有林场和种苗管理处）

【林业产业】　2019年广西林业产业总产值达7042亿元，比2018年增长23.55%，排全国前列，其中第一产业产值2137亿元，比2018年增长9.31%，第二产业产值3339亿元，比2018年增长9.98%，第三产业产值1566亿元，比2018年增长118.11%。人造板产量近4956万立方米，排全国第三位，其中胶合板产量3411万立方米，占人造板总产量的68.84%；纤维板产量626万立方米，占人造板总产量的12.63%；刨花板产量254万立方米，占人造板总产量的5.13%；其他人造板产量664万立方米，占人造板总产量的13.40%。锯材产量931万立方米，木竹地板1151万平方米；木竹材加工和制造业产值达2707亿元，成为广西第九个千亿元产业。松香类产品产量38.16万吨，其中松香产品28.95万吨，松香深加工产品9.21万吨，栲胶产品68吨；林下经济产值达到1144亿元；森林旅游游客量超过16 035万人次，实现产值587亿元；花卉产业实现产值170亿元。

林业产业加工业　积极培育林业龙头企业，年内新增自治区级林业产业重点龙头企业14家、国家林业重点龙头企业5家，全区自治区级林业产业重点龙头企业数量达到161家，国家林业重点龙头企业数量达到19家。扎实推进品牌创建工作，林业品牌影响力不断提升，贵港市获评"中国南方板材之都"，容县林产品工业园被誉为"中国异型胶合板基地"，荔浦市被誉为"中国衣架之都"，"高林""丰林""三威"等纤维板以产量大、质量优而享誉全国。

林产园区建设　全区已建及在建的各类林产加工园区33个，入园企业2300余家，安排就业人数约15万人，园区工业总产值约615亿元，产业园区基础设施建设和配套服务水平逐年提高，崇左—龙赞东盟国际林业循环经济产业园、广西山圩产业园、南宁科天水性科技产业园、广西桂中现代林业科技产业园、贵港国家绿色家居产业园等林业产业园区发展迅猛，产业集聚能力显著增强。

示范区创建　全区创建自治区级现代特色林业核心示范区78个，县级林业示范区85个、乡级林业示范园173个、村级林业示范点319个，提前1年完成《广西现代特色林业示范区增点扩面提质升级三年(2018～2020年)行动方案》的自治区级现代特色林业核心示范区创建任务。

花卉产业　2019年(首届)广西迎春花市在南宁国际会展中心东广场开市，共有108家区内花卉零售企业参展，展览面积1.8万平方米，累计参观人次约20万人次，现场销售额约300万元。4月29日至10月7日，2019北京世界园艺博览会在北京市延庆区举行，广西选送了兰科植物、金花茶、苏铁、苦苣苔等广西特有珍稀的花卉植物及插花花艺、干花、盆景、组合盆栽等1000多件展品参展参赛，最终广西室内展品获奖364个，其中特等奖32个、金奖65个、银奖108个、铜奖159个，广西展园获得北京世园会组委会特等奖，室内展区获组委会金奖。

森林公园与森林旅游　截至2019年底，广西有国家级森林公园23处、自治区级森林公园36处。2019年，森林公园接待游客量1201.89万人次，收入总额179 789.16万元。广西各级森林公园投入建设资金93 395.85万元，其中，国家投资15 977.86万元，自筹52 117.99万元，招商引资25 300万元；森林公园生态建设投入7679.91万元，植树造林437.10公顷，改造林相750.55公顷。

产业博览　第十届林木展于11月23～25日在南宁国际会展中心举办。近210家企业参展，270家国内外采购商到会采购，境外采购商参会比例高达51.8%，现场签订采购订单和投资额超过3.5亿元人民币，意向签订采购订单和投资额超过100亿元人民币。林木展作为东博会旗下举办时间最长、规模最大的专业展，已成功举办10届，成为中国-东盟区域内重要的林业专业展会。

（广西壮族自治区林业局产业处）

【森林防火】　2019年，全区共发生森林火灾387起，同比下降32.5%，其中一般火灾273起，较大火灾114起；过火总面积2613.8公顷，同比下降36.9%；受害森林面积918.03公顷，同比下降25.5%；损失林木24 669.26立方米，同比下降49.5%。森林火灾受害率控制在0.8‰以内，没有发生重特大森林火灾和重大伤亡事故。

宣传教育　全年全区累计出动宣传车8000多台次，设置宣传牌碑300多块，悬挂、张贴宣传标语近40万份，播放森林防火公益广告4000多条，发送森林防火公益宣传短信数百万条，印发宣传单500多万份。

火源管理和隐患排查　强化野外用火管控，重点在进山要道、重要林区、景点、墓园等区域开展防火巡查，严防死守火种上山。高火险期要求各级各地森林防火工作人员、森林公安、护林员、巡逻员等全面布防，紧盯留守老人、儿童及有林区用火习惯的人员，在林区要道、景点、墓园等关键部位设卡，严查进山人员，发现违规用火及时纠正，发现违法行为及时查处。高火险时段及时提请地方人民政府发布禁火令，严禁一切野外用火。开展森林火灾风险隐患排查整治工作，重点围绕责任落实、火源管控、防扑火安全、可燃物清理等20多个方面进行，全区各地共排查风险隐患3000余处并逐一整改。

森林防火项目建设　2019年，全区32个森林防火在建项目进展顺利。广西森林防火通信系统建设项目稳步实施，累计完成投资 3660 万元。争取到国家新批复森林防火综合治理项目 4 个，总投资 8312 万元。其中，贵港市郁江流域森林火灾高风险区综合治理工程建设项目 1693 万元，玉林市环六万山森林火灾高风险区综合治理工程建设项目 2543 万元，崇左市中越边境森林火灾高风险区综合治理建设项目 2588 万元，龙胜各族自治县森林火灾高风险区综合治理建设项目 1488 万元。

应急处置 各级林业主管部门及各有关单位在高火险时段严格实行 24 小时值班，发现火情第一时间处置上报。林业所属专业森林消防队 24 小时集中待命、靠前驻防，半专业森林消防队伍相对集中待命，及时检修、维护扑火装备机具，确保一有火情及时出动，快速处置，打早打小打了。区林业局共派出 5 个工作组 15 人次奔赴各地火场，协助当地开展扑打明火、清理火场、灾后评估等工作，确保森林火灾及时有效处置。

航空护林 2019 年，广西共使用 3 架直升机开展航空护林工作，春季和秋冬季 2 个航期共历时 214 天，总计飞行 162 架次 365 小时 10 分钟。

火案查处 2019 年，各级森林公安持续深入开展打击森林火灾违法行为专项行动，针对野外违法违规用火特点，组织开展专项打击行动，对构成犯罪的依法立为刑事案件侦办，对影响较大、失火等案件挂牌督办，始终保持对森林火灾违法犯罪的高压态势。全年各级森林公安机关立案森林火灾案件 192 起，破获 99 起，受理森林火灾行政案件 104 起，查处 97 起，共惩处违法犯罪人员 199 人。

（广西壮族自治区林业局防火安全生产处）

【野生动植物保护】 广西的珍稀濒危植物非常丰富，列入《国家重点保护野生植物名录（第一批）》的野生维管植物共 84 种及 2 类，包括桫椤科 7 种和苏铁属 10 种（按这两类目前认同的分类地位统计），共 101 种。其中，国家 I 级重点保护 31 种，国家 II 级重点保护 70 种。列入 IUCN 红色名录极危等级（CR）物种有 115 种；列入 CITES 附录的有 13 种及苏铁科植物和兰科植物两大类，共 410 余种，其中附录 I 有兜兰属 18 种。截至 2019 年 10 月 31 日，广西救护中心共收容、救护各级别各种陆生野生动物活体 2800 多只（条），其中，国家一级保护野生动物活体 831 只（条），国家二级保护野生动物活体 920 多只（条），包括 139 只穿山甲活体。帮助各市级林业主管部门收容救护国家"三有保护"野生动物的鸟类近千只。与 2018 年同期相比，接收的野生动物数量呈现下降趋势，野生动物保护已凸显成效。

重点物种救护攻关 截至 10 月，救护中心收容救护的 139 只穿山甲活体，存活 48 只，成活率为 34.5%；10 只以上批次，60 天存活率 40%~60%，与上年相比有所提高。救护中心开展了穿山甲专门的救护技术攻关，饲养救护技术研究日趋成熟，食物饲料调配技术获得实质性突破。蜂猴种群救护技术攻关和育幼工作也已取得了初步成效。白头叶猴回交繁殖取得突破，与杂白头叶猴 F3 代回交繁殖成功，产出了后代，有望重建人工环境下的白头叶猴种群。

救护动物放生 2019 年实施了两次中华穿山甲放生活动，是广西近几年来首次进行中华穿山甲放生活动。10 月 12 日，救护中心配合天津市野生动物救护中心在北海放生了 43 只迁飞的候鸟。

疫源疫病监测体系建设 经过多年发展，全区野生动物疫源疫病监测体系建设已初具雏形。至 2019 年，全区已设立 1 个监测总站，26 个国家级监测站，32 个自治区级监测站，基本覆盖全区各主要的野生动物监测区域。

（广西壮族自治区林业局野生动植物保护处、广西壮族自治区陆生野生动物救护研究与疫源疫病监测中心）

【森林病虫害防治】 2019 年广西发生并造成较严重危害的林业有害生物共有 66 种，其中病害 20 种，虫害 44 种，鼠害 1 种，有害植物 1 种，发生总面积 398 807 公顷，比 2018 年上升 12.73%。按类别分：病害发生面积 60 040 公顷，与 2018 年持平，占发生总面积的 15.05%；虫害发生面积 327 607 公顷，比 2018 年上升 13.60%，占发生总面积的 82.15%；鼠害发生面积 133.33 公顷，占总面积的 0.03%；有害植物发生面积 11 027 公顷，比 2018 年上升 64.25%，占总面积的 2.76%。成灾面积 5007 公顷，成灾率为 0.37‰，比 2018 年下降 31.73%。主要灾害种类有松材线虫病、马尾松毛虫、桉树叶斑病、八角炭疽病、桉蝙蛾、油桐尺蛾、橙带蓝尺蛾、黄脊竹蝗、八角叶甲、广州小斑螟等。

外来林业有害生物 2019 年松材线虫病新增疫区 9 个，新增发生面积 250.75 公顷，发生总面积 6611.93 公顷，松材线虫病在广西呈扩散蔓延态势；松突圆蚧 211 053 公顷，比 2018 年下降 4.22%；湿地松粉蚧 46 427 公顷；桉树枝瘿姬小蜂 346.67 公顷，比 2018 年下降 33.45%；薇甘菊 11 027 公顷，比 2018 年上升 64.18%。

本土林业有害生物 松树病虫害 24 407 公顷，比 2018 年上升 3.89%；松毛虫发生面积为 18 147 公顷，与上年度持平；桉树病虫害 37 280 公顷，与 2018 年持平；杉树病虫害 1233 公顷，比 2018 年上升 25%；竹类病虫害 35 187 公顷，比 2018 年上升 3.05%；八角病虫害 14 647 公顷，与 2018 年持平；核桃虫害 5373 公顷，是 2018 年的 4 倍多，以云斑天牛危害为主；油茶病虫害 440 公顷，比 2018 年上升 100%；红树林虫害 700 公顷，比 2018 年上升 64.06%。

林业有害生物防治 2019 年全区林业有害生物防治作业面积为 118 740 公顷，其中预防面积 32 807 公顷，实际防治面积 76 713 公顷，无公害防治率 96.94%。应用飞机喷洒噻虫啉和氯氰菊酯防治松褐天牛，柳州市、梧州市、贵港市和玉林市共作业 24 000 公顷。

（广西壮族自治区林业有害生物防治检疫站）

【林木种苗建设】
种子生产 2019 年，广西共采收林木种子 571 792 千克，主要有马尾松、杉木、油茶、核桃、澳洲坚果、红锥、白骨壤、桐花树等树种，其中良种种子 29 265 千克，占总量的 5.1%。2019 年种子采收量比 2018 年（597 290 千克）减少 25 498 千克，降幅 4.3%。广西采收良种穗条 12 565 万条，良种穗条实际用量为 14 645 万条，良种油茶穗条供应略有不足。

苗木生产 2019 年，广西育苗面积 7721.2 公顷，比2018年(11 902.6公顷)减少4184.4公顷,降幅35.1%,其中新育苗面积1278公顷。全区苗木产量89 773万株,其中1年生及以下苗木56 597万株,2年生苗木20 519万株,3年生苗木5387万株,3年生以上苗木7271万株。比2018年产量(102 728万株)下降12 955万株,降幅12.6%。可供2020年用苗总量55 119万株,其中容器苗38 122万株,良种苗木29 232万株,2020年全广西预计用苗量43 740万株。

油茶种苗 广西油茶采穗圃和苗圃总量已达到144家。油茶苗木产量自2015年开始持续上涨,2015~2019年的涨幅分别为5.37%、17.5%、37.0%、98.3%、57.7%。2019年油茶苗木产量超过杉木,成为广西育苗第一大树种苗木,产量是第二大树种杉木的2倍。

林木良种建设 2019年林木良种基地总面积5212公顷,其中种子园1365.99公顷,母树林667.53公顷,采穗圃173.99公顷,良种繁殖圃286.59公顷,测定林703.01公顷,收集区323.42公顷,良种示范面积1382.47公顷,其他309公顷。种子园种子产量22 964.6千克,母树林种子产量11 735千克,采穗圃产量4903万条,繁殖圃产量19 645万株。

林木种苗行政执法 2019年2~4月,广西各级林业部门开展了2019年度林木种苗质量与执法检查工作。结合2019年度林木种苗质量与执法检查工作,各级林业部门全面开展2019年度打击制售假劣林木种苗和保护植物新品种权专项行动。根据《国家林业和草原局科技发展中心关于组织开展2019年度全国林业植物新品种执法保护专项行动的通知》(林技执字〔2019〕13号)要求,组织开展了2019年度保护林业植物新品种暨打击假劣油茶种苗专项行动。修订了《广西壮族自治区林木种苗管理条例》,自治区林业局联合自治区司法厅制订了《条例》立法工作方案。

(广西壮族自治区林业种苗站)

【林业利用外资项目】

欧洲投资银行贷款项目 欧洲投资银行贷款广西珍稀优质用材林可持续经营项目是欧洲投资银行中国林业专项框架贷款项目之一。中国林业专项框架贷款项目是由国家林业和草原局组织,广西、河南和海南三省(区)负责具体实施的打捆项目。欧投行贷款广西项目规划在全州、兴安、龙胜、乐业、田林、西林、八步、昭平、环江9个县(市、区)以及高峰、六万、维都、黄冕、大桂山、雅长6个自治区林业局直属国有林场的商品林区内新造和抚育杉木、马尾松及珍贵乡土树种优质用材林25 600公顷,其中,新造林面积21 560公顷,现有中幼林抚育4040公顷,项目建设期为5年。项目投资总概算为56 087.3万元(折合6757.51万欧元,按欧元与人民币汇率1:8.3计算)。项目资金来源:利用欧洲投资银行贷款24 900万元(折合3000万欧元),申请中央配套资金5608.7万元,自治区配套资金5608.7万元,项目业主自筹资金19 969.9万元。

项目资金 截至2019年12月31日完成项目总投资56 266.73万元。国内配套资金累计到位32 756.71万元,其中,中央造林、抚育补贴资金5528.29万元,自治区级配套资金4480.97万元,项目单位自筹资金22 747.45万元。2019年9月5日完成向欧洲投资银行申请最后一笔项目提款报账资金7060 316.05欧元(折合人民币55 054 932.47元),累计完成提款报账29 998 544.31欧元,基本完成全部提款工作。

全球环境基金(GEF)赠款项目 2016年9月,中国财政部与联合国粮农组织签署了全球环境基金"中国森林可持续管理提高森林应对气候变化能力项目"赠款协议。项目的总体目标是让中国河南、广西、福建和海南4个省份内部分地区在重新造林与森林恢复活动中有效应用基于激励的森林可持续经营实践,增强碳储存与碳封存,并保护生物多样性。广西被列入项目实施单位并获赠款资金170万美元,项目具体实施由雅长林场、七坡林场、南丹县山口林场、兴安县摩天岭林场4个单位承担。2018年4月,广西GEF项目专家与自治区项目办签订合同并开始提供项目咨询服务。

碳汇造林项目碳交易 2006年广西组织实施了中国广西珠江流域治理再造林项目,是全球首例在联合国清洁发展机制理事会成功注册的碳汇造林项目,完成碳汇造林面积3100.0公顷。2008年广西组织实施了全球第二个获得"CCB"金牌认证的CDM造林/再造林项目——广西西北部退化土地再造林项目,完成碳汇造林面积6592.6公顷。2019年8月23日,广西珠江流域治理再造林项目再次获得联合国清洁发展理事会核证签发碳减排量318 563吨;2019年8月7日世界银行生物碳基金向广西支付项目二氧化碳减排量碳汇款575 661.8美元(折合人民币4 046 729.76元)。

(广西壮族自治区利用外资林业项目管理中心)

【大事记】

1月8日 广西丰林木业集团股份有限公司的"农林剩余物功能人造板低碳制造关键技术与产业化"成果获2018年度国家科技进步奖二等奖。

1月24日 2019年广西迎春花市在南宁举办。自治区副主席方春明、自治区政府副秘书长文世峰、自治区林业局局长黄显阳等出席启幕式。

2月13日 广西凤山根旦森林公园入选国家森林公园。

2月25~26日 广西大瑶山森林生态站学术委员会成立暨国标认证挂牌会议在金秀瑶族自治县召开。标志着大瑶山森林生态站标准化建设得到了中国森林生态系统定位观测研究网络(CFERN)中心的认证,对规范学术活动和促进森林生态站的科学发展提供了技术支撑。

2月27日 自治区四家班子领导,自治区"两院"主要领导,南部战区陆军、广西军区、武警广西总队和空军南宁基地主要领导,驻邕全国人大代表、全国政协委员,自治区绿化委员会成员单位领导,驻邕部队官兵、区直、中直驻邕单位代表,南宁市四家班子成员和青年志愿者代表1000多人参加义务植树活动。

3月12日 纪念植树节设立40周年暨2019年全民义务植树系列宣传活动在广西南宁启动。

3月25日 广西首笔生态公益林预期收益质押贷款发放活动在环江毛南族自治县下南乡中南村南昌屯举行。贷款主要用于完善屯内的旅游基础设施,发展花卉种苗、菜牛产业及毛南族文化建设等。标示着河池市集体林业综合改革试验区工作正式启动。

3月26日 2019年广西"爱鸟周"活动启动仪式在

北海市海滨公园举行。

3月27日 自治区林业局被国家林业和草原局信息办评为林业信息化全面推进十周年先进单位。

4月18日 派阳山森林公园、六万大山森林公园、龙胜温泉国家森林公园入选森林养生国家重点建设基地，良凤江国家森林公园入选森林体验国家重点建设基地。

4月19日 广西壮族自治区绿化委员会印发《关于授予东兰县等单位"广西森林城市"等系列称号的决定》（桂绿字〔2019〕2号），授予贵港市等75个单位"广西森林城市"系列称号。

4月28日 自治区党委常委、自治区副主席严植婵率队出席北京世园会开幕式、开园仪式和嘉宾巡园活动，并视察广西展园、展区。

4月29日 全国岩溶地区第三次石漠化监测结果广西治理成效情况新闻发布会在南宁召开。与2011年第二次石漠化监测结果相比，广西石漠化土地净减39.3万公顷，减少率20.4%，净减面积超过1/5，治理成效继续稳居全国第一。

4月30日 广西高峰森林公园在南宁举行开园试运营活动。自治区林业局局长黄显阳为广西高峰森林公园揭牌。

5月6日 全区林长制扩大试点部署会暨研讨班在南宁召开。自治区政府副秘书长文世峰、自治区林业局局长黄显阳出席会议并讲话。

5月13~17日 2019年国际林联RG7.01（第七学部第一学组会）南宁国际会议在南宁召开。美国、法国、意大利、瑞士、印度尼西亚、日本、塞浦路斯、马达加斯加等8个国家和地区的60位专家、学者参加会议。此次大会以"协调的增长，更清洁的环境和可持续的森林"为主题。

5月21日 广西国有林场被侵占林地综合整治工作联席会议第二次会议在南宁召开。自治区政府副秘书长文世峰出席会议并讲话。

5月31日 大桂山鳄蜥国家级自然保护区放归15只瑶山鳄蜥。这是广西首次开展瑶山鳄蜥野外放归活动。

6月4日 根据《自治区党委办公厅、自治区人民政府办公厅关于印发〈广西壮族自治区林业局职能配置、内设机构和人员编制规定〉的通知》（厅发〔2019〕109号），自治区林业局"三定"规定正式印发施行。

6月11日 南宁市狮山公园入选首批国家"互联网+全民义务植树"基地，是广西唯一入选单位。

6月20~21日 天然香料资源产业化研讨会暨南方木本香料国家创新联盟启动会在南宁召开。

7月18日 自治区副主席方春明出席北京世界园艺博览会"广西日"主题活动开幕式并致辞。自治区林业局局长黄显阳、副局长邓建华陪同参加。

7月19日 大瑶山森林生态定位站获CFERN&TECHNO森林生态站标准化建站国标认证。

9月19日 全国绿化委员会下发《关于表彰全国绿化模范单位和颁发全国绿化奖章的决定》（全绿字〔2019〕11号），广西梧州市等4个设区市、南丹县等8个县和3个单位荣获全国绿化模范单位，32人荣获全国绿化奖章。

9月27日 全国生态扶贫工作会议在罗城仫佬族自治县召开。国家林业和草原局党组书记、局长张建龙出席并讲话，自治区副主席方春明致辞，国家林业和草原局副局长李春良主持会议。自治区林业局局长黄显阳在会上作典型发言。

10月8日 在2019年中国北京世界园艺博览会颁奖典礼上，自治区林业局荣获2019年中国北京世界园艺博览会最佳组织奖，广西园荣获2019年中国北京世界园艺博览会中华展园特等奖，广西展区荣获2019年中国北京世界园艺博览会中国省区市展区金奖。

10月24日 全区油茶产业发展现场会在河池市凤山县召开。自治区副主席方春明出席会议并讲话，自治区林业局局长黄显阳汇报全区油茶产业发展情况，自治区政府办公厅副主任梁磊主持会议。百色市、凤山县、三江县、长江天成农业集团公司作典型发言。

10月29日 广西林业服务乡村振兴暨现代林业强区建设推进会在贺州召开。

11月1日 2019年全区林业融资集中对接活动在南宁举办。自治区直属国有林场及林业企业向金融机构推介融资意向项目57项，总融资需求达145.2亿元。

11月4日 广西3项目获第十届梁希林业科学技术奖。其中，"油茶源库特性与种质创制及高效栽培研究和示范"获一等奖，"人造板连续平压生产线核心控制技术""榉树新品种选育、高效繁育及园林应用关键技术"分别获二、三等奖。

11月8日 广西国有林场改革国家验收反馈会在南宁召开。

11月11日 自治区林业局印发《建设自治区直属国有林场高质量商品林"双千"基地指导意见的通知》（桂林场发〔2019〕25号），开启区直林场商品林"双千"基地建设工作。

11月12日 全国绿化委员会、国家林业和草原局下发《关于授予北京市延庆区等28个城市"国家森林城市"称号的决定》（全绿字〔2019〕12号），防城港市获得"国家森林城市"称号。至此，广西国家森林城市已达10个。

11月12~15日 第21届中国生物圈保护区网络成员大会在广西桂林猫儿山国家级自然保护区召开，会议以"提高传播力水平 促进保护区建设"为主题。

11月22日 自治区林业局印发《关于公布2019年广西自治区级林业产业重点龙头企业认定和监测结果的通知》，认定广西国控林业投资股份有限公司等14家企业为2019年广西自治区级林业产业重点龙头企业，广西华沃特生态肥业股份有限公司等21家龙头企业运行监测合格。

11月23~25日 2019中国-东盟博览会林产品及木制品展在南宁举办。国家林业和草原局副局长刘东生、自治区副主席方春明、柬埔寨等东盟国家领事、联合国粮农组织官员Thais Linhares-Juvenal等出席开幕式。

11月25日 国家林业和草原局认定广西国旭林业发展集团股份有限公司等5家企业为第四批国家林业重点龙头企业。

11月29日 自治区林业局印发《加快建设现代林

海南省林业

【概　述】　2019年，海南省强力推进热带雨林国家公园体制试点，加强林业生态修复和湿地保护，持续造林绿化，强化森林资源保护，继续深化林业改革，全年完成造林1.56万公顷；全年林业总产值654.14亿元，增长2.4%，其中第一产业345.44亿元、第二产业271.77亿元、第三产业36.93亿元。至2019年底，全省森林面积213.60万公顷，森林覆盖率保持在62.1%；国有林场32个（其中省林业局直属13个、市县管理19个），管理面积41.63万公顷；椰子种植面积0.16万公顷；红树林面积5724公顷；滨海青皮林面积332.40公顷；湿地总面积32万公顷，湿地公园12处（其中国家级7处，省级5处）；森林公园30处（其中国家级9个，省级18，市县级3个），总面积16.66万公顷；自然保护区49处（其中国家级10个，省级22，市县级17个），总面积271.75万公顷。

【林业机构改革】　3月9日，海南省委办公厅、海南省政府办公厅印发《海南省林业局职能配置内设机构和人员编制规定》，明确海南省林业局是主管全省林业工作的省政府直属机构，为正厅级，加挂海南热带雨林国家公园管理局牌子，由省自然资源和规划厅统一管理。同时，内设办公室、生态保护修复处（省绿化委员会办公室）、森林资源和湿地保护管理处、自然保护地管理处、林业改革发展处、规划财务处、政策法规处（行政审批办）、人事处（审计处）和机关党委等处室；核定省林业局行政编制46名，设局长1名，副局长3名。处级领导职数20名，其中正处级11名（含机关党委专职副书记、总工程师、老干部工作处处长各1名），副处级9名。

【海南热带雨林国家公园体制试点】　习近平总书记和党中央、国务院高度重视海南热带雨林国家公园体制试点。2019年1月23日，习近平总书记主持召开中央深改委第6次会议，审议通过《海南热带雨林国家公园体制试点方案》。7月15日，国家公园管理局正式印发《海南热带雨林国家公园体制试点方案》。10月28日，习近平总书记在十九届四中全会上的重要讲话中再次强调，支持海南建设国家生态文明试验区，开展海南热带雨林国家公园体制试点。11月10日，国务院副总理韩正到五指山国家级自然保护区，考察热带雨林保护和热带雨林国家公园建设时表示，海南要以热带雨林的整体保护、系统修复和综合治理为重点，为全国生态文明建设探索经验、作出表率。

海南省委、省政府强力推进海南热带雨林国家公园体制试点。2月15日，省委书记刘赐贵主持召开专题会议研究海南热带雨林国家公园规划建设工作。2月18日，省长沈晓明主持召开省政府专题会研究海南热带雨林国家公园规划建设工作。2月26日，中央编办批复同意成立海南热带雨林国家公园管理局（中央编办复字〔2019〕10号）。4月1日，海南热带雨林国家公园管理局在吊罗山正式揭牌成立。国家林业和草原局（国家公园管理局）局长张建龙与海南省人民政府省长沈晓明共同为海南热带雨林国家公园管理局揭牌。5月，《国家生态文明试验区（海南）实施方案》提出，建立以国家公园为主体的自然保护地体系。制订海南热带雨林国家公园体制试点方案，组建海南热带雨林国家公园统一管理机构。6月25日，海南热带雨林国家公园建设工作推进领导小组办公室正式印发《白沙黎族自治县高峰村生态搬迁实施方案》。9月1日，在白沙黎族自治县举行高峰村生态搬迁安置点开工仪式。9月3~16日，省林业局党组书记、局长夏斐受邀参加由国家公园管理局办公室组织的国家公园科学建设与有效管理培训团，赴美国旧金山加州大学伯克利分校开展培训。9月9日，沈晓明主持召开省政府常务会议审议通过《海南热带雨林

4月1日，海南陵水县吊罗山，国家林草局局长张建龙和海南省人民政府省长沈晓明共同为海南热带雨林国家公园管理局揭牌（海南省林业局　供图）

国家公园总体规划(2019~2025年)》。9月29日，刘赐贵主持召开省委常委会会议审议通过《海南热带雨林国家公园总体规划(2019~2025年)》。10月21日，《海南热带雨林国家公园总体规划(2019~2025年)》正式以省政府名义上报国家林业和草原局。11月25日，海南国家公园研究院经省委编办批准设立，正式登记为事业单位法人。11月28日，海南热带雨林国家公园官网正式上线运行。应海南省委邀请，国家林草局副局长李春良于12月14日在海南省领导干部周末学习专题讲座上作专题报告。由海南省林业局起草的《海南热带雨林国家公园条例(草案)》和《海南热带雨林国家公园特许经营管理办法(征求意见稿)》，已完成征求意见。

【天然林管护】 2019年，海南省层层落实天保工程管护责任，省林业局分别与11个天保工程实施单位签订2019年海南省天保工程实施单位森林管护目标管理责任状，各实施单位分别与基层单位和护林员签订森林管护合同，将森林管护责任落实到具体人员和山头地块。举办2期天保工程政策技术培训班，参训人员120人，11个天保工程实施单位各举办2期护林员业务培训班，参加培训人员共约3300人次。

【公益林管护】 2019年，海南省森林生态效益补偿资金总投入达到2.4亿元(不包括天保公益林补助资金)。2019年首次利用林业高清卫星对海南省海防林基干林带进行监控，获得5批监测数据共计152个疑似图斑，并要求相关市县进行实地核实及时处置，确保公益林资源安全。开展"海南省公益林永久性样方设置(一期)"项目，建立3个固定样方及其数据库。加强管护队伍日常管理和督导，开展了公益林专职护林员、生态护林员选聘业务培训3次，初步建立建档立卡贫困户生态护林员信息管理系统平台。

【苗木产业】 2019年，海南省全省苗圃总数613个，占地4400.53公顷，育苗面积1310.73公顷，在圃苗木总量近2亿株，产值30亿元；8月20日审(认)定通过三角梅、冬青等良种8个；11月25日，获海南省质量技术监督局批准并公告马占相思、桉树、加勒比松、红海榄、坡垒、拉贡木6个造林树种的林木种苗地方标准，于2020年1月1日起正式实施；7月29日，经海南省第六届人民代表大会常务委员会第十三次会议通过，出台《海南省林木种子管理条例》，9月1日起施行，林木种子管理工作迈上新台阶。

【国家储备林建设】 2018年12月6日，国家林业和草原局组织编制《海南省国家储备林精准提升基地项目实施方案》，2019年5月12日，中共中央办公厅、国务院办公厅印发了《国家生态文明试验区(海南)实施方案》，明确提出"实施国家储备林质量精准提升工程，建设海南黄花梨、土沉香、坡垒等乡土珍稀树种木材储备基地"。12月5日，国家林业和草原局下发《海南省国家储备林精准提升基地项目实施方案》。

【湿地保护】 2019年，海南省政府印发《海南省加强红树林保护修复实施方案》(琼府办〔2019〕33号)。持续开展湿地生态修复工作，年内，全省共完成退塘还湿430.27公顷，新造红树林84公顷。进一步完善湿地分级管理制度，6处省级重要湿地单位申报国家重要湿地。开展全省红树林生存状况和潜在造林区域调查。启动红树林湿地动态监测工作。利用世界湿地日、爱鸟周、国际生物多样性日等节日开展多种形式的宣教活动。

【自然保护地建设】 3月9日，中共海南省委办公厅、海南省政府办公厅印发《海南省林业局职能配置内设机构和人员编制规定》，同意设立自然保护地管理处，统一行使各类自然保护地监督管理职责，改变了多年来自然保护领域多头管理的局面，在海南省自然保护发展进程中具有重要意义。3月，省政府批复设立海南俄贤岭省级自然保护区。11月，省政府批复设立海南昌江昌化大岭省级森林公园。完成万宁大洲岛自然保护非法旅游整治工作，组建各类自然保护地评审委员会专家库成员，统计直属3个涉海保护区2010年以来有关海洋、海岸的生态修复情况。

【造林绿化】 2019年，海南省完成造林1.56万公顷，超额完成省政府下达的6666.6公顷造林任务，完成率234%。全年参加义务植树386万人次，义务植树752万株，超额完成全省600万株的年度任务，完成率125%。指导市县和农垦部门克服全省区域性降雨分布不均等不利因素，开展抗旱造林、抗涝护苗和抗风补苗，宣传"爱绿、植绿、护绿"。

【森林城市建设】 2019年申报三亚市创建森林城市获

12月，海南东寨港自然保护区红树林资源监测

得国家林草局的批复同意并备案,截至2019年底,海南省有三亚和陵水2个市县正在开展国家森林城市创建工作。批复同意三亚市和五指山市申报创建省级森林城市,全省创建省级森林城市的市县达到8个。组织专家评审并通过海口市和琼中县的省级森林城市建设总体规划,全省已有4个市县的森林城市建设总体规划通过专家评审。6月5日,海南省在陵水县举办以"共创森林城市 共享生态文明"为主题的全省创建森林城市宣传活动。国家林草局分别于12月25日、12月31日评价认定海南省74个国家森林乡村,海口市琼山区大坡镇树德村被"绿色中国行"组委会评选为"国家森林乡村创建工作样板村"并授予牌匾。

【乡土珍稀树种】 2019年,海南省完成黄花梨、土沉香等乡土珍稀树种种植566公顷。2019年3月,海南省林业局在全省开展以"广植乡土珍稀树种,共创宝岛绿色辉煌"为主题的"义务植树月"宣传活动,3月上旬,先后在澄迈县和东方市举办了土沉香及海南黄花梨两个系列的乡土珍稀树种种植技术下乡暨种苗赠送专题活动;9月18~19日在澄迈县举办了全省乡土珍稀树种培育技术培训班,邀请国内知名专家、教授对各市县林业部门和主要种植企业及种植大户相关人员80多人进行乡土珍稀树种种植培育技术培训。

【花卉产业】 11月,海南省人民政府办公厅印发了《海南省花卉苗木产业发展规划(2019~2035)》,明确了海南省花卉苗木产业发展目标和产业布局,为指导全省花卉产业发展提供了重要依据。12月,海南省林业局举办全省花卉产业培训班,解读花卉产业政策、发展规划和统计报表等,提升了海南省基层管理者的服务和管理水平。全年完成新种花卉面积1907公顷,全省花卉总面积达到1.49万公顷,花卉产业总产值达到56亿元。

【油茶产业】 2019年,海南省林业局组织实施油茶产业发展规划,推广良种种植技术,推进油茶特色产业健康发展,培育油茶苗木120万株,推广选育优良品种6个,新种植油茶面积1013公顷。认定油茶省级林业龙头企业1个。全省油茶种植总面积达到7680公顷,油茶总产值突破1亿元。

【椰子产业】 11月,海南省政府办公厅印发了《海南省推进椰子产业发展联席会议制度》。12月,海南省林业局与中国热带农业科学院联合举办了2019海南(国际)椰子产业合作发展论坛,论坛邀请到来自泰国、新加坡、马来西亚、菲律宾、汤加、瓦努阿图、印度尼西亚等国家的政府官员、专家学者及国内外企事业单位代表约200余人。全年培育良种椰子苗43万株,推广文椰系列优良品种3个,新种植1553公顷,椰子总产值约200亿元。

【森林经营先行先试】 2019年3月,国家林草局组织专家评审通过国家林草局林产工业设计院编制的《海南自然保护区森林经营先行先试试点方案》。2019年12月,《海南保梅岭省级自然保护区森林经营先行先试实施方案》通过专家评审,2019年12月31日,海南省林业局正式批复《海南保梅岭省级自然保护区森林经营先行先试试点实施方案》(2019~2022年)。

【木材经营加工】 2019年,海南省加强全省木材经营加工管理的指导、检查和监督,采取"双随机一公开"方式对木材加工企业进行检查,规范木材加工管理。鼓励和支持企业进行深、精加工,提高木材加工高新技术含量;鼓励利用采伐、造材、加工等三剩物加工项目,增加木材加工附加值。至年底,全省木材加工行业产值达到133.80亿元。

【林下经济】 2019年,海南省积极推动林下经济发展促进农民增收,重点培育以林下种植、林下养殖、林下产品采集加工、林下旅游为主的4种模式林下经济,全省林下经济累计从业人数达61.45万人,面积18.06万公顷,产值160.35亿元。当年,全省5家单位荣获"国家林下经济示范基地"荣誉称号,全省先后累计推荐评定国家级和省级林下经济示范基地119家,其中国家级11个,省级108个。

【森林旅游】 2019年,全省森林旅游基础设施和旅游服务设施逐步完善,旅游条件有所提升。全年投入森林旅游建设资金1.38亿元,共接待国内外游客420.7万人次,其中海外旅游人数12.7万人次。森林旅游总收入12.165亿元,同比增长10.12%。霸王岭森林公园与昌江县联合举办"木棉花节""芒果节""海南亲水运动季海南(昌江)热带雨林穿越挑战赛"等旅游文化活动。蓝洋温泉国家森林公园完成勘界立标工作的招投标;海口火山国家森林公园完成边界范围的矢量档案;以蟒蛇园、龟园、两爬馆为引领的海南热带野生动植物园森林体验国家重点建设基地七大展区全面开建;成立海野国际自然教育中心,专门设计热带特色动植物研学活动和课程,设立国宝熊猫等4个科普站点,设计"海野动植物大讲堂""海野动物大营救"等多款研学产品;创建海南野生动植物科技馆。

【林长制落实】 2019年,海南省林业局对《海南省全面实施林长制的意见》再次进行修改完善,并起草了省级林长会议成员单位职责、林长制省级会议制度、工作督察制度、省级考核制度、信息公开制度等相关制度文件。5月31日再次书面征求了各市县人民政府、洋浦经济开发区管委会、省直有关部门等41个单位对《海南省全面实施林长制的意见》及相关制度文件的意见,于7月15日上报省政府后,海南省林业局再次修改,同时将《海南省全面实施林长制的意见》题目改为《中共海南省委、省人民政府关于全面推行林长制的意见》,于11月22日上报省政府。新修改《中共海南省委 省人民政府关于全面推行林长制的意见》主要内容按照"分级负责"的原则,构建省、地级市、县(市、区)、乡(镇、街道)、村委会(社区)多级林长制体系。林长制实施范围为全省18个市县(不含三沙市)和洋浦经济开发区。责任区域为《海南省总体规划(空间类2015~2030)》划定的规划林地范围和非规划林地上的森林。各级林长负责督促指导本责任区域范围内的森林、湿地资源保护发展工作,主要解决包括加强实施最严格的保护制度、提升森林质量效益、提高森林防灾减灾能力三方面的问题,通过加强组织领导、强化森林督查制度、严格实施考核问责、加强支撑能力建设和扩大社会监督参与五大保障措施,推动全省林业高质量发展。

【野生动植物保护】 为加强野生动植物保护,10月24~28日,海南省组织开展海南长臂猿大调查,经汇总分析,海南长臂猿种群数量调查结果为4群30只。完成海南坡鹿潜在栖息地调查、海南岛4种特有蛙类资源及栖息地的调查工作。开展"爱鸟周"及"世界野生动植物日"等宣传教育活动。开展候鸟等野生动物保护和执法检查。海南霸王岭国家级自然保护区完成长臂猿栖息地恢复33.33公顷。

【野生动物人工繁育】 2019年经野生动物行政主管部门批准的野生动物人工繁育场新增28家,总计达到425家,总产值约7亿元。陆生野生动物人工繁育场主要分布在海口市、文昌市、儋州市、琼海市等地,主要养殖虎纹蛙、龟类、蛇类、食蟹猴、果子狸、原鸡、豪猪、竹鼠等。

【野生动物疫源疫病监测】 2019年,成立野猪非洲猪瘟等陆生野生动物疫源疫病监测防控工作领导小组,由省林业局局长、党组书记夏斐任组长,党组成员周绪梅任副组长,办公室设在省野生动植物自然保护管理局,抓好野猪非洲猪瘟防控各项工作落实。全面开展野猪野外资源调查和野猪人工繁育场的摸底排查,签订防控承诺书,加强巡护监测、采样送检、监测上报和监督检查等工作,落实日报告制度。举办陆生野生动物疫源疫病监测防控管理培训班,各市县林业部门和疫源疫病监测站等70人参加。开展不间断监测防控,全省33个陆生野生动物疫源疫病监测站实行24小时应急值守制度,每天通过专用网络系统上报疫情。

【森林防火】 2019年全省森林防火形势总体平稳。全省共发生森林火灾32起,其中一般森林火灾12起,较大森林火灾20起;火场总面积78.86公顷,受害森林面积54.01公顷。为18个直属单位和全省18个市(县)共发放扑火队阻燃服610套、扑火鞋610双、头盔(含头灯)610顶、防火眼镜610个、水壶610个、防护面罩610个、二号工具1260把、清火组合工具180套、水枪270把、GPS定位仪36个、风力灭火机72台、高压消防浮挺泵5个、望远镜18个、油锯18台、发电机18台、背负式高压细水雾灭火机23台、灭火弹100个。全年各直属单位共派出工作组86个,领导干部205人次、在重点时段重点火险区入山路口设立防火检查站点(含临时检查点)235个,组织联防巡查人员3793人次,组织半专业扑火队员2156次,出动防火宣传巡查车辆690次,组织防火宣传3506人次,悬挂横幅、标语10 280条,设置宣传警示牌589个,发放防火宣传资料9156册,张贴防火宣传单5632张,手机推送防火宣传信息604条。

【林业有害生物防治】 2019年,在海口南港、新海港、秀英港3个码头设立植物检疫检查点,开展24小时不间断检疫检查,共依法检查外来调运车辆3601车次,查扣无证调运车辆328车次,行政罚款1.1万元,复检除害处理754车次,有效阻止外省检疫对象传入海南。开展松材线虫病疫木检疫执法专项行动,全省累计排查涉木企业和个人360家,排查到外省调入松木及其制品217宗。全省林业有害生物发生面积25 682公顷,防治面积5669.26公顷,其中防治椰心叶甲3861.33公顷、薇甘菊503.53公顷、椰子织蛾691.07公顷、金钟藤613.33公顷。成灾率0.10‰,无公害防治率94.47%,测报准确率93.70%,种苗产地检疫率98.7%,均达到或超过国家林业和草原局规定的成灾率2.9‰、无公害防治率88%、测报准确率90%和种苗产地检疫率95%的指标要求。

【海南省"绿盾2019"】 联合省生态环境厅、省水务厅、省农业与农村厅、海南海警局印发实施《海南省"绿盾2019"强化监督工作方案》,建立整改销号台账315个问题,2019年新增台账问题5个,总计台账问题320个。总台账中确定为四类聚焦问题(采石场、工矿用地、旅游设施、水电设施)台账24个,已完成整改17个,整改销号率70.8%。按照生态环境部卫星中心《2018年下半年海南省国家级自然保护区人类活动动态遥感监测报告》,组织主管部门和当地政府核查了三亚珊瑚礁、霸王岭、吊罗山3个保护区11处人类活动变化情况,核实有6处位于保护区实验区、5处位于范围异议区。按照生态环境部卫星中心《2017~2018年海南省省级自然保护区人类活动变化遥感监测报告》,组织核查了甘什岭、黎母山、加新和清澜红树林4个保护区31处人类活动变化,其中22处不在保护区范围内,2处位于缓冲区,7处位于实验区。

【林业行政审批】 2019年,继续深化"放管服"改革,统筹推进优化营商环境工作。对照国家林草局政务服务基本目录,梳理完善28项行政审批事项,完成"国家一体化"政务服务事项匹配和政务服务平台对接,建立全

2019年10月24日在霸王岭国家级自然保护区拍摄到的海南长臂猿(霸王岭林业局 供图)

省统一的政务服务事项库。取消"勘查、开采矿藏和各项建设工程占用或者征收、征用林地审核"等3个事项相关证明材料，取消建设项目使用林地可行性报告或者林地现状调查表编制单位资质，取消拟建机构或设施对自然保护区自然资源、自然生态系统和主要保护对象影响评价报告编制中介服务。将"国家二级保护野生植物采集许可"等8个告知承诺审批事项办理时限，由20个工作日精简压缩至1个工作日办结。完成13项国家级、3项省级"证照分离"改革全覆盖试点事项梳理工作。"调运植物和植物产品检疫"和"出省木材运输许可"委托市县实施。自7月起，将占用或者征收林地审核审批等6项省级行政许可审批事项，委托海口市人民政府、三亚市人民政府及其所属部门和洋浦经济开发区管理委员会实施。"全国建设项目使用林地审核审批管理系统""木材运输管理系统""国家林业和草原局林业有害生物防治检疫管理与服务平台""全国林木采伐管理系统——海南省"4个林业部门业务系统与"海南省行政审批系统"进行数据融合，实现审批事项单点登录和系统数据实时共享。

【集体林权制度改革】 2019年海南省加快推进完善集体林权制度改革，积极组织开展当年森林保险工作，按时完成当年森林保险的信息采集、投保出单等相关工作。2019年全省共完成森林保险投保总面积78.07万公顷，总保费3688.45万元。积极培育林业新型经营主体。协同做好2019年农民合作社示范社监测工作，积极配合省委农办和农业农村厅共同做好农民专业合作社"空壳社"的专项清理工作。

【国有林场改革】 2019年海南省加强督促指导，对照国家改革验收办法，认真梳理、查漏补缺，提出整改措施，限期完成整改工作；举办全省迎接国家国有林场改革检查验收培训班，做好迎检工作；组织第三次自验收，结果为优（得分98分），并经省政府审定确认，由省政府向国有林场和国有林区改革工作小组出具《关于已完成国有林场改革任务的承诺函》，最终顺利通过国有林场和国有林区改革工作小组验收。

【林业脱贫攻坚】 2019年，海南省林业局在2018年度海南省定点扶贫工作考核被评为优秀等次，连续第三年被评为优秀级次，此外，还获得"2018年度海南省打赢脱贫攻坚战先进集体"称号。一是选派精兵强将驻村开展扶贫工作。按照海南省委组织部统一安排部署，海南省林业局从局机关和21个直属单位选派23名优秀年轻干部参加乡村振兴工作队，分别派驻在22个村。二是选聘贫困人口从事生态护林，助力就业脱贫。向国家林草局申请到2000个生态护林员指标并分配到10个市县，制定《海南省建档立卡贫困人口生态护林员管理办法实施细则》，指导市县开展生态护林员选聘和管理工作。三是走发展特色林产业与脱贫攻坚相结合的道路，带动贫困户脱贫致富。全年全省培育良种椰苗43万株，推广椰子优良品种3个，新种植椰子1553公顷；新种植花卉1907公顷；新种植油茶面积1013公顷，培育油茶苗木120万株，推广选育优良品种6个。建立椰子高产栽培示范基地8个，新建油茶高产栽培示范基地1个，林下经济新增面积10 840公顷、产值11.47亿元，新增就业人数5992人，全省木材加工行业完成产值约133.8亿元。

【会展工作】 在2019年中国北京世界园艺博览会省（区、市）室内展区参展展品国际竞赛项目中，海南省获得100个奖项，其中特等奖5个，金奖18个，银奖29个，铜奖48个。在2019年中国北京世界园艺博览会"2019北京世园会优质果品大赛"中，海南省获得4个奖项，其中金奖1个，银奖2个，铜奖1个。在综合评奖中，海南园和海南室内展区双双获得银奖。12月完成2019年中国（海南）国际热带农产品冬季交易会海南林业展馆布展工作，重点突出海南热带雨林国家公园，合理布局热带花卉、椰子、油茶、珍贵树种、林下经济等方面的产品展示。

【龙头企业认定】 开展国家龙头企业和省级龙头企业的评审和认定工作，2月28日，印发了《关于做好2019年国家和省级林业重点龙头企业推荐工作的通知》，9月25日，印发了《海南省省级林业龙头企业认定和运行监测管理办法》，海南金棕榈园艺景观有限公司被认定为第四批国家林业重点龙头企业，国家级林业龙头企业达到5家，新认定省级林业龙头企业4家，省级林业龙头企业达到24家。

【大事记】

1月23日 习近平总书记主持召开中央深改委第6次会议，审议通过《海南热带雨林国家公园体制试点方案》。

2月26日 中央编办批复同意成立海南热带雨林国家公园管理局（中央编办复字〔2019〕10号）。

3月9日 海南省委办公厅、海南省政府办公厅印发《海南省林业局职能配置内设机构和人员编制规定》。

3月20日 海南省人民政府批复设立海南俄贤岭省级自然保护区。

4月1日 海南热带雨林国家公园管理局在吊罗山正式揭牌成立。

5月 中共中央办公厅、国务院办公厅印发《国家生态文明试验区（海南）实施方案》。

6月25日 海南热带雨林国家公园领导小组办公室正式印发《白沙黎族自治县高峰村生态搬迁实施方案》。

7月15日 国家公园管理局正式印发《海南热带雨林国家公园体制试点方案》。

7月29日 海南省六届人大常委会第十三次会议表决通过《海南省林木种子管理条例》，自2019年9月1日起施行。

9月1日 海南热带雨林国家公园领导小组办公室在白沙黎族自治县高峰村组织开展生态搬迁安置点开工仪式。

9月9日 海南省人民政府省长沈晓明主持召开省政府常务会议审议通过《海南热带雨林国家公园总体规划（2019~2025年）》。

9月10日 经海南省事业单位登记管理局登记,"海南省林业科学研究所"名称变更为"海南省林业科学研究院"。

9月29日 海南省委书记刘赐贵主持召开省委常委会会议审议通过《海南热带雨林国家公园总体规划(2019~2025年)》。

10月28日 习近平总书记在十九届四中全会上的重要讲话中再次强调,支持海南建设国家生态文明试验区,开展海南热带雨林国家公园体制试点。

10月 海南热带雨林国家公园体制试点被写进由新华社发布的、由中共中央党史和文献研究室编辑的《中华人民共和国大事记(1949年10月~2019年9月)》。

11月10日 国务院副总理韩正到五指山国家级自然保护区,考察热带雨林保护和热带雨林国家公园建设情况。

11月25日 海南国家公园研究院经省委编办批准设立,正式登记为事业单位法人。

11月28日 海南省政府印发《海南省加强红树林保护修复实施方案》。

12月5日 因海南热带雨林国家公园体制试点进展顺利、成绩突出,海南热带雨林国家公园管理局受邀在全国国家公园体制试点工作会上作大会交流。

12月31日 海南省林业局批复《海南保梅岭省级自然保护区森林经营先行先试试点实施方案》(2019~2022年)

(海南省林业由李豪洋供稿)

重庆市林业

【概 述】 2019年,重庆市林业工作以习近平新时代中国特色社会主义思想为指导,深入贯彻落实习近平总书记对重庆提出的"两点"定位、"两地""两高"目标、发挥"三个作用"和营造良好政治生态的重要指示要求,按照市委、市政府关于打好"三大攻坚战"、实施"八项行动计划"部署安排,全面融入、担当作为,推动全市林业生态建设实现新突破、取得新进展。全年完成各类营造林42.67万公顷,森林覆盖率达到50.1%;林业产业总产值达到1400亿元。

【生态保护修复】 聚焦重庆市委加快建设山清水秀美丽之地和生态优先绿色发展、污染防治、国土绿化提升行动"1+3"战略部署精准发力,用好重庆好山好水自然基础,发挥林业特殊作用。研究提出建设长江上游(重庆段)重要生态屏障思考建议,形成以"干""枝""叶"为依托的全市生态系统保护修复思路构想。纵深推进国土绿化提升行动,累计完成营造林建设85.33万公顷,开展义务植树5540万株,全市森林面积达到412.80万公顷,林木蓄积量达2.31亿立方米。提高站位狠抓缙云山生态环境综合整治,缙云山国家级自然保护区内190宗"四个交办"问题累计完成整改185宗,整改完成率97.4%;各级、各方面认定的340宗违法违规建筑已完成整改321宗,整改完成率94.4%;在核心区、缓冲区内实施原住居民生态搬迁试点,已签订协议398户、1024人;编制完善《缙云山国家级自然保护区总体规划(2019~2028年)》,积极推进缙云山环山生态绿道示范建设。举一反三推进全市自然保护地大检查大整治,排查出的3003个问题一案一策制订整改方案,完成整治2768个,整改完成率92.17%。配合开展中央生态环境保护督察反馈问题整改,牵头整改2项措施和6个具体问题中完成整改销号1项措施和4个问题,其余均完成阶段性整改目标。全面加强资源保护管理,划定并严守林地、森林和湿地三条红线,严格林地用途管制和差别化管理,完成落界公益林面积达275.87万公顷,完成森林资源管理"一张图"年度更新和全市"四旁"林木资源监测工作。查处林业行政案件2727件,查处率99.4%,林区秩序持续稳定。

【林业生态扶贫】 结合中央脱贫攻坚专项巡视"回头看"和国家脱贫攻坚成效考核有关要求举一反三,自查自纠,制定9方面23项政策、举措狠抓林业生态扶贫目标任务落实,其中推进自然保护地优化整合试点、出台统筹生态保护和脱贫攻坚双赢、生态护林员精准选聘、支持"四好农村路"建设使用林地等系列措施为基层打通了多方面瓶颈关节。中央脱贫攻坚专项巡视和2018年国家脱贫攻坚成效考核反馈涉林58项问题,2019年国家和重庆市督查巡查等反馈涉林7项问题均整改销号;重庆市林业局自查问题已全部完成整改并建立起长效机制。累计在33个有扶贫任务区县实施营造林44.20万公顷,选聘生态护林员1.9万人,人均年管护费超过5000元;支持发展经济林17万余公顷,落实林业产业贷款贴息,推进森林旅游康养发展和林产品招商,支持林业补助43亿元。指导江北区和酉阳县政府、九龙坡区和城口县政府、南岸区与巫溪县政府签订生态补偿协议,累计成交森林面积指标0.67万公顷,交易金额2.5亿元。实施"千名林业专家进千村"科技产业扶贫,落实1016名科技人员进村入户开展技术指导。在城口落地全市首个国家储备林项目,及时向村集体组织和农户兑付首笔流转金,带动户年均增收1500多元。支持18个深度贫困乡镇林业扶持项目90个、资金1.1亿元,建立联络员制度对接指导。积极参与集团帮扶工作,派2名干部分别驻酉阳县车田乡清明村、万木镇黄连村任第一书记,开展定点帮扶。争取国家政策支持,落实一般性林业贴息贷款6.9亿元。大力发展木本油料、笋竹、林下经济、森林旅游、森林康养、林产品加工贸易等主导产业,建成笋竹基地27.73万公顷、木本油料基地10.87万公顷、中药材基地8.13万公顷、花椒基地6.67万公顷、苗木花卉基地2.67万公顷,近两年林业产值年均增幅达16%。

【推动林业高质量发展】 立足林业实际，建立13个方面重点工作任务，积极推动在西部大开发形成新格局中展现新作为、实现新突破，不断开创重庆林业高质量发展新局面。在主城8区高质量推进长江上游生态屏障（重庆段）山水林田湖草生态保护修复工程试点，完成国土绿化提升营造林任务3.86万公顷。在15个区（县）开展林长制试点，层层落实各级林长4820人，初步建立起林长制组织体系与运行机制，完成阶段任务。积极探索建立"林票"制度，推动全市生态价值量持续增加、生态环境持续变好和林草资源有效增值。编制《长江重庆段"两岸青山·千里林带"建设工程实施方案（2020~2025年）》，大力推进川渝《建设长江上游生态屏障合作协议》深度协作、共建共享。加强林业科技对外合作，支持重庆交通大学"沙漠土壤化"生态恢复技术试验推广，加强与中国林科院、北京林业大学、国家林草局西北院、西南大学等市内外涉林科研院校的合作与交流。加大林业知识产权保护力度和品牌创建，进一步抓好复合型高层次科技人才的培养和林业专家团队建设。加大科技支撑力度，实施中央林业改革发展资金科技推广项目12项，市级科技兴林项目20项，编制地方标准5项，建立市级林业专家团队6个。启动全市林木种质资源普查工作，建设保障性苗圃12个。

【打造林业对外开放平台】 充分利用重庆"四大优势"，积极探索创新发展模式，培育特色产业品牌，推进重要开放平台建设。重庆市政府与国家林业和草原局、国家开发银行签署《支持长江大保护共同推进重庆国家储备林等林业重点领域发展战略合作协议》，引入中国林业集团有限公司组建央地混合所有制企业——重庆林业投资开发有限责任公司，共建33.33万公顷国家储备林项目，一期22万公顷建设任务获国开行重庆市分行100亿元政策性贷款并到位首笔5亿元资金。引进中林集团在巴南区建设中国西部木材贸易港，港口木材年吞吐量由原来的65万立方米增加到300万立方米。加大林产品流通贸易，长寿家居产业园、永川港桥产业园等入驻涉林企业120余家。坚持内培外引，壮大市场主体。培育国家林业龙头企业7家，命名市级林业龙头企业99家；北京世园会圆满参展，重庆室外展园、室内展区分获北京世园会组委会特等奖和银奖，重庆园（展区）累计接待游客约640万人次，促成重庆星昊套装门集团招商签约20亿元。注重品牌建设，展示特色风情。承办"绿色中国行——走进世界苗乡"活动，大力推介彭水县及周边武陵山区生态旅游及特色文化；创建绿色示范村509个，向国家林草局推荐拟评价认定国家森林乡村156个，全市新增全国康养基地建设试点单位7个，全年森林旅游康养超过1.2亿人次，综合收益超过350亿元。

【保障和改善民生】 从解决群众最关心、最直接、最现实的利益问题入手，加强林地审批管理，做好3510宗普惠性、基础性、兜底性民生建设审批工作。坚定不移把"放管服"改革、优化营商环境作为促进"六稳"的重要举措。全面推行"全渝通办""渝快办"，编制林业政务服务事项目录清单35项，实施清单管理。修改完善使用林地审核审批管理工作制度，消除办事要件和服务指南中的模糊条款。优化审批服务事项流程和精简办事材料，实现了林业行政审批平均办结时间压缩一半的目标。持续向改革创新要活力，提高林地产出及林业效益，推进民生改善。探索非国有林赎买改革试点，在长寿区、綦江区、彭水县、北碚区等重点生态区位开展非国有林赎买1327.8公顷。推进林业"三变"改革试点，林地入股面积达6000多公顷，入股户数8881户，人均增收894元。全市林地流转面积累计达50.91万公顷，比上年增长10.3%，流转金额累计达35.44亿元，新型经营主体达1万余家。依托自然生态禀赋强力助推森林旅游和森林康养，建成市级以上森林公园85个、湿地公园26个、风景名胜区36个、地质公园10个，县级以上森林人家3200余家。

【防范化解重大风险】 将林业安全生产作为"迎大庆护稳定""安全稳定百日攻坚"等专项调研、暗访检查的重要内容，与火灾预防、信访稳定等重点任务一并部署、一体推进。主动对接应急、公安、气象等部门，强化业务会商及处置管理；强化宣传教育和站卡检查，形成人人共知、齐抓共管的浓厚氛围。全年发生森林火灾10起，森林火灾起数同比下降23%，受害率远低于0.3‰指标。狠抓生态安全，降低林业生物灾害发生水平，松材线虫病等重大林业有害生物防控成效明显，死亡松树、病死松树分别下降65%、46%；林业有害生物无公害防治率达98%、测报准确率达97%、种苗产地检疫率达100%。受理各类涉林信访举报351件，均做到早发现、早掌握、早处置、早化解。

【重庆市风景名胜区和世界自然遗产】 重庆市风景名胜区36处，分布在31个区县（其中，主城区6处），面积4526.91平方千米，占市域面积的5.49%。其中，国家级风景名胜区7处，面积2147.30平方千米，占市域面积的2.60%；市级风景名胜区29处，面积2379.61平方千米，占市域面积的2.89%。武隆喀斯特世界自然遗产地核心区面积60平方千米、缓冲区面积320平方千米，金佛山喀斯特世界自然遗产地核心区面积67平方千米，缓冲区面积106平方千米。

【大事记】
3月15日 重庆市政府在石柱土家族自治县召开全市统筹生态保护与脱贫攻坚双赢暨林业工作会议。副市长陆克华讲话。

4月2日 重庆市委副书记、市长唐良智带队检查缙云山国家级自然保护区生态环境综合整治和森林防火工作，召开缙云山国家级自然保护区生态环境综合整治领导小组会议，听取有关汇报、对下一步工作做出部署。

4月4日 重庆市政府党组召开党组理论学习中心组（扩大）会议，听取林业森林火灾预防工作有关情况汇报。

4月22~23日 重庆市政府副市长陆克华带队赴北京检查2019年中国北京世界园艺博览会重庆园建设进展。

4月24日 重庆市林业局会同重庆市应急局就森林防火工作约谈涪陵区、巫山县、秀山县人民政府和万盛经开区管委会分管领导及各辖区应急局、林业局局长。

5月14日 重庆市政府在雾都宾馆举行重庆市林业生态建设暨国家储备林项目（一期）100亿元授信签约及重庆市林业投资开发有限公司成立授牌仪式。

7月16日 中央第四环境保护督察组督察缙云山生态环境问题综合整治情况。

7月22日 重庆市林业局在永川区召开全市（永川）森林草原火灾预防现场观摩暨林业安全生产业务培训会议，现场观摩永川区森林火灾人防、技防、物防工作，安排部署森林草原火灾夏防工作。

8月7日 重庆市政府召开全市林长制试点工作部署会议，市政府副秘书长岳顺讲话。

8月14日 重庆市政府副市长陆克华到江北区检查森林防火工作。

9月6日 重庆市政府召开全市秋冬季森林草原防灭火工作电视电话会议，市应急局、市林业局和市气象局分别发言，市政府副市长陆克华讲话。

9月18日 重庆市政府在创世纪宾馆召开巫山五里坡"申遗"专家论证座谈会。

10月24日 重庆市林业局召开全市林长制试点工作协调小组第4次办公室主任会议，回顾总结全市林长制试点工作情况，安排部署下一阶段试点工作。

11月12～14日 重庆市林业局与国家林草局西北调查规划设计院开展工作对接，签订《重庆市林业局与国家林草局西北调查规划设计院战略合作协议》。

12月13日 重庆市政府召开全市国土绿化提升暨松材线虫病疫木除治"百日大行动"现场推进会，市政府副秘书长岳顺出席会议并讲话，受市政府委托，市林业局约谈沙坪坝区、丰都县、云阳县3个国土绿化推进不力区县。

（重庆市林业由何龙供稿）

四川省林草业

【概　述】　2019年，四川省林草系统深入贯彻党中央、国务院和省委、省政府决策部署，坚持稳中求进工作总基调，充分发挥林草新机构、新职能、新优势，圆满完成各项目标任务。全年落实省级以上财政资金90.2亿元，完成营造林62.53万公顷，森林覆盖率达到39.6%，森林蓄积量达到18.97亿立方米，草原综合植被盖度达到85.6%，林业总产值达到4100亿元，林业生态服务价值1.9万亿元；森林火灾受害率0.041‰、林业有害生物成灾率0.04‰。

【绿化全川行动】　四川省委、省政府高度重视竹林风景线建设，高规格召开竹林风景线现场推进会。8个市建成10千米以上竹林风景线17条，全长370千米，"宜长兴""纳叙古"两条标志性百里翠竹长廊基本建成。实施新一轮退耕还林还草1.64万公顷，完成长江干支流营造林11.19万公顷。组织动员省直各部门、单位捐赠资金1428万元，完成龙泉山"包山头"植树400公顷，全省3362万人次义务植树1.28亿株。印发森林可持续经营指导意见、技术指南，实施森林质量精准提升4666.67公顷，建设国家储备林1333.33公顷。开发林草碳汇项目7个，计划实施碳汇造林近43.33万公顷。命名省级森林城市3个、省级绿化模范县2个，认定省级森林小镇48个（16个入选全国最美小镇）、熊猫生态小镇10个，森林人家500户，全省445个乡村被认定为国家森林乡村。推动《四川省古树名木保护条例》颁布实施，印发古树名木保护工作方案，1万余株一级古树名木完成统一挂牌，试点建设古树公园6个。

【生态治理修复】　实施草原生态修复治理109.73万公顷，其中围栏封育轮牧9.87万公顷，人工草地建设1.6万公顷，天然草原改良9万公顷，鼠虫害治理88.47万公顷，黑土滩（毒害草）治理8000公顷。编制川西北地区沙化土地土壤改良、沙棘栽培、封禁管护等技术规程，治理沙化土地7533.33公顷，实施省级沙化土地封育保护试点666.67公顷，治理岩溶区400平方千米，综合治理长江上游干旱河谷3000公顷。修复川西北高原退化湿地3000公顷，实施退牧还湿7333.33公顷，管护湿地32.13万公顷。制发《四川省重要湿地认定办法》，推荐理塘无量河申报国际重要湿地、阆中创建国际湿地城市。5个国家级湿地公园（试点）通过验收、授牌。黄河、青衣江"河长制"年度任务完成。川甘两省携手保护黄河之源，建立若尔盖高原湿地信息共享平台。积极应对"6·17"长宁地震、"8·20"阿坝藏族羌族自治州山洪泥石流，第一时间深入灾区指导救灾，积极支持灾后重建。九寨沟地震生态环境修复保护项目开工率100%，完工率57.89%，投资完成率67.84%。天然林保护修复深入推进，有效管护森林1913.33万公顷，完成公益林建设3.87万公顷，抚育国有中幼林7.69万公顷。四川省委全面深化改革委员会审议通过《四川省天然林保护修复制度实施方案》，省人大专题审议民族地区贯彻《四川省天然林保护条例》情况。

【保护地体系建设】　大熊猫国家公园体制试点加快。四川省级管理局全面组建履职，7个市（州）管理分局挂牌成立，四川省委编办批复管理分局机构设置方案，建立了管理分局运行机制。四川省林草局配合完成《大熊猫国家公园总体规划》编制，启动了打桩定标、入口社区建设试点，实施国家公园试点建设项目7个，共1亿元。生产经营项目管理得到规范，顺利通过国家公园中期评估。四川省委全面深化改革委员会审议通过《关于四川建立以国家公园为主体的自然保护地体系的实施意见》，启动自然保护地摸底评估，调整优化14个自然保护地范围或功能区，自然保护地体系得到完善。新设省级森林公园4个，机构改革后接收各类自然保护地194个，全省自然保护地总数达522处。

【林草产业发展】 新增现代林业产业基地10万公顷，总规模达到205.33万公顷。19个竹产业高质量发展重点培育县启动建设，培育现代竹林示范基地2.8万公顷。8家企业被认定为第四批国家林业重点龙头企业，评选林草省级示范专业合作社29家。生产木材231万立方米、木竹人造板450万立方米、木竹地板210万平方米、特色经济林产品600万吨。生产竹浆100万吨、加工竹笋50万吨、竹家具20万套，竹业综合产值超过550亿元。旅游康养加快发展，全省各地举办花卉（果类）、红叶、草原、湿地等生态旅游节会100场次，实现生态旅游直接收入1150亿元。举办历时1个月的大熊猫国际生态旅游节，签署双边、多边合作协议31份，大熊猫品牌效益更加彰显。评定省级森林康养基地55处、森林自然教育基地33处、生态文明教育基地6处、森林康养人家104处，获批"国家森林康养基地"6处。推进广元朝天、宜宾叙州、泸州纳溪、资阳乐至、凉山普格5个国家和省级现代林业示范区建设，命名首批21个市（州）级现代林业示范区。实施建花海、办花市、过花节"三花并进"战略，首批确定10个省级花卉产业园区和6个省级花卉产业基地。

【资源保护管理】 四川省政府办公厅出台川西北民生项目木材替代行动指导意见，四川省林草局印发坚决禁止私砍滥伐森林通知，协同推进新型建材和能源替代，川西北林木采伐量同比减少30%，森林覆盖率提高0.54个百分点。林地林木管理加强，全省2466.67万公顷林地和1733.33万公顷公益林落到地块图斑，实现"一张图""一套数"管理。森林督查核实查处问题图斑3800公顷，立案5367起，依法收回林地552公顷。火灾防控力度空前，四川省委、省政府决策将防灭火指挥部办公室设在林草部门，防灭一体工作新机制基本建立，省、市、县三级防火机构队伍陆续到位，防火专家组成立，指挥部议事规则、火灾应急预案修订完善。四川省林草局全局动员，开展为期2个月的蹲点指导，全年处置森林草原火灾141起，森林火灾次数、过火面积、受害面积分别较上年同比下降40.4%、31%、56.3%。防治林业有害生物67.82万公顷次，无公害防治率95.35%，产地检疫实现全覆盖；松材线虫病新发疫区4个，总数40个，疫情发生面积、病死松树同比分别下降9%、33.96%，23个乡镇疫点实现无疫情。野生动植物保护加强，繁育成活大熊猫幼崽46只，人工圈养大熊猫521只、占全球的87%。救护野生大熊猫6只。第二次陆生野生动物、兰科植物调查取得阶段成效，巴中首次发现珍稀濒危野生植物长圆叶山黑豆，卧龙首次发现纯白色大熊猫和特有物种巴朗山雪莲，极小种群野生植物迁地保护取得实效。打击破坏野生动物资源违法犯罪专项行动成效明显。

【林草脱贫攻坚】 新增生态护林护草员29 938名，总计选聘81 843名。组建脱贫攻坚造林专业合作社1080个，吸纳社员4.08万人，其中建档立卡贫困社员占75.1%。保障民生项目，全年审核发放林木采伐许可证13.9万份，批准限额282.2万立方米。争取林地使用定额7913.33公顷，落实各类建设项目使用林地定额7333.33公顷。出台完善生猪养殖、脱贫攻坚等林地支持政策。行政审批高效推进，省级窗口完成31项权力事项划转，取消审批中介服务6项，办结林草行政许可事项2593件，收缴森林植被恢复费12.8亿元，网上可办率超过90%，按时办结率、现场办结率、群众满意率、提前办结率均为100%，网上政务服务能力社会满意度调查网络投票位列49个省级部门第9名。项目资金监管加强，印发《全面实施预算绩效管理工作推进方案》，完成21个市（州）21个县项目绩效评价和10个县资金稽查，全面排查2016~2018年度涉林涉草惠民补助资金19亿元，发现问题100余个。21个基层林业站通过国家标准化林业站验收，完成12个县的林业站整县推进建设，落实国有林场林区道路建设项目131个，森林保险参保率73.07%。

【林草重点改革】 四川省林草局机关"三定"方案落地，内设机构22个，其中业务处室19个，领导干部和工作人员基本调整到位。优化事业单位设置，调整设立省草原工作总站，组建省大熊猫科学研究院。编制《四川林草2025暨建设长江黄河上游生态屏障规划》，明确了空间布局、重大工程、保护体系、林草产业、数字林草等11个方面的任务和举措。印发《关于实施林草生态"三业"工程助推脱贫攻坚和乡村振兴的意见》。出台《优化林草业发展环境指导意见》，修订完善《四川省集体林权流转管理办法》，累计流转林地348.9万宗、127.53万公顷，流转金额39.4亿元。国有林场改革任务全面完成，国有林区主体改革基本完成。

【林草支撑保障】 落实中央资金74.8亿元、省级资金15.4亿元，新争取草原生态修复保护资金5.53亿元。集体公益林补助标准由每公顷每年225元调增到240元。交通运输部将林场林区道路纳入项目库并启动建设，落实资金6.73亿元。世界银行批复"长江上游森林生态系统恢复项目"1.5亿美元贷款。天全县储备林项目获农发行1.875亿贷款。科技支撑得到加强，培育林草重大科技成果35项，获省政府科技进步奖6项，申报设立国家长期科研基地6个，林草科技成果推广转化率60%、标准采用率59%、科技进步贡献率50%。成立四川省花椒和竹资源培育与利用科技创新团队，四川省草科院"青藏高原草种质资源与育种"创新团队获国家林草局全国首批创新团队命名。争取国家西南生态大数据中心落户四川，与华为、腾讯、海康威视等知名企业签订数字林草建设战略合作协议，数字大熊猫公园建设项目启动。修订印发《四川省主要林木品种审定办法》、林木良种目录清单。林木种质资源普查全面开展，国家种质资源库建设有序推进，审（认）定林木品种12个，生产种子34.2万千克、苗木25.2亿株，主要造林树种良种使用率69%。畅通干部交流渠道，优化干部队伍结构，完成处级干部选任100余人次。选拔一批高层次、年轻优秀的干部，充实到局机关和直属单位。加大专业技术人员培养，全省林草系统考评通过副高级职称292人、中级职称69人、工人技师150人，培训专业技术人才4300余人次。编辑出版《大熊猫图志》，并赠送法国自然博物馆，开展中华人民共和国成立70周年、林草服务脱贫攻坚等系列主题宣传，妥善应对木里"3·30"等热点舆论，各级各类媒体刊播四川林草新闻（消息、专题）360余篇（条、部）。网站建设连续8年获全国林业"十佳"省级网站，发布信息3700条，国家林草局采用数量连续9年居全国林草省级部门第一位。

【**特别重大森林火灾**】 3月30日18时许，凉山彝族自治州木里县雅砻江镇立尔村因雷电击中松树导致地面可燃物着火引发森林火灾。中共中央总书记习近平、国务院总理李克强、国务委员王勇以及四川省委书记彭清华、省长尹力等相继做出指示批示，要求妥善处理遇难人员善后工作，科学扑救森林草原火灾。火场海拔3600米左右，主要植被为云南松、冷云杉、杂灌等，共投入1000余人、5架森林航空消防飞机进行扑救，4月17日14时25分扑灭。受害林地总面积45.43公顷，其中：乔木林地面积42.23公顷，灌木林地面积3.20公顷。此次火灾共造成31人死亡；损失林木蓄积量7456立方米，经济损失889.75万元（不含飞机灭火费用）。

【**2019中国（四川）大熊猫国际生态旅游节**】 于9月29日至10月29日举办。为期一个月开展系列活动26场，全国政协常委杨伟民，国家林草局总经济师杨超，省委常委曲木史哈，省政府副省长尧斯丹等领导，国家相关部委、兄弟省市代表，省、市、县及基层保护机构有关人员，17个国别驻蓉总领馆总领事或代表，壳牌等国内外知名企业、社会组织及各领域著名专家学者等，共计5000人次出席，签署各项重大合作31项，是四川省规格最高、历时最长、参与最广、人数最多的大熊猫节。节会期间，由省林草局、省地方志工作办公室联合编撰出版的《大熊猫图志》（中英文版）隆重发布。

【**大事记**】

1月18日 四川省交通运输厅下达国有林场林区通场部硬化路和国有林场林区林下经济节点道路建设项目，投入项目资金4.74亿元，随后又下达资金2亿元，四川省林场林区基础设施建设首次获得重大项目投入。

3月4日 省政府办公厅出台《川西北民生项目木材替代行动指导意见》。

3月14~15日 省林草工作会议暨省林草系统党风廉政建设工作会议在青川召开。

3月20日 2019年四川省和成都市党政军领导义务植树活动在成都市龙泉驿区举行。省委书记、省人大常委会主任彭清华，省委副书记、省长尹力，省政协主席柯尊平，西部战区副政委兼政治工作部主任赵瑞宝等参加植树活动。

4月7日 凉山彝族自治州冕宁县腊窝乡腊窝村1组涉嫌人为野外用火引发森林火灾。4月16日17时50分扑灭明火，5月7日17时销号。此次火灾无人员伤亡，过火面积327.4公顷，受害森林面积173.97公顷，直接经济损失472.84万元（不含飞机灭火费用）。

5月26日 四川卧龙国家级自然保护区管理局对外发布全球首张白色大熊猫照片，这只熊猫毛发通体呈白色、爪子均为白色，眼睛为红色。据专家分析，该熊猫是一只白化个体。

6月2~5日 国家林草局赴川检查考核省政府《2015~2017年重大林业有害生物防治目标责任书》履责情况。6月3日，国家检查考核组听取了四川省工作汇报；6月4~5日，检查组赴自贡市富顺县、宜宾市屏山县开展实地检查。

6月25日 省林草局产业处处长郭祥兴被中央组织部、中央宣传部联合授予全国"人民满意的公务员"称号。

7月11日 财政厅和省林草局联合下达贫困县生态护林员补助资金1.85亿元（川财农〔2019〕97号）。至此，共落实生态护林员补助资金4.85亿元，全省生态护林员规模达8万余名。

8月10日 四川卧龙国家级自然保护区管理局对外发布植物新种——巴朗山雪莲。中科院昆明植物研究所确定其为四川特有种。新种认定论文发表于国际经典分类学期刊《北欧植物学报》，被命名为"巴朗山雪莲"。参照IUCN（世界自然保护联盟）的标准，认定这种雪莲为"极度濒危"等级。

8月20日 卧龙区内多处发生山洪泥石流灾害，造成直接经济损失约3.91亿元。灾情导致人员死亡3名，失踪6名，重伤5名。

9月10日 省林草局在成都召开全省退耕还林还草20周年工作总结会。省林草局局长刘宏葆出席会议并讲话，省林草局副局长王平主持会议。省发展改革委、财政厅、自然资源厅等相关处室负责人，21个市（州）林草主管部门主要负责人，部分受表扬的先进单位和先进个人代表、局机关有关处室及直属单位负责人参加会议。会议全面系统总结了20年工程建设经验和成效，通报表扬了全省退耕还林还草工作先进单位和先进个人。

9月19~20日 首次举办2019年全省林木种苗嫁接技能比赛。

9月24日 由省林业科学研究院牵头完成的"岷江上游森林植被恢复与水源涵养功能提升关键技术与应用"成果通过省科学技术进步奖评审委员会评审，获2019年度省科技进步一等奖。

9月25日 省森林草原防灭火指挥部第一次全体会议和全省森林草原防灭火工作电视电话会议在省林草局召开，副省长、指挥长尧斯丹出席会议并讲话。

9月30日 省委副书记、省长尹力，省委常委、组织部部长王正谱调研唐家河保护区，四川省林草局党组书记、局长刘宏葆一行陪同。

9月30日 发布《四川林草2025——四川林草建设长江黄河上游生态屏障规划（2019~2025年）》。

10月9~13日 国家林草局调研组对四川省国有林场改革情况进行了实地调研，给予肯定和好评。至此，全省国有林场改革任务全面完成。

10月17日 由省网络文化协会联合四川新闻网传媒集团四川手机报、麻辣社区及其他主流网络媒体，共同举办的2019"千万网民心中的四川奇迹——新中国成立70周年·影响四川十大工程"大型网络评选活动新闻发布会暨颁奖典礼在成都举行。四川天保工程入选。

10月18~21日 2019中国森林旅游节在江苏南通举办。省林草局荣获"优秀组织单位""优秀省级展示单位"两个称号。

10月27~29日 在凉山彝族自治州冕宁县举办2019年全省森林草原防火演练(竞赛)活动。全省21支地方专业森林消防队伍共计400余人参演参赛。

11月7~8日 2019中国·四川第五届森林康养年会在宜宾市举行。

11月12日 财政部联合国家林草局、四川省财政厅、四川省林草局,与世界银行在北京完成世界银行结果导向型规划贷款长江经济带珍稀树种与发展项目谈判。拟使用世行贷款1.5亿美元,培育珍稀乡土树种混交林13万公顷。该项目是世界银行与中国合作的第一个林业领域结果导向型规划贷款项目。

11月28日 四川省第十三届人民代表大会常务委员会第十四次会议通过《四川省古树名木保护条例》。

11月29日 省深改委第五次会议审议通过《关于四川建立以国家公园为主体的自然保护地体系的实施意见》。

12月9日 省委农村工作领导小组印发由省林草局起草的《关于实施生态林草"三业"工程助推脱贫攻坚和乡村振兴的意见》(川农领〔2019〕12号)。

(四川省林草业由田延方、欧亚非供稿)

贵州省林业

【概　述】 2019年,贵州省林业系统以习近平新时代中国特色社会主义思想为指导,全面贯彻党的十九大和习近平总书记对贵州工作及林业工作的重要指示批示精神,坚持以脱贫攻坚统揽林业工作全局,把开展"不忘初心、牢记使命"主题教育同推进林业改革发展各项任务紧密结合起来,推动全省林业工作呈现出良好的发展态势。

国土绿化 积极推进林木种苗培育,新建省级林木种质资源库5个,首批确定特色种质资源规模化繁育基地和保障性苗圃基地23家,全年培育石斛、油茶、刺梨、竹子、皂角等苗木2.58亿株(丛),带动全省育苗20.03亿株(丛)。实施中央补贴造林、植被恢复费造林、石漠化综合治理、"两江"防护林体系建设等重点生态工程,争取国家下达贵州省退耕还林任务21.87万公顷。大力开展社会造林,全省18.6万人次参与五级干部义务植树,"互联网+全民义务植树"继续推进。积极推动城乡环境绿化美化,印发《贵州省乡村绿化美化行动方案》《贵州省森林城市发展规划(2018~2025年)》《关于加快推进森林城市体系建设的实施意见》,完成全省57个县村庄绿化覆盖率调查考核,新建成省级森林城市11个、森林乡镇99个、森林村寨800个、森林人家2800个,国家林草局认定贵州省国家森林乡村273个。全年完成营造林34.67万公顷,治理石漠化1006平方千米。圆满完成贵州省参展2019年北京世园会各项工作,贵州室内展区获特等奖、贵州室外展园获金奖,贵州省林业局获北京世园会组委会颁发的"最佳组织奖"。2019年森林旅游节获"最佳组织单位""最佳省级展示单位"。2019年中国花卉苗木交易会获"优秀组织奖""最佳创意奖"。积极筹办第四届绿博会,绿博园项目有序推进。

生态扶贫 完成森林生态产业资源大普查。推进农村产业革命,全省新增石斛、油茶、刺梨、竹子种植面积10.23万公顷,低效林改造5.75万公顷,产值182.4亿元,带动46.25万贫困人口增收。大力发展林下经济,印发林下经济发展操作指南,制订聚焦深度贫困地区发展林下经济助推脱贫攻坚实施方案,召开全省林下经济发展暨菌材林建设助推脱贫攻坚现场会,建设林下经济示范项目42个,抽调干部对项目实行一对一指导督战,全省林下经济面积达到136.59万公顷,产值达到220亿元。新增中央财政生态护林员2.55万名,新增建档立卡贫困人口生态护林员8.7万名,全省建档立卡贫困人口生态护林员达到17.25万名。全年林业投资290亿元,落实中央和省级财政投资112.53亿元,其中投入贫困县91.98亿元,占81.74%,均创历史新高。积极协调将全省地方公益林森林生态效益补偿标准从每公顷150元提高到每公顷180元,惠及群众约798万人。制订出台支持毕节试验区按时高质量打赢脱贫攻坚战若干措施,投入毕节市林业建设资金26.69亿元。开展定点帮扶册亨工作,全年安排册亨县林业建设资金1.14亿元。支持国家林草局定点帮扶县独山县和荔波县林业建设资金19 808万元,其中荔波县9155万元、独山县10 653万元。

资源保护 积极开展国家森林督查、"绿卫2019"和森林保护"六个严禁"执法等专项行动,严厉打击各类林业和草原违法行为。2019年,全省查结林业行政案件4384起,罚款1.4亿元,补种树木56.87万株,4487人受到行政处罚。侦结涉林刑事案件1736起,1684人被移送起诉。大力推进中央生态环保督察及"回头看"反馈问题整改,开展保护地违建清理整治工作。对全省自然保护地基本情况进行梳理,初步构建全省自然保护地"一张图"。组建贵州省地方级自然保护区评审委员会,开展与自然保护地重叠矿权问题处置工作,启动全省自然保护地优化整合。起草《贵州省天然林保护修复制度实施意见(初稿)》,强化湿地保护和野生动植物保护,全省湿地保护率提高到49.65%,国家重点保护野生动植物保护率达到92%,在全国率先完成"全国第二次陆生野生动物资源调查"常规调查任务。积极推进林业法治建设,出台实施《贵州省古树名木大树保护条例》,推进《贵州省林业有害生物防治条例》立法工作,开展《贵州林地管理条例》等6部法规修订工作。严格落实森林防火和林业有害生物防治责任,全年火灾受害率0.0019‰,远远低于国家和贵州省控制指标,林业有害生物成灾率为0.06‰,松材线虫等重大林业有害生物除治率达100%。

林业改革 全面推进林业"放管服"改革,联合贵州省电网有限责任公司、超高压输电公司出台促进贵州电网绿色发展的实施意见。成立建设项目林业手续办理专班,跟进办理相关林业手续,全年审批建设项目使用林地项目9975个,征收森林植被恢复费21.69亿元。大力推进国家储备林项目建设,创新林业融资模式,《贵州省国家储备林项目建设方案》获国家林草局审批通过,《关于加快国家储备林项目建设的意见》由贵州省人民政府办公厅印发,争取国储林一期建设任务73.2万公顷,项目总投资604亿元。77个规划建设单位中已有53个可研报告通过评审,已获授信17个,总额64.83亿元,已放贷28.75亿元,国储林项目荣获贵州省省直机关创新奖一等奖。起草全面推行林长制改革实施意见,完成重点生态区人工商品林赎买试点任务1000公顷,兑现农户赎买资金6700万元。贵州省委调研课题《贵州林业经济指标体系研究》通过专家评审,林业统计制度经贵州省统计局批准实施,为全国首创。与贵州省民政厅、贵州省卫健委、贵州省中医药管理局联合印发《推进森林康养产业发展的意见》,为全国首家。国有林场改革主体任务以优异成绩通过国家验收组现场验收。推进国家林草局集体林业综合改革试验区——锦屏县改革工作,探索林权抵押贷款及林权收储担保融资方式和新型森林经营管理制度,获得国家林草局和贵州省委改革办肯定,锦屏县在全国林业综合改革试验区会上作经验交流。

林业科研 启动优质菌材林、铁皮石斛关键技术研究与产业示范等重大专项课题,13项科研项目获得国家林草局支持,2项成果获贵州省科学技术进步奖,1项获梁希林业科学技术进步奖。实施中央财政20个科技成果转化和标准化示范项目,建设11个省级林业科技推广示范点,新建杉木国家林草局长期科研基地、"高山杜鹃国家创新联盟"等国家科技平台4个,贵州省核桃工程技术研究中心、国家林草局铁皮石斛工程技术研究中心贵州分中心相继成立。石斛、刺梨、竹三大产业地方标准体系立项实施。名特优经果林示范基地等省级林业科技示范基地建设有序推进。全国林草科技扶贫工作现场会在荔波召开,贵州省林科院纪念建院60周年学术研讨会在贵阳举办。

自身建设 配合完成贵州省委第五轮巡视组对贵州省林业局巡视工作,局机关第一批主题教育获得贵州省委巡回指导组认可,第二批主题教育圆满结束,贵州省委巡视反馈问题62个,已整改57个,主题教育检视发现问题29个,已整改18个,一些长期想解决而未解决的问题得到有效化解,特别是完成局机关大院内东西楼危房的人员动迁和全面封堵,解决了10余年未能解决的问题。开展作风整顿活动,成立作风整顿督导组,开展作风大检查。召开贵州省林业局"七一"表彰大会,对12个先进基层党组织、20名优秀共产党员及8名优秀党务工作者进行表彰。开展国庆70周年和退耕还林工程实施20周年等系列宣传工作,联合贵州省内多家媒体开展"牢记嘱托守底线 绿水青山看贵州"主题宣传活动,"两会"期间《贵州政协报》专版报道2019年贵州林业生态建设成果,全年省级以上媒体报道林业信息1200余条。顺利完成局直属事业单位机构改革,建立局机关部门和直属事业单位配合工作机制,林业工作活力进一步提升。

【**五级干部义务植树活动**】 2月11日,以"建设多彩贵州·走向生态文明新时代"为主题的2019年全省省、市、县、乡、村五级同步义务植树活动在全省各地举行。贵州省委书记、省人大常委会主任孙志刚,贵州省委副书记、省长谌贻琴,贵州省政协主席刘晓凯等在贵阳市经济技术开发区付官村贵州省义务植树点参加了植树活动。当天全省共有18.6万人参加义务植树活动,共植树130.2万株。

【**《联合国防治荒漠化公约》第十三届缔约方大会第二次主席团会议在贵阳召开**】 2月25日,贵州省委书记、省人大常委会主任孙志刚,贵州省委副书记、省长谌贻琴在贵阳会见到贵阳出席《联合国防治荒漠化公约》第十三次缔约方大会第二次主席团会议的联合国防治荒漠化公约执行秘书易卜拉欣·蒂奥、国家林业和草原局局长、联合国防治荒漠化公约第十三次缔约方大会主席张建龙等嘉宾一行。贵州省领导刘捷、吴强,联合国防治荒漠化公约副执行秘书普拉迪普·蒙珈,国家林业和草原局副局长刘东生参加会见。2月26日,《联合国防治荒漠化公约》第十三次缔约方大会第二次主席团会议开幕式在贵阳举行,主要目的是为了促进全球履约,全力应对全球荒漠化防治面临的新挑战。张建龙出席并作主旨演讲,易卜拉欣·蒂奥、吴强、外交部参赞苟海波出席并致辞。刘东生主持会议。普拉迪普·蒙珈以及美国、法国、菲律宾等缔约方国家代表参加了会议。

【**参展2019中国北京世界园艺博览会**】 4月28日至10月9日,贵州省参展2019中国北京世界园艺博览会。北京世园会组委会授予贵州室内展区特等奖、贵州室外展园金奖。贵州省林业局获得北京世园会组委会颁发的

贵州省政府领导参加义务植树活动

最佳组织奖。世园会期间，组织贵州省内企业参与组委会举办的各类鲜切花、盆栽、盆景、插花等项目竞赛，共获得各种奖项162个，其中：特等奖17个，金奖38个，银奖54个，铜奖53个，金奖以上奖项获得率33.33%。六盘水凉都猕猴桃产业股份有限公司选送的红心猕猴桃获优质果品大赛金奖。8月4~6日的贵州省日，在世园会密集举办了20余场活动，贵州省副省长吴强出席贵州省日活动开幕式并致辞，中国人与生物圈计划国家委员会主席许智宏，北京市委常委、纪委书记陈雍，全国绿化委员会办公室专职副主任胡章翠等领导出席开幕式。

【森林生态产业资源大普查】 2019年，在贵州省人民政府安排部署下，开展全省森林生态产业资源大普查行动。贵州省、市、县成立三级大普查领导小组，组建工作专班，邀请21名专家成立专家委员会，制定相应的技术标准，确定94名省级技术指导人员对普查工作进行全程技术指导，《贵州省森林生态产业资源大普查成果报告》通过国家林草局和省内有关专家共同进行的评审。此次大普查行动全面摸清林下种植、林下养殖、特色经济林、珍贵林木、森林旅游、森林康养六大产业发展情况、适宜发展面积和菌材林、竹林专项资源情况，为全省林业特色产业发展提供决策参考。

【林下经济】 2019年，贵州省委书记孙志刚作出"做足林下经济文章，走出一条运用'八要素'发展林下经济的新路，让绿水青山能够实实在在变为金山银山"的批示，贵州省林业局制订下发《聚焦深度贫困地区发展林下经济助推脱贫攻坚的实施方案》《贵州省深度贫困县极贫乡镇林下种养项目推广指南》，将林菌、林药、林禽、林蜂、林笋等短期能够见效的业态作为当前林下经济发展的重点，聚焦全省16个深度贫困县和20个极贫乡镇，安排资金6458万元，组织实施林下经济示范项目42个，覆盖贫困人口1.88万人。2019年全省林下经济发展面积达到85.31万公顷（不含森林景观利用，下同），同比增长8.5%。林下种植面积达到23.73万公顷；林下养殖面积达到18万公顷，共养殖林下鸡2324万羽、蜂50.15万箱、家畜95.67万头；林产品采集加工面积43.57万公顷。全省发展林下经济的企业、专业合作社等经济实体达1.4万个，带动贫困人口28.1万人，人均增收近千元。

【林业特色产业】 2月1日，贵州省委办公厅、贵州省人民政府办公厅印发《省委省政府领导领衔推进农村产业革命工作制度》，明确石斛、油茶、刺梨、竹等12个特色产业，分别由一位省委常委或副省长领衔推进。贵州省林业局作为石斛、油茶产业发展牵头责任单位和刺梨、竹产业发展主要责任单位，组织制订了石斛、油茶产业发展实施方案，以林业重点工程为支撑，全力打造高质量产业基地，统筹各类林业资金和省级财政专项资金11.16亿元，进行全产业链扶持。2019年，石斛、油茶、刺梨、竹四大产业产值182.4亿元，带动人口46.25万人。其中，石斛新增种植面积0.17万公顷，石斛鲜条产量7207吨，产值35.48亿元，带动贫困人口4.71万人增收；新增油茶种植面积4.03万公顷，改培2.33万公顷，油茶籽产量7.22万吨，产值30亿元，带动10.9万人增收；新增竹种植面积3.31万公顷，改培竹林2.10万公顷，竹材采伐量68.47万吨，鲜竹笋产量20万吨，总产值80亿元，带动贫困人口8.83万人增收；新增刺梨种植面积2.72万公顷，改培1.32万公顷，鲜果产量6.7万吨，产值36.92亿元，带动贫困人口21.81万人。

石斛产业丰收

【菌材林供保】 按照2019年贵州省食用菌产业发展30亿棒的原料需求，配套建设菌材林基地，通过对现有林的抚育间伐、改造以及经济林修枝整形，强化省内菌材供保，打造自有菌材基地。出台《2019年全省食用菌产业发展木质菌材供保方案》《贵州省菌材林基地建设规划（2019~2022年）》《关于支持木质菌材基地建设和菌材加工的指导意见》等，采取林业重点工程支撑基地建设、菌材生产按量补贴等扶持政策，引导社会主体参与菌材林基地建设和菌材生产供保。2019年落实资金2.44亿元，建成以桦木、栎类、椆木为主要树种的菌材林基地3.33万公顷。

【大事记】

2月11日 以"建设多彩贵州·走向生态文明新时代"为主题的2019年全省省、市、县、乡、村五级同步义务植树活动在全省各地举行。

2月15日 2019年全省林业工作会议在贵阳召开，

林下中药花卉——芍药

贵州省人民政府副省长吴强出席会议并讲话。

2月19日 国家林业和草原局公布第一批国家林业和草原长期科研基地名单，由贵州省林业科学研究院申报的"黎平县杉木育种国家长期科研基地"获批成立，这是贵州省首个国家林业和草原长期科研基地。

2月25～28日 《联合国防治荒漠化公约》第十三次缔约方大会第二届主席团会议在贵阳市召开。

3月12日 "植树e时代 天天3·12"——2019年"e绿黔行"贵州"互联网+全民义务植树"活动启动仪式在贵阳筑城广场举行。

3月22日 张美钧被贵州省委任命为贵州省林业局党组书记。

4月3日 贵州省人民政府召开2019年全省消防工作暨森林等重点领域防火电视电话会议，对全省清明期间森林防火工作进行安排部署，贵州省委常委、常务副省长李再勇作讲话，贵州省副省长郭瑞民主持会议，贵州省副省长吴强出席会议。

4月10日 张美钧被贵州省人民政府任命为贵州省林业局局长。

4月10日 贵州省编办下发《关于调整省林业局所属部分事业单位机构编制事项的批复》，撤销贵州省森林资源管理站，该站职能、核定编制划转到贵州省天然林保护工程管理中心；贵州省湿地保护中心和贵州公益林管理中心整合组建贵州省湿地和公益林保护中心；贵州省林业信息中心更名为贵州省林业信息和宣传中心；贵州省林业对外合作项目管理中心更名为贵州省林业对外合作与产业发展中心。

4月19日 贵州省林业局印发《关于成立第一届贵州省自然保护区评审委员会的通知》，组建贵州省自然保护区评审委员会。

4月28日至10月9日 贵州省参展2019中国北京世界园艺博览会。

5月15日 全省刺梨产业发展推进会在贵州省政府召开，贵州省人民政府副省长陶长海出席会议并讲话。

5月15日 《贵州省2019年森林保护"六个严禁"执法专项行动工作方案》由贵州省人民政府办公厅发布。

6月8～9日 "文化和自然遗产日"全国主题宣传活动暨"绿色中国行——走进美丽铜仁"大型系列主题公益活动"在铜仁市举行。国家林业和草原局党组成员、副局长李春良，贵州省政协副主席陈坚，世界自然保护联盟理事会主席章新胜，中国科学院院士、著名地质学家刘嘉麒，中国联合国教科文组织全国委员会秘书处副秘书长周家贵，贵州省林业局局长张美钧、副局长缪杰等领导嘉宾共500余人出席此次活动。

7月5日 贵州省人民政府成立省自然保护地问题整改专项工作领导小组，贵州省人民政府副省长卢雍政为组长，副省长陶长海、吴强为副组长，相关厅局及各市（州）负责人为成员，领导小组下设办公室在贵州省林业局。

7月10日 经贵州省人民政府同意，贵州省林业局、贵州省民政厅、贵州省卫生健康委、贵州省中医药管理局4家单位联合印发《推进森林康养产业发展的意见》。

7月19日 《关于全面开展自然保护地调查评估工作的通知》由贵州省人民政府办公厅印发。

7月30日 《贵州省人民政府办公厅关于加快国家储备林项目建设的意见》印发实施。

8月7日 贵州省林业局印发《贵州省深度贫困县极贫乡镇林下种养项目推广指南》。

9月18日 贵州省人民政府与国际竹藤中心签订战略合作框架协议。

10月16日 贵州省林业局、贵州省电网有限责任公司、贵州超高输电公司联合印发《关于优化服务促进贵州电网绿色发展的通知》。

10月24日 贵州省人民政府副省长吴强主持召开天然林资源保护和退耕还林工程领导小组专题会议，安排部署2019年退耕还林相关工作。

10月25日 国有林场改革现场验收反馈会在贵阳召开。国家第五验收组通报了现场验收情况，贵州省国有林场改革现场验收成绩为"优"，并受到"三个率先"的评价，即贵州省国有林场改革率先制定了地方性法规，率先将全省所有国有林场全部定性为公益一类事业单位，率先将每个林场的验收得分明确在省级承诺函中。

10月27～30日 由中国林学会主办，贵州省林科院协办的第四届全国杉木学术研讨会暨杉木产业助推脱贫攻坚工作会议在黔东南苗族侗族自治州黎平县召开，全国40多个单位的200多名杉木专家、学者参加了会议。

11月5～8日 国家林草局副局长彭有冬一行到贵州省荔波、独山及贵阳等地调研，其间出席了在荔波召开的全国林草科技扶贫现场会并在会上作讲话。

11月18日 贵州省人民政府批复同意筹建贵州生态职业技术学院，筹建期为1～2年。

11月27日 贵州省林业局印发《关于聚焦深度贫困地区发展林下经济助推脱贫攻坚的实施方案》。

11月28日 贵州省林业局印发《贵州省林业局关于进一步放活农村集体林地经营权的实施意见》。

11月29日 贵州省自然保护地问题整改专项工作领导小组印发《贵州省自然保护地问题整改专项工作领导小组关于开展全省自然保护地优化调整工作的通知》，并随文下发了《贵州省市县级自然保护区"三区变两区"操作规则及地方级自然保护地范围调整规则（试行）》《贵州省自然保护地整合归并规则（试行）》等文件，标志着贵州省自然保护地优化调整工作全面启动。

12月1日 《贵州省古树名木大树保护条例》经贵州省第十三届人民代表大会常务委员会第十三次会议通过，自2020年2月1日起施行。

12月2日 贵州省林业局印发《关于支持木质菌材基地建设和菌材加工的指导意见》，鼓励各类社会主体参与菌材林基地建设和菌材加工，有效保障菌材原料供给，助力食用菌产业发展。

12月4日 贵州省市场监管局批准并发布《贵州省省级森林城市建设标准》（DB52/T 1455—2019）、《贵州省森林乡镇建设标准》（DB52/T 1456—2019）、《贵州省森林村寨建设标准》（DB52/T 1457—2019）、《贵州省森林人家建设标准》（DB52/T 1458—2019）为地方标准。

12月5日 贵州省农村产业革命竹产业发展对接会在赤水市开幕。对接会以"融合共享·创新发展"为主题，贵州省人民政府副省长卢雍政出席并讲话。会上宣布成立贵州省竹产业联合体。

12月6日 贵州茂兰国家级自然保护区兰洪波等发明的"一种土壤动物样品收集盒"（专利号：ZL201920308723.6）、"便携式中小型土壤动物分离装置（专利号：ZL201920308144.1）"2项新技术获国家实用新型专利。

12月10日 贵州省绿化委员会办公室、贵州省林业局授予11个县（市、区）"贵州省森林城市"称号，授予99个乡（镇）"贵州省森林乡镇"称号，授予800个村寨"贵州省森林村寨"称号，授予2800户农户"贵州省森林人家"称号。

12月17日 经中国生态文化协会组织专家初评和二次评审，全国共132个村被授予"全国生态文化村"称号，贵州省共有6个村获此殊荣，是2019年度被授予"全国生态文化村"称号最多的省份之一。

12月19日 贵州省林业局牵头开展的2019年贵州省委重大课题《贵州省林业统计研究》顺利通过贵州省委政策研究室组织的专家验收。

12月25日 国家林业和草原局近日发布《关于2019年试点国家湿地公园验收情况的通知》，贵州省10处试点建设的国家湿地公园通过验收。

12月 从2011年开始的第二次野生动物资源调查，贵州省全面完成贵州6个地理单元的调查任务，成为全国最早完成此项工作的省份。

12月 国家林草局认定贵州省273个村为国家森林乡村。

（贵州省林业由吴晓悦供稿）

云南省林草业

【概 述】 2019年，云南完成营造林47.67万公顷，义务植树1.09亿株。全省森林覆盖率增长2.1个百分点、达到62.4%，森林蓄积量增长0.5亿立方米、达到20.2亿立方米，湿地面积增加0.77万公顷、达到61.45万公顷，湿地保护率提高6.43个百分点、达到52.96%，草原综合植被盖度达到87.9%。林业中央和省级财政投入增长13%、达到120.3亿元，林业草原产业总产值增长13.59%、达到2522.56亿元，实现了资源增长"有块头"，产业发展"有势头"，亮点纷呈"有看头"，干部队伍"有劲头"，林农增收"尝甜头"，林草事业"有奔头"。

国土绿化与生态修复 实施石漠化综合治理林业建设任务5.97万公顷，完成长江、珠江防护林建设0.89万公顷。建设国家储备林基地和特殊及珍稀林木培育基地0.33万公顷。启动昆明至丽江、昆明至西双版纳高速公路绿化美化，开工建设率达100%，完成造林绿化0.2万公顷。启动人工种草生态修复试点，草原综合植被盖度达到87.9%。新增曲靖市、景洪市2个国家森林城市，建设森林乡村235个。圆满完成2019年北京世界园艺博览会参展任务，云南园和云南展区双双荣获组委会金奖，园艺展品荣获奖项91个，国务院总理李克强在闭幕式期间携外国元首专程到云南园视察，并给予充分肯定。

生态资源保护 完成森林和湿地资源年度监测、核查及数据更新，形成了新的森林资源"一张图"和湿地资源数据库。开展了林业双增目标和森林防火目标责任制考核。编制实施了《云南省森林覆盖率提升方案》，严格林地审批管理，全面停止天然林商业性采伐，出台了《云南省公益林管理办法》，开展了省级公益林区划落界工作，森林管护面积达到1680万公顷。以重要湿地、九大高原湖泊为重点，实施了湿地生态效益补偿、退耕还湿和湿地保护恢复等13个项目。完成第二次重点保护野生动植物资源调查工作，编制实施了亚洲象保护工程5年行动计划和12年长期规划、《云南省绿孔雀保护实施方案》，开展了滇东南、滇西极小种群野生植物就地和近地保护基地建设，建立了滇金丝猴全境保护网络。野生动物肇事公众责任保险工作有序推进。森林火灾次数和受害森林面积与近10年均值相比分别下降49.5%、38.3%。稳妥处置水富松材线虫病疫情，林业有害生物成灾率仅为0.46‰。开展了"绿卫2019""绿盾2019"及打击非法猎杀和经营利用野生动物、毁林种植"三七"违法行为等专项行动，查处各类破坏林草资源案件29 056起。

自然保护地管理 认真贯彻中办、国办印发的《关于建立以国家公园为主体的自然保护地体系的指导意

滇金丝猴（马晓锋 摄）

见》，研究起草云南省贯彻实施意见。制定出台《云南省贯彻落实建立国家公园体制总体方案的实施意见》，编制《普达措国家公园总体规划》，全力推进普达措国家公园体制试点。完成112处省级以上自然保护地现状评估工作。积极推进自然保护地整合优化，启动了自然保护地勘界立标工作，开展自然保护地监测示范省建设。开展湿地分级认定工作，3处国家湿地公园通过验收，完成第四批省级重要湿地认定评估工作，公布了一般湿地名录，初步建立了湿地分级体系。出台了《云南省省级湿地公园建设管理办法》，启动省级湿地公园建设，批建省级湿地公园1处。地质公园、石漠公园和世界自然遗产管理不断规范。

林草产业　围绕打造世界一流绿色"三张牌"，出台《关于促进林草产业高质量发展的实施意见》。深入研究核桃产业发展瓶颈问题，会同云南省市场监督管理局印发《关于进一步规范全省种植和初加工保持核桃生态有机绿色品质有关工作的通知》，印发《关于推进核桃初加工和澳洲坚果精加工机械一体化工作的通知》和《云南核桃初加工、澳洲坚果精加工机械一体化试点项目总体方案》，开展核桃初加工、澳洲坚果精加工机械一体化建设试点示范。成功申报全国森林康养基地21个、国家林业重点龙头企业3户。深入开展招商推介，先后组织319家企业、专业合作社参加了"2019上海·全国优质农产品博览会""2019南亚东南亚国家商品展暨投资贸易洽谈会""第12届中国义乌国际森林产品博览会""2019中国森林旅游节""广州新疆特色林果产品博览会"，举办了"2019云南森林生态产品助力脱贫上海推介会""2019北京云南森林生态产品专场宣传推介与招商活动"，全年共计签订意向协议244个、订单协议41个，协议金额达272.66亿元。

林草生态扶贫　林草项目资金集中向贫困地区特别是深度贫困地区倾斜，2019年下达贫困地区林草资金95.14亿元，占全省林草资金的79.04%，其中深度贫困地区48.13亿元，占贫困地区林草资金的50.59%。支持易地扶贫搬迁使用林地250.68公顷、免除森林植被恢复费2488.25万元。新增生态护林员指标8.2万个，其中：国家支持云南4.1万个，省财政按1∶1配套4.1万个，全年全省新增实聘生态护林员8.8万名，生态护林员指标100%安排到贫困县（其中深度贫困县占78.1%），退耕还林还草95.4%、退牧还草100%、陡坡地生态治理65.75%的资金和任务安排到贫困县，省级森林生态效益补偿70.25%、林业涉农整合100%的资金安排到贫困县，增强了贫困及深度贫困地区的脱贫攻坚能力。

数字林业　组建了云南省林业双中心，编制完成《中国林业"双中心"建设规划》。加大了数据资源收集力度，汇聚结构化数据1.5亿条。建立了云南林草卫星影像云平台，实现资源卫星系列、天绘卫星系列、高分卫星专项等9颗国产高分辨率卫星影像数据连续稳定接收处理。全面推进森林资源"一张图"系统、森林草原防火视频监控体系、亚洲象监测预警体系、生物多样性保护系统等项目建设，全省森林资源"一张图"系统已上线运行。圆满完成"数字云南"展示中心"数字林业"展厅建设任务。

支撑保障　获批政策性贷款支持项目19个，落实贷款38.3亿元。申报国家自然科学基金等项目134项，进入国家林草局成果管理库科研成果51个，5项成果纳入国家《2019年重点推广林草科技成果100项》计划，1项成果获2018年度省科技进步特等奖。审定认定林木良种56个，注册登记植物新品种51件，推广林业科技成果53项。新增国家标准化林业站16个，建设林草科技示范基地45个，创建省级生态文明教育基地7个，获批全国生态文化村6个。争取国家下达年度林地定额10935.6公顷，申请使用国家备用定额5211.5公顷，保障国家和全省"五网"建设、重点项目、民生工程等8720亿元固定资产投资项目使用林地。加强了与周边国家和相关国际组织在生态环境保护与恢复、绿色人文交流、产业和经贸等领域的合作，拓展与南美洲和非洲的野生动植物保护及林草产业合作。双江县被评为《联合国森林文书》履约示范单位。

重点领域改革　积极推进集体林地"三权分置"，集体林权有序流转。推动出台国有林场管理、森林资源有偿使用管理等6项省级配套政策措施，完成141个国有林场备案登记、资产清查核定、森林经营方案审查批复工作，国有林场改革主体任务全面完成。制定重大行政执法决定法制审核、行政执法公示、行政执法全过程记录等制度林草配套实施办法，推进林草执法队伍和机制建设。深化林草"放管服"改革，省级行政许可事项精简优化为45项，精简31.5%，审批时限在法定基础上压缩一半，实体报件与系统平台对接率达100%，90%的林草审批事项上线省政府"一网通办"和"一部手机办事通"APP运行。

【**云南发布"世界野生动植物日"倡议书**】　2月28日，云南省林草局发布倡议书，倡议全社会自觉保护野生动植物，共同建设山青水绿、鸟语花香的家园，向危害野生动植物行为说"不"。

【**省林草局机构改革主要任务基本完成**】　3月15日，云南省林草局召开干部职工大会，宣布省林草局15个内设处室108名干部调整配备决定，开展宪法宣誓和集体谈话。省林草局党组书记、局长任治忠出席会议，并就做好机构改革有关后续工作提出要求，对全体干部职工，特别是新任处级干部提出希望。至此，省林草局机构改革主要任务基本完成，云南林草事业翻开崭新篇章。

【**全省林业和草原工作会议**】　3月29日，经云南省人民政府批准，全省林业和草原工作会议在昆明召开，总结2018年工作，准确把握新时代林业和草原工作的新形势、新机遇、新要求，安排部署2019年重点工作。局党组书记、局长任治忠出席会议并讲话。省林草局领导，国家林草原局驻云南专员办、国家林草局昆明勘察设计院、中国林科院资源昆虫所、省自然资源厅、西南林业大学有关领导，各州（市）林草局、国家级自然保护区、国家级风景名胜区、局机关各处室单位主要负责人参加会议。

【云南启动"美丽公路"建设】 4月11日，省人民政府在昆明召开"美丽公路"建设专题会议，对昆明至丽江、昆明至西双版纳、昆明长水机场高速公路绿化美化工作进行动员部署。省人民政府副省长王显刚出席会议并作动员讲话。省级有关部门负责人，高速公路沿线8个州（市）政府有关负责人及林草、交通运输部门主要负责人，25个县（市、区）政府主要负责人参加会议。

【云南核桃科研成果获省科技进步特等奖】 5月16日，云南省科学技术奖励大会在昆明召开。由云南省林业和草原科学院主持，历时17年完成的"云南核桃全产业链关键技术创新与应用"成果获云南省科技进步特等奖，这是云南林草系统首次获特等奖。该项目在良种创制、高效栽培、精深加工等一系列核桃全产业链关键技术上取得突破，经第三方评估，成果总体达国际先进水平。

【第六届中国昆明国际观赏苗木展览会】 6月4日，主题为"激情六月 宜结良缘"的第六届中国昆明国际观赏苗木展览会暨2019年宜良花街节在昆明市宜良县开幕。展会采取政府引导、市场运作、协会参与的模式举办，省内外396家苗木花卉企业694个展位参展，展示展销2000多个品种的花卉苗木产品。

【2019南亚东南亚国家商品展首次设立森林生态产品馆】 6月12日，2019南亚东南亚国家商品展暨投资贸易洽谈会在昆明滇池国际会展中心开幕，展会分设专题、东南亚、南亚、国际、国内、永不落幕的南博会六大展区。商洽会首次设立由省林草局牵头组织的森林生态产品馆，旨在搭建林草产业成就展示平台，推介云南名优林草产品及相关企业，促进林草科技成果推广，吸引国内外社会资本进入云南林草产业。全省16个州（市）212家林业企业参展，参展产品1100多种。现场销售金额达285万余元，达成意向合作协议206个，签订销售合同41个，合同金额达8.5亿元，其中包括出口合同1个，创汇202.75万美元。

【澜湄流域湿地保护与管理合作高级研讨班在昆明开班】 7月17日，澜沧江-湄公河流域湿地保护与管理合作高级研讨班在昆明开班。来自柬埔寨、老挝、缅甸、越南、泰国、中国6个国家的70余位代表参加会议，分享流域各国湿地保护领域取得的经验，探讨促进区域生态环境发展和适宜流域湿地修复管理的有效模式，制定澜沧江-湄公河流域湿地管理计划，汇聚6国力量促进澜湄流域湿地保护管理。国家林草局党组成员、副局长李春良，省林草局党组书记、局长任治忠出席会议并致辞。

【高黎贡山发现极度濒危的比氏鼯鼠属新物种】 一个由中国和澳大利亚学者组成的研究团队在云南高黎贡山国家级自然保护区发现新的比氏鼯鼠种群，经研究确认命名为高黎贡比氏鼯鼠。该成果于7月18日发表在国际生物学期刊《ZooKeys》上。

【云南出台促进林草产业高质量发展的实施意见】 8月8日，省林草局印发《关于促进林草产业高质量发展的实施意见》，落实省委、省政府打造世界一流绿色"三张牌"的安排部署，促进一、二、三产业协调发展，提升产业组织化水平，提高林草产业发展质量，为全省脱贫攻坚和乡村振兴贡献林草力量。

【北京世园会举办"云南日"活动】 8月11日，2019年中国北京世界园艺博览会"云南日"暨云南省商贸推介活动在北京举行。"云南日"系列活动紧扣"绿色生活 美丽家园"主题，结合云南民族、民间、民俗文化的多元性和地域性，通过演艺展演、商贸推介、非遗及"云品"展示，呈现云南浓郁的时代风采、浓厚的人文气息、浓烈的艺术魅力和浓重的地域特色。

【北京世园会云南勇夺双金】 10月8日，2019年中国北京世界园艺博览会举办颁奖典礼，云南园和云南展区双双荣获北京世园会组委会金奖。在世园会园艺品竞赛中，云南省摘取奖项91个，其中特等奖10个、金奖17个、银奖25个、铜奖39个。

【参加2019中国森林旅游节】 10月18～20日，"2019中国森林旅游节"在江苏南通举办。由云南省林草局组织搭建的"云南森林旅游新风尚"云南主题馆，全面展示了云南省优质森林景区和高品质森林旅游产品。此次旅游节上，云南"滇南秘境森林旅游线"入选"2019全国特色森林旅游线路"，无量山国家级自然保护区（南涧段）、丽江老君山国家公园、普洱太阳河国家森林公园、西双版纳野象谷景区、丽江玉龙雪山景区入选"中国森林氧吧"，云南野生动物园入选"2019全国自然教育精品基地"，云南省林草局获得"先进组织单位""优秀省级展示单位"称号，弥勒市获得"优秀参展县市"称号。

【2019云南森林生态产品助力脱贫上海推介会】 12月6日，由省林草局主办，省政府驻上海办事处协办的2019云南森林生态产品助力脱贫上海推介会在上海举办。云南34家林草精深加工企业和来自上海各类投资、绿色食品相关批发市场、大型连锁超市、电商平台、流通领域的67家行业企业参加推介，签署8个框架合作协议，总投资约111.6亿元人民币。局党组书记、局长任治忠宣布推介会启动。局党组成员、副局长李文才作云南林草产业推介。

【2019云南森林生态产品北京推介会】 12月9日，由省林草局主办，云南省国际贸易学会协办的2019云南森林生态产品北京推介会在北京新发地批发市场举办。30家云南林草精深加工企业和来自北京各类投资、绿色食品相关批发市场、大型连锁超市、电商平台、流通领域的100多家行业企业参加推介，签署9个框架合作协议，总投资约150亿元人民币。局党组书记、局长任治忠宣布推介会启动。局党组成员、副局长李文才作云南林草产业推介。

【2019云南核桃全产业链关键技术创新与应用研讨会】 12月23日，云南省16个州（市）、30个核桃种植面

积50万亩以上的县(市、区)林草部门,近300家核桃企业、核桃专业合作社在昆明参加了省林草局举办的2019云南核桃全产业链关键技术创新与应用研讨会,共同发布"云南核桃优果宣言",签署《云南核桃优果承诺书》,对核桃种植、初加工、销售等环节技术质量标准等内容作出承诺,叫响"云南核桃"公共品牌,实现以产业增效、农民增收为目标的云南核桃产业高质量发展。

【大事记】

1月25日 省林草局、省应急管理厅、应急管理部南方航空护林总站及玉溪市政府在玉溪市玉白顶林场联合举行云南省2019年森林火灾应急处置实战综合演练。600余人参加了演习和观摩,出动通讯指挥车、森林消防水车、运兵车、指挥车等80余辆和2架直升机参加演练。

3月1日 省林草局在全省范围内启动为期3个月的集中打击毁林种植"三七"违法行为专项行动,打击、查办和曝光典型违法案件,遏制和震慑非法占用林地种植"三七"等违法犯罪高发势头,督促林地回收及植被恢复。

3月4日 省林草局、省应急管理厅、应急管理部云南森林消防总队、应急管理部南方航空护林总站4家单位在云南省森林防火指挥中心联合组织召开全省森林草原防灭火工作电视电话会议。

3月5日 省林草局与曲靖市就自然保护区管理、森林公安局职能拓展、生态扶贫、生态保护修复、林下经济发展等方面开展工作会谈。省委常委、曲靖市委书记李文荣出席会议。省林草局党组书记、局长任治忠主持座谈会。曲靖市委副书记、市长李石松及曲靖市有关部门负责人,省林草局有关局领导及处室、单位主要负责人参加座谈。

3月6日 省人民政府副省长王显刚到西双版纳国家级自然保护区调研亚洲象保护工作。

3月26日 省林草局召开全省林草系统扫黑除恶专项斗争视频推进会,认真总结前一阶段林草领域扫黑除恶专项斗争工作成果及存在的问题与不足,就全省林草系统开展扫黑除恶集中攻坚作安排部署。

4月8~10日 国家林草局党组成员、副局长彭有冬率队深入临沧市调研森林和草原防火、森林公园建设、林业产业发展、龙头企业建设、林产品加工以及林业科技支撑等情况。省林草局党组书记、局长任治忠陪同调研。

4月9日 由省林草局与云南日报报业集团联合主办的"美丽云南·穿越自然保护区"——走进景东无量山哀牢山大型融媒体采访活动在景东彝族自治县启动。

4月19日 省林草局在昆明召开云南省松材线虫病防控工作新闻通气会,就云南省松材线虫病防控工作开展的有关情况进行通报。

4月22~23日 省林草局举办全省退化草原人工种草生态修复试点项目申报培训会,对退化草原生态修复技术及实施方案编制、退牧还草工程技术项目等进行培训。党组成员、副局长李文才出席开班仪式并讲话。

4月22~26日 国家林草局党组成员、副局长李春良率队到西双版纳傣族自治州、玉溪市开展野生动植物保护及疫源疫病监测防控督导检查。省林草局党组书记、局长任治忠,党组成员、副局长王卫斌全程陪同督导检查。

5月27日 国际油橄榄理事会(IOC)在华第四届初榨橄榄油感官分析培训班在昆明开班。此次培训班,由IOC和云南省林业和草原科学院联合举办,旨在提高中国油橄榄业内人士对油橄榄感官认知,培养橄榄油感官品鉴专业人才队伍。

6月4~5日 省林草局举办全省森林资源管理暨2019年森林核查和森林资源管理"一张图"年度更新等工作培训班。省林草局党组成员、副局长王卫斌出席开班仪式并作动员讲话。

6月18日 省林草局在西双版纳傣族自治州勐海县召开亚洲象保护及肇事防范管理座谈会。局党组书记、局长任治忠出席会议并讲话。局党组成员、副局长王卫斌主持会议。

7月5日 省林草局、水利厅在曲靖市罗平县召开云南省石漠化片区区域发展与脱贫攻坚现场推进会。省林草局党组书记、局长任治忠出席会议并讲话。

7月9日 省林草局召开干部大会,国家林草局人事司宣布陆诗雷任云南省林业双中心主任,充实干部队伍力量,加快推进云南数字林业高质量发展。

7月10日 省委书记陈豪,省委副书记、省长阮成发,省委副书记王予波等党政军领导到安宁市草铺街道草铺村委会昆大丽高速公路安宁段"绿色廊道"项目点参加义务植树活动。省委常委,省人大常委会、省政府、省政协领导,省人民检察院检察长,驻滇解放军和武警部队领导,省级有关部门负责人等参加植树活动。

7月15日 由省林草局与云南省绿色环境发展基金会等13家社会团体和科研机构共同发起的滇金丝猴全境保护网络在迪庆藏族自治州香格里拉市成立。

7月17日 省自然资源厅、农业农村厅、林草局联文印发《关于保护好古茶山和古茶树资源的意见》。

7月24日 省林草局召开全省国有林场特色乡土树种苗木培育工作座谈会,省林草局党组成员、副局长夏留常参加会议并对有关工作提出要求。

9月10日 全省草原工作会议在曲靖市会泽县召开。省林草局党组书记、局长任治忠出席会议并讲话。省林草局党组成员、副局长李文才主持会议。

10月11日 由省科技厅、省林草局、中国科学院昆明分院、普洱市人民政府共同主办的"申报建设哀牢山——无量山国家公园综合科学考察"在普洱市景东县启动。

丽江老君山(云南省林草局 供图)

10月19日 "2019中国·合肥苗木花卉交易大会"参展活动获奖名单公布。云南作为此次展会参展品种和数量最多的省份之一，荣膺优秀组织奖和最佳人气奖。

10月25日 省林草局组织召开全省秋冬季候鸟保护电视电话会议，安排部署云南秋冬季候鸟保护工作。省林草局党组成员、副局长王卫斌出席会议并讲话。

10月29~31日 国家林草局党组成员、副局长彭有冬到普洱市调研国家林草局思茅松工程技术研究中心、普洱森林生态系统生态定位站建设等工作。省林草局党组成员、局长助理谢寿安，省林科院院长钟明川陪同调研。

10月30~31日 国家林草局党组成员、副局长刘东生到德宏傣族景颇族自治州调研国家林木种质资源库建设等工作。省林草局党组成员、副局长夏留常陪同调研。

11月4日 "2019中国义乌国际森林产品博览会"参展活动获奖名单公布，云南荣膺优秀组织奖和最佳人气奖，"云南馆"荣获最佳展台奖，15个产品被评为金奖产品，22个产品获优质奖。

11月15日 云南省曲靖市、景洪市被授予"国家森林城市"称号。至此，云南已成功创建昆明、普洱、临沧、楚雄、曲靖、景洪6个国家森林城市。

11月19日 经省人民政府同意，省林草局、省财政厅联文印发《云南省公益林管理办法》。

11月21日 云南省森林草原防灭火指挥部召开全省电视电话会，省森林草原防灭火指挥部指挥长、副省长王显刚出席会议并讲话。

12月2日 第一届亚洲象专家委员会第一次会议在普洱市召开。

12月4日 省林草局2019年度"万名党员进党校"培训班开班。开班仪式由省林草局二级巡视员王哲主持。局领导、局机关各处室全体党员、局属各单位负责人及部分党员近200人参会。

12月20日 云南省林业和草原科学院建院60周年学术研讨会在昆明举办。中国工程院院士曹福亮、中国科学院院士孙汉董参加研讨会并作学术讲座。国家林草局科技司副司长黄发强，省林草局党组成员、副局长夏留常出席会议并致辞。

12月22日 省林草局首次举办林草产业有机认证培训班。

（云南省林业由王骞供稿）

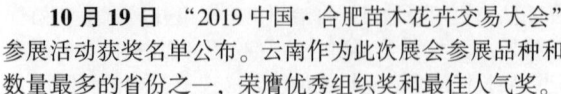

西藏自治区林草业

【概　述】　2019年，西藏自治区林业和草原局认真践行新发展理念和"绿水青山就是金山银山""冰天雪地也是金山银山"的理念，大力推进国土绿化进程，切实加强森林、草原、湿地、荒漠生态系统和野生动植物资源保护管理，全面深化林草改革，积极推进以国家公园为主体的自然保护地体系建设，林草各项工作进展顺利。通过实施天然林资源保护、"两江四河"流域造林绿化、生态安全屏障防护林体系和防沙治沙、新一轮退耕还林、森林防火及林业有害生物防治、野生动植物保护及自然保护区建设、重要湿地保护与恢复、退耕（牧）还林（草）、草原生态修复、中央财政森林生态效益补偿等项目、政策，落实各类林草生态保护修复资金50.10亿元，较2018年37.64亿元增加12.46亿元，同比增长33.10%，为有序推进全区林草工作提供了资金保障。

【国土绿化】　一是工程造林稳步推进。紧紧围绕"森林围城""森林水系""绿色通道"建设，通过实施"两江四河"流域造林绿化、重点区域生态公益林建设、防沙治沙、退耕还林等重点工程，完成营造林87 127公顷（其中：人工造林36 027公顷，含义务植树9267公顷；封山育林51 100公顷），完成年度计划84 800公顷的102.74%；较2018年75 014公顷增加12 133公顷，同比增长16.15%。二是义务植树有序开展。大力推进全民植树、全民造林，坚持全民动手、全社会搞绿化，带动集体、企业、社会组织、个人一起上。充分发挥住建、教育、交通、水利、军队、工青妇团体等部门的优势，形成多渠道、多层次、多方式参与义务植树的新格局。组织广大干部职工、群众种植青年林、巾帼林等，以认种认养、志愿服务等尽责形式，建设各类义务植树基地。依托乡镇、社区居民委员会，开展城乡适龄公民义务植树预约登记、组织管理等工作。全年完成义务植树9267公顷，植树500余万株。三是消除任务全面完成。为全面保护乡村自然生态系统的原真性和完整性，提升乡村生态资源质量，紧紧围绕乡村振兴战略，积极开展乡村绿化美化行动，大力开展消除"无树村、无树户"工作。建立自治区、地(市)、县(区)、乡(镇)植树造林和国土绿化工作责任制，加大对"五消除"工作的考核力度，确保"五消除"行动取得实效，乡村面貌焕然一新。全年消除"无树村"212个、"无树户"1.88万户，1079个"无树村"、10.47万户"无树户"的消除任务全面完成，乡村围村林、庭院林、公路林、水系林等稳步推进，乡村绿道、生态文化传承等生态服务设施逐步完善。

【资源管护】　一是加强森林资源管理。下达年度木材生产计划20.4万立方米（其中：自用材5.3万立方米，薪炭材15.1万立方米），各地(市)木材计划执行均在限额内。对全区2018年森林督查发现的277起破坏森林资源违法行为进行督导整改，完成整改83宗，补办使用林地手续123宗。二是加强草原管理。加强冬虫夏草采集管理工作，累计采集人数452 477人，产量43646.99千克，实现了"零事件、零事故"。推进草原生态修复，落实2019年退牧还草中央投资32 030万元、退耕还草中央投资966万元、退化草原生态修复治理补助资金33 000万元。三是加强林草地管理。审核审批使用林地项目302宗，使用林地面积3306.42公顷，征收森林植被恢复费39 509.42万元。审核审批草原征占用项目175宗（办结170宗，待国家林草局审批5宗），占用草原2851.11公顷，征收草原植被恢复费14 296.47万元。四是加强湿地管理。积极开展湿地保护与恢复工程建设，落实湿地保护与恢复工程2个，落实资金12 409万元。完成13处拟认定重要湿地的外业调查和成果编制，并通过专家评审。积极开展《西藏自治区湿地规划（2020~2030）》《西藏自治区湿地保护修复工程规划》编制工作。五是加强保护地管理。加快实施芒康滇金丝猴国家级自然保护区四期和大峡谷国家级自然保护区五期工程建设，对11处国家级自然保护区开展能力建设。全面完成"绿盾2018"各项整改工作，积极推进"绿盾2019"实地核查。雅鲁藏布江中游河谷保护区调整方案通过国家级保护区评审委员会评审，按照专家意见优化大峡谷保护区调整方案。加强自然保护地监督管理，受理涉及自然保护地行政许可386宗，审核审批380宗，正在办理6宗。稳步推进自治区级以上自然保护区、森林公园"一区一法"制定工作，全年正式出台"一区一法"2个。

【灾害防控】 一是加强森林草原防火工作。防火期内先后4次深入全区30个有林县（区）进行森林草原火险隐患排查。各有林地（市）、县（区）对重点地段、交通要道、进山入口，严格检查、死看死守，严禁携带火源、火种上山进林。组织实施山南市错那县、那曲市嘉黎县、那曲市比如县森林重点火险区综合治理项目和林芝市森林火灾高危区（高风险区）综合治理项目，提升森林草原火灾防控能力。二是狠抓林业有害生物防治工作。完成林业有害生物防治7.37万公顷，安排750万元用于阿里地区草原蝗虫防治工作。抓好造林前苗木检疫，严格实施种苗产地检疫和"两证一签"制度，严肃查处违规调运行为。积极配合各相关省份开展"利剑2019"云贵川渝藏林业植物检疫联合执法专项行动，确保将松材线虫等重大林业有害生物挡在区门之外。与拉萨海关联合开展"林安"专项行动，合力构建安全高效的林业有害生物防控体系。三是加强野生动物疫源疫病监测防控工作。全面开展野生动物疫源疫病监测防控自查，防止非洲猪瘟疫情在野猪种群中传播蔓延，提升野生动物保护和疫源疫病工作成效。四是开展各种专项行动。严厉打击破坏森林和野生动植物资源违法犯罪活动，深入开展"绿剑2018"专项行动之羌塘自然保护区冬季联合巡护行动，此次巡护行动自2018年12月20日开始至2019年1月19日结束，巡护里程8500余千米，出动警力29人、车辆10台。组织开展"绿卫2019"森林草原执法专项行动，出动巡查70人次、37车次，行政处罚7宗，罚款74.40万元；刑事立案4宗，移送司法机关追究刑事责任。

【生态扶贫】 一是全力推进脱贫攻坚巡视整改。成立由西藏自治区林草局主要领导任组长的整改领导小组和整改工作专班，制订整改工作方案，建立整改工作台账，赴5地（市）20余县（区）开展专题调研，督促基层林草部门做好涉林草问题整改工作，完成全部整改任务。二是强力推进行业扶贫。全面加强生态护林员监管，腾退不符合政策要求的生态护林员岗位1.43万人。林草建设资金向深度贫困县倾斜，在44个深度贫困县安排投资4.92亿元，建设防护林5787公顷、治理沙化土地45 327公顷、森林抚育26 220公顷。三是做好林草产业扶贫。配合自治区脱贫攻坚指挥部完成深度贫困地区经济林产业建设项目任务分解，并下发《关于进一步加强林业产业扶贫项目建设的通知》。53个扶贫苗圃完成选址、实施方案编制等前期工作，部分县（区）开工建设。成立农牧民营造林合作社8个，并参与生态工程建设。落实国有林场扶贫资金1665万元，推进林升公司强嘎果园标准化升级改造产业项目和昌都林场如意乡桑恩村苗木培育基地建设项目实施。四是做好定点扶贫。为那曲市尼玛县驻村点安排实施天然草原退牧还草工程，投入资金600万元。为昌都市芒康县两个驻村点安排中幼林森林抚育项目1600公顷，投入资金277万元；重点区域生态公益林建设46公顷，投入资金200万元；林业产业项目23.87公顷，投入资金209万元。积极开展党员干部进村入户、结对认亲交朋友活动，制订"一户一策"帮扶措施，结对帮扶困难群众137户，送去结对帮扶慰问金24万余元。

【林草基础】 一是推进林草改革。根据中共中央办公厅、国务院办公厅印发的《关于建立以国家公园为主体的自然保护地体系的指导意见》精神，开展西藏自治区地球第三极国家公园群布局研究与规划，编报《西藏自治区地球第三极国家公园群布局方案》《西藏自治区地球第三极国家公园珠穆朗玛峰片区体制试点方案》《西藏自治区地球第三极国家公园羌塘片区体制试点方案》。根据中共中央办公厅、国务院办公厅印发的《天然林保护修复制度方案》精神，起草西藏《关于贯彻落实天然林保护修复制度方案的实施意见》。完成集体林地测绘勘界6866.67公顷，发放林权类不动产权证书282本；积极探索建立落实所有权、稳定承包权、放活经营权三权分置运行机制，在明晰权属的基础上，不断深化集体林权制度改革工作，鼓励和引导农牧民探索转包、出租、入股等方式流转林地经营权和林木所有权，80公顷集体林权通过流转方式实现适度规模经营。完善湿地保护补助奖励机制，落实林业改革发展资金湿地补助5400万元，批复实施方案7个。二是强化基础工作。全区第二次重点保护野生植物资源调查成果通过专家评审并上报国家林草局。完成全区第二次野生动物资源数据汇总和成果编制。组织开展全区2019年森林督查及森林资源年度变更和2017年度退耕还林省级检查验收工作。继续开展4个地（市）13个县（区）林业有害生物普查。完成全区第六次荒漠化和沙化监测外业调查工作。配合完成"十三五"防沙治沙省级政府中期目标责任制考核。申报措勤县国家沙化土地封禁保护区。开展林草资源监管服务能力提升与草原资源生态保护技术培训。三是加强林草宣传。配合央视完成《壮丽70年·奋斗新时代——共和国发展成就巡礼》西藏篇的采访拍摄工作。协助自治区党委宣传部完成《辉煌中国70年·跨越发展新西藏》等自治区重点主题献礼出版中涉及林草工作的采编。向人民日报社、新华社、中国绿色时报社等媒体推送"林草辉煌70年"新闻稿件。制作《爱护植物从我做起》广告宣传片。组织和选送西藏"全国生态文化村"遴选村6个。协助中国绿色时报社举办习近平新闻思想研讨会暨《中国绿色时报》宣传报道培训班。协调中国电信、中国移动两家运营商，开通进入羌塘、色林错和珠峰国家级自然保护区短信自动提醒业务。

【党建工作】 召开党组会议、党组（扩大）会议等46次，认真研究部署"三重一大"事项，进一步提高西藏自治区林草局党组依法决策、民主决策、科学决策、规范决策的能力和水平。始终把强化"两个责任"作为党建工作的关键点和着力点，全面落实主体责任和监督责任，认真落实"一岗双责"，召开全局党建、党风廉政建设和反腐败工作会议，在局系统各级党组织层层签订《党建工作责任书》《意识形态工作责任书》《党风廉政建设责任书》。严格落实中心组理论学习制度，组织党组理论学习中心组学习20次；各党支部严格执行"三会一课"制度。按照中央和西藏自治区党委统一部署，认真开展"不忘初心、牢记使命"主题教育，成立领导小组，制订实施方案；专题研讨9次，专题辅导5次，参观学习和警示教育8次；党组理论学习中心组学习9次、党支部学习14次；实地走访基层县（区）50余个，深入基层调查研究13人次，形成专题调研报告13篇；班子成员讲党课9人次，支部书记或处室负责人讲党课12人次；在西藏林业信息网开辟主题教育专栏并定期发布学习内容；高标准高质量召开主题教育专题民主生活会，检视剖析共性问题20余条；为基层举办5期扶贫苗圃实用技术和经济林栽培技术培训班。严格落实《党政领导干部选拔任用工作条例》，坚持德才兼备的好干部标准，坚持"培养干部、锻炼干部、发现干部、使用干部"的工作原则，推荐提拔使用厅级干部2名，提拔调整交流县处级干部32人，评聘专业技术干部高级职称7人。

【大事记】
2月26日 西藏自治区林业和草原工作电视电话会议在拉萨召开，总结2018年林业工作，部署2019年林业和草原重点任务。

3月 吴维由中共西藏自治区山南市委常委、纪委书记、市监察委员会主任调任西藏自治区林业和草原局党组副书记、局长；刘学庆由山东省烟台市农科院副院长、二级研究员调任西藏自治区林业和草原局党组成员、局长助理。

4月12日 西藏自治区党委书记吴英杰，自治区党委副书记、区人大常委会主任洛桑江村等自治区领导在拉萨市柳梧新区达东村植树点，与拉萨干部群众、少先队员一起参加义务植树活动。

5月 田建文由西藏自治区林业和草原局党组成员、副局长提拔为西藏自治区林业和草原局党组成员、巡视员；胡志广由西藏自治区林业和草原局生态保护修复处处长提拔为西藏自治区林业和草原局副巡视员。

6月 "江水上山"水能提灌技术在西藏拉萨市慈觉林村试验成功。同年9月，在西藏山南市扎囊县桑耶镇松卡村进行第二台"江水上山"水能提灌技术设备试验，

"江水上山"水能提灌技术设备

并提水测试成功。

8月6~20日 西藏自治区人大常委会组织区林草局等相关单位组成执法检查组，分赴7地（市）、26个县（区）、61个乡镇、132个检查点，检查《中华人民共和国草原法》及《西藏自治区实施〈中华人民共和国草原法〉办法》贯彻落实情况。

9月5日 西藏自治区拉萨市墨竹工卡县林业和草原局、日喀则市定结县林业和草原局、山南市洛扎县林业和草原局、昌都市林业和草原局被评为"全国生态建设突出贡献奖先进集体"，西藏自治区拉萨市林业和草原局助理工程师高云娇等6人被评为"全国生态建设突出贡献奖先进个人"。

9月6日 中国人与生物圈国家委员会向西藏反馈联合国教科文组织"人与生物圈计划"国际秘书处关于珠穆朗玛峰世界生物圈保护区十年评估意见，认为珠穆朗玛峰国家级自然保护区达到世界生物圈保护区的标准。

9月16日 西藏自治区人民政府副主席江白听取林业和草原工作汇报，并就重点工作进行安排部署。

9月17日 西藏自治区第六次全国荒漠化和沙化监测动员部署会议暨技术培训班在拉萨召开。

9月19日 西藏自治区林业调查规划研究院副院长旦增、营林室主任陶德玲被授予"全国绿化奖章"。

9月26日 全区林草资源监管和服务电视电话会议在拉萨召开，西藏自治区人民政府副主席江白出席会议并讲话。

10月29日 西藏自治区人民政府副主席江白主持召开专题会议，研究西藏林草工作有关事宜。

11月18日 西藏自治区人民政府主席齐扎拉在北京与国家林草局局长张建龙举行工作座谈。

11月25日 西藏自治区人民政府副主席江白主持召开专题会议，研究整合资金用于2020年造林投资计划事宜。

11月26~29日 全区林草资源监管服务能力提升与草原生态保护技术培训班在拉萨举办，7地（市）及74个县（区）林草主管部门共计100余人参加培训。

12月25日 西藏琼结琼果河、比如娜若、曲松下洛、卓玛朗错4处试点建设的国家湿地公园通过验收，正式成为"国家湿地公园"。

12月31日 西藏绿景生态工程咨询有限公司成立。

（西藏自治区林草业由邹松供稿）

陕西省林业

【概　述】 2019年，陕西林业聚焦生态空间，全力推进生态空间治理体系和治理能力现代化，不断推进美丽陕西建设，完成营造林53.76万公顷，林业产业总产值突破1400亿元。

【国土绿化】 完成营造林53.76万公顷（其中：造林31.58万公顷、抚育22.18万公顷）。治理沙化土地7.03万公顷、退耕还林8.27万公顷、建设天保公益林8.93万公顷、建设重点防护林3.76万公顷、京津风沙源治理1.71万公顷，完成150个行政村"三化一片林"绿色家园建设。启动国家储备林基地建设，开展白于山飞播造林针叶树种试验和直升机飞播造林试验。全民义务植树2667万人次、7577万株，陕西省苗木繁育中心和翠屏山森林公园荣膺国家"互联网+全民义务植树"基地称号。汉中、商洛、榆林三市获得"国家森林城市"称号，陕西省国家森林城市达到7个。新增省级森林城市14个，省级森林城市达到33个。150个行政村被认定为第一批"国家森林乡村"，6个村被授予"全省生态文化村"称号。黄土高原成为全球增绿最显著区域。

【资源保护】 陕西省涉林县（区）政府"保护发展森林资源目标责任制"实现全覆盖，森林督查自查、抽查和森林资源管理"一张图"年度更新全面完成。森林督查云平台系统建成运行，森林资源监管由"被动式发现、运动式查处"逐步向"主动发现、主动作为"转变。旬邑县、淳化县、彬州市林长制试点工作稳步推进。省级重要湿地认定试点工作顺利展开，安康市、宝鸡市12处省级重要湿地确定边界并实现矢量化。完成重点保护、"三有"野生动物名录审定和第二次重点保护野生植物资源调查。人工繁育秦岭大熊猫3只、朱鹮659只、林麝7355头，救护国家Ⅰ级保护动物17只（头），秦岭石蝴蝶、长序榆等珍稀濒危极小种群植物人工繁育保护取得新突破。完成林产品质量监测1391批次，审定"西北杨1号""红仁核桃"等优良品种8个，林木种子质量监督抽查合格率达到100%。2019年森林火灾201起，未发生重、特大森林火灾和扑火人员伤亡。加强林业重大有害生物检疫封锁，累计清理松材线虫病枯死木126万余棵，诱杀美国白蛾成虫3.8万头、摘除幼虫网幕1.6万处。落实野猪非洲猪瘟防控措施，有效控制疫情。扎实开展打击整治破坏秦岭野生动物资源违法犯罪、"绿卫2019"森林草原执法、涉林违建别墅问题清查整治等专项行动，查处林业行政违法案件3219起、行政处罚13 285人。

【保护地建设】 大熊猫国家公园体制试点工作通过国家中期评估，大熊猫国家公园陕西省管理局、管理分局和秦岭大熊猫研究中心正式挂牌。秦岭国家公园纳入国家公园建设总体布局，建设前期工作稳步推进。新增省级森林公园1处、地质公园1处，白水林皋湖、岚皋千层河、延安南泥湾3处国家湿地公园通过试点验收并正式挂牌。自然保护地转隶工作基本完成，9处自然保护区、35处风景名胜区和19处地质公园顺利交接。"中华五岳"打包申遗工作积极推进。启动自然保护地摸底和评估工作，共建有国家公园1处，自然保护区61处，自然公园191处，以国家公园为主体、自然保护区为基础、自然公园为补充的自然保护地体系初步形成。

【生态脱贫】 以生态脱贫为统揽，扎实推进生态脱贫政策、责任、工作"三落实"，2019年向贫困地区倾斜下达资金33.85亿元，惠及贫困人口53.68万户、177.34万人，生态脱贫荣获"陕西省脱贫攻坚组织创新奖"。新增生态护林员1.47万名，生态护林员选聘总数达5.03万名。林业重点工程建设带动3.74万贫困人口，人均增收1185元。退耕还林补助和生态效益补偿分别惠及贫困人口13.39万户、42.93万户，户均分别增收1421元、353元。"五个一批"开放吸纳贫困人口3459人，人均增收7757元。落实定点帮扶延长县驻村联户专项资金183万元，帮扶村人均收入增加到8700元。林业实用技术培训干部职工、林区群众24.28万人。突出产业扶贫，改造核桃、花椒、枣树等经济林18.23万公顷，新建3.44万公顷。2019年新建标准化示范园27个、苗木花卉示范园、示范基地20个，新增特色农产品优势区3个，森林体验和养生国家重点建设基地6处，生态旅游突破1640万人，林业产业总产值突破1400亿元。

【生态文化】 发布《陕西林业70年成就》，举办"生态空间高颜值，我们的时代使命——陕西林业70年大家谈"活动。完成北京世园会陕西园（馆）建设布展，成功举办"陕西日"活动，习近平总书记到馆参观，陕西园获中华展园金奖、陕西馆获省（区、市）展区银奖。"秦岭四宝"组团成为第十四届全运会吉祥物，朱鹮文化展亮相日本大阪G20峰会，朱鹮文化论坛登陆韩国首尔。组织开展"大美秦岭·熊猫陕西"秦岭大熊猫文化宣传活动，发布《保护秦岭拒食野味》倡议书，"新生大熊猫庆百日"引起海内外广泛关注。16处生态文明教育基地接待140余万人次。媒体刊发陕西林业新闻报道2400余条，《退耕还林20年　看今日延安"绿肥黄瘦"》《陕西林业蓬勃发展　锦绣山川绚丽多姿》《建生态绿军护秦岭山水》成为年度优秀宣传作品，陕西省林业信息宣传中心荣获第九届"母亲河奖"优秀组织奖。

【机构改革】 新一轮机构改革基本完成，新组建的陕西省林业局为陕西省政府直属正厅级机构，市级林业部门与改革前保持一致，县级林业部门调整为90个。机构总体保持稳定的情况下，林业部门职能有所增强，新增草原、自然保护区、自然遗迹、风景名胜区等监管职责。深化"放管服"改革，下放市级行政许可5项，"证照分离"深入推进。简化集体林木采伐审批程序，规范木材经营（加工）事中事后监管。全面完成国有林场改革任务，实现定性定位明确、生态功能提升、生产生活条件改善的目标。

【集体林权制度改革】 兑现公益林生态效益补偿11.07亿元，森林保险投保733.33万公顷，累计流转林地115.53万公顷，林权抵押贷款27.67万公顷、36亿元，专业合作社等新型林业经营主体达3555个，经营发展水平稳步提升。

【保障体系】 2019年落实投资59.14亿元，新增湿地省级专项资金1000万元，实现湿地专项资金"零突破"。组织申报贴息贷款项目16个，争取中央财政贴息资金1780万元。严控林地使用限额，主动服务重点民生工程和基础设施建设，审核审批征占用林地项目1132起、0.76万公顷，长庆油田、延长石油等历史遗留问题基本解决。推动修订《陕西省秦岭生态环境保护条例》《陕西省封山禁牧条例》，发布《关于严禁破坏野生动物资源的通告》。新建科研平台2个、标准6项，建成林业科技示范县10个、示范点223个，示范推广面积7.38万公顷。召开陕西省林业科技工作大会，成立陕西省林业科技创新联盟，组织评选十大林业科技成果。创新开办"秦岭讲坛"，院士专家登坛授课。

【党建工作】 始终坚持把党的政治建设摆在首位，扎实开展"不忘初心、牢记使命"主题教育和"讲政治、敢担当、改作风"专题教育，全面整改巡视反馈问题，不折不扣把习近平总书记重要批示指示精神和中省决策部署落到实处。严格执行党建和党风廉政建设主体责任清单制度，层层签订责任书，基层党组织标准化、规范化建设深入推进。严格落实"八项规定"精神，深化运用监督执纪"四种形态"，坚决整治形式主义、官僚主义等突出问题。持续加强队伍建设，制订《关于建设生态绿军实施方案》，着力打造"政治强、业务精、形象好"的生态绿军。

【生态空间治理】 开展生态空间治理研究，《生态空间理论与陕西实践》《以生态空间之治推进美丽陕西建设》等研究成果在《学习时报》《中国绿色时报》《陕西日报》《陕西省委工作交流》等党刊党报发表。陕西省政府新闻发布会发布《秦岭生态空间治理十大行动》，新华社、人民网、中央电视台等媒体高度关注，国务院、外交部等政府网站转载。启动制定《陕西黄河流域生态空间治理十大行动》《长江流域生态空间治理十大行动》《生态空间治理十大创新行动》，为陕西林业实践探索了新路径。

【秦岭生态空间治理十大行动】 2019年12月2日，在陕西省政府新闻办举行的新闻发布会上，陕西省林业局发布"秦岭生态空间治理十大行动"。分别是：自然保护地体系建设行动，森林资源保护行动，野生动植物保护行动，生态空间修复行动，生态服务与富民行动，科技创新行动，智库建设行动，保护执法与监督行动，生态文化宣传行动，组织保障行动。

【陕西林业十大成就】 2019年9月28日，陕西省林业局举办"陕西林业70年大家谈"活动，陕西省林业局党组书记、局长党双忍发布陕西林业70年十大成就：①让世界见证陕西绿。70年来，全省森林覆盖率由13.3%提高到43.06%，绿色版图向北推进400多千米，三秦大地实现由黄到绿的历史性转变。②森林总量翻番增长。陕西省森林面积达到886.67万公顷，森林蓄积量达到4.78亿立方米。③退耕还林标榜"陕西范"。退耕还林工程覆盖10市102个县（区），完成退耕还林面积269.31万公顷。④治沙绘就世界传奇。榆林林木覆盖率从0.9%提高到33%，沙化土地面积减少104.6万公顷，沙尘暴几近消失，年扬尘天气减少到10天以下。⑤绿芯秦岭生态圣地。陕西秦岭森林覆盖率达到69.65%，森林蓄积量2.7亿立方米，有种子植物3840多种，陆生脊椎动物580余种。建成各类保护区33处，总面积56.67万公顷。⑥绿色产业与时俱进。陕西林业产业从单一的木材产品发展到如今的林果、药材、森林食品、木本油料、苗木花卉、林产工业原料以及森林旅游、森林体验、森林康养等，为社会提供了丰富多样的生态产品，最能体现生态产业化和产业生态化的时代要求。⑦科学教育硕果累累。建立林业科研机构、技术推广机构近900家，组建国家和省级研究中心、实验平台14个，基本形成林业综合科研推广体系。累计获得4项全国科学大会奖、11项国家技术进步奖、47项部级科技进步奖、145项省部级科研成果奖、171项厅局级科研成果奖、64项获科技成果推广奖。制定国家标准8项，地方标准67项，建成全国林业标准化示范区15个。建成国家林木种质资源库4处、国家重点林木良种基地12处，选育审定优良林木品种200个，累计推广应用林业适用技术133.33万公顷，科技贡献率达到43%，林业科技成果推广应用率超过60%。⑧"生态四宝"三秦新标识。"秦岭四宝"——大熊猫、朱鹮、羚牛、金丝猴，2011年在西安世界园艺博览会上集体亮相，2019年组团成为第十四届全运会吉祥物标识。⑨生态安全监管铸新局。建立起健全的森林资源监管和森林草原防火、有害生物防治、防止破坏森林资源"一管三防"体系，生态资源保护工作逐步走上科学化、规范化、制度化轨道。⑩爱美兴绿新风尚。从木材生产到生态空间建设，"绿水青山就是金山银山"理念在三秦大地落地生根，爱美兴绿蔚然成风。

【大事记】
1月17日 陕西省林业工作会议在西安市召开。
1月21日 陕西省植物新品种保护管理培训班在西安市举办。
3月8日 陕西省"关爱大美秦岭·共建绿色家园"全民义务植树护绿联动行动在西安市蓝田县举行。
3月21日 陕西省打击破坏森林草原执法专项行动部署工作会议在西安市召开。
3月23日 陕西省林业局和陕西省美术家协会共

同主办的《朱鹮·人与自然——晏子油画展》在西安市开幕。

4月13日 陕西省第38届"爱鸟周"宣传活动在陕西自然博物馆启动。主题是："关注候鸟迁徙 维护生命共同体"。

4月19日 陕西省森林防火指挥部召开森林草原防灭火工作电视电话会议。

4月26日 陕西省森林防火指挥部召开森林火灾扑救与安全电视电话培训会。

4月29日 陕西省林业龙头企业负责人培训班暨林业企业精准脱贫工作座谈会在西安市召开。

5月10日 陕西省森林督查暨资源管理"一张图"年度更新工作培训会在西安市召开。

5月7~17日 陕西省政协副主席李冬玉带队对秦岭植被建设与保护情况进行专题调研。

5月23日 陕西省林业产业观摩培训会在安康市举办。

6月5日 西北首个生态环境司法保护基地——"秦岭生态环境司法保护基地"在陕西省楼观台国有生态实验林场揭牌。

6月30日 秦岭大熊猫文化宣传活动暨秦岭讲坛启动仪式在陕西省林业局举行。

6月26~28日 陕西省退耕还林工程管理与生态脱贫技术培训班在安康市汉阴县举办,100余人参加了培训。

7月10日 西北地区首届森林疗养师集中实操培训班在陕西通天河国家森林公园开班。

7月16~17日 陕西省优良乡土树种品种及林木良种生产使用调查培训班在杨凌示范区举办,40余人参加了培训。

7月17~20日 "熊猫家园 生命长青"自然科普教育工作座谈会在陕西长青国家级自然保护区管理局举办。

7月23~24日 陕西省核桃产业观摩培训会在商洛市洛南县举办。

7月27日 陕西省林业重点工作座谈会在宝鸡市召开。

7月23日 陕西省三北工程退化林修复改造工作座谈会在延安市吴起县召开。

8月9日 第四届中国·韩城花椒大会在韩城市开幕。

8月22日 北京世园会"陕西活动日"正式开幕,秦岭大熊猫文化宣传活动同步走进北京世园会。

8月23日 《秦岭大熊猫保护区社区家犬规范化管理倡议书》正式发布。

8月22~23日 陕西省天然林资源保护新政策解读与网络智能化推进现场会在延安市富县召开。

9月30日 中国共产党陕西省林业局直属机关第一次党员代表大会在西安市召开,115名党员代表参加。

9月27日 陕西省十三届人大常委会第十三次会议表决通过了《陕西省封山禁牧条例》,将于2019年12月1日起施行。

10月18日 陕西省林业生态脱贫培训班在西安市举办,180余人参加培训。

10月16~17日 陕西省第六次荒漠化和沙化监测启动暨技术培训会在榆林市召开。

11月11日 "大美秦岭·熊猫陕西"摄影、征文、书画、文创作品大赛正式启动。

11月8日 《黄河流域生态保护和高质量发展林业行动方案(草案)》专家论证会在西安市召开。

11月11日 大熊猫国家公园陕西省管理局正式挂牌。

11月27~28日 陕西省造林绿化暨森林抚育培训班在西安市举办,90余人参加培训。

12月20日 陕西省林业科技工作暨培训会在杨凌示范区召开。

12月21~22日 陕西省退耕还林还草工程管理培训会在商洛市镇安县召开。

(陕西省林业由吕旭东供稿)

甘肃省林草业

【概述】 2019年,全省各级林业和草原部门围绕中心,服务大局,始终与国家生态文明建设同向同行,与全省改革发展大局同频共振,着力构筑国家西部重要的生态安全屏障,各项工作取得新进展新突破新成效。

大规模国土绿化 贯彻落实省委、省政府《关于加快推进大规模国土绿化的实施意见》,依托天然林保护、三北防护林建设、退耕还林还草等重点生态工程,突出抓好城乡绿化,铁路、公路沿线与河湖库区、旅游景区等造林绿化。全年争取落实各类林草项目资金68.26亿元,营造林31.71万公顷,占年度目标任务33.33万公顷的135.9%,完成天保工程造林1.47万公顷,退耕还林还草1.94万公顷,三北工程造林8.06万公顷,森林抚育12.42万公顷;人工种草23.33万公顷,落实草原禁牧666.67万公顷,草畜平衡940万公顷,全省草原植被盖度达到52.9%;义务植树9373.86万株,新建义务植树基地597个。争取蚂蚁金服集团等治沙造林项目9396万元,营造梭梭等2111万株(穴)。创建第二批省级森林城市和森林小镇,授予平凉市省级森林城市称号、宁县盘克镇等19个乡镇省级森林小镇称号,推荐认定国家森林乡村159个,村庄绿化覆盖率达16.31%。

保护地体系建设 在机构改革后,承接原农牧、环保、国土、住建等部门管理的72处自然保护地,全省林草部门管理的各类自然保护地达233处。贯彻落实中办、国办《关于建立以国家公园为主体的自然保护地体系的指导意见》,各级林草主管部门加快推进保护地勘界立标、国家公园体制试点、生态环境问题整改等工作。组建大熊猫祁连山国家公园甘肃省管理局酒泉、张掖、白水江三个分局，成立甘肃省国家公园监测中心，在全国率先建成大熊猫祁连山国家公园（甘肃片区）科技创新联盟。2019年省政府确定的大熊猫、祁连山两个国家公园体制试点68项重点任务至年底已完成61项。完成中央环境保护督察反馈甘肃省林草局整改任务3项，配合中央第二轮环保督察核实群众信访投诉73件，"绿盾"专项行动自查摸排生态环境问题1845项，完成整改1802项。

林草资源管护　扎实开展全省"绿卫2019"森林草原执法专项行动，查处违法占用林地200多公顷，涉及林木蓄积量800立方米。查处林业行政案件1295起，查处率94.5%，恢复林地47公顷。部署开展违建别墅清查整治、"住宅式"墓地排查工作。完成全省2019年森林督查暨森林资源管理"一张图"年度更新，14个市（州）、兰州新区森林覆盖率和森林蓄积量增长目标、草原植被盖度指标考核等工作。加强草原生态修复，建成草原围栏20万公顷，改良退化草原2.67万公顷，治理黑土滩、毒害草1.73万公顷。全年办理林地审核审批264宗，审核审批草原征占用项目99项，征收森林和草原植被恢复费5亿元。加强森林草原火灾预防、林业有害生物防治、草原鼠害治理等工作。加强野生动物管控，严厉打击非法猎捕、贩卖、经营野生动物行为，有效防控非洲猪瘟、岩羊反刍兽疫等野生动物疫情疫病。全年未发生重特大森林草原火灾、安全生产事故和重大人员伤亡，甘肃省2个集体和5名个人被评为全国森林防火先进单位和先进个人。

林草改革发展　扎实推进国有林场、集体林权和林草审批"放管服"改革，以改革促发展，以发展促生产，全省林草改革发展实现新突破。经过改革，全省国有林场由304个优化整合为252个，管理体制初步理顺，经营机制不断创新，遗留问题逐步解决，国有林场改革发展的制度体系基本形成。全省182.67多万公顷天然乔木林得以休养生息，实现面积、蓄积"双增长"，重点国有林区21 480多名林业职工年均工资在原基础上得到大幅提升，职工养老保险和基本医疗保险参保率达100%，林区职工获得感明显提升。通过深化集体林权制度改革，全省累计办理林权抵押贷款96.97亿元，林业合作社增加到3571个，认定登记家庭林场1247家，全省特色林果种植面积达149.60万公顷，年产值390多亿元，林下经济年产值73.59亿元，集体林业经营发展水平明显提升，生态、经济和社会效益日益凸显。落实"放管服"改革要求，下放审批权限，简化审批程序，省林草局承担的行政审批事项全部实现"一个窗口受理、一站式网上审批、最多跑一次"目标，为林业草原发展提供了快捷高效的审批服务。

服务保障　强化林业和草原事业发展的科技、人才、宣传等服务，支撑保障能力得到显著提升。全年申报各类林草科技项目60余项，落实科技经费2960万元，登记科技成果20项，制修订林草标准20余项，获得专利45件、软件著作权16件、省科技进步奖3项。在推进职务职级并行期间，晋升干部职级181人次，提拔使用干部67名，大力培养选拔优秀年轻干部和三方面干部，加紧配齐全局机关、局直单位空缺领导岗位，有效提升干部职工干事创业精气神。持续推进"五个精准到户、一个精准倾斜"林草扶贫举措，全年为深度贫困县区倾斜安排资金24.13亿元，为秦安县倾斜安排资金0.5亿元，生态护林员项目资金实现"四连增"，资金年规模达到5亿元，年度选聘生态护林员63 139人，有力助推全省脱贫攻坚。以中央宣传部授予古浪县八步沙林场"六老汉"三代人治沙造林先进群体"时代楷模"荣誉称号为契机，积极宣传林业和草原改革发展成效，营造全社会关注、支持、参与林草事业的良好氛围。

【草原生态建设】　逐步建立健全以草原植被盖度为主要指标的草原工作考核机制，制定出台一系列草原资源保护法律法规和管理制度，依托实施国家草原生态保护补助奖励政策，全面落实草原承包、草原禁牧、草畜平衡等制度，认真实施草原生态保护工程，强化草原监管和支撑保障能力，构建草原技术推广、监理监测、灾害预警防控体系，全省草原生态整体趋好。截至2019年底，全省累计建成草原围栏860万公顷；聘用草原管护员1.5万名，建成草原鼠虫害测报站17个、草原生物灾害监测预警中心6个、草原防火库（站）33个、草原固定监测站（点）1154个，确立了"地面、遥感、气象"三位一体的草原监测方法，形成了覆盖全省所有草原类型的草原监测网络，全省草原植被盖度达到52.9%。

【林地林权管理】　以林地保护管理为核心，以森林资源利用监管为抓手，以林业行政执法监督为保障，全面加强林地林权管理。在全省部署开展2019年森林督查暨森林资源管理"一张图"年度更新工作，向130个变更单位下发卫星遥感数据和疑似图斑5755个，组织800多人历时半年多时间完成自查更新和成果上报，是西部监测区第一家上报单位，并在全国森林资源管理工作会上作了典型发言。配合国家林草局西北院完成对兰州市城关区等12个县的森林督查、森林资源管理"一张图"更新，以及公益林国家级检查。认真贯彻"放管服"改革精神，优化林地审核审批程序，下放临时占用林地审批权限，提升办事效率，支持国家重大项目建设。争取增加国家备用林地定额700公顷，保障全省经济建设。全年累计办理建设项目使用林地审核审批手续242宗，采伐林木审批25宗，批准使用林地面积2266.88公顷，收缴森林植被恢复费近4亿元，为历年最多。

【"绿卫2019"专项行动】　按照国家林草局统一部署，甘肃省林草局通过召开电视电话启动会议，成立领导小组，下发《关于开展"绿卫2019"森林草原执法专项行动的通知》及专项行动方案，精心组织开展"绿卫2019"全省森林草原执法专项行动。2019年，全省共发生各类林业行政案件1370起，查处1295起，查处率94.53%，恢复林地46.52公顷，补植补种林木67 123株，行政罚款826.14万元，行政处罚（问责）1403人（次）。其中，"绿卫2019"专项行动共查处违法侵占林地200多公顷，毁坏林木蓄积量近800立方米，罚款800多万元，刑事立案38宗，处理21人，问责32人，严厉打击了各类破坏森林草原资源违法行为，发挥了有效的震慑作用，促进了森林草原资源保护。

【林草法治建设】 根据机构改革职能调整,对《甘肃省林地保护条例》《甘肃省草原条例》《甘肃省草原防火办法》等11部全省地方性林业和草原法规进行全面清理,报备规范性文件6件。加强执法资格管理,开展"第五轮"行政执法证换发工作,办理行政执法主体资格证39个、行政执法证423个、行政执法监督证13个。修订完善林业草原行政处罚文书和林草系统行政处罚自由裁量权实施标准。编制《甘肃省林业和草原系统省级权责清单目录》,梳理权责事项144项,其中,行政许可24项,行政处罚103项,行政强制2项,行政征收2项,行政确认1项,行政奖励2项,行政监督1项,其他行政权力9项。按照"谁执法谁普法"的普法责任制度要求,制定省林草局系统《2019年普法依法治理工作要点》,利用植树节、世界森林日、国际爱鸟日等时间节点,组织开展"法律八进"(进机关、进单位、进企业、进乡村、进社区、进校园、进军营、进监所)活动,营造良好法治氛围。

【林草"放管服"改革】 将林草系统行政许可事项名称、办理条件、办理材料、办理流程和办理时限在甘肃省政府政务服务网、甘肃林业网"网上办事大厅"栏目进行公告,方便网上申报、网上咨询,并进一步完善"双公示"栏目,及时公布行政许可和行政处罚信息,确保发布信息规范准确。继续深化"四办"(一窗办、一网办、简化办、马上办)改革,所有许可事项办理基本实现了"一个窗口受理、一站式网上审批"和申请人"最多跑一次"的目标。压减草原征占用审核审批环节,按照属地管理精简高效的原则,取消省级查验环节,现场查验事权全部交由县级草原行政主管部门开展,进一步提高审批效率。组织梳理行政许可监督事项,完成"互联网+监督"平台建设,构建了以信用监管为核心的事中事后监管新机制,全年办理行政审批事项451件。

【退耕还林】 组织全省13个市(州)56个县(市、区)完成2019年9.77万公顷退耕还林工程建设任务,争取国家认定甘肃省近两年贫困县水源区15~25度坡耕地非基本农田退耕还林还草总任务20.2万公顷,并下达甘肃省2019年退耕还林建设任务1.74万公顷。据统计,2014~2018年,国家累计下达甘肃省新一轮退耕还林计划任务39.57万公顷,惠及全省14个市(州)80个县(市、区)72.14万农户,涉及贫困户将在五年内享受国家补助资金15亿元。组织研发应用网络版《甘肃省退耕还林工程MC系统》,建成2014~2017年度省、市、县三级数据库,实现甘肃省新一轮退耕还林地块精准定位、面积精准求算、责任精准到人的"三个精准"。组织开展退耕还林20周年宣传活动,报送《退耕还林治穷致富——甘肃退耕还林二十年》等宣传资料。在延安召开的全国退耕还林还草工作会议上,甘肃省庄浪县作了典型发言。全省12个单位、19名个人被表彰为"全国生态建设突出贡献先进集体"和"全国生态建设突出贡献先进个人"。

【退耕还草和退牧还草】 全省退耕还草工作以改善生态环境、调整产业结构、促进农民脱贫致富为目标,在充分尊重农民意愿,坚持因地制宜、科学规划的基础上,稳步推动退耕还草工程建设持续健康发展。2019年,在完成之前年度9666.7公顷退耕还草任务基础上,争取国家下达甘肃省退耕还草建设任务2000公顷,按计划组织各地实施。继续在玛曲等县实施退牧还草工程,完成草原围栏3.33万公顷、退化草原改良6.67万公顷、人工饲草地3.33万公顷、黑土滩治理1.67万公顷、毒害草治理2万公顷。全省累计建成草原围栏860万公顷,补播改良退化草原226.33万公顷,治理黑土滩3.33万公顷、毒害草3.27万公顷。监测显示,工程区内的平均植被盖度为43%,比非工程区提高5.8个百分点;高度、鲜草产量分别为19.8厘米和2678千克/公顷,比非工程区分别提高9.1%和18%。

【天然林保护】 2019年,全省天然林资源保护工程全面完成投资14.33亿元,其中:中央投资13.01亿元(财政资金12.33亿元、预算内投资0.68亿元),省级投资1.32亿元。完成公益林建设任务1.47万公顷,其中:人工造林7666.67公顷、封山育林7000公顷。完成国有中幼龄林抚育任务8.42万公顷。有效管护森林资源面积467.09万公顷。天保工程生态效益监测显示:全省天保工程区森林生态效益总价值达到3129.52亿元,森林资源面积稳步扩大,活立木蓄积量不断增长,森林资源生态功能不断发挥。

【三北工程】 2019年,全省深入贯彻三北工程建设40周年总结表彰大会精神,以扩大林草资源总量、提升森林质量为重点,以大规模国土绿化为载体,统筹山水林田湖草系统治理,推动工程高质量发展。全年共完成造林育林5.47万公顷,修复退化林2万公顷,工程建设呈现出稳中向好的发展态势。省林草局组织开展三北工程春造督查、省级核查工作,其中省级核查共抽查17个县,413个小班,面积1.69万公顷。持续推进百万亩防护林基地、黄土高原综合治理和精准治沙等重点项目,发挥重点项目导向引领作用,高标准造林8000公顷。将三北工程资金向贫困地区倾斜,为贫困地区倾斜安排资金比例达47.3%,助力脱贫攻坚。及时报送大量反映工程建设重点、亮点、热点的动态信息,获得全国三北防护林体系建设信息工作二等奖,受到国家林草局三北局表彰。

【防沙治沙】 在全省沙区集中开展八步沙"六老汉"三代人治沙造林先进事迹系列宣传活动,营造治沙造林的良好舆论氛围。争取国家林草局先后批准在甘肃省民勤县、敦煌市、张掖市、武威市、酒泉市、环县建设国家级防沙治沙综合示范区。全年完成防沙治沙10.54万公顷,占年度责任目标的115%,新增国家沙化土地封禁保护区2个,新增沙化土地封禁保护面积2.2万公顷。按照国家六部委"十三五"防沙治沙目标责任中期督查要求,组织召开省级汇报和督查情况反馈会,省直六厅局主管领导和甘肃省林草局机关13个相关处室负责人参加汇报反馈会。甘肃省防沙治沙责任目标已完成

42.57万公顷，超额完成"十三五"中期责任目标任务。全省已建成国家沙化土地封禁保护区19个，累计投资3.9亿元，封禁保护沙化土地面积29.3万公顷。加快推进国家沙漠公园建设，全省获批沙漠公园11个，总面积3.46万公顷。通过持续开展防沙治沙，全省沙区沙化土地植被盖度由2004年的14.56%提高到2017年的16.87%。黑河、石羊河下游干枯多年的居延海和青土湖重现生机，遏制了土地沙化趋势，改善了沙区生态环境。

【自然保护地体系建设】 认真贯彻落实中办、国办《关于建立以国家公园为主体的自然保护地体系的指导意见》，召开专门会议研究部署，制订全省自然保护地勘界立标工作方案，开展调查摸底，强化政策和技术操作规程培训，争取落实经费，加强工作督导，全面启动全省自然保护地勘界立标工作。完成中央环境保护督察反馈甘肃省林草局整改任务3项，祁连山实施人工生态修复项目257项946.67公顷。"绿盾"专项行动自查摸排生态环境问题1845项，完成整改1802项。配合保障中央第二轮环保督察工作，现地调查核实群众信访投诉问题73件。

【国家公园体制试点】 争取建立省委、省政府主要领导为双组长的管理机制和试点工作协作机制，组建大熊猫祁连山国家公园甘肃省管理局酒泉、张掖、白水江三个分局，成立甘肃省国家公园监测中心，有力有序推进大熊猫和祁连山两个国家公园体制试点相关任务。全省各地各有关部门积极配合，制订年度计划，明确责任分工，加大生态保护和修复力度，做好核心区移民搬迁和脱贫攻坚，建成"天地空"一体化监测网络。强化科技支撑，在全国率先建成大熊猫祁连山国家公园（甘肃片区）科技创新联盟。根据省政府办公厅印发的《大熊猫国家公园体制试点白水江片区2019~2020年重点工作任务清单》和《祁连山国家公园甘肃省片区2019重点工作任务清单》，2019年大熊猫、祁连山两个国家公园体制试点68项重点任务已完成61项。

【国有林场改革与林木种苗培育】 全省国有林场由304个优化整合为252个，管理体制初步理顺，经营机制不断创新，遗留问题逐步解决，国有林场改革发展的制度体系基本形成。加快推进国有林场改革后转型发展，研究制订《国有林场管理办法》，编制完成《甘肃省国有林场中长期发展规划（2020~2035年）》，组织专家和管理人员，围绕"国有林场改革后转型发展"进行专题调研，为国有林场后续发展做了大量基础性工作。2019年国家下达中央财政国有贫困林场扶贫资金3529万元，林区棚户区改造、管护站点、林区道路等基础设施建设得到加强，职工生产生活条件有效改善。全省建成国家重点林木良种基地11处，省级林木良种基地31处，采种基地68处；完成11处国家重点林木良种基地2018年度考核工作，全省良种苗木产量4.2亿株，良种使用率达到52%。

【完善集体林权制度】 贯彻落实省政府办公厅《关于完善集体林权制度的实施意见》，推进集体林权规范有序流转，促进集体林业适度规模经营，推进林权抵押贷款，有效解决林农发展缺资金的难题，加快培育家庭林场、林业合作社、林业龙头企业和专业大户等为主的新型林业经营主体，提升集体林业经营水平，集体林生态、经济和社会效益逐步显现，改革红利不断释放。累计办理林权抵押贷款96.97亿元，林业合作社增加到3571个，认定登记家庭林场1247家，全省国家级林业重点龙头企业增加到11家。

【生态扶贫】 省林草局全面履行省生态扶贫专责组组长单位职责，持续推进"五个精准到户、一个精准倾斜"林草扶贫举措。全年为深度贫困县（区）倾斜安排资金24.13亿元。国家下达甘肃省退耕还林还草工程建设任务19 406.67公顷，落实退耕还林还草补助资金2.39亿元，倾斜安排"两州一县"及18个深度贫困县14 646.67公顷，占全省的76%。争取落实2019年省级财政林果产业发展项目资金3000万元，其中倾斜安排到深度贫困县区的有2250万元，占全省的75%。生态护林员项目年资金规模实现"四连增"，达到5亿元，年度选聘生态护林员63 139人，带动12万以上贫困群众实现脱贫。对中央脱贫攻坚专项巡视和国家脱贫攻坚成效考核反馈的问题，全面彻底进行整改，全力推进生态补偿脱贫一批工作。

【秦安县帮扶工作】 履行帮扶秦安县省直组长单位职责，会同省直及中央在甘肃9个单位扎实开展帮扶，全年为秦安县倾斜安排林草项目资金5043万元，仅生态护林员一项就落实资金724万元，在建档立卡贫困户中选聘生态护林员905人，每户年增收8000元。按照甘肃省开展脱贫攻坚冲刺清零专项行动部署，组织帮扶干部对13个贫困村义务教育、基本医疗、住房安全及饮水安全、易地扶贫搬迁等方面存在的短板弱项进行全面摸排，针对摸排梳理出的问题，因村因户施策，认真研究解决。帮助贫困村培育花椒主导产业，开展椒园套种中药材404.93公顷，万寿菊191.26公顷，马铃薯181.86公顷，其他经济作物241公顷，为贫困群众长期稳定脱贫奠定基础。截至2019年底，秦安县13个贫困村按计划如期脱贫。

【林果产业发展】 坚持以市场需求为导向，以基地建设为抓手，以科技支撑为动力，以农民增收为核心，加快产业结构调整，推进传统林果产业向现代林果产业转变。全省经济林果面积达到149.6万公顷，年产值390.52亿元。建成千亩以上集中连片示范基地1297个，注册登记林果协会及合作组织1918家，全年累计培训果农55万人次。苹果成为全省栽培面积、产量和产值均列第一的树种，主要分布在平凉、庆阳、天水、陇南4市，其中平凉、庆阳是全国知名优质红富士苹果生产基地，天水已成为全国最大的元帅系苹果生产基地，全省18个县被评为全国苹果优势生产区域。

【林下经济发展】 加快发展林下种植、林下养殖、林产品采集加工、森林景观利用、森林康养基地建设等为主的林下经济，全年林下经济产值达到73.59亿元，康县、会宁、临泽、敦煌等8个县(市)和甘富果业公司等29个林下经济经营主体先后被国家林草局认定为国家级林下经济示范基地。贯彻国家林草局、民政部、国家卫健委、国家中医药管理局《关于促进森林康养产业发展的意见》，推荐酒泉市金塔沙漠胡杨林康养试点基地、酒泉金锁阳沙生产业文化科技园、小陇山林业实验局滩歌林场、会宁县牡丹园森林康养中心、会宁县油用牡丹种植示范基地及生态农庄、会宁县五七农场森林康养中心6个基地为国家森林康养示范基地。

【草产业发展】 坚持把草产业发展同草原生态保护有机结合，出台甘肃省草产业发展《指导意见》和《发展规划》，成立"甘肃省草产业技术创新战略联盟""甘肃省草产业协会""甘肃省草业标准化技术委员会"，开辟草产品运输绿色通道，推广牧草良种、良法配套应用，着力推进草产业持续较快发展。全省人工种草面积稳定在160万公顷左右，位居全国第二位；苜蓿面积达到75.33万公顷，位居全国第一位。形成以定西片区为主的裹包青贮、以山丹片区为主的高端燕麦和以永昌片区为主的优质苜蓿三大草产业商品草生产基地。全省草产业企业、合作社发展到860多家，生产加工能力达到520多万吨。全省先后培育牧草新品种34个，建立国家级草品种区域试验站4处，省级区域试验站6处。甘肃已成为全国优质商品草储备供应基地和集散中心，草产业在保护生态、促进绿色发展、助推脱贫攻坚中的作用日益凸现。

【沙产业培育】 全省沙区市(州)、县(市、区)政府以重点工程和示范项目为依托，坚持多采光、少用水、新技术、高效益，因地制宜发展沙产业。截至2019年，全省有涉沙企业和沙产业基地1000多家，形成了中药材、沙地林果、沙区特色种植养殖、沙区产品加工、沙区生态旅游五大特色优势产业，在生态建设、增加就业、促进增收、保障市场、推动沙区经济健康发展等方面发挥了积极作用。按照国家林草局要求，组织上报张掖、酒泉等地7个荒漠化防治产业综合项目，作为甘肃省利用开发性金融推进荒漠化防治储备项目，组织甘肃省10多家沙产业龙头企业参加全国第四届沙产业博览会，全面推介和展示甘肃省沙产业产品。

【林草科技和宣传工作】 全年实施各类科技计划项目60余项，落实科研推广经费2960万元。首次设立省级林业和草原科技创新项目专项，安排经费500万元。全省各级科研推广单位取得科技成果50余项，评出省林业科技进步奖36项。取得国家专利45件、软件著作权16件，申报紫斑牡丹新品种26个，出版专著10部，发表科技论文220余篇。中央宣传部授予甘肃省古浪县八步沙林场"六老汉"三代人治沙造林先进群体"时代楷模"荣誉称号，在省内外巡回作报告104场次，组织文艺宣传巡回演出18场次，引起社会强烈反响。开展第二届"甘肃最美护林员(草管员)"评选，"最感人林业和草原故事"征文等活动。甘肃省兰州南北两山指挥部和古浪县八步沙林场两家单位获"全国关注森林活动20周年突出贡献单位"。敦煌鸣沙山沙漠、民勤苏武沙漠被评为"2019中国森林旅游美景推广地最美沙漠(沙地)"。

【安全生产和森林草原火灾预防】 省林草局先后8次召开党组扩大会、局务会学习国家及甘肃省领导对安全生产工作的指示批示和重要部署，安排部署林草系统安全生产工作。针对2019年汛期强对流天气多、雨水量多面广、灾情多且分散的严峻形势，对草行业安全生产和防灾减灾工作进行全面安排部署，开展灾情核查和生产自救等工作。开展林草系统安全生产大排查大整治大提升专项行动、防风险查隐患保安全专项整治行动和安全生产集中整治行动，为新中国成立70周年营造安全稳定的社会环境。落实森林草原防火目标管理责任制，强化督导检查、宣传教育、隐患排查、火源管控等工作，加大专业防火队伍和基础设施建设力度，构建森林草原一体化防火机制，提升林草火灾综合防控能力。全年未发生重特大森林草原火灾、安全生产事故和重大人员伤亡。甘肃省2个集体和5名个人被评为全国森林防火先进单位和先进个人。

【野生动植物保护】 甘肃野生动植物资源丰富，全省有陆生脊椎动物4纲30目96科845种和亚种，有国家重点保护野生动物114种，是中国大熊猫三大分布省之一。全省共分布有维管植物213科1296属4400余种，境内分布的国家重点保护野生植物34种，其中一级保护野生植物8种。2019年，全省野生动植物资源保护工作持续加强。一是积极配合市场监管、森林公安、海关等部门开展非法经营野生动物专项整治行动，妥善处理查获的象牙等野生动物制品。二是加强野生动物管控和人工繁育野生动物监管，有效防控岩羊小反刍兽疫、非洲猪瘟和新冠肺炎疫情。三是依法依规办理行政许可审批，全年受理野生动植物人工繁育和经营利用等行政许可审批事项85项，办结82项。四是强化野生动植物保护宣传，举办甘肃省第38届"爱鸟周"暨第29届保护野生动物宣传月活动。五是争取各类野生动物保护资金2300万元，用于大熊猫、雪豹等珍稀濒危野生动物保护工作。

【湿地保护与生态修复】 甘肃省湿地总面积169.39万公顷，占全省国土资源总面积的3.98%，其中国际重要湿地4处。2019年，全省全面贯彻落实《甘肃省湿地保护修复制度实施方案》，争取中央财政林业改革发展资金湿地补助资金4800万元，用于湿地流域生态恢复与建设工程。结合第23个世界湿地日，组织开展以"湿地——应对气候变化的关键"为主题的宣传活动，同四川省林草局签订川甘高原湿地战略联盟协议，开启甘川两省高原湿地保护战略合作新模式。省林草局起草的《甘肃省重要湿地确认指标》通过省质监局审核。

【林业有害生物防治】 召开全省松材线虫病疫木检疫执法专项行动电视电话会议，传达全国松材线虫病疫木检疫执法专项行动会议精神，通报全省春秋两季松材线虫病专项监测普查情况，对全省松材线虫病疫木检疫执法专项行动进行动员部署。派出5个督导检查组，对市

(州)和局直单位松木及其制品排查、来源追踪调查、松材线虫病春秋两季普查等情况进行抽查检查。配合国家林草局开展《2015~2017年重大林业有害生物防控目标责任书》履责情况考核，并对考核反馈的6个方面问题及时进行整改，按期上报整改进展。实施好"寄生性天敌防治光肩星天牛技术推广示范项目"和"鼢鼠类综合防治技术推广示范项目"两个中央财政林业科技推广示范项目。与四川省签订《川甘两省林业有害生物联防联治框架协议》。

【林草干部队伍建设】 根据工作需要，大力培养选拔使用干部，营造干事创业的良好工作氛围。先后将政治素质过硬、工作实绩突出的67名干部提拔到县处级领导岗位。全年提拔4名70后干部担任局直单位党政主要负责人，提拔4名40岁以下年轻干部担任局直单位班子成员，配备局直单位纪委书记13名，纪检委员10名。有序推进公务员职务与职级并行，完成局系统247名公务员职级套转、453人（次）职级晋升工作。注重在基层一线培养干部，先后选派两批次25名干部到秦安县驻村挂职锻炼，提拔使用17名，晋升职级3名。认真组织开展职称评审，召开任职资格评审会5次，418人获得正高级、高级、工程师任职资格。完成祁连山保护局1145名、甘肃省森林公安局祁连山分局66名、连古城保护局25名及黄河首曲保护局19名人员人事关系上划工作。

【参加2019北京世界园艺博览会】 2019年北京世界园艺博览会于4月29日至10月7日在北京市延庆区举办，会期162天。世园会组委会划定甘肃省室外展园2000平方米、室内展馆80平方米。甘肃省布展集中体现了敦煌元素、甘肃特色园艺精华，展示了厚重的历史传承和魅力多彩的甘肃文化，受到国内外业内人士和游客高度赞誉。甘肃省展区累计接待游客810多万人次，展品获特等奖13项、金奖36项、银奖42项、铜奖91项。开幕式期间，中央政治局委员、中央外事工作委员会办公室主任杨洁篪，国务委员、外交部部长王毅莅临甘肃省室内展厅参观。甘肃省委常委、副省长周学文出席世园会"甘肃省日"活动并宣布开幕。北京市政协副主席李伟、中国贸促会副会长陈建安、国家林草局副局长刘东生分别发表致辞。

【表彰奖励】 全国绿化委员会授予甘肃省平凉市，天水市麦积区等6个县（区），兰州市林业局等10个单位"全国绿化模范单位"荣誉称号，授予甘肃省彭燕梅等32名同志"全国绿化奖章"。根据国家林业和草原局下发的《关于表彰突出贡献奖的决定》，甘肃省12个集体和19名个人受到表彰。根据国家林草局下发的《关于表彰保护森林和野生动植物资源先进集体、先进个人、优秀组织奖的决定》，甘肃省6个先进集体和7名先进个人受到表彰。

【大事记】

1月1日 《甘肃省实施〈中华人民共和国野生动物保护法〉办法》正式实施。

1月8~9日 中国畜牧业协会草业分会会长、国家草产业科技创新联盟理事长卢欣石一行，赴定西市安定区，就第五届中国草业大会举办有关事宜和定西市草产业发展情况等工作进行调研考察。

2月14日 全省林业和草原工作会议在兰州召开，省委常委、副省长周学文出席会议并讲话，省林业和草原局党组书记、局长宋尚有作工作报告。

3月12日 省林草局组织"3·12"植树节宣传咨询活动，对林业和草原相关法律法规进行宣传，并提供政策咨询。

4月4日 甘肃省党政军领导到兰州新区，与省市党政机关、企事业单位干部职工、部队官兵及预备役人员共同参加义务植树活动。

4月12日 省林业和草原局组织召开甘肃省"绿卫2019"森林草原执法专项行动电视电话会议。

4月26日 在平凉市举办甘肃省第38届"爱鸟周"暨第29届保护野生动物宣传月活动启动仪式。

6月10~15日 国家林草局第八考核组对甘肃省《2015~2017年重大林业有害生物防治目标责任书》履责情况进行考核。省委常委、副省长周学文会见考核组一行，省林草局党组书记、局长宋尚有作汇报，省林草局一级巡视员张肃斌陪同考核组对省林检局和皋兰县、宕昌县开展实地考核。

7月15日 省绿委办、省林草局开发建立的"甘肃省古树名木资源普查"信息管理系统平台正式上线，将全省普查发现的95 601株古树名木，277个古树群全部录入管理系统，有效提升了古树名木资源信息化管理水平。

8月25日 2019中国北京世界园艺博览会"甘肃省日"开幕式在北京世园会妫汭剧场举行。

9月17日 全省基层林行政执法骨干培训班在北京举办，110名来自林业草原基层一线的执法人员参加培训。

10月25日 甘肃、四川两省林草局签订《川甘高原湿地战略联盟协议》，推进"川甘高原湿地战略联盟"，开启甘川两省高原湿地保护战略合作新模式。

10月25日 全省草原工作会议在兰州召开，省林业和草原局党组书记、局长宋尚有参加会议并作主题讲话，南志标院士作了专题讲座。

11月29日 省人大常委会十三届第十三次会议审议省林业和草原局代拟的《甘肃省人民政府关于全省防沙治沙工作情况的报告》，给予充分肯定。

12月6日 《甘肃草原植物图谱》一书，由甘肃科学技术出版社正式出版。

（甘肃省林草业由甘在福供稿）

青海省林草业

【概　述】 2019年，青海省林业和草原系统积极推进国家公园示范省建设，主动适应林草融合发展，扎实推进林业草原生态保护和建设，圆满完成年度目标任务，各项工作取得明显成效。

【国土绿化】

国土绿化三年提速行动 召开全省国土绿化动员大会，层层签订绿化目标责任书，逐级分解落实绿化任务，全年共完成营造林28.87万公顷，为计划任务的108%，其中人工造林14万公顷、封山育林7.93万公顷、森林经营6.93万公顷，国土绿化提速三年行动计划圆满收官。2017~2019年，全省累计完成营造林82.8万公顷，森林覆盖率增加近1个百分点，达到7.26%，创造了造林规模最大、森林资源增长最多、城乡绿化速度最快三个新纪录。创建"森林城镇"11个、"森林乡村"12个、"生态文化村"10个。

全民义务植树 4月11日，省级四大班子领导在曹家堡机场，同西宁市、海东市干部群众共同参加义务植树劳动，各地区、各部门主要负责人带头参加义务植树活动，引领带动全省掀起义务植树热潮。不断丰富完善义务植树尽责形式，扎实开展全国第二批"互联网+全民义务植树"试点，不断创新义务植树机制，广泛动员干部职工、驻军官兵、青年学生、僧侣大力营建"青年林""厅局长林""援青林""民族团结林"等主题林和纪念林，开展绿地认建认养、捐树捐绿等活动，形成了全省各族群众人人参与、人人尽力，爱绿护绿植绿、共建共管共享、建设美丽家园的良好氛围。全省完成义务植树1500万株，为国土绿化注入了澎湃动力。

【国家公园建设】

国家公园示范省建设 坚持以国家公园为主体的自然保护地体系示范省建设为统领，召开示范省建设启动大会，建立省政府和国家林草局主要领导任"双组长"的顶层推进机制，召开三次领导小组会议，在全国率先出台《贯彻落实〈关于建立以国家公园为主体的自然保护地体系的指导意见〉实施方案》，编制了国家公园示范省建设实施方案，明确国家公园示范省建设的指导思想、战略定位、基本原则、建设目标和49项重点任务，形成全省协同共建格局。统筹推进保护地整合优化，完成全省15类、223处各级各类保护地本底调查，制订了自然保护地整合优化办法和方案、自然保护地分类标准。强化规划引领，修订完善三江源、祁连山国家公园总体规划，启动编制国家公园示范省建设、自然保护地两个总体规划和青海湖、昆仑山两个国家公园规划，形成规划体系。

提升国家公园建设层次，创办国家公园论坛，8月19~20日，在西宁召开首届国家公园论坛，习近平总书记为论坛发来贺信，达成了国家公园建设《西宁共识》，

2019年6月11日，青海省人民政府、国家林业和草原局共建以国家公园为主体的自然保护地体系示范省建设启动大会在青海西宁召开

在国内外引起强烈反响。科学规划示范省建设蓝图，制订实施了国家公园示范省建设实施方案、贯彻落实习近平总书记致国家公园论坛贺信精神实施意见。

2019年8月19~20日，首届国家公园论坛在青海西宁举办

祁连山国家公园试点 坚持创新推进体制机制试点，机构建设取得新突破，省、州、县3级管理体制进一步完善，为如期设立国家公园奠定了基础。生态保护取得扎实成效，完成祁连山综合治理工程、祁连山山水林田湖草生态保护修复试点项目年度建设任务，国家公园内矿业权全部停止勘查开发活动，矿点生态整治取得初步成效，祁连山生态环境持续向好。着力优化规划体系，编制实施祁连山国家公园青海片区总规划和8个专项规划，强化系统引领。深入推进勘界定标工作，全面完成自然资源资产统一确权登记。不断强化综合执法，建立多部门综合执法专项督查工作长效机制，生态资源得到最严格保护。持续加强管护能力建设，"村两委+"共管模式进一步拓展15个村，40个标准化管护站建成交付使用，管护基础设施条件得到极大改善。大力建设科研监测体系，国家长期科研基地稳步推进，成立祁连

山国家公园青海研究中心，智能化数字化监测管控工程加快建设，雪豹等珍稀野生动物监测取得丰硕成果，豹、荒漠猫、黑颈鹤专项调查以及大型真菌、昆虫物种调查全面启动。

【重点生态工程】

防沙治沙工程 强化退化土地治理，完成防沙治沙12.3万公顷，开工建设玛沁县昌麻河、乌兰县灶火两个国家沙化土地封禁保护区，新增沙化土地封禁保护面积2.09万公顷，全省沙化土地封禁保护面积达58.24万公顷。

草原生态建设 统筹推进退牧还草、退化草原治理等重大草原生态治理工程，治理退化草地16.2万公顷，为目标任务的111%，防治草原鼠害、虫害及毒草259.93万公顷。强化草原监督管理，全面完成全省草原资源核查，修订完成天然草原草畜平衡核算标准，加强草原资源及生态状况监测，完成返青期监测样地18个，月动态长势监测样地24个，生产力野外监测样地694个。全省天然草原总鲜草产量超过9500万吨，可食牧草鲜草产量达到8600万吨，分别比上年提高2.7%、3.6%。全省草原综合植被盖度达到57.2%，较上年提升0.4个百分点，草原生态环境持续改善。

天然林保护工程 按照国家核定的全省天保工程二期367.8万公顷的森林资源管护指标，各县级工程实施单位通过编制完成县级天保工程二期2019年度森林管护实施方案，细化确定年度建设重点及资金用途，并将应管护森林资源按林班、小班层层签订管护责任书，将森林管护面积和责任落实到山头、地块和具体的责任人，确保了全省天然林资源得到安全、有效的保护。

【资源保护与管理】

林草资源保护 坚持实行最严格保护，367.8万公顷天然林、496.09万公顷国家级公益林得到全面管护。强化林地、草地、湿地资源征占用审核审批，实施草原禁牧管理、草畜平衡管理新办法，将247.87万公顷森林纳入保险，全面开展森林督查以及林草"一地两证"情况摸底调查，完成违建别墅清理整治。加强古树名木保护，完成全省第二次古树名木资源调查，进一步规范了管理。

湿地保护工作 加大湿地保护修复力度，稳步推进青海湖、扎陵湖-鄂陵湖国际重要湿地保护修复、退耕还湿和湿地生态效益补偿等生态工程，7个国家湿地公园通过国家验收，泥炭沼泽碳库调查取得阶段性成果，在西宁召开长江湿地保护网络年会，向全国展示了青海湿地保护成就。

生物多样性保护 加强生物多样性保护，编制完成雪豹和普氏原羚保护规划，完善野生动物造成人身财产损失补偿政策，开展珍稀濒危野生动物保护与监测，推进野生动物造成人身财产损失补偿，强化野生动物疫源疫病监测防控，成功实施玉树雪灾野生动物救助行动。

有害生物防治 防治林业有害生物面积20.84万公顷，超额完成防治任务。省政府与各市（州）人民政府签订了年度有害生物目标责任书。开展了国家级中心测报点预测预报补助项目资金使用、绩效考核管理。在互助土族自治县、湟源县开展了林业有害生物中心测报点试点工作，以期建立适合全省的预测预报模型。在全省范围内开展了松材线虫病疫木的全面排查和追踪调查工作，跨省调入松木及其制品144 479立方米，检疫检查木材销售加工点268家，复检木材及其制品606立方米，其中松木及其制品496立方米，松木及其制品复检率100%，柏木和电缆盘制品110立方米，均未发现松材线虫病疑似病状。

森林防火 严格落实森林草原防火责任制，未发生重大火灾。实现连续33年无重大森林草原火灾。进入防火期，省林业和草原局印发《关于开展2019年森林草原防火工作督查的通知》，成立8个督导组，由局领导带队，督导落实防火责任，逐项检查各项防火措施，协调解决突出问题和困难，有力地推动了防火工作的开展。

专项行动 2019年全省森林公安机关共查处各类森林和野生动物案件58起，案件综合查处率为98.65%，组织开展"蓝天2019""绿卫2019""严厉打击犀牛和虎及其制品非法贸易""昆仑4号"等专项行动，侦破了一批大案要案，形成强大震慑力。打击处理各类违法犯罪人员87人次。及时安排部署林区禁毒工作，将林区禁毒铲毒工作与扫黑除恶专项斗争结合起来，严厉打击各类涉林违法犯罪活动。

【林草改革】

林草重点领域改革 坚持以改革促发展增活力，全面完成国有林场改革省级验收，进入国家验收阶段。制定实施进一步放活集体林经营权指导意见，探索落实所有权、稳定承包权、放活经营权为主要内容的集体林权"三权分置"改革，推动资源变资产、资产变资金、农民变股东的"三变"创新，激发发展活力。积极稳妥开展"草长制"试点，建立了责任明确、监管严格、保护有力、绩效考核的草原管理机制。

湟水规模化林场建设试点 湟水规模化林场试点取得重大突破，制订实施林场建设管理办法。全国首发1亿元林业生态政府专项债券，引进5.73万公顷"蚂蚁森林"公益植树项目，完成3万公顷营造林任务。

【林草产业】

林草产业发展 坚持持续推进林草产业优化升级，特色经济林扩容提质，种植面积达25.43万公顷，其中有机枸杞1.20万公顷，成为全国最大的有机枸杞生产基地，柴达木枸杞被认定为第二批中国特色农产品优势区。中藏药材标准化种植取得突破，与同仁堂公司合作建成222.67公顷有机（优良）种植基地。特色野生动物养殖快速发展，新增林麝养殖企业14家，比上年增长200%。森林康养、乡村花海等新业态加快发展，年游客接待量稳定在千万人次。市场主体加快壮大，新增国家级龙头企业3家，省级龙头企业27家，国家和省级龙头企业突破百家，达到113家。全省林草产业产值达到320亿元。

种苗产业 2019年全省共储备各类林木种子11.01万千克，出圃各类苗木59 766.13万株。采取线路普查、样地普查及访问普查等方法，重点对野生林木种质资源，栽培树种（品种）林木种质资源，自然保护区、植物园、树木园、物种园（品种园）的种质资源，古树名木种质资源及优良林分等进行调查。通过两年的普查工作，基本摸清了西宁、海东、海北及海南4个市（州）的林木种质资源家底，查清了栽培树种、野生木本植物、引进树种、珍稀濒危植物和古树名木等种质资源的分布情况、社会经济和环境变化、种质资源的种类及多样性等基本信息，为青海省林木种质资源保护和开发利用奠定了基础。

【林草保障能力】

投资项目 坚持强基固本稳支撑，多方争取林草发展资金，全年完成中央和省级林草生态建设投资53.21亿元，为目标任务的133%；完成固定资产19.4亿元，完成年度目标任务的138.3%；各级地方投资超过15亿元，创生态保护建设投资新高；争取太平洋保险集团捐建生态林投资1500万元，企业资助取得新突破。扎实开展项目生成提升年活动，全年共储备林业草原项目206项，已全部录入国家重大建设项目库。会同国内相关研究机构开展"十四五"林业和草原发展规划前期研究，进一步加强构建现代化林草治理体系保障能力。

科技支撑 强化科技支撑，启动祁连山黑土滩治理、柴达木地区荒漠化防治、外来物种调查等重大科技项目，三江源高海拔城镇造林绿化关键技术研究与示范项目取得阶段成果，入选国家林业科技推广成果库成果19项，"智慧林草"扎实深入推进，制定地方标准9项。开通"互联网+监管"系统平台，大渡河源森林、青海湖湿地、贵南荒漠、祁连山南坡森林生态定位研究观测站投入运行。

【生态扶贫】 坚持管护就业、生态补偿、产业带动、务工增收、定点帮扶综合施策，生态脱贫带动力全面提升。全省林草生态保护公益岗位达到13.8万个，其中建档立卡贫困户4.99万个，人均年收入超2万元，带动全省18万贫困人口持续稳定脱贫。全年落实森林、草原、湿地等生态补偿资金19.63亿元，58.41万农牧户受益。全省林草产业带动就业16.38万人，带动12.51万农牧户户均年增收3583元。各类营造林工程带动6.62万农牧民群众参与，其中建档立卡贫困人口1.51万人。6个定点帮扶村全部整村脱贫摘帽。

【林草宣传】 始终秉承"广泛与媒体合作、全面与媒体融合、始终与媒体共振"的宣传理念，深入宣传林业草原保护建设中的典型经验和成功做法，重点结合新中国成立70周年林业和草原改革发展和国家公园示范省建设成就开展了系列宣传报道。主要针对关注森林活动20周年先进单位和人物，"三北"工程建设受表彰的先进典型、模范人物，退耕还林还草20周年成就与经验，国土绿化三年提速行动，草原生态保护治理，林业产业发展改革，湿地保护建设等重要内容，持续加大在中央媒体层面上的宣传力度，积极扩大在《人民日报》、新华社、中央电视台、中国新闻社、《中国绿色时报》等媒体上的宣传报道。特别是8月19~20日在西宁举办的国家公园论坛宣传报道中，按照省委宣传部的安排部署，针对首届国家公园论坛规格高、规模大、影响广的实际，及时与中央驻青海媒体沟通对接，争取中央媒体的支持关注。8月19~21日，中央媒体刊播论坛相关稿件267篇，平均每天89篇，这种关注度前所未有，形成了中央媒体的"青海版面""青海时段"。据不完全统计，全年在各类各级媒体刊（播）发新闻稿件2000余条，取得了历史性突破，其宣传力度之大、宣传范围之广、宣传层次之高前所未有。

【大事记】

1月24日 全省林业和草原工作暨祁连山国家公园体制试点推进会在西宁召开。会议总结部署全省林草和祁连山国家公园体制试点工作。省委副书记、省长刘宁提出工作要求，副省长田锦尘出席并讲话。

2月11日 省委副书记、省长刘宁来到省林业和草原局调研林业草原工作。

2月22日 省林业和草原局与国家林业草原局西北调查规划设计院在西宁共同召开全省自然保护地调查评估座谈会，标志着青海省自然保护地调查评估工作正式启动。

3月14日 国家林草局经济发展研究中心和青海省林业和草原局就共同开展青海省林草发展"十四五"规划战略研究在西宁开展座谈，并制订了《青海省"十四五"林草发展规划战略研究调研方案》，旨在通过双方合作科学谋划青海林草高质量融合发展蓝图，为加快推进青海生态文明建设贡献林草力量。

3月29日 省委、省政府召开国土绿化动员大会，提出全力打好国土绿化提速三年行动收官之战。

3月28日 省玛可河林业局友谊桥管护站职工在查看红外相机拍摄的照片时，发现疑似金钱豹的身影。经鉴定，确认为国家一类重点保护哺乳动物——金钱豹。

4月25日 由黄南藏族自治州人民政府、海东市人民政府共同主办的"民族团结一家亲，牵手共植一片林"植树造林活动在省道203线西砂石料场举行。该活动开创了通过植树造林这一形式解决两地边界纠纷的先河。

5月22日 省政府第23次常务会议审议通过《青海以国家公园为主体的自然保护地体系示范省建设实施方案》。

5月31日 省人民检察院会同省林草局、三江源国家公园管理局举行三江源生态公益司法保护和发展研究协作机制签约仪式，共同签订了《青海省人民检察院、青海省林业和草原局、三江源国家公园管理局关于建立三江源生态公益司法保护和发展研究协作机制的意见（试行）》。

6月11日 青海省政府与国家林业和草原局在西宁市召开会议，共同启动以国家公园为主体的自然保护地体系示范省建设，将为中国建立分类科学、布局合理、保护有力、管理有效的自然保护地体系探索路子、积累经验、作出示范。

6月19日 联合国开发计划署（UNDP）、全球环境基金（GEF）"加强青海湖-祁连山景观区保护地体系建设项目"启动会在西宁召开，标志着项目正式进入实施阶段。该项目是在省林业和草原局成功实施 UNDP-GEF 第四增资期三江源生物多样性保护项目的基础上申请的又一新项目,是省林业和草原局成立后在生物多样性保护领域实施的首个外资项目。

7月18日 青海省政府在上海证券交易所成功发行全国首支林业生态地方政府专项债券,发行金额1亿元,期限7年,重点用于青海省湟水规模化林场建设。

7月24日 祁连山国家公园青海省管理局与中国科学院西北高原生物研究所、青海师范大学共同成立祁连山国家公园青海研究中心,标志着祁连山国家公园自然生态系统研究和科研合作掀开高质量、高水平发展的崭新一页。

8月19日 由国家林草局和青海省人民政府共同举办的第一届国家公园论坛在西宁开幕。中共中央总书记、国家主席、中央军委主席习近平发来贺信。8月20日,第一届国家公园论坛圆满落幕,达成国家公园论坛《西宁共识》。

8月30日 三江源生态公益司法保护中心和三江源生态公益司法保护中心联络处揭牌仪式分别在省检察院、省林业和草原局、三江源国家公园管理局举行,标志着青海三江源生态公益司法保护协作机制正式启动运行。

6~8月 祁连山国家公园青海省管理局首次启动了昆虫资源专项调查。这也是全省首次开展的区域性昆虫系统调查。

12月5日 祁连山国家公园青海片区首支志愿者服务队海北青年志愿者服务队授旗仪式在祁连县举行。该服务队的成立意味着祁连山国家公园在坚持全民共享原则,推进全社会参与祁连山生态保护机制方面迈出的重要一步。

12月17日 中国生态文化协会授予全国132个行政村为"全国生态文化村",大通县向化乡将军沟村、尖扎县昂拉乡德吉村、湟中县土门关乡上山庄村、湟中县拦隆口镇泥麻隆村4个村名列其中。

12月22日 由首届国家公园论坛组委会秘书处、省林业和草原局、三江源国家公园管理局、祁连山国家公园青海省管理局、青海湖国家级自然保护区管理局、《中国书画》杂志社主办的以"建设国家公园省,传递大美青海情"为主题的青海国家公园示范省建设全国美术书法摄影作品展在西宁开幕。

12月25日 国家林业和草原局正式宣布158处试点建设的国家湿地公园通过验收,青海提请验收的互助南门峡、都兰阿拉克湖、德令哈尕海、玛多冬格措纳湖、祁连黑河源、乌兰都兰湖、玉树巴塘河7处国家湿地公园上榜,正式成为"国家湿地公园"。

12月30日 全国林业和草原工作会议在北京召开。会上,河北、福建、湖南、重庆、四川、青海、新疆7省(区、市)分别作典型发言。青海国家公园示范省建设工作领导小组办公室主任,省林业和草原局党组书记、局长李晓南作了题为《完善制度体系 强化系统保护 全力推动国家公园示范省建设》的交流发言。

(青海省林草业由宋晓英供稿)

宁夏回族自治区林草业

【概　述】 全区完成营造林9.23万公顷,治理荒漠化土地6万公顷,治理退化草原0.73万公顷,人工种草生态修复1.53万公顷。全区森林覆盖率达到15.2%,草原综合植被盖度达到56%,湿地保护率达到55%。完成六盘山区10个点133.33公顷高密度人工林近自然林改造试点任务。绿化美化乡村200个,推荐命名"国家森林乡村"37个。

【林草改革】 研究起草《实施意见》经自治区政府常务会议审议通过,国有林场改革主体任务全面完成;研究制定《指导意见》,推进集体林地"三权分置"改革试点,大力扶持发展林下经济,培育各类新型林业经营主体4509家,深化"放管服"改革,可不见面率达到92.8%。大力实施创新驱动战略,启动实施国家科技项目11个、自治区财政新技术引进推广项目13个,推广引种驯化项目9个、优新树种5个,新建标准化林业站10个,改造提升科技推广站6个。

【资金规划】 2019年统筹全区造林任务、涉农资金整合和贫困县资金增幅的要求,下达中央和自治区项目资金计划21亿元(中央资金14.3亿元,自治区财政资金6.7亿元),较上年增加2亿元,其中争取区财政安排国土绿化地方债1亿元;组织完成2019年退耕还林、三北防护林、天然林保护、森林防火、生态定位站、自然保护区等25个基本建设项目可研申报工作,申请资金5.15亿元;申请中央财政林业补助项目26个,资金10.39亿元;争取国家林草局安排宁夏2019年生态护林员指标新增2800名,当年共安排宁夏贫困县生态护林员指标11 300名,资金1.13亿元;支持加快银川都市圈生态建设筹措资金9025万元。经自治区政府专题会议研究同意,区财政追加拨付资金3000万元,解决水洞沟段生态景观长廊工程款,并积极申请自治区财政厅将剩余的工程欠款6879.29万元纳入2020年部门预算。

【生态修复】

国土绿化"四大工程" 2019年全区下达营造林任务9.04万公顷(含银川都市圈生态廊道绿化任务0.37万公顷),其中人工造林3.09万公顷、退耕还林0.13万公顷、封山育林1.21万公顷、退化林分改造1.23万公顷、未成林补植补造3.38万公顷。引黄灌区平原绿洲绿网提升工程已完成0.42万公顷,占计划任务的134.5%;六盘山重点生态功能区降水量400毫米以上区域造林绿化工程已完成4.61万公顷,占计划任务的

106.3%；南华山外围区域水源涵养林建设提升工程已完成0.8万公顷，占计划任务的100%；同心红寺堡文冠果生态经济林建设工程已完成0.37万公顷；组织开展3000余人参加的"3·12"植树节宣传活动和自治区党政领导及社会各界群众2000余人参加的全民义务植树活动。

荒漠化治理 与联合国防治荒漠化公约组织秘书处及国家林业和草原局防治荒漠化司在宁夏建立国际荒漠化防治知识管理中心达成初步合作意向，于2019年2月26日在贵州省贵阳市召开的《联合国防治荒漠化公约》第十三次缔约方第二次主席团会议上，签署了《共建国际荒漠化防治知识管理中心合作备忘录》；举办"国际荒漠化防治知识管理中心"揭牌仪式和"荒漠化防治技术与实践国际研修班"，培训巴基斯坦、南非等15个"一带一路"沿线国家学员21人。

【资源管护】

林地定额管理 2019年共审核审批占用征收林地项目744件，面积2955.68公顷，收缴森林植被恢复费35 935.81万元。其中：上报国家林草局审核审批占用征收林地项目6项，面积243.72公顷，收缴森林植被恢复费3377.06万元。自治区林业和草原局审核审批占用征收林地666项，面积2664.10公顷，收缴森林植被恢复费31 774.23万元，包括：审核长期占用征收林地473项，面积1573.35公顷，收缴森林植被恢复费21 025.50万元；审批临时占用林地170项，面积1053.08公顷，收缴森林植被恢复费10 748.73万元；审批直接为林业生产服务占用林地23项，面积37.67公顷。县级林业部门审批临时占用征收林地72项，面积47.86公顷，收缴森林植被恢复费784.53万元。全年共有456个项目占用征收林地使用2019年度定额1436.86公顷。共办理林木采伐183件，使用林木采伐限额12 309.15立方米。

森林资源督查 2019年各县(市、区)查处2018年森林督查中破坏森林资源问题513起，面积1262.88公顷，违法采伐蓄积量51.94立方米，纪律处罚人员9名，其中县处级2名。截至2019年底，已处罚到位问题287起，其中，行政处罚结案267起，处罚金额3639.38万元；刑事处罚结案20起，处罚金额7.3万元。制订了《宁夏2019年森林督查和森林资源管理"一张图"年度更新工作方案》《宁夏2019年森林督查和森林资源管理"一张图"年度更新操作细则》。2019年森林督查共调查疑似图斑2498个，发现涉嫌违法违规使用林地图斑429个，涉嫌破坏森林资源问题案件298起，面积1046.85公顷。

法律法规体系 制订出台了《宁夏湿地公园管理办法(试行)》，按照"谁执法、谁普法"的原则，统筹林业系统"七五"普法宣传，结合"3·12"植树节等重要节点，通过上街宣传、悬挂横幅、发放法律宣传手册、资料，设立法律咨询台等形式，同时强化利用互联网、手机APP等新媒体平台，持续加大普法力度。

【自然保护】

自然保护地体系建设 2019年，全区有林草部门管理的各类各型自然保护地67处。开展建立以国家公园为主体的自然保护地体系试点建设，自治区党委、政府出台了《宁夏建立以国家公园为主体的自然保护地体系实施意见》；申报了宁夏国家级自然保护地能力提升和示范工程项目、宁夏自然保护地生物多样性监测网络体系建设、贺兰山生物链修复和物种多样性保育工程3个重大项目；协调批复了罗山、贺兰山、哈巴湖国家级自然保护区内建设设施的准入申请；组织开展自然保护地生态保护红线评估工作；配合督查自然保护区绿盾行动发现问题并落实整改措施。

野生动植物保护 按照国家林草局安排，结合实际印发了《自治区林业和草原局关于加强全区野生动植物保护和疫源疫病监测防控工作的通知》；与自治区市场监管厅开展全区野生动物保护专项行动，联合印发了《全区野生动物保护专项整治行动实施方案》，联合开展专项检查；争取中央财政野生动植物保护经费500万元，实施了资源本底调查、珍稀物种保护、水鸟保护监测等4个项目；共受理野生动物人工繁育出售利用38件；在央视一套黄金时段《秘境之眼》栏目播出阅海鸟类、六盘山豹等5条视频。开展了以兰科植物为主的野生植物保护调查。

【森林公安】

队伍正规化建设 认真贯彻中央机构改革部署精神，稳步推进全区森林公安机关管理体制调整工作，落实民警的执法勤务、警员职务套改政策。完成全区森林公安机关民警法制业务、警衔晋升培训和新招录、选调人员入警警籍管理工作。强化对基层内务管理、执法执勤等督察力度，调整优化督察队伍，配发专用装备，规范了警务督察行为。

执法规范化建设 开展基层执法服务和执法卷宗评比，刑事案卷优秀卷达100%，林业行政案件优秀卷达46.55%，达标卷99.97%；协调建立联合办案机制，推进出台了自治区检察院、森林公安机关办理涉林刑事案件移送程序指引、证据指引；组织民警参加执法资格考试，基本级执法资格考试通过率达到了90%，中级及以上执法资格考试通过率达到了71.4%，高级执法资格考试通过2人。

严厉打击破坏动植物资源违法犯罪 组织全区森林公安机关开展了声势浩大的扫黑除恶专项斗争，全区森林公安机关共侦查、办理涉黑涉恶线索、案件共12起。协助四川、辽宁、福建等7省份核查办理案件10余件(次)，抓获涉案人员5人，扣押象牙制品100余件(颗)。全区森林公安机关共办理刑事案件86起，破79起，其中办理野生动物资源刑事案件40起，森林资源刑事案件46起，共抓获犯罪嫌疑人92人；受理林业行政案件288起，查处285起；办理治安案件4起。查获野生动物78 588只(头)，其中国家Ⅱ级重点保护野生动物16只(头)，收回林地1295.9公顷，收缴林木821.86立方米，林业行政罚款496.43万元。

装备标准化建设 2019年利用中央财政资金204万元，及时为全区民警采购更新了155台执法办案专用电脑，建设了贺兰山分局案件管理中心，采购更新警车3台，配备夜视执法记录仪30台、移动警务终端51部，夜视红外线望远镜等执法办案专用设备，满足执法办案工作实际需求。

【森林草原管理】

森林草原火灾预防　在重要节日期间全员上岗，投入 14 000 余人对森林草原防火区进行设卡布控，在通往林区、墓区、景区的路口设立临时防火检查站(点)1000 余处，先后 5 次派出 8 个督查组对各重点林区森林草原防火工作部署、责任落实、火源管控、宣传教育、应急响应和值班调度等工作进行了督导检查。与气象部门协作建立了森林草原火险预警预报长效机制，共发布高森林火险气象等级信息 3 期、森林火险预警信息 60 期。组建了 8 支森林消防专业队伍，共举办森林草原防火业务、森林草原火灾安全扑救知识、预案演练、机具使用、队伍管理等培训班 20 余期，指派教员指导培训、演练 13 次，培训人员 1200 余人次。

草原行政执法　组织全区开展宁夏"绿卫 2019"森林草原执法专项行动，共出动执法人员 2900 余人次，执法车辆 800 余台次，行政立案 327 起，刑事处理涉案人数 64 人，罚款 1529.19 万元，查获违法侵占林地 198.39 公顷，违法毁林开垦 166.64 公顷，违法毁坏林木蓄积量 256.37 立方米，恢复林地面积 198.97 公顷。推进"互联网+监管"系统建设，开展了相关人员培训、监管平台技术支撑、登录账号分配、本级单位 2019 年监管行为存量数据汇聚推送等工作，推送数据 4000 余条。

安全生产工作　组织召开全局系统安全生产(扩大)会议四次，与各单位(部门)主要负责人签订了《安全生产目标责任书》，开展危险化学品安全综合治理，开展安全生产月和安全生产万里行活动，共制作展板 30 余块、发放宣传彩页 3 万余份、围裙 2000 余条、手册 3000 余册、手提袋 3000 余个及其他宣传资料 3 万余份。

【科技支撑】

林业科技项目　2019 年先后启动实施了 11 个中央财政林业科技推广示范项目和 13 个自治区林业新技术引进及推广项目。对 2018 年实施的 11 个中央财政林业科技推广示范项目和 14 个自治区林业新技术引进及推广项目进行了中期绩效评估。对 2017 年实施的 8 个中央财政林业科技推广示范项目和 3 个自治区林业新技术引进及推广项目进行了验收。

标准化体系建设　首次完成了《宁夏林业和草原地方标准体系表》，组织制定审核了《宁夏枸杞追溯要求》等 6 部地方标准并报自治区市场监督管理厅发布；对宁夏银川城市森林生态系统国家定位观测研究站进行了验收，借助科技项目的实施培训了基层林业从业人员 1000 多人次；组织推荐了一批全国林草乡土专家，其中西吉县王福社被国家林草局科技司聘为第一批林草乡土专家；开展了第十五届林业青年科技奖候选人和基层科技推广员推荐工作，组织开展了自治区科学技术奖申报工作等。

【天保工程】

天然林资源管护工程　2019 年争取落实中央财政天保森林管护费、森林抚育、公益林建设资金和自治区财政管护资金 2.54 亿元，天保工程区 102.05 万公顷森林资源得到有效管护，完成公益林建设任务 0.87 万公顷。国有林场职工社会保险全面落实，下达国有林场 5072 名职工五项社会保险补助 8257 万元和 88 名林业行政执法人员政社性补助 175 万元。

国家级公益林管理　2019 年落实下达全区 51.24 万公顷国家级公益林中央森林生态效益补偿资金 9742 万元，加强管护责任落实，签订管护责任书。重点在惠农区、青铜峡等 5 县(区)开展公益林监测评价工作，安排监测评价资金 62 万元。

资金稽查监管　开展重点工程项目资金稽查，当好林草资金运行"安全员"。基金管理站联合第三方机构开展对 2018 年三北防护林工程、六盘山 400 毫米降水量造林工程、天保公益林、湿地保护、水洞沟段景观长廊及水系工程、林木良种补助 6 个工程(项目)资金稽查，检查资金 3.24 亿元；完成全区 2017~2018 年造林、林木良种、森林抚育补助和林业贷款贴息四项补助资金 3.3 亿元使用管理情况调查工作；开展森林生态效益补偿、退耕还林补助涉林草惠农项目资金稽查，重点核查原州区、盐池县、同心县、中宁县 4 个县(区)8 个乡镇、9 个自然村 138 户农户补助(补偿)资金兑付情况，稽查资金 8908 万元，完成稽查报告并提出问题整改建议。

生态扶贫方面　实施生态扶贫，助力生态脱贫攻坚。2019 年安排贫困县天保工程、森林生态效益补偿、森林抚育、公益林建设等资金 2.24 亿元，占全区林草资金总量 19 亿元的 11.8%。利用天保森林管护、生态效益补偿公益林管护，聘用护林员 3679 人，其中：建档立卡贫困户 731 人，增加农民就业机会，增加收入。

【湿地保护】

湿地保护恢复资金　落实中央湿地保护恢复补助资金 1600 万元、湿地生态效益补偿补助资金 2000 万元、退耕还湿补助资金 2000 万元。落实自治区财政湿地补助资金 1500 万元。完成退耕还湿 0.13 万公顷，对哈巴湖自然保护区周边因野生动物受损的 1.15 万公顷耕地进行补偿。

湿地保护管理　发布自治区级重要湿地 28 处，申报国家重要湿地 10 处。2019 年新增自治区级湿地公园 2 处。出台《宁夏湿地公园管理办法》《宁夏重要湿地名录及管理办法》2 项制度。制定了《宁夏湿地年度考核方案及评分细则》和《河长制林业分工考核方案和评分细则》。迎接国家林业和草原局专家组对镇朔湖、天河湾等 3 家国家湿地公园试点进行验收并顺利通过。建立湿地类型自然保护区 4 处，其中：国家级 1 处，自治区级 3 处。建设湿地公园 26 处，其中：国家级 14 个，自治区级 12 个。形成了以湿地自然保护区、湿地公园为主，各级重要湿地为补充的保护体系，湿地保护率达到 55%。

湿地监测　对全区湿地和湿地野生动植物进行监测，尤其对宁东海子井迁徙生活的国家Ⅰ级重点保护动物遗鸥进行监测。利用卫星遥感矢量数据，对2019年度湿地资源与上年度湿地资源矢量数据进行对比，并实地验证，及时掌握湿地资源动态变化，为湿地保护和湿地资源考核提供依据。

湿地科研宣教　利用2月2日"世界湿地宣传日"和"野生动物保护日"，组织开展相关摄影比赛、诗歌朗诵等活动并发放宣传资料；制作了宁夏湿地保护公益广告片，在宁夏电视台黄金时段播放。在"3·12"植树节宣传活动期间，分发保护湿地、鸟类等宣传资料1000份。在各类报刊媒体上刊载有关宁夏湿地保护信息32条。

【产业发展】

特色经济林发展　新增经济林0.45万公顷，改造"三低"果园0.41万公顷。继续加强标准化示范基地建设，扶持新建示范基地建设5个，巩固提升13个；举办各类培训班11场（次），培训技术骨干约800余人（次），发放培训手册、图说1000余份，惠及果农万余户；组织实施中央及自治区财政科技推广项目4个，推广面积0.67万公顷，申报自治区科技成果1项；组织全区28家林业经营主体参加全国性展会5场，促成企业与客商达成销售协议30余项，合作金额达600余万元。

"三权分置"改革试点　印发了《集体林地经营权流转证登记管理办法（试行）》，明确赋予集体林地经营权流转、再流转、自主经营、抵押担保、股份合作多种权能。探索了林地出租、入股合作、股权分红、合作经营等多种流转形式，流转集体林地经营权0.07万公顷，颁发《林地经营权流转证》18本；完成了《支持鼓励社会资本投资林业建设的指导的意见（审议稿）》，报自治区自然资源厅审核。

林下经济示范建设　对2015～2016年度评定的20家自治区林下经济示范基地建设情况进行了动态监测考核，组织召开了全区集体林地"三权分置"改革试点暨林下经济现场培训班，引导各地发展林下药材0.33万公顷，林下养殖75万只，养蜂1.94万箱。

【枸杞产业】

枸杞产业发展　全区枸杞种植标准化率达到71%，统防统治率达到70%，良种覆盖率达95%以上；枸杞及其制品出口40多个国家和地区，2019年，出口枸杞4808.7吨，创汇收入4201.7万美元，占全国出口总量的60%以上。相继建成4个国家级枸杞研发平台，2个国家级枸杞种质资源圃、5个自治区级苗木繁育基地，5个院士工作站、14个枸杞产业人才高地工作站。枸杞干果、原汁、化妆品、功能性食品等枸杞及其制品达十大类100余种，加工转化率达到25%。宁夏已成为全国枸杞产业基础最好、生产要素最全、品牌优势最突出的枸杞核心产区。

枸杞产业标准化体系　发布枸杞标准9部，其中：地方标准7部，国家团体标准2部。宁夏地方标准分别为《宁夏枸杞标准体系建设指南》（DB64/T 1639—2019）、《中宁枸杞》（DB64/T 1640—2019）、《枸杞加工良好规范》（DB64/T 1648—2019）、《枸杞包装通则》（DB64/T 1649—2019）、《枸杞贮存要求》（DB64/T 1650—2019）、《枸杞交易市场建设经营管理规范》（DB64/T 1651—2019）、《枸杞追溯要求》（DB64/T 1652—2019）。《宁夏枸杞标准体系建设指南》（DB64/T 1639—2019）涵盖了宁夏枸杞产业、生产、经营3个标准子体系，为宁夏枸杞产业标准体系构建明确了方向；宁夏枸杞产业发展中心向国家市场监管总局标准技术司成功申报"国家枸杞标准化区域服务与推广平台"项目；由宁夏枸杞产业发展中心参与起草的《道地药材　宁夏枸杞》（T/CACM 1020.6—2019）、《中药材商品等级规格　枸杞子》（T/CACM 1021.50—2018），由中华中医药学会发布，实现了宁夏枸杞道地中药材标准零的突破。

枸杞产业品牌建设　新增枸杞产业龙头企业4家，全区枸杞产业龙头企业达到32家。其中，国家重点农业产业化龙头企业4家，国家林业产业化龙头企业10家，自治区级农业产业化龙头企业和林业产业化龙头企业18家；新获得驰名商标2家，获得国家驰名商标企业达到7家，获得自治区著名商标企业达到17家；新增宁夏枸杞知名品牌6家，优质基地（示范苗圃）5家，宁夏枸杞知名品牌达到12家，优质基地（示范苗圃）达到10家；举办第二届枸杞产业博览会，比第一届博览会增加展位195个，增加幅度超过50%。国内20多个省份476家枸杞企业采购商及区内外科研院所、行业协会代表共1200余人参加，集中展示干果及饮料、芽茶、籽油、功能性食品（特膳食品）等枸杞及其衍生品十大类100余种，展出摄影、刺绣、书画、剪纸等文化产品650余件，展示枸杞专用施肥、中耕、除草、植保、烘干等机械设备90余台（套）；共签订各类合作协议22个，签约销售枸杞干果及其系列产品6000余吨，签约资金达4.95亿元。

【退耕还林】

退耕还林工程建设　2019年在同心县、盐池县和自治区农垦局等单位完成了2018年国家下达宁夏退耕任务0.13万公顷和2019年国家下达宁夏退耕还林任务0.03万公顷；配合国家林草局退耕办开展了工程管理实绩核查和效益监测工作，高标准达到了各项管理和监测标准。

退耕还林宣传纪念活动　2019年是退耕还林工程实施20周年，组织区内媒体记者开展了采风活动，举办了全区退耕还林摄影作品征集及摄影展活动，在《宁夏日报》刊发退耕还林专版1期、新闻通讯报道3则，在网页、微信、学习强国等平台刊登退耕还林信息18篇，制作退耕还林20周年宣传片1部。

三北防护林工程建设　2019年共争取三北工程建设任务4.62万公顷，其中人工造林及封育2.14万公顷、退化林分修复1.82万公顷、灌木平茬0.66万公顷，争取中央投资1.90亿元。全区累计完成全年计划任务4.60万公顷，其中中央预算内项目建设任务完成2.60万公顷，争取三北工程科技示范项目2个，争取资金150万元。

【林业宣传】

网站阵地建设　2019年开通"宁夏枸杞""宁夏林草

70年""退耕还林20年""不忘初心、牢记使命"专栏，发布专题要闻。在原有公开栏目以外，增设了"局长信箱""林草政务""监督投诉""意见征集"栏目，便于信息交流和接受群众监督；编发"宁夏林业"微信公众号和今日头条537条，全年阅读量达303 765人次；在宁夏林草局门户网站上发布各类林业信息2156条（篇）；关注森林网发布消息104条。

媒体融合报道 在《中国日报》《人民日报》《中国绿色时报》、中国新闻网等多家中央及区内外媒体报道发稿245篇，覆盖受众3000万人次，全年在各类媒体播放、刊登、发布林草报道4001条，其中：宁夏电视台报道46条（11个头条）、《宁夏日报》280篇（其中头版14篇）、宁夏新闻网系列报道573条、宁夏林草网2156条、"宁夏林业"微信公众号346、今日头条191条、关注森林网104条、其他媒体306条。

【机关党建】

政治建设 2019年举办学习班6期、培训440人次；科学设计6个专题，组织宁夏回族自治区林草局党组班子成员带队深入林草一线开展调研，收集问题106个、提出对策80项、形成调研报告6份；采取多种形式征求意见建议121条，整理形成问题清单2批6类22条，立行立改12条，组织宁夏回族自治区林草局系统180余名党员举办"扛起共产党人责任"集中公诺，教育引导广大党员干部提高政治站位、强化政治意识。

思想建设水平 全年召开13次党组中心组学习会、举办6期学习班、9期"林草大讲堂"。制定《局党组巡察暨党建督查制度》《基层党委理论学习中心组督学制度》等，建立"两级两长督查责任制"，下发整改通知书28份。组织局系统30个党组织"互观互检"。全年学习研究意识形态工作4次，研讨1次，举办专题讲座1次。认真执行新时代好干部标准，突出政治标准，严格干部选拔任用程序，交流提拔处级领导干部37名，任免正科级干部15名。制作微党课5个、微宣讲5个、微故事6个，其中1个作品获得区直机关工委"三微"评比三等奖。

基层组织基础 制定党建责任落实评分细则，组织开展"互观互检"活动，"观"优劣、"检"高低、"评"差异、"促"提升；举办基层党组织书记暨党务干部培训班1期，选派25名党支部书记参加区直机关工委组织的千名书记培训班；创建"宁夏林草党群e家"微信公众号，824名党员干部关注了该公众号，发布原创文章44篇，浏览量达3000多次。

【林业调查规划】

林业调查监测 启动了第六次全国荒漠化沙化监测工作，编制了《技术细则》和《实施方案》，完成了政府购买社会服务的招标采购工作并举办了全区技术培训班；与宁夏大学合作完成宁夏珍稀濒危植物调查项目，对四合木、裸果木、半日花、沙冬青等12种珍稀濒危植物进行的全面调查，掌握了区珍稀濒危植物资源的本底数据；与东北林业大学共同完成了鄂尔多斯台地和陕北陇东切割塬地理单元第二次陆生野生动物资源外业调查，完成六盘山地宁夏地理单元调查成果检查验收，启动了陇中切割山地和宁夏平原地理单元的调查工作；组织完成了2018年度绿色发展统计指标森林蓄积量、沙化土地治理面积、森林覆盖率补充调查三项指标的调查工作，启动了2019年度绿色发展统计指标森林蓄积量、沙化土地治理面积、森林覆盖率补充调查三项指标的调查工作。

森林资源管理 开展2019年森林督查与森林资源管理"一张图"年度更新工作，编制了《宁夏2019森林督查及森林资源管理"一张图"年度更新技术细则》，举办了全区2019年森林督查与森林资源管理"一张图"年度更新启动会暨技术培训班，并实行科室包片方式对全区各县（市、区）进行技术指导；调查2019年度森林督查疑似图斑2498个，发现涉嫌违法违规使用林地图斑429个；完成了全区森林资源规划设计调查质量检查和成果数据汇总；组织对全区35个单位2019年营造林任务完成情况进行核查验收；完成全区33个县（市、区）2018年中央财政森林抚育项目的自治区级验收工作，助推全区森林质量精准提升和经营水平稳步提高。2019年度获得全国绿化委员会颁发的全国绿化模范单位，《宁夏土地荒漠化动态监测与农田防护林体系优化》《宁夏空间规划（多规合一）试点中林地分类标准的建立与应用》分获宁夏回族自治区科学技术进步二、三等奖，《陆生植被碳汇计量关键技术及管理平台研发》获北京市测绘学会颁发的特等奖成果项目。

服务林草 为深入贯彻落实习近平总书记9月18日在黄河流域生态保护和高质量发展座谈会上的重要讲话精神，完成了《黄河流域宁夏生态保护修复及重大项目初步方案》以及《宁夏回族自治区国家级自然保护区勘界立标基础设施建设项目》《银川都市圈绿色生态廊道建设项目建议书》《银川都市圈绿色生态廊道建设2019年度实施方案》《宁东能源化工基地旧煤场生态恢复规划》等项目文本的编制，撰写《加快推进生态立区战略统筹，构建山水林田路湖草一体化生态修复新格局调研报告（林业草原部分）》；配合完成贺兰山国家级自然保护区169个整治点的资料汇编、宁夏保护地大检查数据汇总、贺兰山外围生态环境综合整治石嘴山段银川段整治点的核实审查合并等工作。

【林业技术推广】

争取项目资金 2019年争取中央和自治区财政资金11 472万元。其中：生态护林员补助资金11 300万元；建设管理能力提升项目资金10万元；自治区财政林业优新树种引种驯化繁育项目资金150万元；调查项目资金3万元；林业站管理服务能力测试资金5万元；自治区财政林业技术能力提升建设项目资金4万元。

林业实用技术 完成17个林业优新树种引种驯化繁育项目验收管理工作，组织实施2019年宁夏回族自治区财政科技推广林业优新树种造林示范项目，完成杂交构树引种试验示范项目、优质梨引种试验项目的年度任务与结题验收，申报《宁夏罗山困难立地植被修复关键技术研究与示范项目》科技奖，编制完成《宁夏林业和草原标准体系》。

基层林业站建设 2019年新建成标准化林业工作站10个、科技站5个，投资200万元。新建科技推广站6个，投资60万元；开展了《关于开展2019年度建档立卡贫困人口生态护林员选聘工作的通知》《乡镇林业工作站工程建设标准》等相关课程的授课，推动了基层林业站建设"八化"逐步实现；组织开展了2019年林业站本底调查关键数据年度更新项目。

【林业有害生物】

有害生物防治 2019年完成国家林业和草原局与宁夏签订下达的年度松材线虫病监测和林业鼠(兔)害防治任务。松材线虫病松林监测面积6.18万公顷，林业鼠(兔)害防治6.55万公顷次(其中鼢鼠推广阻隔网防治0.37万公顷、器械防治3.78万公顷、不育剂防治0.93万公顷、药剂防治1.32万公顷，捕鼠22.8万只；沙鼠防治2.82万公顷)；完成2019年林业有害生物全年发生防治报表工作，维护防治信息管理系统软件；制定红脂大小蠹普查工作实施方案，普查红脂大小蠹2.12万公顷；上报林业有害生物应急周报52次和林业有害生物月报12次，完成实施监测面积193.33万公顷次，发布生产性预报预警信息320条，预警通报6期；完成15个县(市、区)国家级中心测报点林业有害生物监测专用无人机监测设备、高远程施药设备、体式数码显微成像系统、林业有害生物移动诊断采集终端等设备安装调试，并对相关人员进行培训；召开2020年全区林业有害生物发生趋势会商会。全区林业有害生物成灾率4.6‰，测报准确率90.2%，无公害防治率90.62%，种苗产地检疫率100%。落实防控经费1260万元，包括中央财政下达防治补助经费575万元、中央预算内投资宁夏林业有害生物防治能力提升项目335万元、自治区财政下达防治经费350万元。

有害生物传播防范 全区共计完成产地检疫1.42万公顷，产地检疫率100%；完成调运检疫木材6140立方米、种子214吨、苗木13 562.6万株、花卉5486.4万株、插条115.5万根；检疫复检苗木5960.6万株、木材33 191立方米、电缆盘(含托盘)23 359只、种子61.55吨、插条5万根、果品124吨；查处违规调运案件17起，带疫调运案件4起，销毁带疫苗木4216株，查处伪造《植物检疫证书》4份；组织完成了一期在南京林业大学举办的松材线虫病检疫监测鉴定技术培训班，完成了春、秋两季松材线虫病例行普查工作，以及松材线虫病检疫执法专项行动，悬挂利用松褐天牛监测诱捕器351只，调查松林面积6.18万公顷，取样分析2515株，监测松林面积6.18万公顷。

野生陆生动物疫源疫病 协调自治区卫健委、农牧厅及石嘴山市人民政府、银川市人民政府等相关部门，围绕贺兰山国家级保护区发生岩羊异常死亡事件，多部门联防联控，及时有效地控制了疫情扩散蔓延，保护了宁夏岩羊、鹅喉羚等国家重点保护动物的种群安全；与东北林业大学合作，制订了宁夏野猪本底调查方案，确定宁夏野猪自然分布于宁南山区南至泾源县北至罗山之间的广大区域，全区野猪野外种群数量大约在18 000只。以泾源县的种群密度最高，每平方千米大约分布7只野猪。在银川市、平罗县、中宁县、青铜峡市两地无损捕捉非国家重点保护动物的野生鸟类700只用于野鸟禽流感监测预警。采集肛咽拭子165份，血清样品59份，抗凝血样56份，采集粪便样品2000余份，送东北林业大学实验室检测，未检出病性禽流感病毒阳性样品，检出副黏病毒毒株样品。

【国有林场和林木种苗管理】

国有林场改革 印发了《宁夏国有林场中长期发展规划》(2018~2025年)，完成全区各国有林场森林经营方案的评审和批复、国有林场基础设施建设专项规划数据、2020~2025年全区国有林场管护用房需求专题报告、全区96个国有林场备案的上报工作；完成了全区国有林场改革省级验收，向国家国有林场改革领导小组上报了验收申请、自查报告及《已完成国有林场改革任务的承诺函》。国有林场数量由改革前的98个整合为具有独立法人资格的96个，国有林场总经营面积由改革前的102.93万公顷增加到2019年的119.2万公顷，森林面积较改革前增加了9.53万公顷，森林蓄积量较改革前增加了28万立方米。

种苗基地建设 举办"2019年全区林木种苗行政执法培训班"，对全区22个市、县(区)38家单位进行了林木种子及苗木质量和档案抽查，规范了生产经营许可证的办理、生产经营使用档案的建立和造林绿化工程"三证一签"制度；完成了全区林木种质资源清查的外业工作；争取中央、自治区财政林木良种补贴资金817.6万元；对宁夏农林科学院枸杞工程技术研究所和宁夏林业研究所股份有限公司两家单位实施的资源库保护工程项目进行了中期检查；编写《立体复合林木育苗技术汇编》培训资料，完成了"泾源县生态扶贫高效复合育苗模式及关键技术示范推广"项目验收工作。组织实施"黑果腺肋花楸引种及高效栽培技术示范推广项目"。

森林公园建设 组织国家森林公园等单位参加了2019年中国森林旅游节，宣传宁夏森林旅游；制定并印发《国家森林公园林相改造项目工作指南》，组织实施了贺兰山国家森林公园2019年林相改造项目，验收了贺兰山国家森林公园实施的2016年林相改造项目和花马寺国家森林公园实施的2018年林相改造项目，督促火石寨国家森林公园对2017年实施的林相改造项目进行整改；加强自然保护地管理工作，先后两次对11个国家和省级森林公园管理单位违建别墅的情况进行了排查，宁夏森林公园仅有大武口区北武当省级森林公园中建有房屋58户。加强森林生态旅游基础性科研，初步完成了宁夏森林旅游线路研究工作，开展了市民休闲森林公园建设技术研究，编写《宁夏森林公园》一书。

【国家级自然保护区】

宁夏贺兰山国家级自然保护区 2019年取得了林区69年来无较大森林火灾的成绩，完成国务院2018年森林草原防火巡查考核工作，联合召开宁蒙贺兰山保护区第三十次护林防火联防会议。办理林业行政案件51起，收缴罚款11.53万元；联合有关单位查处林业案件13起；移交破坏林地案件线索10起，移交偷采盗运矿产资源案件线索8起，验收破坏林地现场5处，验收销号"绿盾"专项行动整治点3处。开展"贺兰山四合木林木种质资源库建设项目"等珍稀濒危动植物及林业有害生物研究项目7个,出版《贺兰山林业昆虫生态图谱》,提名自治区科技进步奖1项,自治区重点研发项目"贺兰山主要野生动植物生态特征与顶级捕食者适应性研究"通过专家评审;野生动物红外相机监测视频在央视《秘境之眼》播出4期;岩羊小反刍兽疫监测防控工作得到国家林业和草原局第六督导组肯定;野生动植物保护成绩突出,获全国保护森林和野生动植物资源先进集体。

宁夏罗山国家级自然保护区 完成了保护区内268处人类活动点位整治销号,实施了2019年"三山"国家级自然保护区监测体系建设项目,在保护区开展"绿卫2019"林政执法专项行动,结合扫黑除恶专项斗争,严厉打击非法猎捕野生蝎子等破坏林草和野生动物资源的违法行为,办理林政案件2起;编制《宁夏罗山国家级自然保护区保护及监测设施建设项目可行性研究报告》,并向国家林草局进行申报;完成2019年森林督查和森林资源管理"一张图"年度更新工作。

宁夏六盘山国家级自然保护区 2019年完成森林抚育1600公顷、林分改造1100公顷、幼林抚育500公顷、义务植树2.48万株;对162种六盘山乡土树种改造成"四个一"林草产业示范园、展示园等53.33公顷成果基地;开展常发性森林病虫鼠害监测,防治有害生物600公顷,开展松材线虫疫情普查1.80万公顷,调运检疫油松、樟子松等苗木222.5万株,复检苗木3.1万株。

2019年度林区未发现火情,被国家林业和草原局授予"2016~2018年度全国森林防火工作先进集体"荣誉称号,"宁夏南部山区水源涵养林多功能管理技术"被自治区人民政府认定为科技进步二等奖。

以野生动植物监测体系项目为依托,密切监测野生动植物生存环境,相继发现中华斑羚、豪猪等新种,为物种区划提供详实的科学资料,通过央视、宁夏电视台及各类平面媒体报道,提升了六盘山的知名度;承办中国栎类学术研讨会及常务理事会;《水源涵养林区落叶松叶蜂生态调查技术研究》《宁夏六盘山国家级自然保护区金钱豹等野生动物资源调查》取得宁夏成果登记;完成红桦引种繁育试验项目;编辑出版《六盘山鸟类图谱》,为研究和保护六盘山鸟类提供重要参考。

宁夏哈巴湖国家级自然保护区 完成"绿盾2019"30个卫星遥感监测疑似活动点位清理整治,宁东盐池麻黄山风电场国电二期风电110千伏送出、古峰330千伏输变电线路项目建设准入及使用林地现场勘验;天然林保护工程落界7100公顷,其中保护区内6700公顷,保护区外406.67公顷。

森林抚育2900公顷,退化林分补植补造300公顷,退化林分更新补植22.73公顷,新造林222.7公顷,植树51 965株,林相改造106.66公顷,湿地生态修复553.33公顷;监测防治有害生物,监测春尺蠖发生面积1000公顷,喷雾防治700公顷;设定林木种质资源普查技术方案与调查路线,普查林木种资源83份,树种83种,分属21科,41属。

争取2019年中央财政森林生态效益补偿基金、国家级自然保护区保护与监测工程建设等19个项目,资金5453.4万元,通过项目实施,使保护区内6.51万公顷森林资源得到有效保护。兑现湿地补助资金993.3万元,国家级公益林补偿资金655.2万元。

宁夏灵武白芨滩国家级自然保护区 2019年,完成农林生产总值9656万元,防沙治沙及生态修复投资2274万元,配套基础设施投资2883万元,沙产业收入1555万元,多种经营公司创产值2944万元,职工人均年收入达到7.5万元。

"绿盾"行动三年357处人类活动点位,完成356处,完成率99.7%。

完成生态修复任务2600公顷,营造灌木林200公顷,乔木林200公顷,退化林改造333.33公顷;治沙区补植造林1186.67公顷;封山育林600公顷;生态修复171.2公顷,栽植各类苗木近20万株。播种繁育地方良种19.90公顷,驯化繁育新优树种1.08公顷1.65万株,乡土树种繁育4.56公顷10.57万株,林木种子采集1万千克,苗木出圃33.06万株。加强对2.67万公顷公益林、2.33万公顷天然林的管护抚育,完成森林抚育专项资金项目333.33公顷,灌木林平茬更新1114.93公顷,骨干乔木林抚育管理2447.73公顷、留床苗抚育管理126.2公顷,病虫害防治800公顷。组织开展了公益林、天然林界和生态效益评估,生态价值评估值达到15.88亿元。

保护区获评"中国最美沙漠"称号,被中宣部命名为全国爱国主义教育示范基地,原任局长王有德荣获"人民楷模""最美奋斗者"称号。

宁夏云雾山国家级自然保护区 2019年共落实保护区智能化管护建设项目资金700万元,落实国家级自然保护区补助资金及森林草原防灾减灾资金205万元。完成了植被演替、土壤水分等常规性生态监测任务;协助7家科研院所完成了9项专题性科学研究任务;与西北农林科技大学合作完成了《宁夏云雾山草原生态系统定位研究站》申报工作并通过国家评审。开展了野化狐狸控制鼠害成果调查及《野化狐狸控制鼠害试验研究》,成功野化狐狸30只,野化成功率100%;利用"世界野生动植物日""5·22国际生物多样性日""6·5环境日""鸟类和野生动物保护"等活动开展野生动植物保护、科普及普法宣传教育,受教育人数达5000余人;开展了"绿卫2019""绿盾2019""扫黑除恶""安全生产大检查"及"安全生产百日专项行动",叫停违规建设项目2项。

宁夏沙坡头国家级自然保护区 2019年,宁夏中卫沙坡头国家级自然保护区管理局隶属关系由自治区生态环境厅转隶移交至自治区林业和草原局。全年共巡护检查85次,处理违法违规案件3起;完成"绿盾2018"遗留问题及"绿盾2019"5处整改点位清理整治和验收销号;积极开展自然保护地整合优化试点工作;组织开展了2次森林草原防灭火知识培训以及灭火实操演练。完成智能巡护系统及鸟类智能监控设施的建设及运行,在不同季节、不同区域以人工野外调查等方式开展鸟类监测,完成了2019年保护区管护能力提升及生物多样性保护项目和水鸟保护救护项目,项目资金289万元。

【**全区林业和草原工作会议**】 1月20日,全区自然资源(林业和草原)工作会议在宁夏银川召开,会议传达学习了全国自然资源工作会议、全国林业和草原工作会议和自治区两会精神，总结2018年工作，部署2019年重点任务。自治区林业和草原局党组书记、局长徐庆林安排部署林业和草原工作，自然资源厅党组书记、厅长马波讲话。会议由自然资源厅党组成员、副厅长韦晓龙主持。自治区有关厅局相关人员及自然资源厅、宁夏林草局机关各处室、直属各单位负责人共150余人参加会议。

【大事记】

1月30日 宁夏林业和草原局、银川市林业局在银川市共同举办了第23届"世界湿地日"宁夏主场宣传活动，此次活动的主题是：湿地与气候变化。

2月28日 国家林业和草原局三北局局长张炜、副局长洪家宜及中国林科院资信所书记王宏一行来宁夏林业和草原局召开"三北防护林体系工程管理服务平台建设方案研讨会"，自治区林业和草原局党组书记局长徐庆林、副局长王自新出席会议，局相关处室及直属单位主要负责人参加了此次座谈会。

3月12日 自治区绿化委员会办公室、自治区林业和草原局、银川市首府绿化委员会办公室共同组织，在银川市开展植树节宣传活动。

3月31日 由自治区林业和草原局、自治区科协、共青团宁夏回族自治区委员会等单位举办的宁夏第37届"爱鸟周"——"关注候鸟迁徙，维护生命共同体"志愿宣传活动在宁夏湿地博物馆启动。

4月2日 宁夏回族自治区党委书记、人大常委会主任石泰峰，自治区党委副书记、自治区主席咸辉，自治区政协主席崔波等，来到银川市金凤区沈阳路亲水大街至万寿路段义务植树基地，与区直机关和银川市干部群众一起参加全民义务植树活动。

5月10~12日 "2019上海·全国优质农产品博览会"在上海光大会展中心举行。自治区林业和草原局副局长王自新和宁夏林权服务与产业发展中心副主任李国，带领6家特色林产品流通加工企业参展。

5月16日 第十五届中国（深圳）国际文化产业博览交易会在深圳开幕。宁夏林业和草原局组织百瑞源枸杞股份有限公司等8家企业参展。

5月20~24日 全国人大常委会委员、全国人大农业与农村委员会副主任委员王宪魁带领有关人员在宁夏开展《森林法（修订草案）》和荒漠化治理等情况调研工作。

6月25日 由宁夏回族自治区林草局和中国绿色时报社主办的百家媒体宁夏枸杞行活动在银川启动，人民日报社、新华社、中央电视台和中国食品报社等来自全国的百余家媒体参加了此次活动。

6月26日 第二届枸杞产业博览会在"中国枸杞之乡"中宁县开幕，自治区人民政府副主席刘可为、国家林业和草原局改革发展司司长刘拓、国家林业和草原局三北防护林建设局局长张炜、自治区政府办公厅副主任范锐君、自治区自然资源厅厅长李晓龙、自治区林业和草原局局长徐庆林、中卫市人民政府市长李晓波参加开幕式。

7月11日 时代楷模——甘肃省古浪县八步沙林场"六老汉"三代人治沙造林先进群体事迹宣讲报告会，在宁夏回族自治区银川市行政中心礼堂举行。

7月12日 中卫香山硒砂瓜（富硒）推介发布暨第三届休闲农业与乡村旅游文化节在沙坡头区香山乡富硒硒砂瓜种植基地召开，来自区内外嘉宾及客商代表共300余人参加了推介会。

7月16日 自治区林草局召开"绿卫2019"森林草原执法专项行动工作推进会，自治区自然资源厅副巡视员张浩出席会议并讲话。

7月17~19日 "三北地区生态扶贫现场会"在固原市召开，自治区党委常委、固原市委书记张柱，自治区政府副主席、固原市委副书记、市长马汉成，自治区林业和草原局党组书记、局长徐庆林，区林草局副局长王自新和退耕还林与三北工作站站长王治啸出席会议。

7月24~26日 全区三北工程新技术应用培训班在银川举办。

7月25~26日 全区天保工程、森林生态效益补偿项目管理及资金稽查培训班在银川举办。

8月7日 全区自然保护地生态保护红线评估工作协调会议在自治区林业和草原局召开，自治区林草局副局长郭宏玲出席并讲话。

8月19~21日 自治区草原工作站组织举办了全区退牧还草工程项目管理暨草原生态修复关键技术研讨培训班。自治区林业和草原局副局长郭宏玲出席培训班开班式并讲话。

8月24~25日 由宁夏回族自治区林草局主办，宁夏宁苗生态园林集团股份有限公司联合中国苗木信息网共同承办的第三届宁夏（银川）秋季苗木交易会在银川召开。

8月28~30日 全国植物检疫标准化技术委员会林业植物检疫分技术委员会2019年年会暨标准审查会在宁夏回族自治区固原市召开。此次会议由国家林业和草原局林草防治总站主办、宁夏森防总站和固原市森防站承办。

9月10~12日 自治区林业和草原局在彭阳和隆德县举办全区集体林地"三权分置"改革试点暨林下经济现场培训班。

9月11~12日 自治区林业和草原局、自治区应急管理厅联合举办全区森林草原防灭火工作业务培训班。

9月11日 自治区应急管理指挥部、自治区应急管理厅、自治区林业和草原局在贺兰山东麓举行2019年全区秋冬季森林草原防火宣传启动仪式。

9月18日 宁夏林草标准化实施情况座谈会在自治区林草局召开。

10月10~12日 首届宁夏苹果大赛在中卫市沙坡头区举办。

10月16~30日 国家林业和草原局对宁夏灵武市、盐池县等5个县（市）的2019年森林资源管理"一张图"年度更新、国家级公益林建设成效监测和森林督查工作进行抽样检查。

11月13~14日 2019瑞典天然有机食品及配料展在马尔默展览中心举办，宁夏林业和草原局携宁夏枸杞参展，这也是宁夏枸杞首次在北欧国家亮相。

11月18日 在荷兰阿姆斯特丹，举办了中国宁夏回族自治区政府代表团商务推介会——中国·宁夏枸杞走进阿姆斯特丹。

11月25日 宁夏退耕还林20周年摄影展在银川举办，全区工程县（区）林业草原局主管领导、退耕办主任和工程管理人员参加，自治区林业和草原局党组成员、副局长王自新出席开幕式并讲话。

11月27～28日 宁夏全区野生动植物保护管理培训班在银川举办。自治区林业和草原局党组成员、副局长王自新出席开班式并讲话。

11月28日 宁夏林草局举办"林草大讲堂"专题辅导讲座。讲座分别邀请有关专家就"外事接待工作"和"荒漠化防治国际研修班"作专题辅导。

12月5日 由宁夏林草局与《联合国防治荒漠化公约》秘书处共同主办的"2019年荒漠化防治技术与实践国际研修班"在宁夏银川正式开班。开班仪式由宁夏林业和草原局党组成员、总工程师徐忠主持。

12月9日 由宁夏回族自治区林业和草原局与《联合国防治荒漠化公约》秘书处共同主办"2019年荒漠化防治技术与实践国际研修班"。

（宁夏回族自治区林草业由马永福供稿）

新疆维吾尔自治区林草业

【概　述】 2019年，新疆维吾尔自治区林业和草原局贯彻落实习近平总书记关于新疆工作的重要讲话和重要指示精神，贯彻落实新时代党的治疆方略，聚焦社会稳定和长治久安总目标，树牢"四个意识"、坚定"四个自信"、做到"两个维护"，落实自治区党委"1+3+3+改革开放"①工作部署，落实自治区党委一号文件精神、农村工作会议精神，推进实施林果业提质增效工程，扎实开展国土绿化，加强自然生态保护修复，推进林业和草原改革全面发展，开创了林业和草原工作新局面。

【生态建设】 提请自治区人民政府印发《关于深入开展自治区2019年春季植树造林工作的通知》（新政办明电〔2019〕63号），以水定绿、量水而行，宜乔则乔、宜灌则灌、宜草则草，扎实推进国土绿化。坚持高质量造林，严把造林规划设计关，严格执行造林苗木"一签两证"，做到造一片、成一片，完成造林17.57万公顷，超额完成31.8%。提请自治区党委农村工作领导小组印发《关于切实加强农田防护林修复改造和村庄绿化美化工作的通知》，研究制定《自治区农田防护林修复建设工作方案》《自治区农田防护林建设技术标准》，积极探索新形势下农田防护林建设措施。支持49个乡村开展绿化美化工作，完成森林抚育42.12万公顷，沙化土地治理34.99万公顷，防沙治沙工作顺利通过国家"十三五"中期考核，得到国家联合检查组肯定。抓好退耕还林工程，2015年度退耕还林工程整体通过国家级检查验收。完成退耕还林6.18万公顷，落实到47个县（市）、276个乡（镇）、45 852户，强化退耕还林效益监测与评估，督促指导退耕还林补贴资金"一卡通"实名制发放，组织开展25个工程县（市）退耕还林调查核查、绩效评价。抓好草原生态修复，实施退牧还草工程，完成围栏建设4.67万公顷、补播改良10万公顷、人工饲地建设5万公顷、毒害草治理4.33万公顷。完成退耕还草0.73万公顷。首次启动退化草原人工种草生态修复试点项目，退化草原修复治理5.21万公顷、虫鼠害防治62.47万公顷、防火隔离带建设787千米。

【生态保护】 不断规范自然保护地管理，严格落实"已经划定的保护区不能随意调整""严禁'三高'项目（高污染、高能耗、高环境风险的项目）进新疆"的要求，既减存量，又控增量，启动全疆自然保护地摸底调查，推进以国家公园为主体的自然保护地体系建设。推进落实中央环境保护督察组反馈意见整改工作。塔什库尔干野生动物自然保护区等5个自治区级自然保护区总体规划获自治区人民政府批复，实现了自治区级自然保护区总体规划"零突破"；5处国家湿地公园总体规划获得国家林草局批复，10处国家湿地公园通过国家林草局验收正式挂牌；54处森林公园完成矢量数据上图。启动塔里木河流域胡杨林拯救行动，协调水利部门生态输水8亿立方米，如期完成了14万公顷胡杨林引洪灌溉，并首次对占全国90%以上的120万公顷胡杨林进行全域调查、有害生物普查，开创全国胡杨林等荒漠树种管护先河。加强有害生物防控，防治草原虫害77.33万公顷、鼠害117.93万公顷；防治林业有害生物136.7万公顷，成灾率仅为0.01‰；重大林业有害生物防治通过国家三年期考核，种苗产地检疫率100%、测报准确率97.9%、无公害防治率97.8%。新增中央森林生态效益补偿国家级公益林125万公顷，启动实施天然林生态系统修复试点项目、退化草原人工种草生态修复试点项目、中央财政湿地补助项目、林木种质资源保存库分库二期工程，开展退化草原生态状况专项调查、第六次荒漠化和沙化监测、第二次全国野生动物资源调查、野猪非洲猪瘟监测预警，森林、草原、湿地、沙区植被和野生动植物保护全面加强。

【资源管理】 提请自治区人民政府审议并印发《贯彻落

---

① "1+3+3+改革开放"："1"是指紧紧围绕总目标、抓好反恐维稳工作，扎扎实实推进"一年稳住、两年巩固、三年基本常态、五年全面稳定"的工作规划；第一个"3"是指全面贯彻落实新发展理念，抓好"三大攻坚战"（防范化解重大风险、精准脱贫和污染防治）；第二个"3"是指全力推动高质量发展，抓好三项重点工作（丝绸之路经济带核心区建设、乡村振兴战略、旅游产业发展）；不断深化改革、扩大开放，进一步用好稳定红利，发挥新疆劳动力成本低、能源资源丰富等优势，充分发挥市场机制的作用，最大限度地吸引国内外各类企业来疆投资兴业。

实习近平总书记对四川省凉山州木里县森林火灾重要批示精神工作方案》(新政办发〔2019〕58号),召开春季林业草原防火视频推进会、秋冬季森林草原防灭火工作现场推进会,强化组织领导,加强隐患排查,加大督促检查,狠抓工作落实,火灾次数、过火面积、受害面积较上年同期分别下降45.23%、41.3%、13.46%。启动天山、阿尔泰山林区违章建筑排查整改工作,提请自治区人民政府审议并印发《天山北麓林区违章建筑调查处理情况报告》(新政办发〔2019〕59号),2019年共排查疑似图斑19641个、建筑物37649栋。扎实推进林草系统违建别墅清查整治,成立专项小组,制订工作方案,明确职责分工,每月专题研究,适时召开推进会,建立每栋疑似建筑台账,组织3个国有林管理局与地(州、市)林草局交叉互检,积极向自然资源厅、国家林草局请示汇报,对地方政府认定的违建别墅全盘认领、坚决整改,不讲条件、立即执行。积极服务自治区经济社会发展大局,认真对接、梳理涉及林草的国家和自治区重大建设项目,做到依法依规、主动服务、靠前服务、事不过夜,做到依法履职、保障发展;对各地林草征占用手续,依法依规把关,符合政策的"马上办、网上办、就近办、一次办";对不符合政策的,主动解释、讲清政策、提出意见;2019年,依法依规审核审批使用林地草地1124宗。开展"绿卫2019"森林草原执法专项行动、依法打击破坏野生动物资源违法犯罪专项行动等,查办违法违规案件1908起,打击处理违法犯罪行为2779人次,收缴野生动物及其制品4311只(件)。

【产业发展】 全区林业产业产值699.62亿元,其中:一、二、三产业产值分别为531.62亿元、78.56亿元、89.44亿元,第一、二产业产值略有减少,第三产业产值有所上升。全区林果面积123.74万公顷,较上年增加0.7万公顷;果品产量813.6万吨、产值528.1亿元,分别较上年增长5.8%、7.6%。通过林果业提质增效措施的实施,核桃白仁率由上年的60%提高到80%,空壳率、瘪仁率由上年的25%降至5%~10%;红枣残次果率由上年的26%下降至23%;核桃、巴旦木产量均较上年增产15%~20%;鲜杏、巴旦木、枸杞收购价分别上涨17%、15%、93%,实现了果品品质、产量、价格"三增长"。林果业工作在第四届全国林业产业大会介绍典型经验。支持新疆果业集团,建成和田、伽师、温宿、若羌、鄯善等9个果品交易市场并投入运营。红枣期货在郑州交易所成功上市,并在疆内建立10个交割库。组织30家果品企业赴12个援疆省份进行林果宣传推介;组织420多家果品企业参加中国进出口博览会、义乌森博会、中国森林旅游节、全国糖酒会等8个知名展会。由自治区人民政府、国家林草局、广东省人民政府主办的第二届中国新疆特色林果产品博览会,被列入2019年国家级林草行业三大重点展会,在广州市举办,19个省(区、市)、三大森工集团及疆内外463家参展商、采购商参展布展、商贸洽谈,400多家专卖店、120多家电商同步互动,首次实现线上与线下、室内与室外同步办展,达成项目签约51.27亿元,其中合同签约37.66亿元,实现现场、网上果品销售额1100余万元。全区累计种植肉苁蓉、枸杞、沙棘、玫瑰、甘草等沙区特色经济植物达9.09万公顷,总产量38.53万吨,建成涉沙旅游区25个,以沙漠公园为主的生态旅游产业不断发展。积极发展种苗产业,全区共有苗圃4990处,实际育苗面积3万公顷,苗木总产量11.81亿株,其中良种苗木6.86亿株,可供造林苗木6.54亿株,苗木产值达49.11亿元。协助呼图壁县举办第八届新疆苗木花卉博览会,总签约金额达10亿元。参加中国合肥苗木花卉交易会获得"优秀组织奖"和"最佳人气奖"。圆满完成北京世园会筹办及参展工作,开幕式当日,习近平总书记与10国元首,重点参观了新疆展厅,并向外宾介绍古丝绸之路和林果产品,新疆选送的参赛作品获得金、银、铜奖共19项,顺利举办"新疆日"特色林果专题推介暨企业对接洽谈会,现场签约金额达13.65亿元。

【林草改革】 深入推进林业和草原改革,自治区林草局设15个行政处室、13个合署办公事业单位、13个直属单位,保持了与国家林草局各司局的一一对应,更好地履行新职责、新使命;14个地(州、市)全部成立林草局,均为政府直属机构;50个县(市)成立林草局,41个县(市、区)在自然资源部门加挂林草局牌子,5个县(市、区)林草职责并入自然资源部门。森林公安转隶不转责,保持了执法队伍稳定。新疆林业学校荣获教育部、人社部全国教育系统"先进集体"荣誉,托管工作得到自治区党委教育工作委员会充分肯定。国有林场改革55项指标任务全面完成并通过国家验收;积极对接协调自治区人社厅、财政厅,扎实推进25个局直属国有林管理分局职工社会保险转接工作。依法行政和"放管服"改革深入推进,按照自治区人民政府要求,拟将林业和草原所有行政职能和行政执法权全部授予兵团行使;坚持"法无授权不可为、法有授权必须为",完成权责清单的梳理并报送自治区党委编办,完成128件涉及林草地方性法规、政府规章、行政规范性文件的清理工作,宣布废止规范性文件49件。积极推进自治区一体化在线平台建设,完成政务服务事项网上办件测试工作,网上可办率达100%,做好林业和草原行政许可事项全部进驻自治区政务服务大厅的前期准备工作。推进信息化管林护林,启动建设林区视频监控、财务信息管理、林草数据交换共享平台。集体林权制度改革不断深化,积极探索集体林权"三权分置",推进玛纳斯县国家集体林权综合改革实验区建设,探索放活集体林经营权、林权抵押贷款和新型林业经营体培育等工作。新疆果业集团被评为国家级林业重点龙头企业,塔城市万橡林业科技发展公司被确定为第四批国家林下经济示范基地。

【林草科技】 2019年,落实中央财政林业科技推广示范项目23项,落实自治区财政林业发展补助资金项目4项,落实国家林业和草原局科技司中央部门预算项目7项,落实中央预算内林业基本建设投资计划2项。完成2019年到期中央财政林业科技推广示范项目的验收工作,通过验收24项,依托中央财政林业科技推广示范项目申报地方标准9项,发表论文22篇。完成2019年林草科技推广项目网上填报申请入库工作,通过国家林草局复核审查,新疆成功组织录入科技成果48项。经自治区市场监督管理局批准立项林业地方标准8项，发布自治区林业地方标准29项。完成2019年度自治区科普教育基地的组织申报工作，其中新疆乌鲁木齐天山森林公园等3个申报单位荣获自治区科普基地授牌。依托林业科技推广示范项目与"一户一个明白人工程"，着力打造地、县、乡、村四级林果科技示范园3235个、4.8万公顷，通过挂牌建档、加强管理、强化效益考核等措施，切实发挥示范带动作用，推进实施南疆特色林果业提质增效助力脱贫攻坚行动，对带动经济发展、帮扶农民脱贫致富发挥了良好效果。

【林草扶贫】 林草项目和资金大幅向南疆四地（州）倾斜，安排林草投资32.3亿元，占比49.9%。不断加强对脱贫攻坚的组织领导，新疆林草局党委召开专题会议研究部署脱贫攻坚工作7次，召开理论中心组专题学习扶贫政策10次，召开局深度贫困地区脱贫攻坚领导小组专题推进会7次。将中央第六巡视组专项巡视反馈意见、2018年脱贫攻坚成效考核反馈意见、中央脱贫攻坚专项巡视指出的突出问题和共性问题整改，作为局党委的一项重要工作重点推进。通过加强工作指导、技术培训、示范园建设、市场培育、政策落实和宣传推介，在南疆四地（州）实施贫困人口林果业提质增效项目5.22万公顷，覆盖21个贫困县204个乡（镇）2278个村17.6万贫困户果园，带动70.23万贫困人口在人均收入2000元的基础上增收200元；精准选聘（续聘）43 200名建档立卡贫困户担任生态护林员、草原管护员，其中39 078个指标安排在南疆四地（州），占比为90.46%，每人每年收入1万元，直接带动39 078户17.28万贫困人口脱贫。

【林草援疆】 贯彻落实习近平总书记关于林业援疆工作重要批示和第七次全国对口支援新疆工作会议精神，8月22日国家林草局局长张建龙与自治区主席雪克来提·扎克尔签订《新疆构建丝绸之路经济带核心区生态屏障战略合作协议》，为构建"一带一路"丝绸之路经济带核心区生态屏障注入强大动力。自治区林草局与国家林草局西北规划院签订《生态建设战略合作协议》，加强在政策技术咨询等8个方面的合作。与中国城市商业网点建设管理联合会签订《新疆林果营销战略合作框架协议》，借助其全国商业网点拓宽新疆果品销售渠道。与国家林草局经研中心合作，高标准启动"十四五"规划编制。全区新增生态护林员名额1.72万名，新增中央生态效益补偿金1.875亿元，新增三北防护林工程建设资金5000万元，新增林业有害生物防控补助资金1500万元。全年中央投入新疆林草资金58.71亿元，较上年增加7.45亿元，增幅14.53%。

【林草宣传】 迎接新中国成立70周年，讲好新疆林草故事，积极推荐林草系统的先进典型，荣获全国绿化委员会表彰绿化模范城市2个、模范单位7个、绿化奖章获得者21名，荣获全国政协表彰"关注森林活动20周年"突出贡献单位1个、个人1名，荣获国家林草局表彰全国生态建设突出贡献单位11个、个人13名。组织参加国家林草局"绿水青山看中国"摄影大赛，荣获优秀组织奖。大力宣传新疆70年林草事业发展成就，以北京世园会、新疆特色林果产品博览会为重点，在中央、自治区和其他省份媒体刊播新疆林草事业发展新闻稿件1000余条，人民网、新华网、央广网、天山网等新媒体进行转发推送。协调中央广播电视台将4部新疆林果公益广告延播一年，中央卫视2套"经济半小时"栏目播出《枣子红了、戈壁绿了》，新华网音视频刊发《沙海之边一片红》。与新疆广播电视台《今日聚焦》《金土地》等栏目合作，制作专题节目16期。组织举办"绿水青山就是金山银山——新疆天然林保护修复书法活动"，评选优秀作品160幅。制作视频、微电影、动漫等专题片10部。制作《大美新疆 林果飘香》（视频）在学习强国等平台中宣传，新疆林草局政务网站、微博、微信转发推送各类林业和草原工作信息9000余条，比上年增加30%，新疆林草局政务微博已连续两年荣获"全国林草系统十大微博"称号。

【"访惠聚"驻村】 坚持"队员当代表、单位做后盾、一把手负总责"，深入推进"访惠聚"驻村工作、深度贫困村第一书记和南疆学前双语干部支教工作。共派出198名干部驻村，其中，选派129名干部职工（含14名工勤人员）组成13个"访惠聚"驻村工作队，分别深入阿克苏地区乌什县（6个）、阿克苏市阿依库勒镇（6个）、喀什地区巴楚县（1个）开展"访惠聚"驻村工作，选派25名处级以上干部担任深度贫困村第一书记（和田墨玉县17名，阿克苏市、乌什县5名，巴楚县2名，伽师县1名）和11名助手深入南疆深度贫困村开展工作。选派32名干部开展南疆学前双语支教工作。共投入"访惠聚"驻村工作、深度贫困村第一书记所在村项目资金3575万元。发挥行业优势，在"访惠聚"驻村工作队和深度贫困村第一书记所在村建设低产田改造示范园204.9公顷，把深度贫困村建成林果提质增效科技示范村。依托自治区林果农村实用技术带头人培训计划和"一户一个明白人"培训工程，精心组织林果技术、惠民政策、种植养殖、建筑技能、纺织技能等培训905余场次，邀请自治区林果专家现场授课，受益13.5万人次。向区直69家单位1117个"访惠聚"驻村工作队和深度贫困村第一书记免费赠送《林果栽培管理技术明白册》6902本。积极推进村级组织"星级化"创建，实施惠民项目1420余项，组织宣讲1500余场次，受教育群众33万人次。

【民族团结】 深入开展"民族团结一家亲"和民族团结联谊活动，新疆林草局系统1022名干部职工全部结对认亲，共结对1029户，组织6轮106批7148人次开展结亲走访，累计捐款115.79万元，办实事好事9811件，惠及群众2.9万余人次。举办民族团结联谊活动391场次，组织开展宣讲、发声亮剑、文艺活动等460余场次，覆盖群众3.6万余人次。共邀请结对亲戚5批134人到乌鲁木齐做客。新疆林草局在全区"民族团结一家亲"活动业务骨干培训班上作经验交流发言。在自治区第二届"我是一颗石榴籽"大型网络文化活动中，荣获自治区优秀组织奖。先后在各大网站媒体刊发了《齐欢聚 迎新年》《丝丝真情筑牢民族团结生命线》等民族团结文章50余篇，广泛宣传林草局系统干部职工用真情、结真亲、办真事的先进事迹。

【自身建设】 始终坚持党要管党、全面从严治党，完善规章制度，强化理论学习，严格落实党组织书记抓党建述职、参加支部生活、讲廉政党课等要求，听取机关党的建设工作汇报15次，组织召开局党委会议47次、理论中心组学习26次，开展警示教育3次。扎实开展"不忘初心、牢记使命"主题教育，局系统216个党组织、3060名干部职工分两批参加，一次动员、全员覆盖，守初心、担使命，找差距、抓落实。全面开展基层党组织规范化建设，制订《自治区林业和草原局各级党委领导班子成员参加双重组织生活实施办法》。通过"送出去"和"引进来"等方式，组织300余名党支部书记、党务干部及普通党员代表开展党建基础业务培训，不断提升党务水平。结合机构改革，重新设立党支部18个，调整党支部41个，换届9个。突出基层导向，表彰优秀党务工作者78名、优秀共产党员156名、先进党组织41个。加强干部队伍建设，对新疆林草局机关124名干部进行了重新任命，提拔使用24人，职级晋升118人，交流轮岗11人。严把政治标准，持续做好40名新发展党员的教育培养。加强党内关怀，慰问困难党员及离退休干部1718人次，慰问驻村干部及其家属1331人次。开展"以案促改、净化政治生态"专项整治，加强党风廉政建设和反腐败斗争，成立领导小组，制订工作方案，确定5类25个方面233项整改措施，动员部署、警示教育，集中学习、建立台账，交叉互检、边查边改，成立专班、追责问责，见事见人，推进林区违建别墅线索核查，规范林区管护所(站)用房，铲除"以林谋私、借林享乐"的土壤，净化政治生态。

【大事记】
2月16日 召开2019年自治区林业和草原局工作会议、党风廉政建设工作会议。

3月28日 自治区召开森林草原防火和防汛抗旱工作电视电话会议。

4月28日 中国北京世界园艺博览会在北京开幕，习近平总书记出席开幕式并致辞，习近平在开园活动巡馆时，在新疆展厅向中外嘉宾介绍古代丝绸之路及新疆红枣、核桃等情况。

5月5日 启动2019年度野生动物保护宣传月暨"爱鸟周"活动启动仪式。

5月12日 开展以"提高灾害防治能力，构筑生命安全防线"为主题的2019年度"防灾减灾日"宣传系列活动。

5月24日 国家林草局检查考核自治区人民政府对《新疆维吾尔自治区重大林业有害生物防治目标责任书(2015~2017年)》履责情况。

5月24日 自治区人大常委会2019年天山环保行执法检查调研座谈会在自治区林草局召开，人大常委会党组成员、副主任古丽夏提·阿不都卡德尔参加会议。

5月30日 国家自然资源督察西安局督查组对新疆开发耕地保护专项工作座谈会在自治区林业和草原局召开。

6月18日 启动自治区2019年草原普法宣传月活动。

7月23日 自治区林业和草原局与国家林草局西北规划设计院签署生态文明建设战略合作协议。

8月20日 第八届中国(新疆)苗木花卉博览会在昌吉回族自治州呼图壁县开幕。

8月22日 自治区人民政府与国家林业和草原局签订《新疆构建丝绸之路经济带核心区生态屏障战略合作协议》。

8月22日 全国林草种苗工作会议在昌吉市召开，首次启动中国林草种质资源普查工作。

9月9日 自治区党委在和田召开林果业提质增效现场推进会，自治区党委副书记、自治区党委农村工作领导小组组长李鹏新出席会议并讲话，自治区党委常委、自治区副主席艾尔肯·吐尼亚孜主持会议。

9月16日 以"新疆是个好地方"为主题的中国北京世界园艺博览会"新疆日"活动在北京开幕，自治区党委副书记、自治区主席雪克来提·扎克尔出席并致辞。

10月12日 国家林草局联合国家发改委、自然资源部、生态环境部、水利部、农业农村部，组成全国防沙治沙目标责任中期督促检查工作组，到新疆开展"十三五"防沙治沙目标责任中期督促检查工作。

10月22日 召开全区林业和草原系统"以案促改、净化政治生态"专项整治动员部署暨警示教育大会。

10月25日 启动新疆第六次荒漠化和沙化监测工作。

10月29日 自治区党委在库尔勒市召开林业有害生物防控现场推进会，建立健全病虫害防控体系，为林果业提质增效提供安全保障，自治区党委副书记、自治区党委农村工作领导小组组长李鹏新、自治区人大常委会副主任、民建新疆区委会主委董新光、自治区政协党组成员、副主席马敖·赛依提哈木扎出席会议，自治区人民政府副主席赵青主持会议。

11月5日 自治区秋冬季森林草原防灭火工作现场推进会在精河县召开，自治区党委常委、自治区副主席艾尔肯·吐尼亚孜出席会议并讲话。

11月8日 以"美丽新疆 林果飘雪"为主题的第二届中国新疆特色林果产品博览会在广东省广州市开幕，全国政协常委、国家林草局副局长刘东生，自治区党委常委、自治区副主席艾尔肯·吐尼亚孜出席开幕式并致辞。

12月16日 以"绿水青山就是金山银山"为主题的新疆天然林保护修复公益书法展在乌鲁木齐市开幕。

(新疆维吾尔自治区林草业由主海峰、张秀振供稿)

新疆生产建设兵团林草业

【概　述】　兵团现有林地资源总面积162.67万公顷，其中天然林14.67万公顷，人工防护林16.4万公顷，灌木林地103.27万公顷，宜林地28.33万公顷。累计实施退耕还林工程27.15万公顷，其中退耕地还林14.38万公顷。实施天然林保护工程10万公顷。开展国家级公益林保护管理98.13万公顷。森林覆盖率19.26%。

兵团现有天然草地资源总面积231.07万公顷，其中可利用面积211.07万公顷，分布于14个师计65个农牧团场，年理论载畜量199万个羊单位。从事草原承包经营总人数1.51万人（少数民族10 826人），其中职工7242人，占47.8%，非职工7905人，占52.2%。

相继批复设立兵团级自然保护区4个、国家湿地公园6个、国家沙漠公园9个、森林公园1个、风景名胜区1个，各类自然保护区总面积16.67万公顷。有野生动物700多种，其中国家Ⅰ级重点保护的27种，国家Ⅱ级重点保护的89种，约占全国重点保护野生动物种类的三分之一。

【野生动植物保护】　扎实推进"绿卫2019"森林草原执法专项行动。协调森林公安局重点查处2013年以来非法开垦林地草原、非法占用使用林地草原、非法采集草原野生植物和乱砍滥伐林木等破坏森林草原资源的行为，2019年共查处各类破坏森林及野生动植物资源案件303起、刑事案件119起，行政案件184起。

【森林资源管理】　2019年完成国家级公益林补助资金14 724万元。完成天然林保护工程二期工程补助资金2650万元。2019年兵团林草局规范审批林木采伐，全兵团采伐林木森林限额为20.6万立方米，全年无超限额采伐现象发生。有序开展兵团2019年森林和草原鼠害、虫害、病害和外来有害生物的防控部署工作。2019年兵团森林病虫害和草原生物灾害总体呈轻度发生，草原虫害发生危害面积4.72万公顷，较上年同期减少27.6%；严重危害面积1.86万公顷，较上年同期减少22.4%。

【植树造林】　2019年，兵团结合自身实际情况，完成人工造林4820公顷，完成计划任务的103.28%；完成封沙育林1.07万公顷，完成计划任务的100.18%；完成退化林修复1033.33公顷（其中人工更新300公顷，低效林改造733.33公顷）；完成村庄绿化518.67公顷；参加义务植树的干部职工人数为44.2万人，全民义务植树尽责率为94.7%，义务植树2006.79万株。

【退耕还林工程建设20周年回望】　2000年兵团开始实施退耕还林工程，是年2月，兵团退耕还林（草）试点示范工作领导小组成立，3月，国务院批准兵团实施退耕

第七师胡杨河市全师义务植树造林大会战植树现场

还林试点示范工程，当年安排6个团场进行试点示范。2000~2006年，在全兵团14个师、149个团场实施退耕还林建设工程，共计完成退耕还林11.27万公顷，实施退耕还林项目团场占兵团团场总数的95%。2014~2018年，国家共下达兵团新一轮退耕还林任务3.1万公顷，涉及10个师、72个团场，其中南疆师任务为2.28万公顷，占到任务总量的75.87%。截至2019年，新一轮退耕还林任务3.1万公顷全部完成。20年来，兵团各级林业部门按照"严管林、慎用钱、质为先"的要求，精心组织，严格执行条例要求，为改善兵团生态环境、调整经济结构、增加团场职工收入发挥重要作用，取得了显著的生态、经济和社会效益。

【苗木生产情况】　2019年，兵团育苗总面积4640公顷，有苗圃数190处，其中国有苗圃33处。2019年苗木产量2650万株（苗圃出圃合格苗木总数量），主要为1年生以下和多年生绿化苗木，主要用于造林和城镇绿化苗木，有杨树、榆树、海棠、白蜡、胡杨、梭梭、沙棘、核桃、苹果、沙枣、杏等树种。2019年全兵团实际用苗量1797万株，其中良种苗量863万株，使用容器育苗15万株。

【参加第八届中国（新疆）苗木花卉博览会】　8月20~22日，第八届中国（新疆）苗木花卉博览会在新疆呼图壁举行，兵团林草局认真部署，组织兵团种苗工作者及育苗企业90余人，以及新疆瑞绎昕生态园林技术有限公司、新疆天北河川园林工程有限公司等3家兵团苗木企业参加第八届中国（新疆）苗木花卉博览会，为兵团苗木花卉行业融合与发展搭建了洽谈平台，展示了兵团优良种苗及优秀的种苗企业形象，借助平台兵团重点宣传新《中华人民共和国种子法》、打击制售假劣林木种苗、无证无签生产经营林木种苗违法行为、保护植物新品种权等相关法律法规。学习借鉴全疆各地州种苗工作的经

验做法，对兵团种苗行业管理及下一步的种苗事业发展起到了积极的促进作用。在此次苗博会上，兵团荣获最佳组织奖和最佳展品奖。

【林业有害生物防治】 2019年，兵团林业有害生物发生趋势总体平稳，以轻度发生为主。发生总面积19.79万公顷（同比上升11.2%），其中，轻度发生面积17.87万公顷（同比上升16.8%），中度发生面积1.6万公顷（同比下降20.9%），重度发生面积3266.67公顷（同比下降31.56%）。采取各种措施防治面积11.83万公顷，累计无公害防治面积9.58万公顷，无公害防治率达到95%以上，成灾率1.96‰。完成春秋季松材线虫病疫情普查工作，普查面积450.22公顷，零星松树17 678棵，尚未发现疫情。完成秋季（10月28~31日）对二师、四师杨树天牛发生危害情况实地调研，经调查，兵团天牛等蛀干害虫的危害寄主主要有箭杆杨（白杨）、新疆杨（青杨）、大叶杨、榆树、柳树、竹柳、胡杨、法桐、白蜡、五角枫、沙枣等（按照天牛喜食程度排列）。通过采取伐除疫木、无害化加工处理、打孔注药、地面和飞防喷药等防控措施，对控制扩散和消除危害起到了积极的作用。

【驼铃梦坡沙漠景区入选中国最美沙漠】 2019全国森林旅游推介会于10月18日在江苏省南通市举行。会上，中国绿色时报社发布2019中国森林旅游最佳森林休闲体验地、森林健康养生50佳、最美花海、最美沙漠（沙地）、最美森林古道5项共42处美景推广地名单，并为受推广单位授牌。兵团第八师150团驼铃梦坡国家沙漠公园上榜最美沙漠（沙地）。

【授予全国绿化模范单位和全国绿化奖章】 9月20日，全国绿化委员会授予第八师144团为全国绿化模范单位，第二师31团林业工作站护林员王先华、第八师144团林业站站长李建忠、第九师170团林业工作站站长张伟3人为全国绿化奖章获得者。

【授予全国生态建设突出贡献先进集体和先进个人】 9月2日，国家林业和草原局授予兵团第一师11团、第七师129团、第十四师224团农业发展服务中心3个单位为全国生态建设突出贡献先进集体，授予第一师11团农业发展服务中心助理农艺师谢小云（女）、第二师34团农业发展服务中心主任罗剑洪、第六师红旗农场农业发展服务中心副主任白伟本、第七师林业和草原局副主任科员王攀科、第十四师224团农业发展服务中心农艺师王海婵（女）、兵团林业工作管理总站技术质量科科长李杰军6人为全国生态建设突出贡献先进个人。

【草原生态修复治理】 财政部下达兵团2019年林业生态保护恢复资金（草原生态修复治理补助资金）1.3亿元，用于草原管护、退化草原人工种草、草原有害生物防治、防火隔离带建设等补助，绩效目标完成退化草原修复治理4.33万公顷，草原鼠害防治8.33万公顷，虫害防治10万公顷，毒害草防治2666.67公顷，防火隔离带建设205千米。2019年兵团退牧还草工程项目总投资2335万元，完成休牧围栏4.33万公顷、退化草原补播改良2266.67公顷、人工饲草地建设333.33公顷、舍饲棚圈建设600户。

【草原有害生物防治】 2019年兵团草原生物灾害总体呈轻中度发生。草原虫害发生危害面积15.33万公顷，严重危害面积5.78万公顷；草原鼠害危害面积13.2万公顷，严重危害面积5.01万公顷，毒害草危害面积3.32万公顷。全年共完成草原鼠害防治面积14.53万公顷，其中生物防治6.53万公顷；草原虫害防治面积118.7万亩，其中生物防治95.4万亩。毒害草防除4.2万亩。

【草原承包管理】 2019年上半年兵团落实完成草原承包经营面积188.6万公顷，占可利用草原的89%；从事草原承包经营总人数1.51万人（少数民族10 826人），其中职工7242人，占47.8%，非职工7905人，占52.2%；6月30日兵团办公厅印发《兵团草原承包管理办法（试行）》，兵团实施"三位一体"新一轮草原承包管理制度，推进团场综合配套改革管理。

【林业草原征占用审批】 2019年3月兵团林业和草原局成立后，规范林业和草原征占用审批，加强草原保护、利用与管理，坚持"总量控制、定额管理、合理供地、节约用地、占补平衡"的林地管理机制。2019年，全年审核审批使用林地项目330宗，批准面积1905.99公顷，争取国家追加林地定额439.51公顷。草原征占用审核建设项目43宗，面积232.79公顷。

【人工防护林改革】 为认真落实兵团党委团场综合配套改革的工作要求，切实履行好生态卫士职责，规范和加强团场人工林管理，根据《中华人民共和国森林法》等相关法律法规，结合兵团实际，按照健全和转变"政"的职能要求，兵团林草局起草完成《兵团人工防护林承包管理实施办法（试行）》（以下简称《实施办法》），于2019年12月18日由兵团办公厅印发。《实施办法》涉及人工林面积260.3万亩，其中：农田防护林7.51万公顷，防风固沙林6.89万公顷，道路林2.03万公顷（其中：国道1000公顷、省道5333.33公顷、县道6133.33公顷、乡道5066.67公顷、村道2800公顷）。

【森林督察】 兵团林草局坚持强化"四个意识"，统一思想认识，坚决制止和惩处破坏生态环境行为，研究部署2019年森林督查暨森林资源一张图年度更新工作。2019年森林督查查处违法侵占林地的图斑233个，违法侵占林地面积261.47公顷，涉及10个师（市）37个整改责任单位，已全面整改到位。

【森林草原防火】 2019年，兵团共发生3起较大森林草原火灾，过火面积约为133.33公顷，无人员伤亡。在一师、三师和七师森林草原防火基础设施建设中投入3312万元，开展森林草原防火检查100余次，排查火灾隐患150余处，检查调试灭火机具200台次。在春秋重点防火期，开展野外火源管理专项活动14余次。开展森林草原防火应急演练3次，提高森林草原防火队伍火灾扑救能力。组织开展形式多样的森林草原防火宣传活动，发放宣传资料5000余份，挂标语2360余次，在团场广场电视站播放宣传标语1280余次。充分利用展板、宣传单、电视手机等载体，深入学校、连队广泛开展森林草原防火知识宣传教育，提高干部职工的森林草原火灾防范意识。

第四师2019年秋冬季森林草原防灭火应急演练

（新疆生产建设兵团林草业由杨阳供稿）

林业(和草原)人事劳动

26

国家林业和草原局(国家公园管理局)领导成员

局长、党组书记: 张建龙
副局长、党组成员: 张永利
副局长: 刘东生
副局长、党组成员: 彭有冬　李树铭　李春良
党组成员: 谭光明
总经济师: 张鸿文(2019年7月免职、退休)
　　　　　　杨　超(2019年7月任职)
全国绿化委员会办公室专职副主任: 胡章翠
总工程师: 苏春雨
森林草原防火督查专员: 王海忠(2019年10月任职)

（陈峥嵘）

新任总经济师

杨　超　男,汉族,1962年1月出生,辽宁凌海人,1986年7月加入中国共产党,在职研究生学历,博士学位,高级工程师。1984年8月东北林学院林学系林业专业毕业后在中国林业科学研究院参加工作,1985年8月至1986年8月参加中央讲师团,在吉林省泉阳林业局教师进修学校任助教。1992年7月调入林业部综合计划司工作,历任主任科员、副处长、处长。2001年11月任国家林业局发展计划与资金管理司副司长,2004年11月起在吉林省林业厅挂职2年,任党组成员、副厅长。2010年4月任国家林业局国有林场和林木种苗工作总站总站长(正司局级),2017年9月任国家林业局野生动植物保护与自然保护区管理司司长(原级别不变),2018年9月任国家林业和草原局自然保护地管理司司长。2019年7月起任国家林业和草原局(国家公园管理局)总经济师。

（陈峥嵘）

新任森林草原防火督查专员

王海忠　男,汉族,1963年8月出生,陕西黄龙人,1987年1月加入中国共产党,在职大学学历,硕士学位。1983年7月陕西省渭南师范专科学校汉语言文学专业毕业后在陕西省韩城市象山中学参加工作,先后任教师、团委副书记,1985年7月任陕西省韩城市司马迁中学团委书记,1990年9月起先后任陕西省铜川市委组织部干事、副主任科员、市委正科级组织员,1994年6月任陕西省铜川市老龄委副主任,1997年6月任陕西省铜川市城区委副书记,2000年4月任陕西省铜川市王益区委副书记,2001年8月起先后任陕西省铜川市宜君县委副书记、县人民政府代县长、县长,2003年7月任陕西省铜川市宜君县委书记。2006年4月起先后任陕西省汉中市人民政府副市长、市委常委、政法委书记、市公安局党委书记。2008年11月任南京森林公安高等专科学校(南京森林警察学院)党委书记(正司局级),2011年1月起任国家林业局办公室主要负责人,同年9月任国家林业局森林公安局副局长、分党组副书记,11月任局长、分党组书记,2018年9月任国家林业和草原局森林公安局局长、分党组书记。2019年10月任国家林业和草原局森林草原防火督查专员。

（陈峥嵘）

国家林业和草原局机关各司(局)负责人

(按照《公务员职务与职级并行规定》,2019年6月,非领导职务统一套转为括号内职级)

办公室
　主任:李金华
　一级巡视员:刘树人(2019年7月任职)
　副主任:祁　宏(2019年3月免职)
　　　　王福东　赵学志(2019年7月免职、退休)　刘雄鹰(2019年3月任职)
　副巡视员(二级巡视员):李淑新　邹亚萍

生态保护修复司(全国绿化委员会办公室)
　司长(常务副秘书长):赵良平(2019年12月免职、

退休) 张　炜(2019年7月任职)

巡视员(一级巡视员):刘树人(2019年7月免职)

副司长:黄正秋　陈建武　吴秀丽

　　　许传德(2019年10月免职)

　　　马大轶(2019年1月任职)

　　　汪卫红(2019年4月挂职)

森林资源管理司

司长:徐济德

副司长:冯树清　张松丹(2019年3月免职、退休)　陈雪峰(2019年10月免职)　丁晓华

巡视员(一级巡视员):李志宏

副巡视员(二级巡视员):李　达

草原管理司

司长:李伟方(2019年12月免职、退休)

　　　唐芳林(2019年10月任职)

副司长:刘加文　徐百志　宋中山

湿地管理司(中华人民共和国国际湿地公约履约办公室)

司长:王志高(2019年7月免职)

　　　吴志民(2019年7月任职)

巡视员(一级巡视员):程　良

副司长:袁继明(2019年9月免职)

　　　鲍达明　李琰　燕伟(2019年4月挂职)

二级巡视员:杨锋伟(2019年9月任职)

荒漠化防治司

司长:孙国吉

副司长:胡培兴　屠志方　张德平

野生动植物保护司(中华人民共和国濒危物种进出口管理办公室)

司长(常务副主任):吴志民(2019年7月免职)

　　　　　　　张志忠(2019年7月任职)

副司长(副主任):张志忠(2019年7月免职)

　　　　　　　王维胜(2019年7月任职)

　　　　　　　刘德望

巡视员(一级巡视员)、副主任:贾建生

自然保护地管理司

司长:杨超(2019年7月免职)

　　　王志高(2019年7月任职)

巡视员(一级巡视员):柳源　严旬(2019年8月免职、退休)　杨冬(2019年9月任职)

副司长:严承高　周志华　袁继明(2019年9月任职)

林业和草原改革发展司

司长:刘拓

巡视员(一级巡视员):杜纪山(2019年3月任职)

副司长:李玉印　王俊中

国有林场和种苗管理司

司长:程　红

副司长:张健民　杨连清

副巡视员(二级巡视员):邹连顺

森林公安局

局长、分党组书记:王海忠(2019年10月免职)

政委、分党组成员:柳学军

副局长、分党组成员:张　萍　王元法

副局长、分党组成员、纪检组长:李　明

副巡视员(二级巡视员)、分党组成员:王新凯

森林草原防火司

司长:周鸿升(2019年10月任职)

副司长:陈雪峰(2019年10月任职)

　　　许传德(2019年10月任职)

二级巡视员:李冬生(2019年10月任职)

规划财务司

司长:闫　振

副司长:马爱国　刘克勇　陈嘉文

副巡视员(二级巡视员):郝雁玲　郝学峰(2019年6月任职)　刘韶辉(2019年7月任职)

科学技术司

司长:郝育军

巡视员(一级巡视员):厉建祝

副司长:王连志　黄发强

国际合作司(港澳台办公室)

司长:孟宪林

巡视员(一级巡视员):戴广翠(2019年11月免职)

副司长:戴广翠(2019年11月任职)

　　　王春峰(2019年11月免职)

　　　胡元辉(2019年3月任职)

人事司

司长、局党校副校长:谭光明(兼)

巡视员(一级巡视员):丁立新(2019年11月免职)

副司长:丁立新(2019年11月任职)

　　　路永斌(2019年11月免职)

副司长、局党校副校长:王　浩

机关党委(机关纪委、工会)

书记、党校校长:张永利(兼)

常务副书记:高红电

副书记、纪委书记:王希玲

副书记:樊喜斌(2019年5月任职)

工会主席:孟庆芳

二级巡视员:张亚玲(2019年7月任职)

离退休干部局

局长、党委书记:薛全福

常务副书记、纪委书记:朱新飞

副局长:马世魁(2019年11月免职)　郑飞

巡视员(一级巡视员):黄建华　孟庆芳

　　　马世魁(2019年11月任职)

副巡视员(二级巡视员):宋云民　戴晟懋(2019年3月任职,6月免职、退休)

援派、外派等干部

机关副司长:王常青　李岭宏(继续履行援疆任务)

一级巡视员:刘家顺　郭青俊(出国随任)

二级巡视员:贾晓霞(国际组织任职)

(陈峥嵘)

国家林业和草原局派出机构负责人

国家林业和草原局驻内蒙古自治区森林资源监督专员办事处（中华人民共和国濒危物种进出口管理办公室内蒙古自治区办事处）
　　专员（主任）、党组书记：李国臣
　　巡视员（一级巡视员）、党组成员：高广文
　　副专员（副主任）、党组成员：董　冶（继续挂任广西桂林常委、副市长）　王玉山（2019年3月任职）

国家林业和草原局驻长春森林资源监督专员办事处（中华人民共和国濒危物种进出口管理办公室长春办事处）、东北虎豹国家公园管理局
　　专员（主任、局长）、党组书记：赵　利
　　常务副局长、党组副书记：刘春延
　　党组副书记、副局长：井东文（2019年2月兼任副专员、副主任）
　　副专员（副主任）、副局长、党组成员：李伟明（2019年5月免职、退休）
　　副局长、党组成员：张陕宁
　　副巡视员（二级巡视员）、党组成员：王百成

国家林业和草原局驻黑龙江省森林资源监督专员办事处（中华人民共和国濒危物种进出口管理办公室黑龙江省办事处）
　　专员（主任）、党组书记：袁少青
　　巡视员（一级巡视员）、党组成员：杜晓明（2019年3月任职）
　　副专员（副主任）、党组成员：左焕玉　沈庆宇（2019年9月任职）
　　副巡视员、党组成员：武明录（2019年3月免职）

国家林业和草原局驻大兴安岭林业集团公司森林资源监督专员办事处
　　专员、党组书记：陈　彤
　　巡视员、党组成员：杜晓明（2019年3月免职）
　　副专员、党组成员：周光达　王秀国
　　副巡视员（二级巡视员）、党组成员：艾笃冗（2019年3月任职）

国家林业和草原局驻福州森林资源监督专员办事处（中华人民共和国濒危物种进出口管理办公室福州办事处）
　　专员（主任）、党组书记：王剑波
　　巡视员（一级巡视员）、党组成员：李彦华（2019年1月任职）
　　副专员（副主任）、党组成员：李彦华（2019年1月免职）　吴满元　宋师兰（2019年3月任职）

国家林业和草原局驻成都森林资源监督专员办事处（中华人民共和国濒危物种进出口管理办公室成都办事处）、大熊猫国家公园管理局
　　专员（主任、局长）、党组书记：苏宗海（2019年2月免职）　向可文（2019年2月任职）
　　副专员（副主任、副局长）、党组成员：刘跃祥（2019年2月兼任副局长）　龚继恩（2019年5月任职）
　　副巡视员（二级巡视员）、党组成员：龚继恩（2019年5月免职）　曹　蜀（2019年5月任职）
　　副局长：段兆刚（2019年5月兼任）

国家林业和草原局驻云南省森林资源监督专员办事处（中华人民共和国濒危物种进出口管理办公室云南省办事处）
　　专员（主任）、党组书记：史永林
　　副巡视员（二级巡视员）、党组成员：李　鹏
　　副专员（副主任）：陈学群

国家林业和草原局驻合肥森林资源监督专员办事处（中华人民共和国濒危物种进出口管理办公室合肥办事处）
　　专员（主任）、党组书记：向可文（2019年2月免职）　李　军（2019年3月任职）
　　副专员（副主任）、党组成员：潘　虹　张　旗（2019年9月任职）
　　巡视员（一级巡视员）、党组成员：江机生

国家林业和草原局驻武汉森林资源监督专员办事处（中华人民共和国濒危物种进出口管理办公室武汉办事处）
　　专员（主任）、党组书记：周少舟
　　副专员（副主任）、党组成员：孟广芹　马志华（2019年1月任职）

国家林业和草原局驻广州森林资源监督专员办事处（中华人民共和国濒危物种进出口管理办公室广州办事处）
　　专员（主任）、党组书记：关进敏
　　副专员（副主任）、党组成员：贾培峰　刘　义（2019年5月任职）
　　副巡视员（二级巡视员）、党组成员：刘　义（2019年5月免职）　王琴芳（2019年5月任职）

国家林业和草原局驻贵阳森林资源监督专员办事处（中华人民共和国濒危物种进出口管理办公室贵阳办事处）
　　专员（主任）、党组书记：李天送
　　副专员（副主任）、党组成员：龚立民（2019年5月任职）　谢守鑫（2019年5月任职）
　　副巡视员（二级巡视员）、党组成员：龚立民（2019年5月免职）　钟黔春（2019年5月任职）

国家林业和草原局驻西安森林资源监督专员办事处（中华人民共和国濒危物种进出口管理办公室西安办事处）、祁连山国家公园管理局
　　专员（主任）、党组书记：王洪波（2019年2月兼任局长）
　　巡视员（一级巡视员）、党组成员：王彦龙（2019年1月任巡视员）
　　副巡视员（二级巡视员）、党组成员：何　熙
　　副专员（副主任）、党组成员：贾永毅（2019年1月任职，2月兼任副局长）　潘自力（2019年1月任职，2月兼任副局长）

国家林业和草原局驻乌鲁木齐森林资源监督专员办事处(中华人民共和国濒危物种进出口管理办公室乌鲁木齐办事处)

　　副专员(副主任)、党组副书记：郑　重(2019年1月任党组副书记)
　　副专员(副主任)、党组成员：刘　斌(2019年1月任职)
　　副巡视员(二级巡视员)、党组成员：肖新艳(2019年1月任职)

国家林业和草原局驻上海森林资源监督专员办事处(中华人民共和国濒危物种进出口管理办公室上海办事处)

　　专员(主任)、党组书记：王希玲(2019年2月免职)　苏宗海(2019年2月任职)
　　副专员(副主任)、党组成员：李　军(2019年3月免职)　万自明(2019年5月任职)　高尚仁(2019年5月任职)
　　副巡视员、党组成员：万自明(2019年5月免职)

国家林业和草原局驻北京森林资源监督专员办事处(中华人民共和国濒危物种进出口管理办公室北京办事处)

　　专员(主任)、党组书记：苏祖云
　　副专员(副主任)、党组成员：钱能志　闫春丽
　　副巡视员(二级巡视员)、党组成员：戴晟懋(2019年3月免职)　武明录(2019年3月任职)

(陈峥嵘)

国家林业和草原局直属单位负责人

国家林业和草原局机关服务局
　　局长、党委书记：周　瑄
　　副局长：王欲飞　姚志斌　成　吉(2019年5月免职)　周　明(2019年12月免职、退休)　张志刚

国家林业和草原局信息中心
　　主任：李世东(2019年10月免职)　刘树人(2019年10月兼任)
　　副主任：杨新民　吕光辉　梁永伟

国家林业和草原局林业工作站管理总站
　　总站长：潘世学
　　巡视员(一级巡视员)：杨　冬(2019年9月免职)　汤晓文(2019年11月任职)
　　副总站长：汤晓文(2019年11月免职)　周　洪　董　原
　　副巡视员(二级巡视员)：侯　艳

国家林业和草原局林业和草原基金管理总站
　　总站长：张艳红
　　副总站长：王翠槐(2019年10月免职、退休)　杨锋伟(2019年9月免职)　孙德宝　吴　今(2019年9月任职)
　　总会计师：刘文萍

国家林业和草原局宣传中心
　　主任：黄采艺
　　副主任：马大轶(2019年1月免职)　刘雄鹰(2019年3月免职)　杨　波　王　振(2019年3月任职)　缪　宏(2019年6月任职)

国家林业和草原局天然林保护工程管理中心
　　主任：金　旻
　　巡视员(一级巡视员)：文海忠(2019年1月任职)
　　副主任：陈学军　李拥军(2019年1月免职)　赵新泉(2019年11月任职)
　　总工程师：闫光锋
　　副巡视员(二级巡视员)：张　瑞

国家林业和草原局退耕还林(草)工程管理中心
　　主任：周鸿升(2019年10月免职)　李世东(2019年10月任职)
　　副主任：李青松　吴礼军　敖安强
　　巡视员(一级巡视员)：张秀斌
　　总工程师：刘再清

国家林业和草原局世界银行贷款项目管理中心
　　主任：丁立新(2019年6月免职)　马国青(2019年6月任职)
　　副主任：尹发权(2019年6月免职)
　　副主任：李　忠　石　敏　杜　荣　刘玉英(2019年9月任职)

国家林业和草原局对外合作项目中心
　　主任：孟宪林(2019年5月兼任)
　　常务副主任：王维胜(2019年7月免职)　王春峰(2019年11月任职)
　　副主任：胡元辉(2019年3月免职)　许强兴　刘　昕(2019年3月任职)

国家林业和草原局科技发展中心(国家林业和草原局植物新品种保护办公室)
　　主任：王永海
　　巡视员(一级巡视员)：杜纪山(2019年3月免职)　祁　宏(2019年3月任职)
　　副主任：龙三群　龚玉梅

国家林业和草原局经济发展研究中心
　　党委书记：李冰(2019年3月任职)
　　主任：李冰
　　副主任：王月华
　　党委副书记：菅宁红
　　党委副书记、纪委书记：周　戬(2019年1月任职)

国家林业和草原局人才开发交流中心
　　主任：樊　华
　　副主任：文世峰(2019年7月结束挂任广西壮族自治区政府副秘书长职务)　吴友苗

中国林业科学研究院
　　分党组书记、副院长、京区党委书记：叶　智
　　院长、分党组副书记：刘世荣
　　纪检组长、副院长、分党组成员：李岩泉
　　副院长、分党组成员：储富祥　孟　平　黄　坚　肖文发
　　副院长：崔丽娟（2019年1月任职）

国家林业和草原局调查规划设计院
　　院长、党委副书记：刘国强
　　党委书记、副院长：张煜星（2019年11月免职）
　　　　张全洲（2019年11月任职）
　　副院长：蒋云安　唐小平　张　剑
　　副书记、纪委书记：严晓凌
　　副院长、总工程师：马国青（2019年6月免职）
　　　　唐景全（2019年6月任职）
　　正司局级干部：张惠新（2019年4月免职、退休）
　　副司局级干部：刘德晶（2019年6月任职，12月免职、退休）

国家林业和草原局林产工业规划设计院
　　党委书记、院长：周　岩（2019年6月任院长，2019年11月免党委书记、任党委副书记）
　　党委书记、副院长：张煜星（2019年11月任职）
　　常务副院长、副书记：张全洲（2019年11月免职）
　　副院长：唐景全（2019年6月免职）　齐　联（2019年7月结束广西河池市委常委、副市长挂任职务）　沈和定
　　纪委书记：籍永刚
　　副院长、总工程师：李春昶（2019年9月任职）

国家林业和草原局管理干部学院
　　院长：张建龙
　　党委书记、党校副校长：张利明
　　常务副院长、党委副书记：陈道东
　　副院长：方怀龙　梁宝君
　　党委副书记、纪委书记：彭华福
　　副院长、党校专职副校长：严　剑

中国绿色时报社
　　党委书记、副社长：陈绍志
　　社长、总编辑：张连友
　　常务副书记、纪委书记：邵权熙
　　副社长：刘　宁
　　副社长：段　华

中国林业出版社有限公司
　　党委书记、董事长、法定代表人：樊喜斌（2019年5月免职）　刘东黎（2019年5月任职）
　　总经理、副董事长、董事、党委副书记：成　吉（2019年5月任职）
　　总经理、总编辑、党委副书记、副董事长：刘东黎（2019年5月免职）
　　党委副书记、纪委书记、监事、副总编辑：王佳会（2019年5月免副总编辑）
　　副总编辑：徐小英（2019年5月任职）
　　副总经理：纪　亮（2019年5月任职）

国际竹藤中心
　　主任：江泽慧（兼）
　　常务副主任：费本华
　　党委书记、副主任：尹刚强
　　副主任：李凤波　陈瑞国
　　党委副书记：李晓华

国家林业和草原局亚太森林网络管理中心
　　主任：鲁　德（2019年5月任职）
　　常务副主任：鲁　德（2019年5月免职）
　　副主任：夏　军　张忠田

中国林学会
　　秘书长：陈幸良
　　副秘书长：李冬生（2019年10月免职）　刘合胜　沈瑾兰（2019年10月任职）

中国野生动物保护协会
　　秘书长：李青文
　　副秘书长：赵胜利（2019年4月免职、退休）　郭立新　王晓婷　斯　萍（2019年9月任职）

中国花卉协会
　　秘书长：刘　红（2019年11月免职）
　　　　张引潮（2019年11月任职）
　　副秘书长：张引潮（2019年11月免职）　杨淑艳　陆文明（2019年6月任职）

中国绿化基金会
　　副秘书长兼办公室主任：陈　蓬
　　办公室副主任：许新桥　缪光平

中国林业产业联合会
　　秘书长：王　满
　　副秘书长：石　峰（2019年4月免职、退休）　陈圣林

中国绿色碳汇基金会
　　秘书长：邓　侃（2019年3月免职）
　　　　刘家顺（2019年3月任职）

国家林业和草原局西北华北东北防护林建设局
　　局长、党组副书记：张　炜（2019年6月免职）
　　党组书记、副局长：冯德乾（2019年6月任职）
　　巡视员（一级巡视员）、党组成员：洪家宜（2019年1月任职，2019年6月免职）
　　一级巡视员、党组成员：武爱民（2019年11月任职）
　　副局长、党组成员：洪家宜（2019年1月免职）　刘　冰　岳太青（2019年1月任职）
　　纪检组长、党组成员：冯德乾（2019年6月免职）　程　伟（2019年6月任职）
　　总工程师、党组成员：武爱民（2019年11月免职）
　　副巡视员（二级巡视员）、党组成员：姚　源（2019年1月任职）

国家林业和草原局林业和草原病虫害防治总站
　　党委书记、副总站长：张克江
　　总站长、党委副书记：宋玉双（2019年12月免职、退休）
　　副总站长：闫　峻　郭文辉　吴长江
　　党委副书记、纪委书记：曲　苏

南京森林警察学院（2019年12月整建制转入公安部）
　　党委书记：王邱文
　　院长、党委副书记：张高文

常务副院长：张治平
党委副书记、副院长：林　平
党委副书记、纪委书记：陶　珑
副院长：吉小林　叶　卫　耿淑芬

国家林业和草原局华东调查规划设计院
院长、党委副书记：于　辉
党委书记、副院长：傅宾领（2019年1月免职、退休）　吴海平（2019年6月任职）
副院长、总工程师：何时珍
副院长：刘道平　马鸿伟（2019年1月任职）
党委副书记、纪委书记：刘　强（2019年1月任职）

国家林业和草原局中南调查规划设计院
院长、党委副书记：彭长清
党委书记、副院长：刘金富
常务副院长：吴海平（2019年6月免职）
　　　　　　　尹发权（2019年6月任职）
副院长、党委副书记、纪委书记：周学武
副院长、总工程师：贺东北
副院长：杨　宁（2019年6月任职）
正司局级干部：洪家宜（2019年6月任职）

国家林业和草原局西北调查规划设计院
院长、党委副书记：李谭宝

党委书记、副院长：许　辉
副院长：连文海　周欢水　张凤臣（2019年7月任职，同时挂任贵州黔东南苗族侗族自治州副州长）
副院长、总工程师：王吉斌
党委副书记、纪委书记：王福田（2019年11月任职）

国家林业和草原局昆明勘察设计院
院长、党委副书记：唐芳林（2019年10月免职）
党委书记、副院长：周红斌
副院长：张光元
副院长、总工程师：汪秀根
副院长、纪委书记：杨　菁
副院长：殷海琼（2019年6月结束挂任云南楚雄彝族自治州副州长职务）

中国大熊猫保护研究中心
党委书记、副主任：张志忠（2019年11月免职）
　　　　　　　　　路永斌（2019年11月任职）
常务副主任：张和民
副主任：张海清　朱　涛　巴连柱　刘苇萍
党委副书记：段兆刚（兼）

（陈峥嵘）

各省（区、市）林业（和草原）主管部门负责人

北京市园林绿化局（首都绿化办）
党组书记、局长（主任）（兼北京世界园艺博览会事务协调局党组书记）：邓乃平
党组成员、副局长：高士武（2019年11月免职）
一级巡视员：高士武（2019年12月任职）
党组成员、副局长：戴明超
党组成员、市纪委驻局纪检监察组组长、一级巡视员：洪波（2019年12月任职）
党组成员、副局长：高大伟
党组成员、副局长，一级巡视员：朱国城（2019年12月任一级巡视员）
党组成员（副主任）：廉国钊
党组成员、副局长：蔡宝军
党组成员、市纪委驻局纪检监察组组长：程海军（2019年11月免职）
二级巡视员：贾权民　周庆生　王小平　刘　强

天津市规划和自然资源局
党委书记、局长：陈勇
党委副书记、副局长（保留正局级），市海洋局局长：赵恩海（2019年12月免职、另有任用）
党委委员、副局长、一级巡视员：路　红
副局长：霍　兵
党委委员、驻局纪检监察组组长：付滨中
党委委员、副局长：杨　健　张志强　黄克力
总建筑师：刘　荣

总规划师：田　野
总经济师：岳玉贵
二级巡视员：周国忠（2019年11月免职、退休）　高明兴　周效锋

河北省林业和草原局
河北省自然资源厅党组副书记、副厅长，省林业和草原局分党组书记、局长：刘凤庭
河北省自然资源厅党组成员，省林业和草原局分党组成员、副局长：王　忠
河北省自然资源厅党组成员，省林业和草原局分党组成员、副局长：王绍军
河北省林业和草原局分党组成员、副局长：刘振河
河北省林业和草原局分党组成员、副局长：张立安（2019年3月任职）
河北省林业和草原局分党组成员、副局长：吴　京（2019年3月任职）

山西省林业和草原局
党组书记、局长、一级巡视员：张云龙
党组成员、副局长、一级巡视员：尹福建
党组成员、副局长：黄守孝　岳奎庆　杨俊志
二级巡视员：宋河山　李振龙　陈俊飞
山西省森林公安局局长（副厅长级）：赵　富

内蒙古林业和草原局
  党组书记、局长：牧　远
  党组成员、副局长：阿勇嘎　苏　和
  副局长：娄伯君
  党组成员（副厅长级）：王才旺

辽宁省林业和草原局
  党组书记、局长：金东海
  党组成员、副局长：陈　杰　杨宝斌　孙义忠
  二级巡视员：李宝德　胡崇富
  总工程师：李利国
  总经济师：孙柏义

吉林省林业和草原局
  党组书记、局长：金喜双
  副局长：孙光芝
  党组成员、副局长：郭石林　王　伟　季　宁
  驻局纪检监察组组长：王志刚
  党组成员、副局长：段永刚（2019年1月任职）
  二级巡视员：刘　明（2019年6月任职）

黑龙江省林业和草原局
  党组书记、局长：王东旭
  党组成员、副局长：郑怀玉　时永录
    张学武（2019年10月免职、退休）
    朱良坤　侯绪珉
  二级巡视员：陶　金

上海市绿化和市容管理局（上海市林业局）
  党组书记、局长：邓建平
  党组成员、副局长、一级巡视员：方　岩（2019年10月晋升一级巡视员）
  党组成员、副局长：顾晓君　汤臣栋　唐家富
  党组成员、总工程师：朱心军（2019年4月任职）
  党组成员、一级巡视员：崔丽萍（2019年6月职务职级套转一级巡视员）
  二级巡视员：缪　钧（2019年6月职务职级套转为二级巡视员）

江苏省林业局
  党组书记、局长：沈建辉
  党组成员、副局长：卢兆庆、王德平、钟伟宏
  二级巡视员：葛明宏
  党组成员、机关党委书记、办公室主任：仲志勤

浙江省林业局
  党组书记、局长：胡侠（正厅级）
  党组成员、副局长：王章明（副厅级）
      诸葛承志（2019年5月任职，副厅级）
      陆献峰（2019年1月任职）
      李永胜（2019年5月任职）
  党组成员、总工程师：李荣勋（2019年5月任职）
  正厅级干部：吴　鸿　杨幼平（2019年1月任职）
  副厅长级干部：陈跃芳（2019年11月免职、退休）
  副巡视员：骆文坚（2019年1月任职）
     卢苗海（2019年7月免职、退休）

安徽省林业局
  党组书记、局长：牛向阳
  党组成员、副局长：吴建国　齐　新　邱　辉
  党组成员、总工程师：李拥军（2019年11月任职）

福建省林业局
  党组书记、局长：陈照瑜
  党组成员、副局长：刘亚圣　谢再钟　王宜美
  党组成员、省纪委驻局纪检组组长：郭　延（2019年9月任职）
  党组成员、副局长，武夷山国家公园管理局局长：林雅秋
  党组成员、副局长：林旭东　郑　健（2019年12月任职）
  二级巡视员：唐　忠（2019年6月任职）
  省纪委驻省林业局纪检组副厅级纪律检查员、常务副组长：吴国宗
  总工程师、二级巡视员：王梅松（2019年10月任职）

江西省林业局
  党组书记、局长：邱水文（兼任江西省自然资源厅党组成员）
  一级巡视员：罗　勤（2019年5月任职）
  党组成员、副局长：罗　勤（2019年5月免职）
      黄小春
      严　成（2019年1~9月任党组成员，10月任副局长）
  党组成员：赵　国（2019年5月免职、调离）
  副巡视员：余小发

山东省自然资源厅（省林业局）
  山东省自然资源厅党组书记、厅长，省林业局局长，省自然资源总督察（兼）：李　琥
  山东省自然资源厅党组副书记，省海洋局党组书记、局长：宋继宝
  山东省自然资源厅党组副书记、副厅长，省自然资源副总督察（兼）：刘　鲁
  山东省自然资源厅一级巡视员：王桂鹏
  山东省自然资源厅一级巡视员：宋守军　亓文辉
  山东省自然资源厅党组成员、副厅长：李树民
  山东省自然资源厅党组成员、省纪委省监委驻省自然资源厅纪检监察组组长：李传谦
  山东省自然资源厅党组成员、副厅长，省林业局副局长：马福义
  山东省自然资源厅党组成员、副厅长：王太明　王少瑾
  山东省自然资源厅二级巡视员：李克强
  山东省自然资源厅副厅级干部：赵培金
  专职山东省自然资源副总督察（副厅级）：王光信
  山东省自然资源厅二级巡视员：李成金　董瑞忠

河南省林业局
　　党组书记、局长：秦群立（2019年5月免职，调任河南省自然资源厅巡视员）
　　　　　　　　　原永胜（2019年12月任职，正厅级，兼任河南省自然资源厅党组成员）
　　党组成员、副局长：师永全
　　党组成员、省森林公安局局长：朱延林
　　党组成员、副局长：李志锋（2019年5月任职）
　　　　　　　　　　　王　伟（2019年12月任职，副厅级）
　　副巡视员：李志锋（2019年5月免职）
　　　　　　　李灵军（2019年5月任职）

湖北省林业局
　　党组书记、局长：刘新池
　　党组成员、副局长：王昌友　蔡静峰
　　　　　　　　　　　洪　石（2019年10月免职，退休）
　　　　　　　　　　　陈毓安　夏志成
　　副局长：黄德华

湖南省林业局
　　局党组书记、局长：胡长清
　　局党组成员、副局长：严志辉（2019年4月任职）
　　　　　　　　　　　　彭顺喜
　　　　　　　　　　　　李益荣（2019年8月退休）
　　　　　　　　　　　　吴剑波
　　　　　　　　　　　　李林山（2019年11月任职）
　　局党组成员、驻局纪检组长：梁志强
　　总工程师：桂小杰（2019年10月免职、退休）
　　一级巡视员：吴彦承（2019年3月任巡视员，6月套转为一级巡视员）
　　二级巡视员：张凯锋　李志勇（2019年6月套转为二级巡视员）

广东省林业局
　　局长、党组书记：陈俊光（兼广东省自然资源厅党组副书记，正厅级）
　　副局长、党组成员：吴晓谋（副厅级）
　　　　　　　　　　　廖庆祥（副厅级）
　　　　　　　　　　　彭尚德（副厅级）
　　副厅级巡视员：林俊钦（2019年6月任二级巡视员）
　　　　　　　　　曾伟才（2019年6月任二级巡视员，10月免职、退休）
　　副巡视员（正处级）：魏　冰［2019年6月任一级调研员（省管）］

广西壮族自治区林业局
　　局长、党组书记：黄显阳
　　副局长、党组成员：邓建华　黄政康　陆志星
　　广西林业科学研究院院长、党组成员：安家成
　　党组成员：李巧玉（2019年12月任职）
　　二级巡视员：蒋桂雄（2019年6月由副巡视员套转为二级巡视员）

海南省林业局（海南热带雨林国家公园管理局）
　　党组书记、局长：夏　斐（2019年5月任海南热带雨林国家公园管理局局长）
　　党组成员、副局长：李新民（2019年1月任海南省林业局党组成员，3月任海南省林业局副局长，5月任海南热带雨林国家公园管理局副局长）
　　党组成员、副局长：高述超（2019年8月任海南省林业局党组成员，10月任海南省林业局副局长，10月任海南热带雨林国家公园管理局副局长）
　　党组成员：周绪梅
　　党组成员、总工程师：周亚东
　　二级巡视员：关　伟（2019年5月17日任职）

重庆市林业局
　　党组书记、局长：沈晓钟
　　副局长：张　洪
　　党组成员、副局长：王声斌
　　党组成员、副局长、机关党委书记：唐　军
　　党组成员、二级巡视员：谢志刚
　　党组成员：王定富（副厅局级）
　　二级巡视员：陈　祥　熊忠武

四川省林业和草原局（大熊猫国家公园四川省管理局）
　　党组书记、局长：刘宏葆
　　党组成员、副局长：宾军宜　王　平　包建华
　　　　　　　　　　　唐代旭
　　党组成员、机关党委书记：李　剑
　　党组成员：金德成（2019年2月免职，调任）
　　大熊猫国家公园四川省管理局专职副局长：
　　　　张绍军（2019年7月任职）
　　　　陈宗迁（2019年4月任职）
　　大熊猫国家公园四川省管理局总规划师：
　　　　王鸿加（2019年12月任职）
　　一级巡视员：刘　兵　骆建国
　　二级巡视员：万洪云　罗语国　王玉琳

贵州省林业局
　　党组书记、局长：张美钧（2019年3月任职）
　　　　　　　　　　黎　平（2019年3月免职、调任）
　　党组成员、副局长：向守都　傅　强
　　　　　　　　　　　缪　杰　张富杰
　　巡视员：杨洪俊（2019年4月免职、退休）
　　　　　　黄永昌（2019年10月免职、退休）
　　副巡视员：尹晓阳（2019年2月免职、退休）
　　二级巡视员：葛木兰

云南省林业和草原局
　　党组书记、局长：任治忠（兼任云南省自然资源厅党组成员）
　　党组成员、副局长：夏留常

　　　　　　李文才（2019年2月任职）
　　　　　　王卫斌
　　　　　　高　峻（2019年2月任职）
　　党组成员、省森林公安局局长：周福昌（2019年1月任职）
　　党组成员、省纪委驻局纪检组组长：李雪峰（2019年6月免职）
　　党组成员、局长助理：谢寿安（2019年12月免职，挂职期满）
　　二级巡视员：王　哲（2019年6月由副巡视员套转为二级巡视员）
　　　　　　邓晓春（2019年5月任副巡视员，6月套转为二级巡视员，9月退休）

西藏自治区林业和草原局
　　党组书记、副局长：次成甲措
　　党组副书记、局长：吴　维（2019年3月任职）
　　党组成员、一级巡视员：达娃次仁（2019年6月套转为一级巡视员）
　　党组成员、一级巡视员：田建文（2019年5月任巡视员，6月套转为一级巡视员）
　　党组成员、副局长：索朗旺堆　季新贵　宗　嘎
　　党组成员、局长助理：刘学庆（2019年3月任职）
　　二级巡视员：徐　跃（2019年6月套转为二级巡视员）
　　二级巡视员：胡志广（2019年5月任副巡视员，6月套转为二级巡视员）

陕西省林业局
　　党组书记、局长：薛建兴（2019年5月调离）
　　　　　　党双忍（2019年5月任职）
　　党组成员、副局长：刘保华（2019年1月任职）
　　党组成员、秦岭国家植物园园长：张秦岭
　　党组成员：范民康
　　党组成员、森林公安局局长：马利民
　　党组成员、纪检组组长：雒凤翔（2019年7月调离）
　　党组成员、森林资源管理局局长：杨　林
　　副局长：昝林森（2019年5月任职）
　　党组成员、副局长：薛恩东（2019年7月任职）
　　一级巡视员：唐周怀　王建阳
　　副巡视员：白永庆（2019年4月免职、退休）
　　二级巡视员：王季民　崔　汛（2019年3月任职）
　　　　　　程建中（2019年12月任职）

甘肃省林业和草原局
　　党组书记、局长：宋尚有
　　党组成员、副局长：张世虎
　　党组成员、驻局纪检监察组组长：张正泉（2019年5月任职）
　　党组成员、副局长：郑克贤　田葆华（2019年5月任职）
　　国家公园甘肃省管理局专职副局长：高建玉（2019年5月任职）
　　一级巡视员：苏克俭（2019年11月任职）
　　　　　　张肃斌（2019年7月任职）
　　　　　　王建设（2019年10月任职）
　　　　　　郭　平（2019年11月免职、退休）
　　二级巡视员：王小平（2019年7月任职）
　　驻局纪检监察组二级巡视员：董文武（2019年7月任职）
　　二级巡视员：谢忙义（2019年7月任职）
　　　　　　连雪斌（2019年11月任职）
　　　　　　刘晓春（2019年11月任职）

青海省林业和草原局
　　党组书记：李晓南（2019年6月任职）
　　　　　　张文华（2019年6月免职、调任）
　　局长：李晓南（2019年6月任职）
　　　　　　赫万成（2019年6月免职）
　　副局长：邓尔平　高静宇　王恩光
　　副局长：杜海民（2019年12月免职、调任）
　　　　　　张亚玲（2019年7月免职、结束挂职）
　　党组成员：张德辉（2019年7月任职、挂职）
　　二级巡视员：张奎（2019年6月由副巡视员套转为二级巡视员）
　　　　　　童成云（2019年1月任职）
　　　　　　王孝发（2019年12月任职）

宁夏回族自治区林业和草原局
　　党组书记、局长：徐庆林（兼任宁夏回族自治区自然资源厅党组成员）
　　党组成员、副局长：王东平　王自新
　　副局长：郭红玲
　　党组成员、总工程师：徐　忠

新疆维吾尔自治区林业和草原局
　　局党委书记、副局长：姜晓龙
　　局党委副书记、局长：阿合买提江·米那木
　　局党委委员、副局长：木日扎别克·木哈什（2019年11月免职、退休）
　　　　　　李东升　徐洪星　李江
　　　　　　燕　伟　朱立东　王常青
　　副厅长级干部：阿布都·克力木
　　　　　　艾克拜尔·斯地克（2019年11月免职、退休）
　　副巡视员：艾买提别克·伊玛什（2019年12月免职、退休）
　　　　　　徐新云（2019年2月免职、退休）
　　　　　　李晓明　高志强
　　　　　　郭远平（2019年11月免职、退休）
　　总经济师：赵性运

　　　　　　　　　　　　　　　（陈峥嵘）

干部人事工作

【综　述】 2019年，人事司按照中央要求和国家林草局党组部署，立足服务林草中心工作、服务全局干部职工，积极参与各项重大改革，扎实开展机构编制管理、干部管理监督、教育培训、人才劳资等各项工作，取得了显著成效。

参与中央重大改革 一是积极参与林业草原和国家公园体制重大改革。配合中央编办在深入调研的基础上，起草了《关于健全重点国有林区森林资源管理体制的意见》，并由中央组织部、中央编办正式印发实施。根据国家林草局党组部署，承担机构编制组职责，启动了对大兴安岭林业集团公司各级各单位机构、人员情况摸底统计，积极推进集团公司机构、职责、队伍重组等工作。配合中央编办赴东北虎豹等国家公园就国家公园管理体制建立、机构设置、编制配置等问题开展了深入调研，提出国家公园管理机构设置初步意见并报中央编办。配合公安部起草了《森林公安机关管理体制调整工作实施方案》，积极推进森林公安体制改革。赴甘肃等地就草原管理机构和管理体制运行情况进行调研。起草了《涉及林业和草原领域的生态环境损害认定标准》，在青海和北京分别召开座谈会，充分听取有关方面意见建议。二是进一步理顺森林草原防灭火体制机制。赴河南、贵州、河北等地就机构改革后森林草原防灭火体制机制问题深入开展调研。积极向中央改革办、中央编办、国办等部门反映森林机构改革后林草部门在森林防火方面存在的困难问题等，配合中央编办研究森林草原防灭火体制机制问题。经积极争取，中央进一步明确国家林草局森林草原防火职能，中央编办批复国家林草局成立森林草原防火司并设置森林草原防火督查专员，国家林草局森林草原防火力量得到进一步加强。

干部管理监督 一是稳妥推进职务与职级并行。制订《国家林业和草原局公务员职务与职级并行实施方案》，完成了国家林草局公务员职级套转和首次晋升工作，共套转一级、二级巡视员45名，一级至四级调研员183名，二级主任科员111名，四级主任科员33名，一级科员14名；首次晋升一级调研员193名，三级调研员82名，一级主任科员67名，三级主任科员6名，四级主任科员4名。此外还开展了职级二次晋升工作。二是有序开展干部选任。选拔调整了124名司局级干部和97名处级以下干部。开展了2019年度公务员录用、遴选、选调以及事业单位毕业生公开招聘、军转接收安置等工作，共录用公务员9人，遴选公务员1人，选调优秀毕业生1人，公开招聘毕业生232人，接收军转干部6人。三是加大干部培养力度。推荐11名局领导、32名司局级干部和3名处级干部参加中组部"一校五院"学习。选派25名司局级干部参加中组部专题研修。选派1名干部到国家信访局锻炼，6名干部到青海、西藏等省份挂职锻炼。接收由中组部等3部委选派的3名干部到国家林草局机关挂职。接收有关单位和地方部门推荐的18名干部到国家林草局机关和直属单位学习锻炼。接收9名新疆林业青年科技英才到国家林草局有关直属单位访学研修。完成了2018年到国家林草局研修的4名"西部之光"访问学者考核工作，继续接收2名"西部之光"访问学者来我局研修访问。组织选派2人作为"博士服务团"成员到内蒙古阿拉善盟林业所和陕西省林科院锻炼服务。四是严格干部监督检查。完成了2019年领导干部个人有关事项集中填报工作。继续做好干部廉政建设征求意见和离任审计工作。按照驻部纪检监察组要求，开展了十八大以来纪律处分执行及诫勉谈话落实情况自查，配合机关纪委完成国家林草局30人次相关材料入档备查工作。对各单位涉密人员信息进行了重新核查。进一步加强因公因私出国（境）审查备案工作，实现领导干部因私证照信息化管理。五是坚持做好干部日常管理。顺利完成2018年度干部考核工作。完成了有人事权直属单位处级干部"一报告两评议"工作。认真学习贯彻《干部人事档案工作条例》，印发了《国家林业和草原局干部人事档案查借阅规定》。认真做好领导干部试用期满考核、退休手续办理、个人信息统计、京外调干、解决夫妻两地分居等工作。

机构编制和社会组织管理 一是认真谋划重点领域机构建设。研究制定了国家林草局派出机构"三定"规定，进一步明确了对草原、湿地、野生动植物等各类资源监管职能，优化了处室设置。根据机构改革后实际情况，对保护地司内设机构进行了重新调整，使其处室设置更加符合保护地改革发展新要求。在有关直属单位加挂了国家林业和草原局草原研究中心、草原资源监测中心、自然保护地研究所、国家公园监测评估研究中心、国家公园规划研究中心等牌子，在国家林草局经研中心、规划院、西北院、昆明院、森防总站、报社、出版社等单位新增草原保护管理、自然保护地管理、国家公园管理等内设机构，进一步强化对草原、国家公园等各类自然保护地保护管理的支撑保障。成立了国家林业和草原局管理干部学院原山分院、中共国家林业和草原局党校原山分校。二是进一步抓好社会组织管理。组织召开了林业社会组织工作会议。印发了《关于引导和动员林业社会组织积极参与脱贫攻坚的通知》《关于进一步规范林业社会组织评比达标表彰活动的通知》《关于开展林业社会组织风险排查和防控工作通知》。会同国际司研究起草了《林业社会组织因公出国（境）管理暂行办法》。督促有关社会组织完成2018年年检整改工作。指导中国林学会、中国老科协林业分会完成换届选举。完成中国治沙暨沙产业学会、中国林业职工思想政治研究会等社会组织主要负责人调整。从严做好领导干部在社会组织兼职备案审批工作。三是稳妥推进行业协会商会脱钩。按照国家发改委、民政部等部门印发的《关于全面推开行业协会商会与行政机关脱钩改革的实施意见》要求，稳妥推进国家林草局有关社会组织脱钩工作。成立国家林草局行业协会与行政机关脱钩改革工作领导小组，制订《国家林业和草原局行业协会脱钩改革工作方案》，召开林业行业协会与行政机关脱钩工作动员部署会。截至2019年底，中国林场协会、中国竹产业协会、中国生态道德教育促进会3家拟脱钩协会的脱钩实施方案已经民政部核准。

干部教育培训 一是完善制度建设。出台了《国家林业和草原局关于贯彻落实〈2018～2022年全国干部教育培训规划〉的实施意见》。修订了《国家林业和草原局培训班管理办法》，进一步规范培训班管理。制定了国家林草局2019年度培训班计划，全年计划举办培训班337期。制定《国家林业和草原局重点学科建设管理暂行规定》。二是抓好重点培训。举办了草原生物灾害防治技术高级研修等人社部高级专业技术研修班；举办了公务员在职培训、处级任职培训、新录用人员初任培训等4期公务员法定培训班；举办了县市林草局长草原保护专题和自然保护地专题班、基层人才培训班、新疆林业干部培训班、林草知识培训班、林业应对气候变化专题培训班等7期服务行业发展的重点培训；举办了年轻干部培训班、扶贫干部培训班2期面向特定群体的重点培训班。三是夯实教育培训工作基础。完成了《林业改革知识读本》《林业政策法规知识读本》《林业信息化知识读本》《林业基础知识》《森林防火知识读本》《草原知识读本》等教材的出版。组织编写《林业科技知识读本》《造林绿化知识读本》《林业和草原应对气候变化知识读本》等教材。开展了好课程评选工作并制作课程报送中组部。做好中组部远程教育专题教材制播工作，报送100个课件178个节目。积极推进教育培训网络建设，支持指导林干院推进林草网络学院建设。四是强化林草教育工作指导。认真贯彻《关于加强农科教结合 实施卓越农林人才教育培养计划2.0的意见》，会同农业农村部等13个部门共同主办了"六卓越一拔尖"计划2.0启动大会。与教育部、农业农村部等6部门联合发文，深化西北农林大学共建。赴中南林业科技大学开展调研，进一步加强和规范建立林草特色自学考试体系建设；赴宁波城市职业技术学院就落实《国家职业教育改革实施方案》开展调研；赴福建开展了竹藤编制工艺产业发展和人才工作培养调研，推动林草职业教育服务林草队伍建设。会同教育部赴江苏太仓、丹阳和海南澄迈开展农村职业教育和成人教育示范县抽查复检工作。五是创建林草教育品牌。开展了职业教育重点专业遴选、2020届全国林科十佳毕业生评选、第二届教学名师遴选、首届"扎根基层工作、献身林草事业"林草学科优秀毕业生遴选等活动，并随后组织教学名师和扎根基层优秀毕业生进校园宣讲。举办了第三届全国林业院校校长论坛和第三届全国林草职业技能大赛、教育部全国职业技能大赛3个专项比赛。

人才劳资工作 一是继续实施高层次专业技术人才选拔培养。遴选了20名国家林草局第六批百千万人才工程省部级人选，推荐2人入选2019年国家百千万人才工程，并授予"有突出贡献中青年专家"荣誉称号。组织竹藤中心等科研单位开展了海外人才引进工作。激励高层次人才创新创业，对高端科技人才发放创新津贴，在绩效工资、岗位聘用等方面给予倾斜。联合中国林学会共同完成了第十五届林业青年科技奖评选和第十六届中国青年科技奖推荐工作，评选出20名林业青年科技奖获得者，推荐4人为中国青年科技奖候选人。组织推荐1名文化名家暨"四个一批"人才候选人和1名宣传思想文化青年英才候选人。在国家林草局1～6批百千万人才工程省部级人选中组织开展了2期"弘扬爱国奋斗精神 服务林草事业发展"活动。二是稳步开展劳动工资工作。开展了国家林草局国有企业工资决定机制改革，国家林草局国有企业工资总额管理办法正式印发。开展了中国林业出版社有限公司2019年企业工资总额预算管理工作，完成了该公司负责人2018年度薪酬水平和2019年基本年薪核定，对公司负责人2018年薪酬进行了信息披露和备案。完成了中管干部工资报批工作。对局管干部和无人事权单位人员工资变动进行审批，完成了局机关公务员每月工资发放。根据年度考核结果，及时兑现了局机关110名公务员2019年晋升级别或级别工资档次调整，为357名机关公务员发放了2018年一次性奖金。按照职级序列工资套改办法，对147名套转职级人员进行了职级工资套改，完成了186名局机关在职人员职级晋升工资变动核定。继续扎实做好在京机关事业单位养老保险工作。三是积极开展表彰奖励。印发了《关于进一步严格执行评比达标表彰有关规定的通知》，进一步规范国家林草局面向各地区各部门或本系统本行业的评比达标表彰活动。组织开展了"保护森林和野生动植物资源先进集体、先进个人和优秀组织奖"评选表彰工作。组织开展了"生态建设突出贡献奖"评选表彰，将退耕还林20周年表彰纳入表彰项目。按照中央部署，组织开展了共和国勋章、友谊勋章、国家荣誉称号、人民满意的公务员和公务员集体、全国民族团结进步模范集体和模范个人候选人推荐，国家林草局1人获全国民族团结进步模范个人称号。完成了"庆祝中华人民共和国成立70周年"纪念章颁发对象统计和纪念章发放工作。成功向全国评比达标表彰领导小组争取开展"关注森林活动"20周年表彰。联合人社部追授在扑救森林雷电火灾过程中不幸因公牺牲的内蒙古根河林业局于海俊"全国林业系统先进工作者"称号。四是积极推进职称改革、职业标准终审、岗位设置和专家管理。组织修订了林业工程专业技术资格评审条件。完成了国家林草局高级职称评审委员会备案工作。召开了林业有害生物防治职业标准终审会，将新修订的《林业有害生物防治职业标准》报送人社部。完成了对部分事业单位岗位设置变更审核批复，开展了专业技术二、三级岗位聘任工作。制订了国家林草局2019年院士退休工作方案。完成有关院士退休、延迟退休审批工作。

党的建设 一是扎实开展"不忘初心、牢记使命"主题教育。成立了人事司"不忘初心、牢记使命"主题教育领导小组，制订了实施方案。全司党员干部认真开展学习研讨，聚焦激励林草系统年轻干部担当作为、林草系统人才队伍建设、教育培训等方面深入基层一线开展调研。全体党员干部坚持对表对标，广泛征求意见建议，全面查找问题不足，列出问题清单，研究制订整改措施，切实抓好整改落实。召开了司领导班子民主生活会，班子成员认真开展批评和自我批评。按照中组部部署，组织开展了国家林草局"一票否决"和签订责任状事项清理规范工作，并报送了国家林草局事项清单和拟处理意见。二是扎实做好巡视整改工作。按照国家林草局第三巡视组反馈意见，认真研究制订了巡视整改方案，建立了问题台账。支部书记切实履行第一责任人职责，班子成员以及各处处长认真履行"一岗双责"，以身作则，多次召开支部会议和支委会研究整改措施，并逐项抓好整改落实。按照巡视工作要求，按时向巡视组报送了巡视问题整改落实情况。三是坚持"三会一课"制度不放松。制定了人事司2019年党建工作计划和学习计划。定期召开支部会议、支委会和党小组会，及时跟进学习习近平总书记最新讲话精神和十九届四中全会、中央经济工作会议、中央农村工作会议等中央重要会议精神。坚持党员干部讲党课，司领导带头讲党课，邀请基层挂职干部结合基层工作经历讲党课。四是丰富支部活动。赴陶然亭革命烈士纪念地开展"青春心向党 建功新时代——纪念五四运动100周年"党日活动。赴北京市房山区霞云岭乡堂上村开展"'不忘初心、牢记使命'，代代传唱不朽之歌"主题党日活动。

（干部人事工作由朱钦供稿）

人才劳资

【第六批"百千万人才工程"省部级人选】 按照《国家林业局"百千万人才工程"省部级人选选拔实施方案》，2019年国家林草局开展了第六批"百千万人才工程"省部级人选选拔工作，经个人申报、单位推荐、专家评审、公示公告，并报局领导审定，确定了20名同志为国家林业和草原局第六批"百千万人才工程"省部级人选，名单如下：

经研中心张志涛；林科院王小青、王晖、刘妍婧、刘鹤、陈光才、张怀清、张曼胤、张雄清；规划院邓立斌、刘迎春、欧阳君祥；设计院张建辉；报社迟诚；竹藤中心李志强、陈复明；林草防治总站孙贺廷；南京警院陈积敏；华东院朱磊；熊猫中心张明春。

【2019年国家百千万人才工程人选】 根据《人力资源社会保障部关于确定2019年国家百千万人才工程入选人员名单的通知》（人社部发〔2019〕102号），按照《国家百千万人才工程实施方案》规定，经国家林业和草原局推荐人选、人社部遴选确定，中国林业科学研究院王军辉、中国大熊猫保护研究中心李德生入选2019年国家百千万人才工程，并授予"有突出贡献中青年专家"荣誉称号。

【印发《国家林业和草原局所属国有企业工资总额管理办法》】 为加强局属国有企业工资收入分配调控管理，国家林业和草原局于2019年5月印发《国家林业和草原局所属国有企业工资总额管理办法》（林人发〔2019〕56号，简称《办法》），对企业工资总额管理进行了规定。《办法》提出局属企业要按照国家工资收入分配宏观政策要求，根据企业发展战略和薪酬策略、年度生产经营目标、经济效益和社会效益，综合考虑劳动生产率和人工成本投入产出率、职工工资水平等市场对标情况，结合国家有关工资指导线，合理确定年度工资总额。《办法》明确了工资总额决定机制、管理方式、管理职责、管理程序、企业内部分配管理、工资总额监督检查等内容。

【全国林业系统先进工作者——于海俊】 根据《人力资源社会保障部 国家林业和草原局关于追授于海俊同志"全国林业系统先进工作者"称号的决定》（人社部发〔2019〕108号）精神，2019年10月16日，人力资源社会保障部、国家林业和草原局决定，追授于海俊"全国林业系统先进工作者"称号。

【保护森林和野生动植物资源先进集体、先进个人和优秀组织奖】 根据《国家林业和草原局关于表彰保护森林和野生动植物资源先进集体、先进个人、优秀组织奖的决定》（林人发〔2019〕76号）精神，国家林业和草原局决定，授予北京市松山国家级自然保护区管理处等200个单位"保护森林和野生动植物资源先进集体"称号，授予郑丽红等285名同志"保护森林和野生动植物资源先进个人"称号，授予河北省林业和草原局人事处等8个单位"优秀组织奖"。名单如下：

一、保护森林和野生动植物资源先进集体名单
北京市
北京市松山国家级自然保护区管理处
北京市海淀区翠湖湿地公园管理处
北京市怀柔区园林绿化局
北京市园林绿化局森林公安局刑事侦查大队
天津市
天津市团泊鸟类自然保护区工作站
天津市蓟州区林业局
河北省
河北省小五台山国家级自然保护区管理局
河北省秦皇岛市林业局
河北省唐山市森林公安局
河北省衡水湖国家级自然保护区管理委员会
山西省
山西省朔州市公安局森林公安分局
山西省祁县昌源河湿地公园管理中心
山西省陵川县林业局
山西省管涔山国有林管理局
山西黑茶山国家级自然保护区管理局
山西省国有林管理局
内蒙古自治区
内蒙古自治区兴安盟扎赉特旗神山林场聂林西勒管护站

内蒙古自治区罕山国家级自然保护区管理局
内蒙古自治区高格斯台罕乌拉国家级自然保护区管理局
内蒙古自治区鄂尔多斯市野生动植物保护管理站
内蒙古自治区林业监测规划院规划三室
内蒙古自治区大兴安岭森林公安局森林资源保卫支队
辽宁省
辽宁省大连市野生动植物保护协会
辽宁省鞍山市林业综合行政执法队
辽宁省本溪市林业和草原局
辽宁省辽河口国家级自然保护区管理局
辽宁省铁岭市野生动植物保护管理站
辽宁省朝阳市草原监督管理所
辽宁省森林公安局
吉林省
吉林省长春市九台区林业局
吉林省通化市林业局
吉林省白山市抚松县林业局
吉林省白城市镇赉县林业局
吉林省延边州安图县新合乡林业工作站
吉林省汪清林业局
吉林省森林公安局
黑龙江省
黑龙江省哈尔滨市阿城区森林公安局
黑龙江省富裕县草原监理站
黑龙江省佳木斯市林业局林政管理科
黑龙江省东京城林业地区公安局
黑龙江省绥棱林业地区公安局
黑龙江省亚布力林业地区公安局森侦大队
黑龙江省高峰鸟类环志站
黑龙江省香炉山国家森林公园
黑龙江省洪河国家级自然保护区管理局
黑龙江省珍宝岛湿地国家级自然保护区管理局
上海市
上海市青浦区林业站
上海市宝山区林业站
上海市嘉定区野生动物保护管理站
江苏省
江苏省南京市林业站
江苏省连云港市林业技术指导站
江苏省苏州市林业局
浙江省
浙江省淳安县野生动植物保护管理总站
浙江省宁波市奉化区林特技术服务推广总站
浙江省乐清市雁荡山林场
浙江省开化古田山国家级自然保护区管理局
浙江省台州市湿地保护委员会办公室
浙江省丽水市白云山生态林场
浙江省森林资源监测中心
安徽省
安徽省淮北市林业局
安徽省滁州市林业局
安徽省肥西县林业局
安徽省旌德县林业局
安徽省青阳县林业局

安徽省舒城县万佛山国家森林公园
福建省
福建省福州市林业局
福建省虎伯寮国家级自然保护区管理局
福建省安溪县林业局
福建省三明市野生动植物与湿地保护中心
福建省梅花山华南虎繁育研究所
福建省宁德市野生动植物与湿地保护管理站
福建省武夷山国家公园管理局
福建省福州植物园
福建省森林公安局
江西省
江西省南昌市野生动植物保护管理局
江西省赣州市崇义县林业局
江西省吉安市林业局
江西省上饶市森林公安局
江西省宜春市野生动植物保护管理站
江西省森林公安局直属三分局
江西省武夷山国家级自然保护区管理局
山东省
山东省济南市野生动植物保护站
山东省淄博市原山林场
山东省东营市森林公安局
山东省济宁市自然资源和规划局资源和林政科
山东省夏津县林业局森保站
河南省
河南省郑州市林业局
河南省汝阳县森林公安局
河南省小秦岭国家级自然保护区管理局
河南省南阳市野生动植物保护与自然保护区管理站
河南省董寨国家级自然保护区管理局
河南省兰考县野生动植物保护管理站
河南省长垣县林业局
湖北省
湖北省襄阳市林业调查规划设计院
湖北省林业局林业工作总站
湖北省神农架国家公园管理局
湖北省五峰后河国家级自然保护区管理局
湖北省远安沮河国家湿地公园管理处
湖北省恩施市森林公安局
湖北省宜城市森林公安局
湖南省
湖南省森林植物园
湖南省长沙市岳麓山风景名胜区管理局
湖南省壶瓶山国家级自然保护区管理局
湖南省怀化林业局野生动植物保护科
湖南省新化县森林公安局
湖南省宁远县森林公安局
湖南省炎陵县野生动植物保护站
湖南省资兴市黄草林业管理站
广东省
广东省广州市野生动植物保护管理办公室
广东省深圳市梧桐山风景区管理处
广东省河源市林业局

广东省梅州市五华县长布镇农业服务中心
广东省东莞市银瓶山森林公园
广东省茂名市电白区林业局野生动植物保护站
广东省肇庆市公安局森林分局
广东省森林公安局
广西壮族自治区
广西壮族自治区梧州市林业局
广西壮族自治区来宾市林业局
广西壮族自治区贺州市森林公安局
广西壮族自治区防城港市森林公安局
广西壮族自治区弄岗国家级自然保护区管理局
广西壮族自治区雅长兰科植物国家级自然保护区管理局
广西壮族自治区林业局林政资源管理处
海南省
海南省森林公安局
海南省鹦哥岭省级自然保护区管理站
海南省邦溪省级自然保护区管理站
海南省海口市林业局
重庆市
重庆市渝北区统景林场
重庆市云阳县林业局
重庆市开州区汉丰湖国家湿地公园管理局
四川省
四川省草原科学研究院青藏高原特色草种质资源创新与育种应用团队
四川省林业和草原调查规划院生态环境监测中心办公室
四川省广元市林业局
四川省丹巴县森林公安局
四川省南江县光雾山镇林业站
四川省攀枝花苏铁国家级自然保护区管理局
四川省栗子坪国家级自然保护区管理局
贵州省
贵州省毕节市林业局
贵州省贵阳市森林公安局
贵州省林业调查规划院
贵州省宽阔水国家级自然保护区管理局
贵州省安顺市森林公安局
云南省
云南省无量山国家级自然保护区南涧管护局
云南省高黎贡山国家级自然保护区怒江管护局
云南省德宏傣族景颇族自治州野生动物收容救护中心
云南省普洱市林业局
云南省森林自然中心
云南省云龙天池国家级自然保护区管护局
云南省腾冲市森林公安局
云南省西双版纳傣族自治州森林公安局
西藏自治区
西藏自治区日喀则市吉隆县林业局
西藏自治区那曲市羌塘国家级自然保护区那曲管理局
西藏自治区昌都市林业局
西藏自治区山南市错那县林业局
西藏自治区林芝市林业局自然保护管理科
西藏自治区阿里地区林业局森林公安局
陕西省
陕西省延安市林业局
陕西省千渭之会国家湿地公园管理处
陕西省林业局自然保护地与野生动植物保护处
陕西省商洛市林业局
陕西省西安市野生动植物保护管理站
甘肃省
甘肃省白水江国家级自然保护区管理局大熊猫驯养繁殖中心
甘肃省小陇山林业实验局龙门林场
甘肃省太子山国家级自然保护区管理局东湾保护站
甘肃省天水市林业勘察设计队
甘肃省安南坝野骆驼国家级自然保护区管理局冬格列克保护站
甘肃省祁连山国家级自然保护区管理局祁丰自然保护站
青海省
青海省祁连山自然保护区管理局
青海省祁连县森林公安局
青海省森林公安局
青海省湿地保护管理中心
青海省西宁市林业和草原局
青海省玉树藏族自治州森林公安局
青海省林业和草原局森林资源管理处
宁夏回族自治区
宁夏回族自治区贺兰山国家级自然保护区管理局
宁夏回族自治区陆生野生动物疫源疫病监测中心站
宁夏回族自治区银川市湿地管理办公室
宁夏回族自治区六盘山国家级自然保护区管理局
新疆维吾尔自治区
新疆维吾尔自治区林业规划院林业遥感信息中心
新疆维吾尔自治区野马繁殖研究中心
新疆维吾尔自治区林业和草原局森林资源管理处
新疆维吾尔自治区森林公安局天东分局
新疆维吾尔自治区森林公安局天西分局
新疆维吾尔自治区玛纳斯国家湿地公园管理局
新疆维吾尔自治区天山东部国有林管理局呼图壁分局白杨沟管护所
新疆维吾尔自治区卡拉麦里山有蹄类野生动物自然保护区管理中心
新疆生产建设兵团
新疆生产建设兵团林业调查规划设计院
新疆生产建设兵团第四师小麻扎森林公安派出所
内蒙古大兴安岭重点国有林管理局
根河林业局
绰尔林业局
汗马国家级自然保护区管理局
内蒙古大兴安岭森林调查规划院
内蒙古大兴安岭国家级野生动物疫原疫病监测总站
大兴安岭林业集团公司
大兴安岭林业集团公司森林资源林政管理局
大兴安岭地区行政公署公安局图强林业局公安分局
大兴安岭加格达奇林业局
大兴安岭阿木尔林业局森林资源林政管理科
国家林业和草原局
国家林业和草原局驻云南省森林资源监督专员办事

处资源监督管理处
国家林业和草原局调查规划设计院野生动植物监测评估处
南京森林警察学院刑事科学技术学院

二、保护森林和野生动植物资源先进个人名单

北京市

郑丽红（女） 北京市密云区园林绿化局林政科工程师

王伯君 北京市野生动物救护中心疫源疫病监测科助理工程师

张鹏骞 北京市麋鹿生态实验中心生态研究室副主任

方　春 北京市延庆野鸭湖湿地自然保护区管理处科研监测科副科长

李瑞生 北京市林业勘察设计院规划研究室主任

马　军 北京市昌平区园林绿化局林政资源科科长

石　鹏 北京市公安局海淀分局凤凰岭森林公安派出所科员

魏　国 北京市朝阳区森林公安处科员

天津市

于立增 天津市宝坻区森保站站长

王大晶 天津市武清区森林病虫害防治中心站长

秦仲焘 天津市林业工作站副站长

魏景远 天津市宁河区苗木良种繁育场高级工

河北省

苗俊明 河北省林业和草原局森林资源管理处调研员

孙振红 河北省森林公安刑警支队支队长

翁玉山（满） 河北省塞罕坝机械林场总场三道河口林场场长

王日贵 河北省石家庄市林业局自然保护地管理处处长

王树凯 河北省张家口市湿地和野生动物保护管理中心主任

刘　英（满） 河北省承德市林业和草原局政策法规与资源管理科科长

刘宏英（女） 河北省易县林业局办公室主任

孟德荣 河北省沧州师范学院教授

宁国元 河北省邢台市林木种苗管理站正高级工程师

董亚虎 河北省邯郸市林业局资源处处长

山西省

韩文生 山西省阳泉市林业局林政资源管理科科长

范晓晋 山西省长治市林业局野生动植物保护与自然保护区管理科科长

乔和爱（女） 山西省临汾市林业调查规划院副院长

闫红霞（女） 山西省河津市林业局副局长

刘　杰 山西省隰县公安局森林派出所科员

樊德青 山西铁桥山省级自然保护区管理局副局长

李新茂 山西省太岳山国有林管理局保护利用科科长

张亚辉 山西涑水河源头省级自然保护区管理局局长

梁林峰 山西省林业调查规划院总工程师

内蒙古自治区

索利军（蒙） 内蒙古自治区呼和浩特市林业工作站科员

董瑞建 内蒙古自治区南木林业局资源调查设计队队长

李向文 内蒙古自治区扎兰屯市林业和草原局野生动植物保护站站长

鲁英华（女） 内蒙古自治区兴安盟森林病虫害防治检疫站站长

吕忠良（蒙） 内蒙古自治区通辽市林业和草原局资源科科长

王志远（蒙） 内蒙古自治区大黑山国家级自然保护区管理处副主任

俞海生（女、回） 内蒙古自治区多伦县林业和草原局副局长

牛志明 内蒙古自治区四子王旗林业工作站站长

白玮杰（女） 内蒙古自治区乌海市林业工作站副站长

钢巴特尔（蒙） 内蒙古自治区巴彦淖尔市乌拉特后旗北山羊保护小区管护员

邹晓林（女） 内蒙古自治区野生动植物保护中心副主任

辽宁省

邱　磊 辽宁省沈阳市森林资源监测中心科长

孙建文 辽宁省抚顺市林业发展服务中心副主任

白清泉（回） 辽宁省丹东市野生动植物保护管理站副站长

闵春杰 辽宁省锦州市森林公安局副局长

李　辉 辽宁省营口市野生动物保护站站长

张冬冬（女） 辽宁省阜新市林业发展服务中心副站长

王　勇 辽宁省辽阳市林业调查规划设计室主任

刘　野 辽宁省盘锦市湿地保护管理中心羊圈子管理站站长

杨继承 辽宁省朝阳市自然资源局资源林政科科长

侯　博 辽宁省葫芦岛市森林公安局政委

吉林省

曲忠波 吉林省吉林市林业局资源林政处处长

金宏伟（满） 吉林省四平市伊通满族自治县大孤山国有林保护中心副主任

齐少波 吉林省辽源市东丰县林业局野生动植物保护科科长

郑依国 吉林省长白山自然保护管理中心自然保护科科长

李金文 吉林省梅河口市国有林总场河洼保护站站长

王　忠 吉林省红石林业局森林保护处科长

李志刚 吉林珲春东北虎豹国家级自然保护区管理局副局长

曹庆丰 吉林省延边森林公安局森林案件侦查直属分局副支队长

刘洪波 吉林省林业和草原局草原管理处调研员

黑龙江省

迟文峰 黑龙江省林业和草原局主任科员

王德强　黑龙江省森林公安局科长
焉申堂　黑龙江省湿地保护管理中心调查监测科副科长
李　密　黑龙江省哈尔滨市林业局丹清河实验林场总场长
徐爱国　黑龙江省大庆市自然资源局副局长
谢鹏远　黑龙江省伊春市林业和草原局副局长
宋立伟　黑龙江省嘉荫县林业局向阳乡林业工作站副站长
曹玉友　黑龙江省东京城林业地区公安局局长
张洪林　黑龙江省八面通林业地区公安局局长
刘士忠　黑龙江省绥棱林业地区公安局局长
于康健　黑龙江省沾河林业地区公安局负责人
黄继东　黑龙江省绥阳林业地区公安局副局长
刘长峰　黑龙江省友好自然保护区副局长
李显达　黑龙江省中央站黑嘴松鸡自然保护区管理局科研科科长

上海市
蔡金发　上海市闵行区绿化和市容管理局副局长
陶　丹　上海市绿化和市容管理局主任科员
薛春燕（女）　上海市林业总站科员
蔡　锋　上海市松江区林业站资源管理科科长

江苏省
倪　鹄　江苏省常州市林业局林业工作站工程师
章小兵　江苏省淮安市林业技术指导站高级工程师
俞建国　江苏省南通市自然资源局监察支队科员
王海珍（女）　江苏省镇江市野生动植物和湿地保护管理站副站长
郝奇林　江苏省扬州市野生动植物和湿地保护管理站副站长
田　伟　江苏省盐城市湿地与野生动植物保护站副站长

浙江省
徐健华　浙江省桐庐县森林和野生动物保护管理总站站长
杨加利　浙江省苍南县自然资源和规划局副局长
夏　敏　浙江省长兴县森林公安局副局长
董　静（女）　浙江省嘉兴市秀洲区油车港镇人民政府农业技术服务中心主任
赵　峰　浙江省绍兴市森林公安局副局长
李宗林　浙江省金华市自然资源和规划局副局长
熊　胜　浙江省衢州市森林资源保护中心高级工程师
赵慈良　浙江省普陀山林场场长
陈德良　浙江省凤阳山—百山祖国家级自然保护区管理局百山祖管理处总工程师
程军茂　浙江省林业局森林资源管理处副处长

安徽省
孔　峰　安徽省亳州市森林公安局局长
范兆彦　安徽省阜阳市太和县沙颍河国家湿地公园管理局局长
周庆军　安徽省寿县森林公安局局长
苏元功　安徽省马鞍山市林业技术服务中心主任
张　宏　安徽省安庆市野生动植物保护管理站副站长
房　震　安徽省黄山市祁门县查湾省级自然保护区管理站副站长
张文斌　安徽省造林经营总站主任科员
何少伟　安徽省林业局森林资源管理处主任科员

福建省
林国金　福建省福州市长乐区林业局局长
郭荣芳　福建省厦门市市政园林局林政资源管理处处长
林国洪　福建省漳州市野生动植物保护管理站站长
陆木庆　福建省德化县林业局副书记
苏玉梅（女）　福建省永安市林业局高级工程师
谢少和　福建省邵武将石省级自然保护区管理处站长
章　斌　福建省宁德市野生动植物与湿地保护管理站站长
潘标志　福建省林业调查规划院野生动植物与湿地资源监测室主任
施明乐　福建省野生动植物保护管理中心主任科员
林　强　福建省洋口国有林场场长

江西省
方院新　江西省遂川县林业局宣教办主任
杜　文　江西省九江市柴桑区林业局林政管理站站长
谢开芳（女）　江西省景德镇市野生动植物保护管理局副局长
刘　钢　江西省萍乡市林权管理局局长
涂　俊　江西省上饶市野生动植物保护管理局副局长
单战军　江西省高安市林业局野保站站长
吴平发　江西省林业局林政资源处副处长
邓清华　江西省林业调查规划研究院主任
周雪莲（女）　江西省官山国家级自然保护区管理局西河保护管理站站长
陈启俊　江西省桃红岭梅花鹿国家级自然保护区管理局资源管护科科长
汪志如　江西省林业科学院野生动植物救护繁育中心主任

山东省
赵　杨　山东省淄博市野生动植物保护站站长
陈占强　山东省东营市林木植物保护站站长
朱九军　山东省潍坊市林业科学研究所所长
刘瑞珍（女）　山东省烟台市森林保护站高级工程师
项颖颖（女）　山东省泰安市野生动植物保护站工程师
李　阳　山东省威海海滨林场科员
苑芳义　山东省日照市野生动植物保护站站长
王青雪　山东省聊城市江北水城旅游度假区朱老庄镇林业站站长

河南省
靳学林　河南省平顶山市森林公安局政委
杨相国　河南省安阳市野生动植物保护管理站站长
靳秀媛（女）　河南省鹤壁市林业局森林资源管理

科科长
李济武　河南省焦作市野生动植物保护救护站站长
陶庆红（女）　河南省濮阳市林业局森林资源管理与野生动植物保护科科长
邵卫军　河南省漯河市森林公安局副局长
张新璞　河南省商丘市自然资源和规划局林政科副科长
刘永辉　河南省上蔡县自然资源局野生动植物保护管理站副站长
王天中　河南省济源市林业局局长
张全来　河南省林业调查规划院副主任

湖北省
王兴林　湖北省神农架林区林业管理局局长
王直龙　湖北省通城县林业局马港林业管理站站长
金天伟　湖北省林业调查规划院主任
朱兆泉　湖北省野生动植物保护总站正高级工程师
李　勇　湖北省野生动物救护中心副主任
徐金山　湖北省十八里长峡国家级自然保护区管理局副局长
王洪斌　湖北省森林公安局太子山分局主任科员
鄢丰羽　湖北省神农架林区森林公安局局长
周卫烈　湖北省天堂湖国家湿地公园管理处主任

湖南省
彭卓玲（女）　湖南省苏仙岭-万华岩风景名胜区管理处主任
颜学武　湖南省林业科学院副所长
李　立　湖南省野生动物救护繁殖中心主任
宋　平（苗）　湖南省长沙市森林保护站站长
胡小许　湖南省洞口县月溪国有林场场长
高大立　湖南省东洞庭湖国家级自然保护区管理局副局长
钟少伟（土家）　湖南省湘西自治州营林管理站站长
陈杨荣　湖南省衡东洣水国家湿地公园管理局主任
欧卫明　湖南省桃江县林业局森林病虫防治站站长
毛建伟　湖南省湘潭环境保护协会副秘书长

广东省
周　宏　广东省韶关市野生动植物和自然保护区管理办公室主任
邹振平　广东省河源市国有坪山林场场长
李靖赞　广东省云浮市郁南县公安局森林分局副局长
王万炎　广东省林业局林政处处长
梁晓东　广东省林业局野生动植物保护处副调研员
束祖飞　广东省车八岭国家级自然保护区管理局科长
张　苇（女）　广东省湛江红树林国家级自然保护区管理局高级工程师
孔　明　广东省石门台国家级自然保护区管理局前进管理站副站长
伍世光　广东省阳春市公安局森林分局局长
谢崖峰　广东省汕头市公安局森林分局大队长
李卓裕　广东省茂名森林公园管理处主任

广西壮族自治区
李伟彬　广西壮族自治区南宁市野生动植物保护站

股长
兰张丽（女、壮）　广西壮族自治区柳州市林业和园林局林政资源管理科主任科员
黎燕群（女）　广西壮族自治区大容山自治区级自然保护区管理处科员
赵振钧（壮）　广西壮族自治区百色市森林公安局局长
谭卫宁（毛南）　广西壮族自治区木论国家级自然保护区管理局副局长
卢　宏（壮）　广西壮族自治区崇左市野生动植物保护和自然保护区管理站站长
余　春　广西壮族自治区森林公安局直属一分局刑侦大队教导员
莫东宜　广西壮族自治区国有高峰林场林政科科长
闫鼎羽　广西壮族自治区林业科学研究院高级工程师
龙春华（苗）　广西壮族自治区九万山国家级自然保护区管理局保护站巡护员
李　文　广西壮族自治区大桂山鳄蜥国家级自然保护区管理局甘洞站管理员

海南省
王进强　海南省霸王岭林业局东一管护站防火监测队队员
陈焕强　海南省尖峰岭林业局助理工程师
姜祖扬　海南省鹦哥岭省级自然保护区管理站信息技术科科长
韩符伟　海南省文昌市森林公安局局长
苏兴雄（黎）　海南省大田国家级自然保护区管理局局长助理
农寿千（壮）　海南省林业科学研究所枫木实验林场副场长
钟才荣　海南省东寨港国家级自然保护区管理局副科长

重庆市
陈志云　重庆市林业规划设计院院长
刘大华　重庆市大足区林业局野保科科长
黄峻山　重庆市黔江区森林公安局科员
饶东升　重庆市城口县林业局资源科副科长
谭国辉　重庆市巫溪县森林资源管理中心副主任

四川省
孙立菁（女）　四川省林业和草原局草原管理处主任科员
刘　文（土家）　四川省森林公安局主任科员
侯　蓉　四川省成都大熊猫繁育研究基地研究中心主任
李德贤　四川省攀枝花市林业局森林公安局森林防火指挥部专职副指挥长
尹　宁　四川省宜宾市森林公安局刑侦治安科科长
桑　根（藏）　四川省甘孜州草原监理站站长
银　宏　四川省马尔康市环境保护和林业局工程师
石月彬（土家）　四川省宣汉县漆树土家族乡林业站站长
罗　海　四川省叙永县林业和竹业局叙永镇林业站

站长
立言伍叶（黎） 四川省马边大风顶国家级自然保护区管理局局长
陈本平 四川省屏山县老君山国家级自然保护区管理局局长
向志雄 四川省阿坝州黑水林业局护林员

贵州省
郭　应（苗） 贵州省六盘水娘娘山国家湿地公园管理处办公室主任
梁明白（苗） 贵州省思南县森林公安局局长
李　毅 贵州省贵阳市野生动植物管理站综合科科长
孙运刚 贵州省黔东南苗族侗族自治州林业局野生动植物保护与自然保护区管理科副科长
曾亚军 贵州省林业科学研究院副研究员

云南省
提　布（藏） 云南省白马雪山国家级自然保护区曲宗贡生态定位监测站站长
段锡焕（白） 云南省大理巍山青华绿孔雀省级自然保护区管护局局长
李泽辉（白） 云南省大理剑川剑湖湿地省级自然保护区管护局科研所所长
张仁功 云南省楚雄彝族自治州林草局野生动植物保护与自然保护区管理科科长
杨正华 云南省铜壁关省级自然保护区管护局局长
刘先泽 云南省文山壮族苗族自治州林业和草原局野生动植物保护管理办公室主任
王兴艾 云南省曲靖市林业局森林资源管理站站长
和继胜（纳西） 云南省玉龙县林业局林政稽查大队队长
孙安礼 云南省西双版纳傣族自治州林业局林政科科长
杨　华（女） 云南省林业和草原局野生动植物保护与自然保护区管理处主任科员
华朝朗 云南省林业调查规划院主任

西藏自治区
马华卫 西藏自治区芒康县林业局助理工程师
次仁元旦（藏） 西藏自治区加查县林业局局长
旦　培（藏） 西藏自治区比如县林业局羊秀白嘎管护站护林员
索朗次仁（藏） 西藏自治区定日县林业局局长
索朗多吉（藏） 西藏自治区墨竹工卡日多乡管护站站长
杨鸿清 西藏自治区林芝市林业局野生动物保护科科长
宗　吉（女，藏） 西藏自治区阿里地区林业局营林科科长

陕西省
汪学政 陕西省安康市天然林保护工程管理中心主任
罗仁仙（女） 陕西省宜君县野生动植物保护管理站站长
胡彩娥（女） 陕西省榆林市林业工作站工会主席
张海斌 陕西省汉中市野生动植物保护管理站副站长
张国利 陕西省渭南市华州区林业局副局长
兰宏超 陕西省宁西林业局科长
张军凤（女） 陕西省珍稀野生动物抢救饲养研究中心科长

甘肃省
王清忠 甘肃省张掖市林业和草原局副局长
马军孝 甘肃省子午岭林业管理局宁县分局资源管护科科长
赵光杰 甘肃省白龙江林业管理局洮河林业局车巴林场党总支书记、场长
康　斌 甘肃省陇南市野生动植物保护管理站站长
陈启辉 甘肃省白银市林业有害生物防治检疫站（白银市野生动植物管理站）副站长
董众祥 甘肃省酒泉市林果服务中心野生动植物管理站站长
孙　斌 甘肃省草原技术推广总站动态监测科科长

青海省
巴桑才仁（藏） 青海省玉树藏族自治州隆宝国家级自然保护区管理站站长
才仁久美（藏） 青海省澜沧江源园区国家公园管理委员会生态保护站副站长
侯元生 青海省青海湖国家级自然保护区管理局信息宣传科科长
刘德铭 青海省林业和草原局森林资源处主任科员
汪　荣 青海省野生动物疫源疫病监测总站站长
吴国生 青海省西宁野生动物园动管部部长
张学元 青海省林业和草原局国家公园和自然保护地管理局副局长
张玉霞（女） 青海省民和县林业局野生动植物保护站站长

宁夏回族自治区
张广浩 宁夏回族自治区固原市湿地保护管理中心主任
周　楠 宁夏回族自治区吴忠市湿地保护管理中心主任
侯文霞（女） 宁夏回族自治区石嘴山市林业和草原局林政科科长
秦伟春 宁夏回族自治区罗山国家级自然保护区管理局科长
张青军 宁夏回族自治区森林公安局副调研员

新疆维吾尔自治区
努尔玛提·加依尔拜（哈萨克） 新疆维吾尔自治区伊犁哈萨克自治州林业和草原局自然保护地管理处处长
周　翔 新疆维吾尔自治区林业规划院资源调查规划一室主任
张金海 新疆维吾尔自治区林业和草原局森林资源管理处主任科员
周志勇 新疆维吾尔自治区阿尔泰山国有林管理局阿勒泰分局小克兰管护所所长
叶里夏提·哈依都拉（女，哈萨克） 新疆维吾尔自治区天山东部国有林管理局玛纳斯分局科员

任　翔　新疆维吾尔自治区森林公安局天东分局米东林区派出所科员
肖克来提·努尔买买提(维吾尔)　新疆维吾尔自治区森林公安局天西分局教导员
邓远强　新疆维吾尔自治区克孜勒苏柯尔孜自治州林业和草原局主任科员
闫　凯　新疆维吾尔自治区草原总站总工程师
方建国　新疆维吾尔自治区天山西部国有林管理局处长

新疆生产建设兵团
王　强　新疆生产建设兵团野生动植物保护办公室科长
王　奎　新疆生产建设兵团第三师林业工作站站长
李　东　新疆生产建设兵团第四师肖尔布拉克森林公安派出所负责人

内蒙古大兴安岭重点国有林管理局
高志海　阿里河林业局森林资源管理科检查员
于东亚　毕拉河林业局资源林政管理处主任
韩明玉(蒙)　克一河林业局野生动植物保护办公室副主任
苏　林　莫尔道嘎林业局资源林政管理科科长
邵宏波　阿龙山林业局党委书记

大兴安岭林业集团公司
于瑞安　大兴安岭林业集团公司森林资源林政管理局林政科科长
杨国光　黑龙江大兴安岭森林公安局森保支队队长
周宏君　十八站林业局副局长
刘开放　大兴安岭新林林业局森林资源林政管理科党支部书记

国家林业和草原局
刘晓军　国家林业和草原局驻内蒙古自治区森林资源监督专员办事处处长
叶　强(满)　国家林业和草原局驻黑龙江省森林资源监督专员办事处主任科员
龚明昊(苗)　中国林业科学研究院湿地研究所研究员
张国钢　中国林业科学研究院森林生态环境与保护研究所副研究员
尹　峰　中国野生动物保护协会处长
冯利国　国家林业和草原局西北调查规划设计院正高级工程师

三、优秀组织奖名单
河北省林业和草原局人事处
内蒙古自治区林业和草原局人事处
江苏省林业局人事处
浙江省林业局人事处
山东省林业局人事处
湖南省林业局人事教育处
广西壮族自治区林业局人事教育处
宁夏回族自治区林业和草原局保护处

【全国生态建设突出贡献先进集体、先进个人】　根据《国家林业和草原局关于表彰全国生态建设突出贡献奖的决定》(林人发〔2019〕85号)精神,国家林业和草原局决定,授予北京市林业保护站等231个单位"全国生态建设突出贡献先进集体"称号,授予王岩等387名同志"全国生态建设突出贡献先进个人"称号。名单如下:

一、全国生态建设突出贡献先进集体名单
北京市
北京市林业保护站
北京市密云区园林绿化局
北京市延庆区园林绿化局大庄科乡林业工作站
河北省
河北省石家庄市井陉县林业工作总站
河北省承德市林业和草原局
河北省霸州市自然资源和规划局造林绿化股
河北省保定市自然资源和规划局造林绿化与工程项目管理处(保定市绿化委员会办公室)
河北省邢台市林业局
中国雄安集团生态建设投资有限公司
河北省塞罕坝机械林场总场
山西省
山西省太原市绿化委员会办公室
山西省晋城市规划和自然资源局(林业局)
山西省右玉县林业局
山西省闻喜县林业局
山西省静乐县林业局
山西省永和县林业局
山西省造林局
山西省桑干河杨树丰产林实验局梁家油坊中心林场
山西省太行山国有林管理局
内蒙古自治区
内蒙古自治区呼和浩特市清水河县林业和草原局
内蒙古自治区包头市固阳县林业和草原局
内蒙古自治区呼伦贝尔市陈巴尔虎旗林业和草原局
内蒙古自治区通辽市科左后旗林业和草原局
内蒙古自治区赤峰市阿鲁科尔沁旗林业和草原局
内蒙古自治区乌兰察布市商都县林业局
内蒙古自治区鄂尔多斯市准格尔旗林业和草原局
内蒙古自治区鄂尔多斯市鄂托克前旗林业和草原局
内蒙古自治区巴彦淖尔市乌拉特中旗林业和草原局
内蒙古自治区退耕还林和外援项目管理中心
辽宁省
辽宁省沈阳市自然资源局自然保护地管理处(野生动植物保护管理处)
辽宁省大连市金普新区向应街道办事处
辽宁省本溪市林业和草原局
辽宁省阜蒙县林业和草原局
辽宁省国有昌图县付家机械林场
辽宁省朝阳市林业和草原局
辽宁省葫芦岛市自然资源局造林绿化科(葫芦岛市绿化委员会办公室)
辽宁省林业发展服务中心防护林建设与治沙中心
吉林省
吉林省长春市森林病虫防治检疫站
吉林省舒兰市林业局
吉林省公主岭市国有林总场

吉林省白山市林业科学研究院
吉林省露水河林业局
吉林省大石头林业局
吉林省敦化市林业局
吉林省大安市林业和草原局
黑龙江省
黑龙江省齐齐哈尔市草原监理站
黑龙江省林业和草原对外合作中心
黑龙江省佳木斯市孟家岗林场国家红松、落叶松良种基地
黑龙江省哈尔滨市丹清河实验林场
黑龙江省鹤北林业局有限公司
黑龙江省虎林市林业和草原局
黑龙江省林口县退耕还林工作领导小组办公室
黑龙江省讷河市林业和草原局
黑龙江省林业和草原局生态保护修复和荒漠化防治处
上海市
上海市崇明区绿化和市容管理局林业科
上海市嘉定区安亭镇林业站
江苏省
江苏省南京市林业局
江苏省盐城市林业局
江苏省镇江市丹徒区林业技术指导站
浙江省
浙江省杭州市林业科学研究院
浙江省衢州市柯城区林业局
浙江省景宁畲族自治县自然资源和规划局(林业局)
安徽省
安徽省六安市林业局
安徽省安庆市林业局
安徽省东至县林业局
安徽省合肥滨湖国家森林公园
安徽省凤台县森林苗圃
福建省
福建省厦门市园林绿化工程质量站
福建省福州市长乐区林业局
福建省柘荣县林业局
福建省南平市林业局
福建省沙县林业局
福建省龙岩市林业局
福建省洋口国有林场
江西省
江西省宜春市林业局
江西省赣州市林业局
江西省井冈山市林业局
江西省资溪县林业局
江西省浮梁县林业局
江西省修水县林业局营林分局
江西省樟树市林业局
江西省退耕还林工作领导小组办公室
山东省
山东省利津县王庄沙区林场建设管理办公室
山东省临沂市场圃站
山东省林木种质资源中心

河南省
河南省郑州市林业局
河南省洛阳市退耕还林工程管理中心
河南省郏县林业局
河南省鹤壁市林业局
河南省卢氏县林业局
河南省南阳市林业局
湖北省
湖北武汉市林业科技推广站
湖北省保康县林业局
湖北省秭归县林业局
湖北省十堰市竹溪县林业局
湖北省荆门市彭场林场
湖北省麻城市林业局
湖北省咸宁市林业局
湖北省咸丰县林业局
湖南省
湖南省林业局造林绿化处(湖南省退耕还林办公室)
湖南省浏阳市林业局
湖南省岳阳市平江县林业局
湖南省安化县林业局
湖南省常德市鼎城区林业局
湖南省张家界市林业局
湖南省郴州市莽山国有林业管理局
湖南省怀化市林业局
湖南省湘西土家族苗族自治州林业局
广东省
广东省林业科学研究院
广东省广州市林业和园林有害生物防治检疫管理办公室
广东省南雄市林业局
广西壮族自治区
广西壮族自治区林业局森林资源管理处
广西壮族自治区平果县林业局
广西壮族自治区东兰县林业局
广西壮族自治区贺州市林业局
广西壮族自治区林业局退耕还林工程管理办公室
广西壮族自治区桂林市森林病虫害防治检疫站
海南省
海南省海口市林业局
海南省保亭黎族苗族自治县林业局
重庆市
重庆市退耕还林管理中心
重庆大巴山国家级自然保护区管理服务中心
重庆市渝北区统景林场
重庆市荣昌区林业局
重庆市梁平区林业局
重庆市城口县林业局
重庆市云阳县退耕还林管理中心
重庆市忠县退耕还林还草中心
重庆市巫溪县造林绿化管理服务中心
重庆市奉节县退耕还林管理中心
四川省
四川省雅安市雨城区林业局
四川省昭觉县林业和草原局

四川省开江县林业局
四川省广元市朝天区林业局
四川省乐山市马边彝族自治县林业局
四川省泸州市纳溪区林业和竹业局
四川省广安市广安区协兴镇人民政府
四川省攀枝花市林业局
四川省诺华川西南林业碳汇、社区和生物多样性项目团队
贵州省
贵州省贵阳市林业局
贵州省修文县林业局
贵州省六盘水市林业局
贵州省水城县自然资源局(林业局)
贵州省习水县林业局
贵州省普定县林业局
贵州省安顺市西秀区林业局
贵州省铜仁市林业局
贵州省黔东南苗族侗族自治州林业局
贵州省黔南布依族苗族自治州林业局
贵州省黔西南布依族苗族自治州林业局
贵州省毕节市林业局
贵州省大方县林业局
云南省
云南省昆明市林业和草原局退耕还林办公室
云南省保山市隆阳区林业和草原局
云南省退耕还林办公室
云南省临沧市林业和草原局
云南省怒江傈僳族自治州天然林保护及退耕还林工程办公室
云南省维西傈僳族自治县林业和草原局
云南省草原监督管理站
云南省永胜县退耕还林还草领导小组办公室
云南省楚雄彝族自治州林业和草原局
云南省金平苗族瑶族傣族自治县林业和草原局
云南省元江哈尼族彝族傣族自治县林业和草原局
云南省普洱市林业和草原局
云南无量山国家级自然保护区南涧管护局
西藏自治区
西藏自治区墨竹工卡县林业和草原局
西藏自治区定结县林业和草原局
西藏自治区昌都市洛隆县林业和草原局
西藏自治区朗县林业和草原局
陕西省
陕西省退耕还林工程管理中心
陕西省延安市退耕还林工程管理办公室
陕西省延安市吴起县退耕还林工程管理办公室
陕西省宝鸡市林业局
陕西省商洛市林业局
陕西省延安市宝塔区退耕还林工程服务中心
陕西省渭南市林业局
陕西省安康市林业局
陕西省咸阳市林业局
陕西省汉中市略阳县林业局
陕西省延安市林业局
陕西省安康市汉滨区林业局
陕西省神木市林业局
甘肃省
甘肃省天水市秦州区林业和草原局
甘肃省酒泉市林业和草原局
甘肃省山丹县林业和草原局
甘肃省华池县林业和草原局
甘肃省庄浪县林业和草原局
甘肃省会宁县林业和草原局
甘肃省定西市林业和草原局
甘肃省陇南市武都区林业和草原局
甘肃省退耕还林工程建设办公室
甘肃省古浪县八步沙林场
甘肃省白龙江林业管理局白水江生态建设局中路河林场
甘肃省小陇山林业实验局李子园林场
青海省
青海省西宁市大通回族土族自治县林业和草原局
青海省海东市互助土族自治县林业和草原局
青海省草原总站
青海省玛可河林业局
宁夏回族自治区
宁夏回族自治区彭阳县林业和草原局
宁夏回族自治区隆德县林业和草原局
宁夏回族自治区海原县林业和草原局
宁夏回族自治区原州区林业和草原局
宁夏回族自治区青铜峡市林业和草原局
新疆维吾尔自治区
新疆维吾尔自治区退耕还林领导小组办公室
新疆维吾尔自治区林业规划院
新疆维吾尔自治区阿克苏地区林业和草原局
新疆维吾尔自治区林业有害生物防治检疫局
新疆维吾尔自治区天山西部国有林管理局尼勒克分局
新疆维吾尔自治区乌鲁木齐市天山区园林管理局
新疆维吾尔自治区和田地区林业和草原局
新疆维吾尔自治区玛纳斯县林业和草原局
新疆维吾尔自治区阿克苏地区温宿县林业和草原局
新疆维吾尔自治区乌鲁木齐市达坂城区西沟乡人民政府
新疆维吾尔自治区哈密市草原工作站
内蒙古大兴安岭重点国有林管理局
根河林业局
绰尔林业局
大兴安岭林业集团公司
大兴安岭林业集团公司韩家园林业局
大兴安岭林业集团公司森林资源林政管理局资源科
新疆生产建设兵团
新疆生产建设兵团第一师十一团
新疆生产建设兵团第七师一二九团
新疆生产建设兵团第十四师二二四团农业发展服务中心
国家林业和草原局
国家林业和草原局对外合作项目中心对外交流合作(小渊基金管理)处
中国林业科学研究院林业研究所人工林定向培育团队
中国林业科学研究院亚热带林业研究所木本油料树种研究组

国家林业和草原局调查规划设计院生态环境监测评估处
国际竹藤中心竹藤科学与技术重点实验室
中国林学会学术部
国家林业和草原局森林和草原病虫害防治总站检疫处
国家林业和草原局华东调查规划设计院规划设计处
国家林业和草原局中南调查规划设计院碳汇计量监测评估处
国家林业和草原局西北调查规划设计院森林资源监测一处
国家林业和草原局昆明勘察设计院林业调查规划所

二、全国生态建设突出贡献先进个人名单

北京市

王　岩（女）　北京市通州区园林绿化局副主任、党委委员
任贵平　北京市大兴区园林绿化局绿化建设科科长
武　靖　北京市怀柔区园林绿化局平原造林管护中心副主任
叶海英（女）　北京市水源保护林试验工作站工程科主任科员

天津市

刘　捷　天津市规划和自然资源局国土空间生态修复处处长
刘凤明（女）　天津市蓟州区林业局林业科技推广中心副主任

河北省

武志波　河北省石家庄市林业行政综合执法大队副队长
高利国（满）　河北省隆化国有林场管理处茅荆坝林场场长
武云峰　河北省张家口市林业和草原局党组副书记、副局长
牛玉鹏（满）　河北省唐山市林业技术推广站副站长
孙　辉　河北省秦皇岛市林业局副调研员
王赟祥（回）　河北省沧州市林业科学研究所所长
郝景香　河北省邢台市西黄村镇林果协助员
尹振海　河北省邯郸市农村绿化管理办公室主任
曹　明　河北省辛集市自然资源和规划局绿化科科长
田冰洁（女）　河北省定州市林业局造林种苗科副科长
徐立群（满）　河北省林业工程项目管理中心正高级工程师
赵久宇（蒙）　河北省木兰围场国有林场管理局副局长

山西省

王　刚　山西省忻州市林业工作站站长
梁建军　山西省岚县林业局退耕办主任
贾成刚　山西省昔阳县林业局副局长
周　玲（女）　山西省阳泉市林木种苗管理站站长
白文瑞　山西省晋城市规划和自然资源局副调研员
卫正平　山西省吉县林业局林业服务中心总支书记
毛兴晖　山西省运城市规划和自然资源局党组书记、副局长
郑　峰　山西省造林局退耕还林科科长
李　茂　山西省林业种苗管理总站计划财务科副科长
张俊平　山西晋峰供热有限公司总经理
冯保平　山西省管涔山国有林管理局秋千沟林场职工
李建文　山西省黑茶山国有林管理局野鸡山林场野鸡山林场场长
梁　鉴　山西省关帝山国有林管理局副局长
李海峰　山西省太岳山国有林管理局营造林科科长
王晓林　山西省吕梁山国有林管理局党委书记、局长
夏小岗　山西省中条山国有林管理局常务副局长
张全林　山西省国有林管理局高级经济师
周维民　山西省林业和草原有害生物防治检疫局高级工程师

内蒙古自治区

乔宏龙　内蒙古自治区呼和浩特市清水河县林业和草原局业务人员
薛跃强　内蒙古自治区包头市达茂旗林业工作站站长
南海波　内蒙古自治区呼伦贝尔市林业工作站站长
洪军原（蒙）　内蒙古自治区呼伦贝尔市红花尔基林业局副局长
杜金松（蒙）　内蒙古自治区通辽市林业和草原局退耕办主任
常玉林　内蒙古自治区通辽市扎鲁特旗林业工作站退耕办主任
王福森　内蒙古自治区通辽市库伦旗林业种苗站兼国营库伦旗六家子机械林场场长
韩珍喜　内蒙古自治区赤峰市森林病虫害防治检疫和野生动植物保护站副站长
苏　忠（蒙）　内蒙古自治区赤峰市巴林左旗石棚沟林场管护站站长
刁建华　内蒙古自治区赤峰市林西县林业和草原局党组书记、局长
弓志强　内蒙古自治区锡林郭勒盟苏尼特右旗林业工作站站长
桂　荣（女、蒙）　内蒙古自治区锡林郭勒盟正蓝旗林业工作站站长
陈觅拴　内蒙古自治区乌兰察布市四子王旗林业和草原局库伦图林业工作站站长
索永军　内蒙古自治区乌兰察布市察右中旗林业和草原局副局长
郭小平　内蒙古自治区鄂尔多斯市退耕还林工程管理中心主任
郝美俊（女）　内蒙古自治区杭锦旗林业和草原局退耕办主任
赵海军　内蒙古自治区巴彦淖尔市林业和草原局保护地湿地野生动植物保护管理科科长
贾忠权　内蒙古自治区巴彦淖尔市林业和草原局治沙造林科科长
周永明（蒙）　内蒙古自治区阿左旗科学技术和林

	业草原局党组书记、局长
敖特根白音（蒙）	内蒙古自治区满洲里市边防机械化林场副场长
田 枏	内蒙古自治区林业监测规划院院长

辽宁省

肖 杰（女）	辽宁省康平县退耕还林工程管理办公室退耕办主任
孙俏军	辽宁省长海县经济发展服务中心工程师
尚 健	辽宁省海城市自然资源事物服务中心林业资源保护管理中心党支部书记、主任
刘胜利	辽宁省清原满族自治县自然资源局集体林管理股股长
李云波	辽宁省丹东市森林病虫害防治检疫站站长
迟耀强	辽宁省锦州市林业和草原局副科长
孙本民	辽宁省大石桥市官屯镇人民政府党委书记
高凤廷	辽宁省阜新市林业和草原局林业和草原工程管理科科长
范大庆	辽宁省灯塔市森林病虫害防治检疫站站长
王景峰（满）	辽宁省西丰县自然资源局书记
颜景田	辽宁省朝阳市林业和草原局副局长
李晓静（女）	辽宁省盘锦市森林病虫害防治检疫站站长
李素杰（女）	辽宁省葫芦岛市自然资源局副局长
董泽生	辽宁省林业调查规划监测院副院长

吉林省

李俊学	吉林省农安县林业和草原局局长
徐广海	吉林省磐石市林业局高级工程师
杨福成	吉林省伊通满族自治县林业局高级工程师
王海涛	吉林省东丰县国有林总场副场长
戚秀海	吉林省通化县林业局局长
许松策（朝鲜）	吉林省长白县林业局正高级经济师
孙海军	吉林省镇赉县荒漠化治理中心高级工程师
侯永春	吉林省长岭县林业和草原局局长
石 磊（蒙）	吉林省前郭县王府站镇林业工作站站长
马永秀	吉林省梅河口市林业局副局长
孟庆礼	吉林省长白山自然保护管理中心池西站站长
杨书成	吉林省三岔子林业局副局长
刘 宏	吉林省敦化林业局局长
孙立平	吉林省辉南县林业局高级工程师
赵日强（女）	吉林省林业和草原局生态处主任科员

黑龙江省

臧奇聪	黑龙江省草原站草原保护科副科长
李明文	黑龙江省黑河市林业科学院院长
王晓明	黑龙江省林业和草原局科技和对外合作处处长
孙晓波	黑龙江省黑河市干岔子林场书记
吴文龙	黑龙江省哈尔滨市阿城区林业和草原局国有林场管理局副局长
李海峰	黑龙江省鹤岗市林木良种繁育中心主任
周 波（女）	黑龙江省青冈县民政镇人民政府林业站站长
聂 忠	黑龙江省林业和草原局调研员
雷 军	黑龙江省林业和草原局生态保护修复和荒漠化防治处主任科员
韩永智	黑龙江省穆棱市林业和草原局副局长
孙元新	黑龙江省牡丹江市林业局与林业工作总站站长
王长岩	黑龙江省宾县林业和草原局局长
王爱琴（女）	黑龙江省青冈县林业和草原局副主任科员
杜荣光	黑龙江省双鸭山市林业和草原局副局长
戴长生	黑龙江省拜泉县林业和草原局副局长
范世杰	黑龙江省鸡西绿海林业有限公司副经理兼总工程师
富丰珍（女）	黑龙江省大庆市林业科技推广中心副主任
李连海	黑龙江省泰来县林业和草原局林业工作总站站长

上海市

吴利荣	上海市青浦区林业站站长
唐国良	上海市林业总站科技教育科科长

江苏省

王晓南	江苏省林业局行政审批与科技产业处处长
李全胜	江苏省徐州市林业局造林绿化管理处处长
姚新华	江苏省苏州市林业站站长

浙江省

李锡良	浙江省安吉县孝源街道尚书干村党支部书记
吴少华	浙江省新昌县小将林场场长
范金根	浙江省兰溪市苗圃主任
卢国耀	浙江省台州市自然资源和规划局（林业局）国土空间生态修复处处长

安徽省

曹时忠	安徽省淮北市相山绿化管理所所长
孙 璟	安徽省宿州市夹沟林场副场长
陈发军	安徽省全椒县林业局造林绿化股工程师
陈 丽（女）	安徽省含山县林业局森林资源管理股工程师
潘雪雷	安徽省芜湖市林业工作管理站高级工程师
章迎春（女）	安徽省宣城市林业局植树造林科工程师
刘先虎	安徽省铜陵市铜官山森林公园资源科科长
王庆国	安徽省休宁县齐云山国家森林公园管理中心副主任
吴 浩	安徽省造林经营总站主任科员

福建省

王桂存	福建省厦门坂头国有防护林场场长
陈焕有	福建省邵武市林业局副局长
张东明	福建省闽侯南屿国有林场场长
徐 光	福建省霞浦县林业局沙江林业站林政资源股负责人
陈国彪	福建省龙海九龙岭国有林场场长
卓华玲（女）	福建省平潭综合实验区农村发展局林业办主任

钟福福　福建省长汀县林业局资源站副站长
林立更　福建省森林资源监测总站二级主任科员
张晓萍(女)　福建省林业调查规划院副院长
谭芳林　福建省林业科学研究院生态所所长

江西省
肖卫前　江西省遂川县林业局局长、党委书记，南风面自然保护区管理局局长
王陶元　江西省安福县林业局党委书记、局长
李鉴平　江西省信丰县林业局主任科员
叶长娣(女)　江西省赣州市赣县区林业技术推广站站长
舒昌江　江西省鄱阳县林业局副局长
刘小平　江西星火农林科技发展有限公司总经理
叶全裕　江西省抚州市临川区林业局高级工程师
张阳展　江西省九江市林业局九江市绿委办主任
陈　升　江西省南昌市林业有害生物防治检疫局负责人
梁艳萍(女)　江西省萍乡市林业有害生物防治检疫局局长
徐金富　江西省贵溪市林业局党委书记、局长
杨杰芳　江西省林业局规划财务处处长
沈明华　江西省退耕还林工作领导小组办公室副调研员

山东省
宫卫平　山东省沂源县国有鲁山林场护林员
孟庆兰(女)　山东省临沂市森林病虫害防治检疫站站长
韩兴光　山东省德州市林业事业发展中心林木病虫害防治科科长
周长革　山东省菏泽市林业局党组副书记
赵之峰　山东省经济林管理站研究员

河南省
贾红茹(女)　河南省安阳市退耕还林工程管理中心主任
关秋芝(女)　河南省驻马店市退耕还林管理中心主任
郑　合　河南省信阳市林业和茶产业局产业办主任
任军战　河南省济源市天保退耕中心主任
武建宏　河南省淅川县林业局党组书记、局长
曹兆谦　河南省清丰县林业局党组书记、局长
冯宝春　河南黄河湿地国家级自然保护区焦作管理分局局长
张庆连　河南省获嘉县原政协农业工作委员会主任
亓建农　河南省退耕还林和天然林保护工程管理中心主任
肖武奇　河南省林业产业发展中心主任

湖北省
刘贵开　湖北省退耕还林工程管理中心副主任
曹　雨　湖北省南漳县林业局副局长
谢延平　湖北省五峰县林业局退耕办主任
苏振兰(女)　湖北省荆州市自然资源和规划局(林业局)生态修复科科长
周玉芳　湖北省竹山县林业局总工程师
高树宝　湖北省大悟县退耕还林工程领导小组办公室科员
吴小鹤　湖北省红安县林业局退耕办主任
袁知雄　湖北省阳新县自然资源和规划局副局长
唐建军　湖北省咸安区国有林场管理局局长
郑　洪　湖北省恩施州林业局退耕办主任
张红云　湖北省仙桃市林业事业发展中心副主任、党组副书记
杨建国　湖北省神农架林管局副局长

湖南省
刘正平　湖南省林业局造林绿化处主任科员
王育坚　湖南省林业产业管理办公室主任科员
付美云(女)　湖南环境生物职业技术学院科研处处长
赵克金　湖南省林业调查规划设计院副总工程师
罗　佳(女)　湖南省林业科学院助理研究员
李宏伟　湖南省祁东县林业局总工程师
谭　衍　湖南省湘乡市林业局党组书记、局长
欧玉林　湖南省岳阳市林业局造林种苗科(市绿委办)科长
邓志昂　湖南省沅江市林业局湿地站站长
康祖杰(土家)　湖南壶瓶山国家级自然保护区管理局副书记、副局长
刘跃成　湖南省新邵县林业局副主任科员
刘哲刚　湖南省娄底市退耕还林工作办公室主任
廖家月(瑶)　湖南省道县月岩国有林场香炉山分场党支部书记、场长
黄瑞春(土家)　湖南省湘西州林业科学研究所所长

广东省
曾　锋　广东省生态公益林管理办公室副主任
张富城　广东省河源市林业局局长
聂金伦　广东省韶关市林业局生态保护修复科科长
黄练忠　广东省东莞市大岭山森林公园主任

广西壮族自治区
黄丽燕(女)　广西壮族自治区宾阳县陈平镇林业站工程师
郭秀芬(女、壮)　广西壮族自治区百色市林业局退耕办副主任
何梅英(女、壮)　广西壮族自治区崇左市宁明县林业局营林站高级工
周宏春(壮)　广西壮族自治区国有维都林场桂林造林部党支部书记
许奇聪　广西壮族自治区林业技术推广总站(自治区乡镇林业工作总站)、广西壮族自治区退耕还林工程管理办公室调研员、常务副主任
申文辉　广西壮族自治区林科院森林生态研究所所长
杨秀好　广西壮族自治区防治检疫站副站长
余东威　广西壮族自治区速生丰产林基地管理站(自治区利用外资林业项目办公室)主任科员
张柱群　广西壮族自治区天峨县林业技术推广中心站站长

何炳震（壮） 广西壮族自治区乐业县甘田镇林业水土保持站站长

海南省
陈　庆　海南省霸王岭林业局科研生产科科员
陈泽锋　海南省毛瑞林场副场长
邓海燕（女）　海南省吊罗山林业局（海南吊罗山国家级自然保护区管理局）副局长
刘大业　海南省尖峰岭林业局南崖森林资源管护站护林班组长

重庆市
鄢徐欣　重庆市林业规划设计院资源监测科副科长
任　凭　重庆市万州区林业科学研究所正高级工程师
张玉娟（女、土家）　重庆市黔江区国有林场高级工程师
唐庆荣　重庆市渝北区林业局副局长
成　姚　重庆市万盛经开区林木种苗管理站站长
田茂元　重庆市江津区大圆洞林场正高级工程师
李　瞻　重庆市垫江县林业局资源科科长
李晏任　重庆市南川区林业局森林病虫防治检疫站负责人
李　薇（女）　重庆市綦江区林业局植树造林科科长
何昌述　重庆市大足区林业服务中心高级工程师
吕玉奎　重庆市荣昌区林业科学技术推广站站长
黄学军（苗）　重庆市酉阳县林业局退耕办主任
范小波　重庆市丰都县林业产业发展中心副主任（兼退耕办主任）
邹正奎（土家）　重庆市石柱县鱼池镇社会中心管理八级职员
韩官运　重庆市巫山县退耕还林管理中心主任
王大铭　重庆市涪陵区林业项目管理站工程师

四川省
张洪明　四川省退耕还林还草中心主任
李　胜（彝）　四川省凉山彝族自治州林业和草原局党组成员、凉山彝族自治州天保暨退耕办主任
李正林（羌）　四川省松潘县林业和草原局副局长
薛兴富　四川省叙永县林业和竹业局水尾林业站高级工程师
张金荣（女）　四川省安岳县造林站站长
鲜雪冬　四川省南部县大桥镇生态管理办公室副主任
王隆富　四川省大竹县自然资源局退耕还林办公室主任
王　飞　四川省平武县林业和草原局生态修复与产业发展股股长
康钉荣　四川省石棉县林业局绿委办副主任
王　亿　四川省通江县天保中心（退耕办）主任
蒲永洲　四川省甘孜藏族自治州林业和草原局退耕还林办公室主任
熊万里　四川省珙县林业和竹业局生态保护修复股副股长
刘继洪　四川省广元市林业局党组书记
高宏梅（女）　四川省泸州市林业和竹业局生态保护修复科科长
郑仁红　四川省长宁县林业和竹业局党组书记、局长
吴　林　四川省甘孜藏族自治州白玉林业局麻绒林场党支部书记、场长
曾凡明　四川省林业工作总站专业技术十级岗位

贵州省
龙沛村　贵州省贵阳市退耕还林工程管理中心副主任
袁　政　贵州省水城县自然资源局（林业局）退耕办主任
朱昌平　贵州省盘州市自然资源局（盘州市林业局）党委委员
吴文胜　贵州省仁怀市林业局产业服务中心主任
唐维学　贵州省镇宁布依族苗族自治县林业局营林站副站长
冉景屏（女、苗）　贵州省铜仁市退耕还林与天然林保护工程管理中心主任
杨　雄（土家）　贵州省德江县退耕还林服务中心主任
雷祖文　贵州省石阡县林业产业发展办公室主任
吴开勇（苗）　贵州省黎平县退耕还林管理办公室主任
吴　凡（苗）　贵州省天柱县农村林业改革发展办公室主任
田华林　贵州省黔南布依族苗族自治州林业局林业生态工程建设中心主任
韦永秋（女、布依）　贵州省龙里县林业局营造林绿化管理中心副主任
张熙恒（布依）　贵州省黔西南布依族苗族自治州兴义市林业局退耕办主任
铁　俊　贵州省黔西南布依族苗族自治州兴仁市林业局党组书记、局长
罗永猛　贵州省毕节市林业局退耕还林科科长
刘朝辅（穿青人）　贵州省织金县林业局工程师、业务负责人
周　军（侗）　贵州省退耕还林工程管理中心副主任

云南省
王桂琴（女）　云南省宜良县林业和草原局造林绿化科科长、退耕办主任
夏文鑫　云南省鲁甸县林业和草原局天然林保护工程及退耕还林办主任
辛严惠　云南省曲靖市天然林保护工程及退耕还林还草领导小组办公室主任
周　润　云南省楚雄彝族自治州林业和草原局退耕办主任
喻公成　云南省金平县林业和草原局副局长
李　华　云南省新平彝族傣族自治县营林工作站站长
环正国　云南省宾川县天然林保护暨退耕还林领导小组办公室副主任
李文跃　云南省西双版纳傣族自治州天然林保护工

|程管理中心主任
刘绍军　云南省临沧市林业和草原局局长
段修泽　云南省保山市生态修复和产业管理站副站长
齐布次里(藏)　云南省德钦县林业和草原局天保退耕办副主任
杨必强(壮)　云南省富宁县林业和草原局退耕办主任
李和彪　云南省澜沧县林业和草原局林业技术推广站站长
张　波　云南省宁蒗县退耕还林办公室副主任
周玲英(女、纳西)　云南省怒江傈僳族自治州泸水市林业和草原局退耕还林管理所副所长
丁成俊　云南省普洱市林业和草原局生态保护修复与草原管理科科长
钏加周　云南省芒市林业和草原局生态保护修复和种苗管理股副股长
王友先　云南省曲靖市会泽县鲁纳乡林业工作站站长

西藏自治区
高云姣(女)　西藏自治区拉萨市林业和草原局副所长
德吉白珍(女、藏)　西藏自治区曲松县林业和草原局副局长
达　平(藏)　西藏自治区江孜县卡麦乡人民政府杰麦乡村支部书记
塔青多吉(藏)　西藏自治区札达县底雅乡鲁巴村努巴组组长
格桑巴珍(女、藏)　西藏自治区昌都市林业和草原局党组副书记、局长
多　拉(藏)　西藏自治区聂拉木县林业和草原局副局长

陕西省
罗　琦　陕西省退耕还林工程管理中心主任
和　军　陕西省林业国际合作项目管理中心总工程师
柴　雄　陕西省榆林市退耕还林(草)办公室副主任
刘振东　陕西省延安市延川县退耕办主任
张步云　陕西省延安市安塞区退耕还林领导小组办公室主任
卢益民　陕西省渭南市林业局总工程师
史惠玲(女)　陕西省咸阳市杨陵区林业技术推广站站长
余振忠　陕西省商洛市林业局副局长
万建军　陕西省防护林建设工作站工程师
张纪成　陕西省汉中市天保中心退耕办主任
刘广亮　陕西省延安市吴起县林业局副局长
刘景治　陕西省延安市志丹县退耕办主任
陈晓虎　陕西省安康市林业局副局长
陈文普　陕西省安康市退耕还林工作站副站长
仝小林　陕西省延安市退耕办主任
张探宏　陕西省榆林市绥德县林业局局长
艾小敬　陕西省延安市宝塔区退耕还林服务中心主任
程积民　西北农林科技大学水土保持研究所教授
王国强　陕西省商洛市柞水县林业局副局长
吕成利　陕西省宝鸡市麟游县林业局副局长
张　军　陕西省延安市子长县退耕办副主任
郭省伟　陕西省西安市林业局主任科员
谈志龙　陕西省咸阳市旬邑县林业局副局长
吴晓平(女)　陕西省商洛市商南县退耕办主任
郝维正　陕西省铜川市退耕还林办公室主任
向甲斌　陕西省安康市旬阳县林业技术推广站副站长
何忠祥　陕西省安康市平利县林业局退耕办主任

甘肃省
张润元　甘肃省古浪县八步沙林场职工
张海峰　甘肃省兰州市林业局造林产业科科长
韩玉英(女)　甘肃省嘉峪关市林业管理站主任科员
颉佛代　甘肃省甘谷县林业和草原局工程师
周国军　甘肃省靖远县退耕还林办公室主任
王　维　甘肃省陇南市长江防护林建设办公室(退耕办)副主任科员
金乐平　甘肃省临夏州林草局南北两山绿化办公室副主任
谈荣斌　甘肃省舟曲县自然资源局退耕办主任
沈吉祥　甘肃省环县自然资源局副局长
王智德　甘肃省金昌市林业和草原局造林绿化科科长
姜莉玲(女)　甘肃省民勤县林业和草原局退耕办助理工程师
张文玉(女)　甘肃省平凉市崆峒区林业技术工作站副站长
陈晓琼(女)　甘肃省定西市巉口林业试验场工程师
汪卫国　甘肃省退耕还林工程建设办公室副主任
杨成生　甘肃省林业科学研究院林业生态效益监测评估所所长
马宝贵(回)　甘肃省兴隆山国家级自然保护区管理局兴隆山管护站站长
徐先英　甘肃省治沙研究所所长
高承兵　甘肃省民勤连古城国家级自然保护区管理局保护监测科科长
张克栋　甘肃省洮河国家级自然保护区管理局资源管理科科长

青海省
樊彦新　青海省退耕退牧还林还草中心高级工程师
陈生武　青海省海东市互助土族自治县林业和草原局造林绿化办公室主任
赵　萍(女)　青海省海东市平安区林业和草原局退耕还林还草办公室档案员、林业统计员
洛桑才让(藏)　青海省海西蒙古族藏族自治州林业和草原局局长
李洪占　青海省互助土族自治县蔡家堡乡后湾村村民

仁钦端智（藏） 青海省草原改良试验站站长
徐　勃（女、藏） 青海省黄南藏族自治州林业技术推广站站长
汪　荣　青海省森林病虫害防治检疫总站高级工程师
更桑才仁（藏） 青海省玉树藏族自治州称多县林业工作站副站长

宁夏回族自治区
郭琪林　宁夏回族自治区盐池县林业和草原局高级工程师
安必宁　宁夏回族自治区固原市原州区自然资源局退耕办主任
许　扬　宁夏回族自治区退耕还林与三北工作站业务科科长
者金付（回） 宁夏回族自治区泾源县林木检疫站站长
王伯礼　宁夏回族自治区彭阳县自然资源局林改办主任
慈剑松　宁夏回族自治区银川市西夏区林业和草原局林业站站长
蒙旺平　宁夏回族自治区固原市六盘山林业局峰台国有林场护林员
陈继军（回） 宁夏回族自治区贺兰山管理局大水沟管理站护林员
闻国洪　宁夏回族自治区石嘴山市自然资源局国土空间生态修复与建设科科长

新疆维吾尔自治区
赵远潮　新疆维吾尔自治区退耕还林领导小组办公室主任科员
易首全　新疆维吾尔自治区喀什地区林业技术推广站工程师
马步信　新疆维吾尔自治区阿克苏市林业和草原局党组书记
王　伟　新疆维吾尔自治区天山东部国有林管理局玛纳斯南山分局管护员
童振荣（回） 新疆维吾尔自治区托克逊县林业和草原局书记
井春芝（女） 新疆维吾尔自治区巴音郭楞蒙古自治州林业科学技术推广中心林果室主任、生态保护修复科负责人
周雪福　新疆维吾尔自治区天山西部国有林管理局尼勒克分局天保工程及公益林管理科副科长
哈德力·马合苏提汗（哈萨克） 新疆维吾尔自治区塔城地区裕民县自然资源局草原站办公室主任
张　谦（回） 新疆维吾尔自治区乌鲁木齐县林业和草原局党组书记、局长
古海尔尼沙·阿尤普（女、维吾尔） 新疆维吾尔自治区和田县林业和草原局胡杨林站工程师
阿地力哈孜·阿地汗（哈萨克） 新疆维吾尔自治区林业和草原局草原管理处副处长
熊　兵　新疆维吾尔自治区草原总站高级畜牧师
吾其尔（蒙） 新疆维吾尔自治区巴音郭楞蒙古自治州草原工作站规划科科长

内蒙古大兴安岭重点国有林管理局
沈　源（满） 大杨树林业局党委书记
罗建新　金河林业局森林经营处苗圃主任

大兴安岭林业集团公司
候殿忠　大兴安岭林业集团公司阿木尔林业局营林管理处主任
石景岩（蒙） 大兴安岭林业集团公司十八站林业局党委副书记、林业局局长

新疆生产建设兵团
谢小云（女） 新疆生产建设兵团十一团农业发展服务中心助理农艺师
罗剑洪　新疆生产建设兵团第二师三十四团农业发展服务中心主任
白伟本　新疆生产建设兵团第六师红旗农场农业发展服务中心副主任
王攀科　新疆生产建设兵团第七师林业和草原局副主任科员
王海婵（女） 新疆生产建设兵团第十四师二二四团农业发展服务中心农艺师
李杰军　新疆生产建设兵团林业工作管理站技术质量科科长

国家林业和草原局
张　升　国家林业和草原局经济发展研究中心监测室处长
许　洋　中国林业科学研究院林业研究所高级工程师
王　兵　中国林业科学研究院森林生态环境与保护研究所研究员
许　涵　中国林业科学研究院热带林业研究所研究员
舒金平　中国林业科学研究院亚热带林业研究所副研究员
阮向东　国家林业和草原局调查规划设计院野生动植物调查监测处处长
闫　平　国家林业和草原局调查规划设计院工程咨询设计处处长
彭　蓉（女） 国家林业和草原局林产工业规划设计院园林工程一所所长
尹晶萍（女） 国家林业和草原局林产工业规划设计院产业发展研究中心副主任兼主任工程师
刘慎元　中国绿色时报社专题新闻部主任
范少辉　国际竹藤中心竹藤资源与环境研究所所长
方国飞　国家林业和草原局森林和草原病虫害防治总站测报处处长
陈火春　国家林业和草原局华东调查规划设计院副总工程师
杨传金　国家林业和草原局中南调查规划设计院碳汇计量监测评估处处长
饶日光　国家林业和草原局西北调查规划设计院副总工程师
王荣女（女） 国家林业和草原局西北调查规划设

　　　　　计院生态工程处高级工程师
王继山　国家林业和草原局昆明勘察设计院自然保护规划设计所工程师
宋志伟　国家林业和草原局昆明勘察设计院林业调查规划所高级工程师
相关单位
杜孝忠　国家发展改革委农经司生态修复处处长
侯全章　国家发展改革委投资司农林水利投资处处长
王　瑶(女)　财政部自然资源和生态环境司林业草原处二级调研员
王冠珠(女)　自然资源部国土空间规划局国家和区域规划处主任科员

（人才劳资由胡耀升供稿）

国家林业和草原局直属单位

27

国家林业和草原局机关服务局

【综述】 2019年，国家林业和草原局机关服务局(国家林业和草原局机关服务中心，以下简称"服务局")深入贯彻党的十九大和十九届四中全会精神，坚持以习近平新时代中国特色社会主义思想为指导，紧紧围绕局党组推进林业和草原治理体系和治理能力现代化建设的工作部署，提高政治站位，增强大局意识，集中精力抓主业，聚精会神促发展，主动顺应林业改革发展大局，稳妥推进后勤社会化改革，持之以恒搞好经营创收，不断提升后勤管理保障服务工作水平。

机关事务管理 一是推进机关房地产管理。结合中央国家机关机构改革办公用房调整规范、统一登记以及行业协会商会与行政机关脱钩改革等专项工作，对局机关本级办公用房和技术业务用房基础信息进行了系统的测绘数据核实和汇总。对局机关院区进行了土地面积测绘，取得了北京市国土局发放的机关院区不动产登记证。二是建立完善涉及机关事务管理的各类制度。先后制订印发了《国家林业和草原局机关办公家具管理办法》《国家林业和草原局机关集体户口管理办法》《国家林业和草原局办公用品领用管理办法》《国家林业和草原局机关食堂就餐卡管理办法》《国家林业和草原局机关物业管理办法》《国家林业和草原局住房管理办法》6项制度，对办公家具、集体户口、办公用品、食堂餐卡、物业管理和职工住房管理等进行了明确，规范了标准内容和工作流程。同时，以制度出台为契机，开展了办公家具的核查登记工作，严格了集体户口的管理。

党的建设 一是全面落实各项党建工作任务。制订印发了《机关服务局党委理论学习中心组学习计划》，全年组织理论学习中心组学习18次。制订印发了《机关服务局党委关于学习宣传贯彻党的十九届四中全会精神的实施方案》，组织召开全体党员大会、理论学习中心组扩大学习会，深入学习宣传贯彻全会精神。开展了机关服务局全面从严治党制度执行专项整治工作，组织各处室、各附属单位主要负责人与服务局党委签订《2019年度落实全面从严治党责任承诺书》。坚持对民主生活会、各党支部组织生活会和民主评议党员、领导干部双重组织生活会和"三会一课"情况定期进行督导。二是深入开展"不忘初心、牢记使命"主题教育。结合后勤工作实际，研究制订具体《实施方案》，在集中学习阶段，利用5天半时间组织开展11次集中学习研讨，领导班子成员全部作了主旨发言并讲了主题党课。在广泛征求各方面意见建议的基础上，检视查找出6个方面20个问题，研究制订了《机关服务局"不忘初心、牢记使命"主题教育检视问题清单及整改落实台账》，逐项细化整改措施，明确了完成时限和责任人。在局党委和各党支部层面上分别组织召开了专题民主生活会和组织生活会，作为教育活动成果，撰写了《机关后勤发展改革问题研究》报送国家林草局直属机关党委。三是切实抓好党风廉政建设。严格执行落实了党委集体议事制度和重大事项定期通报制度。开展了纪律处分执行及诫勉谈话落实情况自查自纠工作。组织京内副处级以上干部填写廉政风险防控表，开展廉政风险排查。四是扎实做好工会工作。组织干部职工参加了国家林草局机关运动会，取得优秀组织奖、广播操比赛第一名、篮球比赛第二名的好成绩，完成了运动会开幕式红旗方阵和会场服务工作。坚持做好职工生活慰问和困难职工走访慰问活动。

重点工程 完成了第三期自管老旧小区改造工程的施工任务。相继完成了屋面防水、外墙保温、室外管线、院区道路和院区绿化等施工任务。2019年上半年，国务院副秘书长、国管局局长李宝荣先后两次来国家林草局就老旧小区改造和办公大楼改造工程相关情况开展专题调研。

后勤改革 一是2019年上半年先后将西山国林山庄、北戴河培训中心和国林宾馆的资产使用权分别移交林科院、林干院和规划院。西山国林山庄和北戴河培训中心的人员随资产一并移交到林科院和林干院，规划院向服务局缴纳资产使用费。二是根据2019年8月国管局印发的《中央国家机关购买后勤服务管理办法(试行)》文件精神，服务局重新测定机关食堂用餐费用标准。同时，在编制2020年预算过程中，对涉及安保、保洁、通信、维修、维护、绿化、供暖、会议和餐饮服务等项目均按照政策规定标准逐一测算核报。

内部管理 一是分别引进专业企业统一机关院区的保洁和保安管理模式，提高了机关物业管理标准。社区物业将林调社区的保安和保洁服务整体外包，安装启用停车计时收费系统等措施，压缩聘用人员数量，减少成本支出，提高物业服务质量。二是服务局承担规财司的机关本级固定资产管理职能，承担了局机关的收发室工作。三是幼儿园加强师资队伍建设，提高教学质量。利用暑期对园内室外活动场进行维修，改造升级硬件设施条件。

经营创收 一是创造条件积极改善资产硬件设施条件。利用基本建设维修经费和经营创收收入先后实施了厦门办事处大楼消防系统改造、和平里七区25号楼部分办公室粉刷维修、来广营汽车维修综合服务站部分厂房屋顶维修、大红门欣苑公寓楼装修改造等项目。二是在对服务局管理资产的价格进行评估的基础上，与林科院、林干院、规划院、中国野生植物保护协会商定每年缴纳的资产使用费数额。

精准扶贫 一是开展爱心捐赠活动。组织干部职工开展衣物、棉被捐赠和捐款活动，并拿出部分创收资金，帮助贫困群众解决实际困难。二是开展支部结对共建。服务局党委与广西罗城县榕木村党支部进行党建结对共建，紧紧围绕强化村级党组织政治功能，联合开展主题党日活动、捐赠党建视频设备和视频学习资料、慰问困难党员等活动，共同推进党建扶贫互融合、互促进，提升村党支部的战斗力。三是开展教育扶贫。2019年林草局幼儿园面向广西罗城龙岸镇中心幼儿园开展教学用品和书籍等爱心捐赠活动的基础上，双方建立长期拉手帮扶关系，进一步开展好"520"爱心扶贫捐赠活动、帮助丰富茶艺室和特色教学课程、邀请骨干教师到局幼儿园开展教学交流互访等活动，从多方面进行持续帮扶。四是开展消费扶贫。继续加大定点扶贫县(村)优质农副产品采购力度，结合各地农产品特色，服务局餐饮中心与贵州独山、荔波和广西龙胜、罗城4县每县签订20万元的采购计划，积极帮助定点扶贫县销售农林特色产品。继续开展定点扶贫县美食月活动并逐步常态化，在服务局机关食堂设立定点扶贫特色产品展卖区，鼓励、引导机关职工购买贫困地区特色产品。五是加强扶贫宣传工作。加大对口扶贫宣传工作力度，充分利用国家林草局网站、服务局团委微信公众号、机关办公楼楼道电子屏、宣传板报等宣传载体，积极宣传服务局开展对口扶贫结对帮扶的工作进展和扶贫成效，营造良好的工作氛围。

青年工作 一是印发了《关于推进林草机关后勤年轻干部深入学习习近平新时代中国特色社会主义思想的意见》。二是成立团委新媒体办公室，组织拍摄了服务局第一部宣传视频《我是平凡》，获得直属机关党委"新时代林草新青年"微视频大赛最佳纪实短片奖。向机关党委报送的微视频"匠心育人，不忘初心"获得了中国机关后勤杂志社"弘扬工匠精神"微视频大赛优秀奖。三是为纪念"五四"运动100周年，组织青年团员参观北大红楼，重温"五四"精神。四是组织服务局青年和中日友好医院青年与北京林业大学自然保护区学院青年教师开展座谈活动，并参观北京林业大学博物馆。五是组织承办第17期青年成长讲坛——摄影技巧专题讲座。

幼教工作 一是幼儿园防"小学化"教育，为科学做好幼小衔接及宣传教育工作，成立园长、业务干部、班长组成的专项领导小组，制定幼小衔接专项教育宣传活动方案。二是参与东城区"童心杯"技能大赛，开展爱国主义教育月、运动健康月、饮食健康月等全园综合性活动，让教育成果真切落实在孩子身上。三是由幼儿园教职工组成的体操队伍参赛获得国家林草局广播操比赛一等奖，代表自然资源部参赛获得中央国家机关广播操比赛一等奖。四是为庆祝第35个教师节，9月10日，国家林业和草原局幼儿园组织了以"守望初心，最美绽放"为主题的庆祝新中国成立70周年暨教师节总结表彰活动。

【完成新中国成立70周年机关事务工作】 开展了迎接庆祝新中国成立70周年开展安全隐患排查整治和绿化环境服务保障工作，组织服务局各单位进行安全隐患集中排查整改，加强局机关院区的安保值班，严格落实人员车辆出入登记制度，加强公务用车管理，教育驾驶员严格遵守交通法规、安全出车、文明行车。国庆前夕，在国家林草局机关院区布置摆放了庆祝新中国成立70周年的花坛造型，营造浓厚节庆氛围。配合国家林草局办公室做好直属机关安全隐患专项整治工作，对国家林草局直属机关有独立院区的8个单位进行了安全工作考评。

【完成重大政务活动服务保障】 先后完成了国务院副总理韩正到国家林草局调研、国家公园体制试点工作会议、机关升旗仪式、共和国部长植树日的会务服务保障工作。完成了北京世园会、国际森林日等重要活动的交通保障任务。

【后勤服务讲习堂】 全年先后组织举办了九期"后勤服务讲习堂"，局领导班子全体成员围绕传达学习2019年全国"两会"精神、学习贯彻习近平总书记在纪念"五四"运动100周年大会重要讲话精神、全国林业信息化工作会议精神和"不忘初心、牢记使命"为党员干部讲专题党课，组织观看"时代楷模"甘肃省古浪县八步沙林场"六老汉"治沙造林先进事迹视频及《党章电视辅导教材》等警示教育片，深入开展专题警示教育。

【节能减排系统建设】 机关节能监管系统投入使用，实现了对国家林草局机关院区能耗数据的分项计量、动态采集和实时监控。利用国管局专项资金实施了机关办公区公共区域智能高效照明改造项目，将2号、4号、5号楼及医务室、车队车库和食堂(礼堂)公共区域的灯具全部更换为LED照明灯具，根据监测数据显示，更换后用电量减少20%以上。协调国管局节能司和北京市水务局节水中心重新核定上调了国家林草局机关院区年度用电用水计划指标。

（服务局由庞晓阳供稿）

国家林业和草原局经济发展研究中心

【综 述】2019年，国家林业和草原局经济发展研究中心(以下简称经研中心)紧密围绕林草改革发展大局，发挥国家林草核心智库作用，各项事业取得了明显成效。全年共开展各类重大研究项目88项，组织召开或参加各类专业学术会议40余次。开展实地调研300余人次，形成调研报告50余篇，国内外发表论文27篇，出版《中国湿地保护体系建设与探索》《新一轮集体林权制度改革相关问题研究》等专著10部，刊发《决策参考》9期、《动态参考》13期、《动态参考·特刊专报》6期，提出政策建议100余条。相关研究课题获得第十届梁希林业科技进步二等奖、林业职工思想政治工作研究会优秀成果一等奖。1人入选省部级百千万人才工程，1人被评为全国生态建设突出贡献先进个人，5人获得自然资源部"生态产品价值实现机制"和"编制自然资源资产负债表"主题征文奖，1人获得中国林业经济学会优秀论文三等奖，1人获得"原山杯"最美务林人演讲比赛三等奖。

【重大理论与政策问题研究】

林草"十四五"规划战略研究　经研中心将2019年确定为战略规划年，深度聚焦中国林草行业"十四五"规划编制问题，结合重大问题调研，按照规财司下达的任务要求，积极开展林业草原"十四五"体制机制专题研究。首次将地方"十四五"规划战略研究纳入选题范围。相继与青海、宁夏、新疆三省（区）签订"十四五"规划战略研究合作框架协议。组织北京林业大学、西北农林科技大学、国家林草局林产工业规划设计院、青岛农业大学等8家科研院所40余位专家学者组成联合团队，分赴三省（区）开展大规模连续实地调研。调研中共收集资料300余份、230余万字。开展了多次专题研究和专家咨询，三次征求三省（区）意见，完成了3个研究主报告和33个专题分报告，一批高质量、有价值、可转化的研究成果初步形成，研究成果得到了三省（区）党委、政府尤其是当地林草主管部门的高度认可，服务决策的战略性、前瞻性、时效性不断提高。

林草重大问题调研　2019年，重大问题调研定位于服务国家"十四五"规划编制的目标，精心筹备，有力开展。一是坚持以服务林业和草原中心工作为主线，坚持自上而下和自下而上相结合的方法，首次将地方规划编制研究需求纳入选题范围。二是坚持广泛征求各方意见的工作思路。充分征求了经研中心各处室选题工作意见，并征询了林草行业内有关专家学者的选题建议，在草原生态保护修复、国家公园和自然保护地建设、林业草原与国家发展战略、林业草原改革、林业草原发展保障体系、地方林业草原改革发展6个领域确定28项选题。三是坚持以本单位研究团队为主，外部专家团队为补充的模式。各研究团队间紧密配合，协调一致，保证了各项调研工作的顺利开展。四是坚持提升研究质量，认真梳理调研成果。整理形成了2018年度重大问题调研报告和国家林草局领导调研报告汇编并安排出版印刷。通过《决策参考》等途径向国家林草局党组、有关司局单位提供决策支撑，充分发挥重大问题研究服务决策的功能。

生态安全研究　参加国家生态安全工作协调机制第三次会议，代表国家林草局对维护国家生态安全2019年重点工作任务提出意见建议。牵头起草《维护国家生态安全2019年林业和草原重点工作任务分工方案》。组织完成并向国家发改委、国安委、自然资源部等部门提供国家林草局对《2019年林业生态安全重点任务细化分工方案》意见、2020年度生态安全风险评估、2019年生态安全工作总结及2020年重点工作任务、"十三五"时期国家安全保障能力建设》国家林草局承担任务完成情况、2020年度生态安全风险评估涉林涉草部分相关内容等材料。为人事司、规财司等司局开展的《生态环境损害认定办法》、西藏边境问题国家安全等事项提供意见建议。同时，继续做好林业和草原领域生态系统变化情况、福建和贵州生态文明试验区实施情况、绿色金融等方面分析研究，为林草生态安全提供理论支撑。

林草扶贫研究　根据国家林草局扶贫办关于"生态补偿脱贫一批成果总结宣传布置会"的要求及分工，落实脱贫成果梳理总结工作。协助完成国务院扶贫办组织、国家林草局副局长李春良带队的赴黑龙江省扶贫督查，开展生态护林员选聘管理、滇桂黔石漠化片区区域发展与脱贫攻坚现场推进会精神落实情况等专题调研，加强对生态扶贫相关工作的督促检查指导。落实扶贫工作领导小组第二次会议精神，扎实开展林草生态扶贫宣传工作。发挥综合服务功能，协助国家林草局扶贫办开展工作。先后参与《林业草原生态扶贫三年行动实施方案》政策解读、各省生态扶贫工作中期总结、脱贫攻坚信息共享和业务衔接座谈会、《生态护林员选聘管理办法》修订、国家发改委《新时期异地搬迁工作百问百答（征求意见稿）》意见征求、贫困户走访调研，完成《中国14个集中连片特困地区林业扶贫案例汇编》。积极开展扶贫理论与政策研究，发挥决策参谋作用。形成《中国林草生态扶贫工程监测建设方案》，加快推进林草生态扶贫监测平台建设；完成《林业生态扶贫实践成效和脱贫长效机制研究》，对构建林业生态扶贫脱贫长效机制提出政策建议；完成《脱贫攻坚一线林草干部职工内生动力研究》，为国家林草局全面推进扶贫工作增添新亮点；启动生态扶贫政策与乡村振兴战略统筹研究，对"十四五"期间生态扶贫政策与乡村振兴战略有机衔接提出政策建议。

草原保护研究　成立草原研究室，明确职责职能，配备专门研究力量，开展国家林草局草原改革发展政策研究。深度参与《国有草原资源有偿使用制度改革方案》文件起草；参加《关于加强草原保护修复的意见》文件起草，并进行实地调研和座谈研讨，提出将草原生态价值理念纳入草原管理和生态补偿政策中的建议；开展"完善草原承包经营制度"研究，形成落实草原承包情况系列调研报告；开展中国草种管理现状与问题研究，为今后加强草种生产和管理进行顶层设计。

国家公园研究　以气候变化研究室为基础，组建以国家公园为主体的自然保护地领域研究团队。承担国家公园体制试点评估工作。高质量完成评估方案起草、评估指标体系设计、评估专家库建立等相关工作。全程参与国家公园试点评估，承担总报告和分报告撰写工作，评估工作为下一步正式设立国家公园提供了科学的参考依据。承担"'十四五'保护地投入政策""东北虎豹国家公园管理局垂直管理模式"以及"青海以国家公园为主体的自然保护地体系示范省建设思路"研究，负责完成青海省《加快国家公园示范省建设》文件起草工作。为国家和地方在国家公园和保护地管理方面提供了有力的智力支撑。受东北虎豹国家公园管理局邀请编制虎豹公园"三定"方案，受宁夏沙坡头自然保护区管理局邀请参与自然保护区优化规划编制工作。

监测体系建设　经研中心已基本形成以林业重点工程监测为主体，集体林权制度改革、国有林区改革、森林质量精准提升工程、中央财政林业补贴、中国林草产业以及生态扶贫效益6项监测为补充的监测体系，其已成为林草行业监测的主要组成部分。2019年，为实现监测工作继承、开拓、创新、持续发力的发展目标，经研中心结合内部机构调整，明确了监测室在各类监测中的组织协调和管理职责，制订了监测整合工作方案，确定整合方向、原则、内容和预期成果。还以监测项目为平台向国家发改委成功申报了《中国林业和草原重大生态保护修复工程效益监测设备购置项目》，为监测工作提供了坚实物质保障。截至2019年，各类监测已遍布全国28个省（区、市）、4个森工集团、300余家县级单位、6000余农户和林场职工家庭，设定固定监测样地241个、600平方米。2019年共设计监测调查表20余张，涉及指标5000余个。累计收集监测数据5000余条、约50万单元，收集影像资料5000余幅、12000GB。开展监测调研30余次，涉及农户4600余户，收集各类材料30余万字，完成调研报告10余篇，发表学术论文7篇。

农村发展研究 2019年，将集体林权制度改革监测项目和《中国森林保险发展报告》编制项目统一纳入了农村发展研究室。国家自然科学基金项目"林业重点工程对农户收入与消除贫困影响实证研究与分析——基于长期大农户样本收入增长、分配和流动等视角"课题在绩效评估中被评为优秀。"我国新一轮集体林产权制度改革及配套改革对农户生产行为策略选择的影响研究"项目荣获梁希林业科学进步二等奖。举办"中国集体林改革发展首届论坛"，取得了良好的社会反响。

林草相关政策研究 2019年与国家林草局办公室、生态司、草原司、湿地司、荒漠司、发改司、林场种苗司、规财司、科技司、科技中心、退耕办等单位紧密开展合作研究，为职能部门提供政策咨询意见。作为主要参与单位，承担了《草原法》修改、《湿地保护法》起草以及森林资源行政执法改革等多项国家层面立法研究工作，为立法机关提供了立法建议；承担并组织开展了"十四五"保护地投入政策研究、重点区域"十四五"中央财政投入政策研究、生态保护修复战略研究、提高森林资源监督管理能力专题研究、林地林木核算研究、"十三五"林业就业研究、林地林木资源价值核算调查技术规程研究、林业碳汇补偿的政策机制和途径研究、森林碳汇生态补偿机制研究、森林认证与《巴黎协定》中国林业主要实现目标的关键政策研究、文冠果新品种转化应用与示范推广研究、湿地利用监管制度研究、天保工程实施单位人员及社保情况专项核查、天保工程实施单位人员结构与就业问题研究、林业和草原绿色发展统计评价研究、《退耕还林工程社会经济效益监测国家报告》等20余项委托研究事项，成果为有关单位开展林草管理工作提供了理论参考和智力支撑。

国际合作研究 2019年，借助中德林业政策对话平台，不断加强国际合作与交流。与德国国际合作机构签署了合作框架执行协议，推动中德合作山西森林可持续经营技术示范林场建设项目顺利开展，并在福建和云南建立了2个森林可持续经营试点。协助举办中德林业工作组第5次工作组会议，召开了"森林可持续经营国际研讨会"和"世界百年国家公园建设与管理"主题报告会，组织召开了"中德林业政策对话平台（FPF）"年度工作计划会。积极派员参加有关国际会议，代表中国政府部门发声。先后派员赴韩国参加联合国粮农组织第28届亚太林委会和第四届亚太林业周活动，宣传中国林草生态扶贫成效；参与《濒危野生动植物种国际贸易公约》（CITES）第18次缔约方大会提案34份文件整理分析工作，牵头（CITES）第十八届大会公约战略愿景、生计和农村社区等议题谈判和后续研究；首次参加中缅林业工作组第一次磋商会议；赴澳大利亚参加第19届全球商务、经济、金融和社会科学研讨会，宣传经研中心的项目研究成果，提升中心在国际学术界的影响力；参加联合国粮农组织"林业社会保障与促进绿色就业项目研讨会"，就"中国林业的社会保障和绿色就业"作主题发言；参加全球生态系统服务伙伴关系大会；首次参加经合组织（OECD）第十三次全体会议，提升中国林草业的话语权。顺利完成世界银行委托的"中国森林可持续经营与融资机制"研究项目。

【成果运用与品牌建设】

决策支撑 2019年，《集体林改10年监测结果》《美国典型流域治理对我国黄河流域生态保护与高质量发展的启示》《南美洲国家海洋保护对我国的启示》等5篇研究成果通过《林草局专报》上报中办、国办，并被采用报中央领导参阅。《脱贫攻坚一线林业和草原干部职工思想动态现状研究》在《工人日报》内参刊发。"取消造林工程招投标"研究受到国家林草局和国家发改委高度重视，崔平提出的核桃造林成活率计算方法，得到了广西壮族自治区林业局的书面表扬和感谢。此外，经研中心还加入了国务院发展研究中心发起的"生态文明制度与政策研究网络"，为更好打造经研中心林草核心智库平台，促进生态文明建设与绿色发展搭建了更广阔空间。

八份报告 继续以提升研究报告质量为目标，推进各项专题报告的撰写工作。2019年，相继组织开展了《中国林业和草原发展报告》《中国森林保险发展报告》《中国林业产业与林产品年鉴》《全国经济林发展报告》《中国林产品市场监测机制及体系建设研究报告》《林业企业绿色就业报告》《全国竹藤培育与产业发展报告》《退耕还林经济林发展报告》等一系列专题研究报告的编撰工作，出版了《新一轮集体林产权制度改革相关问题研究》和《国家支持林草业民营经济发展政策摘编》。

三份内刊 坚持办好《决策参考》《动态参考》和《动态参考·特刊专报》，积极向国家林草局党组建言献策。全年共编发《决策参考》10期，得到国家林草局领导批示15次。共编印《动态参考》13期，《动态参考·特刊专报》6期，出版《动态参考年度辑要》1部，获得国家林草局领导批示17次。相关内容被《中国自然资源报》转载1篇，《中国绿色时报》转载7篇。

一本杂志 2019年，继续努力提升《林业经济》期刊办刊质量，全年刊发文章208篇。其中，首次被列入全国"经济理论及经济思想史"学科一年内产出期刊文献被引用TOP20排行。在保持"北大中文核心期刊""中国人文社会科学期刊AMI综合评价核心期刊"的前提下，被中国社科院指定为中国社科院创新工程和职称评定的核心期刊，有力提升了期刊的学术影响力，为提高期刊质量奠定了坚实基础。另外，根据国家林草局党组会议精神，经研中心与有关单位积极配合，顺利完成了《绿色中国》杂志社转隶工作。

学会建设 2019年，经研中心继续大力支持中国林业经济学会的发展建设。相继组织召开了专业委员会年度工作会议暨秘书长会、中国林业经济学会八届二次常务理事会、中国林业经济学会年会暨第十七届林业经济论坛以及首届国有林场发展论坛。顺利完成了《新中国林业经济史略》编纂工作，为总结新中国成立以来中国林业经济思想发展史，加强林业经济研究的基础性建设提供支持。

【党建与机关建设】

党的建设 抓好理想信念教育，抓好党纪党风建设工作；聚焦根本任务，把握总体要求，坚持学习教育、调查研究、检视问题、整改落实贯穿全过程，积极推动"不忘初心、牢记使命"主题教育整改方案落地落实。抓好党委理论学习中心组学习，先后集中开展了中心组学习活动10次。成立青年理论学习小组并组织开展内容丰富多样的组织活动。深入学习贯彻党的十九届四中全会精神，以支部为单位，结合业务工作开展学习，确保把全会精神及时传达到每一名党员，每一位干部。

机构、队伍建设 2019年，对内设机构进行了调整，将机构增加至16个。新组建草原研究室，恢复设立财务处，在气候变化研究室加挂国家公园及保护地研究室牌子，在改革研究室加挂生态资源研究室牌子，并相应增加了处级干部职数。同时，对各业务处室名称、职责进一步规范，明确职能范围。并结合各处室实际需要对人员进行科学调配，配齐配强研究力量。另外，积极创造提供各类学习培训机会，增加青年职工专业知识、提升业务水平，全年共完成各类培训35人次。增加三级专业技术职数，做好干部职工的职称评聘工作，加强专业技术人员职称管理。做好2019年毕业生招聘和人员调配工作，接收优秀应届毕业生2名，调入急需人才4名，切实加强管理和研究力量。严格按照干部选拔任用程序和标准，选发任用14名处级干部，为今后工作储备人才。认真完成第六批"百千万人才工程"省部级候选人的推荐以及保护森林和野生动植物资源先进集体、先进个人候选人推选。

制度体系建设 2019年，相继印发了《经研中心职工休假和考勤管理暂行规定》《经研中心信息管理办法》2项制度，组织制订了《经研中心职工请假和考勤管理办法》《经研中心表彰奖励办法（试行）》《经研中心"两优一先"评比表彰办法（试行）》《经研中心下属及挂靠单位管理办法》等规范办法。完成了《经研中心工作规则及相关制度汇编》编印工作，并对全体职工开展了制度培训，树牢规矩意识。

内部控制建设 正式启动经研中心内部控制管理信息化建设工作。内控信息系统的建成有效促进了经研中心各项管理制度和监管流程落地，为实现"规范业务、防范风险、提高效率、支持决策"目标提供了有力支撑。

（经研中心由王亚明供稿）

国家林业和草原局人才开发交流中心

【综　述】 2019年，人才中心紧紧围绕林草中心工作，以"支持机关、服务行业"为主线，继续深化改革、不断创新，顺利完成各项业务工作。一是继续深化职称制度改革，完成年度职称评审。开展林业工程专业技术资格评审条件修订，完成职称评委会备案。完善职称申报和评审系统，完成41个单位404人职称评审和认定工作。二是开展公开招聘调研，切实做好毕业生接收工作。形成《局事业单位公开招聘高校毕业生工作亮点》和《关于公开招聘高校毕业生工作问答》等材料。完成局属8个在京单位公开招聘毕业生工作。下达局属19个单位2019年毕业生计划280个，完成系列后续工作。开展在京单位毕业生接收工作检查。三是完成公益培训项目，扎实助力扶贫攻坚。承办公益培训班55期，培训5000人次。组织培训16个省（区、市）83名市县林草局局长，助力扶贫攻坚。举办8期市场培训班，培训近900人。四是加强高层次人才建设，做好国际人才储备。承办局百千万人才工程省部级人选"弘扬爱国奋斗精神、服务林草事业发展"主题活动。与北京大学考古文博学院联合举办世界遗产和自然保护地国际人才研修班。组织有关单位申报教育部国家公派留学选派工作。31人获留学资格，2个资助项目获批。五是制订国家职业标准，加强技能水平评价机构建设。申报林业行业第三方评价机构。指导首批10个单位组织木地板制造工等4个职业技能等级评价工作，编制试点工作实施方案。组织有关单位开展林业行业职业技能考核鉴定机构备案、信息公开和监督管理工作。开展森林消防员、林业有害生物防治员国家职业标准编制工作。六是强化鉴定管理，开展林业职业技能鉴定调研。指导各鉴定站开展职业资格考试，鉴定合格人数10 889人次，其中林业有害生物防治员7309人次，森林消防员3580人次。加强职业技能鉴定考务管理系统建设。开展林业高技能人才培养及职业技能鉴定调研。起草《林业行业职业技能竞赛管理办法》等相关制度。开展森林消防员职业技能竞赛筹备工作。七是策划举办系列活动，促进林草毕业生就业、创业工作。组织第二届全国林业和草原创新创业大赛。开展优秀毕业生进校园宣讲活动。举办扎根基层林草学科优秀毕业生遴选工作。组织全国林科十佳毕业生评选工作，组织双创成果展示及双创团队下基层，开展"助力乡村振兴，共绘美丽中国"大学生双创主题实践活动。八是遴选领军人才，助力林草建设。启动第二批全国林业和草原教学名师遴选工作。组织举办全国林业和草原教学名师进校园相关活动。完成林业草原行业全国工程勘察设计大师推荐评审工作。九是完成委托任务，为机构改革提供人事服务工作。制订《干部人事档案查（借）阅规定》。对新录用公务员等人员干部人事档案进行外调审核，推进干部人事档案专项审核全覆盖。完成局管干部、公务员及无人事权单位600多人次的因公出国（境）和赴台湾备案工作。完成2019年社团动态监测年度报告，2018年度局属单位人事人才统计工作。

（姜　嫄）

【林业工程专业技术资格评审条件修订】 根据人社部《深化职称制度改革的意见》和《工程技术人才职称制度改革的指导意见》及国家林草局工程系列评审条件的使用情况，开展了林业工程专业技术资格评审条件修订工作。一是组织10个与林业工程密切相关的单位105名专家参与修订工作，共提出6类29个专业修订意见共448条。二是组织召开了专家研讨会探讨专业分类和修订意见。邀请了中国人事科学研究院职业分类专家讲解职业分类的研究成果，与会专家从职业分类的角度审视林业工程的专业分类，提出优化分类体系的建议。对专家提出的修订意见进行了充分讨论，研究探讨了评审条件的科学性、合理性。三是将两次提出的修订意见在2019年工程系列高级评审会上再次征求意见。

（李 伟）

【工程系列高级职称评审委员会备案】 根据人社部《职称评审管理暂行规定》的要求，完成了国家林草局相关工作。一是对国家林草局机关、直属单位、派驻机构65个单位6个系列的专业技术人才队伍现状、人才总量、各层级数量以及梯队结构等情况进行了调查摸底，对各系列、各级别专业技术人员性别、学历学位、年龄、取得职称年限等情况进行了统计分析；二是按林业工程6个分支专业类别调整增补了评委会委员；三是回顾总结了开展林业工程高级职称评审、完善评审程序、评审条件的情况、评委会专家库管理使用情况，准备了申报备案材料报人社部，通过了核准备案。

（李 伟）

【职称评定】 共受理41个单位404人申报职称评审和认定，其中申报评审327人、申报认定77人。完成了受理材料、资格审核、论文送审、意见反馈、材料完善等环节的工作。组织召开了工程中高级、会计、经济、出版系列高级，新闻系列中高级职称评审会议，共评审301人，通过175人，中初级认定通过64人，经过履行公示报批程序，公布了评审结果。

（李 伟）

【公开招聘毕业生】 一是完成了局属8个在京单位集中组织的公开招聘毕业生工作。组织各单位拟定岗位需求，公布了26个岗位招聘公告，588名毕业生报名，审核通过353人，确认考试254人。组织落实笔试工作。协助各单位完成了复试，组织了拟录用人员体检和公示等环节的工作。增加了对局属11个京内外单位公开招聘工作方案审核把关的环节。二是总结回顾了公开招聘毕业生工作的实施情况，以及在制度建设、监督指导、规范流程等方面有特色的做法，进行归纳提炼，以一问一答的方式形成了《关于公开招聘高校毕业生工作的问答》材料，为今后的工作提供了政策依据。研究分析了2013年以来局集中组织的公开招聘毕业生的岗位报名、学历专业、最终录用等情况，形成分析总结报告，为人事司提供了研究工作的依据。

（李 伟）

【局属单位毕业生接收】 按照下达2019年22个局属单位毕业生计划数，组织填报和审核汇总了计划与岗位对接方案和毕业生人选基本情况，共接收毕业生232名（在京单位107名、京外单位125名）。并为在京单位接收的71名京外生源毕业生办理了落户。开展了在京单位毕业生接收工作检查，采取检查毕业生劳动关系建立情况和实地走访的方式检查了毕业生在岗情况。组织局属单位申报了2020年毕业生计划；组织核查了局属在京单位2016~2018年接收毕业生的留存情况。

（李 伟）

【干部档案管理】 积极推进干部人事档案专项审核工作全覆盖，研究制订了开展检查验收的工作方案；协助人事司加强对管档单位干部人事档案工作指导，认真贯彻落实《干部人事档案工作条例》，制作发放、指导使用《干部人事档案审核数字样卷》，提升各单位干部人事档案工作的质量和水平。加强局干部档案室日常管理和服务，全年完成干部档案材料整理归档3074份，转入转出档案232卷，查阅档案868卷，借阅773卷，为党建纪检、干部管理、人事人才等工作的顺利进行起到了基础保障作用。

（李 伟）

【因公出国(境)备案】 完成了2019年局管干部、公务员及无人事权单位500多人次的因公出国(境)和赴台湾省备案工作。

（李 伟）

【人事代理】 一是完成了代理企业2018年毕业生落户。对毕业生的在岗和发挥作用情况进行了检查和公示；对代理企业的接收资质和2016年、2017年接收毕业生留存情况进行了核查。完成了2019年代理接收毕业生的计划申报和下达及人选审核报备工作。二是全年为代理的局属单位完成了人员和工资统计、法人年检、核定工资、工资统发、参公单位职务与职级并行工资调整补发、机关事业单位2019年社保基数核定及正常征缴后人员增减变动、申报退休、准备期结算数据确认和职业年金补归集、养老保险缴费工资明细项目采集、单位名称及银行账号信息变更等工作。三是为代理企业办理了统一社会信用代码及社保数字证书的更新，社保和公积金立户、缴费、基数核定，人事档案管理和使用等人事代理服务工作。

【第四期市县林草局长培训示范班】 2019年5月15~24日，在贵州荔波组织举办第四期市县林草局长培训示范班，培训广西、云南、贵州等全国16个省（区、市）83个市（县）林草局局长。培训班邀请了国家林草局相关业务主管部门的7名司局长和2名处长以及中央党校教授进行权威授课，并实地学习贵州林业产业发展和生态扶贫先进经验，帮助市县林草局局长了解国家林草局机构改革最新走向、方针政策，国家林草局党组的最新部署和工作要求，适应机构改革新变化，提高市县林草局局长履职能力。

（范俊峰）

【2019年国家公派出国留学选派】 为培养一支具有国际视野和前沿知识结构的高层次人才队伍，人才中心组织开展国家留学基金资助出国留学申请受理工作，共有40人申报国家公派留学项目，其中31人获得国家公派留学资格。

（范俊峰）

【百千万人才工程省部级人选"弘扬爱国奋斗精神、服务林草事业发展"主题活动】 2019年9月16~28日，分别在贵州省和吉林省组织举办"弘扬爱国奋斗精神、服务林草事业发展"活动。活动以国家林草局6批次百千万人才工程省部级人选的培养和提升为目标，聚焦精准扶贫和国有林区改革两大重点工作，明确了新形势、新任务对人才工作的新要求。

（张永生）

【首期世界遗产和自然保护地国际人才研培班】 积极搭建林草高层次人才培养平台，联合北京大学考古文博学院举办首期世界遗产和自然保护地国际人才研培班。研培班旨在培养林草行业具有国际视野、通晓国际规则、高素质专业化的国际型人才，为国际组织储备输送人才，利用国际平台开展公共外交。研培班得到全国林草系统高度关注，通过国家林草局机关、直属单位和省级林草部门及高等院校遴选推荐，报名94人，经过资格审核和综合评估最终确定25名入选参训。研培班为期3周，内容涉及世界遗产和自然保护地、外交实务、国际事务、交流与研讨4个模块，均有北大名师和最具权威的世界遗产、自然保护地和国际事务专家授课。研培班在课程设计、教学理念、教学方法上都做了高端设计和安排。研培班结业安排了小组研究成果展示、论文撰写、考核评估等环节，25名学员均考核合格并入选"世界遗产与保护地管理人才库"，未来将分年度向联合国教科文组织及相关政府间国际机构择优选派、推荐。

（赵佳音）

首期世界遗产和自然保护地国际人才研培班

【组织颁布国家职业技能标准】 为适应新时代对现代林业和草原行业发展的实际需求，按照国家职业资格制度管理的有关政策文件和《国家职业技能标准编制技术规程》的要求，对现有的《森林消防员》《林业有害生物防治员》国家职业技能标准进行修改、完善，此次修订，两项标准均增加划分了职业等级，并按照2018版标准编制规程要求修订了申报条件，重新划分了职业功能模块，修订了权重表，对各项职业工作内容涉及的技能要求和应掌握的相关知识要点作了进一步细化。

（关　震）

【职业技能鉴定】 2019年，林业行业职业技能鉴定合格14 395人次，其中初级技能1566人次，中级技能6498人次，高级技能6331人次。按照鉴定职业（工种）统计，林业有害生物防治员8791人次、森林消防员5604人次。

（图星哲）

【"扎根基层工作、献身林草事业"优秀毕业生遴选】 与中国林业教育学会共同组织开展了首届"扎根基层工作、献身林草事业"优秀大学毕业生遴选工作。截至2019年3月20日共有27个省级林草主管部门和16个高校推荐了127名候选人，最终遴选出30名优秀毕业生。11月26日在东北林业大学对遴选出的优秀毕业生进行表彰，举行颁证仪式，国家林业和草原局党组成员、副局长张永利出席并向优秀毕业生颁证，同时启动涉林草院校宣讲周活动，组织部分优秀毕业生在表彰大会上交流个人先进事迹。

（张永生）

【第二批全国林业和草原教学名师遴选】 与中国林业教育学会共同组织开展第二批全国林业和草原教学名师遴选工作。经各相关涉林草院校推荐了候选人。至申报截止日，共收到涉林草普通高等院校、科研单位和中高等职业院校组52家单位共71名候选人。经资格审核、专家函审、综合评审会议评审，最终遴选出30名教学名师，其中本科研究生组20名，职教组10名。11月26日，组织举办了第二批全国林业和草原教学名师进校园相关宣讲活动，在东北林业大学举行了启动仪式，共计400多人参加了该启动仪式。

（张永生）

【第二届全国林业和草原创新创业大赛】 2019年5月19日，组织举办第二届全国林业和草原创新创业大赛启动仪式。12月22~24日，在北京顺利组织开展大赛社会组和命题类项目全国半决赛，至此包括高校组和职院组共4个单元的半决赛全部结束，全国共有54支创新创业项目团队进入全国总决赛。

（张永生）

【2020届全国林科十佳毕业生评选】 2019年5月28日，与中国林业教育学会在广西生态工程职业学院共同组织举行2020届全国林科十佳毕业生评选启动仪式。11月7~13日组织开展了全国林科十佳毕业生评选微信投票活动，共有378名正式候选人接受公众投票评选。全国林科十佳毕业生评选活动微信投票总票数达到1 047 768票。12月4日组织召开全国林科十佳毕业生专家综合评审会，评选出研究生组、本科生组和高职生组十佳毕业生各10名、优秀毕业生各40名。12月30日在东北林业大学组织举办全国林科十佳毕业生评选活动颁奖典礼。

（张永生）

【双创成果展示及双创团队下基层】 2019年5月19日，在全国林业和草原科技活动周上组织涉林草大学生双创成果及首届创新创业大赛优秀项目成果展示活动。同时组织开展"助力乡村振兴　共绘美丽中国"大学生双创主题实践活动，深入河北林业基层一线，学习李保国精神，助力精准脱贫。

（张永生）

【林业草原行业全国工程勘察设计大师推荐评审】 承担林业草原行业全国工程勘察设计大师推荐评审工作。共14家单位推荐14名候选人。经过资格初审、专家函审、综合评审会议评审和公示，6月23日正式上报住建部，完成推荐任务。

（张永生）

【国家林业和草原局审计稽查专家库建设】 2019年3月14日，国家林业和草原局林业和草原基金管理总站、人才开发交流中心在北京联合组织召开了专家评审会，首批审计稽查专家通过评审。这标志着国家林业和草原局审计稽查专家库建设取得阶段性成果，一批政治立场坚定、业务素质过硬、有担当有热情的优秀人才吸收到了专家库。该项工作得到各省级林业草原主管部门，国家林业和草原局有关司局、直属单位的支持，推荐上报候选专家超过200名。

(张永生)

【国家林业和草原局所属单位人事人才统计】 完成2018年国家林业和草原局所属单位人事人才统计工作任务，并在统计工作中，积极分析和发现存在的问题。确保相关人事人才工作符合政策，相关数据准确可靠。

(张永生)

中国林业科学研究院

【综　述】 2019年是中华人民共和国成立70周年。一年来，中国林业科学研究院（简称中国林科院）紧紧围绕国家重大战略和林业草原事业发展需求，实现新进展、取得新成效，圆满完成年度重点工作任务，为支撑生态文明建设和美丽中国作出了积极贡献。

服务国家战略 中国林科院牵头组织《面向2035年的林草高质量发展战略研究》《生物种业——林果花草种业战略研究报告》《第六次国家农业农村领域技术预测国内外技术竞争评价报告》(林业部分)等材料撰写，完成《2010~2050中国森林碳汇现状与潜力分析报告》等材料。全面启动山水林田湖战略研究，组织完成"山水林田湖草系统治理战略规划研究"和"绿水青山就是金山银山实现途径研究"实施方案。中国工程院重点咨询项目"科尔沁沙地全域治理战略研究"启动。林业生态建设与保护北斗示范应用系统工程建设有序推进。服务雄安新区"千年秀林"工程，参与国家储备林试点单位森林经营方案编制，筹划推进黄河流域生态保护，充分发挥了科技支撑作用。

科技创新成果 新增各类纵向项目320项，总经费2.79亿元。其中，国家重点研发计划项目6项，全院承担"十三五"重点研发计划项目共计26项。发表科技论文1379篇，其中SCI/EI收录545篇，出版专著33部。"混合材高得率清洁制浆关键技术及产业化"获2019年度国家科技进步二等奖。在木质活性炭绿色制造、杨树抗逆分子育种、森林灾害防控、高品质油茶籽油加工等方面研究取得重大进展，获梁希科技进步一等奖1项、二等奖10项，技术发明二等奖1项、国际合作奖1项。梁希科普作品一等奖1项、科普活动奖2项；评选出2项中国林科院重大科技成果奖。大力支持森环保所开展"扩大高校和科研院所自主权，赋予创新领军人才更大人财物支配权、技术路线决策权"试点单位建设。

条件平台建设 林木遗传育种国家重点实验室整改方案落实到位。国家林木种质资源设施保存库（主库）项目筹建推进顺利。国家林草局碳汇中心、滨海林业研究中心实验基地和中国林科院宣化实验基地建设进展顺利。新增国家林草局生态站2个、工程技术研究中心3个、长期科研基地5个、创新联盟33个，获批国家林下经济示范基地1个、全国森林康养基地试点建设单位1个、鸟类环志中心站1个。

国际影响力 中国林科院组织65人代表团参加在巴西举行的国际林联第二十五届世界大会，院长刘世荣当选新一届国际林联副主席，副院长肖文发任国际林联执委。与加拿大UBC大学、新西兰林业研究院、意大利农业和经济研究委员会签署合作协议。启动实施中德合作"近自然森林经营实践和多目标可持续经营技术研究"项目、中英合作国际林业投资贸易二期等重大项目。承接蒙特利尔进程联络办落户中国工作。执行各类引智项目5项。全年累计派出团组214个、出国（境）交流495人次，请进团组66个、邀请外宾来华交流161人次。

科技队伍和人才培养 一年来，入选国家级百千万人才1人，省部级百千万人才8人，国家林草局科技创新青年拔尖人才5人，领军人才7人、创新团队10个。4人获第15届林业青年科技奖。2个团队获全国生态建设突出贡献奖先进集体称号，4人获先进个人称号。22人晋升研究员，57人晋升副研究员，其中绿色通道和45岁以下晋升研究员14人。134人荣获庆祝中华人民共和国成立70周年纪念章。出台研究生导师立德树人职责等制度，加大博士研究生招生申请考核制试点、硕士研究生免试招生和硕博连读力度，与兰州大学等高校联合培养研究生。1人获国家林草局教学名师荣誉，1门课程获全国生态文明信息化教学成果奖。

科技支撑扶贫和产业发展 全面落实生态扶贫工作部署，通过中国林科院基本科研业务费等项目，累计安排1050万元用于帮扶地区培育特色经济林、果、苔、草等产业。指导建立油桐、无患子、油茶等特色经济林基地1000公顷，改造低产林387公顷，繁育高产高抗苗木23万余株。与贵州、广西、河南等地40多个贫困县开展技术对接，签署科技扶贫合作协议。选派3名优秀中青年干部到国家林草局定点帮扶县挂职，首创"科技特派长"工作制，选派60多名科技人员开办培训班十余期，培训林农和技术人员1500多人次，培养乡土人才和致富带头人60多人。完成《国家林草局定点扶贫县年度监测报告》。在贵州独山召开科技扶贫经验交流会，表彰奖励14位科技扶贫先进个人。

现代院所管理 全面梳理全院制度，积极推动内控机制建设，出台29项制度文件，全院管理制度体系进一步完善。获批基建项目13个，批复资金2.05亿元。验收基建项目30个、修购项目20个，实现资产转交付总额3.4亿元。院区安防和消防一体化建设稳步推进，综合治理能力进一步提升。推进后勤物业社会化改革，实施院区绿化美化亮化等基础设施改造。森林资源和林区安全稳定，全年未发生森林火灾和人员伤亡事故。

学习习近平新时代中国特色社会主义思想　坚持专家辅导引领学、中心组示范带头学、三级党课全员学、学研结合深入学。先后邀请4位专家就《新时代意识形态安全面临的挑战和应对》等作专题辅导，各所（中心）邀请专家开展专题辅导34次，全年院、所（中心）两级领导和党支部等共150人讲党课220次，6800多人次党员受到教育。努力使党建工作与中心工作紧密结合，做到双提高、双促进。

院所改革发展　全年召开中国林科院分党组会议17次，认真研究推进内部编制配置、内设机构调整、科技创新发展、解决民生问题、院所文化建设、研究生教育工作等，解决事关全局和长远的重大、关键、基础性问题。召开专题会议研究编制优化调整解决方案，在院所两级职能部门开展定机构、定职能、定编制的"三定"工作，提高重点实验室的运行保障能力，指导优化学科布局和团队建设。京外11个单位中已有8个单位开办职工食堂。推行电子支付、开设"智慧食堂"，提高幼儿园办学条件。大力宣扬"林科精神"，举行集体升国旗仪式和先进事迹报告会，成立中国林科院意识形态工作领导小组，整合改版升级网络站群。

干部队伍建设　配强严管领导班子、构建人才激励机制、加强干部教育培训、强化干部监督管理。全年提任司局级领导干部9人，处级干部23人，完成院内领导干部平级交流任职13人次；出台《直属单位优秀领导班子年度考评办法（试行）》《中国林科院交流干部管理办法（试行）》《高端科技人才引进管理办法（试行）》等；不断改革职称评审，为优秀科技骨干开辟绿色通道。1名司局级干部参加科研院所领导者高级研修班，50余名司局级领导干部参加中国干部网络学院网上学习，处级及以下人员参加培训达5200余人次。开展青年管理人才培训、全院新入职职工集中系统培训。

从严治党和党建工作　"不忘初心、牢记使命"主题教育中，中国林科院领导班子重点围绕人事制度改革、学科体系建设等5个专题开展调研，召开调研成果交流会，研究提出33条改进工作的思路和具体措施，形成5份高质量的调研报告。党组织组织力全面提升，制订《中国林科院全面从严治党制度执行专项整治工作实施办法》《中国林科院关于贯彻落实党内激励关怀帮扶实施办法》等，全年培训入党积极分子84名，发展党员55名；选派105名党员领导干部、党务干部参加学习培训。研究制订《中国林科院全面从严治党专项巡察工作实施办法》《加强中国林科院纪检监察干部队伍建设的实施意见》《中国林科院内部审计工作管理办法》等。向上级有关部门推荐17名优秀党外干部和高层次党外代表。开展文体协会评估，组织广播操、拔河等比赛和趣味运动会；举办学习习近平新时代中国特色社会主义思想青年宣讲、青年成长成才报告会、微视频大赛；4人分别获"全国农村青年致富带头人"、全国三八红旗手、全国巾帼建功等荣誉称号。

【**中国林科院党建工作考核和民主生活会**】　于1月15日在北京召开。考核会上，中国林科院分党组书记叶智主持会议并代表院分党组全面回顾总结了一年来党建工作完成情况，分析了中国林科院党建工作中存在的问题，并提出了下一步改进措施和努力方向。中国林科院领导班子成员，院士、国务院参事、政协委员，民主党派及无党派人士代表，院京内各单位工会主席、专家代表和党支部书记代表，院部各部门副处级以上干部近90人参加会议。民主生活会上，中国林科院领导班子成员围绕"强化创新理论武装，树牢'四个意识'，坚定'四个自信'，勇于担当作为，以求真务实作风坚决把党中央决策部署落到实处"主题，对上年度民主生活会征求意见、中央巡视和局专项巡视反馈意见整改落实情况逐项作出报告，并结合自身分管工作，分别从思想政治、精神状态、工作作风等方面剖析了自身存在的问题及原因，提出了下一步改进措施。

【**中国林科院2019年工作会议**】　于1月28日在北京召开。国家林草局党组成员、副局长彭有冬出席会议并讲话。会上，中国林科院分党组书记叶智代表院分党组作《认真贯彻习近平新时代中国特色社会主义思想，为院所改革发展提供坚强组织保障》工作报告，院长刘世荣代表院行政班子作《全面提升科技创新能力，支撑林业草原事业高质量发展》工作报告，颁发2018年度"中国林科院重大科技成果奖"和"十佳党群活动奖"，表彰2位2018年国家自然科学基金优秀青年基金项目获得者，以及6名院"杰出青年"荣誉称号获得者。科技部农村司，国家林草局科技司、人事司、工会联合会、规财司负责人出席会议。中国林科院全体院领导，各所（中心）、院各部门党政主要负责人以及京区副处级以上干部、有关专家和获奖代表等100余人参加会议。京外各所（中心）副处级以上干部通过视频会议同步收看、收听了工作会议。

【**领导班子调整**】　2月25日，国家林草局在中国林科院召开领导干部任职宣布会，宣布崔丽娟任中国林科院副院长（副司局级），试用期一年。国家林草局人事司巡视员丁立新出席会议并对中国林科院领导班子提出具体要求。中国林科院分党组书记叶智主持会议。崔丽娟代表态发言。中国林科院领导、京内各所（中心）和各部门有关负责人，民主党派及无党派人士代表等参加会议。

【**中国林科院神农架国家公园研究院**】　于3月28日在湖北武汉揭牌。中国林科院、湖北省林业局、神农架国家公园管理局签署该院共建合作协议书。协议明确，三方将通过建立资源利用、技术攻关、成果转化、人才培养和平台共建等多方面合作机制，在技术、项目、人才、信息等层面开展深入交流，全力助推神农架国家公园资源保护与利用、绿色发展和生态文明建设。国家林草局国家公园管理办公室试点督导处负责人，中国林科院院长刘世荣，湖北省林业局党组成员、副局长夏志成，神农架林区政府区长、神农架国家公园管理局局长刘启俊出席签约仪式并讲话，湖北省林业局党组成员洪石主持签约仪式。中国林科院森林生态环境与保护研究所、资源信息研究所、湿地研究所以及有关部门负责人和专家，湖北省林业局、神农架林区、湖北省林科院相关单位和部门负责人参加签约仪式。

【中国林科院代表团赴比利时、德国交流】 3月24~31日，中国林科院副院长李岩泉率团应邀访问比利时、德国，参加中欧农业工作组会议，商讨中欧农林领域2021~2027年度重点科研合作领域框架。工作组会上，李岩泉在林业分会作主旨发言，有关专家作专题报告，并提交中欧农业工作组林业分会讨论成果总结报告。代表团参观了德累斯顿工业大学图书馆和实验样地，与该大学环境学院负责人深入探讨交流了双方今后在林业科研合作的渠道和领域。代表团还到慕尼黑工业大学林学院了解了学校的林业科研情况，双方深入交流了城市林业、林木生长、森林服务功能的研究等。

【与新西兰林业研究院签署林业科技合作谅解备忘录】 5月13日，在国家林草局局长张建龙和新西兰初级产业部副部长Julie Collins的见证下，中国林科院院长刘世荣与新西兰林业研究院院长Julian Elder分别代表双方机构签署林业科技合作谅解备忘录。双方将在适应和缓减气候变化的森林生态系统、生物质能源、森林培育与经营、景观恢复与可持续土地利用等领域开展科技合作和人员交流。在中新林业会谈上，刘世荣汇报了中国林科院与新西兰林业研究院的合作进展、未来展望及下一步工作计划，中国林科院代表团与新西兰林业研究院克赖斯特彻奇分院负责人等座谈交流，确保双方合作计划落地实施。双方表示，将在科研活动信息共享、人才联合培养与交流合作、共建中新联合实验室等方面加强联系，促进交流，争取取得更多实质性合作进展和成果。其间，中国林科院代表团还访问了新西兰土地保护研究所和奥克兰大学生物多样性和生物安全中心，分别就生物多样性保护、生物安全、自然保护区建设、土地与水资源管理、森林生态与环境保护、自然保护区和国家公园建设规划等进行了学术交流。中国林科院森环森保所、热林中心、荒漠化所负责人和专家等参加相关活动。

【对外开放和科普惠民活动】 2019年，中国林科院组织举办并参加了形式多样、亮点纷呈的特色科普活动。5月19日，组织参加在北京林业大学举办的2019年全国林草科技活动周主场活动，国家林木种质资源平台等7个项目开展了互动展示与专家咨询活动，一位专家作主会场科普报告。5月16、24日，先后在北京、江西分宜举办2019年全国林草科技活动周中国林科院分会场活动、亚林中心分会场活动。6月24~29日，组织5位专家参加科技列车甘肃行活动，开展专家报告、资料发放、实地指导等科技下乡、精准技术帮扶活动。7月8日，举办北京八一学校高中生走进中国林科院社会实践活动。8月16日，举办"童眼观生态"全国青少年走进中国林科院——科技助力青少年生态教育活动。全年还举办了中国林科院幼儿园"自然体验——观察树和花"公益科普活动，热林所参加2019年广东省"林业科技活动周"启动仪式暨"送林业科技与政策法规及优良种苗"三下乡活动。

【中国林科院林业新技术所办公新址揭牌仪式】 于5月24日在北京原西山国林山庄举行。国家林草局副局长彭有冬出席揭牌仪式并表示祝贺。中国林科院分党组书记叶智讲话，中国林科院院长刘世荣主持揭牌仪式。国家林草局规财司、科技司、人事司、机关服务局负责人以及中国林科院负责人等出席揭牌仪式，中国林科院有关所、部门主要负责人等参加揭牌仪式。

【中国林科院代表团赴印度尼西亚交流】 5月16~17日，中国林科院院长刘世荣率团访问印度尼西亚，与林业与环境研究开发创新署和茂物农业大学林学院负责人座谈。中方介绍了中国的林业概况，特别是中国林科院在森林生态、环境与保护、荒漠化及退化土地恢复等方面的研究进展，以及院所机构设置情况，印尼方介绍了印尼林业研发体系、机构组织、管理机制等基本情况，茂物农业大学在林学教育设置及林业教学科研等。围绕热带珍贵树种培育与经营、木材科学、森林生态、森林保护、森林景观恢复等领域开展了互动交流，并表达了积极探索合作的发展愿望。期间，代表团参观了Gunung Dahu实验林场龙脑香科培育经营技术，并种植了龙脑香等纪念树。中国林科院森环森保所、荒漠化所、热林中心、国际处负责人和专家参加相关活动。

【中国林科院宣化实验基地揭牌】 6月19日，中国林科院宣化实验基地、中国·宣化林业科技实验示范基地、国家林木种质资源平台宣化基地、国家林木遗传重点实验室宣化基地在河北省张家口市宣化区揭牌。国家林草局科技司巡视员厉建祝、中国林科院分党组书记叶智、河北省张家口市市长武卫东、宣化区区长费再宏等出席揭牌仪式并发言，河北省宣化区委书记张聪主持仪式。厉建祝希望相关各方高标准抓好宣化基地的规划、设计、建设和管理工作，齐心协力把宣化基地打造成长期科研基地的国家级标杆。叶智表示，中国林科院将以宣化基地为核心，集中全院资源，着力将宣化基地打造成集科学研究、科技示范、产业孵化为一体的国家林草长期试验示范基地。揭牌仪式后，与会领导围绕中国林科院与张家口市政府深度合作进行座谈。中国林科院副院长储富祥，河北省林草局副局长刘振河出席揭牌仪式，中国林科院相关部门、所，以及河北省林草局、张家口市林草局、张家口市林科院负责人参加揭牌仪式。

【中国林科院与武汉市园林和林业局合作框架协议】 于6月18日在武汉举行签约仪式。中国林科院院长刘世荣、武汉市园林和林业局局长周耕等出席签约仪式，并代表合作双方签署协议。签约仪式由武汉市园林和林业局副局长柯艳山主持。协议明确，双方将在协同创新研究与示范、示范基地建设、组建专家工作站等方面进行合作，以生态优先、绿色发展为引领，推动长江经济带高质量发展。其间，中国林科院森环森保所与武汉市林业科技推广站就武汉市山水林田湖草综合治理，签订《战略研究合同书》。

【第九届学位评定委员会第一次会议】 于 6 月 27 日在中国林科院举行。中国林科院学位评定委员会主席、中国林科院院长刘世荣主持会议。24 名学位委员参加会议。会议审议并通过 104 名博士研究生、147 名学术型硕士研究生、80 名专业硕士研究生和 1 名同等学力硕士研究生的学位授予申请；新遴选出博导 9 人、硕导 27 人。新评选出 2019 年度优秀博士论文 1 篇。会议对 2016 年度、2017 年度中国林科院博士学位论文抽检过程中被认定为"存在问题学位论文"的作者，分别做出撤销博士学位、保留博士学位的决定。会议审议了《关于调整中国林科院博士研究生学制的建议》，并就如何提高中国林科院博士研究生培养和学位授予质量、吸引优秀生源等问题进行了深入讨论，并最终投票决定，将中国林科院博士研究生学制调整为四年，硕博连读研究生博士阶段学制相应增加一年。

【2019 届研究生毕业典礼暨学位授予仪式】 于 6 月 28 日在中国林科院举行。中国林科院第九届学位评定委员会主席、中国林科院院长刘世荣为 332 名研究生学位获得者拨穗并授院长、院士寄语：不忘本来，学会感恩；学会适应，成就自我；坚守初心，追求梦想。第九届学位评定委员会委员出席典礼仪式，并向 2019 届优秀毕业生颁奖。中国林科院副院长孟平主持典礼仪式。中国林科院副院长肖文发宣读 2019 年度中国林科院优秀博士学位论文作者及导师名单。中国科学院院士唐守正向获奖的导师和学生颁奖。中国工程院院士蒋剑春宣读第九届学位评定委员会第一次会议审核通过的学位获得者名单，以及《中国林科院关于表彰 2019 届优秀毕业生的决定》。研究生导师代表、毕业研究生代表发言。中国林科院各所（中心）、国际竹藤中心有关负责人，毕业研究生、部分在校研究生、导师、研究生管理负责人以及研究生亲友近 500 人参加典礼仪式。

【国家林草局重组材工程技术研究中心揭牌仪式】 于 6 月 29 日在北京举行。国家林草局科技司副司长王连志、中国林科院分党组书记叶智、中国工程院院士李坚等出席并讲话。王连志宣读国家林草局关于成立重组材工程技术研究中心的复函。叶智要求充分利用平台，创造更多人才培养的机会，打造国际一流的木质重组材料研究开发团队。重组材工程技术研究中心建设依托单位、中国林科院木工所、副主任单位广东省林科院及山东省林科院负责人分别发言。授牌仪式后，召开重组材工程技术研究中心建设方案研讨会，介绍中心的成立背景和建设方案，与会专家、企业代表深入研讨了建设方案。来自国家林草局科技司、中国林科院、国际竹藤中心、中国林产工业协会、北华大学、中国农村技术开发中心、东北林业大学、江西省竹产业协会、中国建材检验认证集团、内蒙古农业大学、北京林业大学、南京林业大学、山东省林科院、广东省林科院等单位的 90 多位专家、代表参加相关活动。

【中国林科院 2019 年国际合作工作会议】 于 7 月 10 日在北京召开。会议讲解了外事安全与纪律、因公临时出国（境）报批工作程序、中国林科院外事制度建设工作，并以 5 起违反因公出国（境）纪律的情况为案例开展外事纪律警示教育。中国林科院院长刘世荣、副院长崔丽娟出席会议，并要求各单位高度重视外事工作，根据新形势、新要求，严明政治纪律，及时梳理规章制度，落实主体责任；结合本单位自身情况，做好相关工作调整，规避潜在的风险和可能出现的问题。中国林科院各所（中心）、各部门有关负责人参加会议，并交流了国际合作与外事管理工作经验。

【大学生夏令营】 7 月 8~12 日，中国林科院首届"木材科学与技术"主题大学生夏令营在中国林科院举办。来自西北农林科技大学、北京林业大学和南京林业大学等全国 20 余所知名农林院校的 25 名优秀大学生参加。活动介绍了中国林科院研究生招生政策和培养制度，在科研项目、平台条件、学生待遇和成才环境等方面的培养特色与优势，以及木工所历史传承、全所概况、科技创新和研究生培养等。夏令营包括木工实操体验及参观木材标本馆、重点实验室、院史馆及中国紫檀博物馆，营员互动、木工所团队介绍及专家学生一对一座谈交流等。夏令营评选出 15 名优秀营员并颁发证书。

7 月 15~19 日，第二届全国"林木遗传育种"大学生夏令营在中国林科院举办。中国林科院副院长孟平出席开营仪式。来自华中农业大学、西北农林科技大学、华南农业大学等全国 20 余所知名农林院校 29 名三年级优秀本科生参加夏令营，走进重点实验室、科研温室，参观木材标本馆、院史馆，参加游园识树，以及座谈交流活动等。夏令营还评选并颁发了优秀营员奖。

【与意大利农业和经济研究委员会签署合作协议】 7 月 24~26 日，中国林科院分党组书记叶智率团访问意大利，并代表中国林科院与意大利农业和经济研究委员会签署合作协议。协议旨在重点推进林业生物经济发展和林业生物质能全产业链科研合作。签约仪式后，代表团考察了意大利农业研究和经济委员会林业和木材研究中心实验林场的能源林木培育和采伐加工机械等，以及当地林业生物质能热电厂，并与林业和木材研究专家座谈。中国林科院林化所、哈尔滨林机所负责人等参加活动。

【中国林科院与兰州大学全面框架合作协议】 于 8 月 5 日在兰州大学举行签约仪式。协议约定，双方将在联合共建国家林草局草原研究中心、人才培养、研究生教育、科研合作、野外台站共建等方面加强联系，深化合作。中国林科院院长刘世荣、副院长储富祥，兰州大学副校长李玉民，中国工程院院士南志标等出席签约仪式。储富祥和李玉民分别代表双方签订合作协议。刘世荣希望双方拓展合作空间，做实做强生态、草原等学科的人才发展，互利共赢，为生态绿色可持续发展贡献力量。兰州大学科学技术发展研究院、草地农业生态系统国家重点实验室、草地农业科技学院，中国林科院林业所、资源所、森环森保所等有关负责人和专家参加签约仪式。

【与加拿大不列颠哥伦比亚大学林学院签署合作谅解备

忘录】 8月11日，备忘录签署仪式在中国林科院举行。中国林科院院长刘世荣回顾了双方的合作历程，高度评价了加拿大不列颠哥伦比亚大学林学院两位负责人为推动该校与中国林科院的合作所做的努力，展望了新时代双方合作的新兴领域。中国林科院副院长储富祥和加拿大不列颠哥伦比亚大学林学院院长John Innes分别代表双方签署协议。协议重点是进一步推进双方在国家公园等研究领域的合作。

【《中国大百科全书》第三版林业卷第四次编委会工作会议】 于8月27日在北京召开。会议介绍了第三版《中国大百科全书》总体进展，讲解了词条提交、审改中的工作要点，研讨了现阶段工作存在的问题和解决办法，并就下一阶段工作做出具体部署和要求。来自中国大百科全书出版社、中国林科院、北京林业大学、东北林业大学、南京林业大学等单位37名专家学者参加会议，中国林科院副院长储富祥、崔丽娟参加会议。中国工程院院士、《中国大百科全书》第三版林业卷主编张守攻主持会议。

【2019级研究生开学典礼】 于9月10日在中国林科院举行。中国林科院院长刘世荣希望新生胸怀家国天下，学习榜样精神，传递奋斗正能量，扎根林业科研，追求创新卓越，为林科事业作出应有的贡献。导师代表、2019级新生代表先后发言。中国林科院副院长孟平主持典礼。中国林科院京内所（中心）、相关部门负责人以及2019级全体新生及研究生部工作人员参加开学典礼。

【国家林草局滨海林业研究中心实验基地揭牌仪式】 于9月10日在山东省潍坊滨海区举行。国家林草局副局长彭有冬，山东省自然资源厅巡视员亓文辉，潍坊市人大常委会副主任、滨海区党工委书记范福生，中国林科院副院长肖文发共同揭牌，并听取实验基地整体建设情况及存在的问题、取得的科研成果、正在开展的研究项目及未来工作计划的汇报，实地查看实验基地柽柳、构树、刺槐等80余种林草植物种质资源收集保存及部分科研项目实施情况。国家林草局科技司、生态司、种苗司、荒漠司、科技中心，山东省自然资源厅，山东省林科院，潍坊市自然资源和规划局和潍坊滨海区管委会以及中国林科院有关单位负责人参加仪式。

【浙江援卢竹业研发科技合作示范基地揭牌】 9月7日，由浙江省政府主办，浙江省科技厅和竹子中心联合承办的浙江卢旺达框架合作发展及能力建设成果展在卢旺达首都基加利举行。其间，浙江省省长袁家军与卢旺达发展署署长Clare Akamanzi共同为竹子中心"浙江援卢竹业研发科技合作示范基地"揭牌，并向卢旺达竹业技术培训班20名学员颁发结业证书。此次展览以展板、竹制品、电子屏幕、现场演示竹编工艺等方式，展示了竹子中心援卢10年来取得的成就，受到了与会代表的高度赞赏。卢旺达信息和通信技术与创新部部长Paula Ingabire、卢旺达驻中国大使James Kimonyo、中国驻卢旺达大使饶宏伟、浙江省科技厅厅长高鹰忠、浙江省财政厅厅长徐宇宁、浙江省商务厅厅长盛秋平等50多人出席活动。

【2019年"一带一路"林业产业可持续发展部级研讨班】 9月20日，培训班开班仪式由商务部、国家林草局主办，国家林草局竹子中心在浙江杭州承办。国家林草局副局长彭有冬、中国林科院院长刘世荣、浙江省林业局副局长李永胜、巴基斯坦信德大学专家出席开班仪式并致辞。彭有冬希望通过此次研讨班，推动各国增进共识、互学互鉴、促进合作、协同发展。开班仪式后，中国林科院刘世荣研究员等11位专家就中国林业发展战略、中国林业产业发展、中国人工林资源管理的动态和趋势、中国竹材加工产业现状和发展趋势、安吉竹业概况及外来发展的建议、中国生物质能源、中国桉树产业概况等议题与学员们进行了交流。国家林草局国际司、中国林科院、浙江省林业局等相关部门负责人出席开班仪式。来自印度、巴基斯坦、泰国、缅甸、乌克兰、南苏丹、北马其顿、古巴、坦桑尼亚等国家的23位高级官员和专家参加培训班。

【中国林科院代表团出席国际林联第25届世界大会】 9月30日至10月5日，以"为了可持续发展的林业科研和合作"为主题的国际林联第二十五届世界大会在巴西库里蒂巴市举行。中国林科院65位专家参加会议，并主持1个全体主旨报告会、组织8个技术分会、主持3个墙报分会，发表34个口头报告和32个学术墙报。同时，在大会期间专门设展，对外推介宣传中国林科院在森林生态与环境、林木遗传改良、森林培育、荒漠化防治、森林资源管理、森林保护、木材科学与木材加工利用、林产化学加工、林业机械、林业发展战略10个学科领域取得的科研成果，展示了中国林科院林业科研的水平和实力，提升了中国林科院在国际林学界的知名度。中国林科院两位博士获此届国际林联杰出博士研究奖。大会闭幕式上宣布新一届主席任职，中国林科院院长刘世荣研究员出任国际林联副主席，任期为2019~2024年，这是国际林联成立127年来第一次由中国人出任主席席位。中国林科院副院长肖文发研究员担任执行委员，任期为2019~2024年。

【与辽宁省农科院签订战略合作框架协议】 10月17日，协议签约仪式在北京举行。国家林草局副局长彭有冬、辽宁省人民政府副秘书长孙繁柏等见证协议签署。中国林科院院长刘世荣、辽宁省农科院院长隋国民分别代表合作双方签署协议。协议约定，双方将秉承优势互补、互惠互利、资源共享、共同发展的原则，在建设科技创新和成果转化平台、联合攻关和协同创新、人才培养和学科建设以及学术交流等方面开展全面合作，为辽宁省及东北地区的生态文明建设和林草高质量发展作出更大贡献。签约仪式上，双方的防护林学科领域科学研究团队、榛树育种与栽培领域科学研究团队、东北南部地区环保抗逆杨树遗传改良与高效培育领域科学研究团队、林木遗传育种领域科学研究团队、森林培育（经营）领域科学研究团队、半干旱区山地生态林业领域科学研究团队共6个团队分别签署团队合作协议。国家林草局科技司、辽宁省林草局、辽宁省农科院负责人等共同见证签约。中国林科院副院长孟平主持签约仪式。

【中国林科院实验中心改革发展战略研讨会暨成立40周年纪念会】 于10月28日在江西新余召开。国家林草局局长张建龙向大会致贺信，国家林草局副局长彭有冬、江西省人大常委会副主任龚建华、科技部基础司副司长郭志伟、中国林科院院长刘世荣等出席会议并讲话。中国林科院分党组书记叶智主持会议开幕式，并宣读张建龙贺信。开幕式上，表彰12名中国林科院实验中心40年突出贡献奖获得者。实验中心负责人代表、获奖职工代表、青年职工代表分别发言。研讨会上，中国林科院热林中心、亚林中心、沙林中心、华林中心代表分别从目标定位、资源情况、平台建设等方面介绍自身的发展情况，与会代表围绕"加强多方合作、协同创新，促进实验中心高质量发展"主题进行交流和讨论。国家林草局科技司、科技发展中心、人事司、自然保护地司、规财司负责人，江西省林业局、广西林业局、内蒙古自治区林草局等地方政府、高等院校、科研机构负责人出席活动，中国林科院各所(中心)负责人和专家等参加活动。

【刘东生到中国林科院资源昆虫研究所调研】 10月29日，国家林草局副局长刘东生一行到中国林科院资昆所检查指导工作，中国林科院副院长黄坚主持汇报会。国家林草局草原司、荒漠化防治司、林场种苗司、发改司、生态修复司、科技发展中心等部门负责人参加调研。

【彭有冬到普洱森林生态站调研】 10月30日，国家林草局副局长彭有冬等到依托中国林科院资昆所建设的国家林草局云南普洱森林生态系统国家定位观测研究站考察调研，听取普洱森林生态站的建设过程、功能定位、设施设备布局与运行情况以及研究进展汇报。座谈会后，彭有冬一行考察了普洱森林生态站曼歇坝观测点的温室大棚、标准地面气象观测场等情况。国家林草局驻云南省森林资源监督专员办事处、云南省林草局、云南省林草科学院等单位负责人参加调研。

【2019年研究生指导教师培训班】 于11月6~8日在广州举办。旨在全面落实研究生导师立德树人根本任务，进一步提升研究生导师队伍指导能力。中国林科院副院长孟平出席开班式。培训班邀请5位专家作报告，解读了《学位与研究生教育规章制度汇编》，培训代表深入交流了"全面落实立德树人根本任务、发挥导师作为研究生培养第一责任人的主体作用、建立良好师生关系"等议题。中国林科院2018年度、2019年度新增列的研究生导师、热带林业研究所全体导师等近100人参加培训。

【中国林科院与中国园林博物馆联合共建研究生教学实践基地挂牌】 11月18日，签约挂牌活动在中国园林博物馆举办。中国林科院副院长孟平研究员，北京市公园管理中心副主任、中国园林博物馆馆长张亚红分别致辞并为基地揭牌。活动中，双方还签订了联合共建研究生教学实践基地协议书，为中国园林博物馆4位教授级高级工程师颁发中国林科院研究生院外指导教师聘书。根据协议，双方将发挥各自优势，在研究生合作培养、学术交流、研究项目等方面开展深入合作。

【中国林科院第四期青年管理人才培训班】 于12月3~6日在河南林州市红旗渠干部学院举行。培训班旨在进一步增强青年管理干部综合素质，提高公文写作水平、加强法治思维、增强沟通技巧、提升管理能力。中国林科院分党组书记叶智出席开班仪式并讲话，中国林科院副院长孟平出席结业座谈会。来自中国林科院职能部门以及各所(中心)共计51位学员参加。培训期间，学员们接受了法治思维、职场人际交往与管理、公文写作等理论知识培训，参观了红旗渠纪念馆和青年洞，实地学习了"自力更生、艰苦创业、团结协作、无私奉献"的红旗渠精神，交流了培训收获、工作中遇到的问题等。

【湿地科学发展报告会】 于12月18日在中国林科院举行。中国林科院分党组书记叶智、副院长崔丽娟出席会议开幕式并讲话，4位专家先后作学术报告。该报告会是中国林科院湿地研究所成立10周年纪念活动之一。目前，湿地研究所拥有中组部、科技部"中青年科技创新领军人才"、中组部"万人计划"、人社部"百千万人才工程"国家级人选等科技创新人才；拥有湿地生态学、动物生态学2个二级学科；设有博士后流动站。共培养博士后和博士、硕士研究生50余人；先后构建了11个研究领域，建立了4个国家级湿地生态定位站与河北雄安新区院级生态定位站，承担了科研项目240多项，获得国家科技进步二等奖1项、省部级奖21项；发表学术论文430余篇，出版专著20多部，发布标准、获授权专利等100余项(件)。湿地所全体职工和在读研究生参加会议。

【长江经济带生态保护科技协同创新中心和"一带一路"生态互联互惠科技协同创新中心工作推进会】 于12月26日在北京举行。国家林草局科技司巡视员厉建祝、中国林科院院长刘世荣等致辞。中国林科院副院长储富祥主持启动仪式，副院长肖文发出席。会上，依托中国林科院成立的两个创新中心负责人分别介绍了中心的建设方案、工作进展和下一步工作计划，宣读了创新中心成立批文和领导小组名单。北京林业大学、国际竹藤中心、兰州大学等60多家单位100多位代表参加会议，并交流创新中心章程、中心理事单位、副理事长和理事长单位以及2020年重点工作。

【全国政协副主席李斌到中国林科院调研林草科技创新工作】 12月26日，全国政协副主席、关注森林活动组委会主任李斌，全国政协常委、人口资源环境委员会主任李伟，副主任姜大明一行到中国林科院调研林草科技创新工作，并与林草科技工作者座谈。李斌肯定了中国林科院60多年来在科学研究、决策咨询、人才培养、能力建设和国际合作等方面取得的成就，为国家林草事业发展提供了有力的科技支撑。国家林草局局长张建龙、副局长刘东生、副局长彭有冬陪同调研。中国林科院分党组书记叶智、院长刘世荣先后汇报了中国林科院基本情况，提出了设立国家林草科技创新工程的建议，希望全国政协在人才、项目、基地等方面给予更多政策呼吁与支持。全国政协人口资源环境委员会办公室，国家林草局办公室、规财司、科技司、信息办负责人，中国林科院领导以及院属有关单位主要负责人参加座谈。

【中国林科院与成都市人民政府合作框架协议】 12月27日，中国林科院副院长黄坚、成都市副市长刘玉泉分别代表双方在成都签署"开展公园城市生态及产业科研合作框架协议"。签约仪式后，双方座谈了下一步开展的合作。成都市委副书记、市长罗强以及成都市发改委、公园城市局、规划和自然资源局、农林科学院、龙泉山城市森林公园管委会负责人等参加活动。

【签署5项所（中心）合作协议】 11月30日，中国林科院热林所与热林中心科技合作交流会暨战略合作框架协议签约仪式在广西凭祥举行。12月9日，中国农科院草原研究所与中国林科院沙林中心全面战略合作协议、中国林科院荒漠化所与沙林中心全面深化战略合作协议签约仪式在内蒙古磴口举行。12月19日，中国林科院亚热带林业研究所与亚林中心战略合作框架协议签约仪式在浙江富阳举行。12月30日，中国林科院林业研究所与华林中心战略合作框架协议签约仪式在中国林科院举行。

【混合材高得率清洁制浆关键技术及产业化获国家科技进步二等奖】 该成果由中国林科院林产化学工业研究所房桂干研究员主持完成。项目属林产化工和制浆造纸领域，研究并创制了混合材多级浸渍均质软化、纤维定向解离、节能磨浆、清洁高效漂白等系列关键技术，开发了节能型高得率清洁制浆成套技术装备并实现产业化，在山东、江苏等15个省（区）获大规模推广并实现出口。建成和升级高得率浆线40余条，覆盖产能70%以上。技术装备的完全自主化打破了国外长期垄断。实现了低质原料的高值化利用，每年节约木材500万立方米、节水1.8亿立方米、节电69.6亿千瓦时，经济、社会和生态环境效益显著。

【获梁希林业科学技术奖14项】 2019年，中国林科院主持完成的成果获第十届梁希林业科学技术奖14项，其中，技术发明二等奖1项，国际合作奖1项，科技进步一等奖1项，二等奖10项，三等奖1项。分别是：中国林科院木材工业研究所周玉成研究员主持的人造板连续平压生产线核心控制技术获梁希技术发明奖二等奖。木工所推荐的澳大利亚专家Grigory Torgovnikov获梁希国际科技合作奖。林化所蒋剑春院士主持的木质活性炭绿色制造与应用关键技术开发获梁希科技进步奖一等奖；中国林科院林业所苏晓华主持的杨树抗逆分子育种技术体系建立与新品种选育，亚林所方学智主持的高品质油茶籽油安全、定向制取关键技术研究与示范，森林生态环境与保护研究所舒立福主持的森林草原火灾航空消防监测与快速评估技术，林业科技信息研究所陈绍志主持的基于灾害风险区划的森林保险费率厘定与政策设计，北京林机所傅万四主持的竹材工业前序工段高效加工技术装备研发与应用，亚林所任华东主持的喀斯特石漠化山地人工促进植被恢复技术研究与应用示范，林业所王成主持的亚热带地区城市森林康养功能评价及应用，热林所陈步峰主持的珠三角城市森林生态系统的生态环境效应及机制的研究，林化所胡立红主持的高性能木质素基阻燃建筑保温材料工业化生产关键技术，林业所赵中华主持的西北天然林林分状态评价与经营技术研究共10项成果获梁希科技进步奖二等奖；中国林业科学研究院沙林中心闫德仁主持的浑善达克沙地植被恢复与沙化土地治理技术研究与示范获梁希科技进步奖三等奖。

【荣获8项科普奖励】 2019年，中国林科院荣获科普奖8项，其中，梁希科普奖4项、科普微视频3项、集体奖1项。分别是：中国林科院资源信息研究所纪平等创办的"林家那些事儿"微信公众号获梁希科普奖（作品类）一等奖，热林所陈仁利等编著的《热带雨林探秘》获梁希科普奖（作品类）三等奖。沙林中心高君亮主持完成的"认知沙漠，科学防沙治沙"、木工所周宇主持完成的"木作榫卯夏令营"获梁希科普奖（活动类）。2019全国林草科普微视频创新创业大赛中，中国林科院制作的《绿色征程》获工程宣传片类一等奖、亚林中心制作的《森林为什么被称为地球之肺》获公益广告类一等奖、中国林科院制作的《王涛：祖国的需要就是我的志愿》获微纪录片类二等奖。中国林科院亚林中心树木园获江西分宜县科普工作先进集体。

（中国林科院由王秋丽供稿）

国家林业和草原局调查规划设计院

【综　述】 2019年是规划院建院65周年。国家林业和草原局国家公园监测评估研究中心、国家林业和草原局草原资源监测中心在规划院挂牌成立。以全国"林地一张图"为代表的重点工作全面推进，全年生产经营项目新立项736项，其中，承担指令性任务146项，承揽市场创收项目590项。与11家单位签订战略合作框架协作，与6家单位签订项目合作协议。规划院编制的项目成果荣获国家级奖项6项、省部级奖项9项，获得中国勘察设计协会颁发的"优秀勘察设计企业"奖。

森林资源和草原监测 完成2019年870万平方千米约1.6万景遥感影像处理，完成全国31个省（区）成果数据的更新及入库工作，完成东北监测区及东北、内蒙古重点国有林区的林地变化遥感判读，完成全国重点生态区及东北、内蒙古重点国有林区2018~2019年林地变化的即时督查遥感判读，全面完成东北监测区和东北、内蒙古重点国有林区2019年度森林督查暨森林资源"一张图"年度更新及国家级公益林监测评价国家级检查验收工作。完成第九次森林资源清查全国汇总，编制《全国森林资源报告（2014~2018年）》和《中国森林资源概况》（中英文版），编制完成《2020年全球森林资源评估中国报告》《全国草原监测报告》。

野生动植物和湿地调查 编制完成《全国冬季水鸟同步调查及全国秋季迁徙水鸟同步调查报告》，完成各省野生植物资源调查成果审核和汇总。开展四川和青海泥炭沼泽碳库野外调查指导工作，制订海南东寨港等4个国家级自然保护区湿地资源专项调查实施方案。指导44处国家重要湿地完成名录发布确认工作，对国际重要湿地监测进行现场核查指导。

荒漠化和沙化监测 完成第五次荒漠化和沙化监测的矢量数据从80坐标到大地2000坐标的转换。完成对30个省级单位的矢量和遥感数据分发工作。启动第六次全国荒漠化和沙化监测工作。完成2019年春季沙尘暴监测和灾情评估。

生态监测 完成全国空气负氧离子监测评估7个试点城市的设备调试运行以及基础设施建设，开展负氧离子标准机的研究实验和测试工作。

林业碳汇计量监测 组织承办全国林业碳汇计量监测体系建设启动会和技术培训，开展11个监测单位第二次LULUCF碳汇计量监测及草原碳汇计量监测试点工作，编制完成《第一次全国林业（LULUCF）碳汇计量监测成果报告》。

国家公园和自然保护地体系建设 完善《东北虎豹国家公园总体规划》《大熊猫国家公园总体规划》并报送上级部门，完成松嫩平原珍稀水禽、秦岭、青海湖、长岛、丽水等国家公园设立前期咨询评估，开展《全国国家公园发展规划》编制工作，编制完成《国家公园标准体系》《国家公园设立和调整办法》《国家公园规划审批管理办法》，构建国家公园自然资源数据库和监测平台（一期）。组织开展天津等5省（市）自然保护地整合优化试点工作，编制完成《全国自然保护地生态红线评估工作方案》《全国自然保护地整合优化实施方案》《国家级自然保护区综合整治攻坚方案》《自然保护区勘界立标工作方案》，研建全国自然保护地监测管理平台。

重大生态保护和修复规划 承担和完成《全国防沙治沙规划》《全国沙产业发展规划纲要》《全国野生动植物保护工程规划》《全国地质遗迹保护规划》《全国林草种苗中长期发展规划》《三北防护林体系建设六期工程规划》《全国草原生态保护和修复工程规划》《全国风景名胜区十四五规划》等一批林业重要规划编制任务。

卫星林业应用 完成陆地碳卫星"星-机-地"福建武夷山综合实验，初步形成大光斑和多角度多光谱相机载荷林业反演产品算法。编制完成《激光雷达载荷模型构建和产品生产方案》，初步实现仿真大光斑激光雷达、波形分解算法和软件模块，建立多角度多光谱相机DOM和DSM数据处理系统以及东北虎豹国家公园林分尺度森林树高和蓄积反演模型。

基建项目统筹管理 有力推进国林宾馆改造工程项目实施，完成项目施工招标并于10月正式开工建设。全面完成芍药居电增容工程项目，顺利通过国家保密局现场检测评估。组织完成"沙尘暴灾害应急体系建设项目""林业自然保护区监督管理平台——国家林业局平台建设项目"的竣工验收。按计划有序推进"碳卫星项目海南试验站""风云四号气象卫星用户利用站"等项目建设。

信息化服务和生态传媒 稳定运维国家林业和草原局政府内外网、专网、视频会议系统，完成局政府网和办公网信息维护工作，制播中组部《党员干部现代远程教育林业教材》和中央电视台《绿色时空》《林草中国》栏目，跟踪宣传林业重大活动150余次，拍摄制作《东北虎豹国家公园监测平台》《森林资源监督三十年纪实》《建设美丽事业 共谋绿色发展》等宣传片8部。完成全国森林资源利用监管平台、天保工程管理业务应用系统、自然资源和地理空间信息库林业数据分中心等信息系统运行维护。

国内市场开发 全年承揽市场创收项目590项。分别与青海省林草局、华为技术有限公司等11家单位签订战略合作框架协作，与云南省林业调查规划院等6家单位签订项目合作协议。

国际合作交流 承担完成《援几内亚比绍第十一期农业技术援助项目可行性研究》《援圣多美和普林西比农牧业技术援助第3期项目可行性研究》《援乍得第7期农业技术援助项目可行性研究》等援外项目任务。完成联合国粮农组织"全球土地可持续管理推广决策支持"项目总结。撰写各国自主贡献林业问题的分析报告，参加联合国气候变化谈判会议并提供技术支撑。顺利完成GEF五期"加强中国湿地保护体系，保护生物多样性"规划型项目中央项目评估和总结。正式启动六期"加强中国东南沿海海洋保护地管理，保护具有全球重要意义的沿海生物多样性"项目。

生态扶贫 积极响应局党组加大扶贫工作力度，认真落实广西罗城县、云南怒江州对口扶贫工作方案，在结对帮扶、定点采购、支部共建等方面助力国家扶贫攻坚决策部署。

创先争优 获得中国勘察设计协会颁发的"优秀勘察设计企业"奖。项目成果荣获国家级奖项6项、省部级奖项9项。2人分别获得中国勘察设计协会颁发的"优秀企业家""科技创新带头人"荣誉称号，1人享受国务院政府特殊津贴，3人入选"百千万人才工程"省部级人选，1人获得第十五届林业青年科技奖，2人获得"全国生态建设突出贡献先进个人"称号，2个部门分别获得"全国生态建设突出贡献先进集体"称号、"保护森林和野生动植物资源先进集体"称号。顺利通过质量、环境、职业健康安全管理体系年度监督审核，再次获评"中国质量诚信A级企业"称号。

文化建设和对外宣传 开展建院65周年宣传推介，修编院宣传片、宣传册，编印获奖优秀项目成果汇编，撰写《全国林业和草原工作会议特刊》。开通院微信公众号，拓展宣传展示平台。

内部管理和能力建设 申请挂牌设立国家林业和草原局国家公园监测评估研究中心和草原资源监测中心。

开展新一轮内设机构调整和人员聘用，启动《规划院新时代人才发展规划（2020~2025）》编制工作。

科技创新 制订《规划院激励科技创新人才实施办法》。积极申请2020年度科研标准项目，新立项科技项目16项。组织申报"生态定位站"和"国家长期科研基地"，组建全国国家公园与自然保护地标准化技术委员会和草原标准化技术委员会。牵头组建的"自然保护地国家创新联盟""林草规划评估设计国家创新联盟""林草时空大数据采集和应用国家创新联盟""空气负氧离子监测国家创新联盟"4个国家创新联盟获得批复成立。

【春季沙尘天气趋势预测会商】 1月7日，国家林业和草原局、中国气象局联合召开2019年春季沙尘天气趋势预测会商会。规划院技术人员参加会议并作专题报告。会议分析2018年北方地区植被生长状况、降水量、土壤墒情等影响沙尘天气的下垫面因子的特点及2019年沙尘天气的趋势。

【《国有林场中长期发展规划（2020~2035年）》编制研讨会】 1月14日，国家林业和草原局林场种苗司组织召开《国有林场中长期发展规划（2020~2035年）》编制研讨会。与会专家听取规划院编制组对《规划》研究提纲的汇报并讨论，分别从国有林场面临的形势、发展目标、主要建设任务和保障措施等方面对《规划》下一步工作提出了宝贵的意见。

【《祁连山国家公园总体规划》专家评审会】 1月29日，由规划院承担的《祁连山国家公园总体规划》在京顺利通过国家林草局组织的专家评审。《规划》是在详实可靠的本底调查基础上，按照中央批准的《祁连山国家公园体制试点方案》和《建立国家公园体制总体方案》要求，并充分征求和吸纳甘肃省政府、青海省政府以及国家发改委等国家部委和专家的意见进行编制，具有科学性和可操作性。

【《国家公园空间布局方案》专家论证会】 2月27日，国家林业和草原局（国家公园管理局）公园办在北京组织召开《国家公园空间布局方案》（以下简称《布局方案》）专家论证会。规划院起草组汇报《布局方案》的编制情况及主要内容。与会专家一致认为《布局方案》指导思想明确、发展目标合理、布局原则科学，符合国家公园体制改革的总体要求，体现了与国际生态保护、生物地理分区的国家公园建设布局的接轨。《布局方案》提出的国家公园候选区和优先区，符合中国基本国情和自然生态空间保护的现实需求，可操作性强，可以作为中国今后制订国家公园发展规划、构建以国家公园为主体的自然保护地体系的重要依据。

【全国巾帼建功先进集体】 3月6日，全国妇联在北京举行"三八"国际妇女节纪念暨表彰大会。规划院林业发展规划处喜获"全国巾帼建功先进集体"称号，并作为受表彰代表赴人民大会堂参会领奖。

【全国林业碳汇计量监测体系建设启动会】 3月27~28日，国家林业和草原局生态司（气候办）在广州组织召开2019年体系建设启动会。规划院介绍第二次全国LULUCF碳汇计量监测总体安排和2019年工作安排。山西、浙江、江苏介绍本省LULUCF碳汇监测工作经验。国家林业和草原局林业碳汇计量监测中心有关专家对LULUCF碳汇计量监测成果质量检查要点、数据核实技术要点、碳汇计量方法和模型参数等作了详细解读。各区域监测中心的专家介绍了在计量监测工作中应注意的技术问题。

【《2020年全球森林资源评估中国国家报告》专家评审会】 3月28日，规划院编制的《2020年全球森林资源评估中国国家报告》（以下简称《报告》）在北京通过专家评审。参与联合国粮农组织（FAO）负责的2020年全球森林资源评估，是中国作为成员国应尽的责任和义务，也是向国际社会展示中国林业生态建设成就的重要窗口。《报告》结合中国森林资源调查监测和管理实际，以历次全国森林资源清查结果和1990年以来的相关统计资料为基础，形成完整的评估成果，全面反映中国森林资源的发展趋势及林业相关的基本情况，并对森林范围与特征，森林蓄积量、生物量和碳储量，森林分类经营、森林灾害防控、森林政策立法、林业教育就业等方面的22个评估报表的相关指标进行全面分析，提出了整套国家评估报表，为国际社会了解中国森林资源保护与发展成就，评估中国森林可持续经营进展和国际履约情况提供重要依据。

【《南山国家公园智慧管理平台总体设计方案》评审会】 4月18日，由规划院承担的《南山国家公园智慧管理平台总体设计方案》（以下简称《设计方案》）在北京顺利通过专家评审。专家组一致认为，《设计方案》理念先进，思路清晰，技术架构和应用体系科学合理，内容完整、规范，编制深度达到总体设计要求，成果质量高。南山国家公园是全国首批设立的10个国家公园试点区之一。

【国家林业和草原局国家公园监测评估研究中心】 于4月29日在国家林业和草原局调查规划设计院挂牌成立。成立国家公园监测评估研究中心，对于统筹开展全国国家公园自然资源监测，开展生态功能、社会服务和管理绩效评估，全面掌握国家公园自然资源和自然环境动态，科学评价和预测生态环境状况，巩固和提高保护成效意义重大。

【《合肥市林长制实施规划（2018~2020年）》评审会】 5月22日，由规划院承担的《合肥市林长制实施规划（2018~2020年）》（以下简称《实施规划》）在合肥市通过专家评审。专家组一致认为，《实施规划》指导思想正确，理念先进，目标明确，重点任务突出，体制机制健全，措施得力可行，符合国家相关政策和合肥市实际情况，具有前瞻性和可操作性，对推动合肥市林业事业高质量发展具有重大意义，为安徽省乃至全国林长制的推进提供了重要的示范作用。

【《大熊猫国家公园总体规划》通过专家论证】 6月12

日，由规划院编制的《大熊猫国家公园总体规划》（以下简称《总体规划》）通过专家论证。专家组一致认为：《总体规划》的实施能够加快推进大熊猫国家公园体制试点工作，创新生态保护管理体制机制，加强以大熊猫为核心的生物多样性保护，探索可持续的社区发展机制。

【2019年全国森林资源标准化技术委员会年会】 于6月9~10日在北京召开。会议征求与会委员对标准申报、委员职责和秘书处工作的意见和建议，审定《国家森林资源连续清查》《林地分类》《虚拟三维林相图制作技术规程》3个标准。

【2019年全球可持续旅游发展大会】 6月27~30日，规划院参加2019年全球可持续旅游发展大会（Sustainable Niche Tourism Conference 2019）。规划院技术人员对中国生态旅游的现状和发展趋势作了专业的英文演讲，并解答了与会代表的相关提问，让来自世界各地的与会代表听到了中国声音。

【国家林业和草原局"百千万人才工程"省部级人选】 7月8日，规划院邓立斌、刘涓春、欧阳君祥3位同志被确定为第六批国家林业和草原局"百千万人才工程"省部级人选。

【草原标准体系和2020年标准计划讨论会】 于7月12日在北京召开。会议确立草原标准体系的分类，并明确在草原标准体系框架下，将具备核心地位和紧迫性的标准作为2020年拟制定草原标准的原则。

【与伊金霍洛旗人民政府签署战略合作框架协议】 规划院与伊金霍洛旗人民政府举行山水林田湖草综合治理与绿色发展研讨会并签署战略合作框架协议。这是规划院首次与旗县一级人民政府签署战略合作协议。

【第一届国家公园论坛】 规划院参加第一届国家公园论坛，并与青海省林业和草原局签署战略合作协议。

【国家林业和草原局草原资源监测中心】 于8月29日在国家林业和草原局调查规划设计院挂牌成立。草原资源监测中心的成立，对于掌握草原资源动态变化、评价工程效益、估算草原灾害程度和损失、评定草原生态状况、推进草原改革和发展，以及保护建设和合理利用好全国草原资源意义重大。

【荣获"保护森林和野生动植物资源先进集体"称号】 规划院原野生动植物监测评估处荣获"保护森林和野生动植物资源先进集体"称号。

【"庆祝中华人民共和国成立70周年"纪念章】 规划院张煜星、韩起江荣获由中共中央、国务院、中央军委颁发的"庆祝中华人民共和国成立70周年"纪念章。

【草原碳汇计量试点】 2019年草原碳汇计量试点在内蒙古自治区四子王旗启动。规划院赴现地调研轻度和重度放牧区、打草场、禁牧区、撂荒地等不同利用方式对草原碳汇的影响，并现场指导样点布设、数据采集和参数测定，研究草原各碳库调查专用仪器设备研发。

【"一带一路"自然资源监测边会】 规划院在荒漠化公约第十四次缔约方大会上举办"一带一路"自然资源监测边会。技术人员介绍规划院各项监测工作和开展的国际合作情况，"一带一路"倡议下与各国的合作领域、合作机制和合作平台，并重点介绍了中国荒漠化监测和"一带一路"荒漠化合作机制及相关合作项目情况。

【"全国生态建设突出贡献奖"】 规划院生态环境监测评估处荣获"全国生态建设突出贡献先进集体"称号，阮向东、闫平荣获"全国生态建设突出贡献先进个人"称号。

【东北监测区森林资源管理"一张图"更新与应用技术交流会】 于9月24~25日在吉林延吉召开。规划院介绍了全国森林资源保护管理监测平台建设情况以及森林资源管理"一张图"应用技术，并就监测平台开拓应用、取得突破、搭建子平台、实现目标及发挥作用方面与会议代表进行了深入交流。

【"问道自然"杯技能大赛】 9月26~27日，由中国林业工程建设协会主办，中国林业工程建设协会工程咨询专业委员会、国家林业和草原局调查规划设计院承办的首届"问道自然"杯全国林业工程咨询青年工程师职业技能展示大赛决赛在北京举行。经过激烈角逐，最终评出一等奖2名、二等奖4名、三等奖10名，最佳创新奖、最佳文案奖、最佳展示奖各1名。规划院邹全程、卓凌、石田三位选手，分别取得决赛一、二、三等奖。

【中国林学会森林经理分会2019年学术研讨会】 于10月13日在昆明召开。会议开展了学术交流、学术论坛，进行了优秀论文评选工作，探讨了新时代森林经营战略与对策、森林经理理论与技术、森林经营实践与方法，加强了全国森林经营工作单位与人员的深入交流。

【与华为公司签署战略合作协议】 10月14~15日，规划院到华为技术有限公司深圳总部进行调研，并与华为公司签署战略合作协议。

【全国村庄绿化状况调查技术培训班】 于10月20~22日在北京举办。培训班详细解读了村庄绿化状况调查技术方案，讲授了村庄绿化状况调查工具软件的应用操作方法，并就技术方案中的关键技术以及核实验证工作中出现的问题和应对措施与培训学员们一起进行了交流和研讨。

【无人机遥感助力自然保护地建设利用和保护管理】 在广东某湿地公园编制控制性详细规划工作中，规划院利用"多旋翼+固定翼"双飞行平台结合，搭载可见光相机、多光谱相机和激光雷达载荷，采集生产了优于项目精度要求的数据成果。本项目重点是破解了传统测绘几乎无法获取高精度林下地形的难题，利用激光雷达点云的穿透性特点，通过获取林下地表的精确三维坐标，制作了1∶1000的数字线划地形图，使林下精准规划设计和施工放样成为可能。

在浙江某自然保护区由于开展三区变两区、管理信息化等业务，急需高分辨率的遥感底图参考。规划院选用垂直起降固定翼无人机变高飞行，搭载专业航空相机载荷，抓住气象条件和空域窗口，快速完成航测外业工作。本次采集的无人机影像由于分辨率高、位置信息准确，还被用于疑似违建和受灾害木筛查定位。

【"沙尘暴灾害应急体系建设项目"】 于10月23日在北京通过竣工验收。项目验收组专家一致认为，项目初步建成了国家、省区和基层监测站点三个层次的沙尘暴灾害应急体系，取得了显著的经济、社会和生态效益，项目预算按照规定执行，经费使用合理，设备招标程序符合规定，组织管理规范。

【"林业自然保护区监督管理平台——国家林业局平台建设项目"】 于10月23日在北京通过竣工验收。自然保护区监督管理平台收集了9500余条自然保护地数据，形成了自然保护地"一张图"，与森林监管应用系统结合，能够为自然保护地土地实时监测、季度监测以及自然保护地红线评估和整合优化提供很好的技术支撑。

【中美国家温室气体清单中遥感与森林资源调查技术融合研讨会】 于10月24~25日在北京召开。会议就有关温室气体清单遥感与森林清单综合评估技术进行研讨。与会专家就林业温室气体清单估算和报告的概况及遥感技术在国家温室气体清单编制中的应用情况，高分辨率遥感和无人机等遥感技术在土地覆盖与土地利用变化领域中的应用，森林植被生物量和生产力遥感估测方法及应用，高光谱遥感在土壤、湿地和草地碳储量及其动态监测中的应用等进行交流探讨，并对中美双方今后在林业应对气候变化方面的进一步合作达成了共识。

【中国湿地保护协会专家委员会工作例会暨巢湖保护恢复研讨会】 于11月7日在合肥召开。会议围绕巢湖湿地保护修复技术、湿地资源专项调查技术、专家委员会2020年度工作计划三项主要议题开展研讨。

【2019年草原监测督导调研】 9月23日至11月8日，规划院赴甘肃、四川、云南、湖南、内蒙古5省(区)开展2019年草原监测督导调研。规划院重点调研各省(区)2019年草原监测数据上报情况、审核情况和监测过程中遇到的问题，并督促各省(区)尽快完成数据的审核。通过座谈的方式，针对草原调查监测机构队伍情况、国家级固定监测点的建设和运行情况、监测样地布设、监测指标和方法、卫星遥感和物联网等新兴技术的应用、草原信息化建设和草原监测体系建设等问题，与各省(区)进行研究讨论。

【中国林业工程建设协会工程标准化专业委员会年度工作会议暨团体标准编制研讨会】 于11月14~15日在福州召开。会议总结了专委会2019年的工作内容，并对2020年工作计划进行了部署，同时提名专委会拟推荐委员单位及委员名单，并开展了学术交流活动。

【中国林业工程建设协会工程标准化专业委员会标准专家审查会】 中国林业工程建设协会工程标准化专业委员会在北京组织召开专家审查会。会议审查了《森林消防专业队设施设备建设标准》等10项标准的大纲或送审稿。规划院编制的《林业和草原工程建设标准体系》《林木种质资源保护工程项目建设标准》顺利通过大纲审查。

【全国森林资源管理会议】 规划院研发的"国家森林资源智慧监测和数字管理平台"作为创新成果，在12月9日召开的全国森林资源管理工作会议上作了汇报展示。本次会议的一项重要议题是新技术、新手段、新理念在森林资源管理中的应用。与会代表观看了规划院制作的《数据融合 智慧服务》宣传片，了解了平台建设情况、主要功能、技术架构、业务应用领域等方面的内容。在展示区，规划院技术人员向国家林业和草原局局长张建龙、国家林业和草原局副局长李树铭汇报了平台建设情况，并进行了操作演示。

【《三北工程总体规划修编技术方案》专家论证会】 12月10日，规划院承担的《三北工程总体规划修编技术方案》(以下简称《技术方案》)在北京通过专家论证。专家委员一致认为，《技术方案》在认真总结以往建设经验的基础上，结合三北地区生态保护和高质量发展的实际需要，与全国重要生态系统保护和修复重大工程总体规划等相衔接，明确了工程建设的方针和基本原则、规划的期限和范围、战略目标与主要内容等，丰富和拓展了三北工程的内涵和外延，对三北工程总体规划修编具有重要的指导作用；《技术方案》坚持继承、创新与发展，与现行的《三北工程总体规划》相衔接，以三北工程建设40年综合评价，自然、气候、资源调查监测统计研究成果和专项课题研究成果为支撑，技术路线合理、技术要求具体，是指导三北工程总体规划修编的纲领性技术文件，具有较强的可行性。

【国家公园和自然保护地、草原标准化技术委员会成立大会】 于12月17日在北京召开。国家公园和自然保

"国家森林资源智慧管理平台"

护地标委会、草原标委会是国家林草局首批成立的行业标准化技术委员会，是国家林草局认真贯彻落实《中华人民共和国标准化法》的具体行动。两个标委会的成立，对深入推进林草标准化工作，加快建设林草科技创新体系，推动林草事业高质量发展和现代化建设具有重要意义。

【国家林业和草原局草原标准化技术委员会第一届委员会工作会议】 于 12 月 17 日在北京召开。会议为委员们颁发证书，并审议通过《标委会章程（草案）》《标委会秘书处工作细则（草案）》《标委会工作计划（草案）》。委员们还对草原标委会的近期工作内容、工作计划进行了认真的研讨和交流。草原标委会秘书处设在国家林业和草原局调查规划设计院。

【国家公园和自然保护地标准化技术委员会第一届委员会工作会议】 于 12 月 17 日在北京召开。会议为各位委员颁发委员证书，并通过标委会章程和标委会秘书处工作细则。各位委员对自然保护地标准体系及近期计划进行认真研讨。

国家公园和自然保护地标委会挂靠在国家林业和草原局调查规划设计院。标委会共有委员 62 名，是国家林草局规模最大的标委会，主任委员由中国工程院院士尹伟伦担任。标委会设副主任委员 3 名，委员构成以科研院校、技术性事业单位为主体。

【荣获 2019 年度行业优秀勘察设计奖】 中国勘察设计协会公布 2019 年度工程勘察、建筑设计行业和市政公用工程优秀勘察设计奖评选结果，规划院发展处编制的《崇礼区 2016 年重点区域生态绿化工程作业设计》荣获"2019 年度行业优秀勘察设计奖（优秀园林景观设计）"二等奖。

【在自然资源部主题征文活动中获殊荣】 在自然资源部举办的主题征文活动中，规划院荣获征文比赛优秀组织奖，规划院评估处胡耀升等编写的《基于会计理论的自然资源资产负债表系统构建——以森林资源为例》荣获"编制自然资源资产负债表"主题二等奖。

【全国森林资源管理"一张图"年度更新汇总工作会议】 于 12 月 23~24 日在西安召开。规划院技术负责人分别对 2019 年度全国及东北监测区的森林资源管理"一张图"更新汇总工作开展情况、主要结果、存在问题及改进建议进行了汇报。资源司对各单位的森林资源管理工作进行了全面指导。

【海南三亚城市生态系统定位观测研究站获批复】 12 月 30 日，规划院申报的海南三亚城市生态系统定位观测研究站获得国家林业和草原局批复。三亚城市站是中国陆地最南端、以地级城市森林和湿地为研究对象的生态定位站。研究特色是以热带、滨海、岛屿与城市人居的关系为主题，进行城市生态要素长期定位观测，分析城市生态系统的演变格局，揭示城市森林和湿地对环境的适应及响应机制，为宜居城市生态建设、管理和发展提供理论依据和技术支撑。

（规划院由李青供稿）

国家林业和草原局林产工业规划设计院

【综 述】 2019 年是国家林业和草原局林产工业规划设计院（以下简称"设计院"）的"信息化提升年"，也是设计院奋力实现富院强院新征程总目标的开局之年。全年总收入达 3.17 亿元，首次突破 3 亿元大关，同比增长 8.6%，富院强院新征程实现"开门红"；集中开展林业基本建设项目、草原防火项目、林业改革发展资金绩效评价等各类项目审查 549 项，创历年新高；助力扶贫攻坚，设计院捐助扶贫资金 100 万元，并整合自有资金 50 万元购买扶贫产品；获国家级优秀设计成果奖 1 项，获国家级优秀咨询成果奖 4 项，获省部级优秀咨询成果奖 6 项，行业影响力大幅提升。

【党建工作】 把政治建设摆在首位，牢固树立"四个意识"，坚定"四个自信"，坚决做到"两个维护"。2019 年，设计院党委共开展理论学习中心组学习 20 次，学习内容紧跟习近平总书记最新的理论思想和重要讲话精神，并结合设计院林业草原工作实际展开。严格执行《设计院党委会议事规则》，全年共召开党委会议 17 次，坚持"三重一大"上会，会议纪要公开印发。

"不忘初心、牢记使命"主题教育期间，设计院成立主题教育领导小组，并印发实施方案。根据实施方案，设计院党委统筹推进学习教育、调查研究、检视问题、整改落实等环节，院党委共开展集中学习 10 次，22 个在职党支部开展主题教育集中学习 226 次。各支部在设计院网站"不忘初心、牢记使命"主题教育板块发表相关新闻 152 条，编制主题教育工作简报 33 期。特别是在调研整改环节，设计院列出详细的时间计划表，2 周时间，所有班子成员针对 8 个调研选题集中开展个别访谈和谈心谈话，共召开调查研究座谈会 6 场，参加座谈、走访谈话达到 112 人次。围绕 8 个调研题目，共收集各类意见建议 166 条，调研覆盖院内所有部门，最终形成 22 条详实可行的整改措施，在主题教育期间已基本整改完成。相关工作接到国家林业和草原局办公室约稿，并受到国家林业和草原局主题教育第五指导组和直属机关党委的充分肯定。

【党风廉政建设】 设计院与各党支部书记签订全面从严治党责任书。每月组织设计院纪委委员、支部纪检委员开展学习，已经形成制度。全面落实《院纪委委员联系制度》，夯实"两个责任"，通报违纪案例、开展以案释纪明纪、重要节日前发出廉政警示已经成为常态。

【经营状况平稳向好】 2019年，设计院创新召开经营分析通报会。鼓励先进，带动落后，明确今后一个时期经营工作的重点和努力方向。同时，对加强和规范经营管理拿出一系列重要举措，重点修订《项目分包管理办法》《项目投标工作管理办法》等制度，成立项目部管理办公室，为营造设计院良好经营环境奠定了更加坚实的基础。

设计院2019年签订合同994份，合同额3.92亿元，同比增长33.5%；合同收费方面，2019年全年确定生产经营目标1亿元，共完成2.83亿元，同比增长30%；全年主营业务收入3.17亿元，同比增长8.6%，首次突破3亿元大关。

【质量管理】 产品和服务质量是设计院的生命线，2019年设计院质量工作水平突飞猛进、成绩斐然。一是首次召开设计院质量工作会议，作为设计院打造"金字招牌"的重要举措。印发《关于加强设计院质量管理工作的通知》，任命各专业副总工程师及各所主任工程师并颁发聘书。二是加大院级审查力度，做到格式审查全覆盖，大幅提高技术审查率。"回头看"核查部分项目成品对院级审查意见的修改情况，成品质量提升显著。三是顺利通过外审工作，三标管理体系完成换证。四是开展咨询设计成果创优评优工作，为项目树立标杆示范。设计院项目评优共有39个咨询设计成果获得院优秀工程咨询设计成果奖，有6项成果获省部级优秀咨询成果奖；有4个项目荣获国家级优秀咨询成果奖；1个项目获国家级优秀设计成果奖。

【信息化提升】 2019年是设计院的"信息化提升年"，围绕信息化提升，全年召开3次专题座谈会，信息化提升成效显著。一是大力加强宣传工作。全年各部门上报信息近500条，国家林业和草原局网站采用172条，同比增长300%。在国家林业和草原局各司局和直属单位中的排名从2018年的47名，一举跨入前10名。同时加强与《中国绿色时报》等媒体合作。二是首版《院志》付梓印刷。院志前后编纂历时近2年，在2019年7月首发出版，国家林草局副局长刘东生为院志揭牌首发。三是深化"互联网+政务服务"，用好用足企业微信，新增两项网上审批，公示公告、投标用印、成品用章、会议室预定和公务用车派车等申请均实现企业微信发布和审核。四是院协同办公平台试运行。设计院选用技术开发平台自主研发的协同办公系统，2019年已经完成规章制度、资产管理、项目合同管理、人力资源管理、财务数据以及党建模块，已经过管理部门试用。五是财务内控系统投入使用。建立财政资金内部控制信息系统，经过多次系统运行测试，及时排除相关隐患，保证内控系统的平稳运行。内控上线实现了对预算指标的分解、匹配、调整，同时收入支出管理模块可对凭证进行内控审核审定，提高财政项目资金预算管理水平。六是智慧食堂上线运行。启用"智慧食堂"微信小程序，实现食堂无卡消费、网上订餐、购买外卖等功能，方便就餐人员。

【人才队伍梯队化建设】 一是完成设计院专业副总工程师、各部门主任工程师和管理部门副经理级干部的调配工作。新任命调整5名专业副总工程师，配齐设计院所有主专业副总工程师，并为所有经营部门配齐专职或兼职所主任工程师共计21名，从组织上保证质量体系的贯彻和实施。提拔聘用6名管理部门副经理级干部，充实了后备力量，加强干部梯队建设。二是加强处级干部队伍建设。经国家林业和草原局人事司批准，2019年10月，启动设计院处级干部提拔任用工作。三是根据干部管理相关规定，结合设计院经营和管理工作的实际需要，分批次对部门干部进行院内交流，干部队伍配置更加合理。四是第九届青年员工业务技能考核活动顺利举办。本次活动共有91名"80后""90后"参加，充分展示了设计院青年员工锐意进取、刻苦钻研、爱院如家的精神风貌。

【2019年工作会议】 2月26日，设计院召开2019年工作会议暨全面从严治党工作会议。会议总结2018年各项工作，部署2019年工作。

党委书记周岩指出，2018年设计院在金融创新、森林资源调查监测等方面实现新突破，全面从严治党持续推进，"制度执行年"成果丰硕，增收节支成效显著，院区和办公楼面貌焕然一新，职工食堂改造顺利完成并投入使用，职工收入、福利和离退休干部待遇有了新提高，全年实现收入2.92亿元，稳步增长。

会上，设计院与各党支部书记签订全面从严治党责任承诺书，与各部门签订承包经营责任书，对2018年度设计院先进集体、优秀干部、先进职工进行表彰。

【与苏州昆仑绿建木结构科技股份有限公司合作】 3月15日，设计院与苏州昆仑绿建木结构科技股份有限公司在北京签订战略合作框架协议，双方将在木结构项目的规划设计和施工落地上开展合作。

此次战略合作框架协议的签订预示着双方通过合作，将在企业发展规划及战略研究、木材加工工程规划咨询设计、国内外资源开发利用、国家行业团体标准制修订、工程设计研发中心建设、大型行业活动举办、科研成果转化利用以及专业人才培养等方面形成联动，实现多赢。此次合作也意味着设计院木竹建筑工程设计研发中心成立后在突破传统设计业务范畴、打通上下游产业链、拓展合作领域方面实现新的进展，在实现木结构建筑与生态环境结合上更进一步。

【正式承接天津市和山东省森林资源调查监测业务】 4月18日，国家林业和草原局资源司在设计院召开天津市和山东省森林资源调查监测业务调整正式交接工作座谈会。设计院此次加入森林资源调查监测队伍，将充分发挥技术优势和人才优势，在森林资源调查监测、生态修复、自然保护地建设管理等方面提供技术支撑和服务。

【中国工程咨询协会林业专委会成立大会】 于4月20日在设计院召开。国家林业和草原局原总工程师封加平，中国工程咨询协会副会长陈晓星，设计院党委书记、林业专委会主任委员周岩，中国工程咨询协会副秘书长刘洁及全国林业草原勘察设计单位、林业院校、科研机构、林业企业等 40 余家单位共 130 余名林业草原行业工作者出席会议。林业专委会以搭建业内交流和协同管理平台为宗旨，承担中国工程咨询协会授权和安排的工作任务，旨在促进我国林业草原工程咨询业协同发展，推动林业行业创新发展。

【质量工作会议】 5月8日，设计院召开质量工作会议暨2019年"三标管理体系"管理评审会议。党委书记周岩、常务副院长张全洲、副院长沈和定、代总工李春昶出席会议。技术质量处处长张发安主持会议。

【青年员工参加"亚洲文化嘉年华"活动】 5月15日，设计院10名青年代表在北京国家体育场参加亚洲文化嘉年华活动，并与多国青年歌手和联合乐团共同演唱交响互动大合唱《我们的亚细亚》。本次活动作为亚洲文明对话大会的重要环节，由中央广播电视总台主办，文化和旅游部、北京市协助的"亚洲文化嘉年华"在国家体育场"鸟巢"亮相。

【赴欧洲进行人造板生产工业4.0调研交流】 5月22~29日，设计院赴欧洲开展人造板生产工业4.0设备调研和参加汉诺威博览会，调研团一行5人在团长、院党委书记周岩的带领下，先后前往瑞典、德国进行调研交流。调研团与欧洲木工机械展团和意大利木材机械展团进行了多场技术交流。进一步了解了欧洲人造板和定制家居制造方面工业4.0的最新成果和进展。

【全体干部大会】 7月8日，设计院召开全体干部大会，宣布国家林业和草原局党组关于领导干部的任职决定。国家林业和草原局副局长刘东生出席会议并讲话。国家林业和草原局人事司一级巡视员丁立新宣读局党组任免决定，周岩兼任国家林业和草原局林产工业规划设计院院长。

【设计院《院志》（1958~2018）首发式】 于7月8日在北京举行。国家林业和草原局副局长刘东生出席首发式并讲话。刘东生对设计院首部《院志》的出版表示祝贺并肯定设计院60年来所取得的成绩。设计院党委书记、院长周岩致辞。周岩介绍，《院志》编纂工作自2017年12月启动，编写组先后走访50多位历史知情人，收集素材稿件近百万字，7次调整章节结构，上百次修改章节内容。历时一年半，终于完成设计院首部院志。

【《中国人造板产业报告2019》正式发布】 9月1日，在山东临沂举行的第六届世界人造板大会上，由设计院和中国林产工业协会共同组织编写的《中国人造板产业报告2019》正式发布。《中国人造板产业报告》发布已经成为世界人造板大会的重要活动之一。

【纤维板异地搬迁技改项目首板下线】 9月16日，由设计院设计的金隅天坛（唐山）木业科技有限公司年产30万立方米的纤维板异地搬迁技改项目首板下线，标志着项目由建设阶段转向运营阶段。该项目是由设计院工业一所设计的河北省重点建设项目。该项目以建设国际一流的现代化、自动化示范生产线为目标，高标准规划建设。

【获颁"庆祝中华人民共和国成立70周年"纪念章】 中共中央、国务院、中央军委颁发"庆祝中华人民共和国成立70周年"纪念章，设计院杨惠林、李英、谢宗政、左重谋、黄秀英、赵美琴、刘邦庆、诸葛俊鸿、马宝珍、胡润民、阎语、杨效曾12名离休干部以及退休干部石廷克获此殊荣。

【设计的世园会陕西园、山西园获金奖】 10月8日在北京市延庆区举办的2019年中国北京世界园艺博览会国际竞赛颁奖仪式上，由设计院城规一所、园林三所设计的陕西园、山西园获得北京世园会中华展园金奖。

【监测区2019年森林督查暨森林资源管理"一张图"年度更新工作国家级检查验收现地复核】 10月19日至11月6日，5个工作组先后赴天津、山东开展森林督查暨森林资源管理"一张图"年度更新工作国家级检查验收现地复核。

工作组分别抽取天津市3个县（市、区）、山东省17个县（市、区）开展现地复核工作，认真审查抽中县（市、区）检查森林资源管理"一张图"更新工作成果数据、森林督查成果数据、国家级公益林变化情况及相关的档案资料，抽取部分疑问图斑进行现地复核，并将发现的具体问题及时反馈给县（市、区）及省级林业主管部门，顺利完成现地复核工作。现地复核期间，设计院党委副书记、常务副院长张全洲，监测中心负责人许等平抽取部分县（市、区）开展调研检查指导工作。

此次国家级检查验收现地复核工作为设计院首次全环节独立开展监测区调查监测工作。

【《宜宾市竹生态旅游专项规划》荣获"2019全国人居规划景观杰出奖"】 11月18~19日，"人居·筑景"2019国际建筑景观产业大会暨"人居·筑景"2019全国建筑景观规划设计竞赛颁奖会在北京九华山庄举办。由设计院园林一所完成的《宜宾市竹生态旅游专项规划》项目荣获"2019全国人居规划景观杰出奖"。

【中国林产工业30周年突出贡献奖和创新奖】 12月7日，中国林产工业协会成立30周年系列活动在北京举行。设计院荣获"中国林产工业30周年创新奖""中国林产工业30周年突出贡献奖"。来自国家林业和草原局、林产工业协会各分支机构的负责人，相关行业协会代表，科研院校专家，会员企业代表，以及媒体人士参加本次会议。

【与中国林业出版社签订战略合作协议】 12月16日，设计院与中国林业出版社战略合作协议签约仪式在北京举行，设计院院长周岩和中国林业出版社董事长刘东黎分别代表双方签约。出版社副总经理纪亮，设计院副院长、总工程师李春昶等出席签约仪式。双方就合作发展方面的问题进行友好交谈。根据协议，双方将围绕设计院从事的森林城市、湿地公园、森林公园、国家公园、园林和建筑工程等工作领域，进行图书出版合作。

【与北京林业大学签订战略合作协议】 12月23日，设计院与北京林业大学签订战略合作协议，双方将在人才培养、科学研究、成果转化、项目合作、创新平台建设、产业政策研究等领域开展更广泛合作，为林草事业发展借智借力。设计院院长周岩和北京林业大学校长安黎哲分别代表双方签约。

【"2018年度全国优秀工程咨询成果奖"】 "林业产业发展'十三五'规划""落实国家林业和草原局支持海南全面深化改革开放重点支持项目（生态保护类）"获得2018年度全国优秀工程咨询成果一等奖，"长江经济带森林和湿地生态系统保护与修复区域补偿机制研究""首都机场公共区域景观提升概念性规划"项目获得2018年度全国优秀工程咨询成果二等奖。全国优秀工程咨询成果奖是工程咨询行业的全国性奖项，由中国工程咨询协会评定。

【2019年度行业优秀勘察设计奖】 设计院林业一所完成的"陕西扶风七星河国家湿地公园施工图设计项目（白家窑水库至积福寺七星河段）"项目获得2019年度行业优秀勘察设计奖——优秀园林景观设计二等奖。

陕西扶风七星河国家湿地公园于2013年被纳入国家湿地公园建设试点，于2018年通过国家验收。项目设计本着"保护优先、合理利用"的大原则，以保护为前提，在不破坏环境的情况下进行适度的开发和利用。用生态的方法解决水体净化问题，生态手段和造景手法相融合。充分、巧妙地利用地形，设计多层次、多维度的活动空间，突破场地的局限性，形成设计融于自然的科普宣教方式。

【大事记】

2月21日 设计院决定成立"木竹建筑工程设计研发中心"。

3月25日 设计院"林产工业融媒体"参加第五届世界地板大会暨第22届中国地板行业高峰论坛。

3月27日 设计院荣获"林业信息化全面推进十周年先进单位"称号。

4月3日 设计院组织召开财政部委托的《进出口税则》校对和税率调整课题专家咨询会议。

4月4日 设计院赴青海开展青海省"十四五"林草发展规划战略研究。

4月18日 设计院正式承接天津市和山东省森林资源调查监测业务。

4月20日 中国工程咨询协会林业专委会成立大会在设计院召开。

5月8日 设计院召开质量工作会议暨2019年"三标管理体系"管理评审会议。

5月16日 "森林草原火灾风险调查和重点排查工程实施方案"专项技术组研讨会在设计院召开。

5月23日 "林产工业融媒体"参加2019年国家级林业重点展会新闻发布会。

5月22~29日 周岩书记率团赴欧洲进行人造板生产工业4.0调研交流。

6月28日 国家林业和草原局研究决定，周岩任国家林业和草原局林产工业规划设计院院长。

7月8日 举行《院志》(1958~2018)首发式。

7月8日 张建辉被确定为"百千万人才工程"省部级人选。

7月20~22日 党委书记、院长周岩带领工作组赴陕西省渭南市大荔县开展2018年度林业改革发展资金绩效评价工作。副院长沈和定、相关部门人员参加此次评价工作。

7月24日 设计院决定，成立项目部管理办公室（非正式内设机构），将资质办从经营开发部分立出来，成立资质管理办公室（非正式内设机构）。

7月30日 设计院召开第十三届职工代表大会，选举工会委员会委员、妇女工作委员会委员和经费审查委员会委员。

8月8日 设计院编制的《中国飞机集中收储和绿色回收中心外围公共基础设施建设项目对可鲁克湖—托素湖自然保护区影响评价报告》通过专家评审。

8月5~24日 设计院完成青海、宁夏2015年度新一轮退耕地还林国家级检查验收外业核查工作。

8月20日 国家林业和草原局办公室同意设计院"工业工程三所"更名为"森林资源调查监测中心"，机构编制数和处级领导干部职数不变。

9月1日 设计院和中国林产工业协会共同组织编写的《中国人造板产业报告2019》正式发布。

9月2日 设计院彭蓉、尹晶萍2名同志荣获"全国生态建设突出贡献奖先进个人"称号。

9月24日 国家林业和草原局研究决定，李春昶任国家林业和草原局林产工业规划设计院副院长、总工程师，副司局级。

10月8日 设计院规划设计的陕西园、山西园获得北京世园会中华展园金奖。

11月12日 设计院完成监测区2019年森林督查暨森林资源管理"一张图"年度更新工作国家级检查验收现地复核。

11月18日 设计院规划设计的"宜宾市竹生态旅游专项规划"项目荣获"2019全国人居规划景观杰出奖"。

11月22日 中共国家林业和草原局党组决定，张煜星任中共国家林业和草原局林产工业规划设计院委员会书记（原级别不变）。

11月25~27日 开展第九届青年员工业务技能考核活动。

12月16日 设计院召开干部大会，宣布领导班子调整决定。国家林业和草原局副局长刘东生出席会议，人事司副司长王浩宣读国家林业和草原局党组、国家林业和草原局任免文件。张煜星任中共国家林业和草原局林产工业规划设计院委员会书记。

12月19日 设计院《林产工业》杂志荣获中国林产工业30周年突出贡献奖。

12月25日 设计院规划设计的"福建省顺昌县国家森林城市建设总体规划(2019~2028)"项目顺利通过国家级评审。

（设计院由孙靖供稿）

国家林业和草原局管理干部学院

【综　述】 2019年，国家林业和草原局管理干部学院（以下简称学院）以政治建设为统领，紧扣林草中心工作，深化改革创新，全院工作进一步向林草干部教育培训主责主业聚焦，承担干部培训计划任务显著增加，培训资源大幅扩充，大培训工作格局初步形成，各项事业高质量发展全面推进。

【干部教育培训工作】 国家林业和草原局2019年度培训班计划中安排205期干部培训由学院承办，占计划班次总数的78%。学院全年举办培训班305期，培训干部2.86万人次，分别较2018年增长23%和37%，各类培训班满意率平均达98.38%。

大培训工作格局初步形成 国家林业和草原局党组将干部教育培训列为林草事业发展优先战略，强化学院干部教育培训主体地位。学院干部职工牢固树立以培训为中心的发展理念，统一思想，通盘谋划，进一步聚焦主责主业，全面推动培训工作发展，形成党委统一领导、党政齐抓共管、部门协同联动、全员支持参与的大培训工作格局。

培训实施 组织实施司级和处级领导干部任职、市县林业局局长、森林草原经营、国有林场场长、年轻干部等各类主体班次，培训品牌效应进一步增强。举办援外培训班9期，培训国际学员314人，首次举办援外部级官员培训班，国际培训影响力不断提升。深挖培训需求、精准策划设计，在基层行政执法、资源保护管理和高新技术应用等领域形成一批新的特色培训项目。

网络培训 网络培训注册人数总计11.2万人，全年学习总人次403万，单日最高访问量超过2.3万人次，新增网络课程54部，向中组部报送林草好课程2部，全年在线学习总时长达93万小时。"全国林业乡镇林业站岗位培训在线学习平台""全国林木种苗质检员网培平台""全国林业调查规划设计人员在线学习平台"进一步完善评价体系，提升培训效果。开通援疆、援藏林业草原干部网络培训平台和"全国森林公园和森林旅游在线学习培训系统"。在整合现有资源的基础上，积极推进林业草原干部网络学院建设。

质量提升 主业主课强化政治属性，较大幅度提升理论武装和党性教育在重点班次课程中所占比例，深入推动新理念、新思想、新战略进课堂、进教材、进头脑。建立培训审查制度，成立培训工作审查委员会，逐月逐班次审查培训方案和教学内容，严把干部教育培训政治关、内容关、师资关。推进专业化能力建设，制定培训班设置规范，充实完善师资库，开展业务内训，优化服务体系，夯实培训高质发展基础。做好ISO 9001培训服务质量体系运行管理，持续推进培训实施规范化、标准化，全年各类培训班学员综合满意率达98.38%。

培训创新 学院深入调研干部教育培训好的经验做法和培训需求，召开专家座谈会、研讨会、学院年中工作会议，对干部教育培训改革创新进行大讨论。学院党委印发《关于进一步聚焦主责主业　推进干部教育培训创新发展的意见》，推动培训理念、培训策划、教学方式和服务管理的创新发展。加强培训教学创新团队建设，创建结构化研讨创新团队，根据不同项目类型和培训目标，设计研讨方案，开展研讨式教学；创建案例教学创新团队，围绕林业草原改革发展重点难点问题，深入开展调查研究，编写教学案例，开展案例教学；创建现场教学创新团队，选取使用频次高的现场教学基地，编写解说方案，设计教学流程，开展深度现场教学，增强培训实践性。推进具有林草特色的党性教育和意识形态教育主题教室建设。

【党校教育】 中共国家林业和草原局党校贯彻落实中央关于大力培养年轻干部的部署要求，组织举办第五十四、五十五期党员干部进修班，国家林业和草原局党组成员、副局长、直属机关党委书记、党校校长张永利出席开学典礼和毕业典礼，共80名35~45岁青年处级干部参加学习。

党校坚持突出理论教育和党性教育，把学习习近平新时代中国特色社会主义思想作为重中之重。紧紧围绕生态文明建设和林业草原现代化建设，精心安排林业草原特色课程，着力提升学员专业素养。加强教学创新，综合运用讲座、研讨、论坛和现场教学等方式方法，切实提高教学质量。注重学习成果转化，以林业草原事业发展为中心，以问题为导向，组织开展课题研究，撰写调研报告和论文，严格进行论文答辩，促使学员不断提高运用马克思主义基本原理分析、解决问题的能力。

中共国家林业和草原局党校第五十四期党员干部进修班 于4月10日至7月12日举办。张永利在开学典礼上给学员上党课。进修班首次组织开展论文答辩和课题研究，形成4个研究报告，并赴山西调研形成调研报告。

中共国家林业和草原局党校第五十五期党员干部进修班 于10月10日至2020年1月9日举办。张永利在开学典礼上讲话。进修班组织开展论文答辩和课题研究，形成5个研究报告，并赴广西调研形成调研报告。

【研究咨询】学院将科研作为教育培训和队伍建设的重要支撑，修订科研管理办法，加强科研成果奖励，进一步调动干部职工科研积极性。立项院外科研项目4项，院内科研项目9项；开展"林草行业主要管理干部培训大纲研究"等重大课题研究。协助人事司起草《关于贯彻落实〈2018~2022年全国干部教育培训规划〉的实施意见》《国家林业和草原局培训班管理办法》《关于加强林草人才队伍建设的意见》，启动林业和草原干部教育培训及人才"十四五"规划前期研究。组织编写《林业和草原干部教育培训理论与实践》《新中国林业经济思想史略(1949~2000)》《草原知识读本》3部干部学习培训教材。

组织编写培训教材

【事业空间拓宽】

设立北戴河院区与原山分院 3月25日,国家林业和草原局党组会议审议培训疗养机构改革方案,决定北戴河培训中心划转学院代管。学院设立北戴河院区。5月22日,学院在山东省淄博市原山林场挂牌成立国家林业和草原局管理干部学院原山分院、中共国家林业和草原局党校原山分校。国家林业和草原局党组成员、人事司司长谭光明出席挂牌仪式并讲话,局直属机关党委、学院及山东省有关单位负责人参加挂牌仪式。

院地合作 学院与福建、内蒙古、河北等省(区)林业草原主管部门签订干部教育培训战略合作协议,挂牌成立学院三明培训基地,新设内蒙古喀喇沁旗亚太森林多功能现场教学基地,秦皇岛湿地、海洋类型自然保护区等5个现场教学基地。学院战略合作单位达到38家,培训基地6个,现场教学基地20个。学院深入20多个省(区、市),开展林草干部教育培训调研和网络问卷调查,了解需求,改进方式,务实合作,推动院地合作纵深发展。

【精准扶贫】

广西壮族自治区罗城仫佬族自治县定点扶贫学院 将广西壮族自治区罗城仫佬族自治县确定为定点帮扶县,主要领导带队赴罗城组织开展定点帮扶工作,重点开展了"五个一"活动。一是开展一次基层调研。通过集中座谈、个别访谈、网络问卷调查等形式,了解县林业发展情况和人才培训需求,以及林业扶贫政策在罗城的落地执行情况,为精准扶贫提供支撑。二是开展一次产业送教。带领专家深入田间地头,进行油茶栽培种植加工技术现场指导,帮助油茶种植大户和国有林场解决实际问题。三是开展一次专题培训。针对罗城生态旅游,组织京东集团网络营销金牌讲师团队和学院自然体验师团队,开展因地制宜的旅游产品开发与营销培训。四是赠送一批图书和光盘。向罗城县赠送一批包括生态文明建设、林业基础知识、林业政策法规、林下经济、乡村振兴战略、森林特色小镇等内容的知识读本系列光盘。五是开设一个林业网络课堂。将学院已有的网络课堂与罗城的实际需求相匹配,将介绍前沿知识技术和新颖方法理念的400余门网络课程快速传递到罗城乡镇、村屯,帮助林业工作者提高站位、开阔视野、夯实基础、丰富方法。学院将每月培训计划提前发送罗城县林业局,当地干部职工可根据培训内容选择需要参加的培训班次,实现培训计划全部向罗城免费开放。罗城县共选派40名干部免费参加了培训。

西部贫困地区干部培训 学院充分把握培训需求,针对西部贫困地区,精准设计实施面授培训项目,共举办专题培训班12期,培训学员1280人次。一是送教上门,5月22~26日举办贵州省种苗执法和质量管理暨种苗站站长素质能力提升培训;6月20~21日举办广西全区林业扶贫干部脱贫攻坚业务培训班。二是在京培训,8月4~10日,在学院举办扶贫干部培训,为国家林业和草原局选派的40余名即将走上扶贫一线的挂职干部开展任前专题培训;10月21~25日,针对广西、贵州两省(区)扶贫干部举办林业精准扶贫实用技术培训。三是培训班设计和名额分配向西部贫困地区倾斜,百余名贫困地区干部享受到免费培训帮扶政策。

【合作办学】 加强与中南林业科技大学的沟通联系,认真总结合作办学经验,研究分析解决办学中面临的困难和问题,全年招生461人,输送毕业生576人。严格学生管理,加强思想政治教育和学风建设。开展教学改革,试点实施分层施教,提升教学质量。加强师资队伍建设,广泛开展教学研讨,提高教师业务素质。强化应急处置工作机制,妥善应对突发事件,确保校园安全稳定。

【党建工作】

全面从严治党政治责任 学院坚持把党的政治建设摆在首位,充分发挥党委的领导核心作用,召开党委会23次。层层签订全面从严治党承诺书和党风廉政建设责任书,强化主体责任和监督责任落实。强化理论武装,丰富学习内容,改进学习方式,党委集中学、领导带头学、支部交流学,构建多层次、全覆盖的学习体系。严格制度执行,坚持问题导向,完善制度体系,构建学院全面从严治党长效机制。

"不忘初心、牢记使命"主题教育 学院牢牢把握主题教育总目标、总任务、总要求,坚持深入学、扎实做,立根固本、久久为功。深入开展调查研究,列出问题清单,坚持问题导向,认真抓好整改落实。坚持党委示范引领、支部主体推动、党员全面覆盖,通过集体交流研讨、知识答题、警示教育、主题党日活动等形式,扎实开展各项工作,主题教育取得显著成效。

基层组织建设 学院严格落实"三会一课"制度,对标对表党支部工作条例等有关制度,制定学院党支部建设标准化工作手册,进一步规范党支部工作。加大支部建设经费投入,建设党员活动室。加强工青妇工作,完成第六届工会、妇工委换届选举工作,召开新一届团委暨首届青联成立大会。

党风廉政建设 学院严格管理党员干部,建立干部廉政档案,紧盯重要节日节点开展警示教育,强化规矩意识和纪律意识,努力营造学院风清气正的干事创业氛围。开展全面从严治党制度执行专项整治,进一步织密制度笼子。加强机构队伍建设,开展纪检干部培训,强化监督执纪问责,有效开展监事工作。

【2019年学院工作会议暨全面从严治党工作会议】 于3月7日召开，国家林业和草原局党组成员、副局长张永利出席并讲话。局机关党委常务副书记高红电，人事司副司长路永斌出席会议。院党委书记、局党校副校长张利明作工作报告，院党委副书记、常务副院长陈道东主持会议。

会上，张利明从精心谋划发展新思路、着力推进新思想学习、扎实开展干部教育培训、努力开拓事业发展空间、切实加强支撑能力建设、认真抓好内设机构调整和干部队伍建设、纵深推进全面从严治党等方面总结了2018年学院工作成绩，指出学院围绕主责主业认真履责，积极作为。工作报告对2019年重点工作做了全面部署，强调学院正处于从高速到高质发展的换挡时期，处于攻坚克难、争创一流国家级行业干部学院的关键阶段，要有勇于担当、干事创业的使命感，积极主动应对各种挑战，千方百计解决各种难题，全力推动学院事业高质量发展。

【国家林业和草原局2019年公务员在职培训班】 4月8~19日举办2019年公务员在职培训班（春季班），10月21~31日举办2019年公务员在职培训班（秋季班），共90名学员参加培训。培训班开设2019政府工作报告解读和全年经济走势研判、学习习近平生态文明思想把握林业草原改革发展形势任务、落实全面从严治党强化领导干部纪律要求、林业草原法律法规体系、林业七十年、砥砺报国情怀激发使命担当、新时代中美博弈与世界格局演变、新时代意识形态安全面临的挑战和应对、"互联网+"时代政府管理创新、政务关系与公文处理、思维创新与改进工作方法、自然生态摄影与环保理念传播等专题讲座，并开展发挥林业优势助推乡村振兴现场教学。

【国家林业和草原局第二十三期处级领导干部任职培训班】 于4月15~26日在学院举办，局机关、各派出机构和直属单位49名处级领导干部参加培训。培训班开设习近平新时代中国特色社会主义思想、2019年政府工作报告解读、大数据思维及对提升领导力的作用、领导干部辩证思维能力、当好正副职领导干部的方法和艺术、防范党员干部违纪违法犯罪新规、增强草原资源保护意识夯实生态文明建设基础、新时代中美博弈与世界格局演变、管理中的沟通与压力心理解析等专题讲座，开展突发事件新闻舆论工作情景模拟教学，开展发挥林业优势助推乡村振兴、生态产业扶贫与金融扶贫现场教学，并召开以"新时代、新担当、新作为——如何当好中层领导干部"为主题的学员论坛。

【与河北省秦皇岛市共建系列现场教学基地】 5月9日，学院与河北省秦皇岛市林业局共建"生态建设""湿地保护""绿色产业"现场教学基地，与河北省昌黎黄金海岸国家级自然保护区管理中心共建"生态保护"现场教学基地，并在北戴河院区举行签约揭牌仪式，学院常务副院长陈道东致辞。副院长方怀龙代表学院分别与共建单位签署现场教学基地共建协议。秦皇岛市林业局、河北省昌黎黄金海岸国家级自然保护区管理中心、北戴河国家湿地公园、秦皇岛海滨林场、昌黎县林业发展中心相关负责人参加签约揭牌仪式。

【学院举行团委、青联成立大会暨青年论坛】 5月16日，学院举行共青团国家林业和草原局管理干部学院委员会和学院青年联合会成立大会暨青年论坛，选举产生院团委、青联第一届委员会，党委书记张利明出席会议并讲话。

【学院召开第六届工会会员代表大会】 5月29日，学院召开第六届工会会员代表大会，听取审议《第五届工会委员会工作报告》和《工会经费审查委员会工作报告》，选举产生第六届工会委员会和经费审查委员会。国家林业和草原局直属机关工会联合会主席、妇工委主任孟庆芳，学院党委书记张利明出席会议并讲话，学院党委副书记、纪委书记、工会主席彭华福代表第五届工会委员会作工作报告。

【首期国家林业和草原局年轻干部培训班】 5月6日至6月4日，首期国家林业和草原局年轻干部培训班在学院举办，国家林业和草原局党组成员谭光明出席结业式并讲话。培训班内容包含理论教育、党性教育、能力培训和知识培训。开设系列专题讲座，赴延安开展党性教育现场教学，开展结构化研讨、圆桌论坛、主题辩论等教学活动。培训班针对每位学员形成学习档案，进一步建立完善源头培养、跟踪培养、全程培养的干部素质培养体系。国家林业和草原局机关、直属单位51名学员参加培训。

【2019年"一带一路"国家林业项目开发官员研修班】 7月23日至8月16日，学院承办由商务部主办的2019年"一带一路"国家林业项目开发官员研修班，来自莫桑比克、泰国、印度尼西亚、尼泊尔等10个国家的32名学员参加研修。研修班开设中国林业双边合作及林业援外、荒漠化防治公约及中国履约工作、林业国际政策发展及中国参与、中国野生动物保护案例及项目、木材贸易链追踪（确保木材贸易合法性）、中国林业对外合作与交流、中国林业（集体林、国有林）改革和发展情况、中国森林资源管理、中国推动"一带一路"倡议愿景和林业领域做法等专题讲座，并开展现场教学。

【年中工作会议暨教育培训改革创新研讨会】 8月3~4日，学院召开年中工作会议暨教育培训改革创新研讨会，各部门负责人聚焦主责主业，详细汇报上半年工作，分管院领导点评，全面梳理新形势下干部教育培训事业发展情况，安排部署下半年重点工作，并就加快推进干部教育培训方式方法和改革创新开展深入研讨。党委书记张利明主持会议，学院处级以上干部、部门负责人及干部职工代表参加会议。会议还听取了北戴河院区工作汇报，研究了院区发展相关事项。

【2019年县（市）林业和草原局长培训班】 9月2~11日，举办2019年县（市）林业和草原局长草原保护专题培训班，开设学习习近平重要指示精神和草原工作会议

精神、中国草原有害生物监测预警及防治、草原生态修复、草原资源与生态监测、草原旅游发展与管理、草原承包浅析、党员干部廉洁从政新规解读等专题讲座，开展草原生态保护执法、青藏高原黑土滩退化草地生态修复案例教学，突发事件的媒体沟通情景模拟教学，草原治理与修复现场教学，并围绕草原保护管理、相关政策法规、国家公园建设、生态旅游、牧民承包经营等主题开展座谈交流，95名学员参加培训。

10月9~18日，举办2019年县（市）林业和草原局长自然保护地专题培训班，开设学习习近平生态文明思想、中国国家公园探索与实践、推动国家公园为主体的自然保护地体系建立、自然保护地现状与问题及工作思路、自然保护地相关政策法规、自然保护地体系规划、自然保护地监测与监督、三江源国家公园试点建设、党员干部廉洁从政新规解读等专题讲座，87名学员参加培训。

【特种经济林产业发展政策与技术培训班】 于9月3~4日在学院举办，国家林业和草原局副局长刘东生出席开班式并讲话。培训班邀请原国家林业局副局长李育材、原中央纪委驻国家林业局纪检组组长杨继平、原国家林业局总工程师封加平等老领导，以及有关专家、学者、企业家，围绕元宝枫、油用牡丹、杜仲等特种经济林产业发展的相关内容授课。

【与亚太森林恢复与可持续管理组织、内蒙古喀喇沁旗共建森林多功能现场教学基地】 9月20日，国家林业和草原局管理干部学院森林多功能现场教学基地在喀喇沁旺业甸实验林场揭牌，学院与亚太森林恢复与可持续管理组织、内蒙古自治区喀喇沁旗人民政府签订基地共建协议。学院常务副院长陈道东、副院长方怀龙，亚太森林组织副主任张忠田，赤峰市林业和草原局副局长张书理，喀喇沁旗副旗长马晓军出席签约揭牌仪式。

【国家林业和草原局第十期新录用人员初任培训班】于9月18~29日在学院举办，100名学员参加培训，国家林业和草原局副局长张永利围绕习近平生态文明思想、国家林业和草原局重点工作以及年轻干部高质量成长等内容作专题辅导报告。培训班开设学习习近平生态文明思想把握林业草原改革发展形势任务、林草政务信息化建设、增强草原资源保护意识夯实生态文明建设基础、林草草原法律法规体系、保密教育及相关规定、行政公文写作与流转、职场人际交往与关系处理、语言表达与沟通技巧、年轻干部锤炼真本领筑梦新时代、年轻干部如何成长、如何提升学习力等专题讲座，并开展结构化研讨和现场教学。

【自然资源部2019年处级干部能力提升培训班】 于10月20日至11月1日分为2期在学院举办，187名学员参加培训，自然资源部部长陆昊为学员授课。培训班开设习近平新时代中国特色社会主义思想、习近平生态文明思想、年轻干部锤炼真本领筑梦新时代、新中国70年奋斗历程与发展经验、中国共产党的奋斗历程与优良传统、领导科学与领导艺术、领导干部执行力提升等专题讲座，开展提升领导干部辩证思维能力案例教学、重特大泥石流灾害应对情景模拟教学和如何进一步提升处级干部素质能力结构化研讨。

【国际热带木材组织成员国木材生产贸易消费部级研讨班】 10月29日至11月4日，学院承办由商务部主办的国际热带木材组织（ITTO）成员国木材生产贸易消费部级研讨班，国家林业和草原局副局长张永利出席开班式并讲话，学院党委书记张利明主持开班式。开班式前，张永利会见了斐济林业部部长奈查姆·欧西、斐济驻华大使马纳萨·坦吉萨金鲍。

研讨班重点围绕推动全球绿色供应和合法采购，通过主题报告、交流研讨、实地调研等方式，介绍中国木材产业发展状况以及中国为全球木材可持续利用所做的努力，推动解决全球木材可持续合法贸易面临的问题和难点，搭建各国木材生产贸易消费的分享和交流平台。研讨班还赴浙江义乌参加第12届中国义乌国际森林产品博览会，调研王斌集团和森宇控股集团，并与浙江省木材企业代表座谈交流。

来自斐济、越南、泰国、斯里兰卡、利比里亚5个国家的21名代表参加此次研讨班。国家林业和草原局林业和草原改革发展司司长刘拓，国际合作司副司长胡元辉，国际热带木材组织（ITTO）高级官员李强，学院常务副院长陈道东，副院长梁宝君、严剑参加研讨班有关活动。

2019年10月29日，国际热带木材组织成员国木材生产贸易消费部级研讨班在北京举办

【与福建省三明市共建三明培训基地】 11月6日，学院与三明市人民政府签订干部教育培训战略合作协议，依托三明市委党校（三明市行政学院）设立培训基地。在第十五届海峡两岸（三明）林业博览会暨投资贸易洽谈会开幕式上，党委书记张利明为国家林业和草原局管理干部学院三明培训基地授牌。

学院通过三明培训基地开展实践性课题研究，开发精品课程，打造品牌培训项目，深挖三明市集体林权制度改革、林业草原现代化建设成功经验和教学资源，总结推广创新林业金融服务、培育新型林业经营组织、搭建林权交易平台、加强森林保护机构建设、探索林票制度等领域行之有效的新模式、新做法。

【国家林业和草原局司局长理论研修班】 11月14~15日，学院承办国家林业和草原局司局长理论研修班，专题学习贯彻党的十九届四中全会精神，170名司局级干部参加学习，国家林业和草原局副局长张永利主持并讲话。研修班邀请中国社科院教授刘治彦、中央党校（国家行政学院）教授王道勇作专题辅导。刘治彦围绕推进国家生态治理体系与治理能力现代化，深刻解读全会主要精神，系统阐述推进生态治理现代化的战略部署，提出加快推进生态治理现代化的举措和建议。王道勇围绕全会精神，深入分析新时代中国社会治理面临的新挑战，科学阐述新时代中国社会治理现代化的指导思想，简要勾勒完善中国特色社会主义社会治理体系的框架结构，提出进一步提升中国社会治理水平的途径和方法。研修班期间，各单位领导班子围绕全会精神、局党组关于贯彻落实全会精神安排意见以及专家辅导内容，在本单位理论学习中心组开展集中学习研讨并作交流发言。

（管理干部学院由李米龙、邓严、张鋆萍供稿）

国际竹藤中心

【综　述】　2019年，国际竹藤中心紧紧围绕林草改革发展大局和国家林业和草原局党组的总体部署，紧密结合中心重点工作，凝心聚力、攻坚克难、真抓实干，各方面工作取得了显著进展和成效。

竹藤科技创新体系建设　重大科研项目取得创新突破。"十二五"国家科技支撑计划项目"竹藤种质资源创新利用研究"完成各课题研究任务。"十三五"国家重点研发计划项目"竹资源全产业链增值增效技术集成与示范""竹材高值化加工关键技术创新研究""竹资源高效培育关键技术研究"稳步推进，强化竹资源全产业链一体化实施，集成全营养轻基质配方、容器苗生产、微繁等繁育技术；构建机械式带状皆伐经营模式；创新"天地空"一体化笋-竹全时监测技术；攻克无裂纹展平装饰材制造、多维异型竹纤维复合材料制造、竹质缠绕管道连续化加工等关键技术；与"十二五"期末比较，良种苗木繁育效率提高50%，采伐成本降低50%，竹材利用率提高100%，促进了竹材大规模工业化利用。为国际竹藤组织设计建造的大跨度全尺寸圆竹结构建筑"竹之眼"惊艳亮相2019北京世园会。积极参与"林业资源培育与高效利用'十四五'战略研究""面向2035年的国家中长期科技发展规划战略研究农业农村专题""林业和草原'十四五'科技创新发展规划"编制调研及撰写。初步形成竹藤领域总体发展战略。"竹藤基因组学研究项目"取得高质量学术成果，为全球竹藤基因组计划打下基础。科技成果丰硕。2019年，申报科研项目75项，立项28项，已完成项目12项；主编、参编专著5部；发表科技论文134篇，其中期刊论文110篇（SCI收录44篇）；申请专利31件，申请新品种1件。创新人才培养示范基地进入答辩，获得国家科技进步二等奖1项，梁希科技进步一等奖、二等奖各1项，梁希科普活动奖1项，茅以升木材科学技术奖3项，规划设计、国际建筑设计奖3项。科技管理工作不断加强。为推动科技创新工作，激发科研人员创新活力，制订、修订了《国际竹藤中心科研项目经费预算调整管理办法》《国际竹藤中心激励科技创新人才实施办法（试行）》《国际竹藤中心知识产权管理办法》等科研管理办法。与广西龙胜县就科技对口扶贫签订科技帮扶协议。积极配合国家林草局科技司做好国家林业公益性行业科研专项办各项工作。

人才培养和团队建设　积极争取扩充机构编制。获国家林草局办公室批复增设3个内设机构，全力申请成立新的独立法人机构并积极协调扩充编制，进一步完善机构设置，强化机构职能。优化干部队伍结构。组织开展新一轮处级干部选拔工作，完成9名处级干部提拔任用的民主推荐与组织考核，选优配强中层领导干部力量，锻炼培养综合能力较强的复合型人才，以解决工作所需。加强科技创新人才团队建设。制定5年人才团队培养计划，进一步加大国家级科技创新领军人才、青年拔尖人才和优秀中青年骨干人才的培养力度，优化学科结构和人才队伍；积极组织参加各类思想政治、业务技能培训74人次；组织推荐入选"林业和草原科技创新青年拔尖人才"1人、"林业和草原科技创新领军人才"1人，获得第十五届林业青年科技奖1人，"第六批百千万人才工程省部级人选"2人，荣获"全国生态建设突出贡献先进个人"1人，荣获"庆祝中华人民共和国成立70周年"纪念章3人，竹藤生物质新材料创新团队入选"林业和草原科技创新团队"。认真做好高端科技人才引进、博士后管理和应届毕业生接收工作。研究制定高层次科技创新人才激励范畴和考核办法，着力完善人事管理制度建设。研究生教育水平不断提高。培养规模稳步增长，新招收博士、硕士研究生45人，研究生毕业48人，在读研究生141名。导师队伍建设逐步增强，新获批硕士生导师3人。学术交流和科研创新能力不断加强，组织参加各类学术会议50余人次，参与发表期刊论文147篇，申请国家专利21件，获"茅以升木材科学技术教育奖学金"2人、"梁希优秀学子奖"1人、"中国林科院优秀毕业生"2人、"北京市优秀毕业生"1人。不断丰富研究生科研实践活动，逐步完善组织制度建设，优化教育管理体系。研究生部与四川青神县共建竹产业博士工作站。

国际合作交流　一是积极服务国际竹藤组织。联合举办了2019北京世园会国际竹藤组织荣誉日活动，参建的国际竹藤组织园获北京世园会组委会大奖。在北京世园会期间，国际竹藤中心主任江泽慧出席开幕式、闭幕式、国际竹藤组织荣誉日等活动，并陪同柬埔寨首相洪森出席2019北京世园会柬埔寨展园开园仪式。接待厄瓜多尔国民代表大会主席和哥伦比亚竹协会主席等来访。二是积极开展国际科研合作与交流。江泽慧率团出访柬埔寨农林渔业部，有效推进柬埔寨加入国际竹藤组织的进程，深入交流中柬竹藤及花卉资源经营与利用、建立竹藤花卉产业试验示范区、开展竹藤和花卉技术培训等合作事宜；率团访问香港，与香港恒生大学就竹藤资源开发利用技术及竹建筑发展前景进行交流，与香港康乐及文化事务署、香港园艺学会就花卉产业发展等进行座谈；带队参加由中国花卉协会和澳门特别行政区市政署共同主办的第三十三届全国荷花展览暨第十九届澳门荷花节相关活动。组团赴巴西参加第25届国际林联大会并承办2个分会场，赴菲律宾参加首届东盟竹子大会，与越南林业科学研究院签署双边科技合作框架协议。在联合国气候变化大会上，与国际竹藤组织联合举办中国角的"以竹代塑"边会。接待中国政府友谊奖获得者、国际竹藤组织前董事提拉克·维嘎斯教授以及喀麦隆、哥伦比亚、越南、缅甸等国专家来访。三是竹藤援外培训特色突出。承办10期商务部资助的竹藤和花卉园林援外培训班，培训了亚非拉17个国家的340余名林业相关领域高级官员和专家学者。其中，在加纳和厄瓜多尔举办了3期海外培训班。四是中美共建中国园项目积极推进，中美双方就开工前的准备工作进行磋商。五是国际标准化组织竹藤技术委员会（ISO/TC 296）秘书处工作稳步推进，完成《竹产品术语》等6项国际标准最终草案，在菲律宾马尼拉顺利召开2019年年会。六是积极推进中荷东非竹子项目，已实施完成并筹备验收。七是积极支持中非合作论坛成果，推动落实在埃塞俄比亚建立中非竹子中心相关工作。八是与加拿大英属哥伦比亚大学（UBC）成立联合实验室。

竹藤科技扶贫培训 务实开展林业扶贫技术、竹藤实用技术、竹产业发展政策培训，全年共举办9期国内培训班。其中为国家林草局4个定点扶贫县举办定点扶贫技术培训班4期，为"三区三州"重点贫困地区云南怒江傈僳族自治州、革命老区江西井冈山、南方部分竹产区共举办竹编（竹家居）技术培训班3期，为湖北省举办竹产业技术培训班1期，为全国部分重点竹产业县和"竹乡"举办竹产业发展政策培训班1期。共培训贫困林农群众、基层技术人员和管理人员、生产大户、企业负责人等400余人。扎实做好培训档案管理、需求调研、跟踪回访、成效反馈评估、学员后续引导帮扶等基础工作。积极协调推进扶贫工作，开展科技扶贫、消费扶贫和爱心扶贫送科技下乡等活动，打好扶贫"组合拳"。

横向合作研究和产业技术服务 科技成果转化项目立项9项，意向洽谈5项。积极开展竹藤产业调研及合作，组织专家赴长宁县、安化县等地调研指导地方竹产业发展，支持贵州，福建建瓯、永安，四川眉山等地开展对接会和竹产业交易博览会等活动，指导建瓯市成功举办"第二届中国笋竹产业（建瓯）高峰论坛"，完成国际竹藤中心建瓯竹子培育基地的选址。支持2019国际（眉山）竹产业交易博览会、第十五届海峡两岸（三明）林业博览会暨2019年国际（永安）竹居博览会、贵州省农村产业革命竹产业发展对接会等重大活动的举办。不断推进与地方政府和企业的合作洽谈，拓展竹产业合作范围和领域。受国家林业和草原局林改司委托，组织开展研究，形成《竹产业发展指导意见》初稿并完成征求意见工作。挂靠中心的中国竹产业协会积极展开自身建设工作，完成脱钩工作，举办四川宜宾和眉山国际竹产业发展峰会等多项会议，并开展团体标准、龙头企业、中国特色竹乡、竹新产品认证、中国森林和绿色竹产品认证等工作。

竹藤科研条件平台建设 国家竹产业技术创新中心完成试点。积极申报林业和草原国家创新联盟，获批竹类种质资源保护与利用国家创新联盟和竹炭产业国家创新联盟，积极参与国家木竹产业技术创新战略联盟相关工作。中国竹藤品牌集群积极搭建企业间合作交流平台。积极开展竹藤产业国家创新联盟调研协调工作。与安徽农业大学林学与园林学院开展实验基地共建。竹藤科学与技术重点实验室管理更加规范，条件设施显著改善，不断完善重点实验室信息管理平台建设，获"全国生态建设突出贡献先进集体"荣誉称号。8个竹林生态定位站完成观测数据汇交，通过国家林草局科技司自评估，各站工作全面开展。青岛基地和三亚基地获批进入第二批国家林业和草原局长期科研基地名录。国家竹藤工程中心、热带森林植物研究所、青岛创新研究院和安徽太平试验中心管理工作日益规范，基建项目和种质资源保存管理工作等稳步开展。新图书馆建成并投入使用。全面启动实施对宝能业务用房的维修改造，全力改善中心科研人员办公环境。

党的建设 一是党委核心作用更加凸显。召开党委会23次，集体讨论决策"三重一大"及重要事项70余项。成立意识形态工作领导小组，加强和改进思想政治和意识形态工作。组织中心组（扩大）学习会17次，举办"竹藤学堂"4讲，成立青年理论学习小组，开展习近平新时代中国特色社会主义思想、习近平生态文明思想和习近平关于林业草原工作的重要指示批示精神的学习讨论，着力打造党建与业务互通共进创新机制。二是全面从严治党更加扎实。组织开展"不忘初心、牢记使命"主题教育集中学习研讨、专题讲座和党课33次，召开专题民主生活会、组织生活会10次，检视梳理并完成六大方面14个问题的整改和专项整治。开展内控体系建设，健全完善制度，完成新制定5项、修订14项制度专项整治任务。完成党委纪委换届，成立纪检监察处，配强配齐专兼职党务和纪检干部。举办党支部委员专题培训班1期、支部特色活动15次，培养入党积极分子18名，发展预备党员9名。三是党风廉政建设更加过硬。严格落实中央八项规定精神和国家林草局36条实施意见，严格公务用车登记、办公用房面积控制、公务接待审批、个人事项报告等制度。组织参观警示教育基地，紧盯重要节点开展廉政提醒，建立常态约谈、定期谈话制度，实现谈话全覆盖。查处信访举报件1件。纪委成立内部检查组，分赴下属基地开展内部巡查，实现权力运行全过程监督。四是党群互融共建更加有效。坚持党建带群建、群建促党建，定期召开职代会，研究解决职工切身利益问题。强化人文关怀，做好困难党员、职工帮扶和慰问30余人次。加强统战工作，做好民主党派联络服务。组织开展生态文明实践、青年座谈、演讲比赛等活动。

【江泽慧陪同洪森出席2019北京世园会柬埔寨展园开园仪式】 4月28日，2019北京世园会组委会副主任委员、执委会执行主任、中国花卉协会会长、国际竹藤中心主任江泽慧陪同柬埔寨首相洪森出席2019北京世园会柬埔寨展园开园仪式、剪彩，并参观展园。柬埔寨即将加入国际竹藤组织，为促进柬埔寨保护生态、发展生

江泽慧陪同洪森出席2019北京世园会柬埔寨展园开园仪式

计、惠及民生造福。

【国际竹藤组织园展馆亮相2019北京世园会】 4月29日，由国际竹藤中心生物质新材料研究所团队和清华大学研究团队共同建造的国际竹藤组织园展馆惊艳亮相2019北京世园会。竹藤馆主体结构——"竹之眼"，采用最新科学创新技术成果，用5000余根楠竹经过特殊工艺打造而成，单拱跨度长达35米，是目前中国跨度最大的圆竹结构场馆。竹藤中心科研团队负责"竹之眼"结构设计及原材料处理技术研发，攻克了大跨度无支点竹拱建筑结构设计、成套防护处理技术等圆竹结构材料制备和建造的多项难题，实现了多项技术创新。"竹之眼"是竹藤中心主持的"十三五"国家重点研发计划项目"竹资源全产业链增值增效技术集成与示范"的应用成果之一，为圆竹结构材标准化、规格化、商品化发展奠定了基础。

2019北京世园会国际竹藤组织园

5月16日，国际竹藤中心与国际竹藤组织联合举办2019北京世园会国际竹藤组织荣誉日活动。全国政协原副主席张梅颖、王志珍出席活动，江泽慧、国家林业和草原局副局长彭有冬以及外交部国际经济司副司长黄昳扬、北京世园局常务副局长周剑平、国际竹藤组织理事会主席国厄瓜多尔驻华大使卡洛斯·拉雷亚、国际竹藤组织总干事穆秋姆等出席活动并致辞。国家林业和草原局党组成员谭光明，全国绿化委员会办公室专职副主任胡章翠，国际竹藤中心领导班子成员费本华、尹刚强、陈瑞国、李凤波等参加。

【竹藤花卉航天育种合作研究工作启动】 2019年，国际竹藤中心与中国高科技产业化研究会和中国遥感应用协会开展竹藤花卉航天育种科技合作。7月18日，中国高科技产业化研究会和中国遥感应用协会的领导专家一行到访竹藤中心，三方共同召开竹藤花卉航天育种科技合作座谈会。江泽慧出席并主持座谈会。中国高科技产业化研究会党委书记、常务副理事长梁小虹，中国遥感应用协会党委书记、理事长，国际宇航科学院院士罗格分别发言。会上，三方达成了战略合作意向。竹藤中心常务副主任费本华、中国花卉协会副秘书长张引潮、国际竹藤组织副总干事陆文明等参加座谈。

11月5日，江泽慧应邀率竹藤花卉专家团队赴中国资源卫星应用中心参观调研，深入交流和探讨开展遥感空间技术应用与竹藤花卉航天育种等领域科技合作事宜。江泽慧一行参观了资源中心展厅、国家陆地观测卫星运控大厅，听取了中国遥感应用协会基本情况介绍，了解了中国卫星遥感和空间信息技术取得的进步与创新发展。座谈会上，三方探讨了合作研究的可行性和技术路线，并研究了竹藤花卉航天育种的具体计划。

国际竹藤中心与中国遥感应用协会和中国高科技产业化研究会开展座谈交流

【"植物细胞壁力学表征技术体系构建及应用"荣获国家科技进步二等奖】 由国际竹藤中心牵头，中国林业科学研究院木材工业研究所、上海中晨数字技术设备有限公司、中国纤维质量监测中心参与完成的"植物细胞壁力学表征技术体系构建及应用"获2019年度国家科技进步二等奖。项目在国际上首次构建了从组织、细胞至纳米尺度完整的细胞壁力学表征体系，并在竹木材料科学技术领域开展了系统创新应用。项目成果获梁希林业科学技术一等奖2项、茅以升木材科学技术奖4项、梁希青年论文奖7项、美国木材科学与技术学会优秀论文奖2项。在国内外权威刊物发表直接相关论文113篇，其中SCI收录60篇，出版专著3部，授权专利7件，颁布标准3项。研发的仪器设备在十余所大专院校、科研院所广泛应用。项目团队骨干中1人入选"国家万人计划科技创新领军人才"、3人入选"国家林业和草原局百千万人才工程"、1人获得中国林业青年科技奖。项目成为农林生物材料纤维力学基础研究和手段创新的成功范例，在国内外产生广泛影响。

【"建筑与交通用竹纤维复合材料轻量化增值制造关键技术"荣获第十届梁希林业科技进步奖一等奖】 11月9~10日，第七届中国林业学术大会对"第十届梁希林业科学技术奖"项目和获奖者进行表彰。国际竹藤中心牵头完成的"建筑与交通用竹纤维复合材料轻量化增值制造关键技术"成果获科技进步奖一等奖。项目瞄准中国绿色建筑材料和交通领域的轻量化增值发展需求,开展增均减重等关键技术研发,在科学理论研究、创新技术开发和产业化应用等方面取得重大突破。项目系统构建了28个竹种的不同尺寸竹纤维物理-力学性能关联数据库,创新研发出竹材多级孵化—均密整张化—质量评价一体化技术、竹木复合结构快速筛选与优化技术、竹质装配式建筑模块化组装连接技术,纳米碳酸钙晶粒改性竹纤维/塑料界面增强技术、竹纤维连续无纺气流铺装成毡及深度模压技术以及四大类9种新产品。截至2019年底,已建成竹纤维及其复合材料生产线22条、完成竹质装配式/集成建筑25栋、推广示范竹质道路护栏100千米、年生产竹木复合集装箱底板20万立方米、销售专门成套设备100余台。项目创新的竹纤维复合材料轻量化增值制造技术,实现了竹材从低端应用领域向装配式建筑、交通轻量化制造等高端领域转变。

【科学研究】

"竹藤种质资源创新利用研究"工作进展汇报会 1月8日,国际竹藤中心承担的"十二五"国家科技支撑计划项目"竹藤种质资源创新利用研究"在北京召开工作进展汇报会。江泽慧、国家林业和草原局科技司巡视员厉建祝等出席会议。会上,竹藤中心汇报了项目研究工作进展情况。项目各课题负责人汇报了各课题的研究进展、经费使用、取得的主要成果、存在问题及下一步工作计划等。项目跟踪咨询专家针对项目及课题开展过程中存在的问题给予了指导建议。项目负责人江泽慧对项目执行提出要求。

"材用竹林高效培育与监测技术"课题总结计划会 2月15~18日,国际竹藤中心承担的"十三五"国家重点研发计划"材用竹林高效培育与监测技术"课题2018年度总结暨2019年度计划会议在福建农林大学召开。咨询专家及课题组成员共30余人参加会议。课题负责人官凤英研究员向与会专家介绍了课题进展总体情况,研究任务负责人汇报了2018年度研究进展和2019年度计划的实施方案,并展开沟通交流。咨询专家给予了具体点评与指导。课题负责人对研究进度、经费使用规范等方面提出了具体要求,并部署了课题2019年度重点工作。

"竹资源高效培育关键技术研究"项目推进会 8月20~21日,"十三五"国家重点研发计划"竹资源高效培育关键技术研究"项目推进会在四川省宜宾市召开。8月20日,项目跟踪专家实地调研考察了长宁县毛竹笋用竹安全高效培育示范林、毛竹-淡竹叶立体复合经营示范林、竹林康养示范林以及四川长宁竹林生态系统国家定位监测研究站的科研试验样地,并与示范林建设者讨论交流。8月21日,项目负责人高健研究员和各课题负责人分别就已开展的研究内容、取得的成果和项目推进计划进行了汇报。

"竹材高值化加工关键技术创新研究"通过中期检查 9月27日,由国际竹藤中心牵头承担的"十三五"国家重点研发计划项目"竹材高值化加工关键技术创新研究"在湖南省双牌县召开中期检查会。会议由科技部中国农村技术开发中心组织召开。专家组一行现场查验了位于永州市双牌县竹产业科技园的圆竹智能识别与物理精准避让、自动定径定长与分级关键技术及高效缓释防护技术等示范线。在汇报会上,项目负责人王戈研究员进行了汇报。项目执行2年来,研发了无裂纹竹展平装饰材制造技术等新技术4项;开发连续竹纤维等新产品3项;开发破竹机器人等新装置10项;建立中试生产线3条,发表研究论文49篇,其中,SCI论文30篇,EI论文1篇;申请专利81件;培养研究生18名。

牡丹转录组测序研究成果在线发表 10月22日,国际竹藤中心主持完成的题为"Transcriptome profiling for foral development in reblooming cultivar 'High Noon' of Paeonia suffruticosa"(《牡丹二次开花品种'海黄'的花芽发育转录组分析》)的科研成果于Nature Research旗下的Scientific Data期刊在线发表。竹藤中心科研团队历时3年,在没有牡丹参考基因组数据的条件下,开展了牡丹二次开花品种"海黄"的三代与二代转录组测序研究,共获得约7万个牡丹基因的全长转录本序列和注释信息;通过二、三代转录组大数据比较分析,构建了"海黄"花芽发育过程中的基因表达谱,解析了基因表达的变化模式,筛选得到大量参与调控花芽发育的重要候选基因(家族)。

"竹资源全产业链增值增效技术集成与示范"2019年度总结会 11月11日,国际竹藤中心牵头承担的"十三五"国家重点研发计划项目"竹资源全产业链增值增效技术集成与示范"年终总结会在南京林业大学召开。竹藤中心常务副主任费本华、南京林业大学副校长张金池以及课题、任务负责人共50余人参会。项目负责人费本华及6个课题的负责人报告了2019年取得的研究进展和成果。会议特邀曹福亮院士和蒋剑春院士等咨询专家对项目进行点评指导。

【国际合作交流】

江泽慧会见哈马德·沙密米一行 3月25日,江泽慧在北京会见巴基斯坦气候变化部国际事务联合秘书哈马德·沙密米一行。国家林业和草原局国际合作司副司长王春峰、国际竹藤组织副总干事陆文明参加会见。江泽慧介绍了国际竹藤组织成立和运行的基本情况,并谈到了中巴双边关系和林业合作进展。哈马德·沙密米介绍了巴基斯坦的竹资源利用情况。

缅甸竹业代表团访问国际竹藤中心 4月25日,缅甸自然资源与环境保护部、缅甸竹藤商会、缅甸勃固省议会议员和林业局官员代表团一行9人到访国际竹藤中心开展竹藤产业发展交流。竹藤中心党委书记、副主任尹刚强及相关处室负责人参加座谈。双方就近年来中缅竹藤合作成果,缅甸竹藤资源、产业、政策和利用的情况等进行了交流。

江泽慧会见翁萨坤 5月28日,江泽慧在柬埔寨金边会见了柬埔寨农业林业渔业部部长翁萨坤。双方就竹藤和花卉领域的合作、柬埔寨政府加入国际竹藤组织事宜以及中方帮助柬埔寨建立竹藤花卉产业试验示范区、开展技术合作等交换意见。中国驻柬埔寨大使王天文,中国外交部参赞、中国花卉协会副会长乐爱妹,中国花卉协会秘书长刘红,国际竹藤中心党委副书记李晓华,国际竹藤组织副总干事陆文明等参加会见。

刚果共和国加入国际竹藤组织 7月18日，刚果共和国加入国际竹藤组织（INBAR）升旗仪式在北京国际竹藤组织总部举行。刚果共和国成为国际竹藤组织第45个成员国。江泽慧、彭有冬、黄跃扬，以及国际竹藤组织理事会副主席国代表、喀麦隆驻华大使马丁·姆巴纳，刚果共和国驻华大使达尼埃尔·奥瓦萨，国际竹藤组织总干事穆秋姆出席升旗仪式并致辞。国际竹藤中心常务副主任费本华以及30余位国际竹藤组织成员国驻华使节出席升旗仪式。

国际竹藤中心专家组访问越南 8月8~11日，尹刚强、竹藤中心绿色经济研究所首席专家李智勇等5人赴越南开展项目调研工作。8月8日，代表团访问越南林业科学研究院非木质林产品研究中心，参加研讨交流会，并会见了越南国家林业总局副总局长潘樊登。通过交流，双方一致认为，中越两国通过"一带一路"国际合作平台开展合作，将有助于两国竹产业的可持续发展。8月9日，双方专家组一同对越南FSC认证竹林示范项目、越南竹加工龙头企业BWG公司进行了实地考察。8月10~11日，专家组前往胡志明市，对西贡植物园竹资源圃、竹工艺品市场、竹产品商贸公司进行了调研。

国际竹藤中心代表团赴菲律宾参加首届东盟竹子大会 8月12~15日，尹刚强、李智勇等5人赴菲律宾怡朗市参加首届东盟竹子大会。李智勇研究员在大会对话环节中，对竹藤中心与国际竹藤组织（INBAR）加强合作，服务东盟国家竹产业发展提出了意见建议。会议期间，代表团与菲律宾竹子协会就共同协调和推进中菲双方竹种质资源、竹材加工等技术合作进行交流并达成共识。其间，代表团还到马拉拉市的生态公园、竹工艺品市场等进行调研。

国际竹藤中心与越南林科院签署合作协议 9月12日，在国家林业和草原局局长张建龙和越南农业和农村发展部常务副部长何公俊的见证下，尹刚强与越南林业科学研究院院长武代海共同签署了《国际竹藤中心与越南林业科学研究院合作框架协议》。双方协商将在竹藤资源高效培育、竹藤高附加值加工利用技术研发及竹林认证等具体领域开展重点合作。

厄瓜多尔国会主席访问国际竹藤组织总部 9月24日，厄瓜多尔国民代表大会主席（议长）塞萨尔·利塔尔多·凯塞多访问国际竹藤组织总部。江泽慧和全国政协副秘书长郭军出席会议。江泽慧与利塔尔多就深化合作、帮助厄瓜多尔执行竹子发展项目、举办双边竹子培训班、利用竹藤资源消除贫困、推动区域经济发展进行了交流。

国际竹藤中心组团参加第25届国际林联大会 9月29日至10月5日，第25届国际林联大会在巴西库里蒂巴市举行。国际竹藤中心派出14人代表团参会，就竹藤细胞壁特性、竹质工程材料力学特性、竹藤材热处理、密实化、树脂浸渍等改性技术，竹基因组学和生物技术，竹生态等最新进展在会议上进行了交流。会议期间，国际林联竹藤工作组举办了工作协调会，就近期中国和国际竹藤组织正在或将要开展的竹藤交流活动以及未来竹藤发展趋势进行了交流和工作安排。竹藤中心与国际竹藤组织还联合共建了竹藤展室，通过图书、视频、展板等方式展示了竹藤科技创新与国际合作等方面工作成果和进展。

江泽慧会见提拉克·维嘎斯 10月2日，江泽慧在北京会见了2019年度中国政府友谊奖获得者、国际竹藤组织前董事提拉克·维嘎斯（Tilak Viegas）教授及其夫人。江泽慧与维嘎斯就在竹藤中心与葡萄牙里斯本大学总体合作协议基础上进一步深化竹藤中心、国际竹藤组织和里斯本大学之间的三方合作深入交换意见。双方一致同意，通过组建联合实验室，在城市林业等多个领域开展合作。竹藤中心常务副主任费本华、中国花卉协会副秘书长彭红明等参加会见。

越南林科院非木材林产品研究中心到访国际竹藤中心 10月29日，越南林业科学研究院非木材林产品研究中心主任潘文胜率越南林业代表团一行20人到访竹藤中心，竹藤中心常务副主任费本华及相关部门负责人和专家与代表团进行会谈。费本华和潘文胜分别介绍了竹藤中心的整体情况和中国竹产业发展现状及相关政策、越南非木材林产品研究中心的发展历史和越南竹资源情况，并就进一步加强合作、探索共同实施科研项目等进行交流。

江泽慧出席国际木材解剖学家协会（IAWA）中国分会第六届学术研讨会 11月24日，国际木材解剖学家协会（IAWA）中国分会第六届学术研讨会在安徽合肥举行。受组委会邀请，江泽慧出席大会，并作大会主旨报告。会后，江泽慧会见了IAWA前理事长、IAWA Journal主编皮特·巴斯，国际木材科学院院士、韩国全南国立大学前校长金润受。安徽农业大学党委书记江春、校长夏涛，竹藤中心常务副主任费本华等陪同会见。

国际竹藤中心代表团出席西班牙联合国气候变化大会 12月11~14日，竹藤中心代表团赴西班牙参加《联合国气候变化框架公约》第25次缔约方大会"中国角"竹藤边会，并开展调研。代表团参加了竹藤中心与国际竹藤组织（INBAR）在"中国角"联合举办的"以竹代塑应对气候变化"边会活动。INBAR总干事穆秋姆主持会议，李智勇在对话环节中发言，介绍了竹藤中心的研发概况和与竹浆纸企业合作成果，强调了以竹代塑在中国和全球的发展前景。代表团专家还与参加边会的国际热带木材组织（ITTO）执行主任和厄瓜多尔、芬兰专家等进行了讨论交流，并参加了大会全会以及印度尼西亚、欧盟、日本等国家和地区举办的主题活动。

【"竹产业发展指导意见"研讨会】 5月6日，竹藤中心召开"竹产业发展指导意见"研讨会，就国家林业和草原局发改司委托的"竹产业发展指导意见"项目开展技术交流。竹藤中心副主任李凤波主持会议，竹藤中心副主任陈瑞国及相关专家等参会。会上，传达和讨论了国家林草局发改司组织的"关于启动产业发展指导意见"会议精神，以及竹产业发展指导意见（讨论稿）等内容。

【国际培训】

2019"一带一路"国家竹藤资源可持续开发与管理研修班 8月6日，由商务部主办、国际竹藤中心承办、国际竹藤组织协办的"2019'一带一路'国家竹藤资源可持续开发与管理研修班"在北京开班。来自"一带一路"沿线7个国家的26名林业、农业、科技、标准、自然资源与环境领域的高级官员就竹藤资源可持续开发与管理专题，在北京展开为期21天的研讨和交流。竹藤中心副主任陈瑞国、国际竹藤组织副总干事陆文明参加开班式并讲话。研修班设置了专题授课、座谈、研讨、交流、实地考察和文化体验等活动，并安排学员赴浙江省杭州市、安吉县实地考察毛竹丰产林基地、高新竹制品企业，并与当地政府、企业家等竹藤产业从业人员进行交流座谈。

2019年刚果(布)藤柳制品技术培训班 8月13日，由中国商务部主办、国际竹藤中心承办、国际竹藤组织协办的"2019年刚果(布)藤柳制品技术培训班"在北京开班。竹藤中心常务副主任费本华、国际竹藤组织总干事穆秋姆、刚果(布)驻华使馆公使衔参赞艾伯特·格伦参加开班式并致辞。来自刚果(布)的25名学员参加此次培训，通过课程学习藤产品设计与文化，藤材加工工具和机械技术等内容。

2019年厄瓜多尔竹子加工技术培训班 8月13日至9月11日，由中国商务部主办、国际竹藤中心承办、国际竹藤组织协办的"2019年厄瓜多尔竹子加工技术培训班"在北京举办。竹藤中心常务副主任费本华、国际竹藤组织总干事穆秋姆、中国国家林业和草原局国际司副司长胡元辉、厄瓜多尔驻华使馆公使克劳德·拉腊出席开班仪式并致辞。培训班为期30天，来自厄瓜多尔的农业、林业和竹产业等领域的工程师、高级专家等共23名学员参加培训，通过课堂授课、案例分析、实操技术培训、座谈交流研讨等多种形式，深入了解竹产业经营管理、竹产品加工和标准化、中国竹资源现状及政策、竹资源综合效益等内容。培训班还组织学员前往浙江临安、安吉等地，实地考察、学习和交流当地产业发展和手工技术的先进经验。9月11日，培训班举行结业仪式。在培训班筹备期间，竹藤中心派专家团组前往厄瓜多尔访问调研，深入了解厄瓜多尔资源和产业发展现状，以及培训需求。

2019年喀麦隆竹藤产品开发技术培训班 8月14日，由中国商务部主办、国际竹藤中心承办、国际竹藤组织协办的"2019年喀麦隆竹藤产品开发技术培训班"在北京开班。竹藤中心常务副主任费本华、国际竹藤组织总干事穆秋姆出席开班仪式并致辞。培训班为期45天，共有17位喀麦隆学员参加培训。培训班安排了课堂授课、现场技术培训、产品设计大赛以及座谈交流研讨等活动，并组织学员赴竹种植园和竹加工企业参观考察，与各级林业主管单位、龙头企业和农民、手工艺者开展交流研讨，学习和交流中国竹资源可持续管理和竹产品加工技术先进经验。

2019年东盟国家热带花卉园林景观研修班 8月30日，由商务部主办、国际竹藤中心承办、中国花卉协会协办的"2019年东盟国家热带花卉园林景观研修班"在北京开班。竹藤中心党委书记、副主任尹刚强，中国花卉协会副秘书长陆文明参加开班式并讲话。11名来自老挝、泰国、柬埔寨的从事花卉等相关领域的政府官员和企事业单位管理人员就热带花卉园林景观专题，在北京开展为期14天的研讨和交流。研修班采用专题讲座、教学实训、实地考察、现场教学等形式，教授中国花卉产业发展情况、中国-东盟花卉贸易交流情况、园林花卉学、热带花卉学、中国古典园林造景艺术、园林景观设计、园林建筑及其维护保养等内容。学员们还应邀参加了2019年世界花卉大会，参观了北京世园会，赴北京、苏州、扬州等地考察调研，实地学习园林建筑设计建造及维护保养等知识。9月12日，研修班在北京结业，江泽慧、国家林业和草原局国际司副司长胡元辉出席结业典礼并致辞，江泽慧为学员颁发结业证书。

2019年竹藤科技创新驱动绿色产业发展研修班 9月11日，由商务部主办、国际竹藤中心承办的"2019年竹藤科技创新驱动绿色产业发展研修班"在北京开班。竹藤中心副主任陈瑞国参加开班式并致辞。研修班为期21天，共有19名来自柬埔寨、斐济、肯尼亚、加纳、委内瑞拉、乌干达、西班牙7个国家的从事林业等与环境领域相关的高级官员就竹藤科技创新驱动绿色产业发展专题开展研讨和交流。研修班采用课堂授课、案例分析、现场参观考察等形式授课，并组织前往浙江杭州、安吉等地实地考察毛竹丰产林基地、高新竹制品企业，并与当地政府、企业家等竹藤产业从业人员进行交流座谈。研修班还组织学员前往竹藤中心安徽太平试验基地，参观考察中国竹木复合材料和种质资源保存等方面的最新发展情况。9月26日，研修班在北京结业。江泽慧、国家林业和草原局国际司巡视员戴广翠在结业仪式上致辞并向学员颁发证书。

2019年塞内加尔竹藤利用研修班 10月14日，由商务部主办、国际竹藤中心承办的"2019年塞内加尔竹藤利用研修班"在北京开班。尹刚强、陆文明和塞内加尔驻华大使馆公使衔参赞姆巴巴·科拉·恩迪亚耶参加开班式并致辞。来自塞内加尔的从事林业、农业、科技、标准、自然资源与环境领域相关的20名高级官员就竹藤利用专题，在北京开始为期21天的研讨和交流。研修班安排了课堂授课、案例分析、专题讲座，针对塞内加尔特有的低地竹种利用进行研讨交流，分享了中国政府为支持竹藤产业发展的系列扶持政策，探讨了塞内加尔竹资源管理和利用的模式与技术，还安排学员赴"中国竹乡"浙江安吉等地参观考察了竹人工林和竹加工龙头企业，分享了中国竹藤产业在减贫致富、环境保护和绿色发展等方面的成功案例。11月1日，研修班在北京结业。尹刚强、国际竹藤组织总干事阿里·穆秋姆和塞内加尔驻华大使马杜·恩迪亚耶在结业典礼上致辞并向学员颁发证书。

2019年加纳竹藤制品开发技术海外培训班 8月27日，由中国商务部主办、国际竹藤中心承办、国际竹藤组织和加纳土地和自然资源部林业委员会协办的"2019年加纳竹藤制品开发技术海外培训班"在加纳库马西市的林业委员会培训中心开班。竹藤中心培训处处长王刚、中国驻加纳使馆经商处参赞柴之宗、加纳土地自然资源部副部长班尼托·奥乌苏·比奥等参加开班仪式。培训班为期30天，共90位加纳竹藤家具产品设计和生产的手工艺人参加培训，学员们学习圆竹家具的制作流程，并参加实操练习。9月23日，培训班于加纳库马西市结业。

**2019年厄瓜多尔竹产业可持续发展海外技术培训

班　10月8日至11月6日，国际竹藤中心在厄瓜多尔圣多明各省举办"2019年厄瓜多尔竹产业可持续发展海外技术培训班"。培训班由中国商务部主办、竹藤中心承办、国际竹藤组织和厄瓜多尔高等教育和科技创新秘书处协办。11月6日，培训班结业。竹藤中心培训处处长王刚、圣多明各省副省长路易斯·拉若参加结业仪式并致辞。此次培训班是竹藤中心首次在南美洲承办的双边技术培训项目。针对厄方需求，培训班在为期30天的培训中安排了竹编和竹家具制作等课程内容。

2019年厄瓜多尔竹产业增值海外培训班　10月8日至11月21日，国际竹藤中心在厄瓜多尔马纳比省波托维耶霍市举办"2019年厄瓜多尔竹产业增值海外培训班"。培训班由商务部主办、国际竹藤中心承办、国际竹藤组织和厄瓜多尔高等教育、科技和创新秘书处协办。11月21日，培训班举行结业典礼。中国驻厄瓜多尔使馆经商处参赞陈峰、马纳比省省长里奥纳多·奥兰多等出席结业式并致辞。此次海外培训为期45天，62名厄瓜多尔手工艺者和技术专家学习制作了260余件竹编产品，掌握了厄瓜多尔笋材两用主要竹种的类型和特性、苗圃建设、育苗、丰产培育以及生物量测量等实用技术。

【技术扶贫】

研究部署2019年扶贫工作　2月25日，竹藤中心召开会议，专题研究部署中心2019年扶贫工作。费本华主持会议，中心领导班子成员参会。会议传达了2月20日国家林业和草原局扶贫工作领导小组第一次会议精神，并结合国家林草局2019年扶贫工作要点和竹藤中心工作实际，就全面抓好国际竹藤中心2019年扶贫相关工作进行了研究。

2019年全国竹藤产业发展政策培训班　1月8~12日，国际竹藤中心在福建永安举办"2019年全国竹藤产业发展政策培训班"。来自浙江安吉、安徽广德等10个省份14个县(市、区)的县政府分管领导等共计72人参加了培训。竹藤中心副主任陈瑞国、永安市副市长蔡清辉等出席开班仪式。此次培训班由竹藤中心主办，永安市林业局、福建省"6·18"协同创新院竹产业(永安)分院承办，中国林学会竹藤资源利用分会协办。培训班邀请了福建农林大学副校长郑郁善、清华大学家具设计研究所所长于历战等竹业专家授课，并组织学员前往永安市小陶镇等地进行现场教学。

助推龙胜县脱贫攻坚　4~6月，竹藤中心与国家林草局定点扶贫县——广西壮族自治区龙胜各族自治县开展了对口帮扶工作。从科技项目、扶贫培训、支部共建、农林产品采购、爱心捐助等方面，打出了一套扶贫工作"组合拳"，全力助推龙胜县脱贫攻坚，取得良好成效。

林业定点扶贫培训班　6~7月，国家林草局规财司(扶贫办)与国际竹藤中心联合为广西龙胜各族自治县、罗城仫佬族自治县、贵州省荔波县、独山县4个国家林草局定点扶贫县，先后举办了4期林业技术扶贫培训班，共计培训贫困林农、种植大户等190余人。竹藤中心党委书记尹刚强、广西河池市副市长齐联等出席相关培训班。培训班与广西、贵州及各定点县林业部门沟通协调，针对地方实际需求，制订了培训方案，邀请国家林草局规财司、北京林业大学等单位专家讲授了国家林业扶贫政策、林木栽培抚育、病虫害防治等林业实用技术课程。

林业技术扶贫培训(怒江)班　7月18日至8月15日，国家林草局规财司和国际竹藤中心联合为云南怒江傈僳族自治州举办林业技术扶贫培训。7月18日，培训班开班。竹藤中心党委书记尹刚强、怒江傈僳族自治州人民政府副州长娜阿塔等参加开班式并讲话。此次培训班为期30天，来自怒江傈僳族自治州的28名建档立卡贫困户以及9名致富带头人等共37位学员参加培训。培训班筹备期间，专门成立调研组前往怒江竹种苗繁育基地等地考察怒江竹资源现状及分布等情况，设置了圆竹家具和竹编两大类实用技术课程，邀请国内知名竹企业中有经验的专家授课。经过一个月的培训学习，学员们完成了竹家具4套、30余件，平面竹编画60余幅。8月15日，培训班结业。在结业式上，培训班评选并表彰了5名优秀学员和5件优秀作品。

井冈山竹编技术培训班　8月28日至9月26日，竹藤中心为江西省井冈山市举办为期30天的竹编技术培训班。来自井冈山市的21名林农、个体手工业者等参加培训。针对井冈山市实际情况和需求，培训班在初期设置了平面竹编等三大类竹编实用技术课程，邀请了中心往期培训班学员、第十三届全国人大代表杨昌芹及其教师团队授课。培训期间，共完成164件作品，评选并表彰了3名优秀学员和3件优秀作品。

湖北竹产业技术培训班　9月16~20日，竹藤中心在安徽太平试验中心为湖北省举办竹产业技术培训班。来自湖北省重点竹产区的林业相关部门、科研院所、林场、林业站及相关竹企业的负责人、技术骨干和管理人员共42名学员参加培训。培训班邀请了国际竹藤中心和安徽农业大学的知名专家围绕中国竹产业发展的战略任务与政策选择、世界竹藤贸易与国际竹藤组织、竹材加工产业发展与技术创新、竹林认证、竹林碳汇、竹资源化学利用、竹产业实用技术等相关专题授课。培训班采用专题讲座、交流互动与现场教学相结合的形式开展，还安排了安徽太平试验中心"竹类植物与木本花卉国家级种质资源库"和"沟村省级毛竹科技示范园"现场教学。

"竹资源利用与产业发展"培训班　根据国际竹藤中心与山东省肥城市人民政府签署的"竹子在肥城北部城区植被恢复中的应用"框架协议相关内容，10月15~18日，竹藤中心在肥城市组织承办"竹资源利用与产业发展"培训班。竹藤中心副主任李凤波带领授课专家团队参加培训授课。由竹藤中心、北京紫竹院和河南博爱县竹子研究所组成的授课专家团队分别从竹子育苗技术、竹林管护、景观竹林营造、林下经济、竹子在全球气候变化和矿区恢复中的应用等方面作了专题报告。

全国竹藤产业发展政策培训班　12月17~21日，国际竹藤中心在四川省宜宾市长宁县举办全国竹藤产业发展政策培训班。来自浙江、四川等9个省份14个县(区、市)的县级分管领导等相关人员共80余人参加培训。竹藤中心党委书记、副主任尹刚强，宜宾市政府副市长张平等参加结业式，并为学员颁发结业证书。为保证培训实效，竹藤中心通过调研需求、征求意见等方式，针对当前竹产业发展形势、热点问题和地方实际，精心设计了竹业发展趋势分析、战略政策选择、地方竹产业发展规划、林权制度及农村土地政策解读等培训课程，并安排了现场教学。培训班邀请了竹藤及相关领域专家授课。

【竹藤标准化】

国际标准化组织竹藤技术委员会（ISO/TC 296）2019年年会 于9月2~6日在菲律宾马尼拉召开。会议由ISO/TC 296秘书处主办，菲律宾国家标准局承办。来自中国、哥伦比亚等12个成员国及国际竹藤组织的50余名代表参加会议。9月2日，年会正式开幕。开幕式后，与会专家分成竹地板、竹产品术语、竹炭、藤、工程竹5个工作组分别召开工作组会议。9月6日，召开ISO/TC 296 2019年全体会议。会上，ISO/TC 296秘书处总结过去一年的工作情况，各工作组对工作进展进行了汇报。会上共通过12项决议。其中，通过ISO/TC 296 2020年年会在哥伦比亚召开。

全国竹藤标准化技术委员会工作 2019年，全国竹藤标准化技术委员会针对新形势下林业发展对标准化工作的新要求，积极完成各项工作任务。完成《重组竹地板》等4项国家标准申报；完成《竹纤维》等2项国家标准、《竹单板》等20项林业行业标准征求意见；完成《竹席》等3项国家标准、《无胶竹砧板》等21项林业行业标准审查；完成《竹牙签》等6项国家标准、《竹质工程材料术语》等19项林业行业标准报批。

【创新平台建设】

《2019中国竹藤计划》品牌发展交流研讨会 3月13~15日，国际竹藤中心主办"2019中国竹藤品牌建设与发展计划"交流研讨会系列活动。3月14日，召开"2019中国竹藤品牌计划"座谈会，竹藤中心副主任李凤波参加并致辞。与会企业家听取了《2019中国竹藤品牌计划》实施进展和后续活动安排，并就如何更好地推动竹藤企业品牌建设等议题进行深入研讨交流。活动还邀请了两位品牌培育专家授课，讲授了打造成功品牌的重点、要点和难点，以及招商引资的知识与实践技巧。3月15日，组织与会企业家参观了2019第十八届北京定制家居门业展。

第二届中国集群品牌论坛 9月20日，由国际竹藤中心和中国品牌建设促进会等单位共同主办的第二届中国集群品牌论坛在北京举办。国际标准化组织竹藤技术委员会（ISO/TC 296）技术指导委员会主任、中国竹藤品牌集群主席江泽慧，中国品牌建设促进会理事长、国际标准化组织品牌评价技术委员会（ISO/TC 289）主席顾问组主席、原国家质检总局副局长刘平均出席并致辞。

国家林草局竹林生态系统定位观测研究站2019年学术年会 于12月9~11日在湖北省咸宁市召开，此次会议由国际竹藤中心主办、湖北省林科院和咸宁市林业局承办。国家林草局科技司巡视员厉建祝、竹藤中心党委书记尹刚强、湖北省林业局副局长王昌友、咸宁市人民政府副市长吴刚，以及来自竹藤中心、中国林科院热林中心、中科院华南植物园、浙江农林大学等科研院校的代表和特邀专家共80余人参会。会上，竹藤中心通报了竹林生态系统定位观测研究站的最新研究成果。会议期间，中科院华南植物园赵平研究员、竹藤中心范少辉研究员等应邀作专题报告，与会专家围绕最新研究成果、竹林生态站观测指标体系、加强科研合作和数据共享等内容进行研讨，并考察了湖北幕阜山竹林生态系统定位观测研究站。

张永利到国际竹藤中心三亚基地调研 12月13日，国家林业和草原局党组成员、副局长张永利到竹藤中心热带森林植物研究所（简称"三亚基地"）调研并听取竹藤中心党委书记、副主任尹刚强关于竹藤中心及三亚基地工作情况汇报。座谈后，张永利一行现场考察了院区内综合楼、科研业务楼和热带竹藤花卉国家种质资源保存库建设情况。

【重要会议和活动】

国际竹藤中心2019年工作会议 1月18日，国际竹藤中心召开2019年工作会议。江泽慧、彭有冬出席会议并讲话。国家林业和草原局办公室、规财司、科技司等司局以及国际竹藤组织等相关单位负责人出席会议。竹藤中心领导班子成员及全体干部职工、研究生和国际竹藤组织中方员工共130余人参加会议。费本华作了竹藤中心2018年工作报告和党建工作报告。

江泽慧率团访问香港 5月31日至6月1日，江泽慧率团访问香港。其间，先后访问香港康乐及文化事务署、香港园艺学会和香港恒生大学。中国花卉协会副会长乐爱妹、秘书长刘红，国际竹藤组织副总干事陆文明，国际竹藤中心党委副书记李晓华等陪同出访。5月31日，代表团与香港康乐及文化事务署助理署长廖伟城和香港园艺学会名誉会长张何丽梅、会长徐荷芬等座谈交流。江泽慧介绍了中国花卉产业的发展情况和2019北京世园会盛况，香港康乐及文化事务署总康乐事务经理（绿化运动）柯慧儿介绍了香港康乐及文化事务署工作情况、香港的绿化情况，以及香港花卉展览的内容和形式。

代表团访问香港恒生大学时，香港恒生大学常务副校长方梓勋介绍了学校的发展历史和校内建筑对竹材的应用，并与江泽慧就竹藤资源开发利用技术及竹建筑发展前景进行了交流和学术探讨。代表团还参观了恒生大学校园内教学楼、学生宿舍等具有代表性的竹装饰材应用情况。6月1日，李晓华代表竹藤中心参加了恒生大学举办的"持续发展与竹子学术交流会2019：建筑与建材"并作报告。

国际竹藤中心3人荣获"庆祝中华人民共和国成立70周年纪念章" 在庆祝中华人民共和国成立70周年之际，竹藤中心主任江泽慧，竹藤中心常务副主任费本华和竹藤资源与环境研究所所长范少辉3人荣获由中共中央、国务院、中央军委颁发的"庆祝中华人民共和国成立70周年"纪念章。9月29日，国家林业和草原局离退休干部局党委书记、局长薛全福看望慰问江泽慧并为其佩戴纪念章。

【大事记】

1月7日 在中国林学会召开的科技成果评价会

上，竹藤中心牵头申报的"圆竹结构材高效利用关键技术""竹束单板层积复合材制造及在装配式建筑中应用关键技术""竹加工与制浆剩余物制造新型竹塑复合材料关键技术"3项科研成果，通过科技成果评价。竹藤中心常务副主任费本华、副主任李凤波参加会议。

1月23日 国际竹藤中心召开干部大会，宣布任命尹刚强为中共国际竹藤中心委员会书记、副主任，刘世荣不再担任国际竹藤中心党委书记职务。江泽慧、彭有冬出席会议并讲话。中心领导班子成员、全体干部职工参加会议。

4月3日 竹藤中心与山东泰安肥城市政府在肥城签署《竹子在肥城北部城区植被恢复中的应用》合作协议。竹藤中心竹藤资源与环境研究所所长范少辉、肥城市常务副市长王志勇作为代表签署合作协议。竹藤中心副主任李凤波参加签约仪式。

5月19日 中国竹产业协会竹食品与日用品分会在福建省建瓯市召开成立大会。国际竹藤中心副主任李凤波、中国竹产业秘书长孙正军、建瓯市委常委副市长陈晓健出席并致辞。会议选举产生了分会第一届理事会，竹藤中心竹藤资源化学利用研究所副所长汤锋当选为理事长，姚曦副研究员当选为秘书长。竹藤中心为秘书处所在单位。

6月3日 贵州省副省长卢雍政一行到访竹藤中心，竹藤中心领导班子成员与卢雍政一行就贵州省竹产业发展与合作进行座谈研讨。

7月15日 "森林城市群绿色协同发展路线图——亚欧城市林业合作与森林城市建设的回顾与启示"研讨会在竹藤中心召开。来自竹藤中心、国家林业和草原局城市森林研究中心、加拿大英属哥伦比亚大学（UBC）等单位的近20位专家学者参加了交流研讨。

7月24日 国家林业和草原局人事司副司长路永斌一行到国际竹藤中心开展人事人才工作专项调研，召开座谈会听取意见建议，与中心领导和人事部门深入交流研讨。竹藤中心相关处室、研究所和科研平台负责人，以及引进人才、职工代表等14人参加座谈。

9月23日 国际竹藤中心召开全体干部职工大会，通报有关处室职能和干部岗位调整，并对新一轮处级干部选拔任用工作进行动员部署。江泽慧出席会议并讲话。竹藤中心领导班子及全体干部职工参加。

10月21日 竹藤中心副主任李凤波带领专家团队应邀赴昆明参加"中国林学会国家公园学术研讨会暨国家公园分会成立大会"。竹藤资源与环境研究所所长范少辉担任中国林学会国家公园分会第一届理事会常务理事，园林花卉与景观研究所副所长胡陶担任中国林学会国家公园分会第一届理事会理事。

11月4~7日 竹藤中心专家团队应邀赴河南省洛宁县开展竹资源和竹产业发展情况调研，实地考察了涧口乡等地的竹林资源培育和利用现状，并与洛宁县委、县政府以及相关部门负责人举行座谈会。

12月14~18日 应秘鲁皮乌拉大学邀请，国际竹藤中心和国际竹藤组织派出联合专家组，赴秘鲁首都利马开展秘鲁竹产业合作与项目调研。

12月18日 国家林业和草原局科技司司长郝育军一行到国际竹藤中心调研指导。竹藤中心常务副主任费本华介绍有关情况。竹藤中心党委书记尹刚强，副主任李凤波、陈瑞国及各部门负责人参加座谈。

12月23日 国际竹藤中心派员赴上海参加中国花卉协会花卉景观分会成立大会。大会通报了花卉景观分会的筹备情况，审议通过了《中国花卉协会花卉景观分会工作条例》《中国花卉协会花卉景观分会第一届理事会候选人产生办法》等文件。竹藤中心园林花卉与景观研究所副所长胡陶当选为花卉景观分会副会长。

（国际竹藤中心由王丹供稿）

国家林业和草原局森林和草原病虫害防治总站

【综　述】 2019年，国家林业和草原局森林和草原病虫害防治总站（以下简称"林草防治总站"）紧紧围绕林业草原改革发展大局，以保护森林资源和野生动物、维护生态安全为主线，以深化改革创新为动力，以促进党建和业务高度融合为抓手，扎实推进林业草原有害生物防治、野生动物疫源疫病监测和机关党建工作，多项工作取得突破性成果。

党建工作　一是组织召开全面从严治党推进会，制定印发总站《2019年全面从严治党工作要点》，周密安排部署全年党建工作。二是扎实开展"不忘初心、牢记使命"主题教育，累计梳理出6个方面34个问题，研究明确83项整改措施，建立问题清单和整改工作台账，并开展整改落实情况"回头看"。三是坚持党委理论中心组学习制度，分17个专题组织开展学习，全年中心组学习11次，上专题党课8次，开展外埠党性教育培训1次，参观学习5次，集中观看学习教育视频9次。四是开展经常性党风廉政和纪律教育，层层签订承诺书，以问题为导向，通过通报典型案例、重大节日廉政提醒等形式，教育提醒干部职工严守纪律规矩。五是持之以恒改进工作作风，认真落实中央八项规定精神，紧盯"四风"问题不放松，大力精简会议和文件，深入开展调查研究，严格日常工作纪律的抽查考核，认真办理职工提案建议，扎实开展定点扶贫和驻村帮扶工作。六是推进党支部标准化、规范化建设，开展"大学习、大检查、大规范"活动，规范发展党员工作程序，完成党支部换届改选。

机构队伍建设　5月21日，聘任曲涛、初冬为副总工程师，赵瑞兴为办公室主任，常国彬为林业有害生物防治处处长，柴守权为草原有害生物防治处处长，孙玉剑为药械处处长，李计顺为宣传办公室主任，张旭东为信息中心主任。6月13日，聘任高薇为人事处正处长级干部，孙贺廷为疫病监测处处长，苏宏钧为有害生物灾害评估中心主任，于海英为研究中心主任，崔振强为培训中心主任，王云霞为计财处处长，张斌为行政处处长。

5月6日，林草防治总站与内蒙古自治区乌兰察布市森防站联合建立青年干部实践基地，签署共建协议，选派6名青年干部进行为期5个月的基层实践锻炼。10月17日，与山东省威海市林业局联合建立青年干部实践基地，签署共建协议，选派6名青年干部进行为期6个月的基层实践锻炼。

2019年，林草防治总站被评为国家林业和草原局2018年度党建考核优秀单位；检疫处被授予全国生态建设突出贡献先进集体称号；方国飞入选第一批"林业和草原科技创新领军人才"名单，孙贺廷入选国家林业和草原局第六批"百千万人才工程"省部级人选，方国飞被授予全国生态建设突出贡献先进个人称号。

科学技术成果 1月21日，林草防治总站承担的林业行业公益专项"藏羚羊传染性胸膜肺炎传播机理与风险研究"通过国家林业和草原局组织的验收。3月26日，林草防治总站承担的软科学项目"林业生物灾害损害责任追究制度体系研究"通过国家林业和草原局组织的验收。

5月6日，林草防治总站推荐6个项目参加辽宁林业科技进步奖评选，其中，"松树异常卫星遥感监测新技术"获得一等奖；"林业生物灾害损害责任追究制度体系研究""林区湿地鼠害无公害防治技术推广项目""杨干象防治技术规程"获得二等奖；"抗生育剂防治森林地上害鼠技术规程""枣大球蚜防治技术规程"获得三等奖。6月23日，林草防治总站推荐"林业生物灾害损害责任追究制度体系研究""藏羚羊传染性胸膜肺炎传播机理与风险性研究""松树异常卫星遥感监测新技术"和"林区湿地鼠害无公害防治技术推广"4个科研项目参加第十届梁希林业科学技术奖评选，其中，"松树异常卫星遥感监测新技术"获得第十届梁希林业科学技术二等奖。

技术标准化建设 作为全国植物检疫标准化技术委员会林业检疫技术分委会秘书处、全国林业有害生物防治标准化技术委员会秘书处，林草防治总站分别于8月28~29日和10月29~31日在宁夏回族自治区固原市、山西省运城市召开2个标准化技术委员会年会，总结2019年度工作成绩，分析存在的问题，研究部署2020年工作计划，审定通过归口管理的《林业植物产地检疫技术规程》《林用烟雾载药施药技术规程》等林业行业标准和《林业有害生物防治常用术语》国家标准，并提出2021年度拟申报的标准范围和重点。

信息化建设 4月，"林业有害生物防治信息管理系统""陆生野生动物疫源疫病监测防控信息管理系统""陆生野生动物疫源疫病监测数据采集系统""陆生野生动物疫源疫病监测防控移动信息管理系统""科研项目及奖励管理信息系统"软件著作权登记获得国家版权局批准。9~12月，参与首届全国生态大数据创新应用大赛，为国家林业和草原局直属单位中唯一进入决赛的单位。12月，出版《林业有害生物防治信息管理系统标准规范》。

行业宣传培训 开展《松材线虫病疫区和疫木管理办法》《松材线虫病防治技术方案》等重要政策性文件的宣贯以及松材线虫病等重大林业有害生物防控技术、野生动物疫源疫病监测技术培训，举办研训班14期，培训基层骨干1380余人次。出版《中国森林病虫》6期，编发《森防工作简报》10期。发布森防动态信息4572条、野生动物疫情动态信息752条，报送政务信息207条。开展"森防岁月稠"庆祝新中国成立70周年主题征文活动。出版纪念国庆70周年和站庆55周年大型宣传图册《守望绿色》。

【**林业有害生物发生**】 2019年，全国主要林业有害生物持续高频发，偏重发生，并呈现出重大林业有害生物传播速度快、发生面积大、危害程度重的显著特征。据统计，全年共发生1236.77万公顷，同比上升1.93%，发生面积居高不下，危害程度加重，局部成灾。其中，虫害发生811.46万公顷，同比下降2.73%；病害发生229.54万公顷，同比上升29.74%；林业鼠（兔）害发生178.03万公顷，同比下降3.02%；有害植物发生17.74万公顷，同比持平。

松材线虫病 发生111.46万公顷，同比上升71.67%，疫情持续扩散蔓延，危害加重。累计病死枯死松树1946.74万株，同比上升82.56%。疫情新报告85个县级行政区。重点生态区位防控形势严峻，黄山、九华山、庐山、三峡库区、陕西秦岭山区及其周边出现新疫情。

美国白蛾 发生76.89万公顷，同比下降8.60%，整体轻度发生，局地危害偏重。疫情新报告7个县级行政区，新发疫情数量持续减少。疫情在老疫区扩散形势趋于稳定，在苏皖江淮地区、湖北东北部、陕西中部等新发生区由点状向片状发展，但扩散势头减缓。

林业鼠（兔）害 发生178.03万公顷，同比下降3.02%，危害整体减轻，但在黄土高原沟壑区局部新植林地和荒漠林地危害偏重。鼢鼠类发生41.10万公顷，同比下降11.86%；鼠平鼠类发生33.25万公顷，同比下降7.24%；沙鼠类整体发生平稳，发生67.04万公顷，同比持平；田鼠类、兔害及鼠兔害等危害整体偏轻。

有害植物 发生17.74万公顷，同比持平。薇甘菊发生6.70万公顷，同比上升21.95%，疫情已全部覆盖广东珠三角地区，且持续向粤东和粤西地区扩散危害，在粤桂东南沿海、琼北和琼中等地危害加剧，严重影响林木生长；金钟藤发生1.23万公顷，在海南中部和西部危害加重。

竹类及经济林病虫害 发生179.61万公顷，同比下降1.95%。其中，竹类病虫危害整体减轻，中度以下发生面积占比96.50%；水果病虫害整体轻度发生，发生73.41万公顷，但在新疆、内蒙古局部地区偏重发生；干果病虫害发生65.42万公顷，以轻度发生为主；香料调料类病虫害在西北、西南等主要产区，油茶病虫害在赣湘鄂等省传统油茶产区轻度发生。

松树钻蛀害虫 发生109.52万公顷，同比持平。松褐天牛发生77.31万公顷，同比上升9.19%，发生面积连续10年持续攀升；梢斑螟类发生16.93万公顷，同比下降14.95%，但樟子松梢斑螟在黑龙江西部和大兴安岭南部，果梢斑螟在黑龙江东部和南部、吉林东部局部地区对樟子松和红松造成严重危害，经济损失巨大；华山松大小蠹发生2.43万公顷，在陕中和陕南、甘南、渝东北等地危害偏重，在陕西南部国家级自然保护区内造成连片松树死亡；切梢小蠹发生11.15万公顷，在云南西部和南部依然危害比较严重，在云南大理、玉溪、红河和四川雅安等局部地区成灾。

松毛虫 发生105.97万公顷，同比上升19.75%，呈北重南轻趋势，东北多地暴发成灾，南方危害整体减轻。落叶松毛虫处于高发周期，发生40.29万公顷，同比增加3.31倍，在东北大部分地区发生偏重；油松毛虫发生9.06万公顷，同比上升46.70%，中度以下发生占比97%；马尾松毛虫、云南松毛虫等在南方主要发生区发生整体偏轻，但在皖中、闽北、桂西、桂北、鄂东、赣南、赣中、滇南以及滇西、川东北等局地危害偏重。

杨树蛀干害虫 发生30.63万公顷，同比下降3.46%，总体轻度发生。光肩星天牛在新疆中西部呈扩散危害态势，在蒙甘鲁陕局部地区的农田防护林等林区偏重发生；杨干象、青杨天牛、桑天牛等发生面积均有下降，在主要发生区轻度危害，在冀北、辽西、皖北、吉北、西藏拉萨局部地区偏重发生。

杨树食叶害虫 发生117.91万公顷，同比下降6.42%，中度以下发生面积占比达97.58%，整体轻度发生。春尺蠖在西藏"一江两河"流域、新疆塔里木河流域、山东北部等局部地区危害偏重；杨树舟蛾整体控制良好，在全国大部分常发区发生面积和发生程度双下降，但在河北东北部、湖北江汉平原、江苏东北部、山东南部部分常发区局地偏重，在皖豫鲁鄂等部分常发区局地危害偏重。

林木病害（不含松材线虫病） 全年发生118.08万公顷，同比持平，整体平稳发生，局地流行偏重。杨树病害发生40.77万公顷，危害整体控制良好，杨树黑斑病、杨树溃疡病等在华北平原中部局部地区危害偏重。松树病害发生15.35万公顷（不含松材线虫病），整体轻度发生，落叶松早落病、松针红斑病等在内蒙古森工北部，云杉落针病等在川甘局部地区偏重危害。

其他有害生物 红脂大小蠹发生6.87万公顷，在冀东北、蒙东、辽西、晋中等地危害偏重，致死松树1.3万株。南洋臀纹粉蚧在广东省8个县区首次出现新疫情。锈色棕榈象首次传入云南玉溪。海南省东方市首次发现红火蚁疫情。

【林业有害生物防治】 2019年，全国共采取各种措施防治954.84万公顷，防治作业面积1704.44万公顷次，无公害防治率达90%以上，林业有害生物成灾率控制在4‰以下。全年根除7个松材线虫病县级疫区、1个美国白蛾县级疫区，基本实现美国白蛾"有虫不成灾"。

防治督导 针对松材线虫病防控工作面临的严峻形势，全面强化松材线虫病春秋两季疫情普查和重点区域松材线虫病防控工作的督促指导，分别在春季和冬季，组成7个调研组，对全国15个省份30个县（区）开展松材线虫病疫情防控工作调研指导。对美国白蛾重点发生和新发疫情省份发生与防治情况开展了调研和技术指导。指导冀蒙辽红脂大小蠹发生区有效开展协同防治，对青海、陕西、内蒙古林业鼠（兔）害防治示范区进行督导核查。进一步推进灾害评估工作。

监测预报 注重林业有害生物短期生产性预报和信息服务，推进短期会商常态化、专业化，编发《病虫快讯》17期，通过央视《天气预报》栏目、《中国绿色时报》等媒体发布重大虫情预报信息13期。强化联系报告制度，共收集虫情动态信息9592条，短期预报信息4141条，及时报送林业生物灾害应急周报52份、月报12份、季报4份，对100余起突发灾情在第一时间进行跟进和指导。

检疫监管 拟定2019年中国松材线虫病疫区和疫区撤销公告，分别以国家林业和草原局第4号和第5号公告发布。拟定2019年中国美国白蛾疫区和疫区撤销公告，分别以国家林业和草原局第6号和第7号公告发布。配合国家林草局生态司开展全国松材线虫病疫木检疫执法专项行动，出台《松材线虫病生态灾害督办追责办法》。

试点示范 辽宁松材线虫病发生发展规律研究、飞机防治黄褐天幕毛虫技术、杨树烂皮病综合防控技术等研究示范和推广工作取得阶段性成果。完成松材线虫病、林业鼠（兔）害试验示范验收工作。

【草原有害生物防治】 2019年，是林草防治总站承担草原生物灾害防治工作的开局之年。总站党委高度重视草原有害生物防治工作，统筹谋划、积极推进，为做好今后草原生物灾害防治工作奠定坚实基础。

顶层设计 研究提出关于做好草原有害生物防治工作的建议并付诸实施。梳理全国重大草原有害生物防治工程治理规划的基本思路和初步框架。开展草原有害生物防治行业工作管理现状调查，初步摸清草原有害生物防治行业工作管理现状。

发生趋势研判 抓住关键防治时期，组织开展2次草原蝗虫发生趋势研判，通过中央电视台、《中国绿色时报》和中国林草防治网等渠道发布"草原蝗虫近期高发预报"预警信息。严格日常监测信息应急值守，全年报送草原生物灾害应急周报13份、月报3份，草原虫情简报4份。

科学化防治 组织编制《2020年全国草原鼠虫害绿色防控计划》，扎实推进绿色防治。主动加强并保持与原农业部畜牧总站、兰州大学、西北大学、中国农科院植物保护所、中国农科院草原所等单位的沟通联系，召开行业工作座谈交流会。积极参与国际间蝗虫联防联治工作。

【疫源疫病监测】 2018年冬季以来，中国台湾及中国周边的印度、柬埔寨、韩国等地野鸟、家禽H5、H7亚型高致病性禽流感疫情时有发生；宁夏、甘肃境内持续发生岩羊小反刍兽疫疫情；此外，非洲猪瘟疫情在国内仍不断发生。整体上看，全国野生动物疫情防控形势仍不容乐观。

监测信息管理 严格执行信息日报告制度，每日及时汇总、分析各地上报的监测信息，编发《野生动物疫源疫病监测信息报告》371期。加大对国家级监测站应急值守工作的督查力度，利用电话抽查、查看轨迹等方式，于2019年元旦、春节、清明等7个法定节假日期间，对720站(次)的应急值守情况进行电话抽查，平均在岗值守比率为84.02%。组织开展全国野猪数量动态统计工作，初步掌握全国野猪资源本底，绘制全国野猪资源分布图。

发生趋势研判 代拟《2019年野猪非洲猪瘟主动预警实施方案》并以国家林草局文件形式印发，全国14个省(区、森工)共猎捕野猪87头，采集野猪血液和组织样品590份、野猪体表寄生虫媒139只，其中在湖南省常德市采集的2头野猪血液样品中检出非洲猪瘟病毒核酸阳性，为国内首次。密切跟踪国内外疫情动态，深入开展野猪非洲猪瘟、野鸟禽流感、小反刍兽疫等重点疫病的预测预报和风险研判，报送月报8份、季报4份、年报1份、专报3份。

突发疫情应对 配合国家林草局动植物司，完成8个省份春季野生动植物保护和疫源疫病监测防控督导检查。通过电话跟进、远程服务等方式指导湖北、云南等18个省(区、市)妥善处理253起异常情况[涉及死亡野生动物37种、5559只(头)]，有效消除疫情发生隐患；共计组派20多名专家赴内蒙古、宁夏、甘肃等省(区)开展现场突发疫情处置工作，科学应对野猪非洲猪瘟、岩羊小反刍兽疫等16起突发野生动物疫情，成功防控疫情的扩散蔓延。

【大事记】
1月20日 召开2019年工作会议暨先优表彰大会。
1月22日 国家林草局生态司、林草防治总站在辽宁省沈阳市召开2019年度联席会议。
3月21~22日 在广西壮族自治区桂林市组织召开2019年林业有害生物防治科长会暨防治减灾任务会商会。
4月28~29日 在天津市组织召开2019年全国草原生物灾害发生趋势会商会。
8月21~22日 国家林草局生态司、林草防治总站在内蒙古自治区阿拉善盟召开松材线虫病和林业鼠(兔)害防治示范工作总结与经验交流会。
9月29日 召开庆祝新中国成立70周年暨建站55周年大会。
11月7日 在河南省开封市召开"全国林用药剂药械试验示范推广应用协作网"第八届网员工作会暨林用药剂药械管理工作座谈会。
12月5~6日 在海南省琼海市组织召开2019年重点野生动物疫病主动预警工作总结会暨2020年野生动物疫病发生趋势会商会。
12月25~26日 在河北省秦皇岛市召开全国主要林业有害生物2020年发生趋势会商会。

(林草防治总站由赵瑞兴、程相称供稿)

国家林业和草原局华东调查规划设计院

【综　述】 2019年，华东院按照全国林业和草原工作会议安排部署，围绕国家林业和草原建设需要，坚持"党建统院、文化立院、人才强院、开放兴院"发展理念，履行资源监测职责，团结一心、攻坚克难、勤勉有恒、稳中求进，完成国家林业和草原局各项指令性任务和对外技术咨询服务。

【资源监测】 承担并完成国家林业和草原局相关司局和有关单位各项指令性任务20余项。

森林督查暨森林资源管理"一张图"年度更新 制订相关工作方案，按要求完成并移交华东监测区各省遥感判读区划图斑(含绿卫行动)175 409个。完成100个县级单位的技术指导、中间质量检查以及各省(市)自查内业复核和汇总工作。完成70个县典型抽样单位的森林督查现地复核和质量巡查工作，进行自查数据分析和省级成果汇总。汇总、分析、上报各省(市)最终自查成果，形成成果报告。

指导监测区各省(市)2019年森林资源管理"一张图"年度更新工作方案和实施细则的编制。整理完成2018年度监测区各省数据并提交成果。完成2019年度遥感影像及矢量坐标转换，进行矢量数据拓扑和逻辑关系检查，经反馈并指导各省(市)修改后，形成统计报表和成果报告。

国家级公益林建设成效监测 完成浙江、福建、安徽、河南、江西、江苏6省21个县国家级公益林监测评价及相关报告编写工作，核实验证补进调出小班204个，现地复核变化图斑337个。完成钱江源区域、南岭山地森林及生物多样性生态功能区2个典型样地监测，布设大样地6个、小样地54个。共完成6个省级监测评价报告、21个县级监测评价报告。

华东监测区全球森林资源评估(FRA)遥感调查 完成监测区及山东、台湾9省(市)1921个样地的遥感判读和193个样地的现地核实无人机航摄工作，按要求提交成果。

天然林保护情况核查 完成河南、湖北、浙江、福建、江西5省11县(市)2019年天然林保护情况核查工作，抽查天然林面积94.27万公顷。参与2019年天然林保护技术方案、实施细则及"四到省"考核评价规程修改工作，完成《天然林保护重点区域确定原则方案》初稿编制审查，报送天保办。

新一轮全国林地保护利用规划编制前期工作 编制并上报《新一轮全国林地保护利用规划编制前期工作方案》，完成《华东监测区林地保护利用规划专题调研报告》《新一轮全国林地保护利用规划编制》基础数据解决方案和《县级林地保护利用规划编制技术规程》初步修订等工作。

湿地监测 完成全国范围内国家重要湿地申报材料程序性审查工作，审查申报材料189份、电子材料109

份。完成华东监测区国家重要湿地申报材料技术性审查18份，实地指导、核验上海、江苏、浙江、安徽、福建和江西6省（市）18个国家重要湿地申报情况。承办首届国家重要湿地认定和名录发布专家评审会，审定拟发布的国家重要湿地127处。完成上海崇明东滩、上海长江口中华鲟、山东黄河三角洲等9处国际重要湿地生态状况监测工作，向局湿地管理司提交9个成果报告。完成江西、湖北、青海、海南、山西和黑龙江6个省的18个湿地自然保护区、国家湿地公园2018年度中央财政湿地补助项目监测评估外业工作，调研相关单位2016~2019年度中央财政湿地补助项目实施情况和湿地"十三五"规划实施情况。指导浙江省和福建省完成红树林资源专项调查和报告编制工作。完成《湿地保护法》立法相关工作，提交《湿地分级管理和名录制度立法研究报告》《湿地生态效益补偿制度立法研究报告》，起草完成《国家重要湿地管理办法》初稿。

其他工作　一是完成江西省3个县、贵州省25个县的退耕地还林检查验收和省报告编制工作。二是修订完成《国家特殊保护防护林基干林带规定（送审稿）》《沿海国家特殊保护林带建设和管理规定（征求意见稿）》，派员参与自然资源部海洋减灾中心组织的《海岸带保护修复工程总体方案》编制工作，负责其中的沿海防护林部分。三是与局森防总站共同完成江西、福建、安徽、湖北、浙江5省的松材线虫病新发疫区核查督导和调研工作。四是完成上海市、安徽省LULUCF林业碳汇计量监测工作方案和技术方案的审查，完成山东省和河南省碳汇计量数据库内业的审查工作。五是完成江西、福建、安徽、河南和山西5省2018年度中央财政森林抚育补贴监测评估工作。六是完成第九次全国森林资源清查中福建省、河南省清查成果的编制、审查和上报工作。七是完成2018年华东区森林资源宏观监测后续工作。八是完成华东监测区森林生物量调查建模，黄山松样品数据的测定和数据检查、整理等后续工作。九是编制完成《国家储备林森林质量精准提升项目（浙江、河南、福建三省主要用材树种）营造林培育模式创新》的材料。十是参与自然资源部国土卫星遥感应用中心全国红树林遥感监测工作。十一是完成应急管理部森林防火预警监测信息中心委托的《森林草原防灭火综合指挥平台（一期工程）项目建设可行性研究报告（代初步设计）》编制工作。十二是完成《生态廊道设计规范》和《国家重要湿地申报及认定技术规程》，同时完成《退化湿地评估规范》《湿地生态状况评定规范》两个技术标准送审稿。

【服务地方林业建设】　在全面完成各项指令性任务的同时，发挥自身技术优势，为地方林业发展和生态建设提供技术咨询服务。2019年签订对外服务合同298份，合同金额8467.78万元，产生良好的生态效益、社会效益和经济效益。

【技术创新工作】　坚持项目促团队、成果搭平台、典型做示范，持续推动技术创新工作。

森林资源动态监测平台建设　研发基于"互联网+"县级森林资源管理"一张图"年度更新信息系统（"云臻森林"）平台，先后在安徽、江苏、江西和河南信阳等地推广应用，有效缓解机构改革后县级人员变化大、基层一线人员专业水平不高的矛盾。

基于LiDAR等高新技术辅助森林资源动态监测　研制应用"LiDAR激光雷达点云数据综合变量提取软件"，获得国家版权局软件著作权。承担安徽省"林长制建设LiDAR结合其他遥感技术的全省森林资源年度出数及一张图应用"项目，全面完成9个县（区）共900个建模标准地外业调查、外业检查和内业数据录入工作。完成2016年安徽省低密度点云数据变量提取工作，已初步建立基于安徽省首次森林资源清查样地、样本数据的自然更新模型。

上海市森林资源"一体化"监测　通过集成多种高新技术手段，实现小班林木株数、林分树高、林分平均胸径、林分郁闭度等因子的年度更新。新技术应用使得单位面积的调查成本节省40%左右，外业时间缩短50%。通过样地实测数据验证和修正DEM点云数据估测和计算方法，精确度已达到85%，已建立上海市主要造林树种十几个树高胸径关系模型。

【思想政治建设】　全年召开19次党委会，组织理论中心组学习18次。支部各类活动达到473次，其中主题党日活动96次，支部联建活动32次，党建活动走出去48次。党委、支部两级共举办党课50次，其中院级领导党课6次，全体支部委员都讲了党课。举办学习贯彻党的十九届四中全会精神理论培训班，培训173人，其中处级以上领导干部41人。

扎实开展"不忘初心、牢记使命"主题教育。院领导班子在主题教育中发挥表率作用，围绕党的政治建设、全面从严治党、使命担当、谋划单位事业发展等专题开展10次学习研讨交流。赴"两山理论"发源地——安吉余村进行学习教育。围绕院发展实际，深入调研形成20个调研报告，并召开成果交流会，汇编成册在全院范围内交流。召开专题会议，开展批评与自我批评。注重创新丰富多样的主题教育自选动作，主题教育期间，开展各类学习教育达146次。

【定点扶贫】　华东院领导多次赴广西罗城县现场调研，落实200万元扶贫专项资金，采购40万元农特产品，完成2019年扶贫目标。开展技术帮扶，积极参与罗城县生态扶贫项目选址、可行性研究，派出专业技术人员帮助编制罗城县小长安镇木栾屯特色生态项目建设方案。

【制度管理】　坚持用制度规范管理，制定完善19项管理制度，形成40余项重要工作流程图，制订新入职职工培训计划等，有效提升管理能力。完成ISO9001：2015质量管理体系年度监审工作，完善质量管理体系在OA系统中的运行。完善内控制度，在OA系统上开始运用日常合同管理、资产模板，连接U8财务系统，实现银企直连和网上银行支付。把文化融入制度之中，成立院史办，启动院史修撰工作，通过系统梳理华东院近70年的发展历程，凝练形成华东院特色文化。

【人才队伍建设】 调整各处室职能，新增设自然保护地及国家公园处、湿地监测评估处、碳汇计量监测处和工程咨询评估处4个业务处室。引进高校毕业生13名，完成14名中层干部选拔任用工作，促进干部队伍年轻化、高学历化。1人通过高级会计师、5人通过高级工程师、4人通过正高级工程师资格评审，取得相应专业技术资格。2人获注册咨询工程师资格证书，4人成为浙江省生产建设项目水土保持技术评审专家人选，2人获水土保持方案编制上岗证书。干部职工参加各类培训累计300余人次，15人出国开展学术技术培训、考察学习。加强人才对外交流培养，选派6名年轻干部挂职锻炼。1人入选国家林草局第六批"百千万人才工程"省部级人选。

【对外合作】 主动走访相关专员办、中国林业科学研究院及直属规划设计院等局属单位和监测区各省林草主管部门，加强座谈交流、学习经验。已与上海专员办、福州专员办签署合作框架协议。依托长三角现代林业评测协同创新中心平台，强化与高校等科研院所交流合作，联合北京大学、奥地利格拉兹大学、国际摄影测量与遥感学会（ISPRS）等国内外院校专家，向科技部申报"战略性国际科技创新合作"重点专项。

【获奖成果】 共有21项科技成果荣获梁希林业科技进步奖、中国地理信息产业优秀工程奖、中国优秀勘察设计奖、全国林业优秀工程咨询成果奖等省部级奖项以及浙江省优秀成果奖。全年共发表科技论文55篇，其中被SCI收录3篇、SCIE收录1篇、EI收录1篇。出版著作1部。获得国家实用新型专利3项，申请软件著作权9项。1人荣获"全国生态建设突出贡献奖先进个人"称号，规划设计处荣获"全国生态建设突出贡献奖先进集体"称号。1人参加"原山杯"全国最美务林人主题演讲大赛，获得三等奖。2人参加首届"问道自然"杯全国林业工程咨询青年工程师职业技能展示大赛，获得决赛二等奖、三等奖。

【大事记】
3月7~9日 华东院举办中国林业工程建设协会湿地保护和修复专业委员会成立大会暨学术研讨会。
3月13日 国家林业和草原局党组任命刘强为国家林业和草原局华东调查规划设计院党委副书记、纪律检查委员会书记（副司局级）；任命马鸿伟为国家林业和草原局华东调查规划设计院副院长（副司局级）。
8月27日 国家林业和草原局党组任命吴海平为国家林业和草原局华东调查规划设计院党委书记、副院长（正司局级）。
11月10日 国家林业和草原局党组成员、副局长李树铭到华东院调研指导工作，听取工作汇报并作指示。

（华东院由王涛供稿）

国家林业和草原局中南调查规划设计院

【综 述】 2019年，国家林业和草原局中南调查规划设计院（以下简称中南院）以习近平新时代生态文明思想为指导，认真贯彻党的十九大和十九届二中、三中、四中全会精神，全面贯彻落实全国林业和草原工作会议、国家林业和草原局全面从严治党工作会议的部署要求，全院干部职工紧紧围绕中心工作，认真履行国家林业和草原资源监测等职能，稳步推进院改革和发展，顺利完成年度各项工作目标。

【资源监测】 完成国家林业和草原局资源司及相关司（局、办）安排部署的森林督查、森林资源管理"一张图"年度更新、国家级公益林监测等共26项工作任务，其中指令性任务12项，国家林草局相关司（局、办）委托任务14项。

森林督查 组织技术骨干80余人，完成森林督查、森林资源管理"一张图"年度更新、国家级公益林监测工作。对中南监测区7个省（区）共660个县级单位的遥感影像3000余景进行判读区划，共计判读区划图斑202 641个。组织7省（区）130多名管理和技术人员进行技术培训研讨。对7省（区）进行国家级检查验收，共抽取68个县级单位892个图斑进行现地复核，对省级上报成果进行检查复核，编制中南监测区报告。

全球森林资源评估 承担全球森林资源评估中国区遥感调查中南监测区大样地调查，共完成中南监测区7省区4404块样地遥感判读，现地核实和无人机航摄426块样地，组织编制全球森林资源评估中国区遥感调查中南监测区工作报告，提交成果。

全国林地保护利用规划 选取中南监测区典型县进行新一轮全国林地保护利用规划专题调研，开展林地保护利用规划目标体系、林地保护等级划分标准、林地保护利用管理政策措施等专题研究，梳理和总结林地保护利用的经验与实践成果，提交专题调研成果报告。

红树林资源 作为全国红树林资源和适宜恢复地专项调查和规划编制的技术支撑单位，完成广东43个、海南12个县市调查任务和统计汇总及全国红树林资源和适宜恢复地专项调查成果报告的编制工作。承担完成红树林保护修复专项行动计划编制。承担完成13块国际重要湿地生态状况评价、32块国家重要湿地确认工作。

荒漠化和沙化监测 完成西藏自治区第六次荒漠化和沙化监测实施细则编制、自治区级技术培训、外业调查用图处理制作和全区74个县级行政单位的外业调查任务，进行数据处理与成果编制。承担"岩溶地区石漠化'十四五'治理思路研究"工作，完成广西、四川等省（区）调研任务并编制成果。

退耕还林检查验收 作为技术支撑单位，完成2019

年度新一轮退耕地还林国家级检查验收技术组工作，包括技术指导咨询、数据处理汇总、全国总报告编写等，完成2019年度甘肃与内蒙古退耕地还林国家级检查验收工作。

森林城市监测评价　完成陕西汉中市、福建宁德市等6个2014年、2015年授牌森林城市的复查材料初审工作，提交初审报告12份。完成《国家森林城市建设总体规划导则》初稿。

国家储备林核查　作为技术支撑单位，完成2019年10个省（区）国家储备林核查、国家储备林"十四五"专项规划前期研究与规划编制工作。

天然林保护　承担2018年度内蒙古、云南、贵州、湖南、广西5省（区）天然林保护情况核查和评价考核工作并提交核查报告。

有害生物防治　对广东省揭阳市揭东区等5县（区）、广西壮族自治区柳州市柳城县、百色市靖西市、辽宁省大连市中山区、沙河口区等单位开展有害生物防治专题调研，提交成果报告。

【服务地方林业建设】　全年对外技术服务项目共计279项，项目业务范围主要涉及湖北、湖南、广东、广西、海南、贵州、西藏、云南、河南、福建、江西等省（区），主要项目内容包括森林资源规划设计调查、林业生态工程监测评估、自然保护地整合优化、区域性林业中长期发展规划、国家湿地公园总体规划、林业生态工程咨询、工程设计等。

【科技创新技术进步】　推进中南院资源监测设备购置项目，提升信息化装备能力和水平；推进无人机等新技术应用，购置无人机、移动工作站、国家大地坐标转换软件等设备，举办第一期无人机航拍技术培训；承办中国治沙暨沙业学会石漠化防治专业委员会第二届委员会暨石漠化防治论坛，组织召开中南监测区森林资源管理研讨会；通过高新技术企业认证，获得《环境管理体系认证证书》和《职业健康安全管理体系认证证书》。

科技成果　2019年，中南院承担完成的项目有9项成果获奖。其中全国优秀工程咨询成果奖三等奖1项，全国优秀勘察设计计算机软件二等奖1项，全国林业优秀工程咨询成果奖一等奖2项、二等奖3项、三等奖2项。碳汇计量监测评估处荣获国家林业和草原局授予的"全国生态建设突出贡献先进集体"称号。

【政治思想和党风廉政建设】　2019年，中南院以政治建设为引领，强化政治意识和责任担当，全面落实党建工作责任制。组织召开2019年度全面从严治党工作会议，制订印发《中南院2019年全面从严治党要点》，各处室主要负责人与院党政主要负责人签署《2019年度落实全面从严治党责任承诺书》，进一步强化落实党建工作和"一岗双责"责任制。全年，组织召开院党委理论中心组学习12次，为全院党员发放各类学习书籍11种600余册。组织召开"不忘初心、牢记使命"主题教育动员部署会，制订印发院主题教育实施方案，开展10次党委理论学习中心组专题学习研讨会、2次党支部督导会、2次调研成果交流会及3次职工代表征求意见座谈会，召开党委检视问题交流会、专题民主生活会和主题教育总结大会，解决职工关注的热点、难点问题14个。举办学习贯彻党的十九届四中全会精神暨领导干部提升履职能力培训班。扎实推进党风廉政建设，组织召开2019年度院党风廉政建设和反腐败工作会议、反腐倡廉专题会议，举行新任职处级干部宪法宣誓仪式和组织新任职处级干部集体廉政谈话。加强职工外业出差期间监督检查，继续执行"廉洁自律和廉政纪律规定反馈卡"制度。

【精神文明建设】　举办七届六次职工代表大会，切实保障全院职工的知情权和监督权；完善文明创建工作方案及考评办法，落实文明创建工作举措，加大文明创建宣传力度，中南院被授予"湖南省2018届文明单位"。认真贯彻落实党中央和局党组关于扶贫工作的决策部署，积极推进贵州省独山县生态产业精准扶贫，投入扶贫资金200万元，采购扶贫物资40多万元。制订爱心助学活动方案，开展"党建助学、情暖独山"帮扶活动，为贵州省独山县贫困学生捐赠1500余册课外书籍，推行"一卡一奖两协议"，与独山县3个村的43名少数民族学生建立支部助学"一对一"结对帮扶，院领导班子带头自费为每名学生每年资助2000元，首次资助持续3年。

【深化改革和人才队伍建设】　根据局人事司批复精神，调整设立10个内设业务处室，完成业务处室人员聘用工作；按照组织程序，提拔19名处级领导干部，其中正处级8名，副处级11名；选拔5名干部援藏和挂职锻炼；公开招聘高校毕业生9名；制订印发《激励科技创新人才实施办法（试行）》《中南院激励科技创新人才实施细则》；在院专业技术委员会（院学术委员会）下成立科技创新与自然保护地两个专业委员会；加快推进院环发新技术公司深化改革工作；举办第一届职工工作创新大赛。

【内部管理和基础建设】　制定、修订《院级行政会议管理办法》等27项规章制度，出台院内控手册；通过ISO9001质量管理体系验收，举办2019年质量管理体系知识竞赛和项目管理技能竞赛；全年上报国家林业和草原局政务信息218条；举办保密知识和安全知识培训，全年未发生泄密事件，安全生产率100%；完成院大门改造、防护围栏改造、机房维修改造等工程，做好院区绿化美化亮化工程。

【大事记】

1月18日　中南院组织召开中国共产党国家林业和草原局中南院第九次党员大会。

3月1日　中南院组织召开全面深化改革工作动员会。

3月20日　中南院完成的《雅鲁藏布江中游河谷黑颈鹤国家级自然保护区范围与功能区调整》项目通过专家评审。

5月13日　中南院完成的《西藏自治区人工林碳库及碳汇潜力研究》项目通过专家评审。

5月16~25日 中南院院长彭长清、副院长贺东北及管理处室有关负责人组成调研组分别到昆明、西安与昆明院、西北院领导和相关处室负责人座谈,开展科技创新及下属公司经营管理情况调研。

5月29日 根据国家林业和草原局湿地管理司安排,国家重要湿地技术研讨会在中南院召开。

6月5日 中南院完成的《2018年第一批西藏自治区级重要湿地认定报告》《〈西藏生态安全屏障保护与建设规划〉湿地保护与恢复建设专题研究报告》通过专家评审。

6月16~18日 中南院在长沙举办中南监测区森林资源监测与管理技术培训班。

7月9~11日 中南院党委书记刘金富带领院相关部门党支部书记和群团组织有关人员赴定点帮扶地贵州省独山县开展支部扶贫助学活动。

8月28日 中南院召开全院干部职工大会,会议宣布局党组对中南院领导班子干部任免决定:尹发权任中南院常务副院长;杨宁任中南院副院长;洪家宜任中南院正司局级干部;免去吴海平中南院常务副院长职务,另有任用。

9月16~19日 中南院和西藏自治区林业和草原局在拉萨市联合组织召开西藏自治区第六次荒漠化和沙化监测动员部署暨技术培训会议。

9月18日 中南院承担的《贵州省森林人家建设标准》《贵州省森林村寨建设标准》《贵州省森林乡镇建设标准》《贵州省森林城市建设标准》通过专家评审。

10月28~30日 由中国治沙暨沙业学会主办、中南院承办的中国治沙暨沙业学会石漠化防治专业委员会第二届委员会暨石漠化防治论坛在昆明召开。

11月28~30日 由中南院主办、广西壮族自治区森林资源与生态环境监测中心和林业勘测设计院共同办的中南监测区森林资源管理研讨会在广西南宁召开。

(中南院由肖微供稿)

国家林业和草原局西北调查规划设计院

【综　述】 2019年,西北院认真学习习近平新时代中国特色社会主义思想,深入贯彻党的十九大,十九届二中、三中、四中全会精神,秉承"安全、和谐、高效"发展理念,深入实施"三大战略",认真履行森林资源监测职责,全力服务现代林业和国家生态建设,顺利完成各项年度工作任务,为林业改革发展和生态文明建设作出了积极贡献。

【资源监测】 完成国家林业和草原局资源司及相关司(局、办)安排部署的指令性任务18项,截至2019年底,所有任务均按计划完成。

全国森林资源管理与检查 按照工作部署,全力配合森林资源管理司做好森林督查顶层设计,参与起草全国森林督查工作方案和技术方案。按期完成全国森林督查32个省级单位3199个县级单位约78万个图斑的森林督查数据及成果汇总,编写完成全国森林督查报告并及时上报。完成西北监测区森林资源管理"一张图"更新、林政执法与督查、全球森林资源评估等各项森林资源督查工作。

森林资源连续清查 高质量完成青海省森林资源连续清查成果的统计分析和报告编制;选派技术骨干参与完成全国第九次全国森林资源清查汇总工作,主要成果已出版发行;按时提交西北监测区宏观监测数据库和总结报告等调查成果。

全国森林资源动态监测 组织国家级公益林成效监测工作方案和技术方案的调研、评审,编制《全国国家级公益林监测评价方案》,完成典型区域样地外业调查和内业统计分析工作。完成全国沙化典型地区定位监测年度汇总、沙化土地封禁保护区规划、成效监测评价和价值评估。作为全国荒漠化和沙化监测技术主持单位,完成2019年全国荒漠化、沙化和沙尘暴定位监测技术研讨培训工作,修订相关技术规程,并开展全国第六次荒漠化和沙化监测技术指导工作。完成西北监测区7省(区)FAO全球森林资源评估遥感调查任务。

湿地保护、监测、评估工作 参与全国湿地保护"十四五"规划编制工作,完成全国重点省份泥炭沼泽碳库调查、6处国家重要湿地(国际重要湿地)的面积、功能、生态状况监测,8处国家重要湿地名录发布现地考察,7省(区)11个湿地保护与恢复工程监测评估,内蒙古自治区沼泽泥炭地碳库调查质量检查等工作。承担完成2018年天然林保护工程核查、2019年度新一轮退耕还林工程国家级检查验收、京津风沙源治理工程检查、"三北"防护林建设工程评估等工作。

【服务地方林草建设】 西北院充分发挥技术、人才优势,为监测区生态建设和林草事业发展提供支撑和服务。截至12月30日,全院共签订技术服务合同653份,内容涉及林地变更调查、森林资源规划设计调查、公益林区划落界、湿地生态系统监测评价、森林资源信息管理系统建设、国有林场森林经营方案编制等各个领域,为西北监测区提升林业信息化建设、促进生态林业和民生林业发展起到重要技术支撑作用。

一是面对机构改革给主体业务带来的影响和不确定性,西北院主要领导带队赴监测区重庆、山西、青海、新疆、新疆建设兵团、内蒙古及宁夏等地,主动调研业务需求,探索新型合作模式,拓宽合作交流领域,全力推进合作共赢。期间共走访省级调查规划院、林科院及相关部门30余个,召开各类座谈会16场,取得了良好效果。

二是适应新形势抢抓新机遇,着力为国家战略和重大决策部署提供技术服务。认真贯彻落实两办《关于建立国家公园为主体的自然保护地体系的指导意见》精神，充分发挥西北院在调查监测领域的独特优势，从全院集中抽调50余名技术骨干承担政策性强、技术含量高的青海省以国家公园为主体的自然保护地体系建设试点工作，推进自然保护地管理体制机制创新。从参与青海省自然保护地调查评估和整合优化工作，到为第一届国家公园论坛的举办提供技术支撑，西北院在自然保护地建设方面的探索和实践在全国产生了巨大反响，《人民日报》、中央电视台等多家媒体进行了深度宣传报道。《祁连山国家公园管理条例》的调研、起草和评审工作已经完成，新疆、陕西、青岛等地委托西北院的自然保护地调查评估工作已全面开展。

三是积极拓展草原资源调查、生态系统保护修复、山水林田湖草系统治理、绿色扶贫产业等新兴市场，培育新的业务增长点。新疆林业和草原"十四五"发展规划、林业草原生态扶贫暨林果业提质增效工程绩效评估、草原监测云平台建设、青海黄河流域发展规划等一批新业务项目相继落地实施。

【党风廉政建设】 制订《西北院党委理论学习中心组学习计划》《西北院"关于认真抓好习近平总书记重要指示批示精神贯彻落实工作"实施方案》，结合工作实际，及时跟进学习重要指示批示和讲话精神；扎实开展"不忘初心、牢记使命"主题教育，期间下发学习资料14种500多册，院领导带头讲党课20余次，征集意见建议41条，完成调研报告17份；及时部署开展主题教育整改落实"回头看"工作，院、各支部、处级以上干部，分别自查了整改落实情况，整改任务完成率达89%。组织开展《周恩来回延安》主题党日观影活动，参观"不忘初心、牢记使命"主题教育档案文献展，学习八步沙林场"六老汉"治沙造林先进事迹、特等功臣张富清先进事迹；鉴于工作时间长、党员多的实际情况，西北院青海自然保护地项目组成立临时党支部，选优配齐支部书记和委员。在青海工作期间通过开展主题教育、专题研讨、民主生活会等活动有效激发了广大党员干部的工作热情，进一步增强了凝聚力和战斗力。

【扶贫工作】 坚决落实党中央和局党组关于脱贫攻坚决策部署，贯彻乡村振兴战略和生态扶贫要求，扎实抓好扶贫工作。一是及时成立扶贫领导小组和办公室，研究精准扶贫工作中的重点难点问题，确保扶贫工作有效推进。二是先后派出4批35人次深入贵州紫林山村开展调研、帮扶工作及支部共建活动，累计捐助扶贫资金300万元，推进海花草加工、茶园提质增效、蜜蜂养殖、绿壳蛋鸡养殖项目，助推建立"产业+合作社+贫困户"的产业发展机制，带动农户增收。三是帮扶陕西韩家村完成8.67公顷低产果园改造，协助修建315平方米生态涝池和储量为200余吨的苹果冷库，进一步巩固提升脱贫攻坚成果。四是扎实开展消费扶贫，累计采购农特产品60余万元。

【人才培养和队伍建设】 出台《西北院高层次人才引进支持办法》《西北院专业技术岗位聘用暂行办法》，构建人才培养使用和激励新机制。组织注册咨询工程师、无人机驾驶等专题培训，提升业务技能。选派15名援青、援疆、扶贫、挂职干部交流学习，拓宽培养渠道，带动人才培养。

【科技创新】 始终坚持"创新是驱动发展的第一动力"理念，大力推动科技创新，在选人用人、政策支持、经费预算等方面给予充分保障。除继续完善资源管理信息系统外，逐步引入激光雷达、大数据、无人机、云计算等高新技术，开展林草资源调查监测领域新技术研究，有效提高工作效率和监测质量。一是以西北荒漠化沙化实验基地为依托，加快推进旱区生态水文与灾害防治国家林业局重点实验室、国家卫星应用中心陕西分中心、林草大数据应用等科研平台建设，着手启动基础性前沿性研究，力争取得新突破。二是结合生产需求和业务发展，开展实用性技术研究，投入800万元设立20个院级创新研究课题，部分课题已取得阶段性成果。三是加大产学研联合，构建创新平台。先后与中国林科院资源信息研究所、国家林业和草原局调查规划设计院等单位一起组建具有西北地区特色的林业产业科技创新联盟，以及加盟林业和草原遥感科技创新联盟、林业虚拟现实与可视化技术科技创新联盟和自然资源调查监测科技创新联盟。汇集创新资源，加快追赶超越，与航天科工集团、中国林科院、重庆林科院等多家科研单位签署战略合作协议或达成合作意向。主导开发的《守望林草云平台》受到资源司的高度认可，作为森林督查科技创新成果在全国森林资源管理大会上向全国推介，是科技创新的成功典范。截至2019年底，该平台已经在全国7个省级、132个县级部门得到推广使用并受到一致好评，软件专利审批工作正在有序开展，科技创新成效初显。

【大事记】

3月11日　西北院与林科院资源信息研究所签署战略合作框架协议。

3月19日　西北院举行国家林业和草原局老年大学西北调查规划设计院分校授牌仪式，老年大学西北调查规划设计院分校正式成立。

3月27日　西北院科技委组织开展首次科技创新项目答辩会。

5月31日　西北院在西安举办西北监测区2019年森林督查暨森林资源管理"一张图"年度更新培训班。

6月14日　西北院与中国航天科工信息技术研究院签署战略合作框架协议。

6月15日　西北院在陕西省榆林市举行第25个世界防治荒漠化与干旱日植树纪念活动。

7月24日　西北院与新疆维吾尔自治区林业和草原局签署生态建设战略合作协议。

8月8日　西北院冯利国荣获国家林业和草原局"保护森林和野生动植物资源先进个人"荣誉称号。

8月16日　由陕西省自然资源厅组织，西北院参与编制的《自然资源陕西省卫星应用技术中心建设方案》通过自然资源部组织的专家评估论证，同意建设自然资源陕西省卫星应用技术中心。

8月19日　西北院应邀参加在青海省西宁市举办的第一届国家公园论坛，院长李谭宝带队参会，并代表西北院和青海省林草局签署合作协议。

8月20日　第一届国家公园论坛在西宁举行主题为"自然遗产地的未来"的分论坛，西北院副院长周欢水作主题演讲。

8月28日　西北院与陕西林业集团有限公司签署合作协议。

8月30号　西北院与山西省林业调查规划院签署合作协议。

9月18日　由西北院、青海省林业和草原局共同举办的青海以国家公园为主体的自然保护地体系示范省建设自然保护地整合优化阶段启动暨技术研讨会在西安召开。

10月21日　由国家林业和草原局荒漠化防治司、国家林业和草原局调查规划设计院和西北院共同主办的全国荒漠化、沙化和沙尘暴定位监测技术研讨培训班在陕西省榆林市举办。

11月13日　西北院与重庆市林业局在西安签订战略合作框架协议。

12月7日　西北院召开第五届职工代表大会暨工会会员代表大会。

12月22日　2019年全国森林督查汇总会在西安举办。

（西北院由赵彬汀供稿）

国家林业和草原局昆明勘察设计院

【综　述】　2019年昆明院全面实施生态建设工作，认真履行"一院五中心"的职能；坚持"立足林业、服务社会"的宗旨，发挥综合性勘察设计院的技术优势，紧紧围绕林业草原改革发展新形势、新要求，与时俱进，大胆探索，服务生态文明建设大局，完成森林资源管理、监测等指令性任务，做好国家公园等相关技术服务工作。

【森林资源管理】　在资源司的指导和云南省、四川省的密切配合下，昆明院完成监测区云南、四川两省的森林资源督查和森林资源管理"一张图"年度更新工作。

【森林资源监测（调查、验收、核查、检查）】　按照《国家林业和草原局森林资源管理司关于做好2020年全球森林资源评估遥感调查工作的通知》文件指示，昆明院完成监测区1921个遥感样地判读工作，跨越100余县（市、区），行程5万多千米，航拍图片2万余张，存储数据约1TB。完成新疆维吾尔自治区、新疆生产建设兵团、陕西省新一轮退耕地国家级检查验收，抽取县级单位数46个，面积9250.93公顷。完成四川省7个县级单位中央财政森林抚育补贴成效监测评估工作。完成四川、海南两省共16个实施单位天然林保护工程核查任务。

【国家公园规划与研究】　组建"国家公园规划研究中心"实体部门。承担《自然保护地规划编制工作规范研究》《国家公园体制试点评估办法和实施方案编制》《西藏自治区推动建立世界第三极国家公园群论证》《羌塘国家公园体制试点方案》《青海省建立以国家公园为主体自然保护地体系政策支撑研究课题》《丽江老君山区域国家公园建设可行性论证报告编制》《广东韶关市自然保护地整合优化》《国家公园生态体验解说服务系统》《国家公园专项规划指标体系及技术规范》等20余项国家公园和自然保护地建设领域的科研规划工作。协同做好中国野生动物保护协会国家公园及自然保护地委员会秘书处工作，利用三网平台（手机客户端、手机微信和电脑网页）搭建交流平台，多角度、多层次地宣传行业热点，传播行业资讯。

【湿地生态系统监测等工作】　昆明院承担湿地司布置的云南、四川、吉林、广西4个省（区）10个国际重要湿地监测任务；承担云南、四川、贵州、广西4个省（区）晋升国家重要湿地现地考察工作。

【树种生物量建模数据采集】　按照国家林业和草原局的统一部署，昆明院完成150株柏木（其中云南省10株、西藏自治区50株、四川省90株）立木生物量建模数据采集工作，包括含水率、含碳率、热值、储能系数的测定以及数据汇总分析和成果报告编制。

【林业碳汇计量与监测】　昆明院完成监测区2019年碳汇计量监测体系建设工作，并多次参加国家林业和草原局相关部门组织的林业碳汇计量体系建设工作研讨交流等。

【林业工程标准编制】　2019年作为主编单位，承担《国家公园资源调查与评价规范》《国家公园总体规划技术规程》《国家公园项目建设标准》《南方营林用火技术规程》《游览步道设计规范》等7项行业标准的编制工作；还完成《林业和草原工程术语标准》《森林消防专业队伍设施设备建设标准》两项国标的大纲和草案的编制工作。

3月29日，昆明院国家公园规划研究中心主任孙鸿雁一行在祁连山国家公园调研（罗伟雄　摄）

【《林业建设》期刊编辑出版发行】 完成《林业建设》全年6期期刊的编辑和出版发行工作，其中一期为亚洲象研究专刊。

【服务林业生态建设】 充分发挥昆明院多专业、多资质综合设计院的特色和优势，在国家公园建设、生态保护与修复、森林城市建设、湿地公园建设、储备林建设等方面提供多元化、全方位的技术服务。

一是进一步夯实基础，做好国家公园领域相关技术服务工作。承担国家公园领域相关重大问题研究、标准规范编制等技术服务工作；研究并撰写多篇国家公园方面的论文；开展多个省份国家公园的总体规划工作。

二是生态保护与修复项目成绩突出。完成大理洱海、玉溪抚仙湖等高原湖泊生态治理以及西藏拉萨市绿色围城、林芝市国家森林城市、拉林铁路绿色廊道建设、长江经济带岸线整治修复等一批规模大、影响力强的规划设计。

三是湿地保护规划设计成效显著。承担的湿地项目遍及全国十余个省，项目类型包括湿地公园总体规划、详细规划、湿地保护与恢复工程设计等。

四是为国家储备林等林业贷款项目提供技术咨询。利用开发性和政策性金融，创新林业投融资机制，推进国家储备林等林业生态建设，昆明院累计完成20余个国家储备林等林业贷款项目的咨询，建设规模达20多万公顷，已获银行授信近200亿元。

【服务社会】 在积极为林业服务的同时，发挥专业优势，跨行业积极开拓业务，在农业、交通、建筑、市政、水利等行业承担大量的咨询、勘察设计、监理业务，多元化、全方位服务社会。全年新签合同404个，合同产值2.26亿元，生产形势持续向好。

昆明院通过以选派技术干部援藏的方式，先后向西藏交通运输厅、拉萨市人民政府等部门输送援藏干部，2019年昆明院共选拔援藏干部9人。同年还选派到国家林业和草原局学习锻炼9人，博士服务团1人。

【职工队伍建设】 加强人才队伍建设，充分发挥专业技术优势。在队伍建设上，坚持"干部能上能下、人员能进能出、收入能多能少"的管理模式，并形成昆明院独有的特色，坚持给优秀年轻人提供更多的平台和施展的空间。根据国家林业和草原局下达的计划，依照严格的程序，2019年昆明院公开招聘人员9人，全部为硕士研究生，涉及9个专业、6个院校，至此全院在职职工319人，其中博士研究生26人，硕士研究生175人，96%左右的职工具有大学本科以上学历，享受国务院特殊津贴的专家2人，教授级高级工程师12人（在职），高级工程师123人，各类注册执业资格人员160余人，涵盖30多个专业。

【质量技术管理】 根据ISO9001：2015质量管理体系，对各类项目进行全面的质量控制及管理，做好事前指导，实行全过程管理，及时解决规划设计中遇到的技术问题，抓好质量监督与检查指导工作，全年质量管理安全运行，成果质量稳步提升。

【学术交流及科研】 积极开展专业技术培训与学术交流，提高技术人员业务水平。2019年组织员工参加面向智慧林业的三维可视化与湿地监测技术、亚洲象跨境保护与人象冲突缓解技术、美国国家公园的科学建设和有效管理等创新理念和前沿技术等培训。

昆明院承担的"中国国家公园运行机制研究"项目于2019年5月通过国家林业和草原局科技司组织的验收；"中国特色国家公园建设技术及模式项目"首次获得第十届梁希林业科技进步奖。"国家公园理论与实践创新团队"入选第一批"全国林草科技创新人才计划创新团队"。同时开展"遥感影像变化检测和自动区划技术研究""低空无人机森林资源调查与监测系统研发"等科研工作。

【思想政治工作】 坚持以习近平新时代中国特色社会主义思想为指导，坚持以党的政治建设为统领，全面落实"基层党建创新提质年"工作任务，以开展"不忘初心、牢记使命"主题教育为抓手，深入推进党风廉政建设和反腐工作，落实领导干部个人有关事项报告制度，领导班子带头遵守《廉政准则》和院各项制度规定，凡涉及重大决策、重大项目安排、重要干部任免和大额度资金使用均坚持集体讨论决定。

【精神文明建设】 昆明院重视精神文明建设工作，在2019年云南省林业和草原职工羽毛球比赛中，昆明院获得混双单项第三名；2019年11月昆明院代表国家林业和草原局参加"中国足球发展基金会—香港马会杯"（第三届）中国职工足球联赛总决赛，获得5人制精英组比赛第四名的好成绩；昆明院还代表中国林业体育协会参加2019年（首届）中国职工沙滩运动会男子3×3篮球比赛，在比赛中队员发挥林业人精神，充分展示了昆明院职工的精神风貌。

【大事记】

5月25日 昆明院完成云南、四川两省2020年全球森林资源评估遥感调查现地核实及无人机航摄工作。

8月19~20日 首届国家公园论坛在西宁举办，会期中昆明院与青海省林业和草原局签订战略合作框架协议。

9月 昆明院离休干部段茂森荣获"庆祝中华人民共和国成立70周年纪念章"。

9月 昆明院林业调查规划所荣获"全国生态建设突出贡献奖先进集体"称号；宋志伟、王继山两位同志荣获"全国生态建设突出贡献奖先进个人"称号。

9月 昆明院国家公园理论与实践创新团队入选"全国林草科技创新人才计划创新团队"。

11月 昆明院院长唐芳林带领的科研团队完成"中国特色国家公园建设模式及技术"项目，荣获第十届梁希林业科学技术奖二等奖。

12月 昆明院院长唐芳林获得"全国勘察设计行业建国七十年杰出人物"荣誉称号。

12月19日 "国家林业和草原局亚洲象研究中心"在昆明院揭牌成立，国家林业和草原局副局长李春良、云南省人民政府副省长王显刚为中心揭牌，并向普洱、西双版纳、临沧3个野外基地分别授牌。

（昆明院由佘丽华供稿）

中国大熊猫保护研究中心

【综　述】 2019年，中国大熊猫保护研究中心立足实际、锐意进取、奋发有为，推动大熊猫保护研究工作再上新台阶，为助力林业和草原事业高质量发展，推进生态文明和美丽中国建设作出积极贡献。

党的建设工作　一是将党建工作放在首位，抓细抓常抓实，在大熊猫保护研究事业中毫不动摇地坚持和加强了党的全面领导。二是聚焦"不忘初心、牢记使命"主题，抓深抓细主题教育。多措并举开展学习教育，聚焦主业调查研究，立足实际检视分析，压实责任分类整改，广大干部职工干事创业热情进一步提振。三是筑牢战斗堡垒，"七型"党组织建设成效明显。围绕初心和使命，以建设"忠诚型、学习型、服务型、规范型、创新型、廉洁型、和谐型"的"七型"党组织为抓手，聚焦"五个一流"目标，打造特色"熊猫党建"，开创熊猫中心党建工作新局面。2019年初，熊猫中心先后被评为四川省直机关中心组学习先进单位、国家林业和草原局党建考核先进单位。

圈养大熊猫种群数量　一是强化大熊猫饲养管理。推进大熊猫标准化饲养，改善大熊猫福利，提高大熊猫发情率、自然交配率和产仔率。二是做好大熊猫繁殖工作。坚持优生优育，制订熊猫中心大熊猫繁殖配对方案，做好大熊猫发情监测和人工授精，完成30余只大熊猫发情配种工作。三是指导或参加境外合作单位大熊猫饲养繁殖工作，比利时天堂公园大熊猫繁殖1胎2仔。截止到2019年底，熊猫中心圈养大熊猫种群数量达到313只，占全球圈养大熊猫数量的50%以上。其中，2019年共繁殖大熊猫幼仔26胎39仔，成活33仔，幼仔成活率84.6%。

大熊猫野化放归和野外引种项目　一是大熊猫野外引种工作取得新突破。全年共有2只圈养雌性大熊猫参与野外引种项目，成功繁殖大熊猫幼仔2胎4仔。二是大熊猫重引入实验有新进展。完成江西省官山、九岭、马头山保护区与贵州省梵净山保护区开展大熊猫重引入可行性调查工作，形成可行性报告，完成江西大熊猫重引入可行性报告专家论证会，为开展大熊猫重引入奠定基础。三是大熊猫野化放归培训稳中有进。持续推进放归大熊猫野外监测，生存状况良好。2019年，共有8只大熊猫参加野化培训，生长发育良好，其中3只大熊猫已通过专家评估，可择时放归。

大熊猫伴生动物繁育研究　一是申报金丝猴、绿尾虹雉、黑熊、红腹角雉等大熊猫伴生动物人工繁育许可并获批。二是加强小熊猫繁殖及饲养管理。2019年，熊猫中心繁育成活小熊猫28胎35仔。三是积极拓展研究领域，启动邛崃山系朱鹮异地引种饲养繁殖研究，开展红腹锦鸡等雉类繁育，繁育成活红腹角雉等雉类10只。四是持续对天台山川金丝猴野外种群进行跟踪监测和人工补饲，从陕西楼观台引进8只川金丝猴，积极推进其饲养繁殖及生态研究工作。

科学研究　一是完成"大熊猫野化放归关键技术"科研成果总结，该项目获第十届梁希林业科学技术奖科技进步奖一等奖；完成"大熊猫真菌多样性及致病性与防治"科研成果总结，该项目获第十届梁希林业科学技术奖科技进步奖三等奖。二是推进大熊猫国家公园珍稀动物保护生物学国家林业和草原局重点实验室和邛崃山濒危野生动植物保护生物学国家长期科研基地建设，为大熊猫国家公园建设提供技术支撑。三是推进2017~2018年度出生大熊猫、小熊猫幼仔的亲子鉴定工作，完成12只大熊猫亲子鉴定；完成14只小熊猫亲子鉴定前期实验工作。四是持续推进大熊猫繁殖生理研究，为大熊猫辅助生殖技术研究奠定良好的基础。五是做好大熊猫疾病防控工作，2019年治疗大熊猫及伴生动物病例170余例，安全麻醉80余次，无事故发生。2019年全年，中国大熊猫保护研究中心共开展科研项目研究约70个，完成10个科研项目结题，发表论文40篇左右。

大熊猫国内外合作交流　一是顺利完成大熊猫"如意""丁丁"赴俄罗斯、大熊猫"园园"赴奥地利，旅美大熊猫"白云""小礼物"回国等各项工作，进一步提升大熊猫国际合作美誉度，中国驻俄罗斯大使馆向熊猫中心致信感谢。二是有序推进与俄罗斯、美国、澳大利亚、泰国等16个国家或地区的18家动物园的保护研究合作，旅居比利时大熊猫"好好"产下龙凤胎幼仔，国家主席习近平同比利时国王菲利普就此互致贺电。三是圆满完成卢森堡副首相等来自19个国家和地区的40余批次1000余人次的外事来访接待任务，深化国际合作交流。四是推进大熊猫国内合作交流标准化管理。将国内合作单位划分为三个片区，明确兽医院长责任制，对国内37家合作单位的107只大熊猫进行每日动态监管，必要时给予指导或参与治疗。

大熊猫文化宣传　一是提炼大熊猫文化理念，推动大熊猫文化建设。联合五洲传播中心共同主办中国大熊猫国际形象发布会，大熊猫"阿嘟"形象闻名全球。联合相关科研机构与文化传媒公司，启动中国首部以大熊猫为主角的动画电影《我从中国来之熊猫泰山》，打造大熊猫新IP。与冬奥会组委会合作，为吉祥物冰墩墩诞生助力，助推大熊猫科普宣传。二是构建媒体宣传网络，做好舆情管理、危机公关工作。全年接待媒体100家300余人次，刊发新闻报道700余条（不含转载、转发量），其中登上央视相关频道24次、新闻联播3条。三是拓宽媒体宣传平台。官方微博账号和微信公众号累计粉丝约300万，新开设抖音官方账号，粉丝达十余万。四是编撰出版纪实文学《大熊猫的春天》。2019年，熊猫中心先后被授予中国野生植物保护协会生态教育基地、中国林学会全国自然教育学校（基地）。熊猫中心首对野外引种成活的大熊猫双胞胎"和和""美美"获吉尼斯世界纪录认证。

【大熊猫"园园"启程前往奥地利】 4月15日，大熊猫"园园"从卧龙神树坪基地出发，启程前往奥地利美泉宫动物园，开展为期4年的科研合作。

【大熊猫"如意""丁丁"启程前往俄罗斯】 4月29日，大熊猫"如意""丁丁"从雅安碧峰峡基地出发，启程前往俄罗斯莫斯科动物园，开展为期15年的科研合作。

欢送大熊猫"如意""丁丁"赴俄罗斯

【旅美大熊猫"白云""小礼物"回国】 5月6日，旅居美国圣地亚哥动物园的大熊猫"白云""小礼物"从美国搭乘专机返回熊猫中心，入住都江堰青城山基地。

【芬兰政府及芬兰水务协会代表团到访】 6月5日，芬兰政府及芬兰水务协会代表团一行到都江堰青城山基地参观访问。代表团一行深入了解大熊猫生存现状和生活习性，对熊猫中心大熊猫科研工作及生态保护工作表示赞同和认可。

【野外引种项目首例产下并成功存活的大熊猫双胞胎获吉尼斯世界纪录认证】 6月12日，由国务院新闻办公室、国家林业和草原局指导，中国大熊猫保护研究中心和五洲传播中心共同主办的中国大熊猫国际形象发布会在北京召开。会上，吉尼斯世界纪录大中华区负责人马克为熊猫中心野外引种项目首例产下并成功存活的大熊猫双胞胎"和和""美美"颁发"首例圈养大熊猫野外引种产下并存活的大熊猫双胞胎"吉尼斯世界纪录TM证书。该项吉尼斯世界纪录认证不仅是对熊猫中心野外引种项目取得阶段性成功的贺喜，更是对中国在大熊猫保护事业上所作贡献的支持与认可。

【"三九大"文化旅游联盟品牌战略合作发布会】 7月3日，由中国大熊猫保护研究中心、广汉市人民政府、九寨沟县人民政府共同主办的"三九大"文化旅游联盟品牌战略合作发布会在成都举行。会上，熊猫中心、广汉市和九寨沟县签署"三九大"文化旅游联盟品牌战略合作协议。四川省副省长、致公党四川省委主任杨兴平、国家林业和草原局野生动植物保护司副司长、中国大熊猫保护研究中心党委书记张志忠，阿坝州委副书记、州长杨克宁等嘉宾出席会议，近200家旅游行业公司参与此次发布会。

【近40年研究成果在国际期刊《Science》(《科学》杂志)上发表】 7月8日，中国大熊猫保护研究中心将攻克圈养大熊猫"发情难、配种受孕难、幼仔存活难"三大难关和野化培训放归这两项研究成果总结成论文《Ex-situ of the giant panda in China. Re：Time for Korean wildlife conservation》(中国大熊猫的迁地保护成果，回复：该是加强野生动物保护的时刻了！)，在国际顶级期刊《Science》(《科学》杂志)上以e-letter(电子简讯)的形式发表。

【旅居比利时大熊猫"好好"诞下2019年海外首对大熊猫龙凤胎幼仔】 8月8日，中国大熊猫保护研究中心旅居比利时天堂公园的大熊猫"好好"诞下2019年海外首对大熊猫龙凤胎幼仔。国家主席习近平同比利时国王菲利普就此互致贺电。

【积极应对滑坡泥石流灾害】 8月20日，汶川境内发生山体滑坡和泥石流灾害，中国大熊猫保护研究中心卧龙神树坪基地、卧龙核桃坪基地基础设施损毁严重。全体职工齐心协力、抢险自救，在国家林业和草原局和地方政府的关心指导下，妥善处置灾情，积极推进灾害治理和复工复产工作，保障了人员和大熊猫安全。

【野外引种大熊猫"草草"在8·20泥石流灾害中产下双胞胎】 8月20日下午，中国大熊猫保护研究中心卧龙核桃坪基地传来好消息：野外引种大熊猫"草草"顺利产下一对雄性双胞胎幼仔。熊猫中心职工在积极应对泥石流灾害的同时，克服困难，守护"草草"及其幼仔安全，证明了熊猫中心技术力量的专业性和科学性。

【2017~2018年度中央和国家机关"青年文明号"称号】 8月21日，共青团中央和国家机关工作委员会印发《关于命名2017~2018年度中央和国家机关青年文明号的决定》，中国大熊猫保护研究中心大熊猫国家公园珍稀动物保护生物学国家林业和草原局重点实验室喜获"青年文明号"荣誉称号。

【大熊猫野化培训方法成功申请国家发明专利】 通过长期的艰难探索，中国大熊猫保护研究中心科研团队创新了一种大熊猫野化培训方法，8月30日，获国家知识产权局授予该方法发明专利。该专利的成果将广泛运用于后续的大熊猫野化培训与放归研究中，对促进大熊猫小种群复壮、圈养大熊猫野外引种、大熊猫重引入等相关工作的开展有积极促进作用，有利于推进中国大熊猫等珍稀濒危物种的保护事业。

【大熊猫转运笼获实用新型专利】 8月30日，中国大熊猫保护研究中心获一项实用新型专利，该专利为大熊猫转运笼，由熊猫中心都江堰青城山基地管理处在原有的大熊猫笼基础上改进和设计，适用于大熊猫运输时使用。与原设计相比，其最主要的特点是材质轻便且安装有活动轮子，便于移动。该技术已用于熊猫中心的大熊猫管理工作中，将逐步向其他大熊猫饲养单位推广。

【第三届中国大熊猫关爱文化国际交流会】 9月19~22日，中国大熊猫保护研究中心举办第三届中国大熊猫关爱文化国际交流会，来自日本大熊猫保护协会的14名大熊猫爱心人士代表，陕西女友传媒集团、成都市蓉城南台月食品有限公司、浙江正辉照明工程有限公司、上海金币投资有限公司等爱心企业代表参加活动。活动旨在为大熊猫爱好者、爱心人士搭建沟通交流的桥梁，从不同层面促进大熊猫保护研究事业发展。

【李德生、张明春入选2019年百千万人才工程国家级、省部级人选】 经国家林业和草原局推荐、人社部遴选确定，中国大熊猫保护研究中心李德生入选2019年国家百千万人才工程，并授予"有突出贡献中青年专家"荣誉称号。经个人申报、单位推进、专家评审、公示公告，国家林草局研究确定张明春为国家林业和草原局第六批"百千万人才工程"省部级人选。

【首届饲养管理岗位技能比武大赛】 10月12日，中国大熊猫保护研究中心在都江堰办事处举办首届饲养管理岗位技能比武大赛，来自4个基层代表队的16名青年选手参加比拼，通过知识问答、实际操作、场景模拟、场外互动等环节的激烈角逐，都江堰青城山基地代表队获首届饲养管理岗位技能比武大赛一等奖。

【参加第六届海峡两岸暨香港、澳门大熊猫保育教育研讨会】 10月15~16日，中国大熊猫保护研究中心派员参加在北京举办的第六届海峡两岸暨香港、澳门大熊猫保育教育研讨会。会上，熊猫中心代表作专题报告，并就大熊猫饲养管理、疾病防控、野化放归、保育教育及科普推广相关工作作分享交流。

【卢森堡副首相到访】 10月20日，卢森堡副首相兼交通和公共工程部大臣弗朗索瓦·鲍施率团到中国大熊猫保护研究中心都江堰青城山基地参观访问。副首相一行详细了解大熊猫的生活习性、发展现状、科研成果以及国际合作情况，并对中国大熊猫保护研究中心在濒危物种保护方面作出的贡献给予了高度赞誉。

【第一届大熊猫公众教育培训班】 为加强国内各大熊猫合作单位沟通与交流，进一步提升大熊猫饲养管理与公众教育工作水平，探讨合作的具体方法和长效机制，10月21~23日，中国大熊猫保护研究中心在都江堰召开大熊猫公众教育合作单位年会，来自国内的52家大熊猫友好合作单位的领导及代表参加会议。会上，25家合作单位代表对本单位大熊猫公众教育、饲养管理和科学研究等方面工作进行总结报告，并对如何更好开展合作进行深入交流和探讨。

【大熊猫野化放归关键技术研究项目获第十届梁希林业科学技术奖一等奖】 11月6日，第十届梁希林业科学技术奖结果公布，中国大熊猫保护研究中心张和民团队的大熊猫野化放归关键技术研究项目获第十届梁希林业科学技术奖科技进步奖一等奖。

【旅美大熊猫"贝贝"回国】 11月21日，通过中美双方专家努力，在美国史密桑宁动物园出生的明星大熊猫"贝贝"从美国搭乘专机返回中国，入住熊猫中心雅安碧峰峡基地。

【大熊猫野外引种项目取得新成绩】 12月12日，伴随着野外引种大熊猫"乔乔"及幼仔在四川卧龙国家级自然保护区天台山野外被成功收回，熊猫中心2019年圈养大熊猫野外引种工作画上圆满句号。2019年，熊猫中心2只圈养雌性大熊猫"草草""乔乔"参与野外引种试验。8月20日，大熊猫"草草"在卧龙核桃坪野化培训基地产下一对雄性双胞胎。9月16日，大熊猫"乔乔"在耿达天台山野外产下一对雄性双胞胎。截至年底，4只幼仔生长发育良好。

（熊猫中心由赵燕供稿）

四川卧龙国家级自然保护区管理局

【综　述】 卧龙位于大横断山脉中心区域、中国西南山地生物多样性热点区的核心地带，海拔1100~6250米，横跨6个气候垂直带谱，生境异质性极高，森林覆盖率62.54%，植被覆盖率98%。有脊椎动物517种，昆虫约1700种，高等植物1989种，低等植物近2000种。其中大熊猫、雪豹、绿尾虹雉等珍稀濒危动物69种，珙桐等珍稀濒危植物14种，生物物种多样性位居大熊猫分布六大山系67个保护区的前列。面积占大熊猫国家公园四川片区近1/10，野生大熊猫数量占四川片区近1/9，是大熊猫科研的主要发源地。

卧龙保护区建立于1963年，面积20万公顷，是全国建立最早、以保护大熊猫等珍稀野生动植物和高山森林生态系统为主的国家级自然保护区。1983年，经国务院同意，以保护区四至为限，四川省政府批准成立卧龙特别行政区，下辖2个镇6个行政村。保护区管理局隶属国家林草局，特区隶属四川省政府，均委托四川省林草局代管，实行"两块牌子、一套班子、合署办公"的管理体制，统一管理保护区、特区事务。

【生态建设】 建立全域联防联动机制，与相邻11个县（市、区）和12个乡镇局签订联防责任书，兑现农户天然林管护费420.76万元，91条大熊猫固定样线野外监测28天1276人次。开展春季反盗猎与清山清套、禁笋、禁挖药、冬季反盗猎与清山清套、高远山巡护等专项行动。积极参与大熊猫国家公园试点建设，进一步完善了生态保护相关管理办法，扎实开展森林草原防火工作，实现连续46年无森林火灾，在长江经济带120处国家级自然保护区管理评估中名列第一。对各级环保督察、卫片检查及自查指出的55个环保问题进行分类统计、逐一比对核实和整改，整改完成55个，整改率100%；督办潘达尔酒店拆除。扎实开展"全域无垃圾"行动，区域垃圾处理及打击固体废弃物环境违法行为取得实效。

【科学研究】 监测野生大熊猫伴生动物位点124个，包括水鹿、羚牛、中华斑羚、豹猫、野猪、毛冠鹿、红腹角雉、小熊猫等动物。拍摄到雪豹照片864张，拍摄到雪豹视频208段，约2980秒，雪豹有效探测次数286次。完成辖区所有野生大熊猫重点区域野外调查工作，发现纯白色大熊猫和特有物种巴朗山雪莲。开展公益性自然教育活动4期。启动《卧龙自然保护区野生大熊猫白化病的病理研究》项目，完成科研项目《卧龙自然保护区巴朗山杓兰资源调查》的野外调查。

卧龙银厂沟区域，四只雪豹同框，7月17日红外线相机拍摄

【社区经济】 主动应对卧龙民宿产业迅速发展的趋势，积极转方式、强产业，因受非洲猪瘟和"8·20"泥石流灾害影响，经济有所下滑。全区农村经济总收入10 874.4万元，同比上年减少227.84万元，下降率为2.1%；农村人均纯收入15 744.77元，同比上年减少111.09元，下降率为0.7%。举办羊肚菌种植经验交流会，推广种植羊肚菌6.6公顷，收入100余万元。种植魔芋13.33公顷，收入60万元。推广重楼等中药材种植9.55公顷。引导农户转变观念，发展圈养牲畜，生猪等养殖业收入400万元。加强动物防疫工作，有力防控非洲猪瘟疫情。

【生态旅游】 创新开展生态旅游品牌建设，开展粤港青年卧龙实习计划、香港卧龙体验活动，接待香港各类交流、体验团1200余人次。协助完成欢送大熊猫"圆圆"赴奥地利工作，完成省文旅厅委托拍摄的文化旅游主题宣传片，完成阿坝藏族羌族自治州省干线旅游标识标牌建设卧龙境内的点位确定，完成阿坝藏族羌族自治州非物质文化遗产巡展工作。建成并投入使用的公厕18座，蹲位186个，停车位1500个。接待游客98.66万人次，收入4208万元，同比上年减少822.08万元，下降率为16.34%。

【社会保障】 加强基金监督管理，兑现社保基金征收和待遇，稳岗补贴区内企业17户335人10.7万元，累计发放城乡低保679人次45.3万元，发放分散特困人员28人次3.88万元，医疗救助29人次32.8万元；发放离任村干部津贴36人次13.39万元。流浪乞讨、双拥优抚安置、养老管理服务质量明显提升。开展"金秋助学"，关爱职工子女、农民工子女、农村留守儿童、困难职工、生病住院职工和退休职工等活动。积极配合全州高中教育改革，实施高中学校布局调整，顺利完成卧龙特区中学高中部合并到"七·一"映秀中学。积极拓展医疗卫生新业务，创新新技能，重新组建健康扶贫领导小组，成立6个家庭医生签约服务团队，完成两镇家庭医生签约工作，签约覆盖率100%。成功举办首届大熊猫动漫设计大赛、"青春心向党，建功新时代"活动、"做优雅女性 享幸福人生"女职工礼仪知识讲座、庆祝新中国成立70周年群众大合唱歌咏比赛等。开展"8·20"抗洪抢险救灾工作先进集体和先进个人表彰。

【社会治理】 不断夯实治安防控基础，强化治安卡点防范作用，将扫黑除恶专项斗争工作向纵深推进，接待群众来信来访11件，办结11件；接警232起，处警232起，处罚15人，处罚单位1家，罚款共计29.54万元；治安调解78起，铲除销毁罂粟原植物29株，村民主动上缴火药枪2支。开展高远山巡护、近山巡护、夜巡夜查219次，出动警力747人次，警车226台次。全面完成天网建设，推出便民利民措施切实做好户籍基础工作。切实推动安全宣传教育进企业、进社区、进农村、进家庭、进公共场所。开展以规范辖区建筑施工"防风险、除隐患、遏事故"为主题的安全生产月活动，"防风险保安全迎大庆"安全生产专项行动等。

【宣传交流】 与央视、新华社、人民日报社等主流媒体合作，发布新闻3条；在《中国绿色时报》以署名文章登载6篇，并配合主流媒体宣传。在各类报刊发表署名文章9篇。协助媒体来卧龙拍摄报道10次。完成7条官方公众号编发。《林线之上，熊猫之外：追寻雪豹》获《中国绿色时报》"2018年度好新闻"三等奖；《春漫雅鲁藏布》获《中国绿色时报》"美丽灵芝"生态摄影三等奖。

【脱贫攻坚】 整合贫困户巩固提升资金27.16万元，用于全区33户97人已脱贫户的巩固提升项目。争取到中央彩票基金800万元，用于新建1个销售点、4个综合服务点、1个服务站，维修改造1个销售点、3条生产道路。继续实施天保协议管护、以电代柴、退耕还林、草原奖补等生态保护工程，设置生态管护员、高远山野生动植物资源巡护员等公益性岗位。集中开展"两不愁、三保障"回头看大排查。

【抗洪救灾】 8月20日凌晨，卧龙区内多处发生山洪泥石流灾害，造成国道350线公路多处断道，从映秀到耿达、耿达到卧龙、卧龙到巴朗山形成多处"孤岛"。耿达镇通讯中断，部分区域水电不通。洪水泥石流冲毁卧龙镇污水处理厂、部分民房和街道，大量游客及过境车辆滞留，卧龙全区受灾，造成直接经济损失约4.2亿元。在上级领导和社会各界的积极关心支持下，卧龙全体干部职工众志成城，顺利完成被困人员救援、游客疏散、道路抢修、受灾群众安置、灾情统计等工作，并及时投入到灾损核实、编制规划、争取上级支持等灾后重建工作中。

【第一届大熊猫动漫设计与制作创新大赛】 5月25日，四川卧龙国家级自然保护区管理局和成都电子科技大学联合举办了第一届大熊猫动漫设计与制作创新大赛，此次大赛以"吾爱熊猫，萌动自然"为主题，大赛旨在借助现代科学技术，以新颖的方式设计、创作与展示大熊猫生活、繁殖、保护等相关的动漫作品，对于保护大熊猫、宣传熊猫文化、增进保护熊猫意识具有十分重要的意义。

【发布全球首张白色大熊猫照片】 5月26日，四川卧龙国家级自然保护区管理局对外发布全球首张白色大熊猫照片。保护区内海拔2000米左右的一台野外红外触发相机，于4月中旬摄写下一张大熊猫影像，图片清晰显示出这只熊猫独特的形态特征：毛发通体呈白色，爪子均为白色，眼睛为红色，正穿过郁郁葱葱的原始落叶阔叶林。据专家分析，根据照片上这些外部特征，可以判断该熊猫是一只白化个体。从体型判断，这是一只亚成体或青年熊猫，年龄大概在1~2岁左右。

【雪豹野外监测】 7月17日，四川卧龙国家级自然保护区管理局对外发布2019年度雪豹野外监测工作第一轮数据回收最新成果。最为珍贵的是，一台布设在卧龙银厂沟区域海拔3800米左右的红外线触发相机连续记录了雪豹"一母带三崽"练习生存技能的完整画面。视频共6段，记录时间分别是2018年12月21日和24日。这是继2017年卧龙保护区首次拍摄到雪豹"一母带三崽"后，又一次拍到四豹同框的珍贵影像。

【第三届四川卧龙国家级自然保护区青年实习计划结业典礼】 8月16日，第三届四川卧龙国家级自然保护区青年实习计划（以下简称"青年实习计划"）结业典礼在卧龙自然与地震博物馆举行，标志着2019年第三届四川卧龙国家级自然保护区青年实习计划圆满结束。此次活动由香港特别行政区政府民政事务局、广东省青年联合会资助，在四川省林业和草原局的关心和指导下，香港海洋公园、中国大熊猫保护研究中心和四川卧龙国家级自然保护区密切配合，来自香港和广东的36名学生圆满完成了实习计划。

【长江经济带国家级自然保护区管理状况评估】 2017~2018年，生态环境部牵头，会同原国土资源部、水利部、原农业部、原国家林业局、中国科学院、国家海洋局联合组织评估组对长江经济带国家级自然保护区管理状况进行评估。根据《长江经济带国家级自然保护区管理评估报告》显示，卧龙保护区在参与此次评估的120处长江经济带国家级自然保护区中，评估得分95分，评估等级为优，名列第一。

【大事记】

1月15日 大熊猫国家公园阿坝管理分局在卧龙特区举行挂牌仪式。省林业和草原局副局长包建华、州人民政府副州长蔡清礼、州委副秘书长杨国荣、卧龙特区主任陈林强共同为大熊猫国家公园阿坝管理分局揭牌。

2月 编撰完成《卧龙国家级自然保护区大熊猫主食竹识别手册》。

3月 国家林业和草原局公布"林业信息化全面推进十周年优秀案例、林业信息化建设市（县）级十佳单位、市（县）及专题十佳网站"名单。卧龙以"'互联网'+大熊猫智慧保护"为主题，荣获"林业信息化全面推进十周年优秀案例"。

3月14日 在卧龙特区、保护区管理局的号召组织下，全区广大党员、干部、职工踊跃参加2019年春季义务植树活动。

4月11日 四川卧龙国家级保护区管理局对外公布欧亚水獭的画面和视频，这是邛崃山系首次通过影像记录到该物种。

4月19日 安徽省林业厅厅长牛向阳率领动植物处、保护地处等一行到卧龙国家级自然保护区就国家公园管理体制相关工作开展考察调研并召开座谈会，交流学习卧龙在大熊猫国家公园体制试点中的典型经验和做法。

5月17日 原卫生部副部长、中国农村卫生协会第五届理事会会长朱庆生一行到卧龙特区调研基层卫生院工作。

5月25日 四川省林业和草原局副局长包建华带领动植物保护处、栖息地保护处、宣传中心、野保站等相关处室负责人，到卧龙检查环保整治工作，并详细了解卧龙自然公众教育工作开展情况。

8月10日 四川卧龙国家级自然保护区管理局对外发布植物新种——巴朗山雪莲。新物种分布于海拔4400~4700米的高山流石滩，存在于海拔最高的生态系统高山冰缘带中。

9月23日 四川省发展改革委副主任邓长金一行到卧龙特区开展2019年前三季度经济形势和汶川"8·20"强降雨特大山洪泥石流恢复重建项目调研，阿坝州发改委、汶川县委县政府以及相关职能部门主要领导陪同调研。卧龙特区、保护区管理局党委书记段兆刚，特区副主任杜军、夏绪辉以及相关部门负责同志参与调研。

11月22日 邛崃山系十县（市）一区第三十五届护林联防会议在小金县召开。省林草局二级巡视员万洪云、防火处罗文莉、卧龙自然保护区管理局局长何小平，阿坝州林草局副局长张桂林以及十县（市）一区护林联防单位防灭火指挥部领导、林业（林草、自然资源局）负责人、防火办主任，卧龙管理局相关人员，共计70余人参加会议。

12月31日 卧龙特区主任陈林强、保护区管理局局长何小平为"卧龙森林消防中队"揭牌。 （明 杰）

国家林业和草原局驻各地森林资源监督专员办事处工作

28

内蒙古专员办(濒管办)工作

【综　述】　2019年，国家林业和草原局驻内蒙古自治区森林资源监督专员办事处(中华人民共和国濒危物种进出口管理办公室内蒙古自治区办事处)(以下简称内蒙古专员办)紧紧围绕全国林草业改革发展大局，立足内蒙古自治区实际，以严格督促地方政府落实保护发展森林资源主体责任为重点，坚持发现问题和解决问题并重，着力推动保护草原、森林这一内蒙古生态系统保护首要任务和要求的落实。通过直接督查督办案件、与当地政府及其林业主管部门、执法机关联合开展专项整治行动，建立约谈机制，落实整改责任，落实政府对重点地区问题整改责任，以问题为导向、强化林地警示监督等多种方式，督查督办涉林案件8768起，打击处理8575人，清收林地3.4万公顷。

内蒙古专员办研究部署工作

【森林督查整改"回头看"】　与内蒙古自治区林草局共同开展2018年森林督查整改情况"回头看"，对整改工作推进不力、敷衍整改和进度明显滞后地区政府和部门单位进行通报、约谈，倒逼整改工作落实。2018年森林督查发现问题基本全部整改到位，立案查处7988起。其中，行政案件6679起，刑事案件1309起，收回林地恢复植被3.4万公顷。

【重点国有林区森林督查】　开展内蒙古大兴安岭重点国有林区森林督查，查核图斑244个。其中，存在违法问题24个，结案16起，追究责任人14人。累计查阅审核建设项目使用林地材料118份、各类林政案件卷宗1577份。督促纠正林政执法中存在的问题，提高案件查处质量。

【地方森林督查】　以问题为导向，成立森林督查领导小组，开展对地方森林督查，推动问题解决。监督指导内蒙古自治区各级林业主管部门开展森林督查，发现存在问题图斑9539个，面积1.21万公顷，违法采伐林木蓄积量10.5万立方米。其中，非法占用林地图斑5354个，面积5628.5公顷。毁林开垦图斑2036个，面积4618.62公顷。滥砍盗伐林木图斑2023个，面积1392.49公顷；林业直服项目违法占用林地图斑92个，面积87.54公顷；土地整理图斑34个，面积359.54公顷。

【重点抽查】　抽取5个旗县重点开展森林督查，检查疑似图斑2847个，面积4366.67公顷。查出存在破坏森林资源问题图斑1254个，面积1070公顷，林木蓄积量31 160.62立方米。抽查结果比各有关单位自查多出问题图斑194个、面积52公顷、蓄积量7784立方米。

【案件抽查】　检查地方森林公安机关森林案件卷宗718份，现场查验案件28起，发现存在查处不到位、未及时终止违法行为等问题，针对存在的问题进行督促整改。

【高层推动整改】　针对森林督查发现的问题，确保整改取得实效，向内蒙古自治区党委和自治区人民政府报告森林督查发现的问题，提出整改意见。自治区党委和自治区人民政府高度重视，将森林督查问题整改列入巡视工作的内容；内蒙古专员办向自治区各盟(市)委、盟(市)行政公署(政府)下发森林督查通报，明确各级盟(市)委、盟(市)行政公署(政府)整改工作主体责任，主要领导为第一责任人，限期整改，形成各级书记亲自抓、亲自部署整改工作的局面，推动了存在问题的整改解决。发挥各级林业主管部门的主体作用，建立森林督查整改图斑监督台账，实行销号制度，整改到位一个销号一个。跟踪整改进展情况，确保督查整改工作落地见效。

【督查督办案件】　积极探索新形势下森林案件督查督办的方式方法，构建森林资源监督网格化管理体系，通过直接督查督办案件，开展"绿卫2019"专项行动，与当地政府及其林业主管部门、执法机关联合开展专项整治行动，建立约谈机制，强化警示监督等多种形式，推动解决森林案件查处"最后一千米"问题。督查督办涉林案件8768起，打击处理8575人，清收林地3.4万公顷。其中，与当地政府、林业主管部门、森林公安机关联合开展专项整治行动查处案件7395起，监督检查督办案件1355起。查核国家林草局批转案件4起、媒体曝光和群众信访举报案件14起。接待群众信访12次。

【重点区域专项整治】　抓住重点区域专项整治不放松，注重将监督意见转化为当地党委、政府和有关部门的行动和政策措施，督促配合和依靠当地政府做好森林植被的保护修复工作，共清收恢复林地24.53万公顷。持续监督呼伦贝尔市莫力达瓦达斡尔族自治旗、通辽市等地区专项整治，修复林地造林17.87万公顷。其中，2019年，造林4万公顷。督促内蒙古大兴安岭国有林区毁林开垦专项整治。按照国家林业和草原局、内蒙古自治区政府部署，通过主持召开联席会议、专项推进会、协调会、现场督查等方式，督促指导推进国有林区毁林开垦专项整治，清收林地近6.67万公顷。

【林木采伐监管】 严格开展伐区调查设计和伐区作业质量监管，审查内蒙古大兴安岭重点国有林区森林抚育伐区调查设计小班20 189个，现地检查272个，提出监督意见145条，伐区调查设计质量合格率93.4%。抽查抚育伐作业小班148个，提出监督意见43条。依法核发林木采伐许可证24 098个，采伐面积14.44万公顷，林木蓄积量28.25万立方米，出材5.81万立方米，发证合格率100%。其中，森林抚育面积14.08万公顷，林木蓄积量14.95万立方米，小班10 974个；其他占地采伐面积0.36万公顷，林木蓄积量13.29万立方米，小班13 124个。

【造林质量监管】 针对内蒙古大兴安岭重点国有林区人工造林成活率低的问题，提出监督整改意见。内蒙古大兴安岭重点国有林管理局和各林业局高度重视，从制度建设、财务预算、检查验收、考核评价和责任追究等方面，采取综合措施，加强人工造林各环节管理，千方百计提高造林质量，人工造林成活率达到86%。

【林地监管】 开展工程项目使用林地行政许可执行情况检查，检查工程建设项目32个，发现存在违法使用林地问题项目15个，违法总面积24.91公顷，全部依法查处，处理相关责任人31人，处罚金218.64万元。加强工程建设项目占用内蒙古大兴安岭重点国有林区林地审查，审查占用林地项目108个，发现存在问题项目39个，占项目总数的36.1%，存在的问题均督促有关部门进行整改，进一步规范了林地管理行为。按照国家林业和草原局森林资源管理司安排，对2个上报国家林业和草原局审核审批的矿业开发征占用林地工程项目进行现场查验。针对存在的问题，约谈有关部门的主要领导，违法案件移交检察机关起诉，追责问责2人。

【野生动植物保护监管】 对阿尔山国家森林公园等7处候鸟集中区域开展候鸟迁徙保护工作进行专项督查。加强对打击非法猎杀和经营利用野生动物违法犯罪活动监督，及时督办阿拉善盟铁丝网挂死黄羊事件和乌兰察布市黄旗海水域赤麻鸭、翘鼻麻鸭等候鸟死亡事件。与内蒙古自治区林草局联合，开展对野猪等野生动物感染非洲猪瘟疫源疫病监测防控监督。加强对松材线虫病害防控工作监督，建立检疫执法长效机制。组织开展内蒙古自治区肉苁蓉物种监测评估，协调申报内蒙古阿拉善荒漠梭梭林肉苁蓉培育利用示范项目。

【濒危物种进出口管理和履约工作】 严格审核13家企业(个人)野生动植物或其制品的允许进出口备案申请，退回不合格申请5家企业(个人)。核发各类濒危物种允许进出口证书76份，总金额192.71万元。开展野生动植物进出口行政审批事项事中事后监督检查。召开内蒙古自治区CITES履约执法协调小组联席会，举办濒危物种履约执法培训班，培训业务骨干44人。开展"野生动植物保护日""爱鸟周"宣传，发放宣传册1200余册。

【草原和荒漠资源监管】 对接内蒙古自治区林草主管部门，了解掌握草原保护管理情况，深入赤峰市翁牛特旗等地开展调研，形成关于赤峰市草原保护管理情况的调研报告。参加国家林业和草原局组织的赤峰市克什克腾旗内蒙古芝瑞抽水蓄能电站项目征收使用草原行政许可执行情况检查。

【自然保护区监管】 开展涉自然保护区土地利用状况变化情况实地核查，核查内蒙古自治区8个盟(市)12个旗(县)的自然保护区疑似图斑87处。其中，存在违法违规问题图斑36处，34处违法违规问题均整改到位，国家林业和草原局予以销号。开展国家级自然保护区"绿剑行动"整改验收。按照国家林业和草原局安排，对鄂尔多斯市西鄂尔多斯国家级自然保护区和大青山国家级自然保护区2016年"绿剑行动"通报的242家存在问题的工矿企业整改情况按照30%比例进行抽查验收。其中：71家企业达到整改要求，14家企业继续整改。

【湿地监管】 按照国家林业和草原局部署，经与内蒙古自治区林业和草原局、内蒙古大兴安岭重点国有林管理局协商，采取疑似图斑与现地对照相结合、实地抽查与严格执法相结合的方式，对内蒙古满洲里二卡国家湿地公园、内蒙古陈巴尔虎陶海国家湿地公园、内蒙古巴林左旗乌力吉沐伦河国家湿地公园、内蒙古绰尔雅多罗国家湿地公园管理建设情况进行监督检查。核实疑似图斑12个。其中，满洲里二卡国家湿地公园6个、巴林左旗乌力吉沐伦国家湿地公园6个。

【大事记】
1月15日 与内蒙古大兴安岭重点国有林管理局、内蒙古大兴安岭森林公安局联合在内蒙古大兴安岭重点国有林区范围内开展为期1个月的野生杜鹃保护管理监督检查专项行动。

3月2日 专员李国臣参加内蒙古大兴安岭重点国有林区年度工作会议并讲话。

3月3日 召开重点国有林区监督工作座谈会。专员李国臣和各处室负责人及内蒙古大兴安岭重点国有林管理局驻各林业局监督办监督员参加会议。

3月4日 与呼伦贝尔市、内蒙古大兴安岭重点国有林管理局召开联席会议，专题研究林区道路修建过程中规划设计和占用林地等问题。

3月5日 专员李国臣参加内蒙古专员办内蒙古大兴安岭重点国有林管理局森林经营工作会议并讲话。

3月12日 专员李国臣参加内蒙古自治区林业和草原局长会议并讲话。

3月21日 国家林业和草原局任命王玉山为专员办(濒管办)副专员(副主任)。同日，中共国家林业和草原局党组任命王玉山任专员办(濒管办)党组成员。

3月22~25日 参加内蒙古大兴安岭重点国有林管理局召开的2018年二类调查成果审查会，对库都尔林业局、图里河林业局等7个林业局（单位）二类调查成果进行审查。

3月29日 与内蒙古大兴安岭重点国有林管理局召开联席会议，专题研究在内蒙古大兴安岭重点国有林区开展清理整治违建别墅工作。专员李国臣要求认真贯彻落实国家林业和草原局关于清理整治违建别墅有关要求。

4月23日 主持召开巴彦淖尔市森林督查整改推进会议。内蒙古自治区林业和草原局有关部门、巴彦淖尔市政府及有关部门、各旗（县、区）政府有关同志参加会议。

4月21日至5月12日 参加国家林业和草原局组织的内蒙古大兴安岭重点国有林区森林防火督查工作。

5月13~20日 与内蒙古自治区林业和草原局组成联合督查组，对通辽市各类破坏森林资源案件查处整改情况进行专项督查。

5月24~27日 与内蒙古自治区林业和草原局联合督查组，对包头市开展各类破坏森林资源案件查处整改情况专项督查。

5月22~29日 与内蒙古自治区林草局组成联合督查组，对兴安盟各类破坏森林资源案件开展督查整改工作。

5月30日至6月4日 与内蒙古自治区林草局联合督查组，对呼伦贝尔市各类破坏森林资源案件查处整改工作督查。

6月11日 举办2019建设项目使用林地及在国家级自然保护区建设使用林地行政许可检查培训班。

6月28日 中共国家林业和草原局驻内蒙古自治区森林资源监督专员办事处机关委员会第一党支部被中共内蒙古自治区直属机关工作委员会评为"基层先进党组织"。

8月2日 参加内蒙古自然博物馆"保护野生动物，筑牢绿色长城"——《守望——濒危动物展》启动仪式。

8月5日 与内蒙古大兴安岭重点国有林管理局联合举办内蒙古大兴安岭2019年林业执法培训班。

8月5~8日 举办2019年濒危物种履约执法管理培训班。来自内蒙古自治区自然资源厅、内蒙古自治区林业和草原局及呼和浩特海关、满洲里海关等14家单位的44位相关人员参加培训。

8月23~30日 与国家林业和草原局保护地司组成检查验收组，对内蒙古鄂尔多斯市西鄂尔多斯国家级自然保护区、大青山国家级自然保护区"绿剑行动"问题整改情况进行检查验收。

9月17日 召开内蒙古自治区县级政府保护发展森林资源目标责任制执行落实情况检查和森林督查工作部署会。

11月20日 参加内蒙古自治区林业和草原局保护候鸟"护飞活动"。

12月2日 夏宗林、张继义和范树德被国家林业和草原局授予"森林资源监督先进工作者"荣誉称号。

12月4日 在海拉尔召开森林督查发现问题整改推进会。专员李国臣通报森林督查发现的问题，听取呼伦贝尔市林业和草原局及扎兰屯市、莫力达瓦达斡尔族自治旗和阿荣旗人民政府关于开展森林督查发现问题整改情况的工作汇报。

12月5~7日 专员李国臣到内蒙古克一河林业局、阿里河林业局调研重点国有林区改革工作。

12月 内蒙古专员办被内蒙古自治区精神文明建设委员会办公室评为自治区级文明单位。

12月 《不忘初心　倾情北疆——庆祝内蒙古专员办成立30周年》电视专题片制作完成。《内蒙古森林资源监督志（1989~2019）》出版。

（内蒙古专员办由夏宗林供稿）

长春专员办（濒管办）工作

【综　述】 2019年，国家林草局驻长春森林资源监督专员办事处（东北虎豹国家公园管理局）（以下简称长春专员办、虎豹管理局），全面履行林草资源监督职责，全年审批发放林木采伐许可证3374份，完成督查督办林政案件115件，处理责任人284人，依法收回林地71.29公顷，罚款878.65万元。加强濒危物种进出口管理，全年受理行政许可申请数量800件，核发进出口证明书1316份、物种证明788份。东北虎豹国家公园体制试点改革和东北虎豹国家公园国有自然资源资产体制试点改革（以下简称"两项试点"）进一步深化，健全完善东北虎豹国家公园协调工作机制，全年召开工作协调会议80余次，受理涉及使用东北虎豹国家公园自然资源资产的政务事项94项。对虎豹管理局行政职能法律授权工作路径进行探索，梳理形成包含林草、自然资源等5个部门，涉及行政许可、行政处罚等9个类别1612项行政权力清单。强化反盗猎日常巡护，累计巡护16.8万千米。

【完善协调联络工作机制】 虎豹管理局积极发挥协调作用，定期组织召开办公室主任会议，与吉林、黑龙江两省相关部门和地方政府召开工作协调会、联合办公会、现场调度会等80余次。与两省相关部门建立过渡期行政职能共商共管机制，对山水林田湖草全要素自然资源资产进行全面保护，共同管理，充分运用好多方会商和专家论证工作机制，慎重稳妥处理扶贫攻坚、国防建设、基础设施、民生工程中的重大问题和历史遗留问题，全年共受理涉及使用东北虎豹国家公园自然资源资产的政务事项94项。

【健全自然资源资产管理体制】 按照中央编办要求，

研究探索虎豹管理局多种"三定"方案建议稿，为建立垂直管理体制积累经验。对虎豹管理局行政职能法律授权工作路径进行探索，梳理形成包含林草、自然资源、水利、农业农村、生态环保5个部门，涉及行政许可、行政处罚、行政征收、行政强制、行政确认、行政裁决、行政给付、行政奖励、其他行政权力9个类别1612项行政权力清单，为厘清中央事权、划清中央和地方的权责边界奠定了基础。与试点区各自然资源局合作，完成8个大类20张表的基础信息统计工作。组织各管理分局组建档案管理员队伍，部署开展基础数据收集整理工作，建立了本底台账和数据库动态更新机制。

【生态系统保护】 健全资源环境管护责任制，开展2019今冬明春打击滥捕乱猎野生动物及清山清套专项行动，与各分局签署野生动物保护责任状，强化反盗猎日常巡护，累计巡护里程达到16.8万千米。完善野生动物救护体系，与吉林省野生动物救护中心开展合作，挂牌成立东北虎豹国家公园野生动物救护中心。开展野外人虎冲突防范，制订突发事件应急预案，加强巡逻和社区安全保障，确保人虎安全。加强防灾减灾及疫源疫病管控力度，部署"非洲猪瘟""云杉八齿小蠹""松材线虫"等疫情监测防治工作，落实森林防火工作责任制，为东北虎豹营造良好的生态栖息环境。加强科研监测，推进5000平方千米监测覆盖，拍摄到10只幼虎、6只幼豹定居视频，梅花鹿、野猪、狍子等有蹄类动物数量较2017年初增长3倍多，试点区内野生动物种群数量迅猛增长。

【项目和资金监管】 着力完善规划体系，编制监测体系专项规划和生态移民、国有林场整合等实施方案，积极争取防火应急道路专项资金。建立项目资金管理联络员机制、项目调度协调机制和项目进展督办制度，落实日常监督责任。召开各类项目协调会议20余次、现场调研督导40余次，开展项目和资金综合检查，启动约谈机制，协调各方督促项目进展和资金拨付进度，推动2017～2018年项目取得较大进展。研究制订3年项目滚动计划和储备工作，确保基层需求和国家要求有效对接。协调财政部吉林监管局等部门，畅通中央投资拨付渠道。

【履行林草资源监督职责】 落实"放管服"改革要求，重新制定网上核发林木采伐许可证工作制度和工作流程，全年审批林木采伐许可证3374份。对42个单位、205个林场、876个小班开展现地检查，下发整改通知书35份，督导被检单位制定96项整改措施，出台修改采伐管理相关办法26条；督查督办林政案件115件，处理责任人284人（追究刑事责任17人、行政处罚处分136人、其他处分131人），依法收回林地71.29公顷，罚款878.65万元。开展"绿卫2019"森林草原执法专项行动，狠抓破坏森林草原资源违法问题的查处和整改，督导吉林省查处行政案件2400起、刑事案件220起，辽宁省查处行政案件635起、刑事案件352起；对吉林、辽宁两省10个县（市、森工局）开展2019年县级人民政府保护发展森林资源目标责任制检查，同步开展森林草原防火督查、湿地公园试点建设检查，有效纠正、规范各级林草部门行政行为，为两省林草事业平稳健康发展提供保障。

【濒危物种进出口管理】 推进国际贸易单一窗口系统建设，全年受理行政许可申请数量800件，核发进出口证明书1316份、物种证明788份。开展履约执法宣传工作，联合有关部门举办第38届"爱鸟周"宣传活动、CITES履约执法暨秋冬季候鸟迁徙保护和疫源疫病防控启动会，宣传野生动植物保护理念。联合有关部门开展履约管理专题培训、濒危物种进出口企业培训，提升履约能力。开展2018年度野生动植物进出口行政许可监督检查工作，不断完善履约管理，有力提升监管效能。

【交流合作与宣传培训】 与俄罗斯豹之乡国家公园签署保护合作谅解备忘录和三年合作计划，与世界自然基金会（WWF）等国际保护组织召开合作年会，虎豹保护国际交流合作不断深化。联合相关部门和国际组织举办"第九届世界老虎日""第四届东北虎栖息地巡护员竞技赛"等活动，提高公众野生动植物保护意识。与中央电视台等主流媒体合作加强正面宣传，拍摄专题宣传片、成果展示片和微视频3部，创办《虎豹新观察》期刊，全方位宣传试点工作成效。开展舆情监控，印发舆情专报48期，密切关注试点动态。做好政策解读与培训工作，举办管理人员培训、巡护技能培训、项目资金管理培训、自然资源调查监测和档案管理、宣传人员培训等多期培训班，不断提升业务水平和综合能力。

【大事记】

1月3日 长春专员办按自然资源部部署派出3个核查组对吉林、辽宁两省12个自然保护区开展自然保护区土地利用状况变化情况实地核查。

1月21日 虎豹管理局在珲春举办巡护员培训班，开展《有蹄类丰富度的评估》《虎豹猎物及其他重要动物足迹识别》等专题讲座，虎豹管理局10个管理分局70余名人员参加培训。

1月23～25日 虎豹管理局与世界自然基金会等联合主办的"第四届中国东北虎栖息地巡护员竞技赛"在吉林省珲春市举办，来自中国和俄罗斯两国70余名巡护员参加竞技赛。

2月23～24日 国家林草局总经济师、国家公园办主任张鸿文等一行到吉林向海国家级自然保护区调研，长春专员办专员、虎豹管理局局长赵利等陪同调研。

2月26日至3月1日 俄罗斯豹之乡国家公园管理局局长Victor Bardyuk率代表团一行6人，到虎豹管理局交流访问，双方就进一步加强虎豹保护和国家公园建设进行交流，探讨建立双方交流合作机制，并签订谅解备忘录。

3月8日 虎豹管理局与吉林和黑龙江两省林草、自然资源等相关部门达成一致意见，建立东北虎豹国家公园体制试点过渡期内自然资源资产管理职责工作机制，以出具前置意见方式履行自然资源资产管理职责。

3月18～22日 长春专员办副专员井东文带队到抚顺县、新宾县、通化县和松江河林业局开展春季森林防火督导检查和人参产业发展专题调研。

3月20~25日 虎豹管理局副局长张陕宁带队赴黑龙江省林业和草原局和绥阳、珲春等分局，对东北虎豹国家公园野生动植物保护和森林防火、非洲猪瘟防控等相关工作进行督导调研。

4月2日 虎豹管理局局长赵利带队到吉林省片区6个分局，对2017~2019年东北虎豹国家公园试点建设项目推进情况、中央投资资金使用情况开展督导调研。

4月5~12日 虎豹管理局常务副局长刘春延、副巡视员王百成等一行先后到东京城局、穆棱局、绥阳局、东宁局、汪清局、大兴沟局、天桥岭局和汪清县局对森林草原防火部署情况、建设项目推进和自然资源资产管理等工作情况开展督导检查。

4月11~14日 长春专员办与吉林、辽宁两省林草局分别在吉林省白山市、辽宁省朝阳市，共同举办第38届"爱鸟周"宣传活动。

4月18日 国家林业和草原局办公室印发办人字〔2019〕82号文件，对国家林业和草原局驻长春森林资源监督专员办事处（东北虎豹国家公园管理局）内设机构和职能进行调整，由原来的5个处室调整为6个（综合管理处、资源和林政监管处、濒危物种进出口和专项业务监管处、项目资金管理处、自然资源资产管理处、生态保护处），相应核定6正4副共10名处级干部职数。

4月22日 长春专员办副专员井东文带队参加国家林草局组织的森林草原防火专项督查行动，对吉林重点国有林区防火工作部署、宣传教育、火源管控、督导整改和应急准备等方面开展督查。

4月23~26日 长春专员办派出工作组赴吉林省扶余市、辽宁省庄河市就群众信访举报的破坏森林资源案件开展初步核查工作。

5月15日 国家林业和草原局副局长李树铭带队到长春专员办检查指导工作，并看望全体干部职工。

5月16~19日 国家林草局进出口行政许可第二检查组对国家濒管办驻长春办事处及监督区内大连市5家企业进行行政许可监督检查。

5月22日至6月4日 长春专员办组成督查组赴吉林省和龙市、安图森林经营局、磐石市、洮南市、临江市开展2018年森林资源督查"回头看"工作。

5月25日 东北虎豹国家公园协调工作领导小组会议在长春召开，会议审议通过《东北虎豹国家公园协调工作领导小组机构职责及议事规则（讨论稿）》《2019年"两项试点"重点任务分工方案（讨论稿）》。国家林业和草原局副局长李春良，黑龙江省委常委、黑龙江省副省长王永康，吉林省副省长李悦等出席会议并讲话，国家林业和草原局公园管理办公室、虎豹管理局、吉林省和黑龙江省相关单位负责同志参加会议。

6月10日 虎豹管理局与吉林大学法学院就虎豹管理局权力清单梳理情况和行政职能法律授权工作进行座谈研讨。

6月12~18日 虎豹管理局组成两个调研组赴大熊猫国家公园、普达措国家公园和雄安新区等地，就国家公园筹备及建设历程、法规制度体系建设、生态保护、自然资源资产管理、宣传与国际交流合作、新区园区规划展览和生态治理等方面开展调研。

7月1日 虎豹管理局与俄罗斯豹之乡国家公园管理局、世界自然基金会在长春召开三年合作计划讨论会。会议以中俄两国元首在莫斯科签署《中华人民共和国和俄罗斯联邦关于发展新时代全面战略协作伙伴关系的联合声明》为基准，旨在加深合作伙伴关系和互动交流，推进东北虎豹保护事业健康发展。

7月2~5日 长春专员办副专员井东文带队对辽宁省阜蒙县、盘锦市大洼区"绿卫2019"森林草原执法专项行动开展情况和林业机构改革情况进行调研督导。

7月7~9日 虎豹管理局与黑龙江省林草局、牡丹江市政府及自然资源局、煤炭局等相关部门在东宁市召开会议，就11处煤矿继续生产等事宜进行会商。

7月10~12日 长春专员办副专员井东文带队赴吉林省蛟河实验局、黄泥河林业局开展"绿卫2019"森林草原执法专项督导，并对林业机构改革情况进行调研。

7月15日 虎豹管理局与延边朝鲜族自治州政府、珲春市政府、珲春紫金矿业公司及政府相关部门在珲春市召开三方会商会议，研究解决矿业权退出等历史遗留问题。

7月16~19日 长春专员办副专员井东文带队赴辽宁省法库县和岫岩县开展"绿卫2019"森林草原执法专项督导，并对林业机构改革情况进行调研。

7月23~31日 长春专员办赴通化、靖宇、东港、桓仁4个县（市），对吉林、辽宁两省2018年森林督查整改工作情况进行督查督办。

7月28日 2019虎豹跨境保护国际研讨会在黑龙江省哈尔滨市开幕，国家林业和草原局局长张建龙、虎豹管理局局长赵利等出席开幕式。会议围绕全球大型猫科动物特别是虎豹种群保护监测技术、种群及栖息地恢复、保护地景观资源配置、人兽冲突解决等相关技术和政策问题展开讨论，探讨建立虎豹种群跨境保护国际交流合作机制。

7月29日 虎豹管理局与世界自然基金会、国家林草局猫科动物研究中心、广东省长隆动植物保护基金会，在黑龙江省哈尔滨市共同举办第九届全球老虎日庆祝活动。中国野生动物保护协会会长陈凤学等出席活动。

7月31日 吉林省省长景俊海到虎豹管理局调研指导工作，听取东北虎豹国家公园"两项试点"情况汇报，并观看虎豹实时监测系统。

7月31日 由虎豹管理局主办，自然资源保护协会等协办的东北虎豹国家公园管理人员培训班在珲春市举办，约60名管理人员参加培训。

8月12~16日 虎豹管理局举办项目和资金管理培训班，就中央预算内投资计划策划和编制、项目组织实施等开展培训，虎豹管理局10个管理分局项目资金管理人员参加培训。

9月2~4日 长春专员办（濒管办）联合大连市、沈阳市、长春市海关在辽宁省盘锦市召开吉辽两省CITES履约执法工作协调小组联络员座谈会，副专员井东文参加座谈会。

9月3~4日 国家林草局副局长李春良赴黑龙江省东宁市等地调研东北虎豹国家公园项目资金具体情况，

虎豹管理局局长赵利陪同调研。

9月4~5日 虎豹管理局在长春市举办宣传工作会议暨宣传信息员培训班，10个管理分局及虎豹管理局相关处室60人参加培训。

9月10日 虎豹管理局与珲春市管理分局、珲春管理分局及吉林省林业勘察设计院等有关单位召开座谈会，就国有林地占用等问题进行沟通协调。

9月23日 东北虎豹国家公园监测系统建设推进会暨国家公园频道筹建研讨会在珲春召开，国家公园办主任张鸿文、国家林草局东北虎豹监测与研究中心主任葛剑平、虎豹管理局局长赵利等出席会议。

9月23日 虎豹管理局在吉林省汪清县召开项目推进会，听取10个管理分局关于2017~2018年项目进展情况汇报，研究2020年项目申报工作，常务副局长刘春延、副巡视员王百成等出席会议。

9月25日 虎豹管理局在吉林省汪清召开东北虎豹国家公园监测项目调度会，要求各管理分局、吉视传媒等单位提高认识、加快进度，确保年底接通监测信号，常务副局长刘春延、副巡视员王百成等出席会议。

10月8~12日 中央编办二局副局长吴志良、国家公园办副主任田勇臣等一行到东北虎豹国家公园调研体制试点改革情况。

10月12~16日 国家公园办副主任褚卫东等一行到东北虎豹国家公园调研东北虎豹国家公园监测系统建设和"两项试点"任务落实情况。

10月14~16日 国家发改委和国家林草局委托中国国际工程咨询有限公司对东北虎国家公园试点项目实施情况进行专题评估，虎豹管理局常务副局长刘春延陪同。

10月17日 东北虎豹国家公园举行标识系统确界、立标项目开工奠基仪式，虎豹管理局局长赵利、常务副局长刘春延、延边朝鲜族自治州政府有关领导以及各管理分局负责人参加仪式。

11月1日 虎豹管理局与延边朝鲜族自治州林草局召开座谈会，围绕推进"两项试点"工作任务进行沟通协商，并明确工作内容、主要措施和时间节点。

11月1日 虎豹管理局与黑龙江省林草局、龙江森工集团及黑龙江片区4个管理分局召开工作协调会，认真研究东北虎豹国家公园试点范围内黑龙江片区森林抚育相关事宜，并达成一致意见。

11月6日 东北虎豹国家公园"两项试点"工作部署会在长春召开，会议对标对表深入研究部署"两项试点"下步工作，虎豹管理局和10个管理分局主要领导、各相关部门负责人参加会议，虎豹管理局局长赵利主持会议并部署工作。

11月11日 东北虎豹国家公园在珲春举办"2019今冬明春清山清套、打击乱捕滥猎违法行为专项行动启动仪式"，来自国家林草局野生动植物保护司、东北虎豹国家公园试点区各责任单位、森林公安和防火特勤中队和各分局管护站代表共300多人参加。

11月11日 东北虎豹国家公园"两项试点"协调工作领导小组办公室主任会议在珲春市召开，虎豹管理局局长赵利、吉林省林草局副局长王伟、黑龙江省林草局副巡视员陶金等参加会议。会议通报两项试点工作进展情况，传达贯彻10月24日国家林草局局长办公会精神，研究推进"两项试点"各项工作任务。

11月12日 吉林省林草局、双辽市委市政府到长春专员办专题汇报目标责任制检查问题整改情况。长春专员办副专员井东文、吉林省林草局副局长郭石林、双辽市委书记侯川、市长王忠源等参加会议。

11月15~18日 虎豹管理局局长赵利一行5人应邀访问俄罗斯豹之乡国家公园，双方就开展跨境合作、拓展虎豹保护"新空间"进行深入交流，并签署2019~2021年《东北虎豹国家公园管理局 俄罗斯联邦"雪松溪谷"国家自然生物圈保护区与"豹之乡"国家公园联合行政领导机构合作行动计划》。

11月29日 长春专员办在沈阳市召开"2019吉林辽宁两省濒危物种进出口企业培训班"，副专员井东文出席开班仪式并讲话，吉林、辽宁两省林草系统90余人参加培训班。

11月29日 虎豹管理局野生动物救护中心在吉林省野生动物救护繁育中心挂牌成立，标志着东北虎豹国家公园试点区野生动物救护体系进一步完善。

12月10日 国家林业和草原局森林资源监督机构成立30周年总结大会在福州召开，授予长春专员办在职人员王培忠、李子木和退休人员李伟明"森林资源监督先进工作者"称号。

12月19日 东北虎豹国家公园举办"虎豹保护"社区活动，以"社会共建""村民主导"为主题，开展技能培训交流和巡山清套实践，探索人与自然和谐共生新路径。

（长春专员办由聂冠供稿）

黑龙江专员办（濒管办）工作

【综 述】 2019年，黑龙江专员办（濒管办）深入贯彻落实党的十九大精神，认真落实全国林业和草原工作会议精神，始终坚持把督查督办破坏森林资源案件作为第一职责，深入落实全面从严治党主体责任和"一岗双责"，扎实开展"不忘初心、牢记使命"主题教育活动，不断提高政治站位，切实加大监督力度，为推动黑龙江省林业现代化建设作出了积极贡献。

【督查督办毁林案件】 把督查督办破坏森林资源案件作为第一职责，通过各项核查检查共发现违法案件线索408起，全部移交林业主管部门进行处理；通过上级批转、群众举报等方式督查督办破坏森林资源案件20起，涉案林地422.77公顷，督办处理相关责任人81人。约谈地（市）、县（市、区）政府、林业局主要领导和分管领导33场次，重点督办牡丹江"曹园"案、尚志市毁林种参案、五常市违建私人庄园案、饶河黑蜂国家级自然保护区违法占地案等大案要案，有效提升了打击破坏森林草原资源违法行为的震慑力。

【森林督查和目标责任制检查】 对重点国有林区40个林业局进行2019年度全覆盖森林资源管理情况督查，发现违法开垦、违法占地、无证采伐等问题291个，面积198.77公顷；对嫩江县等6个县(市)进行了目标责任制执行情况检查，对尚志市等11个县(市)在自查基础上开展了2019年森林督查，共抽取361个图斑地块，面积938.46公顷，发现毁林开垦、毁林种参、违法占用林地等问题139个，面积387.99公顷。对发现问题的单位全部下达《整改通知书》，责令限期整改。

【征占用林地行政许可检查】 把林地湿地保护利用监管作为重要任务，实行监督关口前置，对重点国有林区涉及矿产开发项目占用林地审核审批实行前期介入，全部赴现场核验提出意见。认真开展征占用林地行政许可被许可人检查，共抽样核查建设项目26个项，发现3个项目存在未批先占和超审批面积使用林地问题。

【森林抚育两项1%核查】 开展对重点国有林区40个林业局森林抚育设计和抚育作业两个1%的质量抽查，共核查388个林班409个小班，核查面积3711.52公顷，通过问责、行政处罚等形式共处理33人。对2018年国有重点林区森林资源督查发现问题进行了整改落实情况督办，分别责成当地纪检监察部门共依法依纪处理294人。

【自然保护地监督检查】 完成了安邦河国家级湿地公园等4个湿地公园和三江国家级自然保护区建设管理情况的检查工作，提出了存在体制不顺、项目建设滞后等问题。

【检查整改结果"回头看"】 对2018年重点国有林区和地方林业森林督查、2018年目标责任制执行情况和林地管理、采伐管理检查进行整改结果"回头看"，共检查图斑235个，经现地确认，发现整改不到位地块107个，占抽查地块的45.53%。

【行政许可证书办理】 全年共核发《林木采伐许可证》1484份，面积3485.49公顷；共核发濒危物种进出口许可证书12 351份，贸易额15.34亿元。

【濒危物种履约管理】 会同哈尔滨海关等单位对4家野生动植物进出口单位开展行政许可专项检查，派员赴云南、内蒙古参加野生动植物行政许可随机抽查，有效规范了野生动植物进出口企业的履约行为，提高了企业履约意识。分别与黑龙江省林业和草原局、哈尔滨极地馆等单位组织开展"世界野生动植物日""保护海洋物种，传承海洋文明"等宣传活动，积极为公众讲解珍稀濒危物种的科普知识和保护常识。

【森林资源监督报告】 向黑龙江省人民政府提交《2018年黑龙江省森林资源监督报告》，指出2018年森林资源保护管理存在的问题，副省长王永康在《监督报告》上作出批示，要求相关部门对报告指出的问题认真研究，进一步强化森林资源保护管理。

【党风廉政建设和作风建设】 坚持把政治建设摆在首位，严格落实"主体责任"和"一岗双责"，扎实开展"不忘初心、牢记使命"主题教育，持之以恒整治"四风"，转变作风，着力激发新时代林业监督干部新担当新作为。共组织党组中心组学习12次，专题学习5次，形成专题调研报告3篇，举办培训班1期，培训90人次。梳理汇编建办30年大事记、督办重点案件和调研文章，制作《建办30周年工作纪实》专题片。共公开党务政务信息122条，基层工作动态信息1073条。

【大事记】

1月30日 党组书记、专员袁少青出席黑龙江省林业和草原工作会议，就进一步加强新时期森林资源监督管理工作提出意见。

2月27日 向黑龙江省人民政府、国家林业和草原局提交《2018年黑龙江省森林资源监督报告》。

3月3日 在哈尔滨极地馆开展2019年"世界野生动植物日"宣传活动。

4月3日 国家林业和草原局副局长李树铭率工作组一行听取黑龙江专员办关于牡丹江"曹园"毁林案件督查工作汇报。

4月11日 党组书记、专员袁少青出席全省森工工作会议，对做好重点国有林区森林资源保护工作提出意见。

4月16日至6月底 分别听取监督区各地(市)、县(市、区)政府，各森工林业局共103家单位关于2018年度森林督查发现问题整改情况的汇报。

5月13日 杜晓明任黑龙江专员办(濒管办)党组成员、巡视员，武明录不再担任黑龙江专员办(濒管办)党组成员、副巡视员职务，另有任用。

7月2～24日 完成双鸭山、鸡西、海林、绥阳、东宁等地由国家批准的建设项目使用林地许可检查任务。

7月17～30日 完成重点国有林区2018年下半年及2019年上半年森林抚育伐区作业质量检查。

9～10月 按照国家林业和草原局部署，全面完成黑龙江省重点国有林区和地方林业2019年度森林督查工作。

11月27日 与黑龙江省林业和草原局等单位联合开展黑龙江省巡山清套反盗猎首次行动。

12月28日 为纪念国家林业和草原森林资源监督机构成立30周年、黑龙江专员办建办30周年，编印《监督回眸——黑龙江专员办30周年工作历程》和《森林卫士 绿色长城》专题片。

(黑龙江专员办由叶强供稿)

大兴安岭专员办工作

【综　述】 2019年大兴安岭专员办按照国家林业和草原局的统一部署，紧紧围绕林业草原改革和发展的中心任务，进一步加强机关党建工作，全面落实从严治党要求，深入开展"不忘初心、牢记使命"主题教育，强化资源监管、林地和生物多样性保护，突出案件督办，被监督区域破坏森林资源案件和损毁林地总量继续呈双下降趋势，森林资源持续恢复增长，森林资源监管保持良性发展势头。

【林业案件督办】 2019年督查督办涉林案件309起，办结232起，办结率75.1%。其中，从大兴安岭林业集团公司各林业局2013~2018年案件中抽查督办257起，2018年森林督查发现案件25起，行政许可检查发现27起。涉案林地461.10公顷，收回林地276.91公顷，林地收回率60.1%，行政处罚167人，涉刑移送起诉20人，问责管理管护人员46人。召开与大兴安岭林业集团公司联席会，提出"加大案件侦破起诉力度，重点案件跟踪督办、挂牌督办，提高案件办结率，严肃行政问责，对问题突出的林业局按规定启动约谈机制"等监督要求。

【林地利用监管】 强化林地许可检查，严格规范林地使用。一是完成2018年度占用征收林地行政许可被许可人监督检查。2018年大兴安岭林业集团公司共获审批项目130个，面积817公顷。对获批的130项使用林地建设项目进行了抽查，共现地检查95项，有23项存在超批准范围使用林地问题，超占面积1.69公顷，已进行了积极整改。对10个林业局2018年建设项目使用林地的26个整改问题进行跟踪督办。二是严格林地使用限额和用途监管。对落实林地用途管制及林地定额管理制度情况进行监督检查；对临时占用林地回收及植被恢复费收缴情况进行了专项调查。2019年度国家林草局下达的大兴安岭林业集团公司林地年度使用定额为1319.34公顷，实际使用973.62公顷。在强化林地利用监管方面，采取事前审核、事中跟踪、监督整改三个环节，跟踪监督林地使用单位依法依规使用林地行为，严格监督林地林权单位的监督管理责任，大力宣传重点国有林区林地保护的重要性，营造严厉打击一切破坏林地违法行为的社会环境。

【森林资源督查】 加强森林资源督查，确保资源管理检查实现全覆盖。历时33天，共检查大兴安岭林业集团公司10个林业局和2个国家级自然保护区，涉及林场（管护区）65个。现地核实、检查图斑、地块282个，查出各类破坏国有森林资源案件地块15个，面积3.82公顷。其中，违法占用林地12个，违法开垦3个。对2018年森林督查发现的案件和各林业局自查案件进行"回头看"和全面跟踪督办，促进整改落实。同时，积极推进2019年各林业局自检自查案件的整改，及时向大兴安岭林业集团公司发出督办整改意见，对整改工作提出明确要求，保证森林督查工作取得实效。

【专项监管督查】 一是开展重点国有林区毁林开垦专项整治行动督查。行动之初和行动期间，分别与大兴安岭林业集团公司资源管理部门召开专题会议，研究推进落实工作，抽取地块实地进行检查。二是开展"绿卫2019"打击破坏森林草原执法专项行动督查。督查10个林业局，5个自然保护区，37个林场、管护区。重点核查涉案林地收回、植被恢复情况。三是违建别墅清理工作监查。率先在加格达奇林业局开展专项督查，重点对殡葬墓地、甘河两岸违建别墅、私建别墅庄园等占用林地问题进行调查了解，核查违建线索46处，调查面积80公顷，由地方国土部门负责清理排查。四是保护野生兴安杜鹃专项行动。印发了《关于加强野生兴安杜鹃等野生植物资源保护的监督意见》，盗采、销售野生兴安杜鹃问题得到全面遏制。

【森林防火督查】 受国家林草局委托，组成两个分别由专员、主管副专员带队的督查组开展秋季森林防火专项督查。通过明察暗访、随机抽查、突击检查等形式，对加格达奇、松岭、新林、塔河、十八站、韩家园、呼玛林业局及南瓮河、多布库尔、双河、绰纳河国家级自然保护区进行防火督查，共督查25个林场（管护区），27个检查站、瞭望塔、村屯，32支专业扑火队，针对发现的问题提出5条督查要求和5条督查建议，督查工作积极促进了大兴安岭地区森林防火工作。

【林地许可和自然保护地检查】 完成林地许可和湿地公园及自然保护地检查。完成国家林草局指定的8个行政许可项目检查，对检查结果进行分析汇总上报。8个项目相关材料完备，审核使用林地面积23.91公顷，收取植被恢复费205.03万元，实际使用林地面积24.36公顷，有1个项目存在违法违规使用林地问题，违法违规临时使用林地0.44公顷。对10个国家湿地公园、31个自然保护区、2个国家级地质公园进行全面督查，对存在的问题和不足提出监督意见。

【林木采伐审批】 严格执行"十三五"限额，持续跟踪监督全面停止天然林商业性采伐政策落实情况，继续巩固停伐成果。严把采伐许可审批关，对不合理的采伐项目坚决不予办理采伐手续，有效发挥采伐证在资源消耗中的控制作用。全面实行网上发证，提高采伐许可证核发质量和效率。2019年核发采伐许可证9436份。

【野生动物保护监督】 加强对野生动物保护监督。2019年第一季度与大兴安岭林业集团公司组成联合检查组，对可能经营和非法运输野生动物情况进行抽查，共同开展了"爱鸟周"等宣传活动和春季野生动物疫源疫病防控工作，对工作开展情况、采取的措施、工作进度、工作成效、存在的问题以及2020年元旦及春节期间野生动物保护工作提出监督建议。

【伐区设计作业查验】 2019年，完成对大兴安岭林业集团公司10个林业局共334个小班的伐区调查设计现地查验工作。334个小班中的327个小班达到合格标准，占抽查总数的97.9%，不合格小班7个，占抽查小班数量的2.1%。加强森林抚育作业质量查验，促进森林抚育成效的提高。现地查验的82个小班中，72个小班达到合格标准，占抽查总数的87.8%，不合格小班10个，占抽查小班数量的12.2%。建议大兴安岭林业集团公司，认真研究森林抚育工作中存在的问题和森林综合抚育试点工作取得的经验，深入研讨森林综合抚育场地踏查设计、实施作业、检查验收等事项，提升森林生态系统修复质量。

【资源监督报告和通报】 向国家林业和草原局、黑龙江省政府提交了《2019年度森林资源监督报告》，向大兴安岭林业集团公司提交了《2019年度森林资源监督通报》。监督通报中明确指出了大兴安岭林业集团公司在森林资源管理方面存在的问题和薄弱环节，建议大兴安岭林业集团公司加大案件查处整改力度、积极回收违法开垦林地、加强林地权属和用途管理、依法依规利用林下资源等。监督报告中向黑龙江省政府建议，积极探索建立林长制，深入推进毁林开垦专项整治行动，建立森林资源保护发展目标责任制和考核评价制度。向国家林业和草原局建议，进一步理顺国有林区改革后相关部门职权职责、继续深入开展毁林开垦专项整治行动、加快东北和内蒙古重点国有林区天然林保护立法工作。

【森林资源网格管理】 进一步完善网格化信息管理机制，强化人员管理，及时根据实际情况调整信息员，多方式加强信息传递。2019年，通过网格化信息平台，上报资源管理工作动态信息200条，建立形成了全覆盖、即时传递的森林资源监管信息网格，使监督触角延伸到监督区每一个部门和单位，提高全员参与意识，确保及时、准确掌握监督区内涉林案件查处情况、重大工程项目实施使用林木林地情况、自然保护区管理情况、森林防火工作开展情况，以及野生动植物保护工作开展情况等，清除监管死角、盲区，进一步提升监督时效。

【调查研究】 结合"不忘初心、牢记使命"主题教育深入开展调查研究，为保护发展森林资源和科学决策提供依据。重点围绕林政案件督查督办、林地占用、森林经营培育、自然保护地、湿地管护、林下经济发展、森林资源利用、森林抚育、涉林案件督办和"绿卫2019"专项行动开展情况进行调研，形成调研报告，呈报给国家林草局，并通报给大兴安岭林业集团公司。有针对性地提出符合大兴安岭实际、宜于解决突出问题的意见和建议。

【党的建设工作】 把政治建设摆在首位，全面贯彻落实从严治党的要求，开展全面从严治党制度执行专项整治，修订和完善党建方面的制度22个，新制订《党组理论学习中心组学习规则》。开展巡视回头看，保证中央和国家林草局党组两级巡视整改问题自查整改到位。扎实开展"不忘初心、牢记使命"主题教育，党员干部进一步提高了自觉运用习近平新时代中国特色社会主义思想分析问题、解决问题的能力，加深对共产党人初心使命的理解和感悟，通过检视问题及整改，开展"回头看"，增强了"四个意识"，坚定"四个自信"，做到"两个维护"。在机关建设上，依据监督职能重新梳理了大兴安岭专员办各项制度，完善《大兴安岭专员办内控制度》，增强制度监督和制约机制的实效性。办党支部荣获国家林业和草原局机关党委和大兴安岭地直机关工委双重表彰。

【大事记】

1月11日 专员陈彤带队到十八站、塔河等地督查兴安杜鹃保护管理工作。

1月28日 国家林业和草原局副局长李树铭、人事司副司长王浩慰问大兴安岭专员办干部职工，宣布王秀国任大兴安岭专员办党组成员、副专员。

3月6日 资源司副司长丁晓华带队到专员办调研资源监督工作。

4月22日 由巡视员李志宏带队的国家林业和草原局森林防火督查组在大兴安岭开展为期一个月的春季森林防火督查，副专员周光达参加。

5月11日 国家林业和草原局人事司副司长王浩到大兴安岭专员办宣布干部任命，杜晓明不再担任大兴安岭专员办党组成员、巡视员，另有任用，艾笃亢任大兴安岭专员办党组成员、副巡视员。

6月28日 开展对大兴安岭林业集团公司自然保护地和林地许可检查。

7月9日 陈彤陪同全国政协调研组调研国有林区改革。

9月16日 开展对大兴安岭林业集团公司10个林业局为期一个月的森林督查。

10月9日 开展对大兴安岭林业集团公司秋季森林防火督查。

12月8日 王立新、王喜东、原副专员段光晨荣获国家林业和草原局森林资源监督机构成立30周年森林资源监督先进工作者。

12月19~20日 在加格达奇召开森林资源监督工作会议，举办森林资源监督管理培训班。

（大兴安岭专员办由赵树森供稿）

成都专员办（濒管办）工作

【综　述】 2019年成都专员办围绕局党组中心工作，不断加强政治思想建设，着力建强班子带好队伍，落实全面治党各项规定，统筹推进森林资源监督、濒危物种进出口管理、大熊猫国家公园体制试点工作，取得明显成效。

【森林资源监督】 贯彻落实全国森林资源管理工作会议精神，把督办案件作为第一职责，加大监督检查和督查督办破坏森林资源案件力度。结合监督区实际，拓宽监督渠道，利用新技术、新手段，提升监督效果。

编写监督报告 编写完成四川省、重庆市、西藏自治区2018年度森林资源监督情况报告，分别报送四川省、重庆市、西藏自治区人民政府，四川省副省长尧斯丹、重庆市市长唐良智、副市长陆克华、西藏自治区主席齐扎拉、常务副主席庄严、副主席江白分别对报告作出批示。

森林督查 一是全力推进2018年森林督查发现问题的整改。筛选60个重点案件挂牌督办，跟踪督查目标责任制检查9个县发现的问题；举办整改工作推进会暨森林督查培训班，监督区相关市、县分管县(区)长及有关林业主管部门分管领导、资源科(股)长、保护地科(股)长和森林公安局长等90余人参加。二是开展2019年森林督查和森林巡查。对四川攀枝花市仁和区、德阳市绵竹市、雅安市芦山县、成都市简阳市(高新区)、凉山彝族自治州会理县、重庆市武隆区、巫山县、西藏自治区昌都市左贡县共8个县(市、区)开展县级人民政府保护发展森林资源目标责任制检查；对四川省成都市简阳市、重庆市武隆区、西藏自治区昌都市左贡县开展森林巡查，重点解剖森林资源保护管理情况，共计发现66个项目存在违法使用林地问题，涉嫌违法使用林地面积202.25公顷。

督查督办涉林案件 全年重点督查督办案件170起，涉案林地面积约1547.5公顷，涉案林木蓄积量34 786.1立方米，收回林地394.5公顷，罚款3752.6万元，共追责问责224人。截至2019年底，挂牌督办的60个重点案件中，督办四川省的28个案件，共立案200起，处罚227人(单位)，共恢复植被30.31公顷，恢复林业生产条件3.11公顷，补种树木85 654株，共追责问责191人；督办重庆市的24个案件，违法占用林地54.20公顷，无证采伐林木380.41立方米，9个案件移送司法机关起诉，12个案件进行行政处罚，罚款356.72万元；督办西藏自治区的8个案件在查处中。全年共受理群众举报、上级批转案件10起，截至年底已办结8起。约谈四川营山县、渠县、达州市达川区、平昌县人民政府县(区)长。

专项监督检查 一是开展建设项目使用林地及在国家级自然保护区建设行政许可抽查，检查四川8个项目(包括1个在国家级自然保护区建设行政许可项目)，检查重庆5个项目，检查西藏4个项目，发现15个建设项目存在违法使用林地情况，违法使用林地面积316.35公顷。根据西藏检查发现的问题，向资源司报送《关于西藏建设项目使用林地行政许可检查和2018年森林督查挂牌督办重大违法案件处理意见的报告》，向西藏自治区人民政府报送《关于西藏自治区政府重点工程违法使用林地的监督意见的报告》。二是对重庆市两江新区森林资源管理情况开展专项监督检查，对发现的违法违规使用林地、违规审批问题向国家林业和草原局进行专题报告，并明确提出查处整改要求。三是组织对西藏林芝市毁林种茶植被恢复情况开展联合专项检查，经过半年督办，案件得到彻底解决，共问责24人。四是调查核实监督区内8个国家级自然保护区涉及的33个变化图斑，督促林草主管部门对自然保护区土地利用状况变化涉及疑似图斑开展自查。五是对四川桫椤湖国家湿地公园、重庆阿蓬江国家湿地公园、西藏狮泉河国家湿地公园开展专项督查。六是对重庆市拟出台的关于规范批次用地中使用林地审核审批的管理办法、关于规范乡村公路建设使用林地问题的管理办法，对西藏自治区拟出台的关于规范深度贫困地区建设项目边建设边报批使用林地的管理办法在法律法规和政策方面进行专项督导；梳理三省(区、市)2017年、2018年城市建设批次用地审批情况，向局领导专题汇报发现的问题，督促三省份对问题进行调查核实。

【濒危物种进出口管理和履约执法】 规范濒危物种进出口管理，做好野生动植物进出口行政许可审批、CITES履约执法协调和宣传教育、行政许可监督检查等重点工作任务，不断提高履约能力和水平。

行政审批 2019年成都办事处监督区内在新版"野生动植物进出口证书管理系统"注册备案企业(单位)共计160家，其中：四川省127家，重庆市28家，西藏自治区5家。核发各类证书837份，其中，一般公约证书316份，非公约证书349份，物种证明171份，海峡两岸证书1份。

履约执法宣传教育培训 联合四川省林草局、野保协会和成都市公园城市建设管理局等单位开展"世界野生动植物日"公益宣传活动；联合四川省林草局、四川省野保协会、重庆市林业局、重庆市野保协会等多家单位开展"爱鸟周"系列宣传教育活动。组织召开三省(区、市)CITES履约执法协调小组座谈会。举办1期濒危物种保护管理及CITES履约执法培训班，三省(区、市)80余人参加培训。

监督检查 开展2018年度进出口行政许可随机抽查检查，接受动植物司第四检查组对成都办事处2018年度进出口行政许可随机抽查检查，组织行政许可随机抽查检查组对武汉办事处2018年度行政许可开展随机抽查检查。参加2019年全国春季野生动植物保护和疫源疫病监测防控督导检查第一组对重庆市和四川省等地的检查。对国家林草局动植物司(濒管办)批转交办的重庆市半亩田生态发展有限公司涉嫌违法出售虎纹蛙、重庆渝中区和沙坪坝两家猫咖店涉嫌违法饲养展出小熊猫等交办事项进行调查核实,上报调查结果。

【大熊猫国家公园体制试点】 大熊猫国家公园地跨三省,情况复杂,试点工作任务艰巨。自体制试点开展以来,成都专员办(大熊猫国家公园管理局)全体人员团结一致、开拓创新、攻坚克难,统筹统揽各级管理机构,推进体制试点工作取得阶段性成效。

健全机构 组建五个处室,借调工作人员14名,租借办公场地,基本满足办公需求;调整班子成员分工,压实工作责任,修改、制定系列制度,加强项目、资金、规划管理,确保内部运转协调有序。督促四川、陕西、甘肃三省落实省级管理局编制、人员,组建管理机构。督促指导管理分局组建,召开管理机构设置座谈会,统一分局机构设置基本原则。组成4个调研督导组,分赴30个县(市、区)开展管理分局组建和自然保护地整合情况调研督导。成立由国家林草局党组成员、副局长李春良任组长,四川、陕西、甘肃三省省委常委或分管副省长任副组长的大熊猫国家公园协调工作领导小组,召开第一次全体会议,审议通过《大熊猫国家公园协调工作领导小组职责及议事规则》《大熊猫国家公园管理机构工作职责》《2019年大熊猫国家公园体制试点重点工作任务分工》。

规划编制 启动大熊猫国家公园基础数据库建设。推动《大熊猫国家公园总体规划》编制,协调公园边界和功能区划微调工作,《大熊猫国家公园总体规划(征求意见稿)》于10月17~30日面向社会公开征求意见。抓紧制定或编制各项专项规划和规章制度,为推动大熊猫国家公园按新的体制机制运转提供制度保障。

生态保护 制订大熊猫国家公园监测评估方案,编制监测评估、监测系统建设、栖息地保护修复等专项规划,形成初步方案。启动大熊猫国家公园本级监控平台建设,拟整合大熊猫国家公园内各保护机构现有监测监控设施。发挥专员办职责优势及借助CITES履约执法协调平台,加强大熊猫国家公园内森林资源和野生动植物保护监督检查,开展联合执法行动。督促三省加强大熊猫野外种群及其栖息地保护,强化大熊猫栖息地连通廊道建设。

社区建设 在四川宝兴、荥经两县开展大熊猫国家公园自然教育资源调查,编制《大熊猫国家公园荥经宝兴绿色产业发展概念性规划》,指导两县国家公园社区培育发展替代产业。针对绵阳、雅安、成都等地大熊猫国家公园范围内"三木"药材(杜仲、厚朴、黄柏)产业发展与国家公园管制措施的矛盾,组织开展专题调研。与雅安市人民政府签订战略合作协议,打造园地共建先行区。

科普和宣传教育 大熊猫国家公园网站开始试运行,初步建立信息采集制度。与中国·大熊猫文化联盟共同创办《熊猫之舟》期刊,委托中央美术学院设计大熊猫国家公园标识。与四川省管理局、雅安市政府等共同举办大熊猫科学发现150周年系列活动。委托中科院地理所开展大熊猫国家公园环境解说系统研究。参与并指导2019中国(四川)大熊猫国际生态旅游节,参加第一届国家公园论坛,参加中国野生动物保护协会国家公园及自然保护地委员代表大会暨2019年会。

【全面从严治党】 一是抓政治建设。扎实开展"不忘初心、牢记使命"主题教育,把深入学习贯彻习近平新时代中国特色社会主义思想作为首要政治任务,尤其是习近平总书记对林业和草原工作的重要指示批示精神成为工作根本遵循。落实"三会一课"、双重组织生活、专题民主生活会和民主评议党员等制度。执行民主集中制,凡人事任免、大额资金支出、合同签订、重要工作部署等事项均通过党组会或专员办公会研究决定。二是抓思想建设。落实党组中心组理论学习制度,全年共开展中心组理论学习18次。开展"做悦读党员,建书香机关"活动,设立党员读书角,成立学习习近平新时代中国特色社会主义思想青年学习小组,开展党史、国史、改革开放史、社会主义发展史及林草系统发展史教育。加强对微信工作群、QQ工作群、电子显示屏、宣传栏等意识形态阵地管理。三是抓组织建设。对党员采取积分制形式进行教育、管理和激励。"七一"表彰1个先进基层党组织、4名优秀党员和2名优秀党务工作者。1名预备党员转为正式党员。全面筛查各项制度,形成31项工作制度。四是抓作风建设。持续深入反对"四风",精简文件、会议、培训。窗口服务实行首问负责制、限时办结制、责任追究制。五是抓纪律建设。紧盯公务接待、外出培训、差旅费报销、出国境考察、节假日等违纪易发高发环节,强化日常监督和提醒教育,严明纪律作风要求。组织全办赴四川锦江监狱等廉政教育基地开展警示教育。

【大事记】
1月25日 召开大熊猫国家公园体制试点工作会议。四川、陕西、甘肃三省大熊猫国家公园管理局负责人、试点涉及市(州)政府分管领导和林业部门负责人、试点区内原国家级自然保护区负责人、成都专员办副处级以上干部参加。

2月20日 国家林草局党组成员、副局长李树铭,局人事司副司长王浩到成都专员办宣布人事任免:向可文任国家林业和草原局驻成都森林资源监督专员办事处(中华人民共和国濒危物种进出口管理办公室成都办事处、大熊猫国家公园管理局)专员(主任、局长)、党组书记;刘跃祥兼任大熊猫国家公园管理局副局长;龚继恩兼任大熊猫国家公园管理局副巡视员。免去苏宗海专员(主任)职务。

3月3日 成都专员办(濒管办)会同四川省林业和草原局等单位在成都浩海立方海洋馆举办2019年"世界野生动植物日"公益宣传活动。

3月29日 成都专员办(濒管办)会同四川省林业和草原局等单位在龙溪-虹口国家级自然保护区举办四川省暨成都市第38届"爱鸟周"活动启动仪式。

3月30日 成都专员办(濒管办)会同重庆市林业局等单位在重庆照母山森林公园举办重庆市第23届"爱鸟周"暨志愿者"护飞行动"宣传活动的启动仪式。

4月2日 成都专员办(濒管办)会同四川省林业和草原局等单位在乐山市文化馆举办四川省暨乐山市2019年"爱鸟周"活动。

4月26日 大熊猫国家公园协调工作领导小组在成都召开第一次会议。领导小组组长、国家林草局党组成员、副局长李春良出席会议并讲话,领导小组副组长四川省委常委曲木史哈,甘肃省委常委、副省长周学文,陕西省政府副秘书长魏稳柱分别讲话,大熊猫国家公园管理局局长向可文汇报大熊猫国家公园体制试点进行情况。会议由领导小组副组长、国家林草局总经济师张鸿文主持。领导小组全体成员、领导小组办公室成员、国家林草局国家公园管理办公室、大熊猫国家公园管理局、大熊猫国家公园四川省、陕西省、甘肃省管理局相关人员参加会议。

5月15～17日 成都专员办在四川江油市举办2018年森林督查案件整改工作推进会暨森林督查培训班。

6月20日 国家林草局党组成员、副局长李树铭,资源司司长徐济德、规财司副司长马爱国等到成都专员办调研和指导工作。

7月8日 国家林草局副局长彭有冬、规财司副司长马爱国等到成都专员办调研和指导工作。

7月9日 国家林草局人事司副司长路永斌带队到成都专员办宣布人事任命:龚继恩任副专员(副主任、副局长)、党组成员,曹蜀任副巡视员(套转为二级巡视员)、党组成员,段兆刚任大熊猫国家公园管理局副局长。

8月10日 大熊猫国家公园体制试点评估情况通报会在成都召开,国家林草局总经济师张鸿文主持会议。

11月22日 国家林业和草原局印发《国家林业和草原局成都专员办职能配置、内设机构和人员编制规定》,规定国家林业和草原局驻成都森林资源监督专员办事处(中华人民共和国濒危物种进出口管理处成都办事处、大熊猫国家公园管理局)是国家林业和草原局的派出机构,主要负责监督四川省、重庆市、西藏自治区所辖区域的森林、草原、湿地、荒漠、自然保护地保护管理和野生动植物保护及进出口管理等相关工作。核定成都专员办行政编制23名,其中专员(主任、局长)1名,副专员(副主任、副局长)2名,其他工作人员20名,设5个内设机构。

12月17～20日 成都专员办在重庆市璧山区举办森林资源管理培训班。

12月17～20日 成都专员办在四川省遂宁市举办川渝藏濒危物种保护管理暨CITES履约执法培训班。

(成都专员办由周赞辉供稿)

云南专员办(濒管办)工作

【综 述】 2019年,云南专员办深入学习习近平新时代中国特色社会主义思想,认真贯彻落实党的十九大和十九届二中、三中、四中全会精神,围绕国家林业和草原局中心工作和决策部署,结合云南省森林资源监督和濒危物种进出口管理工作,突出机关党的建设和案件督办的第一职责,认真强化"一岗双责",全面完成国家林业和草原局安排的各项工作任务。

【督查督办涉林案件】 始终把督办查办破坏森林资源案件作为第一职责,加大案件督办和执纪问责力度,严格依法督办破坏森林资源案件。2019年,直接督办涉林案件120起,结案100起。查处涉案人员100人,其中,行政案件处罚95人,行政罚款362万元;移送司法机关追究刑事责任5人。问责24人。收回林地31.6公顷。

【森林资源监督机制】 深化与国家林业和草原局昆明勘察设计院、云南省林业和草原局协作配合,顺利完成2019年森林督查、县级人民政府保护发展森林资源目标责任制、建设项目使用林地行政许可检查等工作。强化与云南省人民检察院的协作配合,与云南省人民检察院多次调研和督办涉林公益诉讼案件、野生动植物保护案件,邀请云南省人民检察院参与秋冬季候鸟保护督导检查和国家湿地公园建设监管检查;受邀参加检察院组织的渝川黔滇藏青六省(区、市)检察机关长江上游生态环境保护检察协作联席会议和生物多样性保护活动动员部署电视电话会议。深化森林资源管理网格化管理机制,举办森林资源监督管理能力提升培训班,云南省16个州(市)林业和草原局分管领导、资源林政负责人,以及32个县(市)林业和草原局主要领导、资源林政负责人和32个乡镇林业工作站联络员共80余人参加培训,网格化管理机制运行更加顺畅。

【森林资源监督报告】 按照监督职责,向国家林业和草原局及云南省委、省人民政府报送《2018年云南省森林资源监督报告》,对云南省各级人民政府、林业和草原主管部门履行森林资源保护管理职责的情况给予客观评价,指出森林资源保护与发展中存在的矛盾和问题,引起云南省委、省政府领导的高度重视,省委书记陈豪、副省长王显刚分别作出批示,要求云南省林业和草原局对监督报告所涉问题严肃查处。云南省林业和草原局在"办、院、局"联席会议上通报了对监督报告所指出问题的查处和整改情况。

【森林督查整改工作"回头看"】 先后两次组成工作组到云南省9个州(市)的相关县(市、区)调研督导,对2018年森林督查发现问题整改工作开展"回头看",督促州(市)、县(市、区)林业和草原部门及森林公安机关加大森林督查发现的各类涉林案件的查处整改力度。同时召集云南省16个州(市)林业和草原部门主要领导开展座谈,全面了解基层部门开展森林督查中存在的困难和问题。截至2019年底,森林督查案件查处整改率从2019年初的18%提高到90%以上。

2019年7月26日,云南专员办党组书记、专员史永林带队到丽江调研森林资源管理工作(洪加晴 摄)

【森林督查及检查】 根据国家林业和草原局要求,抽取检查2016~2018年批准的14个占用征收林地项目。按照森林资源管理司要求,对玉溪市一个大型征占用林地项目进行现地核实;抽取德宏傣族景颇族自治州5个县(市)开展森林督查和县级人民政府保护发展森林资源目标责任制检查。按照湿地管理司要求,完成国家湿地公园督查工作。按照野生动植物保护司要求,完成秋冬季候鸟保护工作督查。按照国家林业和草原局部署,完成松材线虫病疫区督促防治工作。按上级要求,派员参加自然资源部清理违建别墅工作。配合自然保护地管理司到西双版纳傣族自治州易武州级保护区,对《经济半小时》栏目报道的"'哭泣'的绿肺"存在问题进行督导核查。

【专项行动】 针对2018年森林督查发现云南省毁林种"三七"破坏森林资源的突出问题,与云南省林业和草原局共同研究并积极向云南省人民政府专题汇报,在云南省启动为期三个月的打击毁林种植"三七"的专项行动,共发现毁林开垦案件16 707起,面积12 365.8公顷;全省立案查处5413起,共收回林地3410公顷,恢复植被3346公顷,并与云南省林业和草原局联合约谈云南省红河哈尼族彝族自治州、弥勒市人民政府。根据国家林业和草原局通知要求,对涉林违建别墅情况进行排查,并联合云南省林业和草原局开展以"涉林违建别墅"为重点的"绿卫"专项行动,挂牌督办14起典型案件。

【行政许可证书办理】 以"濒危物种进出口电子审批系统"和"联网核销系统"试点为契机,协助国家濒危物种进出口管理办公室开展"单一窗口"建设试点工作,做好与云南省"单一窗口"建设方面的协调工作。严格依照公约和有关法律法规、规章和规范性文件的要求开展行政许可工作;实施受理、办证、审签三级分离、相互监督的办证制度。2019年,共办理三类有效证书827份,贸易额62 825.81万元。其中:公约证494份、贸易额15 726.07万元;非公约证193份、贸易额27 001.63万元;物种证明140份、贸易额20 098.11万元。

【濒危物种国际履约监管】 根据国家濒危物种进出口管理办公室的要求,加大对《濒危野生动植物种国际贸易公约》附录Ⅰ物种,以及附录Ⅱ、国家重点保护较为敏感的贸易物种的现场监管力度,将收集的信息和材料及时上报国家濒危物种进出口管理办公室,纳入濒危物种进出口管理信息系统。根据野生动植物管理司要求,联合云南省林业和草原局对昆明市、西双版纳傣族自治州开展行政许可被许可人的检查。按照规定督办云南冰海投资有限公司、昆明万海企业管理有限公司死亡动物相关事宜。到西双版纳傣族自治州、玉溪市等地,对进口敏感物种开展现场监管工作。

【履约宣传和培训】 在石林冰雪海洋世界、昆明花都海洋世界、中国科学院昆明动物研究所昆明动物博物馆等场地开展以"保护海洋物种,传承海洋文明"为主题的宣传活动。在"世界野生动植物日"当日,携手云南省林业和草原局在昆明野生动物园举办宣传活动,并向社会发起"向危害野生动植物说'不'"的倡议书。由云南专员办牵头,联合昆明海关、云南省林业和草原局、国际爱护动物基金会、世界自然基金会、国际野生生物保护学会,在中越边境云南省河口县联合举办云南省重点口岸《濒危野生动植物种国际贸易公约》履约宣传系列活动启动暨河口口岸宣传揭牌仪式;同时,在中老、中缅和中越边境磨憨、孟连、瑞丽等边境重点口岸和昆明长水国际机场、芒市机场开展多种形式的国际履约宣传,发放宣传手册22 000余份,粘贴宣传海报800余份,制作灯箱式广告5块,户外大型广告牌8块,宣传专栏12个,专题展板3个,大型喷绘海报2幅,国内多家媒体对此次活动进行了报道。对海关一线人员开展履约执法培训5次,共250多人次;对河口县森林公安、大围山国家级保护区管理人员开展履约执法培训1次,共30多人次;对保山市打击走私相关部门开展履约执法培训1次,共40多人次;首次对快递行业开展以"拒绝寄送非法野生动物产品"为主要内容的履约执法培训,共200多人次;开展中国(云南)第20期援助乌干达医疗队履约培训。

【部门间履约执法协调】 就联合执法、联网申报审批进出口证书、联合宣传、物种鉴定以及走私罚没物品移交等工作走访昆明海关。就濒危物种进出口贸易管理与履约执法事宜协调走访云南省林业和草原局、省农业农村厅、省商务厅、省政府打击走私综合治理领导小组办公室、省森林公安局等部门,联合向云南省人民政府上报《关于建立联合打击跨境野生动植物及其制品非法贸易机制的请示》,推进多环节联防联控的综合整治措施。协助昆明海关缉私局向野生动植物主管部门移交涉案货物的实物。

【基层党建及其他】 认真学习领会习近平新时代中国

特色社会主义思想，深入贯彻落实党的十九大和十九届二中、三中、四中全会精神，全力抓好"不忘初心、牢记使命"主题教育、"两学一做"常态化制度化工作，组织开展"万名党员进党校"活动和处级干部轮训工作，扎实推进"基层党建创新提质年"和"书香机关·书香支部"活动，广泛开展"互联网+党建"活动，扎实开展机关党建"灯下黑"整治和"四风"整治行动，加强脱贫攻坚帮扶工作，持续开展普法学法活动，深入推进社会主义核心价值观宣传教育，全面落实党风廉洁建设主体责任和监督责任，贯彻落实国家安全保密工作。

【大事记】

1月10~11日 云南专员办专员史永林参加2019年全国林业和草原工作会议。

1月17日 云南专员办听取金平县人民政府、县林业和草原局森林督查工作情况汇报。

1月21日 云南专员办领导班子到云南省人民政府向分管林业和草原工作的副省长王显刚汇报森林资源监督工作。

1月25日 云南专员办（濒管办）与昆明海关召开座谈会。

2月15日 云南专员办与云南省林业和草原局召开2019年度第一次森林资源监督联席会议。

2月27日 云南专员办副专员陈学群参加云南省中央脱贫攻坚专项巡视指出问题整改工作暨全省脱贫攻坚推进和作风建设会。

3月1日 云南专员办专员史永林与云南省林业和草原局局长任志忠陪同云南省人民政府副省长王显刚到国家林业和草原局拜访并汇报云南省林业和草原管理工作。

3月1日 云南专员办（濒管办）到石林县开展国际履约宣传。

3月3日 云南专员办（濒管办）在"世界野生动植物日"与昆明花都海洋世界联合开展履约宣传。

3月29日 云南专员办专员史永林参加云南省全省林业和草原工作会议。

4月1日 云南专员办副巡视员李鹏带队参加云南省"绿卫2019"打击破坏森林草原执法专项行动视频会议。

4月17日 云南专员办（濒管办）副巡视员李鹏参加研究《云南省建立健全打击走私综合治理长效机制的意见》专题会议。

4月22~23日 云南专员办（濒管办）专员史永林和副巡视员李鹏陪同国家林草局副局长李春良一行到西双版纳傣族自治州督导调研勐养片区野象收容救护和勐海人象冲突及象群监测预警工作。

4月24日 云南专员办（濒管办）副巡视员李鹏陪同野生动植物保护司司长吴志民一行到西双版纳傣族自治州打洛口岸督查野生动植物贸易监管和非洲猪瘟防控工作。

4月25日 云南专员办副巡视员李鹏应邀参加渝川黔滇藏青六省（区、市）检察机关长江上游生态环境保护跨区域协作联席会议。

5月14日 国家濒危物种进出口管理办公室检查组到云南专员办（濒管办）调研了解行政许可相关工作。

5月15日 云南专员办获昆明市五华区文明单位称号。

5月15~17日 云南专员办（濒管办）专员史永林陪同国家濒危物种进出口管理办公室检查组到昆明市、武定县等市（县）检查国际履约和行政许可工作。

5月21~24日 云南专员办举办森林资源监管培训班。

5月28~31日 云南专员办（濒管办）派员参加国家濒危物种进出口管理办公室组织的对西安专员办（濒管办）辖区的行政许可检查工作。

6月4日 云南专员办应邀派二级巡视员李鹏带队参加云南省林草局举办的全省森林资源管理暨2019年森林督查和森林资源管理"一张图"年度更新工作培训班。

6月13~14日 云南专员办二级巡视员李鹏带队到红河哈尼族彝族自治州蒙自市和建水县对群众反映的涉林项目违法使用林地问题进行现场督查督办。

6月14日 云南专员办专员史永林到云南省林业和草原局参加国家林业和草原局组织的国家公园试点研讨座谈会。

6月17日 东北虎豹国家公园管理局局长赵利一行到云南专员办就国家公园建设交流座谈。

6月26日 云南专员办（濒管办）二级巡视员李鹏带队到红河哈尼族彝族自治州河口口岸开展云南省重点口岸《濒危野生动植物种国际贸易公约》履约宣传系列活动启动暨河口口岸宣传揭牌仪式。

6月24~28日 云南专员办（濒管办）专员史永林到香港参加2019年CITES履约管理和执法研讨会。

7月4日 云南专员办（濒管办）参加2019年云南省松茸出口工作会议。

7月11日 云南专员办与国家林业和草原局昆明勘察设计院、云南省林业和草原局召开联席会议。

7月17日 云南专员办专员史永林陪同国家林草局副局长李春良参加澜沧江—湄公河流域湿地保护与管理合作高级研讨班。

8月1~3日 云南专员办与云南省人民检察院、省林业和草原局到西双版纳傣族自治州开展公益诉讼检查和亚洲象保护情况调研。

8月16日 云南专员办专员史永林、二级巡视员李鹏到云南省委向省委常委、政法委书记张太原汇报森林资源监督管理工作。

9月5~6日 云南专员办（濒管办）派员参加国家濒危物种进出口管理办公室行政许可改革集中工作。

9月20日 云南专员办（濒管办）对濒危野生动物进口开展行政许可后续监管工作。

9月16~22日 云南专员办开展森林督查和保护发展森林资源目标责任制检查工作。

10月21~24日 云南专员办（濒管办）到玉溪市对秋冬季候鸟保护工作开展督导检查和国家湿地公园监督检查工作。

10月21~25日 云南专员办（濒管办）到红河哈尼族彝族自治州对秋冬季候鸟保护工作开展督导检查和国家湿地公园监督检查工作。

10月30日 云南专员办专员史永林陪同国家林业和草原局副局长刘东生到普洱市调研指导森林资源管理工作。

10月30日 云南专员办二级巡视员李鹏陪同国家林业和草原局副局长彭有冬到瑞丽市调研指导森林资源管理工作。

11月12~15日 云南专员办(濒管办)二级巡视员李鹏一行到怒江傈僳族自治州、普洱市督导检查秋冬季候鸟保护工作。

11月28~29日 云南专员办二级巡视员李鹏等与自然保护地管理司督查组一行到西双版纳傣族自治州易武州级自然保护区督查毁林案件。

12月20~21日 云南专员办专员史永林陪同国家林草局副局长李春良到保山市、腾冲市调研指导森林资源管理工作。

12月23~25日 云南专员办二级巡视员李鹏一行参加全国森林督查暨森林资源管理"一张图"年度更新汇总会。

12月30日 云南专员办二级巡视员李鹏参加云南省检察机关生物多样性保护活动动员部署电视电话会议。

(云南专员办由王子义供稿)

福州专员办(濒管办)工作

【综述】 2019年,国家林业和草原局福州专员办(濒管办)(以下简称福州专员办)。全年共督查督办案件845起,结案802起,涉案林地574.9公顷,涉案林木5243立方米。重点督办闽赣两省2018年森林督查问题整改工作取得阶段性成果,共立案件1516起,办结1172起。完成闽赣两省6个县级人民政府2018年度保护发展森林资源目标责任制检查;完成16个重点建设项目使用林地行政许可监督检查;完成闽赣两省3处国家湿地公园监督检查和黄楮林等8个国家级自然保护区35个图斑的现场核查任务;抽取福建省漳浦县和江西省乐平市开展森林资源保护管理情况重点剖析。共办理进出口公约证书、野生动植物进出口证明书1336份、物种证明544份,涉及企业60家,野生动植物进出口贸易额2亿元;赴福建长泰、漳州、厦门及江西都昌等地开展进出口行政许可实地监督检查和免税物种核查工作;举办履约执法培训班3个,共培训履约协调小组成员单位骨干、企业申报员200人次;举办监督联络员培训班1个,培训闽赣两省联络员70人。

【督查督办涉林违法案件】 加强对闽赣两省森林资源监督联络员的培训管理和使用,深化联合工作机制,采取电话督办、发函督办、现地督办等措施,全方位加大案件督办力度。全年共督查督办案件845起,结案802起,涉案林地574.9公顷,涉案林木5243立方米,其中:刑事案件117起,处罚123人,罚金58万元;行政案件685起,罚款2744万元。

【保护发展森林资源目标责任制检查】 10月,根据国家林业和草原局的统一部署,福州专员办制订《国家林业和草原局福州专员办2019年森林督查及责任制检查工作方案》,组建检查组,抽取福建省浦城县、大田县、永定区和江西省鄱阳县、上高县、弋阳县6个县(区)开展目标责任制检查工作。通过听取被检查的县(区)人民政府及有关部门的汇报,查阅核对相关资料,在对抽取的乡镇、行政村现地检查和对有关单位开展社会调查的基础上,完成对闽赣两省6个县(区)2018年度保护发展森林资源目标责任制的建立和执行情况的检查,结果为5个县(区)良好,1个县合格。

【建设项目使用林地行政许可监督检查】 对国家林业和草原局审核审批的闽赣两省16个建设项目使用林地情况进行检查。检查结束后,及时向两省林业局通报检查发现的问题,并共同督促基层限期依法查处和整改到位。检查共发现非法占用林地面积16.3公顷,到2019年底大部分违法占用问题已处理到位。

【重点督办2018年森林督查问题整改】 经过对2018年森林督查问题整改的重点督办,闽赣两省已取得阶段性成果。截至2019年底两省共立案件1516起,办结1172起,收取罚款(罚金)3001万元,收回林地76.4公顷。

【濒危物种进出口行政许可】 截至2019年底,在福州专员办网上办证系统备案的企业有210家。全年共办理进出口公约证书、野生动植物进出口证明书1336份、物种证明544份,涉及企业60家,野生动植物进出口贸易额2亿元;认真履行行政许可事中事后监管职责,赴福建长泰、漳州、厦门及江西都昌等地开展行政许可实地监督检查和免税物种核查工作;顺利完成2018年

2019年7月23日,福州专员办专员王剑波、副专员宋师兰在福建省福州市长乐区开展案件督查督办

度行政许可监督检查；为闽赣110多家野生动植物进出口企业举办培训班。

【协调履约执法】 协调有关部门开展象牙执法调研活动。与福建省林业局、福州海关等组成监督检查组，赴莆田市调研打击走私和非法加工销售象牙及其制品工作；督办2起厦门市象牙文物拍卖事件；针对美国反馈的福建企业违规出口含欧洲鳗鲡的产品事宜，主动与福建省海洋与渔业局和鳗业协会以及鳗鱼加工企业对接，强化行业自律，杜绝走私行为。同时多次为福州海关缉私局提供鳗鱼进出口相关数据；加强与履约协调小组单位的沟通交流和信息共享。召开闽赣CITES履约执法协调小组联席会，总结交流履约执法工作情况。与厦门海关、福州海关不定期召开联席座谈会通报各自工作，进行信息共享和研判。收到违法案件线索及时向森林公安等协调小组相关部门通报，共同打击野生动植物犯罪；积极参加省级打击野生动植物非法贸易联席会议的相关活动。

【宣传培训工作】 联合福建省林业局、福建省海洋与渔业局、福建省野生动植物保护协会等在永泰县举办2019年世界野生动植物日宣传活动；在厦门和南昌散发一批宣传资料和宣传品；与福建省林业局联合举办福建省第37届爱鸟周启动仪式暨为华南虎幼虎征名活动；联合福建省林业局、公安厅治安总队等部门在仙游县开展保护象牙犀角的履约宣传进村入户活动等。举办闽赣CITES履约执法培训研讨班，培训协调小组成员30余人；举办福州、厦门、南昌海关濒危物种进出口管理培训班，培训海关关员50余人；举办闽赣野生动植物进出口企业申报员培训班，培训企业110多家；派员为福建省森林公安、厦门海关等开展濒危物种保护培训；组织开展闽赣两省监督联络员及2019森林督查、责任制检查培训工作。

【人才队伍建设】 优化班子分工和业务处室人员配置，提高工作组织效率。配合国家林草局人事司完成2名司局级、4名处级干部职务晋升和福州专员办干部职务职级并行改革相关工作。通过开展自学、青年理论学习小组、外派学习、办内集中学习研讨等方式，办领导带头开展集中研讨和讲专题党课，组织全办党员干部学习党的十九届四中全会精神，跟进学习习近平总书记最新重要讲话精神。组织全体干部深入学习国家有关法律法规，学习中央和国家林草局有关生态文明建设和林业发展的大政方针政策，学习网络和卫星遥感、无人机等现代信息技术应用等，为做好森林资源监督和濒危物种履约工作打下坚实基础。

【调查研究掌握闽赣两省林业实情】 针对机构改革后闽赣两省林业工作中存在的体制机制、改革发展等方面的问题，班子成员分别前往闽赣两省开展6次专题调研，形成3篇调研报告，其中《福建省林业执法改革调研报告》被国家林草局资源司评为派出机构监督管理调研报告一等奖，《江西省森林采伐管理情况调研报告》被评为优秀奖。

【制度建设】 新制定《国家林业和草原局福州专员办贯彻落实中央八项规定实施细则精神的意见》；扎实开展全面从严治党制度执行专项整治，对照党内最新修订的法规，对2015~2019年党建相关制度进行全面梳理和排查，共修订《党组工作规则》等6项制度；按照最新差旅费报销规定，及时修订完善《差旅费管理实施细则》《公务车辆使用管理规定》《公务接待办法》制度，严格规范差旅伙食费和市内交通费收交管理。

【大事记】

1月22日 福州专员办召开领导班子调整宣布会。国家林业和草原局党组成员、人事司司长谭光明，福建省林业局局长陈照瑜出席并讲话。新老办党组书记、专员(主任)王剑波和尹刚强分别作表态发言。

1月25日 国家林业和草原局党组决定任命李彦华为福州专员办巡视员(正司局级)，免去其副专员(副主任)职务。

2月22日 江西省委常委、副省长刘强会见福州专员办专员王剑波一行，并听取工作汇报。

2月25日 福建省副省长李德金会见福州专员办专员王剑波一行，并听取工作汇报。

3月14日 根据《国家林业和草原局关于同意福建省开展林地占补平衡扩大试点的函》，专员办赴永泰县调研林地占补平衡扩大试点工作情况。调研组随机抽取2个补充林地图斑现地核实、了解原地类、林木生长和不动产登记发证等情况，并与永泰县政府及相关部门召开座谈会。

3月21日 国家林业和草原局党组决定任命宋师兰为福州专员办党组成员、副专员(副主任)(副司局级)。

4月17日 为贯彻落实中央领导的批示精神，了解国务院关于有序停止商业性加工销售象牙及其制品政策的落实情况，严厉打击走私及非法加工销售象牙等濒危野生动植物制品违法犯罪活动，福州专员办联合福建省林业局、福州海关等相关部门赴莆田市荔城区、仙游县等地开展调研工作。

5月6~10日 福州专员办与福建省林业局组成联合调研组，赴尤溪县、邵武市、福鼎市、霞浦县4个县(市)及武夷山国家公园就林业综合执法工作、"绿卫2019"专项行动和森林督查开展专题调研，专员办专员王剑波、福建省林业局副局长王宜美参加调研。

5月28~31日 国家林业和草原局第八督导组对江西省春季野生动植物保护和疫源疫病监测防控工作开展督导。督导组由中国野生动物保护协会副秘书长赵胜利带队，福州专员办巡视员李彦华及森林资源监测、野生动物保护救助、疫源疫病监测领域的多位专家参与督导。

8月20日 福州专员办与福建省林业局召开联席会议，共同研究贯彻落实福建省委书记于伟国、省长唐登杰、副省长李德金对《国家林业和草原局办公室关于2018年森林督查有关问题整改的通知》的批示指示精神，对2018年森林督查有关问题整改、破坏森林资源案件督办等工作进行座谈。

9月10日 福州专员办副专员吴满元、江西省林业局副局长严成等一行赴万载县，就2018年森林督查自查中发现的比较严重的破坏森林资源问题，对万载县政府开展约谈，并启动"三个暂停"措施，以督促万载县整改到位。

10月21日　福州专员办联合福建省林业局、省公安厅、省森林公安局、仙游县政府在仙游县榜头镇开展"远离象牙犀角　抵制违法行为"履约宣传进村入户活动。

11月1日　福州专员办和厦门海关召开了联席会议。专员办副专员宋师兰、厦门海关副关长张冬冬，厦门海关综合业务处、风险防控局及福州专员办濒管处相关人员参加会议。

12月8日　国家林业和草原局党组成员、副局长李树铭到福州专员办调研指导工作。

12月26~27日　福州专员办在江西上饶市召开2019年闽赣两省森林资源管理监督工作座谈会。国家林业和草原局资源司有关人员，闽赣两省林业局和各设区市林业局分管领导等参加会议。

（福州专员办由罗春茂供稿）

西安专员办（濒管办）工作

【综　述】　2019年，国家林业和草原局驻西安专员办坚持把政治建设摆在首位，以"不忘初心、牢记使命"主题教育为载体，扎实推进政治建设、思想建设、组织建设、作风建设、纪律建设和党风廉政建设，严格执行中央八项规定，坚持不懈整治"四风"，着力解决形式主义和官僚主义、干部不担当不作为等突出问题，深入开展有关民生问题专题调研并形成调研报告4篇，多措并举，不断推动党建工作高质量发展。以党的政治建设为引领，着力深化党建和业务融合发展，突出祁连山国家公园试点、森林资源监督、濒危野生动植物进出口管理等重点工作，全面履行职责，创新举措，强化协作，狠抓中央决策部署落实，全面完成了各项工作任务。

【祁连山国家公园试点】
体制机制　指导甘肃、青海两省管理局加快推进机构建设，初步构建省以下垂直管理体制。其中，甘肃省管理局将原祁连山保护区管理局的22个保护站及18个森林公安派出所的机构共计1300余人全部上划省林草局管理；青海省管理局设立了办公室。同时，完善协同机制，形成了分工合理、共同发力的工作格局。成立了国家林草局、甘肃和青海省人民政府三方协调工作领导小组，领导小组办公室设在祁连山国家公园管理局并由管理局局长担任主任，建立了工作机制。组织召开了3次办公室主任会议，研究突出问题，统筹推进试点工作。

摸清自然资源底数　积极沟通协调自然资源部，在第三次国土调查初步成果和遥感资料等数据成果方面得到了大力支持。利用第三次全国国土调查成果遥感影像资料，完成了甘肃片区草地资源调查结果汇总，确定出高寒草原、温性荒漠、高寒荒漠、温性草原等8个草地类，芨芨草旱生禾草、西北针茅等44个草地型。完成了祁连山国家公园区划，初步构建祁连山国家公园自然资源本底数据库，更新了祁连山国家公园人类活动痕迹数据库，为草原资源管理奠定了基础。督促两省加快现地落界立标，对甘肃省管理局上报的片区界碑桩碑实施方案进行函复。

自然资源监管　协调国家林草局资源司，落实自然生态空间用途管制制度，甘肃、青海两省上报国家林业和草原局的建设项目需要征求祁连山国家公园管理局意见，否则不予受理。截至2019年底，祁连山国家公园管理局已经对13项提出意见，其中，不同意建设项目3项。开展了一次卫片执法监督检查，发现疑似图斑32个，下发甘肃、青海两省核实处理。组织两省结合森林督查、自然保护地检查，不定期开展综合执法专项行动，严厉打击破坏森林、草原、湿地和乱捕滥猎野生动物违法行为，各类自然资源得到有效保护。督促两省持续整改祁连山生态环境问题，试点区已退矿权144宗，甘肃省片区天然草原植被覆盖度由2017年的29.79%提高至2018年的30.04%，张掖市和武威市实现了国家公园核心区牧民全部搬迁。

法治建设和规划编制　按照"一园一法"[一个国家公园一个管理办法（条例）]要求和国家公园设立标准，研究拟定法规制度，科学编制专项规划，实现了依法建园和标准化建园的良好开局。开展了《祁连山国家公园管理条例》研究，并上报研究成果。牵头起草的《祁连山国家公园勘界立标规范》作为行业标准正式颁布。拟定《祁连山国家公园建设项目负面清单（征求意见稿）》，广泛征求各方意见。积极配合国家林草局，联合两省编制了总体规划。指导两省编制片区总体规划及专项规划。

指导两省落实试点任务　按照中编办赋予的职责要求，对照《祁连山国家公园体制试点方案》明确的主要任务，细化了72项任务清单，明确了责任主体、目标任务、完成时限及完成标志，督促指导两省管理局按照任务清单，逐一落实试点任务。接受并积极配合10个国家公园体制试点第三方评估，获第二名，同时，针对存在问题，祁连山国家公园管理局与两省分别制订整改方案，共同推进整改工作。

宣传教育　建立了祁连山国家公园网站，发布祁连山国家公园概况和相关信息，制订了《祁连山国家公园网站管理办法》。经国家林草局局务会议同意，发布了祁连山国家公园标识（LOGO）。参加中法双边会谈研究，拟与法国埃克兰国家公园建立长期合作关系。配合中央电视台拍摄《祁连山国家公园》宣传片。通过多种方式开展宣传，形成了群众主动保护、社会广泛参与、各方积极投入建设国家公园的良好社会氛围。

【森林资源监督】

森林资源督查 9～10月，对陕甘青宁4省（区）14个县（区）开展了森林督查。成立工作机构，制订工作方案，加强人员业务和廉政培训，召开督查交办会，认真开展核查。共参与人员36人次，计500个工作日。共抽查图斑129个，发现违法违规项目60个，面积424.01公顷，无证采伐蓄积量1118.6立方米。针对存在的违法违规使用林地未根本杜绝、历史积案查处缓慢、人员技术力量薄弱、自查工作重视不够和林草融合需进一步加强等问题，提出整改要求。

国家湿地公园督查 10月，根据国家林草局湿地管理司要求，分4个督查组对陕甘青宁4省（区）陕西泾阳泾河和蒲城洛河、甘肃省康县阳坝梅园河、青海海北藏族自治州刚察沙柳河和海东市乐都大地湾、宁夏中卫市香山湖6个国家湿地公园开展专项监督检查工作。

目标责任制检查 9～10月，对陕甘青宁4省（区）14个县（区）开展了县级政府保护发展森林资源目标责任制建立和执行情况检查。检查采取听取汇报、查阅资料、现地检查和社会走访相结合的方式进行，召开座谈会14次，实地走访乡镇（林场）29个，现地查看52处造林现场、营林管护区、采伐迹地和占用征收林地现场。14个县区中：优秀2个，良好10个，合格1个，不合格1个。

行政许可检查 6～9月，对监督区20个建设项目使用林地行政许可被许可人执行情况进行了监督检查。成立行政许可检查领导小组，进行了人员培训，向被许可人发送《行政许可随机抽查通知书》，抽取人员16人次，组成4个检查组，严格执行方案，多方式开展检查，形成检查报告，指定专人建立了检查档案。提出了进一步加大建设项目临时使用林地监管力度、建立和完善林地利用保护管理的长效机制、依法严厉打击破坏林地资源的违法犯罪行为和重视对行政许可检查结果的运用等建议。

森林资源监督报告 1月，向陕甘青宁4省（区）人民政府报送了2018年度森林资源监督意见，监督意见得到四省（区）人民政府高度重视，相关领导均作批示，要求抓好整改落实。省级林草主管部门制订具体落实方案，积极推进整改。

森林资源案件督办 直接督查督办陕西、甘肃、青海、宁夏4省（区）破坏森林资源案件90起（陕西省63起、甘肃省10起、宁夏回族自治区8起、青海省9起），其中，国家林业和草原局发函督办3起、森林督查发现案件85起、媒体曝光和群众举报2起，涉及违法占用林地1119.92公顷，违法采伐林木1218.3立方米。已结案89起，1起正在办理，共计收缴罚款1849.85万元，行政问责6人，收回林地86.97公顷。

重点区域监测 分4个小组，集中时间，对祁连山公园5.02万平方千米范围内进行了卫星影像判读。发现有修路、建房等占用林地和草地的疑似图斑32个，并下发通知要求甘肃林草局、青海林草局调查核实处理。组织人员对甘肃省兴隆山、崆峒山、松鸣岩、冶力关、麦积植物园5个森林公园（景区）进行了两期卫星影像判读，下发疑似变化图斑12个，要求调查处理。

创新试点工作 积极推进甘肃金昌市永昌县森林资源档案建设试点工作，并于2019年8月前往永昌县对试点工作进行了了解，针对存在的问题，提出了进一步完善的要求。

【CITES履约工作】

证书办理 依法依规核发证书600多份，实现与进出口贸易额双增长。配合国家濒管办对辖区4个单位2018年野生动植物行政许可情况进行了随机抽查和检查，派人参与福州和黑龙江办事处行政许可检查，进一步强化和落实事前、事中、事后全程监管制度。

保护执法 配合辖区4省（区）野生动植物保护管理部门，扎实开展全国打击非法猎杀和经营利用野生动物违法犯罪专项行动，为海关、市场监管、林草等有关执法部门提供政策和法规咨询服务12次，协助提高案件查处效率。督查督办涉及野生动物案件6起，其中国家林草局批转案件4起，分管局直接批办案件2起。

疫源疫病监测 配合并参加国家林草局第六督导组完成了对辖区4省（区）13个单位的野生动植物保护和疫源疫病监测防控督导检查工作，反馈督查结果，对全国通报提出意见和建议。配合国家林草局动植物司赴甘肃省武威市、金昌市和祁连山自然保护区，对岩羊小反刍疫情进行了调研，掌握了解情况，分别向国家林草局和祁连山国家公园管理局提交了调查分析报告。

宣传教育 以"世界野生动植物日""爱鸟周"等为契机，联合驻地有关部门开展了系列主题宣传活动，办领导参加并致词，同时现场散发大量宣传资料，强化社会公众野生动植物保护意识。在甘肃夏河举办了四省（区）各有关履约执法部门70多人参加的综合业务培训班。

调查研究 配合国家林草局草原司到青海省玉树和果洛两州，就食草野生动物与家畜争夺草场的问题进行了调研，向国家林草局提交了调研报告，该调研报告得到国务院多位领导的重视并作出批示。

【干部队伍建设】 外派参加各类业务培训班23期91人次。向国家林草局党组推荐提拔了2名司局级、7名年轻处级干部，完成了公务员职务与职级并行工作，招录1名森林经理专业硕士研究生，推荐了8名年轻干部职级晋升，树立了正确用人导向，营造了奋发向上的良好氛围。

【脱贫攻坚】

攻坚脱贫任务 2019年底，经陕西省组织专项评估检查验收，西安专员办包扶的山阳县户家塬镇西沟村已整村脱贫达标。4月，该村新建的120平方米标准化卫生室投入使用，解决了老百姓基本医疗保障的问题。

壮大集体经济 指导村集体落实好60万元产业发展资金，栽植花椒3.21万株、33.33公顷。同时，加大新农村建设，积极协调陕西省财政厅争取产业发展资金（中央财政补助款）100万元；积极协调陕西省生态环境厅争取中央农村环境整治专项资金200万元，后增加到562万元，年底资金均已到县。

生态扶贫 争取国家林草局增设生态护林员岗位

18个，将符合条件的贫困户纳入到生态护林员公益岗位范围，稳步增加贫困户收入，建立长效的生态扶贫机制。

党建促扶贫　以"抓党建促扶贫"为主题，办党总支与村党支部多次联合开展党建交流活动，并向村党支部赠送打印机、图书资料。

【大事记】

1月　向国家林业和草原局及陕西、宁夏、甘肃、青海4省(区)人民政府提交了2018年度森林资源监督报告(意见)。

1月1日　祁连山国家公园网站试运行。

1月14日　祁连山国家公园LOGO评审会在北京召开。

1月25日　国家林业和草原局决定王彦龙任国家林业和草原局驻西安专员森林资源监督专员办事处(中华人民共和国濒危物种进出口管理办公室西安办事处)巡视员，正司局级；贾永毅、潘自力任副专员(副主任)，副司局级。

2月3日　中共国家林业和草原局党组同意何熙试用期满正式任职西安专员办党组成员。

2月14日　国家林业和草原局决定王洪波兼任祁连山国家公园管理局局长，王彦龙兼任祁连山国家公园管理局巡视员，何熙兼任祁连山国家公园管理局副巡视员，贾永毅、潘自力兼任祁连山国家公园管理局副局长。

3月5日　中共国家林业和草原局党组决定贾永毅、潘自力任中共国家林业和草原局驻西安专员森林资源监督专员办事处(中华人民共和国濒危物种进出口管理办公室西安办事处)、祁连山国家公园管理局党组成员，副司局级，试用期一年。

3月26日　祁连山国家公园协调工作领导小组办公室主任第一次会议在兰州召开。

4月1日　给甘肃、青海两省管理局下发拟建祁连山国家公园范围内地类变化图斑并要求现地核查并报告。

4月9日　祁连山国家公园甘肃省管理局酒泉分局挂牌。

4月12~15日　对国家林草局领导批办的"几百只鸟'藏身'马腾空农家大院"和关于"秦岭华阳景区涉嫌圈养金丝猴"媒体报道案件进行了实地督办。

4月19日　祁连山国家公园协调工作领导小组会议暨甘肃、青海两省祁连山国家公园体制试点工作协调推进领导小组第一次会议在兰州召开。

5月13~26日　配合国家林草局第六督导组对辖区4省(区)13个单位的野生动植物保护和疫源疫病监测防控开展督导检查工作。

5月20日　祁连山国家公园甘肃省管理局张掖分局挂牌。

5月27~31日　配合国家濒管办对辖区2018年野生动植物行政许可情况进行了随机抽查和检查。

6~9月　对监督区20个建设项目使用林地行政许可被许可人执行情况进行了监督检查。

7月31日至8月8日　祁连山国家公园接受第三方评估，评估结果在10个国家公园试点中排名第二。

8月6~9日　举办了辖区4省(区)履约成员单位综合业务培训班。

9~10月　完成了辖区4省(区)森林督查和目标责任制检查。

10月17日　祁连山国家公园标识启用新闻发布会在国家林业和草原局举行。

10月21~25日　对陕甘青宁4省(区)6个国家湿地公园开展专项监督检查工作。

11月7~9日　中咨公司评估祁连山国家公园项目资金使用情况。

12月5日　祁连山国家公园管理局参加全国国家公园体制试点工作会议，并作典型发言。

12月　祁连山国家公园管理局针对祁连山国家公园规划成果提出修改意见。

（西安专员办由朱志文供稿）

武汉专员办(濒管办)工作

【综　述】　2019年，武汉专员办深入贯彻落实习近平生态文明思想和全国林业和草原工作会议精神，按照国家林业和草原局部署和要求，坚持从严治党，加强机关自身建设，认真履行监管职责，辖区内森林资源监督和濒危物种履约管理等各项工作有序推进。

【机构人事】　根据国家林业和草原局关于印发《国家林业和草原局各派驻地方的森林资源监督专员办事处职能配置、内设机构和人员编制规定的通知》，国家林业和草原局驻武汉森林资源监督专员办事处(加挂中华人民共和国濒危物种进出口管理办公室武汉办事处牌子)，为国家林业和草原局派出机构，行政编制16名，其中，专员(主任)1名，副专员(副主任)2名，其他工作人员13名，设综合管理处、资源和林政监管处、自然保护地和国家公园监管处和濒危物种进出口管理处4个内设机构。主要负责监督河南、湖北两省所辖区域的森林、草原、湿地、荒漠、自然保护地保护管理和野生动植物保护及进出口管理等相关工作。

根据国家林业和草原局党组《关于马志华同志任职的通知》(林干任字〔2019〕12号)，马志华任中共国家林业和草原局驻武汉森林资源监督专员办事处(中华人民共和国濒危物种进出口管理办公室武汉办事处)党组成员。根据国家林业和草原局《关于马志华任职的通知》(林干任字〔2019〕13号)，马志华任国家林业和草原局驻武汉森林资源监督专员办事处(中华人民共和国濒危物种进出口管理办公室武汉办事处)副专员(副主任)。

【案件督查督办】 2019年,武汉专员办共依法调查督办各类涉林案件261起,结案260起,结案率99.60%。按照案件来源统计:国家林业和草原局批转案件2起,监督检查发现案件258起,群众信访案件1起。按照案件类型统计:违法征占用林地案件78起,乱砍滥伐林木案件183起。其中:涉及违法使用林地面积46.02公顷,涉及违法采伐林木1380.80立方米,行政处罚186人,罚款432.17万元,刑事处罚9人,罚金13万元,收回林地19.29公顷,行政问责7人。重点调查督办湖北省大冶市黄荆山多处山体开挖、随县小林镇大坡岭村淮河境内河道采砂,河南省襄城县破坏森林资源等案件。认真回应舆情关切,及时督查督办河南省确山桐柏交界地区非法采沙挖矿、登封范家门村毁坏林地违建停车场和鲁山林场毁林等案件。为推进地方政府保护发展森林资源主体责任的落实,2019年,约谈地方党委政府及林业主管部门19次。

【森林资源监督网格化管理】 一是加强制度建设,正式印发《森林资源监督网格化管理实施方案》和《森林资源网格化管理联络员管理办法》。二是建立市、县级联络员监督体系,纵向延伸监督网络,聘任基层联络员100余名。三是积极推进能力建设。4月,在湖北省红安县就推进网格化管理开展座谈研讨。7月,在山东原山林场召开豫鄂两省森林资源监督管理培训班,提升基层部门参与森林资源网格化管理水平和积极性。

【专项检查】 一是建设项目使用林地检查。对上年度国家林草局审批项目开展全覆盖检查,共检查项目38个,涉及48个县(市、区)和单位。二是国家湿地公园检查。对豫鄂两省6个国家级湿地公园开展监督检查,对存在的试点建设进度落后、专业支撑欠缺等问题提出监督建议,提交检查报告。三是开展涉自然保护区变化图斑实地核查。对河南省涉自然保护区变化图斑开展监督检查,形成《河南自然保护地土地利用状况变化情况检查资料汇编》,在全国自然保护区保护核查总结会上作典型发言。

2019年10月22日,副专员马志华带队赴河南省辉县市开展林地行政许可检查

【专题调研】 5~6月,办领导带队先后赴云南省、广州、贵阳和北京专员办开展创新监督机制调研,深入相关市、县实地考察,提交调查报告。其中《实施监督与执法结合机制 增强森林资源监督刚性手段》和《网格化管理模式在森林资源监督工作中的探讨和实践》2篇调查报告被国家林草局评为三等奖和优秀奖。

【森林督查】 按照国家林草局部署要求,联合豫鄂两省林业局对两省38个县(市、区)2018年森林督查整改情况开展检查,推动做好2018年森林督查问题的整改落实工作,指导、督促做好2019年森林督查、"一张图"年度更新、国家级公益林建设成效监测等工作。办领导带队对国家林草局挂牌督办案件河南省襄城县破坏森林资源问题进行调查督办,对相关责任人进行责任追究。12月完成豫鄂两省2019年森林督查和督导县级人民政府落实保护发展森林资源工作。

【编制森林资源监督报告】 对豫鄂两省2018年度林业生态建设和森林资源保护监管全面总结,撰写完成两省《2018年度森林资源监督报告》,呈报两省人民政府及相关部门。两省政府有关领导作了批示,两省林业局认真制订整改方案,并积极整改。

【野生动植物保护监督管理工作】 以加强"候鸟保护""象牙及其制品的全面禁贸""打击乱捕滥猎和非法经营买卖野生动物"等热点、敏感问题为抓手,监督辖区地方政府及其野生动植物管理部门各项保护管理措施落实到位,推动两省野生动植物资源保护长效机制的建立。9~10月,为确保世界军运会期间武汉市野生动物保护管理工作万无一失,武汉专员办通过开展暗访调查、发督办函、办领导带队赴武汉市政府会商督办等措施,推动湖北省特别是武汉市做好相关工作。

【野生动物保护督查】 2019年5月,先后两次参加国家林草局野生动物保护督导检查组,对鄂豫两省压实野生动物保护责任、打击乱捕滥猎、查处非法经营买卖野生动物、开展野外巡护和监测等6个方面的工作情况进行督查。

【进出口行政许可及监督服务工作】 2019年,共为鄂豫两省企事业单位(个人)办理各种野生动植物进出口证书110份。对上一年度国家林草局野生动植物保护类和进出口行政许可两大类的行政许可执行情况开展监督检查。12月,举办豫鄂两省野生动植物保护监管执法培训班。

【CITES履约执法】 12月召开豫鄂两省部门间CITES执法工作协调小组联席会议。组织开展象牙禁贸现场监督检查。对开展以保护老虎、犀牛为主要内容的专项打击行动进行了督办。为武汉海关执法人员授课,协助郑州海关缉私局查办案件10起。会同河南省农业厅、湖北省农业厅开展黄河鲤鱼、神农架珍稀鱼类增殖放流及救护大鲵野外放生活动。

2019年9月20日,副专员孟广芹带队赴武汉天河机场海关调研

【宣传教育及调研检查】 做好"世界野生动植物日""爱鸟周""陆生野生动物保护宣传月"等系列主题公益宣传。联合制作野生动植物保护与濒危物种履约监管宣传视频在武汉天河机场每天滚动播出。办领导带队对福州办事处闽赣两省进行调研检查,参加对合肥办事处皖鲁两省的检查工作。

【从严治党】 一是加强理论学习。深入学习贯彻党的十九大和十九届二中、三中全会精神以及习近平总书记系列重要讲话精神。四中全会召开后,及时学习传达和动员部署,制订《学习宣传安排意见》,组织开展学习宣传和2次集中研讨。二是开展主题教育。按照中央和局党组"不忘初心、牢记使命"主题教育的安排部署,扎实开展学习教育,抓实调查研究,深入查找问题,认真进行剖析反思,狠抓整改落实,取得明显成效。三是深入开展作风建设。通过理论学习、警示教育、特色党课、主题党日等活动,多次组织干部深入基层开展调查研究,掌握实情,帮助群众解决困难和问题。5月,结合主题党日活动,全办干部捐款7000余元,走访慰问湖北省红安县天台山国有林场困难职工。四是狠抓机关制度建设。通过从严治党制度执行专项整治工作,制定完善六大类58项管理制度。对照四中全会新要求,结合主题教育整改落实"回头看",制订出台《武汉专员办出差期间伙食费和交通费交纳细则》等制度。五是加强纪律建设。坚持"一岗双责",严明政治纪律和政治规矩,开展反腐倡廉警示教育,实行廉政建设信息反馈制度,把廉洁纪律贯穿于监管工作全过程。认真贯彻民主集中制原则,严格执行"三重一大"制度。

【大事记】

3月29日 自然资源部武汉督察局到武汉专员办进行座谈交流,探索建立沟通协作机制。

4月3日 武汉专员办参加湖北省第37届"爱鸟周"宣传活动启动仪式,副专员孟广芹参加活动并讲话。

6月23日 副专员孟广芹带队对福州专员办监督区赣闽两省开展濒危物种履约管理工作业务调研检查。

7月22日 武汉专员办在山东省淄博市原山林场举办豫鄂两省森林资源监管培训班,副专员马志华参加开班仪式。

9月30日 为做好世界军运会期间野生动物保护管理工作,副专员孟广芹带队赴武汉市政府会商督办。

10月25日 国家林草局华东院党委书记吴海平一行到武汉专员办开展座谈交流,副专员孟广芹、马志华等参加座谈。

12月5日 国家林草局副局长李树铭莅临武汉专员办考察指导工作。

12月12日 武汉专员办在河南驻马店市召开豫鄂两省部门间CITES执法工作协调小组联席会议暨豫鄂两省野生动植物保护监管执法培训班,副专员孟广芹主持会议并讲话,副专员马志华参加会议。

(武汉专员办由胡进供稿)

贵阳专员办(濒管办)工作

【综 述】 2019年,国家林业和草原局驻贵阳森林资源监督专员办事处(中华人民共和国濒危物种进出口管理办公室贵阳办事处)(以下简称贵阳专员办)坚持以林地为核心的森林资源监督,加强自然保护地监督,进一步提升濒危物种进出口管理和野生动植物保护监督工作,强化森林、湿地和野生动植物保护宣传培训,认真履行森林资源案件督查督办第一职责,深入开展国家林业和草原局部署的森林督查及贵州省委、省政府部署的森林保护"六个严禁"①执法专项行动,系统总结成立15年来的工作成效和经验,并在国家林业和草原局派出机构成立30周年总结暨监督系统能力建设培训班上作交流发言。督办案件292起,累计刑事、行政处罚226人(单位),行政罚款4272万元,追究党纪政纪责任127人,收回林地405.47公顷,补交森林植被恢复费4684万元;办理允许进出口证明书和物种证明271份,涉及贸易额2500多万元。开展县级人民政府保护发展森林资源目标责任制检查等监督检查;独立或联合开展"林草资源保护——贵阳地铁自然影像展""绿水青山看湖南——长沙地铁生态影像展"等生态保护宣传活动。

【机构改革】 11月,国家林业和草原局《关于印发〈国家林业和草原局各派驻地方的森林资源监督专员办事处职能配置、内设机构和人员编制规定〉的通知》明确,

---

① "六个严禁"指严禁盗伐滥伐林木、严禁掘根剥皮等毁林活动、严禁非法采集野生植物、严禁烧荒野炊等容易引发林区火灾行为、严禁擅自破坏植被从事采石取土等活动、严禁擅自改变林地用途造成生态系统逆向演替。

贵阳专员办主要负责监督湖南、贵州两省所辖区域的森林、草原、湿地、荒漠、自然保护地保护管理和野生动植物保护及进出口管理等相关工作，主要职责是：（一）监督所辖区域森林、草原、湿地、荒漠、陆生野生动植物资源及其生态系统保护、开发利用以及林政管理；（二）监督所辖区域保护发展森林、草原、湿地、荒漠资源目标责任制的建立和执行；（三）监督所辖区域国家公园等各类自然保护地保护管理；（四）协调配合所辖区域内相关机构履行濒危野生动植物种国际贸易公约，代表中华人民共和国濒危物种进出口管理办公室核发野生动植物允许进出口证明书和非进出口野生动植物种商品目录物种证明；（五）协同有关机构开展野生动植物进出口执法，对免税进口的野生动植物进行监督检查。

【2018年度监督报告】 3月，分别向国家林业和草原局及湖南省人民政府、贵州省人民政府呈报《湖南省2018年度森林资源监督报告》《贵州省2018年度森林资源监督报告》，提出5条监督建议。湘黔两省人民政府分管领导批示要求省林业局等相关部门认真研究、抓好落实。其中，对贵州省提出妥善处理"组组通"硬化路建设项目缴纳植被恢复费和有关违法使用林地问题、着力解决森林督查工作案件查处缓慢及整改不力问题、进一步落实生态护林员制度及重点人工商品林赎买资金3条建议，对湖南省提出台加强林地等森林资源保护管理的意见、适当提高森林资源保护管理工作成效在考核评价体系中的权重2条建议。跟踪督促两省林业局及有关部门抓好省领导批示的落实工作，促进建议得到较好落实，于12月向国家林业和草原局提交《关于2018年度监督报告所提建议落实情况的报告》。贵州省2019年安排3209万元重点人工商品林赎买试点资金。

【案件督查督办】 共督查督办各类破坏森林资源案件292起，涉及湘黔两省21个市（州）、50个县（市、区）。其中：刑事案件73起、行政案件219起，涉及林地案件237起、违法使用林地948.27公顷，林木采伐案件55起、违法违规采伐林木11 029立方米。查结247起，查结率84.6%，其中刑事案件查结68起、查结率93.2%，行政案件查结179起、查结率81.7%。累计刑事、行政处罚226人（单位），行政罚款4272万元，追究党纪政纪责任127人，收回林地405.47公顷，补交森林植被恢复费4684万元。

【专项检查督查】 一是5~6月，对湘黔两省获得国家林业和草原局行政许可的21个建设项目使用林地情况进行现场检查，涉及林地面积1588.79公顷，发现15个项目存在违法使用林地情况，涉及林地面积74.72公顷，占检查面积的4.7%。督促有关地方对13个项目违法行为查处到位。二是9~11月，对湖南省岳阳、桃江、湘乡、双峰、衡东、宁远、武冈、沅陵和贵州省思南、余庆等10个县（市），开展森林督查及县级人民政府保护发展森林资源目标责任制检查。对发现的问题向相关县（市）提出整改意见并督促整改。经国家林业和草原局资源司确定，宁远县、双峰县评为"优秀"，其余为"良好"。

【自然保护地监督检查】 一是完成自然保护区土地利用状况变化情况实地核查。1月，对自然资源部移送的东洞庭湖、南岳衡山等6个自然保护区、41个小班变化情况进行实地核查，对发现的问题及时督办并上报核查结果。二是牵头开展"绿剑行动"整改验收工作。1月和9月，牵头并会同相关单位对东洞庭湖国家级自然保护区、小溪国家级自然保护区进行检查验收，就进一步做好保护工作提出要求。三是督促违建别墅清理工作。4月，督促湘黔两省认真开展违建别墅筛查并及时反馈。四是开展自然保护区监督检查。5月，对湖南省东安县舜皇山国家级保护区建设管理情况进行检查。五是开展湿地公园检查。11月对湖南省洞口县平溪江、通道县玉带河和贵州省独山县九十九滩、都匀市清水江河4个国家湿地公园建设管理情况开展检查。

【濒危物种进出口管理】 一是做好证书受理核发。受理核发允许进出口证明书和物种证明271份，其中允许进出口证明书10份、物种证明260份、海峡两岸证书1份，贸易额2500多万元。主要涉及物种为毛皮海狮、西伯利亚鲟、蟒（二胡用）、胡黄连、黄檗、天麻、人参、桃花心木、银杏、蝴蝶兰、大花蕙兰、丽杯角、厚朴等。二是优化湘黔两省办证流程。进一步规范湘黔两省进出口企业递交材料清单，优化办证流程，提升工作效率。三是开展亚洲象进口监管工作。3月，对贵州森林野生动物园亚洲象进口情况进行实地检查。四是7月对湖南绿蔓生物科技股份有限公司等开展野生动植物进出口行政许可随机检查。五是举办专题培训班。6月，在长沙举办野生动植物进出口证书管理培训班；10月，在贵阳举办湘黔两省CITES履约执法和进出口证书管理系统培训班，累计培训相关人员140余人。

【野生动植物保护监督】 一是开展野生动植物资源保护及疫源疫病监测防控工作检查。5月，会同国家林业和草原局动植物司督导组，赴湖南省凤凰县、东洞庭湖国家级自然保护区等地进行检查。二是开展专项行动督导检查。联合贵州省林业局，先后赴黔东南苗族侗族自治州、遵义市开展打击非法猎杀和经营利用野生动物违法犯罪活动专项行动督导检查。三是开展秋冬季候鸟保护检查工作。8月，联合湘黔两省林业局到贵阳市花鸟市场、贵阳森林公园水井湾玩鸟场所，对非法经营野生鸟类活动进行专项执法检查；12月，赴贵州草海国家级自然保护区等地，对鸟类巡护值守和执法工作进行检查督导。四是开展涉林舆情核查。4月，对网络反映的湖南省"火山小视频"用户郑某文涉嫌违法行为进行核查并向国家濒管办提交核查报告。

【森林、湿地及野生动植物保护宣传】 一是推进纪念日宣传。3月，结合"世界野生动植物日"，在贵阳和长沙开展"保护海洋物种　传承海洋文明"宣传活动。二是推进宣传进公园、进地铁、进机关。6月起，在贵阳市阿哈湖国家湿地公园开展科普宣传教育活动，播放《飞鸟中国》等公益宣传片，设立宣教牌，发放科普宣传册;8月,在贵阳地铁1号线举办为期1个月的"林草资源保护——贵阳地铁自然影像展";联合湖南省林业局,于12月中旬在长沙地铁2号、4号线举办"绿水青山看湖南——长沙地铁生态影像展",展期2个月;12月,派干部为长沙海关一线工作人员作濒危物种进出口履约执法专题讲座。

【监督方法创新】 一是发送提示函。制订《关于对建设项目依法使用林地有关事项的提示函》,向36家2019年获得国家林业和草原局行政许可的业主单位发送,提示贵阳专员办将按照《行政许可法》《森林法》等法律法规的规定和要求,对建设项目使用林地情况开展不定期现地检查;提醒业主单位严格遵照审核同意书要求,依法依规使用林地,不得未经审批异地使用林地,不得改变申请用途使用林地,不得超范围使用林地,附属设施或辅助工程使用林地必须事先办理审批手续,所用林地涉及林木采伐必须事先办理林木采伐手续等。二是密切与黔湘两省省政府及林业局联系。2月,贵阳专员办专员李天送先后参加贵州省和湖南省全省林业工作会议,分别与贵州省副省长吴强和湖南省副省长陈文浩进行交流。日常监督中,遇重大问题,随时与省政府分管领导或分管副秘书长沟通,畅通专员办与省政府的信息交换渠道。

【总结和交流成立15年以来的工作】 根据国家林业和草原局资源司关于国家林业和草原局森林资源监督机构成立30周年总结安排,系统总结自2003年12月成立以来的工作,于5月向资源司报送《贵阳专员办成立15年来工作总结》。经统计,截至2018年底,累计督查督办各类破坏森林资源案件1877起,涉及违法使用林地面积5707.20公顷、违法采伐林木蓄积量82 806.60立方米;追究刑事责任282人、党纪政纪责任286人,处行政罚款33 730.20万元,补收森林植被恢复费等29 760.60万元;收回林地面积2944.25公顷;先后深入299县(次),对242个建设项目使用林地情况进行专项检查;对66个县级人民政府建立和执行保护发展森林资源目标责任制情况开展检查。发挥的作用主要体现在五个方面:一是宣传贯彻中央关于保护发展森林资源、推进生态文明建设的方针政策,督促地方各级政府及林业主管部门认真落实;二是通过调研、检查和巡查,及时发现各地森林资源管理方面存在的问题,找准对策,为国务院林业主管部门决策提供可靠依据;三是通过对涉林案件督查督办,严厉打击破坏森林资源违法犯罪行为,保护森林资源;四是通过保护发展森林资源目标责任制落实情况检查,提高地方各级政府对保护发展森林资源工作的认识,加大林业投入,加快林业发展,加强生态保护;五是对造成森林资源破坏负有责任的工作人员问责处理情况实施监督,给地方党委、政府及其组织部门、纪检监察机关提出相关工作建议。12月8日,在国家林业和草原局资源司举办的派出机构成立30周年总结暨监督系统能力建设培训班上,专员李天送作题为《强化监督 提升服务 守好湘黔两省生态底线》交流发言。

【大事记】

1月16~18日 专员李天送带队,由贵阳专员办牵头并会同国家林业和草原局保护地司、湖南省林业局和北京林业大学专家组成检查组,对湖南东洞庭湖国家级自然保护区"绿剑行动"整改情况进行检查验收。

2月15日 专员李天送与贵州省副省长吴强进行汇报交流,并出席贵州省全省林业工作会议。

2月19日 专员李天送与湖南省副省长陈文浩进行工作对接和汇报交流,并出席湖南省全省林业工作会议。

2月26日 国家林业和草原局局长张建龙、副局长刘东生出席在贵阳市召开的《联合国防治荒漠化公约》第十三次缔约方大会第二次主席团会议,并会见贵州省委书记孙志刚、省长谌贻琴。专员李天送陪同会见。

3月12日 湖南省副省长陈文浩对《湖南省2018年度森林资源监督报告》作批示。

3月25日 贵州省副省长吴强对《关于县级人民政府保护发展森林资源目标责任制建立和执行情况监督检查结果的通报》作批示。

5月8~10日 专员李天送应邀到南京市参加国家林业和草原局上海专员办、合肥专员办联合召开的苏浙沪皖鲁五省(市)履约执法经验交流会。

5月30日 国家林业和草原局局长张建龙到贵州省黔南布依族苗族自治州都匀市出席滇桂黔石漠化片区区域发展与脱贫攻坚现场推进会。专员李天送参加会议。

6月5日 专员李天送出席2019年中国北京世界园艺博览会"地球绿宝石·浪漫黔南州"主题推介活动。

6月8日 专员李天送陪同国家林业和草原局副局长李春良,出席在贵州省铜仁市举办的2019年"文化和自然遗产日"主题宣传活动暨"绿色中国行——走进美丽铜仁"大型系列主题公益活动启动仪式。

6月23日 国家林业和草原局人事司副司长王浩一行到贵阳专员办,宣布国家林业和草原局任命决定:龚立民任贵阳专员办(濒管办)党组成员、副专员(副主任),谢守鑫任贵阳专员办(濒管办)党组成员、副专员(副主任),钟黔春任贵阳专员办(濒管办)党组成员、二级巡视员。

6月28日 国家自然资源督察武汉局局长张先余、副专员江福秀一行,到贵阳专员办就开展信息共享、共

专员李天送作交流发言

同推进监督、督查工作进行交流。专员李天送、副专员龚立民、副专员谢守鑫参加交流。

8月9日 贵阳专员办在贵阳市首条地铁线即1号线，开展为期1个月的"林草资源保护——贵阳地铁自然影像展"宣传活动。

9月28日 专员李天送邀请贵州省福建总商会、福清商会负责人到贵州省荔波县黎明关乡板寨村调研。两位商会负责人以个人名义捐助12万元扶贫资金。

11月5~8日 专员李天送陪同国家林业和草原局副局长彭有冬在贵州省调研林业科技工作，并出席在荔波县召开的全国林草科技扶贫工作现场会。

12月3日 在森林资源监督机构成立30周年之际，彭亚辉被国家林业和草原局办公室授予森林资源监督先进工作者荣誉称号。

（贵阳专员办由陈学锋供稿）

广州专员办（濒管办）工作

【综　述】 2019年，广州专员办扎实开展"不忘初心、牢记使命"主题教育，切实加强森林、湿地、自然保护地等资源监督和野生动植物进出口管理，各项工作取得显著成效。全年共督办案件346起，涉案林木26 075.9立方米，涉案林地1991.89公顷，共处理违法违纪人员202人，收回林地192.89公顷。全年共核发进出口证书11 755份，进出口贸易总额约29.63亿元。

【森林督查】 把监督检查作为最直接手段，充分运用遥感卫片判读、无人机飞检等技术手段，扎实开展森林督查、建设项目使用林地行政许可监督检查、违建别墅清理排查、国家湿地公园检查等有针对性的专项督查，精准发现监督区森林资源保护存在的突出问题，为监督区森林资源管理工作"把脉"。针对监督区机构改革后出现的林业管理机构弱化、森林督查整体推进不力等新情况、新问题，广州专员办选取广东清远市、广西玉林市为森林督查重点市，组织3个督查组，用了近2个月时间，对3省（区）18个县（市、区）开展了森林督查。督查共抽取475个疑似违法图斑和项目，其中348个存在违法破坏森林资源问题，违法使用林地面积约824.3公顷，违法采伐林木面积量约501.2公顷，蓄积量约2.8万立方米。

【涉林违法案件督查督办】 始终把督查督办案件作为第一职责紧抓不放，聚焦工业园区、房地产开发、旅游建设、采石采矿、毁林开垦等重点问题和各类自然保护地、市镇周边等重点区域，对领导批示、媒体曝光、群众来信来访等反映的海南五指山市，广西柳州市、贺州市，广东珠海市、惠州市等地破坏森林资源的6起案件进行重点督查督办，案件督查督办工作成效显著。2019年广州专员办共督办案件346起，其中，刑事案件174起，行政案件172起，林地案件259起，林木案件87起，涉案林木26 075.9立方米，涉案林地1991.89公顷。至2019年底已结案188起，共处理违法违纪人员202人，其中追究刑事责任44人，追究行政责任130人，行政处分22人，党纪处分6人，罚款共计643万元，收回林地192.89公顷。

【案件整改"回头看"】 根据中央反对形式主义和官僚主义要求，广州专员办认真梳理了2017~2018年督办的案件，对部分重点案件开展"回头看"，确保案件整改到位。一是重新梳理了监督区2017~2018年督办的案件，开展"回头看"，主要检查案件查处后林地回收复绿及林地征占用情况，并对移送检察院案件的后续查处情况进行跟踪。二是对广西非法占用林地建墓问题开展"回头看"。在清明节前，对2018年督办过的南宁市和桂林市非法占用林地建墓等破坏森林资源问题查处情况进行专项检查。针对检查中发现的问题，分别给南宁市和桂林市政府发限期整改函，要求进一步加大对违法违规建设墓地行为的综合执法力度，严厉打击非法占用林地建墓和乱砍滥伐林木等破坏森林资源的行为。

【抓案件整改落实】 把压实地方政府责任作为推动整改的有力手段，坚持整改必须做到查处到位、追责到位、收回林地到位，一把尺子量到底，确保案件整改收到实效。一是分别向广东、广西和海南3省（区）人民政府提交了2018年度森林资源监督报告及目标责任制检查结果通报。监督报告得到3省（区）人民政府的高度重视。二是通过向地方政府发限期整改函、挂牌督办、约谈地方党委政府主要领导、建议实施暂停地方林地审核审批、责令地方党委对相关责任人进行责任追究等手段，全链条、逐环节传导压力，推进问题整改到位。全年共发出约谈函、限期整改函、限期整改通知等12份，对3个市、县（区）政府主要领导进行了约谈。三是积极协调与3省（区）人民检察院加强协作配合、建立案件线索双向移送机制，推动行政执法与刑事司法相衔接，广州专员办专员关进敏专程到广西壮族自治区人民检察院开展座谈交流，推进建立协作配合机制，积极推进与广东省、海南省人民检察院建立协作配合机制。通过广州专员办与3省（区）省、市政府、相关部门和检察机关的积极沟通协调，达成了绿色发展的共识，形成了资源监督的强大合力。

【工作调研】 针对广东省创建以国家公园为主体的自然保护地体系建设情况、3省（区）森林采伐管理情况、广西壮族自治区林业局直属国有林场林地管理情况、海南省"多规合一"后森林资源保护管理及执法情况等开展了工作调研，并形成了四个专题调研报告。调研报告针对性和指导性很强，有力促进了3省（区）森林资源管理工作的规范化。其中专员关进敏的《广东省创建以国家公园为主体的自然保护地体系建设情况调研报告》被国家林草局办公室约稿形成信息专报；班子成员的调研报告在资源司关于派出机构监督管理调研报告评选中，分别被评为二等奖和优秀奖。

【濒危物种进出口行政许可证书核发】 一是简化程序，做好"放管服"。全面实行"单一窗口"网上证书办理。对证书签章授权管理进行改革，建立台账，实现用章和管章分开，实行监管和使用双人负责制。二是9月29日在三亚市崖州湾科技城增挂了"国家林业和草原局广州专员办（濒管办）"牌子，设立办证窗口，推进服务前移，实现"一站式受理"，为三亚全球动植物种质资源引进中转基地行政审批提供便利条件。截至12月2日，共核发进出口证书11 755份，进出口贸易总额约29.63亿元。

【履约监管执法】 一是配合国家林草局动植物司开展濒危野生动植物进出口行政许可随机抽查，对三省（区）2018年度行政许可证书核发、2019年野生动植物贸易和进出口企业经营等情况进行随机抽查。二是开展了辖区内进出口企业行政许可监督检查。三是协调广西壮族自治区打私办开展打击走私"惊雷"行动，集中各执法部门力量，严打象牙等濒危物种及其制品走私行为。四是紧密协作开展濒危物种反走私综合治理各项活动。五是对中国-东盟博览会进行监管巡查。

【履约宣传培训】 一是开展形式多样的宣传活动。联合3省（区）林业局、新闻媒体等单位，开展"世界野生动植物日""鸟节""爱鸟周"等系列宣传活动，联合南宁海关、全国反走私综合治理调查研究中心、广西壮族自治区打击走私综合治理领导办公室等单位开展了保护濒危物种有奖答题活动，组织开展2019年水生野生动物保护科普宣传月系列宣传活动。二是通过授课宣传履约知识。先后派员为敦豪航空货运公司员工、兰花企业、江门和黄埔海关关员授课，宣传濒危物种知识和履约常识。三是举办了3省（区）履约执法培训班以及3省（区）野生动植物进出口企业培训班。共有来自3省（区）打私办、公安、渔业等相关部门业务工作人员100余人和150余家企业参加了培训。

【野生动植物保护管理监督检查】 一是按照国家林草局工作要求，与广东省林业局联合开展了广东省秋冬季候鸟保护专项突击暗访检查。针对暗访发现的问题，11月26日，广州专员办与广东省林业局、省森林公安联合约谈湛江市政府及坡头区、遂溪县和雷州市政府分管负责人，要求对存在的问题认真进行整改。二是配合国家林草局动植物司开展了广东、广西野生动植物保护和疫源疫病监测防控督导检查。

【机关党建工作】 严格尊崇党章，严格执行民主集中制，落实"三重一大"集体决策制度。全年共召开党组会13次，都形成了党组会议纪要。坚持党组中心组学习制度，全年共集中学习19次。开展形式多样的专题教育，进一步加强党史、新中国史的学习教育。组织全办党员干部重走习近平总书记考察路线，到广州荔湾区永庆坊和粤剧艺术博物馆参观学习，组织广州专员办与财政部广东监管局全体党员干部到广州市番禺区大龙街新水坑村开展党建共建联学2019年义务植树活动。积极组织党员干部参加国家林草局各类培训全年共53人次。同时广州专员办举办了监督工作经验交流学习培训班等4期培训班。完成海口党支部换届选举工作。严格落实双重组织生活制度，严格落实"三会一课"制度，全年共召开全体党员大会8次，支委会24次，党小组会议61次。办党组书记关进敏两次为全体党员干部讲专题党课。班子成员也结合各自分管工作分别为全办党员讲专题党课。出台了《广州专员办党组成员直接联系党支部党小组工作方案》。

组织参观广东省反腐倡廉教育基地接受警示教育。印发《广州专员办关于进一步重申作风建设有关纪律规定坚决禁止在出差期间收受土特产等行为的通知》；对《广州专员办出差审批制度》进行修订，进一步细化出差期间伙食费和交通费缴纳以及机票报销要求。

【大事记】
3月7日 广州专员办完成对广西壮族自治区近年来督办案件中未处理到位的案件进行专项督办。

3月10日 广州专员办与广西壮族自治区林业局组成的联合督查组，完成对广西2018年森林督查存在问题整改情况进行督查。

3月13日 广州专员办派出督查组对广东新会市、廉江市、高州市、阳春市的森林督查自查和存在问题整改工作进行了"回头看"。

3月15日 广西壮族自治区林业局局长黄显阳带队到专员办汇报《广西壮族自治区2018年度森林资源监督报告》指出问题的整改落实情况。

3月19日 副专员贾培峰带队到广州市海珠国家湿地公园，参加广东省义务植树活动。

6月13日 广州专员办在广州听取了佛山市高明区和三水区关于2018年森林督查整改情况的汇报。

6月26日 根据林干任字〔2019〕34号文件，中共国家林业和草原局党组研究决定，王琴芳任中共国家林业和草原局驻广州森林资源监督专员办事处（中华人民共和国濒危物种进出口管理办公室广州办事处）党组成员，副司局级，试用期一年。

根据林人任字〔2019〕43号文件，国家林业和草原局任命刘义为国家林业和草原局驻广州森林资源监督专员办事处（中华人民共和国濒危物种进出口管理办公室广州办事处）副专员（副主任），原级别不变，试用期一年，原任职务自然免除；任命王琴芳为国家林业和草原局驻广州森林资源监督专员办事处（中华人民共和国濒危物种进出口管理办公室广州办事处）副巡视员，原任职务自然免除。根据公务员职务职级并行有关规定，王琴芳职级套转为二级巡视员。

7月2日 广州专员办派员赴海南陵水县对富力海洋欢乐世界开发有限公司申请引进加州海狮的安置场所等设施进行了检查。

7月4~6日 由副专员贾培峰带队，对崇左市和南宁市"绿卫2019"专项行动开展情况进行督查。

7月1~14日 广州专员办对6个广西壮族自治区

区获得国家林草局行政许可的占用征收林地和在国家级自然保护区内建设项目，抽取了15个县(市、区)和2个国家级自然保护区进行了监督检查。

12月20日 广州专员办联合广西打私办、广西邮政管理局和世界自然基金会等单位在南宁市举办广西快递行业濒危物种反走私承诺签署仪式暨培训活动，来自10余家快递企业的60多人参加了此次活动。

（广州专员办由李金鑫供稿）

合肥专员办(濒管办)工作

【综　述】 2019年，国家林草局驻合肥专员办坚持以习近平新时代中国特色社会主义思想为指导，深入学习贯彻习近平生态文明思想，认真贯彻落实党中央、国务院的决策部署，不断加强森林资源监督和野生动植物保护、濒危物种进出口履约管理，各项工作取得积极成效。

【森林资源监督管理】

监督报告 按时向皖鲁两省政府提交2018年度森林资源监督报告，报告直击问题并提出建议。两省分管副省长均作出批示，两省林业主管部门对报告反映的问题积极开展整改。

案件督查督办 赴皖鲁两省11个县(市、区)对重点案件进行现地督办。全年共督查督办各类涉林重点案件94起，办结65起。

森林督查"回头看" 分别召开皖鲁两省2018年森林督查"回头看"整改工作及"绿卫2019"专项行动专题工作推进会，梳理2018年重点案件。分赴两省9个地市开展督查，指导并督促整改。两省共查处涉林案件4254起。其中，行政案件3997起，办结3683起；刑事案件257起。行政处罚3784人次，行政罚款7070万元，行政问责60人次。

自然保护地检查 根据"办保字〔2018〕201号"要求，开展涉自然保护区土地利用状况变化情况实地核查。督促山东省自然资源厅(省林业局)对5处疑似点位进行现地核实。根据核实结果又抽取山东省东营市黄河三角洲、滨州市贝壳堤岛与湿地国家级自然保护区3处卫星影像疑似变化图斑开展实地核查，并要求主管部门对发现问题进行认真整改。

林地行政许可检查 抽取皖鲁两省11个建设项目开展建设项目使用林地行政许可监督检查。涉及两省18个县(市、区)，2359个林地小班，检查林地面积1446.9公顷，发现问题20起，违法使用林地面积38.3公顷，行政罚款640万元，行政问责和纪律处分2人。对检查中发现的问题及时督促地方政府和项目建设单位依法整改，并向国家林草局提交了检查报告。

森林督查暨目标责任制检查 根据《国家林业和草原局关于开展2019年森林督查暨森林资源管理"一张图"年度更新工作的通知》要求，抽取了皖鲁两省9个县(市、区)开展2019年森林督查暨县级人民政府保护发展森林资源目标责任制检查。共抽查疑似图斑101个。

湿地公园检查 根据"林湿保字〔2019〕27号"要求，对山东青州弥河、威海五垒岛湾和安徽阜南王家坝、巢湖半岛4个国家湿地公园建设管理情况进行督查，反馈存在问题，督促抓紧整改，并按时提交检查报告。

监督工作30周年 按照国家林草局资源司要求，完成派驻森林资源监督工作开展30周年宣传活动。收集、整理、提交30周年文字、影像、图片资料等，梳理机构和人员变化情况，对森林资源监督业务工作进行总结。合肥专员办尹钟玉被评为森林资源监督先进个人。参加国家林草局森林资源监督机构成立30周年总结会议和监督能力建设培训。

森林资源管理调研 分赴皖鲁两省开展林长制改革和涉林案件查办工作调研，形成《安徽林长制助推林业改革发展步伐》《山东省涉林案件检察督办工作思考和对策》2篇调研报告，分别获得一等奖和优秀奖。赴安徽省安庆市宿松县，六安市霍山县、金寨县和芜湖市无为县4个县(市、区)开展森林防火、松材线虫病防治工作检查、调研。

【濒危物种进出口管理】

行政许可管理 全年共审核发放各类野生动植物进出口证书946份，其中允许进出口证明书360份，物种证明586份。带队赴贵州、湖南参加国家濒管办组织的行政许可检查并配合对黑龙江、安徽的检查。在青岛召开由22家进出口企业代表参加的行政许可交流座谈会。开展大宗贸易物种调查，摸清天麻生产以及贸易相关情况并形成调研报告。及时协调海关缉私、动植物检验检疫、风险防控及市场管理等部门单位处理进出口业务问题，接受企业及相关职能部门业务咨询1000多人次。

履约宣传培训 完善履约执法协调机制，调整充实皖鲁两省履约执法协调小组成员单位，并更名为"皖鲁两省CITES执法宣传协调小组"。加强濒危物种进出口贸易风险防控，与青岛海关、济南海关风险防控局强化濒危物种进出口管理业务交流，推进濒危物种国际贸易风险防控协作，初步形成部门间防控协作机制。强化部门执法交流，举办苏浙沪皖鲁五省(市)公约执法协调成员单位经验交流会，共享执法工作经验。开展3月3日"世界野生动植物日"履约宣传活动。

部门间协作执法 协调皖鲁两省主管林业部门落实"濒办字〔2019〕7号"要求，对涉案情况及时督查，并上报调查报告。加强履约执法协调，会同上海专员办组织沪苏浙皖鲁五省(市)履约执法协调小组成员单位，在长三角地区联合开展严厉打击非法猎捕、经营利用和走私野生动物的"盘羊四号"专项行动，支持长三角区域一体化发展和第二届中国国际进口博览会举办，成效显著。两次派员协同安徽省林业局赴安徽霍山、芜湖、无为等地查处违法收购运输野生鸟类的案件。配合国家林草局动植物司对安徽省野生动植物保护工作及疫源疫病防控工作进行巡查，对安徽省候鸟保护、野生动物驯养繁育、非洲猪瘟及野生动物疫源疫病防控工作和安徽宿州马戏团老虎养殖存在的问题等进行了调查和探讨。对安徽亳州药材市场开展了巡查及保护宣传，进一步提高药材经销商依法依规买卖国家重点保护野生动植物药品的法治意识。查处山东济南早市贩卖鸟类情况，取缔济南英雄山早市的非法贩鸟市场。密切多部门间的协作执法工作，协同山东省自然资源厅（省林业局）对德州动物园大熊猫繁育、老虎驯兽表演等问题进行查处，责令德州动物园规范管理、依规驯养。协同山东省林业局对枣庄等地非法贩卖野生动物舆情进行调查。

【机关党建】

全面从严治党　印发《2019年全面从严治党工作要点》《关于加强党的政治建设的具体措施》《关于进一步加强和改进机关党的建设的实施意见》，切实将全面从严治党各项工作落到实处。成立了贯彻落实习近平总书记重要指示批示精神工作领导小组，调整充实了机关党建工作领导小组。严格落实意识形态工作责任，制定《合肥专员办党组意识形态工作责任制实施细则》。召开5次党组（扩大）专题会议研究全面从严治党制度执行专项整治工作，修订和完善全面从严治党相关制度70项并形成《制度汇编》。开展以"严规矩、强监督、转作风"为主要内容的形式主义、官僚主义集中整治专项行动，聚焦"四风"突出问题，持续推动中央八项规定精神、安徽省和国家林草局36条实施意见的贯彻落实。全面加强机关效能建设工作。制定《合肥专员办经常性纪律教育实施办法》《合肥专员办党风廉政建设十项纪律》，办党组书记与各处主要负责人签订2019年度落实全面从严治党责任承诺书，每位党员对照《十项纪律》签订2019年度廉政承诺书。

学习教育培训　全年共开展党组理论中心组学习12次；出台《干部职工教育管理办法》，安排不同层次干部参加国家林草局和安徽省组织的各类党建和业务知识培训，全年累计59人次1698学时；成立青年理论学习e家，定期组织学习和交流研讨；开展"依托青年理论学习e家，抓实青年思想政治教育，助推青年党员干部成长"系列活动，在国家林草局直属机关党委和中国绿色时报联合开展的"我的初心"主题征文活动中，共有5篇入选初评前30名的文章；参加绿色大讲堂、省直机关大讲堂等各类报告会、讲座，定期开展主题党日活动。围绕"不忘初心、牢记使命"主题教育开展丰富多彩的学习活动，有针对地开展调查研究，检视问题并整改落实。

党建考核评比　机关党总支通过安徽省直机关工委基层党组织标准化建设达标验收，并在全省2018年度机关党建考核中位居前列；在2018年度机关效能建设考核中获优秀等次，位列中央驻皖单位第六；党务信息工作获国家林草局好评。

【大事记】

2月19日　国家林草局党组成员、人事司司长谭光明一行送新任合肥专员办负责人李军就任，谭光明讲话，李军作任职表态发言。

3月3日　以"保护海洋物种，传承海洋文明"为主题的第六届"世界野生动植物日"宣传启动仪式在山东泉城海洋极地世界举行。活动由国家濒管办合肥办事处、山东海洋与渔业监督监察总队、齐河县政府主办，泉城海洋极地世界承办。国家濒管办及山东省部门间CITES执法协调小组成员单位相关人员出席启动仪式。

3月10日　合肥专员办向国家林草局和安徽、山东省委、省政府提交了2018年度森林资源监督报告。

3月14日　合肥专员办负责人李军带领相关处负责人赴山东省自然资源厅（省林业局）开展工作对接。山东省自然资源厅厅长、省林业局局长李琥，省自然资源厅副厅长、省林业局副局长马福义和相关处室负责人参加会议。

3月15日　合肥专员办负责人李军带队赴济南开展行政许可走访调研实践活动。

3月21日　专员李军带领相关处负责人赴安徽省林业局召开工作对接会。安徽省林业局局长牛向阳、副局长吴建国及相关处室负责人参加了会议。

3月22日　合肥专员办（濒管办）与青岛海关建立执法协作机制框架。

4月8日　合肥专员办与安徽省林业局召开2018年度森林督查问题整改和"绿卫2019"专项行动推进会。副专员潘虹主持会议。

5月9~10日　国家濒管办合肥、上海办事处在南京联合召开苏浙沪皖鲁五省（市）履约执法经验交流会。

5月16~18日　国家濒管办行政许可检查组对合肥办事处辖区青岛进出口2家企业进行了行政许可检查，并召开经营野生动物进出口企业座谈会。专员办党组书记、主任专员李军参加座谈会，濒管处、综合处有关负责人参加。

5月20~24日　合肥专员办组成林长制改革工作专题调研组，专员李军带队赴安徽省滁州市、池州市对林长制改革工作开展情况进行专题调研。同时，对2018年森林督查整改工作进行"回头看"及"绿卫2019"专项行动开展情况开展专题督查。

5月27日　合肥专员办与国家林草局华东调查规划设计院召开业务对接座谈会。专员李军、副专员潘虹，华东院院长于辉和院党委副书记、纪委书记刘强及相关业务处负责人参加会议。

5月30日至6月2日　国家林草局动植物司副司长刘德望带领督导组对安徽省野生动植物保护和疫源疫病监测防控工作进行督导。合肥专员办副专员潘虹等参加督导。

6月1~18日　根据国家林草局人事司《关于开展公务员职务与职级并行相关工作的通知》（人干函〔2019〕32号）部署、要求，完成非领导职务职级套转工作套转后首次职级晋升工作。

6月3日　2019年扬子鳄野外放归活动在安徽扬子鳄国家级自然保护区郎溪县高井庙野放区举行。活动由安徽省林业局主办、安徽扬子鳄国家级自然保护区管理局承办，安徽省副省长周喜安出席，专员李军和自然资源部南京督察局局长冯锐等现场指导放归活动。

6月6日 合肥专员办赴合肥市林业和园林局开展森林资源保护管理调研对接工作。办党组书记、专员李军，党组成员、副专员潘虹及综合处、监督处相关人员参加。

8月19~21日 合肥专员办在安徽省旌德县举办了皖鲁两省林业系统自然资源保护管理法律法规培训班。安徽、山东两省各级林业主管部门及部分自然保护区管理单位负责人等参加培训。办党组书记、专员李军，党组成员、副专员潘虹以及监督处有关同志参加了培训班。

9月10日 举办松材线虫病防治专项培训，提升森林资源监督水平，拓展森林资源管理业务知识宽度与广度。专员办党组书记、专员李军和全办森林资源监督工作人员参加培训。

9月19日 按照《国家林业和草原局关于开展2019年森林督查暨森林资源管理"一张图"年度更新工作的通知》要求，专员办党组书记、专员李军等会同国家林草局林产工业规划设计院召开山东省2019年森林督查暨县级人民政府保护发展森林资源目标责任制检查启动部署会议。国家林草局林业工业规划设计院党委书记、院长周岩，山东省自然资源厅厅长（省林业局局长）李琥、副厅长王太明以及相关处室负责人参加了启动会。

9月20日 专员办党组书记、专员李军等会同国家林草局林产工业规划设计院就山东省2019年森林督查、2019年"绿卫"专项行动、2018年森林督查回头看整改情况与山东省自然资源厅（省林业局）召开座谈会议。

9月27日 山东省自然资源厅（省林业局）召开全省林长制工作现场推进会。专员办党组书记、专员李军和有关处负责人出席了现场会并讲话。

10月19日 专员办党组书记、专员李军应邀参加了由国家林草局与安徽省政府共同主办的2019中国·合肥苗木花卉交易大会。

10月19日 国家林草局党组成员、副局长李树铭到合肥专员办调研指导工作。党组书记、专员李军代表办党组作主题汇报。森林资源管理司司长徐济德、副司长丁晓华，党组成员、副专员潘虹和相关同志参加调研座谈。

10月30日 局人事司副司长王浩一行送合肥专员办新任党组成员、副专员张旗到任并宣布任职文件。同时，对合肥专员办处级干部选拔工作进行民主推荐和考察。

11月27~29日 合肥专员办（濒管办）在山东济南举办了皖鲁两省野生动植物进出口业务培训班。办党组书记、专员（主任）李军出席开班仪式。邀请山东省自然资源厅（省林业局），农业农村厅负责水生、陆生野生动植物进出口的人员分别讲解了各自领域内申办野生动植物进出口方面的业务知识。

12月5日 合肥专员办会同山东省自然资源厅（省林业局）共同听取山东省2019年森林督查暨保护发展森林资源目标责任制检查被检查县相关问题整改情况汇报。

12月10日 合肥海关风险防控局、芜湖海关到合肥专员办召开工作对接座谈会，并就下一步加强双方履约执法与宣传等工作达成初步加强合作意见。办党组成员、副专员张旗和相关处负责人参加了会议。

（合肥专员办由夏倩供稿）

乌鲁木齐专员办（濒管办）工作

【**综　述**】 2019年，乌鲁木齐专员办大力加强党的建设，深入贯彻党中央治疆方略，牢记国家林业和草原局派出机关职责使命，全面开展对新疆森林、草原、湿地、荒漠、野生动植物资源和自然保护地的监督，强化濒危物种进出口管理工作，健全工作机制，努力提高监督工作能力水平，较好地完成了各项工作任务。

【**全面从严治党**】 始终把党的政治建设放在首位，深入开展"不忘初心、牢记使命"主题教育，推进党支部标准化规范化建设，坚持每周开展集中学习，扎实抓好"两学一做"学习教育常态化制度化工作，组织开展全面从严治党制度执行情况专项整治工作，严格执行重大问题请示报告制度、外出请假制度，全面落实党风廉政建设"两个责任"，制定监督检查工作纪律，开展形式多样的警示教育，初步形成风清气正、积极向上的政治生态。

【**参与维护新疆社会稳定和长治久安工作**】 认真落实中央治疆方略，按照新疆维吾尔自治区党委统一部署，下派干部到南疆驻村，开展维护稳定、去极端化、脱贫攻坚工作。严格落实24小时维稳值班制度。全办干部与不同民族困难群众结对认亲，与亲戚同吃同住同学习同劳动，宣传党的方针政策，帮助解决实际困难。全年开展12次民族团结联谊活动。

【**督查督办林草案件**】 按照局党组部署，转变工作思路，加大监督力度，抓住带有倾向性的重大问题，坚持原则，敢于碰硬，一查到底，一些重大破坏森林资源的案件得到依法查处。对2018年森林督查发现的962起案件进行督办，并梳理出251个重点案件直接督办，建立案件督办和整改台账，挂图作战，年终销号率达到96%，行政处罚120人（单位），刑事处罚3人，追责处理42人，罚款1282万元，收回林地57.53公顷。年重点案件督办数超过前10年的总和。

【**约谈和打击弄虚作假**】 先后约谈乌鲁木齐市政府、塔城地区行署、博尔塔拉蒙古自治州人民政府、中石油塔里木分公司等53批次县团级以上领导干部，督促案件查处和责任追究，有力地促进了问题整改。严厉打击森林资源执法中的弄虚作假问题，使新疆森林督查"零报告"单位由2018年的49个减少为零，自查复核一致率在全国领先。

【林草资源监督机制】 建立内控小组，对督查检查、案件督办等重点工作进行集体决策。与国家林草局西北院签订协议，建立林草资源监督监测办合作机制。在与新疆维吾尔自治区检察机关、有关新闻媒体建立合作机制的基础上，初步与自治区纪委监委和审计部门建立工作联系，为开展涉林草违法违纪干部问责追责打下基础，并在全疆稳步推进森林资源监督管理网格化工作。购置相关设备，建立卫星遥感判读室，加强无人机、地理信息系统、卫星遥感技术、卫星定位系统在林草资源、自然保护地监督和案件督办中的应用，提高监督工作效率。

【森林督查及检查】 按照国家林草局统一部署，稳步推进，按时完成森林督查、征占用林地行政许可检查、保护发展森林资源目标责任制检查工作；对新疆22个国家湿地公园试点建设情况进行了督查；赴西藏、甘肃开展省级政府"十三五"期间防沙治沙目标责任制中期督查工作；开展新疆国家级自然保护区土地利用状况变化情况核查工作，对阿尔金山等8个国家级自然保护区144个卫片判读疑似图斑进行实地核查，对65个违法违规问题进行督办，其中23个问题已整改完毕；对哈纳斯国家级自然保护区在"绿剑行动"中发现的违规问题的整改结果进行了验收；打破处室边框，整合检查事项，防止一地重复检查，切实减轻基层负担。

【违建清理专项行动】 汲取中央通报秦岭违建别墅问题教训，推动新疆国有林区违建清理工作，就2018年森林督查中发现的国有林区违建问题向新疆维吾尔自治区政府提交了《关于天山北麓林区内违章建筑情况的报告》。自治区党委、政府主要领导高度重视并部署有关工作，印发通知决定在全疆主要林区开展违章建筑调查清理工作，要求各地政府切实负起主体责任，于2019年底前完成排查工作，自治区纪监委对工作中的渎职失职问题进行了追查问责。共排查违建11 938个，拆除6587个。实地检查习近平总书记批示过的卡山自然保护区整改情况，对久拖未决的广汇新能源公司在保护区内的130.8公顷生产生活设施启动整改。

【野生动植物保护】 开展滥捕乱猎、非法经营利用野生候鸟及非洲猪瘟监测专项检查。组织开展"世界野生动植物日"和"爱鸟周"科普宣传活动。对于灰鹤等迁徙候鸟误撞高压线致死事件，第一时间赶赴现场，协调相关单位解决问题。进一步简化行政许可证书办理程序，提供便捷服务，共核发物种证明113份，登记备案企业5家。赴内蒙古开展区域间行政许可随机抽查交叉检查。

【举办新疆森林草原资源监督培训班】 为提升机构改革后各地林草主管部门履职能力，组织新疆维吾尔自治区、兵团地师级林草主管部门负责人48人，就新疆林草资源监督工作形势、森林督查工作暨林地一张图变更、天山及阿尔泰山违建清理政策、林草资源管理和审批、案件督办等内容进行了培训，专员办主要领导对加强全疆林草资源监管工作提出具体要求。

【大事记】

1月25日 国家林草局人事司宣布郑重任国家林业和草原局驻乌鲁木齐森林资源监督专员办事处（中华人民共和国濒危物种进出口管理办公室乌鲁木齐办事处）党组副书记、副专员、副主任，主持工作。刘斌任党组成员、副专员、副主任。肖新艳任党组成员、副巡视员。

1月31日 分别向新疆维吾尔自治区和新疆生产建设兵团下发2018年森林督查案件督办通知。

3月2日 联合新疆维吾尔自治区林草局、新疆野生动植物保护协会开展第六个"世界野生动植物日"宣传活动。

3月25～28日 党组成员、副巡视员肖新艳与昌吉回族自治州调研组赴安徽省安庆市考察林长制建设工作。

4月2～5日 党组副书记、副专员郑重一行赴伊犁哈萨克自治州对天山西部国有林区违建清理以及2018年森林督查、自然保护地检查问题整改等工作开展检查。

4月14～16日 党组成员、副专员刘斌一行赴巴音郭楞蒙古自治州、阿克苏地区，对2018年森林督查中发现的重点案件进行现地督办。

4月28日 与国家林草局西北院主要领导召开工作会议，就进一步加强沟通协作，发挥保护林草资源"一体两翼"作用，共同落实好国家林草局党组决策部署进行了座谈。

4月28日 对于灰鹤等迁徙候鸟误撞高压线致死事件，会同新疆维吾尔自治区林业和草原局第一时间赶赴现场，协调相关单位解决问题。

4月30日 召开内控小组会议，研究年度重点督办案件进展情况，讨论健全案件督办内控机制。

5月5日 与新疆维吾尔自治区林草局、新疆野生动植物保护协会在乌鲁木齐柴窝堡湖国家湿地公园联合举办"爱鸟周"宣传活动。

5月7日 党组副书记、副专员郑重参加新疆维吾尔自治区"绿卫2019"森林草原执法专项行动视频会议。

5月13日 党组副书记、副专员郑重对新疆美克国际家居用品股份有限公司桃花蕊木进口情况进行调研。

5月14～18日 会同新疆维吾尔自治区林草局对伊犁哈萨克自治州非洲猪瘟监测防控情况进行检查。

5月21～25日 党组副书记、副专员郑重带队赴内蒙古自治区开展野生动植物保护类和进出口行政许可随机抽查检查工作。

7月3～5日 在伊宁市举办2019年新疆森林草原资源监督培训班，对新疆各地（市、州）、兵团各师林草部门主要领导和业务骨干进行培训。

7月16日 赴阿勒泰地区福海县、阿尔泰市等地进行林草机构改革情况调研。

7月23日至9月21日 对9个征占用林地行政许可被许可人开展2019年度行政许可检查。

8月20日 召开专家学者座谈会,听取本地区相关专家学者对调整《国家重点保护陆生野生动物名录》的意见建议。

8月27日 党组成员、副专员刘斌带队赴兵团第八师对121团森林督查中存在问题的查处情况进行现地督办。

8月30~31日 党组成员、副专员刘斌带队赴新疆哈纳斯国家级自然保护区对"绿剑行动"中发现的违法违规问题的整改情况进行验收。

9月18日至11月20日 完成2019年度新疆国家湿地公园试点建设推进情况和违反《国家湿地公园管理办法》行为的督查工作。

9月25日 约谈乌鲁木齐市人民政府相关负责人,听取乌鲁木齐市关于破坏森林资源问题特别是米东区新疆丝绸之路欢乐大世界项目违法占用林地案的查处整改情况汇报,分析问题产生的原因,提出进一步整改的具体要求。

10月8~27日 党组副书记、副专员郑重带队赴西藏、甘肃开展"十三五"防沙治沙目标责任中期督促检查工作。

10月27~28日 赴昌吉回族自治州木垒县对森林督查发现问题的查处及整改情况进行现地督办。

11月13~15日 党组成员、副专员刘斌带队赴阿克苏地区对森林督查发现问题的查处及整改情况进行现地督办。

11月13~15日 党组成员、二级巡视员肖新艳带队赴昌吉回族自治州木垒县、吉木萨尔县和呼图壁县开展县级政府保护发展森林资源目标责任制检查。

11月26~27日 党组成员、副专员刘斌带队赴克孜勒苏柯尔克孜自治州对森林督查发现问题的查处及整改情况进行现地督办。

12月2日 监督处二级调研员张飞被国家林业和草原局授予森林资源监督先进工作者荣誉称号。

12月9~12日 赴新疆维吾尔自治区和兵团相关地(市、州、师)对2019年度森林督查部分疑似大图斑进行现地核实。

(乌鲁木齐专员办由连永军供稿)

上海专员办(濒管办)工作

【综 述】 2019年,上海专员办深入学习贯彻习近平新时代中国特色社会主义思想和党的十九届二中、三中、四中全会精神,以政治建设为统领,全面贯彻落实局党组的各项决策部署,依法履职、勇于担当,创新探索、奋发有为,团结带领全办同志圆满完成了全年目标任务。

【机关党的建设】

推进政治建设 坚持党的政治领导,把准机关党建政治方向,坚定机关党员政治信仰,增强"四个意识",坚定"四个自信",做到"两个维护"。进一步夯实办党组的"两个责任",强化对意识形态工作的领导。坚决贯彻落实国家林草局党组交给的各项任务,确保令行禁止、政令畅通。

强化理论武装 深入开展"不忘初心、牢记使命"主题教育。瞻仰中共一大、二大会址和南湖"红船"等,坚定理想信念,锤炼党性原则。组织党组中心组理论学习8次,党员大会学习19次,党员干部参加党性教育、政治理论学习班25人次,党组成员到所在支部上党课14次。

夯实基层基础 加强组织建设,完成党总支委员届中调整、增补工作,成立退休干部领导小组,完成工会换届选举工作。坚持新时代好干部标准,鼓励党员干部担当作为、岗位建功。完善党组、总支、支部工作规则,严格执行"三会一课"等基本制度,按时足额收缴党费。

严格正风肃纪 开展警示教育和经常性纪律教育,瞻仰上海龙华烈士陵园,通报典型违纪案件,办领导上党性党纪专题党课。开展形式主义、官僚主义问题集中整治、全面从严治党制度执行专项整治、主题教育和巡视反馈"回头看"等工作。办党组和各处签订落实全面从严治党责任书。

【森林资源监督管理】

督查督办涉林违规违法案件 全年共督查督办案件96起,其中,刑事案件1起,行政案件95起。涉案林地27.43公顷、涉案林木蓄积量129.23立方米。追究刑事责任1人,行政处罚73人,行政罚款3819.85万元。

森林督查和目标责任制考核 完成江苏、浙江10个县(市、区)森林督查和目标责任制检查工作,对武进区、瑞安市开展全覆盖检查。开展2018年森林督查发现问题整改情况"回头看"工作督查。向沪苏浙三省(市)人民政府提交2018年度森林资源监督报告。

相关督查检查 对沪苏浙5家国家湿地公园建设管理情况开展督查。完成9个建设项目使用林地行政许可检查。开展了"绿卫2019"执法专项行动、清理整治违建别墅、松材线虫病疫木执法专项行动情况检查。强化对破坏野生动植物案件的督查督办工作,对浙江衢州、江苏泗洪分别下达整改通知。

创新森林资源监督机制 继续开展义务监督员提质扩面和森林资源监督网格化管理工作。修订《上海专员办森林资源监督约谈暂行办法》。向国家林草局提交调研报告3篇,其中两篇调研报告分别获得二等奖和优秀奖。与国家林草局华东院签署合作框架协议。

【濒危物种进出口管理】

服务保障第二届进博会 圆满完成第二届进博会服

务保障工作，进博会城市保障领导小组、进博局和国家会展中心给上海专员办发来感谢信，上海市总工会授予上海专员办濒管处"第二届中国国际进口博览会立功竞赛活动先进集体"荣誉称号。

行政许可监管 全年发放允许进出口证明书18 390份、物种证明5890份，办证量居各专员办之首。启用野生动植物进出口证书2.0申报系统。完成行政许可监督检查工作和2018年度证书档案归档工作。与广州、云南、乌鲁木齐濒管办开展工作交流。

履约执法 会同合肥专员办举办"沪苏浙皖鲁五省（市）履约执法经验交流会"，组织开展"盘羊四号行动"，共破获野生动植物案件1548起，打掉犯罪团伙34个，处理违法犯罪人员547名。协调沪苏浙文物、市场监管和邮政部门，强化监管。协助相关鉴定平台完成涉案物种鉴定279批次。

履约宣传培训 开展世界野生动植物日、野生动物保护月、爱鸟周宣传活动。在上海自然博物馆建成开放"履行国际公约、保护濒危物种"永久性展区。联手上海海关开展"拒绝购买象牙制品"专题宣传活动。举办并参与履约执法培训班十多次。继续开展"濒危物种宣传进校园、进社区"主题活动。

【大事记】

1月上旬 对接沪苏浙三省（市）文物、市场监管和邮政等主管部门，商议加强野生动植物及其制品管控工作。

1月18日 向国家林草局和江苏省、浙江省、上海市人民政府提交2018年度森林资源监督报告。

2月18日 国家林草局党组成员、人事司司长谭光明到沪，宣布国家林草局党组任免决定：苏宗海任专员办党组书记、专员（主任）；李军调任合肥专员办党组成员、副专员（副主任），主持工作。

2月26日 在上海举办沪苏浙三省（市）纪念"世界野生动植物日"培训研讨会。

3月5日 上海绿容局（林业局）到专员办对接工作。

4月8～12日 赴浙江宁海、缙云开展工作调研，对2018年森林督查发现问题整改情况进行"回头看"。

3月20日 国家林草局李树铭副局长到上海专员办看望全体干部职工，并听取工作汇报。

3月21日 上海自然博物馆建成开放"履行国际公约、保护濒危物种"永久性展区。国家林草局副局长李树铭为展览揭幕。

4月10日 联合浙江省林业局在浙江舟山开展2019年野生动物保护和"爱鸟周"活动。

4月8～12日 赴江苏省徐州市铜山区、连云港市连云区开展2018年森林督查回头看和江苏省林业工作调研。

4月15～18日 赴浙江泰顺、仙居开展工作调研，对2018年森林督查发现问题整改情况进行"回头看"。

4月18～21日 赴江苏金坛、高淳开展2018年森林督查"回头看"和江苏省林业工作调研。

4月22～26日 赴江苏江宁、姜堰、大丰开展野生动物保护执法及疫源疫病防控工作检查。

4月23～24日 赴上海自贸区（外高桥）开展上海自贸区企业服务专题调研。

5月9～10日 联合合肥办事处在江苏南京举办"苏浙沪皖鲁五省（市）履约执法经验交流会"。

5月13～16日 赴江苏省宜兴、丹徒、吴中开展"苏南地区国土三调后林地面积变化及管理对策分析"调研。

5月中下旬 赴浙江省青田、诸暨、开化调研涉林垦造耕地清查整改工作。

5月27～30日 协助国家林草局第四督导组，对上海市、浙江省2019年春季野生动植物保护和疫源疫病监测防控工作进行现场督导检查。

6月17日 与国家林草局华东院签订办院合作协议。

6月27～28日 在江苏南京举办野生动植物执法培训班。

6月28日 在江苏南京召开苏浙沪野生动植物资源监督工作研讨会。

7月8日 在上海召开进出口企业代表座谈会。

7月9～12日 赴浙江省德清、常山、衢江开展2019年度建设项目使用林地及在国家级自然保护区建设行政许可检查工作。

7月7～9日 赴江苏省张家港、兴化开展建设项目使用林地行政许可检查。

7月22日 国家林草局人事司王浩副司长到沪，宣布国家林草局党组任免决定：万自明、高尚仁任上海专员办党组成员、副专员（副主任）。

8月8～9日 在浙江省宁波市举办2019年沪苏浙三省（市）义务森林资源监督员培训班暨地市林业局长座谈会。

9月中旬至10月底 赴浙江省瑞安、婺城、龙游、松阳、嵊州，江苏省武进、沭阳、赣榆、连云港、贾汪、吴江开展森林督查、绿卫检查、目标责任制检查、2018督查"回头看"等工作。

10月14日 在上海举办第二届中国国际进口博览会物流企业专题培训班。

10月15日至11月15日 组织开展代号为"盘羊四号行动"的严厉打击非法猎捕、经营利用和走私野生动植物的专项行动。

10月29～31日 赴江苏省淮安市白马湖国家湿地公园、扬州市宝应湖国家湿地公园，浙江省绍兴鉴湖国家湿地公园、德清县下渚湖国家湿地公园开展专项检查及野生动物保护执法工作检查。

11月5～10日 进驻第二届国际进口博览会展馆，开展场馆巡查工作。

11月22日 赴上海宝山炮台湾国家湿地公园开展专项监督检查。

11月29日 在浙江衢州举办2019年沪苏浙野生动植物进出口企业培训班。

12月4日 濒管处被上海市总工会授予"第二届中国国际进口博览会立功竞赛活动先进集体"荣誉称号。

12月3～5日 赴上海市林业局、浦东新区、崇明区、金山区开展林业工作调研及案件督办工作。

12月26～27日 在江苏镇江召开2019年沪苏浙森林资源监督管理联席会议。

（上海专员办由沈影峰供稿）

北京专员办（濒管办）工作

【综　述】　2019年，北京专员办（濒管办北京办事处）全力贯彻落实中央及国家林业和草原局党组的各项决策部署，认真学习贯彻习近平生态文明思想，入脑、入心、入行开展"不忘初心、牢记使命"主题教育，履行职责，担当作为，发挥监督作用，查处破坏森林资源的违法行为，依法行政许可，全面完成2019年各项工作任务，推动监督区林业和草原事业健康发展。

【加强机关党建】　一是结合实际开展学习讨论，创新学习教育载体，提交4篇调查研究报告；检视问题，剖析反思；立行立改、突出重点整改，完成13个问题的整改落实。开好专题民主生活会，召开全办主题教育测评会，听取党员干部的评价，主题教育五个具体目标基本实现。二是办党组以党建工作统领业务工作，党组书记把抓好党建作为第一责任，把党建主业压在肩上，组织制订《2019年落实党建主体责任推进全面从严治党工作方案》，明确任务，细化清单。按照《基层党组织工作条例》，完成新一届办党总支委、办工会换届选举，接收一名同志为中共预备党员。三是开展"三会一课"，组织集体学习32次，办领导讲党课7次，组织纪念建党98周年"感悟初心，重温入党申请书"活动，办领导带头宣读本人入党申请书。坚持"三个同步"工作法，开展党建在基层活动。四是办党组落实主体责任和监督责任，推动全面从严治党向纵深发展，开展意识形态工作自查。

【强化监督作用】　一是根据2018年森林督查、案件督办查办、县级人民政府保护发展森林资源目标责任制建立和执行情况的检查情况，向北京市、天津市、河北省和山西省人民政府通报2018年森林资源保护管理情况，指出存在的问题，提出针对性监督建议。二是结合监督区林业和草原机构改革情况，积极与监督区市、县政府沟通交流，指出要将林业和草原工作摆在政府工作重要位置。针对天津市机构改革不单设市级林草管理机构，与天津市规划和自然资源局主要负责人座谈，建议将林业工作摆在全局的重要位置，健全完善森林资源管理工作机制，统筹推进天津林业的健康发展。三是针对山东省盗挖大树问题，向国家林草局资源司呈报《关于加大对山东省油松大树非法买卖打击力度的建议》。四是与四省（市）林草主管部门召开联席会议，查摆监督区森林、草原、湿地、荒漠、动植物、自然保护地存在的突出问题，研究提出解决对策和方案；进一步加强与纪委监委联系机制，四省（市）纪委监委派员出席监督工作联席会议。五是落实"绿卫2019"专项行动，制订《北京专员办"绿卫2019"森林草原执法专项行动实施方案》，实行办领导联系省（市）工作措施，办领导分赴四省（市）做动员、提要求、促落实，推动专项行动扎实有效开展。六是全力督查督办破坏森林资源案件。实行办内督办案件网格化管理，做到案件督办全员参与，责任到人。6次约谈有关市县政府负责人，专员苏祖云带队约谈山西省长治、临汾、吕梁3市政府负责人，约谈河北省广阳区、迁安市，山西省山阴、灵石、襄垣县负责人，有力地推动案件督办跟踪问效。七是开展森林督查"回头看"。按照年度计划，制订督查回头看专项工作方案，对山西省山阴县开展森林督查"回头看"，指出该县非法侵占林地问题突出、涉林刑事案件执法不力、森林督查自查工作不实、政府对保护发展森林资源目标责任制整改不力问题。对该县11件破坏森林资源案件进行严格督办，依法查处，34名党政干部被问责。八是坚持监督与服务并重。举办监督区地市和重点县林业局长培训班；与四省（市）林草主管部门共同编写《京津冀晋林地保护管理监督相关法规与规范性文件汇编》一书，收集涉及林地管理法规文件126份，印发给基层林草主管部门，提升基层林业各级干部依法行政，用法治思维保护管理森林资源的能力。

【森林资源监督】　2019年，北京专员办对北京市、天津市、河北省和山西省所属的10个县（市、区）开展保护发展森林资源目标责任制检查和森林督查；对11个建设项目使用林地行政许可情况进行检查；对5个国家级湿地公园开展检查；对四省（市）的候鸟等野生动物保护开展督导；同时，加大暗访工作力度，对四省（市）所属的15个国家级自然保护区内96个遥感影像疑似变化点位逐一进行现地核查。2019年，共督查督办案件70件，办结30件，立刑事案件10件，行政案件20件；涉案林地166.47公顷，收回林地128.27公顷；监督问责58名党员领导干部。

【濒危物种进出口管理】　截至2019年12月25日，核发进出口证明书2065份，贸易额52.0亿元，其中公约证书及非公约证书1522份，贸易额28.7亿元；物种证明543份，贸易额23.3亿元。出具《不予受理行政许可申请通知书》84份。

【野生动物保护专项督导检查】　一是对河北省秦皇岛市和唐山市的昌黎县农副产品批发市场、卢龙双望镇上应各庄村、滦州市茨榆坨镇彭塔村、开平区凤凰花卉市场、碣石山市场等地方的候鸟等野生动物保护工作进行实地专项督导检查，并对2018年河北省候鸟等野生动物保护工作专项检查中发现问题的整改落实情况进行"回头看"督导检查。二是按照国家林草局关于开展秋季候鸟保护工作的有关安排部署，制订督导实施方案，向监督区林草主管部门印发《关于开展秋季候鸟保护监督检查工作通知》，督促相关部门开展自查，做好候鸟迁徙保护工作。三是落实国家林草局候鸟保护专题会议精神，分别对天津市、河北省秦皇岛市的山海关区石河南岛、北戴河区湿地公园、鸽子窝和唐山市的乐亭、曹妃甸保护区等候鸟迁徙重点区域进行督导检查。四是联合北京市园林绿化局等多家相关部门开展以"保护城市物种，传承生态文明"为主题的世界动物日和第三十七届爱鸟周"关注候鸟迁徙，维护生命共同体"宣传活动。五是参加国家林草局保护司第五督导组赴四省（市），从压实野生动植物保护监督管理责任、强化野生动植物源头保护、阻断野生动植物非法贸易链条、推进敏感热点物种保护管理、加强疫源疫病监测防控和提升宣传教育工作成效等方面开展专项督导检查。

【荒漠资源督查】 按照国家林草局统一部署，北京专员办会同生态环境部、农业农村部有关人员组成工作组，开展对吉林、青海两省"十三五"期间防沙治沙目标责任制考核中期的督促检查。

【大事记】

1月24日 派出3个核查组赴河北省开展涉自然保护区土地利用状况变化情况核查工作。

2月13日 副专员钱能志带队赴河北省林草局座谈2018年河北省监督通报内容，研究河北省重大破坏森林资源案件查处工作。

2月24日 专员苏祖云赴河北省唐山市海港经济开发区考察造林绿化工作。

2月27日 副专员闫春丽带队赴北京市野生动物救护繁育中心进行野生动物保护工作调研。

2月27日 专员苏祖云主持召开与山西省林业和草原局工作座谈会，副专员钱能志、副巡视员戴晟懋及有关处负责人参加。

3月1日 国家林草局科技司主持召开项目验收会，北京专员办承担的《露天煤矿开采后生态修复途径与措施》项目通过专家组验收。

3月3日 与北京野生动物保护协会联合相关单位，开展以"保护城市物种，传承生态文明"为主题的野生动物保护宣传活动。

3月6~8日 副专员钱能志带队，赴河北省石家庄市鹿泉区和保定市满城、顺平、徐水、涞水等县（区），现场督办媒体报道的违法违规破坏森林资源案件。

3月13日 专员苏祖云主持召开办务会，研究部署"绿卫2019"森林草原专项执法行动。

4月2日 副专员钱能志出席河北省"绿卫2019"打击破坏森林草原执法专项行动视频会议并讲话。

4月8日 专员苏祖云出席"绿卫2019"天津市森林和自然保护地执法专项行动动员部署会并讲话。与天津市规划和自然资源局召开工作对接会，办有关处室人员，天津市规划和自然资源局局长陈勇、分管副局长及局相关处室负责人参加。

4月10日 与北京、天津、河北、山西四省（市）林业和草原主管部门召开监督区第七次联席会。四省（市）纪委监委应邀派员出席会议，四省（市）林业和草原主管部门分管领导、处室负责人，北京专员办领导班子及各处负责人参加会议。

4月12日 专员苏祖云赴北京海关缉私局就有关工作进行交流座谈。副专员闫春丽、北京办事处、缉私局相关处室同志参加。

4月15日 《责任就是方向》一书完成印制，全面总结回顾北京专员办自2013年正式组建后5年的工作。

4月17日 专员苏祖云主持约谈河北省廊坊市政府、广阳区政府负责人，要求对涉嫌滥伐林木责任人追究刑事责任，依据《党政领导干部生态环境损害责任追究办法（试行）》追究相关领导责任。

4月22日 派出工作组赴山西襄垣县、吉县和应县现地督办破坏森林资源案件。

4月15~17日 副专员闫春丽带队赴河北省秦皇岛市和唐山市，督查2019年候鸟迁徙保护工作。同时，对2018年野生动物保护工作专项检查中发现问题的整改落实情况进行"回头看"。

5月9日 专员苏祖云主持召开"绿卫2019"打击破坏森林草原执法专项行动推进会，听取监督区四省（市）林业主管部门专项行动进展情况的汇报。

5月21~24日 专员苏祖云陪同福州专员办专员王剑波一行赴河北省开展濒危进出口企业行政许可检查。

5月21~31日 办检查组赴山西省开展2019年度建设项目使用林地行政许可随机抽查工作，完成4个国家林业和草原局审核项目使用林地、林木采伐和植被恢复等情况的监督检查工作。

6月25日 对北京市2019年度建设项目使用林地行政许可开展随机抽查工作。

7月3日 专员苏祖云出席河北省森林督查调度会并讲话。

7月12~19日 副专员钱能志带队赴河北省张家口市、怀来县，北京市延庆区，调研国家重点项目占用林地管理情况。

7月25日 副专员钱能志主持会议，听取北京、天津、河北和山西四省（市）2018年森林督查全覆盖问题整改情况汇报。

7月29日至8月1日 专员苏祖云带队赴河北省沽源县、丰宁县调研草原资源管理工作。

8月28日 专员苏祖云陪同国家林草局副局长李树铭到北京市昌平区检查2018年森林督查全覆盖问题整改情况。

9月9~16日 派员对山西省襄垣县、吉县、应县信访案件进行现地督查。

9月17~19日 举办监督区市、县林业和草原局局长培训班，50名市、县林业和草原局局长参加培训。

9月18~30日 副专员闫春丽带队到山西省灵石县开展森林督查和目标责任制检查；对山西省孝义孝河国家湿地公园建设管理情况进行监督检查；对山西洪洞县信访案件进行实地督导检查。

9月19~26日 副巡视员戴晟懋带队赴山西省太原市晋源区开展2019年森林督查和县级人民政府保护发展森林资源目标责任制检查工作。

10月11日 召开2019年河北省森林督查启动会。专员苏祖云、副专员钱能志出席会议，检查组成员、河北省林草局相关处室负责人，5个受检县政府分管领导及所在市林草主管部门负责人参加。

10月12~28日 组成三个检查组开展对河北省迁安、宽城、武邑、吴桥、邢台县2019年森林督查和保护发展森林资源目标责任制检查工作。对天津市宝坻潮白河、河北省衡水湖、内丘鹊山湖、香河潮白河大运河和山西省孝义孝河、桑干河6个国家级湿地公园进行检查。

10月28日 在天津市北辰区政府召开2019年森林督查反馈会，通报对北辰区政府2019年森林资源保护发展目标责任制建立和执行情况暨森林资源保护管理情况的检查结果。

11月12~15日 与河北省林业和草原局组成联合督导组对秦皇岛、唐山两市候鸟等野生动物保护和管理情况进行督导检查。

11月27日 专员苏祖云主持会议，听取山西省灵石县县长郭建雄一行汇报灵石县森林督查发现问题整改进展情况。副专员钱能志、闫春丽参加。

12月13日 经修订后正式颁布北京专员办《工作制度汇编》。共制定涵盖党建、廉政、业务、保密安全、学习、会议培训、财务资产管理等33项制度。

（北京专员办由于伯康供稿）

林草社会团体

29

中国林学会

【综 述】 2019年,中国林学会召开第十二次全国会员代表大会,完成理事会换届改选。学会对全国自然教育深入调研,并将调研报告通过国家林草局办公室报送中央办公厅,受到党中央的高度重视。学会荣获国家林业和草原局"林业信息化全面推进十周年先进单位";科普工作连续8年获得中国科协表彰,被授予"中国科技志愿服务百家学会"荣誉称号;学术部获第四届"中国林业产业突出贡献奖";副理事长兼秘书长陈幸良获世界自然保护联盟"宣传教育委员会杰出奖"。

学会建设

理事会换届 2019年,中国林学会召开第十二次全国会员代表大会,完成换届改选。大会选举赵树丛继续担任第十二届理事会理事长,国家林业和草原局党组成员谭光明等12人为副理事长,选举常务理事58人、理事166人。选举北京林业大学原党委书记吴斌为监事会监事长,选举出监事5人。

分子机构管理 新成立自然保护地与生物多样性、家具与集成家居、国家公园等4个分会,注销林业区划分会和林业情报专业委员会,森林防火分会更名为森林与草原防火专业委员会,完成林木遗传育种分会等7个分会改选换届工作。

服务站建设 进一步强化吉林、山西、四川、大兴安岭等服务站建设,新建中国林学会大连、怀化、岳阳服务站,召开大兴安岭服务站建设座谈会,完成宁波服务站换届改选工作。

推进乡土专家计划 按照国家林草局办公室印发《关于开展林草乡土专家遴选工作的通知》(办科字〔2019〕76号),决定由局科技司会同中国林学会负责组织遴选,全年共遴选出100位林草乡土专家。

团体标准建设 开展社团标准制修订工作,公布《栎果陈醋》等十余项团体标准。

开展科技成果评价 按照科技成果评价管理办法(试行),全年共组织召开"东北天然次生林生态系统经营技术"等50余次科技成果评价,评价工作受到好评。

参与精准扶贫 加强对接科技服务,助力地方精准扶贫。与广西龙胜、江西于都等签署科技服务精准扶贫战略协议,承担中国科协山西吕梁扶贫专项——枣树高接换优与林下经营一体化发展模式试验示范,为地方脱贫攻坚提供科学方案。

党建强会 开展"不忘初心、牢记使命"主题教育。主题教育期间,开展10次集中学习研讨,领导干部带头讲党课,并组织开展自然教育、粤港澳大湾区生态环境保护、精准扶贫等专题调研。

深入学习贯彻习近平新时代中国特色社会主义思想和党的十九大精神,全年组织开展各类理论和实践学习20余次。学习贯彻习近平总书记在纪念五四运动100周年大会上重要讲话精神,组织参观"伟大的变革——庆祝改革开放40周年大型展览"。

全年召开秘书长办公会15次、秘书处办公会9次、全体职工大会6次。召开迎新暨青年干部成长成才座谈会。组织职工春游、秋游、健步走等文体活动,组织职工参加局运动会及局工会各类比赛,活跃职工业余文化生活。做好妇女职工"送温暖"工作及帮扶工作。组织召开离退休职工座谈会,利用节假日期间,走访慰问离退休职工。

国内主要学术会议 2019年,学会及各分会共举办综合性和专题性国内学术交流百余次,参会人员2万余人次,交流报告8000余篇,交流论文1万余篇。

3月19日,学会在浙江农林大学举办第四届青托工程签约启动仪式暨青托人才培养座谈会。颁发第三届(2017~2019年度)青年人才托举工程入选证书,签约启动第四届(2018~2020年度)青年人才托举工程,完成第五届(2019~2021年度)青年人才托举工程推荐上报工作,听取第二届(2016~2018年度)、第三届青托对象汇报项目实施情况,并就如何选拔、培养、评价托举对象及自筹项目进行讨论。

3月26日,学会在浙江丽水举办林业生态产品价值实现机制学术研讨会暨青年工作座谈会,50余人参加会议。

5月19日,学会在国际竹藤中心召开城市森林与竹藤科学融合发展学术研讨会,100多人参加会议。会议主题为"城市森林、竹藤资源与美丽中国",国际竹藤组织董事会联合主席、国际竹藤中心主任江泽慧,中国林科院院长刘世荣等作主旨报告,学会秘书长陈幸良致辞。会议由国际竹藤中心常务副主任费本华主持。

5月29日,学会在北京召开自然与文化遗产分会成立大会暨学术研讨会,100余人参加会议。全国人大环资委副主任、中国工程院院士张守攻当选为分会主任委员,赵树丛理事长为分会授牌。

7月14~16日,学会在云南昆明召开古树名木保护学术研讨会,100余人参加会议。会议期间完成换届改选,选举产生中国林学会古树名木分会第二届委员会,胥辉当选为主任委员,陈龙清当选为副主任委员兼任秘书长。

7月27~29日,学会在黑龙江哈尔滨召开自然保护地与生物多样性分会成立大会暨首届学术研讨会,100余人参加会议。中国工程院院士马建章、中国科学院院士魏辅文等出席会议。张明海当选为主任委员,姜广顺任秘书长。

7月31日至8月1日,学会在黑龙江哈尔滨举办中国林学会林业科技期刊质量提升培训班,全国42家林业科技期刊主编、编辑部主任、责任编辑共80余人参加培训。

8月1~4日,学会在黑龙江哈尔滨召开中国林学会松树分会2019年学术研讨会。会议主题为"松树产业发展与高效培育",150余人参加会议。会议期间组织实地考察活动。

8月20~22日，学会在山西右玉召开风沙区生态修复与右玉精神学术研讨会，围绕风沙危害区生态修复理论与技术、右玉精神与生态文明建设、林业青年人才成长成才等相关问题展开研讨。

10月23~25日，学会在江西南昌召开第五届中国珍贵树种学术研讨会，250余人参加会议。会议主题是"发展珍贵树种，精准提升森林质量"，近20位专家学者在会上作报告。会后，与会代表到金溪进行实地考察。

11月19~20日，学会应邀分别在河南农业大学林学院与国家林业和草原局泡桐研究开发中心举办学术论文写作规范讲座，200余人参加讲座。这是《林业科学》第17、18次走进林业科研单位、高等院校。

12月6~8日，学会与中国中药协会等单位在江西南昌联合主办中药源头在行动——2019年中药农业、林下经济产业发展战略峰会暨优质药材产销对接洽谈会，700多人参会。大会期间，学会举办2019林源中药产业发展学术研讨会。研讨会主题是"新时代林源中药产业高质量发展"，全国20多个省份的林源中药种植、生产、研发及加工领域的170多名代表参会。

12月10日，学会在中南林业大学召开林业科技期刊分会换届会议暨林业科技期刊群中南林业科技大学读者见面会，70余人参加会议。会议期间完成换届改选，学会副秘书长刘合胜当选为主任委员，张君颖兼任秘书长。

12月11~13日，学会在江西赣州召开华东六省一市林学会学术交流暨全国家具产业发展学术研讨会，110余人参加会议。会议主题是"新长征 中国家具产业再出发"，会后与会专家实地考察了赣州家具产业。

国际学术会议与交往 7月17~27日，学会邀请奥地利维也纳自然资源和应用生命科学大学森林培育研究所林业专家 Eduard Hochbbichler 教授等到宁夏实地指导六盘山栎类经营实验示范样板基地建设。

9月22~26日，学会组织德国约翰尼斯科鲁兹林务局负责人、栎类经营专家 Burkhard Steckel 先生到辽宁省清原县栎类经营示范样板基地调研指导，并举办森林经营暨栎林更新技术培训班。

10月17~20日，学会邀请马来西亚科学院院士刘柏森先生等参加吉林省生态建设与森林公园发展论坛并作主旨报告。

11月5~7日，学会在山东日照召开2019栎类国际学术研讨会。会议主题为"栎树多样性及其现代应用"，德国、奥地利、葡萄牙、日本及国内专家学者近150人参加会议。会议期间组织实地考察活动。

11月6日，秘书长陈幸良赴巴基斯坦伊斯兰堡参加第七届IUCN亚洲自然保护论坛，并获世界自然保护联盟宣传教育委员会杰出奖。

12月8日，学会邀请美国南卡罗来纳州克莱姆森大学森林与环境保护系教授 Gaofeng Wang 前往安徽滁州红琊山林场麻栎种源实验林和滁州市昌春木炭专业合作社进行调研指导。

12月11日，学会与国际竹藤中心在北京联合主办中缅林业专家竹子增值科技交流会，组织5场专题报告，并商议中缅合作意向。

两岸交流 11月27日，学会在福建农林大学召开2019两岸林业论坛，论坛主题为"创新引领 新时代两岸竹产业创新与融合发展"，组织12场专题学术报告。会前，台湾代表赴富阳与建瓯实地调研与交流竹产业发展情况。

自然教育 大力开展自然教育。召开自然教育工作会议、全国自然教育大会。积极开展自然教育标准制定、教材汇集与编撰、师资培训、会员发展等工作，先后赴北京、四川、福建、广东、内蒙古等地开展自然教育调研，在北京、杭州、武汉等地开展自然教育推进会，逐步构建具有中国特色的自然教育体系。

起草并推动国家林业和草原局颁发《关于充分发挥各类保护地社会功能大力开展自然教育工作的通知》，通过《林草局专报》向中办、国办等信息部门提交的《关于自然教育的调研报告》受到有关国家领导高度重视和评价。

召开自然教育工作会议，应305家单位和社会团体倡议，依托中国林学会成立自然教育委员会（全自然教育总校），统筹、协调、服务各地自然教育工作。赵树丛担任全国自然教育总校校长，国家林草局副局长彭有冬出席会议并讲话。

截至2019年底，学会累计认定180家自然教育学校（基地），发布2项团体标准，组织1次自然解说员培训，公布56个优质活动课程，推荐82本优质书籍读本，发布2019年中国自然教育发展报告。

科普活动 积极构建新时代社会化科普大生态。推动科普价值向经济社会领域拓展，优化国家创新体系，融入全球创新网络，与125家企业、媒体、学会、高校、科研文化机构共同发起成立中国公众科学素质促进联合体。

2019年，中国林学会被评为科普中国共建基地项目。科普中国共建基地项目是科普信息化建设工程的子项目，旨在通过与科普人才队伍基础好、开展科普工作成效好的社会机构合作，共同建设科普中国共建基地。

组织"科普中国"2019全国林业和草原科普微视频创新创业大赛。活动共收到212部参赛作品，汇集森林、草原、湿地、荒漠和陆生野生动植物保护等领域典型的故事和科普知识，最终评出优秀林业科普微视频作品133部。

组织2019年全国林业和草原科普讲解大赛。活动主题为"人与自然和谐共生 携手建设美丽中国"，来自全国22个省（区、市）的自然保护区、高校、动物园、博物馆、植物园等49家单位的55名代表经过激烈角逐，最终评出一等奖3名，二等奖3名，三等奖6名，优秀奖12名。

2019年，组织开展第36届青少年林业科学营，来自浙江的30余名青少年参加。组织"童眼观生态"全国青少年科普活动，全国18个省（区、市）120人参加。组织"憧憬·美丽中国"艺术设计大赛暨第五届"金埔杯"国际城市景观设计大赛颁奖典礼，副秘书长李冬生为获奖代表颁奖。

决策咨询 围绕林草科技发展趋势，开展"十大林草科学与十大工程技术问题"征集活动，共征集90余条，活动得到局长张建龙批示。

精心策划《林业专家建议》，重点围绕集体林权流转保障机制、经济林果产业与精准脱贫等当前热点难点问题，继续发挥好政府决策的参谋作用，其中《加强林业文化遗产保护的建议》得到副局长张永利和彭有冬批示。

召开智库建设专家咨询会议，围绕国家重大战略、林业和生态建设重大热点问题，精心策划选题，积极开展调研。组织专家赴山西、四川、云南等贫困地区开展《经济林等特色产业在脱贫攻坚及巩固扶贫成果中的地位与作用》调研，组织专家赴四川等5省(市)开展《古树名木保护立法调研》，组织专家赴黑龙江、山西等地开展林业产业和林下经济产业发展调研，撰写并提交相关调研报告。

牵头完成中国科协生态环境联合体2019重大调研项目。联合中国环境科学学会等近20家机构40余名专家组成环保、林业、水利、气象、海洋、可再生能源6个专题调研组，赴广东开展粤港澳大湾区生态环境和生态系统治理联合调研，撰写并提交调研报告。

开展技术培训。组织竹产业专家团队到四川、重庆、浙江等地开展竹产业发展技术培训，助力地方竹产业发展，带动竹农增收致富。

学术期刊 主办期刊《林业科学》2019年收稿1021篇，发稿235篇，影响因子1.111，总被引频次4442，位列全国2049种核心期刊第16位、林学期刊第一位，第17次被评为"百种中国杰出学术期刊"，连续8年入选"中国国际影响力优秀学术期刊"，继续被EI数据库收录。积极实施中国科协中文科技期刊精品建设计划项目。举办首届林业科技期刊质量提升培训班。

入选第四届中国科协优秀科技论文遴选计划，获得第四届中国科协农林优秀论文特等奖、一等奖论文各一篇。推荐的多篇论文荣获中国科协农林优秀论文奖相关奖励。85篇论文入选2019年度"领跑者5000——中国精品科技期刊顶尖学术论文(F5000)"。

稳步推进《林业科学》数字化，网站升级改版增加邮件推送、组建学术专题和图表检索等功能。继续进行XML/HTML数据回溯制作和发布，已回溯至2000年。

联合制作的《林业人的十二时辰》参加"科学也偶像"中国科协科学家精神短视频征集活动获得好评。入选"庆祝中华人民共和国成立70周年精品期刊展"。

学科发展研究 组织实施《2018~2019林业科学学科发展报告》和《林业科学学科方向预测及技术路线图研究》两项中国科协学科发展项目，《中国林业优秀学术报告2017~2018》编辑出版工作收尾。

1月11日，学会在东北林业大学召开"双一流"建设林业青年学术研讨会，围绕新时代林业草原科学研究发展趋势与国家战略、高校"双一流"建设情况等开展座谈研讨。

6月24~26日，学会在湖北宜昌召开林业科学学科发展研讨会暨学术工作座谈会，加强学术交流与林业学科建设，总结学术交流工作经验。

人才奖励 2019年，学会修订《梁希林业科学技术奖奖励办法》。组织评选第十届梁希林业科学技术奖自然科学奖、技术发明奖、科技进步奖和国际合作奖，此次评选是《梁希林业科学技术奖奖励办法(2019年修订版)》修订之后开展的首次评选。经评审，最终评出获奖项目154项，自然科学奖二等奖获奖项目7项；技术发明奖获奖项目5项，其中一等奖1项，二等奖4项；科技进步奖获奖项目119项，其中一等奖5项，二等奖61项，三等奖53项；3名国际友人获国际科技合作奖。完成第八届梁希科普奖评选工作，评出获奖项目23项。完成第八届梁希优秀学子奖评选工作，评选出45名获奖者。完成第十五届林业青年科技奖评选和第十六届中国青年科技奖候选人推荐工作，共评选出20名林业青年科技奖获得者和4名中国青年科技奖候选人。

会员服务 完善会员发展与服务系统建设工作，会员数量持续增长。2019年，学会累计注册缴费会员3451人，比2018年的2401人增长43.7%，会员系统在线交流人数大幅提高。制定实施会员参与学会学术交流活动收费优惠政策，累计优惠和受资助会员达1000人次以上。与东北林业大学、南京林业大学等签订协议，建立2个会员联络办公室，进一步密切与会员的联系。开展多元会员服务活动，组织开展帽儿山实验林场、北京世园会、六盘山国家森林公园等2019年度系列会员考察活动6次，进一步强化会员服务，增强会员认同，提升会员凝聚力。根据章程规定条件，下发申报终身会员的通知，探索建立终身会员机制。

【**中国林学会第十二次全国会员代表大会**】 于2月27~28日在北京召开。国家林业和草原局局长张建龙，中国科协党组成员、书记处书记宋军出席开幕式并讲话，中国林学会第十一届理事会理事长赵树丛主持开幕式并作工作报告，国家林业和草原局党组成员、人事司司长、中国林学会第十一届理事会副理事长谭光明宣读梁希优秀学子奖、先进学会及先进学会工作者评选结果。中国工程院院士曹福亮，中国工程院院士蒋剑春，中国林学会第十二次全国会员代表大会主席团执行主席，国家林业和草原局有关部门负责人，中国科协有关领导，各省(区、市)林学会代表，各分会、专业委员会代表，有关科研院所、普通高等院校及相关企业代表近300人参加会议。开幕式还颁发了梁希优秀学子奖，表彰了先进学会及先进学会工作者。

会议选举产生第十二届理事会和第一届监事会。赵树丛继续担任第十二届理事会理事长，国家林业和草原局党组成员谭光明等12人为副理事长，刘树人等58人为第十二届理事会常务理事，丁贵杰等166人为第十二届理事会理事，吴斌等5人为第一届监事会监事。

大会通过第十二届理事会关于聘任秘书长、副秘书长的决定，审议通过关于学会法人的决议，投票通过《中国林学会章程(修改案)》、中国林学会会费标准及使用方法。

【**第七届中国林业学术大会**】 于11月8~11日在西南林业大学召开。大会主题为"创新驱动林业和草原事业高质量发展"，3000余人参加会议。中国林学会理事长赵树丛、国家林业和草原局副局长彭有冬、江苏省人大常委会副主任曲福田等有关领导出席大会并讲话。中国林学会副理事长曹福亮院士、蒋剑春院士等作大会主旨报告。

开幕式期间，颁发了第十届梁希林业科学技术奖和第八届梁希科普奖。开幕式当晚，与会代表在南京林业大学体育馆观看由中国林学会和南京林业大学共同制作完成的叙事体文献纪实剧《林钟声声——献给新中国杰出的林业开拓者梁希》。

本次大会共设主会场1个，分会场36个（首次设立留学生分会场），汇集近3000名林业科技专家学者，收到论文（摘要）2100余篇，交流报告1300余个。会议研讨内容涉及林木遗传育种、森林培育、木材科学与技术、林产化工、森林经理、森林生态、树木基础生物学、植物生理、森林土壤、水土保持、野生动植物保护、园林、森林公园与森林旅游、湿地、草原、自然保护地、国家公园、农林文明研究等众多学科领域。大会决定，第八届中国林业学术大会将于2020年在东北林业大学举办。

定，明年中国自然教育大会在北京召开。

中国自然教育大会

第七届中国林业学术大会开幕式

【第十四届中国林业青年学术年会】 4月12~14日在海南大学召开。年会的主题为"新时代青年创新与山水林田湖草系统治理"，1200余人参加大会。中国林学会理事长赵树丛、国家林业和草原局副局长彭有冬等领导出席开幕式并讲话，中国科学院院士唐守正等作大会主旨报告。

本次学术大会共设14个分会场，研讨内容涉及森林培育、林木遗传育种、森林经理与信息技术、森林保护、木材科学与技术、林产化学加工、湿地与自然保护区、林业经济、竹子、森林生态、园林、森林防火、草原、热带雨林等众多学科与研究领域。

【中国自然教育大会第六届全国自然教育论坛】 于11月2~3日在中国地质大学（武汉）召开。中国林学会理事长赵树丛、国家林业和草原局副局长彭有冬、湖北省人民政府副省长赵海山、阿里巴巴公益基金会理事长孙利军、中国地质大学（武汉）校长王焰新出席开幕式并讲话，1300余人参加大会（论坛）。大会主题为"推进自然教育，共筑生态文明"，共设两个主论坛，20个分论坛。

会上，发布了中国自然教育《武汉宣言》，公布了2项团体标准，推荐了56个优质活动课程、82个优质书籍读本，并向160家自然教育学校（基地）授牌。同时决

【第三届国际银杏峰会】 于11月5日在江苏省邳州市召开。全国政协原常务委员兼副秘书长何丕洁，原林业部副部长刘于鹤，原国家森林防火指挥部专职副总指挥、中国林学会副理事长马广仁等有关领导出席会议，来自银杏科研、生产、管理等部门的海内外专家学者及留学生共计180余人参加会议。峰会主题是"科技引领，产业突破"。

开幕式上，中国林科院副院长李岩泉和邳州市政法委书记李青春共同为中国林学会银杏科技服务站揭牌，中国林学会银杏分会常务副会长汪贵斌发布第八届银杏节提取物360°产业峰会成果，决定在邳州建立银杏叶研究中心。

开幕式期间，中国林科院原副院长蔡登谷、武汉轻工大学党委副书记程水源、捷克马萨里克大学Petr Smarda和中南林业科技大学王义强等作了特邀报告。

【第七届中国（郯城）银杏节】 于11月6~8日在山东省郯城县举办。银杏节主题为"银杏之约 融合发展"。原林业部副部长刘于鹤，山东省政协副主席刘均刚，中国林学会副理事长、原国家森林防火指挥部专职副总指挥马广仁等400多名代表出席开幕式。

【2019'现代林草业发展高层论坛】 于11月25日在北京举行。论坛的主题为"践行新发展理念，推进林草业高质量发展"。中国林学会理事长赵树丛，国家林业和草原局副局长刘东生，中国林学会副理事长马广仁，中国工程院院士蒋剑春等领导专家及150余代表、20多家媒体参加论坛。

会议颁发第十五届林业青年科技奖。会议就"转变发展观念，提升科学造林绿化质量""十大林草科学与十大工程技术问题"分别开展专题研讨。

（中国林学会由林昆仑供稿）

中国野生动物保护协会

【综述】 2019年，协会以生态和野生动物保护中心任务来谋划和开展工作，积极当好政府主管部门助手，发挥好政府联系社会的桥梁和纽带作用，深入开展野生动物保护科普宣传、科技交流、国际合作等活动，广泛动员社会各界积极参与和支持野生动物保护工作，相关各项工作都取得了显著成效。

协会建设 截至2019年12月底，协会有资深会员314名，下设16个分支机构。协会分别召开了理事会、常务理事会、全国野生动（植）物保护协会秘书长工作会议，增补理事6名，常务理事4名，监事2名。协会专家库成员97人，涉及高校及科研院所45所。

学术交流 8月1~2日，在湖南省长沙市召开穿山甲保护救护交流会，就中华穿山甲的生态、繁殖、栖息地、资源调查等方面进行研讨。

10月15~16日，在浙江省杭州市举办海峡两岸自然教育研讨会，交流两岸自然教育的发展历史和现状，从不同角度展示自然教育开展的方法和思路。

11月17~20日，在海南省海口市举办第十五届全国野生动物生态与资源保护学术研讨会，来自全国的600多位代表出席会议，就兽类学、动物生态学研究和野生动物保护的最新理论、技术和实践进行研讨。

11月22~23日，在山东省荣成市举办天鹅保护国际学术交流会，来自国内外的100余位专家代表，围绕天鹅生态生物学、保护和管理等进行交流，发布天鹅保护荣成宣言，提升天鹅保护水平。

11月29日至12月2日，在安徽省池州市召开2019年中国鹤类及栖息地保护学术研讨会，就中国鹤类及其栖息地保护进行研讨，组织鹤类同步调查专题培训。

国际交流 2月下旬，协会与俄罗斯莫斯科动物园签订《关于开展大熊猫保护研究的合作协议》。至此，协会对外开展大熊猫保护研究合作达到15个国家17家动物园。配合中俄建交70周年之际重大活动，在莫斯科动物园举办大熊猫馆开馆仪式；与奥地利联合举办赴奥大熊猫"园园"与公众见面仪式。

组织对比利时、英国、新加坡和马来西亚合作方开展大熊猫合作项目定期回顾评估；与美国、日本、俄罗斯等9个国家的近30个访华代表团开展合作交流或会谈磋商。

参加《濒危野生动植物种国际贸易公约》(CITES)第十八届缔约国大会，参与议案协商、应对，制作大会宣传材料，宣传协会对濒危物种坚持科学性和可持续发展的原则立场；应国际狩猎俱乐部(Safari Club International，缩写SCI)邀请，协会与国家林业和草原局相关单位派员于1月8~14日赴美国内华达州里诺参加第47届国际狩猎大会，就国际狩猎管理、组织狩猎调控野生动物种群、防范野生动物危害、规范狩猎服务行业、推进猎人培训和管理等方面与有关国家的野生动物保护管理者、国际组织负责人和行业代表进行学习交流，为中国的野生动物保护管理工作积累经验；应欧洲动物园与水族馆协会(EAZA)邀请，协会派员于12月7~14日赴EAZA总部及其成员单位访问，就提高动物饲养水平、推广野生动物科普教育、完善野生动物保护管理机制相互交换意见，为下一步双方深化合作达成共识；与阿联酋驻华使馆、卡塔尔野生动物主管部门会谈交流濒危野生动物保护情况。

参加世界自然保护联盟(IUCN)亚洲区域保护论坛，讨论和完善IUCN未来4年的工作方案，包括建设健康的陆地和海洋生态系统、积极应对全球气候变化以及加强自然资源治理，建立亚洲区域保护议程，展示不同利益相关者共同努力以实现变化的路径和案例。

科普宣传活动 在浙江省宁波市举办以"保护海洋物种、传承海洋文明"为主题的2019年"世界野生动植物日"科普宣传活动，制作宣传视频，印制宣传海报，并同期举办濒危物种图片展览。

在广州、武汉、北京分别举办"礼赞共和国、智慧新生活"为主题的2019年全国科普日系列科普宣传，通过举办野生动物专家科普大讲堂、院士讲座、野生动物保护知识进校园等活动，弘扬科学精神、普及科学知识。

在广东省长隆野生动物世界，举办以"展现野性之美，共绘绿水青山"为主题的2019年全国暨广东省"保护野生动物宣传月"，国家林业和草原局与广东省人民政府相关领导出席，社会各界群众等千余人参加活动。

在江西省南昌市举办以"关注候鸟迁徙，维护生命共同体"为主题的2019年全国暨江西省"爱鸟周"活动，国家林业和草原局副局长李春良，江西省委常委、副省长刘强，协会会长陈凤学等嘉宾出席，来自有关部门、组织和社会各界群众共千余人参加活动。

在北京举办生态中国美丽家园——中国野生动物保护摄影展、笔墨与动物的对话·保护野生动物大型公益书画展，与有关单位举办新中国成立70周年·中国野生动物保护影像作品展；参与筹办2019年"文化和自然遗产日"主题宣传。

生态影像文化委员会建成中国鸟类图库，包含8.8万张鸟类图片和中国境内最新版1445种鸟类分布图。合作开发建设的中国自然生态百科数据库鸟纲(1400余种)、哺乳纲(400余种)图文在协会官网上线。

制作禽流感和非洲猪瘟防控宣传视频、海报等宣传材料，开展形式多样的野生动物疫源疫病防控科普宣传，在全国20个省(区、市)举办摄影展览、讲座，科普宣传野生动物疫源疫病防控知识。

制作《关爱野生动物，保护我们的家园》和2019年世界野生动植物日《保护海洋物种，传承海洋文明》公益宣传片，在国航等航空公司的国际国内航线上进行播出。

公益活动 组织开展2019年春秋两季保护候鸟志

愿者"护飞行动"。全国24个省级协会组建188支志愿者队伍参加春季护飞行动；全国26个省级协会组建181支志愿者队伍参加秋冬季护飞行动，全年参与护飞行动的志愿者达4.9万多人次。

举办打击野生动植物非法贸易系列活动。举办"中国快递行业拒绝寄递非法野生动植物及其制品自律公约"签字仪式，国内外14家大型快递企业签署自律公约；与有关组织举行周杰伦保护濒危野生动物穿山甲的公益广告媒体发布会，在15个城市投放1.3万多块保护穿山甲广告牌。

持续推进未成年人生态道德教育。组织举办3期自然体验培训师培训班，培训学员174名，累计培养人数达1070人；组织5省（区、市）18所学校，举办"播绿行动——野生动物保护知识进校园、进社区"活动；举办"长隆杯"第二届自然笔记大赛，并将优秀作品汇编出版；举办"让孩子体验自然之美——未成年人生态道德教育实践与探索"展览，推进未成年人生态道德教育的开展。

会员服务　开展对全国15个省（区、市）协会基本情况调研，撰写《全国野生动物保护协会组织建设现状调查》，提出加强协会组织建设的意见。

先后举办6期野生动物保护管理知识培训班，以及野生动物保护利用与生态扶贫法律法规普及推广培训班、全国野生动物救助技术研究与经验交流培训班，提高学员的野生动物保护技术水平。

以会员通讯、网站、微信公众号、中国科协政务信息为平台，宣传野生动物保护，出版《中国野生动植物通讯》；在协会官网发布新闻206条；微信公众平台发布210期，发文679篇；报送中国科协信息57篇。

【"世界野生动植物日"系列公益宣传活动】　2月28日，在浙江省宁波海洋世界启动以"保护海洋物种、传承海洋文明"为主题的全国2019年"世界野生动植物日"主题宣传活动。来自政府主管部门、世界自然基金会等国内外组织，腾讯"企鹅爱地球"和"文玩天下"核雕大师及各界群众、野生动物保护志愿者、游客等千余人参加活动。协会制作宣传视频、印制宣传海报和举办濒危物种图片展览。全国各省（区、市）协会等66家单位和组织也相继举办"世界野生动植物日"公众教育宣传活动。活动已上传到濒危野生动植物种国际贸易公约（CITES）网站，受到CITES秘书处赞许。

【全国"爱鸟周"系列宣传活动】　4月2日，在江西省南昌市启动以"关注候鸟迁徙，维护生命共同体"为主题的2019年全国暨江西省"爱鸟周"活动。国家林业和草原局副局长李春良，江西省委常委、副省长刘强等嘉宾出席，协会会长陈凤学宣布活动启动。来自政府主管部门、世界自然基金会等国内外组织，新闻媒体及企业的代表、志愿者、社会各界群众共千余人参加活动。协会发布通过AI识别技术进行鸟类识别的软件"识鸟家"APP。全国各级协会也相继开展观鸟、科普讲座和文化演出等内容丰富、形式多样的"爱鸟周"宣传活动。"爱鸟周"已成为全国参与人数最多的生态文化活动。

4月19日，在广东省广州市举办2019年全国"爱鸟周"系列宣传活动暨"文玩天下·核雕中国"核雕全国巡展启动仪式，500余名核雕艺术家、非物质文化遗产传承人出席活动。通过讲座和培训，向各位雕刻艺术家介绍和讲解打击非法野生动植物贸易的相关知识，积极倡导核雕手艺人紧扣"拥有文化价值，无须生命代价"的创作理念，选择替代品进行雕刻创作。

5月13~17日，在国家林业和草原局举行国家林业和草原局科技活动周暨"爱鸟周"科普展。通过图片和文字介绍中国的鸟类资源、鸟类迁徙、环志以及"爱鸟周"相关知识。期间共举办互动活动12场，通过扫码和实名制参观展览和答题活动，27个司局及单位的2200多人次参与互动活动，增进了机关人员对中国鸟类的关注和了解，参展人员也对协会的工作给予了支持和赞誉。

12月6~10日，在江西省南昌市举办以"湿地滋润赣鄱、候鸟联通世界"为主题的"2019鄱阳湖国际观鸟周"，此次活动由协会和江西省人民政府共同举办，来自国内外的专家学者计千余人参加活动。国家林业和草原局局长张建龙、副局长李春良，协会会长陈凤学出席。本次观鸟周设置13个板块，包括院士论坛、国际观鸟赛、江西"省鸟"评选、优秀志愿者（组织）评选、救护候鸟放飞、候鸟国际摄影展、公众自然教育等活动，对推动江西野生动物保护和绿色发展起到积极作用。

【栗战书出席大熊猫"园园"与公众见面仪式】　5月20日，中奥双方在奥地利美泉宫动物园联合举办大熊猫"园园"与公众见面仪式。全国人大常委会委员长栗战书与奥地利总统范德贝伦共同出席并致辞。国家林业和草原局副局长彭有冬在两国领导人见证下，向奥地利数字经济部部长移交"园园"的管理档案，标志着"园园"正式加入中奥大熊猫保护研究合作项目。

【北京大兴国际机场停车楼公益插画】　9月，协会与首钢基金、世界自然基金会联合设计制作以保护野生动物、维护生物多样性、创造人类与自然和谐相处的美好未来为主题的公益插画，在北京大兴国际机场四停车楼展出，整个展区分别设计了河流水域区、湿地区、阔叶林区和针叶林区，并从各层插画中选取4种动物，作为每层停车场不同区域的柱体标识。每幅插画长10米，以二次方连续排列，全面展现该海拔区内的生态样貌，向每日到访大兴机场的旅客展示中国丰富的野生动物生态资源。

【中国野生动物保护协会志愿者护飞行动】　在国家林业和草原局的支持与各省份野生动植物保护主管部门的配合下，协会组织开展春季和秋冬季保护候鸟志愿者"护飞行动"。2019年春季志愿者护飞行动期间，24个参与护飞行动的省级协会共组建188支护飞团队，参与志愿者16 430人，巡护里程198 641千米；发放折页、张贴海报等宣传材料246 451份，悬挂宣传条幅2404条，开展科普讲座408场，开展主题摄影展、征文比赛184场，举办书画展、放飞活动、观鸟活动等其他类型活动387场；1030条护飞相关新闻被包括央视新闻频道、《人民日报》在内的国内各类媒体报道和转载；共拆除鸟网等猎捕工具4619件、救助鸟类8137只、放飞鸟类10 758只、无害化处理鸟尸3351只；向林草主管部门反映滥捕乱猎情况827起，配合森林公安查处案件242起，协助抓获犯罪嫌疑人131人；新签订共建爱鸟护鸟文明乡村72个；在7所大学建立大学生志愿者社团。3个省级协会成立志愿者委员会，有多个省份举行启动仪式，志愿者开展大量的科普宣教活动和巡护清网行动，协助行政执法部门侦破一批大案，爱鸟护鸟文明乡村共建活动发展迅速，2019年底全国共建村数量已达349处。

【中国野生动物保护成果展】 11月29日至12月5日，在北京中华世纪坛举办天人合一共家园——中国野生动物保护成果展。展览共分六部分，通过200余幅摄影图片、17组野生动物标本和多部短视频，集中呈现野生动物精彩美丽瞬间，讲述人与自然和谐相处的故事，展示政府和社会为保护生态环境和野生动物所付出的辛勤努力。国务院原副总理刘延东、全国人大常委会副委员长陈至立与国家林业和草原局副局长李春良，以及来自各有关部委的领导先后到场指导，并对此次展览给予高度评价。

【中国野生动物保护协会第五届理事会第四次会议】 于12月19日在北京召开，来自全国各省（区、市）的协会理事和从事野生动物保护领域相关工作的领导、专家150余人参加会议。会议总结协会一年来的工作，审议通过2019年协会工作报告与财务报告、2019年协会资深会员发展有关情况报告，表决通过增补常务理事和理事人选，新设分支机构及有关分支机构负责人人选，会长陈凤学和监事长张习文讲话。

同日还召开中国野生动物保护协会2019年常务理事会、监事会会议和全国野生动物保护协会秘书长工作座谈会议。

（中动协由栾福林供稿）

中国花卉协会

【综　述】 2019年，中国花卉协会以习近平新时代中国特色社会主义思想为指导，认真贯彻落实党的十九大和十九届四中全会精神，以推进生态文明和建设美丽中国为目标，围绕国家发展战略和国家林草局中心任务，积极推动全国花卉产业发展。

【发布《2019全国花卉产销形势分析报告》】 通过开展2019年年宵花市场情况调查，对全国花店零售业和花卉市场全方位调研分析；组织召开全国花卉产销形势分析会，对盆栽植物、鲜切花、绿化观赏苗木的产销形势进行研判，指出存在问题，提出发展趋势与对策建议，形成并发布《2019全国花卉产销形势分析报告》，对指导全国主要花卉生产和销售发挥了重要作用。

【首次编写《2018年我国花卉进出口数据分析报告》】 对2018年全国花卉进出口数据进行系统分析，首次编写《2018年我国花卉进出口数据分析报告》并印发各省（区、市）花卉协会、中国花卉协会各分支机构，为促进中国花卉进出口合作贸易提供了参考依据。

【编印《中国花卉产业发展报告》】 出版2016年、2017年中国花卉产业发展报告，基本完成《2018中国花卉产业发展报告》编辑审核工作。《中国花卉产业发展报告》成为全国花卉行业的白皮书，为行政部门、社团组织、科研院校、重点产区、龙头企业等提供学习借鉴。

【助力脱贫攻坚】 制订《中国花卉协会定点扶贫县扶贫工作方案》，明确贵州省赫章县、河南省南召县为中国花卉协会定点扶贫县；进一步对两县开展深入调研并召开座谈会，听取花卉产业扶贫开展情况；组织当地有关人员赴北京、上海、河南等考察取经；在贵阳组织举办花卉扶贫管理和技术培训班，提升两县花卉管理和从业人员综合素质；协会撰写的《发展花卉产业，助力精准脱贫——关于花卉产业扶贫情况的调研报告》被中办采用。

【推进花卉标准化工作】 参加国家标准化管理委员会组织的有关标准培训；组织专家对《月季切花产品等级》《香石竹切花产品等级》《东方百合切花产品等级》三项行业标准进行审定并做好上报工作。

【国花评选民意征求工作】 为了尽快确定中国国花，协会在以往开展国花评选工作的基础上，于2019年6月，再次组织召开国花评审专家会，研讨国花推荐事宜；7月采取网上投票形式广泛征求民众意见，发挥协会的桥梁和纽带作用。

【树立典型示范】 由协会推荐的4家企业参评国际园艺生产者协会组织的2019国际种植者评选，获得一金一银两铜的好成绩。其中内蒙古蒙草生态环境（集团）股份有限公司荣获可持续发展金奖，江苏中荷花卉股份有限公司获鲜切花和种球类银奖，四川七彩林科有限公司和福建鸿展园林工程有限公司分获成品花木类和苗类铜奖。7月，协会选拔推荐4家花卉企业参加2020国际种植者评选，其中2家入围获奖名单。

【国家重点花文化基地建设】 6月25~28日，在四川进行国家重点花文化基地考察与培训，组织其他国家重点花文化基地代表和正在创建国家重点花文化基地的单位代表进行交流；印发《国家重点花文化基地管理办法》，指导规范基地建设。

【指导中国特色花卉小镇建设】 组织起草《中国花卉协会关于推进中国特色花卉小镇建设的指导意见》并向行业和社会公开发布，指导各地规范有序推进中国特色花卉小镇建设。

【遴选首批国家重点花卉市场】 组织召开国家重点花卉市场专家评审会，实地考察江苏、浙江、河南等专业市场，确定首批国家重点花卉市场名单。

【国家花卉种质资源库建设】 实地调研16个首批国家花卉种质资源库，发现问题并提出解决意见；开展第二批国家花卉种质资源库申报与审核，确定入围单位51家。

【现代园艺聚集区建设】 为发挥北京世园会后续效应，协会与北京市延庆区政府建立战略合作伙伴，积极发挥行业协会优势，加强花卉科技创新、信息交流、技术培训、展会活动、产业促进等方面合作，共同推进北京延庆现代花卉园艺业发展。

【2019北京世园会期间获奖】 2019北京世园会期间，协会作为北京世园会组委会副主任单位和国际园艺生产者协会（AIPH）重要成员，被AIPH授予最佳贡献奖，为新中国成立70周年献上了一份绿色厚礼。

【2019世界花艺大赛】 2019世界花艺大赛成功举办，这是首次在A1类世园会期间举办的国际性花艺大赛，以"绿色生活 美丽家园"为主题，有31个国家和地区的33位优秀花艺师参赛。通过初赛和决赛的激烈比拼，最后由澳大利亚、中国、日本选手分获冠亚季军。本届大赛作为北京世园会的重要专业活动，不仅传承了创新中国花艺，弘扬中国传统文化，而且加强了国内外花艺界交流合作，促进了中西方文明互鉴，为推动全球花艺事业发展发挥了重要作用。

【首次创办世界花卉大会】 在全国绿化委员会、外交部、国际展览局、国际竹藤组织的大力支持下，由国家林业和草原局、中国花卉协会、中国贸促会、北京市人民政府和国际园艺生产者协会（AIPH）共同主办的2019世界花卉大会于9月10～13日在北京举办。大会主题是"携手花卉事业，共创美好家园"，有69个国家和6个国际组织的360多人参会。30多位国内外专家、教授、企业家和行业管理者在大会期间开展国际绿色城市、花卉品种创新与保护、花卉贸易与合作、花卉消费与市场等多个专业论坛，为各国花卉界提供了分享经验、探讨合作、共谋发展的重要平台，增进了各国花卉园艺的了解，传播了绿色发展理念，也提升了中国在世界花卉领域中的影响力。

【第33届全国荷花展览】 由中国花卉协会和澳门特别行政区市政署共同主办，中国花卉协会荷花分会等单位承办的"第33届全国荷花展览暨第19届澳门荷花节"于6月3～16日在澳门举办。来自全国26个省（区、市）（含香港、澳门、台湾），日本、泰国、美国等230多名代表参加开幕式。本届荷花展在龙环葡韵布置以"大唐盛世"为主题的荷花展览，汇聚全国95个单位参展，设置26个特色展区，展出1.3万盆、350个荷花品种；同时举行丰富多彩的荷花文化展览交流活动。

【第十届中国花卉博览会】 全国绿化委员会、财政部、海关总署、国家林业和草原局联合下发《关于举办第十届中国花卉博览会的通知》，要求各地按照要求执行；成立相应组织机构，组织召开第十届中国花博会组委会第一次会议暨新闻发布会，审议通过总体规划方案，发布会花、会徽、会歌，推进市场开发签约仪式；组织召开第二次全国花协筹备会议、分支机构参展会议、室外展园方案评审会议，确保展示质量和水平；举行迎花博800天、600天行动大会以及园区建设奠基仪式。

【第21届中国国际花卉园艺展览会】 于4月20～22日在上海举办，总面积达5万平方米，有30个国家和地区近900家单位参展。其间，举办中荷园艺发展论坛、中国花境大讲堂、中国立体绿化高峰论坛等十多项专业活动，取得了良好效果。

【2019中国（萧山）花木节】 于3月28～30日在浙江萧山举办，吸引十多个省（区、市）的1000多家花卉苗木种植、园林园艺资材、景观设计施工、苗木经纪销售等单位进行展示展销和采购洽谈，还举办第十三届中国绿化高峰论坛暨首届中国园林苗木供应链创新论坛等十多场活动，成为一年一度花木产业发展的风向标。

【2019年世界月季洲际大会暨第九届中国月季展】 于4月28日至5月2日在河南省南阳市举办，以"月季故里·香飘五洲"为主题，邀请18个国家和地区的80余位月季专家和国内近千名代表参会，展区面积60多公顷，栽培月季140万株，月季品种3900余种。

【第十九届中国·中原花木交易博览会】 于9月25～28日在河南鄢陵国家花木博览园顺利举行，聚焦"中国花都·美丽家园"固定主题和"生态振兴·盛世祖国"年度主题。据不完全统计，花博会期间现场花木交易额达7.8亿元。

【2019世界牡丹大会】 于4月12～14日在菏泽首次举办，同期举行国际牡丹产业博览会，中国、日本、韩国、美国、以色列、荷兰、比利时7个国家的十多个专家和约150家企业参会参展。这次牡丹盛会，集中展示了牡丹新优品种和加工产品，围绕牡丹种苗繁育及催花技术、油用牡丹产品加工研究、牡丹传统文化与文化旅游、牡丹产业投融资等方面交流合作，对推动中国和世界牡丹发展，具有积极而深远影响。

【2019广州国际盆栽植物及花园花店用品展览会】 于11月7～9日在广州举办，是中国国际花卉园艺展览会的延续与补充。本届展会有近60家企业参展，面积6000平方米，期间举办了橱窗花艺设计展示、职业院校学生插花比赛、多场花艺专家插花表演等活动。

【2021扬州世界园艺博览会】 已完成国内审批手续；协会与扬州市政府签订举办协议；积极推进总体规划方案，明确招展目标任务，开展宣传推介活动，加强检查指导工作，有序推进周边基础设施建设。

【组织开展2024年世界园艺博览会（B类）申办工作】 组织国内专家对四川成都进行申办2024世界园艺博览会工作进行实地考察；完成成都申办2024年世园会考察报告，并积极推进国内审批程序。

【分支机构展会活动】 举办第29届中国兰花博览会、第16届中国杜鹃花展、第19届中国（青州）花卉博览交易会、2019中国（长兴）花木节、第17届中国（金华）花卉苗木交易会、2019中国桂花产业发展高峰论坛等多项活动。

【信息化建设】 2019年，中国花卉协会网站共更新信息456条，累计点击量达到了652.41万人次，点击量在国家林业和草原局50个子网站中排第四名；微信公众号关注人数不断提升；出版《中国花卉园艺》（半月刊）24期；加强信息队伍建设；建设并试运营中国花卉协会会员发展与服务系统；组织开展"我和花卉的故事"征文活动；编辑发布中国花卉协会专题《缤纷花业扮靓美丽中国》特刊。

【国际交流】 赴柬埔寨，中国香港、澳门开展花卉专业交流活动；参加国际园艺生产者协会2018春季会议及国际展览局165次、166次全体会议，组织召开国际园艺生产者协会第71届年会；参加2019国际种植者颁奖典礼；赴美国学习2019世界杯花艺大赛；赴英国学习切尔西花展经验；成功组织2019年东盟国家热带花卉园林景观研修班；积极推动中国参展2022荷兰世园会事宜；通过中英专家组互访考察交流，推进英国曼彻斯特桥水公园"中国园"项目，使国际交流合作不断深入。

【自身建设】 一是认真开展"不忘初心，牢记使命"主题教育活动。二是认真学习贯彻习近平生态文明思想和对林草工作的重要指示精神。通过组织集中学习讨论，深刻分析当前中国花卉产业发展的新特点、制约中国花卉产业发展的主要问题，明确了新时代对花卉业发展提出的新任务，提出新时代中国花卉业现代化发展的新思路和阶段性目标，以及要重点打好花卉品种创新、花卉产品质量提升和引导花卉消费三大攻坚战。三是组织党员干部参观全面从严治党警示教育基地，进行反腐倡廉警示教育，参观"伟大历程 辉煌成就——庆祝中华人民共和国成立70周年成就展"，赴香山参观双清别墅，接受爱国主义教育；撰写学习先进事迹和榜样力量体会。四是进行党的意识形态自查。

【协会工作会议】 召开2019年会长工作座谈会，总结协会上年工作，研究制订2019年主要任务；组织召开分支机构工作座谈会，部署2019年重点工作，对各分支机构及主要负责人进行年度考核。

【分支机构管理】 修订完善《中国花卉协会分支机构开展活动管理办法》和《中国花卉协会分支机构管理办法》并发布实施；成立中国花卉协会市场流通分会和中国花卉协会花卉景观分会2个新分会；完成中国花卉协会绿化观赏苗木分会换届工作。

（中国花卉协会由马虹供稿）

中国绿化基金会

【综　述】 2019年，中国绿化基金会认真贯彻习近平新时代中国特色社会主义思想，坚持"稳中求进、提质增量"工作总基调，积极适应新时代、新要求，聚焦主责主业，注重统筹协调，努力担当作为，促进中国绿化基金会高质量发展。全年募集资金2.68亿元，植树造林5797.32万株，面积4.18万公顷，组织开展生态公益类大型专题活动30余次，网络募捐活动50余次。绿色公民行动、幸福家园、百万森林、自然中国等重点项目，知名度和品牌价值稳步提升，为推动国土绿化和生态公益事业发展作出积极贡献。

【出席《联合国防治荒漠化公约》执行情况评审委员会第十七次会议】 1月28~30日，《联合国防治荒漠化公约》执行情况评审委员会第十七次会议在圭亚那首都乔治敦举行。作为《公约》民间组织委员会轮值主席单位，中国绿化基金会副主席兼秘书长陈蓬应邀出席会议，并在大会"土地融资与金融创新"讨论环节，介绍中国民间组织动用社会力量，利用网络筹款，助力实现土地退化零增长目标方面的实践案例。同时，中国绿化基金会组织参会的30多家民间组织，对于《公约》履约文件进行讨论和征求意见，最后向大会提交5点建议，提交给2019年10月在印度新德里召开的第十四次缔约方大会。

1月29日，圭亚那乔治敦举行《联合国防治荒漠化公约》执行情况评审委员会第十七次会议（Nahid　摄）

【出席第四届联合国环境大会】 3月11~15日,第四届联合国环境大会在肯尼亚首都内罗毕举行。作为《联合国防治荒漠化公约》民间组织委员会轮值主席单位,受到联合国环境规划署邀请,中国绿化基金会派出以副秘书长缪光平为团长的代表团出席此次会议,并代表中国绿化基金会与环境规划署新闻司签署"为生命呐喊"项目合作备忘录。

【"肯德基草原保护与生态修复"项目启动】 4月30日,中国绿化基金会与肯德基中国联合发起的首个草原保护与生态修复公益项目在内蒙古四子王旗落地实施,开展修复超过100万平方米的草原植被。同时,肯德基联合《人民日报》新媒体向公众发起关注草原生态保护的倡议,该项目是国家林业和草原局成立以来,第一个由企业捐资开展的草原生态修复可持续发展示范项目。

【"百万森林计划"十周年公益庆典】 6月5日,正值第48个世界环境日,"百万森林计划"十周年公益庆典活动在北京举行。中国绿化基金会主席陈述贤出席庆典活动并讲话。"百万森林计划"十年来着眼京津冀风沙源地开展防沙治沙工作,累计营造林超过6.67万公顷,打造出一道稳定的绿色屏障,实现沙漠生态系统可持续修复。未来十年,"百万森林计划"将以百万亩沙漠锁边林行动、百万亩黄河护岸行动、百万亩草原修复行动、百万亩生态林保护行动、百万人自然教育行动5个子行动为立足点,进一步拓宽生态公益领域和内涵。

6月5日,"百万森林计划未来十年"启动仪式(罗佳佳 摄)

【全民义务植树系列宣传山西站活动】 9月24日,由全国绿化委员会办公室、中国绿化基金会共同主办的2019年全民义务植树系列宣传山西站活动在太原市举办。国家林业和草原局副局长刘东生、中国绿化基金会副主席王祝雄等领导和嘉宾出席活动。中国绿化基金会副主席王祝雄代表绿化基金会接受12家山西省爱心企业捐款,并为爱心企业现场颁发捐赠证书。中国绿化基金会副秘书长缪光平等领导为爱心企业颁发"国土绿化荣誉证书"。

【"蚂蚁森林"项目开展专家评审工作】 为扎实做好项目管理,确保项目实施更具有规范性和科学性,自2018年开始,中国绿化基金会组织相关专家对拟造林的"蚂蚁森林"项目实施方案开展评审工作,重点从方案文本规范性、项目组织能力、林地条件、树种适应性、技术条件、作业设计规范、费用预算等方面进行审查把关。1月15~16日,组织专家对2019年"蚂蚁森林"项目造林实施方案进行评审;9月24~25日和11月18~19日,分两次对2020年"蚂蚁森林"项目造林实施方案进行评审。通过专家事前评审把关,为项目顺利实施、有序推进提供科学依据。

【中国绿化基金会累计组织植树15亿株,公众参与达5亿人次】 7月18日,中国绿化基金会第七届理事会第六次全体(扩大)会议在黑龙江省伊春市召开。会议通报,中国绿化基金会累计发动社会力量植树约15亿株,造林面积达600多万亩,为中国生态建设作出积极贡献。重点项目捐资和参与公益活动人次突破5亿,网络曝光次数近4亿,网络话题传播量近30亿人次,知名人士和明星团队参与量达700余人。

【"一带一路"生态修复罗云熙基金专项成立】 7月27日,由中国青年演员罗云熙联手中国绿化基金会发起的"一带一路"生态修复罗云熙基金专项正式成立。罗云熙正式出任中国绿化基金会"一带一路"胡杨守护公益推广大使,助力中国生态建设,呼吁社会公众共同关注生态环境,呼吁大家关注守护胡杨林。

【中国绿化基金会2019年"蚂蚁森林"项目管理培训班】 于8月21~22日在内蒙古自治区巴彦淖尔市举办,来自"蚂蚁森林"项目实施单位的负责人、技术主管和财务主管人员,共200多位学员参加培训。中国绿化基金会主席陈述贤出席开班仪式并讲话,开班仪式由中国绿化基金会副主席兼秘书长陈蓬主持。内蒙古农业大学生命学院院长付和平教授、国家林业和草原局调查规划设计院王红春教授分别向学员们讲授课程。

【"中国好森林行动——红松林保育计划"项目启动】 8月27日,中国绿化基金会与伊春市人民政府签署《中国好森林行动——红松林保育计划》,开启未来十年中国好森林——百万森林行动,联合开展原始红松林群落保护和大规模红松林生态修复计划。伊春是东北林区森林植被最丰富的地区之一,拥有当今世界面积最大、特征最典型、保存最完整的红松原始林,被誉为"红松的故乡"。"中国好森林行动——红松林保育计划"将进一步弘扬伊春森林文化,保护现有红松原始林生态群落,从而打造中国最美最好的森林样板。

【"蚂蚁森林"项目获联合国环保荣誉】 9月27日,由蚂蚁金服捐赠款项、以中国绿化基金会为主体以及其他公益机构组织实施的"蚂蚁森林"项目,获得联合国最高环保荣誉——"地球卫士奖"。在颁奖当天,联合国《气候变化框架公约》秘书处宣布,因应对全球气候变化方面的创新路径和积极示范作用,"蚂蚁森林"项目再获联合国应对气候变化最高奖项——"灯塔奖"。"蚂蚁森林"项目能够从众多项目中脱颖而出,连获联合国两项大奖,源于其"通过数字技术的力量,将低碳行为融入日常生活，通过鼓励用户减少碳排放，将用户的绿色行为转化成1.22亿棵树"。"蚂蚁森林"项目2019年参与网民高达5亿多人次，2016年以来在西北荒漠化地区共植树1.22亿株，造林面积11.2万公顷，累计碳减排792万吨。

【"中国生态公益网"平台启动】 为适应新形势发展，发挥中国绿化基金会的特色优势和行业引领作用，更好地调动整合社会力量服务于生态文明建设，2019年，中国绿化基金会研发创建"中国生态公益网"综合性平台，力争将这一平台建成具备行业赋能和孵化能量的中国生态行业一流社会化网募平台。一是运行模式突出创新。平台突出服务和募资两大业务功能，实现公益和商业融合发展。在服务方面，向社会推荐具有优势和特色的林特产品和生态产品，助力林业和生态产业发展，选择一批非公募机构、企业入驻，协同开展劝募。二是平台捐赠灵活多样。中国生态公益网提供在线捐赠快捷通道，开通一起捐、月捐、冠名捐、活动捐等不同形式，捐赠者可通过访问中国生态公益网在线进行捐赠，捐赠成功后，及时收到反馈，自动生成捐赠记录，下发电子证书、捐赠票据，生成唯一爱心号码。三是参与力量联合互动。中国绿化基金会以资金、项目统筹管理为主，有效整合资源，做好指导和宣传推广。联合地方林业和草原部门，引导地方慈善组织广泛参与，自上而下提供资源支持，不断提升社会公众对项目的信任度和支持力度。

【荣膺民政部全国性社会组织评估4A等级】 自2018年底开始，根据《社会组织评估管理办法》，民政部对100多家社会组织开展2018年度评估工作，先后经过自评申报、资格审查、实地考察、专家评估等程序，2019年10月经全国性社会组织评估委员会终评、公示，最终产生评估结果，中国绿化基金会荣获基金会评估等级4A级单位。全国性社会组织评估工作由民政部组织实施，每五年一次，中国绿化基金会第三次参加评估工作。

【"湿地守护计划"公益平台启动】 2019年，中国绿化基金会联合水滴公益共同开发"湿地守护计划"公益平台，发布湿地动植物保护公益项目，开展湿地动植物保护工作。首期保护全球极危物种青头潜鸭，项目落地湖北返湾湖国家湿地公园。青头潜鸭主要栖息在有芦苇等水生植物的湖泊中，是全球极危物种。1998~2008年，种群数量下降50%~70%，全球仅存500~1000只成鸟。在长江中游多地发现有小规模的越冬群体，在潜江返湾湖有近100只。保护全球极危物种青头潜鸭作为中国绿化基金会湿地保护公益项目的首个示范项目，将会为越冬水鸟提供良好的栖息环境，返湾湖国家湿地公园湿地生态环境也将有较大改善。10月28日，中国绿化基金会授予新生代歌手、影视演员陈立农2019~2020年度"湿地守护计划"公益推广大使。

【荣获水滴筹·水滴公益"向善公益伙伴奖"】 11月1日，水滴筹·水滴公益第二届"111小善日"公益盛典在北京举办，中国绿化基金会荣获"向善公益伙伴奖"。副秘书长王缪光平代表中国绿化基金会领奖，并在获奖感言中倡议，希望更多爱心企业和个人加入到湿地守护计划中来，共同保护湿地，为建设天蓝、水清、树绿生态人居环境贡献力量。

【亚洲象及其栖息地保护项目启动】 12月，中国绿化基金会（CGF）与联合国环境规划署（UNEP）共同启动"为生命呐喊——亚洲象保护"项目。这一项目是国内生态领域头雁基金会和著名国际组织区域合作的最新范例，将为人象冲突现状提供新的切实可行的解决方案。据调查数据显示，目前全球范围内亚洲象种群数量为41 400~52 300头。中国野生亚洲象种群数量不足300头，主要分布于云南省，种群面临生育周期长、繁殖率较低、亚洲象栖息地与人类生活区交叉、栖息地破碎化等多种威胁。启动亚洲象保护项目，对缓解保护地人象冲突，多角度、多途径构建亚洲象栖息地，在全球范围内提升公众对人象之争的问题意识以及对亚洲象的保护意识具有重要引领作用。

【生态扶贫公益项目】 2019年，中国绿化基金会认真贯彻习近平总书记关于脱贫攻坚的重要指示，积极落实国家林业和草原局扶贫工作会议精神，将生态扶贫与业务工作同谋划、共发展，结合国家重点"三区三州"深度贫困地区，聚焦国家林业和草原局4个定点扶贫县，积极发挥基金会特长，形成生态扶贫特色，实现绿化公益与生态扶贫共同推进。幸福家园生态扶贫公益项目，援助宁夏中宁县种植优质枸杞109.78万株，种植面积332.67公顷，为当地272户建档立卡贫困户提供就业机会。绿色公民行动——绿色扶苹项目，在甘肃省临夏州永靖县刘家峡地区营造苹果经济林，为当地农民带来持续稳定的经济收入，种植苹果树近2.1万株，种植面积16.67公顷，共有820名贫困农民受益。国家林业和草原局定点扶贫项目，向广西龙胜县、广西罗城县、贵州独山县、贵州荔波县四地分别捐助扶贫资金50万元，共计200万元，用于扶持当地生态产业发展，助力脱贫攻坚。

【专项基金活动】 2019年，成功举办"绿色上海专项基金"第五届上海市民绿化节、"沙棘治沙扶贫专项基金"中国沙棘产业生态扶贫峰会及第四届宇航人沙棘植树节。联合广东省长隆野生动物世界举办"创客自然"暨绿孔雀保护救助与自然科普教育学术交流活动。组织社会公众3000多人次参加"绿色大连 美丽大连"公益植树活动暨古树维护捐赠仪式。"金叶生态基金"项目在新疆、陕西、河北3个省（区）公益林项目造林面积120公顷、植树16.08万株。"绿化长江专项基金"在重庆市永川区、万州区等6个造林项目区域的造林工作圆满结束。"城市屋顶绿化及立体绿化专项基金"援建深圳市罗湖区莲南小学、南宁市越秀路小学、佛山市西山小学和广州市玉泉学校4所学校，受到当地政府和学校一致好评。

【系列宣传推广活动】 4月19日，为迎接世界地球日，中国绿化基金会携手康菲石油中国有限公司在八达岭国际友谊林基地启动"携手康菲 与绿同行"八达岭国际友谊林环境教育项目，共同探索公众环境教育和体验新实践。5月24日，为充分展现生态文明建设成效，广泛宣传生物多样性与生态保护意识，中国绿化基金会联合广汽丰田汽车有限公司，在云南云龙天池国家级自然保护区举办第二届"天池自然观察节"活动，提高公众参与度，并将多重效益森林恢复项目打造成可持续、可复制的示范项目。6月17日，中国绿化基金会支持并参与在呼和浩特市召开第25个"世界防治荒漠化与干旱日纪念大会暨防沙治沙人才培养与科技进步国际研讨会"。会上，中国绿化基金会与内蒙古自治区林业和草原局共同签署《战略合作协议书》。

（中国绿化基金会由张桂梅供稿）

中国林业产业联合会

【综　述】　2019年，在国家林业和草原局党组领导下，中国林业产业联合会（以下简称联合会）紧密围绕国家林草事业的中心任务和林业产业发展大局，守初心、担使命、找差距、抓落实。以逢山开路、遇水搭桥的进取精神，以脚踏实地、勤奋务实的工作态度，圆满完成全年各项工作任务。

完成国家森林生态标志产品建设工程试点工作　2019年，继续在全国范围内多家林业经营企业推进森林生态标志产品试认定工作，在不断扩大森标工程影响力的同时，有效验证了森标产品认定流程的科学性和可操作性。通过搭建渠道、企业大客户、会员三位一体的营销网络，构建森标产品仓储和物流体系；通过定制森标产品保险服务，设计森标产品包装方案，制定森标产品品牌网络推广计划，加大森标产品宣传力度等多种方式，把握农林产品的市场脉搏与消费趋势，多方位打造森标产品销售服务体系；进一步完善森标产品管理信息服务平台和营销服务平台建设，为森标产品建设工程提供了重要的基础技术支撑。截至2019年11月底，在两年的试点期内，制订并完善森标产品认定管理体系文件，先后编制发布《国家森林生态标志产品认定审核机构管理办法》《国家森林生态标志产品认定检测机构管理办法》等28份规范性文件；森标工程管理及销售技术平台开始运行；与协议中介机构一起认定首批森标产品。12月3日，在第四届全国林业产业大会上，公布首批国家森林生态标志产品认定名单，共计31家企业的52款产品；北京森标科技有限公司与中国林业物资有限公司、中国太平洋财产保险股份有限公司，分别签署投融资协议、森标产品质量保险协议。《中国绿色时报》结合第四届全国林业产业大会宣传，开设专版介绍国家森林生态标志工程推进概况，《中国林业产业》杂志连续多期进行系列报道。

分支机构建设，发掘新兴产业业态　一年来，联合会加强对分支机构的管理、扶持与指导工作。组织筹备生态茶与咖啡分会、红木产业分会、生态旅居露营分会、林下经济产业分会、银杏产业分会、生态保护修复分会、绿色发展分会共7家分会。支持和指导各个分会从创新的角度开展业务：森林生态旅游分会主办首届中国森林旅游国际峰会，发布"2018～2019年度中国森林旅游影响力百强榜"，成立"一带一路"国家森林旅游合作推广联盟；品牌建设分会启动"2019年林业企业（产品）品牌价值评价"申报工作，首次对林业企业或林业产品的品牌价值从定性和定量两个方面进行评价；森林康养分会受国家林业和草原局发改司委托成立"森林康养与森林养老途径研究"课题组，深入推进"全国森林康养专家库"相关工作开展，专家规模突破103人；森林休闲体验分会开展"2019中国森林体验基地，中国森林养生基地，中国慢生活休闲体验区、村（镇）"命名和认证活动；油茶分会承办在北京世园会召开的中国—东盟国际油茶产业合作发展会议和耒阳全国油茶产业创新发展大会；香榧分会对接安徽省岳西县香榧产业精准扶贫，协助制订香榧产业发展规划和政府扶持政策，组织会员企业对接项目，协助副会长单位青庐集团在浙江常山县合作开展香榧产业项目落实，签署3333.33公顷香榧基地建设规划；国际投资贸易分会承办中国（河北）自由贸易试验区曹妃甸片区暨木材产业推介大会；木本油料分会举办"新华·中国油茶产品价格指数（常山发布）"编制方案专家论证会暨全国油茶产品价格采集工作启动仪式、首届"健康风味·大油可为"健康好油评比大赛；竹木分会主办智慧酒店与建筑多维度生态化发展高峰论坛；森林食品分会承办第四届全国黑木耳产业创新发展大会暨林下经济产品博览会、2019中国美丽乡村休闲旅游行（夏季）推介活动。

创新联盟建设工作　2018～2019年，联合会作为发起单位和推荐单位，先后筹备组织21家国家创新联盟。在申报初期，对申报单位细分产业规划，确定推荐四大类产业：第一类是紧扣乡村振兴、美丽中国等国家战略需求的森林康养国家创新联盟、生态中医药健康产业国家创新联盟、园林景观工程国家创新联盟、自然教育产业国家创新联盟、江南乡村人居环境国家创新联盟；第二类是以元宝枫产业国家创新联盟、杜仲产业国家创新联盟、沙棘产业国家创新联盟、山桐子产业国家创新联盟、紫荆产业国家创新联盟、银杏生物医药国家创新联盟等为代表的新兴产业；第三类是践行"生态产业化、产业生态化"理念的红木家具产业国家创新联盟、集装箱底板国家创新联盟、林浆纸一体化国家创新联盟、木竹材料装饰应用国家创新联盟、野生动植物基因保护科技创新联盟；第四类是促进三产融合，延长林草产业链和创新链的林草健康产业国家创新联盟、冻干果品产业国家创新联盟、林草产业流通融合发展国家创新联盟、老年生态健康服务产业国家创新联盟等。为保障联盟工作的顺利开展，联合会专门设立林业和草原产业国家创新联盟管理委员会，下设联盟管理办公室，由联合会创新发展部负责日常联系、服务与管理等工作。2019年7月，联盟管委会召集各联盟秘书长讨论通过并报局科技司核准，颁发《中国林业产业联合会林业和草原产业国家创新联盟管理办法》（以下简称《管理办法》）。《管理办法》有联盟管理委员会人员构成、职责，各联盟职责和运行，组织机构及议事办法，重大事件报备，重大科技任务组织与实施管理，联盟经费与财务管理，资产与知识产权管理，联盟的解散和清算等十余章内容。《管理办法》的出台，使各个联盟能有章可循、依章行事。

2018~2019年，森林康养、元宝枫、冻干果品、生态中医药、沙棘、红木家具等多家联盟通过策划举办卓有成效的活动，以产业发展座谈会、研讨会等多种形式，实现联盟成员间的资源对接，互利发展，从细分产业类别上促进林业和草原产业科技创新发展，促进信用和品牌建设；在市场拓展、技术及新产品研发、知识产权保护、融资融智、经营管理提升等方面帮助企业做大做强；为联盟成员、科研机构、高等院校及优秀个人提供成果转化和发展平台，取得可喜成绩。

8月，联合会创新部以国务院纠风办批复保留的中国林业产业创新奖为依托，组织首批中国林草产业创新企业、创新基地、创新英才和信用品牌奖项的组织、申报、评定、发布工作，为各联盟搭建奖惩、激励机制与服务平台。10月21日，中国林业产业联合会与国家林草局科技司、发改司，中医科学院中药研究所、凉山州人民政府共同在四川成都召开第六届中医药现代化国际科技大会第十一分论坛——中医药生态资源产业化发展论坛暨凉山州中药材产业规划专题会，生态中医药健康产业国家创新联盟在会上正式宣告成立。会议发布《凉山州中药材产业发展规划》和《林药一体化生态宣言》，颁发生态中医药产业的创新奖项，签署一系列框架合作协议，并邀请相关专家进行讲座研讨，深入探讨道地中药材种植技术及资源协同发展模式。生态中医药联盟以林下蟾蜍养殖等项目为抓手，全面推进"四个一工程"：打造一批道地林药生产基地、培育一批林药经营主体、研制转化一批林药健康产品、搭建一批林药服务综合性大平台，为推动林下经济发展，传承和创新中医药产业提供新的路径。12月，在杭州召开联盟管委会第一次工作会议，同时召开21家联盟秘书处年会。在科技司全体联盟大会上，中国林业产业联合会作为联盟管理单位代表作经验交流发言。

团体标准建设工作 联合会是国家标准化委员会团体标准首批试点单位。2019年度中产联标委会批准并发布《慢生活休闲体验区总体规划导则》《桐油精炼技术规程》等21项团体标准的立项申请，其中7项通过项目评审，发布《冻干汤料块》《骏枣》《灰枣》《境外商用林草引种规范》，《国家森林生态标志产品森林生态食品总则》《国家森林生态标志产品 森林生态道地药材总则》《杜仲雄花茶》3项待审核。与此同时，中产联标委会在跨领域、跨专业的情况下，修订《中国林业产业联合会团体标准制修订管理办法》，起草《中国林业产业联合会团体标准制修订标准合同》，不断完善团体标准审核工作，使整个流程更加科学合理，让标准的出台更适合社会、企业的需要，使标准更具有专业性和权威性。

举办各类会议 2019年，联合会主办或参与主办、承办第12届中国义乌国际森林产品博览会、第十四届中国木雕竹编工艺美术博览会、海峡两岸（三明）林业博览会暨贸易洽谈会、第十六届中国（菏泽）林产品交易会、2019年中国（定州）苗木花卉园艺博览会、2019·汉麻产业国际会议、中医药生态资源产业化发展论坛、2019中国青花椒高峰论坛暨第四届四川巴中平昌县青花椒采摘文化节、第二届秦巴山区绿色农林产业投资贸易洽谈会等大型行业会议。

中国林产工业协会主办的2019北京定制家居门业展览会、第二十一届中国国际地面材料及铺装技术展览会、中国赣州第六届家居产业博览会、第九届中国（沈阳）国际家博会、第七届中国（临沂）木业博览会、2019年中国-东盟博览会（南宁）林木展和中国（成都）西部林业产业博览会等大型展会均取得圆满成功，行业影响力持续扩大。此外，在满洲里举办中俄新森林法规与木材交易宣讲班，9位俄罗斯代表参会，提升了中国作为林业大国的国际影响力。

各类奖项推评工作 按照国务院纠正行业不正之风办公室和国家林草局的要求，联合会历时4个月，圆满完成第四届中国林业产业突出贡献奖、创新奖评定工作，在第四届全国林业产业大会上以国家林草局和中国农林水利气象工会全国委员会名义颁发"中国林业产业突出贡献奖"获奖单位135个，获奖个人135名；颁发"中国林业产业创新奖"获奖单位105个，获奖个人86名。此外，以中国林业产业创新奖为依托开展"中国椅子"评选活动，授予浙江上汐家俱有限责任公司"上汐椅"等41个项目为首届中国林业产业创新奖（椅子类）奖项。以广东中山市为依托，启动红木市场销售店员大赛；开展2019年度（首批）中国林草产业创新企业、创新基地、创新英才、信用品牌的申报、推荐、评定、发布推广工作。

宣传工作 配合国家林草局宣传办筹拍《绿水青山·金山银山》大型电视纪录片相关工作。重视和强化《中国林业产业》杂志的组织领导工作，联合会会长贾治邦亲自为杂志出谋划策，撰写文案，常务副会长封加平担任编委会主任，副会长王满直接分管日常编务。2019年，杂志质量明显进步，影响力进一步扩大。以《中国林业产业》杂志及其网络平台为媒介，大力宣传和推介林产行业资讯，成功打造行业旗舰媒体。此外，编辑出版《林业产业重大问题调查研究报告》《中国林业产业发展指南》和《中国林草产业创新发展报告》，中国林产工业协会编辑发布《中国人造板产业报告2019》，对林业产业热点问题、重要信息、数据分析、林产品贸易纠纷、品牌建设、企业管理、各个创新联盟的新技术、新业态、新模式等核心内容进行重点介绍。承接国家林草局国际司委托的中国与中东欧国家林业产业合作研究课题，针对中东欧国家的中国林业产业投资指南正在编制过程中，预计2020年底结题。对中国林业产业网进行改版升级，打造全新的数据库信息平台，进一步开展网上林业产品交易博览会建设。

建立健全各项规章制度 按照联合会领导的要求，为进一步提升联合会秘书处各项工作规范化、制度化，各部门协调运转，提高工作效能和工作质量，根据《国家林业和草原局工作规则》及国家相关规定，结合联合会秘书处实际情况和工作要求，成立《中国林业产业联合会秘书处工作规则》修订小组。利用半年时间，对联合会秘书处各项制度规则、办法进行全面梳理、修订。特别是为进一步调动职工积极性，更好地推进精准服务、提高服务质量方面，组织起草并发布《中国林业产业联合会秘书处开展服务业务活动管理办法（试行）》，通过组织实施，有效地调动中产联秘书处全体干部职工的主动性和积极性，各项服务工作都有了显著进步。

其他相关工作 一是联合会支持林产工业企业应对涉美橱柜、浴室柜、石木塑地板"双反"调查及塑胶地板337调查等国际贸易壁垒申诉工作，为行业争取应有权益。二是支持15家行业重点领域龙头企业编制并发布企业社会责任报告。三是与宁波市人民政府就建设中国林产品交易中心签署战略合作协议，与辽源市人民政府和中林集团三方签署辽源市百万亩造林工程战略合作框架协议。四是完成中产联脱钩前的各项摸底准备工作，制订脱钩方案并正式上报。五是配合并组织出访新西兰、马来西亚开展经贸交流活动。六是围绕"不忘初心　牢记使命"主题教育，组织开展一系列学习教育活动，受到巡视组的表扬。七是联合会向国家文化旅游部申报木雕工艺传承和香文化传播两个项目，项目申报工作已全部完成。八是中国林产工业协会配合国家发改委修订《产业结构调整指导目录（2019年本）》；与联合国粮农组织（FAO）合作，召开2019世界林产工业产业峰会，共同打造高规格国际交流平台。九是积极参与国家林草局关于公文档案、安全保密、信息网络、软件正版化等多方面培训学习。

【**国家森林生态标志产品团体标准编制工作启动**】　为加快国家森林生态标志产品建设工程标准体系建设，1月14日，国家森林生态标志产品团体标准启动会暨首批参编企业对接会在北京举行。国家林业和草原局副局长刘东生、联合会常务副会长封加平出席并讲话，会议由联合会副会长兼秘书长王满主持。来自国家市场监督管理总局，原国家食品药品监督管理总局，相关省（区、市）林业产业主管部门、地方政府、国开行、科研院校、参与国家森林生态标志产品团体标准编制的林业企业和媒体等130余位代表参加此次会议。会议详细介绍了国家森林生态标志产品建设工程团体标准编制规划以及国家森林生态标志产品建设工程信息服务平台，解读了相关团体标准政策，明确了标准制定的具体要求与任务。刘东生肯定了团体标准编制工作开展将对国家森林生态标志产品建设工程推进的重要作用，希望与会代表以团体标准制定为契机，推进林业产业绿色、高质量发展。刘东生强调：要统一思想，深刻认识实施森林生态标志产品建设工程的战略意义；要明确责任，正确把握政府、协会、企业之间的关系，坚持"政府主导、协会实施、企业参与、市场运作"的创新机制；要努力工作，不断将森林生态标志产品建设工程向纵深推进。

【**第二十一届中国国际地面材料及铺装技术展览会**】　于3月26~28日在上海浦东新国际博览中心举办。作为集品牌展示、资源整合、国际贸易为一体的亚洲地材贸易展，2019年的展出规模扩大至17.5万平方米，迎来近1600家国内外展商，齐聚上海，共享全球地面材料新资讯，共商全球地面材料新发展。

【**中国国际定制家居暨门业展**】　以"定制"为主题的第六届中国国际集成定制家居展览会、第十八届中国国际门业展览会于3月15~18日在北京顺义新国展举办，1200余家定制家居品牌、定制门业品牌、定制家居产业链品牌齐亮相，带来一场定制家居新品展示、家装风格潮流品鉴的盛宴。本届展会涉及定制家居全产业链产品，充分展示了全屋定制、整木家装、木门、进户门、金属门、各种柜类、涂料五金、辅材、智能制造设备等新产品和新技术，极大彰显了定制家居及门业行业品牌的品质。

【**第五届世界地板大会暨第22届中国地板行业高峰论坛**】　由中国林产工业协会、中国林科院木材工业研究所主办的第五届世界地板大会暨第22届中国地板行业高峰论坛于3月25日在上海举办。本届大会以"赋予新动能，构建新格局"为主题，汇聚500多位来自中国、美国、欧洲等多个国家和地区的行业领导、专家、学者和业界精英。大会深入探讨适应和把握引领新常态，破解产业发展的困局，促进地板产业高质量发展等热点话题。开幕式由中国林产工业协会秘书长石峰主持，中国林产工业协会执行会长王满、中国林科院木材工业研究所党委书记黄冰、国家林业和草原局科技司副司长王连志、上海万耀企龙展览有限公司总裁仲刚分别致辞。本届大会特别举行地板产业国家创新联盟发起单位授牌仪式。地板产业国家创新联盟是由国家林业和草原局批准成立，面向全国的开放性"产学研"合作组织，是地板产业协同创新和服务的平台。

【**林业企业科技发展交流会**】　由联合会主办、共享经济分会承办的以"共享科技　共创未来"为主题的林业企业科技创新发展交流会于3月29日在北京举行。联合会常务副会长封加平、国家林业和草原局科学技术司巡视员厉建祝、联合会副秘书长陈圣林等出席交流会。会上，清华经管虚拟现实及人工智能产业研究院主任研究员、中科院云计算中心虚拟现实研究院副院长文钧雷，泓森林业有限公司董事长、中南林业科技大学博士侯金波，北京曦华科技发展有限公司创始人、国防科技大学博士李舰艇，上善本源（北京）生态科技有限公司董事长、中国医药教育协会特色医疗委员会副会长夏云光等分别就虚拟现实和人工智能、林木遗传育种、天基物联网技术、小分子团原子氢水等前沿科技与森林旅游等进行演讲。联合会共享经济分会就林业共享经济发展、林业产业科技创新、林业商业资源协调、林业企业促进服务和林业与其他产业跨级融合等方面不断开拓创新，提出"新零售+农林牧渔模式"，结合地方农林牧渔产品上行、前沿技术在地方的扩散和落地两大功能，全面促进林业产业融合和全面发展。

【**国家森林生态标志产品森林生态食品发展研讨会**】　于4月13日在安徽芜湖召开。联合会常务副会长封加平，安徽省林业局副局长邱辉、芜湖市政府副秘书长徐昌华、联合会副秘书长陈圣林、国家林业和草原局发改司木材行业处处长周泽峰出席会议。三只松鼠股份有限公司、安徽溜溜果园集团、芜湖盛世田园现代农业发展有限公司、芜湖张恒春药业有限公司等企业代表及行业专家参加会议，分别详细介绍了企业的质量信息系统、食品安全文化以及产品标准和企业发展情况。为推进森标工程标准体系建设，联合会于2018年启动国家森林生态标志产品团体标准编制工作，率先开始森林生态食品和森林生态道地药材两项团体标准编制，为了确保标准落地的时效性和适应性，开展了两项团体标准的实施试点工作。会议为被确定为"国家森林生态标志产品建设工程"团体标准实施试点单位授牌。同期，《国家森林生态标志产品 森林生态食品总则》团体标准专家讨论会、《国家森林生态标志产品 森林生态（道地）药材总则》团体标准初稿讨论会在芜湖召开。

【红木家具产业国家创新联盟】 红木家具产业国家创新联盟成立暨首届红木家具产业转型与可持续发展高峰论坛于4月25日在浙江东阳召开，该联盟旨在解决产业发展中的共性关键技术，推动科研与生产紧密衔接，提升产业科技创新水平。联合会常务副会长封加平，联合会副会长兼秘书长、中国林产工业协会执行会长王满，浙江省林业局科技处处长何志华，浙江省林业局林业改革和产业发展处处长，浙江省红木研究会会长吴晓平，东阳市委常委、常务副市长王天仁，东阳市人大副主任陈绍龙，东阳市政协副主席王玉才等领导参加活动。同时汇聚了全国资深专家、教授、全国重点产区协会领导、东阳红木家具企业负责人、"红创二代"代表、媒体记者等140余人参加会议。红木家具产业国家创新联盟是国家林业和草原局批准成立的首批创新联盟之一，联盟的正式成立，是推动红木家具产业高质量发展的又一具体行动。联盟由联合会牵头，东阳市明堂红木家俱有限公司等机构联合发起，将以联盟为基础，围绕红木家具产业技术创新的关键问题开展技术合作，加速科技成果的转移转化，提升产业整体竞争力，为行业持续创新提供人才支撑；进一步整合红木家具产业链上下游资源，建立专项技术平台，开展联合攻关，共享知识产权，增强红木家具产业自主创新能力，推动红木家具产业科学化管理和技术进步，促进红木家具产业规范、持续和高质量发展。

【冻干果品产业国家创新联盟】 首届全国冻干果品产业创新发展座谈会于4月27日在河南省召开，冻干果品产业国家创新联盟正式成立。会议宣读《国家林业和草原局关于同意成立林业和草原国家创新联盟的通知》、联盟专家咨询委员会名单；表决并通过《冻干果品产业国家创新联盟工作规则》，提名推选首届理事会理事成员名单，提名推选首届理事会理事长、执行副理事长、副理事长、秘书长等人员名单。

【2018年度中国林业企业社会责任报告发布会】 由中国林产工业协会主办，国家林业和草原局、联合会支持的中国林业企业社会责任报告发布会6月19日在人民大会堂召开。中纪委驻原国家林业局纪检组组长、中国绿化基金会主席陈述贤出席会议并讲话，会议由中国林产工业协会秘书长石峰主持。国家林业和草原局科技司、发改司领导及有关单位负责同志，有关部委领导及相关负责人，15家社会责任报告发布企业代表及近40家中央媒体与会。

【首届中国森林旅游国际峰会】 联合会森林生态旅游分会与人民日报社《民生周刊》、中国绿色时报社《森林与人类》杂志、广东观音山国家森林公园联合主办的首届中国森林旅游国际峰会暨2018~2019年度中国森林旅游影响力百强榜发布会于7月27日在北京国际会议中心举行。原国家林业局局长、联合会会长贾治邦，联合会副会长兼秘书长王满，中国林学会副理事长兼秘书长陈幸良，人民日报社民生周刊总编辑全世杰出席会议。联合会副会长兼森林生态旅游分会理事长、中国林业集团有限公司党委书记兼董事长宋权礼，中国绿色时报社社长张连友出席会议并致辞。会议邀请尼泊尔、俄罗斯、塞尔维亚等国驻华使节出席。峰会组委会发布"2018~2019年度中国森林旅游影响力百强榜"。

【2019汉麻产业国际会议】 为实现汉麻的综合利用和全产业链的协调发展，推动全球汉麻综合利用技术创新，由中国纺织工业联合会、联合会共同主办，国家汉麻产业联盟、中国农业科学院麻类研究所、黑龙江省科学院共同承办的2019汉麻产业国际会议于9月19日在北京举行。本次国际学术会议的主题是"人类与汉麻——健康新时代"，主要围绕汉麻产业和研究领域的新技术、新产品和新成果进行技术交流和展示，包括各国汉麻产业与政策情况、汉麻新品种选育、汉麻收获与加工机械、汉麻纺织技术、复合材料制备与应用、汉麻籽食品与健康等。大家从政策、产业、市场、技术、渠道等方面深度剖析汉麻产业结构，多角度、全方位共话中国汉麻产业的重大机遇和投资前景。来自中国、加拿大、美国、德国、俄罗斯、乌克兰、日本、泰国、荷兰等国家的全球汉麻产业专家、企业家及行业代表参加会议。

【中国林产品交易中心战略合作协议】 联合会会长贾治邦、常务副会长封加平、副会长兼秘书长王满、副秘书长陈圣林一行于9月24~25日赴浙江省宁波市进行产业调研考察，与浙江省委副书记、宁波市委书记郑栅洁，宁波市委常委、常务副市长陈仲朝等领导深入交流协商，就建设中国林产品交易中心与宁波市人民政府签署战略合作协议。

【全国油茶产业创新发展大会】 由联合会与耒阳市政府主办的全国油茶产业创新发展大会于10月16~18日在湖南耒阳举行。原国家林业局局长、联合会会长贾治邦，湖南省政协副主席、致公党湖南省委主委胡旭晟，湖南省政协原副主席、省文联主席欧阳斌，原国家林业局总工程师、联合会常务副会长封加平，国家林业和草原局发改司司长刘拓等领导出席。油茶产业创新发展论坛、油茶产品及艺术文化体验展、2019油茶化妆品科技论坛同期举办。

【第12届中国义乌国际森林产品博览会】 11月1~4日在浙江义乌举办，主题为"合理利用林草资源 共建共享美好生活"。原国家林业局局长、联合会会长贾治邦出席开幕式。森博会创始于2008年，是国家林业和草原局主办的三大国家级林业重点展会之一。本届森博会共设展位3662个，来自32个国家和地区的1696家企业参展，展览面积8.5万平方米，参展商品10万种以上，境内外采购商参展参会达近50万人次。展品涵盖家具及配件、木质结构和装修材料、木竹工艺品、木竹日用品、森林食品、茶产品、花卉园艺、林业科技与装备八大类，分设浙江省结对地区森林产品精品展、中国红木精品展、"一带一路"主题展、台湾农林精品展、浙江畲乡林产品展、创意林产品展、木(竹)雕展、森林食品展、木屋展、茶产品展10个特色展区。汇集来自"一带一路"沿线31个国家和地区以及全国25个省(区、市)的特色农林精品和林业新产品、新材料、新技术，有350余家国内农林产品企业已连续5年参展。森博会组委会针对展览内容的专业性、参展商与采购商的匹配度，利用大数据智慧办展，不断升级贸易通道。展会期间举办跨国采购商贸易洽谈会，来自巴基斯坦、也门、喀麦隆等国家的20家优质采购机构携明确订单前来采购，另有境外商协会、国内大型商超等12个专业采购商团队受邀参会。森博会期间，举办林业产业投资项目推介签约活动和云南森林生态产品招商推介会，集中发布了一批产业特色明显、科技含量高、市场前景好、带动作用强的林业项目。同期还举办2019年国际热带木材组织成员国木材生产贸易消费部级研讨班现场教学、国家林业重点龙头企业负责人培训班、中国林业电商与创意林业高峰论坛、"绿色生活·数字创造"国际会议等多项活动。

【第十四届中国木雕竹编工艺美术博览会】 由中国工艺美术协会、联合会、东阳市人民政府共同主办的第十四届中国木雕竹编工艺美术博览会于11月2日在浙江东阳开幕，来自全国各地的140名工艺美术大师汇聚于此，并带来153件木雕、竹编、刺绣、陶瓷、漆器、花画等作品。本届东博会以"匠艺回归 只为初心"为主题，推出新中国成立70周年工艺美术大师作品巡展、"中国的椅子"创新设计大赛两大亮点活动。博览会期间同期举行中国(东阳)木雕红木产业发展大会、第二届中国(东阳)香文化论坛、第十四届中国木雕竹编工艺美术作品创作大赛、全国木雕竹编工艺美术作品展等文化类系列活动以及第十四届中国木雕竹编工艺美术博览会惠购节、"东阳味道"美食节等系列活动。

【第十五届海峡两岸林业博览会暨投资贸易洽谈会】 以"建设南方森林食品基地发展全域森林康养产业"为主题的第十五届海峡两岸林业博览会暨投资贸易洽谈会于11月6日在三明开幕，共有来自海峡两岸的3000余名嘉宾和客商以及500余家企业参展，展示展销品种2100个以上。原国家林业局局长、联合会会长贾治邦，福建省人民政府副省长李德金，国家林业和草原局国家公园管理办公室主任张鸿文，中国国民党荣誉副主席蒋孝严，共同为第十五届海峡两岸(三明)林业博览会暨投资贸易洽谈会开馆。开幕式上，进行了国家林业和草原局管理干部学院三明培训基地授牌仪式，还为"森林康养基地建设十佳""绿色食品十珍""毛竹王""茶王"4项特色评选活动进行颁奖和授牌。同时进行项目签约仪式，已落实签约合同项目105项，总投资266.42亿元。投资1亿元或1000万美元以上项目57项，投资5亿元以上项目13项。

【第四届全国林业产业大会】 于12月3日在北京召开。会议由国家林业和草原局副局长刘东生主持，国家林业和草原局副局长李春良、国家林业和草原局党组成员谭光明、联合会常务副会长封加平出席。国家林业和草原局局长张建龙讲话强调：要认真践行习近平"绿水青山就是金山银山"理念，以提高发展质量和效益为核心，以林业供给侧结构性改革为主线，坚持生态优先、保护优先、合理利用、绿色发展，加快实现我国林业产业由高速增长向高质量增长的转变，更好满足人民日益增长的美好生活需要，为建设现代化经济体系和生态文明作出新贡献。会上，国家林草局与阿里巴巴集团签署战略合作协议，联合会、中国林业集团有限公司与吉林省辽源市政府签署合作治理东辽河流域意向书，北京森标科技有限公司与中国林业物资有限公司、中国太平洋财产保险股份有限公司分别签署森林标志产品投融资协议、森林标志产品质量保险协议。会议公布第四届中国林业产业突出贡献奖和创新奖、第四批国家林业重点龙头企业、新一批国家林业产业示范园区、首批试认定的森林生态标志产品名单。与会代表观看了《奋进新时代 绿山变金山——向高质量发展迈进的中国林业产业》宣传片。浙江省林业局、福建省林业局、广东省林业局、广西壮族自治区林业局作典型发言。

【中国-新西兰林业经贸合作座谈会】 于12月17日在北京举行，双方就中新两国木材及木制品加工贸易展开政府政策对话及企业论坛洽谈。联合会秘书长王满主持企业论坛，中新两国行业组织和企业对中新林业经贸合作现状、发展趋势、未来设想以及长期稳定的合作愿景，保护环境、以人为本的价值观念等议题进行深入交流和探讨。

【第二届中国天麻展销会暨天麻产业分会年度颁奖仪式】 由联合会天麻产业分会、金寨县中药(西山药库)产业发展中心、金寨县市场监督管理局、金寨县林业局、金寨县供销社联合主办的2019第二届中国天麻展销会暨天麻产业分会年度颁奖仪式于12月22日在中国药用菌大市场隆重开幕。中国林业产业联合会副会长兼秘书长王满致辞。

【第十届中国红木家具品牌峰会】 由全联民间文物艺术品商会、全联民间文物艺术品商会艺术红木家具专业委员会主办，中国收藏家协会、联合会红木产业分会、中国木材与木制品流通协会红木流通专业委员会鼎力支持，腾讯家居、《品牌红木》全媒体、太平洋家居作为官方媒体宣传助力的第十届中国红木家具品牌峰会于12月27在武汉·东湖国际会议中心隆重举行。数百名领导专家、企业家、行业精英共同出席助力本届红木品牌峰会。联合会副会长兼秘书长王满致辞。

（中国林业产业联合会由白会学供稿）

中国林业工程建设协会

【综　述】　2019年，协会会员单位从2018年的444家增加到539家。2019年的工作主要包括以下几个方面：按照上级党组织的部署开展党建工作，林业调查规划设计资质管理工作，林业行业优秀工程成果初选和推荐工作，林业调查规划设计资质单位管理人员和技术人员培训工作，专业委员会的工作等。

【党建工作】　协会党支部成立以来，通过"两学一做"学习教育和"不忘初心、牢记使命"主题教育，组织全体党员学习党章党规、学习习近平总书记系列讲话、学习其他重要文献，要求全体党员自觉做到遵守党章和其他党内规章，不忘初心，牢记使命，用共产主义远大理想和中国特色社会主义共同理想、用习近平新时代中国特色社会主义思想武装头脑。协会在主题教育中围绕下列选题做了专题调研，一是按照协会章程中的要求，弘扬和践行社会主义核心价值观；二是促进行业民营企业高质量发展；三是促进和服务民营企业技术人员申报工程技术职称工作；四是协会咨询专业委员会开展青年工程师咨询技能大赛并且获得好评。

【资质管理】　截至2019年底，在林业调查规划设计资质管理工作中，共有280个单位完成资质换证、120个单位完成资质升级、292个单位首次获得资质证书。

【加大创优力度，宣传行业优秀成果】　协会根据2016~2017年度全国林业优秀工程勘察设计成果，对其中符合条件的项目，推荐参加勘察设计协会组织的2019年度工程勘察、建筑设计行业和市政公用工程优秀勘察设计奖的评选。

【管理人员和技术人员培训】　为了有效促进各资质单位业务能力提升，协会与国家林草局管理干部学院密切合作，广泛听取学员意见，共同优化教学内容，精心组织课件，合理安排课程，认真遴选专业教师，教学质量明显提高。2019年举办各类资质单位培训班共计11期，其中：专业技术人员培训班7期，专题培训班4期，来自全国472家单位的1121名学员参加培训。

【发挥专业委员会的作用】　2019年协会新成立3家专业委员会，分别是3月在杭州成立的湿地专业委员会，5月在北京成立的森林城市和乡村振兴建设工程专业委员会，10月在北京成立的林草高新技术成果推广应用专业委员会。工程勘察、监理和施工专委会按照协会的相关管理办法及专委会章程的规定，完成《林业生态工程监理工作实施管理办法》和《国家林草局生态工程监理单位资质认定管理办法》的编制及评审工作。工程咨询专业委员会于2月和8月分别赴广东省岭南综合勘察设计院、贵州省林业调查规划院、内蒙古自治区林业监测规划院开展专题调研。9月举办首届"问道自然"杯青年工程师职业技能展示大赛，来自13个省（区、市）19家单位的25名选手参加决赛；11月，工程标准化专业委员会在福州召开年度工作会议暨团体标准编制研讨会；12月，信息技术与卫星应用专业委员会在深圳开展委员会年会暨大数据、信息网络安全与碳卫星技术应用专题研讨会；调查监测专业委员会在广西南宁市召开年会暨激光雷达技术应用专题研讨会。

【四届四次理事会】　10月11日，中国林业工程建设协会四届四次理事会暨绿色发展与生态建设林业研讨会在银川召开。来自全国各地112家单位、140名代表参加会议。会议采取无记名投票的方式表决通过《关于调整协会副理事长的议案》，以举手表决的方式通过《关于变更协会专业委员会主任的议案》《关于增补协会第四届理事会理事的议案》《关于发展协会第四届理事会第五批会员的议案》等。

【推荐林业行业单位和个人参加全国勘察设计行业迎接新中国成立70周年先进单位和优秀人物评选】　为深入贯彻落实中共中央办公厅、国务院办公厅《关于隆重庆祝中华人民共和国成立70周年广泛组织开展"我和我的祖国"群众性主题宣传教育活动的通知》精神，在全国勘察设计行业建国70年系列优秀项目的推选活动中，协会作为推荐单位，甄选出林业行业最杰出的代表参加评选活动。国家林业和草原局调查规划设计院原院长周昌祥和国家林业和草原局林产工业规划设计院原院长周鸿升获得全国优秀院长称号；国家林业和草原局调查规划设计院书记张煜星和国家林业和草原局中南调查规划设计院院长彭长清获得科技创新带头人称号；国家林业和草原局昆明勘察设计院院长唐芳林获得杰出人物称号；中国林业工程建设协会理事长李忠平获得优秀协会工作者称号；中国林业工程建设协会获得优秀协会称号；国家林业和草原局调查规划设计院、国家林业和草原局林产工业规划设计院作为行业"国家队"，获得优秀勘察设计单位称号；国家林业和草原局调查规划设计院完成的北方国家级林木种苗示范基地初步设计项目、广东省林业调查规划院和广东省岭南综合勘察设计院完成的东莞市大岭山森林公园工程综合集成设计项目、福建省林业勘察设计院完成的广东省阳东绿源人造板有限公司年产13.5万立方米高密度纤维板项目、吉林省林业勘察设计研究院完成的白河林业局兴隆林场总体设计项目、国家林业和草原局林产工业规划设计院完成的安徽安庆人造板厂年产5万立方米中密度板项目，获得优秀项目称号。

（中国林业工程建设协会由周奇供稿）

中国绿色碳汇基金会

【综　述】 2019年,中国绿色碳汇基金会(以下简称"碳汇基金会")获得捐赠收入4032万元,圆满完成本年年募资任务。各项工作稳步推进,取得较好成绩。

设立林草生态扶贫基金 经报国家林草局领导同意,在国家林草局扶贫办主导以及相关单位捐款支持下,"林业草原生态扶贫专项基金"在碳汇基金会正式设立。3月12日,副局长李春良出席成立仪式并致辞,该专项基金2019年获得国家林草局相关单位等捐款1656万元。按照国家林草局党组有关定点扶贫工作部署,在充分尊重捐赠单位意愿基础上,研究制订《林业草原生态扶贫专项基金管理暂行办法》及其配套文件,经过考察调研国家林草局在广西和贵州的4个定点扶贫县上报的《海花草产业化扶贫项目》《铁皮石斛种苗扩繁中心项目》等4个项目已通过专家评审完成立项,2019年安排生态扶贫专项基金1200余万元,现各县已经签订项目实施合同并拨付首期项目资金。

募资与项目 推动北京中科众邦科技有限公司捐资100万元发起成立"自然生态专项基金",深圳市桃花源生态保护基金会捐资173万元用于吉林省汪清县东北虎豹栖息地保护项目,纺织产品开发中心捐资200万元发起成立"时尚气候创新专项基金"。协调国际热带木材组织(ITTO)捐资约240万元支持"全球林产品绿色供应链专项基金"相关活动,欧莱雅(中国)有限公司捐资540万元用于大理南涧项目,上坤集团捐资用于中国西部腾格里沙漠边缘植被修复项目。

重视互联网公开募捐,策划上线"绿化祖国·低碳行动"、我们的冬奥碳汇林、圆劳模王银吉治沙梦等项目,通过腾讯、水滴、新浪等平台公开募捐约60多万元。先后实施蚂蚁森林四川省小金县沙棘造林、河北省武安市侧柏、油松造林项目,香港赛马会东江源碳汇造林、临安碳汇基金、永安碳汇基金等项目。

组织实施2019杭州马拉松碳中和公益项目、UNLEASH深圳大会碳中和项目、2019国际生态环境新技术大会碳中和项目、全国A级旅游景区质量提升培训班碳中和项目、中国基金会发展论坛2019年会碳中和项目、第二届紫竹国家高新技术产业开发区可持续发展论坛碳中和项目、第二届百名艺术家重走长征路活动碳中和项目、2019中国绿公司年会碳中会议。

积极推进碳汇基金会最大公益项目内蒙古盛乐国际生态示范区项目初步验收工作,督促完成266.67多公顷补植任务。组织完成第二期133.33公顷香港赛马会东江源碳汇造林项目碳汇监测工作。完成2016年度133.33公顷香港赛马会东江源碳汇造林项目、2016年G20杭州峰会碳中和林项目、爱马仕爱边疆碳汇造林项目、2017中国绿公司年会碳汇林项目、圆劳模王银吉治沙梦第一期项目的验收。回访考察春秋集团资助的为地球母亲专项基金康保县生态修复项目,并对项目成果进行评估。

联合地方林业部门召开冬奥碳汇林项目2019年度工作会议,与冬奥组委、北京市政府初步协商成立冬奥碳中和专项基金会。积极参与政策制订,对有关部委印发的《碳排放权交易管理暂行条例》《大型活动碳中和实施指南(试行)》提供意见、建议,与天津排放权交易所、四川省林业和草原局签署碳汇项目开发战略合作。

宣传与活动 深入开展线上线下品牌活动,积极参加国际国内重大会议,扩大基金会及品牌项目活动社会影响。

积极参与腾讯公益520公益打榜活动,荣登首期慈善信用榜TOP30榜单。参加在和林格尔举办的"为共筑北方重要生态安全屏障争做贡献——2019美丽中国,我是行动者"植树活动,组织"达能集团全球志愿者月"植树活动,首次打造特装展位参展深圳第七届中国公益慈善项目交流展示会。承办2019中国生态竞争力峰会、共建全球绿色供应链国际论坛,协办虎豹国际研讨会。

积极参加创建零碳和气候适应型未来商业责任论坛、2019年中国环境资助者网络(CEGA)工作会议、四川省林业碳汇国际研讨会、2019气候创新·时尚峰会、第三届智慧引领·绿色出行峰会、绿色领导力一带一路绿色发展平台年会、新一代人工林NGP国际研讨会、中国基金会发展论坛年会、野生动植物保护国际执法合作学术研讨会。正式发布首部林业碳汇交易项目开发应对气候变化专题科教片《碳索之路》。

受邀到英国访问国际野生物贸易研究组织,完成与欧洲森林保护机构派员交流学习项目,出席阿布扎比联合国气候行动峰会预备会、联合国气候行动纽约峰会,向"基于自然的解决方案"提出的"倡导社会各界通过植树造林实现碳中和目标""绿化祖国,低碳行动植树节活动倡议""中国企业气候行动倡议"最终得到采纳。受邀出席西班牙2019联合国气候大会,主办"从绿色碳汇到蓝色碳汇"中国角边会和联合国气候变化大会COP25边会"基于自然解决方案的全球协作和知识分享",参加生态环境部气候战略中心主办的"基于自然的解决方案"主题边会和北京冬奥组委主办的"北京2022绿色冬奥"主题边会并致辞。

着力发挥基金会自媒体以及合作伙伴、渠道的传播功能,多渠道传递基金会影响力。正式上线新版基金会官网,推进微信等自媒体建设,提升互联网关注度。印发《关于进一步加强志愿者工作站管理工作的通知》,提升志愿者工作站管理水平。在生态司指导下在《中国绿色时报》刊发全国低碳日专版,2020年全国林业和草原工作会议特刊,在《人民日报》海外版发表农户森林碳汇项目成果。

党建与内部治理 深入贯彻学习《中共中央关于加强党的政治建设的意见》《中国共产党支部工作条例(试行)》等文件精神,新修订由5项制度构成的《中国绿色碳汇基金会党支部制度汇编》,制订《中国共产党中国绿色碳汇基金会支部工作规则》。结合碳汇基金会实际情况，按照章程要求重新申请成立、选举中共中国绿色碳汇基金会支部委员会并获得局机关党委批复。按照国家林草局党组《"不忘初心、牢记使命"主题教育检视问题实施方案》工作要求，按照主题教育活动实施方案，碳汇基金会认真组织开展"不忘初心、牢记使命"主题教育活动，对照"五个差距"，制订切实可行、行之有效的整改措施并已完成8个检视问题的整改工作。

在国家林草局党组关怀下，完成碳汇基金会秘书处主要领导的调整，健全碳汇基金会党支部。圆满完成2019年社会组织评估工作，再次获得4A等级成绩。组织召开二届六次、七次理事会，审议通过章程（修订稿），明确新的宗旨"应对气候变化，发展碳汇事业，推动绿色发展，建设美丽中国"，制修订《秘书处内设机构及其职责》《秘书处人员配置方案》《秘书处人员薪酬管理制度》《秘书处员工考勤管理办法》《基金会兼职副秘书长提名和聘任办法》《基金会项目管理办法》《基金会因公临时出国（境）管理暂行办法》及非货币性资产捐赠和关联方交易管理规定，印发施行基金会信息公开办法内部制度文件，出台《基金会保值增值投资活动管理暂行办法》。完成副理事长兼秘书长刘家顺等新任理事备案。顺利通过2018年度财务审计、完成民政部2018年年检报告。

【营建"蚂蚁森林"】 9月16日，由交通运输部支持，蚂蚁金服集团捐赠，碳汇基金会作为公益合作伙伴组织实施的蚂蚁森林沙棘造林项目在四川省阿坝州小金县启动。支付宝的蚂蚁森林用户们用不到一天的时间就将55万株沙棘全部认种申领。碳汇基金会与当地合作伙伴稳步推进项目落地，把蚂蚁森林用户们助力秀美金川的愿望变成现实。项目将在小金县种植333.33公顷55万株沙棘经济林，有效改善区域生态环境，促进区域生物多样性保护。项目将为贫困户提供24 500个工日的劳务机会，使当地260余户建档立卡贫困户受益，促进后续产业发展，巩固脱贫成果。此外，碳汇基金会的第二个蚂蚁森林项目——河北省邯郸市所属武安市蚂蚁森林侧柏、油松造林项目，也已上线支付宝蚂蚁森林平台。2019年基金会与蚂蚁森林全面开展的实质性公益项目合作，已成长为蚂蚁森林主要供应商，为服务互联网公益行动打下厚实基础。

【参加2019联合国气候大会】 12月2~13日，第25届联合国气候变化大会（COP25）在西班牙马德里召开。来自196个国家的政府谈判代表为如何完成《巴黎气候变化协定》全面实施方面的若干事项进行磋商。马德里时间12月5日，碳汇基金会首场边会在COP25中国角举办，主题为"从绿碳到蓝碳，从陆地到海洋"。会议由国家林草原局指导，碳汇基金会和环境资助者网络（CEGA）共同主办。来自西班牙、法国、英国、美国、非洲、太平洋岛国等12个国家和地区的近百名代表出席边会，理事长杜永胜作主题发言。12月9日，由碳汇基金会与中国国际民间组织合作促进会联合主办，清华大学气候变化与可持续发展研究院、阿拉善SEE基金会、中国民间应对气候变化行动网络、一带一路绿色发展平台、中国纺织工业联合会社会责任办公室、联合国环境署—中国科学院国际生态系统管理伙伴计划等共同协办的COP25基于自然解决方案——全球协作知识分享会在西班牙马德里举办，副理事长兼秘书长刘家顺作主旨发言。

参加第25届联合国气候变化大会

【获4A级全国性社会组织】 4月29日，民政部到中国绿色碳汇基金会进行社会组织现场专家评估工作。9位专家对碳汇基金会的基础条件、财务管理和工作绩效三个方面进行实地考察和现场评估并给予充分肯定。10月11日，继2014年首次荣获4A等级评估结果之后，碳汇基金会再次荣获民政部2018年4A等级全国性社会组织。

【多个公益项目获奖】 1月15日，中国大众媒体联袂发起的2018第八届中国公益节暨"因为爱"2018致敬盛典在北京成功举办。由碳汇基金会等选送的圆劳模王银吉治沙梦（项目）、中国绿公司年会碳中和项目荣获中国公益节颁发的"2018年度公益项目奖"。11月1日，第二届水滴筹"111·小善日"公益盛典在北京举办。碳汇基金会受邀参加活动并喜获"向善公益伙伴奖"。碳汇基金会作为水滴公益平台在环保领域的重要合作伙伴，在其平台上线的"一起绿化沙漠"荒漠化防治项目以及"守护萌物小猴子的家园"菲氏叶猴保护项目，累计筹款超过30万元，捐款活动有1.4万多人次参与。

【气候变化专题片《碳索之路》发布】 10月18日，在四川省林业碳汇国际研讨会上，碳汇基金会制作的首部林业碳汇交易项目开发与林业应对气候变化专题科教片《碳索之路》正式发布。该片深入浅出、生动有趣地向观众展示了全球气候变化背景、产生原因和有效解决对策。是迄今为止国内第一部聚焦林业碳汇交易和林业碳资产开发、专业性强且通俗易懂的中英双语科教片。

（中国绿色碳汇基金会由何宇供稿）

中国水土保持学会

【综　述】　中国水土保持学会（Chinese Society of Soil and Water Conservation）是由全国水土保持科技工作者自愿组成、依法登记的全国性、学术性、科普性的非营利性社会法人团体。学会于1985年3月由国家体改委批准成立，并成为中国科学技术协会团体会员。

中国水土保持学会于1986年5月、1992年5月、2006年1月、2010年12月和2016年12月在北京分别召开了第一、第二、第三、第四、第五次全国会员代表大会，杨振怀任第一届、第二届理事会理事长，鄂竟平任第三届理事会理事长，刘宁任第四届、第五届理事会理事长（2016年1月至2018年1月），陆桂华任第五届理事会理事长（2018年1月至今）。

中国水土保持学会下设15个专业委员会，全国共有29个省级水土保持学会。

【党建工作】　2019年，学会共召开三次党委会议，传达学习中国科协有关文件精神，前置审议学会"三重一大"事项。

5月7日，学会党委在河南三门峡开展了"传承黄河大坝精神，牢记学会发展使命"主题教育活动。

【学会建设】　2019年，学会共召开1次理事会会议、2次常务理事会会议、4次理事长办公会，审议通过了学会修订或制定的制度和其他重要事宜。

5月7日，学会在河南三门峡召开2019年秘书长工作会议，73名代表参加会议。会议传达了有关文件精神，总结了学会2018年工作，部署了学会2019年重点工作，开展了工作交流和研讨。

5月27~29日，学会开展了"全国科技工作者日"座谈会等系列活动，庆祝第三届"全国科技工作者日"。

2019年，学会在北京分别召开了学术交流、期刊与科技奖励工作委员会会议、组织宣传工作委员会会议、咨询与评价工作委员会会议和科普工作委员会会议。各工作委员会会议研究了各专项工作的工作思路，审议了专项重点工作。

【学术交流】

国际学术交流　5月10~12日，"一带一路"防灾减灾和可持续发展国际学术大会在北京举行，学会作为承办单位之一参与了此次大会。会议主题为：携手共建安全、绿色、可持续发展的丝路。

两岸学术交流　10月20~26日，学会与台湾中华水土保持学会在深圳共同主办了2019年海峡两岸水土保持学术研讨会。会议主题为：水土保持与永续环境。

国内学术交流　12月4~7日，学会在北京举办第二届中国水土保持学术大会。会议主题为：重保护、强监管，打造幸福黄河。大会开设主会场和10个分会场以及学科发展论坛、青年学术论坛，来自全国的千余名水土保持科技工作者参会。大会共征集到237篇论文和摘要。

第二届中国水土保持学术大会

【学术期刊】　11月15日，学会在北京召开《中国水土保持科学》第四届编委会2019年主编会议。会议总结了第四届编委会2019年工作，围绕期刊目前存在问题及应对措施、定位与办刊宗旨、学术质量提升举措、完善审稿流程和同行评议制度等方面展开了研讨，聚焦了期刊未来发展方向。

2019年，学会共发表文章110篇，其中水保黄河专栏8篇、基础研究26篇，应用研究59篇，开发研究1篇，工程技术8篇、创新研究2篇、研究综述6篇。

期刊继续与中国知网合作，推出整期"优先出版"，现期刊纸质版印刷之前，电子版优先在线发表。期刊官网和微信公众号及时更新和推送当期目录和精选论文。

学会开展第八届《中国水土保持科学》优秀论文评选工作，评选范围涵盖期刊2017年1~6期，共计111篇。评选出优秀论文5篇。

【科普工作】　学会开展第三批"全国水土保持科普教育基地"评选工作，北京市鹫峰水土保持科技示范园等5家国家水土保持科技示范园区被评为学会第三批"全国水土保持科普教育基地"。

5月12日，学会在山西太原开展2019年全国防灾减灾日科普宣传活动。活动主题是：提高灾害防治能力，构筑生命安全防线。

9月21日，学会在北京举办水土保持科普大讲堂。活动主题是：走近水土保持。

11月30日，学会副理事长刘国彬研究员在中央电视台《开讲啦》栏目讲述水土保持故事。

【服务创新型国家和社会建设】　学会完成生产建设项目水土保持方案编制单位和监测单位水平评价工作，731家方案编制单位、257家监测单位提出水平评价申请。经学会咨询与评价工作委员会组织专家进行评审，

2019年全国防灾减灾日科普宣传活动

方案编制单位评审结果：412家单位满足基本条件，其中14家单位为5星级、61家单位为4星级、79家单位为3星级、121家单位为2星级、137家单位为1星级。监测单位评审结果：173家单位满足基本条件，其中2家单位为5星级、10家单位为4星级、20家单位为3星级、37家单位为2星级、104家单位为1星级。

【评优表彰与举荐人才】 学会共评选出第十一届中国水土保持学会科学技术奖7项，其中一等奖3项、二等奖2项、三等奖2项；第二届中国水土保持学会优秀设计奖22项，其中一等奖3项、二等奖7项、三等奖12项。

2019年，学会向中国科协举荐国家科学技术奖候选项目2项。

（中国水土保持学会由张东宇供稿）

中国林业教育学会

【综　　述】 中国林业教育学会系国家一级学会，成立于1996年12月，是学术性、科普性、公益性、全国性的非营利性社会团体。学会由教育部主管，业务挂靠在国家林业和草原局，秘书处设在北京林业大学，专职工作人员4人。2010年被民政部评为全国先进社会组织。学会设有高等教育分会（挂靠北京林业大学）、成人教育分会（挂靠国家林业和草原局管理干部学院）、职业教育分会（挂靠南京森林警察学院）、基础教育分会（挂靠中国林业出版社有限公司）、教育信息化研究分会（挂靠北京林业大学）、毕业生就业创业促进分会（挂靠国家林业和草原局人才开发交流中心）、自然教育分会（挂靠中南林业科技大学）7个二级分会，同时设有组织、学术、学科建设与研究生教育、专业建设指导、教材与图书资源建设、交流与合作6个内设工作委员会。团体会员单位207个，覆盖全国设有林科专业的本科院校、科研机构和高职高专院校。涵盖70余个各级政府主管部门、20家涉林企业、20个基层林业管理部门和部分林区中小学。学会网址：http：//www. lyjyxh. net. cn，会刊《中国林业教育》。截至2019年底，中国林业教育学会共有理事172人，常务理事50人。

【组织工作】 中国林业教育学会于3月8日召开五届五次常务理事会，审议学会2018年工作总结和2019年工作要点。召开学会秘书长工作研讨会，各分会交流本分会2019重点工作，审议《中国林业教育学会制度汇编》，要求各分会以更高的政治站位、更规范的科学管理、更健全的体制机制加强自身建设。完成基础教育分会秘书处从黑龙江森工总局向中国林业出版社有限公司调整的档案交接、业务衔接等前期工作。

【课题研究】 学会组织专家学者积极申报林业教育重点课题、专项委托项目，成功获得国家林草局人事司专项委托项目、国家林草局人才中心专项委托项目、2019年林业和草原软科学研究项目资助各1项，中国高教学会专题报告项目资助1项，累计获得经费90万元，为学会凝聚团体会员单位、加强决策咨询研究提供了条件。其中林业软科学课题《林业领域科学发展宏观研究及政策建议》由副理事长骆有庆牵头，凝聚行业力量，深入研究林业领域学科需求及目标，分析林业领域学科体系结构功能，为林业领域学科设置提供研究支撑。

【创新创业教育实践】 5月18~22日联合局人才中心、北京林业大学等单位，在2019年全国林业和草原科技周主会场活动期间主办绿色创新创业优秀项目成果展示，遴选包括首届全国林业创新创业大赛、"互联网+"创新创业大赛金奖等在内的40项大学生双创成果，受到科技部、国家林业和草原局领导的好评。组织大学生双创团队开展"助力乡村振兴 共绘美丽中国"主题实践。10所高校的大学生双创团队代表先后赴河北农业大学、李保国科研基地、雄安千年秀林建设现场开展实地实践。

【第三届全国林业院校校长论坛】 学会贯彻教育部推动新农科建设的部署，以"新林科 新路径 新探索"为主题，于7月29~31日在浙江农林大学举办第三届全国林业院校校长论坛，全国49所涉林涉草院校、科研院所的领导、林学学科评议组专家共计150余名代表出席会议，深入研讨形成新林科建设实施框架和路线图。学会理事长彭有冬发表书面讲话。论坛征集新林科建设实践案例26项，设置特邀主题报告、校长新林科实践交流和分组讨论板块，并创新性开设校长对话环节。

【学术大师绿色讲堂计划】 学会于10月18日在北京林业大学启动学术大师绿色讲堂计划并组织首场报告会，学会理事长彭有冬、中国工程院院士沈国舫、北京林业大学党委书记王洪元和校长安黎哲共同为学术大师绿色讲堂计划揭牌。沈国舫院士为现场近500名师生作首场报告。

【科普教育示范行动】 学会全年实施林业的草原科普项目"基于大中小学联动的林业和草原科普教育示范行动"。实施"大手拉小手"自然经典好书阅读传递计划，举办"悦读自然经典 共建绿色地球"自然阅读分享会，聘请首批自然阅读指导专家，向北京林业大学等4个学生社团赠阅自然好书100本。学会结合智力扶贫与科右前旗俄体中学、北京林业大学附属小学等学校进行自然阅读传递实践活动，累计捐赠自然科普读物300余本，覆盖中小学生群体达500人次，并于9～10月集中开展科普读物心得体会汇报会，征集优秀心得体会30余篇。

【出版刊物】 学会编辑出版《中国林业教育》正刊6期，职教分会秘书处编辑、发行《林业职业教育动态》（纸质版）5期。

【分会特色工作】

高教分会 联合北京林业大学等涉林高校积极参与教育部新农科三部曲相关研究工作，召开新林科建设研讨会。完成中国高教分会专题研究课题，发布"建强涉林涉草学科"专题报告，组织专家编写完成《新林科发展路径与初步架构》初稿。12月与林学类专业教学指导委员会联合举办全国农林院校经济林专业建设研讨会，组织会员单位参加中国高等教育学会10月在兰州大学举办的2019高等教育国际论坛年会。

成教分会 12月在湖南长沙市召开成教分会2109年年会。完成《林业信息化知识读本》《森林防火知识读本》《林业和草原干部教育培训理论与实践》《草原知识读本》等干部培训教材编写出版工作，组织开展干部教育培训教材建设研究研讨。协助局人事司完成《国家林业和草原局贯彻落实〈2018～2022年全国干部教育培训规划〉的实施意见》《关于加强林草人才队伍建设的意见》等文件的起草工作，以及林业和草原干部教育培训及人才"十四五"规划前期研究等，服务林草干部人才培养培训理论创新与政策决策。

基教分会 开展林草特殊的基础教育理论研究。组织会员单位围绕基础教育改革、教师发展、教育技术、劳动教育等方面开展理论研究工作，组织相关研究研讨会。1月底完成黑龙江生态工程职业学院与中国林业出版社有限公司关于分会秘书处的业务交接工作。参与中小学的"大手拉小手"自然阅读传递实践活动。

教育信息化研究分会 支撑学术大师绿色讲堂计划，组织团队做好报告的后期制作和在线传播工作。组织会员单位申请生态文明信息化教学专项课题申报，开展林业特色网络课程资源建设与共享调研与研讨。联合有关林草高校就信息技术与一流专业建设、一流课程建设和一流教材建设融合发展领域开展研讨和交流。

毕业生就业创业促进分会 5月联合国家林业和草原局人才中心在全国林业和草原科技活动周上联合组织"助力乡村振兴 共绘美丽中国"大学生双创成果主题展示交流活动。11月联合北京林业大学、东北林业大学和南京林业大学招生就业部门联合组织举办2020届毕业生"供需见面、双向选择"洽谈会。组织开展"扎根基层工作、林草毕业生典型进校园"宣讲活动。

自然教育分会 全年承办国家林业和草原局自然教育培训班2期、森林旅游培训班1期；10月在中国森林旅游节期间，自然教育分会与国家林业和草原局森林旅游管理办公室、中国林业与环境促进会自然资源营地委员会和南通市人民政府共同主办自然教育论坛，论坛以"面向未来的自然教育"为主题，围绕自然教育的目标与任务、自然教育的理论与方法、保护地自然教育资源、保护地自然教育实践等话题展开探讨；组织编写《自然教育理论与实践》，获批国家林业和草原局"十三五"规划教材；分会秘书处主持《砥砺前行15年：基于创新能力培养的自然教育课程改革与实践》项目获湖南省教学成果二等奖。

【全国林科十佳毕业生评选】 完成2020届全国林科十佳毕业生评选。评选出30名全国林科十佳毕业生、120名全国林科优秀毕业生。其中，研究生组十佳毕业生10名，优秀毕业生40名；本科生组十佳毕业生10名，优秀毕业生40名；高职生组十佳毕业生10名，优秀毕业生40名。活动于5月28日在广西生态工程职业学院启动，9月发布评选正式通知，11月举行专家评审，评选出高职、本科、研究生十佳毕业生和优秀毕业生，颁奖典礼于12月31日在东北林业大学举行，学会原荣誉理事长刘于鹤出席并颁奖。通过10年的建设，参与活动的毕业生人数达68万人，共评选出全国林科十佳毕业生280名，优秀毕业生1124名，活动由北美枫情（上海）商贸有限公司冠名，中国林业教育学会、国家林业和草原局人才开发交流中心联合主办。

表29-1 "北美枫情杯"2020届全国林科十佳毕业生名单

研究生组十佳毕业生名单

姓名	性别	学校
王 健	男	中南林业科技大学
车星锦	男	西南林业大学
孙延菲	女	北京林业大学
米冰冰	女	国际竹藤中心
严 妮	女	北京林业大学
孟繁丽	女	中国林业科学研究院
姚 雄	男	福建农林大学
夏文静	女	南京林业大学
郭明明	男	西北农林科技大学
焦 月	女	东北林业大学

本科生组十佳毕业生名单

姓名	性别	学校
王 苑	女	福建农林大学
王文锋	男	北华大学
王玲玲	女	内蒙古农业大学

(续表)

姓名	性别	学校
王媛媛	女	浙江农林大学
应路瑶	女	东北林业大学
李绍芃	男	山东农业大学
邸晨曦	女	西北农林科技大学
曹颖	女	南京林业大学
黄靖涵	女	西南林业大学
潘萌	女	北京林业大学

高职生组十佳毕业生名单

姓名	性别	学校
方英才	男	福建林业职业技术学院
王冰洁	女	山西林业职业技术学院
史会霖	女	辽宁生态工程职业学院
石健阳	男	杨凌职业技术学院
立争吾木	女	云南林业职业技术学院
杨兆基	男	湖北生态工程职业技术学院
邵帆	男	江西环境工程职业学院
武子豪	男	江苏农林职业技术学院
傅海静	女	丽水职业技术学院
程锋云	男	云南林业职业技术学院

(中国林业教育学会由康娟、田阳供稿)

中国林场协会

【综述】 2019年，中国林场协会认真贯彻落实党和国家的方针、政策，持续深化和巩固国有林场改革成果，积极开展各项工作，不断拓宽服务领域，持续提高服务能力和水平，为推动新时期林业和国有林场发展做出了一定成绩。

调查研究 2019年，围绕国有林场做好"一场一美景"和"森林康养"建设等为主题，组织开展调研活动，形成《关于深入实施国有林场"一场一美景"建设，全面推进林业充分发挥生态效益的专题调研报告》。

国有林场场级干部异地挂职工作 2019年，与各省级国有林场主管部门、派出林场和接收林场及时进行沟通、协商、对接，顺利完成来自全国22个省（区、市）的96名场级干部挂职工作，接收挂职锻炼的林场达到58个。

宣传工作 继续做好《林场信息》的编辑和发行工作，全年共编辑发行《林场信息》专刊21期，每期760余份。积极做好协会网站、微信公众平台的信息更新和维护，确保将协会的有关工作和其他相关信息及时上网宣传。与中国绿色时报社联合开展"林草辉煌70年——国有林场 生态先锋"大型宣传活动。加强微信公众平台的建设，设立中国林场新闻专栏，将会员动态以短新闻合集的形式发布。

统筹会议 4月，在江西省南昌市召开四届四次常务理事扩大会，推选产生28家2018年度全国十佳林场。10月，中国林场协会森林康养专业委员会年会在陕西省周至县楼观台国有生态实验林场举行，推选产生首批"中国森林康养林场"，山西省晋中市榆次区乌金山等54家国有林场获得荣誉。2019年，协会共举办3次部分省区国有林场年会，参加年会活动的总人数达到400人。

拓展服务领域和工作范围 6月，中国林场协会林场文化专业委员会在山东省淄博市原山林场成立。原山林场当选为主任委员单位，河北省木兰林管局北沟林场等12家林场当选为副主任委员单位。国家林草局副局长刘东生发来贺信，对林场文化专业委员会今后发展寄予厚望。

信息员队伍建设 5月，全国国有林场信息员培训班在湖北省麻城市五脑山林场举办，共有127名信息员参加培训，6位来自会员林场的优秀信息员代表作了交流发言，3位专家作了专题讲座。

扩大会员队伍建设 2019年，协会新发展会员单位72家。截至2019年底，协会会员单位总数已达718家，为协会各项工作的正常开展拓宽了层面、夯实了基础。

(付光华)

中国生态文化协会

【综述】 2019年，新中国成立70周年，是全面落实"十三五"规划的重要一年。中国生态文化协会紧紧围绕国家生态文明建设的总体部署和要求，以国家林业和草原局的中心任务来谋划和开展工作，扎实推进《中国生态文化发展纲要》实施工作，秉承"弘扬生态文化，倡导绿色生活，共建生态文明"的宗旨，积极开展生态文化理论研究、生态文化村遴选命名、生态文化进校园、期刊出版发行和生态文化国际交流、宣传与普及生态文化创意活动，圆满完成 2019 年工作任务，取得重要成效。特别是，根据国家林业和草原局约稿要求，按照中办、国办信息工作要点，以"生态文化——一种优秀的文化"为主题，编写《生态文化——生态文明建设的主流文化》信息稿件，从加强生态文化顶层设计、开展生态文化传播活动、深入挖掘传承活态的优秀生态文化、加强不同国家生态文化交流与互鉴四个方面，高度凝练党的十八大以来，中国生态文化事业所取得的丰硕成果和巨大成效。稿件经由主要领导审阅后，由国家林业和草原局办公室以《林草局简报》形式报送中办、国办，并已被中办采纳。

【理论研究】

生态文化体系研究系列丛书编撰工作 由中国生态文化协会牵头，组织多学科、多领域、跨部门的专家学者团队，深入开展的中国生态文化体系理论研究，是一项具有开创性、引领性和前瞻性的工作。在过去工作的基础上，2019 年，以《生态文明时代的主流文化——中国生态文化体系研究总论》为统领，系列丛书的研究和编撰工作继续深入推进。1月，《华夏古村镇生态文化纪实》由人民出版社出版；《中国草原生态文化》初步成果已经形成并进入全面统稿阶段，召开项目阶段性成果交流研讨会，反馈统稿组意见，针对存在的问题，研究调整文稿的整体构架并集中修改。

"森林的文化价值评估研究"项目 协会组织国家林业和草原局规划院、中国林科院、北京林业大学、东北林业大学等十多个单位开展的"森林的文化价值评估研究"项目，在过去研究的基础上继续深入开展研究工作，项目组于 2019 年 1~2 月对研究成果进行专家评审，形成专家评审意见，3 月 8 日、3 月 20 日和 3 月 23 日，项目组分别邀请国家林业和草原局国际司巡视员戴广翠、中国人民大学高敏雪教授两位评审专家及编写组成员，根据专家提出的意见，系统地对文章进行梳理和修订。这项研究成果填补了森林文化价值研究的空白，对今后更好地研究、开发、利用森林，最大限度地发挥森林的多种功能具有重要的意义。

【品牌创建】

遴选命名 2019 年度全国生态文化村 为推动中国农村经济社会可持续发展，带动乡村生态文化产业发展，促进地方绿色经济增长，协会遵循"弘扬生态文化、倡导绿色生活、共建生态文明"的宗旨，2019 年继续在中国开展"全国生态文化村"遴选命名活动。根据《全国生态文化村遴选命名管理办法》规定，经各省（区、市）林业和草原主管部门、省级生态文化协会、中国生态文化协会各分会、中国生态文化协会会员推荐，中国生态文化协会组织专家进行初评遴选和二次评审，授予北京市平谷区大华山镇梯子峪村等 132 个行政村为全国生态文化村。至此，全国生态文化村累计达到 938 个。通过全国生态文化村的示范带动作用，对加快建设繁荣的生态文化体系、加快推进生态文明建设进程发挥了重要作用。这项工作已成为中国生态文化协会工作的重要抓手和载体，得到国家林业和草原局等有关部门的高度重视和充分肯定，各省（区、市）林草主管部门也积极参与推荐工作，在社会上产生了积极的影响，形成了品牌效应。

生态文化进校园公益活动 6 月 14 日，由中国生态文化协会主办的生态文化进校园活动在广西龙胜县泗水乡泗水小学举行。在本次进校园活动中，开展了"生态文化小标兵"评选活动和"我爱家乡的山山水水"主题作文比赛活动。经学校选拔推荐和中国生态文化协会审核，授予黄义萍等 30 名小学生 2019 年生态文化小标兵荣誉称号。作文比赛活动经同学们积极参与和专家评审，最终评选出一等奖 4 名，二等奖 8 名。

活动中，中国生态文化协会开展爱心扶贫捐赠，为支持学校开展"书香校园"建设，捐赠 22 套开放式图书柜和阅览椅、1000 多册科普图书、儿童护眼灯、拉杆箱和学习用品大礼包等，累计价值 5 万余元。特别是在捐赠图书的选购上，联系多家书店挑选科学性和趣味性强的图书，受到同学们的欢迎。

生态文化进校园活动（付佳琳 供图）

2012 年至今，中国生态文化协会根据国家林草局党组的扶贫安排，先后在甘肃省定西市安定区赵家铺学校、福建省寿宁县下党乡中心小学、宁夏固原市西吉县硝河乡新庄小学、西藏那曲地区浙江中学等 12 所小学，持续开展爱心捐赠活动，截至 2019 年底，累计有 655 名小学生获得生态文化小标兵称号。

生态文化成果展示与咨询活动 5 月 19 日，由国家林业和草原局主办的 2019 年全国林业和草原科技活动周在北京林业大学启动。中国生态文化协会作为 2019 年全国林业和草原科技活动周主会场承办单位之一，举办生态文化成果展示与咨询活动，展出在中国生态文化理论研究上具有里程碑意义的《生态文明时代的主流文化——中国生态文化体系研究总论》《中国海洋文化》《华夏古村镇生态文化纪实》等生态文化理论研究成果，现场向公众发放由国家林业和草原局组织协会编制的《中国生态文化发展纲要》和《生态文明世界》科普期刊及协会编制的《生态文化让生活更美好》科普宣传册。全国绿化委员会办公室专职副主任胡章翠等领导参观协会互动成果展，充分肯定中国生态文化协会在弘扬生态文化方面发挥的重要作用和在十年的发展历程中取得的丰硕成果。

大学生主题征文活动 为深入贯彻中央关于生态文明建设的战略部署和关于乡村振兴和美丽乡村建设的重要精神，以及为中华人民共和国成立 70 周年献礼，中国生态文化协会在2019年面向全国高校在校大学生开展以"新中国70年·我家乡的变化"为主题的生态文化征文活动。5月，协会发布大学生生态文化主题征文活动，截止到9月底，共收到122所学校459篇征文作品；经过中国生态文化协会秘书处对作者参赛资格审查，对文章内容、题材等进行审核、查重，最后确定有效征文为317篇。根据专家打分统计结果，最终确定选出一等奖5个、二等奖10个、三等奖21个，以及优秀奖若干个，并给予奖励。

组织参加第16届国际青少年林业比赛 国际青少年林业比赛是由俄罗斯联邦政府批准，由俄罗斯联邦林务局具体承办的一项国际性比赛，旨在推动世界青少年爱护自然、爱护森林方面的友好交流活动。应俄罗斯联邦林务局邀请，协会联合国家林业和草原局对外合作项目中心组织国内选拔赛，来自华南农业大学、南京林业大学等11所高校32组40名大学生报名参赛。评委会专家打分并讨论后，推荐南京林业大学周杨同学和华南农业大学罗慧莹同学代表中国赴俄罗斯沃罗涅日参加第16届国际青少年林业比赛。

10月28日至11月1日，来自中国、俄罗斯、美国、韩国等21个国家的34位选手展开激烈角逐，华南农业大学的罗慧莹同学荣获大赛最高奖项一等奖，这也是中国选手首次夺冠。来自南京林业大学的周杨同学获专业成果奖。比赛期间，组委会还组织开展沃罗涅日城市历史文化和地球生物层保护区参观考察、沃罗涅日国立林业科技大学友谊舞联欢和才艺表演、林业知识趣味竞赛等一系列活动。国际青少年林业比赛已经成为世界各国青少年林业科研创新展示和绿色人文交流互鉴的重要平台。

完成《生态文明世界》期刊编辑出版 《生态文明世界》作为中国生态文化协会创办发行的会刊，秉承"感悟生态，对话文明，让生命更美好"的宗旨，坚持"纪实、探秘、趣味、科普"的办刊方针，致力于生态文化与生态文明领域的科学普及、学术繁荣、国际交流，回眸人类文明发展印迹，挖掘抢救生态文化资源，展示中华民族生态文化瑰宝。编委会始终坚持高起点策划、高标准组稿、高质量编审，坚持重大稿件实地采编，全年编辑出版正刊4期和2019北京世界园艺博览会增刊。8月，《生态文明世界》期刊入选由中共中央宣传部、北京市人民政府主办的第二十六届北京国际图书博览会"庆祝中华人民共和国成立70周年精品期刊展"，获得评审专家的高度认可和读者的好评。期刊继续加大征订力度，推进邮局、报刊零售等发行工作，刊物订阅量始终保持在1.5万册以上。

【自身建设】

政治理论学习 全体党员积极参加所在党组织的学习活动，包括意识形态工作专题学习、"竹藤学堂"、青年理论学习小组，学习党史、新中国史专题讲座，深入学习、全面贯彻全国"两会"精神、党的十九届四中全会精神和全国林业和草原工作会议精神。全年协会党员所在联合党支部共组织学习12次，讲党课7人次。

党建工作 按照上级党组织部署，认真开展以学习贯彻习近平新时代中国特色社会主义思想为主要内容的"不忘初心、牢记使命"主题教育。通过动员部署、学习领会、谈心谈话、检视问题、开展批评与自我批评、召开组织生活会等步骤环节，全面完成各项工作。中国生态文化协会主要负责人和普通党员干部分别讲授主题党课。

根据上级党组织部署，结合实际，积极参加上级党组织党员活动，包括"学习新思想 共植青年林"植竹实践活动、《信息技术知识OFFICE应用与办公技巧》专题辅导讲座、"踏青寻春"主题党日活动、"竹编工艺交流活动"，结合对浙江嘉兴嘉荣中竹企业的调研，部分支部党员对南湖中共第一次代表大会遗址进行实地参观学习等；积极参加其他支部承办的党日活动，如2019北京世园会主题党日活动、"伟大历程，辉煌成就"——庆祝中华人民共和国成立70周年大型成就展、观看中华人民共和国成立70周年献礼影片主题党日活动等。

完成2018年年检工作 按照民政部年检要求，认真准备相关材料，积极做好汇报，完成2018年协会年检工作，年检结果确定为合格。

抽查审计工作 根据《民政部办公厅关于开展2019年社会组织抽查审计的通知》（民办便函〔2019〕457号）要求，中国生态文化协会积极配合审计部门对协会提供的2018年度工作报告书、会计账簿与凭证、合同协议、内控运行及其他管理资料等进行审计。

宣传工作 协会开展的活动和重大事件及时撰写新闻稿，通过协会网站和微信公众号进行宣传，扩大了生态文化知识和生态文明理念的宣传，提高了协会的影响力和知名度。

【其他工作】

支持举办2019北京世界园艺博览会 中国生态文化协会与四川省眉山市人民政府、国际竹藤中心、中国花卉协会一同作为协办单位，支持国际竹藤组织建设国际竹藤组织园，并积极参与筹办馆日活动，出版《生态文明世界》2019中国北京世界园艺博览会专刊，国际竹藤组织园获得2019北京世园会组委会大奖。

举办生态文化展览 在江苏省南通市举办"2019中国森林旅游节"期间，中国生态文化协会展示协会基本情况、理论研究成果、品牌活动及未来展望等内容，并为《生态文明时代的主流文化——中国生态文化体系研究总论》《中国海洋生态文化》等理论研究成果和协会会刊《生态文明世界》杂志设立展位和展板，并与参会代表开展交流、咨询。

参加中国自然教育大会暨第六届全国自然教育论坛 作为自然教育总校倡议单位之一，中国生态化协会派员参加论坛，就如何推动自然教育健康有序发展、提高自然教育质量、实现全民参与等议题，与参会代表开展深入的交流讨论。

参与举办第八届中国绿色发展高层论坛 协会作为主办单位之一，在论坛上围绕绿色城市、绿色科技、绿色金融、绿色乡村、绿色教育和文化等议题开展探讨和交流。

联合举办"东滩论坛——长三角地区生态文化与乡村振兴"专题研讨会 作为支持单位，协会邀请中国生态文化协会专家指导委员会主任委员、中国花卉协会会长江泽慧教授为论坛作主旨报告。会上,长三角三省一市有关专家、各地区生态文化村代表围绕生态伦理、生态建设、生态产业等议题作交流发言,研讨生态文化在乡村振兴中的作用,营造生态建设的良好氛围,为长三角区域绿色协同发展、美丽乡村建设提供助力。

参加全国生态文化培训班 中国生态文化协会秘书长尹刚强受邀为国家林业和草原局宣传中心举办的全国生态文化培训班讲授生态文化课程,并向培训班学员赠送生态文化理论专著和科普书籍。

(中国生态文化协会由付佳琳供稿)

林草大事记与重要会议

30

2019年中国林草大事记

1月

1月4日 中共中央政治局常委、国务院副总理韩正到国家林业和草原局调研并主持召开座谈会,认真贯彻落实习近平新时代中国特色社会主义思想和党的十九大精神,研究部署下一阶段林业和草原工作。韩正观看了改革开放40周年林草建设成就展,了解了东北虎豹国家公园可视化监测系统建设情况,通过视频连线与一线工作人员互动交流;走进部分司局和处室,看望干部职工,调研造林绿化、生态公益林保护管理,以及草原资源保护管理、生态修复、开发利用监督管理等工作开展情况。韩正表示,组建国家林业和草原局是以习近平同志为核心的党中央作出的重大决策。机构改革后林草系统要有新气象新作为,坚持改革创新,勇于担当负责,全力推动林业草原事业高质量发展。自然资源部部长陆昊、国务院副秘书长陆俊华陪同调研。国家林业和草原局局长张建龙汇报林业和草原工作。

1月10~11日 全国林业和草原工作会议在安徽省合肥市召开。国家林业和草原局局长张建龙出席会议并作题为《认真贯彻习近平生态文明思想 全力推动林业草原事业高质量发展》的讲话。会议要求,坚持以习近平新时代中国特色社会主义思想为指导,牢牢把握林业草原发展的重要战略机遇期,增强信心,砥砺前行,勇于担当,主动作为,着力抓好10项重点工作,全力推动林业草原事业高质量发展,为夺取全面建成小康社会、建设生态文明和美丽中国作出更大贡献。安徽省委副书记信长星出席会议并致辞。国家林业和草原局副局长张永利主持会议,副局长彭有冬、李树铭、李春良,党组成员谭光明,总经济师张鸿文,全国绿化委员会办公室专职副主任胡章翠,中央纪委国家监委驻自然资源部纪检监察组副组长陈春光出席会议。

1月14日 国家林业和草原局党组召开会议,深入传达学习十九届中央纪委三次全会精神。会议要求,认真学习贯彻习近平总书记在十九届中央纪委三次全会上的重要讲话精神,增强"四个意识",坚定"四个自信",做到"两个维护",以党的政治建设为统领,严明党的政治纪律政治规矩,严格执行中央八项规定精神,巩固发展反腐败斗争压倒性胜利,坚定不移地把全面从严治党不断引向深入。国家林业和草原局党组书记、局长张建龙主持会议并讲话。局领导张永利、刘东生、彭有冬、李树铭、李春良、谭光明、张鸿文、胡章翠,中央纪委国家监委驻自然资源部纪检监察组副组长陈春光出席会议。

1月17日 国家林业和草原局党组与中央纪委国家监委驻自然资源部纪检监察组召开专题会议,学习贯彻十九届中央纪委三次全会精神,落实《关于深化中央纪委国家监委派驻机构改革的意见》安排,共同研究全面从严治党、党风廉政建设和反腐败工作。国家林业和草原局党组书记、局长张建龙,中央纪委国家监委驻自然资源部纪检监察组组长罗志军出席会议并讲话。

1月18日 2019年世界湿地日中国主场宣传活动在海南省海口市举办。活动发布了《中国国际重要湿地生态状况》白皮书,并举行了授牌颁奖仪式,为112处新增国家湿地公园部分代表授牌、8处国际重要湿地颁发证书,3家单位荣获首届"生态中国湿地保护示范奖"。

1月20日 国家林业和草原局、重庆市政府、国家开发银行在北京签署战略合作协议,共同推进国家储备林等林业重点领域发展,以实际行动贯彻落实习近平总书记长江大保护重要批示指示精神。

1月23日 中央全面深化改革委员会第六次会议审议通过《关于建立以国家公园为主体的自然保护地体系指导意见》《天然林保护修复制度方案》《国家生态文明试验区(海南)实施方案》《海南热带雨林国家公园体制试点方案》等。

1月25日 国家林业和草原局召开全国林业草原安全生产和森林草原防火工作电视电话会议,传达学习李克强总理关于安全生产工作的重要批示,研究部署当前及今后一个时期林业草原安全生产和森林草原防火工作。

2月

2月20日 国家林业和草原局在北京召开2019年第一次扶贫工作领导小组会议,总结2018年林草生态扶贫工作,研究部署2019年重点任务。会议要求,深入学习贯彻习近平总书记关于扶贫工作的重要论述,充分发挥林业草原资源优势,高质量做好今年林业草原生态扶贫工作,为夺取脱贫攻坚战全面胜利作出新的更大贡献。

2月21日 国家林业和草原局与中国科学院在长春举行共建国家级湿地研究中心签约仪式。根据合作协议,双方将发挥各自优势,合作共建国家级湿地研究中心,面向湿地科学的国家需求和国际前沿,开展湿地科学系统研究,为中国湿地保护管理、湿地生态修复、履行国际公约提供技术支撑。

2月22日 国家林业和草原局全面从严治党工作会议在北京召开。会议按照中央和国家机关党的工作暨纪检工作会议要求,总结2018年全面从严治党工作,安排部署2019年工作;传达学习了十九届中央纪委三次全会精神,通报了国家林业和草原局2018年度党组民主生活会情况。会议印发了《国家林业和草原局全面从严治党制度执行专项整治工作实施方案》《关于新形势下加强国家林业和草原局纪检干部队伍建设的意见》《2019年国家林业和草原局直属机关全面从严治党工作要点》。

2月26日 《联合国防治荒漠化公约》第十三次缔约方大会第二次主席团会议在贵州省贵阳市召开,共商公约发展大计,全力应对全球荒漠化防治面临的新挑战。国家林业和草原局局长、《联合国防治荒漠化公约》第十三次缔约方大会主席张建龙在会议开幕式上作主旨演讲，联合国防治荒漠化公约秘书处执行秘书易卜拉欣·蒂奥等致辞，国家林业和草原局副局长刘东生主持。会上，联合国防治荒漠化公约秘书处与中国宁夏回族自治区林业和草原局签署《共建国际荒漠化防治知识管理中心合作备忘录》。

2月27日 中国林学会第十二次全国会员代表大会在北京开幕。国家林业和草原局局长张建龙，中国科协党组成员、书记处书记宋军出席开幕式并讲话。中国林学会第十一届理事会理事长赵树丛主持开幕式并作工作报告。国家林业和草原局党组成员、中国林学会第十一届理事会副理事长谭光明宣读梁希优秀学子奖、先进学会及先进学会工作者评选结果。

同日 国家林业和草原局印发通知，规范风电场建设使用林地，禁止在生态功能重要、生态脆弱敏感区域的林地建风电场，减少对森林植被和生态环境的损害与影响。

3月

3月5日 中共中央总书记、国家主席、中央军委主席习近平在参加十三届全国人大二次会议内蒙古代表团审议时强调，保持加强生态文明建设的战略定力，探索以生态优先、绿色发展为导向的高质量发展新路子，加大生态系统保护力度，打好污染防治攻坚战，守护好祖国北疆这道亮丽风景线。习近平强调，党的十八大以来，我们党关于生态文明建设的思想不断丰富和完善。在"五位一体"总体布局中生态文明建设是其中一位，在新时代坚持和发展中国特色社会主义基本方略中坚持人与自然和谐共生是其中一条基本方略，在新发展理念中绿色是其中一大理念，在三大攻坚战中污染防治是其中一大攻坚战。这"四个一"体现了我们党对生态文明建设规律的把握，体现了生态文明建设在新时代党和国家事业发展中的地位，体现了党对建设生态文明的部署和要求。各地区各部门要认真贯彻落实，努力推动我国生态文明建设迈上新台阶。

3月6日 国家林业和草原局、民政部、国家卫生健康委员会、国家中医药管理局联合发布《关于促进森林康养产业发展的意见》，明确到2022年建设国家森林康养基地300处，到2035年建成覆盖全国的森林康养服务体系，建设国家森林康养基地1200处，到2050年人民群众享有更加充分的森林康养服务。

3月8日 国家林业和草原局召开党组扩大会议，传达学习习近平总书记参加十三届全国人大二次会议内蒙古代表团审议时的重要讲话精神。国家林业和草原局党组书记、局长张建龙强调，要深入学习领会习近平总书记重要讲话精神，保持加强生态文明建设的战略定力，加大生态系统保护修复力度，以更大的决心、更加务实的举措，筑牢北疆生态安全屏障，努力推动我国生态文明建设迈上新台阶。

3月11日 全国绿化委员会发布《2018年中国国土绿化状况公报》。公报显示，2018年全国完成造林707.4万公顷，森林抚育851.9万公顷，治理退化草原666万公顷以上，为维护国土生态安全、建设生态文明和美丽中国作出了突出贡献。

3月12日 纪念植树节设立40周年暨2019年全民义务植树系列宣传活动在广西南宁启动。同日，国家林业和草原局召开电视电话会议，部署3~10月在全国范围内开展"绿卫2019"森林草原执法专项行动，重点严厉打击2013年以来非法开垦林地草原、非法占用使用林地草原、非法采集草原野生植物和滥砍盗伐林木等违法破坏森林草原资源行为。

3月14日 国家林业和草原局召开电视电话会议，部署加强春季候鸟保护和野猪非洲猪瘟监测防控工作，统筹抓好候鸟禽流感、小反刍兽疫等其他野生动物疫病监测防控工作。

3月18日 国家林业和草原局召开全国森林草原防火工作电视电话会议，传达中央领导同志重要批示和部局领导有关要求，部署当前森林草原防火工作。会议强调，各级林草部门要认真贯彻中央领导同志重要批示精神，守土有责、守土尽责，将"不发生重特大森林草原火灾"作为全国林草战线的共同目标，扎实做好防火各项工作，全面打赢防范化解森林草原火灾重大风险攻坚战。

同日 国家濒危物种进出口管理办公室与日本经济产业省贸易经济协力局（日本CITES管理机构）签署关于加强执行《濒危野生动植物种国际贸易公约》（CITES）的合作备忘录。这是在CITES公约领域两个最有影响力的亚洲国家首次针对CITES履约的双边合作协议。

3月21日 国家林业和草原局召开党组扩大会议，认真学习贯彻全国两会精神特别是习近平总书记在全国两会期间的重要讲话精神。会议强调，学习贯彻全国两会精神是当前的一项重要政治任务。要认真学习领会习近平总书记全国两会期间的重要讲话精神，按照政府工作报告确定的各项任务要求，扎实做好林业草原改革发展工作，以优异成绩向新中国成立70周年献礼。

同日 主题为"森林与教育"的2019年国际森林日中国植树纪念活动在北京市石景山区新安城市记忆公园举办。中国植树纪念活动的主题是"加强生态教育，推进绿色发展"。联合国在美国纽约总部举行2019年度国际森林日庆祝活动，将中国三北防护林工程作为保护和恢复森林的突出贡献案例在活动中交流分享。三北局有关负责人受邀发言。

3月23日 中共中央宣传部决定授予甘肃省古浪县八步沙林场"六老汉"三代人治沙造林先进群体"时代楷模"称号，号召广大干部群众特别是林业草原系统干部职工向他们学习。中宣部副部长梁言顺、国家林业和草原局副局长刘东生、甘肃省委副书记孙伟出席央视《时代楷模》发布会。

3月25日 国家林业和草原局印发《乡村绿化美化行动方案》，部署开展乡村绿化美化行动。到2020年，全国将建成2万个国家森林乡村和一批地方森林乡村，建设一批全国乡村绿化美化示范县。

3月26~27日 第六届全国林草信息化工作会议暨林业信息化全面推进10周年研讨会在上海召开。会议要求，深入学习领会习近平总书记关于网络强国战略的重要论述，采取扎实有效举措，不断强化林草信息化建设，以林草信息化带动林业草原事业高质量发展。

3月29日 全国依法打击破坏野生动物资源违法

犯罪专项行动电视电话会议在北京召开，决定从4月4日至9月30日，由国家林业和草原局与公安部联合开展"依法打击破坏野生动物资源犯罪专项行动"，国务委员、公安部部长赵克志出席并讲话，国家林业和草原局局长张建龙通报林草系统工作情况。

同日 打击野生动植物非法贸易部际联席会议第二次会议在北京召开。会议通报《部际联席会议2018年工作总结和2019年工作要点》，审议通过《打击野生动植物非法贸易部际联席会议制度》及成员名单，中央宣传部、中央网信办、外交部、国家发展改革委等25个成员单位在会上发言。

3月30日 以"绿化神州大地，建设美丽中国"为主题的2019年共和国部长义务植树活动在北京市朝阳区孙河乡沙子营村地块举行。181名部级领导干部参加义务植树活动。

4月

4月8日 党和国家领导人习近平、栗战书、汪洋、王沪宁、赵乐际、韩正、王岐山等到北京市通州区永顺镇参加首都义务植树活动。中共中央总书记、国家主席、中央军委主席习近平在参加首都义务植树活动时强调，要发扬中华民族爱树植树护树好传统，全国动员、全民动手、全社会共同参与，深入推进大规模国土绿化行动，推动国土绿化不断取得实实在在的成效。他指出，今年是新中国植树节设立40周年。40年来，我国森林面积、森林蓄积分别增长一倍左右，人工林面积居全球第一，我国对全球植被增量的贡献比例居世界首位。同时，我国生态欠账依然很大，缺林少绿、生态脆弱仍是一个需要下大气力解决的问题。习近平强调，中华民族自古就有爱树、植树、护树的好传统。众人拾柴火焰高，众人植树树成林。要全国动员、全民动手、全社会共同参与，各级领导干部要率先垂范，持之以恒开展义务植树。要践行"绿水青山就是金山银山"的理念，推动国土绿化高质量发展，统筹山水林田湖草系统治理，因地制宜深入推进大规模国土绿化行动，持续推进森林城市、森林乡村建设，着力改善人居环境，做到四季常绿、季季有花，发展绿色经济，加强森林管护，推动国土绿化不断取得实实在在的成效。

4月10日 中国丹麦大熊猫保护合作研究启动仪式在丹麦哥本哈根动物园举行。丹麦女王玛格丽特二世为启动仪式剪彩，丹麦文化大臣梅特·博克致辞，110位各界代表出席活动。

4月11日 中国林学会自然教育工作会议在浙江杭州召开。中国林学会等305家单位和社会团体发出倡议，依托中国林学会成立自然教育委员会（自然教育总校），统筹、协调、服务各地的自然教育工作，培育更多关注、参与自然保护事业的社会力量，激活各类自然保护地社会公益和教育功能，为自然教育事业发展提供广阔实践平台。

4月12日 全国绿化委员会全体会议在北京召开，会议贯彻落实党中央、国务院关于开展大规模国土绿化行动的决策部署，研究部署当前和今后一个时期国土绿化的重点工作。中共中央政治局常委、国务院副总理、全国绿化委员会主任韩正出席会议并讲话。韩正强调，面对新形势新任务新要求，要认真践行习近平生态文明思想，以强烈的政治责任感和历史使命感，把国土绿化工作做深做实，加快形成科学合理的国土绿化事业发展新格局。自然资源部部长陆昊主持会议，全国绿化委员会副主任、国家林业和草原局局长张建龙报告2018年国土绿化工作完成情况和2019年重点任务安排意见。住房和城乡建设部、教育部、交通运输部、共青团中央、中国铁路总公司有关负责人在会上发言。

4月15日 为充分发挥先进典型的示范引领作用，国家林业和草原局决定，在全国林业草原系统开展向甘肃省古浪县八步沙林场"六老汉"三代人治沙造林先进群体学习活动。

4月17日 联合国教科文组织执行局第206次会议决定，批准安徽九华山地质公园和山东沂蒙山地质公园成为联合国教科文组织世界地质公园。至此，中国世界地质公园总数上升至39处。

同日 国家林业和草原局党组印发《中共国家林业和草原局党组关于激励科技创新人才的若干措施》。

4月25日 国家林业和草原局召开巡视工作会议暨新一轮巡视动员部署会，正式启动党的十九大后新一轮巡视工作。根据安排，国家林草局新一轮巡视工作巡视对象有5个司局党组织和5个直属单位党组织。

4月28日 2019年中国北京世界园艺博览会在北京延庆开幕，国家主席习近平出席并发表题为《共谋绿色生活，共建美丽家园》的重要讲话。习近平强调，顺应自然、保护生态的绿色发展昭示着未来。地球是全人类赖以生存的唯一家园。中国愿同各国一道，共同建设美丽地球家园，共同构建人类命运共同体。习近平宣布，2019年中国北京世界园艺博览会开幕。丁薛祥、杨洁篪、黄坤明、蔡奇、王毅、赵克志等出席活动，胡春华主持开幕式。2019年中国北京世界园艺博览会于2019年4月29日至10月7日在北京延庆举行，以"绿色生活，美丽家园"为主题。共有约110个国家和国际组织参展。

同日 在中国国务院总理李克强见证下，国家林业和草原局副局长彭有冬与奥地利总理库尔茨在北京签署《中华人民共和国国家林业和草原局与奥地利共和国联邦数字化和经济事务部（由奥地利联邦总理代表）关于大熊猫保护和研究合作谅解备忘录》，双方同意加强大熊猫等野生动植物的保护交流与合作。

5月

5月6日 全国松材线虫病疫木检疫执法专项行动电视电话会议在北京召开。会议强调，各地要进一步加强疫情防治，加大检疫执法力度，强化疫木源头管理，提高疫情阻截能力，遏制松材线虫病传播扩散的严峻态势。

同日 联合国森林论坛第十四届会议在纽约联合国总部召开。

5月16日 2019北京世园会国际竹藤组织荣誉日活动举行。全国政协原副主席张梅颖、王志珍，国际竹藤组织董事会联合主席江泽慧，国家林业和草原局副局长彭有冬，国家林业和草原局党组成员谭光明，全国绿化委员会办公室专职副主任胡章翠，国际竹藤组织理事会主席国厄瓜多尔驻华大使卡洛斯·拉雷亚，国际竹藤组织总干事穆秋姆出席。

5月17日 三北工程建设水资源承载力与林草资源优化配置研究项目启动会在北京召开。项目将基于水资源承载力，提出高空间分辨率林草植被优化配置方案。项目将在摸清三北地区水资源时空分布现状、生态用水潜力等基础上，在三北工程区重点建设区和试点县，提出不同空间尺度乔灌草水平衡的林草资源配置方案，构建主要依靠自然降水、合理利用地表径流和浅层地下水源、发展乔灌草水平衡的植被生态系统的技术路线和方案，为提升三北工程建设水平提供支撑。

5月19日 全国人大常委会委员长栗战书与奥地利总统范德贝伦共同出席在奥地利美泉宫动物园举办的大熊猫"园园"与公众见面仪式。在栗战书和范德贝伦的见证下，国家林业和草原局副局长彭有冬向奥地利数字经济部部长移交"园园"的个体管理档案，标志着"园园"正式加入中奥大熊猫保护研究合作项目。

同日 2019年全国林业和草原科技活动周活动在北京启动。

5月27日 关注森林活动20周年总结表彰大会在北京举行，中央政治局常委、全国政协主席汪洋会见获奖代表并讲话，全国政协副主席、关注森林活动组委会主任李斌出席大会并讲话。关注森林活动组委会副主任、全国政协人口资源环境委员会主任李伟主持会议，关注森林活动组委会副主任、国家林业和草原局局长张建龙作工作报告，关注森林活动组委会成员、国家林业和草原局副局长彭有冬宣读《关于表彰关注森林活动20周年突出贡献单位和个人的决定》。

5月30日 滇桂黔石漠化片区区域发展与脱贫攻坚现场推进会在贵州省都匀市召开。国家林业和草原局局长张建龙、水利部部长鄂竟平、国务院扶贫办副主任欧青平、贵州省省长谌贻琴出席会议并讲话。2019～2020年，林草部门将全力推动、高质量做好滇桂黔石漠化片区林草生态扶贫五项工作。

5月31日 国家林业和草原局召开2019文化和自然遗产日新闻发布会。截至2019年5月，中国已有世界遗产53项，囊括了自然遗产、双遗产和文化景观遗产等以自然特征为基础的全部遗产类型。其中，自然遗产13项、自然与文化双遗产4项、文化景观遗产5项、文化遗产31项。中国的世界遗产总数位居世界第二。中国的世界自然遗产保护成为生态文明建设的最佳实践，向世界展示了"中国精彩"。

6月

6月5日 习近平主席同俄罗斯总统普京共同出席俄罗斯莫斯科动物园大熊猫馆开馆仪式，大熊猫"如意"和"丁丁"正式亮相莫斯科。在习近平主席和普京总统的共同见证下，国家林业和草原局局长张建龙向莫斯科市市长索比亚宁移交了大熊猫"如意""丁丁"的档案，与索比亚宁签署《共同推进大熊猫保护合作的谅解备忘录》，标志着中俄大熊猫保护研究合作项目的正式启动。

6月10日 国家林业和草原局召开"不忘初心、牢记使命"主题教育动员部署会，强调要深入学习贯彻中央"不忘初心、牢记使命"主题教育工作会议特别是习近平总书记重要讲话精神，认真贯彻落实党中央决策部署，紧密结合林业草原工作实际，扎实有序开展"不忘初心、牢记使命"主题教育，为推动林业草原事业高质量发展、建设生态文明美丽中国贡献力量。

6月11日 国家林业和草原局、青海省政府在西宁市召开会议，共同启动以国家公园为主体的自然保护地体系示范省建设。国家林业和草原局局长张建龙与青海省委书记王建军为示范省揭牌，与青海省省长刘宁签订共建协议。

6月16日 为加快建立以国家公园为主体的自然保护地体系，提供高质量生态产品，推进美丽中国建设，中共中央办公厅、国务院办公厅印发《关于建立以国家公园为主体的自然保护地体系的指导意见》，要求各地区、各部门结合实际贯彻执行。

6月17日 第25个世界防治荒漠化与干旱日纪念大会暨荒漠化防治国际研讨会在内蒙古呼和浩特召开，大会主题为"人才、科技、绿色、共享"。来自多个国家和国际组织的400余名代表分享了土地可持续管理的理念和实践，探讨了科学技术创新和人才培养，共同为解决全球荒漠化问题研究对策、贡献智慧、分享经验、凝聚力量。国家林业和草原局局长张建龙出席大会开幕式并作主旨演讲，《联合国防治荒漠化公约》副执行秘书普拉迪普·蒙珈、内蒙古自治区政府副主席李秉荣、中国绿化基金会主席陈述贤、外交部气候变化谈判特别代表孙劲出席开幕式并致辞。国家林业和草原局副局长刘东生主持开幕式。

6月19日 国家林业和草原局举办八步沙林场"六老汉"三代人治沙造林先进群体事迹报告会。会前，国家林业和草原局局长张建龙会见了报告团成员，对八步沙林场"六老汉"三代人多年来不忘初心、矢志不渝治沙造林表示敬意，并激励他们持之以恒推进防沙治沙事业取得更大成效。

6月24日 国家林业和草原局启动2019年"走近中国林业和草原"考察活动，来自斐济、越南、俄罗斯、德国、哈萨克斯坦、巴基斯坦、斯洛文尼亚、肯尼亚、乌拉圭、黑山等国家以及国际竹藤组织、联合国环境规划署等组织的16位驻华使节和国际组织代表赴内蒙古自治区进行考察。活动为期5天，考察团主要就内蒙古的天然林保护、自然保护区成效、湿地及草原生态修复和迁徙鸟类栖息地保护等情况进行考察交流。

6月24～29日 《湿地公约》常委会第57次会议在瑞士召开，会议审议通过了2021年中国承办《湿地公约》第十四次缔约方大会的决议，这是中国首次承办该会议。

6月28日 国家林业和草原局党组召开会议，传达学习习近平总书记在中央政治局第十五次集体学习时的重要讲话精神、中央"不忘初心、牢记使命"主题教育领导小组印发的《关于抓好第一批主题教育学习教育、调查研究、检视问题、整改落实工作的通知》精神。

7月

7月2日 国家林业和草原局召开《2015～2017年重大林业有害生物防治目标责任书》履责检查考核情况汇报会。这是国家林业和草原局与各省（区、市）政府签订的第三轮责任书，本轮有害生物防治取得了阶段性成果。

同日 钱江源国家公园管理局成立大会暨揭牌仪式在浙江开化举行，这标志着钱江源国家公园体制试点主体责任由县级层面迈入省级层面新阶段。

7月4日 生态环境部、水利部、农业农村部、国家林业和草原局、中国科学院和中国海警局六部门召开视频会议，联合部署"绿盾2019"自然保护地强化监督专项行动。2019年是"绿盾"自然保护区监督专项行动的第三年。"绿盾2019"专项行动在474个国家级自然保护区的基础上，扩展到长江经济带的11省干流、主要支流及五大湖区5千米范围内的部分自然保护地。

7月5日 在阿塞拜疆巴库召开的第43届世界遗产大会上，经联合国教科文组织世界遗产委员会审议通过，中国黄（渤）海候鸟栖息地（第一期）被列入《世界遗产名录》。这是中国首个、全球第二个潮间带湿地世界遗产，填补了中国滨海湿地类型世界遗产的空白。中国世界遗产总数增至55处，世界自然遗产增至14处，世界自然遗产总数位列世界第一。

7月11日 国家林业和草原局召开机关党员干部大会，党组书记、局长张建龙为广大党员干部讲授"不忘初心、牢记使命"主题教育专题党课。张建龙强调，国家林草局是这次党和国家机构改革后新组建的部门，在生态文明建设中承担着重要使命，必须以开展好这次主题教育为契机，努力在深入学习贯彻习近平新时代中国特色社会主义思想上走在前、作表率，努力建设成为让党中央放心、让人民群众满意的模范政治机关。

7月19日 国家林业和草原局召开"不忘初心、牢记使命"主题教育领导小组会议，传达学习习近平总书记在内蒙古考察时的重要讲话精神和中央"不忘初心、牢记使命"主题教育领导小组印发的《关于在"不忘初心、牢记使命"主题教育中开展专项整治的通知》精神，研究部署国家林草局主题教育专项整治工作。

7月22日 "一带一路"亚太区域林业合作研讨会在内蒙古赤峰开幕。来自16个亚太森林组织成员经济体的代表分享亚太区域森林恢复和森林可持续管理合作的经验，推动加强亚太区域经济体林业合作。

7月23日 国家林业和草原局首届"扎根基层工作、献身林草事业"林草学科优秀毕业生遴选工作顺利完成，共遴选林草学科优秀毕业生30人。

7月25日 全国草原工作会议在内蒙古自治区锡林浩特市召开。国家林业和草原局局长张建龙强调，必须以习近平新时代中国特色社会主义思想为指导，坚持生态优先、综合治理、科学利用，创新发展思路，完善政策措施，增强支撑保障能力，切实加强草原保护修复，着力改善草原生态状况，持续提升草原多种功能，为建设生态文明和美丽中国作出新的更大贡献。

7月28日 2019虎豹跨境保护国际研讨会在东北林业大学召开。会议围绕虎豹种群保护涉及的监测技术、种群及栖息地恢复等问题进行深入研讨，旨在深化野生虎豹种群跨境保护交流合作，推动虎豹分布国加强虎豹等大型猫科动物保护。

7月30日 国家林业和草原局党组召开集中学习研讨暨检视问题交流会，围绕习近平总书记在中央政治局第15次集体学习时的重要讲话、在深化党和国家机构改革总结会议上的重要讲话、在中央和国家机关党的建设工作会议上的重要讲话和在内蒙古考察时的重要讲话精神进行集中学习研讨，联系思想工作实际，自觉对标对表，认真检视反思问题。国家林业和草原局党组书记、局长张建龙主持会议并带头认真检视问题，国家林业和草原局领导张永利、刘东生、彭有冬、李树铭、李春良、谭光明、胡章翠谈了认识体会、对标对表查找问题。

同日 国家林业和草原局党组召开对照党章党规找差距专题会议，在深入学习习近平总书记关于"不忘初心、牢记使命"重要论述的基础上，重点对照党章、《关于新形势下党内政治生活的若干准则》《中国共产党纪律处分条例》，全面查找违背初心和使命的问题，不断增强党员领导干部党的意识、党员意识、纪律意识。国家林业和草原局党组书记、局长张建龙带头，党组成员、副局长张永利、彭有冬、李树铭、李春良，党组成员谭光明逐一对照党章、《准则》《条例》查找问题，相互咬耳扯袖、提醒警醒。

8月

8月8日 旅比大熊猫"好好"诞下双胞胎幼崽，国家主席习近平同比利时国王菲利普就此互致贺电。

8月19~20日 国家林业和草原局、青海省人民政府共同举办的第一届国家公园论坛在西宁市召开。中共中央总书记、国家主席、中央军委主席习近平发来贺信，向论坛的召开表示热烈祝贺，向出席论坛的各国嘉宾和各界人士表示诚挚的欢迎。全国政协副主席陈晓光出席开幕式，国家林业和草原局（国家公园管理局）局长张建龙作主题发言。国家林业和草原局（国家公园管理局）副局长李春良在论坛结束时发布《西宁共识》。

8月23日 全国林草种苗工作会议在新疆维吾尔自治区昌吉市召开。会议强调，要以习近平新时代中国特色社会主义思想为指导，以推进供给侧结构性改革为主线，充分发挥市场在资源配置中的决定性作用，更好发挥政府作用，全力推动林草种苗事业高质量发展，为林草事业发展和生态保护修复提供有力保障。会上印发《国家林业和草原局关于推进种苗事业高质量发展的意见》。

8月25日 全国林业草原宣传工作会议在甘肃省武威市召开。会议强调，要认真贯彻落实习近平总书记关于宣传思想工作的重要论述和《中国共产党宣传工作条例》，提高政治站位，把牢政治方向，弘扬主旋律，传播正能量，为新时代林业草原改革发展营造良好氛围、凝聚强大力量。

9月

9月3日 国家林业和草原局召开"不忘初心、牢记使命"主题教育总结大会，深入学习贯彻习近平新时代中国特色社会主义思想，全面总结主题教育开展情况，安排部署整改落实、巩固成果工作。国家林业和草原局党组书记、局长张建龙，中央第24指导组副组长郭庆平出席会议并讲话。会议指出，主题教育开展以来，在中央第24指导组的指导下，国家林草局党组扎实开展学习教育、调查研究、检视问题、整改落实等各项工作，全局458个基层党组织、5830名党员全部参加主题教育，进展顺利、成效明显。

9月9日 《联合国防治荒漠化公约》第十四次缔约方大会高级别会议在印度新德里开幕。印度总理莫迪、联合国副秘书长穆罕默德出席开幕式。国家林业和草原局局长张建龙率团出席并在开幕式上发表《防治土地荒漠化 维护全球生态安全》主旨讲话。

9月11日 2019世界花卉大会在北京延庆开幕。大会为期3天，主题为"携手花卉事业，共创美好家园"。

9月19日 第十六届中国林产品交易会在山东菏泽开幕。国家林业和草原局局长张建龙宣布开幕，山东省副省长任爱荣致辞。

同日 苏格兰爱丁堡动物园举行熊猫新馆开馆仪式，国家林业和草原局副局长李春良和苏格兰主管环境、气候变化和土地改革的内阁部长罗申娜·坎宁汉共同为熊猫新馆剪彩，并与苏格兰皇家动物学会会长杰里米·皮特共同回顾了中英大熊猫合作项目进展，并就下一步合作重点深入交换意见。

9月20日 为期7天的2019发展中国家林业产业部级研讨班在杭州开班。研讨班通过专题讲座和实地考察等方式向各国代表介绍中国林业草原发展的现状、经验，以及中国推动林业产业和生态建设保护协调发展的政策措施，并就应对气候变化、发展绿色经济等展开研讨。

9月26日 全国林业和草原科技工作会议在湖南省长沙市召开。会议强调，要认真贯彻落实习近平生态文明思想和关于科技创新的重要论述，勇于担当负责，积极开拓创新，狠抓工作落实，切实加强林草科技工作，推动林草事业高质量发展和现代化建设，为建设生态文明和美丽中国作出新的更大贡献。

9月27日 全国生态扶贫工作会议在广西罗城召开。会议强调，脱贫攻坚战进入最后攻坚阶段，要全面贯彻落实习近平总书记关于扶贫工作的重要论述，继续推进生态补偿扶贫、国土绿化扶贫、生态产业扶贫三项举措，全面提升生态扶贫政策成效，全面巩固生态脱贫成果，全面完成生态扶贫任务，为夺取脱贫攻坚战全面胜利作出新的更大贡献。国家林业和草原局局长张建龙出席并讲话，广西壮族自治区政府副主席方春明致辞，国家发展改革委农经司、国务院扶贫办开发指导司代表出席大会并发言。

10月

10月12日 第三届中国森林康养与乡村振兴大会在四川洪雅召开。会议旨在探讨森林康养产业发展路径，研判森林康养与乡村振兴面临的机遇和挑战，为开发优质的生态服务产品提供平台。

10月14~16日 2019国际林联林木种子园学术大会在南京举行，来自12个国家和地区的230余名专家学者探讨交流林木种子园建设发展，推动林木遗传育种国际合作。

10月15日 全国松材线虫病防治培训班在山东省泰安市举办，学习推广泰安市松材线虫病防治经验，交流总结重点区域疫情防治做法，培训疫情防治技术，研究部署重点区域松材线虫病防治工作。

10月17日 国家国有林场和国有林区改革工作小组在北京召开会议，动员部署国有林场改革国家重点抽查验收工作。会后派出5个验收组，分赴福建、内蒙古等9个省（区、市）抽查。

10月18日 2019年秋冬季候鸟保护全国电视电话会议在北京召开，对全国保护候鸟迁徙和打击破坏鸟类等野生动物资源违法犯罪活动作出部署。

10月18~20日 2019中国森林旅游节在江苏省南通市举办，主题为"绿水青山就是金山银山——江海之约、森林之旅"。

10月19日 由国家林业和草原局与安徽省政府共同主办的2019中国·合肥苗木花卉交易大会在中国中部花木城开幕。国家林业和草原局局长张建龙出席并讲话，安徽省委书记李锦斌宣布苗交会开幕，安徽省省长李国英致辞。

同日 2019全国森林疗养论坛在江苏省南通市举办。论坛围绕森林疗养基地规划、国外森林疗养先进经验、森林疗养遇到的困难和解决办法展开讨论。

10月28日 中国林科院实验中心改革发展战略研讨会在江西新余举行。国家林业和草原局局长张建龙向大会致贺信，国家林业和草原局副局长彭有冬出席会议。

10月30日至11月1日 第一届中国自然保护国际论坛（2019）在广东省深圳市召开。论坛内容覆盖国家公园、自然保护区、风景名胜区等各类自然保护地，以及自然保护立法、自然保护地体系建设规划等多个方面。来自多个国家和地区的政府代表、研究机构和保护组织代表以及专家学者500余人参加论坛，并达成《深圳共识》。

11月

11月1~4日 第12届中国义乌国际森林产品博览会在浙江义乌举办，主题为"合理利用林草资源 共建共享美好生活"。

11月2~3日 中国自然教育大会、第六届全国自然教育论坛在武汉召开。

11月4日 国家林业和草原局召开党员干部大会传达、学习、贯彻党的十九届四中全会精神，印发《中共国家林业和草原局党组关于学习宣传贯彻党的十九届四中全会精神的安排意见》。

11月6日 全国林草科技扶贫工作现场会在贵州荔波召开。

11月7日 国家林业和草原局党组理论学习中心组召开学习会，集中学习党的十九届四中全会精神，交流心得体会，并就贯彻落实全会精神、推进林草领域治理体系和治理能力现代化进行研讨。国家林草局党组书记、局长张建龙主持学习会并讲话。国家林草局党组成员、副局长张永利，副局长刘东生，党组成员、副局长李树铭、李春良，全国绿化委员会办公室专职副主任胡章翠，总工程师苏春雨，总经济师杨超发言。

11月12日 第29届中国大熊猫繁育技术委员会年会宣布，2019年全国共繁殖大熊猫37胎60只，存活57只。全球圈养大熊猫数量达到600只，已基本形成健康、有活力、可持续发展的圈养种群。

11月13日 国家林业和草原局召开"不忘初心、牢记使命"主题教育专项整治工作推进会，听取各牵头单位专项整治情况汇报，对进一步抓好专项整治工作做出部署。

11月14日 全国油茶产业发展工作会议在江西赣

州召开。会议强调，要全面贯彻落实习近平总书记关于油茶产业发展的重要指示精神，毫不动摇鼓励、支持、引导油茶产业发展，完善相关制度体系和能力建设，提高油茶产业发展规模，巩固油茶产业脱贫成效，推进低产低效油茶林改造，强化市场监管和品牌建设，扎实推动油茶产业实现高质量发展。

11月20日 国家林业和草原局局长张建龙在北京会见世界自然保护联盟主席章新胜和联盟代理总干事格雷塞尔·艾吉拉。双方就构建以国家公园为主体的自然保护地体系建设、生物多样性保护、湿地生态修复、合作开展全球环境基金（GEF）项目等事宜深入交换了意见，并同意在上述领域推动双方进一步加强合作与交流。国家林业和草原局总经济师杨超参加会见。

12月

12月3日 第四届全国林业产业大会在北京召开。会议强调，要认真践行习近平"绿水青山就是金山银山"理念，以提高发展质量和效益为核心，以林业供给侧结构性改革为主线，坚持生态优先、保护优先、合理利用、绿色发展，加快实现中国林业产业由高速增长向高质量增长的转变，更好满足人民日益增长的美好生活需要，为建设现代化经济体系和生态文明作出新贡献。

同日 2019年全国国有林场职工主题演讲大赛在北京举行。

12月5日 国家公园体制试点工作会议在北京召开。会议强调，要提高政治站位，把思想和行动统一到党中央、国务院的决策部署上来，全力抓好国家公园体制试点，确保2020年圆满完成改革试点任务，加快建立以国家公园为主体的自然保护地体系，为建设生态文明和美丽中国作出应有贡献。

同日 全国各省（区、市）天保办主任会议在湖北武汉召开。会议围绕落实《天然林保护修复制度方案》进行讨论，部署当前和今后一个时期全国天然林保护修复重点任务。

12月10日 国家林业和草原局森林资源监督机构成立30周年总结大会暨监督系统能力建设培训班在福建福州举办。会议指出，30年来，各派出机构为中国森林资源保护发展作出贡献，30年累计查办案件4.87万件，督促收回林地3.63万公顷，有力保护了森林资源。要认真总结经验，推动全国森林资源管理水平取得新提升。

12月13~14日 第五届全国林业专业学位研究生教育工作研讨会在海南海口召开。

12月17日 国家公园和自然保护地、草原标准化技术委员会在北京成立。

12月19日 国家林业和草原局亚洲象研究中心在云南昆明挂牌。

12月24日 国家林业和草原局在北京召开2019年扶贫领导小组第三次会议，认真学习贯彻落实习近平总书记关于扶贫工作的重要论述，总结2019年林草生态扶贫工作，研究部署2020年重点任务。会议要求，2020年是脱贫攻坚战收官之年，要全面完成中共中央、国务院提出的目标任务，集中兵力打好深度贫困歼灭战，全面巩固生态脱贫成果，做好脱贫攻坚与乡村振兴政策的衔接，建立解决相对贫困的长效机制，扎实做好全面收官阶段生态扶贫工作，为夺取打赢脱贫攻坚战全面胜利作出新的更大贡献。

12月26日 全国政协副主席、关注森林活动组委会主任李斌到中国林业科学研究院走访调研。全国政协常委、人口资源环境委员会主任李伟，副主任姜大明，国家林业和草原局局长张建龙，副局长刘东生、彭有冬，中国工程院院士蒋剑春参加调研。

12月27日 青海以国家公园为主体的自然保护地体系示范省建设领导小组第三次工作会在北京召开。会议听取了青海建设国家公园示范省的情况汇报，研究部署2020年示范省建设的各项任务。国家林业和草原局、青海省政府主要负责同志出席会议。

12月30日 全国林业和草原工作会议在北京召开。国家林草局局长张建龙强调，要以习近平新时代中国特色社会主义思想为指导，认真践行习近平生态文明思想，牢固树立"绿水青山就是金山银山"的理念，以全面深化改革为总抓手，以推动高质量发展为总要求，按照党中央、国务院的系列决策部署，着力构建系统完备、科学规范、运行有效的林草制度体系，全面提升系统治理、依法治理、综合治理、源头治理的能力，为林草事业现代化建设提供坚实保障，更好地推动生态文明和美丽中国建设。国家林草局副局长张永利通报2019年工作进展情况和2020年工作安排意见，局领导班子成员出席会议。

同日 国家林业和草原局举行森林公安局转隶公安部交接仪式。

（韩建伟供稿）

2019年林草重要会议

【2019年全国林业和草原工作会议】 1月10~11日，全国林业和草原工作会议在安徽省合肥市召开。国家林业和草原局局长张建龙出席会议并作题为《认真贯彻习近平生态文明思想 全力推动林业草原事业高质量发展》的讲话。会议要求，坚持以习近平新时代中国特色社会主义思想为指导，牢牢把握林业草原发展的重要战略机遇期，增强信心，砥砺前行，勇于担当，主动作为，着力抓好10项重点工作，全力推动林业草原事业高质量发展，为决胜全面建成小康社会、建设生态文明和美丽中国作出更大贡献。

安徽省委副书记信长星出席会议并致辞。国家林业和草原局副局长张永利主持会议，副局长彭有冬、李树铭、李春良，党组成员谭光明，总经济师张鸿文，全国绿化委员会办公室专职副主任胡章翠，中央纪委国家监委驻自然资源部纪检监察组副组长陈春光出席会议。

张建龙说，2018年是中国林业草原发展史上十分重要、非常特殊的一年。一年来，全国林业草原系统认真学习贯彻习近平生态文明思想，坚决落实党中央、国务院决策部署，坚持机构改革和业务工作协调推进，认真履职尽责，积极主动作为，机构改革任务顺利完成，自然保护地实现统一监管，国土绿化取得明显成效，草原保护管理不断强化，生态资源得到有效保护，林业改革全面深化，生态惠民能力稳步增强，支撑保障水平继续提升，党的建设全面加强，林业草原工作开局良好，迈上了融合发展的新征程。

张建龙指出，学习贯彻习近平生态文明思想，为做好林业草原工作提供了根本遵循；实施国家重大发展战略，为推动林业草原发展搭建了重要平台；推进山水林田湖草系统治理，为增强林业草原发展合力创造了体制优势；满足人民对优质生态产品的巨大需求，为加快林业草原发展增添了强大动力；初心不改的干部职工队伍，为林业草原发展奠定了坚实基础。面对新起点新征程，各级林业草原部门要有新气象新作为，要切实把思想和行动统一到党中央的重大判断上来，牢牢把握林业草原发展的重要战略机遇期，用足用好各种有利条件，认真履行新职责新使命，以勇于担当的精神和锲而不舍的执着，全力完成好2019年林业草原改革发展任务，不断提升林业草原改革发展水平。

张建龙强调，2019年是新中国成立70周年，也是决胜全面建成小康社会的关键之年，做好林业草原工作，意义特别重大。各级林业草原部门要以习近平新时代中国特色社会主义思想为指导，坚持稳中求进工作总基调，认真践行新发展理念和"绿水青山就是金山银山"理念，按照山水林田湖草系统治理的要求，全面深化林业草原改革，切实加强森林、草原、湿地、荒漠生态系统保护修复和野生动植物保护，加快构建以国家公园为主体的自然保护地体系，积极推动建立草原保护修复制度，大力发展绿色富民产业，不断增强基础保障能力，全力推动林业草原事业高质量发展，以优异成绩向新中国成立70周年献礼。

会议指出，开展大规模国土绿化是习近平总书记的重要指示，也是林业草原部门的核心任务。宜林地多的地区，要把增加林草面积作为主攻方向，保持一定规模的造林绿化速度；宜林地少的地区，要"见缝插绿"，尽可能增加绿量，并加强森林抚育和退化林修复，提高森林资源质量。要深入实施三北等防护林体系建设、京津风沙源治理等重点生态工程，继续扩大退耕还林还草，建设一批规模化林场。要结合实施乡村振兴战略，开展乡村绿化美化行动，发动农民自己动手搞绿化、搞管护，推进森林城市和森林乡村建设，提升城乡绿化水平。要尊重自然规律，坚持科学绿化，做到以水定绿、量水而行，乔灌草结合、封飞造并举，推广使用良种壮苗和乡土树种，增加国土绿化树种草种多样性。

会议强调，要发挥统一监管的体制优势，全面提升自然保护地建设管理水平。要深化全国自然保护地大检查，进一步摸清家底，实事求是、分门别类地处理好检查发现的问题。启动自然保护地整合优化试点，对交叉重叠、相邻相近的自然保护地进行归并整合。合理调整保护地边界范围和功能分区，积极推动解决保护地内存在的工矿企业、居民生产生活、基本农田保护等历史遗留问题，尽快完成国家级自然保护区勘界立标工作。要加强国家公园体制试点指导，重点抓中央深改委批准的4处国家公园和海南热带雨林国家公园试点，为2020年基本完成试点任务奠定基础。

会议指出，要深入实施天保二期工程，编制天然林保护中长期规划，推动天然林保护立法，建立起天然林保护长效机制。要完善湿地补助政策和分级管理体系，推进湿地保护立法，深入实施湿地保护与修复工程，加强乡村小微湿地保护。要严格保护野生动植物，持续推进国家重点保护物种野化放归，加大候鸟保护力度，严厉打击象牙走私、乱捕滥猎滥食、非法经营利用野生动植物的违法行为，加强野猪非洲猪瘟等野生动物疫情监测防控。

会议强调，加强草原保护管理，事关生态安全、边疆稳定和精准脱贫。要推动出台《关于加强草原资源保护和生态修复的意见》，进一步完善草原保护修复政策措施。要尽快摸清草原资源底数，强化草原动态监测，为加强保护管理、完善政策措施提供科学依据。要推进退牧还草等工程建设，谋划启动草原生态修复工程，加大退化草原治理力度。要健全基层草原管理机构和队伍，创新管护措施和监管机制，加快制修订《草原法》及配套法规规章，完善草原保护法律体系，加强执法监督，提高草原保护水平。要启动草原重大科技研发计划，加强草原学科建设和人才培养，抓好科研成果转化应用，强化草原保护管理科技支撑。

会议强调，要把国有林区改革作为一项政治任务，进一步压实地方政府主体责任，积极推动组建国有森林资源管理机构，彻底实现政事企和管办"四分开"。要全力完成国有林场改革国家验收，抓紧制订森林资源分级监管、森林管护购买服务、职工绩效考核等管理制度，着力增强国有林场发展动力和活力。要积极推进集体林权三权分置，进一步放活经营权，培育新型经营主体，引导社会资本有序进山入林，促进适度规模经营，不断提升集体林业发展水平。要深化林业草原"放管服"改革，强化行政审批事项事中事后监管，提高审批效率和服务水平。

会议指出，不管机构职能、人员编制怎么划转，作为林草资源的主管部门，保护林草资源是义不容辞的职责。要把森林草原火灾预防工作抓细抓实，健全防火机构，充实专业力量，加强基础设施建设。要广泛开展森林草原防火宣传教育，严格管控火源，落实好生态护林员和草管员的防火职责。要加强与应急管理部门的配合，抓紧研究建立良好的工作协调机制。目前，全国松材线虫病防治形势十分严峻，要针对地方政府防治主体责任落实不到位、疫情处置不力等突出问题，抓紧建立松材线虫病生态灾害督办问责机制，加大责任追究力度。要认真落实以疫木清理为核心、以严格疫木源头管理为根本的防治思路，坚决遏制疫情快速扩散的态势。

会议强调，要尽快完成新增30万生态护林员、草管员的选聘工作，将符合政策且有退耕意愿的贫困地区耕地全部纳入退耕范围，加大贫困地区生态建设投入力度，推广组建一批造林种草专业合作社，带动贫困人口稳定增收不返贫。要完善生态产业扶贫政策，结合实施乡村振兴战略，依托资源优势和良好生态，积极发展绿色富民产业。鼓励引导企业到贫困县投资创业，支持贫困人口通过流转林地、劳务就业、收益分红持续稳定增收。要认真落实定点扶贫责任，通过多种方式全方位支持，帮助定点县如期脱贫摘帽。

会议指出，要认真践行"绿水青山就是金山银山"理念，在严格保护的同时，科学合理利用林草资源，增加绿色优质林产品供给，推动林业产业提质增效、转型升级。要加强以国家储备林为主的人工用材林建设，增强木材自给能力，维护国家木材安全。大力发展油茶等木本粮油、森林草原旅游、森林康养、林下经济等绿色产业，加快推动林产品精深加工和生物制药、生物质能源等产业发展，提高林草资源综合利用水平。要积极推进国家森林生态标志产品等品牌建设，建立健全林产品标准和质量检测认证体系，大力实施"互联网+"林产品、生态产品进城工程，畅通林产品销售和流通渠道。

会议强调，要发挥财政资金的引领带动作用，创新林业草原融资模式，用好用足开发性政策性金融贷款，积极争取商业性金融机构增加信贷，提升金融服务水平。要推进生态保护修复领域市场化改革，降低市场准入门槛，营造平等投资环境，加快建立普惠的林业草原财政投入政策，尽可能采用购买服务、承包运营等项目建设方式，让更多社会力量平等参与林业草原生态保护修复。要针对林业草原投入大、周期长、收益低的特点，完善林木采伐和政府补贴政策，稳定投资者收益预期，吸引社会资本增加投资。

会议强调，全面从严治党永远在路上。要切实加强行业党建工作，教育引导党员干部自觉用习近平新时代中国特色社会主义思想武装头脑，强化"四个意识"，增强"四个自信"，做到"两个维护"。坚持把党的政治建设摆在首位，严明政治纪律和政治规矩，营造风清气正的政治生态。严格执行中央八项规定实施细则精神，坚决破除形式主义、官僚主义，着力整治不作为、假作为、慢作为、乱作为问题。要认真落实新时代党的组织路线，坚持正确用人导向，着力打造信念坚定、素质过硬、特别能吃苦、特别能奉献的高素质专业化干部人才队伍。

安徽、内蒙古、江苏、广西、新疆5个省（区）在会上作交流发言。与会代表现场参观了合肥滨湖国家森林公园、十八联圩生态湿地、官亭造林绿化现场。

【2019年全国草原工作会议】 7月25日，全国草原工作会议在内蒙古自治区锡林浩特市召开。国家林业和草原局局长张建龙强调，必须以习近平新时代中国特色社会主义思想为指导，坚持生态优先、综合治理、科学利用，创新发展思路，完善政策措施，增强支撑保障能力，切实加强草原保护修复，着力改善草原生态状况，持续提升草原多种功能，为建设生态文明和美丽中国作出新的更大贡献。

会议指出，草原是中国面积最大的陆地生态系统，是干旱半干旱和高寒高海拔地区的主要植被，与森林共同构成了中国生态安全屏障的主体。全面加强草原保护管理，是维护国家生态安全的战略抉择、统筹山水林田湖草系统治理的重要内容，是促进草原地区经济社会发展的有效途径、传承和弘扬优秀草原文化的重要基础，也是加快林草融合、实现林草事业高质量发展的迫切需要。各级林草部门一定要从增强"四个意识"、坚定"四个自信"、做到"两个维护"的战略高度，认真学习领会习近平总书记关于草原工作的重要指示精神，充分认识全面加强草原保护管理的重大意义。

会议指出，新中国成立以来，中国草原事业实现了长足发展，草原保护管理制度体系基本建立，草原生态保护修复积极推进，草原资源利用水平逐步提高。党的十八大以来，以习近平同志为核心的党中央将草原工作放在前所未有的重要位置，全面加强草原保护管理，中国草原事业进入了全新的发展阶段。2018年，全国草原综合植被盖度达到55.7%，天然草原鲜草总产量达到11亿吨，草原承包经营面积达到2.87亿公顷，为维护国家生态安全、促进农牧民增收、保障畜牧产品供给发挥了重要作用。

会议强调，习近平总书记对草原生态保护修复作出的重要指示，为推动草原改革发展提供了根本遵循。新时代草原工作必须以习近平新时代中国特色社会主义思想为指导，深入学习贯彻习近平生态文明思想，认真践行新发展理念，坚持生态优先、综合治理、科学利用，创新发展思路，完善政策措施，增强支撑保障能力，切实加强草原保护修复，着力改善草原生态状况，持续提升草原多种功能，为建设生态文明和美丽中国作出新的更大贡献。力争到2025年，全国草原退化趋势总体得到遏制，草原综合植被盖度提高到57%以上，草原生态持续改善，草原质量稳步提升；到2035年，退化草原基本得到治理，草原综合植被盖度稳定在60%以上，草原生态功能和生产功能显著提升。

会议强调，全面加强草原保护管理要始终做到"五个坚持"。一是坚持生态优先，把发挥草原生态功能放在更加突出的位置，将生态保护修复作为草原工作的核心任务，推动建立草原保护修复长效机制。二是坚持综合治理，践行山水林田湖草系统治理理念，尊重自然、因地制宜，以自然修复为主、自然修复与人工治理相结合，推动形成健康稳定的草原生态系统。三是坚持科学利用，正确处理保护与利用的关系，坚持在保护中发展、在发展中保护，严格落实草畜平衡和禁牧休牧制度，促进草原资源永续利用。四是坚持牧民主体，落实草原生态补奖政策，保护牧民合法权益，让保护草原的牧民有实实在在的收益，不断提升牧民的获得感和幸福感。五是坚持多方联动，加强与发展改革、财政、金融、农业农村等部门的协调沟通，注重增强政策的协同性和有效性，做到同向发力、同频共振、形成合力。

会议要求，要深化草原承包经营制度改革，推动建立基本草原保护制度，完善草畜平衡和禁牧休牧制度，指导编制草原经营方案，建立全民所有草原资源有偿使用制度和分级行使全民所有草原资源所有权制度，全面落实地方党委政府保护修复草原的主体责任，着力构建产权清晰、多元参与、激励约束并重的草原保护管理制度体系。要认真落实草原资源用途管制和草原征占用审核审批制度，推动建立草原类型国家公园，严厉查处非法开垦草原、非法占用草原、非法采挖草原野生植物等违法行为，强化草原生物灾害监测预警和草原防灭火工作，科学编制并认真实施草原保护修复规划，启动实施退化草原人工种草试点，积极探索草原生态保护修复的模式和路径。要科学利用草原资源，充分发挥草原多种功能，加快发展以草原文化、草原风光、民族风情为特色的草原文化产业和旅游休闲业，引导和支持贫困人口积极参与草原生态保护修复，将有劳动能力的建档立卡贫困人员优先选聘为草原管护员，积极扶持发展草原专业合作社、家庭牧场和龙头企业等新型经营主体，带动更多农牧民增收致富。

会议要求，要结合开展第三次全国国土调查，全面摸清全国草原面积、类型、生态状况等基本情况，有效解决林地草地、草地湿地重合的问题，加强草原资源监测评价体系和监测网络建设，及时掌握草原生态承载力等动态变化情况，为科学制定草原保护政策、开展草原保护修复和合理利用提供科学依据。要建立和完善草原生态补偿长效机制，抓紧完善草原生态保护补奖政策，积极完善草原保护修复财政支持政策，深化草原投融资改革，鼓励开发性政策性金融机构研发适合草原特点的信贷产品，吸引社会资本参与草原保护修复。要积极争取国家设立草原重大科技研发计划，尽快在草原退化机理、退化草原修复治理技术、草原生态服务价值评估研究等方面取得突破，同时加强草品种选育、草种生产、天然草原植被恢复、人工草地建设、鼠虫病害防治等关键技术研发推广，支持草原学科建设和高素质专业人才培养。要重点加强基层草原行政管理和技术推广服务的队伍建设，建立一支权责统一、权威高效的基层草原管理机构队伍，提升基层草原部门的公共服务管理能力。

会议总结了上半年林业草原工作并对下半年重点工作作出安排部署。张建龙要求，下半年，各级林草部门要以更大的力度、更实的举措，全力抓好重点工作任务落实，确保全面完成全年任务。一是认真落实《关于建立以国家公园为主体的自然保护地体系的指导意见》。二是着力抓好国家公园体制试点。三是积极推进各项重点改革。四是严格保护林草生态资源。五是高度重视森林草原防火工作。六是全力以赴抓好生态扶贫工作。七是稳步提升支撑保障水平。八是全面加强机关党的建设。要深入贯彻落实习近平生态文明思想，提高政治站位，勇于担当负责，积极开拓创新，狠抓工作落实，以优异成绩向新中国成立70周年献礼。

国家林业和草原局副局长张永利、李树铭、李春良，党组成员谭光明，总经济师张鸿文，全国绿化委员会办公室专职副主任胡章翠，国家发改委、司法部、财政部、自然资源部、农业农村部有关负责同志出席会议。

内蒙古自治区政府副主席李秉荣在会上致辞，兰州大学草地农业科技学院院长侯扶江、新西兰梅西大学农业与环境学院教授詹姆斯·米尔纳，美国农业部德州农工大学试验站副教授杰伊·安格勒围绕草原生态保护主题作专题讲座。

内蒙古自治区林业和草原局、锡林郭勒盟、黑龙江省林业和草原局、贵州省林业局、甘肃省林业和草原局、青海省果洛州林业和草原局在会上作典型发言。与会代表还现场考察锡林浩特市毛登牧场生态园区、中国农科院草原研究所锡林郭勒典型草原试验示范基地、西乌珠穆沁旗吉仁高勒镇都日布勒吉嘎查牧户青巴图家、西乌珠穆沁旗巴彦胡舒苏木赛罕淖尔嘎查退化草场改良项目区和舒通嘎查瞭望山打草场、锡林浩特市内蒙古草都草牧业股份有限公司。

【2020年全国林业和草原工作会议】 12月30日，全国林业和草原工作会议在北京召开。国家林业和草原局局长张建龙强调，要以习近平新时代中国特色社会主义思想为指导，认真践行习近平生态文明思想，牢固树立"绿水青山就是金山银山"的理念，以全面深化改革为总抓手，以推动高质量发展为总要求，按照党中央、国务院的系列决策部署，着力构建系统完备、科学规范、运行有效的林草制度体系，全面提升系统治理、依法治理、综合治理、源头治理的能力，为林草事业现代化建设提供坚实保障，更好地推动生态文明和美丽中国建设。

国家林业和草原局副局长张永利通报了2019年工作进展情况和2020年工作安排意见。副局长刘东生、彭有冬、李树铭、李春良，党组成员谭光明，全国绿化委员会办公室专职副主任胡章翠，总工程师苏春雨，总经济师杨超，中央纪委国家监委驻自然资源部纪检监察组副组长韦剑平出席会议。

会议强调，林草治理体系是国家治理体系的组成部分，是建设生态文明和美丽中国的决定性因素。推进林草治理体系和治理能力现代化，是建设美丽中国的迫切需要，是完善生态文明制度体系的重要任务，是统筹山水林田湖草系统治理的根本要求，是实现林草事业高质量发展的必然选择。各级林草部门要从国家战略全局的高度，充分认识推进林草治理体系和治理能力现代化的重大意义，加快补齐制度短板，全面提升治理效能，把林草事业现代化建设不断推向前进，为国家现代化建设贡献力量。

会议指出，新中国成立以来，中国林草事业与祖国发展同频共振，取得了举世瞩目的伟大成就。这些历史性成就充分证明中国林草治理体系具有强大生命力和巨大优越性，需要始终坚持并不断完善。坚持党的集中统一领导，具有科学理论指导的显著优势。坚持高位推动、政府主导，具有集中力量办大事的显著优势。坚持以人民为中心的发展思想，具有群众积极参与的显著优势。坚持山水林田湖草系统治理，具有完整组织体系的显著优势。坚持严格保护林草资源，具有完善法治体系的显著优势。坚持改革创新、与时俱进，具有强大发展活力的显著优势。坚持接续奋斗、久久为功，具有共同价值追求的显著优势。坚持"引进来走出去"相结合，具有务实开放合作的显著优势。

会议要求，新时代全面深化林草改革，必须以推进林草治理体系和治理能力现代化为主轴，更加注重解决深层次的体制机制性问题，加快建章立制，着力构建和完善林草制度体系。更加注重改革的系统性整体性协同性，通过创新体制机制，完善政策措施，全面推进山水林田湖草系统治理。更加注重推动林草事业高质量发展,通过完善制度体系,提升治理效能,增强自然生态系统功能,促进多种效益充分发挥。更加注重制度执行和落实,及时将行之有效的制度上升为法律法规,切实将制度优势转化为治理效能。

会议指出,当前和今后一个时期,推进林草治理体系和治理能力现代化,要着力完善和发展13个方面的制度。一是国土绿化制度。充分发挥全民绿化的制度优势,坚持数量和质量并重、质量优先,走科学、生态、节俭的绿化发展之路。按照山水林田湖草系统治理的要求,坚持森林分类经营,完善森林经营制度体系,加强林草种质资源保护利用,创新全民义务植树尽责形式,建立城乡绿化美化一体化制度。二是森林资源保护制度。坚持用严格的制度、高效的手段保护发展森林和野生动植物资源。三是国有林管理制度。深化国有林区林场改革,建立健全保护生态和改善民生双赢的国有林管理体制机制。四是集体林权制度。保持集体林地承包关系长久稳定,健全集体林地"三权"分置运行机制,放活集体林地经营权,鼓励各种社会主体参与林权流转,积极培育新型经营主体,促进集体林地适度规模经营。五是草原保护修复制度。强化草原改革顶层设计,建立健全草原保护修复制度,健全草原产权制度,完善草原承包经营制度,完善草原资源用途管制制度,落实基本草原保护制度,严格落实禁牧和草畜平衡制度,促进草原资源可持续利用。六是湿地保护修复制度。认真落实《湿地保护修复制度方案》,加快建立系统完整的湿地保护修复制度。实施湿地保护修复工程,完善湿地分级管理体系及相关管理办法,加强各级湿地保护管理机构能力建设。七是荒漠化综合治理制度。认真落实《沙化土地封禁保护修复制度方案》,加快防沙治沙步伐。健全沙地用途管制和沙区植被保护制度,加强抗旱节水技术研究和应用,完善省级政府防沙治沙目标责任考核奖惩制度。八是自然保护地保护管理制度。全面落实《关于建立以国家公园为主体的自然保护地体系的指导意见》,对各类自然保护地进行统一管理、全面保护、系统治理。九是国家公园保护制度。坚持国家公园统一设立、规划和评估,推动建立统一规范高效的管理体制,实行中央政府直接管理或委托省级政府管理,组建统一管理机构,明确国家公园管理机构与地方政府相关职能部门的权责。十是资源利用监管制度。牢固树立"绿水青山就是金山银山理念",坚持集约节约、合理高效利用林草资源。完善森林采伐限额、林木采伐许可证制度,实行国有森林、草原资源资产有偿使用。完善野生动物特许猎捕证、狩猎证和野生植物采集证管理制度。鼓励利用非木质林草资源,大力发展绿色富民产业。十一是林草法治保障制度。按照统筹山水林田湖草系统治理的要求,推动林草领域立法由注重保护管理单一自然资源向注重保护管理整个自然生态系统转变。坚持立改废并举,加强自然保护地、国家公园、湿地、天然林保护等重要领域立法。建立全面覆盖自然生态系统、野生动植物保护和自然保护地的林草法律法规体系。十二是林草支持政策制度。建立以林草发展战略规划为统领、以专项规划为支撑的林草规划体系,构建反映林草事业高质量发展的统计指标体系。创新投融资体制机制,充分发挥财政资金引导作用,吸引社会资本投入林草事业。完善森林生态效益补偿制度。不断完善林草国际合作制度。十三是科技和人才支撑制度。加强林草科技创新体系建设,完善创新激励机制和政策制度,推进创新平台建设,优化运行机制。加强林草干部和人才队伍建设。

会议指出,过去的几年,国家林草局紧紧抓住加快建设生态文明和美丽中国的有利契机,积极融入、主动服务党和国家事业全局,推进林草事业不断发挥作用、拓展空间,实现了较大发展,为统筹推进"五位一体"总体布局和协调推进"四个全面"战略布局作出了重要贡献。紧紧抓住全面深化改革的有利契机,着力推进林草领域重大改革,林草制度体系逐步完善,林草事业顶层设计基本完成,为林草治理体系和治理能力现代化奠定了坚实基础。紧紧抓住全社会关注生态文明建设的有利契机,大力开展宣传发动、典型选树、舆论引导,争取更多力量支持和参与林草建设,形成了政府主导、社会支持、企业投入、群众参与的林草事业发展新局面。高度重视对外讲好中国林草故事,紧紧围绕服务外交大局,广泛开展交流合作,认真履行国际公约,为树立中国负责任大国形象发挥了重要作用。

会议要求,要着力破解体制机制难题。强化责任担当,敢于迎难而上,推动协调解决,建立完善体制机制,确保林草工作不弱化、不断档。加快建立以国家公园为主体的自然保护地体系。2020年要基本完成国家公园体制试点任务。要按国家公园设立标准,尽快组织编制完成国家公园空间布局方案和总体发展规划,合理确定国家公园数量和规模,积极稳妥推进各类自然保护地整合优化。2020年要全面完成国有林区改革任务,基本理顺中央与地方、政府与企业的关系,实现政企、政事、事企、管办"四分开",林区政府社会管理和公共服务职能得到进一步强化,森林资源管护和监管体系更加完善,林区经济社会发展基本融入地方,生产生活条件得到明显改善,职工基本生活得到有效保障。切实打好生态扶贫关键战役。2020年是脱贫攻坚战收官之年,要全面完成脱贫攻坚任务。与实施乡村振兴战略相衔接,认真研究提出今后生态扶贫政策措施,完善解决相对贫困问题的顶层设计。不断提升群众林草收入比重,助力乡村振兴。统筹抓好"十四五"规划编制。要准确把握新时代林草事业发展的新机遇、新挑战,科学提出新目标新任务,高标准推进、高质量完成"十四五"规划编制工作。对新修订的森林法要加大学习宣传培训力度,尽快启动《森林法实施条例》等配套制度的制定工作,加大行政执法力度。

会议提出,2020年是全面建成小康社会和"十三五"规划收官之年,全年计划完成造林673.33万公顷、森林抚育800万公顷,种草改良草原346.27万公顷,实现林业产业总产值8.1万亿元、进出口贸易额1600亿美元。各级林草部门要持续深化重点改革,深入开展大规模国土绿化。全面加强资源保护管理,扎实做好森林草原防火等防灾减灾工作,稳步推进自然保护地整合优化,全面完成国家公园试点任务,大力发展绿色富民产业,进一步强化法治和政策保障,广泛开展宣传教育，不断深化国际交流合作，努力提升科技支撑和信息化水平，突出抓好党的建设。

会议围绕林草治理体系和治理能力现代化建设、2020年工作部署等展开分组讨论。河北、福建、湖南、重庆、四川、青海、新疆作典型发言。

（韩建伟供稿）

附 录

国家林业和草原局各司(局)和直属单位等全称简称对照

1. 国家林业和草原局办公室（办公室）
2. 生态保护修复司（生态司）
3. 森林资源管理司（资源司）
4. 草原管理司（草原司）
5. 湿地管理司（湿地司）
6. 荒漠化防治司（荒漠司）
7. 野生动植物保护司（动植物司）
   中华人民共和国濒危物种进出口管理办公室（濒管办）
8. 自然保护地管理司（保护地司）
9. 林业和草原改革发展司（发改司）
10. 国有林场和种苗管理司（林场种苗司）
11. 森林公安局（公安局）
12. 规划财务司（规财司）
13. 科学技术司（科技司）
14. 国际合作司（国际司）
15. 人事司（人事司）
16. 机关党委（机关党委）
17. 离退休干部局（老干部局）
18. 国家公园管理办公室（公园办）
19. 机关服务中心（服务局）
20. 信息中心（信息办）
21. 林业工作站管理总站（工作总站）
22. 林业和草原基金管理总站（基金总站）
23. 宣传中心（宣传办）
24. 天然林保护工程管理中心（天保办）
25. 西北华北东北防护林建设局（三北局）
26. 退耕还林（草）工程管理中心（退耕办）
27. 世界银行贷款项目管理中心（世行中心）
28. 科技发展中心（科技中心）
    植物新品种保护办公室（新品办）
29. 经济发展研究中心（经研中心）
30. 人才开发交流中心（人才中心）
31. 对外合作项目中心（合作中心）
32. 中国林业科学研究院（林科院）
33. 调查规划设计院（规划院）
34. 林产工业规划设计院（设计院）
35. 管理干部学院（林干院）
36. 中国绿色时报社（绿色时报）
37. 中国林业出版社（出版社）
38. 国际竹藤中心（竹藤中心）
39. 亚太森林网络管理中心（亚太中心）
40. 中国林学会（林学会）
41. 中国野生动物保护协会（中动协）
    中国植物保护协会（中植协）
42. 中国花卉协会（花协）
43. 中国绿化基金会（中绿基）
44. 中国林业产业联合会（中产联）
45. 中国绿色碳汇基金会（中碳基）
46. 驻内蒙古自治区森林资源监督专员办事处（内蒙古专员办）
47. 驻长春森林资源监督专员办事处（长春专员办）
48. 驻黑龙江省森林资源监督专员办事处（黑龙江专员办）
49. 驻大兴安岭森林资源监督专员办事处（大兴安岭专员办）
50. 驻成都森林资源监督专员办事处（成都专员办）
51. 驻云南省森林资源监督专员办事处（云南专员办）
52. 驻福州森林资源监督专员办事处（福州专员办）
53. 驻西安森林资源监督专员办事处（西安专员办）
54. 驻武汉森林资源监督专员办事处（武汉专员办）
55. 驻贵阳森林资源监督专员办事处（贵阳专员办）
56. 驻广州森林资源监督专员办事处（广州专员办）
57. 驻合肥森林资源监督专员办事处（合肥专员办）
58. 驻乌鲁木齐森林资源监督专员办事处（乌鲁木齐专员办）
59. 驻上海森林资源监督专员办事处（上海专员办）
60. 驻北京森林资源监督专员办事处（北京专员办）
61. 森林和草原病虫害防治总站（林草防治总站）
62. 南京森林警察学院（南京警院）
63. 华东调查规划设计院（华东院）
64. 中南调查规划设计院（中南院）
65. 西北调查规划设计院（西北院）
66. 昆明勘察设计院（昆明院）
67. 中国大熊猫保护研究中心（熊猫中心）

书中部分单位、词汇全称简称对照

北京林业大学(北林大)
长江流域防护林(长防林)
东北林业大学(东北林大)
国家发展和改革委员会(国家发展改革委)
国家工商行政管理总局(国家工商总局)
国家开发银行(国开行)
环境保护部(环保部)
国家森林防火指挥部(国家森防指)
国务院法制办公室(国务院法制办)
国有资产监督管理委员会(国资委)
林业工作站(林业站)
南京林业大学(南林大)
全国绿化委员会(全国绿委)
全国绿化委员会办公室(全国绿委办)
全国人大常委会法制工作委员会(全国人大常委会法工委)
全国人大环境与资源保护委员会(全国人大环资委)
全国人大农业与农村委员会(全国人大农委)
全国普及法律常识办公室(全国普法办)
全国政协人口资源环境委员会(全国政协人资环委)
森林病虫害防治(森防)
森林病虫害防治检疫站(森防站)
森林防火指挥部(森防指)
森林工业(森工)
世界银行(世行)
速生丰产林(速丰林)
天然林资源保护工程(天保工程)
西北、华北北部、东北西部风沙危害和水土流失严重地区防护林建设(三北防护林建设)
亚洲开发银行(亚行)
中国光彩事业促进会(中国光彩会)
中国吉林森林工业集团有限责任公司(吉林森工集团)
中国科学院(中科院)
中国龙江森林工业集团有限公司(龙江森工集团)
中国农业发展银行(中国农发行)
中国农业科学院(中国农科院)
中国银行业监督管理委员会(中国银监会)
中国证券监督管理委员会(中国证监会)
中央机构编制委员会办公室(中央编办)
珠江流域防护林(珠防林)

书中部分国际组织中英文对照

濒危野生动植物种国际贸易公约(CITES, Convention on International Trade in Endangered Species of Wild Fauna and Flora)
大自然保护协会(TNC, The Nature Conservancy)
泛欧森林认证体系(PEFC, Pan European Forest Certification)
国际热带木材组织(ITTO, International Tropical Timber Organization)
国际野生生物保护学会(WCS, Wildlife Conservation Society)
国际植物新品种保护联盟(UPOV, International Union For The Protection of New Varieties of Plants)
联合国防治荒漠化公约(UNCCD, United Nations Convention to Combat Desertification)
联合国粮食及农业组织(FAO, Food and Agriculture Organization of the United Nations)
欧洲投资银行(EIB, European Investment Bank)
全球环境基金(GEF, Global Environment Facility)
森林管理委员会(FSC, Forest Stewardship Council)
森林认证认可计划委员会(PEFC, Programme for the Endorsement of Forest Certification)
湿地国际(WI, Wetlands International)
世界自然保护联盟(IUCN, International Union for Conservation of Nature)
世界自然基金会(WWF, 旧称 World Wildlife Fund——世界野生动植物基金会，现在更名 World Wide Fund for Nature)
亚太经济合作组织(APEC, Asia-Pacific Economic Cooperation)
亚太森林恢复与可持续管理组织(APFNet, Asia-Pacific Network for Sustainable Forest Management and Rehabilitation)
亚洲开发银行(ADB, Asian Development Bank)

附表索引

表 4-1　2019年国家审(认)定通过林木良种名单 …… 122
表 5-1　2019年度国家林业和草原局审核建设项目使用林地情况统计表 …… 132
表 5-2　2019年度各省(区、市)和新疆生产建设兵团审核审批建设项目使用林地情况统计表 …… 133
表 11-1　2019年国家森林城市称号授予名单 …… 177
表 12-1　2019年国有林场管护用房试点建设实施情况 …… 184
表 16-1　获得国家科技进步奖项目名单 …… 200
表 16-2　2019年度梁希科学技术奖一等奖项目名单 …… 200
表 16-3　各省(区、市)林草管理部门科技管理部门设置情况 …… 200
表 16-4　第一批50个国家林业和草原长期科研基地名单 …… 202
表 16-5　林业和草原科技创新青年拔尖人才名单 …… 204
表 16-6　2019年林业和草原科技创新领军人才名单 …… 204
表 16-7　2019年林业和草原科技创新团队名单 …… 204
表 16-8　林业和草原国家创新联盟名单(第二批) …… 205
表 16-9　2019年度批复的林草工程技术研究中心和国家林业科技示范园区 …… 210
表 16-10　2019年发布的林业国家标准目录 …… 212
表 16-11　2019年发布的林业行业标准目录 …… 212
表 16-12　2019年度林业国家标准计划项目汇总表 …… 215
表 16-13　2019年度林业行业标准计划项目汇总表 …… 215
表 19-1　森林防火项目投资 …… 251
表 19-2　草原防火建设项目投资 …… 253
表 19-3　国家级自然保护区建设项目投资 …… 254
表 19-4　国家林草局直属单位自身能力建设项目投资 …… 255
表 19-5　国有林区社会性公益性基础设施建设项目投资 …… 256
表 19-6　林草科技类基础设施建设项目投资 …… 257
表 19-7　东北虎豹国家公园建设项目投资 …… 258
表 19-8　其他基础设施建设项目投资 …… 260
表 19-9　全国营造林生产情况 …… 263
表 19-10　各地区营造林生产情况 …… 264
表 19-11　林业重点生态工程建设情况 …… 265
表 19-12　各地区林业重点生态工程造林面积 …… 266
表 19-13　全国历年林业重点生态工程完成造林面积 …… 267
表 19-14　林业产业总产值(按现行价格计算) …… 268
表 19-15　2019年各地区林业产业总产值(按现行价格计算) …… 269
表 19-16　2019年各地区主要林产工业产品产量 …… 270
表 19-17　全国主要木材、竹材产品产量 …… 271
表 19-18　全国主要林产工业产品产量 …… 271
表 19-19　全国主要经济林产品生产情况 …… 272
表 19-20　全国油茶产业发展情况 …… 272
表 19-21　全国核桃产业发展情况 …… 273
表 19-22　全国历年营造林面积 …… 273
表 19-23　林业草原投资完成情况 …… 274
表 19-24　各地区林业投资完成情况 …… 275
表 19-25　全国历年林业投资完成情况 …… 276
表 19-26　全国历年林业重点生态工程实际完成投资及国家投资情况(一) …… 278
表 19-27　全国历年林业重点生态工程实际完成投资及国家投资情况(二) …… 280
表 19-28　林业草原固定资产投资完成情况 …… 282
表 19-29　林业草原利用外资基本情况 …… 283
表 19-30　林业草原系统从业人员和劳动报酬情况 …… 283
表 23-1　2019~2020学年初林草学科专业及高、中等林业院校其他学科专业基本情况汇总表 …… 301
表 23-2　2019~2020学年初普通高等林业院校和其他高等院校、科研院所林科研究生分学科情况 …… 302
表 23-3　2019~2020学年初普通高等林业院校和其他高等院校林科本科学生分专业情况 …… 307
表 23-4　2019~2020学年高等林业(生态)职业技术学院和其他高等职业学院林草专业情况 …… 311
表 23-5　2019~2020学年初普通中等林业(园林)职业学校和其他中等职业学校林草专业学生情况 …… 316
表 25-1　2019年上海绿化林业基本情况 …… 384
表 25-2　2019年上海市林荫道名录 …… 385
表 25-3　2019年上海市绿化特色道路名录 …… 385
表 25-4　主要经济林和草产品产量 …… 397
表 25-5　主要木竹加工产品产量 …… 397
表 25-6　主要林产化工产品产量 …… 397
表 29-1　"北美枫情杯"2020届全国林科十佳毕业生名单 …… 629

索 引

A

爱鸟周　343, 387, 390, 418, 613

B

濒危物种　58, 573, 575, 578, 581, 584, 586, 593, 596, 597, 601, 603

C

草原保护　185
草原旅游　191
长江经济带　169, 239, 337, 532, 569
长江流域等防护林　115, 116

D

大熊猫　143, 144, 231, 451, 535, 565, 569, 582, 613
地质公园　165, 170, 171, 413, 418

F

风景名胜区　448

G

公益林　136, 411, 422, 443
古树名木　175, 346, 386, 403, 428
国际观鸟周　407
国际交流　322, 567, 616
国际林联　122, 324, 531
国家储备林基地　116
国家公园　162, 164, 166, 167, 196, 211, 258, 402, 423, 442, 468, 471, 490, 528, 535, 563, 582, 588
国土绿化　124, 174, 250, 360, 374, 429, 436, 460, 463, 471

国有林场　183, 242, 362, 411, 420, 437, 446, 468, 479, 535

H

海洋保护地　164, 170
花卉产业　189, 345, 424, 444, 614
荒漠化　157, 363, 453, 616

J

集体林权制度改革　185, 411, 446, 464
京津风沙源治理　112, 344

K

科普　143, 169, 191, 529, 533, 627

L

梁希林业科技进步奖　548
林草扶贫　262, 484
林草教材　301
林草教育　300, 301
林草科技　200, 201, 209, 257, 469, 483, 532
林草信息化　294, 375
林草种苗　120, 123, 370
林长制　137, 396, 402, 408, 444, 535
林地"一张图"　381
林下经济　188, 402, 444, 454, 468
林业产业　188, 231, 375, 389, 392, 397, 412, 417, 432, 438, 531, 619, 623
林业工作站　242
林业生物质能源　126
林业血防　117
林业应对气候变化　177
林业有害生物　140, 349, 382, 389, 397, 412, 423, 445, 469, 479, 487, 555
林业知识产权　221

M

蚂蚁森林　617, 626

S

塞罕坝　355
三北防护林　112, 115
森林城市　2, 176, 346, 403, 419, 431, 443
森林法　28, 191, 196
森林防火　194, 251, 349, 377, 380, 396, 418, 423, 438, 445, 579
森林公安　194, 345, 475
森林经营　125, 380, 444
森林康养　39, 188, 403
森林旅游　175, 189, 191, 390, 407, 414, 424, 444, 458, 622
森林认证　224, 225, 226
森林日　114, 237, 342
森林特色小镇　421
森林乡村　124, 356
森林资源监督　137, 578, 581, 583, 589, 591, 597, 601, 603
生态扶贫　20, 114, 153, 157, 360, 375, 447, 461, 468, 473, 618
湿地保护　152, 153, 196, 235, 370, 387, 402, 409, 412, 423, 443, 458, 469, 476, 537
世界地板大会　621
世界花艺大赛　615
世界牡丹大会　413, 615
世界野生动植物日　142, 234, 457, 613
世界园艺博览会　343, 344, 345, 360, 403, 433, 453, 470, 616

T

太行山绿化　344

天然林保护 49，108，467
退耕还林 16，110，111，112，355，362，467，477，486
退牧还草 117，467
脱贫攻坚 20，446，450，568，589，614

Y

野生动物保护 350，363，381，383，579，591，603，612，614
一带一路 231，235，238，262，363，531，536，544，617
义务植树 174，343，355，363，368，390，398，418，420，428，453，617

Z

造林绿化 347，388，400，409，411，443
植物新品种 222，223，225，226，402
中国林产品交易会 188
中国森林旅游节 190，390，414，458
中国义乌国际森林产品博览会 188，623

竹藤 189，232，546，548，553
自然保护地 34，162，163，166，169，211，224，322，348，370，389，408，412，422，427，430，443，468，526，536，538，578，593
自然保护区 134，162，163，164，169，254，363，381，479，537，567，569，573
自然公园 162，169
自然教育 176，190，191，338，409，433，611
自然遗产 166，170，448